Oskar Bolza

Vorlesungen über Variationsrechnung

Salzwasser

Oskar Bolza

Vorlesungen über Variationsrechnung

1. Auflage | ISBN: 978-3-84609-583-6

Erscheinungsort: Paderborn, Deutschland

Erscheinungsjahr: 2014

Salzwasser Verlag GmbH, Paderborn.

Nachdruck des Originals von 1909.

VORLESUNGEN ÜBER VARIATIONSRECHNUNG

VON

DR. OSKAR BOLZA

ORD. PROFESSOR DER MATHEMATIK AN DER UNIVERSITÄT CHICAGO

UMGEARBEITETE UND STARK VERMEHRTE DEUTSCHE AUSGABE DER "LECTURES ON THE CALCULUS OF VARIATIONS" DESSELBEN VERFASSERS

MIT 117 FIGUREN IM TEXT

LEIPZIG UND BERLIN

DRUCK UND VERLAG VON B. G. TEUBNER

1909

Vorwort.

Das Werk, welches ich hiermit der Öffentlichkeit übergebe, hat seinen Ursprung in einem Zyklus von acht Vorlesungen, welche ich im Sommer 1901 bei der Jahresversammlung der American Mathematical Society in Ithaca, N. Y. gehalten habe, und welche den Zweck hatten, ein ausführliches, historisch-kritisches Referat über die Fortschritte der Variationsrechnung während der letzten Jahrzehnte zu geben. Meine *Lectures on the Calculus of Variations* (Chicago, 1904) sind im wesentlichen eine Wiedergabe dieser Vorlesungen mit solchen Erweiterungen und Modifikationen, wie sie nötig waren, damit das Buch zugleich als Lehrbuch dienen konnte.

Bald nach Erscheinen der „Lectures" wurde ich von der Teubnerschen Verlagsbuchhandlung aufgefordert, eine deutsche Bearbeitung derselben vorzubereiten; ich bin dieser Aufforderung um so lieber nachgekommen, als mir dadurch Gelegenheit geboten wurde, nicht nur meinen „Lectures" in verbesserter Form eine weitere Verbreitung zu geben, sondern auch die zahlreichen Untersuchungen über Variationsrechnung aus den letzten Jahren mit zu verarbeiten und zugleich die Darstellung auf allgemeinere Probleme der Variationsrechnung auszudehnen.

Dieser Entstehungsweise entsprechend hat mir bei der Abfassung auch der deutschen Ausgabe eine Vereinigung von Lehrbuch und Enzyklopädie als Ziel vorgeschwebt. Zugleich geht aus dem Gesagten hervor, daß das vorliegende Werk, wie schon der Name andeuten soll, nicht den Anspruch erhebt, ein die gesamte Variationsrechnung umfassendes Lehrbuch zu sein; es will vielmehr nur die spezifisch moderne Variationsrechnung, wie sie sich in den letzten dreißig bis vierzig Jahren unter der Einwirkung der kritischen Richtung in der Infinitesimalrechnung, vor allem aber unter dem Einfluß der epochemachenden Entdeckungen von Weierstrass entwickelt hat, zur Darstellung bringen.

Dabei habe ich bei dem einfachsten Typus von Variationsproblemen, bei welchem die unter dem Integral stehende Funktion von einer ebenen Kurve abhängt und nur erste Ableitungen enthält, eine gewisse Vollständigkeit angestrebt; dagegen mußte ich mich bei den allgemeineren Problemen, die ja überhaupt noch nicht zu einem ähnlichen Abschluß gelangt sind, auf die Behandlung von ausgewählten Kapiteln beschränken, wenn ich nicht die Fertigstellung des Ganzen ad calendas graecas vertagen wollte.

Obgleich zahlreiche Anwendungen der Variationsrechnung auf Geometrie und Mechanik in Form von Beispielen und Übungsaufgaben behandelt werden, so liegt doch der Hauptnachdruck durchweg auf Seiten der Theorie. Dementsprechend habe ich mich besonders bemüht, klare Definitionen der Grundbegriffe und scharfe Formulierungen der Probleme zu geben und an die Beweise denselben Maßstab der Strenge anzulegen, der auf anderen Gebieten der Infinitesimalrechnung jetzt allgemein üblich ist. Dazu war es nötig, beim Leser eine Bekanntschaft mit den Hauptsätzen der Theorie der reellen Funktionen reeller Variabler vorauszusetzen Um aber das Buch einem weiteren Leserkreis zugänglich zu machen, habe ich in einem Anhang (als A. zitiert) sämtliche im Text benutzten Sätze der reellen Funktionentheorie mit ausführlichen Literaturangaben zusammengestellt. Aus demselben Grunde habe ich die Darstellung, wenigstens in den ersten Kapiteln, elementarer gehalten als in der englischen Ausgabe, und zahlreiche Übungsaufgaben am Ende der verschiedenen Kapitel hinzugefügt.

Einige Bemerkungen sind nötig über meine Stellung zu den *Vorlesungen von* WEIERSTRASS über Variationsrechnung. Dieselben dürfen heutzutage als allgemein bekannt betrachtet werden, teils durch Dissertationen und andere Publikationen von Schülern von Weierstraß, teils durch KNESER's *Lehrbuch der Variationsrechnung* (Braunschweig 1900), teils durch Ausarbeitungen, die in Mathematikerkreisen zirkulieren, und von denen Exemplare in der Bibliothek des Mathematischen Vereins in Berlin, sowie im mathematischen Lesezimmer der Göttinger Universität jedermann zugänglich sind, teils endlich durch die *Lectures on the Calculus of Variations* von HANCOCK (Cincinnati, 1904).

Unter diesen Umständen habe ich keine Bedenken getragen, von den Weierstraß'schen Vorlesungen ganz ebenso Gebrauch zu machen, als ob sie publiziert vorlägen. Dabei habe ich mich der Hauptsache nach an die Vorlesung vom Sommer 1879 gehalten, welche ich das Glück hatte, seinerzeit als Student zu hören, und von welcher ich damals eine sorgfältige Ausarbeitung angefertigt habe.

Schließlich möchte ich allen denen, welche mir in irgend einer Weise bei dem Zustandekommen meiner Arbeit behilflich gewesen sind, meinen herzlichsten Dank aussprechen: einer Reihe von Kollegen teils für bereitwillige Auskunft über Nachbargebiete, teils für Literaturangaben, teils für Berichtigungen; ebenso einer Anzahl von früheren Zuhörern für die Durcharbeitung von Übungsaufgaben; der Verlagsbuchhandlung für bereitwilliges Eingehen auf meine zahlreichen Wünsche in Bezug auf Typographie und Drucklegung.

Zu ganz besonderem Danke aber bin ich Herrn LINDEBERG verpflichtet für die Überlassung des Manuskriptes seiner inzwischen in den Mathematischen Annalen erschienenen Arbeit: *Über einige Fragen der Variationsrechnung*, wodurch es mir möglich gemacht wurde, die Theorie der isoperimetrischen Probleme in wesentlich verbesserter Form vorzutragen

Auch den Behörden der Universität Chicago bin ich zu großem Dank verpflichtet für mehrfach in zuvorkommendster Weise gewährten längeren Urlaub, ohne welchen mir die Fertigstellung des Buches kaum möglich gewesen wäre.

Ein letzes Dankeswort gilt einem, der nicht mehr unter den Lebenden weilt, dem um die Variationsrechnung so hoch verdienten ADOLF MAYER; seinem freundlichen Interesse an der englischen Ausgabe meines Buches ist es in erster Linie zuzuschreiben, daß die Firma B. G. Teubner mich zur Bearbeitung einer deutschen Ausgabe aufforderte.

Freiburg i B., den 8. September 1909.

Oskar Bolza.

*

*

Inhaltsübersicht.

Erstes Kapitel.

Die erste Variation bei der einfachsten Klasse von Aufgaben.

Zweites Kapitel

Die zweite Variation bei der einfachsten Klasse von Aufgaben.

Drittes Kapitel.

Hinreichende Bedingungen bei der einfachsten Klasse von Aufgaben.

Viertes Kapitel

Hilfssätze über reelle Funktionen reeller Variabeln.

Fünftes Kapitel.

Die Weierstraß'sche Theorie der einfachsten Klasse von Problemen in Parameterdarstellung.

Sechstes Kapitel.

Der Fall variabler Endpunkte

Siebentes Kapitel.

Die Kneser'sche Theorie.

Achtes Kapitel.

Diskontinuierliche Lösungen.

Neuntes Kapitel

Das absolute Extremum.

Zehntes Kapitel.

Isoperimetrische Probleme.

Elftes Kapitel.

Die Euler-Lagrange'sche Multiplikatoren-Methode.

Zwölftes Kapitel.

Weitere notwendige, sowie hinreichende Bedingungen beim Lagrange'schen Problem.

Dreizehntes Kapitel.

Elemente der Theorie der Extrema von Doppelintegralen.

Erstes Kapitel.

Die erste Variation bei der einfachsten Klasse von Aufgaben.

§ 1. Vorläufige Orientierung über die wichtigsten Probleme der Variationsrechnung.

Die Variationsrechnung beschäftigt sich mit Aufgaben des *Maximums und Minimums,* die jedoch von wesentlich komplizierterer Natur sind als diejenigen, welche in der aus der Differentialrechnung bekannten Theorie der gewöhnlichen Maxima und Minima behandelt werden. Während es sich nämlich dort darum handelt, diejenigen Werte einer oder mehrerer Variabeln zu bestimmen, für welche eine gegebene Funktion dieser Variabeln den größten oder kleinsten Wert annimmt, hat es die Variationsrechnung mit Aufgaben zu tun, bei denen eine oder mehrere unbekannte Funktionen so zu bestimmen sind, daß ein gegebenes, von der Wahl dieser Funktionen abhängiges *bestimmtes Integral* seinen größten oder kleinsten Wert annimmt

Dies soll zunächst durch Besprechung einiger typischer Beispiele näher erläutert werden

Beispiel I: In einer Ebene sind zwei Punkte P_1, P_2 und eine Gerade $\mathfrak{L}$ gegeben. Es wird verlangt, unter allen Kurven, welche in dieser Ebene von P_1 nach P_2 gezogen werden können, diejenige zu bestimmen, welche durch ihre Rotation um die Gerade $\mathfrak{L}$ die Fläche von kleinstem Inhalt erzeugt.

Wir wählen die Gerade $\mathfrak{L}$ zur x-Achse eines rechtwinkligen Koordinatensystems und bezeichnen die Koordinaten der beiden gegebenen Punkte mit x_1, y_1 und x_2, y_2. Ist dann

$$\mathfrak{C}: \qquad y = y(x)$$

irgend eine die beiden Punkte P_1 und P_2 verbindende Kurve, so wird der fragliche Flächeninhalt durch das bestimmte Integral [1])

$$J = 2\pi \int_{x_1}^{x_2} y \sqrt{1 + y'^2}\, dx$$

ausgedrückt, wenn y' die Ableitung der Funktion $y(x)$ bedeutet. Der Wert des Integrals J hängt von der Wahl der Kurve $\mathfrak{C}$, d. h. der Funktion $y(x)$ ab, und unsere Aufgabe lautet also analytisch [2]): Unter allen Funktionen $y(x)$, welche für $x = x_1$ und $x = x_2$ die vorgeschriebenen Werte y_1, bzw. y_2, annehmen, diejenige zu bestimmen, für welche das Integral J seinen kleinsten Wert annimmt.

Dieses Beispiel ist ein Repräsentant der *einfachsten Klasse von Aufgaben* der Variationsrechnung, bei denen es sich darum handelt, ein Integral von der Form

$$J = \int_{x_1}^{x_2} f(x, y, y')\, dx, \qquad y' = \frac{dy}{dx}, \tag{1}$$

durch passende Wahl der unbekannten Funktion y zu einem Extremum [3]) zu machen. Mit dieser einfachsten Klasse von Aufgaben, die zugleich von grundlegender Bedeutung ist, werden wir uns in den drei ersten Kapiteln beschäftigen.

Wir haben der Einfachheit halber bei der analytischen Formulierung von Beispiel I die zu betrachtenden Kurven in der Form: $y = y(x)$ angenommen, unter $y(x)$ eine eindeutige Funktion verstanden, d. h. wir haben vorausgesetzt, daß jede der y-Achse parallele Gerade die betreffende Kurve höchstens in einem Punkte trifft. Dies ist jedoch eine Beschränkung, die durchaus nicht in der Natur der Aufgabe liegt. Wir können uns von derselben befreien, indem wir sämtliche Kurven in Parameterdarstellung ansetzen:

$$x = x(t), \qquad y = y(t).$$

---

[1]) Wir werden in der Folge die positive Quadratwurzel aus einer reellen positiven Größe a stets mit $\sqrt{a}$ bezeichnen, während die Bezeichnung $\sqrt{a}$ andeuten soll, daß das Vorzeichen unbestimmt bleibt.

[2]) Die in diesem Paragraphen gegebene Formulierung der verschiedenen Probleme ist nur als eine vorläufige zu betrachten und bedarf nach verschiedenen Richtungen hin einer schärferen Präzisierung.

[3]) Das Wort „*Extremum*" wird nach dem Vorgang von Du Bois-Reymond (Mathematische Annalen, Bd. 15 (1879), p. 564) in gleicher Weise für „Maximum" und „Minimum" gebraucht in solchen Fällen, wo es nicht nötig ist, zwischen beiden zu unterscheiden.

Unser bestimmtes Integral geht dann über in:

$$J = 2\pi \int_{t_1}^{t_2} y \sqrt{x'^2 + y'^2}\, dt,$$

wo jetzt x', y' die Ableitungen von x und y nach t bedeuten.

Allgemeiner nimmt das Integral (1) bei Parameterdarstellung die Form an:

$$J = \int_{t_1}^{t_2} F(x, y, x', y')\, dt, \tag{2}$$

wobei F in bezug auf x', y' homogen von der ersten Dimension ist. Das Problem, ein Integral von der Form (2) zu einem Extremum zu machen, bildet *die einfachste Klasse von Variationsproblemen in Parameterdarstellung.* Wir werden diese Klasse von Problemen, die für geometrische Anwendungen von größter Wichtigkeit ist, und deren Theorie am eingehendsten ausgebildet worden ist, in Kap. V—IX behandeln

Einen Typus von wesentlich anderer Art repräsentiert das folgende

Beispiel II[1]: *Unter allen Kurven von vorgeschriebener Länge l, welche zwei gegebene Punkte P_1, P_2 verbinden, diejenige zu bestimmen, welche zusammen mit der Sehne $P_1 P_2$ den größten Flächeninhalt einschließt.*

Wählen wir die Gerade durch die beiden Punkte $P_1(x_1, y_1)$ und $P_2(x_2, y_2)$ zur x-Achse eines rechtwinkligen Koordinatensystems und beschränken uns der Einfachheit halber auf Kurven, die in der Form

$$y = y(x)$$

darstellbar sind, so lautet die Aufgabe in analytischer Formulierung:

Unter allen Funktionen: $y = y(x)$, welche den Anfangsbedingungen

$$y(x_1) = 0, \qquad y(x_2) = 0,$$

und überdies der Bedingung

$$\int_{x_1}^{x_2} \sqrt{1 + y'^2}\, dx = l$$

genügen, diejenige zu finden, welche dem Integral

[1]) Zuerst vorgelegt von Jacob Bernoulli 1697, siehe Stäckel's Übersetzung in Nr. 46 von Ostwald's *Klassiker der exakten Wissenschaften*, p. 19 und Anmerkung 19) auf p. 139; weitere Literatur bei Pascal, *Die Variationsrechnung* (Leipzig, 1899), pp 127, 128.

$$J = \int_{x_1}^{x_2} y\,dx$$

den größten Wert erteilt.

Das charakteristisch Neue besteht hier also darin, daß den zum Vergleich herangezogenen Kurven außer den Anfangsbedingungen noch die weitere Beschränkung auferlegt wird, daß sie einem gewissen bestimmten Integral einen vorgeschriebenen Wert erteilen sollen.

Unser Beispiel ist also ein spezieller Fall der Aufgabe, ein Integral von der Form

$$J = \int_{x_1}^{x_2} f(x, y, y')\,dx \tag{1}$$

zu einem Extremum zu machen, während gleichzeitig die zulässigen Kurven einem zweiten Integral

$$K = \int_{x_1}^{x_2} g(x, y, y')\,dx \tag{3}$$

einen vorgeschriebenen Wert l erteilen sollen.

Aufgaben dieser Art heißen „*isoperimetrische Probleme*"; wir werden dieselben in Kapitel X betrachten, und zwar, im Hinblick auf die vielen geometrischen Aufgaben dieser Art, in Parameterdarstellung.

Die nächstliegende Verallgemeinerung besteht darin, daß man bestimmte Integrale betrachtet, in denen die Funktion unter dem Integral nicht nur die erste, sondern auch *höhere Ableitungen* der unbekannten Funktion y enthält, also Integrale der Form

$$J = \int_{x_1}^{x_2} f(x, y, y', y'', \ldots, y^{(n)})\,dx. \tag{4}$$

Diese Klasse von Aufgaben hat in der Geschichte der Variationsrechnung eine gewisse Rolle gespielt, ist jedoch gegenwärtig, wo die rein formalen Fragen mehr in den Hintergrund getreten sind, von geringerem Interesse, teils weil sie in einer weiter unten zu betrachtenden allgemeineren Klasse als Spezialfall enthalten ist, teils weil kaum irgendwelche interessante geometrische oder mechanische Probleme zu dieser Kategorie gehören.[1])

---

[1]) Wir geben am Ende von Kap. III einige Andeutungen über Aufgaben dieser Art; im übrigen verweisen wir auf PASCAL, loc cit., §§ 2—7, 16, 19—22, und ZERMELO, *Untersuchungen zur Variationsrechnung, Dissertation* (Berlin 1894), sowie §§ 1, 4, 6, 12, 13, 14 in KNESER's Artikel über Variationsrechnung in der *Encyklopädie der mathematischen Wissenschaften*, II A 8, und KNESER, *Lehrbuch der Variationsrechnung* (Braunschweig, 1900), 6 Abschnitt.

Weit wichtiger ist eine zweite Verallgemeinerung, bei welcher *mehrere unbekannte Funktionen* unter dem bestimmten Integral vorkommen.

Besonders interessant werden die Aufgaben dieser Art, wenn zwischen den unbekannten Funktionen Relationen vorgeschrieben sind. Hierher gehört das folgende

Beispiel III: Die kürzeste Linie zu bestimmen, welche auf einer in der Form

$$\varphi(x, y, z) = 0$$

gegebenen Fläche zwischen zwei auf der Fläche gegebenen Punkten gezogen werden kann.

Nimmt man die zulässigen Kurven in der Form

$$y = y(x), \qquad z = z(x)$$

darstellbar an, so hat man unter allen der Bedingung

$$\varphi(x, y(x), z(x)) = 0$$

genügenden Kurven, welche durch die beiden gegebenen Punkte gehen, diejenige zu bestimmen, für welche das Integral

$$J = \int_{x_1}^{x_2} \sqrt{1 + y'^2 + z'^2}\, dx$$

den kleinsten Wert annimmt.

Hier haben wir also *zwei unbekannte Funktionen* von x zu bestimmen, welche *durch eine endliche Gleichung verbunden* sind.

Die vorgeschriebenen Relationen zwischen den unbekannten Funktionen können aber auch die Form von Differentialgleichungen haben, wie das folgende, schon von EULER[1]) und LAGRANGE[2]) behandelte Beispiel zeigt

Beispiel IV: Die Brachistochrone im widerstehenden Medium. Unter allen Raumkurven, welche zwischen zwei gegebenen Punkten P_1 und P_2 gezogen werden können, soll diejenige bestimmt werden, entlang welcher ein schwerer materieller Punkt in der kürzesten Zeit von P_1 nach P_2 gelangt, wenn er den Punkt P_1 mit einer gegebenen Anfangsgeschwindigkeit v_1 verläßt. Die Reibung soll vernachlässigt

---

[1]) Vgl. *Methodus inveniendi lineas curvas maximi minimive proprietate gaudentes* (Lausanne, 1744), pp. 126, 214.

[2]) Vgl *Œuvres*, Bd 10, p. 440; vgl. ferner LINDELOEF-MOIGNO, *Calcul des Variations* (Paris, 1861), p. 308, und KNESER, *Lehrbuch*, p 248

werden, dagegen soll der Widerstand des Mediums berücksichtigt werden.

Die positive z-Achse eines rechtwinkligen Koordinatensystems werde vertikal nach unten gewählt und die Masse des materiellen Punktes gleich 1 angenommen; v bezeichne die Geschwindigkeit, g die Konstante der Schwere. Der Widerstand sei eine gegebene Funktion der Geschwindigkeit, $R(v)$ sei der absolute Wert derselben. Dann erhält man aus dem Prinzip der lebendigen Kraft[1]):

$$d\frac{v^2}{2} = g\,dz - R(v)\sqrt{dx^2 + dy^2 + dz^2}$$

Nehmen wir daher der Einfachheit halber x als unabhängige Variable, so lautet die Aufgabe in analytischer Fassung: Unter allen Funktionensystemen

$$y = y(x), \qquad z = z(x), \qquad v = v(x),$$

welche den Anfangsbedingungen

$$\begin{aligned} y(x_1) &= y_1, \qquad z(x_1) = z_1, \qquad v(x_1) = v_1, \\ y(x_2) &= y_2, \qquad z(x_2) = z_2, \end{aligned}$$

und der Differentialgleichung

$$vv' = gz' - R(v)\sqrt{1 + y'^2 + z'^2}$$

genügen, dasjenige zu bestimmen, welches das Integral

$$J = \int_{x_1}^{x_2} \frac{\sqrt{1 + y'^2 + z'^2}\,dx}{v}$$

zu einem Minimum macht.

Wir haben hier also *drei unbekannte Funktionen*, welche *durch eine Differentialgleichung verbunden* sind

In naturgemäßer Verallgemeinerung gelangt man so schließlich zu folgender, gewöhnlich als *Lagrange'sches Problem* bezeichneter Aufgabe: Unter allen Funktionensystemen $y_1, y_2, \ldots, y_n$ einer unabhängigen Variabeln x, welche gewissen Anfangsbedingungen und außerdem einer Anzahl von Nebenbedingungen von der Form

$$\varphi_k(x, y_1, y_2, \ldots, y_n;\ y_1', y_2' \ldots, y_n') = 0 \qquad (5)$$
$$k = 1, 2, \ldots, m, \quad (m < n)$$

[1]) Vgl z. B Appell, *Traité de Mécanique rationelle*, Bd I, Nr. 220, 251 und Sturm, *Cours de Mécanique* (5e éd.), Bd. I, Nr 274

genügen, dasjenige zu bestimmen, für welches das Integral

$$J = \int_{x_1}^{x_2} f(x, y_1, y_2, \ldots, y_n; y_1', y_2', \ldots, y_n')\, dx$$

seinen kleinsten oder größten Wert annimmt.

Dabei soll der Fall $m = 0$ mit inbegriffen sein und ebenso der Fall, in welchem einige der Funktionen φ_k, oder alle, die Ableitungen $y_1', y_2', \ldots, y_n'$ nicht enthalten.

Dieses Problem ist von ganz besonderer Wichtigkeit, einmal weil es *das allgemeinste Variationsproblem für einfache bestimmte Integrale* darstellt, insofern alle andern sich auf dieses reduzieren lassen, sodann weil die allgemeinen Variationsprinzipien der Mechanik, wie das Hamilton'sche Prinzip und das Prinzip der kleinsten Aktion auf Probleme dieser Art führen. Diese Klasse von Aufgaben werden wir im XI und XII. Kapitel behandeln.

Endlich kann man auch *mehrfache Integrale* in den Kreis der Betrachtung ziehen. Ein klassisches Beispiel dieser Art ist das Problem der Minimalflächen:

Beispiel V: Unter allen Flächen, welche von einer gegebenen geschlossenen Raumkurve $\mathfrak{L}$ begrenzt werden, diejenige zu bestimmen, welche den kleinsten Flächeninhalt besitzt.

Beschränken wir uns der Einfachheit halber auf Flächen, welche, bezogen auf ein rechtwinkliges Koordinatensystem, in der Form

$$z = f(x, y)$$

darstellbar sind, und bezeichnen wir mit $\mathcal{S}$ den Bereich der x, y-Ebene, welcher von der Projektion $\mathfrak{L}'$ der Kurve $\mathfrak{L}$ begrenzt wird, so lautet die Aufgabe in analytischer Formulierung: Unter allen Funktionen von zwei unabhängigen Variabeln

$$z = f(x, y),$$

welche entlang der Kurve $\mathfrak{L}'$ vorgeschriebene, sich stetig aneinanderreihende Werte annehmen, diejenige zu bestimmen, für welche das Doppelintegral

$$J = \iint_{\mathcal{S}} \sqrt{1 + \left(\frac{\partial z}{\partial x}\right)^2 + \left(\frac{\partial z}{\partial y}\right)^2}\, dx\, dy$$

den kleinsten Wert annimmt.

Da beim Übergang zu mehrfachen Integralen die Schwierigkeiten ganz erheblich zunehmen, und da die Theorie hier noch nicht zu einem ähnlichen Abschluß gekommen ist wie bei den einfachen Integralen, so werden wir uns bei der Behandlung dieser Klasse von Aufgaben auf die Entwicklung der einfachsten Sätze beschränken. –

Nach dieser allgemeinen Übersicht wenden wir uns jetzt zur näheren Betrachtung der einfachsten Klasse von Variationsproblemen, wobei es sich zunächst um eine genaue Formulierung der Aufgabe handeln wird.

§ 2. Definitionen und Sätze über „gewöhnliche" Maxima und Minima.

Bei der fundamentalen Rolle, welche die Begriffe des Maximums und Minimums in der Variationsrechnung spielen, empfiehlt es sich, die wichtigsten Definitionen und Sätze über „gewöhnliche" Maxima und Minima vorauszuschicken.

a) **Maximum und Minimum einer linearen Punktmenge:**

Unter einer endlichen Anzahl von Werten einer unabhängigen Variabeln x gibt es stets mindestens ein Maximum, d. h. einen Wert, der größer oder wenigstens nicht kleiner ist als alle übrigen; und ebenso ein Minimum.

Ganz anders verhält es sich dagegen bei Mengen von unendlich vielen Werten (sogenannten unendlichen Wertmengen oder linearen Punktmengen). Hier kann es zunächst vorkommen, daß ein Maximum deshalb nicht existiert, weil es unter den Werten der Menge solche gibt, die jede vorgegebene Zahl übersteigen. Dies ist z. B. der Fall bei der aus der Gesamtheit aller positiven ganzen Zahlen gebildeten Menge. Man sagt in diesem Fall, die Menge sei nach oben nicht beschränkt. Aber auch wenn die Menge nach oben beschränkt ist (borné supérieurement[1]) d. h. wenn sämtliche Werte der Menge unterhalb einer festen Größe („Schranke") L liegen, so braucht es deshalb doch keinen größten Wert der Menge zu geben. So ist z. B. die unendliche Menge

$$0,\ \frac{1}{2},\ \frac{2}{3},\ \frac{3}{4},\ \ldots,\ \frac{\nu-1}{\nu},\ \ldots$$

nach oben beschränkt, da sämtliche Werte der Mengen kleiner als z. B. 2 sind; trotzdem gibt es unter den Werten dieser Menge keinen größten.

---

[1]) Vgl. A I 2; die Abkürzung A bedeutet stets den *Anhang* am Ende des Buches.

Dagegen gilt der Satz[1]), daß jede nach oben begrenzte Wertmenge (lineare Punktmenge) eine *obere Grenze* besitzt, d. h. es gibt eine (und nur eine) Größe G, welche folgende beiden charakteristischen Eigenschaften hat:

1. jeder Wert p der Menge ist $\leqq G$;

2. wie klein auch die positive Größe ε gewählt sein mag, so gibt es stets mindestens einen Wert p' der Menge für welchen $p' > G - \varepsilon$.

Diese obere Grenze G gehört nun entweder selbst zur Menge und heißt alsdann das *Maximum der Menge* oder aber sie gehört nicht zur Menge; in diesem Fall sagt man, die Menge besitzt kein Maximum. Die entsprechenden Definitionen und Sätze gelten für die *untere Grenze* und das *Minimum* einer Menge.

Für das obige Beispiel ist die obere Grenze 1, dieselbe gehört selbst nicht zur Menge; dagegen gehört die untere Grenze 0 zur Menge und ist daher zugleich das Minimum.

Der Gleichförmigkeit halber pflegt man von einer nach oben (unten) nicht beschränkten Menge zu sagen ihre obere (untere) Grenze sei $+\infty$ $(-\infty)$.

Bei diesem Sprachgebrauch, welchem wir folgen werden, besitzt also jede lineare Punktmenge eine obere Grenze und eine untere Grenze.

b) **Absolutes Maximum und Minimum einer Funktion in einem Intervall:**[2])

Es sei jetzt

$$y = f(x)$$

eine reelle Funktion einer reellen Variabeln, definiert in einem Intervall[3]) $[ab]$. Die dem Intervall $[ab]$ von x entsprechenden Werte von y bilden eine lineare Punktmenge, die wir mit Y bezeichnen. Diese Punktmenge hat nach dem vorigen stets eine obere Grenze G und eine untere Grenze K, welche die obere, resp. untere, Grenze der Funktion $f(x)$ in dem Intervall $[ab]$ genannt werden.

Sind G und K beide endlich, so heißt die Funktion $f(x)$ *endlich im Intervall* $[ab]$.

---

[1]) Vgl. A I 3.

[2]) Hierzu die *Übungsaufgaben* 1_a, 1_b, 1_c am Ende von Kap III.

[3]) d. h für alle x, für welche $a \leqq x \leqq b$, (falls $a < b$), $a \geqq x \geqq b$, (falls $a > b$); im allgemeinen soll mit der Bezeichnung $[ab]$ die Annahme $a < b$ verbunden sein. Für eine Funktion, welche nicht für ein stetiges Intervall, sondern für eine beliebige Punktmenge X im Gebiet der Variabeln x definiert ist, (vgl. *Encyclopädie*, II A, p. 11 und JORDAN, *Cours d'Analyse* (Paris, 1893), I, Nr 41), ersetze man in den folgenden Definitionen überall das Intervall $[ab]$ durch die Menge X.

Gehört die obere Grenze G zur Menge Y d. h. gibt es wenigstens einen Wert c des Intervalls $[ab]$, so daß: $f(c) = G$, während gleichzeitig: $f(x) \lesseqgtr G$ für jedes x in $[ab]$, so heißt[1]) G das *absolute Maximum der Funktion* $f(x)$ *im Intervall* $[ab]$. Gehört dagegen G nicht zu Y, so besitzt die Funktion $f(x)$ im Intervall $[ab]$ kein absolutes Maximum; letzteres ist stets der Fall, wenn $G = +\infty$, da jedes einzelne y als endlich vorausgesetzt wird.

Analoge Definitionen gelten für das absolute Minimum.

Für *stetige* Funktionen gilt der Satz[2]): Ist $f(x)$ stetig im Intervall $[ab]$, so ist sowohl die obere als die untere Grenze endlich und beide werden wirklich erreicht, d. h. $f(x)$ besitzt in $[ab]$ ein absolutes Maximum und ein absolutes Minimum.

Die oben gegebenen Definitionen lassen sich ohne weiteres auf Funktionen mehrerer Variabeln ausdehnen.

c) **Relatives Maximum und Minimum einer Funktion:**

Von dem absoluten Extremum ist das *relative*[3]) zu unterscheiden. Man sagt eine Funktion $f(x)$, welche in einem Intervall $[ab]$ definiert ist, besitzt ein relatives Minimum an einer Stelle $x = x_0$ des Intervalls $[ab]$, wenn eine positive Größe d existiert, derart, daß

$$f(x_0) \lesseqgtr f(x)$$

für jedes x des Intervalls $[ab]$, für welches $|x - x_0| < d$; oder, wie wir auch schreiben können,

$$f(x_0 + h) - f(x_0) \gtreqless 0 \qquad (7)$$

für jedes h, für welches $|h| < d$ und $x_0 + h$ in $[ab]$

Nach STOLZ[4]) unterscheidet man dabei das eigentliche von dem uneigentlichen Minimum: Bei dem *eigentlichen Minimum* läßt sich d so klein wählen, daß

$$f(x_0 + h) - f(x_0) > 0 \qquad (8)$$

für alle angegebenen Werte von h außer $h = 0$; bei dem uneigentlichen gibt es, wie klein auch d gewählt sein mag, immer noch von Null verschiedene Werte h', für welche

---

[1]) Vgl *Encyclopadie*, II A, p. 80.

[2]) Vgl A III 3.

[3]) Ich folge der Terminologie von Voss in *Encyclopadie*, II A, p. 81; vielfach wird „relatives Extremum" für „Extremum mit Nebenbedingungen" gebraucht; vgl unten, Kap. X

[4]) *Grundzuge der Differential- und Integralrechnung*, (Leipzig, 1893), Bd I, p 199

$$f(x_0 + h') - f(x_0) = 0, \qquad |h'| < d.$$

Analoge Definitionen gelten für das relative Maximum

Beispiele von uneigentlichen Extremen

a) Die Funktion: $y = konst.$ hat in jedem Punkte ein uneigentliches Maximum und zugleich ein uneigentliches Minimum

b) Die Funktion [1])

$$y = \begin{cases} \left(x \sin \frac{1}{x}\right)^2 & \text{fur } x \neq 0 \\ 0 & \text{fur } x = 0 \end{cases}$$

hat fur $x = 0$ ein uneigentliches relatives Minimum Denn hier ist

$$f(x) \geqq f(0), \quad \text{fur jedes } x;$$

zugleich gibt es in jeder Nähe der Stelle $x = 0$ Werte von x, für welche $f(x) = f(0)$, nämlich die Werte $x = 1/\mu\pi$, wo μ eine ganze Zahl.

Besitzt die Funktion $f(x)$ im Punkt $x = x_0$ eine Ableitung $f'(x_0)$, so gilt der *Satz* [2]):

Für das Eintreten eines relativen Extremums in einem innern Punkt x_0 des Intervalls $[ab]$ ist notwendig, daß

$$f'(x_0) = 0 \tag{9}$$

Denn nach der Definition der Ableitung hat man in diesem Fall:

$$f(x_0 + h) - f(x_0) = h\,[f'(x_0) + (h)], \tag{10}$$

wo (h), wie stets in der Folge, in Weierstraß'scher Bezeichnung eine unendlich kleine Funktion von h bezeichnet, d h.

$$\underset{h=0}{L}(h) = 0$$

Wäre nun $f'(x_0) \neq 0$, so könnte man eine positive Größe δ angeben, so daß $|(h)| < |f'(x_0)|$, und daher $f'(x_0) + (h)$ von demselben Zeichen wie $f'(x_0)$ wäre für alle $|h| < \delta$. Für solche Werte von h

---

[1]) Vgl *Encyclopadie*, II A, p. 81

[2]) Vgl. *Encyclopadie*, II A, p 82; Jordan, *Cours d'Analyse*, I, Nr 394; Peano, *Differentialrechnung und Grundzuge der Integralrechnung* (Leipzig, 1899), Nr. 131; unter allgemeineren Voraussetzungen bei Stolz, *Grundzuge*, I, pp. 203, 204, 207. Ist die Funktion $f(x)$ regulär im Punkt x_0, d. h nach ganzen positiven Potenzen von $x - x_0$ entwickelbar, so kann man die obigen Resultate auch mittels des Satzes beweisen· Fur hinreichend kleine Werte von $|h|$ hat die Potenzreihe

$$a_k h^k + a_{k+1} h^{k+1} + \cdots, \quad a_k \neq 0,$$

dasselbe Vorzeichen wie das erste Glied $a_k h^k$, vgl. Stolz, *Grundzuge*, I, p 205 Kneser, *Lehrbuch*, § 7.

hätte daher $f(x_0 + h) - f(x_0)$ dasselbe oder das entgegengesetzte Zeichen wie $f'(x_0)$, jenachdem h positiv oder negativ Es könnte also weder ein Maximum noch ein Minimum stattfinden.

Derselbe Schluß läßt sich nicht anwenden, wenn x_0 mit einem der Endpunkte des Intervalls $[ab]$ zusammenfällt Nehmen wir an, daß $a < b$, so kann h für $x_0 = a$ nur positive, für $x_0 = b$ nur negative Werte annehmen. Daher folgt aus (10): Für das Eintreten eines relativen Maximums (Minimums) im unteren Endpunkt a des Intervalls $[ab]$ ist notwendig daß $\overset{+\prime}{f}(a) \lesseqgtr 0 \; (\gtreqless 0)$, im oberen Endpunkt b: $\overset{-\prime}{f}(b) \gtreqless 0 \; (\lesseqgtr 0)$, wobei $\overset{+\prime}{f}$ und $\overset{-\prime}{f}$ die vordere und hintere Derivierte bedeuten.[1])

Wenn in einer gewissen Umgebung eines inneren Punktes x_0 die n ersten Ableitungen von $f(x)$ existieren und stetig sind, so gilt der *Satz*[2]): *Wenn*

$$f'(x_0) = 0, \quad f''(x_0) = 0, \ldots, \quad f^{(n-1)}(x_0) = 0, \quad f^{(n)}(x_0) \neq 0,$$

so besitzt die Funktion $f(x)$ für $x = x_0$ kein Extremum, wenn n ungerade; dagegen besitzt sie ein relatives Extremum, falls n gerade ist, und zwar ein eigentliches Minimum, wenn $f^{(n)}(x_0) > 0$, ein eigentliches Maximum, wenn $f^n(x_0) < 0$.

Denn unter den gemachten Annahmen läßt sich der Taylor'sche Satz anwenden, nach welchem

$$f(x_0 + h) - f(x_0) = \frac{h^n}{n!} f^{(n)}(x_0 + \theta h), \quad 0 < \theta < 1, \tag{11}$$

woraus unter Zuziehung der vorausgesetzten Stetigkeit von $f^{(n)}(x)$ der Satz unmittelbar folgt.

Für die Endpunkte ist der Satz wieder ähnlich wie oben zu modifizieren.

Aus den oben gegebenen Definitionen folgt unmittelbar: Besitzt die Funktion $f(x)$ für $x = x_0$ ein absolutes Maximum (Minimum) in bezug auf ein den Punkt x_0 enthaltendes Intervall $[ab]$, so besitzt sie a fortiori auch ein relatives Maximum (Minimum) für $x = x_0$. Hierdurch reduziert sich die Bestimmung der absoluten Extrema auf die der relativen. Hat man letztere gefunden und weiß man a priori, daß die Funktion $f(x)$ im Intervall $[ab]$ ein absolutes Maximum (Minimum) besitzt, so hat man nur unter den relativen Maximalwerten (Minimalwerten) den

---

[1]) Vgl. A IV 1

[2]) Vgl. p 11, Fußnote [2])

größten (kleinsten) auszusuchen. Neue Schwierigkeiten treten nur dann auf, wenn die Funktion unendlich viele Maxima und Minima besitzt.[1])

§ 3. Definition des Maximums und Minimums eines bestimmten Integrals.[2])

Ganz analoge Begriffsbildungen treten nun auch bei der Definition des Maximums und Minimums eines bestimmten Integrals auf.

Wir werden uns dabei (sowie stets in der Folge) der folgenden abgekürzten Ausdrucksweise bedienen: Indem wir unter einer *Funktion* stets eine *eindeutige, reelle* Funktion einer oder mehrerer *reeller Variabeln* verstehen, sagen wir, eine Funktion $f(x)$ einer Variabeln x, welche in einem Intervall $[ab]$ definiert ist, sei in diesem Intervall *von der Klasse* C', wenn sie in[3]) $[ab]$ stetig ist und eine stetige erste Ableitung $f'(x)$ besitzt; *von der Klasse* C'', wenn außerdem die zweite Ableitung $f''(x)$ existiert und stetig ist in $[ab]$, und so fort, wobei man beachte, daß die Klasse $C^{(n+1)}$ in der Klasse $C^{(n)}$ enthalten ist.

Ebenso soll die *Kurve*

$$y = f(x), \qquad a \gtreqless x \gtreqless b,$$

---

[1]) Hierzu *Übungsaufgabe* 1_d, am Ende von Kap. III.

[2]) Bis in das letzte Drittel des vorigen Jahrhunderts hat allgemein große Unklarheit über die Grundlagen der Variationsrechnung geherrscht. Das größte Verdienst um die Klärung der Grundbegriffe und um eine scharfe Formulierung der Aufgaben haben: Du Bois-Reymond, *„Erläuterungen zu den Anfangsgründen der Variationsrechnung"*, Mathematische Annalen, Bd. XV. (1879), p. 283; Scheeffer: *„Über die Bedeutung der Begriffe Maximum und Minimum in der Variationsrechnung"*, ibid. Bd XXVI (1886), p. 197; und vor allem Weierstrass in seinen an der Berliner Universität gehaltenen *Vorlesungen über Variationsrechnung* (1865—1890). Wertvolle Beiträge nach dieser Richtung haben auch geliefert: Zermelo, *Dissertation,* p 24; Kneser, *Lehrbuch,* § 17 und Osgood, *„Sufficient conditions in the Calculus of Variations"*, Annals of Mathematics (2), Bd. II (1901), p. 105.

[3]) Da der Begriff der Ableitung, wie er gewöhnlich definiert wird, nur eine Bedeutung hat für *innere* Punkte des Definitionsbereiches einer Funktion, so ist noch eine besondere Festsetzung bezüglich der Endpunkte a und b notwendig Wir wollen dieselbe dahin formulieren, daß es möglich sein soll, die Definition der Funktion $f(x)$ so über das Intervall $[ab]$ hinaus auszudehnen, daß die erweiterte Funktion für $a' < x < b'$ die genannten Eigenschaften hat, wo $a' < a$, $b' > b$ Dies ist gleichbedeutend mit der Annahme, daß die betreffenden Ableitungen stetig sein sollen im Innern des Intervalls $[ab]$ und sich bestimmten endlichen Grenzen nähern sollen bei Annäherung an die Endpunkte (vgl. A IV 4).

von der Klasse C', resp. C'', ... heißen, wenn $f(x)$ in $[ab]$ von der Klasse C', resp. C'' ... ist.

Endlich sagen wir auch von einer Funktion von m Variabeln: $f(x_1, x_2, \ldots, x_m)$, sie sei in einem Bereich[1] $\mathfrak{A}$ im Gebiet der Variabeln $x_1, x_2, \ldots, x_m$ von der Klasse $C^{(n)}$, wenn sie selbst samt ihren partiellen Ableitungen bis zur n^{ten} Ordnung inklusive stetig ist in[2] $\mathfrak{A}$.

a) **Absolutes Extremum eines bestimmten Integrals:**

Es sei jetzt einerseits eine Funktion $f(x, y, y')$ der drei unabhängigen Variabeln x, y, y' gegeben, welche reell und von der Klasse[3] C''' ist in einem Bereich $\mathfrak{R}$, welcher aus allen Punkten (x, y, y') besteht, für welche (x, y) einem gewissen Bereich $\mathfrak{R}$ der x, y-Ebene angehört, während y' irgend einen endlichen Wert haben kann.

Andererseits sei

$$\mathfrak{C}: \qquad y = y(x), \qquad x_1 \lesseqgtr x \lesseqgtr x_2,$$

eine ganz im[4] Bereich $\mathfrak{R}$ gelegene Kurve der Klasse C'.

Alsdann ist die Funktion

$$f(x, y(x), y'(x))$$

---

[1]) Unter einem „*Bereich*" soll stets eine Punktmenge verstanden werden, welche „innere Punkte" enthält, einerlei von welcher Beschaffenheit sie sonst sein mag. Über die Definition eines inneren Punktes vgl. A I 7.

[2]) Dies hat eine unmittelbare Bedeutung wieder nur, wenn der Bereich $\mathfrak{A}$ nur innere Punkte enthält (oder, wie wir sagen, ein „*stetiger Bereich*" ist); enthält er auch *Begrenzungspunkte* (d. h. Punkte, in deren jeder Nähe es Punkte gibt, welche nicht zu $\mathfrak{A}$ gehören), so fügen wir noch die Festsetzung hinzu, daß sich die Definition von $f(x_1, x_2, \ldots, x_m)$ so über den Bereich $\mathfrak{A}$ hinaus auf einen stetigen, den Bereich $\mathfrak{A}$ enthaltenden Bereich $\mathfrak{B}$ fortsetzen lassen soll, daß die erweiterte Funktion die angegebenen Eigenschaften im Bereich $\mathfrak{B}$ besitzt.

[3]) Bei den geometrischen und mechanischen Anwendungen der Variationsrechnung ist die Funktion $f(x, y, y')$ meistens eine *analytische* Funktion einfachster Art. Es wäre daher vollständig genügend, die Untersuchung für analytische Funktionen f durchzuführen, wie es Weierstrass und Kneser getan haben. Dagegen muß man gerade auch vom Standpunkt der Anwendungen bei den meisten Aufgaben auch *nicht-analytische Kurven* zulassen, wenn man die Aufgabe nicht ganz unnatürlich einschränken will. Wenn man es aber doch einmal mit nicht-analytischen Funktionen zu tun hat, so wird die Darstellung einheitlicher, wenn man auch die Funktion f nicht als analytisch voraussetzt, wie dies auch schon Pascal, loc. cit. p. 21 und Osgood, loc. cit. p. 105 getan haben.

[4]) Eine Kurve liegt „*in einem Bereich*" soll stets bedeuten: jeder Punkt der Kurve ist zugleich ein Punkt des Bereiches, nicht notwendig ein innerer Punkt.

nach den Sätzen über zusammengesetzte Funktionen (A IV 9) eine im Intervall $[x_1 x_2]$ stetige Funktion von x, und daher hat das Integral

$$J = \int_{x_1}^{x_2} f(x,\ y(x),\ y'(x))\, dx \tag{12}$$

einen bestimmten endlichen Wert. Wir nennen dieses Integral das *Integral der Funktion* $f(x, y, y')$ *genommen entlang der Kurve* $\mathfrak{C}$ und bezeichnen dasselbe mit

$$J = \int_{\mathfrak{C}} f(x,\ y,\ y')\, dx$$

oder kürzer mit $J_{\mathfrak{C}}$.

Es seien jetzt im Bereich $\mathfrak{R}$ zwei Punkte $P_1(x_1, y_1)$ und $P_2(x_2, y_2)$ gegeben, wobei wir stets $x_1 < x_2$ voraussetzen; wir betrachten die Gesamtheit $\mathfrak{M}$ aller Kurven, welche folgende Bedingungen erfüllen:

1. Sie gehen durch die beiden gegebenen Punkte P_1 und P_2.

2 Sie sind in der Form

$$y = y(x), \qquad x_1 \leqq x \leqq x_2$$

darstellbar, wo $y(x)$ eine eindeutige Funktion von x bedeutet, d h. geometrisch, jede Kurve wird von jeder Geraden parallel der y-Achse: $x = c$ in einem und nur einem Punkt geschnitten, wenn $x_1 \leqq c \leqq x_2$.

3. Sie sind von der Klasse C', d. h. geometrisch, sie sind stetig und besitzen in jedem Punkt eine Tangente, deren Gefälle[1]) sich stetig ändert, und die nie mit der y-Achse parallel ist.

4 Sie liegen ganz im Bereich $\mathfrak{R}$. Wir nennen diese Kurven die „*zulässigen Kurven*“ oder auch die „Vergleichskurven“

Jede zulässige Kurve $\mathfrak{C}$ liefert einen bestimmten endlichen Wert $J_{\mathfrak{C}}$ für das Integral J. Die Menge dieser Integralwerte $\{J_{\mathfrak{C}}\}$ besitzt eine untere Grenze K und eine obere Grenze G (endlich oder unendlich) Wenn alsdann die untere (obere) Grenze endlich ist und wirklich erreicht wird, d. h. wenn es eine zulässige Kurve $\mathfrak{C}$ gibt, für welche

$$J_{\mathfrak{C}} = K, \qquad (J_{\mathfrak{C}} = G), \tag{13}$$

so sagen wir, die Kurve $\mathfrak{C}$ liefert ein *absolutes Minimum (Maximum) für das Integral* J in bezug auf die Menge $\mathfrak{M}$.

---

[1]) Unter *Gefälle* (slope) einer Geraden verstehen wir die trigonometrische Tangente des Winkels, welchen die Gerade mit der positiven x-Achse bildet

Für jede andere zulässige Kurve $\overline{\mathfrak{C}}$ hat man dann

$$J_{\overline{\mathfrak{C}}} \geqq J_{\mathfrak{C}}, \qquad (J_{\overline{\mathfrak{C}}} \leqq J_{\mathfrak{C}}); \tag{14}$$

und diese Ungleichung kann ebenfalls zur Definition des absoluten Minimums (Maximums) benutzt werden.

Die *Aufgabe der Variationsrechnung* in ihrer einfachsten Form besteht nun darin, diejenige oder diejenigen zulässigen Kurven zu bestimmen, welche in diesem Sinn ein absolutes Minimum oder Maximum für das Integral J liefern.[1])

Die so formulierte Aufgabe laßt sich auf die mannigfachste Weise modifizieren, indem man den zulässigen Kurven andere Bedingungen auferlegt. Wir erwähnen die wichtigsten dieser Modifikationen:

1. Statt die Endpunkte vorzuschreiben, kann man auch nur verlangen, daß sie auf gegebenen Kurven liegen sollen, oder sonst in vorgeschriebener Weise veränderlich sein sollen (vgl § 7 und Kap. VI).

2 Man kann die Bedingung fallen lassen, daß y sich als eindeutige Funktion von x darstellen lassen soll, indem man die Kurven in Parameterdarstellung annimmt (vgl Kap. V).

3. Endlich kann man auch die „Klasse" der zulässigen Kurven modifizieren, indem man z. B Kurven mit „Ecken" zuläßt (Kap. VIII), oder bloß die Existenz der rechtsseitigen Tangente verlangt (vgl. Kneser, *Lehrbuch*, § 17); ja man kann die Aufgabe sogar so erweitern, daß nicht einmal die Existenz einer einseitigen Tangente vorausgesetzt wird (vgl. Kap. IX). Anderseits kann man auch dem Gefälle gewisse Beschränkungen auferlegen, z B beständig positiv zu sein (vgl Kap VIII), oder dem absoluten Wert nach eine vorgegebene Grenze nicht zu überschreiten (vgl § 19, c).

Wie man die zulässigen Kurven am besten zu definieren hat, das hängt in jedem einzelnen Fall von der speziellen Natur des vorgelegten Problems ab Aber wie man auch die Aufgabe formulieren mag, sie muß stets den beiden folgenden Forderungen genügen, wenn sie überhaupt einen bestimmten Sinn haben soll: *1. Die Gesamtheit der als zulässig betrachteten Kurven muß genau definiert werden; 2. für jede zulässige Kurve muß das Integral J, eventuell nach geeigneter Erweiterung seiner Definition, einen bestimmten endlichen Wert haben*

Was den Bereich $\mathfrak{R}$ betrifft, so ist derselbe für jede einzelne Aufgabe besonders festzulegen; er kann offen oder geschlossen, endlich oder unendlich sein, er kann auch die ganze x, y-Ebene umfassen

---

[1]) Hilbert hat in seinen Vorlesungen (1904/1905) ein allgemeines Problem des Maximums und Minimums formuliert, welches sowohl die Aufgaben der Variationsrechnung, als die der Theorie der gewöhnlichen Maxima und Minima umfaßt: *Gegeben ist eine unendliche Menge irgend welcher mathematischer Objekte a, b, . . (Zahlen, Punkte, Kurven, Flächen usw.), und jedem Individuum dieser Menge ist eine reelle Zahl J_a, J_b . . zugeordnet Es soll dasjenige Individuum der Menge bestimmt werden, welchem die größte oder kleinste Zahl zugeordnet ist.*

So müssen z. B. bei der Aufgabe, das Integral

$$J = \int_{\mathfrak{C}} \frac{\sqrt{1+y'^2}\, dx}{\sqrt{y - y_1 + k}}$$

zu einem Minimum zu machen (Brachistochrone, vgl. § 26, b), die zulässigen Kurven notwendig auf den durch die Ungleichung

$$y - y_1 + k > 0$$

definierten Bereich beschränkt werden, weil sonst die Funktion f entweder unstetig oder imaginär werden würde.

Bei der Aufgabe der Rotationsfläche von kleinster Oberfläche, wo

$$J = \int_{\mathfrak{C}} y \sqrt{1+y'^2}\, dx,$$

muß man die zulässigen Kurven auf den Bereich

$$y \geqq 0$$

beschränken, weil nur dann das bestimmte Integral J die gewünschte geometrische Bedeutung besitzt.

Neben solchen „natürlichen" Beschränkungen, die sich aus dem Problem mit Notwendigkeit ergeben, kann man aber auch den zulässigen Kurven „künstlich" Beschränkungen auf einen gewissen Bereich auferlegen. So sind z. B. bei der Aufgabe, die kürzeste Linie zwischen zwei Punkten zu finden, wo

$$J = \int_{\mathfrak{C}} \sqrt{1+y'^2}\, dx,$$

die zulässigen Kurven keinerlei derartigen Beschränkung unterworfen, so daß der Bereich $\mathfrak{R}$ die ganze x, y-Ebene umfaßt. Man kann aber auch die Aufgabe dahin modifizieren, unter allen Kurven, welche in einem gewissen gegebenen Bereich gelegen sind, die kürzeste Verbindungslinie zweier gegebener Punkte zu finden (vgl. Kap. VIII); hier ist dann $\mathfrak{R}$ eben dieser vorgegebene Bereich.

b) Relatives Extremum eines bestimmten Integrals:

Ganz analog wie in der Theorie der gewöhnlichen Extrema läßt sich nun auch die im vorhergehenden formulierte Aufgabe des absoluten Extremums eines bestimmten Integrals, (welche das eigentliche Endziel der Variationsrechnung ist), auf diejenige des relativen Extremums zurückführen, bei welchem die gesuchte Kurve nur mit sogenannten „benachbarten" Kurven verglichen wird, und welches folgendermaßen definiert wird: *Eine zulässige Kurve* $\mathfrak{C}$: $y = y(x)$ *liefert ein relatives Minimum (Maximum) für das Integral* J, *wenn eine positive Größe* ϱ *existiert, derart, daß*

$$J_{\bar{\mathfrak{C}}} \geqq J_{\mathfrak{C}}, \qquad (J_{\bar{\mathfrak{C}}} \leqq J_{\mathfrak{C}}) \tag{14}$$

für jede zulässige Kurve $\overline{\mathfrak{C}}$: $y = \bar{y}(x)$, *für welche*

$$|\bar{y}(x) - y(x)| < \varrho \quad \text{für} \quad x_1 \overline{\gtrless} x \overline{\gtrless} x_2. \tag{15}$$

Diese Ungleichung bedeutet geometrisch, daß die Kurve $\overline{\mathfrak{C}}$ (abgesehen von den Endpunkten) im Innern des Streifens liegt, welcher durch die beiden Kurven

$$y = y(x) + \varrho, \qquad y = y(x) - \varrho$$

einerseits und durch die beiden Geraden

$$x = x_1, \qquad x = x_2$$

anderseits begrenzt wird. Diesen Streifen werden wir *„die Nachbarschaft*[1]) (ϱ) *der Kurve* $\mathfrak{C}$*“* nennen, wobei von der Begrenzung nur die Punkte P_1 und P_2 als mit zur Nachbarschaft (ϱ) gehörig betrachtet werden sollen.

Wir nennen dann wieder das relative Minimum (Maximum) ein *eigentliches*, wenn ϱ so gewählt werden kann, daß in der Ungleichung (14) das Zeichen $>$ ($<$) für alle von $\mathfrak{C}$ verschiedenen zulässigen Kurven gilt, welche in der Nachbarschaft (ϱ) liegen; dagegen *uneigentlich*, wenn es, wie klein auch ϱ gewählt sein mag, stets mindestens eine von $\mathfrak{C}$ verschiedene zulässige Kurve $\overline{\mathfrak{C}}$ gibt, welche ganz in der Nachbarschaft (ϱ) liegt und für welche: $J_{\overline{\mathfrak{C}}} = J_{\mathfrak{C}}$.

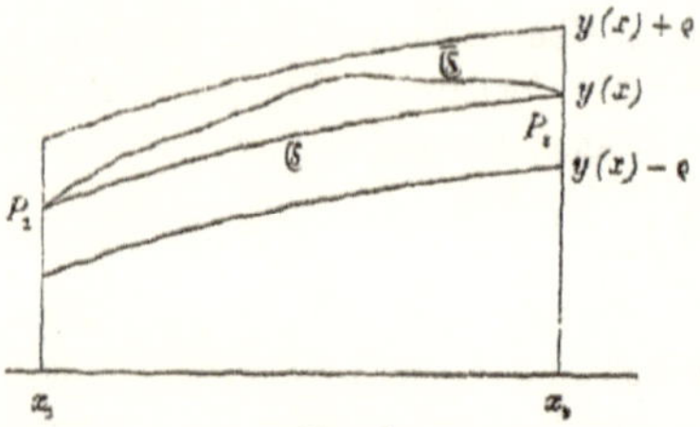

Fig 1.

Eine Kurve, welche ein absolutes Extremum liefert, liefert a fortiori auch ein relatives, und daher reduziert[2]) sich die ursprüngliche Aufgabe darauf, *alle Kurven zu finden, welche ein relatives Extremum für das Integral J liefern*, und in dieser Form werden wir die Aufgabe in der Folge betrachten.

Wir werden dabei die Worte „Minimum, Maximum“ stets im Sinn von „relatives Minimum, Maximum“ gebrauchen und wir werden

---

[1]) Vgl. Osgood, loc cit. p. 107. Die Nachbarschaft (ϱ) inklusive ihrer Begrenzung werden wir die *geschlossene Nachbarschaft* [ϱ] von $\mathfrak{C}$ nennen.

[2]) Vgl. die entsprechenden Bemerkungen beim gewöhnlichen Extremum, § 2, c). Für eine *direkte* Behandlung des absoluten Extremums vergleiche man Hilbert's Existenzbeweis (Kap. IX), Darboux, *Théorie des surfaces,* Bd III, p. 89; und Zermelo, Jahresbericht der Deutschen Mathematiker-Vereinigung, Bd. XI (1902) p. 184

uns auf den Fall des Minimums beschränken, da jede Kurve, welche ein Minimum für das Integral J liefert, zugleich ein Maximum für das Integral $-J$ liefert, und vice versa.

§ 4. Verschwinden der ersten Variation.

Wir setzen jetzt voraus, wir hätten eine Kurve

$$\mathfrak{C}: \qquad y = y(x), \qquad x_1 \gtreqless x \gtreqless x_2,$$

gefunden, welche das Integral

$$J = \int_{\mathfrak{C}} f(x, y, y')\,dx$$

in dem im vorigen Paragraphen erklärten Sinn zu einem Minimum macht. Wir nehmen überdies an, daß die Kurve $\mathfrak{C}$ ganz im Innern[1]) des Bereiches $\mathfrak{R}$ liegt.

Aus der letzten Annahme folgt[2]), daß wir ϱ so klein nehmen können, daß die Nachbarschaft (ϱ) von $\mathfrak{C}$ ebenfalls ganz im Innern von $\mathfrak{R}$ liegt.

Wir *„variieren"* nun die Kurve $\mathfrak{C}$, d. h. wir ersetzen sie durch eine andere zulässige Kurve

$$\overline{\mathfrak{C}}: \qquad y = \overline{y}(x), \qquad x_1 \gtreqless x \gtreqless x_2,$$

welche ganz in der Nachbarschaft (ϱ) liegt. Eine solche Kurve pflegt man eine der Kurve $\mathfrak{C}$ *„benachbarte Kurve"* zu nennen.

Das Inkrement

$$\Delta y = \overline{y}(x) - y(x),$$

welches wir mit ω (oder wenn nötig $\omega(x)$) bezeichnen[3]), wird die *„vollständige Variation von y"* genannt. Da die Kurve $\overline{\mathfrak{C}}$ in der Nachbarschaft (ϱ) liegt, so ist

$$|\,\omega(x)\,| < \varrho \text{ in } [x_1 x_2]; \tag{16}$$

überdies ist im Fall fester Endpunkte

$$\omega(x_1) = 0, \qquad \omega(x_2) = 0, \tag{17}$$

da

$$\overline{y}(x_1) = y(x_1) = y_1; \qquad \overline{y}(x_2) = y(x_2) = y_2.$$

[1]) Der Fall, wo die Kurve Punkte mit der Begrenzung von $\mathfrak{R}$ gemein hat, wird in Kap. VIII behandelt werden

[2]) Vgl. § 21, a); die Kurve $\mathfrak{C}$ ist eine begrenzte, abgeschlossene Menge, nach A VII 1.

[3]) Bezeichnung nach Lagrange, *Œuvres*, Bd IX, p. 296.

Das entsprechende Inkrement des Integrals,

$$\Delta J = J_{\overline{\mathfrak{C}}} - J_{\mathfrak{C}},$$

heißt die „*vollständige*[1]) *Variation des Integrals J*“. Da wir die Endpunkte als fest voraussetzen, so sind die Integrationsgrenzen in beiden Integralen dieselben und wir können daher schreiben:

$$\Delta J = \int_{x_1}^{x_2} [f(x,\, y + \omega,\, y' + \omega') - f(x,\, y,\, y')]\, dx.$$

Da wir annehmen, daß die Kurve $\mathfrak{C}$ ein Minimum liefert, so muß nach (14)

$$\Delta J \gtreqless 0 \tag{18}$$

sein für alle „benachbarten“ Kurven, vorausgesetzt, daß ϱ hinreichend klein gewählt worden ist

Für die weitere Diskussion dieser Ungleichung betrachten wir mit LAGRANGE[2]) spezielle[3]) Variationen von der Form

$$\omega(x) = \varepsilon\eta(x), \tag{19}$$

wo $\eta(x)$ eine beliebige Funktion der Klasse C' ist, welche in x_1 und x_2 verschwindet, und ε eine Konstante, deren absoluter Wert so klein gewählt ist, daß die Bedingung (16) erfüllt ist.

Alsdann geht das Integral $\bar{J} = J_{\overline{\mathfrak{C}}}$ in eine Funktion von ε über, die wir mit $J(\varepsilon)$ bezeichnen wollen. Insbesondere ist dann $J(0) = J_{\mathfrak{C}}$, so daß wir die Ungleichung (14) schreiben können

$$J(\varepsilon) \gtreqless J(0)$$

für alle hinreichend kleinen Werte von $|\varepsilon|$. Das heißt aber: Die Funktion $J(\varepsilon)$ muß für $\varepsilon = 0$ ein Minimum besitzen, und daher muß

$$J'(0) = 0, \qquad J''(0) \gtreqless 0 \tag{20}$$

sein.

---

[1]) Nach WEIERSTRASS, *Vorlesungen*

[2]) Vgl. LAGRANGE, *Œuvres*, Bd IX, p 298, die hier gegebene Methode benutzen LINDELÖF-MOIGNO (loc cit.), DIENGER, *Grundriß der Variationsrechnung* (Braunschweig, 1867), und OSGOOD (loc. cit.).

[3]) Variationen dieser speziellen Art werden auch schon von EULER erwähnt, *Instit Calc. Integr.*, Bd. IV, Supplem. XI, § 5 Solange es sich nur um die Herleitung notwendiger Bedingungen handelt, dürfen wir die Variationen nach Belieben spezialisieren; ganz anders verhält es sich bei der Herleitung hinreichender Bedingungen, vgl. § 15.

Aus der Definition der Ableitung folgt, daß

$$\Delta J = J(\varepsilon) - J(0) = \varepsilon J'(0) + \varepsilon(\varepsilon), \tag{21}$$

wenn (ε) wieder eine unendlich kleine Funktion von ε bezeichnet, so daß also $\varepsilon J'(0)$ das Differential der Funktion $J(\varepsilon)$ nach ε bedeutet. Man pflegt dasselbe nach LAGRANGE[1]) mit δJ zu bezeichnen:

$$\delta J = \varepsilon J'(0),$$

und *die erste Variation des Integrals J* zu nennen. Analog definiert man die höheren Variationen

$$\delta^2 J = \varepsilon^2 J''(0), \ldots, \quad \delta^n J = \varepsilon^n J^{(n)}(0).$$

Unter Benutzung dieser Bezeichnungsweise können wir die Bedingungen (20) also auch so aussprechen:

Für ein Minimum des Integrals J ist notwendig, daß die erste Variation verschwindet[2]) *und die zweite Variation nicht negativ ist*[3]), *und zwar für alle zulässigen Funktionen* η:

$$\delta J = 0, \qquad \delta^2 J \gtreqless 0. \tag{22}$$

Wir haben es hier zunächst nur mit der ersten Variation zu tun. Nach der Regel[4]) für die Differentiation eines bestimmten Integrals nach einem Parameter findet man:

$$J'(0) = \int_{x_1}^{x_2} (f_y \eta + f_{y'} \eta')\, dx, \tag{23}$$

wenn wir, wie stets in der Folge, partielle Ableitungen einer Funktion mehrerer Variabeln durch Suffixe bezeichnen:

---

[1]) Das Symbol δ findet sich zum erstenmal in einem Brief von LAGRANGE an EULER vom 12. August 1755, siehe LAGRANGE, *Œuvres*, Bd. XIV, p. 140

[2]) EULER, *Methodus inveniendi etc.*(1744), Kap. I, § 63.

[3]) Höhere Variationen finden sich zuerst bei LEGENDRE (1786), der jedoch den Faktor $\frac{1}{n!}$ mit zu $\delta^n J$ hinzurechnet.

[4]) Vgl A V 7 Die Regel ist hier anwendbar; denn aus unseren Annahmen über die Funktionen f, y, η folgt nach A IV 9, daß die partielle Ableitung

$$\frac{\partial}{\partial \varepsilon} f(x, y(x) + \varepsilon\eta(x), y'(x) + \varepsilon\eta'(x))$$

eine stetige Funktion von x und ε ist in dem Bereich

$$x_1 \gtreqless x \gtreqless x_2, \qquad |\varepsilon| \gtreqless \varepsilon_0,$$

wofern die positive Größe ε_0 hinreichend klein gewählt wird

$$f_y = \frac{\partial f}{\partial y}, \qquad f_{y'} = \frac{\partial f}{\partial y'}, \text{ usw.},$$

und ebenso später:

$$f_{yy} = \frac{\partial^2 f}{\partial y^2}, \qquad f_{yy'} = \frac{\partial^2 f}{\partial y\, \partial y'}, \text{ usw}$$

Wir erhalten also den Satz:

Für ein Extremum des Integrals J ist es notwendig, daß

$$\int_{x_1}^{x_2} (f_y \eta + f_{y'} \eta')\, dx = 0 \tag{24}$$

für alle Funktionen η der Klasse C', welche in x_1 und x_2 verschwinden.

Dabei sind die Argumente von $f_y, f_{y'}: x, y(x), y'(x)$.

Man kann dieses Resultat auch dadurch ableiten, daß man auf die Differenz

$$f(x, y + \omega, y' + \omega') - f(x, y, y')$$

den *Taylor'schen Satz mit Restglied*[1]) für $n = 2$ anwendet und dann zwischen den Grenzen x_1 und x_2 integriert. Man erhält so

$$\Delta J = \int_{x_1}^{x_2} (f_y \omega + f_{y'} \omega')\, dx + \tfrac{1}{2} \int_{x_1}^{x_2} (\bar{f}_{yy} \omega^2 + 2 \bar{f}_{yy'} \omega \omega' + \bar{f}_{y'y'} \omega'^2)\, dx,$$

wobei die Argumente von $\bar{f}_{yy}, \bar{f}_{yy'}, \bar{f}_{y'y'}$ sind $x, y(x) + \theta \omega(x), y'(x) + \theta \omega'(x)$, unter θ eine Funktion von x verstanden, deren Wert beständig zwischen 0 und 1 liegt.

Wählt man jetzt wieder für ω eine Funktion der speziellen Form (19), so nimmt der Ausdruck für ΔJ die Form (21) an, woraus man, wie in § 2, c), schließt, daß (24) erfüllt sein muß.

Wenn $f(x, y, y')$ eine *analytische* Funktion ist, welche in dem oben mit $\mathfrak{G}$ bezeichneten Bereich regulär ist, so kann man statt der Taylor'schen Formel mit Restglied auch die *Taylor'sche unendliche Reihe*[2]) in Anwendung bringen. Man erhält dann unter der Voraussetzung, daß gliedweise Integration erlaubt ist, für ΔJ eine für hinreichend kleine Werte von $|\omega|$ und $|\omega'|$ konvergente Reihe.

---

[1]) Diese Methode wurde zuerst von LAGRANGE gebraucht, siehe *Œuvres*, Bd. IX, p. 297. Vgl auch DU BOIS-REYMOND, Mathematische Annalen, Bd. XV (1879), p 292, und PASCAL, loc. cit., p. 22.

[2]) Diese Methode benutzen WEIERSTRASS, KNESER (*Lehrbuch*, §§ 2, 8) und JORDAN, *Cours d'Analyse*, III, Nr 350), ohne jedoch einen strengen Detailbeweis zu geben, der hier wesentlich umständlicher ausfallen würde als bei den beiden anderen Methoden

$$\Delta J = \int_{x_1}^{x_2} (f_y \omega + f_{y'} \omega')\, dx + \frac{1}{2} \int_{x_1}^{x_2} (f_{yy} \omega^2 + 2 f_{yy'} \omega \omega' + f_{y'y'} \omega'^2)\, dx + \cdots + \int_{x_1}^{x_2} (\omega, \omega')_n\, dx + \cdots,$$

wobei in Weierstraß'scher Bezeichnungsweise $(\omega, \omega')_n$ eine homogene Funktion n^{ter} Dimension von ω, ω' bedeutet

Wählt man dann wieder für ω eine Funktion von der speziellen Form (19), so geht diese Reihe in eine nach Potenzen von ε fortschreitende Reihe über, auf die man dann das auf p. 11, Fußnote [2]) erwähnte Lemma anzuwenden hat.

Von den drei angeführten Methoden liefert unzweifelhaft die erste, den einfachsten strengen Beweis für die beiden Bedingungen (20) Man hat sogar lange geglaubt, daß diese Methode das ganze Problem der Variationsrechnung auf ein Problem der Theorie der gewöhnlichen Maxima und Minima zurückführt Dem ist aber nicht so; denn wie wir später sehen werden, liefert die Methode nur notwendige Bedingungen, genügt aber nicht einmal für ein sogenanntes schwaches[1]) Extremum zur Herleitung hinreichender Bedingungen, während die auf die Taylor'sche Formel basierte Methode, obgleich weniger elegant, wenigstens für ein schwaches Extremum hinreichende Bedingungen liefert.

§ 5. Die Euler'sche Differentialgleichung.

Wir gehen jetzt dazu über, aus der Bedingung $\delta J = 0$ weitere Folgerungen zu ziehen.

a) Die Lagrange'sche partielle Integration:

Zu diesem Zweck pflegt man nach dem Vorgang von LAGRANGE[2]) das zweite Glied in dem Ausdruck für δJ durch partielle Integration umzuformen und erhält so:

$$\delta J = \varepsilon \left\{ \left[\eta f_{y'} \right]_{x_1}^{x_2} + \int_{x_1}^{x_2} \eta \left(f_y - \frac{d}{dx} f_{y'} \right) dx \right\}, \tag{25}$$

wobei von der Bezeichnung

$$\left[\Phi(x) \right]_{x_1}^{x_2} = \Phi(x_2) - \Phi(x_1) \tag{26}$$

Gebrauch gemacht ist.

Da η für $x = x_1$ und $x = x_2$ verschwindet, so ist das vom Integralzeichen freie Glied gleich Null, und die Bedingung $\delta J = 0$ reduziert sich auf

---

[1]) Vgl. § 15, b).

[2]) Zuerst in dem bereits oben erwähnten Brief an EULER vom 12 August 1755. (*Œuvres de* LAGRANGE, Bd XIV, p 141).

$$\int_{x_1}^{x_2} \eta\left(f_y - \frac{d}{dx} f_{y'}\right) dx = 0. \tag{27}$$

Diese Gleichung muß erfüllt sein für alle Funktionen η, welche in x_1 und x_2 verschwinden und in $[x_1 x_2]$ von der Klasse C' sind

Aus der Willkürlichkeit von η schließt[1]) man dann, daß dies nur möglich ist, wenn der Faktor von η unter dem Integralzeichen für sich verschwindet, und erhält so den

Fundamentalsatz I: Soll die Funktion

$$y = y(x)$$

das Integral

$$J = \int_{x_1}^{x_2} f(x, y, y') \, dx$$

zu einem Maximum oder Minimum machen, so muß sie der Differentialgleichung genügen:[2])

$$f_y - \frac{d}{dx} f_{y'} = 0. \tag{I}$$

Wir werden diese Differentialgleichung nach ihrem Entdecker[3]) die *Euler'sche Differentialgleichung* nennen.

Man beachte, daß die Argumente der Funktionen f_y, $f_{y'}$ sind: x, $y(x)$, $y'(x)$, und daß die Differentiation totale Differentiation nach x bedeutet, so daß die Differentialgleichung in entwickelter Form lautet:

$$f_y - f_{y'x} - y' f_{y'y} - y'' f_{y'y'} = 0 \tag{28}$$

Die obige Ableitung der Euler'schen Differentialgleichung weist jedoch zwei erhebliche Lücken auf:

Erstens[4]) setzt die partielle Integration zum mindesten die Existenz der Ableitung $\frac{d}{dx} f_{y'}$ voraus, und da wir von der Funktion $y(x)$

---

[1]) Vgl unter b).

[2]) Wegen der Ausdehnung dieses Satzes auf allgemeinere Variationsprobleme vgl die *Übungsaufgaben* Nr. 41—47 am Ende von Kap. III, sowie Kap. XI und XII

[3]) Euler, *Methodus inveniendi etc* (1744), Kap II, Art. 21; in Stäckel's Übersetzung in Ostwald's Klass. Nr. 46, p 54 Die Differentialgleichung ist neuerdings vielfach die „*Lagrange'sche Differentialgleichung*" genannt worden. Lagrange selbst schreibt sie Euler zu, vgl. *Œuvres*, Bd. X, p. 397: „Cette équation est celle qu'Euler a trouvée le premier."

[4]) Dieser Einwand ist zuerst von Du Bois-Reymond in der wichtigen Abhandlung: „*Erläuterungen zu den Anfangsgründen der Variationsrechnung*" Mathematische Annalen, Bd. XV (1879), p 283 erhoben worden

nichts weiter als die Existenz und Stetigkeit der ersten Ableitung vorausgesetzt haben, so wissen wir von der Funktion $f_{y'}(x, y(x), y'(x))$ nur, daß sie stetig ist, nicht aber, ob sie eine Ableitung besitzt. Um diesem Einwand zu begegnen, machen wir vorläufig die weitere *Annahme*[1]), *daß auch die zweite Ableitung von $y(x)$ existiert und stetig ist* im Intervall $[x_1 x_2]$. Alsdann besitzt die Funktion $f_{y'}(x, y(x), y'(x))$ eine Ableitung[2]), die überdies stetig ist in $[x_1 x_2]$, und es steht nunmehr der Anwendung der partiellen Integration[3]) nichts mehr im Wege.

b) **Das Fundamentallemma der Variationsrechnung:**

Der zweite Einwand bezieht sich auf den Schluß, daß wegen der Willkürlichkeit von η aus der Gleichung (27) die Differentialgleichung (I) folgt; derselbe ist durchaus nicht selbstverständlich,[4]) wie noch bis in die Mitte des 19. Jahrhunderts allgemein angenommen wurde, sondern bedarf eines Beweises. Letzterer beruht auf dem folgenden

Lemma: Ist M eine Funktion von x, welche stetig ist in $[x_1 x_2]$ und ist

$$\int_{x_1}^{x_2} \eta \, M \, dx = 0 \tag{29}$$

für alle Funktionen η, welche in x_1 und x_2 verschwinden und eine stetige Ableitung in $[x_1 x_2]$ besitzen, so ist

$$M \equiv 0 \tag{30}$$

in $[x_1 x_2]$.

Denn[5]) angenommen es sei $M(x') \neq 0$, z. B. > 0, in einem Punkt x' des Intervalles $[x_1 x_2]$; dann können wir

---

[1]) Von dieser Annahme werden wir uns weiter unten, siehe c), befreien.

[2]) Nach A IV 9 [3]) Nach A V 5.

[4]) Der Schluß tritt zuerst bei LAGRANGE in dem oben (p 21, Fußnote [1])), zitierten Briefe an EULER auf und wird dort als ganz selbstverständlich gegeben.

[5]) Der hier gegebene Beweis rührt von DU BOIS-REYMOND her (Mathematische Annalen, Bd XV (1879), pp 297, 300) In derselben Arbeit beweist DU BOIS-REYMOND, daß der Schluß $M = 0$ gültig bleibt, selbst wenn man nur weiß, daß die Gleichung (29) besteht

1. für alle in x_1 und x_2 verschwindenden Funktionen, welche in $[x_1 x_2]$ von der *Klasse* $C^{(n)}$ sind; man verfahre wie oben, wähle jedoch für das Intervall $[\xi_1 \xi_2]$

$$\eta = (x - \xi_1)^{n+1} (\xi_2 - x)^{n+1};$$

2. für alle in x_1 und x_2 verschwindenden Funktionen, welche in $[x_1 x_2]$ Ableitungen aller Ordnungen besitzen

wegen[1]) der Stetigkeit von M ein den Punkt x' enthaltendes Teilintervall $[\xi_1 \xi_2]$ von $[x_1 x_2]$ angeben, derart daß $M > 0$ im ganzen Intervall $[\xi_1 \xi_2]$ Jetzt wähle man $\eta \equiv 0$ außerhalb $[\xi_1 \xi_2]$ und $\eta = (x - \xi_1)^2 (x - \xi_2)^2$ in $[\xi_1 \xi_2]$; die so definierte Funktion η besitzt eine stetige[2]) Ableitung in $[x_1 x_2]$, und verschwindet in x_1 und x_2. Trotzdem ist für sie

$$\int_{x_1}^{x_2} \eta \, M \, dx > 0,$$

entgegen der Annahme. Es ist also unmöglich, daß $M(x') \neq 0$ und somit ist der Satz bewiesen. Dieses Lemma wird häufig das *Fundamentallemma der Variationsrechnung* genannt

Die von Du Bois-Reymond gebrauchten speziellen Funktionen η sind alle aus mehreren analytischen Funktionen zusammengesetzt Es lassen sich aber auch Funktionen konstruieren, welche im ganzen Intervall durch eine einzige reguläre analytische Funktion dargestellt werden und denselben Zweck erfüllen Eine solche Funktion bildet Zermelo einer Anregung von Weierstrass folgend, in seiner *Dissertation*, p 35 Der Punkt x' sei ein innerer Punkt; dann setze man

$$\eta = (x - x_1)(x_2 - x)\, e^{-\varrho^2 (x - x')^2}$$

im ganzen Intervall $[x_1 x_2]$, wo ϱ eine hinreichend große Konstante ist.

Eine andere Funktion, welche denselben Zweck erfüllt und die durch ihre geometrische Interpretation interessant ist, hat H. A. Schwarz in seinen Vorlesungen gegeben, vgl Hancock, *Lectures on the Calculus of Variations* (Cincinnati, 1904), Nr. 78

Es folgt hieraus, daß es für den Schluß $M \equiv 0$ genügt zu wissen, daß die Gleichung (29) für alle Funktionen erfüllt ist, welche in $[x_1 x_2]$ *regulär* sind und in x_1 und x_2 verschwinden

Der älteste Beweis des Lemmas rührt von Stegemann her (*Lehrbuch der Variationsrechnung* (1854), § 24).

Er setzt

$$\eta = (x - x_1)(x_2 - x) / M;$$

einfacher jedoch ist es,

$$\eta = (x - x_1)(x_2 - x)\, M$$

zu wählen. Hier müssen jedoch stärkere Annahmen gemacht werden, nämlich entweder, daß die Gleichung (29) für alle *stetigen* in x_1 und x_2 verschwindenden Funktionen η gilt, oder aber, daß *M von der Klasse C'* ist, was für unsere Anwendung bedeuten würde, daß y''' existiert und stetig ist in $[x_1 x_2]$

Auch der Beweis von Heine (Mathematische Annalen, Bd. II (1870), p. 189) läßt sich nicht ohne weitere beschränkende Annahmen über y auf unsern Fall anwenden.

[1]) Nach A III 2.

[2]) Auch in ξ_1 und ξ_2; denn in jedem dieser Punkte ist sowohl die vordere als auch die hintere Derivierte gleich Null; es existiert also eine Ableitung in ξ_1 und in ξ_2 und ihr Wert in diesen Punkten ist Null, und dies ist zugleich der Grenzwert von η' bei Annäherung an ξ_1 resp ξ_2. Vgl. A IV 1

Die Voraussetzungen dieses Lemmas sind für die Gleichung (27) erfüllt, wenn wir annehmen, daß y'' existiert und stetig ist in $[x_1 x_2]$; denn alsdann ist die Funktion

$$M = f_y - \frac{d}{dx} f_{y'}$$

stetig in $[x_1 x_2]$. Somit haben wir in der Tat die Notwendigkeit der Differentialgleichung (I) bewiesen für alle Funktionen y von der Klasse C''.

c) **Du Bois-Reymond's Lemma:**

Die unter a) gegebene Methode der partiellen Integration liefert, wie wir gesehen haben, nur diejenigen Lösungen unserer Aufgabe, welche eine stetige zweite Ableitung besitzen Es fragt sich nun, ob es außerdem noch andere Lösungen gibt und wie dieselben zu finden sind.

Zur Beantwortung dieser Frage kehren wir zur Gleichung $\delta J = 0$ in der ursprünglichen Form (24) zurück und wenden, nach dem Vorgang von Du Bois-Reymond, die *partielle Integration* nicht auf das zweite, sondern *auf das erste Glied* an Setzt man in der allgemeinen Formel der partiellen Integration[1]):

$$\int_a^b u \frac{dv}{dx}\, dx = \Big[u v \Big]_a^b - \int_a^b v \frac{du}{dx}\, dx,$$

welche sicher gültig ist, wenn u und v in $[ab]$ von der Klasse C' sind,

$$u = \eta, \qquad v = \int_{x_1}^{x} f_y \, dx,$$

und beachtet, daß η an den beiden Endpunkten verschwindet, so geht die Gleichung (24) über in

$$\int_{x_1}^{x_2} \eta' \left(f_{y'} - \int_{x_1}^{x} f_y \, dx \right) dx = 0. \tag{31}$$

Diese partielle Integration ist erlaubt, selbst wenn y'' nicht existieren sollte, da

$$\eta' = du/dx \qquad \text{und} \qquad f_y = dv/dx$$

stetig sind.

---

[1]) Vgl A V 5.

Die weiteren Folgerungen aus der Gleichung (31) stützen sich auf das folgende von Du Bois-Reymond[1]) herrührende

Lemma: Ist N eine Funktion von x, welche stetig ist in $[x_1 x_2]$ *und ist*

$$\int_{x_1}^{x_2} \eta' N \, dx = 0 \tag{32}$$

für alle Funktionen η, *welche in* x_1 *und* x_2 *verschwinden und eine stetige Ableitung in* $[x_1 x_2]$ *besitzen, so ist*

$$N = \text{konst.} \tag{33}$$

in $[x_1 x_2]$

Den folgenden einfachen Beweis hat Hilbert[2]) in seinen Vorlesungen (Sommer 1899) gegeben:

Man wähle willkürlich vier den Ungleichungen

$$x_1 < \alpha < \beta < \alpha' < \beta' < x_2$$

genügende Größen α, β, α', β' und konstruiere eine Funktion der Klasse C', welche folgende Bedingungen erfüllt:

$\eta \equiv 0$ in $[x_1 \alpha]$;

η wächst beständig von 0 bis zu einem positiven Wert k, während x von α bis β wächst;

η bleibt konstant $= k$ in $[\beta \alpha']$;

η nimmt beständig ab von k bis 0, während x von α' bis β' wächst;

$\eta \equiv 0$ in $[\beta' x_2]$.

Die Existenz einer solchen Funktion — und das ist alles, was zum Beweis erforderlich ist — ist a priori klar[3]), (vgl. Fig. 2).

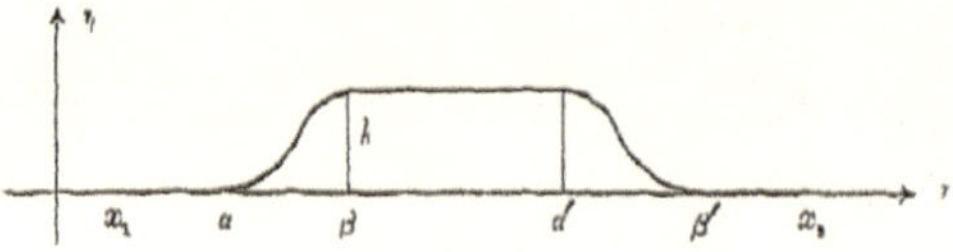

Fig 2

Setzt man eine solche Funktion η in (32) ein, so erhält man

$$\int_{\alpha}^{\beta} \eta' N \, dx + \int_{\alpha'}^{\beta'} \eta' N \, dx = 0$$

---

[1]) Mathematische Annalen, Bd. XV (1879), p. 313. Du Bois-Reymond's Beweis findet sich bei Bolza, *Lectures on the Calculus of Variations* (Chicago 1904) § 6, reproduziert. Eine interessante Verallgemeinerung dieses Satzes ist kürzlich von Zermelo gegeben worden, Mathematische Annalen, Bd 58 (1904), p. 558 Vgl *Übungsaufgabe* Nr 47 am Ende von Kap III

[2]) Siehe Whittemore, Annals of Mathematics (2), Bd II (1901), p 132.

[3]) Hilbert gibt ein einfaches Beispiel einer solchen Funktion, siehe Whittemore's Darstellung. Er bildet zunächst eine den Anforderungen genügende

Da $\eta' \gtreqless 0$ in $[\alpha\beta]$ und $\eta' \lesseqgtr 0$ in $[\alpha'\beta']$, so können wir den ersten Mittelwertsatz[1]) anwenden und erhalten, da

$$\eta(\beta) - \eta(\alpha) = k, \qquad \eta(\beta') - \eta(\alpha') = -k:$$

$$k[N(\alpha + \theta(\beta - \alpha)) - N(\alpha' + \theta'(\beta' - \alpha'))] = 0,$$

wo
$$0 < \theta < 1, \qquad 0 < \theta' < 1.$$

Lassen wir jetzt β und β' sich resp. den Grenzen α und α' nähern, so folgt, da $N(x)$ stetig ist, daß

$$N(\alpha) = N(\alpha'),$$

und da α und α' irgend zwei Werte zwischen x_1 und x_2 waren, so bedeutet dies, daß $N(x)$ zunächst im Innern von $[x_1 x_2]$ konstant ist, was sich dann wegen der Stetigkeit von $N(x)$ sofort auf die Endpunkte x_1 und x_2 ausdehnt.[2])

Funktion η'; die sie darstellende Kurve fällt von x_1 bis α, von β bis α' und von β' bis x_2 mit der x-Achse zusammen; zwischen α und β liegt sie oberhalb, zwischen α' und β' unterhalb der x-Achse, und man hat nun nur dafür zu sorgen, daß die Flächen $\alpha\,\gamma\,\beta\,\alpha$ und $\alpha'\,\gamma'\,\beta'\,\alpha'$ dem absoluten Wert nach gleich sind; denn dann ist

$$\eta(\beta) - \eta(\alpha) = -[\eta(\beta') - \eta(\alpha')],$$

und die Funktion

$$\eta = \int_{x_1}^{x} \eta'\,dx$$

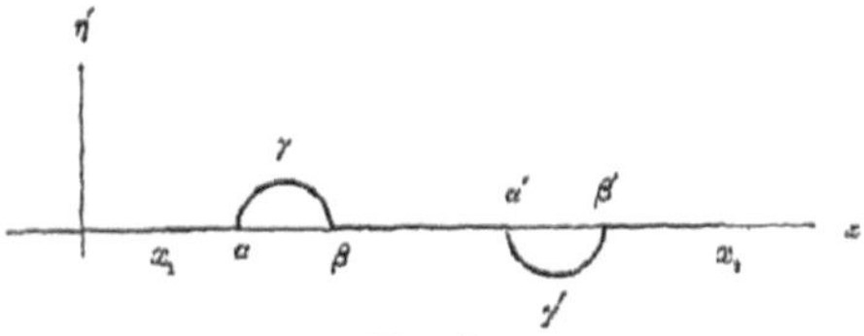

Fig 3

hat die verlangten Eigenschaften. Am einfachsten ist es mit Hilbert: $\beta' - \alpha' = \beta - \alpha$ zu nehmen; man kann dann z. B. für die η'-Kurve zwischen α und β einen Halbkreis über dem Segment $\alpha\beta$ und zwischen α' und β' einen solchen unter dem Segment $\alpha'\beta'$ wählen.

[1]) Vgl. A V 6.

[2]) Hilbert's Beweis laßt sich leicht auf den Fall ausdehnen, wo die Funktion N in $[x_1 x_2]$ endlich, aber nur „im allgemeinen stetig" ist, d. h. eine endliche Anzahl von Unstetigkeiten besitzt Auch in diesem Fall ist N integrabel in $[x_1 x_2]$ (A V 2). Sind nun α und α' Stetigkeitspunkte von N, so konnen wir stets β und β' so nahe an α, beziehungsweise α' wählen, daß N in $[\alpha\beta]$ und $[\alpha'\beta']$ stetig ist.

Es folgt dann wie oben, daß $N(\alpha) = N(\alpha')$, d. h. *auch unter den gegenwartigen Voraussetzungen hat N den namlichen konstanten Wert in allen Stetigkeitspunkten.* Hieraus folgt dann noch weiter, daß in einem Unstetigkeitspunkt c die Grenzwerte $N(c-0)$ und $N(c+0)$ existieren und gleich sind, nämlich gleich dem konstanten Wert in den Stetigkeitspunkten, vgl Whittemore, loc. cit

d) **Anwendung des Du Bois-Reymond'schen Lemmas:**

Wir wenden jetzt das Du Bois-Reymond'sche Lemma auf die Gleichung (31) an, was gestattet ist, da die Funktion

$$N \equiv f_{y'} - \int_{x_1}^{x} f_y \, dx$$

nach unsern Annahmen über die Kurve $\mathfrak{C}$ und die Funktion f (siehe § 3, a) und § 4, Anfang) stetig[1]) ist in $[x_1 x_2]$.

Wir schließen daher, daß

$$f_{y'} - \int_{x_1}^{x} f_y \, dx = \lambda$$

sein muß, wo λ eine Konstante bedeutet; hieraus folgt

$$f_{y'} = \lambda + \int_{x_1}^{x} f_y \, dx \tag{34}$$

Die rechte Seite dieser Gleichung ist differentiierbar[2]) und ihre Ableitung ist f_y; also muß auch die linke Seite, d. h. die Funktion

$$f_{y'}(x, y(x), y'(x)) \equiv f_{y'}[x]$$

differentiierbar sein, und überdies ist

$$\frac{d}{dx} f_{y'} = f_y \tag{35}$$

Hiermit erst ist der erste Fundamentalsatz vollständig bewiesen, nämlich, daß *jede Funktion y der Klasse C', welche das Integral J zu einem Extremum macht*, und welche durch eine ganz im Innern von $\mathfrak{R}$ gelegene Kurve dargestellt wird, der *Euler'schen Differentialgleichung genügen muß* — einerlei ob sie eine zweite Ableitung besitzt oder nicht.[3]) —

Hilbert[4]) hat hieran die wichtige Bemerkung geknüpft, daß aus der Differentiierbarkeit von $f_{y'}$ *die Existenz der zweiten Ableitung y''*

---

[1]) Nach A III 4 und A V 4. [2]) Nach A V 4.

[3]) Hahn ist neuerdings in dieser Richtung noch einen Schritt weiter gegangen und hat bewiesen, daß jede rektifizierbare Kurve, welche in jedem Punkt eine bestimmte Tangente besitzt, der Euler'schen Differentialgleichung genügen muß, wenn sie ein Minimum für das Integral J liefert (Mathematische Annalen, Bd. 63 (1906), p. 254) Dabei muß allerdings zunächst die Definition des bestimmten Integrals erweitert werden, vgl Kap. IX. Über sogenannte diskontinuierliche Lösungen, siehe Kap VIII

[4]) Vgl. Whittemore, loc. cit

folgt für alle Werte von x, für welche

$$f_{y'y'}(x, y(x), y'(x)) \neq 0. \tag{36}$$

Denn setzen wir

$$y(x+h) - y(x) = k, \qquad y'(x+h) - y'(x) = l,$$

so ist in der obigen Bezeichnung

$$\frac{f_{y'}[x+h] - f_{y'}[x]}{h} = \frac{f_{y'}(x+h, y+k, y'+l) - f_{y'}(x, y, y')}{h}.$$

Da $f_{y'}$ als Funktion von x, y, y' von der Klasse C' ist in der Umgebung der Stelle x, $y(x)$, $y'(x)$, so kann man auf den Zähler den Satz vom vollständigen Differential[1]) anwenden, und erhält, da überdies y und y' stetig sind, also k und l mit h unendlich klein werden:

$$\frac{f_{y'}[x+h] - f_{y'}[x]}{h} = (f_{y'x} + \alpha) + \frac{k}{h}(f_{y'y} + \beta) + \frac{l}{h}(f_{y'y'} + \gamma),$$

wo α, β, γ mit h unendlich klein werden. Löst man jetzt nach $\frac{l}{h}$ auf und geht zur Grenze $h = 0$ über, so folgt aus der Differentiierbarkeit von $f_{y'}[x]$ und der Gleichung (35), daß

$$\underset{h=0}{L} \frac{l}{h}, \quad \text{d. h. } y''$$

existiert, wenn die Bedingung (36) erfüllt ist, und daß alsdann

$$y'' = \frac{f_y - f_{y'x} - y' f_{y'y}}{f_{y'y'}}. \tag{37}$$

Hieraus folgt weiter, daß y'' stetig ist in allen Punkten von $[x_1 x_2]$, in welchen (36) erfüllt ist, und hieraus endlich, daß auch y''' in denselben Punkten existiert und stetig ist, wie man aus der Betrachtung der rechten Seite von (37) unmittelbar ersieht

§ 6. Bemerkungen zur Integration der Euler'schen Differentialgleichung.

Wir stellen in diesem Paragraphen verschiedene für die Folge wichtige Bemerkungen über die Integration der Euler'schen Differentialgleichung zusammen.

a) **Die Extremalen:**

Die Euler'sche Differentialgleichung (I) ist im allgemeinen von der zweiten Ordnung wie die entwickelte Form (28) zeigt. Daher

---

[1]) Vgl A IV 6.

enthält ihr allgemeines Integral zwei willkürliche Konstanten α, β; wir bezeichnen dasselbe mit

$$y = g(x, \alpha, \beta). \tag{38}$$

Die beiden Konstanten α, β sind im Fall fester Endpunkte aus der Bedingung zu bestimmen[1]), daß die gesuchte Kurve durch die beiden gegebenen Punkte $P_1(x_1, y_1)$ und $P_2(x_2, y_2)$ hindurchgehen soll. Es muß also sein

$$y_1 = g(x_1, \alpha, \beta), \qquad y_2 = g(x_2, \alpha, \beta) \tag{39}$$

Jede Lösung der Euler'schen Differentialgleichung (Kurve sowohl als Funktion) wird nach KNESER eine *Extremale* genannt; es gibt also eine doppelt unendliche Schar von Extremalen in der Ebene.

In dem speziellen Fall, wo die Funktion f die Variable y nicht enthält, erhält man sofort ein erstes Integral der Differentialgleichung (I), nämlich

$$f_{y'} = \text{konst.} \tag{40}$$

Aber auch, *wenn f die Variable x nicht explizite enthält, läßt sich ein erstes Integral angeben*[2]). Denn dann ist wegen $f_x \equiv 0$:

$$\frac{d}{dx}(f - y' f_{y'}) = y'\left(f_y - \frac{d}{dx} f_{y'}\right),$$

und daher genügt jede Lösung von (I) auch der Gleichung

$$f - y' f_{y'} = \text{konst}; \tag{41}$$

und umgekehrt genügt jede Lösung von (41) — mit Ausnahme von: $y = \text{konst.}$ — auch der Differentialgleichung (I).

Beispiel VI: $f = G(y')$, eine Funktion von y' allein.

Hier erhält man nach (40)

$$G'(y') = \text{konst.},$$

daraus

$$y' = \alpha$$

$$y = \alpha x + \beta. \tag{42}$$

---

[1]) Es kann vorkommen, daß diese Bestimmung unmöglich ist — man beachte, daß α und β reell sein müssen —; in diesem Fall existiert keine Lösung der Aufgabe, welche von der Klasse C' ist und im Innern von $\mathfrak{R}$ liegt, vgl. z. B. die Rotationsfläche kleinsten Flächeninhalts (§ 13, c).

[2]) Schon von EULER bemerkt (*Methodus inveniendi etc.*, Kap. II, § 30). Die Existenz des ersten Integrals hängt damit zusammen, daß das Integral J hier bei der kontinuierlichen Gruppe $\xi = x + a$ invariant bleibt, vgl. GULDBERG, *Über Maxima und Minima der Integrale, die eine kontinuierliche Gruppe gestatten*, Videnskabsselskabets Skrifter 1902, Christiania.

Die Extremalen sind also die Geraden der Ebene. Die Bestimmung der Konstanten ist eindeutig.

Ein spezieller Fall hiervon ist die Aufgabe der kürzesten Kurve zwischen zwei gegebenen Punkten, wo

$$f = \sqrt{1 + y'^2}$$

Beispiel VII[1]: $f = \dfrac{\sqrt{1 + y'^2}}{y}$

Hier muß y auf den Bereich

$$\mathfrak{R}: \qquad y > 0 \qquad \text{(oder } y < 0\text{)}$$

beschränkt werden.

Nach (41) erhält man ein erstes Integral

$$\frac{1}{y\sqrt{1 + y'^2}} = \frac{1}{\beta}$$

und daraus das allgemeine Integral

$$y = \sqrt{\beta^2 - (x - \alpha)^2}\,. \tag{43}$$

Die Extremalen sind also Halbkreise, die ihre Mittelpunkte auf der x-Achse haben. Die Konstantenbestimmung ist eindeutig, wie geometrisch ersichtlich.

Beispiel I. (Siehe p 1).

$$f = y\sqrt{1 + y'^2}, \qquad y \gtreqless 0$$

Nach (41) erhalt man ein erstes Integral

$$\frac{y}{\sqrt{1 + y'^2}} = \alpha\,.$$

Für $\alpha > 0$, erhalt man das allgemeine Integral[2])

$$y = \alpha\,\mathrm{Ch}\,\frac{x - \beta}{\alpha}\,. \tag{44}$$

Die Extremalen sind also Kettenlinien mit der x-Achse als Direktrix Wegen der Bestimmung der Konstanten verweisen wir auf § 13, c).

Für $\alpha = 0$ erhalt man: $y = 0$; dies ist zwar eine Lösung von (41), aber nicht von (I)[3]).

---

[1]) Vgl Osgood, loc. cit. p 109 Das Beispiel erscheint zuerst bei L'Hospital (Acta Eruditorum, 1697, p 217) als Brachistochrone für ein Fallgesetz, bei welchem die Geschwindigkeit der Höhe proportional ist.

[2]) Ich bediene mich für die hyperbolischen Funktionen der bequemen Bezeichnungsweise von Laisant, *Essai sur les fonctions hyperboliques*.

[3]) Hierzu die *Übungsaufgaben* Nr. 2—12, Nr. 18, 19, und Nr 35—40 am Ende von Kap. III.

Beispiel VIII. $f = \sqrt{y}\,\sqrt{1-y'^2}$

Hier ist zu beachten, daß unsere allgemeinen Voraussetzungen über die Funktion $f(x, y, y')$ nicht erfüllt sind, da neben der Gebietsbeschränkung

$$y > 0$$

auch eine *Gefällbeschränkung* vorliegt, nämlich

$$-1 < y' < 1$$

Trotzdem bleiben unsere Schlüsse von §§ 4 und 5 gültig Denn erfüllt die Kurve $\mathfrak{C}$ die beiden angegebenen Bedingungen, so können wir $|\varepsilon|$ so klein wählen, daß auch die Kurve $\overline{\mathfrak{C}}$ dieselben beiden Bedingungen erfüllt; es wird also durch die Gefällbeschränkung keine weitere Beschränkung der Funktion η eingeführt[1])

Aus der Ungleichung für y' folgt durch Integration nach x von x_1 bis zu einem beliebigen größeren Wert von x:

$$-1 < \frac{y - y_1}{x - x_1} < 1 .$$

Ziehen wir also vom Punkt P_1 zwei Halbstrahlen vom Gefälle $+1$ und -1, so müssen alle zulässigen Kurven in dem Winkelraum zwischen diesen beiden Halbstrahlen und zugleich in der oberen Halbebene enthalten sein

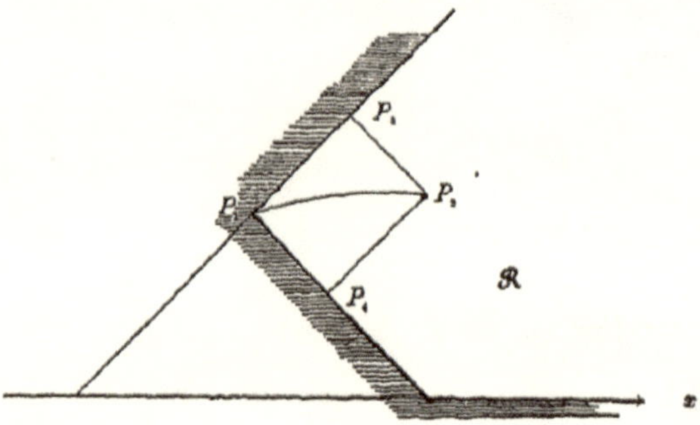

Fig 4

Für das allgemeine Integral der Euler'schen Differentialgleichung erhält man leicht

$$y = \beta - \frac{(x-\alpha)^2}{4\beta}, \quad (45)$$

wobei stets $\beta > 0$ *Die Extremalen sind also Parabeln, deren Brennpunkte auf der x-Achse liegen und deren Achsen der negativen y-Achse parallel sind.*

Durch irgend zwei Punkte P_1, P_2 der oberen Halbebene, welche die Bedingung

[1]) Ganz anders verhält es sich, wenn wir auch die Werte ± 1 für y' zulassen. Denn wenn entlang einem Segment der Kurve $\mathfrak{C}$. $y' = 1$ ist, so können wir dieses Segment *überhaupt nicht variieren,* ohne die Ungleichung für y' zu verletzen. Es bleibt also die Möglichkeit, daß es außer den Extremalen noch Lösungen gibt, welche geradlinige Segmente vom Gefälle ± 1 enthalten. In der Tat liefert eine gebrochene Linie, welche aus zwei solchen Segmenten besteht ($P_1 P_3 P_2$ oder $P_1 P_4 P_2$ in Fig. 4) für das Integral J den Wert Null, und daher sicher ein absolutes Minimum, wofern wir Kurven mit Ecken zulassen

$$-1 < \frac{y_2 - y_1}{x_2 - x_1} < 1$$

erfüllen, geht eine und nur eine dieser Parabeln [1])

b) **Ausartungen [2]) der Euler'schen Differentialgleichung:**

Wir betrachten weiter den speziellen Fall, wo die Ordnung der Euler'schen Differentialgleichung sich erniedrigt. Dies tritt dann und nur dann ein, wenn

$$f_{y'y'}(x, y, y') \equiv 0 \tag{46}$$

für alle x, y, y'. In diesem Fall reduziert sich die Euler'sche Differentialgleichung entweder auf eine endliche Gleichung, oder auf die Identität $0 = 0$, aber niemals auf eine Differentialgleichung erster Ordnung [3]).

Denn wenn $f_{y'y'}$ identisch verschwindet, so folgt durch zweimalige Integration der Gleichung (46) nach y', daß f selbst eine ganze lineare Funktion von y' sein muß, also von der Form

$$f = M(x, y) + N(x, y)\, y'.$$

Setzt man dies aber in (I) ein, so kommt

$$M_y - N_x = 0. \tag{47}$$

Hier sind nun zwei Fälle zu unterscheiden:

Entweder die Gleichung (47) ist keine Identität; dann stellt sie eine *endliche Gleichung* zwischen x und y dar. Wir erhalten also nur eine einzige Kurve als mögliche Lösung, und es wird dann im allgemeinen nicht möglich sein, die weitere Bedingung zu erfüllen, daß die Kurve durch die beiden gegebenen Punkte P_1 und P_2 geht.

Beispiel:

$$f = x^2 + y^2 + yy'$$

Die Differentialgleichung (I) reduziert sich hier auf die endliche Gleichung: $y = 0$. Die Aufgabe ist also nur losbar, wenn die beiden gegebenen Punkte auf der x-Achse liegen

---

[1]) Dies folgt unmittelbar aus einem allgemeinen Satz von E H. Moore (siehe § 26, b)), laßt sich aber auch leicht direkt beweisen.

[2]) Schon von Euler behandelt, *Methodus inveniendi etc.*, Kap. II, § 32.

[3]) Auch in dem allgemeineren Fall, wenn f höhere Ableitungen von y enthält, kann die Euler'sche Differentialgleichung sich nie auf eine Differentialgleichung *ungerader* Ordnung reduzieren, vgl Frobenius, Journal für Mathematik, Bd. LXXXV (1878), p 206, und Hirsch, Mathematische Annalen, Bd XLIX (1897), p 49

Oder die Gleichung (47) ist eine *Identitat*, gültig für alle Werte von x und y:

$$M_y \equiv N_x. \tag{48}$$

Dies ist aber die bekannte Integrabilitätsbedingung[1]) für den Differentialausdruck

$$M dx + N dy,$$

d. h. sind die Funktionen M und N nebst den partiellen Ableitungen M_y und N_x stetig und genügen der Identität (48) in einem einfach zusammenhängenden[2]) Bereich $\mathcal{S}$ der x, y-Ebene, so existiert eine Funktion $V(x, y)$, welche eindeutig und von der Klasse C' ist in $\mathcal{S}$, und für welche

$$V_x = M, \qquad V_y = N; \tag{49}$$

daher ist

$$f(x, y, y') = V_x + V_y y' = \frac{d}{dx} V(x, y) \tag{50}$$

Ist daher $\mathfrak{C} : y = y(x)$ irgend eine Kurve der Klasse C', welche die beiden Punkte $P_1(x_1, y_1)$ und $P_2(x_2, y_2)$ verbindet, und welche ganz in $\mathcal{S}$ liegt, so hat das Integral $J_{\mathfrak{C}}$ den Wert

$$J_{\mathfrak{C}} = \int_{x_1}^{x_2} \frac{d}{dx} V(x, y)\, dx = V(x_2, y_2) - V(x_1, y_1); \tag{51}$$

sein Wert ist also *unabhangig vom Integrationsweg* und hängt nur von der Lage der Endpunkte ab[3]).

Es ist klar, daß in diesem Falle ein „eigentliches“ Extremum des Integrals nicht stattfinden kann.

---

[1]) Vgl. *Encyclopadie*, II A, p 112—114; Picard, *Traité d'Analyse*, (2me éd.) Bd I, p 93; Goursat, *Cours d'Analyse*, Bd. I, p. 358 Der Beweis beruht auf der Betrachtung des Integrals

$$\int_{(x_1, y_1)}^{(x, y)} M dx + N dy.$$

[2]) Darunter soll das Innere einer stetigen geschlossenen Kurve ohne vielfache Punkte, zusammen mit dieser Kurve selbst, verstanden werden (einer sogenannten „Jordan'schen Kurve“); vgl A VI 2

[3]) Wegen der Stetigkeit der Funktion $V(x, y)$ bleibt der Satz auch richtig für stetige Kurven, welche sich aus einer endlichen Anzahl von Bogen der Klasse C' zusammensetzen (Kurven der Klasse D' in der Terminologie von § 10, c), wovon man sich leicht durch Zerlegung des Integrals $J_{\mathfrak{C}}$ überzeugt.

Beispiel:

$$f = 3x^2y^2 + 2x^3yy'$$

Hier ist·

$$f_y = 6x^2y + 2x^3y', \qquad f_{y'} = 2x^3y,$$

also

$$\frac{d}{dx}f_{y'} = 6x^2y + 2x^3y' \equiv f_y$$

Umgekehrt: Wenn das Integral $J_{\mathfrak{C}}$ denselben Wert hat für alle zulässigen Kurven $\mathfrak{C}$, welche durch P_1 und P_2 gehen, und welche im Innern eines einfach zusammenhängenden Bereiches $\mathcal{S}$ liegen, (der in dem in § 3, a) eingeführten Bereich $\mathfrak{R}$ enthalten ist), *dann muß die Euler'sche Differentialgleichung identisch erfüllt sein*

$$f_y - \frac{d}{dx}f_{y'} \equiv 0.$$

Denn sei (x_0, y_0) irgend ein innerer Punkt von $\mathcal{S}$, dessen Abszisse x_0 zwischen x_1 und x_2 liegt und seien y_0' und y_0'' zwei willkürlich vorgeschriebene endliche Werte Dann können wir stets im Innern von $\mathcal{S}$ eine zulässige Kurve $\mathfrak{C}: y = y(x)$ von der Klasse C'' konstruieren, welche durch die Punkte (x_1, y_1), (x_2, y_2) und (x_0, y_0) hindurchgeht und für welche $y'(x_0) = y_0'$, $y''(x_0) = y_0''$ ist. Variieren wir diese Kurve $\mathfrak{C}$, so muß nach unserer Annahme $\Delta J = 0$ sein für jede zulässige Variation, insbesondere also für Variationen der speziellen Form (19), also unter Benutzung der Bezeichnung von § 4, c)

$$J(\varepsilon) \equiv J(0)$$

für alle hinreichend kleinen $|\varepsilon|$.

Also muß sein: $J'(\varepsilon) \equiv 0$, insbesondere $J'(0) = 0$, woraus nach §§ 4 und 5 folgt, daß $y(x)$ der Euler'schen Differentialgleichung genügen muß Die linke Seite derselben muß also für das willkürliche Wertsystem $x = x_0$, $y = y_0$, $y' = y_0'$, $y'' = y_0''$, also identisch verschwinden[1]).

c) **Das inverse Problem der Variationsrechnung:**[2])

Wir betrachten schließlich noch kurz das folgende inverse Problem: *Es sei gegeben eine doppelt unendliche Schar von Kurven (Funktionen)*

$$y = g(x, \alpha, \beta).$$

---

[1]) Wegen der Verallgemeinerung des Satzes vgl. *Übungsaufgabe* Nr 46 am Ende von Kap III

[2]) Hierzu die *Übungsaufgaben* Nr. 15—16 am Ende von Kap. III

Es soll eine Funktion $f(x, y, y')$ *bestimmt werden, derart, daß das gegebene System von Kurven das System der Extremalen für das Integral*

$$J = \int_{x_1}^{x_2} f(x, y, y')\, dx$$

bildet.

Darboux[1]) hat gezeigt, daß dies Problem stets *unendlich viele Lösungen* besitzt, welche durch *Quadraturen* erhalten werden können.

Denn wenn

$$y'' = G(x, y, y') \tag{52}$$

die durch Elimination[2]) von α, β zwischen den drei Gleichungen

$$y = g(x, \alpha, \beta), \qquad y' = g_x(x, \alpha, \beta), \qquad y'' = g_{xx}(x, \alpha, \beta)$$

zu erhaltende Differentialgleichung zweiter Ordnung ist, deren allgemeine Lösung die gegebene Funktion: $y = g(x, \alpha, \beta)$ ist (mit α, β als Integrationskonstanten), so handelt es sich darum, die Funktion $f(x, y, y')$ so zu bestimmen, daß (52) mit der aus f abgeleiteten Euler'schen Differentialgleichung identisch wird, also nach (37) so, daß

$$f_y - f_{y'x} - y' f_{y'y} = G f_{y'y'} \tag{53}$$

für alle x, y, y'.

Differentiiert man jetzt (53) nach y', so erhält man für die Funktion $M = f_{y'y'}$ eine lineare partielle Differentialgleichung erster Ordnung, nämlich

$$\frac{\partial M}{\partial x} + y' \frac{\partial M}{\partial y} + G \frac{\partial M}{\partial y'} + G_{y'} M = 0. \tag{54}$$

Bezeichnen

$$\alpha = \varphi(x, y, y'), \qquad \beta = \psi(x, y, y')$$

die Lösung der beiden Gleichungen

$$y = g(x, \alpha, \beta), \qquad y' = g_x(x, \alpha, \beta)$$

nach α und β, und setzt man ferner

$$\theta(x, \alpha, \beta) = e^{\int G_{y'}(x,\, g(x, \alpha, \beta),\, g_x(x, \alpha, \beta))\, dx},$$

so findet man nach der allgemeinen Theorie[3]) der linearen partiellen Differentialgleichungen erster Ordnung für das allgemeine Integral von (54) den Ausdruck

---

[1]) *Théorie des surfaces*, Bd. III, Nr. 604, 605

[2]) Vgl. z. B Jordan, *Cours d'Analyse*, I, Nr 166

[3]) Vgl. z. B. Jordan, *Cours d'Analyse*, III, Nr. 242.

$$M = \frac{\Phi(\varphi(x, y, y'), \psi(x, y, y'))}{\theta(x, \varphi(x, y, y'), \psi(x, y, y'))},$$

wo Φ eine willkürliche Funktion von φ und ψ bedeutet.

Nachdem M gefunden ist, erhält man f durch zwei sukzessive Quadraturen aus der Gleichung

$$\frac{\partial^2 f}{\partial y'^2} = M(x, y, y'),$$

wobei zwei, noch von x und y abhängige Integrationskonstanten λ, μ eingeführt werden. Schließlich müssen die letzteren noch so bestimmt werden, daß f der ursprünglichen partiellen Differentialgleichung (53) genügt, aus welcher (54) durch Differentiation abgeleitet war.

Wir können das erhaltene Resultat auch dahin aussprechen, *daß jede Differentialgleichung zweiter Ordnung (auf unendlich viele Arten) als Euler'sche Differentialgleichung eines Problems der Variationsrechnung von dem einfachsten hier betrachteten Typus aufgefaßt werden kann* [1])

Beispiel [2]) Alle Funktionen f zu bestimmen, für welche *die Extremalen gerade Linien* sind:

$$y = \alpha x + \beta$$

Die Differentialgleichung (52) wird in diesem Fall

$$y'' = 0.$$

Wir erhalten daher

$$G \equiv 0, \qquad \varphi = y', \qquad \psi = y - xy'$$

und daraus

$$M = \Phi(y', y - xy')$$

und weiterhin

$$f = \int_0^{y'} (y' - t)\, \Phi(t, y - xt)\, dt + y' \lambda(x, y) + \mu(x, y)$$

Die Bedingung für λ und μ wird in diesem Fall

$$\frac{\partial \lambda}{\partial x} = \frac{\partial \mu}{\partial y};$$

der allgemeinste Ausdruck für λ und μ ist daher

$$\lambda = \frac{\partial v}{\partial y}, \qquad \mu = \frac{\partial v}{\partial x},$$

wo v eine willkürliche Funktion von x und y ist.[3])

---

[1]) Dies findet nicht mehr statt bei der entsprechenden Aufgabe für den allgemeineren Typus, wo f höhere Ableitungen enthält; vgl. darüber Hirsch, Mathematische Annalen, Bd. XLIX (1897), p 49 und Kasner, Bulletin of the Am. Math Soc, Bd XIII (1907), p 289.

[2]) Vgl Darboux, loc. cit. Nr. 606.

[3]) Die analoge Aufgabe für den Fall, wo die Extremalen Kreise sind, deren Mittelpunkte auf der x-Achse liegen, hat Stromquist gelöst (Transactions of the American Mathematical Society, Bd 7 (1906), p 175).

§ 7. Der Fall beweglicher Endpunkte.

Wir haben bei unseren bisherigen Entwicklungen stets die beiden Endpunkte der zulässigen Kurven als fest angenommen. Wir wollen in diesem Paragraphen nun auch den Fall betrachten, in welchem einer der beiden Endpunkte auf einer gegebenen Kurve beweglich[1]) ist.

a) **Der Endpunkt P_1 ist auf der Geraden $x = x_1$ beweglich:**

Wir betrachten zunächst den speziellen Fall, wo der Punkt P_1 auf der gegebenen Geraden

$$x = x_1 \tag{55}$$

beweglich ist, während der Punkt P_2 fest ist Die Gesamtheit der zulässigen Kurven besteht jetzt also aus allen Kurven, welche von der gegebenen Geraden (55) nach dem gegebenen Punkt P_2 gezogen werden können, und welche im übrigen den in § 3, a) unter 2) bis 4) aufgezählten Bedingungen genügen.

Wir nehmen wieder an, wir hätten eine Kurve $\mathfrak{C}$ gefunden, welche in bezug auf diese Gesamtheit von zulässigen Kurven ein Minimum für das Integral J liefert; ihre Gleichung sei:

$$\mathfrak{C}: \qquad y = y(x), \qquad x_1 \gtreqless x \gtreqless x_2 .$$

Dann muß

$$\Delta J \geqq 0$$

sein für alle zulässigen Kurven, welche in einer gewissen Nachbarschaft der Kurve $\mathfrak{C}$ liegen, also insbesondere auch für alle diejenigen darunter, welche mit der Kurve $\mathfrak{C}$ den Anfangspunkt P_1 gemeinsam haben. Das heißt aber: die Kurve $\mathfrak{C}$ muß auch noch ein Minimum liefern, wenn der Endpunkt P_1 als fest betrachtet wird, und daraus folgt nach der früheren Theorie, daß die Funktion $y(x)$ der Euler'schen Differentialgleichung

$$f_y - \frac{d}{dx} f_{y'} = 0$$

genügen muß, daß somit auch im Falle variabler Endpunkte die Kurve $\mathfrak{C}$ eine *Extremale* sein muß. Wir setzen in der weiteren Diskussion voraus, daß diese Bedingung erfüllt ist.

---

[1]) Das älteste Beispiel dieser Art rührt von Jacob Bernoulli her (1697); es ist die Aufgabe der Brachistochrone, wenn der zweite Endpunkt auf einer vertikalen Geraden beweglich ist Allgemein sind Aufgaben mit variabeln Endpunkten zuerst von Lagrange behandelt worden (1760), vgl. Œuvres, Bd I, p 338, 345.

Um nun weitere Bedingungen zu erhalten, betrachten wir jetzt in zweiter Linie eine Variation der Form

$$\overline{\mathfrak{C}}: \qquad y = y(x) + \varepsilon\eta(x) \equiv \overline{y}(x),$$

bei welcher der Endpunkt P_1 variiert wird. Die Funktion η ist dabei eine willkürliche Funktion der Klasse C', für welche

$$\eta(x_1) \neq 0, \qquad \eta(x_2) = 0.$$

Für diese Variation gelten die Schlüsse von § 4, wonach

$$\delta J \equiv \varepsilon \int_{x_1}^{x_2} (f_y \eta + f_{y'} \eta') dx = 0$$

sein muß. Wendet man jetzt die partielle Integration[1]) von § 5, a) an, so verschwindet in der Gleichung (25) das Integral, weil die Kurve $\mathfrak{C}$ eine Extremale ist, und es bleibt nur

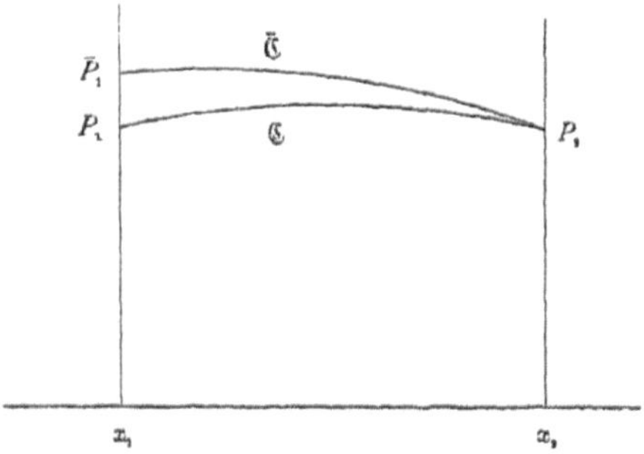

Fig 5

$$\delta J = \varepsilon f_{y'}(x_1, y_1, y_1')\,\eta(x_1) = 0;$$

daraus folgt aber, da $\eta(x_1) \neq 0$:

Im Punkt P_1 muß die Bedingung

$$f_{y'}(x_1, y_1, y_1') = 0 \tag{56}$$

erfüllt sein.

Diese Bedingung, zusammen mit der Bedingung, daß der Punkt P_1 auf der Geraden $x = x_1$ liegen soll, und daß die Kurve $\mathfrak{C}$ durch den Punkt P_2 gehen soll, bestimmt im allgemeinen die beiden Integrationskonstanten in dem allgemeinen Integral der Euler'schen Differentialgleichung und die unbekannte Ordinate y_1 des Punktes P_1.

Beispiel I (siehe pp. 1, 33):

$$f = y\sqrt{1 + y'^2}.$$

Hier ist. $f_{y'} = \dfrac{yy'}{\sqrt{1+y'^2}}$. Da stets $y > 0$, so folgt

$$y_1' = 0,$$

d. h die Kettenlinie muß im Punkt P_1 senkrecht auf der Geraden $x = x_1$ stehen.

---

[1]) Dieselbe ist statthaft, da wir annahmen, daß $\mathfrak{C}$ eine Extremale und zwar von der Klasse C' ist Darin ist enthalten, daß $\dfrac{d}{dx} f_{y'}$ existiert und stetig ist

b) **Der Endpunkt P_1 ist auf einer beliebigen Kurve beweglich:**

Wir wenden uns jetzt zu dem allgemeinen Fall, wo der Punkt P_1 auf einer beliebigen im Bereich $\mathfrak{R}$ gelegenen Kurve:

$$\tilde{\mathfrak{C}}: \qquad y = \tilde{y}(x)$$

der Klasse C' beweglich ist, während der Punkt P_2 fest ist.

Dazu müssen wir unsere frühere, in § 3, b) gegebene Definition des (relativen) Minimums etwas verallgemeinern. In den bisher behandelten Fällen lagen nämlich alle zulässigen Kurven in dem Streifen der Ebene zwischen den beiden festen Geraden $x = x_1$, $x = x_2$. Dies ist jetzt, wo die untere Grenze unseres Integrals nicht gegeben ist, nicht mehr der Fall. Wir werden daher jetzt sagen, eine Kurve $\mathfrak{C}$ liefere ein (relatives) Minimum für das Integral J, wenn

$$\Delta J \geqq 0$$

für jede zulässige Kurve $\bar{\mathfrak{C}}$, welche *in einer gewissen Umgebung* $\mathfrak{A}$ *der Kurve* $\mathfrak{C}$ gelegen ist. Dabei soll unter einer „Umgebung $\mathfrak{A}$ der Kurve $\mathfrak{C}$“ jeder Bereich verstanden werden, welcher die Kurve $\mathfrak{C}$ in seinem Innern enthält, so daß also jeder Punkt von $\mathfrak{C}$ ein „innerer Punkt“ von $\mathfrak{A}$ ist.[1])

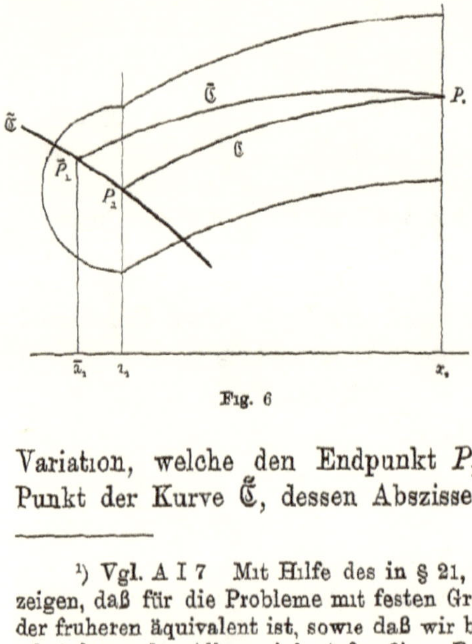

Fig. 6

Dann schließen wir zunächst wieder, ganz wie unter a), daß die gesuchte Kurve

$$\mathfrak{C}: \quad y = y(x), \quad x_1 \leqq x \leqq x_2,$$

eine *Extremale* sein muß.

Alsdann konstruieren wir folgendermaßen eine zulässige Variation, welche den Endpunkt P_1 variiert. Es sei $\bar{P}_1$ derjenige Punkt der Kurve $\tilde{\mathfrak{C}}$, dessen Abszisse

---

[1]) Vgl. A I 7 Mit Hilfe des in § 21, a) bewiesenen Lemmas läßt sich leicht zeigen, daß für die Probleme mit festen Grenzen x_1, x_2, die jetzige Definition mit der früheren äquivalent ist, sowie daß wir bei der vorliegenden Aufgabe ohne Einschränkung der Allgemeinheit für $\mathfrak{A}$, z B. den Bereich wählen können, der dadurch entsteht, daß man der Nachbarschaft (ϱ) der Kurve $\mathfrak{C}$ noch einen Halbkreis mit dem Mittelpunkt P_1 und dem Radius ϱ hinzufügt (siehe Fig. 6).

$$\bar{x}_1 = x_1 + \varepsilon$$

ist. Dann wählen wir willkürlich eine Funktion $\eta(x)$ von der Klasse C', welche den Bedingungen

$$\eta(x_1) \neq 0, \qquad \eta(x_2) = 0$$

genügt, und betrachten die Schar von Kurven

$$y = y(x) + k\eta(x),$$

welche sämtlich durch den Punkt P_2 gehen. Eine Kurve dieser Schar wird dann durch den Punkt $\overline{P}_1$ gehen, nämlich diejenige, für welche der Parameter k aus der Gleichung

$$y(x_1 + \varepsilon) + k\eta(x_1 + \varepsilon) = \bar{y}(x_1 + \varepsilon)$$

bestimmt wird, woraus sich

$$k = \frac{\bar{y}(x_1 + \varepsilon) - y(x_1 + \varepsilon)}{\eta(x_1 + \varepsilon)} \equiv k(\varepsilon)$$

ergibt. Dann stellt die Kurve

$$\overline{\mathfrak{C}}: \qquad y = y(x) + k(\varepsilon)\,\eta(x), \qquad \bar{x}_1 \lesseqgtr x \lesseqgtr x_2$$

für jeden hinreichend kleinen Wert von $|\varepsilon|$ eine zulässige Variation von $\mathfrak{C}$ dar. Da

$$\bar{y}(x_1) = y(x_1),$$

so ist $k(0) = 0$; die Kurve $\overline{\mathfrak{C}}$ reduziert sich also für $\varepsilon = 0$ auf die Kurve $\mathfrak{C}$. Ferner merken wir noch an, daß

$$\left(\frac{dk(\varepsilon)}{d\varepsilon}\right)_{\varepsilon=0} = \frac{\bar{y}'_1 - y'_1}{\eta_1}, \tag{57}$$

wenn wir zur Abkürzung schreiben

$$y'_1 = y'(x_1), \qquad \bar{y}'_1 = \bar{y}'(x_1), \qquad \eta_1 = \eta(x_1).$$

Wir bilden jetzt das Integral $J_{\overline{\mathfrak{C}}}$. Dasselbe ist eine eindeutige Funktion von ε, die wir mit $J(\varepsilon)$ bezeichnen, so daß

$$J(\varepsilon) = \int_{\bar{x}_1}^{x_2} f(x,\, y + k(\varepsilon)\eta,\, y' + k(\varepsilon)\eta')\,dx,$$

wobei wir besonders hervorheben, daß jetzt die untere Grenze des Integrals von ε abhängt.

Die Funktion $J(\varepsilon)$, die sich für $\varepsilon=0$ auf $J_{\mathfrak{C}}$ reduziert, muß nun wieder für $\varepsilon=0$ ein Minimum besitzen; also muß

$$J'(0)=0$$

sein. Nach den Regeln für die Differentiation eines bestimmten Integrals nach einem Parameter erhält man aber[1]):

$$J'(0)=-f(x_1, y_1, y_1')+\left(\frac{dk}{ds}\right)_0\int_{x_1}^{x_2}(f_y\eta+f_{y'}\eta')\,dx.$$

Wendet man nun auf das zweite Glied unter dem Integral die Lagrange'sche partielle Integration an, und beachtet, daß die Kurve $\mathfrak{C}$ eine Extremale ist, so erhält man unter Benutzung von (57)

$$J'(0)=-[f(x_1, y_1, y_1')+(\tilde{y}_1'-y_1')f_{y'}(x_1, y_1, y_1')], \tag{58}$$

und somit das Resultat:

Im Punkt P_1 muß zwischen den Gefällen der beiden Kurven $\mathfrak{C}$ und $\tilde{\mathfrak{C}}$ die Relation stattfinden

$$f(x_1, y_1, y_1')+(\tilde{y}_1'-y_1')f_{y'}(x_1, y_1, y_1')=0. \tag{59}$$

Wenn diese Bedingung erfüllt ist, so sagt man, *die Kurve $\tilde{\mathfrak{C}}$ schneide die Extremale $\mathfrak{C}$ im Punkte P_1 transversal.*[2])

Die Gleichung (59), zusammen mit den beiden Gleichungen:

$$g(x_2, \alpha, \beta)=y_2, \qquad g(x_1, \alpha, \beta)=\tilde{y}(x_1),$$

bestimmt im allgemeinen die Abszisse x_1 des Punktes P_1 und die beiden Integrationskonstanten α, β der allgemeinen Lösung der Euler'schen Differentialgleichung.

Beispiel I (siehe pp. 1, 33, 41).

$$f=y\sqrt{1+y'^2}.$$

Hier lautet die Transversalitatsbedingung

$$\left.\frac{y(1+y'\tilde{y}')}{\sqrt{1+y'^2}}\right|^1=0,$$

welche besagt, daß die Kettenlinie

---

[1]) Dabei ist stillschweigend vorausgesetzt, daß die Funktion $f(x, y, y')$ nicht von x_1, y_1 abhängt; vgl p 50 und § 34, c)

[2]) Im Gebrauch des Wortes „transversal" folge ich Osgood, *Sufficient conditions etc.*, p 112. Kneser, von dem der Ausdruck herrührt, sagt umgekehrt, $\tilde{\mathfrak{C}}$ werde von $\mathfrak{C}$ transversal geschnitten

$$y = \alpha \operatorname{Ch} \frac{x-\beta}{\alpha}$$

die gegebene Kurve $\tilde{\mathfrak{C}}$ im Punkt P_1 *orthogonal* schneiden muß; wir erhalten also dieselbe Bedingung wie im speziellen Fall a).[1]) Dasselbe Resultat gilt allgemein[2]) für

$$f = G(x, y)\sqrt{1+y'^2}$$

Wir bemerken noch für späteren Gebrauch, daß sich aus (58) der folgende Ausdruck für die totale Variation ergibt:

$$\Delta J = -\varepsilon[f(x_1, y_1, y_1') + (\tilde{y}_1' - y_1')f_{y'}(x_1, y_1, y_1')] + \varepsilon(\varepsilon). \quad (60)$$

Wenn statt des Punktes P_1 der Punkt P_2 auf einer gegebenen Kurve $\tilde{\mathfrak{C}}$ beweglich, dagegen P_1 fest ist, so führt eine ganz analoge Betrachtung zu der entsprechenden Bedingung

$$f(x_2, y_2, y_2') + (\tilde{y}_2' - y_2')f_{y'}(x_2, y_2, y_2') = 0, \quad (59\text{a})$$

und dem Ausdruck

$$\Delta J = \varepsilon[f(x_2, y_2, y_2') + (\tilde{y}_2' - y_2')f_{y'}(x_2, y_2, y_2')] + \varepsilon(\varepsilon). \quad (60\text{a})$$

Sind beide Endpunkte beweglich, P_1 auf einer Kurve $\tilde{\mathfrak{C}}_1$, P_2 auf einer Kurve $\tilde{\mathfrak{C}}_2$, so muß die gesuchte Kurve eine Extremale sein, und es müssen gleichzeitig die beiden Transversalitätsbedingungen (59) und (59a) erfüllt sein.

§ 8. Der allgemeine δ-Prozeß.[3])

Wir knüpfen an die Entwicklungen des letzten Paragraphen eine Besprechung des allgemeinen δ-Prozesses, der eine so hervorragende Rolle in der älteren Variationsrechnung gespielt hat[4]) In § 4 haben wir eine vorläufige Definition desselben gegeben für spezielle Variationen der Form

$$\Delta y = \varepsilon \eta$$

---

[1]) Die Bedingung (56) kann als Grenzfall von (59) aufgefaßt werden, für $\tilde{y}_1' = \infty$; vgl. übrigens die Behandlung des Problems in Parameterdarstellung, §§ 34, 35.

[2]) Vgl. dazu *Übungsaufgabe* Nr 17 am Ende von Kap. III.

[3]) Wir empfehlen dem Leser, diesen Paragraphen vorläufig zu überschlagen und erst bei Bedarf darauf zurückzugreifen.

[4]) Bei LAGRANGE und bei allen älteren Autoren ist „calcul des variations" geradezu identisch mit der Theorie des δ-Prozesses, und die Theorie der Extrema bestimmter Integrale wird als Anwendung dieses Variationskalküls aufgefaßt.

und für den Fall fester Endpunkte. Wie jedoch schon die in § 7 gegebenen Entwickelungen zeigen, kommt man nicht immer mit Variationen dieser einfachsten Art aus, und es wird häufig nötig, Variationen von dem allgemeinen Typus

$$\Delta y = \omega(x, \varepsilon)$$

heranzuziehen. Es soll jetzt gezeigt werden, wie dabei der δ-Prozeß zu modifizieren ist.

a) **Die erste Variation:**

Es sei

$$\mathfrak{C}: \qquad y = y(x), \qquad x_1 \overline{\gtrless} x \overline{\gtrless} x_2,$$

ein Kurvenbogen, von dem wir voraussetzen, daß die Funktion $y(x)$ von der Klasse C' ist in einem Intervall $[X_1 X_2]$, das nach beiden Seiten über $[x_1 x_2]$ hinausreicht, so daß $X_1 < x_1$, $X_2 > x_2$.

Die Endpunkte des Bogens $\mathfrak{C}$ seien P_1 und P_2. Wir betrachten jetzt eine Schar[1]) von Bogen mit einem Parameter ε, welcher den Bogen $\mathfrak{C}$ als Individuum enthält und zwar für $\varepsilon = 0$. Eine solche Schar können wir auf unendlich viele Weisen konstruieren, indem wir einfach setzen

$$y = y(x) + \omega(x, \varepsilon) \equiv \bar{y}(x, \varepsilon), \qquad \bar{x}_1(\varepsilon) \overline{\gtrless} x \overline{\gtrless} \bar{x}_2(\varepsilon), \tag{61}$$

wobei die Funktionen $\omega(x, \varepsilon)$, $\bar{x}_1(\varepsilon)$, $\bar{x}_2(\varepsilon)$ den Anfangsbedingungen genügen:

$$\omega(x, 0) = 0 \tag{62}$$

$$\bar{x}_1(0) = x_1, \qquad \bar{x}_2(0) = x_2. \tag{63}$$

Über die Funtion $\omega(x, \varepsilon)$ machen wir noch die weitere Annahme, daß sie selbst, sowie ihre partiellen Ableitungen ω_x, ω_ε, $\omega_{x\varepsilon}$ existieren und stetig sind in dem Bereich

$$X_1 \overline{\gtrless} x \overline{\gtrless} X_2 \qquad |\varepsilon| \overline{<} k,$$

---

[1]) Der Gedanke, die zu variierende Kurve als Individuum einer einparametrigen Kurvenschar aufzufassen, rührt von Euler her, (*Methodus nova et facilis calculum variationum tractandi,* Novi Commentarii Acad. Imp. Sc. Petropolitanae, Bd. 16 (1772), auch *Instit. Calc. Integr.*, Bd. 4, Suppl. XI). Derselbe ist von der größten Wichtigkeit für die Variationsrechnung gewesen, da er den Lagrange'schen „Variationskalkül" auf einen Differentiationsprozeß reduzierte und dadurch überhaupt erst auf eine feste Grundlage stellte. Zugleich ist er aber auch von nachteiligem Einfluß gewesen, insofern er zu dem naheliegenden Irrtum führte, daß man glaubte, auf diese Weise den allgemeinsten Ausdruck einer Variation zu erhalten (vgl. § 15, a).

wofern die positiven Größen k, $x_1 - X_1$, $X_2 - x_2$ hinreichend klein gewählt werden Daraus folgt dann, daß auch $\omega_{\varepsilon x}$ in demselben Bereich existiert und gleich $\omega_{x\varepsilon}$ ist.[1])

Von den beiden Funktionen $\bar{x}_1(\varepsilon)$, $\bar{x}_2(\varepsilon)$ setzen wir außer der Gleichung (63) noch voraus, daß sie in dem Bereich $|\varepsilon| \leqq k$ von der Klasse C' sein sollen

Wir variieren nun den Bogen $\mathfrak{E}$, indem wir ihn durch einen Bogen $\bar{\mathfrak{E}}$ der Schar (61) ersetzen. Eine solche Variation, welche alle soeben angeführten Bedingungen erfüllt, wollen wir eine „*Normal-Variation*" nennen.[2])

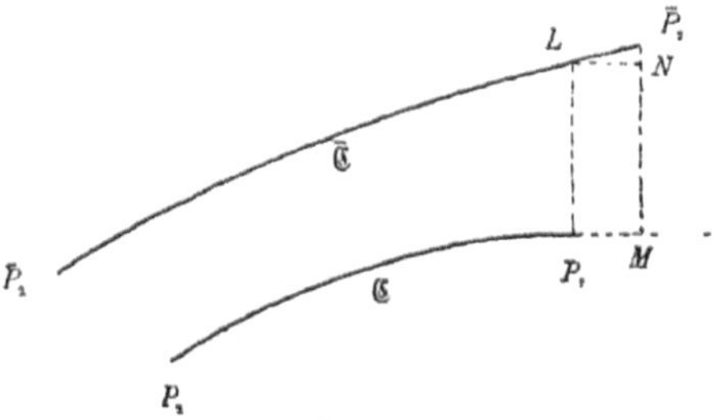

Fig 7

Jetzt sei $\varphi(x, y, y')$ irgend eine Funktion von x, y, y' welche von der Klasse C' ist in einer gewissen Umgebung $\mathfrak{A}'$ der Kurve

$$\mathfrak{E}': \quad y = y(x), \quad y' = y'(x), \qquad x_1 \leqq x \leqq x_2$$

im Raum der Variabeln x, y, y'. Wir substituieren darin $y + \omega$, $y' + \omega'$ für y, y' und bezeichnen[3])

$$\bar{\varphi} = \varphi(x, y + \omega, y' + \omega').$$

Alsdann definieren[4]) wir

$$\delta\varphi = \varepsilon \left(\frac{\partial \bar{\varphi}}{\partial \varepsilon}\right)_{\varepsilon = 0}. \tag{64}$$

---

[1]) Nach A IV 7

[2]) Abweichend von Kneser, *Lehrbuch*, p. 91.

[3]) Akzente sollen Differentiation nach x auch dann bezeichnen, wenn neben x andere Variable vorkommen, also hier: $\omega' = \omega_x$, $\omega'_\varepsilon = \omega_{\varepsilon x}$ usw.

[4]) Definition und Bezeichnung sind schwankend. Die hier gegebene Definition von $\delta\varphi$ schließt sich an die von Jordan, *Cours d'Analyse*, III, Nr. 348 für Variationen der speziellen Form $\varepsilon\eta$ gegebene Definition an. Euler und nach ihm Stegemann (*Lehrbuch*) und Erdmann (Schlomilch's Zeitschrift, Bd. XXVI (1881) p. 76) definieren: $\delta\varphi = \left(\frac{\partial \bar{\varphi}}{\partial \varepsilon}\right)_0 d\varepsilon$ Dagegen definieren Ohm, Strauch und Moigno: $\delta\varphi = \left(\frac{\partial \bar{\varphi}}{\partial \varepsilon}\right)_0$ wofur Stegemann den Ausdruck „Variationsquotient" und das Zeichen δ' gebraucht.

Falls $\bar{\varphi}$ Entwicklung nach Potenzen von ε zuläßt:

$$\bar{\varphi} = \varphi + \varepsilon\varphi_1 + \frac{\varepsilon^2}{2!}\varphi_2 + \cdots$$

so ist $\delta\varphi$ identisch mit dem Glied erster Ordnung $\varepsilon\varphi_1$ in dieser Entwicklung.

Wenden wir dies insbesondere auf die Funktionen $\varphi = y$ und $\varphi = y'$ an so kommt

$$\delta y = \varepsilon\omega_\varepsilon(x, 0), \qquad \delta y' = \varepsilon\omega_{x\varepsilon}(x, 0) \tag{65}$$

woraus wegen $\omega_{x\varepsilon} = \omega_{\varepsilon x}$ folgt:

$$\frac{d}{dx}\delta y = \delta\left(\frac{dy}{dx}\right). \tag{66}$$

Die Operationen der Variation und Differentiation sind also vertauschbar. Unter Benutzung von (65) wird jetzt

$$\delta\varphi = \varphi_y\,\delta y + \varphi_{y'}\,\delta y' \tag{67}$$

Wir betrachten weiter das Integral

$$J = \int f(x, y, y')\,dx$$

unter der Voraussetzung, daß die Funktion $f(x, y, y')$ in einer gewissen Umgebung der Kurve $\mathfrak{C}'$ von der Klasse C' ist. Dieses Integral, genommen entlang einer Kurve $\bar{\mathfrak{C}}$ der Schar (61) ist eine Funktion von ε, die wir wieder mit $J(\varepsilon)$ bezeichnen:

$$J(\varepsilon) = \int_{\bar{x}_1(\varepsilon)}^{\bar{x}_2(\varepsilon)} f(x, y(x) + \omega(x, \varepsilon), y'(x) + \omega'(x, \varepsilon))\,dx$$

Dann definieren wir analog:

$$\delta J = \varepsilon\left(\frac{dJ(\varepsilon)}{d\varepsilon}\right)_{\varepsilon=0}. \tag{68}$$

Nach den über die Funktionen y, ω, $\bar{x}_1$, $\bar{x}_2$ und f gemachten Annahmen dürfen wir bei der Differentiation von $J(\varepsilon)$ die gewöhnlichen Regeln[1]) über die Differentiation eines bestimmten Integrals nach einem Parameter anwenden, wobei insbesondere zu beachten ist, daß jetzt auch die Grenzen von ε abhängen. Definieren wir noch

$$\delta x_1 = \varepsilon\left(\frac{d\bar{x}_1}{d\varepsilon}\right)_{\varepsilon=0}, \qquad \delta x_2 = \varepsilon\left(\frac{d\bar{x}_2}{d\varepsilon}\right)_{\varepsilon=0}, \tag{69}$$

so ergibt die Ausführung der Rechnung:

---

[1]) Vgl A V 7

$$\delta J = \int_{x_1}^{x_2} (f_y \delta y + f_{y'} \delta y')\, dx + \Big[f\delta x\Big]_1^2,$$

oder, wenn man das bestimmte Integral in der üblichen Weise durch partielle Integration umformt (die Zulässigkeit der letzteren vorausgesetzt)

$$\begin{aligned}\delta J = \int_{x_1}^{x_2} \delta y \left(f_y - \frac{d}{dx} f_{y'}\right) dx + f(x_2, y_2, y_2')\,\delta x_2 + f_{y'}(x_2, y_2, y_2')\,(\delta y)_2 \\ - f(x_1, y_1, y_1')\,\delta x_1 - f_{y'}(x_1, y_1, y_1')\,(\delta y)_1;\end{aligned} \tag{70}$$

dabei bedeutet $(\delta y)_i$ den Wert von δy für $x = x_i$, also

$$(\delta y)_1 = \varepsilon\,\omega_\varepsilon(x_1, 0), \qquad (\delta y)_2 = \varepsilon\,\omega_\varepsilon(x_2, 0). \tag{71}$$

Dagegen bezeichnen wir

$$\delta(y_1) = \varepsilon \left(\frac{d\bar{y}_1}{d\varepsilon}\right)_0, \qquad \delta(y_2) = \varepsilon \left(\frac{d\bar{y}_2}{d\varepsilon}\right)_0. \tag{72}$$

Da

$$\frac{d\bar{y}_i}{d\varepsilon} = \frac{d\bar{y}(\bar{x}_i, \varepsilon)}{d\varepsilon} = \bar{y}'(\bar{x}_i, \varepsilon)\frac{d\bar{x}_i}{d\varepsilon} + \bar{y}_\varepsilon(\bar{x}_i, \varepsilon),$$

so ist

$$\delta(y_1) = y_1'\,\delta x_1 + (\delta y)_1, \qquad \delta(y_2) = y_2'\,\delta x_2 + (\delta y)_2. \tag{73}$$

Die Variationen $\delta(y_i)$ pflegt man „*gemischte*[1]) *Variationen*" zu nennen, im Gegensatz zu den sogenannten „*reinen Variationen*" $(\delta y)_i$.

Führt man mittels der Relationen (73) in der Formel (70) die gemischten Variationen statt der reinen ein, so erhält man schließlich:

$$\left.\begin{aligned}\delta J = \int_{x_1}^{x_2} \delta y \left(f_y - \frac{d}{dx} f_{y'}\right) dx + [f(x_2, y_2, y_2') - y_2' f_{y'}(x_2, y_2, y_2')]\,\delta x_2 + \\ + f_{y'}(x_2, y_2, y_2')\,\delta(y_2) - [f(x_1, y_1, y_1') - y_1' f_{y'}(x_1, y_1, y_1')]\,\delta x_1 - \\ - f_{y'}(x_1, y_1, y_1')\,\delta(y_1).\end{aligned}\right\} \tag{74}$$

---

[1]) Über reine und gemischte Variationen vgl. KNESER, *Encyclopädie*, II A p 576, und STEGEMANN, *Lehrbuch*, § 56 und wegen der verschiedenen dafür gebrauchten Bezeichnungen die Vorrede zu letzterem, p VII. Noch anders bezeichnet ERDMANN, Schlömilch's Zeitschrift, Bd. XXII (1878), p. 363 Er schreibt $[\delta y_i]$, δy_i für $\delta(y_i)$, $(\delta y)_i$ resp. In Fig 7 ist annähernd: $(\delta y)_2 = P_2 L$; $\delta(y_2) = M\bar{P}_2$.

Auf die „*Variation der unabhängigen Variabeln*", die bei den älteren Autoren über Variationsrechnung eine große Rolle gespielt hat, gehen wir hier nicht ein Sie hat viel Unklarheit in die Variationsrechnung gebracht, und man

Bei manchen Aufgaben[1]) hängt die Funktion f außer von x, y, y' auch noch von den Koordinaten der beiden Endpunkte ab. Es ist dann

$$J(\varepsilon)=\int_{\bar{x}_1}^{\bar{x}_2} f(x, \bar{y}, \bar{y}'; \bar{x}_1, \bar{y}_1; \bar{x}_2, \bar{y}_2)\, dx.$$

Daher muß man dem Ausdruck (70) oder (74) für δJ jetzt noch das Zusatzglied

$$\int_{x_1}^{x_2}\left(\frac{\partial f}{\partial x_1}\delta x_1+\frac{\partial f}{\partial y_1}\delta(y_1)+\frac{\partial f}{\partial x_2}\delta x_2+\frac{\partial f}{\partial y_2}\delta(y_2)\right)dx$$

hinzufügen, das sich unter Benutzung von (73) auch schreiben läßt[2])

$$\delta x_1\int_{x_1}^{x_2}\left(\frac{\partial f}{\partial x_1}+y_1'\frac{\partial f}{\partial y_1}\right)dx+\delta x_2\int_{x_1}^{x_2}\left(\frac{\partial f}{\partial x_2}+y_2'\frac{\partial f}{\partial y_2}\right)dx+$$
$$+(\delta y)_1\int_{x_1}^{x_2}\frac{\partial f}{\partial y_1}\,dx+(\delta y)_2\int_{x_1}^{x_2}\frac{\partial f}{\partial y_2}\,dx.$$

Die bisherigen Definitionen und Resultate lassen sich unmittelbar auf den allgemeineren Fall von Variationen übertragen, welche von mehreren Parametern $\varepsilon_1, \varepsilon_2, \ldots, \varepsilon_m$ abhängen, wobei man über die Funktionen $\omega(x, \varepsilon_1, \varepsilon_2, \ldots, \varepsilon_m)$, $\bar{x}_1(\varepsilon_1, \varepsilon_2, \ldots, \varepsilon_m)$, $\bar{x}_2(\varepsilon_1, \varepsilon_2, \ldots, \varepsilon_m)$ die den obigen analogen Annahmen zu machen hat

Für diesen Fall soll definiert werden:

$$\delta\varphi=\varepsilon_1\left(\frac{\partial\bar{\varphi}}{\partial\varepsilon_1}\right)_0+\varepsilon_2\left(\frac{\partial\bar{\varphi}}{\partial\varepsilon_2}\right)_0+\cdots+\varepsilon_m\left(\frac{\partial\bar{\varphi}}{\partial\varepsilon_m}\right)_0,$$
$$\delta J=\varepsilon_1\left(\frac{\partial J}{\partial\varepsilon_1}\right)_0+\varepsilon_2\left(\frac{\partial J}{\partial\varepsilon_2}\right)_0+\cdots+\varepsilon_m\left(\frac{\partial J}{\partial\varepsilon_m}\right)_0,$$
$$\delta x_i=\varepsilon_1\left(\frac{\partial\bar{x}_i}{\partial\varepsilon_1}\right)_0+\varepsilon_2\left(\frac{\partial\bar{x}_i}{\partial\varepsilon_2}\right)_0+\cdots+\varepsilon_m\left(\frac{\partial\bar{x}_i}{\partial\varepsilon_m}\right)_0.$$

---

kann vollständig ohne sie auskommen, um so mehr als der ihr zugrunde liegende Gedanke in der Parameterdarstellung seinen Ausdruck findet Eine rationelle Begründung der Variation der unabhängigen Variabeln findet man bei JORDAN, *Cours d'Analyse,* III, Nr 351.

[1]) Dies tritt bei der Aufgabe der *Brachistochrone* ein, bei welcher das Integral

$$J=\int_{x_1}^{x_2}\frac{\sqrt{1+y'^2}\,dx}{\sqrt{y-y_1+k}},\qquad k \text{ eine Konstante,}$$

zu einem Minimum zu machen ist Vgl. § 34, c).

[2]) Vgl. LINDELÖF-MOIGNO, loc cit. Nr 63

Mit dieser allgemeineren Bedeutung des Symbols δ bleibt dann auch die Formel (74) gültig.

Die im vorangehenden entwickelten Begriffsbildungen lassen sich ohne weiteres auf Variationsprobleme übertragen, in welchen *mehrere unbekannte Funktionen* von x vorkommen. Für das Integral

$$J = \int_{x_1}^{x_2} f(x, y_1, y_2, \ldots, y_n, y_1', y_2', \ldots, y_n')\, dx$$

erhält man so im Fall fester Grenzen x_1, x_2, wenn man die Kurve

$$\mathfrak{C}: \qquad y_i = y_i(x), \qquad x_1 \gtreqless x \gtreqless x_2, \qquad i = 1, 2, \ldots, n,$$

im Raum der Variabeln $x, y_1, \ldots, y_n$ durch die Kurve

$$\overline{\mathfrak{C}}: \qquad y_i = y_i(x) + \omega_i(x, \varepsilon), \qquad x_1 \gtreqless x \gtreqless x_2, \qquad i = 1, 2, \ldots, n,$$

ersetzt:

$$\delta J = \sum_{i=1}^{n} \left[\frac{\partial f}{\partial y_i'} \delta y_i\right]_{x_1}^{x_2} + \int_{x_1}^{x_2} \sum_{i=1}^{n} \delta y_i \left(\frac{\partial f}{\partial y_i} - \frac{d}{dx} \frac{\partial f}{\partial y_i'}\right) dx, \tag{75}$$

wobei

$$\delta y_i = \varepsilon \left. \frac{\partial \omega_i(x, \varepsilon)}{\partial \varepsilon} \right|^{\varepsilon = 0}. \tag{76}$$

Dabei ist vorausgesetzt, daß die Funktionen $y_i(x)$ im Intervall $[x_1 x_2]$ von der Klasse C'' sind, und daß die Funktionen $\omega_i(x, \varepsilon)$ dieselben Eigenschaften besitzen, wie oben die Funktion $\omega(x, \varepsilon)$.

Wenn insbesondere die Kurve $\mathfrak{C}$ eine „Extremale" ist, d h. wenn die Funktionen $y_i(x)$ dem System von Differentialgleichungen

$$\frac{\partial f}{\partial y_i} - \frac{d}{dx} \frac{\partial f}{\partial y_i'} = 0, \qquad i = 1, 2, \ldots, n, \tag{77}$$

genügen, so reduziert sich der Ausdruck für die erste Variation auf

$$\delta J = \sum_{i=1}^{n} \left[\frac{\partial f}{\partial y_i'} \delta y_i\right]_{x_1}^{x_2}, \tag{78}$$

und daraus erhält man[1]) nach der Definition der Ableitung die folgende *Fundamentalformel für die Variation eines Extremalenbogens* bei festen Grenzen x_1, x_2:

$$\Delta J = \sum_{i=1}^{n} \left[\frac{\partial f}{\partial y_i'} \delta y_i\right]_{x_1}^{x_2} + \varepsilon(\varepsilon). \tag{79}$$

---

[1]) Vgl dazu Gleichung (21).

b) **Die höheren Variationen:**

Wir schließen hieran eine kurze Besprechung der höheren Variationen. Da es sich dabei wesentlich um formale Entwicklungen handelt, wollen wir der Einfachheit halber annehmen, daß alle auftretenden Funktionen und Ableitungen in den in Betracht kommenden Bereichen existieren und stetig sind, daß alle vorkommenden Reihenentwicklungen konvergieren, und daß überhaupt die gewöhnlichen Regeln der formalen Differential- und Integralrechnung anwendbar sind.

Wir betrachten — etwas allgemeiner als bisher — eine Funktion $\varphi(x, y, y', \ldots, y^{(p)})$ von x, y und einigen Ableitungen von y. Wir ersetzen darin y durch $\overline{y}(x, \varepsilon)$ und dementsprechend $y^{(\lambda)}$ durch $\overline{y}^{(\lambda)}(x, \varepsilon)$. Die so entstehende Funktion von x und ε

$$\overline{\varphi} = \varphi(x, \overline{y}, \overline{y}', \ldots, \overline{y}^{(p)}),$$

entwickeln wir nach Potenzen von ε; es sei

$$\overline{\varphi} = \varphi + \frac{\varepsilon}{1!}\varphi_1 + \frac{\varepsilon^2}{2!}\varphi_2 + \cdots$$

Alsdann heißt[1]) die Größe $\varepsilon^n\varphi_n$ *die n^{te} Variation von* φ und wird mit $\delta^n\varphi$ bezeichnet; also

$$\delta^n\varphi = \varepsilon^n\left(\frac{d^n\overline{\varphi}}{d\varepsilon^n}\right)_{\varepsilon=0}. \tag{80}$$

Insbesondere ist demnach

$$\delta^n y = \varepsilon^n\left(\frac{\partial^n\omega(x, \varepsilon)}{\partial\varepsilon^n}\right)_{\varepsilon=0},$$

$$\delta^n y^{(\lambda)} = \varepsilon^n\left(\frac{\partial^{n+\lambda}\omega(x, \varepsilon)}{\partial x^\lambda\,\partial\varepsilon^n}\right)_{\varepsilon=0} = \varepsilon^n\frac{d^\lambda}{dx^\lambda}\left(\frac{\partial^n\omega(x, \varepsilon)}{\partial\varepsilon^n}\right)_{\varepsilon=0},$$

also

$$\delta^n\left(\frac{d^\lambda y}{dx^\lambda}\right) = \frac{d}{dx^\lambda}\,\delta^n y. \tag{81}$$

Für die Variationen niedrigster Ordnung[2]) von φ erhält man nach den Regeln für die Differentiation zusammengesetzter Funktionen

$$\delta\varphi = \varphi_y\,\delta y + \varphi_{y'}\,\delta y' + \cdots + \varphi_{y^{(p)}}\,\delta y^{(p)}, \tag{82}$$

wofür wir auch in der üblichen Symbolik[3]) schreiben

---

[1]) Vgl Fußnote [4]) auf p 47.

[2]) Eine *independente* Darstellung für $\delta^n\varphi$ findet sich für $p = 2$ bei Erdmann, Schlömilch's Zeitschrift, Bd XXVI (1881) p. 76.

[3]) Vgl z. B Jordan, *Cours d'Analyse,* I, Nr 129 und 253.

$$\delta\varphi = \left(\delta y \frac{\partial}{\partial y} + \delta y' \frac{\partial}{\partial y'} + \cdots + \delta y^{(p)} \frac{\partial}{\partial y^{(p)}}\right)\varphi;$$

ferner

$$\left.\begin{aligned} \delta^2\varphi = \left(\delta y \frac{\partial}{\partial y} + \delta y' \frac{\partial}{\partial y'} + \cdots + \delta y^{(p)} \frac{\partial}{\partial y^{(p)}}\right)^2 \varphi + \\ + \varphi_y \delta^2 y + \varphi_{y'} \delta^2 y' + \cdots + \varphi_{y^{(p)}} \delta^2 y^{(p)} \end{aligned}\right\}. \tag{83}$$

In ganz analoger Weise wird $\delta^n J$ definiert; wir entwickeln das Integral:

$$J(\varepsilon) = \int_{\bar{x}_1}^{\bar{x}_2} f(x, \bar{y}, \bar{y}')\, dx$$

nach Potenzen von ε:

$$J(\varepsilon) = J_0 + \frac{\varepsilon}{1!} J_1 + \frac{\varepsilon^2}{2!} J_2 \cdots;$$

dann heißt $\varepsilon^n J_n$ *die n^{te} Variation des Integrals* J und wird mit $\delta^n J$ bezeichnet. Es ist also wieder

$$\delta^n J = \varepsilon^n \left(\frac{d^n J(\varepsilon)}{d\varepsilon^n}\right)_{\varepsilon=0}; \tag{84}$$

daraus ergibt sich der explizite Ausdruck von $\delta^n J$ nach den gewöhnlichen Regeln für die Differentiation eines Integrals nach einem Parameter; z. B. findet man[1]), wenn man noch definiert

$$\delta^n x_1 = \varepsilon^n \left(\frac{d^n \bar{x}_1}{d\varepsilon^n}\right)_0, \qquad \delta^n x_2 = \varepsilon^n \left(\frac{d^n \bar{x}_2}{d\varepsilon^n}\right)_0, \tag{85}$$

$$\delta^2 J = \int_{x_1}^{x_2} \delta^2 f\, dx + \left[\frac{df}{dx}\delta x^2 + 2 f_y\, \delta x\, \delta y + 2 f_{y'}\, \delta x\, \delta y' + f\delta^2 x\right]_1^2, \tag{86}$$

wobei nach (83)

$$\delta^2 f = f_{yy}\, \delta y^2 + 2 f_{yy'}\, \delta y\, \delta y' + f_{y'y'}\, \delta y'^2 + f_y\, \delta^2 y + f_{y'}\, \delta^2 y'.$$

---

[1]) Zuerst von Erdmann gegeben, Schlömilch's Zeitschrift, Bd. XXIII (1878) p. 363.

*

Zweites Kapitel.

Die zweite Variation bei der einfachsten Klasse von Aufgaben.

§ 9. Die Legendre'sche Bedingung.

Nach Integration der Euler'schen Differentialgleichung und Bestimmung der Integrationskonstanten erhält man im allgemeinen eine gewisse Anzahl[1]) von Kurven, als die einzig möglichen Lösungen des vorgelegten Problems; d. h. wenn es überhaupt Kurven gibt, welche das Integral J zu einem Minimum machen, so müssen dieselben unter den so gefundenen enthalten sein. Wir haben jetzt jede einzelne dieser Kurven daraufhin zu untersuchen, ob sie wirklich ein Minimum liefert oder nicht.

a) **Allgemeines über die zweite Variation:**

Wir nehmen also an, wir hätten eine Extremale[2]) der Klasse C' gefunden, welche durch die beiden gegebenen Punkte P_1 und P_2 geht; sie möge mit $\mathfrak{E}_0$ bezeichnet werden, und sei durch die Gleichung

$$\mathfrak{E}_0: \qquad y = \mathring{y}(x), \quad x_1 \gtreqless x \gtreqless x_2 \tag{1}$$

dargestellt. Wir nehmen überdies an, daß $\mathfrak{E}_0$ ganz im Innern des Bereiches $\mathfrak{R}$ liegt.

Wir variieren jetzt die Kurve $\mathfrak{E}_0$ ganz wie in § 4, wobei wir uns wieder auf Variationen der speziellen Form $\omega = \varepsilon\eta$ beschränken.

---

[1]) Die Anzahl kann auch unendlich sein; es kann andererseits aber auch unmöglich sein, die Integrationskonstanten den Anfangsbedingungen entsprechend zu bestimmen, vgl. p. 32, Fußnote [1])

[2]) Hierin ist stets implizite die Annahme enthalten, daß der Differentialquotient $\dfrac{d}{dx} f_{y'}$ existiert.

Dann muß, wie schon in § 4 bewiesen worden ist, in der dort benutzten Bezeichnung[1])

$$\delta^2 J = \varepsilon^2 J''(0) \gtreqless 0$$

sein, falls $\mathfrak{E}_0$ wirklich ein Minimum liefert. Führen wir die Differentiation aus, wobei wir nach unseren Annahmen über die Funktionen f und y wieder die gewöhnlichen Regeln für die Differentiation eines bestimmten Integrals nach einem Parameter anwenden dürfen, und setzen zur Abkürzung

$$\left.\begin{aligned} f_{yy}(x, \mathring{y}(x), \mathring{y}'(x)) &= P(x) \\ f_{yy'}(x, \mathring{y}(x), \mathring{y}'(x)) &= Q(x) \\ f_{y'y'}(x, \mathring{y}(x), \mathring{y}'(x)) &= R(x) \end{aligned}\right\}, \tag{2}$$

so kommt

$$\delta^2 J = \varepsilon^2 \int_{x_1}^{x_2} (P\eta^2 + 2\,Q\eta\eta' + R\eta'^2)\,dx. \tag{3}$$

Es muß also im Fall eines Minimums

$$\int_{x_1}^{x_2} (P\eta^2 + 2\,Q\eta\eta' + R\eta'^2)\,dx \gtreqless 0 \tag{4}$$

sein und zwar für alle Funktionen η der Klasse C', welche in x_1 und x_2 verschwinden.

Aus unseren Annahmen über die Funktionen f und y folgt[2]), daß die drei Funktionen P, Q, R stetig sind in $[x_1 x_2]$. Wir nehmen in der Folge an, daß sie nicht alle drei identisch verschwinden in $[x_1 x_2]$

b) **Legendre's Transformation der zweiten Variation:**

In dem speziellen Fall, wo $P \equiv 0$, $Q \equiv 0$, kann man unmittelbar über das Vorzeichen der zweiten Variation entscheiden; denn dann ist

$$\delta^2 J = \varepsilon^2 \int_{x_1}^{x_2} R\eta'^2\,dx,$$

und man schließt leicht[3]), daß im Fall eines Minimums $R \gtreqless 0$ sein muß.

---

[1]) Im Fall eines Maximums lautet die Bedingung natürlich $\delta^2 J \lesseqgtr 0$.

[2]) Nach A III 4.

[3]) Vgl. unten. Dieser spezielle Fall liegt z B bei *Beispiel VI* vor: $f = G(y')$.

Auf diesen speziellen Fall hat LEGENDRE[1]) die Diskussion des allgemeinen Falles durch folgenden Kunstgriff zurückgeführt:

Er addiert zur zweiten Variation das Integral

$$\varepsilon^2 \int_{x_1}^{x_2} (2\eta\eta' w + \eta^2 w')\, dx,$$

wo w eine vorläufig willkürliche Funktion von x ist. Das Integral ist gleich Null; denn es ist gleich

$$\varepsilon^2 \int_{x_1}^{x_2} \frac{d}{dx}(\eta^2 w)\, dx = \varepsilon^2 \Big[\eta^2 w\Big]_{x_1}^{x_2},$$

und η verschwindet in x_1 und x_2. Daher ist

$$\delta^2 J = \varepsilon^2 \int_{x_1}^{x_2} [(P + w')\eta^2 + 2(Q + w)\eta\eta' + R\eta'^2]\, dx.$$

Und nunmehr bestimmt Legendre die bisher willkürlich gelassene Funktion w durch die Bedingung, daß die Diskriminante der quadratischen Form in η, η' unter dem Integralzeichen verschwindet[2]), d. h. so daß

$$(Q + w)^2 - R(P + w') = 0; \tag{5}$$

dies reduziert $\delta^2 J$ auf die Form

$$\delta^2 J = \varepsilon^2 \int_{x_1}^{x_2} R\left(\eta' + \frac{Q + w}{R}\eta\right)^2 dx. \tag{6}$$

Hieraus schließt Legendre, daß R sein Zeichen nicht wechseln darf in $[x_1 x_2]$, und daß alsdann $\delta^2 J$ dasselbe Zeichen hat wie R.

Schon LAGRANGE[3]) hat gegen diesen Schluß den Einwand erhoben, daß Legendre's Transformation stillschweigend voraussetzt, daß die Differentialgleichung (5) ein Integral besitzt, welches im Intervall $[x_1 x_2]$ endlich und stetig ist

[1]) LEGENDRE, „*Mémoire sur la manière de distinguer les maxima des minima dans le calcul des variations*", *Mémoires de l'Académie des Sciences*, 1786; in STACKEL's Übersetzung in OSTWALD's *Klassiker* usw. Nr. 47, p. 59

[2]) Eine von LAGRANGE herrührende Modifikation dieses Schlusses wird weiter unten (§ 15, b)) zur Sprache kommen

[3]) Im Jahr 1797, vgl *Œuvres*, Bd. IX, p 303

Trotzdem läßt sich durch eine leichte Modifikation des Beweises der erste Teil des Legendre'schen Schlusses völlig streng beweisen, d. h. der

Fundamentalsatz II: Soll die Extremale

$$y = \mathring{y}(x)$$

ein Minimum[1]) *für das Integral* J *liefern, so muß sein*

$$R(x) \equiv f_{y'y'}(x, \mathring{y}(x), \mathring{y}'(x)) \gtreqless 0 \quad in \quad [x_1 x_2]. \tag{II}$$

Beweis[2]): Angenommen, es sei $R(c) < 0$ in einem inneren Punkt c des Intervalls $[x_1 x_2]$. Dann können wir ein Teilintervall $[\xi_1 \xi_2]$ von $[x_1 x_2]$ angeben, für welches gleichzeitig die beiden folgenden Bedingungen erfüllt sind:

1. $R(x) < 0$ im ganzen Intervall $[\xi_1 \xi_2]$.

2. Es gibt ein partikuläres Integral w der Differentialgleichung (5), welches in $[\xi_1 \xi_2]$ von der Klasse C' ist.

Denn da $R(x)$ stetig ist in $[x_1 x_2]$ und $R(c) < 0$, so[3]) können wir ein ganz in $[x_1 x_2]$ enthaltenes Intervall $[c - \delta, c + \delta]$ angeben, in welchem $R(x) < 0$. Lösen wir jetzt die Differentialgleichung (5) nach w' auf:

$$\frac{dw}{dx} = -P + \frac{(Q + w)^2}{R} \tag{7}$$

und verstehen wir unter w_0 irgend einen Wert von w, so ist die rechte Seite von (7) eine Funktion von x und w, welche in der Umgebung der Stelle $x = c$, $w = w_0$ stetig ist und eine stetige Ableitung nach w besitzt. Daraus folgt aber nach dem Cauchy'schen Existenztheorem[4]), daß es ein Integral von (5) gibt, welches für $x = c$ den Wert $w = w_0$ annimmt, und welches in einem gewissen Intervall $[c - \delta', c + \delta']$ von der Klasse C' ist. Bezeichnet dann $[\xi_1 \xi_2]$ das kleinere der beiden Intervalle $[c - \delta, c + \delta]$ und $[c - \delta', c + \delta']$, so sind in der Tat in $[\xi_1 \xi_2]$ die beiden angegebenen Bedingungen erfüllt. Nunmehr wählen wir $\eta = 0$ außerhalb $[\xi_1 \xi_2]$ und[5]) $\eta = (x - \xi_1)^2 (x - \xi_2)^2$ in $[\xi_1 \xi_2]$. Die so definierte Funktion η liefert

---

[1]) Für ein Maximum lautet die Bedingung natürlich $R \lesseqgtr 0$

[2]) Nach Weierstrass, *Vorlesungen*, 1879.

[3]) Nach A III 2

[4]) Vgl. § 23, a).

[5]) Würde man $\eta = (x - \xi_1)(x - \xi_2)$ wählen, so hätte η' Unstetigkeiten in ξ_1 und ξ_2, und eine Nebenbetrachtung wie in § 14, c) wäre nötig

eine zulässige Variation der Kurve $\mathfrak{E}_0$, da sie in $[x_1 x_2]$ von der Klasse[1]) C' ist und in x_1 und x_2 verschwindet.

Für diese spezielle Funktion η wird aber

$$\delta^2 J = \varepsilon^2 \int_{\xi_1}^{\xi_2} (P\eta^2 + 2Q\eta\eta' + R\eta'^2)\, dx\,.$$

Auf dieses Integral ist aber wegen der Eigenschaften des Intervalls $[\xi_1 \xi_2]$ die Legendre'sche Transformation anwendbar, und wir erhalten

$$\delta^2 J = \varepsilon^2 \int_{\xi_1}^{\xi_2} R\left(\eta' + \frac{Q+w}{R}\eta\right)^2 dx\,.$$

Da $R < 0$ in $[\xi_1 \xi_2]$, so ist $\delta^2 J \overline{\gtrless} 0$; wegen der Stetigkeit sämtlicher auftretender Funktionen könnte nur dann das Gleichheitszeichen gelten, wenn $\eta' + \frac{Q+w}{R}\eta \equiv 0$, identisch im ganzen Intervall. Das ist aber nicht möglich; denn dividiert man $\eta' + \frac{Q+w}{R}\eta$ durch $(x - \xi_1)(x - \xi_2)$ und läßt x sich der Grenze ξ_1 nähern, so nähert sich der Quotient dem von Null verschiedenen Wert $2(\xi_1 - \xi_2)$.

Somit wäre $\delta^2 J$ für die betrachtete Variation negativ, was unmöglich ist, wenn $\mathfrak{E}_0$, wie wir voraussetzen, das Integral J zu einem Minimum macht. Es muß also, zunächst im Innern des Intervalls $[x_1 x_2]$ und dann wegen der Stetigkeit von R auch in den Endpunkten $R(x) \overline{\gtrless} 0$ sein, was zu beweisen war

Indem wir den Ausnahmefall[2]), in welchem $R(x)$ in Punkten des Intervalls $[x_1 x_2]$ verschwindet, beiseite lassen, werden wir *in der Folge voraussetzen, daß die Extremale $\mathfrak{E}_0$ die Bedingung*

$$R(x) > 0 \quad \mathit{in} \quad [x_1 x_2] \tag{II'}$$

erfüllt.

Eine Folge dieser Annahme ist, daß $y''(x)$ im ganzen Intervall $[x_1 x_2]$ existiert und stetig ist, wie in § 5, d) gezeigt worden ist. Daraus folgt weiter, daß *nicht nur die Funktionen P, Q, R, sondern auch ihre ersten Ableitungen in $[x_1 x_2]$ stetig sind.*

---

1) Vgl p. 26, Fußnote 2)

2) Ein Beispiel dieses Ausnahmefalls betrachtet ERDMANN, Schlömilch's Zeitschrift, Bd XXIII (1878), p. 369, namlich $f = y'^2 \cos^2 x$, wenn $x_1 < \frac{\pi}{2} < x_2$ Vgl dazu die *Übungsaufgaben*, Nr. 27—32

Eine weitere Folge der Voraussetzung (II') ist, daß die Lösung $y = \overset{\circ}{y}(x)$ der Euler'schen Differentialgleichung sich nach beiden Seiten hin über das Intervall $[x_1 x_2]$ auf ein etwas weiteres Intervall $[X_1 X_2]$ fortsetzen[1]) läßt ($X_1 < x_1$, $x_2 < X_2$), und zwar derart, daß auch in dem erweiterten Intervall $[X_1 X_2]$ die Ungleichung (II') erfüllt ist und P, Q, R von der Klasse C' sind.

Beispiel I: (Siehe pp 1, 33) $f = y\sqrt{1+y'^2}$.
Hier ist

$$f_{yy} = 0, \quad f_{yy'} = \frac{y'}{\sqrt{1+y'^2}}, \quad f_{y'y'} = \frac{y}{(\sqrt{1+y'^2})^3}.$$

Ferner ist, wenn wir mit α_0, β_0 ein den Anfangsbedingungen (39) von § 6 genügendes Wertsystem der Integrationskonstanten α, β bezeichnen,

$$\mathfrak{E}_0: \qquad y = \alpha_0 \operatorname{Ch}\frac{x-\beta_0}{\alpha_0},$$

woraus sich ergibt

$$P = 0, \quad Q = \operatorname{Th}\frac{x-\beta_0}{\alpha_0}, \quad R = \frac{\alpha_0}{\operatorname{Ch}^2\dfrac{x-\beta_0}{\alpha_0}}.$$

Da wir voraussetzen, daß $y > 0$ (vgl. p 17), so folgt, daß $\alpha_0 > 0$ und daher ist die Bedingung $R > 0$ fur jedes x erfüllt [2])

§ 10. Die Jacobi'sche Differentialgleichung.

Wir haben jetzt den zweiten Teil des Legendre'schen Schlusses zu prüfen, welcher besagte, daß auch umgekehrt allemal $\delta^2 J \gtreqless 0$, wenn $R > 0$ in $[x_1 x_2]$.

Der Schluß ist richtig, wie unmittelbar aus den vorangehenden Entwicklungen folgt, wenn ein Integral der Differentialgleichung (5) existiert, welches im ganzen Intervall $[x_1 x_2]$ stetig[3]) ist; er ist dagegen falsch, wie wir in § 14 sehen werden, wenn kein solches Integral existiert.

a) **Reduktion der Legendre'schen Differentialgleichung auf die Jacobi'sche:**

Die ganze Entscheidung hängt also von der Integration der Differentialgleichung (5) ab.

Da ist es denn zunächst von Wichtigkeit, daß die Legendre'sche Differentialgleichung (5) zur Klasse der Riccati'schen Differential-

[1]) Im Sinne der Theorie der Differentialgleichungen, siehe § 23, d).

[2]) Hierzu die *Ubungsaufgaben* Nr. 2—12, 35—40 am Ende von Kap. III.

[3]) Da $R \neq 0$, so folgt nach (7) die Stetigkeit von w' aus derjenigen von w.

gleichungen gehört und sich daher auf eine homogene lineare Differentialgleichung zweiter Ordnung reduzieren läßt, wie zuerst JACOBI[1]) bemerkt hat.

Dies geschieht mittels der Substitution

$$w = -Q - R\frac{u'}{u}, \tag{8}$$

durch welche (5) übergeht in[2])

$$\Psi(u) \equiv \left(P - \frac{dQ}{dx}\right)u - \frac{d}{dx}\left(R\frac{du}{dx}\right) = 0 \tag{9}$$

Wir werden diese Differentialgleichung die *Jacobi'sche Differentialgleichung* nennen und ihre linke Seite mit $\Psi(u)$ bezeichnen

Führen wir die Differentiation aus, so können wir (9) auch schreiben

$$\frac{d^2u}{dx^2} + \frac{R'}{R}\frac{du}{dx} + \frac{(Q'-P)}{R}u = 0. \tag{10}$$

Nach den am Ende von § 9 gemachten Bemerkungen sind die Koeffizienten der Differentialgleichung (10) im Intervalle $[X_1 X_2]$ stetig. Daraus folgt nach allgemeinen Existenztheoremen über lineare Differentialgleichungen (§ 11, a)), daß jedes Integral der Differentialgleichung (10) im Intervalle $[X_1 X_2]$ von der Klasse C'' ist. Also ist die durch (8) definierte Funktion w in $[x_1 x_2]$ von der Klasse C', sobald u im ganzen Intervalle $[x_1 x_2]$ von Null verschieden ist. Unser früheres Resultat läßt sich jetzt also so aussprechen:

Wenn $R > 0$ in $[x_1 x_2]$, so ist $\delta^2 J > 0$ für alle[3]) *zulässigen Funktionen η, vorausgesetzt, daß es ein partikuläres Integral u der*

---

[1]) JACOBI, „*Zur Theorie der Variationsrechnung und der Differentialgleichungen*" Journal für Mathematik, Bd XVII (1837), p. 68; auch von STÄCKEL herausgegeben in OSTWALD's *Klassiker* usw., Nr. 47, p. 87 JACOBI's Abhandlung, welche übrigens auch den allgemeineren Fall behandelt, wo die Funktion f höhere Ableitungen von y enthält, bezeichnet einen Wendepunkt in der Geschichte der Variationsrechnung. JACOBI gibt jedoch nur kurze Andeutungen der Beweise; ausführliche Beweise sind von DELAUNAY, SPITZER, HESSE und anderen gegeben worden (vgl. die Literaturnachweise bei PASCAL, loc cit p. 63 und KNESER, *Encyclopädie* II A, p 588—591) Unter diesen Kommentaren zu Jacobi's Abhandlung ist der vollständigste der von HESSE (Journal für Mathematik, Bd LIV (1857), p 255), dessen Darstellung wir hier folgen. Jacobi's Resultate sind auf das allgemeinste Problem für einfache Integrale von CLEBSCH und A MAYER ausgedehnt worden (vgl. die von PASCAL, loc cit. p 64, 65 gegebenen Zitate und JORDAN, *Cours d'Analyse,* III, Nr 373—394)

[2]) Man beachte, daß, wie oben gezeigt, die Ableitungen Q', R' existieren und stetig sind.

[3]) Natürlich außer: $\eta \equiv 0$ in $[x_1 x_2]$.

Jacobi'schen Differentialgleichung (9) gibt, welches im ganzen Intervall $[x_1 x_2]$ *von Null verschieden ist.*

Falls es ein solches partikuläres Integral u gibt, so läßt sich $\delta^2 J$ auch schreiben

$$\delta^2 J = \varepsilon^2 \int_{x_1}^{x_2} \frac{R(\eta' u - \eta u')^2}{u^2} dx, \tag{11}$$

wie man sofort sieht, wenn man in (6) mittels der Substitution (8) die Funktion u statt w einführt.

b) **Jacobi's Transformation der zweiten Variation:**

Wenn es dagegen kein partikuläres Integral der Jacobi'schen Differentialgleichung gibt, welches im ganzen Intervall $[x_1 x_2]$ von Null verschieden ist, mit anderen Worten, wenn jedes Integral von (9) mindestens in einem Punkt von $[x_1 x_2]$ verschwindet, so ist die Legendre'sche Transformation der zweiten Variation nicht anwendbar und wir kommen also auf diesem Wege zu keiner Entscheidung über das Vorzeichen der zweiten Variation.

Hier setzt nun eine zweite, von Jacobi herrührende Transformation der zweiten Variation ein, die uns auch für diesen Fall Aufschluß über das Vorzeichen der zweiten Variation geben wird.

Es bezeichne $[\xi_1 \xi_2]$ entweder das Intervall $[x_1 x_2]$ selbst oder ein Teilintervall von $[x_1 x_2]$ und es sei η außerhalb $[\xi_1 \xi_2]$ identisch Null, und in $[\xi_1 \xi_2]$ gleich einer Funktion der Klasse C'', welche in ξ_1 und ξ_2 verschwindet.

Bezeichnen wir dann mit 2Ω die in bezug auf η, η' quadratische Form

$$2\Omega = P\eta^2 + 2Q\eta\eta' + R\eta'^2,$$

und wenden den Euler'schen Satz über homogene Funktionen an, so können wir $\delta^2 J$ in der Form schreiben:

$$\delta^2 J = \varepsilon^2 \int_{\xi_1}^{\xi_2} \left(\eta \frac{\partial \Omega}{\partial \eta} + \eta' \frac{\partial \Omega}{\partial \eta'}\right) dx.$$

Dieses Integral können wir jetzt — ganz so wie den ähnlich gebauten Ausdruck für δJ in § 4 — durch partielle Integration[1]) des zweiten Gliedes umformen. Wir erhalten so:

---

[1]) Die partielle Integration ist statthaft, da nach den gemachten Annahmen

$$\frac{\partial \Omega}{\partial \eta'} = Q\eta + R\eta'$$

im Intervall $[\xi_1 \xi_2]$ von der Klasse C' ist.

$$\delta^2 J = \varepsilon^2 \left\{ \left[\eta \frac{\partial \Omega}{\partial \eta'} \right]_{\xi_1}^{\xi_2} + \int_{\xi_1}^{\xi_2} \eta \left(\frac{\partial \Omega}{\partial \eta} - \frac{d}{dx} \frac{\partial \Omega}{\partial \eta'} \right) dx \right\}.$$

Da η in ξ_1 und ξ_2 verschwindet, und da

$$\frac{\partial \Omega}{\partial \eta} - \frac{d}{dx} \frac{\partial \Omega}{\partial \eta'} = (P - Q')\eta - \frac{d}{dx}(R\eta') = \Psi(\eta),$$

so ergibt sich hieraus der folgende Ausdruck für die zweite Variation:

$$\delta^2 J = \varepsilon^2 \int_{\xi_1}^{\xi_2} \eta \, \Psi(\eta) \, dx, \tag{12}$$

gültig für jede Funktion η von den angegebenen Eigenschaften

Auf Grund der Formel (12) können wir jetzt dem unter a) ausgesprochenen Resultat das folgende als Gegenstück zur Seite stellen: *Wenn die Jacobi'sche Differentialgleichung (9) ein partikuläres Integral u_1 besitzt, welches in zwei Punkten ξ_1, ξ_2 des Intervalls $[x_1 x_2]$ verschwindet, so kann man durch passende Wahl der Funktion η die zweite Variation gleich Null machen.*

Dazu braucht man nur $\eta \equiv 0$ zu wählen in $[x_1 \xi_1]$ und in $[\xi_2 x_2]$, und $\eta = u_1$ in $[\xi_1 \xi_2]$.

Wenn aber $\delta^2 J = 0$ ist, so hängt das Vorzeichen von ΔJ von demjenigen der dritten Variation ab, und wird daher im allgemeinen durch passende Wahl des Vorzeichens von ε negativ gemacht werden können.[1])

Wir haben nunmehr weiter zu zeigen, daß von den beiden Fällen: (9) besitzt ein in $[x_1 x_2]$ nicht verschwindendes Integral, und: (9) besitzt ein in $[x_1 x_2]$ mindestens zweimal verschwindendes Integral, stets entweder der eine oder der andere eintreten muß; ferner haben wir Kriterien für das Eintreten des einen oder des anderen Falles zu entwickeln.[2])

---

[1]) Gegen diesen von Jacobi herrührenden Schluß können zwei Einwände erhoben werden: Erstens ist die benutzte Funktion η nicht von der Klasse C' wegen der Unstetigkeit von η' in ξ_1 und ξ_2; diesem Einwand kann durch „Abrunden der Ecken" begegnet werden, wie in § 14, c) naher ausgeführt werden wird; zweitens wäre es noch denkbar, daß die spezielle Funktion η, welche $\delta^2 J = 0$ macht, allemal auch $\delta^3 J = 0$ macht, womit der obige Schluß hinfällig würde; wir kommen auf diesen Punkt weiter unten, p 70, zurück

[2]) Fortsetzung der Entwicklung in § 12, wozu der Leser unmittelbar übergehen moge

c) Die Jacobi'sche Transformation für Variationen der Klasse D'':

Wir werden später eine *Verallgemeinerung der Formel* (12) nötig haben, nämlich für den Fall, daß die Ableitungen von η gewisse Unstetigkeiten besitzen Wir werden uns dabei der folgenden Terminologie bedienen Wir werden zur Abkürzung sagen, eine Funktion $f(x)$ sei in einem Intervall $[x_1\, x_2]$ von der Klasse[1]) $D^{(p)}$, wenn sie selbst in dem ganzen Intervall stetig ist, und wenn sich das Intervall in eine endliche Anzahl von Teilintervallen $[x_1\, c_1]$, $[c_1\, c_2]$, . $[c_{n-1}\, x_2]$ zerlegen läßt, derart, daß in jedem der Teilintervalle für sich betrachtet die Funktion von der Klasse $C^{(p)}$ ist. Hieraus folgt, daß in jedem der Punkte c_ι die beiden Grenzwerte[2]) $f^{(\nu)}(c_\iota + 0)$ und $f^{(\nu)}(c_\iota - 0)$ existieren und endlich sind für $\nu = 1, 2, \ldots p$. Dabei wird angenommen, daß in einem Punkt c_ι mindestens für einen dieser Werte von ν die beiden Grenzwerte voneinander verschieden sind. Die Klasse $C^{(p)}$ betrachten wir als in der Klasse $D^{(p)}$ enthalten, nämlich für $n = 1$.

Dies vorausgeschickt, sei η von der Klasse D'' in $[\xi_1\, \xi_2]$. Sind $c_1, c_2, \quad c_{n-1}$, die Unstetigkeiten von η' oder η'', so müssen wir vor Ausführung der partiellen Integration das Integral für $\delta^2 J$ in eine Summe von Integralen zerlegen[3]), von ξ_1 bis c_1, von c_1 bis c_2, usw Die partielle Integration darf dann in jedem Teilintervall ausgeführt werden, und wir erhalten so:

$$\delta^2 J = \varepsilon^2 \left\{ \sum_{\nu=1}^{n-1} \left[\eta \frac{\partial \Omega}{\partial \eta'} \right]_{c_\nu + 0}^{c_\nu - 0} + \int_{\xi_1}^{\xi_2} \eta\, \Psi(\eta)\, dx \right\},$$

oder wenn wir für $\dfrac{\partial \Omega}{\partial \eta'}$ seinen Wert $Q\eta + R\eta'$ einsetzen und uns erinnern, daß η, Q und R in $c_1, c_2, \ldots c_{n-1}$ stetig sind,

$$\delta^2 J = \varepsilon^2 \left\{ \sum_{\nu=1}^{n-1} \eta(c_\nu) R(c_\nu) \left[\eta'(c_\nu - 0) - \eta'(c_\nu + 0) \right] + \int_{\xi_1}^{\xi_2} \eta\, \Psi(\eta)\, dx \right\}. \tag{13}$$

d) Zweiter Beweis der Formel (11):

Aus der Formel (12) ergibt sich noch ein zweiter, ebenfalls von Jacobi[4]) herrührender Beweis für den Ausdruck (11) für die zweite Variation; derselbe gründet sich auf die folgende Eigenschaft des Differentialausdruckes Ψ: Sind u und v irgend zwei Funktionen der Klasse C'', so ist

$$u\Psi(v) - v\Psi(u) = -\frac{d}{dx} R(uv' - u'v). \tag{14}$$

---

[1]) Der Buchstabe D soll an „diskontinuierlich" erinnern, ebenso wie C an „kontinuierlich".

[2]) Vgl. A II 2.

[3]) Vgl. dazu die Bemerkungen in § 44, a).

[4]) Vgl. die Zitate auf p 60, Fußnote [1]), insbesondere die Arbeit von Hesse

Wenn daher u der Differentialgleichung

$$\Psi(u) = 0$$

genugt, so erhalten wir

$$u\,\Psi(v) = -\frac{d}{dx}\,R(uv' - u'v),$$

und wenn wir darin

$$v = pu$$

setzen, wo p irgend eine Funktion der Klasse C'' ist, und mit p multiplizieren, so erhalten wir

$$(pu)\,\Psi(pu) = -p\frac{d}{dx}(Rp'u^2) = -\frac{d}{dx}(Rpp'u^2) + R(p'u)^2. \tag{15}$$

Nehmen wir jetzt uberdies an, daß die Funktion u in $[\xi_1\,\xi_2]$ von Null verschieden ist, dann dürfen wir in (15) fur p den Quotienten

$$p = \frac{\eta}{u}$$

substituieren, wo η wieder eine beliebige Funktion der Klasse C'' ist, welche in ξ_1 und ξ_2 verschwindet. Integriert man jetzt (15) zwischen den Grenzen ξ_1 und ξ_2, substituiert für p den eben angegebenen Wert und beachtet, daß dann auch p an beiden Grenzen verschwindet, so erhalt man[1]) aus (12)

$$\delta^2 J = \varepsilon^2 \int_{\xi_1}^{\xi_2} \frac{R(\eta' u - \eta u')^2\,dx}{u^2} \tag{11a}$$

§ 11. Hilfssätze über lineare Differentialgleichungen zweiter Ordnung.

Wir stellen in diesem Paragraphen eine Reihe von Sätzen über homogene lineare Differentialgleichungen zweiter Ordnung zusammen die wir bei der weiteren Diskussion der zweiten Variation gebrauchen werden.

---

[1]) Dieser zweite Beweis der Formel (11) setzt voraus, daß η von der Klasse C'' ist in $[\xi_1\,\xi_2]$ Wenn man jedoch mit (15) die schon bei Ableitung von (12) benutzte Identität

$$Pv^2 + 2\,Qvv' + Rv'^2 = v\Psi(v) + \frac{d}{dx}\,v(Qv + Rv')$$

kombiniert, so erhält man·

$$P(pu)^2 + 2\,Q(pu)\frac{d}{dx}(pu) + R\left(\frac{d(pu)}{dx}\right)^2 = R(p'u)^2 + \frac{d}{dx}\left(p^2u(Qu + Ru')\right), \tag{16}$$

aus welcher (11a) unmittelbar durch Integration folgt. Da aber in (12) die zweite Ableitung von p gar nicht vorkommt, so ergibt sich hieraus, in Übereinstimmung mit dem früheren Resultat in § 10, a), daß es fur die Richtigkeit der Formel (11a) nicht nötig ist, die Existenz von η'' vorauszusetzen.

Es sei die Differentialgleichung gegeben:

$$\frac{d^2u}{dx^2} + p\frac{du}{dx} + qu = 0, \tag{17}$$

wo p und q gegebene Funktionen von x sind, welche *in einem Intervall* $[ab]$ *stetig* sind Alsdann gelten die folgenden Sätze und Definitionen:

a) **Existenztheorem:**

Gehört der Punkt x_0 dem Stetigkeitsintervall $[ab]$ an, und sind u_0, u_0' zwei willkürlich vorgeschriebene endliche Werte, so gibt es *ein und nur ein Integral von* (17), *welches den Anfangsbedingungen*

$$u(x_0) = u_0, \qquad u'(x_0) = u_0'$$

genügt[1]), und welches in der Umgebung von x_0 von der Klasse C'' ist.

Dieses Integral und daher überhaupt *jedes Integral der Differentialgleichung* (17) *ist von der Klasse C'' im ganzen*[2]) *Intervall* $[ab]$

Zusätze:

1. Da $u \equiv 0$ eine Lösung von (17) ist, so führt die Anwendung des Existenztheorems auf die speziellen Anfangswerte $u_0 = 0$, $u_0' = 0$ zu dem Satz:

Ein partikuläres Integral u von (17) kann *nicht gleichzeitig mit seiner ersten Ableitung* in einem Punkt x_0 des Intervalls $[ab]$ *verschwinden*, es sei denn, daß $u \equiv 0$ in $[ab]$.

2. Ein partikuläres Integral u der Differentialgleichung (17) kann im Intervall $[ab]$ *nur in einer endlichen Anzahl von Punkten verschwinden*, es sei denn, daß $u \equiv 0$ in $[ab]$.

Beweis: Angenommen u hätte unendlich viele Nullstellen in $[ab]$, ohne identisch zu verschwinden; dann würde es nach A I 5 für dieselben mindestens eine Häufungsstelle c im Intervall $[ab]$ geben. Es ist nun entweder $u(c) \neq 0$; alsdann läßt sich nach A III 2 wegen der Stetigkeit von $u(x)$ eine Umgebung von c angeben, in welcher $u(x) \neq 0$; oder es ist $u(c) = 0$, dann folgt nach Zusatz 1, daß $u'(c) \neq 0$. Es ist aber nach der Definition der Ableitung

$$u(c+h) = h[u'(c) + (h)],$$

[1]) Dies ist ein Spezialfall des allgemeinen Cauchy'schen Existenztheorems für Differentialgleichungen, vgl. § 23

[2]) Vgl Picard, *Traité d'Analyse,* III (Paris, 1896), p 91, 92 und Painlevé, *Encyclopadie,* II A, p. 194.

wo (h) mit h unendlich klein wird. Daraus folgt, daß sich eine Umgebung von c angeben läßt, in welcher c die einzige Nullstelle von u ist In beiden Fällen gelangen wir also zu einem Widerspruch mit der Annahme, daß c eine Häufungsstelle der Nullstellen von u ist, womit unsere Behauptung bewiesen ist.

3. Es existieren stets (unendlich viele) „*Fundamentalsysteme*“[1]) für die Differentialgleichung (17), d. h Systeme von zwei linear unabhängigen partikulären Integralen u_1, u_2, für welche also keine Relation der Form

$$C_1 u_1 + C_2 u_2 \equiv 0$$

besteht, wo C_1, C_2 Konstanten bedeuten, welche nicht beide gleich Null sind.

4 *Die notwendige und hinreichende Bedingung dafür, daß u_1 und u_2 linear unabhängig sind, besteht darin, daß ihre „Hauptdeterminante“*

$$D = \begin{vmatrix} u_1 & u_2 \\ u_1' & u_2' \end{vmatrix} \tag{18}$$

nicht identisch verschwindet[2])

5. Bilden u_1, u_2 ein Fundamentalsystem, so ist *jedes Integral* von (17) durch u_1 und u_2 *ausdrückbar in der Form*[3])

$$u = C_1 u_1 + C_2 u_2 ,$$

wo C_1, C_2 Konstanten sind

[1]) Z. B die beiden durch die Anfangsbedingungen

$$\begin{array}{ll} v_1(x_0) = 1 & v_1'(x_0) = 0 \\ v_2(x_0) = 0 & v_2'(x_0) = 1 \end{array}$$

definierten Integrale v_1, v_2 Jedes andere Fundamentalsystem u_1, u_2 ist durch dieses spezielle ausdrückbar in der Form

$$\begin{aligned} u_1 &= \alpha_{11} v_1 + \alpha_{12} v_2 \\ u_2 &= \alpha_{21} v_1 + \alpha_{22} v_2 , \end{aligned}$$

wo α_{11}, α_{12}, α_{21}, α_{22} Konstanten sind, für welche

$$\alpha_{11}\alpha_{22} - \alpha_{12}\alpha_{21} \neq 0 .$$

[2]) Vgl. VESSIOT, *Encyclopadie,* II A, p. 261; JORDAN, *Cours d'Analyse,* III, Nr 122; SERRET, *Lehrbuch der Differential- und Integralrechnung* (Leipzig, 1904), Bd III, Nr. 768 Der Ausdruck „Hauptdeterminante“ bei SERRET, loc cit.; sonst wird auch der Ausdruck „Wronski'sche Determinante“ dafur gebraucht.

[3]) Vgl. *Encyclopadie,* l c, JORDAN, *Cours d'Analyse,* III, Nr. 119; SERRET, l c

b) Der Satz von Abel[1]):

Sind u_1, u_2 zwei linear unabhängige Lösungen von (17), *so ist*

$$D \equiv u_1 \frac{du_2}{dx} - u_2 \frac{du_1}{dx} = Ce^{-\int\limits_a^x p\,dx}, \tag{19}$$

wo C eine von Null verschiedene Konstante ist.

Denn nach Voraussetzung ist

$$\frac{d^2u_1}{dx^2} + p\frac{du_1}{dx} + qu_1 = 0$$

$$\frac{d^2u_2}{dx^2} + p\frac{du_2}{dx} + qu_2 = 0.$$

Multipliziert man die erste dieser Gleichungen mit $-u_2$, die zweite mit u_1 und addiert, so kommt

$$\frac{dD}{dx} + pD = 0,$$

und daraus folgt durch Integration (19).

Wäre $C = 0$, so würde folgen

$$\frac{d}{dx}\left(\frac{u_2}{u_1}\right) = 0, \quad \text{also} \quad u_2 = \text{konst.}\, u_1,$$

gegen die Annahme, daß u_1 und u_2 linear unabhängig sind.

Zusätze: 1. Die Hauptdeterminante $D(x)$ eines Fundamentalsystems ist *in jedem Punkt* des Stetigkeitsintervalls $[ab]$ von Null verschieden.

2. Zwei linear unabhängige Lösungen u_1, u_2 können *nicht in demselben Punkt x_0* des Intervalls $[ab]$ *verschwinden.*

c) Der Satz von Sturm[2]):

Sind u_1, u_2 zwei linear unabhängige Integrale der Differentialgleichung (17), *so liegt zwischen zwei aufeinanderfolgenden Nullstellen von u_1 stets eine und nur eine Nullstelle von u_2, vorausgesetzt, daß diese Nullstellen sämtlich dem Stetigkeitsintervall $[ab]$ angehören.*

Beweis: Aus (19) folgt, daß die Determinante im ganzen Intervall $[ab]$ ein konstantes Vorzeichen besitzt, nämlich dasselbe wie die

---

[1]) Œuvres, Bd I, p 251.

[2]) Sturm, *Mémoire sur les équations différentielles du second ordre,* Journal de Liouville, Bd. I (1836), p. 131; vgl. auch Sturm, *Cours d'Analyse,* 12. Aufl, Bd. II, Nr 609, und Serret, l. c Nr 775; ferner Darboux, *Théorie des surfaces,* (Paris, 1894), Bd III, Nr. 628, und Bôcher, Transactions of the American Mathematical Society, Bd. II (1901), p 150, 428.

Konstante C; es sei, um die Ideen zu fixieren,

$$u_1 \frac{du_2}{dx} - u_2 \frac{du_1}{dx} > 0 .$$

Sind nun x_1 und x_1' zwei dem Intervall $[ab]$ angehörige, aufeinanderfolgende Nullstellen von u_1 (so daß also u_1 zwischen x_1 und x'_1 nicht verschwindet), so ist hiernach

$$u_2(x_1)u_1'(x_1) < 0, \qquad u_2(x'_1)u_1'(x'_1) < 0 .$$

Andererseits sind aber nach a) Zusatz 1, die beiden Werte $u_1'(x_1)$ und $u_1'(x'_1)$ von Null verschieden; also wechselt $u_1(x)$ sein Zeichen in x_1 und x_1'; und da überdies u_1 zwischen x_1 und x_1' sein Zeichen nicht wechselt, so müssen $u_1'(x_1)$ und $u_1'(x_1')$ entgegengesetztes Zeichen haben; also müssen auch $u_2(x_1)$ und $u_2(x'_1)$ entgegengesetztes Zeichen haben. Daraus folgt aber wegen der Stetigkeit von u_2, daß zwischen x_1 und x_1' mindestens eine Nullstelle von u_2 liegen muß.

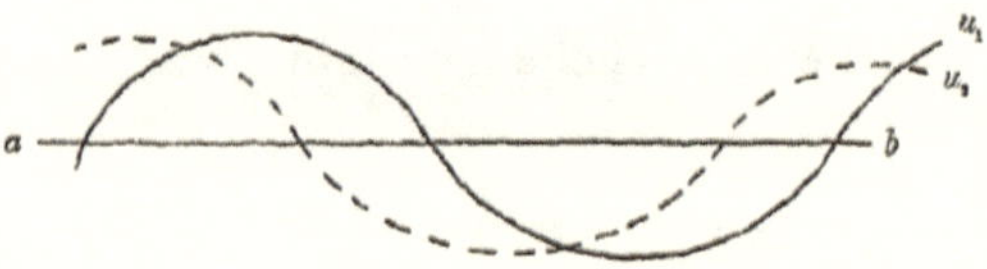

Fig 8

Angenommen es gäbe noch eine zweite, so würde nach dem eben Bewiesenen folgen, daß zwischen diesen beiden Nullstellen von u_2 mindestens eine Nullstelle von u_1 liegen müßte, was gegen die Annahme ist, daß x_1' die zunächst auf x_1 folgende Nullstelle von u_1 ist. Hiermit ist der Satz in allen seinen Teilen bewiesen: Die Nullstellen von u_1 und u_2 müssen also miteinander alternieren.[1])

§ 12. Das Jacobi'sche Kriterium.

Wir sind nunmehr in der Lage, die am Ende von § 10, b) aufgeworfenen Fragen über das Vorzeichen der zweiten Variation mit Hilfe des eben bewiesenen Sturm'schen Satzes zu beantworten.

a) **Einführung der Funktion $\Delta(x, x_1)$:**

Zu diesem Zweck führen wir dasjenige, — bis auf einen konstanten Faktor bestimmte —, Integral der Jacobi'schen Differentialgleichung (9)

[1]) Das einfachste Beispiel des Satzes ist die Differentialgleichung:

$$\frac{d^2u}{dx^2} + u = 0$$

mit den beiden partikulären Integralen: $u_1 = \sin x$, $u_2 = \cos x$.

ein, welches für $x = x_1$ verschwindet.[1]) Wir bezeichnen dasselbe, indem wir den konstanten Faktor in bestimmter, später näher zu präzisierender Weise gewählt denken, mit $\Delta(x, x_1)$. Da nach der am Ende von § 9, b) gemachten Bemerkung das Stetigkeitsintervall der Jacobi'schen Differentialgleichung sich mindestens auf das Intervall $[X_1 X_2]$ erstreckt, so lassen sich die Sätze des vorigen Paragraphen auf die Jacobi'sche Differentialgleichung und das Intervall $[X_1 X_2]$ anwenden. Die Funktion $\Delta(x, x_1)$ verschwindet also nach § 11, a) nur in einer endlichen Anzahl von Punkten im Intervall $[X_1 X_2]$; wir bezeichnen mit x_1' die zunächst auf x_1 folgende Nullstelle von $\Delta(x, x_1)$, falls eine solche überhaupt im Intervall $[X_1 X_2]$ existiert, so daß also

$$\Delta(x_1, x_1) = 0, \qquad \Delta(x_1', x_1) = 0$$

$$\Delta(x, x_1) \neq 0 \quad \text{für} \quad x_1 < x < x_1'$$

Alsdann tritt einer der beiden folgenden Fälle ein:

Fall I: $x_1' \lesseqgtr x_2$. Dann folgt nach dem Satz von STURM (§ 11, c)), daß jedes von $\Delta(x, x_1)$ unabhängige Integral von (9) in einem Punkt zwischen x_1 und x_1' verschwindet. Somit existiert in diesem Fall kein Integral der Jacobi'schen Differentialgleichung, welches im ganzen Intervall $[x_1 x_2]$ von Null verschieden ist, dagegen sicher mindestens ein Integral, — nämlich: $u = \Delta(x, x_1)$ — welches in zwei Punkten des Intervalls verschwindet. Es tritt also die zweite der in § 10 betrachteten Möglichkeiten ein. Wir können also nach den in § 10, b) erhaltenen Resultaten den Satz aussprechen:

Wenn $\Delta(x, x_1)$ außer in x_1 noch in einem zweiten Punkt des Intervalls $[x_1 x_2]$ verschwindet, so kann man $\delta^2 J = 0$ machen durch passende Wahl[2]) *der Funktion η.*

Nach JACOBI schließt man hieraus, wie wir bereits in § 10, b) gesehen haben unter Zuziehung von $\delta^3 J$, daß in diesem Fall ein Extremum nicht eintreten kann. Der Schluß ist zwar nicht einwandfrei[2]), trotzdem ist Jacobi's Resultat, abgesehen von gewissen Ausnahmefällen, richtig[3]) wie wir später sehen werden (§ 14).

---

[1]) Vgl. HESSE, loc cit. p 258, und für das allgemeinste Problem für einfache Integrale A MAYER, Journal für Mathematik, Bd. 69 (1868), p 250.

[2]) Vgl. p. 62, Fußnote [1]).

[3]) ERDMANN beweist dies, indem er den Wert von $\delta^3 J$ für die spezielle Funktion η, welche $\delta^2 J$ zum Verschwinden bringt, d. h. also für die Funktion

$$\eta = \begin{cases} \Delta(x, x_1) & \text{in} \quad [x_1 x_1'] \\ 0 & \text{in} \quad [x_1' x_2], \end{cases}$$

Fall II. $x_1' > x_2$, *oder* x_1' *existiert nicht*,[1]) mit andern Worten:

$$\Delta(x, x_1) \neq 0 \quad \text{für} \quad x_1 < x \leqq x_2. \tag{21}$$

In diesem Fall gibt es stets Integrale der Jacobi'schen Differentialgleichung, welche im ganzen Intervall $[x_1 x_2]$ von Null verschieden sind

Zum Beweis betrachten wir neben dem Integral $\Delta(x, x_1)$ dasjenige Integral $\Delta(x, x_2)$ der Jacobi'schen Differentialgleichung, welches in x_2 verschwindet; beide sind linear unabhängig, da nach Voraussetzung

$$\Delta(x_2, x_1) \neq 0, \quad \text{während} \quad \Delta(x_2, x_2) = 0.$$

Daher folgt nach dem Sturm'schen Satz aus (21), daß

$$\Delta(x, x_2) \neq 0 \quad \text{für} \quad x_1 \leqq x < x_2,$$

also, da $\Delta(x, x_2)$ stetig in $[X_1 X_2]$, auch noch in dem Intervall $[x_1 - \delta, x_1]$, wo δ eine hinreichend kleine positive Größe ist. Wählen wir jetzt x_0 zwischen $x_1 - \delta$ und x_1, und größer als X_1, so sind auch die beiden Funktionen $\Delta(x, x_0)$ und $\Delta(x, x_2)$ linear unabhängig, da

$$\Delta(x_0, x_0) = 0, \qquad \Delta(x_0, x_2) \neq 0,$$

und eine nochmalige Anwendung des Sturm'schen Satzes, diesmal auf die beiden Integrale $\Delta(x, x_0)$ und $\Delta(x, x_2)$, ergibt das Resultat,[2]) daß

$$\Delta(x, x_0) \neq 0 \quad \text{für} \quad x_1 \leqq x \leqq x_2.$$

Somit können wir, indem wir $u = \Delta(x, x_0)$ wählen, die zweite Variation auf die Form (11) transformieren, und erhalten so den Satz:

---

wirklich berechnet (Schlomilch's Zeitschrift, Band XXII (1877) p 327) Er findet in der Bezeichnung von § 13

$$\delta^3 J = -\varepsilon^3 R(x_1')\, \varphi_a'(x_1', a_0)\, \varphi_{aa}(x_1', a_0); \tag{20}$$

$R(x_1')$ und $\varphi_a'(x_1', a_0)$ sind stets von Null verschieden: und $\varphi_{aa}(x_1', a_0)$ ist gleichfalls von Null verschieden, außer wenn die Enveloppe der Schar (32a) eine Spitze in P_1' hat oder in einen Punkt degeneriert. Mit Ausnahme dieser beiden Falle ist also Jacobi's Resultat richtig

[1]) Man kann den Fall, wo x_1' nicht existiert, in der Ungleichung. $x_1' > x_2$ mit einbegreifen, wenn man für diesen Fall, d h also wenn $\Delta(x, x_1) \neq 0$ fur $x_1 < x \leqq X_2$, definiert· $x_1' = X_2$, wie es Goursat (*Cours d'Analyse Mathématique* Paris 1905), II, p 601) tut

[2]) Man kann dasselbe auch aus dem folgenden Lemma ableiten, das auch sonst gelegentlich nützlich ist· Es sei $X_1 \leqq \xi \leqq X_2$, und ξ' die zunächst auf ξ folgende Wurzel der Gleichung $\Delta(x, \xi) = 0$, falls eine solche in $[\xi X_2]$ existiert, dagegen $\xi' = X_2$ wenn $\Delta(x, \xi) \neq 0$ in $\xi < x \leqq X_2$ Dann laßt sich leicht zeigen,

Wenn

$$R > 0 \quad \textit{für} \quad x_1 \lesseqgtr x \lesseqgtr x_2$$

und

$$\Delta(x, x_1) \neq 0 \quad \textit{für} \quad x_1 < x \lesseqgtr x_2 \tag{21}$$

so ist $\delta^2 J$ positiv für alle zulassigen Funktionen η.

Die Bedingung (21) können wir auch durch die Ungleichung

$$x_1' > x_2 \tag{21a}$$

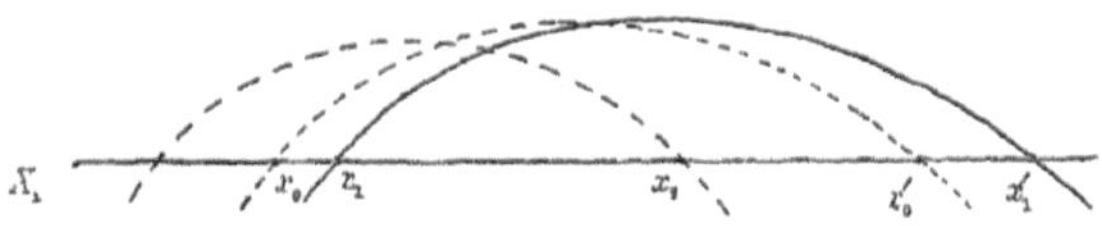

Fig 9

ersetzen, wenn wir die auf p 70, Fußnote [1]) erwähnte Verabredung über die Bedeutung von x_1' treffen

Aus dem vorangehenden Satz schloß Jacobi, daß in diesem Fall wirklich ein Minimum eintritt, und dies wurde allgemein angenommen, bis Weierstrass im Jahre 1879 zeigte, daß der Schluß falsch ist, wenigstens wenn man den Begriff des Minimums in der allgemeinen Weise faßt, wie wir denselben in § 3, b) definiert haben (vgl. § 15, a))

Die beiden obigen Sätze pflegt man unter dem Namen „*Jacobi'sches Kriterium*" zusammenzufassen

Der Wert x_1' wird *der zu x_1 konjugierte Wert* genannt, und der Punkt P_1' der Extremale[1]) $\mathfrak{E}_0$, dessen Abszisse x_1' ist, *der zu Punkt P_1 konjugierte Punkt* (nach Weierstrass)

Beispiel VI (Siehe p 32) $f = G(y')$.

Hier ist

$$P = 0, \qquad Q = 0, \qquad R = G''(\alpha_0),$$

also wird die Jacobi'sche Differentialgleichung

$$\frac{d^2 u}{dx^2} = 0,$$

und daraus

$$\Delta(x, x_1) = x - x_1$$

Es ist also stets $\delta^2 J > 0$, was freilich hier unmittelbar aus der speziellen Form von $\delta^2 J$ klar ist

---

daß ξ' als Funktion von ξ im Intervall $[X_1 X_2]$ stetig ist und mit ξ beständig zunimmt, so lange $\xi' < X_2$; so bald aber ξ' diesen Wert erreicht hat, bleibt es von da ab konstant gleich X_2.

Hieraus folgt noch weiter, daß die Funktion $\xi' - \xi$ von ξ im Intervall $[x_1 x_2]$ einen positiven Minimalwert l erreicht *Ist daher $[\alpha\beta]$ irgend ein Teilintervall von $[x_1 x_2]$ dessen Länge $< l$, so kann das Intervall $[\alpha\beta]$ kein Paar konjugierter Punkte enthalten.*

[1]) oder ihrer Fortsetzung auf das erweiterte Intervall $[X_1 X_2]$, siehe § 9, b).

Beispiel I (Siehe pp 1, 33, 59): $f = y\sqrt{1+y'^2}$

Aus den auf p 59 gegebenen Werten von P, Q, R erhält man fur die Jacobi'sche Differentialgleichung:

$$\frac{d^2u}{dx^2} - \frac{2}{\alpha_0}\,\mathrm{Th}\,\frac{x-\beta_0}{\alpha_0}\,\frac{du}{dx} + \frac{1}{\alpha_0{}^2}\,u = 0$$

Zwei partikuläre Integrale dieser Differentialgleichung sind:

$$u_1 = -\,\mathrm{Sh}\,\frac{x-\beta_0}{\alpha_0}\,, \qquad u_2 = \mathrm{Ch}\,\frac{x-\beta_0}{\alpha_0} - \frac{x-\beta_0}{\alpha_0}\,\mathrm{Sh}\,\frac{x-\beta_0}{\alpha_0}\,,$$

und hieraus ergibt sich

$$\Delta(x, x_1) = \mathrm{Sh}\,v\,\mathrm{Ch}\,v_1 - \mathrm{Sh}\,v_1\,\mathrm{Ch}\,v + (v - v_1)\,\mathrm{Sh}\,v\,\mathrm{Sh}\,v_1\,,$$

wobei zur Abkürzung

$$\frac{x-\beta_0}{\alpha_0} = v\,, \qquad \frac{x_1-\beta_0}{\alpha_0} = v_1$$

gesetzt ist. Auf die Diskussion der sich hieraus ergebenden transzendenten Gleichung für die Bestimmung von x_1' werden wir weiter unten naher eingehen[1]) (p 80).

b) **Der Jacobi'sche Fundamentalsatz über die Integration der Jacobi'schen Differentialgleichung:**

Nach dem Vorangehenden ist es zur Entscheidung über das Vorzeichen der zweiten Variation erforderlich, die Jacobi'sche Differentialgleichung zu integrieren; dies kann praktisch auf große Schwierigkeiten führen, ja die weitere Diskussion überhaupt unmöglich machen.

Daher ist die Entdeckung Jacobi's[2]) von fundamentaler Bedeutung, daß das allgemeine Integral der Jacobi'schen Differentialgleichung stets durch bloße Differentiationsprozesse erhalten werden kann, sobald das allgemeine Integral $g(x, \alpha, \beta)$ der Euler'schen Differentialgleichung (I) bekannt ist.

Dazu müssen wir zunächst einiges über die Eigenschaften der Funktion $g(x, \alpha, \beta)$ vorausschicken

Wir haben bereits in § 9 die Annahme eingeführt, daß unsere Extremale

$$\mathfrak{E}_0: \qquad y = \mathring{y}(x)\,, \qquad x_1 \overline{\overline{<}}\, x \,\overline{\overline{<}}\, x_2$$

im Innern des Bereiches $\mathfrak{R}$ liegt, und daß für sie die Bedingung

$$R(x) \equiv f_{y'y'}(x, \mathring{y}(x), \mathring{y}'(x)) > 0\,, \quad \text{in} \quad [x_1 x_2]\,, \tag{II'}$$

erfüllt ist.

---

1) Hierzu die *Übungsaufgaben* Nr. 2—12, 35—40 am Ende von Kap. III.

2) in der schon mehrfach zitierten Abhandlung vom Jahr 1837, siehe p. 60, Fußnote 1).

Aus diesen Annahmen, die für die ganze weitere Untersuchung des vorliegenden Problems festgehalten werden sollen, folgt, nach allgemeinen Sätzen[1]) aus der Theorie der Differentialgleichungen, daß die Extremale $\mathfrak{E}_0$ aus dem allgemeinen Integral der Euler'schen Differentialgleichung abgeleitet werden kann, indem man den Integrationskonstanten α, β spezielle Werte: $\alpha = \alpha_0$, $\beta = \beta_0$ erteilt, so daß also

$$g(x, \alpha_0, \beta_0) \equiv \mathring{y}(x) \quad \text{in} \quad [x_1 x_2], \tag{22}$$

und daß sich eine positive Größe d so klein annehmen läßt, daß die Funktion $g(x, \alpha, \beta)$ in dem Bereich:

$$X_1 \overline{\gtrless} x \overline{\gtrless} X_2, \qquad | \alpha - \alpha_0 | \overline{\gtrless} d, \qquad | \beta - \beta_0 | \overline{\gtrless} d \tag{23}$$

folgende Eigenschaften besitzt:

1. Die Funktionen g, $g' \equiv g_x$, $g'' \equiv g_{xx}$ sind als Funktionen der drei Variabeln x, α, β von der Klasse C' im Bereich (23).

2. Für jedes α, β im Bereich

$$| \alpha - \alpha_0 | \overline{\gtrless} d, \qquad | \beta - \beta_0 | \overline{\gtrless} d \tag{24}$$

genügt $g(x, \alpha, \beta)$ als Funktion von x im Intervall $[X_1 X_2]$ der Euler'schen Differentialgleichung.

3. Die Kurve

$$y = g(x, \alpha, \beta), \qquad X_1 \overline{\gtrless} x \overline{\gtrless} X_2$$

liegt für jedes α, β des Bereiches (24) ganz im Innern des Bereiches $\mathfrak{R}$ und es ist

$$f_{y'y'}(x, g(x, \alpha, \beta), g'(x, \alpha, \beta)) > 0 \tag{25}$$

im Bereich (23).

4. Die Funktionaldeterminante

$$\frac{\partial(g, g')}{\partial(\alpha, \beta)} \neq 0 \tag{26}$$

im Bereich (23).

Dies vorausgeschickt, erhalten wir nach JACOBI auf folgende Weise zwei partikuläre Integrale der Differentialgleichung (9): Substituieren wir in der Euler'schen Differentialgleichung für y das allgemeine Integral $g(x, \alpha, \beta)$, so erhalten wir:

$$f_y(x, g(x, \alpha, \beta), g'(x, \alpha, \beta)) - \frac{d}{dx} f_{y'}(x, g(x, \alpha, \beta), g'(x, \alpha, \beta)) = 0.$$

[1]) Um den Gedankengang nicht zu unterbrechen, verschieben wir eine eingehende Besprechung dieser Sätze und ihrer Anwendung auf die Euler'sche Differentialgleichung auf später (§ 24). Vorläufig mag der Leser die genannten Eigenschaften des allgemeinen Integrals $g(x, \alpha, \beta)$ statt als Folgerungen aus früheren Annahmen als neue selbständige Annahmen betrachten

Diese Gleichung ist für alle Werte von x, α, β im Bereich (23) identisch erfüllt und darf daher nach α oder β differentiiert werden. Führen wir diese Differentiation aus und machen von der Vertauschbarkeit[1]) der beiden Differentiationen nach x und α Gebrauch, so kommt:

$$\left.\begin{aligned}\left(f_{yy} - \frac{d}{dx} f_{y'y}\right) g_\alpha - \frac{d}{dx}(f_{y'y'}\, g'_\alpha) = 0\\ \left(f_{yy} - \frac{d}{dx} f_{y'y}\right) g_\beta - \frac{d}{dx}(f_{y'y'}\, g'_\beta) = 0\end{aligned}\right\} \tag{27}$$

Geben wir jetzt den Größen α, β die speziellen Werte $\alpha = \alpha_0$, $\beta = \beta_0$ und erinnern uns der Gleichungen (2) und (22), so erhalten wir *Jacobi's Fundamentalsatz: Ist*

$$y = g(x, \alpha, \beta)$$

die allgemeine Lösung der Euler'schen Differentialgleichung, dann besitzt die Jacobi'sche Differentialgleichung

$$\Psi(u) \equiv \left(P - \frac{dQ}{dx}\right) u - \frac{d}{dx}\left(R \frac{du}{dx}\right) = 0$$

die beiden partikulären Integrale

$$\left.\begin{aligned}r_1 = g_\alpha(x, \alpha_0, \beta_0)\\ r_2 = g_\beta(x, \alpha_0, \beta_0)\end{aligned}\right\} \tag{28}$$

Zusatz: Die beiden partikulären Integrale r_1, r_2 sind *linear unabhängig.*

Dazu ist nach § 11, a) notwendig und hinreichend, daß die Determinante

$$D(x) = \begin{vmatrix} r_1(x), & r_2(x) \\ r'_1(x), & r'_2(x) \end{vmatrix}$$

nicht identisch verschwindet.

Nun lautet aber die Determinante $D(x)$ ausgeschrieben:

$$D(x) = \begin{vmatrix} g_\alpha(x, \alpha_0, \beta_0), & g_\beta(x, \alpha_0, \beta_0) \\ g_{\alpha x}(x, \alpha_0, \beta_0), & g_{\beta x}(x, \alpha_0, \beta_0) \end{vmatrix};$$

andererseits ist

$$\left.\frac{\partial(g, g')}{\partial(\alpha, \beta)}\right|_{\substack{\alpha=\alpha_0\\ \beta=\beta_0}} = \begin{vmatrix} g_\alpha(x, \alpha_0, \beta_0), & g_{x\alpha}(x, \alpha_0, \beta_0) \\ g_\beta(x, \alpha_0, \beta_0), & g_{x\beta}(x, \alpha_0, \beta_0) \end{vmatrix}$$

und da aus den Eigenschaften von $g(x, \alpha, \beta)$ folgt, daß $g_{\alpha x} = g_{x\alpha}$,

---

[1]) Dieselbe ist nach A IV 7 und A IV 9 eine Folge der Eigenschaften von $g(x, \alpha, \beta)$.

$g_{\beta x} = g_{x\beta}$, so ist

$$D(x) = \frac{\partial(g, g')}{\partial(\alpha, \beta)}\Bigg|_{\substack{\alpha=\alpha_0\\ \beta=\beta_0}}$$

und daher nach (26)

$$D(x) \neq 0 \quad \text{in} \quad [X_1 X_2],$$

womit unsere Behauptung bewiesen ist.[1])

Daraus folgt: *Das allgemeine Integral der Jacobi'schen Differentialgleichung ist:*

$$u = C_1 r_1 + C_2 r_2,$$

wo C_1, C_2 willkürliche Konstanten sind.

Um also das allgemeinste partikuläre Integral $\Delta(x, x_1)$ zu erhalten, welches für $x = x_1$ verschwindet, müssen wir $C_1 : C_2$ aus der Gleichung

$$C_1 r_1(x_1) + C_2 r_2(x_1) = 0$$

bestimmen Wir erhalten so, indem wir zugleich eine bestimmte Wahl über den bisher unbestimmt gelassenen konstanten Faktor treffen, das *Resultat:*[2])

$$\Delta(x, x_1) = r_1(x) r_2(x_1) - r_2(x) r_1(x_1), \tag{29}$$

womit das Jacobi'sche Kriterium erst in seiner vollen Bedeutung erscheint.

Bei Anwendungen ist es daher gar nicht nötig, die Jacobi'sche Differentialgleichung wirklich aufzustellen, man kann vielmehr direkt aus dem allgemeinen Integral $g(x, \alpha, \beta)$ die Funktion $\Delta(x, x_1)$ ableiten und daraus den konjugierten Punkt x_1' bestimmen.[3])

§ 13. Geometrische Bedeutung der konjugierten Punkte.

Jacobi[4]) hat eine sehr elegante geometrische Deutung der konjugierten Punkte gegeben, welche auf der Betrachtung der Extremalenschar durch den Punkt P_1 beruht.

---

[1]) Vgl Pascal, loc. cit, p 75.

[2]) Daß $\Delta(x, x_1)$ nicht etwa identisch verschwinden kann, (d. h für jedes x), folgt aus der linearen Unabhangigkeit von r_1 und r_2 nach § 11, b), Zusatz 2

[3]) Beispiele folgen am Ende von § 13

[4]) Loc. cit, und *Vorlesungen uber Dynamik,* p 46, vgl auch Hesse, loc cit, p 258.

a) **Zusammenhang der Funktion $\Delta(x, x_1)$ mit der Extremalenschar durch den Punkt P_1:**

Wir wählen (etwas allgemeiner als es für unsern unmittelbaren Zweck nötig ist) irgend einen Punkt $P_0(x_0, y_0)$ auf dem Extremalenbogen $\mathfrak{E}_0$ oder auf dessen Fortsetzung auf das erweiterte Intervall $[X_1 X_2]$ und betrachten die Schar von Extremalen durch den Punkt P_0. Man erhält dieselbe analytisch, indem man zwischen den beiden Gleichungen

$$\left.\begin{aligned} y_0 &= g(x_0, \alpha, \beta) \\ y &= g(x, \alpha, \beta) \end{aligned}\right\} \tag{30}$$

eine der beiden Konstanten α, β eliminiert. Die Gleichung (30_1) wird durch die Werte $\alpha = \alpha_0$, $\beta = \beta_0$ befriedigt; ihre rechte Seite ist in der Umgebung der Stelle $\alpha = \alpha_0$, $\beta = \beta_0$ von der Klasse C', und überdies ist mindestens eine der beiden partiellen Ableitungen

$$g_\alpha(x_0, \alpha_0, \beta_0) = r_1(x_0) \quad \text{und} \quad g_\beta(x_0, \alpha_0, \beta_0) = r_2(x_0)$$

von Null verschieden, da $r_1(x)$ und $r_2(x)$ zwei linear unabhängige Integrale der Jacobi'schen Differentialgleichung sind, und die Stelle x_0 dem Stetigkeitsbereich der letzteren angehört. Sei, um die Ideen zu fixieren,

$$g_\beta(x_0, \alpha_0, \beta_0) \neq 0 .$$

Dann gibt es nach dem Dini'schen Satz[1]) über implizite Funktionen eine und nur eine Funktion,

$$\beta = \beta(\alpha),$$

welche in der Umgebung von $\alpha = \alpha_0$ von der Klasse C' ist, der Gleichung (30_1) genügt und für $\alpha = \alpha_0$ den Wert β_0 annimmt.

Setzen wir dieselbe in (30_2) ein, und bezeichnen

$$g(x, \alpha, \beta(\alpha)) \equiv \mathring{\varphi}(x, \alpha), \tag{31}$$

so stellt die Gleichung

$$y = \mathring{\varphi}(x, \alpha), \tag{32}$$

die durch den Punkt P_0 gehende Extremalenschar dar, wobei dann die Extremale $\mathfrak{E}_0$ selbst durch

$$\mathfrak{E}_0: \qquad y = \varphi(x, \alpha_0) \tag{33}$$

[1]) Vgl. § 22, e).

dargestellt wird. Aus den Eigenschaften der Funktionen $g(x, \alpha, \beta)$ und $\beta(\alpha)$ folgt, daß man eine positive Größe d_0 so klein wählen kann, daß die Funktion $\mathring{\varphi}$ und die Ableitungen $\mathring{\varphi}_x$, $\mathring{\varphi}_\alpha$, $\mathring{\varphi}_{xx}$, $\mathring{\varphi}_{x\alpha}$ und $\mathring{\varphi}_{\alpha x}$ in dem Bereich

$$X_1 \overline{\gtrless} x \overline{\gtrless} X_2, \qquad |\alpha - \alpha_0| \overline{\gtrless} d_0$$

existieren und stetig sind.

Führen wir dann die Funktion

$$\Delta(x, x_0) = r_1(x)r_2(x_0) - r_2(x)r_1(x_0)$$

ein, so ist[1])

$$\mathring{\varphi}_\alpha(x, \alpha_0) \equiv C_0 \Delta(x, x_0), \tag{34}$$

wo C_0 eine von Null verschiedene Konstante bedeutet. Denn[2]) nach der Definition von $\mathring{\varphi}(x, \alpha)$ ist

$$\mathring{\varphi}_\alpha(x, \alpha_0) = r_1(x) + r_2(x)\beta'(\alpha_0);$$

und aus (30_1) folgt

$$g_\alpha(x_0, \alpha, \beta) + g_\beta(x_0, \alpha, \beta)\frac{d\beta}{d\alpha} = 0,$$

also

$$\mathring{\varphi}_\alpha(x, \alpha_0) = \frac{\Delta(x, x_0)}{r_2(x_0)}.$$

Wir haben der Einfachheit halber den Parameter der Schar in ganz bestimmter Weise gewählt. Man erhält daraus die allgemeinste für unsere Zwecke brauchbare Darstellung der Extremalenschar durch den Punkt P_0, indem man in (32) für α eine beliebige Funktion $\alpha = \alpha(a)$ eines neuen Parameters[3]) a einführt, welche den Wert $\alpha = \alpha_0$ für einen bestimmten Wert $a = a_0$ annimmt, in der Umgebung dieses Wertes von der Klasse C' ist und überdies der Bedingung $\alpha'(a_0) \neq 0$ genügt.

Setzt man dann

$$\mathring{\varphi}(x, \alpha(a)) \equiv \varphi(x, a),$$

so stellt die Gleichung

$$y = \varphi(x, a) \tag{32a}$$

---

[1]) Vgl. Erdmann, Schlömilch's Zeitschrift, Bd. XXII (1877), p. 325.

[2]) Die Gleichung (34) folgt noch einfacher daraus, daß die Funktion $\mathring{\varphi}_\alpha(x, \alpha_0)$ der Jacobi'schen Differentialgleichung genügt und für $x = x_0$ verschwindet.

[3]) Hierzu eignet sich z. B. aus geometrischen Gründen das Gefälle der betreffenden Extremale im Punkt P_0:

$$a = g'(x_0, \alpha, \beta)$$

in allgemeinster Weise die Extremalenschar durch den Punkt P_0 dar, die Funktion $\varphi(x, a)$ hat dieselben Stetigkeitseigenschaften wie $\mathring{\varphi}(x, \alpha)$ und es ist

$$\Delta(x, x_0) = C\varphi_a(x, a_0). \tag{34a}$$

Wenden wir die vorangehenden Resultate insbesondere auf den Fall an, wo der Punkt P_0 mit dem Endpunkt P_1 des Bogens $\mathfrak{E}_0$ zusammenfällt, so erhalten wir den Satz:

Ist

$$y = \varphi(x, a) \tag{32a}$$

die Schar von Extremalen durch den Punkt P_1, so kann der zu x_1 konjugierte Wert x_1' auch definiert werden als die zunächst auf x_1 folgende Wurzel der Gleichung

$$\varphi_a(x, a_0) = 0.$$

Neben den beiden Gleichungen

$$\varphi_a(x_1, a_0) = 0, \qquad \varphi_a(x_1', a_0) = 0 \tag{35}$$

folgen aus den bekannten Eigenschaften von $\Delta(x, x_1)$ noch die Ungleichungen[1])

$$\varphi_{ax}(x_1, a_0) \neq 0, \qquad \varphi_{ax}(x_1', a_0) \neq 0. \tag{36}$$

b) **Die Enveloppe der Extremalenschar durch den Punkt P_1:**

Aus dem letzten Satz ergibt sich unmittelbar die im Eingang dieses Paragraphen erwähnte geometrische Interpretation der konjugierten Punkte Denn die Koordinaten x_1', y_1' des zu P_1 konjugierten Punktes P_1' genügen den beiden Gleichungen

$$\Phi(x_1', y_1', a_0) \equiv \varphi(x_1', a_0) - y_1' = 0$$
$$\Phi_a(x_1', y_1', a_0) \equiv \varphi_a(x_1', a_0) = 0,$$

und außerdem ist die Determinante

$$\begin{vmatrix} \Phi_x & \Phi_y \\ \Phi_{ax} & \Phi_{ay} \end{vmatrix}$$

für $x = x_1'$, $y = y_1'$, $a = a_0$ von Null verschieden, da ihr Wert gleich $\varphi_{ax}(x_1', a_0)$ ist. Hieraus erhalten wir nach der Theorie der Enve-

[1]) Vgl § 11, a), Zusatz 1.

loppen[1]) folgende geometrische Interpretation: Man betrachte neben der Extremale

$$\mathfrak{E}_0: \qquad y = \varphi(x, a_0)$$

eine benachbarte Extremale der durch den Punkt P_1 gehenden Schar:

$$\mathfrak{E}: \qquad y = \varphi(x, a_0 + k)$$

Wird dann $|k|$ hinreichend klein gewählt, so schneidet[2]) die Kurve $\mathfrak{E}$ die Kurve $\mathfrak{E}_0$ in einem und nur einem Punkt P in der Nähe von P_1'; und läßt man k gegen Null konvergieren, so nähert sich der Schnittpunkt P dem konjugierten Punkt P_1' als Grenzlage. Nach der Definition der Enveloppe haben wir also den Satz:

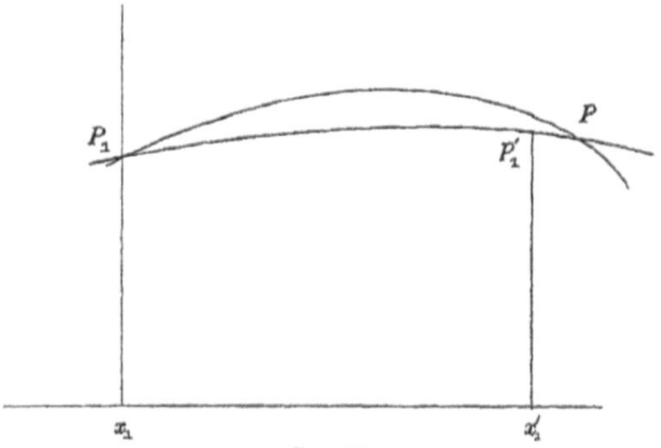

Fig 10

Der zum Punkt P_1 konjugierte Punkt P_1' ist derjenige Punkt, in welchem die Extremale $\mathfrak{E}_0$ zum ersten Mal (von P_1 aus gerechnet) die Enveloppe der Extremalenschar durch den Punkt P_1 berührt.

Beispiel VI (Siehe pp. 32, 71): $f = G(y')$.

Hier ist:

$$g(x, \alpha, \beta) = \alpha x + \beta,$$

also

$$r_1 = x, \qquad r_2 = 1,$$

$$\Delta(x, x_1) = x - x_1.$$

Es existiert also *kein konjugierter Punkt*, wie auch sofort aus der geometrischen Deutung der konjugierten Punkte folgt; denn die Schar von Extremalen durch den Punkt P_1 ist hier das Geradenbüschel durch P_1.

Beispiel I (Siehe pp. 1, 33, 72): $f = y\sqrt{1 + y'^2}$.

Hier ist

$$g(x, \alpha, \beta) = \alpha \operatorname{Ch} \frac{x - \beta}{\alpha};$$

---

[1]) Vgl *Encyclopadie,* III D, p. 47. Der Beweis setzt die Stetigkeit von $\Phi_x, \Phi_y, \Phi_\alpha, \Phi_{a x}, \Phi_{a y}, \Phi_{a a}$ in der Nahe des Punktes $x = x_1', y = y_1', a = a_0$ voraus Diese Bedingungen sind fur die Schar (32a) erfüllt, wofern man die weitere Voraussetzung macht, daß auch $\varphi_{a a}$ existiert und stetig ist

[2]) Vgl. die eingehendere Diskussion derselben Frage in Parameterdarstellung, in § 30, c)

daraus erhält man für r_1 und r_2 die beiden auf p 72 mit u_1 und u_2 bezeichneten Funktionen und hieraus, in Übereinstimmung mit dem schon dort angegebenen Resultat,

$$\Delta(x, x_1) = \operatorname{Sh} v \operatorname{Ch} v_1 - \operatorname{Sh} v_1 \operatorname{Ch} v + (v - v_1) \operatorname{Sh} v \operatorname{Sh} v_1,$$

wobei zur Abkürzung gesetzt ist

$$v = \frac{x - \beta_0}{\alpha_0}, \qquad v_1 = \frac{x_1 - \beta_0}{\alpha_0}$$

Daraus ergibt sich (wenn $v_1 \neq 0$) für die Bestimmung von x_1' die transzendente Gleichung

$$\operatorname{Coth} v - v = \operatorname{Coth} v_1 - v_1 \tag{37}$$

Da die Funktion[1]) $\operatorname{Coth} v - v$ von $+\infty$ bis $-\infty$ abnimmt, während v von $-\infty$ bis 0 wächst, und dann wieder von $+\infty$ bis $-\infty$ abnimmt, während v von 0 bis $+\infty$ wächst, so hat die Gleichung (37) außer der trivialen Lösung $v = v_1$ noch eine andere Lösung v_1', und v_1 und v_1' haben entgegengesetztes Zeichen

Wenn daher $v_1 > 0$, d h. *wenn der Punkt P_1 auf dem aufsteigenden Ast der Kettenlinie liegt, so existiert kein zu P_1 konjugierter Punkt.*

$\Delta(x, x_1) \neq 0$ für jedes $x > x_1$. Dasselbe Resultat gilt für $v_1 = 0$.

Wenn dagegen $v_1 < 0$, d. h *wenn P_1 auf dem absteigenden Ast der Kettenlinie liegt, so existiert stets ein zu P_1 konjugierter Punkt P_1'*, und zwar liegt derselbe auf dem aufsteigenden Ast Der Punkt P_1' kann geometrisch durch folgende von LINDELÖF[2]) entdeckte Eigenschaft bestimmt werden: *Die Tangenten an die Kettenlinie in den beiden Punkten P_1 und P_1' schneiden sich auf der Direktrix der Kettenlinie, d. h. der x-Achse.* Denn die Abszissen der Schnittpunkte dieser beiden Tangenten mit der x-Achse sind

$$X = x_1 - \alpha_0 \operatorname{Coth} \frac{x_1 - \beta_0}{\alpha_0}$$

und

$$X' = x_1' - \alpha_0 \operatorname{Coth} \frac{x_1' - \beta_0}{\alpha_0},$$

und es ist $X' - X = 0$ wegen (37).

Wir bemerken noch, daß die Lindelöf'sche Konstruktion ganz allgemein für diejenigen Probleme der Variationsrechnung gilt, für welche das allgemeine Integral der Euler'schen Differentialgleichung die Form hat:

$$y = \alpha F\left(\frac{x - \beta}{\alpha}\right).$$

Wir knüpfen hieran noch einige Bemerkungen über die *Enveloppe der Schar von Kettenlinien durch den Punkt P_1*.

[1]) Der Leser möge sich die diese Funktion darstellende Kurve aufzeichnen.

[2]) LINDELÖF-MOIGNO, loc cit, p. 209, und LINDELÖF, Mathematische Annalen, Bd II (1870), p 160.

Vom Punkt P_1 aus läßt sich nach § 24, c) nach jeder Richtung (außer parallel der y-Achse) eine Kettenlinie mit der x-Achse als Direktrix ziehen. Bestimmt man auf jeder Kettenlinie dieser Schar den zu P_1 konjugierten Punkt P_1',

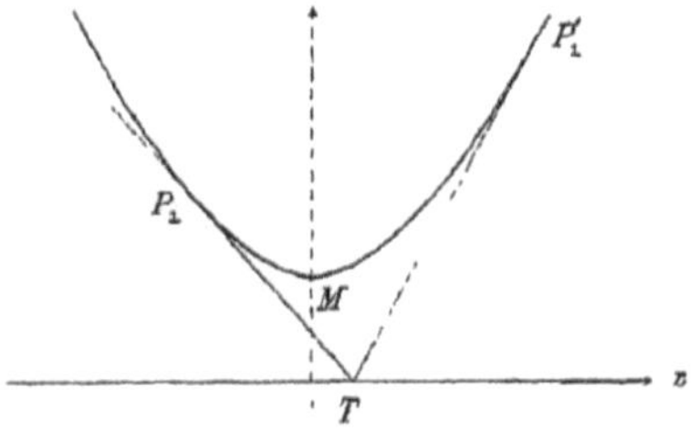

Fig. 11

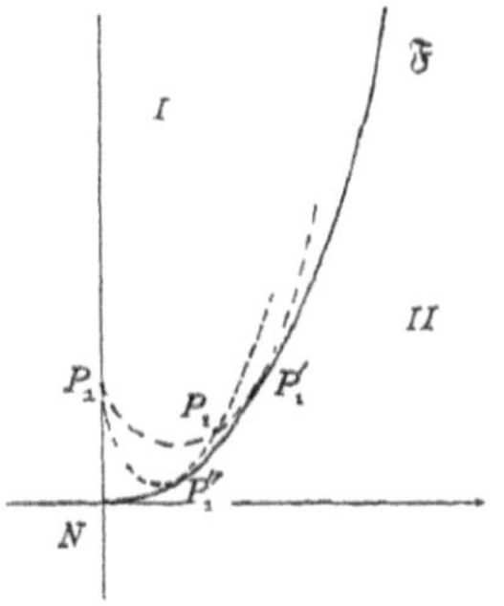

Fig. 12

so ist der geometrische Ort der Punkte P_1' die Enveloppe $\mathfrak{F}$ der Schar. Nach (37) erhält man die Enveloppe in Parameterdarstellung, wenn man u_1 aus den Gleichungen

$$x = x_1 + y_1 \frac{(u - u_1)}{\operatorname{Ch} u_1}, \qquad y = y_1 \frac{\operatorname{Ch} u}{\operatorname{Ch} u_1},$$

$$\operatorname{Coth} u - u = \operatorname{Coth} u_1 - u_1$$

eliminiert.

Mac Neish[1]) hat diese Enveloppe näher untersucht. Sie hat etwa die Gestalt einer Parabel mit der positiven Hälfte der Geraden $x = x_1$ als Achse und dem Fußpunkt N der Senkrechten von P_1 auf die x-Achse als Scheitel.

Hiermit hängt nun die Frage der *Konstantenbestimmung* aufs engste zusammen. Das Resultat ist folgendes[2]): Durch die Enveloppe $\mathfrak{F}$ wird der von der positiven x-Achse und der positiven Hälfte der Geraden $x = x_1$ begrenzte Quadrant in zwei Teile I und II zerlegt (Fig. 12).

1. Nach jedem Punkt P_2 im Innern von I lassen sich von P_1 aus *zwei Kettenlinien* mit der x-Achse als Direktrix ziehen; die eine enthält den zu P_1 konjugierten Punkt nicht, die andere enthält den konjugierten Punkt zwischen P_1 und P_2. Nur die erstere kann also ein Minimum liefern und tut es auch in der Tat (vgl. § 19).

[1]) Annals of Mathematics (2), Bd. VII (1905), p. 65.

[2]) Vgl. Goldschmidt, *Determinatio superficiei minimae rotatione curvae data duo puncta jungentis circa datum axem ortae*, Göttingen, 1831; H. A. Schwarz, *Berliner Vorlesungen*, mitgeteilt von Hancock, *Lectures on the Calculus of Variations*, Chap. III, und Mac Neish, loc. cit.

2. Nach jedem Punkt P_2 der Kurve $\mathfrak{F}$ laßt sich von P_1 aus *eine Kettenlinie* mit der x-Achse als Direktrix ziehen, auf derselben ist der Punkt P_2 zugleich der zu P_1 konjugierte Punkt Diese Kettenlinie liefert kein Minimum (vgl § 48).

3. Liegt P_2 im Innern des Bereiches II, so läßt sich von P_1 aus *keine Kettenlinie* mit der x-Achse als Direktrix nach P_2 ziehen [1])

§ 14. Notwendigkeit der Jacobi'schen Bedingung.

Wir haben bereits hervorgehoben, daß die beiden in § 12, a) bewiesenen Sätze JACOBI's, obgleich sie uns wichtige Aufschlüsse über das Vorzeichen der zweiten Variation geben, dennoch weder eine notwendige noch eine hinreichende Bedingung für die Existenz eines Extremums enthalten.

Trotzdem kann man wenigstens eine notwendige Bedingung aus dem ersten der beiden Sätze durch eine leichte Modifikation der Jacobi'schen Schlußweise ableiten. Es läßt sich nämlich zeigen: Wenn $x_1' < x_2$, so kann man $\delta^2 J$ nicht nur gleich Null, sondern sogar negativ machen.

Dies ist zuerst von WEIERSTRASS[2]) und ERDMANN[3]) bewiesen worden.

---

[1]) Hierzu die *Übungsaufgaben* Nr. 2—12, 35—40 am Ende von Kap. III

[2]) WEIERSTRASS, (*Vorlesungen*) schreibt die zweite Variation in der Form

$$\delta^2 J = \varepsilon^2 \left\{ \int_{x_1}^{x_2} \left[(P+k)\eta^2 + 2Q\eta\eta' + R\eta'^2 \right] dx - k\int_{x_1}^{x_2} \eta^2 dx \right\},$$

wo k eine kleine positive Konstante ist, und wendet auf das erste Integral die Jacobi'sche Transformation an (§ 10, b)).

$$\delta^2 J = \varepsilon^2 \left\{ \int_{x_1}^{x_2} \eta\, \overline{\Psi}(\eta)\, dx - k\int_{x_1}^{x_2} \eta^2 dx \right\},$$

wo

$$\overline{\Psi}(\eta) \equiv ((P+k) - Q')\,\eta - \frac{d}{dx}(R\eta').$$

Dann zeigt er auf Grund allgemeiner Sätze über Differentialgleichungen, welche einen Parameter enthalten (vgl unten § 24, e) und POINCARÉ, *Mécanique céleste* (Paris 1892), Bd I, p 58, und PICARD, *Traité*, Bd. III, p. 157), daß man für hinreichend kleine Werte von k eine Funktion η der Klasse D'' konstruieren kann, welche der Differentialgleichung $\overline{\Psi}(\eta) = 0$ genügt und in x_1 und x_2 verschwindet. Fur eine solche Funktion η ist aber offenbar $\delta^2 J$ negativ

[3]) Schlömilch's Zeitschrift, Bd XXIII (1878), p 367.

Andere Beweise sind später von SCHEEFFER[1]) und SCHWARZ[2]) gegeben worden.

a) **Der Erdmann'sche Beweis:**

Wir nehmen also an, es sei

$$x_1' < x_2. \tag{38}$$

Alsdann können wir eine Größe x_3' so wählen, daß

$$x_1' < x_3' < x_2$$

und gleichzeitig

$$\Delta(x_3', x_1) \neq 0.$$

Wir bezeichnen dann

$$u = \Delta(x, x_1), \qquad v = \pm\Delta(x, x_3'),$$

wobei wir uns die Wahl des Vorzeichens vorbehalten Die Funktionen u und v sind zwei linear unabhängige Integrale der Jacobi'schen Differentialgleichung (10); daher gilt für sie der Abel'sche Satz (19), welcher für die spezielle Differentialgleichung (10) die Form annimmt

$$R(uv' - u'v) = K, \tag{39}$$

wo K eine von Null verschiedene Konstante ist

Jetzt wählen wir das Vorzeichen von v so, daß K positiv wird. Dies ist stets möglich; denn wenn man v durch $-v$ ersetzt, so geht K in $-K$ über

Da ferner auch u und $u - v$ ein Fundamentalsystem von Integralen der Differentialgleichung (10) bilden, so folgt nach dem Sturm'schen Satz, daß $u - v$ eine und nur eine Nullstelle zwischen x_1 und x_1' besitzt; wir bezeichnen dieselbe mit c; es ist dann also

$$u(c) = v(c).$$

---

[1]) Mathematische Annalen, Bd. XXV (1885), p 548; der Scheeffer'sche Beweis ist nur unwesentlich von dem Erdmann'schen verschieden.

[2]) In seinen *Vorlesungen*, 1898—1899; vgl. SOMMERFELD, Jahresbericht der deutschen Mathematikervereinigung, Bd VIII (1900), p. 189, und HANCOCK, *Lectures on the Calculus of Variations*, Nr. 133. Es ist zu beachten, daß bei allen diesen Beweisen die Annahme $x_1' < x_2$ (mit Ausschluß des Gleichheitszeichens!) wesentlich ist; für den Fall $x_1' = x_2$, soweit er nicht durch Erdmann's Formel (20) für $\delta^2 J$ erledigt wird, vgl. KNESER, Mathematische Annalen, Bd. L (1897), p. 50, und OSGOOD, Transactions of the American Mathematical Society, Bd. II (1901), p. 166. Wir werden diesen Fall später in Parameterdarstellung ausführlich behandeln (vgl § 43).

Jetzt wählen wir die Funktion η folgendermaßen:

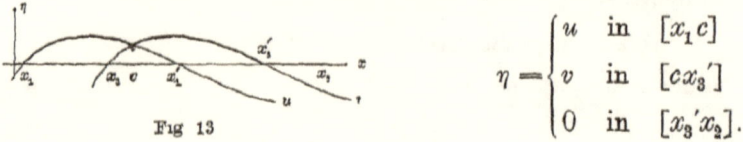

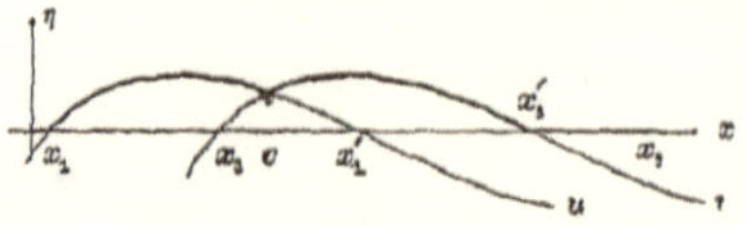

Fig 13

$$\eta = \begin{cases} u & \text{in} \quad [x_1 c] \\ v & \text{in} \quad [c x_3'] \\ 0 & \text{in} \quad [x_3' x_2]. \end{cases}$$

Die so definierte Funktion η ist von der Klasse D'' in $[x_1 x_2]$. Denn sie ist selbst stetig wegen $u(c) = v(c)$ und $v(x_3') = 0$, während ihre Ableitungen in c und x_3' Unstetigkeiten der in § 10, c) charakterisierten Art besitzen. Wir dürfen also die Formel (13) für die zweite Variation anwenden und erhalten, da $\Psi(\eta) = 0$ in jedem der drei Teilintervalle,

$$\delta^2 J = \varepsilon^2 \eta(c) R(c) [\eta'(c-0) - \eta'(c+0)].$$

Da aber

$$\eta(c) = u(c) = v(c),$$

und

$$\eta'(c-0) = u'(c), \qquad \eta'(c+0) = v'(c),$$

so können wir dies schreiben

$$\delta^2 J = -\varepsilon^2 R(uv' - u'v) \Big|^c = -\varepsilon^2 K, \tag{40}$$

wobei wir von dem allgemeinen Substitutionszeichen

$$\Phi(x) \Big|^c = \Phi(c) \tag{41}$$

Gebrauch machen. Da $K > 0$, so ist hiermit bewiesen, daß man in der Tat die zweite Variation, und daher auch die vollständige Variation ΔJ negativ machen kann.

b) **Der Schwarz'sche Beweis:**

In § 10, b) und § 12, a) haben wir nach Jacobi's Vorgang eine Funktion η aufgestellt, für welche $\delta^2 J = 0$; Schwarz konstruiert nun auf folgende Weise eine von jener Funktion nur unendlich wenig abweichende Funktion, für welche $\delta^2 J < 0$. Er wählt:

$$\eta = \begin{cases} u + ks & \text{in} \quad [x_1 x_1'] \\ \phantom{u + {}} ks & \text{in} \quad [x_1' x_2], \end{cases}$$

wo wieder $u = \Delta(x, x_1)$, während s irgend eine Funktion der Klasse C'' bedeutet, welche in x_1 und x_2 verschwindet, dagegen in x_1' von Null verschieden ist; k endlich bedeutet eine kleine Konstante.

Die so definierte Funktion η ist von der Klasse D'' in $[x_1 x_2]$; sie ist stetig, da $u(x_1') = 0$, und ihre Ableitungen haben als einzige Unstetigkeitsstelle den Punkt $x = x_1'$.

Wir dürfen daher zur Berechnung von $\delta^2 J$ wieder die Formel (13) anwenden. Da

Fig 14

$$\eta(x_1') = ks(x_1'),$$

$$\eta'(x_1' - 0) = u'(x_1') + ks'(x_1'),$$

$$\eta'(x_1' + 0) = ks'(x_1'),$$

so erhalten wir

$$\delta^2 J = \varepsilon^2 \Big\{ kR(x_1')\, u'(x_1')\, s(x_1') + \int_{x_1}^{x_1'} (u + ks)\, \Psi(u + ks)\, dx + \\ + \int_{x_1'}^{x_2} ks\, \Psi(ks)\, dx \Big\}.$$

Beachtet man nun, daß

$$\Psi(u + ks) = \Psi(u) + \Psi(ks) = \Psi(u) + k\Psi(s),$$

ferner daß

$$\Psi(u) = 0,$$

und daher nach (14)

$$u\Psi(s) = -\frac{d}{dx} R(us' - u's),$$

und endlich daß

$$u(x_1) = 0, \qquad u(x_1') = 0, \qquad s(x_1) = 0,$$

so reduziert sich der Ausdruck für $\delta^2 J$ auf

$$\delta^2 J = \varepsilon^2 \Big\{ 2kR(x_1')\, u'(x_1')\, s(x_1') + k^2 \int_{x_1}^{x_2} s\Psi(s)\, dx \Big\}. \tag{42}$$

Nun ist nach Voraussetzung $R(x_1') \neq 0$; ferner nach § 11, a) $u'(x_1') \neq 0$, weil $u(x_1') = 0$; und endlich $s(x_1') \neq 0$ nach der Bildung der Funktion s. Also ist der Koeffizient von k von Null verschieden, und daher können wir durch passende Wahl von k die zweite Variation in der Tat negativ machen.

c) **Ein Lemma über Variationen der Klasse D':**

Wir haben zwar im Vorangehenden gezeigt, daß ΔJ negativ gemacht werden kann; damit ist aber noch nicht bewiesen, daß kein

Minimum eintreten kann. Denn die spezielle Variation, welche wir dazu benutzt haben, gehört gar nicht zu den zulässigen Variationen, da ja die Ableitung von η Unstetigkeiten im Intervall $[x_1 x_2]$ besitzt. Der Beweis wird erst vollständig durch den folgenden Hilfssatz[1]):

Kann man ΔJ negativ machen mittels einer Variation der Klasse D', so ist dies stets auch möglich mittels einer Variation der Klasse C'.

Man beweist denselben leicht mittels eines Prozesses, den man kurz als „*Abrunden der Ecken*“ beschreiben kann. Es sei nämlich

$$\overline{\mathfrak{C}}: \qquad y = \bar{y}(x), \qquad x_1 \overline{\gtrless} x \overline{<} x_2$$

eine die beiden Punkte P_1 und P_2 verbindende, ganz im Innern des Bereiches $\mathfrak{R}$ gelegene Kurve der Klasse D', für welche

$$\Delta J = J_{\overline{\mathfrak{C}}} - J_{\mathfrak{C}_0} < 0;$$

ferner sei $C(a, b)$ eine der Ecken der Kurve $\overline{\mathfrak{C}}$, und p_1, p_2 die beiden Werte des Gefälles der Kurve $\overline{\mathfrak{C}}$ in der Ecke C. Sodann wählen wir eine positive Größe $L > |p_1|, |p_2|$, nehmen auf $\overline{\mathfrak{C}}$ zwei der Ecke links und rechts benachbarte Punkte Q_1 und Q_2 mit den Abszissen $a - h$ und $a + h$, und konstruieren eine Kurve $\mathfrak{C}$ der Klasse C', welche durch Q_1 und Q_2 geht, die Kurve $\overline{\mathfrak{C}}$ in Q_1 und Q_2 berührt, und deren Gefälle dem absoluten Werte nach beständig kleiner als L ist, was stets möglich ist, z. B. indem man die Kurve $\mathfrak{C}$ aus einem Segment einer Geraden und einem Kreisbogen zusammensetzt.

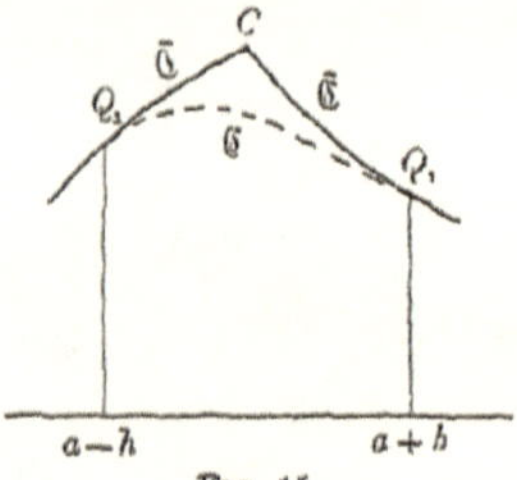

Fig 15

Man zeigt dann leicht weiter[2]): Ist σ eine beliebig kleine vorgegebene positive Größe, so kann man stets h so klein wählen, daß

$$|J_{\overline{\mathfrak{C}}}(Q_1 C Q_2) - J_{\mathfrak{C}}(Q_1 Q_2)| < \sigma.$$

Wir „runden jetzt die Ecke C ab“, indem wir das gebrochene Stück $Q_1 C Q_2$ durch das Stück $Q_1 Q_2$ der Kurve $\mathfrak{C}$ ersetzen.

Führen wir diese Operation für sämtliche Ecken der Kurve $\overline{\mathfrak{C}}$ durch, so erhalten wir als Resultat eine Kurve $\mathfrak{L}$ der Klasse C',

---

[1]) Vgl hierzu Goursat, *Cours d'Analyse, II,* p 606.

[2]) Wählt man $\varrho > 0$ so klein, daß die geschlossene Umgebung

$$[\varrho]_C: \qquad |x - a| \overline{\gtrless} \varrho, \qquad |y - b| \overline{\gtrless} \varrho$$

welche ebenfalls die beiden Punkte P_1 und P_2 verbindet und im Bereich $\mathfrak{R}$ liegt, und durch Verkleinerung von h können wir erreichen, daß die Differenz $J_{\overline{\mathfrak{C}}} - J_{\mathfrak{L}}$ dem absoluten Wert nach unter jede vorgegebene Größe sinkt. Da nun nach Voraussetzung $J_{\overline{\mathfrak{C}}} - J_{\mathfrak{C}_0} < 0$, so können wir durch Verkleinerung von h auch erreichen, daß

$$J_{\mathfrak{L}} - J_{\mathfrak{C}_0} < 0, \qquad \text{Q.E.D.}$$

Wir dürfen daher jetzt den Satz aussprechen:

Fundamentalsatz III: Die dritte notwendige Bedingung für ein Minimum (Maximum) besteht darin, daß

$$\Delta(x, x_1) \neq 0 \qquad \text{(III)}$$

für alle Werte von x in dem offenen Intervall $x_1 < x < x_2$.

Zusatz: Dieselbe Bedingung läßt sich auch schreiben: $x_2 \overline{\overline{<}} x_1'$ oder aber x_1' existiert nicht, d. h. *wenn der Endpunkt P_2 jenseits des zu P_1 konjugierten Punktes P_1' liegt, so findet kein Maximum oder Minimum statt.*

Wir werden diese Bedingung die *Jacobi'sche Bedingung* nennen.

---

des Punktes C ganz im Innern des Bereiches $\mathfrak{R}$ liegt, so hat die Funktion $|f(x, y, y')|$ ein endliches Maximum M im Bereich

$$|x-a| \overline{\overline{<}} \varrho, \qquad |y-b| \overline{\overline{<}} \varrho, \qquad |y'| \overline{\overline{<}} L.$$

Wählt man jetzt $h < \varrho$, so ist das Integral J, genommen entlang irgend einer Kurve: $y = y(x)$ der Klasse D', welche ganz in $[\varrho]_C$ liegt und der Bedingung $|y'(x)| < L$ genügt, vom Punkt $a-h$ bis zum Punkt $a+h$, dem absoluten Wert nach kleiner als $2hM$, also

$$|J_{\overline{\mathfrak{C}}}(Q_1 C Q_2) - J_{\mathfrak{C}}(Q_1 Q_2)| < 4hM.$$

Drittes Kapitel.

Hinreichende Bedingungen bei der einfachsten Klasse von Aufgaben.

§ 15. Hinreichende Bedingungen für ein „schwaches Extremum“[1]).

Wir setzen jetzt voraus, daß für unsere Extremale[2])

$$\mathfrak{E}_0: \qquad y = \mathring{y}(x), \qquad x_1 \overline{\overline{<}} x \overline{\overline{<}} x_2$$

die beiden Bedingungen erfüllt sind:

$$R(x) > 0, \quad \text{für} \quad x_1 \overline{\overline{<}} x \overline{\overline{<}} x_2, \tag{II'}$$

$$\Delta(x, x_1) \neq 0, \quad \text{für} \quad x_1 < x \overline{\overline{<}} x_2{}^{3)} \tag{III'}$$

und fragen: *Sind diese Bedingungen hinreichend für ein Minimum?*

Dies ist in der Tat bis in die siebziger Jahre des vorigen Jahrhunderts allgemein als selbstverständlich angenommen worden, und erst WEIERSTRASS hat gezeigt, daß der Schluß falsch ist. Es verlohnt sich daher genauer zuzusehen, einerseits worin der Fehlschluß bestand, andererseits was man aus den obigen Annahmen wirklich schließen darf.

---

[1]) Man vergleiche für diesen Paragraphen die Arbeit von SCHEEFFER, *Über die Bedeutung der Begriffe Maximum und Minimum in der Variationsrechnung*, Mathematische Annalen, Bd. XXVI (1886), p. 197, welche für die Aufklärung der Grundbegriffe der Variationsrechnung von größter Wichtigkeit gewesen ist

[2]) An den im Eingang von § 9, a) über die Extremale $\mathfrak{E}_0$ gemachten Annahmen wird ein für allemal festgehalten; sie sind bei allen in der Folge über die Extremale $\mathfrak{E}_0$ aufgestellten Sätzen, den sonstigen Voraussetzungen hinzuzufügen. Vgl auch p 58.

[3]) Man beachte das Gleichheitszeichen, durch welches sich (III') von (III) unterscheidet; wegen des Falles $x_1' = x_2$ vgl die Zitate auf p. 83, Fußnote [2]).

a) Analyse des Fehlschlusses:

Wir haben gesehen, daß aus den beiden Annahmen (II') und (III') in aller Strenge folgt, daß $\delta^2 J > 0$ für alle zulässigen Funktionen η, welche nicht identisch verschwinden. Daraus folgt aber in der Bezeichnung von § 4: Hat man eine zulässige Funktion $\eta(x)$ fest gewählt, so besitzt das Integral

$$J(\varepsilon) = \int_{x_1}^{x_2} f(x, \mathring{y} + \varepsilon\eta, \mathring{y}' + \varepsilon\eta')\, dx$$

als Funktion von ε ein Minimum für $\varepsilon = 0$, da $J'(0) = 0$, $J''(0) > 0$. Das heißt: Es läßt sich eine positive Größe δ angeben, derart daß $\Delta J > 0$ für alle Kurven der Schar

$$y = \mathring{y}(x) + \varepsilon\eta(x), \tag{1}$$

für welche $0 < |\varepsilon| < \delta$, oder wie wir sagen können: In Beziehung auf die spezielle Schar (1) von Kurven liefert $\mathfrak{C}_0$ wirklich ein Minimum.

Ist andererseits eine beliebige zulässige Kurve

$$\mathfrak{C}: \qquad y = \bar{y}(x), \qquad x_1 \leqq x < x_2$$

gegeben, so läßt sich dieselbe stets als Individuum einer Schar dieser Art betrachten; man braucht nur für $\eta(x)$ die Funktion $\eta(x) = \bar{y}(x) - \mathring{y}(x)$ zu wählen, so liefert die Schar (1) für $\varepsilon = 1$ die gegebene Kurve.

Hiernach scheint in der Tat aus den angegebenen Bedingungen die Existenz eines Minimums zu folgen. Dabei ist aber ein wesentlicher Punkt außer Acht gelassen. Die Funktion $J(\varepsilon)$, und daher ebenso die Größe δ, hängt von der Wahl der Funktion η ab; dies wollen wir auch in der Bezeichnung[1]) zum Ausdruck bringen, indem wir statt δ schreiben δ_η. Um unsere Definition des Minimums (§ 3, b)) zur Vergleichung heranziehen zu können, führen wir das Maximum m_η der Funktion $|\eta(x)|$ im Intervall $[x_1 x_2]$ ein und setzen: $\varrho_\eta = m_\eta \delta_\eta$; dann folgt für das Inkrement $\Delta y = \bar{y}(x) - \mathring{y}(x)$:

$$|\Delta y| < \varrho_\eta \quad \text{in} \quad [x_1 x_2] \tag{2}$$

für alle Kurven der Schar (1), für welche $|\varepsilon| < \delta_\eta$, d. h. diese Kurven

[1]) Nach E. H. Moore, vgl z B Transactions of the American Mathematical Society, Bd. I (1900), p 500. Diese Bezeichnungsweise empfiehlt sich sehr bei allen schwierigeren Grenzbetrachtungen

liegen alle in der Nachbarschaft[1]) (ϱ_η) von $\mathfrak{C}_0$. Umgekehrt: Ziehen wir in der Nachbarschaft (ϱ_η) von $\mathfrak{C}_0$ irgend eine Kurve der Schar (1), so ist für dieselbe $\Delta J > 0$; denn aus der Annahme (2) folgt aus der Betrachtung des speziellen Wertes von x, welcher $|\eta(x)| = m_\eta$ liefert, daß $\varepsilon < \delta_\eta$.

Betrachten wir jetzt die Gesamtheit aller nicht identisch verschwindenden zulässigen Funktionen η, so besitzt die Menge der zugehörigen Werte ϱ_η nach § 2, a) eine untere Grenze ϱ_0, welche entweder positiv oder Null ist. Wenn nun $\varrho_0 > 0$, so kann man schließen, daß $\Delta J > 0$ für alle zulässigen Variationen $\bar{\mathfrak{C}}$, welche ganz in der Nachbarschaft (ϱ_0) von $\mathfrak{C}_0$ liegen, wie man sofort sieht, wenn man die gegebene Kurve $\bar{\mathfrak{C}}$ in der oben angegebenen Weise in eine Schar von der Form (1) einreiht. In diesem Fall tritt also tatsächlich ein Minimum ein. Die Untersuchungen des nächsten Paragraphen werden jedoch ergeben, daß es unmöglich ist, allgemein zu beweisen, daß $\varrho_0 > 0$. Wenn aber $\varrho_0 = 0$, so wird der ganze Schluß hinfällig.

Es zeigt sich also, daß der Fehlschluß in letzter Instanz auf der stillschweigenden Annahme, daß $\varrho_0 > 0$, oder was auf dasselbe hinausläuft, auf der Verwechslung von Minimum und unterer Grenze beruht, die an den meisten Fehlern und Ungenauigkeiten der älteren Infinitesimalrechnung Schuld trägt.

Es läßt sich aber auch a priori einsehen[2]), daß die Methode, welche unserer ganzen bisherigen Untersuchung zugrunde lag, überhaupt nie zu hinreichenden Bedingungen führen kann, so lange man der Funktion f ihre volle Allgemeinheit läßt.[3])

Denn wenn man die Taylor'sche Entwicklung (mit oder ohne Restglied) auf die Differenz

$$\Delta f = f(x, y + \Delta y, y' + \Delta y') - f(x, y, y')$$

anwendet und integriert, so kann man aus dem Vorzeichen der ersten Glieder nur dann auf das Zeichen von ΔJ schließen, *wenn nicht nur* $|\Delta y|$, *sondern auch* $|\Delta y'|$ *hinreichend klein bleibt*, oder, geometrisch gesprochen, wenn für entsprechende Punkte der Kurven $\mathfrak{C}_0$ und $\mathfrak{C}$

---

[1]) Vgl § 3, b)

[2]) Zuerst von Weierstrass betont.

[3]) Dagegen kann man für spezielle Funktionen f mittelst der Taylor'schen Formel hinreichende Bedingungen ableiten, z. B. wenn $f(x, y, y')$ die Ableitung y' überhaupt nicht enthält; vgl. auch p. 122, Fußnote [1]), sowie die *Übungsaufgaben* Nr 20, 21 am Ende von Kap III.

nicht nur der Abstand, sondern auch der Unterschied in der Richtung der Tangenten hinreichend klein ist.[1])

b) **Das schwache Extremum:**

Sehen wir jetzt zu, was aus den beiden Voraussetzungen (II') und (III') wirklich gefolgert werden darf. Wir können das Resultat am einfachsten formulieren, wenn wir den Begriff des „schwachen Extremums“ einführen[2]): Wenn es zwei positive Größen ϱ und ϱ' gibt, derart, daß $\Delta J \gtreqless 0$ für alle zulässigen Variationen, für welche gleichzeitig

$$|\Delta y| < \varrho \text{ und } |\Delta y'| < \varrho' \text{ für } x_1 \overline{\gtrless} x \overline{\gtrless} x_2, \tag{3}$$

so sagt man nach KNESER (*Lehrbuch*, § 17): die Kurve $\mathfrak{C}_0$ liefert ein *schwaches Minimum* für das Integral J, und unterscheidet davon das Minimum, wie wir es nach WEIERSTRASS definiert haben (§ 3, b)), und bei welchem die zulässigen Variationen nur durch die erste Ungleichung $|\Delta y| < \varrho$ eingeschränkt sind, als *starkes Minimum*. Aus der Definition folgt, daß, wenn eine Kurve ein starkes Extremum liefert, sie allemal auch a fortiori ein schwaches Extremum liefert, aber nicht umgekehrt.

---

[1]) Auf diesen Punkt hat zuerst TODHUNTER aufmerksam gemacht, siehe *Researches in the Calculus of Variations* (London and Cambridge, 1871), p. 269.

[2]) Man kann das schwache Extremum noch kürzer definieren, wenn man mit KNESER den Begriff der *„engeren Umgebung“* einer Kurve

$$\mathfrak{C}: \qquad y = y(x), \quad x_1 \overline{\gtrless} x \overline{\gtrless} x_2$$

von der Klasse C' einführt. Darunter versteht man irgend einen Bereich im Raum der Variabeln x, y, y', welcher die Kurve

$$\mathfrak{C}'. \qquad y = y(x), \quad y' = y'(x), \quad x_1 \overline{\gtrless} x \overline{\gtrless} x_2$$

ganz in seinem Innern enthält.

Weiter sagen wir, eine zweite Kurve

$$\overline{\mathfrak{C}}: \qquad y = \overline{y}(x), \quad \overline{x}_1 \overline{\gtrless} x \overline{\gtrless} \overline{x}_2$$

liege in einer gewissen engeren Umgebung $\mathfrak{A}'$ von $\mathfrak{C}$, wenn die Kurve

$$\overline{\mathfrak{C}}': \qquad y = \overline{y}(x), \quad y' = \overline{y}'(x), \quad \overline{x}_1 \overline{\gtrless} x \overline{\gtrless} \overline{x}_2$$

im Raum der Variabeln x, y, y' in $\mathfrak{A}'$ liegt.

Unter Benutzung dieser Terminologie konnen wir sagen: *Die Kurve $\mathfrak{C}_0$ liefert für das Integral J ein schwaches Minimum, wenn* $\Delta J \gtreqless 0$ *für alle zulässigen Variationen in einer gewissen engeren Umgebung von $\mathfrak{C}_0$*

ZERMELO hat diese Unterscheidungen noch weiter ausgebildet, indem er von einer Umgebung 0ter, 1ter, . . m^{ter} Ordnung spricht, vgl. *Dissertation*, p. 29

Mit Benutzung dieser Terminologie können wir dann den folgenden Satz[1]) aussprechen:

Wenn für die Extremale $\mathfrak{E}_0$ die Bedingungen

$$R(x) > 0, \text{ für } x_1 \gtreqqless x \gtreqqless x_2, \tag{II'}$$

$$\Delta(x, x_1) \neq \text{ für } x_1 < x \gtreqqless x_2, \tag{III'}$$

erfüllt sind, so liefert sie zum mindesten ein schwaches Minimum für das Integral J.

Der Satz ist zuerst von WEIERSTRASS[2]) in seinen Vorlesungen bewiesen worden; der erste publizierte Beweis stammt von SCHEEFFER[3]); der folgende Beweis rührt von KNESER[4]) her:

Wir variieren die Extremale $\mathfrak{E}_0$, indem wir sie durch eine beliebige[5]) zulässige Kurve

$$\overline{\mathfrak{C}}: \qquad y = \overline{y}(x), \qquad x_1 \gtreqqless x \gtreqqless x_2$$

ersetzen, und bezeichnen, wie schon früher, das Inkrement $\Delta y = \overline{y}(x) - \mathring{y}(x)$ mit ω Dann wenden wir, wie in § 4, auf das Inkrement Δf die Taylor'sche Formel mit Restglied an, brechen aber diesmal erst bei den Gliedern dritter Ordnung ab. Wir können dann schreiben

$$\Delta J = \tfrac{1}{2}\int_{x_1}^{x_2}(P\omega^2 + 2Q\omega\omega' + R\omega'^2)\,dx + \tfrac{1}{2}\int_{x_1}^{x_2}(L\omega^2 + N\omega'^2)\,dx,$$

wo L und N „gleichmäßig[6]) unendlich klein" sind im Intervall $[x_1 x_2]$, worunter wir folgendes verstehen: Zu jeder positiven Größe σ gibt es eine zweite positive, von x unabhängige Größe ϱ_σ, derart daß

$$|L| < \sigma, \qquad |N| < \sigma \qquad \text{in } [x_1 x_2]$$

vorausgesetzt, daß

$$|\omega| < \varrho_\sigma, \quad \text{und } |\omega'| < \varrho_\sigma \quad \text{in } [x_1 x_2].$$

---

[1]) Vgl. p 88, Fußnote [2])

[2]) Vgl HANCOCK, *Lectures* Nr. 137—139; der Weierstraß'sche Beweis beruht auf ähnlichen Prinzipien wie der von KNESER.

[3]) Mathematische Annalen, Bd XXVI (1886), p. 200.

[4]) Jahresbericht der deutschen Mathematiker-Vereinigung, Bd VI (1899), p 95. Wir gehen nicht auf die Einzelheiten des Beweises ein, da sich später ein einfacherer aus dem Weierstraß'schen Theorem (§ 19, c)) ergeben wird.

[5]) Jetzt, wo es sich um hinreichende Bedingungen handelt, dürfen wir uns nicht mehr auf spezielle Variationen der Form $\varepsilon\eta$ oder selbst $\omega(x, \varepsilon)$, beschränken.

[6]) Vgl. A II 6.

Mittelst der Legendre'schen Transformation (§ 9, b)) läßt sich das erste Integral auf die Form bringen

$$\frac{1}{2}\int_{x_1}^{x_2}\left[R\left(\omega' + \frac{Q+w}{R}\omega\right)^2 + \left(P + w' - \frac{(Q+w)^2}{R}\right)\omega^2\right]dx\,.$$

Da wir voraussetzen, daß die Bedingungen (II') und (III') erfüllt sind, so existieren[1]) Lösungen der Legendre'schen Differentialgleichung

$$P + \frac{dw}{dx} - \frac{(Q+w)^2}{R} = 0\,, \tag{4}$$

welche in $[x_1 x_2]$ von der Klasse C' sind. Daraus folgt nach allgemeinen Sätzen[2]) über Differentialgleichungen, welche einen konstanten Parameter enthalten, daß auch die Differentialgleichung

$$P + \frac{dw}{dx} - \frac{(Q+w)^2}{R} = c^2 \tag{5}$$

Integrale besitzt, welche in $[x_1 x_2]$ von der Klasse C' sind, vorausgesetzt, daß die Konstante c hinreichend klein genommen wird. Wählen wir für w ein solches Integral von (5) und schreiben zur Abkürzung:

$$\zeta = \omega' + \frac{Q+w}{R}\omega\,,$$

so nimmt der Ausdruck für ΔJ die folgende Form an:

$$\Delta J = \frac{1}{2}\int_{x_1}^{x_2}[(c^2+\lambda)\omega^2 + 2\mu\omega\zeta + (R+\nu)\zeta^2]dx\,,$$

wo λ, μ, ν in demselben Sinne wie L und N gleichmäßig unendlich klein sind in $[x_1 x_2]$. Statt dessen können wir aber schreiben

$$\Delta J = \frac{1}{2}\int_{x_1}^{x_2}\left[(R+\nu)\left(\zeta + \frac{\mu}{R+\nu}\omega\right)^2 + \left(c^2 + \lambda - \frac{\mu^2}{R+\nu}\right)\omega^2\right]dx\,,$$

und da λ, μ, ν in dem angegebenen Sinne unendlich klein sind, so können wir zwei positive Größen ϱ und ϱ' so wählen, daß $R + \nu > 0$

---

[1]) Dies folgt aus dem Zusammenhang zwischen der Legendre'schen und Jacobi'schen Differentialgleichung, vgl. § 10, a) und § 12, a).

[2]) Siehe die Zitate auf p 82, Fußnote [2]) und § 24, e).

und $c^2 + \lambda - \frac{\mu^2}{R+\nu} > 0$ in $[x_1 x_2]$ und daher $\Delta J > 0$, vorausgesetzt, daß $|\omega| < \varrho$ und $|\omega'| < \varrho'$, womit der Satz bewiesen ist.

c) **Schwache und starke Variationen:**

Die Ausdrücke „schwach" und „stark" werden bisweilen auch auf die Variationen übertragen [1]) Eine einen Parameter ε enthaltende Variation

$$\Delta y = \omega(x, \varepsilon)$$

heiße *schwach,* wenn nicht nur

$$\underset{\varepsilon=0}{L}\, \omega(x, \varepsilon) = 0, \text{ sondern auch } \underset{\varepsilon=0}{L}\, \omega'(x, \varepsilon) = 0,$$

und zwar gleichmäßig [2]) im Intervall $[x_1 x_2]$, dagegen *stark,* wenn zwar die erste aber nicht die zweite Bedingung erfüllt ist.

Sowohl die Variationen der Form

$$\Delta y = \varepsilon \eta$$

als auch die allgemeineren in § 8 betrachteten „Normalvariationen" sind schwache Variationen. [3])

Dagegen stellt die Funktion [4])

$$\Delta y = \varepsilon \sin\left(\frac{(x-x_1)(x-x_2)}{\varepsilon^n}\right),$$

wo n eine positive ganze Zahl ist, eine starke Variation dar; hier ist die Bedingung

$$\underset{\varepsilon=0}{L}\, \Delta y = 0$$

erfüllt, aber nicht die Bedingung

$$\underset{\varepsilon=0}{L}\, \Delta y' = 0.$$

Andere Beispiele von starken Variationen werden in § 15, d) vorkommen.

d) **Unzulänglichkeit der Bedingungen (I), (II'), (III'), für ein starkes Minimum:**

Wir kehren jetzt wieder zum starken Extremum zurück und beweisen, daß die drei Bedingungen (I), (II'), (III') für ein s t a r k e s

[1]) Vgl Osgood, loc. cit, p 106 Die Terminologie ist schwankend.

[2]) Vgl. A II 6.

[3]) Daraus folgt, daß die Bedingungen (I), (II), (III) nicht nur für ein starkes, sondern auch fur ein schwaches Minimum n o t w e n d i g sind.

[4]) Dies ist eine von Goursat herrührende Modifikation eines Beispiels von Weierstrass

Extremum *nicht hinreichend* sind. Dazu genügt es, ein einziges Beispiel beizubringen, in welchem die Bedingungen (I), (II'), (III') erfüllt sind, und in welchem trotzdem kein Minimum stattfindet Ein einfaches Beispiel[1]) dieser Art ist das folgende:

Beispiel IX: Das Integral

$$J = \int_{x_1}^{x_2} (y'^2 + y'^3)\, dx$$

zu einem Minimum zu machen unter der Annahme, daß die Koordinaten der Endpunkte sind: $(x_1, y_1) = (0, 0)$, $(x_2, y_2) = (1, 0)$.

Die Extremalen sind hier gerade Linien, und $\mathfrak{E}_0$ ist das Segment $[01]$ der x-Achse. Ferner ist

$$R = 2$$

$$\Delta(x, x_1) = (x - x_1);$$

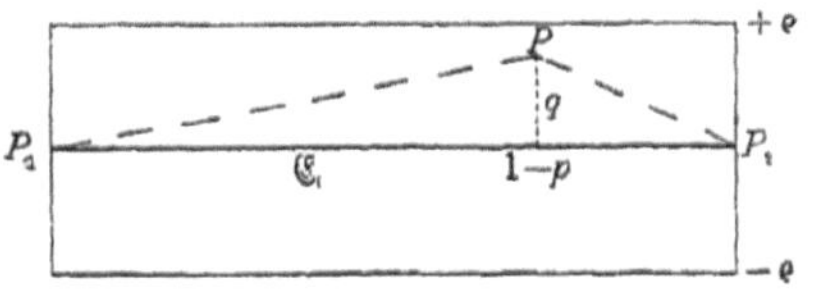

Fig. 16

somit sind die Bedingungen (I), (II'), (III') für ein Minimum erfüllt. Trotzdem kann ΔJ negativ gemacht werden. Denn wählen wir für $\overline{\mathfrak{C}}$ die gebrochene Linie P_1PP_2 und bezeichnen die Koordinaten von P mit $(1-p, q)$, wo $0 < p < 1$ und $q > 0$, so erhalten wir für ΔJ den Ausdruck

$$\Delta J = \frac{q^2}{p(1-p)}\left(1 + \frac{q}{1-p} - \frac{q}{p}\right).$$

Ist nun irgend eine Nachbarschaft (ϱ) von $\mathfrak{E}_0$ gegeben, so wähle man $q < \varrho$; dann kann man p stets so klein nehmen, daß $\Delta J < 0$.

Schließlich kann man nach dem Lemma über Abrundung der Ecken, § 14, c), die gebrochene Linie P_1PP_2 durch eine Kurve der Klasse C' ersetzen, welche ebenfalls $\Delta J < 0$ macht, womit unsere Behauptung bewiesen ist.

§ 16. **Konstruktion eines Feldes von Extremalen.**

Nachdem im vorigen Paragraphen gezeigt worden ist, daß die bisher als notwendig erkannten Bedingungen nicht hinreichend sind,

---

[1]) Das erste Beispiel dieser Art war das Problem des Rotationskörpers von geringstem Widerstand, mit dem wir uns später noch ausführlich beschäftigen werden (§ 49) Schon Legendre fand, daß der Widerstand durch eine passend gewählte Zickzacklinie beliebig klein gemacht werden kann; vgl. Legendre, loc. cit, p. 73 in Stäckel's Übersetzung, und Pascal, loc. cit, p. 113.

wäre es das natürlichste, zunächst nach weiteren notwendigen Bedingungen[1]) zu suchen. Wir werden jedoch, um Wiederholungen zu vermeiden, hier diesen Weg nicht einschlagen, sondern uns direkt zur Ableitung des Weierstraß'schen Fundamentalsatzes wenden, aus dem sich sowohl weitere notwendige als auch hinreichende Bedingungen ergeben werden. Dazu ist es vor allem nötig, den wichtigen Begriff eines „Feldes von Extremalen“ zu entwickeln

a) **Definition eines Feldes von Extremalen:**

Wir betrachten irgend[2]) eine Schar von Extremalenbogen

$$y = \varphi(x, a), \qquad \overset{1}{x}(a) \leqq x \leqq \overset{2}{x}(a), \tag{6}$$

und beschränken den Parameter a auf ein Intervall

$$a_1 \leqq a \leqq a_2 . \tag{6a}$$

Die Funktionen $\overset{1}{x}(a)$, $\overset{2}{x}(a)$ sollen im Intervall $[a_1 a_2]$ stetig sein und der Ungleichung: $\overset{1}{x}(a) < \overset{2}{x}(a)$ genügen; und die Funktionen φ und φ_x sollen von der Klasse C' sein in dem Bereich

$$a_1 \leqq a \leqq a_2, \qquad \overset{1}{x}(a) \leqq x \leqq \overset{2}{x}(a). \tag{7}$$

Wir sagen dann: *die Bogenschar* (6), (6a) *bildet ein „Feld*[3]) *von Extremalen“, wenn keine zwei Bogen der Schar einen Punkt gemeinsam haben.* Das läßt sich auch so ausdrücken: wenn die Gleichungen

$$x = x, \qquad y = \varphi(x, a),$$

als Transformation zwischen der x, a-Ebene und der x, y-Ebene aufgefaßt, eine ein-eindeutige Beziehung zwischen dem Bereich (7) der x, a-Ebene und dessen Bild in der x, y-Ebene, das wir mit $\mathcal{S}$ bezeichnen, definieren. Das Feld ist dann eben diese Punktmenge $\mathcal{S}$, d h. die Gesamtheit der Punkte sämtlicher Bogen der Schar (6), (6a), oder, wie wir auch sagen können, derjenige Teil der x, y-Ebene,

---

[1]) Eine vierte notwendige Bedingung wird sich später aus dem Weierstraß'schen Fundamentalsatz ergeben, § 18, a); eine direkte Ableitung derselben nach der Methode von WEIERSTRASS findet man bei BOLZA, *Lectures*, § 18, b); bei GOURSAT, *Cours d'Analyse*, Bd. II, p 607, und in Parameterdarstellung unten in § ~~31~~. 30

[2]) Die Bezeichnung $\varphi(x, a)$ ist also hier allgemeiner als in § 13, a).

[3]) Nach KNESER, *Lehrbuch*, § 14, der Begriff eines Feldes in einem engeren Sinn rührt von WEIERSTRASS her, im allgemeinsten Sinn von H A. SCHWARZ, *Werke*, Bd. I, p. 225. Vgl auch OSGOOD, loc. cit p. 112, und GOURSAT, loc. cit p. 611.

welcher von den Extremalenbogen (6) überstrichen wird, wenn der Parameter a von a_1 bis a_2 wächst.

Da die Begrenzung $\mathfrak{L}$ des Bereiches (7) eine stetige, geschlossene Kurve ohne mehrfache Punkte ist (eine sogenannte „Jordan'sche Kurve"), so ist auch das Bild $\mathfrak{L}'$ von $\mathfrak{L}$ eine solche Kurve; sie teilt daher nach A VI 2 die x, y-Ebene in ein Inneres und ein Äußeres. Nach einem allgemeinen Satz von SCHOENFLIES[1]) ist dann die Punktmenge $\mathcal{S}$ identisch mit dem Inneren der Kurve $\mathfrak{L}'$ zusammen mit der Begrenzung $\mathfrak{L}'$. Das Feld ist also stets *einfach zusammenhängend.*

Analytisch bedeutet die oben gegebene Definition eines Feldes, daß die Gleichung

$$y = \varphi(x, a)$$

für jeden Punkt (x, y) des Bereiches $\mathcal{S}$ eine und nur eine Wurzel a besitzt, welche der Ungleichung (6a) genügt; diese Wurzel ist also eine in $\mathcal{S}$ eindeutig definierte Funktion von x und y, die wir mit

$$a = \mathfrak{a}(x, y)$$

bezeichnen und *die inverse Funktion des Feldes* nennen, so daß also

$$y \equiv \varphi(x, \mathfrak{a}(x, y)), \qquad a_1 \leqq \mathfrak{a}(x, y) \leqq a_2 \tag{8}$$

für jeden Punkt (x, y) von $\mathcal{S}$ und

$$a \equiv \mathfrak{a}(x, \varphi(x, a)) \tag{8a}$$

für jeden Punkt (x, a) des Bereiches (7).

Es soll dann neben der angegebenen Haupteigenschaft des Feldes noch die weitere Bedingung in die Definition des Feldes aufgenommen werden, daß *die inverse Funktion* $\mathfrak{a}(x, y)$ *im Bereich* $\mathcal{S}$ *von der Klasse* C' sein soll.

Wir beschränken uns überdies ausschließlich auf Felder, welche ganz im Bereich $\mathfrak{R}$ liegen.

Die durch einen beliebigen Punkt (x, y) von $\mathcal{S}$ gehende Feldextremale hat in diesem Punkt ein ganz bestimmtes Gefälle, welches daher ebenfalls eine in $\mathcal{S}$ eindeutig definierte Funktion von x und y ist; wir bezeichnen dieselbe mit $p(x, y)$ und nennen sie die *Gefällfunktion des Feldes,* so daß also

---

[1]) Vgl. A VII 2; um den Satz von SCHOENFLIES anwenden zu können, transformiere man zunächst den Bereich (7) in ein Quadrat mittels der Transformation

$$\xi = \frac{x - \overset{1}{x}(a)}{\overset{2}{x}(a) - \overset{1}{x}(a)}, \qquad \eta = \frac{a - a_1}{a_2 - a_1}$$

$$p(x, y) = \varphi_x(x, \mathfrak{a}(x, y)). \tag{9}$$

Nach den über die Funktionen φ und $\mathfrak{a}$ gemachten Annahmen folgt nach A IV 9, daß $p(x, y)$ im Bereich $\mathcal{S}$ von der Klasse C' ist. Zugleich folgt aus (8a) und (9) die Identität

$$p(x, \varphi(x, a)) \equiv \varphi_x(x, a) \tag{9a}$$

für jedes (x, a) in (7).

Man kann die Definition des Feldes dahin verallgemeinern, daß man auch „offene“ und „unendliche“ Felder zuläßt, indem man gestattet, daß in den Ungleichungen (7) einige oder alle Gleichheitszeichen unterdrückt werden, und daß die Intervalle a_1, a_2 und $\overset{1}{x}(a)$, $\overset{2}{x}(a)$ sich nach einer oder nach beiden Seiten ins Unendliche erstrecken (vgl. die Beispiele unter b)).

Eine weitere Verallgemeinerung, von der wir jedoch keinen Gebrauch machen werden, erhält man, wenn man jeden Teilbereich eines Feldes selbst wieder ein Feld nennt.

b) **Beispiele von Feldern von Extremalen:**

Wir wollen diese Definitionen zunächst an einigen Beispielen erläutern.

Beispiel VI (Siehe p. 32): $f = G(y')$.

Hier waren die Extremalen die Geraden der Ebene Die Schar paralleler Geraden

$$y = mx + a,$$
$$-\infty < x < +\infty, \qquad -\infty < a < +\infty,$$

bildet ein Feld, das aus sämtlichen (im Endlichen gelegenen) Punkten der x, y-Ebene besteht. Hier ist

$$\mathfrak{a}(x, y) = y - mx, \qquad p(x, y) = m.$$

Ebenso liefert die Schar von Halbstrahlen durch einen festen Punkt P_0:

$$y = y_0 + a(x - x_0)$$
$$x_0 < x < +\infty, \qquad -\infty < a < +\infty$$

ein Feld, nämlich die durch die Ungleichung $x > x_0$ charakterisierte Hälfte der Ebene Man pflegt das auch so auszudrücken: Die Halbebene $x > x_0$ wird durch das obige Geradenbuschel „einfach und lückenlos“ ausgefüllt. Es ist hier

$$\mathfrak{a}(x, y) = \frac{y - y_0}{x - x_0}, \qquad p(x, y) = \frac{y - y_0}{x - x_0}.$$

Zuweilen ist es wünschenswert, den Punkt P_0 dem Feld zu adjungieren; wir nennen allgemein ein Feld, dem gewisse, ursprünglich nicht zu ihm gehörige Punkte seiner Begrenzung adjungiert worden sind, ein *„uneigentliches Feld“*.

Beispiel VII (Siehe p 33): $f = \frac{\sqrt{1+y'^2}}{y}$.

Die Extremalen waren die Halbkreise mit dem Mittelpunkt auf der x-Achse. Hier bilden z B die konzentrischen Halbkreise mit demselben Mittelpunkt $P_0(x_0, 0)$:

$$y = \sqrt{a^2 - (x - x_0)^2},$$

$$0 < a < \infty, \qquad x_0 - a < x < x_0 + a$$

ein Feld, nämlich die obere Halbebene. $y > 0$ Dabei ist

$$\mathfrak{a}(x, y) = \sqrt{(x - x_0)^2 + y^2}, \qquad p(x, y) = -\frac{x - x_0}{y}.$$

Beispiel VIII (Siehe p 33). $f = \sqrt{y}\sqrt{1 - y'^2}$.

Die Extremalen waren hier die Parabeln

$$y = \beta - \frac{(x - \alpha)^2}{4\beta}, \qquad \beta > 0.$$

Wir greifen aus dieser doppelt unendlichen Schar von Parabeln die einfach unendliche Schar durch den Koordinatenanfang heraus $\left(\alpha = \frac{a}{2}, \beta = \frac{a}{4}\right)$:

$$y = x - \frac{x^2}{a},$$

$$0 < a < \infty, \qquad 0 < x < +\infty$$

Dieselbe bildet ein Feld, bestehend aus dem Inneren des Winkelraums zwischen der positiven x-Achse und dem Halbstrahl von der Amplitude[1] $\frac{\pi}{4}$ vom Koordinatenanfangspunkt aus, inklusive der positiven x-Achse, jedoch mit Ausschluß des Punktes $(0, 0)$:

$$\mathcal{S}: \qquad x > y \gtreqless 0$$

Man findet

$$\mathfrak{a}(x, y) = \frac{x^2}{x - y}, \qquad p(x, y) = \frac{2y - x}{x}.$$

Beispiel I (Siehe pp. 1, 33, 79): $f = y\sqrt{1 + y'^2}$.

Wir betrachten die Schar von Kettenlinien mit der x-Achse als Direktrix, welche durch den Punkt P_1 gehen. Von jeder dieser Kettenlinien behalten wir den Bogen

$$x_1 < x < x_1'$$

bei, d h den Bogen vom Punkt P_1 bis zum konjugierten Punkt P_1' (mit Ausschluß der Endpunkte), also bis zum Berührungspunkt mit der Enveloppe $\mathfrak{F}$ (Siehe Fig. 12). Dabei ist x_1' durch $+\infty$ zu ersetzen, falls kein konju-

---

[1]) Unter der „*Amplitude*" eines Vektors verstehen wir, wie dies in der Funktionentheorie üblich ist, den Winkel, welchen derselbe mit der positiven x-Achse bildet, gerechnet im entgegengesetzten Sinn des Uhrzeigers.

gierter Punkt auf der betreffenden Kettenlinie existiert Diese Bogen erfüller einfach und lückenlos das Innere des Bereiches I der x, y-Ebene (siehe Fig 12) zwischen der Geraden $x = x_1$ und der Enveloppe $\mathfrak{F}$, da nach p 81 durch jeden Punkt dieses Bereiches ein und nur ein Bogen der Schar gezogen werden kann Da sich uberdies zeigen laßt[1], daß die inverse Funktion $\alpha(x, y)$ von der Klasse C' ist, so bildet unsere Bogenschar ein Feld von Extremalen

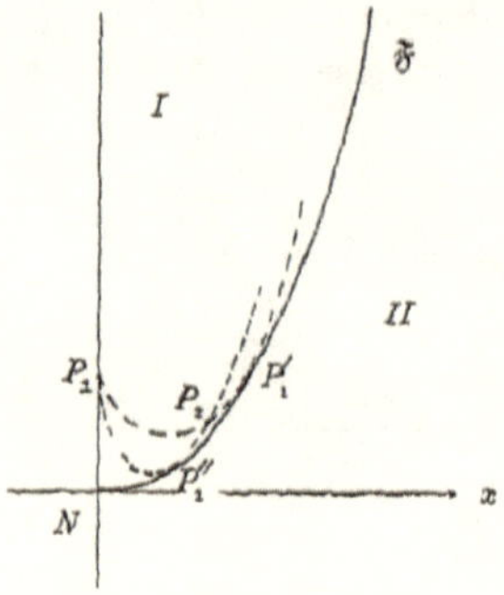

Fig 12

Adjungiert man dem Feld die Enveloppe $\mathfrak{F}$, so bleibt zwar für das so erhaltene uneigentliche Feld die Haupteigenschaft eines Feldes bestehen, aber die Funktion $\alpha(x, y)$ hort nach (15) und (15 a) auf, von der Klasse C' zu sein, da $\varphi_a(x, a) = 0$ entlang $\mathfrak{F}$[2])

c) Satz über die Existenz eines Feldes:

Wir werden sagen: *ein Feld $\mathcal{S}$ von Extremalen „umgibt" unseren Extremalenbogen $\mathfrak{E}_0$*, wenn erstens der Bogen $\mathfrak{E}_0$ einer der Extremalen des Feldes angehört, und wenn sich zweitens eine Nachbarschaft (ϱ) des Bogens $\mathfrak{E}_0$ angeben läßt, welche ganz in $\mathcal{S}$ enthalten ist.

Es sei jetzt irgend eine Extremalenschar

$$y = \varphi(x, a) \tag{10}$$

gegeben, welche den Bogen $\mathfrak{E}_0$ für $a = a_0$ enthält, und für welche die Funktionen φ und φ_x in dem Bereich

$$X_1 \leqq x \leqq X_2, \qquad |a - a_0| \leqq d_0 \tag{11}$$

von der Klasse C' sind, wobei $X_1 < x_1$, $x_2 < X_2$.

Alsdann gilt der folgende Satz:

Wenn

$$\varphi_a(x, a_0) \neq 0 \quad in \quad [x_1 x_2], \tag{12}$$

so kann man eine positive Größe k so klein wählen, daß die Bogenschar

$$y = \varphi(x, a), \tag{10}$$

$$x_1 \leqq x \leqq x_2, \qquad |a - a_0| \leqq k \tag{13}$$

ein den Bogen $\mathfrak{E}_0$ umgebendes Feld bildet.[3])

[1]) Vgl § 16, c)
[2]) Hierzu die *Übungsaufgaben* Nr 2—12, 35—40 am Ende von Kap III.
[3]) Der Bereich (7) ist also hier insbesondere ein Rechteck

Beweis: Aus (12) folgt, daß die Funktion $\varphi_a(x, a_0)$ in $[x_1 x_2]$ ihr Zeichen nicht wechseln kann, da sie stetig ist. Um die Ideen zu fixieren, wollen wir annehmen, es sei

$$\varphi_a(x, a_0) > 0 \quad \text{in} \quad [x_1 x_2]. \tag{12a}$$

Dann folgt nach § 21, b), daß $k \overline{\gtrless} d_0$ so klein genommen werden kann, daß

$$\varphi_a(x, a) > 0 \tag{14}$$

im ganzen Bereich (13).

Es bezeichne jetzt $\mathfrak{S}_k$ das Bild des Bereiches (13) der x, a-Ebene in der x, y-Ebene mittels der Transformation (10), und es sei $P_3(x_3, y_3)$ irgend ein Punkt von $\mathfrak{S}_k$, d. h. also irgend ein Punkt auf einem der Bogen der Schar (10), (13) Dann ist $x_1 \overline{\gtrless} x_3 \overline{\gtrless} x_2$ und es gibt mindestens einen Wert $a = a_3$ im Intervall $[a_0 - k, a_0 + k]$, so daß

$$y_3 = \varphi(x_3, a_3)$$

Wir haben zu zeigen, daß es außer dem Wert a_3 im Intervall $[a_0 - k, a_0 + k]$ keinen zweiten, von a_3 verschiedenen Wert a_3' geben kann, für welchen ebenfalls

$$y_3 = \varphi(x_3, a_3').$$

Wäre das der Fall, so wäre

$$\varphi(x_3, a_3) = \varphi(x_3, a_3')$$

Dies ist aber nicht möglich; denn[1]) wegen (14) wächst die Funktion $\varphi(x_3, a)$ beständig von dem Anfangswert $\varphi(x_3, a_0 - k)$ bis zu dem Endwert $\varphi(x_3, a_0 + k)$, während a von $a_0 - k$ bis $a_0 + k$ zunimmt; es ist also $\varphi(x_3, a_3') \gtrless \varphi(x_3, a_3)$, je nachdem $a_3' \gtrless a_3$

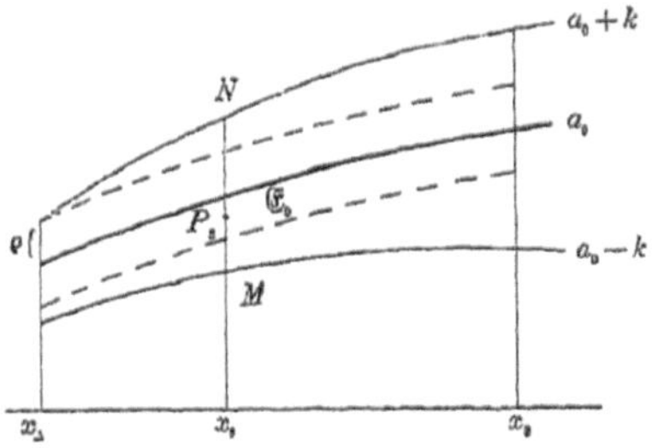

Fig 17

Somit ist der Bogen $a = a_3$ der einzige der Schar (10), welcher durch den Punkt (x_3, y_3) von $\mathfrak{S}_k$ hindurchgeht, und für welchen $|a - a_0| \overline{\gtrless} k$.

Zugleich folgt, daß das ganze Segment

$$\varphi(x_3, a_0 - k) \overline{\gtrless} y \overline{\gtrless} \varphi(x_3, a_0 + k)$$

der Geraden $x = x_3$ (in Fig. 17 mit MN bezeichnet) zu $\mathfrak{S}_k$ gehört. Die Punktmenge $\mathfrak{S}_k$ ist also identisch mit dem Flächenstück der

[1]) Statt der hier gewählten Begründung kann man auch den Rolle'schen Satz anwenden

x, y-Ebene, das von den beiden sich nicht schneidenden Kurven

$$y = \varphi(x, a_0 - k) \quad \text{und} \quad y = \varphi(x, a_0 + k)$$

einerseits, und den beiden Geraden $x = x_1$, $x = x_2$ andererseits begrenzt wird.

Nachdem hiermit die Existenz der eindeutigen Funktion $\mathfrak{a}(x, y)$ bewiesen ist, haben wir weiter zu zeigen, daß dieselbe von der Klasse C' ist.[1])

Es seien (x, y) und $(x + \Delta x, y + \Delta y)$ zwei benachbarte Punkte von $\mathcal{S}_k$ und a, resp. $a + \Delta a$, die zugehörigen Werte von $\mathfrak{a}(x, y)$, so daß also

$$y = \varphi(x, a), \qquad y + \Delta y = \varphi(x + \Delta x, a + \Delta a)$$

Dann ist

$$\Delta y = \varphi(x + \Delta x, a + \Delta a) - \varphi(x, a)$$

oder nach der Taylor'schen Formel

$$\Delta y = \varphi_x(\tilde{x}, \tilde{a})\,\Delta x + \varphi_a(\tilde{x}, \tilde{a})\,\Delta a,$$

wo $\tilde{x} = x + \theta\Delta x, \qquad \tilde{a} = a + \theta\Delta a \quad \text{und} \quad 0 < \theta < 1.$

Wir erhalten also

$$\Delta a = \frac{\Delta y - \varphi_x(\tilde{x}, \tilde{a})\,\Delta x}{\varphi_a(\tilde{x}, \tilde{a})}.$$

Nun besitzt die stetige Funktion $\varphi_a(x, a)$ in dem abgeschlossenen Bereich (13) ein positives Minimum m, und ebenso die Funktion $|\varphi_x(x, a)|$ ein endliches Maximum G. Da $(\tilde{x}, \tilde{a})$ dem Bereich (13) angehört, so ist daher

$$|\Delta a| \lesseqgtr \frac{|\Delta y| + G\,|\Delta a|}{m},$$

woraus folgt, daß die Funktion $\mathfrak{a}(x, y)$ im Punkt x, y **stetig** ist.

Wählen wir ferner $\Delta y = 0$ und lassen Δx gegen 0 konvergieren, so konvergiert nach dem eben Bewiesenen Δa gegen 0, also konvergieren $\varphi_x(\tilde{x}, \tilde{a})$ und $\varphi_a(\tilde{x}, \tilde{a})$ gegen $\varphi_x(x, a)$ und $\varphi_a(x, a)$

Daher existiert die partielle Ableitung $\mathfrak{a}_x$ und es ist

$$\mathfrak{a}_x = -\frac{(\varphi_x)}{(\varphi_a)}, \tag{15}$$

---

[1]) Für den folgenden Beweis vgl Genocchi-Peano, *Differentialrechnung und Grundzuge der Integralrechnung* (Leipzig 1899), Nr 111; Jordan, *Cours d'Analyse*, I, Nr 91. Daß $\mathfrak{a}(x, y)$ von der Klasse C' ist, kann man auch direkt aus dem Satz uber implizite Funktionen entnehmen; siehe § 22, e)

wobei die Klammer ( ) andeuten soll, daß das Argument a durch $\mathfrak{a}(x, y)$ zu ersetzen ist.

Ganz ebenso folgt, daß auch $\mathfrak{a}_y$ existiert und daß

$$\mathfrak{a}_y = \frac{1}{(\varphi_a)}. \tag{15a}$$

Aus diesen Ausdrücken für $\mathfrak{a}_x$ und $\mathfrak{a}_y$ folgt dann wegen (14) schließlich noch, daß die Funktion $\mathfrak{a}(x, y)$ von der Klasse C' ist in $\mathcal{S}_k$.

Endlich läßt sich eine Nachbarschaft (ρ) von $\mathfrak{E}_0$ angeben, welche ganz in $\mathcal{S}_k$ enthalten ist. Denn jede der beiden stetigen Funktionen

$$\varphi(x, a_0 + k) - \varphi(x, a_0),$$

und

$$\varphi(x, a_0) - \varphi(x, a_0 - k)$$

hat ein positives Minimum in $[x_1 x_2]$; ist daher ρ der kleinere dieser beiden Minimalwerte, so ist die Nachbarschaft (ρ) von $\mathfrak{E}_0$ ganz in $\mathcal{S}_k$ enthalten.

Der Bereich $\mathcal{S}_k$ besitzt also die drei charakteristischen Eigenschaften eines den Bogen $\mathfrak{E}_0$ umgebenden Feldes, was zu beweisen war.

Da wir voraussetzen, daß der Bogen $\mathfrak{E}_0$ ganz im Innern des Bereiches $\mathfrak{R}$ liegt, so können wir nach dem Satz über gleichmäßige Stetigkeit k stets so klein annehmen, daß das Feld $\mathcal{S}_k$ ebenfalls ganz im Innern von $\mathfrak{R}$ liegt. Das soll in der Folge, wenn von einem den Bogen $\mathfrak{E}_0$ umgebenden Feld die Rede ist, stets vorausgesetzt werden.[1])

d) **Zusammenhang mit der Jacobi'schen Bedingung**:

Wir können jetzt den folgenden Satz beweisen:

Sind für den Extremalenbogen[2]) $\mathfrak{E}_0$ *die Bedingungen*

$$R(x) \neq 0 \quad \textit{für} \quad x_1 \gtreqless x \gtreqless x_2,$$

und

$$\Delta(x, x_1) \neq 0 \quad \textit{für} \quad x_1 < x \gtreqless x_2 \tag{III'}$$

erfüllt, so läßt sich der Bogen $\mathfrak{E}_0$ *stets mit einem Feld von Extremalen umgeben.*

Zum Beispiel liefert die Extremalenschar durch einen auf der Fortsetzung von $\mathfrak{E}_0$ über den Punkt P_1 hinaus hinreichend nahe bei P_1 angenommenen Punkt P_0 ein solches Feld.

Zum Beweis ist es nur nötig, die Abszisse x_0 des Punktes P_0 so zu wählen wie in § 12, a). Dann ist in der dortigen Bezeichnung

$$\Delta(x, x_0) \neq 0 \quad \text{in} \quad [x_1 x_2].$$

---

[1]) Der Leser möge von hier direkt zu § 17 übergehen.

[2]) Vgl. p. 88, Fußnote [2]).

Stellt dann die Gleichung

$$y = \varphi(x, a)$$

die Schar der Extremalen durch den Punkt P_0 dar, wobei der Wert $a = a_0$ wieder der Extremale $\mathfrak{E}_0$ entsprechen soll, so besitzt nach § 13, a) die Funktion φ die in § 16, c) vorausgesetzten Stetigkeitseigenschaften, und überdies ist

$$\varphi_a(x, a_0) \neq 0 \quad \text{in} \quad [x_1 x_2],$$

weil nach § 13, Gleichung (34)

$$\varphi_a(x, a_0) \equiv C\Delta(x, x_0),$$

wo C eine von Null verschiedene Konstante bedeutet. Somit erfüllt die Extremalenschar durch den Punkt P_0 alle Bedingungen des unter c) bewiesenen Satzes und bildet daher in der Tat ein den Bogen $\mathfrak{E}_0$ umgebendes Feld.[1])

---

[1]) *Die Extremalenschar durch den Punkt* P_1 *selbst bildet nur ein uneigent-*
…liches ***Feld*** um den Bogen $\mathfrak{E}_0$, weil hier $\varphi_a(x_1, a_0) = 0$. Trotzdem laßt sich zeigen, daß (bei hinreichend kleinem k) durch jeden Punkt des Bereiches $\mathcal{S}_k$ mit Ausnahme des Punktes P_1 selbst, eine und nur eine Extremale der Schar gezogen werden kann, für welche $|a - a_0| \leqq k$. Denn im gegenwärtigen Fall ist: $\varphi(x_1, a) \equiv y_1$ für jedes a und daher $\varphi_a(x_1, a) \equiv 0$. Daraus folgt, daß, wenn wir definieren

$$\chi(x, a) = \begin{cases} \varphi_a(x, a)/(x - x_1), & \text{wenn} \quad x \neq x_1 \\ \varphi_{ax}(x_1, a), & \text{wenn} \quad x = x_1, \end{cases}$$

die Funktion $\chi(x, a)$ stetig ist im Bereich: $X_1 \leqq x \leqq X_2$, $|a - a_0| \leqq d_0$ und $\chi(x, a_0) \neq 0$ in $[x_1 x_2]$ auch für $x = x_1$, da nach § 13, Gleichung (36), $\varphi_{ax}(x_1, a_0) \neq 0$. Wir konnen daher k so klein wählen, daß $\chi(x, a) \neq 0$ im Bereich: $x_1 \leqq x \leqq x_2$, $|a - a_0| \leqq k$. Daraus folgt aber, daß $\varphi_a(x, a) \neq 0$ und daher ein konstantes Vorzeichen besitzt im Bereich: $x_1 < x \leqq x_2$, $|a - a_0| \leqq k$. Und nunmehr kann man weiterschließen wie unter c). Es ist auch zu beachten, daß es im vorliegenden Fall nicht möglich ist, eine Nachbarschaft (ϱ) von $\mathfrak{E}_0$ in $\mathcal{S}_k$ einzuschreiben, da die Breite des Streifens $\mathcal{S}_k$ gegen Null konvergiert, wenn x sich dem Wert x_1 nahert. Ferner sind die inverse Funktion $\mathfrak{a}(x, y)$ und das Gefälle $p(x, y)$ von der Klasse C' in $\mathcal{S}_k$ außer im Punkt (x_1, y_1), wo sie unbestimmt sind. Wenn sich jedoch der Punkt (x, y) dem Punkt (x_1, y_1) langs einer ganz in $\mathcal{S}_k$ gelegenen Kurve $\mathfrak{C}$ von der Klasse C' nahert, so nahern sich beide Funktionen bestimmten endlichen Grenzen; die Grenze von $\mathfrak{a}(x, y)$ ist der Parameter a derjenigen Extremale der Schar, welche die Kurve $\mathfrak{C}$ in (x_1, y_1) berührt; die Grenze von $p(x, y)$ ist das Gefälle der Kurve $\mathfrak{C}$ im Punkt (x_1, y_1). Überdies besitzen die absoluten Betrage beider Funktionen endliche obere Grenzen im Bereich $\mathcal{S}_k$ mit Ausschluß des Punktes P_1. Diejenige von $|\mathfrak{a}(x, y)|$ ist k, diejenige von $|p(x, y)|$ ist der Maximalwert von $|\varphi_x(x, a)|$ im Bereich (13).

Umgekehrt: *Wenn für den Extremalenbogen* $\mathfrak{E}_0$ *die Bedingung*

$$R(x) \neq 0 \quad \textit{für} \quad x_1 \overline{\gtrless} x \overline{\gtrless} x_2$$

erfüllt ist, und $\mathfrak{E}_0$ *läßt sich mit einem Feld* $\mathcal{S}$ *von Extremalen umgeben, so ist*

$$\Delta(x, x_1) \neq 0 \quad \textit{für} \quad x_1 < x \overline{\gtrless} x_2. \tag{III'}$$

Beweis: Es sei[1])

$$y = \varphi(x, a)$$

die Extremalenschar, welche das Feld $\mathcal{S}$ liefert, wobei

$$y = \varphi(x, a_0)$$

wieder die Extremale $\mathfrak{E}_0$ darstellt. Da in unserer Definition des Feldes inbegriffen war, daß die inverse Funktion $\mathfrak{a}(x, y)$ von der Klasse C' sein sollte, so folgt durch Differentiation der Identität (8) nach y, daß

$$\varphi_a(x, \mathfrak{a})\mathfrak{a}_y = 1, \quad \text{also} \quad \varphi_a(x, \mathfrak{a}) \neq 0 \text{ in } \mathcal{S};$$

also insbesondere, da $\mathfrak{E}_0$ in $\mathcal{S}$ liegt,

$$\varphi_a(x, a_0) \neq 0 \quad \text{in} \quad [x_1 x_2].$$

Nun folgt aber ganz wie in § 12, b), daß die Funktion $\varphi_a(x, a_0)$ der Jacobi'schen Differentialgleichung genügt; wegen der Voraussetzung $R(x) \neq 0$ in $[x_1 x_2]$ sind die allgemeinen Sätze von § 11, insbesondere der Sturm'sche Satz, auf das Intervall $[x_1 x_2]$ anwendbar. Wäre nun $x_1' \overline{\gtrless} x_2$, so würde durch Anwendung des Sturm'schen Satzes auf die beiden linear unabhängigen Integrale $\varphi_a(x, a_0)$ und $\Delta(x, x_1)$ folgen, daß $\varphi_a(x, a_0)$ zwischen x_1 und x_2 verschwinden müßte, was einen Widerspruch involviert. Es folgt also in der Tat

$$\Delta(x, x_1) \neq 0 \quad \text{für} \quad x_1 < x \overline{\gtrless} x_2.$$

§ 17. Der Weierstraß'sche Fundamentalsatz.

Nachdem im vorigen Paragraphen der Begriff eines Feldes von Extremalen entwickelt worden ist, können wir nunmehr zum Beweise des Weierstraß'schen Fundamentalsatzes übergehen, welcher die Grundlage der modernen Variationsrechnung bildet, und der von Weierstrass im Jahre 1879 entdeckt worden ist. Zum Beweis werden wir uns

---

[1]) Hier hat $\varphi(x, a)$ wieder eine allgemeinere Bedeutung als in dem unmittelbar vorangehenden Beweis.

der eleganten, von HILBERT[1]) herrührenden Methode bedienen, welche unmittelbar an die Entwicklungen des vorigen Paragraphen anknüpft.

a) Die partielle Differentialgleichung für die Gefällfunktion.

Wir kehren jetzt zu den Voraussetzungen und Bezeichnungen von § 16, a) zurück und beweisen zunächst, daß die Gefällfunktion $p(x, y)$ des Feldes $\mathcal{S}$ einer partiellen Differentialgleichung erster Ordnung genügt. Aus der Definitionsgleichung (9) und den Formeln (15) und (15a) erhält man für die partiellen Ableitungen der Funktion $p(x, y)$;

$$\begin{aligned} p_x &= (\varphi_{xx}) + (\varphi_{xa})\,\mathfrak{a}_x = (\varphi_{xx}) - \frac{(\varphi_{xa})(\varphi_x)}{(\varphi_a)} \\ p_y &= \qquad\qquad (\varphi_{xa})\,\mathfrak{a}_y = \qquad\quad \frac{(\varphi_{xa})}{(\varphi_a)}, \end{aligned} \tag{16}$$

wobei die Klammer wieder andeuten soll, daß in den Ableitungen von φ das Argument a durch die Funktion $\mathfrak{a}(x, y)$ zu ersetzen ist.

Aus (16) und (9) folgt

$$p_x + p p_y = (\varphi_{xx}). \tag{17}$$

Nun genügt aber die Funktion $\varphi(x, a)$ als Funktion von x für jedes a der Euler'schen Differentialgleichung; also ist

$$\varphi_{xx} f_{y'y'} + \varphi_x f_{y'y} + f_{y'x} - f_y = 0, \tag{18}$$

wobei die Argumente der Ableitungen von f sind: $x, \varphi(x, a), \varphi_x(x, a)$. Ersetzt man in dieser in x und a identischen Gleichung a durch $\mathfrak{a}(x, y)$ und macht Gebrauch von (8), (9) und (17), so erhält man den Satz, daß das Gefälle $p(x, y)$ der folgenden *partiellen Differentialgleichung erster Ordnung* genügt:

$$\left(\frac{\partial p}{\partial x} + p\frac{\partial p}{\partial y}\right)[f_{y'y'}] + p[f_{y'y}] + [f_{y'x}] - [f_y] = 0, \tag{19}$$

wobei die Klammer [ ] bedeutet, daß in den eingeklammerten Funktionen von x, y, y' das Argument y' durch $p(x, y)$ zu ersetzen ist.

Umgekehrt: Kennt man irgend eine Funktion $p(x, y)$, welche in einem gewissen Bereich der x, y-Ebene eindeutig definiert und von

---

[1]) Vgl Göttinger Nachrichten, 1900, p 253—297 und Archiv der Mathematik und Physik (3), Bd. I (1901), p 231; vgl. ferner OSGOOD's Darstellung loc cit., p 121; HEDRICK, Bulletin of the American Mathematical Society (2), Bd. IX (1902), p. 11 und GOURSAT, loc. cit, Bd II (1905), p 617. WEIERSTRASS' ursprunglichen Beweis werden wir bei Behandlung des Problems in Parameterdarstellung geben (§ 33); für das x-Problem findet man denselben bei OSGOOD, loc. cit, p. 115 und BOLZA, *Lectures*, § 20.

der Klasse C' ist und der partiellen Differentialgleichung (19) genügt, so gibt es stets eine Extremalenschar, für welche diese Funktion $p(x, y)$ die Gefällfunktion ist, nämlich die durch das allgemeine Integral der Differentialgleichung

$$\frac{dy}{dx} = p(x, y) \tag{20}$$

dargestellte Schar.

Bezeichnet nämlich

$$y = \varphi(x, a)$$

das allgemeine Integral der Differentialgleichung (20), so ist

$$\varphi_x = p(x, \varphi), \tag{20a}$$

also

$$\varphi_{xx} = p_x(x, \varphi) + p_y(x, \varphi)\varphi_x. \tag{20b}$$

Ersetzt man nun in der partiellen Differentialgleichung (19), welche eine Identität in x, y darstellt, y durch $\varphi(x, a)$, so geht dieselbe unter Benutzung von (20a) und (20b) rückwärts in die Differentialgleichung (18) über, welche zeigt, daß die Schar: $y = \varphi(x, a)$ eine Extremalenschar ist.

Beschränkt man jetzt x und a auf einen hinreichend kleinen Bereich, so wird diese Schar ein Feld bilden, und die Gleichung (20) sagt aus, daß die Funktion $p(x, y)$ die Gefällfunktion für dieses Feld ist.

b) **Der Unabhängigkeitssatz:**

Ordnet man die Glieder der Differentialgleichung (19) folgendermaßen an

$$[f_{y'x}] + [f_{y'y'}]p_x = [f_y] - ([f_{y'y}] + [f_{y'y'}]p_y)p,$$

so sieht man, daß man dieselbe auch schreiben kann

$$\frac{\partial}{\partial x}[f_{y'}] = \frac{\partial}{\partial y}[f - y'f_{y'}]. \tag{19a}$$

Dieser wichtige Satz ist schon 1868 von Beltrami[1]) entdeckt worden; er scheint jedoch von seiten der Variationsrechnung gänzlich unbeachtet[2]) geblieben zu sein und ist erst dreißig Jahre später von Hilbert[3]) wieder entdeckt und in seiner grundlegenden Bedeutung erkannt worden.

---

[1]) Beltrami, *Sulla teoria delle linee geodetiche*, Rend del R Istituto Lombardo (2), Bd. I (1868), p 708 und *Opere*, Bd. I, p. 366.

[2]) Ich selbst bin durch Herrn Kneser auf die Beltrami'sche Arbeit aufmerksam gemacht worden

[3]) Vgl. p. 106, Fußnote [1])

Die Gleichung (19a) ist nichts anderes als die bekannte Integrabilitätsbedingung für den Differentialausdruck

$$[f - y' f_{y'}] dx + [f_{y'}] dy .$$

Bilden wir daher jetzt mit HILBERT[1]) das Integral

$$J^*_{\mathfrak{C}} = \int_{\mathfrak{C}} \{ f(x, y, p(x, y)) + (y' - p(x, y)) f_{y'}(x, y, p(x, y)) \} dx, \qquad (21)$$

entlang irgend einer ganz im Felde $\mathcal{S}$ verlaufenden Kurve $\mathfrak{C}$ von der Klasse C', von einem Punkt P_0 nach einem Punkt P, so ist der Wert dieses Integrals *unabhängig*[2]) *vom Integrationsweg* $\mathfrak{C}$ *und nur von der Lage der beiden Endpunkte* P_0, P *abhängig, wenn unter* $p(x, y)$ *die Gefällfunktion des Feldes verstanden wird.*

Wir werden das Integral $J^*_{\mathfrak{C}}$ das „*Hilbert'sche invariante Integral*", den Satz selbst den „*Beltrami-Hilbert'schen Unabhängigkeitssatz*" nennen.

Das Integral $J^*_{\mathfrak{C}}$ ist selbst ein Integral von der beim einfachsten Variationsproblem betrachteten Art. Die Funktion unter dem Integralzeichen ist aber von der ganz speziellen Form

$$M(x, y) + y' N(x, y),$$

und daher ist das Hilbert'sche Integral ein *gewöhnliches Linienintegral*[3]) und läßt sich schreiben

$$J^*_{\mathfrak{C}} = \int_{\mathfrak{C}} (f(x, y, p) - p f_{y'}(x, y, p)) dx + f_{y'}(x, y, p) dy . \qquad (21a)$$

Es hat daher, durch (21a) definiert, nicht nur für die bisher betrachteten, in der Form: $y = y(x)$ darstellbaren Kurven eine Bedeutung, sondern allgemeiner für Kurven in Parameterdarstellung von der in § 25, a) als „gewöhnliche Kurven" definierten Klasse. Zugleich

---

[1]) HILBERT (loc cit) geht den umgekehrten Weg Er setzt das Integral $J^*_{\mathfrak{C}}$ mit einer unbestimmten Funktion $p(x, y)$ an und fragt dann: Wie muß man die Funktion $p(x, y)$ wählen, damit der Wert des Integrals $J^*_{\mathfrak{C}}$ vom Integrationsweg $\mathfrak{C}$ unabhängig wird? Er erhält dann rückwarts die Differentialgleichungen (20) und (19)

[2]) Vgl § 6, b). Die Bedingungen für die Anwendbarkeit des Satzes sind erfullt, denn da das Feld $\mathcal{S}$ ganz im Bereich $\mathfrak{R}$ liegt, so sind die Funktionen $[f - y' f_{y'}]$ und $[f_{y'}]$ in $\mathcal{S}$ nicht nur eindeutig definiert, sondern auch von der Klasse C', und überdies ist der Bereich $\mathcal{S}$ einfach zusammenhängend

[3]) Vgl. z B PICARD, *Traité*, Bd I, Kap III; BURKHARDT, *Einfuhrung in die Theorie der analytischen Funktionen* (Leipzig, 1903), p 91.

folgt nach bekannten Sätzen über Linienintegrale, daß das Integral J^* bei Umkehrung des positiven Sinnes der Integrationsrichtung einfach sein Zeichen wechselt.

Im Gegensatz zu dem „Hilbert'schen Integral" werden wir nach ZERMELO und HAHN[1]) unser Integral: $J = \int\limits_{\mathfrak{C}} f(x, y, y')\,dx$ das *„Grundintegral"* nennen, wo es wünschenswert ist, den Gegensatz beider hervorzuheben.

Zusatz: Das Hilbert'sche invariante Integral J^*, genommen zwischen zwei Punkten P_0, P derselben Feldextremale $\mathfrak{E}$, ist gleich dem Grundintegral J, genommen von P_0 nach P entlang eben dieser Extremale $\mathfrak{E}$, vorausgesetzt, daß $x_0 < x$.

Denn wählen wir bei der Berechnung von J^* die Extremale $\mathfrak{E}$ als Integrationsweg, so ist nach (9a) entlang $\mathfrak{E}$

$$y' = p(x, y);$$

also fällt in dem Integranden von J^* das zweite Glied fort, und es kommt

$$J^*(P_0 P) = J_{\mathfrak{E}}(P_0 P), \tag{22}$$

wobei der Integrationsweg für das Integral J^* eine ganz beliebige, die beiden Punkte P_0, P verbindende Kurve der Klasse C' ist, welche ganz im Felde $\mathcal{S}$ liegt.[2])

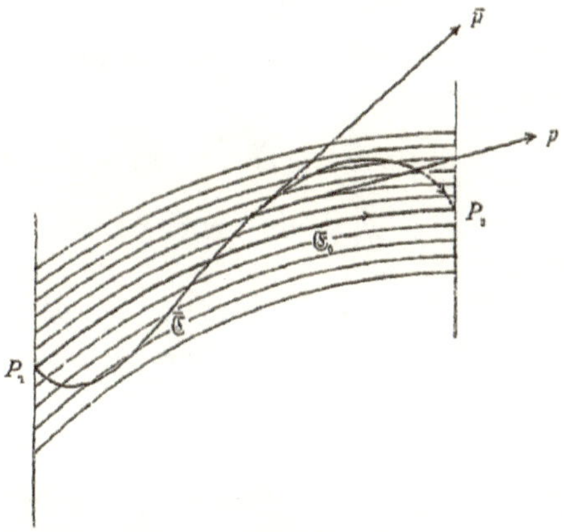

Fig 18

c) **Ausdruck der totalen Variation ΔJ mittels der $\mathcal{E}$-Funktion:**

Aus dem Unabhängigkeitssatz läßt sich nun nach HILBERT der Weierstraß'sche Satz folgendermaßen ableiten:

Es sei

$$\overline{\mathfrak{C}}: \quad y = \bar{y}(x), \quad x_1 \gtreqless x \gtreqless x_2$$

irgend eine ganz im Feld $\mathcal{S}$ gelegene Kurve der Klasse C', welche die beiden Punkte P_1 und P_2 verbindet. Da die beiden Punkte P_1

[1]) *Encyclopädie*, II A, p 628.

[2]) Hier läßt sich unmittelbar § 20 anschließen.

und P_2 auf derselben Feldextremale liegen, nämlich auf der Extremale $\mathfrak{E}_0$, so können wir den Zusatz zum Unabhängigkeitssatz anwenden, wonach

$$J^*_{\overline{\mathfrak{E}}} = J_{\mathfrak{E}_0}. \tag{23}$$

Daher können wir die totale Variation

$$\Delta J = J_{\overline{\mathfrak{E}}} - J_{\mathfrak{E}_0}$$

auch schreiben

$$\Delta J = J_{\overline{\mathfrak{E}}} - J^*_{\overline{\mathfrak{E}}}.$$

Nun ist aber

$$J_{\overline{\mathfrak{E}}} = \int_{x_1}^{x_2} f(x, \bar{y}, \bar{y}')\,dx,$$

$$J^*_{\overline{\mathfrak{E}}} = \int_{x_1}^{x_2} \{f(x, \bar{y}, p) + (\bar{y}' - p) f_{y'}(x, \bar{y}, p)\}\,dx,$$

wobei $p(x, \bar{y}) = p$ gesetzt ist.

Somit erhalten wir

$$\Delta J = \int_{x_1}^{x_2} \{f(x, \bar{y}, \bar{y}') - f(x, \bar{y}, p) - (\bar{y}' - p) f_{y'}(x, \bar{y}, p)\}\,dx.$$

Führen wir jetzt die *Weierstraß'sche* $\mathcal{E}$*-Funktion*[1]) ein mittels der Definition

$$\mathcal{E}(x, y; p, \tilde{p}) = f(x, y, \tilde{p}) - f(x, y, p) - (\tilde{p} - p) f_{y'}(x, y, p), \tag{24}$$

wobei $x, y, p, \tilde{p}$ als unabhängige Variable zu betrachten sind, so erhalten wir den

Fundamentalsatz[2]): *Wenn der Extremalenbogen*[3]) $\mathfrak{E}_0$ *mit einem Feld umgeben werden kann, so läßt sich die totale Variation*

$$\Delta J = J_{\overline{\mathfrak{E}}} - J_{\mathfrak{E}_0}$$

für jede zulässige Kurve $\overline{\mathfrak{E}}$, *welche ganz im Feld liegt, mittels der Weierstraß'schen Formel*

---

[1]) Vgl Zermelo, *Dissertation*, p. 66.

[2]) Von Weierstrass selbst für das spezielle („uneigentliche") Feld von Extremalen durch den Punkt P_1 und für den Fall der Parameterdarstellung gegeben (1879), vgl. § 38. Die Ausdehnung auf ein beliebiges Feld scheint zuerst von H. A Schwarz in Vorlesungen gegeben worden zu sein.

[3]) Vgl. p 88, Fußnote [2]).

$$\Delta J = \int_{x_1}^{x_2} \mathcal{E}(x, \bar{y};\, p,\, \bar{p})\, dx \tag{25}$$

ausdrücken; dabei ist $(x, \bar{y})$ *ein Punkt von* $\bar{\mathfrak{C}}$, $\bar{p}$ *das Gefälle von* $\bar{\mathfrak{C}}$ *im Punkt* $(x, \bar{y})$ *und* $p = p(x, \bar{y})$ *das Gefälle der durch den Punkt* $(x, \bar{y})$ *gehenden Extremale des Feldes im Punkt* $(x, \bar{y})$.

Der Weierstraß'sche Satz behält seine Gültigkeit auch noch für das „uneigentliche" Feld $\mathcal{S}_k$ von Extremalen durch den Punkt P_1[1]) (obgleich alsdann die Funktion $p(x, y)$ im Punkt P_1 unbestimmt wird), sowie für Kurven $\mathfrak{C}$ der Klasse[2]) D'.

§ 18. Ableitung weiterer notwendiger Bedingungen aus dem Weierstraß'schen Satz.

Wir benutzen den Weierstraß'schen Satz zunächst zur Ableitung weiterer notwendiger Bedingungen.

---

[1]) Denn schreibt man das Hilbert'sche Integral

$$J^*_{\mathfrak{C}} = \int_{\mathfrak{C}} M dx + N dy\,,$$

so haben nach p. 104, Fußnote [1]), Ende, die Funktionen $|M|$ und $|N|$ in $\mathcal{S}_k$ endliche obere Grenzen G und H. Führt man daher den Bogen als unabhängige Variable ein und bezeichnet mit l die Länge des Bogens $\mathfrak{C}$, so folgt hieraus, zunächst für eine Kurve $\mathfrak{C}$, welche nicht vom Punkte P_1 ausgeht:

$$|\, J^*_{\mathfrak{C}} \,| \overline{\gtrless} (G + H)\, l\,. \tag{26}$$

Hieraus folgt nach den üblichen Festsetzungen über uneigentliche bestimmte Integrale, daß das Integral $J^*_{\mathfrak{C}}$ auch noch für solche Kurven $\mathfrak{C}$ einen bestimmten endlichen Wert behält, welche vom Punkt P_1 ausgehen, und daß auch für solche Kurven die Ungleichung (26) bestehen bleibt. Wir ziehen jetzt vom Punkt P_1 nach irgend einem Punkt P von $\mathcal{S}_k$ zwei Kurven $\mathfrak{C}$, $\mathfrak{C}'$ der Klasse C' Um zu zeigen, daß $J^*_{\mathfrak{C}'} = J^*_{\mathfrak{C}}$, ziehen wir eine Gerade: $x = x_1 + \varepsilon$, wo ε eine kleine positive Größe ist; ihre Schnittpunkte mit $\mathfrak{C}$ und $\mathfrak{C}'$ seien Q und Q' resp. Dann können wir schreiben

$$J^*_{\mathfrak{C}'} - J^*_{\mathfrak{C}} = [J^*(QQ'P) - J^*(QP)] + [J^*(P_1 Q') - J^*(P_1 Q) - J^*(QQ')]\,.$$

Die erste Klammer auf der rechten Seite ist Null, da hier der Hilbert'sche Unabhängigkeitssatz gilt; die zweite wird nach (26) mit ε unendlich klein, also ist

$$J^*_{\mathfrak{C}'} = J^*_{\mathfrak{C}}$$

Hieraus folgt dann wie oben der Weierstraß'sche Satz.

[2]) Vgl § 10, c) und § 6, p 36, Fußnote [3]).

a) Die **Weierstraß'sche Bedingung**:

Wir setzen voraus, daß für unseren Extremalenbogen $\mathfrak{E}_0$ die Bedingungen (II') und (III') erfüllt sind. Dann bildet die Schar von Extremalen durch den Punkt P_1 ein „uneigentliches" Feld[1]) $\mathfrak{S}_k$ um den Bogen $\mathfrak{E}_0$

Wir wählen dann auf $\mathfrak{E}_0$ zwischen P_1 und P_2 einen Punkt $P_3(x_3, y_3)$ und ziehen durch P_3 eine Gerade

$$y - y_3 = \tilde{p}_3(x - x_3).$$

P_4 sei derjenige Punkt dieser Geraden, dessen Abszisse $x_4 = x_3 - h$, wo h eine kleine positive Größe ist. Wählen wir h hinreichend klein, so wird der Punkt P_4 im Innern von $\mathfrak{S}_k$ liegen, und es geht daher durch P_4 eine und nur eine Extremale $P_1 P_4$ des Feldes.

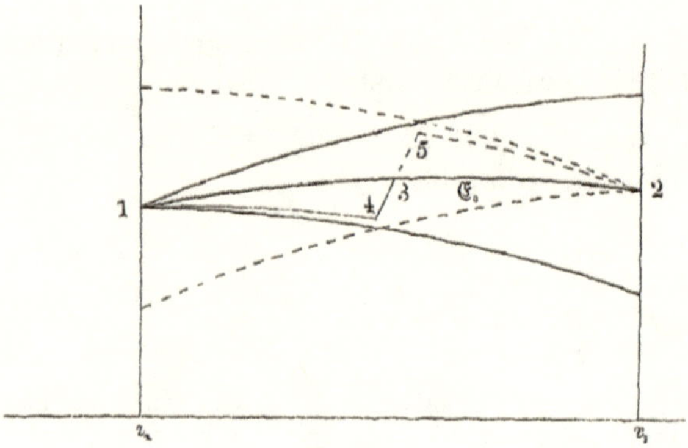

Fig 19

Wir variieren jetzt den Bogen $\mathfrak{E}_0$, indem wir den Bogen $P_1 P_3$ durch die gebrochene Kurve $P_1 P_4 P_3$ ersetzen, während wir das Stück $P_3 P_2$ ungeändert lassen. Dann ist nach dem Weierstraß'schen Satz, der nach den am Ende von § 17, c) gemachten Bemerkungen auf den gegenwärtigen Fall anwendbar ist

$$\Delta J = \int_{x_1}^{x_3} \mathcal{E}(x, \bar{y}; p, \bar{y}')\, dx,$$

genommen entlang der Kurve $P_1 P_4 P_3$

Da aber der Bogen $P_1 P_4$ eine Extremale des Feldes ist, so ist entlang $P_1 P_4 : \bar{y}' = p$, und deshalb, wie aus der Definition (24) der $\mathcal{E}$-Funktion folgt, der Integrand von ΔJ gleich Null. Daher reduziert sich der Ausdruck für ΔJ auf

$$\Delta J = \int_{x_3 - h}^{x_3} \mathcal{E}(x, \bar{y}; p, \tilde{p}_3)\, dx \tag{27}$$

genommen entlang $P_4 P_3$.

[1]) Vgl § 16, d) und p 104, Fußnote [1])

Angenommen, es wäre nun

$$\mathcal{E}(x_3, y_3; p_3, \tilde{p}_3) < 0,$$

wo $p_3 = \mathring{y}'(x_3)$ das Gefälle von $\mathfrak{E}_0$ im Punkt P_3 bedeutet; so ließe sich eine gewisse Umgebung des Punktes (x_3, y_3) angeben, in welcher

$$\mathcal{E}(x, y; p(x, y), \tilde{p}_3) < 0,$$

wie aus der Stetigkeit der $\mathcal{E}$-Funktion als Funktion ihrer vier Argumente einerseits und der Stetigkeit von $p(x, y)$ andererseits folgt. Daraus ergibt sich aber, daß der Integrand von ΔJ für hinreichend kleine Werte von h im Intervall $[x_3 - h, x_3]$ beständig negativ ist, also $\Delta J < 0$. Macht man schließlich noch von dem Lemma über die Abrundung der Ecken (§ 14, c)) Gebrauch, so erhält man den

Fundamentalsatz IV: Die vierte notwendige Bedingung für die Existenz eines Minimums besteht darin, daß

$$\mathcal{E}(x, \mathring{y}(x); \mathring{y}'(x), \tilde{p}) \geqq 0 \qquad \text{(IV)}$$

für[1] $x_1 \leqq x \leqq x_2$ *und für jeden endlichen Wert von* $\tilde{p}$.

Diese Bedingung ist von WEIERSTRASS im Jahre 1879 entdeckt worden[2]) und wird die *Weierstraß'sche Bedingung* genannt.

Beispiel IX: (Siehe p. 95)

$$f = y'^2 + y'^3.$$

Entlang der Kurve $\mathfrak{E}_0 : y = 0$ ist

$$\mathcal{E}(x, \mathring{y}(x); \mathring{y}'(x), \tilde{p}) = \tilde{p}^2(1 + \tilde{p})$$

Der Ausdruck kann in jedem Punkt von $\mathfrak{E}_0$ sein Zeichen wechseln; Bedingung (IV) ist also nicht erfüllt und $\mathfrak{E}_0$ liefert kein starkes Minimum, wie wir schon in § 15, d) auf elementarem Wege gezeigt haben

Beispiel X. Das Integral

$$J = \int_{x_1}^{x_2} y'^2(1 + y')^2\, dx$$

zu einem Maximum oder Minimum zu machen.

Nach § 6, a), Beispiel VI, sind die Extremalen gerade Linien; insbesondere ist also die Extremale $\mathfrak{E}_0$ die Gerade durch die beiden gegebenen Punkte P_1

---

[1]) Zunächst für $x_1 < x < x_2$ und aus Stetigkeitsgründen auch für $x = x_1$ und $x = x_2$.

[2]) Vgl p. 96, Fußnote [1]). Für den hier gegebenen Beweis vgl. HEDRICK, Bulletin of the American Mathematical Society, Bd IX (1902), p. 14

und P_2; ihre Gleichung sei

$$\mathfrak{E}_0 \qquad y = mx + n .$$

Dann ist

$$R(x) = 2(6m^2 + 6m + 1)$$

$$\Delta(x, x_1) = x - x_1 .$$

Sind jetzt m_1 und m_2 die beiden Wurzeln der Gleichung

$$6m^2 + 6m + 1 = 0 ,$$

nämlich

$$m_1 = \frac{1}{2}\left(-1 + \frac{1}{\sqrt{3}}\right) = -0\cdot 2113\ldots$$

$$m_2 = \frac{1}{2}\left(-1 - \frac{1}{\sqrt{3}}\right) = -0\cdot 7887\ldots ,$$

so ist

$$R > 0, \quad \text{wenn} \quad m > m_1 \quad \text{oder} \quad m < m_2 ,$$

$$R < 0, \quad \text{wenn} \quad m_2 < m < m_1 .$$

Im ersten Fall sind die drei ersten notwendigen Bedingungen für ein Minimum, im zweiten Fall für ein Maximum erfüllt

Endlich ist

$$\mathfrak{E}(x, \mathring{y}(x); \mathring{y}'(x), \tilde{p}) = (\tilde{p} - m)^2 [(\tilde{p} + m + 1)^2 + 2m(m + 1)] .$$

Nun ist die quadratische Funktion von $\tilde{p}$ in der eckigen Klammer beständig positiv, wenn $m(m+1) > 0$; sie kann ihr Zeichen wechseln, wenn $m(m+1) < 0$; und sie reduziert sich auf ein vollständiges Quadrat, wenn $m(m+1) = 0$

Wir erhalten also das Resultat

Wenn $m \geqq 0$ oder $m \leqq -1$, so ist die Bedingung (IV) *erfüllt, wenn $-1 < m < 0$, so ist die Bedingung* (IV) *nicht erfüllt,* und die Gerade $P_1 P_2$ liefert sicher weder ein starkes Maximum noch ein starkes Minimum

Das letztere Resultat läßt sich auch auf ganz elementarem Wege folgendermaßen beweisen· Wenn $-1 < m < 0$, so ist einerseits sicher der Wert von $J_{\mathfrak{E}_0} > 0$; andererseits können wir aber (und zwar auf unendlich viele Weisen) P_1 und P_2 durch eine gebrochene Linie verbinden, die aus geradlinigen Stücken besteht, welche abwechselnd das Gefälle 0 und -1 besitzen (z. B $P_1 P_3 P_4 P_5 P_2$), und diese gebrochene Linie ist in der Form $y = f(x)$ darstellbar[1]) (was nicht möglich wäre, wenn $m > 0$ oder $m < -1$). Für eine solche gebrochene Linie ist aber offenbar $\bar{J} = 0$. Schließlich hat man noch von dem Lemma über diskontinuierliche Variationen Gebrauch zu machen (§ 14, c))

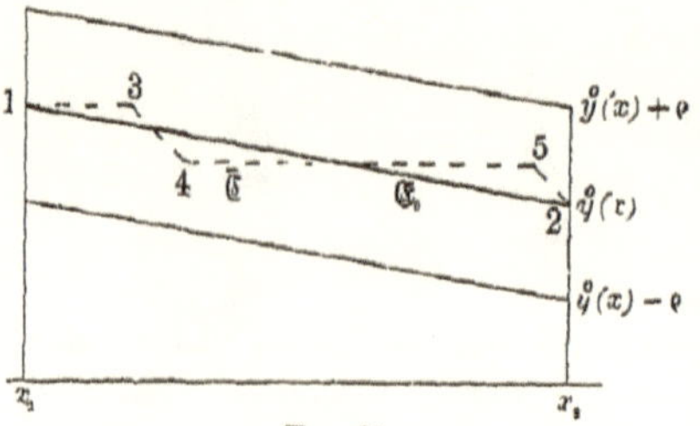

Fig 20

[1]) Vgl. dazu § 25, e).

b) **Beziehung zwischen der Weierstraß'schen und der Legendre'schen Bedingung:**

Wendet man die Taylor'sche Formel auf die Differenz

$$f(x, y, \tilde{p}) - f(x, y, p)$$

an, so erhält man die folgende wichtige Relation[1]) zwischen der $\mathcal{E}$-Funktion und der Funktion $f_{y'y'}$:

$$\mathcal{E}(x, y; p, \tilde{p}) = \frac{(\tilde{p} - p)^2}{2} f_{y'y'}(x, y, p^*), \tag{28}$$

wobei p^* einen Mittelwert zwischen p und $\tilde{p}$ bedeutet, also

$$p^* = p + \theta(\tilde{p} - p), \qquad 0 < \theta < 1.$$

Hieraus folgt der

Zusatz I: Die Bedingung (IV) *ist stets erfüllt, wenn*

$$f_{y'y'}(x, \mathring{y}(x), \tilde{p}) \gtreqless 0 \tag{II$_a$}$$

für $x_1 \lesseqgtr x \lesseqgtr x_2$ *und für jeden endlichen Wert von* $\tilde{p}$.

Ferner ergibt sich aus (28)

$$\mathop{\mathrm{L}}_{\tilde{p}=p} \frac{\mathcal{E}(x, y;\, p, \tilde{p})}{(\tilde{p} - p)^2} = \tfrac{1}{2} f_{y'y'}(x, y, p); \tag{29}$$

daraus folgt der

Zusatz II: Die Legendre'sche Bedingung

$$f_{y'y'}(x, \mathring{y}(x), \mathring{y}'(x)) \gtreqless 0 \quad \textit{in} \quad [x_1 x_2] \quad \text{(II)}$$

ist in der Weierstraß'schen Bedingung enthalten.

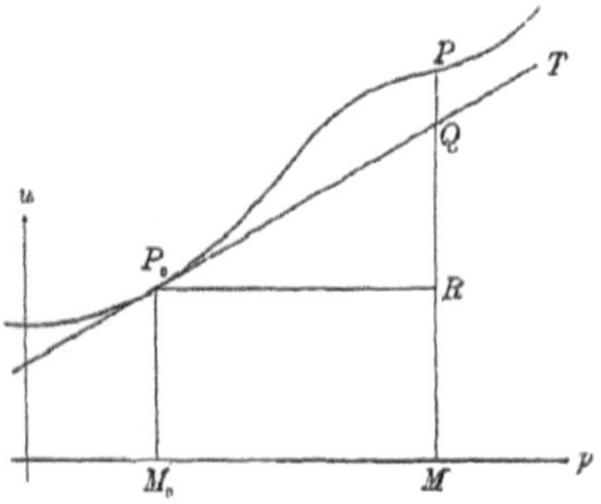

Fig 21.

Die vorangehenden Resultate werden sehr gut durch die folgende von Zermelo[2]) herrührende *geometrische Interpretation der $\mathcal{E}$-Funktion* veranschaulicht:

Es bezeichne $f(p)$ die Funktion $f(x, y, p)$ als Funktion von p allein betrachtet; wir konstruieren, bei festgehaltenen Werten von x und y, die Kurve

$$u = f(p) \tag{30}$$

und ziehen die Tangente $P_0 T$ im Punkt P_0, dessen Abszisse $p = y'$; es seien P

---

[1]) Diese Relation findet sich zuerst bei Zermelo, *Dissertation*, p. 67; sie entspricht der Weierstraß'schen Relation (125), Kap. V, zwischen $\mathcal{E}$ und F_1 im Fall der Parameterdarstellung.

[2]) loc cit., p. 67.

und Q die Schnittpunkte der Geraden $p = \tilde{p}$ respektive mit der Kurve (30) und der Tangente $P_0 T$.

Alsdann wird die Größe

$$\mathcal{E}(x, y;\, y', \tilde{p}) = f(\tilde{p}) - f(y') - (\tilde{p} - y') f'(y')$$

dargestellt durch den Vektor QP, und die Bedingung

$$\mathcal{E}(x, y;\, y', \tilde{p}) \geqq 0 \tag{IV}$$

bedeutet geometrisch, daß *die Kurve* (30) *ganz oberhalb — oder wenigstens nicht unterhalb — der Tangente* $P_0 T$ *liegt*.

Damit die Ungleichung (IV) stattfinde, ist daher:

1. Notwendig, daß die Kurve (30) im Punkt $p = y'$ ihre konvexe Seite nach unten kehrt, d. h. daß

$$f''(y') \geqq 0.$$

Dies ist aber unsere alte Bedingung (II).

2. Hinreichend, daß die Kurve (30) überall ihre konvexe Seite nach unten kehrt, d. h. daß

$$f''(p) \geqq 0$$

für jedes p; das ist aber die obige Bedingung (II_a).

Aber weder ist die erste Bedingung hinreichend noch die zweite notwendig.

c) **Unzulänglichkeit der Bedingungen** (I), (II'), (III'), (IV'):

Indem wir, ähnlich wie bei den früheren Bedingungen, Ausnahmefälle bei Seite lassen, wollen wir voraussetzen, daß für unsere Extremale $\mathfrak{E}_0$ die Bedingung (IV) in der etwas stärkeren Form

$$\mathcal{E}(x, \mathring{y}(x);\, \mathring{y}'(x), \tilde{p}) > 0 \tag{IV'}$$

für:

$$x_1 \leqq x \leqq x_2, \qquad \tilde{p} \neq \mathring{y}'(x)$$

erfüllt ist.

Wir wollen zunächst zeigen, daß auch *die Bedingungen* (I), (II'), (III'), (IV') *für ein Minimum noch nicht hinreichend sind*.

Dazu genügt wieder ein einziges Beispiel, in welchem die angegebenen Bedingungen erfüllt sind und trotzdem kein Minimum eintritt. Ein derartiges Beispiel ist das folgende:

Beispiel[1] *XI*. Das Integral

$$J = \int_0^1 [a y'^2 - 4 b y y'^3 + 2 b x y'^4]\, dx$$

zu einem Minimum zu machen; dabei sollen a und b positive Konstanten sein.

[1]) Vgl. Bolza, Bulletin of the American Mathematical Society, Bd. IX, p. 9. Weitere Beispiele folgen unter d).

und die beiden Endpunkte sollen die Koordinaten $(x_1, y_1) = (0, 0)$, $(x_2, y_2) = (1, 0)$ haben.

Die Euler'sche Differentialgleichung reduziert sich hier auf

$$y'' f_{y'y'} = 0\,,$$

wo

$$f_{y'y'} = 2a - 24byy' + 24bxy'^2\,.$$

Die einzige Extremale durch die beiden Punkte $P_1(0, 0)$ und $P_2(1, 0)$ ist die gerade Linie

$$\mathfrak{E}_0 \qquad y = 0\,.$$

Die Bedingung (II') ist erfüllt, da

$$f_{y'y'}(x, \overset{\circ}{y}(x), \overset{\circ}{y}{}'(x)) \equiv 2a > 0 \tag{II'}$$

Die Schar von Extremalen durch den Punkt P_1 ist das Büschel von Geraden durch den Punkt P_1; daher existiert kein zu P_1 konjugierter Punkt und (III') ist erfüllt.

Ferner ist

$$\mathfrak{E}(x, y;\, y', \tilde{p}) = (\tilde{p} - y')^2 \{(a - 8byy' + 6bxy'^2) - 4b\tilde{p}(y - xy') + 2bx\tilde{p}^2\}\,;$$

also entlang $\mathfrak{E}_0$:

$$\mathfrak{E}(x, \overset{\circ}{y}(x);\, \overset{\circ}{y}{}'(x), \tilde{p}) \equiv \tilde{p}^2(a + 2bx\tilde{p}^2) > 0\,, \tag{IV'}$$

für $\tilde{p} \neq 0$

Somit sind die Bedingungen (I), (II'), (III'), (IV') erfüllt

Trotzdem liefert der Bogen $\mathfrak{E}_0$ kein Minimum für das Integral J. Denn ersetzt man die Gerade $P_1 P_2$ durch die gebrochene Linie $P_1 P P_2$ und bezeichnet die Koordinaten von P mit $h > 0$, k, so findet man für die totale Variation ΔJ leicht den Ausdruck

Fig 22

$$\Delta J = k^2\left[-\frac{bk^2}{h^2} + \frac{a}{h} + a + 3bk^2\right] + (h),$$

wo (h) mit h gegen Null konvergiert

Ist jetzt eine positive Größe ϱ beliebig vorgegeben, so wähle man $|k| < \varrho$ und lasse h gegen Null konvergieren, während k festgehalten wird Dann folgt, da $b > 0$, daß $\Delta J < 0$ für alle hinreichend kleinen Werte von h. Indem man schließlich noch das Lemma über die Abrundung der Ecken (§ 14, c)) anwendet, erhält man das Resultat, daß die Gerade $P_1 P_2$ in der Tat kein starkes Minimum für das Integral J liefert.

d) Eine fünfte notwendige Bedingung[1]);

Man erhält eine weitere notwendige Bedingung durch eine Modifikation des unter a) benutzten Verfahrens, die durch das obige Beispiel nahegelegt wird.

---

[1]) Vgl. Bolza, Transactions of the American Mathematical Society, Bd VII (1906), p 314.

Statt nämlich, wie dort, die Gerade $P_4 P_3$ festzuhalten und P_4 auf derselben sich dem Punkte P_3 nähern zu lassen, *drehen wir jetzt die Gerade $P_4 P_3$ um den Punkt P_3, so daß sie sich der vertikalen Lage nähert,* während der Punkt P_4 sich auf einer Geraden parallel der x-Achse bewegt. Bezeichnen wir die Ordinate des Punktes P_4 mit $y_4 = y_3 - k$, so heißt dies analytisch, wir halten k fest und lassen h gegen Null konvergieren. Bei diesem Grenzprozess hat die durch (27) ausgedrückte totale Variation ΔJ zwar nicht notwendig einen bestimmten Grenzwert, aber sicher einen bestimmten „unteren Limes"[1], der endlich oder $+\infty$ oder $-\infty$ sein kann. Für ein Minimum ist dann notwendig, daß dieser untere Limes $\geqq 0$ für alle hinreichend kleinen Werte von $|k|$.

Ganz dieselben Schlüsse kann man auch auf die Extremalenschar durch den Punkt P_2 und die Variation $P_3 P_5 P_2$ (siehe Figur 19) anwenden. Um die Resultate der beiden Prozesse in einer Formel vereinigen zu können, führen wir die Symbole ein:

$$\varepsilon_1 = -1, \qquad \varepsilon_2 = +1$$

und bezeichnen für $i = 1, 2$ mit $p_i(x, y)$ das Gefälle im Punkt (x, y) derjenigen durch den Punkt (x, y) gehenden Extremale, welche dem von den Extremalen durch den Punkt P_i gebildeten Feld angehört. Dann läßt sich die angegebene Bedingung schreiben

$$\underset{h=+0}{\mathrm{L}} \int_0^1 h\,\mathcal{E}\left(x, \bar{y};\, p_i(x, \bar{y}),\, \frac{k}{h}\right) dt \geqq 0, \tag{31}$$

wo

$$x = x_3 + \varepsilon_i h t, \qquad \bar{y} = y_3 + \varepsilon_i k t.$$

Die Ungleichung muß gelten für $i = 1$ und $i = 2$, wenn $x_1 < x_3 < x_2$; für $i = 1$, wenn $x_3 = x_2$; für $i = 2$, wenn $x_3 = x_1$, und zwar für alle hinreichend kleinen Werte von $|k|$.

Setzt man für die $\mathcal{E}$-Funktion ihren Wert ein und bezeichnet:

$$S_i(h, k, x_3) = \int_0^1 h f\left(x_3 + \varepsilon_i h t,\, y_3 + \varepsilon_i k t,\, \frac{k}{h}\right) dt, \tag{32}$$

so nimmt die Bedingung (31) nach einigen Vereinfachungen die Form an[2])

$$\underset{h=+0}{\mathrm{L}}\, S_i(h, k, x_3) - k \int_0^1 f_{y'}(x_3, y_3 + \varepsilon_i k t,\, p_i(x_3, y_3 + \varepsilon_i k t))\, dt \geqq 0. \tag{V}$$

---

[1]) Auch „Untere Unbestimmtheitsgrenze", vgl. A II 5.

[2]) Für die weitere Ausführung siehe das Zitat p. 117, Fußnote [1]). Ob diese Bedingung (eventuell nach Unterdrückung des Gleichheitszeichens) zusammen mit den früheren Bedingungen (I), (II'), (III'), (IV') auch hinreichend ist, ist noch unentschieden.

Beispiel XI (siehe p 116):

$$f = ay'^2 - 4byy'^3 + 2bxy'^4$$

Man findet

$$S_2(h, k, x_3) = \frac{k^2}{h^3}[2bk^2 x_3 - bk^2 \varepsilon_2 h + ah^2]$$

Wenn $x_3 > 0$, so ist der untere Limes von S_i gleich $+\infty$, und (V) ist erfullt, ist dagegen $x_3 = x_1 = 0$, in welchem Fall (V) für $i = 2$ erfüllt sein muß, so ist derselbe $-\infty$, und (V) ist nicht erfüllt Dies ist der Grund, warum hier kein Minimum stattfindet, wenn das Intervall $[x_1 x_2]$ sich bis zum Punkt $x = 0$ erstreckt

Beispiel XII[1]) Das Integral

$$J = \int_{x_1}^{x_2} (y'^2 - y^2 y'^4)\, dx,$$

zu einem Minimum zu machen, wenn die beiden gegebenen Punkte P_1, P_2 auf der x-Achse liegen.

Hier sind die Extremalen im allgemeinen keine Geraden, wohl aber ist die spezielle Gerade

$$\mathfrak{E}_0 \qquad y = 0 \equiv \mathring{y}(x)$$

eine Extremale. Man findet leicht

$$f_{y'y'}(x, \mathring{y}(x), \mathring{y}'(x)) \equiv 2$$

$$\mathcal{E}(x, \mathring{y}(x); \mathring{y}'(x), \tilde{p}) \equiv \tilde{p}^2.$$

Also sind die Bedingungen (II'), (III'), (IV') erfullt, wenn x_1 und x_2 hinreichend nahe beieinander angenommen werden. Trotzdem liefert $\mathfrak{E}_0$ kein starkes Extremum Denn es ist

$$S_i(h, k, x_3) = \frac{k^2}{h^3}\left[-\frac{k^4}{3} + h^2 k^2\right].$$

Der untere Limes von S_i ist also $-\infty$ für $i = 1, 2$ und für jedes x_3.[2])

§ 19. Hinreichende Bedingungen für ein starkes Extremum.

Wir setzen wie im vorigen Paragraphen voraus, daß die Extremale $\mathfrak{E}_0$ den Bedingungen (II') und (III') genügt. Es sei[3]) $\mathcal{S}$ irgend ein Feld von Extremalen um den Bogen $\mathfrak{E}_0$, und

---

[1]) Dasselbe rührt von Caratheodory her, vgl Archiv fur Mathematik und Physik (3), Bd X (1906), p. 185.

[2]) Hierzu die *Ubungsaufgaben* Nr 33, 34 am Ende von Kap III

[3]) Daß $\mathfrak{E}_0$ mit einem Feld umgeben werden kann, folgt nach § 16, d) aus (II') und (III'), wobei übrigens auch § 12, b), insbesondere die Fußnote [1]) auf p. 73 sowie § 13, a) zu vergleichen sind Das Feld braucht aber nicht von der speziellen dort benutzten Art zu sein.

$$\overline{\mathfrak{C}}: \qquad y = \bar{y}(x), \qquad x_1 \overline{\gtrless} x \overline{\gtrless} x_2,$$

irgend eine Kurve der Klasse C', welche von P_1 nach P_2 gezogen ist und ganz im Bereich $\mathcal{S}$ liegt. Dann gilt für die totale Variation: $\Delta J = J_{\overline{\mathfrak{C}}} - J_{\mathfrak{C}_0}$ der Weierstraß'sche Fundamentalsatz (25). Hieraus lassen sich nun auf verschiedene Arten hinreichende Bedingungen für ein starkes Minimum ableiten:

a) **Hinreichende Bedingungen, ausgedrückt mittels der $\mathcal{E}$-Funktion:** Es bedeute wieder $p(x, y)$ das Gefälle der durch den Punkt (x, y) gehenden Extremale des Feldes, im Punkt (x, y). Wenn dann

$$\mathcal{E}(x, y; p(x, y), \tilde{p}) \overline{\gtrless} 0 \qquad (\mathrm{IV}_b)$$

für jeden Punkt (x, y) von $\mathcal{S}$ und für jeden endlichen Wert von $\tilde{p}$, so ist der Integrand von ΔJ sicher $\overline{\gtrless} 0$ im Intervall $[x_1 x_2]$, also $\Delta J \overline{\gtrless} 0$. Die Kurve $\mathfrak{C}_0$ liefert also nach unserer Definition[1]) (§ 3, b)) ein (starkes) Minimum.

Das Minimum ist jedoch nicht notwendig ein „eigentliches" Minimum, es kann auch ein „uneigentliches" sein (§ 3, b)).

Zu dem letzteren Punkt ist nun noch folgendes zu bemerken: Aus der Definition der Funktion $\mathcal{E}(x, y; p, \tilde{p})$ folgt, daß dieselbe, als Funktion ihrer vier Argumente betrachtet, stets verschwindet, wenn $\tilde{p} = p$; man sagt in diesem Fall nach KNESER, die $\mathcal{E}$-Funktion verschwinde in *„ordentlicher"* Weise. Ist dagegen: $\mathcal{E}(x, y; p, \tilde{p}) = 0$, während $\tilde{p} \neq p$, so sagt man, die $\mathcal{E}$-Funktion verschwinde für das betrachtete Wertsystem in *„außerordentlicher"* Weise.

Wenn wir nun der Bedingung (IV_b) noch die Bedingung hinzufügen, daß die $\mathcal{E}$-Funktion im Felde $\mathcal{S}$ nur in ordentlicher Weise verschwinden soll, so läßt sich zeigen, daß alsdann das Minimum stets ein eigentliches ist.

Denn wenn die Bedingung (IV_b) erfüllt ist, so kann nach bekannten Sätzen über bestimmte Integrale ΔJ nur dann gleich Null sein, wenn entlang der ganzen Kurve $\overline{\mathfrak{C}}$

$$\mathcal{E}(x, \bar{y}; p(x, \bar{y}), \bar{y}') = 0; \qquad (33)$$

und wenn die $\mathcal{E}$-Funktion im Feld nur in ordentlicher Weise verschwindet, so ist dies nur in der Weise möglich, daß in jedem Punkt $(x, \bar{y})$ von $\overline{\mathfrak{C}}$:

$$\bar{y}' = p(x, \bar{y}), \qquad (34)$$

---

[1]) Man beachte, daß nach der Definition eines den Bogen $\mathfrak{C}_0$ umgebenden Feldes $\mathcal{S}$ (§ 16, c)) eine Nachbarschaft (ϱ) von $\mathfrak{C}_0$ existiert, welche in $\mathcal{S}$ enthalten ist.

d. h. wenn die Extremale des Feldes durch den Punkt $(x, \bar{y})$ die Kurve $\bar{\mathfrak{C}}$ im Punkt $(x, \bar{y})$ berührt. Dies kann jedoch nur dann für jeden Punkt der Kurve $\bar{\mathfrak{C}}$ eintreten, wenn $\bar{\mathfrak{C}}$ mit $\mathfrak{E}_0$ identisch ist. Denn[1]) wird die das Feld $\mathcal{S}$ bildende Extremalenschar, wie früher, mit

$$y = \varphi(x, a)$$

bezeichnet, so gilt nach (8) in jedem Punkt von $\bar{\mathfrak{C}}$ die Gleichung

$$\bar{y}(x) = \varphi(x, \mathfrak{a}(x, \bar{y})),$$

wobei $\mathfrak{a}$ wieder die inverse Funktion des Feldes bedeutet. Differentiiert man diese Gleichung nach x, so kommt

$$\bar{y}'(x) = \varphi_x(x, \mathfrak{a}) + \varphi_a(x, \mathfrak{a}) \frac{d\mathfrak{a}(x, \bar{y})}{dx}$$

oder nach (9),

$$\bar{y}' - p(x, \bar{y}) = \varphi_a(x, \mathfrak{a}) \frac{d\mathfrak{a}(x, \bar{y})}{dx}.$$

Nun ist aber nach § 16, d), Ende, $\varphi_a(x, \mathfrak{a}) \neq 0$ in $\mathcal{S}$. Wäre daher (34) in jedem Punkt von $\bar{\mathfrak{C}}$ erfüllt, so müßte sein

$$\frac{d\mathfrak{a}(x, \bar{y})}{dx} = 0,$$

also $\mathfrak{a}(x, \bar{y}) = \text{konst.}$, d. h. aber $\bar{\mathfrak{C}}$ müßte selbst eine Extremale des Feldes sein, und zwar müßte $\bar{\mathfrak{C}}$ mit $\mathfrak{E}_0$ identisch sein, da $\bar{\mathfrak{C}}$ durch den Punkt P_2 geht und $\mathfrak{E}_0$ die einzige Extremale des Feldes ist, welche durch P_2 geht.

Hieraus ergibt sich aber in der Terminologie von § 3, b) das Resultat:

Wenn die Ungleichung

$$\mathcal{E}(x, y; p(x, y), \tilde{p}) > 0 \qquad (\mathrm{IV}_b')$$

erfüllt ist für jeden Punkt (x, y) eines Feldes $\mathcal{S}$ um den Extremalenbogen $\mathfrak{E}_0$ und für jeden endlichen Wert $\tilde{p}$, welcher von $p(x, y)$ verschieden ist, so liefert der Bogen $\mathfrak{E}_0$ ein starkes, eigentliches Minimum für das Integral J.

Zuweilen kommt es vor, daß der Bereich $\mathfrak{R}$, auf welchen die zulässigen Funktionen beschränkt sind, selbst ein Feld um den Bogen $\mathfrak{E}_0$ bildet; alsdann ist das Minimum nicht nur ein relatives, sondern ein *absolutes* (§ 3, a)).

---

[1]) Der Beweis rührt von Kneser her, vgl. *Lehrbuch*, § 22; vgl. auch Osgood, loc. cit, p. 118

Beispiel X (siehe p. 113)

$$f = y'^2(1 + y')^2.$$

Die Schar von geraden Linien

$$y = mx + a$$

parallel der Geraden $P_1 P_2$ liefert offenbar ein Feld um $P_1 P_2$, für welches

$$p(x, y) = m$$

Daher ist hier

$$\mathfrak{E}(x, y;\, p(x, y), \tilde{p}) = (\tilde{p} - m)^2 [(\tilde{p} + m + 1)^2 + 2m(m + 1)]$$

Wenn $m > 0$ oder $m < -1$, so ist also die Bedingung ($\mathrm{IV_b}'$) erfüllt Zusammenfassend erhalten wir daher mit Rücksicht auf die Ergebnisse von p 114 für das gegenwärtige Beispiel das Resultat:

1. Wenn $m > 0$ oder $m < -1$, so liefert die Gerade $P_1 P_2$ ein *starkes, eigentliches Minimum* [1]), und zwar nicht nur ein relatives, sondern ein *absolutes*, da das Feld hier die ganze x, y-Ebene ausfüllt

2. Dies gilt auch noch für $m = 0$ und $m = -1$, da alsdann $J_{\mathfrak{E}_0} = 0$, während für jede andere zulässige Kurve $J_{\overline{\mathfrak{C}}} > 0$.

3 Wenn $m_1 < m < 0$ oder $-1 < m < m_2$, so liefert $P_1 P_2$ zwar *kein starkes aber doch ein schwaches Minimum* (nach § 15, b)); vgl. auch unten unter c)

4. Wenn $m_2 < m < m_1$, so liefert $P_1 P_2$ ein *schwaches Maximum*

5. Wenn endlich $m = m_1$ oder $m = m_2$, so liefert $P_1 P_2$ *weder ein Minimum noch ein Maximum, und zwar nicht einmal ein schwaches.* Denn alsdann ist die zweite Variation identisch Null und die dritte von Null verschieden, da allgemein entlang einer Extremale für $\overline{y} = y + \omega$

$$\Delta J = 6(m - m_1)(m - m_2)\int_{x_1}^{x_2} \omega'^2 dx + 2(2m + 1)\int_{x_1}^{x_2} \omega'^3 dx + \int_{x_1}^{x_2} \omega'^4 dx$$

Wenn die Bedingung ($\mathrm{IV'_b}$) erfüllt ist, so ist a fortiori auch (IV') erfüllt, da entlang $\mathfrak{E}_0$: $p(x, y) = \mathring{y}'(x)$. Daß das Umgekehrte nicht richtig ist, folgt schon a priori aus dem in § 18, c) Bewiesenen.

Wir wollen es zum Überfluß noch an Beispiel XI verifizieren. Die Geraden parallel der x-Achse bilden ein Feld $\mathfrak{S}_k$, für welches $p(x, y) = 0$. Daher ist

$$\mathfrak{E}(x, y;\, p(x, y), \tilde{p}) = \tilde{p}^2(a - 4b\tilde{p}y + 2bx\tilde{p}^2).$$

---

[1]) Man kann dies übrigens auch mit ganz elementaren Mitteln beweisen, da die totale Variation für irgend eine zulässige Variation $\overline{y} = y + \omega$ sich schreiben läßt:

$$\Delta J = 2m(m + 1)\int_{x_1}^{x_2} \omega'^2 dx + \int_{x_1}^{x_2} [\omega'^2 + (2m + 1)\omega']^2 dx$$

Für die Extremale $y = 0$ ist dies zwar stets positiv, wenn $\tilde{p} \neq 0$; aber wie klein wir auch k wählen mögen, so können wir doch stets in $\mathfrak{S}_k$ Punkte finden, für welche bei passendem $\tilde{p}$, $\mathfrak{E} < 0$. Wir brauchen nur $\tilde{p} = \frac{y}{x}$ zu wählen und x hinreichend klein zu nehmen.

b) **Hinreichende Bedingungen, ausgedrückt mittels der Funktion $f_{y'y'}$:**

Bei Anwendungen sind die hinreichenden Bedingungen, die sich auf diese Weise unmittelbar aus dem Weierstraß'schen Fundamentalsatz ergeben, im allgemeinen ziemlich umständlich In vielen Fällen reicht man jedoch mit einer einfacheren, allerdings weniger allgemeinen Bedingung aus, die wir in folgendem Satz formulieren:

Fundamentalsatz V: Wenn die Extremale[1] $\mathfrak{E}_0$ *den zu* P_1 *konjugierten Punkt* P_1' *nicht enthält:*

$$x_2 < x_1' \tag{III'}$$

und überdies die Bedingung

$$f_{y'y'}(x, y, \tilde{p}) > 0 \tag{II$_b$'}$$

in jedem Punkt (x, y) *einer gewissen Nachbarschaft* (ϱ) *von* $\mathfrak{E}_0$ *für jeden endlichen Wert von* $\tilde{p}$ *erfüllt ist, so liefert* $\mathfrak{E}_0$ *ein starkes, eigentliches Minimum für das Integral*

$$J = \int_{x_1}^{x_2} f(x, y, y')\,dx.$$

Denn nach dem Satz über gleichmäßige Stetigkeit[2]) können wir stets k so klein wählen, daß das Feld $\mathfrak{S}_k$, mit dem wir alsdann den Bogen $\mathfrak{E}_0$ umgeben können,[3]) ganz in der Nachbarschaft (ϱ) von $\mathfrak{E}_0$ enthalten ist. Dann folgt aber aus der Voraussetzung (II$_b$') auf Grund der Relation (28) zwischen der $\mathfrak{E}$-Funktion und der Funktion $f_{y'y'}$, daß die Bedingung (IV$_b$') im Bereich $\mathfrak{S}_k$ erfüllt ist, woraus dann nach a) die Existenz des Minimums folgt.

Ein Problem, für welches

$$f_{y'y'}(x, y, \tilde{p}) \neq 0 \tag{35}$$

in jedem Punkt (x, y) des Bereiches $\mathfrak{R}$ für jeden endlichen Wert von $\tilde{p}$, wird nach HILBERT ein *regulares Problem* genannt.[4]) Bei

---

[1]) Vgl. p 88, Fußnote [2]). [2]) Vgl. A III 3.

[3]) Man vergleiche die Bemerkungen im Eingang dieses Paragraphen und beachte, daß (II') in (II$_b$') enthalten ist.

[4]) Vgl. dazu § 24, c).

einem regulären Problem braucht man sich daher nur zu überzeugen, daß der Extremalenbogen $P_1 P_2$ den zu P_1 konjugierten Punkt nicht enthält, um sicher zu sein, daß ein starkes Extremum stattfindet.

Beispiel XIII[1]):

$$f = G(x, y)\sqrt{1+y'^2},$$

wo $G(x, y)$ eine Funktion von x und y ist, welche in einem gewissen Bereich $\mathfrak{R}$ von der Klasse C'' ist.

Hier ist

$$f_{y'y'}(x, y, \tilde{p}) = \frac{G(x, y)}{(\sqrt{1+\tilde{p}^2})^3}.$$

Daher liefert jede Extremale $\mathfrak{E}_0$, welche ganz im Innern von $\mathfrak{R}$ liegt, und welche den zu P_1 konjugierten Punkt nicht enthält, ein starkes Minimum, vorausgesetzt daß $G(x, y) > 0$ entlang $\mathfrak{E}_0$. Denn da $G(x, y)$ in einer gewissen Umgebung von $\mathfrak{E}_0$ stetig ist und positiv entlang $\mathfrak{E}_0$, so ist $G(x, y)$ nach § 21, b) auch noch positiv in einer gewissen Nachbarschaft (ϱ) von $\mathfrak{E}_0$, und daher ist (II'_b) erfüllt.

Für $G(x, y) = y$ folgt hieraus für Beispiel I (siehe pp 1, 33, 72, 79), daß der Bogen $P_1 P_2$ der Kettenlinie

$$y = \alpha_0 \operatorname{Ch} \frac{x - \beta_0}{\alpha_0}$$

ein starkes Minimum für das Integral

$$J = \int_{x_1}^{x_2} y\sqrt{1+y'^2}\, dx$$

liefert, falls er den zu P_1 konjugierten Punkt P_1' nicht enthält [2])

Aus dem Beweis des letzten Satzes geht hervor, daß man dem Satz auch folgende, nach § 16, d) damit äquivalente Form geben kann:

Wenn der Extremalenbogen $\mathfrak{E}_0$ *mit einem Feld umgeben werden kann, und wenn überdies die Bedingung* (II_b') *erfüllt ist, so liefert* $\mathfrak{E}_0$ *ein starkes Minimum*

Häufig ist die Existenz eines speziellen Feldes um den Bogen $\mathfrak{E}_0$ geometrisch evident, während die Bestimmung des konjugierten Punktes umständlicher ist. In solchen Fällen ist die zweite Form des Satzes vorzuziehen.

Beispiel VII (Siehe pp. 33, 99): Das Integral

$$J = \int_{x_1}^{x_2} \frac{\sqrt{1+y'^2}}{y}\, dx$$

---

[1]) Wegen mechanischer und optischer Deutungen dieses Problems vgl die *Übungsaufgaben* Nr 9 und 17 zu Kap. V.

[2]) Hierzu die *Übungsaufgaben* Nr. 2—12, 33—38 am Ende von Kap III.

zu einem Minimum zu machen. Dabei war der Bereich $\mathfrak{R}$ die obere Halbebene: $y > 0$.

Die Extremalen waren Halbkreise, welche ihre Mittelpunkte auf der x-Achse haben. Bezeichnet

$$\mathfrak{E}_0: \qquad y = \sqrt{\beta_0{}^2 - (x - \alpha_0)^2}$$

den speziellen Halbkreis, welcher durch die beiden Punkte P_1, P_2 geht, so bildet die Schar der damit konzentrischen Halbkreise

$$y = \sqrt{a^2 - (x - \alpha_0)^2} \equiv \varphi(x, a)$$

ein Feld um den Bogen $\mathfrak{E}_0$. Überdies ist ($\mathrm{II_b}'$) in der ganzen oberen Halbebene erfüllt, da

$$f_{y'y'} = \frac{1}{y\left(\sqrt{1 + y'^2}\right)^3}.$$

Der Halbkreis $\mathfrak{E}_0$ liefert also wirklich ein starkes, eigentliches Minimum für das Integral J, und zwar ist das Minimum ein *absolutes*, da das Feld die ganze obere Halbebene ausfüllt, also mit dem Bereich $\mathfrak{R}$ identisch ist.

Anmerkung: Es muß ausdrücklich hervorgehoben werden, daß es *nicht hinreichend* ist, daß die Ungleichung

$$f_{y'y'}(x, y, \tilde{p}) > 0$$

entlang der Extremalen $\mathfrak{E}_0$ erfüllt ist, oder anders geschrieben, daß

$$f_{y'y'}(x, \mathring{y}(x), \tilde{p}) > 0 \qquad (\mathrm{II_a}')$$

für $x_1 \overline{\gtrless} x \overline{\gtrless} x_2$ und für jedes endliche $\tilde{p}$.

Dies zeigt unser *Beispiel XI* (Siehe p. 116):

$$f = ay'^2 - 4byy'^3 + 2bxy'^4$$

Denn hier ist entlang der Extremalen

$$\mathfrak{E}_0: \qquad y = 0, \qquad 0 \overline{\gtrless} x \overline{\gtrless} 1,$$

$$f_{y'y'}(x, \mathring{y}(x), \tilde{p}) = 2a + 24bx\tilde{p}^2 > 0$$

für $0 \overline{\gtrless} x \overline{\gtrless} 1$ und für jedes endliche $\tilde{p}$. Trotzdem findet kein starkes Minimum statt, wie wir in § 18, c) gesehen haben.

Andererseits ist die *Bedingung* ($\mathrm{II_b}'$) *nicht notwendig* für ein starkes Minimum, ja sogar *nicht einmal die viel schwächere Bedingung:*

$$f_{y'y'}(x, \mathring{y}(x), \tilde{p}) \overline{\gtrless} 0 \qquad (\mathrm{II_a})$$

für $x_1 \overline{\gtrless} x \overline{\gtrless} x_2$ und für jedes endliche $\tilde{p}$.

Dies zeigt *Beispiel X* (Siehe p. 122)

$$f = y'^2(1 + y')^2$$

Hier ist

$$f_{y'y'}(x, \mathring{y}(x), \tilde{p}) = 2(6\tilde{p}^2 + 6\tilde{p} + 1);$$

diese Funktion von $\tilde{p}$ kann sowohl negative als positive Werte annehmen, und trotzdem findet, wie wir unter a) gesehen haben, ein starkes Minimum statt, wenn $m < -1$ oder $m > 0$.

c) Hinreichende Bedingungen für ein Extremum bei Gefällbeschränkungen[1]:

Bei unserer Definition des Minimums (§ 3, b)) konnte das Gefälle der zulässigen Kurven irgend welche endlichen Werte annehmen. Man kann aber die Definition auch in der Weise modifizieren, daß man dem Gefälle gewisse Beschränkungen auferlegt. Auch für solche Fälle lassen sich aus dem Weierstraß'schen Fundamentalsatz hinreichende Bedingungen ableiten.

Hierher gehört vor allem der folgende, von Lindeberg[2]) herrührende Satz, für dessen Beweis wir auf die Arbeit von Lindeberg verweisen:

Sind für die Extremale $\mathfrak{E}_0$ *die Bedingungen* (II') *und* (III') *erfüllt, und ist*

$$\mathcal{E}(x, \mathring{y}(x), \mathring{y}'(x), \tilde{p}) > 0 \tag{36}$$

in dem Bereich

$$x_1 \overline{\gtrless} x \overline{\gtrless} x_2, \qquad 0 < |\tilde{p} - \mathring{y}'(x)| \overline{\gtrless} r' \tag{37}$$

wo r' eine beliebige endliche positive Große ist, so laßt sich eine positive Große r bestimmen, derart, daß

$$\Delta J > 0$$

für alle zulässigen Variationen $\overline{\mathfrak{E}}$ *des Bogens* $\mathfrak{E}_0$, *für welche*

$$|\bar{y}(x) - \mathring{y}(x)| < r, \qquad |\bar{y}'(x) - \mathring{y}'(x)| < r' \tag{38}$$

Zusatz I: Aus dem obigen Satz folgt unmittelbar der schon früher (§ 15, b)) bewiesene Satz, daß *die Bedingungen* (I), (II'), (III') *für ein schwaches Minimum hinreichend sind.*

Denn zunächst folgt aus (II'), nach § 21, b) daß sich eine positive Große r' bestimmen läßt, derart, daß

$$f_{y'y'}(x, \mathring{y}(x), \tilde{p}) > 0$$

im Bereich

$$x_1 \overline{\gtrless} x \overline{\gtrless} x_2, \qquad |\tilde{p} - \mathring{y}'(x)| \overline{\gtrless} r';$$

und nunmehr ergibt sich aus (28), daß für eben diesen Wert r' die Voraussetzungen des Lindeberg'schen Satzes erfüllt sind.

Zusatz II: Ist G eine beliebige positive Große, großer als das Maximum M' von $|\mathring{y}'(x)|$, und *werden alle zulassigen Kurven der Bedingung unterworfen, daß*

---

[1]) Vgl. hierzu auch *Beispiel VIII*, p 34.

[2]) Mathematische Annalen, Bd. LIX (1904), p. 334. Der Satz sagt wesentlich mehr aus, als daß der Bogen $\mathfrak{E}_0$ ein schwaches Minimum liefert; das Hauptgewicht liegt darauf, daß die obere Grenze fur $|\bar{y}'(x) - \mathring{y}'(x)|$ in (38) identisch ist mit der in (37) vorkommenden Größe r'.

ihr Gefälle dem absoluten Wert nach $\overline{\gtrless} G$ *sein soll, so sind die Bedingungen* (I), (II'), (III'), (IV') *für ein starkes Minimum hinreichend.*

Zum Beweis braucht man nur den obigen Satz mit $\nu' = G + M'$ anzuwenden.

d) **Tabelle der notwendigen und der hinreichenden Bedingungen:**

Zur bessern Übersicht stellen wir die verschiedenen Bedingungen, welche bei der Aufgabe, das Integral

$$J = \int_{\mathfrak{C}} f(x, y, y')\, dx$$

bei festen Endpunkten zu einem Minimum zu machen (§ 3, b)), vorgekommen sind, tabellarisch zusammen:

1 $$f_y - \frac{d}{dx} f_{y'} = 0 \qquad \text{(I)}$$

(*Euler's Differentialgleichung*, p. 24: Eigenschaften ihres allgemeinen Integrals, p. 72).

Die Kurve

$$\mathfrak{C}_0: \quad y = \mathring{y}(x), \qquad x_1 \overline{\gtrless} x \overline{\gtrless} x_2,$$

ist eine Extremale der Klasse C', welche die beiden gegebenen Punkte P_1 und P_2 verbindet, und ganz im Innern des Bereiches $\mathfrak{R}$ liegt (p. 54).

2. $$f_{y'y'}(x, \mathring{y}(x), \mathring{y}'(x)) \overline{\gtrless} 0 \quad \text{in} \quad [x_1 x_2] \qquad \text{(II)}$$

(*Legendre's Bedingung*, p. 57).

$$f_{y'y'}(x, \mathring{y}(x), \tilde{p}) \overline{\gtrless} 0 \qquad \text{(II}_a\text{)}$$

in $[x_1 x_2]$ für jedes endliche $\tilde{p}$ (p. 115).

$$f_{y'y'}(x, y, \tilde{p}) \overline{\gtrless} 0 \qquad \text{(II}_b\text{)}$$

für jedes (x, y) in einer gewissen Nachbarschaft von $\mathfrak{C}_0$ und für jedes endliche $\tilde{p}$ (p. 123).

3. $$x_2 \overline{\gtrless} x_1' \qquad \text{(III)}$$

wo x_1' der zu x_1 konjugierte Wert ist (*Jacobi's Bedingung*, p. 87 und p. 70, Fußnote [1]).

4. $$\mathcal{E}(x, \mathring{y}(x); \mathring{y}'(x), \tilde{p}) \overline{\gtrless} 0 \qquad \text{(IV)}$$

in $[x_1 x_2]$ für jedes endliche $\tilde{p} \neq \mathring{y}'(x)$. (*Weierstraß' Bedingung*, p. 113).

$$\mathcal{E}(x, y; p(x, y), \tilde{p}) \overline{\gtrless} 0 \qquad \text{(IV}_b\text{)}$$

für jedes (x, y) in einer gewissen Nachbarschaft von $\mathfrak{E}_0$ und für jedes $\tilde{p} \neq p(x, y)$ (p. 120).

5. *Bedingung* (V), p. 118.

Die Unterdrückung des Gleichheitszeichens in (II) bis (IV_b) wird durch einen Apostroph angedeutet *Die Bedingungen* (I), (II), (III) *sind notwendig, die Bedingungen* (I), (II'), (III') *sind hinreichend für ein schwaches Minimum.*

Die Bedingungen (I), (II), (III), (IV), (V) *sind notwendig, die Bedingungen* (I), (II'), (III'), (IV_b') *und ebenso die Bedingungen* (I), (II_b'), (III') *sind hinreichend für ein starkes Minimum.*

Die Bedingung (III') läßt sich hierbei durch die Bedingung, daß $\mathfrak{E}_0$ sich mit einem Feld von Extremalen umgeben läßt ersetzen (pp. 105, 124).

§ 20 Zusammenhang des Unabhängigkeitssatzes mit der Hamilton-Jacobi'schen Theorie und der Transversalentheorie.[1])

Wir schließen hier noch einige weitere Folgerungen aus dem Unabhängigkeitssatz an, die zwar für die Aufstellung hinreichender Bedingungen für ein Extremum des Integrals J bei festen Endpunkten nicht erforderlich sind, die aber vom Standpunkte der Theorie der Differentialgleichungen von größtem Interesse sind Dem mehr formalen Charakter der Untersuchung entsprechend verzichten wir jedoch darauf, an dieser Stelle eine strenge Detailbegründung der Schlüsse zu geben, indem wir in dieser Beziehung auf die ausführliche Behandlung der Transversalentheorie in Parameterdarstellung in Kap. VII und auf Kap. XII verweisen.

a) Die Funktion $W(x, y)$ und die Transversalen des Feldes[2]):

Wir kehren zu den Voraussetzungen und Bezeichnungen von § 17 zurück und denken uns in dem Hilbert'schen invarianten Integral $J^*(P_0P)$ den Punkt $P_0(x_0, y_0)$ festgehalten; den Punkt $P(x, y)$ dagegen betrachten wir als frei variabel im Feld $\mathcal{S}$. Für jeden Punkt des Feldes ist dann nach dem Unabhängigkeitssatz der Wert des Integrals $J^*_{\mathfrak{C}}(P_0P)$ vom Integrationsweg $\mathfrak{C}$ unabhängig, und durch

---

[1]) Dieser Paragraph schließt sich unmittelbar an die Entwicklungen von § 17, a) an.

[2]) Vgl. Zermelo und Hahn, Encyklopädie II A, p. 628 und Hilbert, *Zur Variationsrechnung,* Gottinger Nachrichten, 1905, 2. Heft.

Angabe des Punktes P eindeutig bestimmt; er ist also eine eindeutige Funktion von x, y, die wir mit $W(x, y)$ bezeichnen:

$$W(x, y) = J^*(P_0 P). \tag{39}$$

Nach bekannten Sätzen über Linienintegrale folgt dann, daß das Hilbert'sche Integral J^*, genommen zwischen irgend zwei Punkten P_3, P_4 des Feldes entlang irgend einer ganz im Felde gelegenen Kurve, sich durch die Funktion $W(x, y)$ ausdrücken läßt, nämlich

$$J^*_{34} = J^*_{04} - J^*_{03} = W(x_4, y_4) - W(x_3, y_3). \tag{40}$$

Ferner folgt[1]) aus der Definition von W, daß

$$\left.\begin{aligned} \frac{\partial W}{\partial x} &= f(x, y, p) - p f_{y'}(x, y, p) \\ \frac{\partial W}{\partial y} &= f_{y'}(x, y, p) \end{aligned}\right\}, \tag{41}$$

wo p wieder die Gefällfunktion $p(x, y)$ des Feldes $\mathcal{S}$ bedeutet.

Wir betrachten jetzt die Kurvenschar

$$W(x, y) = \text{konst.} \tag{42}$$

Da die Funktion W im Feld eindeutig definiert ist, so geht durch jeden Punkt des Feldes eine und nur eine Kurve dieser Schar.

Es sei

$$W(x, y) = c$$

irgend eine Kurve der Schar (42).

Sie möge mit $\mathfrak{T}_c$ bezeichnet werden, und sei darstellbar[2]) in der Form

$$\mathfrak{T}_c: \qquad y = \tilde{y}(x),$$

so daß also

$$W(x, \tilde{y}(x)) = c. \tag{43}$$

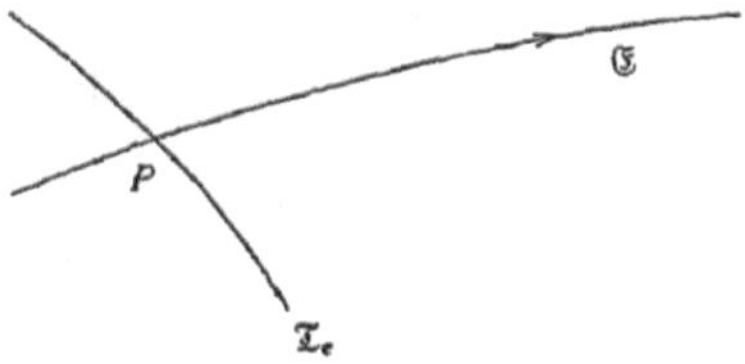

Fig 23.

Die durch einen beliebigen Punkt $P(x, y)$ der Kurve $\mathfrak{T}_c$ gehende Feldextremale $\mathfrak{E}$ sei

$$\mathfrak{E}: \qquad y = y(x).$$

Dann ist im Schnittpunkt P der beiden Kurven

---

1) Vgl z. B. Picard, *Traité*, Bd I, p 93.

2) Hier wäre bei einer strengen Begründung zu untersuchen, unter welchen Bedingungen dies der Fall ist. Es zeigt sich, daß man für das Folgende voraussetzen muß, daß

$$f(x, \varphi(x, a), \varphi'(x, a)) \neq 0, \qquad f_{y'}(x, \varphi(x, a), \varphi'(x, a)) \neq 0$$

für jede Extremale des Feldes

$$y(x) = \tilde{y}(x)$$

und ferner nach der Definition der Gefällfunktion

$$p(x, y) = y'(x). \tag{44}$$

Differentiieren wir jetzt die Identität (43) nach x und machen von den Gleichungen (41) Gebrauch, so erhalten wir

$$f(x, y, p) - pf_{y'}(x, y, p) + \tilde{y}' f_{y'}(x, y, p) = 0;$$

wegen (44) können wir dies auch schreiben

$$f(x, y, y') + (\tilde{y}' - y') f_{y'}(x, y, y') = 0. \tag{45}$$

Hierin sind x, y die Koordinaten des Schnittpunktes P, y' ist das Gefälle der Feldextremale $\mathfrak{E}$, $\tilde{y}'$ dasjenige der Kurve $\mathfrak{T}_c$. Die Gleichung (45) ist aber nichts anderes als die schon in 7, b) eingeführte Transversalitätsbedingung. Wir haben also das Resultat:

Jede Kurve der Schar

$$W(x, y) = \text{konst} \tag{42}$$

schneidet sämtliche Extremalen des Feldes transversal.

Aus diesem Grunde heißen die Kurven der Schar (42) *die „Transversalen des Feldes"*.

Dem Zusatz von § 17, a) stellt sich nunmehr der folgende Satz an die Seite:

Das Hilbert'sche invariante Integral J^*, genommen zwischen irgend zwei Punkten P_3, P_4 derselben Transversalen, ist gleich Null.

Denn nach (40) ist

$$J^*_{34} = W(x_4, y_4) - W(x_3, y_3) = c - c = 0$$

und dies ist gleich Null, wenn P_3 und P_4 auf derselben Transversalen liegen.

Hieraus ergibt sich eine neue Definition der Funktion $W(x, y)$. Ziehen wir nämlich die Transversale $\mathfrak{T}_0$ durch den Punkt P_0, und schneidet die Feldextremale $\mathfrak{E}$ durch den Punkt $P(x, y)$ die Transversale $\mathfrak{T}_0$ im Punkt Q, so wählen wir bei der Berechnung der Funktion $W(x, y)$ die aus dem Transversalenbogen $P_0 Q$ und dem Extremalenbogen QP zusammengesetzte Kurve $P_0 QP$ als Integrationsweg für das Hilbert'sche Integral J^*. Dann ist

$$W(x, y) = J^*(P_0 Q) + J^*(QP),$$

und dies ist nach dem Zusatz von § 17, a) und nach dem soeben bewiesenen Satz gleich

$$W(x, y) = J_{\mathfrak{E}}(QP). \tag{39a}$$

Die Funktion $W(x, y)$ kann also auch definiert werden als *der Wert des „Grundintegrals J" genommen entlang der durch den Punkt P gehenden Feldextremalen* $\mathfrak{E}$ *vom Schnittpunkt von* $\mathfrak{E}$ *mit der Transversalen* $\mathfrak{T}_0$ *bis zum Punkt P*. Hiermit ist gezeigt, daß die Funktion $W(x, y)$ mit dem „*Feldintegral*" identisch ist, welches in den Theorien von Weierstrass und Kneser eine so hervorragende Rolle spielt (siehe unten § 33).

Es seien jetzt ferner $\mathfrak{T}_{c'}$ und $\mathfrak{T}_{c''}$ zwei Transversalen des Feldes, $\mathfrak{E}'$ und $\mathfrak{E}''$ zwei sie verbindende Extremalen des Feldes (siehe Fig. 25).

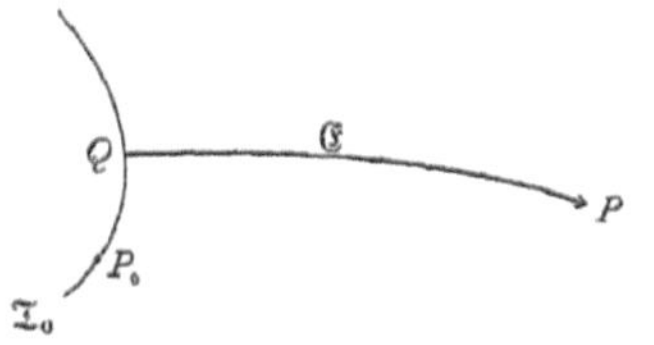

Fig 24

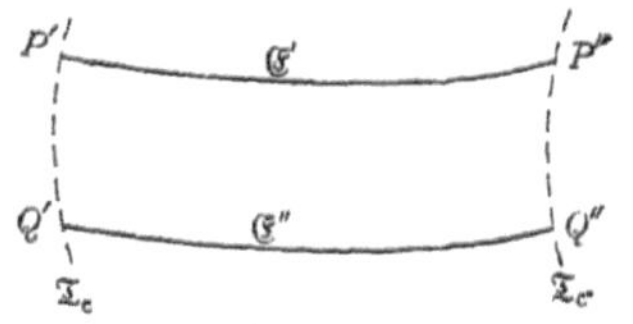

Fig 25.

Dann ist nach dem Unabhängigkeitssatz das Integral J^* genommen entlang der geschlossenen Kurve $P'Q'Q''P''P'$ gleich Null. Nun ist aber nach dem eben bewiesenen Satz

$$J^*(P'Q') = 0, \qquad J^*(Q''P'') = 0$$

und nach dem Zusatz von § 17, a)

$$J^*(Q'Q'') = J_{\mathfrak{E}''}(Q'Q''), \quad J^*(P''P') = -J^*(P'P'') = -J_{\mathfrak{E}'}(P'P'').$$

Also folgt

$$J_{\mathfrak{E}'}(P'P'') = J_{\mathfrak{E}''}(Q'Q''). \tag{46}$$

Wir erhalten also den *Kneser'schen Transversalensatz*[1]):

Irgend zwei Transversalen des Feldes schneiden auf den verschiedenen Extremalen des Feldes Bogen aus, welche für das Integral J denselben Wert liefern.

Beispiel VII (siehe pp. 33, 99): $f = \frac{\sqrt{1+y'^2}}{y}$. Es sollen zu dem aus der Schar konzentrischer Halbkreise um den Punkt $(0, 0)$ gebildeten Feld (vgl. p 99) die Transversalen bestimmt werden. Die Transversalitätsbedingung (45) reduziert sich auf

$$\frac{1 + y'\tilde{y}'}{y\sqrt{1+y'^2}} = 0;$$

---

[1]) Vgl. Kneser, *Lehrbuch*, § 15, und unten § 40. 44

„transversal" ist also hier mit „orthogonal" identisch und daher müssen die Transversalen mit dem Geradenbüschel durch den Punkt (0, 0) identisch sein. Wir wollen dies auch analytisch verifizieren. Nach p. 99 ist

$$p(x, y) = -\frac{x}{y}.$$

Die Gleichungen (41) werden daher

$$\frac{\partial W}{\partial x} = \frac{1}{\sqrt{x^2 + y^2}}, \quad \frac{\partial W}{\partial y} = -\frac{x}{y\sqrt{x^2 + y^2}},$$

woraus man durch Integration[1] erhält

$$W = \log\left(\frac{x}{y} + \sqrt{1 + \left(\frac{x}{y}\right)^2}\right) + C.$$

Die Transversalen sind also

$$\frac{x}{y} = c,$$

d. h. die Geraden durch den Punkt (0, 0)[2].

b) **Die Hamilton'sche partielle Differentialgleichung:**

Wie schon Beltrami (loc. cit.) bemerkt hat, ergibt sich durch Elimination von p aus den beiden Gleichungen (41) *eine partielle Differentialgleichung erster Ordnung für die Funktion* W:

$$\Phi\left(x, y, \frac{\partial W}{\partial x}, \frac{\partial W}{\partial y}\right) = 0. \tag{47}$$

Aus der Ableitung derselben geht hervor, daß die Funktion Φ nur von f, nicht aber von der Wahl des Feldes $\mathcal{S}$ abhängig ist, während die Funktion $W(x, y)$ auch von $\mathcal{S}$ abhängt.

Beispiel XIII (Siehe p. 124): $f = G(x, y)\sqrt{1 + y'^2}$.
Hier lauten die Gleichungen (41)

$$\frac{\partial W}{\partial x} = \frac{G(x, y)}{\sqrt{1 + p^2}}, \quad \frac{\partial W}{\partial y} = \frac{p\,G(x, y)}{\sqrt{1 + p^2}}$$

Die partielle Differentialgleichung für W lautet also

$$\left(\frac{\partial W}{\partial x}\right)^2 + \left(\frac{\partial W}{\partial y}\right)^2 = G^2(x, y).$$

Aus dem eben bewiesenen Satz folgt, daß nicht jede beliebige Kurvenschar

$$F(x, y) = c$$

---

[1]) Vgl. z. B. Picard, *Traité*, Bd. I, p. 94.

[2]) Hierzu die *Übungsaufgaben*, Nr. 24, 25, 26 am Ende von Kap. III.

Transversalenschar für ein gegebenes Variationsproblem sein kann, sondern nur diejenigen, für welche die Funktion F der partiellen Differentialgleichung

$$\Phi\left(x, y, \frac{\partial F}{\partial x}, \frac{\partial F}{\partial y}\right) = 0 \tag{47a}$$

genügt.

Ist umgekehrt $F(x, y)$ irgend eine Funktion, welche der partiellen Differentialgleichung (47a) genügt, so gibt es stets eine einparametrige Extremalenschar, welcher die gegebene Schar $F(x, y) = c$ als Transversalenschar zugehört.

Denn die partielle Differentialgleichung (47a) ist die notwendige und hinreichende Bedingung dafür, daß es eine Funktion $p = p(x, y)$ gibt, welche gleichzeitig die beiden Gleichungen

$$\frac{\partial F}{\partial x} = f(x, y, p) - p f_{y'}(x, y, p), \quad \frac{\partial F}{\partial y} = f_{y'}(x, y, p) \tag{41a}$$

befriedigt. Diese Funktion $p(x, y)$ genügt dann der partiellen Differentialgleichung (19), wie man sofort sieht, wenn man die erste der Gleichungen (41a) nach y, die zweite nach x differentiiert und die rechten Seiten der so erhaltenen Gleichungen einander gleichsetzt, was gestattet ist, da bei geeigneten Stetigkeitsannahmen $F_{xy} = F_{yx}$.

Nunmehr bilden wir mit dieser Funktion $p(x, y)$ die Differentialgleichung erster Ordnung

$$\frac{dy}{dx} = p(x, y). \tag{48}$$

Es bezeichne

$$y = \varphi(x, a) \tag{49}$$

das allgemeine Integral derselben, so daß also

$$\varphi_x = p(x, \varphi) \tag{50}$$

für jedes a. Durch Differentiation nach x folgt hieraus

$$\varphi_{xx} = p_x + p_y \varphi_x = p_x + p_y p. \tag{51}$$

Ersetzt man jetzt in der partiellen Differentialgleichung (19) die Variable y durch $\varphi(x, a)$ und macht von (50) und (51) Gebrauch, so erhält man die Gleichung (18), welche aussagt, daß die Schar (49) eine Extremalenschar für das durch die Funktion $f(x, y, y')$ charakterisierte Variationsproblem ist.

Diese Schar wird dann, wenn x und a auf einen geeigneten Bereich beschränkt werden, ein Feld bilden, und für dieses Feld ist nach (50) die Funktion $p(x, y)$ Gefällfunktion und die gegebene Schar $F(x, y) = c$ nach (41a) die Transversalenschar. —

Die Elimination von p aus den beiden Gleichungen (41) wird man naturgemäß in der Weise ausführen, daß man zunächst die zweite Gleichung nach p auflöst und den gefundenen Wert in die erste Gleichung einsetzt.

Bezeichnet daher allgemein

$$p = \mathfrak{p}(x, y, v)$$

die durch Auflösung der Gleichung

$$f_{y'}(x, y, p) = v \tag{52}$$

nach p erhaltene Funktion, so daß also identisch

$$f_{y'}(x, y, \mathfrak{p}) \equiv v, \tag{53}$$

so folgt aus (41_2):

$$p(x, y) = \mathfrak{p}\left(x, y, \frac{\partial W}{\partial y}\right), \tag{54}$$

und man erhält somit als Resultat der Elimination die partielle Differentialgleichung

$$\frac{\partial W}{\partial x} = f\left(x, y, \mathfrak{p}\left(x, y, \frac{\partial W}{\partial y}\right)\right) - \frac{\partial W}{\partial y}\mathfrak{p}\left(x, y, \frac{\partial W}{\partial y}\right), \tag{47a}$$

oder wenn man nach der in der Hamilton'schen Theorie üblichen Bezeichnungsweise die Funktion

$$H(x, y, v) \equiv v\mathfrak{p}(x, y, v) - f(x, y, \mathfrak{p}(x, y, v)) \tag{55}$$

einführt:

$$\frac{\partial W}{\partial x} + H\left(x, y, \frac{\partial W}{\partial y}\right) = 0. \tag{56}$$

Hiermit hängt unmittelbar die *Reduktion der Euler'schen Differentialgleichung auf ein sogenanntes „kanonisches System“*[1]) zusammen. Aus der Definition der Funktion H folgt unter Benutzung der Identität (53)

$$\frac{\partial H}{\partial y} = -f_y(x, y, \mathfrak{p}), \qquad \frac{\partial H}{\partial v} = \mathfrak{p}.$$

Man ersetze jetzt die Euler'sche Differentialgleichung durch das damit äquivalente System von zwei Differentialgleichungen erster Ordnung mit den beiden unbekannten Funktionen y, y':

$$\frac{dy}{dx} = y', \quad f_y(x, y, y') - \frac{d}{dx} f_{y'}(x, y, y') = 0,$$

[1]) Vgl. z B. Jordan, *Cours d'Analyse*, Bd III, Nr. 256—260, 375

und führe dann statt y' eine neue unbekannte Funktion v ein mittels der Gleichung

$$v = f_{y'}(x, y, y'),$$

woraus durch Auflösen folgt

$$y' = \mathfrak{p}(x, y, v),$$

so erhält man für die beiden Funktionen y, v das System von Differentialgleichungen

$$\frac{dy}{dx} = \frac{\partial H}{\partial v}, \quad \frac{dv}{dx} = -\frac{\partial H}{\partial y}, \tag{57}$$

das in der Tat in der kanonischen Form ist. Die Beltrami'sche partielle Differentialgleichung für die Funktion W, in der Form (56) geschrieben, ist also mit der zu dem kanonischen System (57) gehörigen *Hamilton'schen partiellen Differentialgleichung* identisch.

c) **Ableitung des allgemeinen Integrals der Hamilton'schen partiellen Differentialgleichung aus einem ersten Integral der Euler'schen Differentialgleichung:**

Nach der Hamilton-Jacobi'schen Theorie[1]) folgt aus dem letzten Resultat, daß die Integration der partiellen Differentialgleichung (47) und die Integration der Euler'schen Differentialgleichung äquivalente Probleme sind. Wir wollen dieses wichtige Resultat nach Beltrami[2]) und Hilbert[3]) direkt aus dem Unabhängigkeitssatz, ohne Zuhilfenahme der Hamilton-Jacobi'schen Theorie, beweisen.

Wir nehmen zunächst an, das allgemeine Integral der Euler'schen Differentialgleichung sei gefunden:

$$y = g(x, \alpha, \beta),$$

und betrachten nun die einparametrige Extremalenschar, die man erhält, wenn man β einen festen Wert beilegt und nur den Parameter α variiert. Bei geeigneter Beschränkung von x und α wird diese Schar ein Feld bilden. Zu diesem Feld gehört dann eine bestimmte Gefällfunktion $p(x, y)$ und eine bestimmte Funktion $W(x, y)$; beide werden von der Konstanten β abhängen, und die Gleichungen (41)

---

[1]) Vgl *Encyclopadie*, II A, p. **343** (E v. Weber), und die dort gegebenen Literaturnachweise auf Hamilton und Jacobi.

[2]) Loc. cit. p. 368.

[3]) „*Zur Variationsrechnung*", Gottinger Nachrichten, 1905, und Mathematische Annalen, Bd. 62, p 356.

erscheinen daher jetzt als Identitäten in x, y, β und können nach β differentiiert werden. Man erhält so:

$$\frac{\partial^2 W}{\partial x \partial \beta} = -f_{y'y'}(x, y, p)\, p \frac{\partial p}{\partial \beta}, \quad \frac{\partial^2 W}{\partial y \partial \beta} = f_{y'y'}(x, y, p) \frac{\partial p}{\partial \beta}. \tag{58}$$

Aus der Definition der Gefällfunktion berechnet man leicht

$$\frac{\partial p}{\partial \beta} = \frac{g_\alpha g_{x\beta} - g_\beta g_{x\alpha}}{g_\alpha}.$$

Daraus folgt aber, daß $\frac{\partial p}{\partial \beta}$ nicht identisch verschwinden kann, da $g(x, \alpha, \beta)$ das allgemeine Integral[1]) der Euler'schen Differentialgleichung sein sollte Da überdies auch $f_{y'y'}(x, y, p)$ nicht identisch verschwinden kann, wenn wir singuläre Vorkommnisse beiseite lassen, so ist

$$\frac{\partial^2 W}{\partial y \partial \beta} \not\equiv 0.$$

Hieraus folgt aber, daß die Funktion $W(x, y; \beta)$ die Konstante β nicht additiv enthalten kann, d. h. nicht von der Form

$$W_0(x, y) + h(\beta)$$

sein kann Die Funktion $W(x, y; \beta) + \gamma$ ist also in der Terminologie von LAGRANGE ein *„vollständiges"* Integral[2]) der partiellen Differentialgleichung (47). Hieraus ergibt sich dann nach der Theorie der partiellen Differentialgleichungen erster Ordnung[2]) auf folgende Weise das *„allgemeine"* Integral der partiellen Differentialgleichung (47): Ist $\lambda(\beta)$ eine willkürliche Funktion von β, so ist auch

$$W(x, y; \beta) + \lambda(\beta) \tag{59}$$

ein Integral von (47). Bestimmt man jetzt β als Funktion von x, y aus der Gleichung

$$W_\beta(x, y; \beta) + \lambda'(\beta) = 0, \tag{60}$$

und setzt den gefundenen Wert

$$\beta = \mathfrak{b}(x, y)$$

in den Ausdruck (59) ein, so erhält man eine Funktion von x und y, welche ebenfalls der partiellen Differentialgleichung (47) genügt. Die so erhaltene Lösung wird dann nach LAGRANGE die allgemeine Lösung

---

1) Vgl § 12, b), Gleichung (26)

2) Vgl z B. GOURSAT, *Leçons sur l'intégration des équations aux dérivées partielles du premier ordre* (Paris 1891), p. 87.

von (47) genannt, weil sie von der willkürlichen Funktion λ abhängt.

Zur Herleitung der Funktion $W(x, y; \beta)$ ist es übrigens nicht einmal nötig, das allgemeine Integral der Euler'schen Differentialgleichung zu kennen; es genügt, wenn ein erstes Integral[1])

$$\Pi(x, y, y') = \beta \tag{61}$$

bekannt ist. Die Auflösung von (61) nach y' möge ergeben

$$y' = p(x, y; \beta). \tag{62}$$

Bei festgehaltenem β ist dann $p(x, y; \beta)$ die Gefällfunktion für diejenige Extremalenschar, die man durch Integration der Differentialgleichung erster Ordnung (62) erhält. Um die Funktion $W(x, y; \beta)$ zu erhalten, braucht man aber diese Integration gar nicht auszuführen, da man dazu nur die Funktion $p(x, y; \beta)$ nötig hat, und zwar erhält man nach dem Unabhängigkeitssatz die Funktion $W(x, y; \beta)$ durch Ausführung von zwei Quadraturen.[2])

Beispiel: $f = G(y)\sqrt{1 + y'^2}$.

Da die Funktion f die Variable x nicht explizite enthält, so läßt sich nach § 6, a) sofort ein erstes Integral der Euler'schen Differentialgleichung angeben, nämlich

$$f - y' f_{y'} \equiv \frac{G(y)}{\sqrt{1 + y'^2}} = \beta .$$

Daraus ergibt sich

$$y' = \frac{\sqrt{G^2(y) - \beta^2}}{\beta} \equiv p(x, y; \beta),$$

und hieraus.

$$f(x, y, p) - p f_{y'}(x, y, p) = \beta, \qquad f_{y'}(x, y, p) = \sqrt{G^2(y) - \beta^2} .$$

Also ist

$$W(x, y; \beta) + \gamma = \beta x + \int_{y_0}^{y} \sqrt{G^2(y) - \beta^2}\, dy + \gamma .$$

Dies ist in der Tat ein vollständiges Integral der zum Problem gehörigen Hamilton'schen partiellen Differentialgleichung

$$\left(\frac{\partial W}{\partial x}\right)^2 + \left(\frac{\partial W}{\partial y}\right)^2 = G^2(y) .$$

---

[1]) Vgl *Encyclopädie* II A, p. 196 (Painlevé)

[2]) Vgl. z. B. Serret, *Differential- und Integralrechnung*, Bd. II, p 305.

d) **Ableitung des allgemeinen Integrals der Euler'schen Differentialgleichung aus einem vollständigen Integral der Hamilton'schen partiellen Differentialgleichung:**

Hat man umgekehrt auf irgend einem Weg ein Integral $W(x, y; \beta)$ der partiellen Differentialgleichung (47) gefunden, welches eine nicht additive willkürliche Konstante β enthält, und ist

$$\frac{\partial^2 W}{\partial y \partial \beta} \not\equiv 0, \tag{63}$$

so erhält man *das allgemeine Integral der Euler'schen Differentialgleichung, indem man die Gleichung*

$$\frac{\partial W}{\partial \beta} = \alpha \tag{64}$$

nach y auflöst.

Zum Beweis schließt man zunächst genau wie unter b), daß es eine Funktion p gibt, welche gleichzeitig den beiden Gleichungen (41) genügt, nur mit dem Unterschied, daß jetzt diese Funktion p ebenso wie die Funktion W von dem Parameter β abhängt. Man kann daher die beiden Gleichungen (41) nach β differentiieren und erhält so die beiden Gleichungen (58). Aus denselben folgt aber, daß für jede beliebige Funktion y von x die Gleichung gilt

$$\frac{d}{dx}\frac{\partial W}{\partial \beta} = \left(\frac{dy}{dx} - p(x, y; \beta)\right) f_{y'y'}(x, y, p) \frac{\partial p}{\partial \beta}.$$

Wenn nun insbesondere die Funktion y der Gleichung (64) genügt, so ist die linke Seite und daher auch die rechte Seite der letzten Gleichung gleich Null. Da aber wegen der Voraussetzung (63) der Faktor $f_{y'y'} \frac{\partial p}{\partial \beta}$ nicht identisch verschwinden kann, so folgt, daß die Funktion y dann stets auch der Differentialgleichung

$$\frac{dy}{dx} = p(x, y; \beta)$$

genügt, und daraus schließt man ganz wie unter b), daß sie dann auch der Euler'schen Differentialgleichung genügen muß. Da die durch Auflösung von (64) erhaltene Funktion y aber zwei unabhängige willkürliche Konstante enthält, so muß sie das allgemeine Integral der Euler'schen Differentialgleichung sein.

Zugleich folgt nach b), daß bei festgehaltenem β die Gleichung: $W(x, y; \beta) =$ konst. die Transversalenschar zu der Extremalenschar: $W_\beta(x, y; \beta) =$ konst. darstellt.

Es läßt sich weiter noch der folgende Satz[1]) beweisen:

Kennt man irgend ein vollständiges Integral $W(x, y; \beta) + \gamma$ *der partiellen Differentialgleichung (47), so kann man stets, ohne Ausführung einer weiteren Integration eine Lösung* $w(x, y)$ *von (47) bestimmen, welche entlang einer beliebig vorgegebenen Kurve*

$$\tilde{\mathfrak{C}}: \qquad x = \tilde{x}(\tau), \qquad y = \tilde{y}(\tau)$$

verschwindet, das heißt also geometrisch, man kann stets eine Transversalenschar bestimmen, welche die Kurve $\tilde{\mathfrak{C}}$ enthält.

Man erhält die verlangte Lösung $w(x, y)$ nach Darboux folgendermaßen: Man berechne τ aus der Gleichung

$$W_x(\tilde{x}, \tilde{y}; \beta)\,\tilde{x}' + W_y(\tilde{x}, \tilde{y}; \beta)\,\tilde{y}' = 0$$

als Funktion von β und substituiere den gefundenen Wert $\tau = \tau(\beta)$ in die Funktion $W(\tilde{x}, \tilde{y}; \beta)$. Definiert man dann

$$\lambda(\beta) = -W(\tilde{x}, \tilde{y}; \beta)\,|^{\tau=\tau(\beta)},$$

setzt mit dieser Funktion $\lambda(\beta)$ die Gleichung (60) an, und bestimmt daraus $\beta = \mathfrak{b}(x, y)$ als Funktion von x, y, so ist

$$w(x, y) = W(x, y; \mathfrak{b}) + \lambda(\mathfrak{b})$$

die gesuchte Lösung der partiellen Differentialgleichung (47).

In dem besonderen Fall, wo die Kurve $\tilde{\mathfrak{C}}$ in einen Punkt $P_0(x_0, y_0)$ degeneriert, wo also

$$\tilde{x}(\tau) \equiv x_0, \qquad \tilde{y}(\tau) \equiv y_0,$$

vereinfacht sich die Regel dahin, daß

$$\lambda(\beta) = -W(x_0, y_0; \beta)$$

zu nehmen ist. In diesem Fall gehen die sämtlichen Extremalen der Schar, deren zugehörige Transversalenschar durch: $w(x, y) =$ konst. dargestellt wird, durch den Punkt P_0.

Beispiel: $f = \sqrt{1 + y'^2}$.

Die Hamilton'sche partielle Differentialgleichung lautet hier

$$\left(\frac{\partial W}{\partial x}\right)^2 + \left(\frac{\partial W}{\partial y}\right)^2 = 1.$$

Ihr genügt offenbar die Funktion

$$W(x, y; \beta) = x \sin\beta - y \cos\beta;$$

[1]) Für den Beweis verweisen wir auf Darboux, *Théorie des surfaces*, Bd. II, p. 447.

daraus ergibt sich das allgemeine Integral der Euler'schen Differentialgleichung in der Form

$$W_\beta(x, y; \beta) \equiv x \cos \beta + y \sin \beta = \alpha .$$

Die Geradenschar:

$$x \sin \beta - y \cos \beta = \text{konst.}$$

ist in der Tat transversal (d. h. hier orthogonal) zur Extremalenschar:

$$x \cos \beta + y \sin \beta = \text{konst.}$$

Wir wollen diejenige Lösung der partiellen Differentialgleichung bestimmen, welche entlang dem Kreise

$$\tilde{\mathfrak{C}}: \qquad x = R \cos \tau \equiv \tilde{x}(\tau), \qquad y = R \sin \tau \equiv \tilde{y}(\tau)$$

verschwindet. Dazu haben wir nach der obigen Regel die Gleichung

$$-R \cos (\tau - \beta) = 0$$

nach τ aufzulösen:

$$\tau = \beta \pm \frac{\pi}{2} + 2 m \pi \equiv \tau(\beta)$$

Es ist dann

$$\lambda(\beta) = -R \left[\sin \beta \cos \left(\beta \pm \frac{\pi}{2} \right) - \cos \beta \sin \left(\beta \pm \frac{\pi}{2} \right) \right] = \pm R ;$$

sodann haben wir die Gleichung

$$W_\beta(x, y; \beta) + \lambda'(\beta) \equiv x \cos \beta + y \sin \beta = 0$$

nach β aufzulösen und die gefundenen Werte

$$\sin \beta = \pm \frac{x}{\sqrt{x^2 + y^2}}, \qquad \cos \beta = \pm \frac{y}{\sqrt{x^2 + y^2}}$$

in die Funktion $W(x, y; \beta) + \lambda(\beta)$ einzusetzen. Wir erhalten so bei passender Wahl der Vorzeichen die gesuchte Lösung:

$$w(x, y) = \pm \left(\sqrt{x^2 + y^2} - R \right).$$

Schrumpft der Kreis auf seinen Mittelpunkt zusammen ($R = 0$), so wird

$$w(x, y) = \pm \sqrt{x^2 + y^2} .$$

Das letztere Resultat ergibt sich auch nach der obigen Regel, indem man

$$\lambda(\beta) = -W(0, 0; \beta) \equiv 0$$

setzt.

e) Die Methode von Caratheodory zur Behandlung von Variationsproblemen:

Wir knüpfen an die vorangehenden Entwicklungen noch einen kurzen Bericht über die Methode, die neuerdings Caratheodory[1]) für die Behandlung von Variationsproblemen gegeben hat.

---

[1]) *„Über diskontinuierliche Lösungen in der Variationsrechnung", Dissertation* (Göttingen, 1904), p. 65, und Göttinger Nachrichten 1905, p. 1.

Wir betrachten mit CARATHEODORY eine beliebige, nach dem Parameter aufgelöste Kurvenschar

$$F(x, y) = \text{konst.} \tag{65}$$

und greifen zwei benachbarte Kurven der Schar heraus

$$F(x, y) = \mu \tag{66}$$

und

$$F(x, y) = \mu + d\mu. \tag{67}$$

Durch einen beliebigen Punkt $P(x, y)$ der Kurve (66) ziehen wir ein Linienelement PQ bis zu dessen Schnittpunkt $Q(x + dx, y + dy)$ mit der Kurve (67). Der Wert des Integrals

$$J = \int_{\mathfrak{C}} f(x, y, y')\, dx$$

genommen entlang dem Linienelement PQ ist dann bis auf Glieder höherer Ordnung gegeben durch[1])

$$J(PQ) \sim f(x, y, p)\, dx \sim \frac{f(x, y, p)\, d\mu}{F_x(x, y) + p F_y(x, y)}, \tag{68}$$

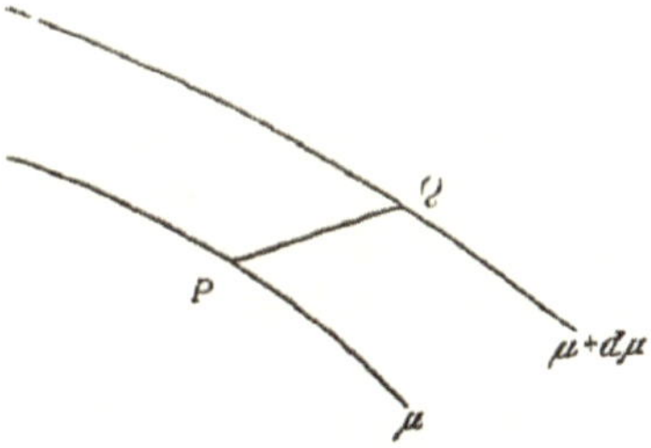

Fig 26

wenn p das Gefälle des Elementes PQ im Punkt P bezeichnet.

Wir stellen uns nun die Aufgabe, p so zu bestimmen, daß dieser angenäherte Wert des Integrals $J(PQ)$ ein Minimum wird. Dazu muß

$$\frac{\partial}{\partial p} \frac{f}{F_x + p F_y} = 0, \quad \frac{\partial^2}{\partial p^2} \frac{f}{F_x + p F_y} \gtreqless 0$$

sein, oder, wenn wir die Differentiation ausführen

$$F_x f_{y'} - (f - p f_{y'}) F_y = 0 \tag{69}$$

$$f_{y'y'} \gtreqless 0. \tag{70}$$

Da das Gefälle der Kurve (66) im Punkt P durch $-\frac{F_x}{F_y}$ gegeben ist, so zeigt der Vergleich mit (45), daß *diejenige Richtung, für welche das Segment PQ für das Integral $J(PQ)$ den kleinsten Wert liefert, von der Kurve (66) im Punkt P transversal geschnitten wird.*

Durch Auflösung der Gleichung (69) erhält man den gesuchten Wert des Gefälles p als Funktion von x, y; wir bezeichnen dieselbe mit

$$p = p(x, y).$$

---

[1]) Das Zeichen $\sim$ soll hier bedeuten: annähernd gleich.

Setzt man diesen Wert von p in (68) ein, so erhält man den Minimalwert M von $J(PQ)$ als Funktion von x, y. Im allgemeinen wird sich dieser Minimalwert M von Punkt zu Punkt ändern, wenn wir den Punkt P die Kurve (66) durchlaufen lassen. Es soll nun die Funktion $F(x, y)$ so bestimmt werden, daß der Minimalwert M entlang jeder Kurve der Schar (65) einen konstanten, nur von μ abhängigen Wert hat. Eine Kurvenschar, welche diese Eigentümlichkeit hat, nennt CARATHEODORY *eine Schar geodätisch äquidistanter Kurven.* Bei einer solchen Schar kann man den Parameter μ stets so wählen, daß der konstante Wert des Minimalwerts M gleich $d\mu$ wird. Alsdann ist

$$\frac{f}{F_x + pF_y} = 1, \tag{71}$$

wobei für p die Funktion $p(x, y)$ einzusetzen ist. Durch Elimination von p aus den beiden Gleichungen (69) und (71) erhält man eine partielle Differentialgleichung für die Funktion $F(x, y)$, welche die notwendige und hinreichende Bedingung für die Äquidistanz ausdrückt. Diese partielle Differentialgleichung ist aber mit der Beltrami'schen Differentialgleichung (47) identisch, wenn man W statt F schreibt. Denn man kann die in Frage stehende Elimination von p in der Weise ausführen, daß man zunächst die beiden Gleichungen (69) und (71) nach F_x, F_y auflöst, was

$$F_x = f - pf_{y'}, \qquad F_y = f_{y'} \tag{72}$$

ergibt, und dann aus diesen p eliminiert. Der Vergleich mit den Gleichungen (41) zeigt dann die Richtigkeit unserer Behauptung. *Die partielle Differentialgleichung (47) ist also die notwendige und hinreichende Bedingung dafür, daß die Kurven der Schar $W(x, y) =$ Konst geodätisch äquidistant sind.*

Wir kehren jetzt wieder zu einer beliebigen Kurvenschar (65) zurück, und stellen uns die Aufgabe, in der allgemeinsten Weise eine Kurve

$$\mathfrak{C}: \qquad y = y(x)$$

zu bestimmen, welche die Eigenschaft hat, daß in jedem ihrer Punkte das Gefälle der Kurve mit dem oben bestimmten Wert von p übereinstimmt, welcher für $J(PQ)$ den kleinsten Wert liefert. Es muß dann entlang der Kurve $\mathfrak{C}$

$$\frac{dy}{dx} = p(x, y) \tag{73}$$

sein. Das allgemeine Integral dieser Differentialgleichung (die mit derjenigen Differentialgleichung identisch ist, die man aus (69) erhält, wenn man p durch $\frac{dy}{dx}$ ersetzt), ist eine Kurvenschar

$$y = \varphi(x, a); \tag{74}$$

jede Kurve derselben wird dann von jeder Kurve der gegebenen Schar (65) transversal geschnitten.

Wenn nun insbesondere die Kurven der Schar (65) geodätisch äquidistant sind, so ist die zugehörige Schar (74) eine Extremalenschar für das Integral J. Denn alsdann gelten die Gleichungen (72), aus denen man genau so weiter schließt wie unter b) bei der Lösung der Aufgabe, zu einer gegebenen Lösung W der partiellen Differentialgleichung (47) die zugehörige Extremalenschar zu bestimmen.

Übungsaufgaben zu den drei ersten Kapiteln.

(Schwierigere Aufgaben sind durch einen Stern gekennzeichnet.)

1. Obere und untere Grenze, resp. absolutes Maximum und Minimum der folgenden Funktionen für die angegebenen Intervalle zu bestimmen (§ 2).

a) $$s(x) = 2\left\{\sin x - \frac{\sin 2x}{2} + \frac{\sin 3x}{3} - \frac{\sin 4x}{4} + \cdots\right\}$$

in $[0, \pi]$, in $[-\pi, +\pi]$, in $-\infty < x < +\infty$

b) $\dfrac{1}{\pi - s(x)}$ in $\left[-\pi, -\dfrac{\pi}{2}\right]$, in $[-\pi, +\pi]$, in $[-\pi, 0]$.

c) $$\int_0^\infty \frac{\sin(xt)}{t}\,dt \quad \text{in} \quad [0, 1].$$

d) $$3x^4 - 16x^3 + 18x^2 + 2 \quad \text{in} \quad [-1, 4].$$

Die notwendigen und die hinreichenden Bedingungen für ein starkes, respektive schwaches, Extremum des Integrals

$$J = \int_{x_1}^{x_2} f(x, y, y')\,dx$$

für die folgenden Funktionen f aufzustellen, sowie die Konstantenbestimmung und die Konstruktion von Extremalenfeldern zu diskutieren:

2. $$f = xy'^3 - 3yy'^2.$$

3. $$f = \tfrac{1}{2}(y'^2 - y^2).$$

(A. Mayer).

4. $$f = ay^2 + 2byy' + cy'^2$$

a, b, c konstant.

5. $$f = \sqrt{y}\,\sqrt{1 + y'^2}, \qquad y \gtreqless 0.$$

6. $$f = y\sqrt{1 - y'^2},$$

$$y \gtreqless 0, \qquad |y'| \lesseqgtr 1.$$

(Wegen der Gefällbeschrankung vgl. Beispiel VIII, p. 34; wegen der geometrischen Deutung vgl. Nr. 35).

7. $$f = (x^2 + y^2)^{\frac{m}{2}} \sqrt{1 + y'^2}.$$

(Euler, Erdmann.)

Andeutung Fuhre Polarkoordinaten ein. Spezielle Fälle

$$m = -2, 1, -\tfrac{1}{2}, -3.$$

8 $$f = (x^2 + \lambda^2) y'^2.$$

(Weierstrass.)

Die Koordinaten der Endpunkte seien: $(-1, a)$, $(+1, b)$.

Spezialfall·

$$\lambda = 0.$$

9. $$f = \frac{\sqrt{y'}}{x - y}, \qquad x - y > 0, \qquad y' > 0$$

Extremalen· $$(\alpha x + \beta)(\alpha y + \beta) + 1 = 0.$$

(Guldberg.)

10. $$f = \frac{1 + 2y'^2}{3y^3\sqrt{1 + y'^2}}, \qquad y > 0.$$

Extremalen: $$(x - \alpha)^2 + y^2 = \beta^2$$

(Stromquist.)

11*. $$f = y^r \sqrt{1 + y'^2}, \qquad y \gtreqless 0.$$

(Euler.)

Wird die Funktion $\varphi(u)$ durch die Differentialgleichung: $\varphi'' = r\varphi^{2r-1}$ und die Anfangsbedingungen: $\varphi(0) = 1$, $\varphi'(0) = 0$ definiert, so sind die Extremalen (außer für $r = 0$):

$$y = \alpha \varphi\left(\frac{x - \beta}{\alpha}\right).$$

Diskutiere die Gestalt der Extremalen, wobei die Fälle. $r > 1$, $0 < r \lesseqgtr 1$, $r < 0$ zu unterscheiden sind. Untersuche die Periodizitätseigenschaften der Extremalen, wenn r rational. Diskutiere die Konstantenbestimmung.

12*. $$f = y^r \sqrt{1 - y'^2}, \qquad y \gtreqless 0, \quad |y'| \lesseqgtr 1.$$

Ähnliche Resultate wie in der vorigen Aufgabe.

13. Das Hamilton'sche Prinzip[1]) auf die Bewegung eines materiellen Punktes anzuwenden, welcher gezwungen ist, sich auf einer gegebenen Kurve:

$$x = \varphi(q), \qquad y = \psi(q), \qquad z = \chi(q)$$

zu bewegen. Anwendung auf das ebene Pendel.

[1]) Vgl Kap. XI.

14. Dieselbe Aufgabe für den Fall, daß die gegebene Kurve sich nach einem gegebenen Gesetz bewegt.

$$x = \varphi(q, t), \qquad y = \psi(q, t), \qquad z = \chi(q, t).$$

15. Alle Funktionen $f(x, y, y')$ von der Form

$$f = L(x, y)y'^2 + M(x, y)y'^3 + N(x, y)y'^4$$

zu bestimmen, für welche die Extremalen Gerade sind (§ 6, c))

Lösung:

$$L = Y_2, \qquad M = -\tfrac{1}{3}Y_2'x + Y_1,$$

$$N = \frac{1}{12}Y_2''x^2 - Y_1'x + Y_0,$$

wobei Y_0, Y_1, Y_2 drei willkürliche ganze Funktionen von y allein sind, deren Grad durch den Index angegeben wird.

15a. Dieselbe Aufgabe für

$$f = \frac{L(x, y) + M(x, y)y' + N(x, y)y'^2}{(1 + y'^2)^n}.$$

Lösung (für $n \neq 0, 1, \frac{1}{2}$)

$$L = ax + b, \qquad M = -(n-1)ay + c, \qquad N = nax + d$$

16*. Alle Funktionen $f(x, y, y')$ zu bestimmen, für welche die Extremalen Kreise mit dem Mittelpunkt auf der x-Achse sind (§ 6, c)).

(Stromquist.)

17. Alle Funktionen $f(x, y, y')$ zu bestimmen, für welche „transversal“ mit „orthogonal“ identisch ist

Lösung.

$$f = G(x, y)\sqrt{1 + y'^2}.$$

(Hedrick.)

18. Unter der Annahme, daß die Konstantenbestimmung bei gegebenen Endpunkten P_1 und P_2 (wenigstens bei Beschränkuug von P_1 und P_2 auf gewisse Bereiche) eindeutig ist, ist das Integral J, genommen entlang der Extremale von P_1 nach P_2, eine eindeutige Funktion der Koordinaten $x_1, y_1; x_2, y_2$ dieser Punkte, die wir mit $J(x_1, y_1; x_2, y_2)$ bezeichnen und das *Extremalenintegral zwischen P_1 und P_2* nennen

Das Extremalenintegral zu berechnen für

$$f = \sqrt{1 + y'^2}$$

$$f = y'^2$$

$$f = \sqrt{y(1 - y'^2)}$$

$$f = \frac{\sqrt{1 + y'^2}}{y}.$$

19. Zu beweisen, daß die partiellen Ableitungen des Extremalenintegrals folgende Werte haben:

$$\begin{aligned} \frac{\partial J}{\partial x_1} &= -[f(x_1, y_1, y_1') - y_1' f_{y'}(x_1, y_1, y_1')], \quad \frac{\partial J}{\partial y_1} = -f_{y'}(x_1, y_1, y_1'). \\ \frac{\partial J}{\partial x_2} &= [f(x_2, y_2, y_2') - y_2' f_{y'}(x_2, y_2, y_2')], \quad \frac{\partial J}{\partial y_2} = f_{y'}(x_2, y_2, y_2'), \end{aligned} \tag{75}$$

wobei y_1', y_2' das Gefälle der Extremale $P_1 P_2$ in P_1, resp P_2 bedeuten.

(HAMILTON.)

20 Hinreichende Bedingungen für ein starkes Extremum des Integrals

$$\int_{x_1}^{x_2} f(x, y)\, dx$$

mittels der ersten und zweiten Variation abzuleiten, wenn beide Endpunkte auf gegebenen Geraden $x = x_1$, respektive $x = x_2$ beweglich sind.

Lösung:

$$f_y = 0, \qquad f_{yy} > 0.$$

Andeutung: Benutze die Taylor'sche Formel mit Restglied

Beispiele

$$f = (6ax - y^2)y.$$

(EULER.)

$$f = (6ax - 3x^2 - y^2)(2ax - x^2 - \tfrac{4}{3}xy + y^2).$$

(EULER.)

21. Mit Hilfe der zweiten Variation zn beweisen, daß die Gerade $P_1 P_2$ das Integral

$$\int_{x_1}^{x_2} y'^2\, dx$$

zu einem starken Minimum macht (BROMWICH)

22. Mit Hilfe von Nr. 21 den folgenden Satz von OSGOOD zu beweisen. Es sei $f(x)$ von der Klasse C' im Intervall $[ab]$ und es sei

$$a < l \overline{\gtrless} b, \quad \text{und} \quad |f(l) - f(a)| = L > 0$$

Alsdann ist

$$\int_a^l f'(x)^2 dx \overline{\gtrless} \frac{L^2}{b-a}$$

23. Enthält f die Variable y nicht explizite, so kann man die Extremale $\mathfrak{E}_0$ stets mit einem Feld umgeben Daher ist hier die Bedingung II'b hinreichend für ein starkes Extremum.

(OSGOOD.)

24 Für die Aufgabe Nr. 2 die Transversalenschar zu dem von der Schar paralleler Geraden

$$y = mx + a$$

gebildeten Feld zu bestimmen (§ 20, a)).

25 Für Beispiel X die Transversalenschar des aus dem Geradenbüschel durch den Koordinatenanfang bestehenden Feldes zu bestimmen (§ 20, a)).

26 Für Beispiel VIII die Transversalenschar des auf p 99 betrachteten Feldes zu bestimmen (§ 20, a)).

Die folgenden Aufgaben Nr. 27 bis 32 sind singulär, insofern bei ihnen nicht alle in der allgemeinen Theorie gemachten Voraussetzungen erfüllt sind; insbesondere verschwindet $f_{y'y'}$ im Integrationsintervall Es soll besonders die Extremalenschar durch den Punkt P_1 und ihre Enveloppe untersucht werden:

27*
$$f = x^2 y'^2 + 12 y^2,$$
$$(x_1, y_1) = (-1, -1), \qquad (x_2, y_2) = (+1, +1).$$

(Hilbert.)

28*.
$$f = y'^2 \cos^2 x, \qquad x_1 < \frac{\pi}{2} < x_2$$

(Erdmann.)

29*
$$f = x^2 y'^2 + x y'^3, \qquad x_1 < 0 < x_2.$$

30*.
$$f = x\sqrt{1 + y'^2}, \qquad x_1 < 0 < x_2.$$

31*.
$$f = y'^4$$
$$(x_1, y_1) = (0, 0), \qquad (x_2, y_2) = (1, 0).$$

(Hilbert)

32*.
$$f = x^{\frac{2}{3}} y'^2$$
$$(x_1, y_1) = (-1, -1), \qquad (x_2, y_2) = (+1, +1).$$

(Hilbert.)

33*. Die Bedingungen (IV) und (V) für das Integral

$$J = \int_{x_1}^{x_2} \frac{(-x + yy' + (1 - 2x) y'^2)\, dx}{(1 + y'^2)^2}$$

zu diskutieren, wobei $y_1 = 0$, $y_2 = 0$ sein soll (§ 18, d)).

Lösung:

$$x_1 \gtreqless 0, \qquad x_2 - x_1 \lesseqgtr 2.$$

34*. Dieselbe Aufgabe für

$$J = \int_{x_1}^{x_2} \frac{[(y + 1) + x y' + (2y + 1) y'^2]\, dx}{\sqrt{1 + y'^2}}.$$

Lösung:

$$-1 \leqq x_1 < x_2 \leqq 1.$$

Wenn $x_1 = -1$, so muß überdies $x_2 \leqq \frac{1}{2}$ sein

Wenn $x_2 = +1$, so muß überdies $x_1 \geqq \frac{1}{2}$ sein.

Gewisse isoperimetrische Aufgaben mit variabeln Endpunkten lassen sich mittels eines schon von Euler angewandten Kunstgriffes auf Aufgaben ohne Nebenbedingungen und mit festen Endpunkten reduzieren. Dieser Art ist die folgende Aufgabe:

35. Unter allen Kurven von gegebener Länge l, welche vom Koordinatenanfang $P_1(0, 0)$ durch die obere Halbebene ($y > 0$) nach einem nicht vorgeschriebenen Punkt $P_2(x_2, 0)$ der positiven x-Achse gezogen werden können, diejenige zu bestimmen, welche mit der x-Achse den größten Flächeninhalt einschließt.

Der Euler'sche Kunstgriff besteht hier darin, daß man auf allen zulässigen Kurven die Bogenlänge s, gemessen vom Punkt P_1 bis zu dem variabeln Punkt P als unabhängige Variable einführt, die zulässigen Kurven also schreibt

$$x = x(s), \qquad y = y(s).$$

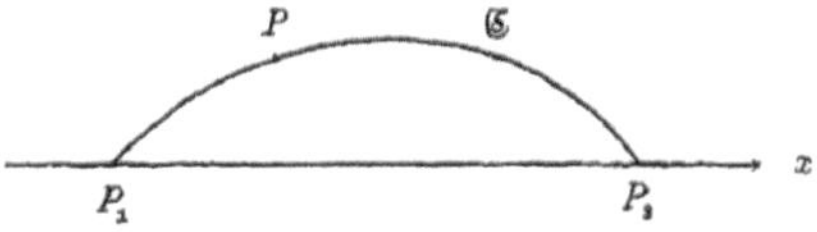

Fig. 27.

Der Punkt $P(x, y)$ beschreibt dann die Kurve von P_1 bis zum Endpunkt P_2, wenn s von 0 bis l wächst:

$$0 \leqq s \leqq l.$$

Da s die Bogenlänge bedeutet, müssen die Funktionen $x(s)$, $y(s)$ der Differentialgleichung genügen

$$x'^2 + y'^2 = 1. \tag{76}$$

Hiernach formulieren wir jetzt die Aufgabe folgendermaßen analytisch: Unter allen Funktionenpaaren $x(s)$, $y(s)$ von der Klasse C', welche der Differentialgleichung (76) und überdies den Bedingungen

$$x(0) = 0, \qquad y(0) = 0; \qquad x(l) > 0, \qquad y(l) = 0,$$
$$y(s) > 0 \quad \text{für} \quad 0 < s < l, \qquad x' \geqq 0\,^{1})$$

genügen, diejenige zu bestimmen, welche das Integral

$$J = \int_0^l y x' \, ds$$

zu einem Maximum macht.

Wir haben also ein Variationsproblem mit zwei unbekannten Funktionen und einer Differentialgleichung als Nebenbedingung, also ein Problem derart,

---

[1]) Es läßt sich zeigen, daß dies keine Beschränkung der Allgemeinheit involviert.

wie sie schon in § 1 erwähnt worden sind. In unserem Fall ergibt sich aber aus der speziellen Form des Integranden, daß sich die Aufgabe auf den einfachsten Fall ohne Nebenbedingungen reduzieren läßt. Wir können nämlich x' mittels (76) eliminieren und erhalten dann folgende, mit der vorigen äquivalente Aufgabe: Unter allen Funktionen der Klasse C'

$$y = y(s), \qquad 0 \gtreqless s \gtreqless l,$$

welche den Anfangsbedingungen

$$y(0) = 0, \qquad y(l) = 0$$

der Gebietseinschrankung

$$y(s) > 0 \quad \text{fur} \quad 0 < s < l$$

und der Gefällbeschränkung [1])

$$\left|\frac{dy}{ds}\right| \gtreqless 1$$

genügen, diejenige zu bestimmen, welche das Integral

$$J' = \int_0^l y \sqrt{1 - \left(\frac{dy}{ds}\right)^2}\, ds$$

zu einem Maximum macht Dies ist ein Problem vom einfachsten Typus ohne Nebenbedingungen [2])

Nachdem man das Problem in der s, y-Ebene gelost hat, berechnet man die Funktion $x(s)$ mittels (76) und kehrt so schließlich zur x, y-Ebene zurück Als Lösung erhält man einen Halbkreis in der x, y-Ebene.

Die folgenden Aufgaben sind mit derselben Methode zu losen. Bei der Anwendung derselben hat man jedoch die großte Vorsicht zu beobachten, weil beim Übergang von der ursprünglichen x, y-Ebene in die neue Ebene häufig die eigentümlichsten Beschränkungen der zulässigen Kurven eingefuhrt werden

36*. Unter allen Kurven, die in der oberen Halbebene ($y > 0$) von einem gegebenen Punkt P_1 nach einem nicht vorgeschriebenen Punkt P_2 der Geraden $y = y_2$ gezogen werden können, und welche zusammen mit den Ordinaten der Punkte P_1, P_2 und dem dazwischenliegenden Segment $M_1 M_2$ der x-Achse einen gegebenen Flächeninhalt A einschließen, diejenige zu bestimmen, welche die kleinste Länge hat (Euler.)

---

[1]) Vgl. wegen derselben p. 34

[2]) Es ist hier ganz wesentlich, daß die Abszisse x_2 nicht gegeben ist Denn wäre x_2 gegeben, so wäre nunmehr noch die Bedingung hinzuzufügen,

$$\int_0^l \sqrt{1 - y'^2}\, ds = x_2,$$

und man hätte wieder ein isoperimetrisches Problem.

Andeutung: Führe als unabhängige Variable den Flächeninhalt $M_1 M P P_1 M_1$ ein (siehe Fig 28).

Lösung: Ein Kreisbogen mit dem Mittelpunkt auf der x-Achse

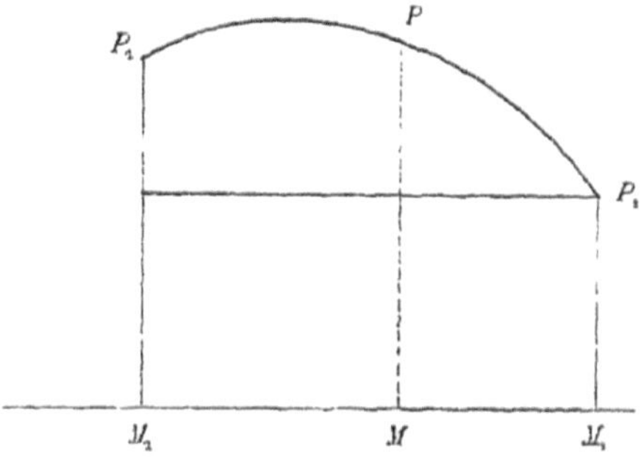

Fig 28

37*. Es sind zwei vom Koordinatenanfang O ausgehende Geraden OM und ON gegeben und auf OM ein Punkt P_1 Unter allen Kurven, welche von P_1 nach der Geraden ON gezogen werden können, und welche mit den beiden Geraden einen Sektor von gegebenem Flächeninhalt einschließen, die Kurve kleinster Länge zu bestimmen (Euler)

38* Analoge Aufgabe, wenn der Endpunkt P_2 statt auf der Geraden ON auf einem gegebenen Kreis $r = r_1$ mit dem Mittelpunkt O beweglich ist. (Euler)

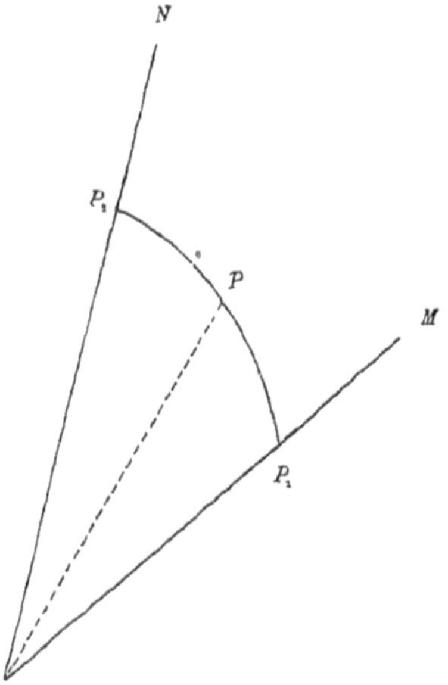

Fig. 29

39*. Einen Rotationskörper von gegebener Oberfläche und möglichst großem Volumen zu konstruieren, dessen Oberfläche die Rotationsachse genau zweimal trifft. (Kneser.)

Die Aufgabe läßt sich auf das *Beispiel VIII* reduzieren. Die gesuchte Rotationsfläche ist eine Kugel

40. Aus einem gegebenen Quantum homogener, nach dem Newton'schen Gesetz anziehender Materie einen Rotationskörper zu bilden, dessen Oberfläche die Rotationsachse genau in zwei Punkten trifft, und welcher auf einen materiellen Punkt, der sich in einem dieser beiden Treffpunkte befindet, eine möglichst große Anziehung ausübt. (Gauss, Kneser, N. R. Wilson.)

Die Gleichung der Meridiankurve der gesuchten Rotationsfläche lautet in Polarkoordinaten

$$r^2 = a^2 \cos\theta .$$

41. Die erste notwendige Bedingung für ein Extremum des Integrals

$$J = \int_{x_1}^{x_2} f(x, y_1, \ldots, y_n, y_1', \ldots, y_n')\, dx$$

aufzustellen (§ 8).

Lösung:

$$\frac{\partial f}{\partial y_i} - \frac{d}{dx}\frac{\partial f}{\partial y_i'} = 0 \qquad i = 1, 2, \ldots, n \tag{77}$$

42 Die kürzeste Linie zwischen zwei Punkten im Raum zu bestimmen.

43. Die erste notwendige Bedingung für ein Extremum des Integrals

$$J = \int_{x_1}^{x_2} f(x, y, y', y'')\,dx$$

aufzustellen:

a) Wenn die Endpunkte und die Tangentenrichtungen in denselben vorgeschrieben sind,

b) Wenn nur die Endpunkte vorgeschrieben sind

Lösung:

$$\frac{\partial f}{\partial y} - \frac{d}{dx}\frac{\partial f}{\partial y'} + \frac{d^2}{dx^2}\frac{\partial f}{\partial y''} = 0. \tag{78}$$

Wenn f die Variabeln x und y nicht enthält, so lassen sich zwei Integrationen sofort ausführen und man erhält

$$f - y''\frac{\partial f}{\partial y''} = a + by'. \tag{79}$$

(Euler.)

Im Fall b) kommen noch die Grenzgleichungen

$$\left.\frac{\partial f}{\partial y''}\right|^1 = 0, \qquad \left.\frac{\partial f}{\partial y''}\right|^2 = 0 \tag{80}$$

hinzu (§ 7, a))

44*. In einer Ebene zwischen zwei gegebenen Punkten A und B eine Kurve zu ziehen, welche zusammen mit den Radien AA', BB' der Krummungskreise in A, resp. B, und dem Bogen $A'B'$ der Evolute den kleinsten Flächenraum einschließt. Das Gefälle der Kurve in A und B ist vorgeschrieben.

(Euler.)

Lösung: Die Extremalen sind Zykloiden.

Andeutung: Mache von (79) Gebrauch, setze

$$a = 2c\cos\gamma, \qquad b = 2c\sin\gamma,$$

und mache alsdann die Substitution

$$y' = \operatorname{cotg}\left(\frac{t}{2} - \gamma\right).$$

Diskussion der Konstantenbestimmung. Diskutiere den Fall, wo nur die Endpunkte gegeben sind.

45. Die erste notwendige Bedingung fur ein Minimum des Integrals

$$J = \int_{x_1}^{x_2} f(x, y, y', \ldots, y^{(n)})\, dx$$

aufzustellen

Losung:

$$\frac{\partial f}{\partial y} - \frac{d}{dx}\frac{\partial f}{\partial y'} + \frac{d^2}{dx^2}\frac{\partial f}{\partial y''} \cdots + (-1)^n \frac{d^n}{dx^n}\frac{\partial f}{\partial y^{(n)}} = 0 \tag{81}$$

(Euler.)

Andeutung: Wende die Lagrange'sche partielle Integration wiederholt an.

46* Unter welchen Bedingungen ist die Funktion

$$f(x, y, y', \ldots, y^{(n)})$$

bei beliebiger Wahl der Funktion y die vollständige Ableitung einer Funktion

$$\varphi(x, y, y', \ldots, y^{(n-1)})$$

nach x? (§ 6, b))

Antwort Es ist notwendig und hinreichend, daß identisch in $x, y, y', \ldots, y^{(2n)}$:

$$\frac{\partial f}{\partial y} - \frac{d}{dx}\frac{\partial f}{\partial y'} + \frac{d^2}{dx^2}\frac{\partial f}{\partial y''} \cdots + (-1)^n \frac{d^n}{dx^n}\frac{\partial f}{\partial y^{(n)}} \equiv 0 .$$

(„Integrabilitätsbedingung“) (Euler, Lexell.)

47*. Es sei N eine in $[x_1 x_2]$ stetige Funktion und es sei

$$\int_{x_1}^{x_2} N \frac{d^n \eta}{dx^n}\, dx = 0$$

für alle Funktionen η, welche in $[x_1 x_2]$ von der Klasse $C^{(n)}$ sind und samt ihren $n-1$ ersten Ableitungen in x_1 und x_2 verschwinden. Alsdann ist N eine ganze Funktion $n-1^{\text{ten}}$ Grades (§ 5, c)). (Zermelo.)

Viertes Kapitel.[1]

Hilfssätze über reelle Funktionen reeller Variabeln.

Teils als Nachtrag zu den bisherigen Kapiteln, hauptsächlich aber als Vorbereitung für die schwierigeren Untersuchungen der folgenden, stellen wir im gegenwärtigen Kapitel eine Reihe von Sätzen über reelle Funktionen reeller Variabeln zusammen, die für eine arithmetisch strenge Begründung der Variationsrechnung nicht zu entbehren sind. Es handelt sich dabei im wesentlichen um gewisse Existenztheoreme über implizite Funktionen und über Systeme von Differentialgleichungen, die gewöhnlich nur für die Umgebung eines Punktes bewiesen werden, während man sie in der Variationsrechnung für die Umgebung einer ganzen Kurve nötig hat.

§ 21. Über die Umgebung einer Punktmenge.

Wir werden sagen, ein Punkt $P(x_1', \ldots, x_n')$ liege in der Umgebung (ϱ) einer im $x_1, \ldots, x_n$-Raum definierten Punktmenge $\mathfrak{A}$, wenn er in der Umgebung (ϱ) wenigstens e i n e s Punktes von $\mathfrak{A}$ liegt, d. h. also, wenn es mindestens einen Punkt $A(a_1, \ldots, a_n)$ von $\mathfrak{A}$ gibt, derart, daß

$$|x_1' - a_1| < \varrho, \ldots, |x_n' - a_n| < \varrho \tag{1}$$

Die Gesamtheit derjenigen Punkte, welche in der Umgebung (ϱ) der Menge $\mathfrak{A}$ liegen, bezeichnen wir mit $(\varrho)_{\mathfrak{A}}$ und nennen sie *„die Umgebung (ϱ) der Menge $\mathfrak{A}$“*.

---

[1]) Wir empfehlen dem Leser dieses Kapitel zunächst zu überschlagen und erst später nach Bedarf darauf zurückzugreifen.

Man zeigt leicht, daß jeder Punkt von $(\varrho)_{\mathfrak{A}}$ zugleich ein innerer[1]) Punkt von $(\varrho)_{\mathfrak{A}}$ ist; ferner, daß $(\sigma)_{\mathfrak{A}}$ stets in $(\varrho)_{\mathfrak{A}}$ enthalten ist[2]), wenn $\sigma \lesseqgtr \varrho$.

Dagegen werden wir sagen der Punkt $P(x_1', \ldots, x_n')$ liege in der *„geschlossenen Umgebung* $[\varrho]$ *der Menge* $\mathfrak{A}$", in Zeichen: in $[\varrho]_{\mathfrak{A}}$, wenn es mindestens einen Punkt $A(a_1, \ldots, a_n)$ von $\mathfrak{A}$ gibt, für welchen

$$|x_1' - a_1| \leqq \varrho, \ldots, |x_n' - a_n| \leqq \varrho. \tag{1a}$$

Ist $\mathfrak{A}$ beschränkt und abgeschlossen[3]), so ist auch die Menge $[\varrho]_{\mathfrak{A}}$ beschränkt und abgeschlossen.

Unter Benutzung dieser Terminologie beweisen wir nun zunächst folgende Hilfssätze:

a) Lemma I:

Ist $\mathfrak{B}$ *eine beschränkte, abgeschlossene Punktmenge, welche ganz im Innern einer anderen Menge* $\mathfrak{A}$ *liegt, so laßt sich* ϱ *so klein wählen, daß die Umgebung* $(\varrho)_{\mathfrak{B}}$ *ganz in* $\mathfrak{A}$ *enthalten ist*

Wir wenden zum Beweis eine in der Theorie der Punktmengen häufig benutzte Schlußweise[4]) an, von der wir noch wiederholt Gebrauch zu machen haben werden:

Angenommen, wie klein wir auch ϱ wählen mögen, so gäbe es immer noch mindestens einen Punkt von $(\varrho)_{\mathfrak{B}}$, welcher nicht zu $\mathfrak{A}$ gehört Dann wählen wir eine abnehmende Folge von positiven Größen mit der Grenze Null:

$$\varrho_1 > \varrho_2 > \cdots > \varrho_\nu > \cdots > 0,$$

$$\underset{\nu=\infty}{L} \varrho_\nu = 0. \tag{2}$$

In $(\varrho_\nu)_{\mathfrak{B}}$ gibt es nach Annahme mindestens einen Punkt $P_\nu(x_1^\nu, \ldots, x_n^\nu)$, welcher nicht zu $\mathfrak{A}$ gehört; nach der Definition von $(\varrho_\nu)_{\mathfrak{B}}$ läßt sich dem Punkt P_ν mindestens ein Punkt $B_\nu(b_1^\nu, \ldots, b_n^\nu)$ von $\mathfrak{B}$ zuordnen, so daß

$$|x_\alpha^\nu - b_\alpha^\nu| < \varrho_\nu, \qquad \alpha = 1, 2, \ldots, n. \tag{3}$$

---

1) Vgl. A I 7

2) Auch die Umkehrung dazu gilt, vorausgesetzt daß es Punkte des (x)-Raumes gibt, welche außerhalb $\mathfrak{A}$ liegen, und daß ϱ hinreichend klein gewählt ist.

3) Vgl A I 2 und 6.

4) Vgl z. B. JORDAN, *Cours d'Analyse*, I, Nr. 30.

Wir betrachten jetzt die Folge $\{B_\nu\}$ Hat dieselbe unendlich viele verschiedene Punkte, so besitzt sie mindestens einen Häufungspunkt[1]) $H(h_1, \ldots, h_n)$, da sie als Teilmenge von $\mathfrak{B}$ beschränkt ist. Wir können dann stets aus der Folge $\{B_\nu\}$ eine unendliche Folge $\{B_{\nu_\iota}\}$, wo $\nu_{\iota+1} > \nu_\iota$, herausgreifen derart daß[2])

$$\underset{\iota=\infty}{L} B_{\nu_\iota} = H \tag{4}$$

Enthält dagegen die Menge $\{B_\nu\}$ nur eine endliche Anzahl verschiedener Punkte, so kommt mindestens einer derselben unendlich oft vor; wir können also in diesem Fall eine unendliche Folge $\{B_{\nu_\iota}\}$ herausgreifen, so daß

$$B_{\nu_\iota} = H;$$

daher gilt auch hier (4).

In beiden Fällen folgt aus (2) und (3), daß auch

$$\underset{\iota=\infty}{L} P_{\nu_\iota} = H. \tag{4a}$$

Der Punkt H gehört stets zu $\mathfrak{B}$. Im zweiten Fall ist dies unmittelbar klar, im ersten Fall folgt zunächst, daß H als Häufungspunkt von $\{B_\nu\}$ a fortiori auch Häufungspunkt der Menge $\mathfrak{B}$ ist, in welcher $\{B_\nu\}$ enthalten ist. Da aber die Menge $\mathfrak{B}$ abgeschlossen ist, so enthält sie den Punkt H

Hiermit sind wir aber bei einem Widerspruch angelangt; denn als Punkt von $\mathfrak{B}$ ist H ein innerer Punkt von $\mathfrak{A}$, es gehören also alle Punkte in einer gewissen Umgebung von H zu $\mathfrak{A}$; andererseits gibt es nach (4a) in jeder Umgebung von H Punkte, welche nicht zu $\mathfrak{A}$ gehören, nämlich die Punkte P_{ν_ι} für hinreichend große Werte von i.

Daraus folgt, daß unsere Annahme falsch war, und damit ist der Satz bewiesen.

Da jeder Punkt von $(\varrho)_{\mathfrak{B}}$ zugleich ein innerer Punkt von $(\varrho)_{\mathfrak{B}}$ ist, so folgt überdies, daß $(\varrho)_{\mathfrak{B}}$ *ganz im Innern von* $\mathfrak{A}$ enthalten ist.

Ist ferner: $0 < \sigma < \varrho$, so ist a fortiori auch $[\sigma]_{\mathfrak{B}}$ ganz im Innern von $\mathfrak{A}$ enthalten.

Ein stetiger Kurvenbogen

$$\mathfrak{C}: \qquad x_\alpha = \varphi_\alpha(t), \quad t_1 \lesseqgtr t \lesseqgtr t_2, \qquad \alpha = 1, 2, \ldots, n,$$

---

[1]) Nach A I 5

[2]) Vgl A I 4. Die Gleichung (4) bedeutet natürlich

$$\underset{\iota=\infty}{L} b_\alpha^{\nu_\iota} = h_\alpha, \qquad \alpha = 1, 2, \ldots, n$$

ist eine beschränkte, abgeschlossene Punktmenge[1]) im $x_1, \ldots, x_n$-Raum. Liegt daher ein solcher Bogen ganz im Innern eines Bereiches $\mathfrak{A}$, so gibt es stets eine Umgebung (ϱ) der Kurve $\mathfrak{C}$, welche ganz in $\mathfrak{A}$ liegt. In dieser Form haben wir schon häufig von dem Satz Gebrauch gemacht.

b) Lemma II (Erweiterter Vorzeichensatz[2])):

Ist die Funktion $f(x_1, \ldots, x_n)$ stetig in[3]) *einem Bereich $\mathfrak{A}$ und positiv in einer beschränkten, abgeschlossenen, ganz im Innern von $\mathfrak{A}$ gelegenen Punktmenge $\mathfrak{C}$, so läßt sich ϱ so klein wählen, daß $f(x_1, \ldots, x_n)$ auch noch in der ganzen Umgebung $(\varrho)_{\mathfrak{C}}$ positiv ist.*

Beweis: Ist C irgend ein Punkt von $\mathfrak{C}$, so ist f positiv in C und da C ein innerer Punkt des Bereiches $\mathfrak{A}$ ist, in welchem f stetig ist, so läßt sich eine gewisse Umgebung von C angeben, in welcher f auch noch positiv[4]) ist. Bezeichnet also $\mathfrak{B}$ die Gesamtheit derjenigen Punkte von $\mathfrak{A}$, in welchen f positiv ist, so ist die Menge $\mathfrak{C}$ nicht nur in $\mathfrak{B}$ enthalten, sondern sie liegt auch ganz im Innern von $\mathfrak{B}$. Daher können wir Lemma I auf die beiden Mengen $\mathfrak{B}$ und $\mathfrak{C}$ anwenden und erhalten unmittelbar den obigen Satz.

Ist z. B. die Funktion $f(x; a_1, \ldots, a_n)$ stetig im Bereich

$$X_1 < x < X_2, \quad |a_i - a_i^0| < d, \qquad i = 1, 2, \ldots, n$$

und ist

$$f(x; a_1^0, \ldots, a_n^0) > 0,$$

für

$$x_1 \lesseqgtr x \lesseqgtr x_2,$$

wo $X_1 < x_1$, $x_2 < X_2$, so läßt sich k so klein wählen, daß

$$f(x; a_1, \ldots, a_n) > 0$$

in dem ganzen Bereich

$$x_1 - k < x < x_2 + k, \ |a_i - a_i^0| < k, \quad i = 1, 2, \ldots, n.$$

Denn dieser Bereich ist identisch mit der Umgebung (k) der beschränkten, abgeschlossenen Menge

$$x_1 \lesseqgtr x \lesseqgtr x_2, \quad a_i = a_i^0, \qquad i = 1, 2, \ldots, n,$$

in welcher f positiv ist.

---

[1]) Nach A VII 1

[2]) Der Satz ist eine Erweiterung des Satzes von A III 2.

[3]) Vgl. A III 1 und 3.

[4]) Nach A III 2.

Zusatz: Das obige Lemma bleibt richtig, wenn darin das Wort „positiv" beidemale durch „*von Null verschieden*" ersetzt wird.

Denn wird nur vorausgesetzt, daß

$$f(x_1, \ldots, x_n) \neq 0 \quad \text{in} \quad \mathfrak{C}$$

so bezeichne $\mathfrak{C}'$ (resp. $\mathfrak{C}''$) die Gesamtheit derjenigen Punkte von $\mathfrak{C}$, in welchen f positiv (resp. negativ) ist. Alsdann ist jede der beiden Mengen $\mathfrak{C}'$, $\mathfrak{C}''$ beschränkt und abgeschlossen Ersteres ist unmittelbar klar; um letzteres zu zeigen, sei $H(h_1, \ldots, h_n)$ ein Häufungspunkt von $\mathfrak{C}'$; dann kann man aus $\mathfrak{C}'$ ein unendliche Folge[1]) von Punkten $P_\nu(x_1^\nu, \ldots, x_n^\nu)$ herausgreifen, so daß

$$\underset{\nu=\infty}{L} P_\nu = H$$

Aus der Stetigkeit von f folgt dann, daß

$$f(h_1, \ldots, h_n) = \underset{\nu=\infty}{L} f(x_1^\nu, \ldots, x_n^\nu) \geqq 0\,.$$

Nun ist aber der Punkt H als Häufungspunkt von $\mathfrak{C}'$ a fortiori zugleich Häufungspunkt von $\mathfrak{C}$, und da $\mathfrak{C}$ abgeschlossen ist, so ist H in $\mathfrak{C}$ enthalten; es ist also nach Voraussetzung

$$f(h_1, \ldots, h_n) \neq 0\,;$$

daher bleibt nur die Möglichkeit, daß $f(h_1, \ldots, h_n)$ positiv. Der Punkt H gehört also zu $\mathfrak{C}'$, und daher ist $\mathfrak{C}'$ abgeschlossen; das gleiche gilt von $\mathfrak{C}''$.

Wir können also nach Lemma II zwei positive Größen ϱ', ϱ'' angeben, so daß

$$f(x_1, \ldots, x_n) > 0 \quad \text{in} \quad (\varrho')_{\mathfrak{C}'}$$

$$f(x_1, \ldots, x_n) < 0 \quad \text{in} \quad (\varrho'')_{\mathfrak{C}''}.$$

Bezeichnet daher ϱ die kleinere der beiden Größen ϱ', ϱ'', so folgt leicht, daß

$$f(x_1, \ldots, x_n) \neq 0 \quad \text{in} \quad (\varrho)_{\mathfrak{C}}\,.$$

§ 22. Ein Satz über eindeutige Abbildung und seine Anwendungen.

Es handelt sich um die Auflösung der n Gleichungen

$$y_i = f_i(x_1, \ldots, x_n), \qquad i = 1, 2, \ldots, n, \tag{5}$$

nach $x_1, \ldots, x_n$. Wir formulieren zunächst den Satz, wie er in den

[1]) Vgl. A I 4

Lehrbüchern gegeben zu werden pflegt, und knüpfen daran die Erweiterung, die wir für die Zwecke der Variationsrechnung nötig haben.

a) **Der Satz über die Inversion eines Funktionensystems für die Umgebung eines Punktes:**

Dabei wird die Auflösung des Gleichungssystems (5) unter folgenden Annahmen betrachtet:

A) Die Funktionen $f_i(x_1, \ldots, x_n)$ sind von der Klasse C' in einer gewissen Umgebung (d) eines Punktes $x_1 = a_1, \ldots, x_n = a_n$.

B) Die Funktionaldeterminante

$$\Delta(x_1, \ldots, x_n) \equiv \frac{\partial(f_1, \ldots, f_n)}{\partial(x_1, \ldots, x_n)}$$

ist an der Stelle (a) von Null verschieden.

Setzt man dann

$$f_i(a_1, \ldots, a_n) = b_i,$$

so läßt sich nach Annahme einer hinreichend kleinen positiven Größe $\delta < d$ eine zweite positive Größe ε derart bestimmen, daß die Gleichungen (5) für jedes Wertsystem $y_1, \ldots, y_n$, für welches

$$|y_i - b_i| < \varepsilon, \qquad i = 1, 2, \ldots, n,$$

eine und nur eine Lösung $x_1, \ldots, x_n$ besitzen, für welche

$$|x_i - a_i| < \delta, \qquad i = 1, 2, \ldots, n.$$

Bezeichnen wir diese Lösung, die natürlich von $y_1, y_2, \ldots, y_n$ abhängt, mit

$$x_i = \psi_i(y_1, y_2, \ldots, y_n), \qquad i = 1, 2, \ldots, n,$$

so sind die Funktionen ψ_i eindeutig definiert und von der Klasse C' im Bereich: $|y_i - b_i| < \varepsilon$, und die partiellen Ableitungen von ψ_i werden nach den gewöhnlichen Differentiationsregeln für implizite Funktionen erhalten. Der Satz ist ein spezieller Fall des Dini'schen Satzes über implizite Funktionen[1]).

[1]) Für den Beweis des letzteren verweisen wir auf Dini, *Analisi infinitesimale* (litt), Bd I, p. 163; Peano, *Differentialrechnung*, Nr. 110—117; C. Jordan, *Cours d'Analyse*, I, Nr 91, 92; Osgood, *Lehrbuch der Funktionentheorie*, Bd. I, p. 47—57.

b) **Der erweiterte Satz über die Inversion eines Funktionensystems**[1]:

Wir betrachten jetzt die Auflösung des Gleichungssystems

$$y_i = f_i(x_1, \ldots, x_n), \qquad i = 1, 2, \ldots, n, \tag{5}$$

und zugleich die durch diese Gleichungen vermittelte Abbildung des (x)-Raumes auf den (y)-Raum unter den folgenden allgemeineren Voraussetzungen:

A) *Die Funktionen $f_i(x_1, \ldots, x_n)$ sind von der Klasse C' in einem Bereich $\mathfrak{A}$.*

B) *$\mathfrak{C}$ ist eine beschränkte, abgeschlossene Punktmenge im Innern von $\mathfrak{A}$.*

C) *Zwei verschiedenen Punkten (x'), (x'') von $\mathfrak{C}$ werden durch die Transformation (5) allemal zwei verschiedene Punkte (y'), (y'') zugeordnet.*

D) *Die Funktionaldeterminante*

$$\Delta(x_1, \ldots, x_n) \equiv \frac{\partial(f_1, \ldots, f_n)}{\partial(x_1, \ldots, x_n)}$$

ist von Null verschieden in $\mathfrak{C}$

Alsdann läßt sich eine positive Größe ϱ so klein wählen, daß die Transformation (5) eine ein-eindeutige Beziehung zwischen der Umgebung $(\varrho)_{\mathfrak{C}}$ und deren Bild $\mathfrak{S}_\varrho$ im (y)-Raum definiert, oder anders ausgedrückt, daß für jedes (y) in $\mathfrak{S}_\varrho$ die Gleichungen (5) eine und nur eine Lösung in $(\varrho)_{\mathfrak{C}}$ besitzen.

Beweis: Zunächst können wir nach § 21, a) eine positive Größe d so klein wählen, daß die Umgebung $(d)_{\mathfrak{C}}$ ganz im Innern von $\mathfrak{A}$ liegt. Alsdann wählen wir eine abnehmende Folge positiver Größen mit der Grenze Null:

$$\left.\begin{array}{c} d > \varrho_1 > \varrho_2 > \cdots \varrho_\nu > \cdots > 0 \\ \underset{\nu=\infty}{L} \varrho_\nu = 0 \end{array}\right\}, \tag{6}$$

und nehmen an, es gäbe für jeden Wert des Index ν in der Umgebung $(\varrho_\nu)_{\mathfrak{C}}$ mindestens ein Paar verschiedener Punkte

$$P'_\nu(x'_{1\nu}, \ldots, x'_{n\nu}), \qquad P''_\nu(x''_{1\nu}, \ldots, x''_{n\nu}),$$

deren Bilder im (y)-Raum zusammenfallen. Wir wollen zeigen,

---

[1] Siehe Bolza, Mathematische Annalen, Bd. 63 (1906), p. 247; vgl. auch Bolza, *Lectures*, § 34, wo ein spezieller Fall des Satzes bewiesen wird

daß diese Annahme zu einem Widerspruch mit unseren Voraussetzungen führt.

Zu diesem Zweck bemerken wir zunächst, daß nach der Definition der Umgebung einer Punktmenge den Punkten P'_ν, P''_ν sich zwei Punkte von $\mathfrak{C}$ zuordnen lassen:

$$\Pi'_\nu(\xi'_{1\nu}, \ldots, \xi'_{n\nu}), \qquad \Pi''_\nu(\xi''_{1\nu}, \ldots, \xi''_{n\nu}),$$

derart daß[1])

$$|x'_{i\nu} - \xi'_{i\nu}| < \varrho_\nu, \qquad |x''_{i\nu} - \xi''_{i\nu}| < \varrho_\nu, \tag{7}$$

und betrachten nunmehr die Folge von Punkten

$$\{Z_\nu\} = \{(\xi'_{1\nu}, \ldots, \xi'_{n\nu};\ \xi''_{1\nu}, \ldots, \xi''_{n\nu})\},$$
$$\nu = 1, 2, \ldots, \text{ in inf.}$$

im $2n$-dimensionalen Raum der Variabeln $\xi'_1, \ldots, \xi'_n;\ \xi''_1, \ldots, \xi''_n$. Dieselbe ist enthalten in der durch die Bedingungen

$$(\xi'_1, \ldots, \xi'_n) \text{ in } \mathfrak{C}; \qquad (\xi''_1, \ldots, \xi''_n) \text{ in } \mathfrak{C}$$

definierten Menge $\mathfrak{D}$. Letztere Menge ist beschränkt; also ist es auch die Menge $\{Z_\nu\}$. Daraus folgt nach der in § 21, a) benutzten Methode, daß ein Punkt $(h'_1, \ldots, h'_n; h''_1, \ldots, h''_n)$ und eine zugehörige Teilfolge $\{Z_{\nu_\mu}\}$ von $\{Z_\nu\}$ existieren (wo wieder $\nu_{\mu+1} > \nu_\mu$), derart daß

$$\underset{\mu=\infty}{L} Z_{\nu_\mu} = (h'_1, \ldots, h'_n;\ h''_1, \ldots, h''_n),$$

oder, was dasselbe ist,

$$\underset{\mu=\infty}{L} \Pi'_{\nu_\mu} = H', \qquad \underset{\mu=\infty}{L} \Pi''_{\nu_\mu} = H'',$$

wenn wir mit H' und H'' die Punkte

$$H' = (h'_1, \ldots, h'_n), \qquad H'' = (h''_1, \ldots, h''_n)$$

im (x)-Raum bezeichnen.

Die Menge $\mathfrak{D}$ ist überdies abgeschlossen, wie leicht zu zeigen ist; daraus schließt man wie in § 21, a), daß der Punkt $(h'_1, \ldots, h'_n; h''_1, \ldots, h''_n)$ zu $\mathfrak{D}$ gehört, d. h. daß die beiden Punkte H', H'' zur Menge $\mathfrak{C}$ gehören. Endlich folgt aus (6) und (7), daß auch

$$\underset{\mu=\infty}{L} P'_{\nu_\mu} = H', \quad \underset{\mu=\infty}{L} P''_{\nu_\mu} = H''. \tag{8}$$

---

[1]) Dem Index i sind stets die Werte $1, 2, \ldots, n$ zu geben

Nun läßt sich aber zeigen, daß die beiden Punkte H', H'' zusammenfallen müssen. Denn nach der Definition der Punkte P'_ν, P''_ν ist

$$f_\iota(x'_{1\nu}, \ldots, x'_{n\nu}) = f_\iota(x''_{1\nu}, \ldots, x''_{n\nu}),$$

also wenn wir

$$F(x'_1, \ldots, x'_n;\, x''_1, \ldots, x''_n) = \sum_\iota \left[f_\iota(x'_1, \ldots, x'_n) - f_\iota(x''_1, \ldots, x''_n)\right]^2$$

definieren,

$$F(x'_{1\nu}, \ldots, x'_{n\nu};\, x''_{1\nu}, \ldots, x''_{n\nu}) = 0.$$

Aus (8) folgt daher unter Berücksichtigung der Stetigkeit der Funktion F, daß

$$\underset{\mu=\infty}{L} F\left(x'_{1\nu_\mu}, \ldots, x'_{n\nu_\mu};\, x''_{1\nu_\mu}, \ldots, x''_{n\nu_\mu}\right) = F(h'_1, \ldots, h'_n;\, h''_1, \ldots, h''_n) = 0,$$

also, da wir es nur mit reellen Größen zu tun haben,

$$f_\iota(h'_1, \ldots, h'_n) = f_\iota(h''_1, \ldots, h''_n).$$

Das heißt aber: Die Bilder der beiden Punkte H', H'' fallen zusammen, und daher müssen die beiden Punkte selbst nach Voraussetzung C) zusammenfallen, da sie beide zur Menge $\mathfrak{C}$ gehören. Wir schreiben

$$H' = H'' = H;$$

also ist

$$\underset{\mu=\infty}{L} P'_{\nu_\mu} = H, \qquad \underset{\mu=\infty}{L} P''_{\nu_\mu} = H. \tag{9}$$

Somit folgt aus der eingangs gemachten Annahme, *daß es einen Punkt H der Menge $\mathfrak{C}$ gibt, derart daß in jeder Nähe von H Paare verschiedener Punkte existieren, deren Bilder im (y)-Raum zusammenfallen.*

Dies führt nun aber unmittelbar zu einem Widerspruch mit unseren Voraussetzungen. Denn einerseits sind für den Punkt H die Voraussetzungen des Satzes von § 22, a) erfüllt; bezeichnet also K das Bild des Punktes H im (y)-Raum, so lassen sich nach a) zwei positive Größen δ und ε angeben, derart daß die Gleichungen (5) für jedes Wertsystem (y) in der Umgebung (ε) des Punktes K eine und nur eine Lösung in der Umgebung (δ) des Punktes H besitzen.

Andererseits folgt aber aus den Gleichungen (9) und aus der Stetigkeit der Funktionen f_ι, daß

$$\underset{\mu=\infty}{L} Q_{\nu_\mu} = K,$$

wenn Q_{ν_μ} den gemeinsamen Bildpunkt von P'_{ν_μ} und P''_{ν_μ} bezeichnet. Wir können daher nach (9) den Index μ so groß wählen, daß P'_{ν_μ} und P''_{ν_μ} in die Umgebung (δ) des Punktes H, und gleichzeitig Q_{ν_μ} in die Umgebung (ε) des Punktes K fällt, was einen Widerspruch mit dem Vorangegangenen involviert, da für $(y) = Q_{\nu_\mu}$ die Gleichungen (5) die beiden verschiedenen Lösungen $(x) = P'_{\nu_\mu}$ und P''_{ν_μ} besitzen.

Daher muß die Annahme, von der wir ausgegangen sind, falsch sein; es muß also mindestens einen Wert $\nu = m$ geben, derart daß zwei verschiedenen Punkten der Umgebung $(\varrho_m)_\mathfrak{C}$ durch die Transformation (5) allemal zwei verschiedene Punkte des (y)-Raumes zugeordnet werden. Sobald wir also $\varrho \leqq \varrho_m$ wählen, ist die durch (5) definierte Beziehung zwischen $(\varrho)_\mathfrak{C}$ und $\mathfrak{S}_\varrho$ eine ein-eindeutige, Q. E. D.

c) **Eigenschaften des Bereiches $\mathfrak{S}_\varrho$ und der inversen Funktionen:**

Wird ϱ der zuletzt angegebenen Bedingung gemäß gewählt, so haben die Gleichungen (5) für jedes der Menge $\mathfrak{S}_\varrho$ angehörige Wertsystem $y_1, \ldots, y_n$ eine und nur eine Lösung $x_1, \ldots, x_n$ in der Umgebung $(\varrho)_\mathfrak{C}$. Diese Werte der x sind daher in $\mathfrak{S}_\varrho$ eindeutig definierte Funktionen von $y_1, \ldots, y_n$, die wir mit

$$x_i = \psi_i(y_1, \ldots, y_n) \tag{10}$$

bezeichnen. Es soll gezeigt werden

Zusatz I: Unter den Voraussetzungen A) bis D) läßt sich ϱ so klein wählen, daß jeder Punkt der Menge $\mathfrak{S}_\varrho$ ein innerer Punkt von $\mathfrak{S}_\varrho$ ist, und daß überdies die inversen Funktionen $\psi_i(y_1, \ldots, y_n)$ in $\mathfrak{S}_\varrho$ von der Klasse C' sind.

Zum Beweis wählen wir $\varrho (\leqq \varrho_m)$ so klein, daß

$$\Delta(x_1, \ldots, x_n) \neq 0 \quad \text{in} \quad (\varrho)_\mathfrak{C}, \tag{11}$$

was nach § 21, b) auf Grund unserer Voraussetzungen A), B), D) möglich ist. Alsdann sei (x') irgend ein Punkt von $(\varrho)_\mathfrak{C}$, und (y') sein Bild im (y)-Raum. Nach einer früheren Bemerkung ist der Punkt (x') zugleich ein innerer Punkt von $(\varrho)_\mathfrak{C}$; wir können also eine positive Größe d so klein wählen, daß die ganze Umgebung (d) von (x') auch noch in $(\varrho)_\mathfrak{C}$ liegt. In dieser Umgebung (d) sind dann die Funktionen f_i von der Klasse C'; ferner ist

$$\Delta(x_1', \ldots, x_n') \neq 0 .$$

Wir können also nach dem gewöhnlichen Inversionssatz (§ 22, a)) zwei positive Größen $\delta < d$ und ε angeben, derart daß für jeden

Punkt (y) in der Umgebung (ε) des Punktes (y') die Gleichungen (5) eine und nur eine Lösung (x) in der Umgebung (δ) des Punktes (x') besitzen, und daß gleichzeitig die inversen Funktionen $\psi_i(y_1, \ldots, y_n)$ in der Umgebung (ε) von (y') von der Klasse C' sind.

Jeder Punkt (y) in der Umgebung (ε) des Punktes (y') ist daher das Bild eines Punktes (x) des Bereiches $(\varrho)_{\mathfrak{C}}$ und gehört daher zur Menge $\mathfrak{S}_\varrho$. Das heißt aber, jeder Punkt der Menge $\mathfrak{S}_\varrho$ ist ein innerer Punkt von $\mathfrak{S}_\varrho$, und zugleich folgt, daß $\psi_i(y_1, \ldots, y_n)$ in $\mathfrak{S}_\varrho$ von der Klasse C' ist.

In dem speziellen Fall, wo der Bereich $(\varrho)_{\mathfrak{C}}$ zusammenhängend ist, ist auch $\mathfrak{S}_\varrho$ zusammenhängend[1]; in diesem Fall ist daher der Bereich $\mathfrak{S}_\varrho$ ein Kontinuum[2].

Aus dem eben bewiesenen Zusatz ergibt sich unmittelbar der folgende

Zusatz II: Bezeichnet $\mathfrak{G}$ das durch die Transformation (5) *definierte Bild der Menge $\mathfrak{C}$ im (y)-Raum, so läßt sich unter den Voraussetzungen A) bis D) neben der Größe ϱ eine zweite positive Größe σ bestimmen, derart, daß die Gleichungen* (5) *für jedes (y) in der Umgebung $(\sigma)_{\mathfrak{G}}$ eine und nur eine Lösung (x) in der Umgebung $(\varrho)_{\mathfrak{C}}$ besitzen.*

Denn da $\mathfrak{C}$ beschränkt und abgeschlossen ist, so ist auch $\mathfrak{G}$ beschränkt und abgeschlossen[3], und nach dem eben Bewiesenen liegt $\mathfrak{G}$ ganz im Innern von $\mathfrak{S}_\varrho$. Also können wir nach § 21, a) σ so klein wählen, daß die Umgebung $(\sigma)_{\mathfrak{G}}$ ganz in $\mathfrak{S}_\varrho$ enthalten ist, womit unsere Behauptung bewiesen ist

d) **Der allgemeine Satz von der Existenz eines Feldes:**

Es sei jetzt eine n-parametrige Schar von Kurven im $(n+1)$-dimensionalen Raum der Variabeln $x_1, x_2, \ldots, x_{n+1}$ gegeben

$$x_j = \varphi_j(t, a_1, \ldots, a_n), \qquad j = 1, 2, \ldots, n+1, \tag{12}$$

welche folgende Bedingungen erfüllt:

A) Die Funktionen $\varphi_1, \varphi_2, \ldots, \varphi_{n+1}$ sind als Funktionen ihrer $n+1$ Argumente *von der Klasse C'* in einem Bereich

$$T_1 < t < T_2, \qquad |a_i - a_i^0| < d, \qquad i = 1, 2, \ldots, n. \tag{12a}$$

B) *Die spezielle Kurve*

$$\mathfrak{C}_0: \quad x_j = \varphi_j(t, a_1^0, \ldots, a_n^0), \quad t_1 \gtreqless t \gtreqless t_2, \quad j = 1, 2, \ldots, n+1,$$

---

[1] Nach Jordan, *Cours d'Analyse*, I, Nr. 64.

[2] Vgl A I 9.

[3] Nach A VII 1.

(wobei $T_1 < t_1$, $t_2 < T_2$), hat *keine mehrfachen Punkte*, d. h. zwei verschiedenen Werten von t im Intervall $[t_1 t_2]$ entsprechen stets zwei verschiedene Punkte der Kurve $\mathfrak{C}_0$.

C) *Die Funktionaldeterminante*

$$\Delta(t, a_1, \ldots, a_n) = \frac{\partial(\varphi_1, \varphi_2, \ldots, \varphi_{n+1})}{\partial(t, a_1, \ldots, a_n)}$$

ist von Null verschieden entlang $\mathfrak{C}_0$, *d. h.*

$$\Delta(t, a_1^0, \ldots, a_n^0) \neq 0 \quad in \quad [t_1 t_2]. \tag{13}$$

Alsdann lassen sich die positiven Größen $h, k_1, \ldots, k_n$ *so klein wählen, daß die Gleichungen (12) eine ein-eindeutige Beziehung zwischen dem Bereich*

$$\mathfrak{A}: \quad t_1 - h \lesseqgtr t \lesseqgtr t_2 + h, \quad |a_i - a_i^0| \lesseqgtr k_i, \quad i = 1, 2, \ldots, n$$

und dessen Bild $\mathfrak{S}$ *im* (x)-*Raum definieren, und daß gleichzeitig*

$$\Delta(t, a_1, \ldots, a_n) \neq 0 \tag{14}$$

im ganzen Bereich $\mathfrak{A}$.

Das Bild $\mathfrak{S}'$ *des Bereiches*

$$\mathfrak{A}': \quad t_1 - h < t < t_2 + h, \quad |a_i - a_i^0| < k_i, \quad i = 1, 2, \ldots, n,$$

bildet dann ein Kontinuum, und die durch Auflösung der Gleichungen (12) erhaltenen inversen Funktionen

$$\left.\begin{aligned} t &= \mathfrak{t}(x_1, \ldots, x_{n+1}) \\ a_1 &= \mathfrak{a}_1(x_1, \ldots, x_{n+1}) \\ &\cdots\cdots \\ a_n &= \mathfrak{a}_n(x_1, \ldots, x_{n+1}) \end{aligned}\right\} \tag{15}$$

sind im Bereich $\mathfrak{S}$ *von der Klasse* C'.

Der Satz ist ein spezieller Fall unseres erweiterten Inversionssatzes. Der dort mit $\mathfrak{C}$ bezeichneten Punktmenge entspricht hier die Menge

$$\mathfrak{C}: \quad t_1 \lesseqgtr t \lesseqgtr t_2, \qquad a_i = a_i^0, \qquad i = 1, 2, \ldots, n,$$

welche in der Tat beschränkt und abgeschlossen ist und ganz im Innern von (12a) liegt. Der Satz ergibt sich dann unmittelbar, wenn man noch beachtet, daß die Umgebung $(\varrho)_{\mathfrak{C}}$ hier nichts anderes ist als der Bereich

$$t_1 - \varrho < t < t_2 + \varrho, \qquad |a_i - a_i^0| < \varrho, \qquad i = 1, 2, \ldots, n.$$

Man hat dann nur $h, k_1, \ldots, k_n < \varrho$ zu wählen.

Zusatz: *In dem speziellen Fall, wo die Koordinaten der Kurvenpunkte sich als eindeutige Funktionen einer dieser Koordinaten ausdrücken lassen, ist die Bedingung B) stets erfüllt und kann daher weggelassen werden.*

Denn lautet z. B. die letzte der Gleichungen (12)

$$x_{n+1} = t,$$

so entsprechen zwei verschiedenen Werten von t stets verschiedene Werte von x_{n+1}, also sicher auch zwei verschiedene Kurvenpunkte. Man beachte noch, daß in diesem Fall

$$\Delta(t, a_1, \ldots, a_n) = \frac{\partial(\varphi_1, \ldots, \varphi_n)}{\partial(a_1, \ldots, a_n)}.$$

e) **Der erweiterte Satz über implizite Funktionen:**

Bei dem Satz[1]) über implizite Funktionen in seiner gewöhnlichen Form handelt es sich um die Auflösung eines Gleichungssystems

$$f_i(x_1, \ldots, x_m; y_1, \ldots, y_n) = 0, \qquad i = 1, 2, \ldots, n. \tag{16}$$

Dabei wird vorausgesetzt, es sei eine spezielle Lösung von (16):

$$x_1 = a_1, \ldots, x_m = a_m; \qquad y_1 = b_1, \ldots, y_n = b_n \tag{17}$$

bekannt, in deren Umgebung die Funktionen f_i von der Klasse C' sind. Ferner wird angenommen, daß an der Stelle (17) die Funktionaldeterminante

$$\frac{\partial(f_1, f_2, \ldots, f_n)}{\partial(y_1, y_2, \ldots, y_n)}$$

von Null verschieden ist.

Alsdann lassen sich die Gleichungen (16) in der Umgebung der Stelle (17) eindeutig nach $y_1, \ldots, y_n$ auflösen, das heißt: Zu jedem hinreichend kleinen positiven ε gibt es eine zweite positive Größe δ derart, daß für jedes Wertsystem $x_1, x_2, \ldots, x_m$, welches den Ungleichungen

$$|x_1 - a_1| < \delta, \qquad |x_2 - a_2| < \delta, \ \ldots, \qquad |x_m - a_m| < \delta$$

genügt, die Gleichungen (16) ein und nur ein Lösungssystem $y_1, \ldots, y_n$ besitzen, welches den Ungleichungen

$$|y_1 - b_1| < \varepsilon, \qquad |y_2 - b_2| < \varepsilon, \ldots, \qquad |y_n - b_n| < \varepsilon$$

genügt.

---

[1]) Vgl. die Zitate auf p. 159, Fußnote [1])

Überdies sind die hierdurch eindeutig definierten impliziten Funktionen: $y_i = \psi_i(x_1, \ldots, x_m)$ in der Umgebung der Stelle $x_1 = a_1, \ldots, x_m = a_m$ von der Klasse C'.

Auch dieser Satz läßt sich von der Umgebung einer einzelnen Stelle auf die Umgebung einer Punktmenge ausdehnen. Dabei sollen folgende Voraussetzungen gemacht werden:

A) Die Funktionen f_i sind *von der Klasse* C' in einem Bereich $\mathfrak{A}$ des (x, y)-Raumes.

B) Die Gleichungen (16) werden befriedigt durch die Koordinaten x, y der Punkte einer *beschränkten, abgeschlossenen* Menge $\mathfrak{C}$, welche *ganz im Innern von* $\mathfrak{A}$ liegt.

C) Sind (x', y') und (x'', y'') zwei *verschiedene* Punkte von $\mathfrak{C}$, *so ist allemal auch* $(x') \neq (x'')$[1].

D) *Die Funktionaldeterminante*

$$\frac{\partial(f_1, \ldots, f_n)}{\partial(y_1, \ldots, y_n)}$$

ist von Null verschieden in $\mathfrak{C}$.

Bezeichnet alsdann $\mathfrak{X}$ die „Projektion" von $\mathfrak{C}$ in den (x)-Raum so lassen sich zwei positive Größen ϱ und σ angeben, derart daß es *zu jedem* (x) *in der Umgebung* $(\sigma)_{\mathfrak{X}}$ *eine und nur eine Lösung* (y) *des Gleichungssystems (16) gibt, für welche* (x, y) *in der Umgebung* $(\varrho)_{\mathfrak{C}}$ *liegt, und daß die durch Auflösung der Gleichungen (16) erhaltenen impliziten Funktionen*

$$y_i = \psi_i(x_1, \ldots, x_n), \qquad i = 1, 2, \ldots, n, \tag{18}$$

im Bereich $(\sigma)_{\mathfrak{X}}$ *von der Klasse* C' *sind.*

Dabei ist unter der Projektion eines Punktes $x_1', \ldots, x_m', y_1', \ldots, y_n'$ in den (x)-Raum der Punkt: $x_1 = x_1', \ldots, x_m = x_m'$ verstanden.

Zum Beweis betrachten wir zunächst die Auflösung des Gleichungssystems

$$\left.\begin{array}{c} u_h = x_h, \qquad u_{m+i} = f_i(x_1, \ldots, x_m, y_1, \ldots, y_n) \\ (h = 1, 2, \ldots, m;\ i = 1, 2, \ldots, n) \end{array}\right\} \tag{19}$$

nach $x_1, \ldots, x_m, y_1, \ldots, y_n$.

Auf dieses Gleichungssystem können wir den Zusatz II zu dem erweiterten Inversionssatz (§ 22, c)) anwenden. Man erhält dann unter Berücksichtigung der speziellen Form des Systems (19) das

[1] Wir können diese Bedingung auch so ausdrücken: *Innerhalb der Menge* $\mathfrak{C}$ sind die Gleichungen (16) eindeutig nach $y_1, \ldots, y_n$ auflösbar.

Resultat: Es gibt zwei positive Größen ϱ und σ derart, daß di Gleichungen (19) für jedes $(x_1, \ldots, x_m)$ in $(\sigma)_{\mathfrak{X}}$ und für jede $u_{m+1}, \ldots, u_{m+n}$, für welches $|u_{m+\iota}| < \sigma$, ein und nur ein Lösungs system

$$y_\iota = \Psi_i(x_1, \ldots, x_m, u_{m+1}, \ldots, u_{m+n}),$$
$$(i = 1, 2, \ldots, n)$$

besitzen, für welches der Punkt (x, y) in $(\varrho)_{\mathfrak{C}}$ liegt.

Setzt man schließlich $u_{m+\iota} = 0$, so erhält man den obigen Satz Wir werden den Inhalt dieses Satzes kurz dahin zusammenfassen, da unter den Voraussetzungen A) bis D) *die Gleichungen (16) sich i der Umgebung der Punktmenge $\mathfrak{C}$ eindeutig nach $y_1, \ldots, y_n$ auflöse lassen*[1]).

23. Existenztheoreme für Systeme von gewöhnlichen Differentia gleichungen.[2])

Wir betrachten in diesem Paragraphen ein System von n Diffe rentialgleichungen erster Ordnung:

$$\frac{dx_k}{dt} = f_k(t, x_1, x_2, \ldots, x_n), \qquad k = 1, 2, \ldots, n, \tag{20}$$

unter folgenden Voraussetzungen:

A) Die reellen Funktionen $f_k(t, x_1, x_2, \ldots, x_n)$ sind eindeuti definiert und *stetig* in einem Bereich $\mathfrak{A}$ im Raum der reellen Vari abeln $t, x_1, x_2, \ldots, x_n$.

B) Die *partiellen Ableitungen* der f_k nach $x_1, x_2, \ldots, x_n$

$$f_k^\iota = \frac{\partial f_k}{\partial x_\iota}$$

existieren und sind *stetig* im Innern desselben Bereiches $\mathfrak{A}$.

---

[1]) Zugleich folgt noch, daß $(\sigma)_{\mathfrak{X}}$ in $(\varrho)_{\mathfrak{X}}$ enthalten ist, und daraus folg daß stets $\sigma \lesseqgtr \varrho$, da es Punkte des (x)-Raumes gibt, die außerhalb $\mathfrak{X}$ liegen (vg p. 155, Fußnote [2]). Daraus ergibt sich weiter, daß jede in $(\sigma)_{\mathfrak{C}}$ gelegene Lösun des Systems (16) zugleich dem System (18) genügt und umgekehrt.

[2]) Vgl. für das folgende das Referat von Painlevé, *Encyclopädie,* II A p. 190—200, und die zusammenfassende Darstellung von Bliss, (Annals o Mathematics, (2) Bd VI (1905), p 49—68), dem ich mich in der Bezeichnun und der Formulierung der Sätze angeschlossen habe.

C) Der Punkt $A(\tau, \xi_1, \xi_2, \ldots, \xi_n)$ liegt im Innern des Bereiches $\mathfrak{A}$.

Den Bereich $\mathfrak{A}$ nennen wir den „*Stetigkeitsbereich des Systems (20)*". Es soll eine Lösung des Systems (20) bestimmt werden, welche den Anfangsbedingungen

$$x_k(\tau) = \xi_k, \qquad k = 1, 2, \ldots, n, \tag{21}$$

genügt.

a) **Bestimmung eines Elementes der Lösung:**

Da der Punkt A im Innern von $\mathfrak{A}$ liegt, so läßt sich eine positive Größe ϱ so bestimmen, daß auch die geschlossene Umgebung $[\varrho]$ des Punktes A, d. h. der durch die Ungleichungen

$$|t-\tau| \lesseqgtr \varrho, \qquad |x_1 - \xi_1| \lesseqgtr \varrho, \ldots, |x_n - \xi_n| \lesseqgtr \varrho$$

definierte Bereich, ganz im Innern von $\mathfrak{A}$ liegt. In dem abgeschlossenen Bereich $[\varrho]$ erreicht jede der stetigen Funktionen $f_k(t, x_1, x_2, \ldots, x_n)$ einen endlichen Maximalwert; sei M der größte derselben, und sei l die kleinere der beiden Größen: ϱ, $\frac{\varrho}{M}$.

Alsdann gibt[1] *es ein Funktionensystem (eine „Kurve")*

$$x_k = x_k(t), \qquad k = 1, 2, \ldots, n, \tag{22}$$

welches für das Intervall: $|t - \tau| \lesseqgtr l$ eindeutig definiert ist und in demselben folgende Eigenschaften besitzt:

1. Die Funktionen $x_k(t)$ sind stetig und differentiierbar.

2 Sie genügen den Ungleichungen:

$$|x_k(t) - \xi_k| \lesseqgtr \varrho \tag{23}$$

3. Sie genügen dem System von Differentialgleichungen

$$\frac{dx_k}{dt} = f_k(t, x_1, x_2, \ldots, x_n). \tag{20}$$

4. Sie genügen den Anfangsbedingungen

$$x_k(\tau) = \xi_k. \tag{21}$$

Eine Folge dieser Eigenschaften ist, daß auch die Ableitungen $x_k'(t)$ in demselben Intervall stetig sind.

Da die gefundene Lösung vorläufig nur für eine gewisse Umgebung von $t = \tau$ definiert ist, so nennen wir sie ein „*Element*" der

[1] Zuerst von Cauchy bewiesen, vgl. Picard, *Traité*, Bd. II (1905), p. 322—330, 340—345; Goursat, *Cours d'Analyse*, Bd II, p. 369—371, 376—382.

durch die Differentialgleichungen (20) und die Anfangsbedingungen (21) definierten Kurve.

Zusatz[1]): Ist $\mathfrak{A}_0$ eine beschränkte, abgeschlossene Menge im Innern von $\mathfrak{A}$, so läßt sich eine positive Größe l_0 angeben, so daß die Lösung durch irgend einen Punkt $(\tau, \xi_1, \ldots, \xi_n)$ von $\mathfrak{A}_0$ mindestens im Intervall $|t-\tau| \leqq l_0$ existiert und im Innern von $\mathfrak{A}$ liegt. Denn wir können dann nach § 21, a) eine geschlossene Umgebung $[\varrho_0]_{\mathfrak{A}_0}$ angeben, welche ganz im Innern von $\mathfrak{A}$ liegt. Ist M_0 der größte der Maximalwerte der Funktionen $|f_k|$ in $[\varrho_0]_{\mathfrak{A}_0}$, so ist l_0 die kleinere der beiden Größen ϱ_0, $\frac{\varrho_0}{M_0}$.

b) **Die Peano'sche Ungleichung:**

Es sei $\mathfrak{B}$ ein Bereich im Gebiet der Variabeln $t, x_1, x_2, \ldots, x_n$, in welchem die Funktionen $f_k(t, x_1, \ldots, x_n)$ *stetig* sind und der *Lipschitz'schen Bedingung* genügen, d. h. es soll eine positive Größe K geben, derart daß für irgend zwei Punkte von $\mathfrak{B}$ mit derselben t-Koordinate:

$$t, x_1', \ldots, x_n' \quad \text{und} \quad t, x_1'', \ldots, x_n'',$$

die Ungleichungen gelten

$$\left.\begin{array}{c} |f_k(t, x_1', \ldots, x_n') - f_k(t, x_1'', \ldots, x_n'')| < K \sum\limits_{i=1}^{n} |x_i' - x_i''| \\ (k = 1, 2, \ldots, n) \end{array}\right\} \quad (24)$$

Ferner seien

$$x_k = x_k(t), \qquad x_k = \overline{x}_k(t), \\ (k = 1, 2, \ldots, n)$$

zwei für dasselbe Intervall: $\alpha \leqq t \leqq \beta$ definierte Lösungen[2]) des Systems (20), welche ganz im Bereich $\mathfrak{B}$ liegen.

Setzt man dann

$$u_k(t) = \overline{x}_k(t) - x_k(t),$$

so ist

$$\frac{du_k}{dt} = f_k(t, \overline{x}_1, \ldots, \overline{x}_n) - f_k(t, x_1, \ldots, x_n),$$

---

[1]) Vgl. Bliss, loc cit., p. 53.

[2]) Dies involviert die Differentiierbarkeit (und daher a fortiori die Stetigkeit) von $x_k(t)$ und $\overline{x}_k(t)$ in $[\alpha\beta]$, was in der Folge stets in dem Wort „Lösung" inbegriffen sein soll.

also wegen (24)

$$\left|\frac{du_k}{dt}\right| < K\sum_i |u_i| \,. \tag{25}$$

Beachtet man, daß für die vordere Derivierte[1]) von $|u_k|$ die Ungleichung gilt

$$-\left|\frac{du_k}{dt}\right| \lesseqgtr \frac{\overset{+}{d}\,|u_k|}{dt} \lesseqgtr \left|\frac{du_k}{dt}\right|,$$

so folgt hieraus

$$-Kn\sum_i |u_i| < \frac{\overset{+}{d}\sum_i |u_i|}{dt} < Kn\sum_i |u_i|\,,$$

woraus man durch Integration zwischen den Grenzen t_0 und t die folgende von PEANO[2]) herrührende Ungleichung erhält:

$$\sum_{i=1}^{n} |\overline{x}_i(t) - x_i(t)| < e^{nK|t-t_0|} \sum_{i=1}^{n} |\overline{x}_i(t_0) - x_i(t_0)|\,, \tag{26}$$

für

$$\alpha \lesseqgtr t \lesseqgtr \beta,$$

wenn t_0 irgend einen Wert von t im Intervall $[\alpha\beta]$ bedeutet.

c) **Einzigkeit der Lösung:**

Wir kehren jetzt wieder zu den Annahmen und Bezeichnungen von § 23, a) zurück. Es sei

$$\mathfrak{C}: \qquad x_k = x_k(t), \qquad \alpha \lesseqgtr t \lesseqgtr \beta, \qquad k = 1, 2, \ldots, n,$$

irgend eine für ein gewisses Intervall $[\alpha\beta]$ definierte Lösung des Systems (20), welche ganz im Innern des Bereiches $\mathfrak{A}$ liegt[3]).

Dann können wir nach § 21, a) eine positive Größe σ so klein wählen, daß auch die geschlossene Nachbarschaft $[\sigma]$ der Kurve $\mathfrak{C}$, d. h. der durch die Ungleichungen

$$\alpha \lesseqgtr t \lesseqgtr \beta, \qquad |x_k - x_k(t)| \lesseqgtr \sigma, \qquad k = 1, 2, \ldots, n,$$

definierte Bereich ganz im Innern von $\mathfrak{A}$ liegt.

---

[1]) Vgl BLISS, loc. cit., p. 54, Fußnote; vgl auch A IV 1.

[2]) Vgl. Nouvelles Annales (3), Bd. XI (1892), p. 79 und Atti di Torino, Bd. XXXIII (1897), p 9.

[3]) Das soll heißen: für jedes t im Intervall $[\alpha\beta]$ liegt der Punkt $t, x_1(t), \ldots, x_n(t)$ im Innern von $\mathfrak{A}$.

Ferner sei

$$\overline{\mathfrak{C}}: \qquad x_k = \bar{x}_k(t), \qquad \alpha \lesseqgtr t \lesseqgtr \beta, \qquad k = 1, 2, \ldots, n,$$

eine zweite ebenfalls für das Intervall $[\alpha\beta]$ definierte Lösung von (20), welche ganz in $[\sigma]$ liegt Dann folgt aus der Stetigkeit der Funktionen f_k', daß im Bereich $[\sigma]$ die Lipschitz'sche Bedingung erfüllt ist.[1]) Wir dürfen also auf die beiden Lösungen $\mathfrak{C}$ und $\overline{\mathfrak{C}}$ die Peano'sche Ungleichung (26) anwenden.

Hieraus folgt sofort: Wenn die beiden Lösungen $\mathfrak{C}$ und $\overline{\mathfrak{C}}$ sich in einem Punkt schneiden, d. h. wenn es einen dem Intervall $[\alpha\beta]$ angehörigen Wert t_0 gibt, für welchen

$$\bar{x}_k(t_0) = x_k(t_0), \qquad k = 1, 2, \ldots, n,$$

so ist

$$\bar{x}_k(t) \equiv x_k(t) \quad \text{im ganzen Intervall} \quad [\alpha\beta].$$

Wir können aber die Voraussetzungen dieses Satzes noch abschwächen: Wir wollen von der zweiten Lösung $\overline{\mathfrak{C}}$ nicht mehr voraussetzen, daß sie in der Nachbarschaft $[\sigma]$ liegt, sondern nur, daß sie im Innern von $\mathfrak{A}$ liegt und daß sie mit der ersten Lösung $\mathfrak{C}$ einen Punkt t_0 gemein hat. Daraus folgt wegen der Stetigkeit der Funktionen $x_k(t)$ und $\bar{x}_k(t)$, daß wir ein den Punkt t_0 enthaltendes Teilintervall $[t'\,t'']$ von $[\alpha\beta]$ angeben können, so daß

$$|\bar{x}_k(t) - x_k(t)| \lesseqgtr \sigma \tag{27}$$

für

$$t' \lesseqgtr t \lesseqgtr t''.$$

Sei $\alpha' \gtreqless \alpha$ die untere Grenze für die Werte von t' und $\beta' \lesseqgtr \beta$ die obere Grenze für die Werte von t'', für welche dies stattfindet. Dann gilt (27) zunächst für

$$\alpha' < t < \beta',$$

und wegen der Stetigkeit von $x_k(t)$ und $\bar{x}_k(t)$, auch noch für $t = \alpha'$ und $t = \beta'$.

Für das Intervall $[\alpha'\beta']$ können wir also den obigen Satz anwenden, und es ist daher

$$\bar{x}_k(t) \equiv x_k(t), \quad \text{in} \quad [\alpha'\beta'],$$

also insbesondere auch für $t = \alpha'$ und $t = \beta'$.

---

[1]) Vgl. z B. Bliss, loc. cit, p 50, Fußnote Man kann für K jede Größe wählen, die größer ist als der größte der Maximalwerte der Funktionen $|f_k'|$ im Bereich $[\sigma]$.

Wäre nun $\alpha' > \alpha$, so würde, wegen $\bar{x}_k(\alpha') - x_k(\alpha') = 0$, die Ungleichung (27) auch noch in einem Intervall $[\alpha' - \delta, \alpha']$ gelten und α' wäre nicht die untere Grenze der t'; es muß also $\alpha' = \alpha$ sein, und ebenso $\beta' = \beta$. Wir haben also den Satz gewonnen:

Es seien:

$$\mathfrak{C}: \qquad x_k = x_k(t), \qquad \alpha \gtreqless t \gtreqless \beta$$

$$\bar{\mathfrak{C}}: \qquad x_k = \bar{x}_k(t), \qquad \alpha \gtreqless t \gtreqless \beta$$

zwei für dasselbe Intervall $[\alpha\beta]$ definierte Lösungen des Systems (20), welche

1 ganz im Innern von $\mathfrak{A}$ liegen

2. einen Punkt gemeinsam haben:

$$\bar{x}_k(t_0) = x_k(t_0), \qquad k = 1, 2, \ldots, n,$$

$$\alpha \gtreqless t_0 \gtreqless \beta;$$

alsdann sind beide Lösungen im ganzen Intervall $[\alpha\beta]$ identisch:

$$\bar{x}_k(t) = x_k(t), \quad k = 1, 2, \ldots, n, \quad \text{für} \quad \alpha \gtreqless t \gtreqless \beta.$$

d) **Fortsetzung des durch den Punkt A gehenden Elementes**[1]**:**

Wir kehren jetzt wieder zu der in a) betrachteten, durch den Punkt A $(\tau, \xi_1, \ldots, \xi_n)$ gehenden Lösung (22) zurück, welche zunächst nur für das Intervall: $|t - \tau| \gtreqless l$ definiert war. Wir können dieselbe auf folgende Weise über ihren ursprünglichen Definitionsbereich hinaus fortsetzen: Wir setzen $\tau + l = \beta_1$; da der Punkt $Q_1(\beta_1, x_1(\beta_1), \ldots, x_n(\beta_1))$ wegen der Ungleichung (23) im Innern des Bereiches $\mathfrak{A}$ liegt, so können wir nach a) eine in einem gewissen Intervall: $|t - \beta_1| \gtreqless l_1$ definierte Lösung von (20) konstruieren, welche durch den Punkt Q_1 hindurchgeht und ganz im Innern des Bereiches $\mathfrak{A}$ liegt. In dem den beiden Intervallen: $|t - \tau| \gtreqless l$ und $|t - \beta_1| \gtreqless l_1$ gemeinsamen Bereich müssen daher nach c) beide Lösungen identisch sein, da sie beide durch den Punkt Q_1 gehen. Der Definitionsbereich der zweiten Lösung reicht aber um das Stück $[\beta_1, \beta_1 + l_1]$ über den der ersten hinaus. Wir nennen daher die zweite Lösung eine *„Fortsetzung“* der ersten, und bezeichnen sie durch dieselben Buchstaben: $x_k = x_k(t)$ Diesen Prozeß können wir nun beliebig oft wiederholen, indem wir weitere Elemente mit den Mittelpunkten

---

[1]) Vgl. v. Escherich, Wiener Berichte, Bd. CVII, Abt. IIa (1898), p. 12, und Bliss, l. c p. 52.

$$\beta_2 = \beta_1 + l_1, \qquad \beta_3 = \beta_2 + l_2, \ldots$$

hinzufügen. Andererseits können wir eine analoge Reihe von Fortsetzungen nach der negativen Seite hin bilden mit den Mittelpunkten

$$\alpha_1 = \tau - l, \qquad \alpha_2 = \alpha_1 - l_1', \qquad \alpha_3 = \alpha_2 - l_2', \ldots$$

Da die Größen β_ν mit ν wachsen, so nähern sie sich für $\nu = \infty$ einer bestimmten Grenze β_A, die endlich oder $+\infty$ sein kann; ebenso nähern sich die α_ν einer Grenze α_A, welche endlich oder $-\infty$ sein kann.

Wir erhalten daher durch den angegebenen Prozeß eine durch den Punkt A gehende Lösung $\mathfrak{C}_A$, welche für das offene Intervall

$$\alpha_A < t < \beta_A$$

definiert ist, und im Innern des Bereiches $\mathfrak{A}$ liegt.

Nach Bliss gilt der Satz:

Wenn bei Annäherung der Variabeln t an den Wert α_A (resp. β_A) der entsprechende Punkt der Kurve $\mathfrak{C}_A$ sich einer bestimmten endlichen Grenzlage P_A (resp. Q_A) nähert[1], so muß der Punkt P_A (resp. Q_A) auf der Begrenzung des Bereiches $\mathfrak{A}$ liegen.

Hieraus folgt: Ist

$$\mathfrak{C}_0: \qquad x_\lambda = \mathring{x}_\lambda(t), \qquad \tau_1 \gtreqless t \gtreqless \tau_2$$

irgend eine ganz im Innern von $\mathfrak{A}$ gelegene Lösung des Systems (20), und ist $A(\tau, \xi_1, \xi_2, \ldots, \xi_n)$ irgend ein Punkt von $\mathfrak{C}_0$, so ist

$$\alpha_A < \tau_1, \qquad \beta_A > \tau_2$$

und $\mathfrak{C}_0$ ist ein Stück der Kurve $\mathfrak{C}_A$.

Hieran knüpfen wir noch folgende prinzipiell wichtige Bemerkung:

Die bei dem Fortsetzungsprozeß gebrauchten Größen $l, l_1, l_2 \ldots$ sind innerhalb gewisser Grenzen willkürlich. Mit Hilfe des eben angegebenen Satzes läßt sich jedoch leicht zeigen, daß die Grenzwerte α_A und β_A, sowie die Kurve $\mathfrak{C}_A$ von der Wahl dieser Größen unabhängig und somit durch den Punkt A eindeutig bestimmt sind.

---

[1]) Dies tritt nach Bliss (loc. cit. p 52) stets ein, wenn $\mathfrak{A}$ beschrankt und abgeschlossen ist

§ 24. Abhängigkeit der Lösung eines Systems von gewöhnlichen Differentialgleichungen von den Anfangswerten und verwandte Fragen.

Wir geben in diesem Paragraphen zunächst ein Referat über die wichtigsten Sätze über die Abhängigkeit der Lösung eines Systems von gewöhnlichen Differentialgleichungen von den Anfangswerten und entwickeln dann einige sich daran anschließende Sätze, die für die Variationsrechnung von besonderer Wichtigkeit sind.

a) Abhängigkeit der Lösung von den Anfangswerten:[1])

Die durch einen Punkt $A(\tau, \xi_1, \xi_2, \ldots, \xi_n)$ im Innern von $\mathfrak{A}$ gehende Lösung

$$\mathfrak{C}_A: \qquad x_k = x_k(t), \qquad \alpha_A < t < \beta_A$$

hängt von der Lage des Punktes A ab, d. h. $x_k(t)$ ist eine Funktion nicht nur von t, sondern auch von $\tau, \xi_1, \xi_2, \ldots, \xi_n$; wir bezeichnen dieselbe mit $\varphi_k(t; \tau, \xi_1, \xi_2, \ldots, \xi_n)$ und schreiben unsere Lösung:

$$\mathfrak{C}_A: \qquad x_k = \varphi_k(t; \tau, \xi_1, \xi_2, \ldots, \xi_n), \qquad \alpha_A < t < \beta_A \tag{28}$$

Die Funktionen φ_k besitzen die folgenden Eigenschaften:

1. Die Funktionen φ_k sind *eindeutige und stetige* Funktionen ihrer $n + 2$ Argumente in dem Bereich

$$\mathfrak{B}: \qquad A(\tau, \xi_1, \ldots, \xi_n) \text{ im Innern von } \mathfrak{A}, \qquad \alpha_A < t < \beta_A,$$

und der Punkt: $(t, \varphi_1, \ldots, \varphi_n)$ liegt im Innern des Bereiches $\mathfrak{A}$, wenn der Punkt $(t; \tau, \xi_1, \ldots, \xi_n)$ in $\mathfrak{B}$ liegt.

2. Sie genügen den *Anfangsbedingungen*

$$\varphi_k(\tau; \tau, \xi_1, \ldots, \xi_n) \equiv \xi_k \tag{29}$$

identisch für jedes $(\tau, \xi_1, \ldots, \xi_n)$ im Innern von $\mathfrak{A}$.

---

[1]) Vgl Nicoletti, Acc. R. dei Lincei, 1895, p. 316; Picard, in *Darboux's Théorie des surfaces*, Bd. IV (1896), p. 363; Bendixson, Bull. Soc Math. de France, Bd XXIV (1896), p 220; Peano, Atti di Torino, Bd. XXXIII (1897), p. 9; v. Escherich, Wiener Berichte, Bd. CVII, Abt. IIa (1898), p. 1198, und Bd. CVIII (1899), p. 622; Painlevé, Bull. Soc. Math. de France, Bd. 27 (1899), p. 152; Bliss, loc cit. p 55.

3. *Die partiellen Ableitungen*

$$\frac{\partial \varphi_k}{\partial t}, \quad \frac{\partial \varphi_k}{\partial \tau}, \quad \frac{\partial \varphi_k}{\partial \xi_i}, \quad \frac{\partial^2 \varphi_k}{\partial t \partial \tau} = \frac{\partial^2 \varphi_k}{\partial \tau \partial t}, \quad \frac{\partial^2 \varphi_k}{\partial t \partial \xi_i} = \frac{\partial^2 \varphi_k}{\partial \xi_i \partial t},$$
$$(i = 1, 2, \ldots, n)$$

existieren und sind *stetig* im Bereich $\mathfrak{B}$.

4. Jedes der $n + 1$ Funktionensysteme

$$\frac{\partial \varphi_1}{\partial \tau}, \quad \frac{\partial \varphi_2}{\partial \tau}, \ldots, \frac{\partial \varphi_n}{\partial \tau},$$
$$\frac{\partial \varphi_1}{\partial \xi_i}, \quad \frac{\partial \varphi_2}{\partial \xi_i}, \ldots, \frac{\partial \varphi_n}{\partial \xi_i}, \qquad i = 1, 2, \ldots, n,$$

ist eine *Lösung des Systems linearer homogener Differentialgleichungen:*

$$\frac{dz_k}{dt} = \sum_{i=1}^{n} f_k^i(t, \varphi_1, \varphi_2, \ldots, \varphi_n) z_i, \quad (k = 1, 2, \ldots, n) \tag{30}$$

mit den Anfangswerten

$$\left.\frac{\partial \varphi_k}{\partial \xi_i}\right|^{t=\tau} = \begin{cases} 1, & \text{wenn } i = k \\ 0, & \text{wenn } i \neq k \end{cases} \tag{31}$$

$$\left.\frac{\partial \varphi_k}{\partial \tau}\right|^{t=\tau} = - f_k(\tau, \xi_1, \xi_2, \ldots, \xi_n), \tag{32}$$

woraus folgt

$$\frac{\partial \varphi_k}{\partial \tau} = - \sum_i f_i(\tau, \xi_1, \xi_2, \ldots, \xi_n) \frac{\partial \varphi_k}{\partial \xi_i}. \tag{33}$$

5. *Die Funktionaldeterminante*

$$\Delta(t; \tau, \xi_1, \xi_2, \ldots, \xi_n) \equiv \frac{\partial(\varphi_1, \varphi_2, \ldots, \varphi_n)}{\partial(\xi_1, \xi_2, \ldots, \xi_n)} \equiv \left| \frac{\partial \varphi_k}{\partial \xi_i} \right|, \quad i, k = 1, 2, \ldots, n$$

ist im ganzen Bereiche $\mathfrak{B}$ *von Null verschieden.*[1])

---

[1]) Ist das System von linearen Differentialgleichungen gegeben:

$$\frac{dz_k}{dt} = \sum_{i=1}^{n} q_{ki} z_i, \qquad k = 1, 2, \ldots, n,$$

wo die q_{ki} Funktionen von t sind, die in einem Intervall $[t_0 t_1]$ stetig sind, und sind

$$x_1^j, x_2^j, \ldots, x_n^j, \qquad j = 1, 2, \ldots, n,$$

Wir knüpfen hieran noch die folgende Bemerkung: Die Gleichungen (28) stellen, wenn man den Größen $(\tau, \xi_1, \ldots, \xi_n)$ alle möglichen Wertsysteme im Innern von $\mathfrak{A}$ gibt, alle im Innern von $\mathfrak{A}$ gelegenen Lösungen des Systems (20) dar, *aber jede Lösung unendlich oft.* Denn ist $\bar{A}$ irgend ein Punkt der Kurve $\mathfrak{C}_A$, so ist die Kurve $\mathfrak{C}_{\bar{A}}$ nach § 23, c) und d) mit $\mathfrak{C}_A$ identisch. Um alle verschiedenen Lösungen zu erhalten, ist es daher nicht nötig, den Größen $(\tau, \xi_1, \ldots, \xi_n)$ alle angegebenen Wertsysteme beizulegen; es genügt vielmehr, wenn man *dem τ einen festen numerischen Wert*[1]) *beilegt, und bloß die Großen $\xi_1, \xi_2, \ldots, \xi_n$ variieren läßt.* Ist nämlich $A_0(\tau^0, \xi_1^0, \ldots, \xi_n^0)$ ein Punkt im Innern von $\mathfrak{A}$ und $A_1(\tau^1, \xi_1^1, \ldots, \xi_n^1)$ irgend ein Punkt in hinreichender Nähe von A_0, so kann man stets die Größen $\xi_1, \xi_2, \ldots, \xi_n$ so bestimmen, daß die Lösung

$$x_\lambda = \varphi_\lambda(t; \tau^0, \xi_1, \ldots, \xi_n), \qquad \lambda = 1, 2, \ldots, n,$$

in welcher τ den Wert τ^0 hat, durch den Punkt A_1 geht

Man hat dazu das System von n Gleichungen

$$\varphi_k(\tau^1; \tau^0, \xi_1, \xi_2, \ldots, \xi_n) = \xi_k^1, \qquad k = 1, 2, \ldots, n$$

nach $\xi_1, \ldots, \xi_n$ zu lösen. Das ist aber nach dem Satz über implizite Funktionen (§ 22, e)) stets möglich: denn für

---

irgend n Lösungen, so hat die Determinante

$$\Delta = |x_{k\nu}|, \qquad \nu, k = 1, 2, \ldots, n$$

nach Jacobi (*Werke*, Bd IV, p. 403) den Wert

$$\Delta = C e^{\int_{t_0}^{t} (q_{11} + q_{22} + \cdots q_{nn})\, dt}, \tag{34}$$

wo C eine Konstante ist. Da die Funktionen $q_{\lambda\nu}$ stetig sind in $[t_0 t_1]$, so folgt hieraus: Es ist entweder $\Delta \equiv 0$ im ganzen Intervall $[t_0 t_1]$, wenn nämlich $C = 0$, oder aber $\Delta \neq 0$ im ganzen Intervall $[t_0 t_1]$, wenn nämlich $C \neq 0$ Im ersten Fall sind die Lösungen linear abhängig, im zweiten Fall unabhängig.

Wendet man diesen Satz auf das System (30) an, und beachtet, daß wegen (31)

$$\Delta(\tau; \tau, \xi_1, \ldots, \xi_n) = 1$$

für jedes $(\tau, \xi_1, \ldots, \xi_n)$ im Innern von $\mathfrak{A}$, so folgt der Satz Nr. 5 unmittelbar.

[1]) Ob ein fester Wert von τ genugt, um alle partikulären Lösungen zu erhalten, hängt freilich von der Gestalt des Bereiches $\mathfrak{A}$ ab. Im allgemeinen wird es nötig sein, den Bereich $\mathfrak{A}$ in verschiedene Teilbereiche zu zerlegen, und für jeden derselben dem τ einen bestimmten konstanten Wert zu geben.

$$\tau^1 = \tau^0, \ \xi_1^{\,1} = \xi_1^{\,0}, \ \xi_2^{\,1} = \xi_2^{\,0}, \ldots, \xi_n^{\,1} = \xi_n^{\,0}$$

werden die Gleichungen befriedigt durch das Wertsystem:

$$\xi_1 = \xi_1^{\,0}, \ \xi_2 = \xi_2^{\,0}, \ \ldots, \xi_n = \xi_n^{\,0}.$$

Und die Funktionaldeterminante $\Delta(\tau^0; \tau^0, \xi_1^{\,0}, \ldots, \xi_n^{\,0})$ ist $\neq 0$.

In diesem Sinn stellen die Gleichungen (28), wenn man dem τ einen festen Wert erteilt und die Größen $\xi_1, \xi_2, \ldots, \xi_n$ als variable Integrationskonstanten betrachtet, das *allgemeine Integral* des Differentialgleichungssystems (20) dar.

Statt dessen kann man aber auch ebensogut einer der Größen ξ einen festen Wert erteilen, z. B. $\xi_j = \xi_j^{\,0}$ setzen, und als unabhängige Parameter der allgemeinen Lösung die Größen $\tau; \xi_1, \ldots, \xi_{j-1}, \xi_{j+1}, \ldots, \xi_n$ betrachten, wenn nur die Bedingung

$$f_j(\tau^0, \xi_1^{\,0}, \ldots, \xi_n^{\,0}) \neq 0$$

erfüllt ist.

Denn mit Hilfe der Gleichung (33) kann man die Funktionaldeterminante Δ nach elementaren Determinantensätzen auf die Form bringen

$$-\Delta(t; \tau, \xi_1, \ldots, \xi_n) f_j(\tau, \xi_1, \ldots, \xi_n) = \frac{\partial(\varphi_1, \varphi_2, \ldots, \varphi_n)}{\partial(\xi_1, \ldots, \xi_{j-1}, \tau, \xi_{j+1}, \ldots, \xi_n)}. \quad (35)$$

Wenn daher die obige Ungleichung erfüllt ist, so kann man die vorige Schlußweise ohne weiteres auf den Fall anwenden, wo man $\xi_j = \xi_j^{\,0}$ setzt und die Größen $\tau, \xi_1, \ldots, \xi_{j-1}, \xi_{j+1}, \ldots, \xi_n$ variiert

Zusatz I[1]): Macht man die stärkere Voraussetzung, daß die sämtlichen partiellen Ableitungen der Funktionen f_i bis zur $n-1^{\text{ten}}$ Ordnung (inkl.) im Bereich $\mathfrak{A}$ existieren und stetig sind, und ebenso sämtliche partielle Ableitungen bis zur n^{ten} Ordnung mit Ausnahme der n^{ten} Ableitungen nach t allein, so sind die Funktionen φ_λ von der Klasse $C^{(n)}$ im Bereich $\mathfrak{B}$.

Zusatz II[2]): Sind die Funktionen f_i *analytische* Funktionen der Variabeln $t, x_1, \ldots, x_n$ und regulär an der Stelle $\tau_0, \xi_1^{\,0}, \ldots, \xi_n^{\,0}$, so sind auch die Funktionen $\varphi_k(t; \tau, \xi_1, \ldots, \xi_n)$ analytische Funktionen ihrer $n+2$ Argumente und regulär an der Stelle

$$t = \tau_0, \ \tau = \tau_0, \ \xi_1 = \xi_1^{\,0}, \ldots, \xi_n = \xi_n^{\,0}.$$

[1]) Vgl. Bliss, loc cit., p. 67. [2]) Vgl *Encyklopädie*, II A, p. 202.

b) **Einbettung einer partikulären Lösung in eine n-fach unendliche Schar von Lösungen:**

Wir beweisen jetzt noch den folgenden für unsere Zwecke besonders wichtigen Satz:[1])

Es sei

$$\mathfrak{C}_0: \qquad x_k = \mathring{x}_k(t), \quad t_1 \overline{\gtrless} t \overline{\gtrless} t_2, \qquad k = 1, 2, \ldots, n$$

eine Lösung des Systems (20), welche ganz im Innern des Bereiches $\mathfrak{A}$ *liegt.*

Ferner sei τ_0 *irgend ein spezieller Wert von* t *im Intervall* $[t_1 t_2]$ *und es werde:* $\mathring{x}_k(\tau_0) = \xi_k^0$ *gesetzt.*

Alsdann läßt sich eine positive Größe d *angeben, derart daß für jedes den Ungleichungen*

$$|\tau - \tau_0| \overline{\gtrless} d, \quad |\xi_k - \xi_k^0| \overline{\gtrless} d, \qquad k = 1, 2, \ldots, n \quad (36)$$

genügende Wertsystem $\tau, \xi_1, \ldots, \xi_n$ *die Lösung*

$$x_k = \varphi_k(t; \tau, \xi_1, \ldots, \xi_n), \qquad k = 1, 2, \ldots, n \quad (28)$$

des Systems (20) im ganzen Intervall $[t_1 t_2]$ *existiert, von der Klasse* C' *ist und überdies ganz im Innern des Bereiches* $\mathfrak{A}$ *liegt.*

Für $\tau = \tau_0, \xi_1 = \xi_1^0, \ldots, \xi_n = \xi_n^0$ *fällt die Lösung (28) mit* $\mathfrak{C}_0$ *zusammen:*

$$\varphi_k(t; \tau_0, \xi_1^0, \ldots, \xi_n^0) = \mathring{x}_k(t) \quad \text{in} \quad [t_1 t_2].$$

Zum Beweis wählen wir zunächst eine positive Größe σ so klein, daß die geschlossene Nachbarschaft $[\sigma]$ des Bogens $\mathfrak{C}_0$, d. h. der Bereich

$$[\sigma]: \qquad t_1 \overline{\gtrless} t \overline{\gtrless} t_2, \quad |x_k - \mathring{x}_k(t)| \overline{\gtrless} \sigma, \quad k = 1, 2, \ldots, n,$$

ebenfalls noch ganz im Innern von $\mathfrak{A}$ liegt, was nach § 21, a) stets möglich ist. In diesem Bereich $[\sigma]$ sind die Funktionen f_k stetig und genügen der Lipschitz'schen Bedingung (24) mit einem gewissen Wert der Konstanten K; letzteres beweist man mit Hilfe des Mittelwertsatzes angewandt auf die Differenzen

$$f_k(t, x_1', \ldots, x_n') - f_k(t, x_1'', \ldots, x_n'').$$

---

[1]) Einen analogen Satz für analytische Differentialgleichungen gibt Kneser, *Lehrbuch*, § 27. Für nicht-analytische Differentialgleichungen ist der Satz auf anderem Wege zuerst bewiesen worden von Lunn, *Dissertation* (Chicago, 1904). Fur den hier gegebenen Beweis vgl. Bolza, Transactions of the American Mathematical Society, Bd VII (1906), p. 464.

Wir ordnen nunmehr jedem Punkt $t, x_1, x_2, \ldots, x_n$ des Bereiches

$$t_1 \gtreqless t \gtreqless t_2, \quad -\infty < x_k < +\infty, \qquad k = 1, 2, \ldots, n \tag{37}$$

einen Punkt $t, \tilde{x}_1, \tilde{x}_2, \ldots, \tilde{x}_n$ von $[\sigma]$ zu mittels der Definition

$$\tilde{x}_i = \begin{cases} x_i, & \text{wenn: } \mathring{x}_i(t) - \sigma \gtreqless x_i \gtreqless \mathring{x}_i(t) + \sigma, \\ \mathring{x}_i(t) + \sigma, & \text{wenn: } x_i > \mathring{x}_i(t) + \sigma, \\ \mathring{x}_i(t) - \sigma, & \text{wenn: } x_i < \mathring{x}_i(t) - \sigma, \end{cases}$$

und definieren dann die Funktionen $\tilde{f}_k(t, x_1, \ldots, x_n)$ für den Bereich (37) durch die Gleichungen[1])

$$\tilde{f}_k(t, x_1, \ldots, x_n) = f_k(t, \tilde{x}_1, \ldots, \tilde{x}_n).$$

Die Funktionen $\tilde{f}_k$ haben folgende Eigenschaften:

$\tilde{\mathrm{A}}$) Sie sind stetig im Bereich (37); denn man findet

$$\tilde{f}_k(t + h, x_1 + k_1, \ldots, x_n + k_n) - \tilde{f}_k(t, x_1, \ldots, x_n) =$$
$$= f_k(t + h, \tilde{x}_1 + \tilde{k}_1, \ldots, \tilde{x}_n + \tilde{k}_n) - f_k(t, \tilde{x}_1, \ldots, \tilde{x}_n),$$

wobei für hinreichend kleine Werte von $|h|$ und $|k_1|, \ldots, |k_n|$ entweder $\tilde{k}_i = k_i$ oder $\tilde{k}_i = \mathring{x}_i(t + h) - \mathring{x}_i(t)$

---

1) Der Leser mag den Beweis zunächst für den Fall $n = 1$ durchführen, wobei man sich der folgenden geometrischen Deutung bedienen kann: Sind t, x rechtwinklige Koordinaten in einer t, x-Ebene und y eine dritte Ordinate senkrecht zur t, x-Ebene, so können wir die Fläche

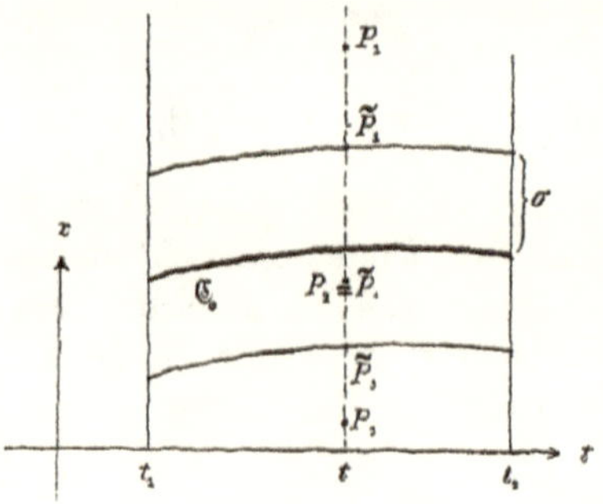

Fig. 30.

$$y = \tilde{f}(t, x) \tag{38}$$

folgendermaßen aus der Fläche

$$y = f(t, x) \tag{39}$$

ableiten. Wir schneiden aus der Fläche (39) dasjenige Stück Σ heraus, dessen Projektion auf die t, x-Ebene der Bereich $[\sigma]$ ist. Von jedem Punkt desjenigen Randes von Σ, dessen Projektion die Kurve

$$x = \mathring{x}(t) + \sigma, \qquad t_1 \gtreqless t \gtreqless t_2$$

ist, ziehen wir eine Gerade parallel zur x-Achse in positiver Richtung ins Unendliche. Ebenso ziehen wir von jedem Punkt des gegenüberliegenden Randes von Σ eine Gerade parallel der x-Achse in negativer Richtung ins Unendliche. Die beiden so konstruierten Zylinderflächen zusammen mit dem Stück Σ bilden dann die Fläche (38)

$\tilde{B}$) Sie genügen in demselben Bereich der Lipschitz'schen Bedingung; denn

$$|\tilde{f}_k(t, x_1', \ldots, x_n') - \tilde{f}_k(t, x_1'', \ldots, x_n'')| =$$
$$= |f_k(t, \tilde{x}_1', \ldots, \tilde{x}_n') - f_k(t, \tilde{x}_1'', \ldots, \tilde{x}_n'')| < K \sum_i |\tilde{x}_i' - \tilde{x}_i''|$$

und

$$|\tilde{x}_i' - \tilde{x}_i''| \lesseqgtr |x_i' - x_i''|.$$

$\tilde{C}$) Sie sind endlich im Bereich (37); denn ist G der größte der Maximalwerte der Funktionen $|f_k|$ in $[\sigma]$, so ist

$$|\tilde{f}_k(t, x_1, \ldots, x_n)| \lesseqgtr G \tag{40}$$

in (37).

Hieraus folgt aber: Ist $t_1 \lesseqgtr \tau \lesseqgtr t_2$ und ist $\xi_1, \ldots, \xi_n$ ein ganz beliebiges Wertsystem, so besitzt das System von Differentialgleichungen

$$\frac{dx_k}{dt} = \tilde{f}_k(t, x_1, \ldots, x_n), \quad k = 1, 2, \ldots, n, \tag{41}$$

eine und nur eine Lösung

$$x_k = \tilde{\varphi}_k(t; \tau, \xi_1, \ldots, \xi_n), \tag{42}$$

welche durch den Punkt $A(\tau, \xi_1, \ldots, \xi_n)$ hindurchgeht, und *diese Lösung existiert im ganzen Intervall* $[t_1\, t_2]$.

Denn ist b eine beliebige positive Größe, so sind die Funktionen $\tilde{f}_k$ stetig und genügen der Lipschitz'schen Bedingung in dem Bereich

$$\tau \lesseqgtr t \lesseqgtr t_2, \qquad |x_k - \xi_k| \lesseqgtr b, \qquad k = 1, 2, \ldots, n.$$

Bezeichnet daher M den größten der Maximalwerte der Funktionen $|\tilde{f}_k|$ in diesem Bereich, und l die kleinere der beiden Größen $t_2 - \tau$, b/M, so existiert die durch den Punkt A gehende Lösung (42) nach Cauchy[1]) mindestens im Intervall: $\tau \lesseqgtr t \lesseqgtr \tau + l$. Nun ist aber $M \lesseqgtr G$; wählt man daher: $b > (t_2 - \tau) G$, so ist $b/M > t_2 - \tau$ und daher $l = t_2 - \tau$. Die Lösung (42) existiert also mindestens im Intervall $[\tau\, t_2]$. Ganz in derselben Weise zeigt man, daß sie auch im Intervall $[t_1\, \tau]$ existiert und somit auch im ganzen Intervall $[t_1\, t_2]$

Ist ferner $\tau_0, \xi_1^0, \ldots, \xi_n^0$ irgend ein zweiter Punkt des Bereiches (37), so gilt nach § 23, b) die Peano'sche Ungleichung (26) und

[1]) Vgl. z. B. Goursat, *Cours d'Analyse*, Bd. II, pp. 369, 377

daher ist a fortiori für jedes t in $[t_1\, t_2]$:

$$|\tilde{\varphi}_\lambda(t;\, \tau, \xi_1, \ldots, \xi_n) - \tilde{\varphi}_\lambda(t;\, \tau_0, \xi_1^0, \ldots, \xi_n^0)|$$
$$< e^{nK|t-\tau_0|} \sum_i |\tilde{\varphi}_i(\tau_0;\, \tau, \xi_1, \ldots, \xi_n) - \tilde{\varphi}_i(\tau_0;\, \tau_0, \xi_1^0, \ldots, \xi_n^0)|.$$

Nun[1]) ist aber einerseits nach (29)

$$\tilde{\varphi}_i(\tau;\, \tau, \xi_1, \ldots, \xi_n) - \tilde{\varphi}_i(\tau_0;\, \tau_0, \xi_1^0, \ldots, \xi_n^0) = \xi_i - \xi_i^0,$$

und andererseits

$$\tilde{\varphi}_i(\tau;\, \tau, \xi_1, \ldots, \xi_n) - \tilde{\varphi}_i(\tau_0;\, \tau, \xi_1, \ldots, \xi_n) =$$
$$\int_{\tau_0}^{\tau} \frac{d}{dt}\, \tilde{\varphi}_i(t;\, \tau, \xi_1, \ldots, \xi_n)\, dt = \int_{\tau_0}^{\tau} \tilde{f}_i(t;\, \tilde{\varphi}_1, \ldots, \tilde{\varphi}_n)\, dt,$$

also nach (40)

$$|\tilde{\varphi}_i(\tau;\, \tau, \xi_1, \ldots, \xi_n) - \tilde{\varphi}_i(\tau_0;\, \tau, \xi_1, \ldots, \xi_n)| \gtreqless G\, |\tau - \tau_0|.$$

Da überdies: $|t - \tau_0| \gtreqless t_2 - t_1$, so erhält man schließlich die Ungleichung

$$|\tilde{\varphi}_\lambda(t;\, \tau, \xi_1, \ldots, \xi_n) - \tilde{\varphi}_\lambda(t;\, \tau_0, \xi_1^0, \ldots, \xi_n^0)|$$
$$< e^{nK(t_2 - t_1)} \left\{ nG\, |\tau - \tau_0| + \sum_i |\xi_i - \xi_i^0| \right\}. \tag{43}$$

Hieraus folgt: Wenn d die kleinere der beiden Größen

$$\frac{e^{-nK(t_2 - t_1)}\sigma}{2nG}, \qquad \frac{e^{-nK(t_2 - t_1)}\sigma}{2n}$$

bedeutet, und wir wählen

$$|\tau - \tau_0| \gtreqless d, \quad |\xi_k - \xi_k^0| \leqq d, \qquad k = 1, 2, \ldots, n, \tag{44}$$

so ist

$$|\tilde{\varphi}_\lambda(t;\, \tau, \xi_1, \ldots, \xi_n) - \varphi_\lambda(t;\, \tau_0, \xi_1^0, \ldots, \xi_n^0)| < \sigma \tag{45}$$

für jedes t in $[t_1 t_2]$.

Nun folgt aber weiter aus der Definition der Funktionen $\tilde{f}_\lambda$, daß jede Lösung des Systems (41), welche ganz in $[\sigma]$ liegt, zugleich dem System (20) genügt und umgekehrt. Hieraus ergibt sich zunächst, daß die Lösung

$$\mathfrak{C}_0: \qquad x_k = \mathring{x}_k(t), \qquad t_1 \gtreqless t \gtreqless t_2$$

von (20) zugleich dem System (41) genügt.

---

[1]) Für die folgende Umformung vgl Bliss, loc. cit. p 62.

Wählen wir daher den Punkt $(\tau_0, \xi_1^0, \ldots, \xi_n^0)$ insbesondere auf der Kurve $\mathfrak{C}_0$, so daß also

$$\xi_\lambda^0 = \mathring{x}_\lambda(\tau_0), \tag{46}$$

so gilt nach § 23, c) und d) die Doppelidentität

$$\mathring{x}_\lambda(\tau_0) \equiv \varphi_\lambda(t; \tau_0, \xi_1^0, \ldots, \xi_n^0) \equiv \tilde{\varphi}_\lambda(t; \tau_0, \xi_1^0, \ldots, \xi_n^0).$$

Zugleich sagt alsdann die Ungleichung (45) aus, daß unter der Voraussetzung (44) die Lösung (42) von (41) ganz in $[\sigma]$ liegt. Daher muß dieselbe nach der eben gemachten Bemerkung auch dem System (20) genügen, und da sie durch den Punkt $(\tau, \xi_1, \ldots, \xi_n)$ geht, so ist sie mit der durch das Symbol

$$x_\lambda = \varphi_\lambda(t; \tau, \xi_1, \ldots, \xi_n) \tag{28}$$

definierten Lösung von (20) identisch. Somit existiert auch die letztere mindestens im ganzen Intervall $[t_1 t_2]$, vorausgesetzt daß die Ungleichungen (44) erfüllt sind. Damit ist aber unser Satz bewiesen.

Zusatz: Die Lösung (28) existiert sogar sicher noch in einem etwas weiteren Intervall. Denn da die Lösung $\mathfrak{C}_0$ ganz im Innern des Bereiches $\mathfrak{A}$ liegen sollte, so läßt sie sich nach § 23, d) auf ein etwas weiteres Intervall

$$t_1 - e_1 \overline{\gtrless} t \overline{\gtrless} t_2 + e_2$$

fortsetzen, wo e_1, e_2 zwei hinreichend kleine positive Größen sind. Und nun kann man in dem vorangegangenen Beweis das Intervall $[t_1 - e_1, t_2 + e_2]$ für das Intervall $[t_1 t_2]$ substituieren und erhält das Resultat, daß die Lösung (28) für jedes den Bedingungen (44) genügende Wertsystem $\tau, \xi_1, \xi_2, \ldots, \xi_n$ auch noch in dem weiteren Intervall $[t_1 - e_1, t_2 + e_2]$ existiert, wobei wir noch besonders hervorheben, daß e_1, e_2 von $\tau, \xi_1, \ldots, \xi_n$ unabhängig sind.

Wählt man insbesondere $\tau = \tau_0$ und setzt

$$\varphi_k(t; \tau_0, \xi_1, \ldots, \xi_n) = g_k(t; \xi_1, \ldots, \xi_n) \tag{47}$$

so stellen die Gleichungen

$$x_\lambda = g_\lambda(t; \xi_1, \ldots, \xi_n)$$

eine n-fach unendliche Schar von Lösungen (das sogenannte „allgemeine Integral") des Systems (20) dar, welche die gegebene Lösung $\mathfrak{C}_0$ enthält, nämlich für $\xi_1 = \xi_1^0, \ldots, \xi_n = \xi_n^0$. Die Funktionen

$$g_\lambda, \frac{\partial g_k}{\partial t}, \frac{\partial g_\lambda}{\partial \xi_\iota}, \frac{\partial^2 g_\lambda}{\partial t\, \partial \xi_\iota} = \frac{\partial^2 g_\lambda}{\partial \xi_\iota\, \partial t}$$

existieren und sind stetig im Bereich

$$t_1 - e_1 \gtreqless t \gtreqless t_2 + e_2, \quad \xi_k - \xi_k^0 \gtreqless d, \quad k = 1, 2, \ldots, n, \tag{48}$$

und die Funktionaldeterminante

$$\frac{\partial(g_1, g_2, \ldots g_n)}{\partial(\xi_1, \xi_2, \ldots, \xi_n)}$$

ist im Bereich (48) von Null verschieden.

c) **Anwendung der allgemeinen Existenztheoreme auf die Theorie der Extremalen:**

Wir führen zunächst die Euler'sche Differentialgleichung

$$f_y - \frac{d}{dx} f_{y'} \equiv f_y - f_{y'x} - y' f_{y'y} - y'' f_{y'y'} = 0 \tag{49}$$

auf ein System von zwei Differentialgleichungen erster Ordnung zurück, indem wir sie in der Form schreiben:

$$\left.\begin{aligned} \frac{dy}{dx} &= y' \\ \frac{dy'}{dx} &= \frac{f_y - f_{y'x} - y' f_{y'y}}{f_{y'y'}} \equiv H(x, y, y') \end{aligned}\right\} \tag{50}$$

Nach unseren Voraussetzungen über die Funktion $f(x, y, y')$ (vgl. § 3, a)) sind die rechten Seiten dieser beiden Gleichungen von der Klasse C' in dem durch die Bedingungen

$$(x, y) \text{ in } \mathfrak{R}; \quad -\infty < y' < +\infty; \quad f_{y'y'}(x, y, y') \neq 0$$

charakterisierten Bereich $\mathfrak{A}$ im Gebiet der Variabeln x, y, y'.

Aus § 23, a) und c) folgt daher:

Ist $P_0(x_0, y_0)$ irgend ein Punkt im Innern von $\mathfrak{R}$ und $y_0' = \operatorname{tg} \theta_0$ das Gefälle irgend einer durch den Punkt P_0 gehenden, nicht mit der y-Achse parallelen Richtung, für welche die Ungleichung

$$f_{y'y'}(x_0, y_0, y_0') \neq 0 \tag{51}$$

erfüllt ist, so läßt sich durch den Punkt P_0 in der Richtung θ_0 eine und nur eine Extremale von der Klasse C' ziehen.

Wir haben schon früher (§ 19, b)) ein Problem der Variationsrechnung von dem in den drei ersten Kapiteln betrachteten Typus *regulär* genannt, falls die Ungleichung

$$f_{y'y'}(x, y, \tilde{p}) \neq 0 \tag{52}$$

für jeden Punkt des Bereiches $\mathfrak{R}$ und für jeden endlichen Wert von $\tilde{p}$ erfüllt ist. Bei einem regulären Problem kann man also von jedem

Punkt im Innern des Bereiches $\mathfrak{R}$ nach jeder Richtung, die nicht mit der y-Achse parallel ist, eine und nur eine Extremale ziehen.

Aus dem Satz von § 24, b) Ende folgt ferner:

Ist

$$\mathfrak{E}_0: \qquad y = \mathring{y}(x), \qquad x_1 \gtreqless x \gtreqless x_2,$$

irgend ein ganz im Innern von $\mathfrak{R}$ gelegener Extremalenbogen der Klasse C', für welchen die Bedingung

$$f_{y'y'}(x, \mathring{y}(x), \mathring{y}'(x)) \neq 0 \text{ in } [x_1 x_2] \tag{53}$$

erfüllt ist, so läßt sich derselbe in eine doppelt unendliche Schar von Extremalen

$$y = g(x, \alpha, \beta)$$

„einbetten", welche den gegebenen Bogen $\mathfrak{E}_0$ enthält, und welche die in § 12, b) aufgezählten Eigenschaften besitzt, wobei noch zu bemerken ist, daß die dort behauptete Existenz und Stetigkeit von g''' daraus folgt, daß nicht nur die partiellen Ableitungen H_y und $H_{y'}$ sondern auch, — und dies geht über die Voraussetzungen der allgemeinen Theorie hinaus —, H_x existiert und stetig ist in $\mathfrak{A}$.

Die linearen Differentialgleichungen (30) reduzieren sich auf die Jacobi'sche Differentialgleichung.

d) **Ausdehnung des Einbettungssatzes auf ein System von Differentialgleichungen, das nicht in der Normalform gegeben ist:**

Es sei das System von n Differentialgleichungen gegeben

$$F_k(t, x_1, x_2, \ldots, x_n, x_1', x_2', \ldots, x_n') = 0 \tag{54}$$
$$(k = 1, 2, \ldots, n),$$

wobei die Funktionen F_k in einem Bereiche $\mathfrak{B}$ des $t, x_1, \ldots, x_n, x_1', \ldots, x_n'$-Raumes von der Klasse C' sind. Ferner sei

$$\mathfrak{C}_0: \qquad x_k = \mathring{x}_k(t), \qquad k = 1, 2, \ldots, n,$$

eine Lösung des Systems (54) von folgenden Eigenschaften:

1. Die Funktionen $\mathring{x}_k(t)$ sind von der Klasse C' in einem Intervall $[t_1 t_2]$.

2. Für jedes t im Intervall $[t_1 t_2]$ liegt das Wertsystem

$$t;\ \mathring{x}_1(t), \ldots, \mathring{x}_n(t);\ \mathring{x}_1'(t), \ldots, \mathring{x}_n'(t)$$

im Innern des Bereiches $\mathfrak{B}$.

3. Setzt man in der Funktionaldeterminante

$$\frac{\partial(F_1, F_2, \ldots, F_n)}{\partial(x_1', x_2', \ldots, x_n')}$$

$$x_k = \overset{\circ}{x}_k(t), \qquad x_k' = \overset{\circ}{x}_k'(t), \qquad k = 1, 2, \ldots, n,$$

so ist die so entstehende Funktion von t von Null verschieden in $[t_1 t_2]$.

Alsdann gelten für die durch den Punkt $(\tau, \xi_1, \ldots, \xi_n)$ gehende Lösung

$$x_k = \varphi_k(t;\ \tau, \xi_1, \ldots, \xi_n), \qquad k = 1, 2, \ldots, n,$$

des Systems (54) dieselben Folgerungen, wie in § 24, b) für die gleichbezeichnete Lösung von (20).

Zum Beweis wenden wir auf das Gleichungssystem (54) den erweiterten Satz über implizite Funktionen von § 22, e) an. Der dort mit $\mathfrak{C}$ bezeichneten Punktmenge entspricht hier die Menge:

$$\mathfrak{C}_0': \qquad x_k = \overset{\circ}{x}_k(t), \qquad x_k' = \overset{\circ}{x}_k'(t), \qquad t_1 \gtreqless t \gtreqless t_2,$$
$$(k = 1, 2, \ldots, n),$$

welche in der Tat nach A VII 1 beschränkt und abgeschlossen ist und ganz im Innern des Bereiches $\mathfrak{B}$ liegt. Sind ferner

$$(t, x_1, \ldots, x_n, x_1', \ldots, x_n') \quad \text{und} \quad (\bar{t}, \bar{x}_1, \ldots, \bar{x}_n, \bar{x}_1', \ldots, \bar{x}_n')$$

zwei verschiedene Punkte von $\mathfrak{C}_0'$, so muß notwendig $\bar{t} \neq t$ sein, es ist also dann auch allemal

$$(t, x_1, \ldots, x_n) \neq (\bar{t}, \bar{x}_1, \ldots, \bar{x}_n);$$

somit ist auch Bedingung C) des Satzes erfüllt, und ebenso D) wegen unserer dritten Voraussetzung.

Daher lassen sich die Gleichungen (54) im Sinne von § 22, e) in der Umgebung der Punktmenge $\mathfrak{C}_0'$ eindeutig nach $x_1', \ldots, x_n'$ auflösen:

$$x_k' = f_k(t, x_1, \ldots, x_n), \quad k = 1, 2, \ldots, n, \qquad (55)$$

und die Funktionen f_k sind in einer gewissen Umgebung $\mathfrak{A}$ von $\mathfrak{C}_0$ eindeutig definiert und von der Klasse C'.

Nunmehr ergibt sich der Beweis unserer Behauptung, indem man den unter b) bewiesenen Satz auf das Normalsystem (55) anwendet.

e) **Anwendung auf Systeme von Differentialgleichungen, welche konstante Parameter enthalten:**

Es sei ein System von n Differentialgleichungen gegeben, welche r Parameter $\lambda_1, \ldots, \lambda_r$ enthalten:

$$F_k(t;\, x_1, \ldots, x_n, x_1', \ldots, x_n';\, \lambda_1, \ldots, \lambda_r) = 0 \qquad (56)$$
$$(k = 1, 2, \ldots, n),$$

wobei die Funktionen F_k nach sämtlichen Argumenten in einem Bereich $\mathfrak{B}$ von der Klasse C' sind.

Für ein spezielles Wertsystem der λ, $\lambda_h = \lambda_h^0$, sei eine Lösung von (56) bekannt:

$$x_k = \mathring{x}_k(t), \qquad k = 1, 2, \ldots, n,$$

von folgenden Eigenschaften:

1. die Funktionen $\mathring{x}_k(t)$ sind von der Klasse C' in $[t_1 t_2]$.
2. Für jedes t in $[t_1 t_2]$ liegt das Wertsystem

$$t;\; x_k = \mathring{x}_k(t);\; x_k' = \mathring{x}_k'(t);\; \lambda_h = \lambda_h^0$$
$$(h = 1, 2, \ldots, r;\; k = 1, 2, \ldots, n)$$

im Innern von $\mathfrak{B}$

3. Setzt man in der Funktionaldeterminante

$$\frac{\partial(F_1, \ldots, F_n)}{\partial(x_1', \ldots, x_n')}$$

$$x_k = \mathring{x}_k(t), \qquad x_k' = \mathring{x}_k'(t), \qquad \lambda_h = \lambda_h^0,$$

so ist die so entstehende Funktion von t von Null verschieden in $[t_1 t_2]$

Endlich sei τ_0 irgend ein Wert von t im Intervall $[t_1 t_2]$ und $\mathring{x}_k(\tau_0) = \xi_k^0$.

Alsdann gibt es eine Lösung von (56):

$$x_k = G_k(t;\, \xi_1, \ldots, \xi_n;\, \lambda_1, \ldots, \lambda_r), \quad k = 1, 2, \ldots, n \qquad (57)$$

von folgender Beschaffenheit:

1. Die Funktionen $G_k(t;\, \xi_1, \ldots, \xi_n;\, \lambda_1, \ldots, \lambda_r)$ sind samt den Ableitungen $\frac{\partial G_k}{\partial t}, \frac{\partial G_k}{\partial \xi_i}, \frac{\partial G_k}{\partial \lambda_h}, \frac{\partial^2 G_k}{\partial t \partial \xi_i}, \frac{\partial^2 G_k}{\partial t \partial \lambda_h}$ stetig in einem Bereich

$$t_1 - e_1 \lesseqgtr t \lesseqgtr t_2 + e_2, \quad |\xi_k - \xi_k^0| \lesseqgtr d, \quad |\lambda_h - \lambda_h^0| \lesseqgtr d.$$

2. Es ist

$$G_k(t;\, \xi_1^0, \ldots, \xi_n^0, \lambda_1^0, \ldots, \lambda_r^0) = \mathring{x}_k(t) \text{ in } [t_1 t_2]. \qquad (58)$$

3. Für $t = \tau_0$ ist

$$G_k(\tau_0, \xi_1, \ldots, \xi_n, \lambda_1, \ldots, \lambda_r) = \xi_k \qquad (59)$$

für alle:

$$|\xi_k - \xi_k^0| \leq d, \quad |\lambda_h - \lambda_h^0| \lesseqgtr d.$$

Zum Beweis ist es nur nötig zu bemerken, daß das System (56) wegen der Konstanz der Größen λ_h mit dem folgenden erweiterten System

$$\left.\begin{aligned} F_\lambda(t;\, x_1, \ldots, x_n,\, x_1', \ldots, x_n';\, x_{n+1}, \ldots, x_{n+r}) = 0 \\ \frac{dx_{n+h}}{dt} = 0 \end{aligned}\right\} \qquad (56\text{a})$$

mit den Anfangsbedingungen

$$x_{n+h}(\tau_0) = \lambda_h^0$$

äquivalent ist.

Wendet man auf dies erweiterte System den unter d) gegebenen Satz an und setzt

$$\varphi_k(t;\, \tau_0, \xi_1, \ldots, \xi_n;\, \lambda_1, \ldots, \lambda_r) \equiv G_\lambda(t;\, \xi_1, \ldots, \xi_n;\, \lambda_1, \ldots, \lambda_r),$$

so haben die Funktionen G_k die oben ausgesprochenen Eigenschaften.

Einen für Anwendungen wichtigen Zusatz erhält man, wenn man speziell $\xi_\lambda = \xi_\lambda^0$ setzt.

Fünftes Kapitel.

Die Weierstraß'sche Theorie der einfachsten Klasse von Problemen in Parameterdarstellung.

§ 25. Formulierung der Aufgabe.

In den vorangegangenen Kapiteln haben wir uns durchweg auf Kurven beschränkt, bei welchen sich y als eindeutige Funktion von x darstellen läßt, bei welchen also jede zur y-Achse parallele Gerade die Kurve höchstens in einem Punkt schneidet; überdies haben wir vorausgesetzt, daß die Kurve keine zur y-Achse parallele Tangente besitzt. Wir werden uns jetzt von dieser Beschränkung befreien, indem wir in Zukunft sämtliche zu betrachtende Kurven in Parameterdarstellung[1]) annehmen.

a) **Allgemeine Bemerkungen über Kurven in Parameterdarstellung:**[2])

Eine *stetige Kurve* $\mathfrak{C}$ wird definiert durch ein System von zwei Gleichungen

$$\mathfrak{C}: \qquad x = x(t), \quad y = y(t), \qquad t_1 \gtrless t \gtrless t_2, \qquad (1)$$

wobei $x(t)$ und $y(t)$ Funktionen der unabhängigen Variable t (des sogenannten „Parameters") sind, welche im Intervall $[t_1\, t_2]$ eindeutig und stetig sind. Jedem Wert von t im Intervall $[t_1\, t_2]$ wird durch die Gleichungen (1) ein Punkt P der Kurve zugeordnet, den wir

---

[1]) Die Behandlung der Probleme der Variationsrechnung in Parameterdarstellung rührt von Weierstrass her (*Vorlesungen*, schon 1865); sie bedeutet, besonders für geometrische Aufgaben, einen wichtigen Fortschritt, da die Beschränkung auf Kurven, die in der Form: $y = y(x)$ darstellbar sind, eine erschöpfende Behandlung geometrischer Aufgaben im allgemeinen unmöglich macht.

[2]) Vgl. hierzu Jordan, *Cours d'Analyse*, I, Nr 96—113, und Osgood, *Lehrbuch der Funktionentheorie*, Bd. I, p 122.

einfach den Punkt t nennen. Durch die Gleichungen (1) wird daher nicht nur eine gewisse Punktmenge in der x, y-Ebene definiert, sondern zugleich eine bestimmte *Ordnung* dieser Punkte festgelegt: ist $t' < t''$, so geht der Punkt $P'(t')$ dem Punkt $P''(t'')$ voran, in Zeichen $P' \prec P''$. Während t von t_1 bis t_2 wächst, beschreibt[1]) der Punkt (x, y) die Kurve in einem bestimmten *Sinn*, von ihrem Anfangspunkt zu ihrem Endpunkt; ersteren bezeichnen wir mit P_1, letzteren mit P_2, wofür wir häufig auch bloß 1 und 2 schreiben werden Wenn wir von einer zwei Punkte A und B verbindenden Kurve reden, so soll damit stets eine von dem zuerst genannten Punkt (A) nach dem zuletzt genannten Punkt (B) gezogene Kurve gemeint sein

Machen wir die „*Parametertransformation*“

$$t = \chi(\tau) \tag{2}$$

wo $\chi(\tau)$ eine stetige Funktion von τ ist, welche beständig wächst von t_1 bis t_2, während τ von τ_1 bis τ_2 zunimmt, so verwandeln sich die Gleichungen (1) in

$$x = x(\chi(\tau)) = X(\tau), \quad y = y(\chi(\tau)) = Y(\tau), \quad \tau_1 \overline{\gtrless} \tau \overline{\gtrless} \tau_2. \tag{1a}$$

Umgekehrt gehen die Gleichungen (1a) wieder in die Gleichungen (1) über durch die zu (2) inverse[2]) Transformation

$$\tau = \theta(t) \tag{2a}$$

Die Gleichungen (1a) stellen wieder eine Kurve, $\mathfrak{C}'$, dar. Die beiden Kurven $\mathfrak{C}$ und $\mathfrak{C}'$ bestehen nicht nur aus denselben Punkten, sondern diese Punkte sind auch in beiden in derselben Weise geordnet. Aus diesem Grunde kommen wir überein, die beiden durch (1) und (1a) definierten Kurven als identisch zu betrachten, und umgekehrt sollen zwei stetige Kurven auch *nur* dann als identisch betrachtet werden, wenn sie durch eine Parametertransformation von der angegebenen Eigenschaft in einander transformiert werden können

In dem speziellen Fall, wenn die Funktion $x(t)$ beständig wächst, während t von t_1 bis t_2 zunimmt, läßt sich die Gleichung $x = x(t)$ eindeutig nach t auflösen[2]) und die inverse Funktion

$$t = \chi(x)$$

---

[1]) Wesentlich verschieden von dieser Auffassung der Kurve als Bahn eines sich bewegenden Punktes („*Bahnkurve*, path-curve“ E. H. MOORE) ist die Auffassung der Kurve als eines geometrischen Ortes („*Ortskurve*, locus-curve“), bei welcher die Kurve durch eine Gleichung zwischen den Koordinaten x, y definiert wird, und wobei von der Ordnung der Punkte abgesehen wird

[2]) Vgl A III 5.

liefert eine zulässige Parametertransformation; wir erhalten daher die Kurve (1) dargestellt in der Form

$$y = g(x).$$

Ebenso ist $-x$ ein zulässiger Parameter, wenn die Funktion $x(t)$ beständig abnimmt.

Beispiel: Der im ersten Quadranten gelegene Bogen des Kreises um den Nullpunkt mit dem Radius a wird als Ortskurve definiert durch die Bedingungen

$$x^2 + y^2 = a^2, \qquad x \geqq 0, \qquad y \geqq 0,$$

dagegen als Bahnkurve, wenn er im entgegengesetzten Sinn des Uhrzeigers durchlaufen wird, z. B. durch

$$x = a \cos t, \qquad y = a \sin t, \qquad 0 \leqq t \leqq \frac{\pi}{2},$$

oder auch durch die Gleichungen

$$x = \frac{a(1-\tau^2)}{1+\tau^2}, \qquad y = \frac{2a\tau}{1+\tau^2}, \qquad 0 \leqq \tau \leqq 1,$$

die aus der ersten Darstellung durch die Parametertransformation

$$t = 2 \operatorname{Arctg} \tau$$

hervorgehen, wo Arctg, wie stets in der Folge, den zwischen $-\frac{\pi}{2}$ und $+\frac{\pi}{2}$ gelegenen Hauptzweig der Funktion arcus tangens bezeichnet.

Ist eine stetige Kurve $\mathfrak{C}$ in einer anderen, $\mathfrak{K}$, als Bestandteil enthalten, so heißt $\mathfrak{C}$ ein *Bogen* der Kurve $\mathfrak{K}$.

Die Kurve $\mathfrak{C}$ soll *von der Klasse* $C^{(n)}$ heißen, wenn sich der Parameter t so wählen[1]) läßt, daß die Funktionen $x(t)$ und $y(t)$ im Intervall $[t_1\, t_2]$ von der Klasse $C^{(n)}$ sind, und daß überdies die Ableitungen $x'(t)$ und $y'(t)$ nicht beide in demselben Punkt des Intervalls $[t_1\, t_2]$ verschwinden, so daß also

$$x'^2 + y'^2 \neq 0 \quad \text{in} \quad [t_1\, t_2]. \tag{3}$$

Eine Kurve der Klasse[2]) $C^{(n)} (n \geqq 1)$ besitzt in jedem Punkt eine *Tangente;* die „Amplitude" θ der positiven Richtung derselben, d. h. der Winkel dieser Richtung mit der positiven x-Achse, den wir kurz

[1]) Zur Darstellung einer Kurve der Klasse $C^{(n)}$ sollen nur solche Parameter zugelassen werden, welche diese beiden Eigenschaften besitzen, d. h. also nur solche Parametertransformationen (2), bei welchen $\chi(\tau)$ ebenfalls von der Klasse $C^{(n)}$ ist und überdies

$$\chi'(\tau) > 0.$$

[2]) Man beachte, daß die Klasse $C^{(n+1)}$ in der Klasse $C^{(n)}$ enthalten ist

„den Tangentenwinkel der Kurve $\mathfrak{C}$ im Punkt t" nennen werden, wird durch die beiden Gleichungen gegeben

$$\cos\theta = \frac{x'}{\sqrt{x'^2+y'^2}}, \qquad \sin\theta = \frac{y'}{\sqrt{x'^2+y'^2}} \tag{4}$$

Eine Kurve der Klasse C' ist stets *rektifizierbar*[1]), und die Länge s des Bogens $[t_1\, t]$ ist ausdrückbar durch das bestimmte Integral:

$$s = \int_{t_1}^{t} \sqrt{x'^2 + y'^2}\, dt. \tag{5}$$

Da dasselbe mit t beständig wächst, so kann man für eine Kurve der Klasse C' stets s als Parameter wählen.

Eine Kurve der Klasse C'' hat in jedem Punkt eine endliche *Krümmung*, welche durch die Formel[2]) gegeben wird:

$$\frac{1}{r} = \frac{d\theta}{ds} = \frac{x'y'' - x''y'}{\left(\sqrt{x'^2+y'^2}\right)^3} \tag{6}$$

Ist dieselbe positiv (negativ), so liegt der Vektor von dem betrachteten Kurvenpunkt nach dem Krümmungsmittelpunkt zur linken (rechten) der positiven Tangente der Kurve, wenn, wie wir stets voraussetzen, die positive y-Achse zur linken der positiven x-Achse liegt. Die Größen θ, s, r bleiben invariant gegenüber allen Parametertransformationen

Wir werden es in der Folge fast ausschließlich mit stetigen Kurven zu tun haben, welche entweder in ihrer ganzen Ausdehnung von der Klasse C' sind, oder aber aus einer endlichen Anzahl von Bogen von der Klasse C' bestehen. Eine solche Kurve wollen wir der Kürze halber eine *gewöhnliche Kurve* nennen.

Ein Punkt, in dem zwei dieser Bogen zusammenstoßen, soll eine „*Ecke*"[3]) heißen, wenn dort die Richtung der positiven Tangente tatsächlich eine Unstetigkeit erleidet Auch in einem solchen Punkt existiert die vordere und die hintere Derivierte von $x(t)$ und $y(t)$, und dementsprechend eine vordere und hintere Tangente.

Wir sagen eine Kurve sei *regulär* in einem Punkt $t = t'$, wenn sich $x(t)$ und $y(t)$ für hinreichend kleine Werte von $|t - t'|$ in konvergente nach ganzen Potenzen von $(t - t')$ fortschreitende Reihen entwickeln lassen:

---

1) Vgl Jordan, *Cours d'Analyse*, I, Nr. 105—111.

2) Vgl. z. B. Jordan, *loc. cit*, I, Nr. 448, 450, und Scheffers, *Einführung in die Theorie der Kurven*, I, p. 35.

3) Auch „*Knickpunkt*" nach Caratheodory, vgl. § 48.

$$x(t) = a + a_1(t - t') + \cdots$$
$$y(t) = b + b_1(t - t') + \cdots,$$

in welchen a_1 und b_1 nicht beide null sind.

b) **Bedingung für die Invarianz eines Kurvenintegrals unter einer Parametertransformation:**

Es sei $F(x, y, x', y')$ eine Funktion von vier unabhängigen Variabeln, welche von der Klasse C''' ist in einem Bereich $\mathfrak{T}$, welcher aus allen Punkten (x, y, x', y') besteht, für welche (x, y) in einem gewissen Bereich $\mathfrak{R}$ der x, y-Ebene liegt, während (x', y') irgend ein endliches Wertsystem mit Ausnahme des Wertsystems $(0,0)$ sein darf.

Wir setzen voraus, daß die durch die Gleichungen (1) definierte Kurve $\mathfrak{C}$ in dem Bereich $\mathfrak{R}$ liegt und von der Klasse C' ist, und wählen[1]) zwei beliebige Punkte P_3 und P_4 $(t_3 < t_4)$ auf $\mathfrak{C}$. Dann verstehen wir unter dem *Integral der Funktion F genommen entlang dem Bogen P_3P_4* der Kurve $\mathfrak{C}$ das Integral

$$\int_{t_3}^{t_4} F(x(t),\ y(t),\ x'(t),\ y'(t))\,dt. \tag{7}$$

Hier tritt uns nun aber eine eigentümliche Schwierigkeit entgegen: Gehen wir nämlich durch die Parametertransformation (2) zu einer anderen Darstellungsform (1a) derselben Kurve $\mathfrak{C}$ über so ergibt sich nach der eben gegebenen Definition für das Integral der Funktion F entlang demselben Bogen, der Darstellung (1a) entsprechend,

$$\int_{\tau_3}^{\tau_4} F(X(\tau),\ Y(\tau),\ X'(\tau),\ Y'(\tau))\,d\tau, \tag{7a}$$

wo:

$$t_3 = \chi(\tau_3), \qquad t_4 = \chi(\tau_4).$$

Der Begriff des Integrals der Funktion F entlang einer gegebenen Kurve hat also nur dann einen bestimmten, von der Wahl des Parameters unabhängigen Sinn, wenn die beiden Integrale (7) und (7a) einander gleich sind; und zwar verlangen wir, daß diese Gleichung gelten soll

α) für jede Parametertransformation $t = \chi(\tau)$ von den oben angegebenen Eigenschaften, bei welcher überdies $\chi(\tau)$ in $[\tau_3\tau_4]$ von der Klasse C' ist;

---

[1]) Wenn wir sagen, wir wählen einen Punkt auf der Kurve $\mathfrak{C}$, so soll dies stets heißen: wir wählen einen Wert von t und bestimmen dann den zugehörigen Punkt der Kurve. Diese Verabredung ist nötig, weil dasselbe Wertsystem (x, y) verschiedenen Parameterwerten entsprechen kann (mehrfache Punkte).

β) für jede Lage der beiden Punkte P_3 und P_4 auf der Kurve $\mathfrak{C}$;
γ) für jede im Bereich $\mathfrak{R}$ gelegene Kurve $\mathfrak{C}$ von der Klasse C'.

Führen wir in dem Integral (7) statt der Variabeln t die Variable τ ein, mittels der Substitution: $t = \chi(\tau)$, und beachten, daß

$$X'(\tau) = x'(t)\chi'(\tau), \qquad Y'(\tau) = y'(t)\chi'(\tau),$$

so geht (7) über in

$$\int\limits_{\tau_3}^{\tau_4} F\left(X(\tau),\ Y(\tau),\ \frac{X'(\tau)}{\chi'(\tau)},\ \frac{Y'(\tau)}{\chi'(\tau)}\right)\chi'(\tau)\,d\tau \tag{7b}$$

Wegen β) dürfen wir die Gleichung: (7b) = (7a) nach τ_4 differentiieren und erhalten, wenn wir der Kürze halber τ statt τ_4 schreiben:

$$F\left(X(\tau),\ Y(\tau),\ \frac{X'(\tau)}{\chi'(\tau)},\ \frac{Y'(\tau)}{\chi'(\tau)}\right)\chi'(\tau) = F(X(\tau),\ Y(\tau),\ X'(\tau),\ Y'(\tau)). \tag{8}$$

Wegen α) muß dies auch für die spezielle Transformation

$$t = \frac{1}{k}\tau$$

gelten, wenn k irgend eine positive Konstante ist; also folgt

$$F(X(\tau),\ Y(\tau),\ kX'(\tau),\ kY'(\tau)) = kF(X(\tau),\ Y(\tau),\ X'(\tau),\ Y'(\tau)).$$

Aber indem wir, der Forderung γ) entsprechend, die Kurve $\mathfrak{C}$ und den Parameter τ passend wählen, können wir die vier Größen: $X(\tau)$, $Y(\tau)$, $X'(\tau)$, $Y'(\tau)$ jedes vorgeschriebene dem Bereich $\mathfrak{T}$ angehörige Wertsystem annehmen lassen, und daher muß die Relation

$$F(x, y, kx', ky') = kF(x, y, x', y') \tag{9}$$

identisch erfüllt sein, für jedes Wertsystem x, y, x', y', im Bereich $\mathfrak{T}$ und für jedes *positive* k, oder wie wir sagen wollen: *Die Funktion* $F(x, y, x', y')$ *muß in* x', y' *positiv-homogen*[1]) *und von der Dimension 1 sein.*

Umgekehrt, wenn diese Bedingung erfüllt ist, so gilt (8), da wir $\chi'(\tau) > 0$ voraussetzen und daraus folgt rückwärts die Gleichung:

[1]) Man muß sich hüten, diese beschränkte Homogeneität mit der gewöhnlichen Homogeneität rationaler Funktionen zu verwechseln, bei welcher die Homogeneitätsrelation für positive und negative Werte von k gilt. So sind z. B. die Funktionen

$$\sqrt{x'^2 + y'^2}, \qquad xy' - yx' + \sqrt{x'^2 + y'^2}$$

positiv-homogen, aber nicht homogen im gewöhnlichen Sinn.

(7) = (7a). Wir haben also den folgenden von WEIERSTRASS herrührenden

Satz[1]*: Die notwendige und hinreichende Bedingung dafür, daß der Wert des Integrals der Funktion $F(x, y, x', y')$ entlang einer Kurve von der Wahl des Parameters unabhängig ist, besteht darin, daß F in bezug auf x' und y' positiv-homogen von der Dimension 1 ist.*

Wir werden in der Folge stets voraussetzen, daß die Funktion $F(x, y, x', y')$ die Homogeneitätsbedingung (9) erfüllt, und wir werden das Integral

$$\int_{t_1}^{t_2} F(x(t),\ y(t),\ x'(t),\ y'(t))\,dt$$

je nach Bedarf mit $J_{\mathfrak{C}}(P_1 P_2)$, oder auch kürzer mit $J_{\mathfrak{C}}$ oder J_{12} bezeichnen. Allgemeiner soll $J_{\mathfrak{C}}(P_3 P_4)$ das Integral J, genommen entlang einem Bogen $P_3 P_4$ der Kurve $\mathfrak{C}$, bezeichnen.

Will man die Richtung der Integration umkehren[2]), so muß man zuerst einen neuen Parameter einführen, welcher wächst, wenn die Kurve vom Punkt P_2 bis zum Punkt P_1 durchlaufen wird, z. B.[3]): $u = -t$. Die Gleichungen

$$\mathfrak{C}^{-1}: \qquad x = x(-u), \quad y = y(-u), \quad u_1 \gtreqless u \gtreqless u_2,$$

wo:

$$u_1 = -t_2, \quad u_2 = -t_1,$$

stellen dieselbe Gesamtheit von Punkten dar wie (1), aber der Sinn ist entgegengesetzt.

Das Integral von F entlang der Kurve $\mathfrak{C}^{-1}$ hat den Wert

$$\begin{aligned} J_{21} &= \int_{u_1}^{u_2} F\left(x, y, \frac{dx}{du}, \frac{dy}{du}\right) du \\ &= \int_{u_1}^{u_2} F(x(-u),\ y(-u),\ -x'(-u),\ -y'(-u))\,du \\ &= \int_{t_1}^{t_2} F(x(t),\ y(t),\ -x'(t),\ -y'(t))\,dt. \end{aligned}$$

---

[1]) WEIERSTRASS, *Vorlesungen*; vgl. auch KNESER, *Lehrbuch*, § 3. Die Verallgemeinerung des Satzes für den Fall, wo F höhere Ableitungen von x und y enthält, ist von ZERMELO gegeben worden. (*Dissertation*, p. 2—23); für den Fall von Doppelintegralen von KOBB, Acta Mathematica, Bd. XVI (1892), p. 67.

[2]) Vgl. KNESER, *Lehrbuch*, p. 9.

[3]) Dies ist natürlich keine eigentliche „Parametertransformation" und dementsprechend haben wir die Kurve $\mathfrak{C}^{-1}$ als von $\mathfrak{C}$ verschieden zu betrachten.

Wenn die Relation (9) auch für negative Werte von k gültig bleibt (was z. B. eintritt, wenn F eine rationale Funktion von x', y' ist) so ist

$$F(x, y, -x', -y') = -F(x, y, x', y'),$$

und daher: $J_{21} = -J_{12}$

Ein hierher gehöriges Beispiel ist das Integral für den Inhalt der von einer geschlossenen Kurve begrenzten Fläche:

$$J = \tfrac{1}{2}\int_{t_1}^{t_2} (xy' - yx')\,dt$$

Die Relation (9) braucht aber für negative Werte von k nicht zu gelten; wenn insbesondere für negative Werte von k statt dessen die Relation

$$F(x, y, kx', ky') = -kF(x, y, x', y')$$

gilt, wie z. B. bei dem Integral für die Bogenlänge, so ist: $J_{21} = J_{12}$.

Beides sind jedoch nur spezielle Fälle, und im allgemeinen läßt sich keine einfache Beziehung zwischen J_{21} und J_{12} aufstellen

c) **Relationen[1]) zwischen den partiellen Ableitungen der Funktion** $F(x, y, x', y')$:

Differentiiert man (9) nach k und setzt dann $k = 1$, so kommt, wie bei gewöhnlichen homogenen Funktionen,

$$x'F_{x'} + y'F_{y'} = F. \tag{10}$$

Hieraus folgt durch Differentiation nach x und y

$$F_x = x'F_{x'x} + y'F_{y'x}, \qquad F_y = x'F_{x'y} + y'F_{y'y}, \tag{11}$$

und durch Differentiation nach x' und y'

$$x'F_{x'x'} + y'F_{y'x'} = 0, \qquad x'F_{x'y'} + y'F_{y'y'} = 0; \tag{11a}$$

und hieraus, wenn x' und y' nicht gleichzeitig null sind,

$$F_{x'x'} : F_{x'y'} : F_{y'y'} = y'^2 : -x'y' : x'^2; \tag{12}$$

daher existiert eine Funktion F_1 von x, y, x', y' derart, daß

$$F_{x'x'} = y'^2 F_1, \quad F_{x'y'} = -x'y'F_1, \quad F_{y'y'} = x'^2 F_1. \tag{12a}$$

Die so definierte Funktion F_1 ist nach unseren Annahmen über F von der Klasse C' im Bereich $\mathfrak{T}$, selbt wenn eine der beiden Vari-

[1]) Nach Weierstrass, *Vorlesungen*.

abeln x', y' null ist; dagegen wird F_1 im allgemeinen unendlich oder unbestimmt, wenn gleichzeitig $x' = 0$, $y' = 0$ und zwar selbst dann, wenn F selbst für $(x', y') = (0, 0)$ endlich und stetig bleibt; so z. B. für

$$F = y\sqrt{x'^2 + y'^2}, \quad \text{wo} \quad F_1 = \frac{y}{(\sqrt{x'^2 + y'^2}\,)^3}.$$

Wir bemerken noch, daß aus (9) durch Differentiation nach x und y, bzw. x' und y' die weiteren Homogeneitätsrelationen folgen:

$$\left.\begin{aligned} F_x(x, y, kx', ky') &= kF_x(x, y, x', y'), \quad F_y(x, y, kx', ky') = kF_y(x, y, x', y'),\\ F_{x'}(x, y, kx', ky') &= F_{x'}(x, y, x', y'), \quad F_{y'}(x, y, kx', ky') = F_{y'}(x, y, x', y'),\\ F_1(x, y, kx', ky') &= k^{-3}F_1(x, y, x', y'), \end{aligned}\right\} \quad (13)$$

für

$$k > 0.$$

d) **Definition des Minimums:**[1])

Die Definition des Minimums gestaltet sich nun ganz ähnlich wie im § 3, nur daß jetzt alle Kurven in Parameterdarstellung vorausgesetzt werden; außerdem wollen wir den Begriff der zulässigen Kurven noch dadurch erweitern, daß wir auch Kurven mit einer endlichen Anzahl von „Ecken" zulassen.[2])

---

[1]) Im wesentlichen nach WEIERSTRASS, *Vorlesungen*, 1879; vgl. auch ZERMELO, *Dissertation*, p. 25—29, und KNESER, *Lehrbuch*, § 17.

[2]) Für eine Kurve mit einer endlichen Anzahl von Ecken von den unter a) charakterisierten Eigenschaften hat das Integral J zunächst überhaupt keine Bedeutung, da die Funktionen x', y' und daher auch $F(x, y, x', y')$ in den Ecken nicht definiert sind. Legt man aber der Funktion F in den Ecken, die den Parameterwerten $t = c_1, c_2, \ldots, c_n$ entsprechen mögen, beliebige endliche Werte bei, so erhält das Integral für die so modifizierte Funktion nach A V 2 einen bestimmten endlichen Wert, und dieser Wert ist nach A V 3 von der Wahl der Werte von F in den Punkten c_i unabhängig und daher die naturgemäße Definition für das Integral J entlang der betrachteten Kurve. Es folgt dann nach bekannten Sätzen über bestimmte Integrale, daß

$$J = \sum_{i=0}^{n} \int_{c_i+0}^{c_{i+1}-0} F(x, y, x', y')\,dt, \qquad (c_0 = t_1, \quad c_{n+1} = t_2),$$

wobei die Bezeichnung andeuten soll, daß man bei der Berechnung des Integrals für das Intervall $[c_i c_{i+1}]$ den Funktionen x', y' in c_i die Werte $x'(c_i + 0)$, $y'(c_i + 0)$, in c_{i+1} die Werte $x'(c_{i+1} - 0)$, $y'(c_{i+1} - 0)$ beilegt.

Es seien also zwei Punkte P_1 und P_2 im Bereich $\mathfrak{R}$ gegeben; wir betrachten als „zulässige Kurven" die Gesamtheit $\mathfrak{M}$ aller „gewöhnlichen[1]) Kurven", welche in $\mathfrak{R}$ von P_1 nach P_2 gezogen werden können. Dann sagen wir eine zulässige Kurve $\mathfrak{C}$ liefert ein Minimum[2]) für das Integral

$$J = \int_{t_1}^{t_2} F(x, y, x', y')\, dt,$$

wenn eine „Umgebung" $\mathfrak{A}$ von $\mathfrak{C}$ existiert, derart, daß

$$J_{\mathfrak{C}} \lesseqgtr J_{\bar{\mathfrak{C}}}$$

für jede zulässige Kurve $\bar{\mathfrak{C}}$, welche in $\mathfrak{A}$ von P_1 nach P_2 gezogen werden kann.

Dabei soll unter einer Umgebung $\mathfrak{A}$ einer ebenen Kurve $\mathfrak{C}$ wieder jeder ebene Bereich[3]) verstanden werden, welcher die Kurve $\mathfrak{C}$ ganz in seinem Innern enthält, so daß also jeder Punkt von $\mathfrak{C}$ ein „innerer[3]) Punkt" von $\mathfrak{A}$ ist.

e) **Vergleichung der Methode der Parameterdarstellung mit der früheren Methode:**

Man ist leicht geneigt, die ältere Methode, bei welcher x als unabhängige Variable gebraucht wird, im Vergleich zur Weierstraß'schen Methode der Parameterdarstellung für veraltet und unvollkommen zu halten. Jedoch mit Unrecht: Vielmehr haben es die beiden Methoden mit zwei verschiedenen Aufgaben zu tun, und welche von beiden den Vorzug verdient, hängt in jedem einzelnen Fall von der speziellen Natur des vorliegenden Problems ab.

Im allgemeinen kann man sagen, daß für *geometrische* Aufgaben die Methode der Parameterdarstellung nicht nur vorzuziehen ist, sondern überhaupt die einzige ist, welche eine vollständige Lösung der Aufgabe liefert[4]). Handelt es sich dagegen darum, eine *Funktion* zu bestimmen, welche ein Integral zu einem Extremum macht, so hat man die ältere Methode anzuwenden.

---

[1]) Vgl. § 25, a). Eine Ausdehnung der Aufgabe auf eine allgemeinere Klasse von Kurven wird in § 35 betrachtet werden.

[2]) Genauer „starkes, relatives" Minimum; wir werden es fast ausschließlich mit diesem zu tun haben. Die Unterscheidung zwischen „eigentlichem" und „uneigentlichem" Minimum ist dann wieder ganz so wie p. 18 definiert.

[3]) Wegen der Definition von „Bereich" und „Inneres" vgl. A I 7 und 9. Man beachte, daß wir zwischen Umgebung und Nachbarschaft einer Kurve unterscheiden, vgl. § 3, b).

[4]) Es sei denn, daß man die auf p. 205, Fußnote auseinandergesetzte Methode anwenden will, bei welcher man jedoch die gegebene Aufgabe durch eine Aufgabe von weit komplizierterem Typus ersetzt. Vgl. auch die Übungsaufgaben Nr. 35—40 auf pp. 149—151.

Dieselbe Unterscheidung gilt auch für Aufgaben von allgemeinerem Typus. So sind z. B. das Hamilton'sche Prinzip und das Prinzip der kleinsten Aktion in der ersten (Lagrange'schen) Form Funktionenprobleme, weil hier die Koordinaten der Punkte des Systems als Funktionen einer ganz bestimmten unabhängigen Variabeln, nämlich der Zeit, gesucht werden. Dagegen ist das Prinzip der kleinsten Aktion in der zweiten (Jacobi'schen) Form, bei welcher die Zeit eliminiert ist und nur die Bahnen bestimmt werden, ein Kurvenproblem (vgl. Kap. XI).

Betrachtet man die Aufgabe das Integral

$$J = \int_{t_1}^{t_2} F(x, y, x', y')\, dt$$

zu einem Minimum zu machen, einmal in Beziehung auf eine gewisse Menge $\mathfrak{M}$ von zulässigen Kurven, das andere Mal in Beziehung auf eine andere Menge $\mathfrak{N}$, so sind dies zwei ganz verschiedene Aufgaben, und man muß im allgemeinen erwarten, daß auch ihre Lösungen verschieden sind.

Wir wählen nun für $\mathfrak{M}$ die Gesamtheit aller Kurven der Klasse C', welche im Bereich $\mathfrak{R}$ vom Punkt P_1 nach dem Punkt P_2 gezogen werden können, und für $\mathfrak{N}$ die Gesamtheit derjenigen Kurven von $\mathfrak{M}$, für welche beständig

$$x'(t) > 0\,. \tag{14}$$

Für jede Kurve von $\mathfrak{N}$ können wir dann x als Parameter einführen, und erhalten die Kurve in der Form

$$y = y(x),$$

wo $y(x)$ eine Funktion der Klasse C' ist, während das Integral J übergeht in

$$J = \int_{x_1}^{x_2} f\left(x, y, \frac{dy}{dx}\right) dx\,,$$

wenn wir die Funktion $f(x, y, p)$ durch

$$f(x, y, p) = F(x, y, 1, p) \tag{15}$$

definieren. Die zweite Aufgabe ist aber identisch mit dem Problem, das wir in den drei ersten Kapiteln behandelt haben.

So gehört also zu jedem „t-Problem", wie wir sagen wollen, ein entsprechendes „x-Problem", das durch Hinzufügung der Bedingung (14) daraus hervorgeht. Ebenso kann man rückwärts von einem gegebenen „x-Problem" zu dem entsprechenden „t-Problem" übergehen, indem man

$$p = \frac{y'}{x'}$$

setzt und demnach

$$F(x, y, x', y') = f\left(x, y, \frac{y'}{x'}\right) x' \tag{15a}$$

definiert, wobei es freilich vorkommen kann, daß die Funktion F nicht allen von uns vorausgesetzten Bedingungen genügt

Aus (15a) folgen die Relationen

$$\left.\begin{aligned} F_x &= f_x x', \qquad F_y = f_y x' \\ F_{x'} &= f - p f_p, \quad F_{y'} = f_p \\ F_1 &= \frac{f_{pp}}{x'^3}. \end{aligned}\right\} \tag{16}$$

Da die Menge $\mathfrak{N}$ in der Menge $\mathfrak{M}$ enthalten ist, so folgt, daß jede Lösung des t-Problems, welche überdies der Bedingung (14) genügt, a fortiori auch eine Lösung des x-Problems liefert. Das t-Problem kann aber auch Lösungen besitzen, welche die Bedingung (14) nicht erfüllen, und welche daher keine Lösungen des x-Problems sind. Ein Beispiel dieser Art ist die bekannte „diskontinuierliche Lösung“ beim Problem der Rotationsfläche kleinsten Inhalts (vgl. § 52).

Es kann aber auch umgekehrt das x-Problem Lösungen besitzen, welche nicht zugleich Lösungen für das t-Problem sind. Ein einfaches Beispiel[1]) dieser Art liefert die Aufgabe, das Integral

$$J = \int_{x_1}^{x_2} y'^2 \, dx$$

zu einem Minimum zu machen, wobei die Endpunkte P_1 und P_2 die Koordinaten $(x_1, y_1) = (0, 0)$, $(x_2, y_2) = (1, 1)$ haben sollen. Dann liefert die Gerade $P_1 P_2$ $y = x$ ein starkes Minimum für das Integral und zwar ist der Minimalwert $J = +1$. Denn ersetzt man y durch $y + \omega$, wo ω irgend eine Funktion der Klasse C' ist, welche in beiden Endpunkten verschwindet, so ist

$$\Delta J = \int_0^1 (2\omega' y' + \omega'^2)\, dx = \int_0^1 \omega'^2 \, dx,$$

also $\Delta J > 0$.

Dagegen liefert dieselbe Gerade $P_1 P_2$ für das entsprechende t-Problem, wo

$$J = \int_{t_1}^{t_2} \frac{y'^2}{x'} \, dt$$

kein Minimum Denn man kann in jeder noch so kleinen Umgebung von $P_1 P_2$ die beiden Punkte P_1 und P_2 durch eine Zickzacklinie verbinden, welche abwechselnd aus geradlinigen Stücken vom Gefälle 0 und -1 besteht. Für eine solche Zickzacklinie wird aber offenbar das Integral J negativ, also sicher kleiner als 1.

Die betrachtete Zickzacklinie ist für das t-Problem eine zulässige Variation, nicht aber für das x-Problem.

---

[1]) Dasselbe rührt von Bromwich her, vgl Mathematical Gazette, Bd. III (1905), p. 179 Ein anderes Beispiel dieser Art ist unser Beispiel X, p. 113, in dem Fall, wo $m > 0$, oder $m < -1$; man benutze dieselbe Zickzacklinie wie im Text

Das eben behandelte Beispiel ist nur ein spezieller Fall eines allgemeinen, von WEIERSTRASS herrührenden Satzes (vgl. § 30, b)), wonach das Integral

$$\int_{t_1}^{t_2} F(x, y, x', y')\,dt$$

überhaupt kein Extremum besitzt, wenn $F(x, y, x', y')$ eine rationale Funktion von x', y' ist, während das entsprechende x-Problem sehr wohl eine Lösung besitzen kann.

Schließlich sei noch bemerkt, daß man in allen Fällen, wo es sich nur um die Untersuchung einer Kurve der Klasse C' in der Umgebung eines einzelnen Punktes handelt, die Kurve ohne Beschränkung der Allgemeinheit stets in der Form: $y = y(x)$ annehmen darf, da man stets durch Drehung des Koordinatensystems erreichen kann, daß in der Umgebung des betreffenden Punktes $x' > 0$.

§ 26. Die Differentialgleichung des Problems.

Das Verfahren zur Aufstellung notwendiger Bedingungen für ein Extremum ist zunächst ganz analog wie in § 4; wir werden daher nur diejenigen Punkte ausführlich erörtern, in welchen die Behandlung in Parameterdarstellung charakteristische Eigentümlichkeiten aufweist.

a) **Die Weierstraß'sche Form der Euler'schen Differentialgleichung:**

Wir nehmen an, wir hätten eine Kurve $\mathfrak{C}$ gefunden, welche das Integral J zu einem Minimum macht. Wir setzen fürs erste[1]) voraus, die Kurve $\mathfrak{C}$ sei von der Klasse C' und liege ganz *im Innern* des Bereiches $\mathfrak{R}$. Sie sei durch irgend einen zulässigen Parameter ausgedrückt in der Form

$$\mathfrak{C}: \qquad x = x(t), \quad y = y(t), \quad t_1 \gtreqless t \gtreqless t_2,$$

wobei wir darauf aufmerksam machen, daß jetzt die Endwerte t_1, t_2 unbekannt sind. Wir ersetzen die Kurve $\mathfrak{C}$ durch eine benachbarte Kurve von der speziellen Form

$$\bar{\mathfrak{C}}: \qquad x = x(t) + \varepsilon\xi(t), \quad y = y(t) + \varepsilon\eta(t), \quad t_1 \gtreqless t \lesseqgtr t_2, \tag{17}$$

wo ε eine kleine Konstante ist und $\xi(t)$, $\eta(t)$ Funktionen von t von der Klasse[2]) D' sind, welche in t_1 und t_2 verschwinden, sonst aber willkürlich sind. Wir schließen dann ganz wie in § 4, daß

$$\delta J = 0, \qquad \delta^2 J \gtreqless 0$$

sein muß, wo wieder

---

[1]) Wir werden uns von diesen Beschränkungen in Kap. VIII befreien.

[2]) Vgl die Definition § 10, c) Die Zulassung von Vergleichskurven mit „Ecken" macht nur ganz unwesentliche Modifikationen der früheren Schlußweise nötig.

$$\delta J = \varepsilon \left(\frac{d\bar{J}}{d\varepsilon}\right)_0, \qquad \delta^2 J = \varepsilon^2 \left(\frac{d^2\bar{J}}{d\varepsilon^2}\right)_0.$$

Im gegenwärtigen Fall ist

$$\delta J = \varepsilon \int_{t_1}^{t_2} (F_x \xi + F_y \eta + F_{x'} \xi' + F_{y'} \eta')\, dt. \tag{18}$$

Indem wir einmal spezielle[1]) Variationen betrachten, für welche $\eta \equiv 0$, das andere Mal solche, für welche $\xi \equiv 0$, erhalten wir das Resultat, daß einzeln

$$\int_{t_1}^{t_2} (F_x \xi + F_{x'} \xi')\, dt = 0, \qquad \int_{t_1}^{t_2} (F_y \eta + F_{y'} \eta')\, dt = 0 \tag{19}$$

sein muß.

Auf diese beiden Gleichungen können wir jetzt die Methode von § 5, c) anwenden, und erhalten so den Satz, daß die *beiden Funktionen x und y den beiden Differentialgleichungen*

$$F_x - \frac{d}{dt} F_{x'} = 0, \qquad F_y - \frac{d}{dt} F_{y'} = 0 \tag{20}$$

genügen müssen, was zugleich die Existenz der Ableitungen $dF_{x'}/dt$, $dF_{y'}/dt$ involviert. Die beiden Differentialgleichungen (20) sind jedoch nicht voneinander unabhängig[2]), wie sich schon a priori erwarten läßt, da dieselbe Kurve unendlich viele Parameterdarstellungen zuläßt. In der Tat, führt man die in (20) angedeuteten Differentiationen[3]) aus,

---

Sind $c_1, c_2, \ldots, c_{n-1}$, die Unstetigkeitspunkte von ξ', η', so zerlegt man das Integral $\bar{J}$ in eine Summe von Integralen zwischen den Grenzen $t_1 c_1, c_1 c_2, \ldots$ und führt die Differentiation nach ε, welche δJ und $\delta^2 J$ liefert, sowie die weiteren Umformungen an den einzelnen Summanden aus. Die vom Integralzeichen freien Glieder, welche dabei auftreten, heben sich weg, weil die Funktionen x', y' und ξ, η als stetig vorausgesetzt werden.

[1]) Was gestattet ist, so lange es sich um die Ableitung von notwendigen Bedingungen handelt.

[2]) Schon HAMILTON hat bemerkt, — und zwar für das entsprechende Problem im Raum —, daß aus der Homogeneität der Funktion F folgt, daß die Differentialgleichungen (20) nicht voneinander unabhängig sind. (Transactions of the Irish Academy, Bd. XVII, p. 6.)

[3]) Der Hilbert'sche Satz (§ 5, d)) über die Existenz der zweiten Ableitungen, welche dabei vorausgesetzt wird, ist dahin zu modifizieren: *der Parameter t läßt sich stets so wählen, daß die zweiten Ableitungen x'', y'' existieren und stetig sind in allen denjenigen Punkten der Kurve, in welchen*

$$F_1(x(t), y(t), x'(t), y'(t)) \neq 0. \tag{21}$$

und macht dabei von den Relationen (11) und (12a) Gebrauch, so erhält man die Identitäten

$$F_x - \frac{d}{dt} F_{x'} \equiv y' T, \qquad F_y - \frac{d}{dt} F_{y'} \equiv - x' T, \tag{23}$$

wo

$$T(x, y; x', y'; x'', y'') \equiv F_{xy'} - F_{yx'} + F_1(x'y'' - x''y'). \tag{23a}$$

Da x' und y' nicht gleichzeitig verschwinden, so sind *die beiden Differentialgleichungen* (20) *äquivalent mit der einen Differentialgleichung*

$$F_{xy'} - F_{yx'} + F_1(x'y'' - x''y') = 0. \tag{I}$$

Dies ist die *Weierstraß'sche*[1]) *Form der Euler'schen Differentialgleichung.* Ihr muß jede Kurve, welche das Integral J zu einem Extremum macht, genügen. Jede den beiden Differentialgleichungen (20) genügende Kurve soll nach Kneser wieder ein *Extremale* heißen.

Führt man die Krümmung $\frac{1}{r}$ der Kurve ein, so kann man nach (6) die Differentialgleichung (I) auch schreiben:

$$\frac{1}{r} = \frac{F_{x'y} - F_{y'x}}{F_1 (\sqrt{x'^2 + y'^2}\,)^3} \tag{23b}$$

Die Krümmung bleibt invariant unter jeder Parametertransformation, ebenso die rechte Seite von (23b), wie man sich leicht mittels der Formeln (9) und (13) überzeugt.

Aus den Formeln (23) leitet Weierstrass eine wichtige Umformung der ersten Variation ab. Formt man in dem Ausdruck (18)

Dies findet z. B statt, wenn man für t die Bogenlänge wählt, was sich analytisch dadurch ausdrückt, daß man den Differentialgleichungen (20) die weitere hinzufügt

$$x'^2 + y'^2 = 1 \tag{22}$$

Ist in dem Punkt, für welchen man die Existenz von x'', y'' beweisen will, $y' \neq 0$ —, x' und y' sind nicht beide null, — so leitet man, indem man ganz analog wie im § 5, d) verfährt, aus den beiden aus (20) und (22) folgenden Gleichungen

$$\underset{\Delta t = 0}{L} \frac{\Delta F_{x'}}{\Delta t} = F_x, \qquad \underset{\Delta t = 0}{L} \frac{\Delta (x'^2 + y'^2)}{\Delta t} = 0$$

Ausdrücke für die Differenzenquotienten

$$\frac{\Delta x'}{\Delta t}, \qquad \frac{\Delta y'}{\Delta t}$$

her, an denen man dann den Grenzübergang mit dem oben angegebenen Resultat ausführen kann.

[1]) Weierstrass, *Vorlesungen.*

für δJ die beiden letzten Glieder durch partielle Integration um und macht von den Gleichungen (23) Gebrauch, so erhält man

$$\delta J = \varepsilon \left\{ \Big[\xi F_{x'} + \eta F_{y'} \Big]_{t_1}^{t_2} + \int_{t_1}^{t_2} T w \, dt \right\}, \tag{18a}$$

wobei

$$w = y'\xi - x'\eta$$

gesetzt ist.

Die Umformung setzt die Existenz und Stetigkeit von x'', y'' voraus.

Die Differentialgleichung (I), zusammen mit geeigneten Anfangsbedingungen, bestimmt im allgemeinen zwar die Kurve[1]), aber nicht die Funktionen $x(t)$ und $y(t)$, solange der Parameter t unbestimmt gelassen wird. Erst nachdem man eine Festsetzung über die Wahl des Parameters getroffen hat, werden auch die Funktionen $x(t)$ und $y(t)$ bestimmt. Eine solche Festsetzung bedeutet aber analytisch, daß man zur Differentialgleichung (I) noch eine endliche Gleichung oder eine Differentialgleichung zwischen x, y und t mit geeigneten Anfangsbedingungen hinzufügt; diese Zusatzgleichung ist nur der einen Bedingung unterworfen, daß die Funktionen $x(t)$ und $y(t)$ sich schließlich als eindeutige Funktionen der Klasse C' ergeben müssen. Die beste Wahl des Parameters hängt von der speziellen Natur der vorgelegten Aufgabe ab. Für Untersuchungen allgemeiner Natur ist es meist am vorteilhaftesten, die Bogenlänge als Parameter zu wählen, was mit der Zusatzgleichung (22) identisch ist[2])

---

[1]) Vgl genaueres hierüber in § 27, a). Der hier scheinbar vorliegende Widerspruch löst sich dadurch, daß dieselbe Kurve durch Transformation des Parameters in unendlich vielen Formen dargestellt werden kann, vgl. § 25, a).

[2]) Bei dem Übergang zu einem speziellen Parameter hat man sich vor einem naheliegenden Fehler zu hüten. Trifft man über den Parameter t für die gesuchte Kurve $\mathfrak{C}$ eine bestimmte Wahl, die mit der Adjunktion der Relation

$$G(t, x, y, x', y') = 0 \tag{22a}$$

gleichbedeutend sein möge, so kann es kommen, daß die Funktion $F(x, y, x', y')$ sich auf Grund von (22a) auf eine Form $F^0(x, y, x', y')$ reduzieren läßt, welche der Homogeneitätsbedingung (9) nicht mehr genügt Wir können dann das Integral $J_{\mathfrak{C}}$ in der doppelten Form schreiben

$$J_{\mathfrak{C}} = \int_{t_1}^{t_2} F(x, y, x', y')\, dt = \int_{t_1}^{t_2} F^0(x, y, x', y')\, dt$$

Wenn wir nun zu einer benachbarten Kurve $\bar{\mathfrak{C}}$ übergehen, indem wir x, y durch $\bar{x} = x + \varepsilon\xi$, $\bar{y} = y + \varepsilon\eta$ ersetzen, wobei ξ, η beliebige Funktionen von t von

Nachdem man eine bestimmte Wahl über den Parameter t getroffen hat, erhält man die allgemeine Lösung in Form eines Paares

---

der Klasse D' sind, welche für $t = t_1$ und $t = t_2$ verschwinden, so wird im allgemeinen der Parameter t für $\overline{\mathfrak{C}}$ nicht mehr dieselbe Bedeutung haben, wie für $\mathfrak{C}$, d. h. $\bar{x}$, $\bar{y}$ werden im allgemeinen nicht mehr der Relation (22a) genügen, also wird sich auch für die Kurve $\overline{\mathfrak{C}}$ die Funktion F nicht mehr auf die Form F^0 reduzieren lassen. Daher müssen wir schreiben

$$J_{\overline{\mathfrak{C}}} = \int_{t_1}^{t_2} F(\bar{x}, \bar{y}, \bar{x}', \bar{y}')\, dt$$

und dürfen nicht schreiben

$$J_{\overline{\mathfrak{C}}} = \int_{t_1}^{t_2} F^0(\bar{x}, \bar{y}, \bar{x}', \bar{y}')\, dt$$

Daraus folgt, daß auch in δJ und daher schließlich in den Differentialgleichungen (20) und (I) die Funktion F und nicht F^0 gebraucht werden muß. *Erst jetzt, in den fertigen Differentialgleichungen, darf man die aus der Adjunktion von (22a) sich ergebenden Reduktionen vornehmen*

So führt z. B. die Aufgabe das Integral

$$J = \int_{t_1}^{t_2} y\sqrt{x'^2 + y'^2}\, dt$$

zu einem Minimum zu machen, wenn man den Bogen s als unabhängige Variable einführt, auf das Integral

$$J_{\mathfrak{C}} = \int_{s_1}^{s_2} y\, ds.$$

Wollte man hier unter Vernachlässigung der obigen Warnung, mechanisch die früheren Regeln auf das reduzierte Integral anwenden, so würde man für die Differentialgleichung (I) das falsche Resultat $1 = 0$ erhalten

Es gibt allerdings noch eine *zweite Methode*, die Aufgabe zu behandeln: sie besteht darin, daß man nicht nur für die gesuchte Kurve, *sondern gleichzeitig für sämtliche zulässigen Kurven* den Parameter t in derselben Weise spezialisiert, d. h. den sämtlichen zulässigen Kurven die Nebenbedingung (22a) auferlegt. Dann sind aber die Funktionen ξ, η nicht mehr willkürlich, und man hat es mit einem ganz anderen, und zwar viel komplizierteren Typus von Aufgaben zu tun (vgl. Kap. XI).

Das obige Beispiel würde in der neuen Formulierung lauten: Unter allen Funktionenpaaren x, y, welche der Nebenbedingung

$$x'^2 + y'^2 = 1$$

genügen, dasjenige zu finden, welches das Integral

$$J = \int_{s_1}^{s_2} y\, ds$$

zu einem Minimum macht

(Vgl. Lindelöf-Moigno, *Leçons*, Nr. 116—120.)

von Funktionen von t, welche zwei Integrationskonstanten[1]) enthalten:

$$x = f(t, \alpha, \beta), \qquad y = g(t, \alpha, \beta). \tag{24}$$

Die Konstanten α, β zusammen mit den beiden unbekannten Endwerten t_1, t_2 sind aus der Bedingung zu bestimmen, daß die Kurve durch die beiden gegebenen Punkte gehen soll:

$$\left.\begin{aligned} x_1 &= f(t_1, \alpha, \beta), \qquad & y_1 &= g(t_1, \alpha, \beta) \\ x_2 &= f(t_2, \alpha, \beta), \qquad & y_2 &= g(t_2, \alpha, \beta) \end{aligned}\right\} \tag{25}$$

Die vorangehenden Bemerkungen über die Integration der Differentialgleichung (I) werden durch die nachfolgenden Beispiele noch weiter erläutert werden. Wir bemerken dazu noch, daß es häufig vorteilhafter ist, statt der Differentialgleichung (I) eine der beiden Differentialgleichungen (20) zu benutzen, besonders wenn die Funktion F eine der beiden Variabeln x oder y nicht enthält. Nur muß man sich daran erinnern, daß jede dieser Differentialgleichungen nach (23) eine fremde Lösung enthält (die erste $y' = 0$, die zweite $x' = 0$), und daß erst die Kombination beider mit (I) äquivalent ist.

Beispiel XIV: Das Integral

$$J = \int_{t_1}^{t_2} \left[\tfrac{1}{2}(xy' - yx') - R\sqrt{x'^2 + y'^2}\right] dt$$

zu einem Maximum zu machen

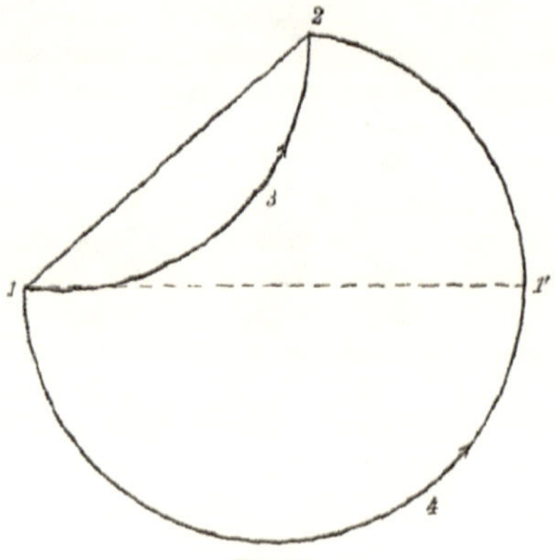

Fig. 31

Dabei ist R eine positive Konstante Für den Bereich $\mathfrak{R}$ können wir die ganze x, y-Ebene wählen.

Man findet

$$F_1 = -\frac{R}{(\sqrt{x'^2 + y'^2})^3} \tag{26}$$

und daraus für die Euler'sche Differentialgleichung:

$$\frac{1}{r} \equiv \frac{x'y'' - y'x''}{(\sqrt{x'^2 + y'^2})^3} = \frac{1}{R} \tag{I}$$

Die Krümmung ist also konstant und gleich $\frac{1}{R}$. Daraus folgt, daß die Extremalen Kreise mit dem Radius R sind, die in positivem Sinn beschrieben werden, d. h. so daß der Mittelpunkt zur Linken liegt Wir haben also hier

[1]) Näheres hierüber folgt in § 27.

ein Beispiel, wo eine Extremale aufhört, Extremale zu sein, wenn sie in entgegengesetztem Sinn durchlaufen wird.[1])

Wir können das allgemeine Integral der Differentialgleichung (I) schreiben:

$$x = \alpha + R \cos t, \qquad y = \beta + R \sin t \tag{27}$$

Durch die beiden gegebenen Punkte P_1, P_2 gibt es zwei, einen oder keinen Kreisbogen der verlangten Art, je nachdem[2])

$$R \gtreqless \frac{1}{2} \, |P_1 P_2| \; .$$

Im ersten Fall ist von den beiden Kreisbogen der eine $P_1 P_3 P_2$ kleiner, der andere $P_1 P_4 P_2$ größer als ein Halbkreis.

b) Die Brachistochrone[3]):

Beispiel XV: Unter allen Kurven, welche in einer gegebenen vertikalen Ebene zwischen zwei gegebenen Punkten P_1 und P_2 gezogen werden können, diejenige zu finden, entlang welcher ein nur der Schwere unterworfener materieller Punkt in der kürzesten Zeit von P_1 nach P_2 gelangt, wenn er den Punkt P_1 mit der gegebenen Anfangsgeschwindigkeit v_1 verläßt.

Wir wählen die vertikale Ebene zur x, y-Ebene eines rechtwinkligen Koordinatensystems und nehmen die positive y-Achse vertikal nach unten. Bezeichnet dann g die Konstante der Schwerkraft und wird von Reibung und Widerstand des Mediums abgesehen, so hat man nach den Elementen der Mechanik das Integral

$$J = \int_{t_1}^{t_2} \frac{\sqrt{x'^2 + y'^2}\, dt}{\sqrt{y - y_1 + k}}$$

zu einem Minimum zu machen, wo

$$k = \frac{v_1^{\,2}}{2g} \, .$$

Die zulässigen Kurven sollen von der Klasse C' sein: sie müssen auf den Bereich

$$\mathfrak{R}: \qquad y - y_1 + k > 0$$

beschränkt werden, da sonst der Integrand unendlich oder imaginär werden würde.

Da $F_x \equiv 0$, so erhalten wir nach (20) sofort ein erstes Integral

$$F_{x'} \equiv \frac{x'}{\sqrt{x'^2 + y'^2}\,\sqrt{y - y_1 + k}} = a \tag{28}$$

Ist $a = 0$, so erhalten wir: $x =$ konst. und dies ist in der Tat die Lösung der Aufgabe, wenn die beiden Punkte P_1 und P_2 in derselben Vertikalen liegen.

---

[1]) Vgl. § 25, b).

[2]) Den *Abstand* zweier Punkte A und B bezeichnen wir stets mit $|AB|$.

[3]) Vgl. Lindelöf-Moigno, loc. cit., Nr. 112; Pascal, loc. cit., § 31; Kneser, *Lehrbuch*, p. 37.

Ist $a \neq 0$, so wählen wir für den Parameter t den Tangentenwinkel der Kurve; das ist gleichbedeutend mit der „Zusatzgleichung".

$$\frac{x'}{\sqrt{x'^2 + y'^2}} = \cos t, \tag{29}$$

welche (28) auf

$$y - y_1 + k = \alpha (1 + \cos 2t) \tag{30}$$

reduziert, wo zur Abkürzung

$$\alpha = \frac{1}{2a^2}$$

gesetzt ist.

Aus (30) folgt durch Differentiation

$$y' = -2\alpha \sin 2t$$

und durch Einsetzen dieses Wertes in (29),

$$x' = \pm 4\alpha \cos^2 t.$$

Machen wir schließlich die Substitution

$$2t = \tau - \pi,$$

so erhalten wir das Resultat:

$$\left.\begin{aligned} x - x_1 + \beta &= \pm\, \alpha (\tau - \sin \tau) \\ y - y_1 + k &= \quad \alpha (1 - \cos \tau), \end{aligned}\right\} \tag{31}$$

wobei β die zweite Integrationskonstante ist. *Die Extremalen sind also Zykloiden* [1]), die durch einen Kreis vom Radius α erzeugt werden, der auf der Geraden $y - y_1 + k = 0$ rollt.

Unter dieser doppelt unendlichen Schar von Zykloiden gibt es eine und nur eine [2]), welche durch die beiden gegebenen Punkte P_1 und P_2 geht und

---

[1]) Schon von JOHANN BERNOULLI (1696) gefunden, siehe OSTWALD's *Klassiker* etc., Nr. 46, p. 3. Vgl. auch CANTOR, *Geschichte der Mathematik*, Bd. III, pp. 225 bis 228.

[2]) Für den speziellen Fall, wo $v_1 = 0$, hat schon JOHANN BERNOULLI (1696) einen geometrischen Beweis gegeben (loc. cit.); derselbe ist von H. A. SCHWARZ auf den allgemeinen Fall ausgedehnt worden (siehe HANCOCK, *Lectures*, Nr. 105). Rein analytische Beweise geben HEFFTER, *„Zum Problem der Brachistochrone"*, Zeitschrift für Mathematik und Physik, Bd. XXXIV (1889) und BOLZA, *„The Determination of the Constants in the Problem of the Brachistochrone"*, Bulletin of the American Mathematical Society (2), Bd. X (1904), p. 185. E. H. MOORE hat gezeigt, daß der betreffende Satz ein spezieller Fall eines allgemeinen Satzes über eine gewisse Klasse von Kurvenbogen ist (*„On Doubly Infinite Systems of directly Similar Arches with common Base Line"*, Bulletin of the American Mathematical Society (2), Bd. X (1904), p. 337.

keine Spitze[1] zwischen P_1 und P_2 besitzt, vorausgesetzt, daß die Koordinaten der beiden gegebenen Punkte den Ungleichungen genügen

$$x_2 \neq x_1, \qquad y_2 - y_1 + h \gtreqless 0 \tag{32}$$

c) Die Geodätischen Linien[2]):

Beispiel XVI Die kürzeste Linie zu bestimmen, welche auf einer gegebenen Fläche zwischen zwei gegebenen Punkten Q_1 und Q_2 gezogen werden kann

Sind die rechtwinkligen Koordinaten x, y, z eines Punktes der Fläche als Funktionen zweier Parameter u, v gegeben, und werden die Kurven auf der Fläche mittels eines Parameters dargestellt

$$u = u(t), \qquad v = v(t), \tag{33}$$

so ist unsere Aufgabe gleichbedeutend damit, das Integral

$$J = \int_{t_1}^{t_2} \sqrt{\mathsf{E}u'^2 + 2\mathsf{F}u'v' + \mathsf{G}v'^2}\, dt \tag{34}$$

zu einem Minimum zu machen, wobei

$$\mathsf{E} = \sum x_u^2, \qquad \mathsf{F} = \sum x_u x_v, \qquad \mathsf{G} = \sum x_v^2,$$

und die Summation sich auf eine zyklische Vertauschung der Buchstaben x, y, z bezieht

Die zulässigen Kurven (33) in der u, v-Ebene sollen „gewöhnliche" Kurven sein; sie müssen auf einen Bereich $\mathfrak{R}$ der u, v-Ebene beschränkt werden, welcher die Eigenschaft hat, mit seinem Bild $\mathfrak{M}$ auf der Fläche in ein-eindeutiger Beziehung zu stehen Sind $P_1(u_1, v_1)$ und $P_2(u_2, v_2)$ die den beiden gegebenen Punkten Q_1 und Q_2 entsprechenden Punkte der u, v-Ebene, so müssen die zulässigen Kurven die beiden Punkte P_1 und P_2 verbinden. Wir setzen ferner voraus, daß die Funktionen $\mathsf{E}, \mathsf{F}, \mathsf{G}$ in $\mathfrak{R}$ von der Klasse C'' sind, und daß das Flächenstück $\mathfrak{M}$ frei von singulären Punkten ist, d h daß die drei Determinanten

$$A = y_u z_v - z_u y_v, \qquad B = z_u x_v - x_u z_v, \qquad C = x_u y_v - y_u x_v$$

nicht gleichzeitig verschwinden, was wegen der Identität

$$\mathsf{EG} - \mathsf{F}^2 = A^2 + B^2 + C^2$$

mit der einen Bedingung

$$\mathsf{EG} - \mathsf{F}^2 > 0 \tag{35}$$

äquivalent ist

[1]) H. A. Schwarz hat in Vorlesungen bewiesen, daß ein Zykloidenbogen, welcher eine Spitze enthält, niemals ein Minimum für das Integral J liefern kann, vgl Hancock, *Lectures*, Nr 104.

[2]) Die Aufgabe geht ebenfalls auf Johann Bernoulli zurück (1697); vgl. Cantor, *Geschichte der Mathematik*, Bd. III, pp. 232—235.

α) Wir benutzen zunächst die *Weierstraß'sche Form* (I) *der Euler'schen Differentialgleichung* und bezeichnen allgemein mit $\Phi(F)$ den Differentialausdruck

$$\Phi(F) \equiv F_{xy'} - F_{yx'} + F_1(x'y'' - x''y').$$

Dann ergibt eine einfache Rechnung

$$\Phi\left(\sqrt{\mathsf{E}u'^2 + 2\mathsf{F}u'v' + \mathsf{G}v'^2}\right) = \frac{\Gamma}{\left(\sqrt{\mathsf{E}u'^2 + 2\mathsf{F}u'v' + \mathsf{G}v'^2}\right)^3}, \tag{36}$$

wo

$$\left.\begin{aligned} \Gamma = {} & (\mathsf{EG} - \mathsf{F}^2)(u'v'' - u''v') \\ & + (\mathsf{E}u' + \mathsf{F}v')[(\mathsf{F}_u - \tfrac{1}{2}\mathsf{E}_v)u'^2 + \mathsf{G}_u u'v' + \tfrac{1}{2}\mathsf{G}_v v'^2] \\ & - (\mathsf{F}u' + \mathsf{G}v')[\tfrac{1}{2}\mathsf{E}_u u'^2 + \mathsf{E}_v u'v' + (\mathsf{F}_v - \tfrac{1}{2}\mathsf{G}_u)v'^2]. \end{aligned}\right\} \tag{37}$$

Die Extremalen genügen daher der Differentialgleichung[1])

$$\Gamma = 0. \tag{38}$$

Diese Differentialgleichung besitzt eine einfache geometrische Bedeutung; die geodätische Krümmung $\mathrm{K_g}$ der Kurve (33) im Punkt t wird durch den Ausdruck

$$\mathrm{K_g} = \frac{\Gamma}{\sqrt{\mathsf{EG} - \mathsf{F}^2}\left(\sqrt{\mathsf{E}u'^2 + 2\mathsf{F}u'v' + \mathsf{G}v'^2}\right)^3} \tag{39}$$

gegeben[2]).

Daher hat die kürzeste Linie die charakteristische Eigenschaft, daß *ihre geodätische Krümmung beständig null*[3]) ist, d. h. sie ist eine *geodätische Linie* nach einer der verschiedenen Definitionen[4]) dieser Kurven.

Nebenbei bemerken wir die Relation

$$\Phi\left(\sqrt{\mathsf{E}u'^2 + 2\mathsf{F}u'v' + \mathsf{G}v'^2}\right) = \mathrm{K_g}\sqrt{\mathsf{EG} - \mathsf{F}^2}, \tag{40}$$

die uns später von Nutzen sein wird.

---

[1]) Daß (38) die Differentialgleichung der geodätischen Linien ist, könnte man direkt aus den Lehrbüchern über Differentialgeometrie entnehmen, z. B. Knoblauch, *Flächentheorie*, p. 140; Bianchi-Lukat, *Differentialgeometrie*, p. 154; Darboux, *Théorie des Surfaces*, Bd. II, p. 403; Scheffers, *Theorie der Flächen*, p. 407.

[2]) Vgl. z. B. Scheffers, *Theorie der Flächen*, p. 482. Eine elementare Ableitung dieser Formel findet man bei Bolza, „*Concerning the Isoperimetric Problem on a Given Surface*", Decennial Publications of the University of Chicago, Bd. IX, p. 13.

[3]) Eine elegante Ableitung dieses Resultates gibt Bromwich (Bulletin of the American Mathematical Society, Bd. XI (1905), p. 547) mittels einer Transformation der ersten Variation des Integrals

$$\int_{t_1}^{t_2} \sqrt{x'^2 + y'^2 + z'^2}\, dt.$$

[4]) Vgl. Darboux, *Théorie des Surfaces*, Bd. II, Nr. 514.

β, Benutzen wir statt der Differentialgleichung (I) *die beiden Differentialgleichungen* (20) und wählen überdies die Bogenlänge s der Kurve auf der Fläche als Parameter, was mit der „Zusatzgleichung"

$$\mathsf{E}\left(\frac{du}{ds}\right)^2 + 2\mathsf{F}\frac{du}{ds}\frac{dv}{ds} + \mathsf{G}\left(\frac{dv}{ds}\right)^2 = 1$$

gleichbedeutend ist, so erhalten wir für die Extremalen die folgenden beiden Differentialgleichungen [1])

$$\left.\begin{aligned} 2\frac{d}{ds}\left(\mathsf{E}\frac{du}{ds} + \mathsf{F}\frac{dv}{ds}\right) &= \mathsf{E}_u\left(\frac{du}{ds}\right)^2 + 2\mathsf{F}_u\frac{du}{ds}\frac{dv}{ds} + \mathsf{G}_u\left(\frac{dv}{ds}\right)^2, \\ 2\frac{d}{ds}\left(\mathsf{F}\frac{du}{ds} + \mathsf{G}\frac{dv}{ds}\right) &= \mathsf{E}_v\left(\frac{du}{ds}\right)^2 + 2\mathsf{F}_v\frac{du}{ds}\frac{dv}{ds} + \mathsf{G}_v\left(\frac{dv}{ds}\right)^2 \end{aligned}\right\} \tag{41}$$

Auch diese Differentialgleichungen haben eine einfache geometrische Bedeutung: Aus der Definition von E, F, G folgt, daß

$$\mathsf{E}\frac{du}{ds} + \mathsf{F}\frac{dv}{ds} = \sum x_u \frac{dx}{ds},$$

$$\mathsf{F}\frac{du}{ds} + \mathsf{G}\frac{dv}{ds} = \sum x_v \frac{dx}{ds}.$$

Hieraus folgt durch Differentiation nach s:

$$\frac{d}{ds}\left(\mathsf{E}\frac{du}{ds} + \mathsf{F}\frac{dv}{ds}\right) = \sum x_u \frac{d^2x}{ds^2}$$
$$+ \frac{1}{2}\mathsf{E}_u\left(\frac{du}{ds}\right)^2 + \mathsf{F}_u\frac{du}{ds}\frac{dv}{ds} + \frac{1}{2}\mathsf{G}_u\left(\frac{dv}{ds}\right)^2;$$

und daher wegen (41)

$$\sum x_u \frac{d^2x}{ds^2} = 0;$$

ebenso findet man

$$\sum x_v \frac{d^2x}{ds^2} = 0;$$

also ist

$$\frac{d^2x}{ds^2} : \frac{d^2y}{ds^2} : \frac{d^2z}{ds^2} = A \cdot B : C, \tag{42}$$

d h. aber geometrisch: *In jedem Punkt der Kurve fällt die Hauptnormale der Kurve mit der Flächennormale zusammen,* was eine andere charakteristische Eigenschaft der geodätischen Linien ist [2])

---

[1]) Vgl. Knoblauch, loc. cit p 142; Bianchi, loc cit p. 153; Darboux, loc. cit p. 405

[2]) Hierzu die *Übungsaufgaben*, Nr. 1—6, 9, 10, 12, 14—18 am Ende von Kap V.

§ 27. Anwendung der allgemeinen Existenztheoreme für Differentialgleichungen auf die Theorie der Extremalen.[1])

Bevor wir zur Betrachtung der zweiten Variation übergehen, stellen wir in diesem Paragraphen die Resultate zusammen, die sich aus den in §§ 23 und 24 mitgeteilten allgemeinen Existenztheoremen für die Differentialgleichung der Extremalen ergeben.

a) Konstruktion einer Extremalen durch einen gegebenen Punkt in gegebener Richtung:

Wir betrachten zunächst die Aufgabe, durch einen gegebenen Punkt $P_0(x_0, y_0)$, von dem wir voraussetzen, daß er im Innern des Bereiches $\mathfrak{R}$ liegt, in einer gegebenen Richtung von der Amplitude θ_0 — oder, wie wir kürzer sagen wollen, „durch das Linienelement $\mathfrak{L}_0(x_0, y_0, \theta_0)$" — eine Extremale zu ziehen.

Dazu ist es am bequemsten, die Bogenlänge s, gemessen vom Punkt P_0 aus, als Parameter einzuführen. Man kann dies nach WEIERSTRASS[2]) in der Weise tun, daß man zur Differentialgleichung (I) die Zusatzgleichung (22) hinzufügt, letztere differentiiert, und dann das so erhaltene System von zwei Differentialgleichungen zweiter Ordnung nach x'', y'' auflöst, wodurch sich die Aufgabe auf die Lösung eines Systems von vier Differentialgleichungen erster Ordnung reduziert.

Einfacher ist es, nach dem Vorgang von BLISS[3]) den Tangentenwinkel θ einzuführen. Macht man dann von den Formeln (4) und (6) Gebrauch, so erhält man aus (23b) das System dritter Ordnung:

---

[1]) Der Leser wird gut tun, Absatz b) bis d) dieses Paragraphen zunächst zu überschlagen und sofort zu § 28 überzugehen, da die betreffenden Resultate erst später zur Anwendung kommen.

[2]) *Vorlesungen* 1879; vgl. KNESER, *Lehrbuch*, §§ 27, 29, und BOLZA, *Lectures*, § 25, a).

[3]) Transactions of the American Mathematical Society, Bd. VII (1906), p. 188; vgl. auch unten § 32, c). Es ist übrigens nicht nötig, bei Ableitung des Systems (43) den Begriff der Krümmung zu benutzen. Denn durch Differentiation der beiden ersten Gleichungen (43) erhält man

$$\frac{d\theta}{ds} = \frac{dx}{ds}\frac{d^2y}{ds^2} - \frac{dy}{ds}\frac{d^2x}{ds^2},$$

woraus dann nach (I), wenn dort s statt t geschrieben wird, die dritte Gleichung (43) folgt.

$$\left.\begin{aligned} \frac{dx}{ds} &= \cos\theta \\ \frac{dy}{ds} &= \sin\theta \\ \frac{d\theta}{ds} &= H(x, y, \cos\theta, \sin\theta), \end{aligned}\right\} \tag{43}$$

wo die Funktion H durch die Gleichung

$$H(x, y, x', y') = \frac{F_{yx'} - F_{xy'}}{F_1 (\sqrt{x'^2 + y'^2})^3} \tag{44}$$

definiert ist. Auf dieses System können wir nun direkt die allgemeinen Existenztheoreme von § 23 anwenden: Wenn die Anfangswerte x_0, y_0, θ_0 der Bedingung

$$F_1(x_0, y_0, \cos\theta_0, \sin\theta_0) \neq 0 \tag{45}$$

genügen, so sind nach unsern Annahmen über die Funktion F (vgl. § 25, b)) die rechten Seiten der Gleichungen (43) als Funktionen von x, y, θ in der Umgebung der Stelle x_0, y_0, θ_0 von der Klasse C'. Der „Stetigkeitsbereich" $\mathfrak{A}$ des Differentialgleichungssystems (43) besteht also aus dem durch die Bedingungen

$$\mathfrak{A}: \qquad -\infty < s < +\infty; \quad (x, y) \text{ in } \mathfrak{R}; \quad -\infty < \theta < +\infty;$$
$$F_1(x, y, \cos\theta, \sin\theta) \neq 0$$

charakterisierten Bereich im Raum der Variabeln s, x, y, θ.

Es gibt daher ein und nur ein System von Funktionen

$$x = x(s), \qquad y = y(s), \qquad \theta = \theta(s), \tag{46}$$

welche den Differentialgleichungen (43) genügen, für $s = 0$ die vorgeschriebenen Werte x_0, y_0, θ_0 annehmen:

$$x(0) = x_0, \qquad y(0) = y_0, \qquad \theta(0) = \theta_0, \tag{46a}$$

und in der Umgebung von $s = 0$ von der Klasse C' sind, d. h. aber geometrisch:

Wenn die Anfangswerte x_0, y_0, θ_0 die Bedingung (45) erfüllen, so läßt sich vom Punkt x_0, y_0 aus in der Richtung θ_0 eine und nur eine Extremale der Klasse C' ziehen.

Die Lösung (46) läßt sich nach § 23, d) nach beiden Seiten hin auf ein ganz bestimmtes Maximalintervall

$$\alpha_{\mathfrak{L}_0} < s < \beta_{\mathfrak{L}_0}$$

eindeutig fortsetzen. Für alle Werte von s zwischen $\alpha_{\mathfrak{L}_0}$ und $\beta_{\mathfrak{L}_0}$ sind die Funktionen $x(s)$, $y(s)$, $\theta(s)$ (mindestens) von der Klasse C' und die Extremale

$$x = x(s), \qquad y = y(s), \qquad \alpha_{\mathfrak{L}_0} < s < \beta_{\mathfrak{L}_0} \tag{47}$$

liegt ganz im Innern des Bereiches $\mathfrak{R}$ und genügt der Ungleichung

$$F_1(x(s),\ y(s),\ x'(s),\ y'(s)) \neq 0 \tag{48}$$

Aus der speziellen Form der Differentialgleichungen (43) folgt weiter, daß diese einzige Extremale der Klasse C' dann allemal sogar *von der Klasse* C''' ist. Denn da die Funktion $H(x, y, \cos\theta, \sin\theta)$ in der Umgebung der Stelle x_0, y_0, θ_0 von der Klasse C' ist, so folgt aus der letzten der Gleichungen (43), daß $\theta(s)$ von der Klasse C'' ist und daher sind nach den beiden ersten Gleichungen $x(s)$, $y(s)$ von der Klasse C'''.

Wenn die Bedingung (45) *für jeden Wert von* θ_0 erfüllt ist, so kann man vom Punkt P_0 aus *nach jeder Richtung* eine und nur eine Extremale von der Klasse C' ziehen.

Diejenigen Wertsysteme, x_0, y_0, θ_0, für welche

$$F_1(x_0, y_0, \cos\theta_0, \sin\theta_0) = 0$$

ist, nennen wir die *singulären Anfangswerte* Wenn die Bedingung (45) für jeden Punkt x_0, y_0 eines Bereiches der x, y-Ebene und für jede Richtung θ_0 erfüllt ist, so sagen wir entsprechend[1]) der in § 19, b) für das x-Problem gegebenen Definition, das vorgelegte Problem sei in diesem Bereich *regulär:* dabei unterscheiden wir dann nach dem Vorzeichen von F_1 noch „positiv" und „negativ regulär".

Beispiele:

1. $$F = G(x, y)\sqrt{x'^2 + y'^2}\,. \qquad \text{(vgl § 32, b))}$$

Hier ist:

$$F_1(x, y, \cos\theta, \sin\theta) = G(x, y);$$

das Problem ist also regulär in jedem Bereich der x, y-Ebene, welcher keine Punkte mit der Kurve $G(x, y) = 0$ gemein hat

2. $$F = \frac{yy'^3}{x'^2 + y'^2}; \qquad \text{(vgl. § 30, b));}$$

daraus

$$F_1(x, y, \cos\theta, \sin\theta) = 2y\sin\theta\,(4\cos^2\theta - 1)\,.$$

Das Problem ist in keinem Bereich regulär. Zunächst sind alle Wertsysteme singulär, in welchen $y = 0$: und außerdem für jeden beliebigen Punkt (x, y) die durch die Gleichungen

$$\sin\theta = 0, \qquad \cos\theta = \pm\tfrac{1}{2}$$

definierten Richtungen.

---

[1]) Vgl Gleichung (16) von § 25.

b) Abhängigkeit der Lösung von den Anfangswerten:

Wir betrachten jetzt die durch die Anfangsbedingungen (46a) charakterisierte Lösung (46) in ihrer Abhängigkeit von den Anfangswerten x_0, y_0, θ_0 und schreiben sie dann entsprechend

$$\left.\begin{aligned} x &= \mathfrak{X}(s;\ x_0, y_0, \theta_0) \\ y &= \mathfrak{Y}(s;\ x_0, y_0, \theta_0) \\ \theta &= \Theta(s;\ x_0, y_0, \theta_0) \end{aligned}\right\}. \tag{49}$$

Aus der allgemeinen Theorie ergibt sich dann nach § 24, a), daß die Funktionen $\mathfrak{X}, \mathfrak{Y}, \Theta$ folgende Eigenschaften besitzen:

1. Die Funktionen $\mathfrak{X}, \mathfrak{Y}, \Theta$ sind eindeutig definiert und *stetig* in dem durch die Bedingungen

$$\left.\begin{aligned} (x_0, y_0) \text{ im Innern von } \mathfrak{R};\ -\infty < \theta_0 < +\infty; \\ F_1(x_0, y_0, \cos\theta_0, \sin\theta_0) \neq 0;\quad \alpha_{\mathfrak{L}_0} < s < \beta_{\mathfrak{L}_0} \end{aligned}\right\} \tag{50}$$

definierten Bereich. In demselben Bereich sind *die Funktionen*

$$\mathfrak{X}, \mathfrak{X}_s, \mathfrak{X}_{ss};\qquad \mathfrak{Y}, \mathfrak{Y}_s, \mathfrak{Y}_{ss};\qquad \Theta, \Theta_s$$

als Funktionen von s, x_0, y_0, θ_0 von der Klasse C', wie sich zum Teil aus der allgemeinen Theorie (§ 24, a)), zum Teil aus der speziellen Form[1]) des Systems (43) ergibt.

2. Die Funktionen $\mathfrak{X}, \mathfrak{Y}, \Theta$ genügen ferner den *Anfangsbedingungen*

$$\left.\begin{aligned} \mathfrak{X}(0;\ x_0, y_0, \theta_0) &= x_0 \\ \mathfrak{Y}(0;\ x_0, y_0, \theta_0) &= y_0 \\ \Theta(0;\ x_0, y_0, \theta_0) &= \theta_0 \end{aligned}\right\} \tag{51}$$

identisch in x_0, y_0, θ_0, woraus wegen (43) folgt

$$\mathfrak{X}_s(0;\ x_0, y_0, \theta_0) = \cos\theta_0, \qquad \mathfrak{Y}_s(0;\ x_0, y_0, \theta_0) = \sin\theta_0 \tag{51a}$$

und weiter durch partielle Differentiation

$$\left.\begin{aligned} \mathfrak{X}_{x_0}(0;\ x_0, y_0, \theta_0) &= 1, & \mathfrak{Y}_{x_0}(0;\ x_0, y_0, \theta_0) &= 0 \\ \mathfrak{X}_{y_0}(0;\ x_0, y_0, \theta_0) &= 0, & \mathfrak{Y}_{y_0}(0;\ x_0, y_0, \theta_0) &= 1 \\ \mathfrak{X}_{\theta_0}(0;\ x_0, y_0, \theta_0) &= 0, & \mathfrak{Y}_{\theta_0}(0;\ x_0, y_0, \theta_0) &= 0 \end{aligned}\right\}. \tag{51b}$$

3. Überdies ist die *Funktionaldeterminante*

$$D(s;\ x_0, y_0, \theta_0) = \frac{\partial(\mathfrak{X}, \mathfrak{Y}, \Theta)}{\partial(x_0, y_0, \theta_0)} \neq 0 \tag{52}$$

im ganzen Bereich (50).

---

[1]) Vgl. unter a) den Beweis, daß die Extremale (47) von der Klasse C'' ist.

4. Endlich haben die Funktionen $\mathfrak{X}$, $\mathfrak{Y}$, Θ folgende *Periodizitätseigenschaften:*

$$\left.\begin{aligned}\mathfrak{X}(s;\, x_0, y_0, \theta_0+2\pi) &= \mathfrak{X}(s;\, x_0, y_0, \theta_0),\\ \mathfrak{Y}(s;\, x_0, y_0, \theta_0+2\pi) &= \mathfrak{Y}(s;\, x_0, y_0, \theta_0),\\ \Theta(s;\, x_0, y_0, \theta_0+2\pi) &= \Theta(s;\, x_0, y_0, \theta_0)+2\pi\end{aligned}\right\}; \tag{52a}$$

denn aus der besonderen Form der Differentialgleichungen (43) folgt, daß die Funktionen auf der rechten Seite den Differentialgleichungen (43) genügen, und da diese Funktionen für $s=0$ die Anfangswerte $x_0, y_0, \theta_0+2\pi$ annehmen, so müssen sie mit den Funktionen auf der linken Seite identisch sein.

Aus der Lösung (49), welche die vorgeschriebenen Werte x_0, y_0, θ_0 für den speziellen Wert $s=0$ annimmt, erhält man diejenige Lösung, welche dieselben Anfangswerte für einen beliebigen Wert $s=s_0$ annimmt, indem man s durch $s-s_0$ ersetzt, also:[1])

$$\left.\begin{aligned}x &= \mathfrak{X}(s-s_0;\, x_0, y_0, \theta_0)\\ y &= \mathfrak{Y}(s-s_0;\, x_0, y_0, \theta_0)\\ \theta &= \Theta(s-s_0;\, x_0, y_0, \theta_0)\end{aligned}\right\}. \tag{53}$$

Dies ist eine unmittelbare Folge davon, daß die rechten Seiten der Differentialgleichungen (43) die Variable s nicht explizite enthalten.

Das „allgemeine Integral" des Systems (43) ergibt sich nach den am Ende von § 24, a) gemachten Bemerkungen aus (53), indem man einer der vier Größen s_0, x_0, y_0, θ_0 einen passenden festen numerischen Wert beilegt und die drei andern als die „Integrationskonstanten" betrachtet. Man erhält so ein dreifach unendliches Funktionensystem, aber nur ein *zweifach unendliches Kurvensystem im Raum der Variabeln x, y, θ.* Denn gibt man z. B. der Größe x_0 einen festen Wert und variiert die Größen s_0, y_0, θ_0, so liefern alle Lösungen, welche demselben Wertsystem y_0, θ_0 entsprechen, sich also nur durch den Wert von s_0 unterscheiden, ein und dieselbe Kurve, da sie ja alle aus der Lösung, für welche $s_0=0$ ist, durch eine zulässige Parametertransformation hervorgehen (§ 25, a)).

---

[1]) Die Funktionen auf der rechten Seite von (53) als Funktionen von $s;\, s_0, x_0, y_0, \theta_0$ entsprechen den Funktionen $\varphi_\lambda(t;\, \tau, \xi_1, \ldots, \xi_n)$ der allgemeinen Theorie (§ 24, a)).

Die Determinante $D(s;\ x_0, y_0, \theta_0)$ läßt eine für spätere Anwendungen wichtige Transformation zu:

Wendet man auf die Lösung (53) die Gleichung (35) von § 24, a) an und beachtet, daß in unserm Fall:

$$\frac{\partial \mathfrak{X}}{\partial s_0} = -\frac{\partial \mathfrak{X}}{\partial s}, \qquad \frac{\partial \mathfrak{Y}}{\partial s_0} = -\frac{\partial \mathfrak{Y}}{\partial s}, \qquad \frac{\partial \Theta}{\partial s_0} = -\frac{\partial \Theta}{\partial s},$$

so erhält man, wenn man schließlich noch $s_0 = 0$ setzt, die folgende Umformung der Funktionaldeterminante D:

$$D(s;\ x_0, y_0, \theta_0) \cos\theta_0 = \begin{vmatrix} \mathfrak{X}_s & \mathfrak{Y}_s & \Theta_s \\ \mathfrak{X}_{y_0} & \mathfrak{Y}_{y_0} & \Theta_{y_0} \\ \mathfrak{X}_{\theta_0} & \mathfrak{Y}_{\theta_0} & \Theta_{\theta_0} \end{vmatrix} \tag{54}$$

und eine analoge zweite Gleichung, in welcher links der Faktor $\cos\theta_0$ durch $-\sin\theta_0$ und rechts der Index y_0 durch x_0 ersetzt ist.

Der Ausdruck (54) läßt sich noch weiter umformen, indem man die partiellen Ableitungen der Funktion Θ durch partielle Ableitungen von $\mathfrak{X}$ und $\mathfrak{Y}$ ausdrückt Bezeichnet nämlich vorübergehend z irgend eine der Variabeln s, x_0, y_0, θ_0, so folgt aus den beiden ersten der Gleichungen (43) durch Differentiation nach z:

$$\mathfrak{X}_{sz} = -\sin\Theta \cdot \Theta_z, \qquad \mathfrak{Y}_{sz} = \cos\Theta \cdot \Theta_z$$

und daraus

$$\Theta_z = \mathfrak{X}_s \mathfrak{Y}_{sz} - \mathfrak{Y}_s \mathfrak{X}_{sz}. \tag{55}$$

Wendet man diese Formeln bei der Umformung der Determinante (54) an und setzt zur Abkürzung

$$u = \mathfrak{X}_s \mathfrak{Y}_{x_0} - \mathfrak{Y}_s \mathfrak{X}_{x_0}, \quad v = \mathfrak{X}_s \mathfrak{Y}_{y_0} - \mathfrak{Y}_s \mathfrak{X}_{y_0}, \quad w = \mathfrak{X}_s \mathfrak{Y}_{\theta_0} - \mathfrak{Y}_s \mathfrak{X}_{\theta_0}, \tag{56}$$

so erhält man nach einfacher Rechnung:

$$D(s;\ x_0, y_0, \theta_0)\cos\theta_0 = \begin{vmatrix} v & w \\ \frac{\partial v}{\partial s} & \frac{\partial w}{\partial s} \end{vmatrix}, \quad -D(s;\ x_0, y_0, \theta_0)\sin\theta_0 = \begin{vmatrix} u & w \\ \frac{\partial u}{\partial s} & \frac{\partial w}{\partial s} \end{vmatrix}. \tag{57}$$

c) **Anwendung des Einbettungssatzes:**

Es sei irgend ein spezieller Extremalenbogen $\mathfrak{E}_0$ der Klasse C' gegeben

$$\mathfrak{E}_0: \qquad x = \mathring{x}(t), \qquad y = \mathring{y}(t), \qquad t_1 \overline{\gtrless} t \overline{\gtrless} t_2,$$

welcher ganz im Innern des Bereiches $\mathfrak{R}$ liegt und für welchen die Bedingung

$$F_1(\mathring{x}(t), \mathring{y}(t), \mathring{x}'(t), \mathring{y}'(t)) \neq 0 \tag{58}$$

in $[t_1 t_2]$ erfüllt ist.

Wir setzen dabei zunächst voraus, daß der Parameter t die Bogenlänge bedeutet, also mit der in den vorangegangenen Absätzen mit s bezeichneten Variabeln identisch ist. Dann liegt die zur Extremalen $\mathfrak{E}_0$ gehörige Lösung

$$x = \mathring{x}(t), \quad y = \mathring{y}(t), \quad \theta = \mathring{\theta}(t), \quad t_1 \gtreqless t \gtreqless t_2 \tag{59}$$

des Systems (43) ganz im Innern des Stetigkeitsbereiches $\mathfrak{A}$ dieses Systems. Hieraus schließen wir wie unter a), daß wir die Lösung (59) auf ein ganz bestimmtes *Maximalintervall*

$$t_1^* < t < t_2^* \tag{60}$$

fortsetzen können, wobei stets

$$t_1^* < t_1, \quad t_2 < t_2^*$$

Die auf diese Weise durch Fortsetzung des Extremalenbogens $\mathfrak{E}_0$ auf das offene Intervall (60) erhaltene Extremale bezeichnen wir mit $\mathfrak{E}_0^*$, so daß also $\mathfrak{E}_0^*$ definiert ist durch die Gleichungen

$$\mathfrak{E}_0^*: \qquad x = \mathring{x}(t), \quad y = \mathring{y}(t), \quad t_1^* < t < t_2^*.$$

Nach § 23, d) und § 27, a) liegt dann die Extremale $\mathfrak{E}_0^*$ in ihrer ganzen Ausdehnung im Innern des Bereiches $\mathfrak{R}$ und genügt der Bedingung (58); und nach a) ist sie in ihrer ganzen Ausdehnung von der Klasse C'''.

Es sei jetzt $P_0(t = t_0)$ irgend ein Punkt der Extremalen $\mathfrak{E}_0^*$ und x_0, y_0, θ_0 die zugehörigen Werte von x, y, θ, so daß

$$\mathring{x}(t_0) = x_0, \quad \mathring{y}(t_0) = y_0, \quad \mathring{\theta}(t_0) = \theta_0.$$

Dann läßt sich die Extremale $\mathfrak{E}_0^*$ nach § 23, c) und § 27, b) auch schreiben

$$x = \mathfrak{X}(t - t_0;\ x_0, y_0, \theta_0), \quad y = \mathfrak{Y}(t - t_0;\ x_0, y_0, \theta_0) \tag{61}$$

Von den Größen $\cos\theta_0$, $\sin\theta_0$ ist mindestens eine von Null verschieden; wir nehmen an[1]), es sei

$$\cos\theta_0 \neq 0. \tag{62}$$

[1]) Wäre $\cos\theta_0 = 0$, so würden wir in (61) die Argumente x_0, θ_0 durch β, α ersetzen

Dann definieren wir

$$\left.\begin{array}{l} f(t, \alpha, \beta) = \mathfrak{X}(t - t_0;\ x_0, \beta, \alpha) \\ g(t, \alpha, \beta) = \mathfrak{Y}(t - t_0;\ x_0, \beta, \alpha) \end{array}\right\} \tag{63}$$

und betrachten die doppeltunendliche Schar von Extremalen

$$x = f(t, \alpha, \beta), \qquad y = g(t, \alpha, \beta), \tag{64}$$

indem wir t_0, x_0 als fest, α, β als variable Parameter ansehen.

Sind dann T_1, T_2 irgend zwei den Ungleichungen

$$t_1^* < T_1 < t_1, \qquad t_2 < T_2 < t_2^* \tag{65}$$

genügende Größen, so können wir eine zugehörige positive Größe d bestimmen, derart, daß sich über die Funktionen f, g folgende Aussagen machen lassen, wobei wir der Gleichförmigkeit halber α_0, β_0 statt θ_0, x_0 schreiben:

A) Der Bogen $\mathfrak{E}_0$ ist in der Schar (64) enthalten für $\alpha = \alpha_0$, $\beta = \beta_0$, so daß also

$$f(t, \alpha_0, \beta_0) = \mathring{x}(t), \quad g(t, \alpha_0, \beta_0) = \mathring{y}(t). \tag{66}$$

B) Die Funktionen

$$f, f_t, f_{tt};\quad g, g_t, g_{tt}$$

sind als Funktionen der drei Variablen t, α, β von der Klasse C' in dem Bereich

$$T_1 \lesseqgtr t \lesseqgtr T_2, \quad |\alpha - \alpha_0| \lesseqgtr d, \quad |\beta - \beta_0| \lesseqgtr d. \tag{67}$$

C) Für jedes α, β im Bereich

$$|\alpha - \alpha_0| \lesseqgtr d, \qquad |\beta - \beta_0| \lesseqgtr d$$

liegt der Bogen $[T_1 T_2]$ der Extremalen (64) ganz im Innern des Bereiches $\mathfrak{R}$ und es ist

$$\begin{array}{c} F_1(f(t, \alpha, \beta),\ g(t, \alpha, \beta),\ f_t(t, \alpha, \beta),\ g_t(t, \alpha, \beta)) \neq 0 \\ f_t^2(t, \alpha, \beta) + g_t^2(t, \alpha, \beta) > 0 \end{array} \tag{68}$$

im Bereich (67).

D) Bezeichnen wir ferner

$$u_1 = f_t g_\alpha - g_t f_\alpha, \quad u_2 = f_t g_\beta - g_t f_\beta, \tag{69}$$

so ist die Determinante

$$u_1 \frac{\partial u_2}{\partial t} - u_2 \frac{\partial u_1}{\partial t} \neq 0 \tag{70}$$

im Bereich (67).

Was den Beweis dieser Behauptungen betrifft, so folgt A) aus der Darstellung (61) der Extremalen $\mathfrak{E}_0^*$ Der Beweis von B) und C) ergibt sich aus der Anwendung des Satzes von § 24, b) auf die Lösung (53) des Systems (43) zusammen mit den in § 27, b) bewiesenen Stetigkeitseigenschaften der Funktionen $\mathfrak{X}$ und $\mathfrak{Y}$. Endlich folgt D) aus (52) und (57), wenn man d so klein wählt, daß $\cos\alpha \neq 0$ für $|\alpha - \alpha_0| \overline{\gtrless} d$, was wegen (62) stets möglich ist

Die Gleichungen (64) stellen das „allgemeine Integral" der Euler'schen Differentialgleichung (I) in einer Normalform dar, insofern sowohl der Kurvenparameter t als die „Integrationskonstanten" α, β in ganz bestimmter Weise gewählt worden sind. Um daraus das allgemeine Integral in seiner allgemeinsten Form zu erhalten, müßte man schließlich noch statt der Größen t, α, β drei neue Größen $\bar{t}, \bar{\alpha}, \bar{\beta}$ einführen, mittels einer Transformation von der Form:

$$\bar{t} = \mathfrak{T}(t, \alpha, \beta), \quad \bar{\alpha} = \mathfrak{A}(\alpha, \beta), \quad \bar{\beta} = \mathfrak{B}(\alpha, \beta), \tag{71}$$

wobei die Funktionen $\mathfrak{T}, \mathfrak{A}, \mathfrak{B}$ den Bedingungen

$$\left.\begin{aligned} \lambda(t) &\equiv \mathfrak{T}_t(t, \alpha_0, \beta_0) > 0 \qquad \text{in } [T_1 T_2], \\ \nabla &\equiv \frac{\partial(\mathfrak{A}, \mathfrak{B})}{\partial(\alpha, \beta)}\bigg|_{\beta=\beta_0}^{\alpha=\alpha_0} \neq 0 \end{aligned}\right\} \tag{72}$$

genügen müssen. Sind überdies die Funktionen $\mathfrak{T}, \mathfrak{T}_t, \mathfrak{T}_{tt}, \mathfrak{A}, \mathfrak{B}$ im Bereich (67) von der Klasse C', so haben die Funktionen $\bar{f}, \bar{g}$ von $\bar{t}, \bar{\alpha}, \bar{\beta}$, in welche die Funktionen f, g durch die Transformation (71) übergehen, die entsprechenden Eigenschaften wie die Funktionen f und g. Aus dem allgemeinen Integral in seiner neuen Form geht die Extremale $\mathfrak{E}_0^*$ hervor, indem man

$$\bar{\alpha} = \bar{\alpha}_0 \equiv \mathfrak{A}(\alpha_0, \beta_0), \qquad \bar{\beta} = \bar{\beta}_0 \equiv \mathfrak{B}(\alpha_0, \beta_0)$$

setzt, und man kann die Transformation (71) stets so einrichten, daß dabei die Extremale $\mathfrak{E}_0^*$ in einer vorgegebenen Parameterdarstellung erscheint.

Indem wir schließlich f, g, t, α, β statt $\bar{f}, \bar{g}, \bar{t}, \bar{\alpha}, \bar{\beta}$ schreiben, können wir das folgende Resultat aussprechen:

Wenn der Extremalenbogen $\mathfrak{E}_0$ ganz im Innern des Bereiches $\mathfrak{R}$ liegt und der Bedingung (58) genügt, so läßt er sich in eine doppelt unendliche Extremalenschar (64) einbetten, welche die unter A) bis D) aufgezählten Eigenschaften besitzt.

d) **Die Extremalenschar durch einen gegebenen Punkt:**

Da die Ungleichung (58) entlang der ganzen Extremalen $\mathfrak{E}_0^*$ erfüllt ist, so gilt insbesondere im Punkt P_0 die Ungleichung

$$F_1(x_0, y_0, \cos\theta_0, \sin\theta_0) \neq 0$$

und daher auch

$$F_1(x_0, y_0, \cos a, \sin a) \neq 0$$

für alle hinreichend kleinen Werte von $a - \theta_0$.

Daher läßt sich nach a) durch den Punkt P_0 nach jeder von der Richtung θ_0 hinreichend wenig abweichenden Richtung eine und nur eine Extremale ziehen. Diese Extremalen durch den Punkt P_0 bilden dann eine einparametrige Schar, deren analytischen Ausdruck wir sofort mit Hilfe der Funktionen $\mathfrak{X}$, $\mathfrak{Y}$ von § 27, b) hinschreiben können, wenn wir zunächst wieder annehmen, der Parameter t bedeute die Bogenlänge. Aus der Bedeutung der Funktionen $\mathfrak{X}$, $\mathfrak{Y}$ folgt dann, daß die Extremalenschar durch den Punkt P_0 gegeben ist durch die Gleichungen[1])

$$\left.\begin{aligned} x &= \mathfrak{X}(t - t_0;\, x_0, y_0, a) \equiv f(t, a, y_0) \\ y &= \mathfrak{Y}(t - t_0;\, x_0, y_0, a) \equiv g(t, a, y_0) \end{aligned}\right\}, \tag{73}$$

wobei der Parameter der Schar, a, den Tangentenwinkel der betreffenden Extremalen im Punkt P_0 bedeutet. Dem Punkt P_0 entspricht dabei auf allen Extremalen derselbe Wert $t = t_0$.

Die Gleichungen (73) stellen die Extremalenschar durch den Punkt P_0 in einer bestimmten Normalform dar. Um daraus die allgemeinste Darstellung der Schar zu erhalten, hat man statt der Größen t, a neue Größen $\bar{t}$, $\bar{a}$ einzuführen, mittels einer Transformation von der Form:

$$\bar{t} = \mathfrak{t}(t, a), \qquad \bar{a} = \mathfrak{a}(a), \tag{71a}$$

wobei die Funktionen $\mathfrak{t}$, $\mathfrak{t}_t$, $\mathfrak{t}_{tt}$, $\mathfrak{a}$ von der Klasse C' sind und den Ungleichungen

$$\mathfrak{t}_t(t, a_0) > 0, \qquad \mathfrak{a}_a(a_0) \neq 0 \tag{72a}$$

genügen, wobei $a_0 = \theta_0$.

---

[1]) Die Funktionen f, g sind dabei in der speziellen Bedeutung gebraucht, in welcher sie ursprünglich durch die Gleichungen (64) eingeführt worden sind

Indem wir schließlich wieder t, a, a_0 statt $\bar{t}, \bar{a}, \bar{a}_0 = \mathfrak{a}(a_0)$ schreiben, können wir den folgenden Satz aussprechen:

Durch jeden Punkt P_0 der Extremalen $\mathfrak{E}_0^*$ geht eine Extremalenschar

$$x = \varphi(t, a), \qquad y = \psi(t, a). \tag{74}$$

welche folgende Eigenschaften hat:

A) Die Extremale $\mathfrak{E}_0^*$ ist in der Schar (74) enthalten für $a = a_0$, so daß also

$$\varphi(t, a_0) \equiv \mathring{x}(t), \qquad \psi(t, a_0) \equiv \mathring{y}(t) \tag{75}$$

B) Die Funktionen

$$\varphi, \varphi_t, \varphi_{tt}; \qquad \psi, \psi_t, \psi_{tt}$$

sind als Funktionen von t und a von der Klasse C' in dem Bereich

$$T_1 \overline{\gtrless} t \overline{\gtrless} T_2, \qquad | a - a_0 | \overline{<} d; \tag{76}$$

dabei sind T_1, T_2 zwei beliebige Größen, welche den Ungleichungen (65) genügen, und d ist eine positive, von der Wahl von T_1 und T_2 abhängige Größe

C) Für jedes a im Intervall: $a - a_0 | < d$ liegt der Bogen $[T_1 T_2]$ der Extremalen[1]) $\mathfrak{E}_a$ ganz im Innern des Bereiches $\mathfrak{R}$ und es ist

$$\left.\begin{array}{l} F_1(\varphi(t, a), \psi(t, a), \varphi_t(t, a), \psi_t(t, a)) \neq 0 \\ \varphi_t^2(t, a) + \psi_t^2(t, a) > 0 \end{array}\right\} \tag{77}$$

im Bereich (76).

D) Bezeichnen wir nach KNESER mit $\Delta)t, a)$ die Funktionaldeterminante

$$\Delta(t, a) = \varphi_t \psi_a - \psi_t \varphi_a,$$

und wird dem a irgend ein fester Wert im Intervalle $|a - a_0| \overline{<} d$ beigelegt, so ist die Funktion $\Delta(t, a)$ als Funktion von t nicht identisch null in $[T_1 T_2]$.

Der Beweis dieser Behauptungen folgt für den Fall, daß die Schar in der Normalform (73) angenommen wird, unmittelbar aus den entsprechenden unter c) bewiesenen Eigenschaften der Funktionen f, g, aus denen in diesem Fall die Funktionen φ, ψ einfach dadurch hervorgehen, daß man $\beta = y_0$, $\alpha = a$ setzt. Insbesondere folgt D) aus der Ungleichung (70), wenn man beachtet, daß $\Delta(t, a)$ aus der dort mit u_1 bezeichneten Funktion erhalten wird, wenn man $\beta = y_0$,

---

[1]) So bezeichnen wir die einem bestimmten Wert von a entsprechende einzelne Extremale der Schar (74)

$\alpha = a$ setzt. Und diese Eigenschaften bleiben bestehen, wenn man von der Normalform (73) durch eine Transformation der angegebenen Art zur allgemeinen Form übergeht

In Beziehung auf den Punkt P_0 gilt dann noch folgendes:

E) Der Wert von t, welcher auf der Extremalen $\mathfrak{E}_a$ den Punkt P_0 liefert, und den wir t^0 nennen wollen, ist eine Funktion[1]) von a, die wir mit

$$t^0 = \chi_0(a) \tag{78}$$

bezeichnen Diese Funktion ist im Intervall: $|a - a_0| \overline{\gtrless} d$ von der Klasse C' und genügt der Anfangsbedingung

$$\chi_0(a_0) = t_0 \tag{79}$$

Wählen wir daher die beiden Größen T_1, T_2 so, daß: $T_1 < t_0 < T_2$, so folgt aus der Stetigkeit von $\chi_0(a)$, daß wir d so klein annehmen können, daß

$$T_1 \overline{\gtrless} \chi_0(a) \overline{\gtrless} T_2 \quad \text{für} \quad |a - a_0| \overline{\gtrless} d$$

Aus der Definition der Größe t^0 folgt, daß identisch in a

$$\varphi(t^0, a) = x_0, \qquad \psi(t^0, a) = y_0; \tag{80}$$

daraus ergibt sich durch Differentiation nach a

$$\left.\begin{aligned} \varphi_t(t^0, a)\frac{dt^0}{da} + \varphi_a(t^0, a) = 0 \\ \psi_t(t^0, a)\frac{dt^0}{da} + \psi_a(t^0, a) = 0 \end{aligned}\right\}, \tag{81}$$

und hieraus, identisch in a,

$$\Delta(t^0, a) = 0\,. \tag{82}$$

Wir verabreden noch folgende permanente abkürzende Bezeichnung:

$$F(\varphi(t, a), \psi(t, a), \varphi_t(t, a), \psi_t(t, a)) = \mathfrak{F}(t, a)\,. \tag{83}$$

Die entsprechende Abkürzung soll für die partiellen Ableitungen von F, sowie für die Funktionen F_1, F_2 gebraucht werden, so daß wir also z. B. schreiben

$$\begin{aligned} F_{x'}(\varphi(t, a), \psi(t, a), \varphi_t(t, a), \psi_t(t, a)) = \mathfrak{F}_{x'}(t, a) \\ F_1(\varphi(t, a), \psi(t, a), \varphi_t(t, a), \psi_t(t, a)) = \mathfrak{F}_1(t, a)\,. \end{aligned} \tag{83a}$$

---

[1]) Für die Normalform (73) ist t^0 konstant gleich t_0; daraus ergibt sich t^0 mittels der Transformation (71a).

§ 28. Die Weierstraß'sche Transformation der zweiten Variation und die zweite notwendige Bedingung.

Wir nehmen jetzt an, wir hätten eine Extremale

$$\mathfrak{E}_0: \qquad x = \mathring{x}(t), \qquad y = \mathring{y}(t), \qquad t_1 < t \gtreqless t_2$$

gefunden, welche die beiden gegebenen Punkte P_1 und P_2 verbindet. Wir setzen voraus, sie liege ganz im Inneren des Bereiches $\mathfrak{R}$ und sei von der Klasse[1]) C'''

Dann schließen wir, wie in § 4, daß im Fall eines Minimums die zweite Variation $\delta^2 J$ nicht negativ sein darf. Für Variationen der Form (17) hat man

$$\delta^2 J = \int_{t_1}^{t_2} \delta^2 F\, dt,$$

wo

$$\left.\begin{aligned} \delta^2 F = \varepsilon^2 \{ F_{xx}\xi^2 + 2F_{xy}\xi\eta + F_{yy}\eta^2 + 2F_{xx'}\xi\xi' + 2F_{yy'}\eta\eta' \\ + 2F_{xy'}\xi\eta' + 2F_{yx'}\eta\xi' + F_{x'x'}\xi'^2 + 2F_{x'y'}\xi'\eta' + F_{y'y'}\eta'^2 \} \end{aligned}\right\}. \qquad (84)$$

Die Argumente der partiellen Ableitungen von F sind dabei:

$$x = \mathring{x}(t), \qquad y = \mathring{y}(t), \qquad x' = \mathring{x}'(t), \qquad y = \mathring{y}'(t)$$

a) Weierstraß' Transformation der zweiten Variation:

Der Ausdruck für $\delta^2 F$ läßt sich nun nach Weierstrass[2]) auf dieselbe einfache Form bringen, wie im Fall der nicht-parametrischen Darstellung:

Wir drücken zunächst $F_{x'x'}$, $F_{x'y'}$, $F_{y'y'}$ nach (12a) durch F_1 aus und setzen, wie schon früher,

$$w = y'\xi - x'\eta;$$

ferner

$$\left.\begin{aligned} L = F_{xx'} - y'y''F_1, \qquad N = F_{yy'} - x'x''F_1, \\ M = F_{xy'} + x'y''F_1 = F_{yx'} + y'x''F_1 \end{aligned}\right\}; \qquad (85)$$

die beiden Ausdrücke für M sind einander gleich, weil x und y der Differentialgleichung (I) genügen. Auf diese Weise erhalten wir:

---

[1]) Diese Annahme ist nötig, da in der unter a) folgenden Transformation die dritten Ableitungen von x und y vorkommen Vgl. dazu p 214

[2]) Weierstrass, *Vorlesungen* 1872

$$\delta^2 F = \varepsilon^2 \left\{ F_1 \left(\frac{dw}{dt}\right)^2 + 2L\xi\xi' + 2M(\xi\eta' + \eta\xi') + 2N\eta\eta' \right.$$
$$\left. + (F_{xx} - y''^2 F_1)\xi^2 + 2(F_{xy} + x''y''F_1)\xi\eta + (F_{yy} - x''^2 F_1)\eta^2 \right\}.$$

Man beachte jetzt, daß

$$2L\xi\xi' + 2M(\xi\eta' + \eta\xi') + 2N\eta\eta'$$
$$= \frac{d}{dt}\left[L\xi^2 + 2M\xi\eta + N\eta^2\right] - \left[\xi^2 \frac{dL}{dt} + 2\xi\eta\frac{dM}{dt} + \eta^2\frac{dN}{dt}\right];$$

führt man daher die Abkürzungen ein:

$$\left.\begin{aligned} L_1 &= F_{xx} - y''^2 F_1 - \frac{dL}{dt}, \\ M_1 &= F_{xy} + x''y''F_1 - \frac{dM}{dt}, \\ N_1 &= F_{yy} - x''^2 F_1 - \frac{dN}{dt} \end{aligned}\right\} \tag{86}$$

so geht der obige Ausdruck für $\delta^2 F$ über in:

$$\delta^2 F = \varepsilon^2 \left\{ F_1 \left(\frac{dw}{dt}\right)^2 + L_1\xi^2 + 2M_1\xi\eta + N_1\eta^2 \right.$$
$$\left. + \frac{d}{dt}\left[L\xi^2 + 2M\xi\eta + N\eta^2\right] \right\}.$$

Die drei Funktionen L_1, M_1, N_1 haben nun die wichtige Eigenschaft, mit $y'^2, -x'y', x'^2$ proportional zu sein.

Beweis: Aus der Definition von L, M, N und den Relationen (11) folgt:

$$Lx' + My' = F_{x'}, \qquad Mx' + Ny' = F_{y'}. \tag{87}$$

Differentiiert man die erste dieser Relationen nach t, so kommt:

$$\frac{dL}{dt}x' + \frac{dM}{dt}y' + Lx'' + My''$$
$$= F_{xx'}x' + F_{xy'}y' + F_{x'x'}x'' + F_{x'y'}y''.$$

Es ist aber

$$Lx'' + My'' = F_{x'x'}x'' + F_{y'x'}y'',$$

und aus (I) folgt, daß

$$F_{yx'} - F_{xy'} = F_1(x'y'' - x''y').$$

Führt man diese Werte ein, so erhält man

$$L_1 x' + M_1 y' = 0,$$

und ebenso

$$M_1 x' + N_1 y' = 0,$$

woraus folgt, daß in der Tat

$$L_1 : M_1 : N_1 = y'^2 : - x'y' : x'^2.$$

Bezeichnen wir nach Weierstraß den Proportionalitätsfaktor mit F_2, so können wir schreiben:

$$L_1 = y'^2 F_2, \quad M_1 = - x'y' F_2, \quad N_1 = x'^2 F_2. \tag{88}$$

F_2 ist eine Funktion von t, welche nach den über die Funktion $F(x, y, x', y')$ und über die Extremale $\mathfrak{E}_0$ gemachten Annahmen[1]) stetig ist in $[t_1 t_2]$, während aus denselben Annahmen folgt, daß F_1 in $[t_1 t_2]$ von der Klasse C' ist.

Hiernach nimmt der Ausdruck für $\delta^2 F$ die Form an:

$$\delta^2 F = \varepsilon^2 \left\{ F_1 \left(\frac{dw}{dt}\right)^2 + F_2 w^2 + \frac{d}{dt}\left[L\xi^2 + 2M\xi\eta + N\eta^2\right]\right\}. \tag{89}$$

Wenn daher, wie wir gegenwärtig voraussetzen, die Endpunkte fest sind, also ξ und η in t_1 und t_2 verschwinden, so reduziert sich schließ-

[1]) Vgl § 25, b) und den Anfang dieses Paragraphen Es ist dabei besonders zu beachten, daß nach den in § 25, a) gegebenen Definitionen unsere Annahmen über $\mathfrak{E}_0$ die Bedingung enthalten, daß $x'^2 + y'^2 \neq 0$ entlang $\mathfrak{E}_0$

F_2 läßt sich noch auf eine andere Form bringen· Führt man die Differentiation von L, M, N aus und macht dabei von den Homogeneitätseigenschaften von F Gebrauch, so erhält man

$$\left.\begin{aligned} L_1 &= y'\left(T_x + \frac{d}{dt} y'' F_1\right), \qquad N_1 = - x'\left(T_y - \frac{d}{dt} x'' F_1\right), \\ M_1 &= - x'\left(T_x + \frac{d}{dt} y'' F_1\right) = y'\left(T_y - \frac{d}{dt} x'' F_1\right), \end{aligned}\right\} \tag{88a}$$

und daraus

$$\left.\begin{aligned} T_x + \frac{d}{dt} y'' F_1 &= \quad y' F_2 \\ T_y - \frac{d}{dt} x'' F_1 &= - x' F_2 \end{aligned}\right\} \tag{90}$$

Dabei ist T die durch (28) definierte Funktion der Größen x, y, x', y', x'', y'' Vgl. Underhill, *Invariants of the Function $F(x, y, x', y')$ under point and parameter transformation, connected with the Calculus of Variations*, Dissertation. Chicago, 1907. Vgl. auch den Nachtrag in § 32, c)

lich der Ausdruck für $\delta^2 J$ auf die Form[1])

$$\delta^2 J = \varepsilon^2 \int_{t_1}^{t_2} \left[F_1 \left(\frac{dw}{dt}\right)^2 + F_2 w^2 \right] dt. \tag{91}$$

Dieses Integral darf also im Fall eines Minimums nicht negativ sein, und zwar gilt dies für alle Funktionen w der Klasse D', welche in beiden Endpunkten verschwinden; denn durch passende Wahl der Funktionen $\xi(t)$, $\eta(t)$ kann man die Funktion

$$w = y'\xi - x'\eta$$

jeder beliebigen Funktion der Klasse D', welche in t_1 und t_2 verschwindet, gleich machen. Für die folgende Diskussion wird vorausgesetzt, daß F_1 und F_2 nicht beide im Intervall $[t_1 t_2]$ identisch verschwinden.

Die zweite Variation hat jetzt genau dieselbe Form wie in § 9, a), wobei den dort mit P, Q, R, η bezeichneten Größen der Reihe nach die Größen F_2, 0, F_1, w entsprechen. Wir können also unmittelbar die im zweiten Kapitel erhaltenen Resultate anwenden und erhalten daher zunächst entsprechend der Legendre'schen Bedingung wie in § 9, b) den Satz:

Die zweite notwendige Bedingung für ein Minimum besteht darin, daß

$$F_1 \geqq 0$$

sein muß entlang der Extremalen $\mathfrak{E}_0$, *d. h.*

$$F_1(\mathring{x}(t), \mathring{y}(t), \mathring{x}'(t), \mathring{y}'(t)) \geqq 0 \quad \text{in} \quad [t_1 t_2]. \tag{II}$$

b) **Invariante Normalform für die zweite Variation:**

Wir erwähnen hier noch eine weitere, prinzipiell wichtige Reduktion der zweiten Variation. Wir addieren zu dem Integral (91) das Integral

$$\int_{t_1}^{t_2} \frac{1}{2} \frac{d}{dt}\left(F_1' w^2\right) dt = \int_{t_1}^{t_2} \left(F_1' w w' + \frac{1}{2} F_1'' w^2\right) dt,$$

dessen Wert Null ist, da w in beiden Endpunkten verschwindet, und machen dann die Substitution

[1]) Dies gilt auch noch, wenn ξ', η' Unstetigkeiten der hier erlaubten Art haben, vgl. p. 201, Fußnote [2]), da ξ, η und, nach unseren Annahmen über die Extremale $\mathfrak{E}_0$, auch L, M, N stetig sind in $[t_1 t_2]$.

$$w = \omega F_1^{-\frac{1}{2}}, \tag{92}$$

die gestattet ist, wenn F_1 entlang dem ganzen Bogen $\mathfrak{E}_0$ von Null verschieden ist. Alsdann erhalten wir für $\delta^2 J$ den Ausdruck:

$$\delta^2 J = \varepsilon^2 \int_{t_1}^{t_2} \left[\left(\frac{d\omega}{dt}\right)^2 - K\omega^2\right] dt, \tag{93}$$

wobei

$$K = \frac{1}{4}\frac{F_1'^2}{F_1^2} - \frac{1}{2}\frac{F_1''}{F_1} - \frac{F_2}{F_1}. \tag{94}$$

Die Funktion K ist eine „absolute Invariante der Funktion F in bezug auf Punkttransformationen“[1]), sie ändert sich jedoch bei Transformation des Parameters t.

Wenn die Funktion F positiv ist entlang der Extremalen $\mathfrak{E}_0$, so kann man statt t als Parameter das Integral

$$\tau = \int_{t_0}^{t} F(x, y, x', y')\,dt$$

einführen; setzt man dann noch

$$\omega = v\,F^{-\frac{1}{2}},$$

so daß also

$$v = wF^{\frac{1}{2}}F_1^{\frac{1}{2}}, \tag{92a}$$

so erhält man folgende *invariante Normalform fur die zweite Variation:*

$$\delta^2 J = \varepsilon^2 \int_{\tau_1}^{\tau_2} \left[\left(\frac{dv}{d\tau}\right)^2 - K_0 v^2\right] d\tau, \tag{93a}$$

wobei

$$K_0 = \frac{1}{F^2}\left[\frac{1}{4}\frac{F_1'^2}{F_1^2} - \frac{1}{2}\frac{F_1''}{F_1} - \frac{F_2}{F_1} + \frac{3}{4}\frac{F'^2}{F^2} - \frac{1}{2}\frac{F''}{F}\right]. \tag{94a}$$

Die Funktion K_0 bleibt nunmehr invariant[2]) sowohl bei jeder Punkttransformation der Variabeln x, y, als auch bei jeder Parametertransformation.

c) **Anwendung auf die Geodätischen Linien:**

Beispiel XVI: (Siehe p 209)

Es sei

$$\mathfrak{E}_0. \qquad u = \mathring{u}(t) \qquad v = \mathring{v}(t), \qquad t_1 \gtreqless t \gtreqless t_2,$$

---

[1]) Vgl. § 45 und Underhill, loc. cit [2]) Vgl. Underhill, loc. cit.

eine die beiden Punkte $P_1(u_1, v_1)$ und $P_2(u_2, v_2)$ verbindende Extremale in der u, v-Ebene, d. h. also eine der Differentialgleichung (38) genügende Kurve. Ihr entspricht dann auf der Fläche eine die beiden gegebenen Punkte Q_1 und Q_2 verbindende geodätische Linie, die wir mit $\mathfrak{G}_0$ bezeichnen.

Eine leichte Rechnung ergibt

$$F_1 = \frac{\mathsf{EG} - \mathsf{F}^2}{(\sqrt{\mathsf{E}u'^2 + 2\mathsf{F}u'v' + \mathsf{G}v'^2})^3} \tag{95}$$

Nach den über das Flächenstück $\mathfrak{M}$ gemachten Annahmen (vgl. (35)) ist also F_1 stets positiv und somit die Bedingung (II) stets erfullt.

Für die weitere Diskussion der zweiten Variation legen wir zur Vereinfachung der Rechnung ein spezielles krummliniges Koordinatensystem auf der Fläche zugrunde, das wir nach Bonnet[1]) folgendermaßen wählen:

Durch einen beliebigen Punkt M der geodätischen Linie $\mathfrak{G}_0$ ziehen wir die zu $\mathfrak{G}_0$ orthogonale geodätische Linie, was nach § 27, a) stets möglich ist, da hier die Bedingung (45) für jedes θ_0 erfüllt ist. Die positive Richtung auf dieser geodätischen Linie wählen wir so, daß sie zur Linken der positiven Richtung von $\mathfrak{G}_0$ liegt.

N sei ein beliebiger Punkt dieser orthogonalen geodätischen Linie. Wir wahlen dann als Koordinaten des Punktes N auf der Fläche die mit entsprechenden Vorzeichen versehenen Bogenlängen

$$\text{arc } Q_1 M = u, \qquad \text{arc } MN = v.$$

Bei dieser speziellen Wahl der krummlinigen Koordinaten nimmt der Ausdruck für das Quadrat des Linienelementes die folgende Form an:

$$ds^2 = \mathsf{E}\,du^2 + dv^2,$$

wobei noch überdies die Funktion $\mathsf{E}(u, v)$ den Bedingungen

$$\mathsf{E}(u, 0) = 1, \qquad \mathsf{E}_v(u, 0) = 0 \tag{96}$$

genügt.

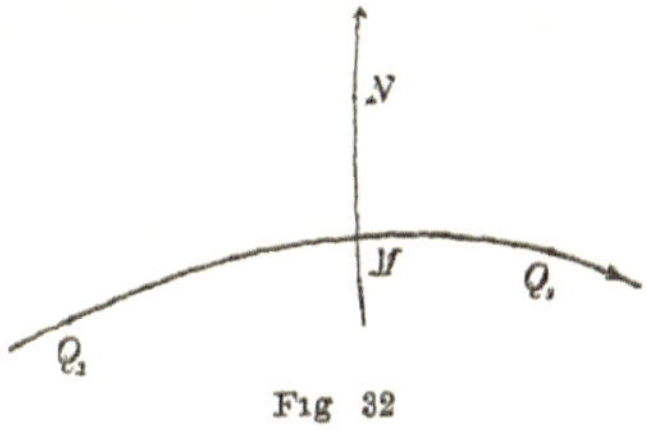
Fig. 32

Denn da nach den getroffenen Festsetzungen die Kurve

$$u = \text{konst.}, \qquad v = t$$

eine Extremale ist, so folgt durch Einsetzen in die Differentialgleichung (38)

$$\tfrac{1}{2}\mathsf{F}\mathsf{G}_v - \mathsf{G}(\mathsf{F}_v - \tfrac{1}{2}\mathsf{G}_u) = 0. \tag{97}$$

Da ferner: arc $MN = v$ sein soll, so folgt

[1]) Comptes Rendus, Bd. XL (1850), p. 1311; vgl. auch Darboux, *Théorie des surfaces*, Bd. III, pp. 92—98.

$$v = \int_0^v \sqrt{\mathsf{G}(u, t)}\, dt,$$

also, indem man nach v differentiiert,

$$\mathsf{G}(u, v) = 1 \tag{98}$$

Unter Benutzuug dieser Gleichung reduziert sich (97) auf

$$\mathsf{F}_v(u, v) = 0.$$

Es ist also $\mathsf{F}(u, v)$ von v unabhängig, also gleich $\mathsf{F}(u, 0)$; dies ist aber gleich Null, da MN in M zu $\mathfrak{G}_0$ orthogonal sein sollte. Somit[1] folgt

$$\mathsf{F}(u, v) = 0. \tag{99}$$

Da weiter auch die Kurve $\mathfrak{E}_0$, d. h.

$$\mathfrak{E}_0: \qquad u = t, \qquad v = 0,$$

eine Extremale ist, so erhält man durch Einsetzen in (38) unter Benutzung der bereits gewonnenen Resultate

$$\mathsf{E}_v(u, 0) = 0,$$

und endlich folgt aus der Bedingung, daß arc $Q_1 M = u$ sein soll,

$$\mathsf{E}(u, 0) = 1,$$

womit unsere Behauptung bewiesen ist.

Wir haben jetzt die Größe K für die Funktion

$$F = \sqrt{\mathsf{E}u'^2 + v'^2}$$

zu berechnen, und zwar entlang der Extremalen

$$\mathfrak{E}_0. \qquad u = t, \qquad v = 0.$$

Das Einsetzen dieser speziellen Funktionen für u und v deuten wir durch Einklammern an. Man findet dann leicht aus (96) und den daraus folgenden Gleichungen

$$\mathsf{E}_u(u, 0) = 0, \qquad \mathsf{E}_{uu}(u, 0) = 0, \qquad \mathsf{E}_{uv}(u, 0) = 0,$$

die folgenden Resultate:

$$(F) = 1, \qquad (F_u) = 0, \qquad (F_v) = 0, \qquad (F_1) = 1,$$

$$(F_{uu'}) = 0, \quad (F_{vu'}) = 0, \quad (F_{uv'}) = 0, \quad (F_{vv'}) = 0,$$

und daraus

$$(L) = 0, \qquad (M) = 0, \qquad (N) = 0$$

und weiter

$$(F_{uu}) = 0, \qquad (F_{uv}) = 0, \qquad (F_{vv}) = \tfrac{1}{2}\mathsf{E}_{vv}(u, 0),$$

also

[1]) Hierin ist zugleich der Gauß'sche Satz über geodätische Parallelkoordinaten enthalten, vgl. § 43, a).

$$(F_2) = \tfrac{1}{2}\,\mathsf{E}_{v v}(u, 0), \tag{100}$$

und daraus schließlich

$$K = -\tfrac{1}{2}\,\mathsf{E}_{v v}(u, 0). \tag{101}$$

Der Ausdruck für K ist aber nichts anderes als *das Krümmungsmaß*[1]) *der Fläche im Punkt* $(u, 0)$ der geodätischen Linie $\mathfrak{G}_0$. Aus dem Ausdruck (93) für die zweite Variation folgt jetzt der Satz[2]):

Wenn das Krümmungsmaß der Fläche entlang dem Bogen $Q_1 Q_2$ der geodätischen Linie beständig negativ ist, so ist die zweite Variation der Bogenlänge positiv.

Auf Flächen mit durchweg negativem Krümmungsmaß ist also a fortiori die zweite Variation stets positiv[3]).

§ 29. Die Jacobi'sche Bedingung für den Fall der Parameterdarstellung.

Wir haben nunmehr die Modifikationen zu betrachten, welche die in §§ 10 bis 14 entwickelte Jacobi'sche Theorie beim Übergang zur Parameterdarstellung erfährt.

Wir setzen dabei, sowie für die ganze weitere Diskussion, voraus, daß die Legendre'sche Bedingung (II) für unsern Extremalenbogen $\mathfrak{E}_0$ erfüllt ist. Darüber hinaus machen wir aber noch die *Annahme*[4]), daß die Funktion F_1 in keinem Punkt von $\mathfrak{E}_0$ verschwindet, so daß also

$$F_1(\mathring{x}(t), \mathring{y}(t), \mathring{x}'(t), \mathring{y}'(t)) > 0 \quad \text{für} \quad t_1 \gtreqless t \gtreqless t_2. \tag{II'}$$

Aus dieser scheinbar geringfügigen Verschärfung unserer Annahme ergibt sich die wichtige Folgerung, daß wir auf den Extremalenbogen $\mathfrak{E}_0$ die Resultate von § 27, c) und d) anwenden dürfen.

---

1) Vgl. z. B. Knoblauch, *Krumme Flächen*, § 24, (2) und § 27, (6). Der Satz, daß K gleich dem Krümmungsmaß ist, ist von der Wahl des Koordinatensystems auf der Fläche unabhängig, vgl. p. 228.

2) Der Beweis mittels der Bonnet'schen Koordinaten ist nicht einwandfrei. Es müßte noch gezeigt werden, daß durch jeden Punkt N in einer gewissen Umgebung von $\mathfrak{G}_0$ nur eine zu $\mathfrak{G}_0$ orthogonale geodätische Linie gezogen werden kann. Vgl. die *Übungsaufgabe* Nr. 7 am Ende dieses Kapitels.

3) In dieser Form wurde der Satz zuerst von Jacobi (ohne Beweis) gegeben, Journal für Mathematik, Bd. XVII (1837), p. 82, und *Vorlesungen über Dynamik*, p. 47. Bewiesen wurde der Satz zuerst von Bonnet, loc. cit.

4) Der Ausnahmefall, wo F_1 in Punkten des Bogens $\mathfrak{E}_0$ verschwindet, bietet große Schwierigkeiten und ist, abgesehen von einigen Andeutungen in den Vorlesungen von Hilbert vom Winter 1904/05, noch so gut wie gar nicht behandelt worden.

Ähnlich wie beim x-Problem erscheint die Jacobi'sche Bedingung auch hier in zwei verschiedenen Formen, von denen die eine von WEIERSTRASS, die andere von KNESER herrührt

a) **Die Weierstraß'sche Form der Jacobi'schen Bedingung:**

Die Jacobi'sche Differentialgleichung (9) von § 10 nimmt für das Integral (91) die Form an

$$F_2 u - \frac{d}{dt}\left(F_1 \frac{du}{dt}\right) = 0, \tag{102}$$

wobei die Funktionen F_1, F_2 sich auf die Extremale $\mathfrak{E}_0^*$ beziehen. Die Differentialgleichung (102) hat in dem offenen Intervall: $t_1^* < t < t_2^*$ keine singulären Punkte; denn nach § 27, c) sind die Funktionen F_2, F_1, F_1' stetig und es ist $F_1 \neq 0$

Das allgemeine Integral der Differentialgleichung (102) erhält man nach WEIERSTRASS folgendermaßen: Substituiert man in der Differentialgleichung

$$F_x - \frac{d}{dt} F_{x'} = 0 \tag{20_1}$$

für x, y das allgemeine Integral

$$x = f(t, \alpha, \beta), \quad y = g(t, \alpha, \beta), \tag{64}$$

so wird die Differentialgleichung identisch befriedigt für alle Werte von t, α, β im Bereich (67). Differentiieren wir diese Identität nach α, so erhalten wir

$$F_{xx} f_\alpha + F_{xy} g_\alpha + F_{xx'} f_{t\alpha} + F_{xy'} g_{t\alpha}$$
$$- \frac{d}{dt}(F_{x'x} f_\alpha + F_{x'y} g_\alpha + F_{x'x'} f_{t\alpha} + F_{x'y'} g_{t\alpha}) = 0.$$

In dieser Gleichung drücken wir die zweiten partiellen Ableitungen von F mit Hilfe der Formeln (12a), (85), (86) und (88) durch $\overline{L}, \overline{M}, \overline{N}, \overline{F}_1, \overline{F}_2$ aus, wobei wir vorübergehend durch Überstreichen andeuten, daß die betreffenden Funktionen für die allgemeine Extremale (64) zu berechnen sind. Nach einigen einfachen Reduktionen erhält man

$$g_t\left[\overline{F}_2 \omega - \frac{d}{dt}\left(\overline{F}_1 \frac{d\omega}{dt}\right)\right] = 0,$$

wobei

$$\omega = g_t f_\alpha - f_t g_\alpha.$$

Wenden wir dasselbe Verfahren auf die Differentialgleichung

$$F_y - \frac{d}{dt} F_{y'} = 0 \qquad (20_2)$$

an, so erhalten wir

$$-f_t\left[\overline{F}_2 \omega - \frac{d}{dt}\left(\overline{F}_1 \frac{d\omega}{dt}\right)\right] = 0.$$

Da f_t und g_t nach (68) nicht gleichzeitig verschwinden können, so folgt

$$\overline{F}_2 \omega - \frac{d}{dt}\left(\overline{F}_1 \frac{d\omega}{dt}\right) = 0.$$

Ein ganz analoges Resultat ergibt sich, wenn man nach β statt nach α differentiiert. Gibt man schließlich den Größen α, β die speziellen Werte α_0, β_0 und macht von (66) Gebrauch, so erhält man die Weierstraß'sche Modifikation des Jacobi'schen Theorems (§ 12, b)):

Die Jacobi'sche Differentialgleichung

$$F_2 u - \frac{d}{dt}\left(F_1 \frac{du}{dt}\right) = 0 \qquad (102)$$

hat die beiden partikularen Integrale

$$\begin{aligned} \vartheta_1(t) &= g_t(t, \alpha_0, \beta_0) f_\alpha(t, \alpha_0, \beta_0) - f_t(t, \alpha_0, \beta_0) g_\alpha(t, \alpha_0, \beta_0), \\ \vartheta_2(t) &= g_t(t, \alpha_0, \beta_0) f_\beta(t, \alpha_0, \beta_0) - f_t(t, \alpha_0, \beta_0) g_\beta(t, \alpha_0, \beta_0). \end{aligned} \qquad (103)$$

Dieselben sind nach (70) linear unabhängig, woraus nach § 11, b) die später mehrfach zu benutzende Ungleichung folgt:

$$D(t) \equiv \vartheta_1(t)\,\vartheta_2'(t) - \vartheta_2(t)\,\vartheta_1'(t) \neq 0 \qquad (104)$$

$$\text{für } t_1^* < t < t_2^*.$$

Schließt man jetzt wie in §§ 12 und 14 weiter und bezeichnet nach Weierstrass

$$\Theta(t, t_1) = \vartheta_1(t)\,\vartheta_2(t_1) - \vartheta_2(t)\,\vartheta_1(t_1), \qquad (105)$$

so erhält man das Resultat:

Die dritte notwendige Bedingung für ein Extremum lautet:

$$\Theta(t, t_1) \neq 0 \quad \textit{für} \quad t_1 < t < t_2. \qquad (III)$$

Dies ist die *Weierstraß'sche Form der Jacobi'schen Bedingung.*

Bezeichnet man mit t_1' die zunächst auf t_1 folgende Wurzel der Gleichung

$$\Theta(t, t_1) = 0 \qquad (106)$$

falls eine solche im Intervall (60) existiert, so läßt sich die Bedingung (III) auch schreiben:

$$t_2 \gtreqless t_1'.$$

t_1' ist der Parameter des zum Punkt P_1 *konjugierten Punktes* P_1'.

Allgemeiner nennen wir einen Punkt von $\mathfrak{E}_0^*$ „im weiteren Sinn zu P_1 konjugiert", wenn sein Parameter der Gleichung (106) genügt.

Der konjugierte Punkt ist von der Wahl des Parameters t und der Integrationskonstanten α, β unabhängig. Denn wendet man auf die Größen t, α, β eine Transformation von der Form (71) an, so findet man nach einer leichten Rechnung zwischen der Funktion $\Theta(t, t_1)$ und ihrer transformierten $\bar{\Theta}(\bar{t}, \bar{t}_1)$ die Relation

$$\Theta(t, t_1) = \lambda(t)\,\lambda(t_1)\nabla\,\bar{\Theta}(\bar{t}, \bar{t}_1), \tag{107}$$

und der Faktor $\lambda(t)\,\lambda(t_1)\nabla$ ist nach (72) von Null verschieden. Dasselbe Resultat kann man auch mit WEIERSTRASS aus der geometrischen Bedeutung des konjugierten Punktes schließen.

Beispiel XIV: (Siehe p. 206)

Wir haben hier nach (26)

$$F_1 = -\frac{R}{(\sqrt{x'^2 + y'^2}\,)^3},$$

also entlang irgend einer Extremalen (27)

$$F_1 = -\frac{1}{R^2}.$$

Die Bedingung (II') für ein Maximum ist also stets erfüllt.

Ferner berechnet man aus dem allgemeinen Integral (27):

$$\Theta(t, t_1) = -R^2 \sin(t - t_1).$$

Also ist

$$t_1' = t_1 + \pi.$$

Der zum Punkt P_1 konjugierte Punkt P_1' ist also der ihm auf dem betreffenden Kreis diametral gegenüberliegende Punkt. Daraus folgt (vgl. Fig. 31):

Wenn $R > \frac{1}{2}\,|P_1P_2|$, so erfüllt von den beiden Kreisbogen $P_1P_3P_2$ und $P_1P_4P_2$ nur derjenige, welcher kleiner ist als ein Halbkreis, also $P_1P_3P_2$ die Bedingung (III).

Wenn $R = \frac{1}{2}\,|P_1P_2|$, so ist die Bedingung (III) zwar auch noch erfüllt, aber es fällt jetzt der Punkt P_2 mit dem konjugierten Punkt P_1' zusammen.

Beispiel XV. Brachistochrone[1]) (siehe p. 207)

Wir nehmen an, daß die beiden Endpunkte P_1 und P_2 zwischen den beiden Spitzen $\tau = 0$ und $\tau = 2\pi$ der Zykloide

---

[1]) Vgl. LINDELÖF-MOIGNO, *loc. cit.*, p. 231, und WEIERSTRASS, *Vorlesungen*.

$$\begin{aligned} x - x_1 + \beta_0 &= \alpha_0 (\tau - \sin\tau), \\ y - y_1 + k &= \alpha_0 (1 - \cos\tau) \end{aligned} \tag{108}$$

liegen, so daß also die den beiden Punkten P_1 und P_2 entsprechenden Werte $\tau = \tau_1$ und $\tau = \tau_2$ der Ungleichung genügen

$$0 < \tau_1 < \tau_2 < 2\pi$$

Für die Funktion F_1 erhält man

$$F_1 = \frac{1}{\sqrt{y - y_1 + k}\,(\sqrt{x'^2 + y'^2})^3} = \frac{1}{8\sqrt{2}\,\alpha_0^3\sqrt{\alpha_0}\,\sin^4\frac{\tau}{2}}.$$

F_1 ist also positiv entlang dem Zykloidenbogen $P_1 P_2$ und die Bedingung (II') ist erfüllt.

Für die Weierstraß'sche Funktion $\Theta(\tau, \tau_1)$ findet man nach einfacher Rechnung

$$\Theta(\tau, \tau_1) = 4\alpha_0^2 \sin\frac{\tau}{2}\cos\frac{\tau}{2}\sin\frac{\tau_1}{2}\cos\frac{\tau_1}{2}\left[\tau - 2\,\mathrm{tg}\frac{\tau}{2} - \tau_1 + 2\,\mathrm{tg}\frac{\tau_1}{2}\right].$$

Daraus folgt, daß der Parameter τ_1' des zu P_1 konjugierten Punktes P_1' entweder ein Vielfaches von 2π sein muß, in welchem Fall P_1' sicher nicht dem Bogen $P_1 P_2$ angehört, oder aber τ_1' muß der transzendenten Gleichung genügen

$$\tau - 2\,\mathrm{tg}\frac{\tau}{2} = \tau_1 - 2\,\mathrm{tg}\frac{\tau_1}{2}. \tag{109}$$

Wächst τ von 0 bis π, so nimmt die Funktion $\tau - 2\,\mathrm{tg}\frac{\tau}{2}$ beständig ab von 0 bis $-\infty$; wächst τ weiter von π bis 2π, so nimmt sie beständig ab von $+\infty$ bis 2π. Daraus folgt, daß $\tau = \tau_1$ die einzige Wurzel der Gleichung (109) ist, welche zwischen 0 und 2π liegt. Daher *gibt es auf dem Bogen $P_1 P_2$ keinen zu P_1 konjugierten Punkt,* also ist auch die Bedingung (III) erfüllt.[1]

b) Die Kneser'sche Form der Jacobi'schen Bedingung:

Man kann nach KNESER[2]) die Jacobi'sche Bedingung noch in eine andere Form bringen, bei welcher statt des allgemeinen Integrals (64) der Euler'schen Differentialgleichung die Extremalenschar durch den Punkt P_1 zugrunde gelegt wird. Aus dieser zweiten Form ergibt sich dann auch am naturgemäßesten die geometrische Bedeutung der konjugierten Punkte.

---

[1]) Hierzu noch die *Übungsaufgaben* Nr 1—6, 10, 12, 16—18 am Ende dieses Kapitels.

[2]) Vgl. KNESER, *Lehrbuch,* § 31; vgl. auch oben die analogen Entwicklungen von § 13.

Wir betrachten, für spätere Anwendungen gleich etwas allgemeiner als für unsere unmittelbaren Zwecke erforderlich wäre, eine beliebige Extremalenschar

$$x = \varphi(t, a), \qquad y = \psi(t, a), \tag{110}$$

welche die in § 27, d) unter A) bis D) aufgezählten Eigenschaften besitzt

Substituiert man dann in den beiden Differentialgleichungen (20) für x, y die Funktionen φ, ψ und differentiiert die so entstandene Identität nach a, so erhält man genau wie unter a) das Resultat, daß die Funktionaldeterminante: $u = \Delta(t, a)$ der Schar (110) als Funktion von t der homogenen linearen Differentialgleichung zweiter Ordnung:

$$\mathfrak{F}_2 u - \frac{d}{dt}\left(\mathfrak{F}_1 \frac{du}{dt}\right) = 0 \tag{111}$$

genügt, welche wegen (75) für $a = a_0$ in die Jacobi'sche Differentialgleichung (102) übergeht.

In dem speziellen Fall, wo die Gleichungen (110) die Extremalenschar durch den Punkt P_1 darstellen, folgt überdies aus (79) und (82), da in diesem Fall $t_0 = t_1$,

$$\Delta(t_1, a_0) = 0,$$

und wir erhalten daher das Resultat:

Die Funktionaldeterminante

$$u = \Delta(t, a_0)$$

der Extremalenschar durch den Punkt P_1 genügt der Jacobi'schen Differentialgleichung

$$F_2 u - \frac{d}{dt}\left(F_1 \frac{du}{dt}\right) = 0 \tag{102}$$

und verschwindet für $t = t_1$.

Daraus folgt aber, daß die Funktion $\Delta(t, a_0)$ von der Weierstraß'schen Funktion $\Theta(t, t_1)$, welche dieselben beiden Eigenschaften besitzt, nur um einen konstanten Faktor verschieden sein kann:

$$\Delta(t, a_0) = c\,\Theta(t, t_1), \tag{112}$$

wo c eine wegen D) von Null verschiedene Konstante bedeutet.

Der zu t_1 konjugierte Wert t_1' kann daher auch durch die Gleichung

$$\Delta(t, a_0) = 0$$

definiert werden.

Wir bemerken noch, daß aus den beiden Gleichungen

$$\Delta(t_1, a_0) = 0, \qquad \Delta(t_1', a_0) = 0 \tag{113}$$

nach § 11, a) folgt, daß

$$\Delta_t(t_1, a_0) \neq 0, \qquad \Delta_t(t_1', a_0) \neq 0, \tag{114}$$

da t_1 und t_1' keine singulären Punkte der Differentialgleichung (102) sind.

c) Geometrische Bedeutung der konjugierten Punkte[1]:

Wir betrachten wieder eine beliebige Extremalenschar

$$x = \varphi(t, a), \qquad y = \psi(t, a), \tag{110}$$

welche die in § 27, d) unter A) bis D) aufgezählten Eigenschaften besitzt

Auf der speziellen Extremalen $\mathfrak{E}_0^*$

$$x = \varphi(t, a_0), \qquad y = \psi(t, a_0),$$

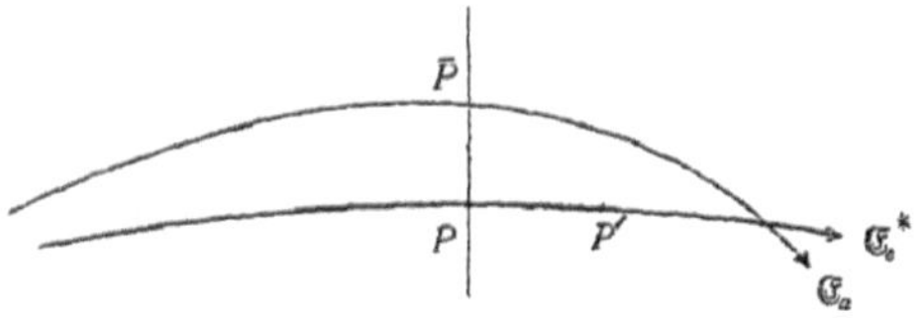

Fig 33.

nehmen wir einen Punkt $P'(t')$ an, wobei $T_1 < t' < T_2$ sein soll In der Nähe von P' nehmen wir einen zweiten Punkt $P(t)$ auf $\mathfrak{E}_0^*$ an und konstruieren in ihm die Normale. Die Gleichung derselben ist

$$(X - x)x' + (Y - y)y' = 0,$$

wenn X, Y die laufenden Koordinaten, x, y die Koordinaten des Punktes P und x', y' die Ableitungen von x, y nach t bedeuten.

Wir untersuchen jetzt den Schnitt dieser Normalen mit einer benachbarten Extremalen $\mathfrak{E}_a$ der Schar (110).

Angenommen, die Normale schneide diese Extremale in einem Punkt $\bar{P}(\bar{x}, \bar{y})$, der auf $\mathfrak{E}_a$ dem Parameterwert $t = \bar{t}$ entspricht: dann haben wir zur Bestimmung von $\bar{t}$ die Gleichung

$$[\varphi(\bar{t}, a) - \varphi(t, a_0)]\,\varphi_t(t, a_0) + [\psi(\bar{t}, a) - \psi(t, a_0)]\,\psi_t(t, a_0) = 0 \tag{115}$$

Dieselbe wird erfüllt für $\bar{t} = t'$, $t = t'$, $a = a_0$ und da nach (77)

$$\varphi_t^2(t', a_0) + \psi_t^2(t', a_0) \neq 0,$$

---

[1]) In der Hauptsache nach Weierstrass, *Vorlesungen* 1879; vgl. auch Kneser, Lehrbuch, p 90

so sind die Bedingungen für die Anwendbarkeit des Satzes über implizite Funktionen (§ 22, e)) erfüllt; wir können daher die Gleichung (115) nach $\bar{t}$ auflosen und erhalten eine und nur eine Lösung:

$$\bar{t} = \chi(t, a),$$

welche in der Umgebung der Stelle $t = t'$, $a = a_0$ von der Klasse C' ist und der Anfangsbedingung

$$\chi(t', a_0) = t'$$

genügt

Aus der speziellen Form der Gleichung (115) und der Eindeutigkeit der Lösung folgt, daß allgemein

$$\chi(t, a_0) = t$$

für jedes t in hinreichender Nähe von t'.

Wenden wir jetzt auf die Differenz

$$\chi(t, a) - \chi(t, a_0)$$

den Taylor'schen Satz mit Restglied an und brechen mit den Gliedern zweiter Ordnung[1] ab, so erhalten wir nach einfacher Rechnung:

$$\bar{t} = t + \left(-\frac{\varphi_t \varphi_a + \psi_t \psi_a}{\varphi_t^2 + \psi_t^2} + (a - a_0) r\right)(a - a_0)$$

Dabei sind die Argumente von φ_t usw: t, a_0, und r ist eine Funktion von t und a, deren absoluter Wert in einer gewissen Umgebung der Stelle (t', a_0) unterhalb einer endlichen Grenze bleibt

Wir berechnen jetzt weiter den Abstand $|P\bar{P}|$ der beiden Punkten P und $\bar{P}$. Entwickelt man die Differenzen

$$\bar{x} - x = \varphi(\bar{t}, a) - \varphi(t, a_0), \quad \bar{y} - y = \psi(\bar{t}, a) - \psi(t, a_0)$$

mittels des Taylor'schen Satzes mit Restglied nach Potenzen von $\bar{t} - t$, $a - a_0$ und bricht wieder mit den Gliedern zweiter Ordnung ab, so kommt, wenn man für die Differenz $\bar{t} - t$ den gefundenen Wert einsetzt:

$$\begin{aligned} \bar{x} - x &= -\frac{(\Delta + (a - a_0)V)\psi_t(a - a_0)}{\varphi_t^2 + \psi_t^2} \\ \bar{y} - y &= \frac{(\Delta + (a - a_0)V)\varphi_t(a - a_0)}{\varphi_t^2 + \psi_t^2}. \end{aligned} \tag{116}$$

Dabei sind die Argumente in φ_t, ψ_t und der Funktionaldeterminante Δ wieder t und a_0, und V ist eine Funktion von t und a, welche in einer gewissen Um-

---

[1]) Hierzu ist allerdings nötig, daß χ_{aa} in der Umgebung von (t', a_0) existiert und stetig ist; dies findet statt, wenn wir die Annahme machen, daß außer den unter B) erwähnten Ableitungen auch φ_{aa} und ψ_{aa} im Bereich (76) existieren und stetig sind Dies ist sicher der Fall, wenn wir die Funktion F von der Klasse C^{IV} statt von der Klasse C''' voraussetzen, vgl § 24, a) Zusatz I.

gebung (δ) der Stelle $t = t'$, $a = a_0$ dem absoluten Betrage nach unter einer festen Grenze G bleibt.

Aus (116) ergibt sich *für den Abstand* $P\overline{P}$ *der Ausdruck*:

$$P\overline{P} = \left| \frac{(\Delta(t, a_0) + (a - a_0) V(t, a))(a - a_0)}{\sqrt{\varphi_t^2(t, a_0) + \psi_t^2(t, a_0)}} \right| .$$

Ferner folgt aus (116)

$$x'(\bar{y} - y) - y'(\bar{x} - x) = (\Delta(t, a_0) + (a - a_0) V(t, a))(a - a_0),$$

woraus sich schließen läßt, daß der Ausdruck

$$\tilde{\Delta}(t, a) = \Delta(t, a_0) + (a - a_0) V(t, a)$$

als Funktion von t und a in der Umgebung (δ) der Stelle (t', a_0) *stetig ist.*

Soll nun die Extremale $\mathfrak{E}_a$ die Extremale $\mathfrak{E}_0^*$ im Punkt $P(t)$ schneiden, so muß $|P\overline{P}| = 0$ sein, also muß, da $a \neq a_0$ vorausgesetzt ist,

$$\tilde{\Delta}(t, a) = 0$$

sein. Daraus schließen wir:

1. Wenn

$$\Delta(t', a_0) \neq 0,$$

so können wir wegen der Stetigkeit von $\tilde{\Delta}(t, a)$ nach A III 2 eine positive Größe $\gamma \leqq \delta$ angeben, derart, daß

$$\tilde{\Delta}(t, a) \neq 0$$

für

$$|t - t'| \leqq \gamma, \qquad |a - a_0| \leqq \gamma,$$

d. h. aber: *Wenn*

$$\Delta(t', a_0) \neq 0,$$

so schneidet keine Extremale der Schar (110), für welche: $|a - a_0| \leqq \gamma$ *die Extremale* $\mathfrak{E}_0^*$ *in dem Intervall* $[t' - \gamma, t' + \gamma]$.

2. Wenn dagegen

$$\Delta(t', a_0) = 0,$$

so ist, wie oben unter b) gezeigt worden ist,

$$\Delta_t(t', a_0) \neq 0;$$

also wechselt $\Delta(t, a_0)$ sein Zeichen, wenn t durch den Wert t' hindurchgeht. Wir können daher eine positive Größe $\tau \leqq \delta$ so klein wählen, daß

$$\Delta(t' - \tau, a_0) \quad \text{und} \quad \Delta(t' + \tau, a_0)$$

entgegengesetztes Zeichen haben. Und nunmehr können wir eine zweite positive Größe $\varkappa$ angeben, derart, daß auch

$$\tilde{\Delta}(t' - \tau, a) \quad \text{und} \quad \tilde{\Delta}(t' + \tau, a)$$

entgegengesetztes Zeichen haben, wofern

$$|a - a_0| \leqq \varkappa .$$

Da die Funktion $\tilde{\Delta}(t, a)$ als Funktion von t im Intervall $[t'-\tau, t'+\tau]$ stetig ist, so muß sie daher mindestens in einem Punkt zwischen $t'-\tau$ und $t'+\tau$ verschwinden, d h also:

Wenn

$$\Delta(t', a_0) = 0,$$

so schneidet jede Extremale $\mathfrak{E}_a$ der Schar (110), für welche $|a - a_0| \gtreqless \varkappa$ die Extremale $\mathfrak{E}_0^*$ wenigstens einmal zwischen $t'-\tau$ und $t'+\tau$

Da wir τ beliebig klein annehmen können, so folgt weiter

Der[1]) *Schnittpunkt der beiden Extremalen nähert sich dem Punkt $P'(t')$ als Grenzlage, wenn a gegen a_0 konvergiert*

Aus der Theorie der Enveloppen[2]) folgt dann, daß der Punkt P' zugleich auf der Enveloppe der Extremalenschar (110) liegt, und zwar berührt im allgemeinen die Enveloppe in P' die Extremale $\mathfrak{E}_0^*$

Indem man diese Resultate insbesondere auf die Extremalenschar durch den Punkt P_1 anwendet, erhält man auch für den Fall der Parameterdarstellung das Resultat, daß der zu P_1 konjugierte Punkt P_1' derjenige Punkt ist, in welchem die Extremale $\mathfrak{E}_0^*$ zum erstenmal (von P_1 an gerechnet) die Enveloppe der Extremalenschar durch den Punkt P_1 berührt.

Beispiel XIV (Siehe pp. 206, 234):

Die Extremalenschar durch den Punkt P_1 besteht hier aus der Gesamtheit der im entgegengesetzten Sinne des Uhrzeigers durchlaufenen Kreise vom Radius R durch den Punkt P_1 Die Enveloppe dieser Kreisschar ist ein Kreis um den Punkt P_1 mit dem Radius $2R$ Jeder Kreis der Schar berührt die Enveloppe in dem dem Punkt P_1 diametral gegenüberliegenden Punkt, womit wir zu demselben Resultat gelangt sind, wie auf p. 234

Beispiel XVI: Geodätische Linien. (Siehe pp 209, 228).

Aus der vorausgesetzten ein-eindeutigen Beziehung zwischen dem Bereich $\mathfrak{R}$ in der u, v-Ebene und dessen Bild $\mathfrak{M}$ auf der Fläche folgt: Wenn zwei Kurven $\mathfrak{K}_1$, $\mathfrak{K}_2$ in der u, v-Ebene sich in einem Punkt P schneiden, so schneiden sich auch ihre Bilder $\mathfrak{L}_1$, $\mathfrak{L}_2$ auf der Fläche in einem Punkt Q, dem Bildpunkt von P, und umgekehrt Ferner folgt aus den Formeln[3]) für den Winkel, unter welchem sich zwei Kurven auf der Fläche schneiden. Wenn sich die beiden Kurven $\mathfrak{K}_1$. $\mathfrak{K}_2$ im Punkt P berühren und zwar so, daß ihre positiven Tangentenrichtungen zusammenfallen, so berühren sich auch die Bildkurven $\mathfrak{L}_1$, $\mathfrak{L}_2$ im Punkt Q, und zwar ebenfalls mit zusammenfallenden positiven Tangenten und umgekehrt Hieraus folgt, daß sich die Sätze über die geometrische Bedeutung der konjugierten Punkte unmittelbar von den Extremalen in der u, v-Ebene auf die geodätischen Linien selbst übertragen.

---

[1]) Es läßt sich zeigen, daß die Anzahl der Schnittpunkte zwischen $t-\tau$ und $t'+\tau$ endlich sein muß; man wähle den zunächst bei P_1 gelegenen.

[2]) Vgl *Encyclopädie*, III D, p. 47, Fußnote 117.

[3]) Vgl z. B Knoblauch, *Krumme Flächen*, § 4, Gleichung (6) und (8).

Da die Jacobi'sche Bedingung III eine notwendige Bedingung für ein permanentes Zeichen der zweiten Variation ist (vgl § 14), so folgt aus dem in § 28, c) gegebenen Satz:

Wenn das Krümmungsmaß der Fläche entlang der betrachteten geodätischen Linie $Q_1 Q_2$ beständig negativ ist, so kann der zu Q_1 konjugierte Punkt nicht zwischen Q_1 und Q_2 liegen [1]

§ 30. Die Weierstraß'sche Bedingung und die $\mathcal{E}$-Funktion.

Zur Herleitung der *Weierstraß'schen Bedingung* [2] wenden wir hier die ursprünglich von Weierstrass selbst benutzte Methode an, die wesentlich elementarer ist als diejenige, welche wir beim x-Problem benutzt haben, da sie weder den Begriff des Feldes noch den Weierstraß'schen Fundamentalsatz voraussetzt.

a) **Der Weierstraß'sche Beweis der vierten notwendigen Bedingung:**

Auf unserm Extremalenbogen

$$\mathfrak{E}_0: \qquad x = \mathring{x}(t), \qquad y = \mathring{y}(t), \qquad t_1 \gtrless t \gtrless t_2$$

wählen wir einen beliebigen Punkt $P_3(t_3)$ und ziehen durch denselben eine willkürliche Kurve der Klasse C':

$$\tilde{\mathfrak{C}}: \qquad x = \tilde{x}(\tau), \qquad y = \tilde{y}(\tau);$$

auf der Kurve $\tilde{\mathfrak{C}}$ möge der Wert $\tau = \tau_3$ den Punkt P_3 liefern. Es sei P_4 derjenige Punkt von $\tilde{\mathfrak{C}}$, welcher dem Wert $\tau = \tau_3 - \varepsilon$ entspricht, wobei ε eine kleine positive Größe bedeutet; seine Koordinaten seien

$$x_4 = x_3 + \Delta x_3, \qquad y_4 = y_3 + \Delta y_3.$$

Nun ziehen wir eine den Bedingungen einer „Normalvariation" [3] genügende Kurve

$$\overline{\mathfrak{C}}: \qquad x = \bar{x}(t) \equiv \mathring{x}(t) + \xi(t, \varepsilon), \qquad y = \bar{y}(t) \equiv \mathring{y}(t) + \eta(t, \varepsilon)$$

vom Punkt P_1 nach P_4, wobei der Parameter t so gewählt sein möge,

---

[1] Weitere interessante Sätze über konjugierte Punkte auf geodätischen Linien findet man bei Braunmühl, Mathematische Annalen, Bd. XIV (1879) p. 557, v. Mangoldt, Journal für Mathematik, Bd. XCI (1881) p. 23; Darboux, *Théorie des surfaces*, Bd. III, Livre VI, Chap. V.

Vgl. ferner die *Übungsaufgaben* Nr. 1—6 am Ende dieses Kapitels

[2] Vgl. § 18. [3] Vgl § 8, a).

daß den Punkten P_1, P_4 die Werte $t = t_1$, $t = t_3$ entsprechen, so daß also

$$\left.\begin{aligned} \xi(t_1, \varepsilon) &= 0, & \eta(t_1, \varepsilon) &= 0, \\ \xi(t_3, \varepsilon) &= \Delta x_3, & \eta(t_3, \varepsilon) &= \Delta y_3 \end{aligned}\right\}. \tag{118}$$

Eine solche Kurve können wir z B. auf folgende Weise herstellen: Es seien u und v zwei Funktionen von t von der Klasse C' in $[t_1 t_3]$, welche für $t = t_1$ verschwinden und für $t = t_3$ gleich 1 werden. Dann genügen die Funktionen

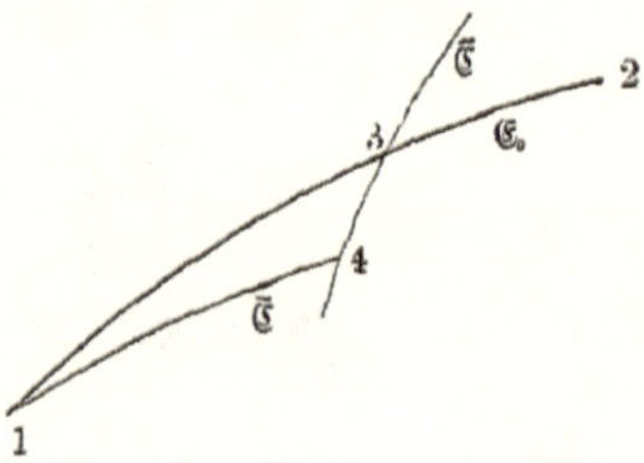

Fig. 34

$$\xi(t, \varepsilon) = u\Delta x_3 = u(t)[\tilde{x}(\tau_3 - \varepsilon) - \tilde{x}(\tau_3)],$$
$$\eta(t, \varepsilon) = v\,\Delta y_3 = v(t)\,[\tilde{y}(\tau_3 - \varepsilon) - \tilde{y}(\tau_3)]$$

allen Bedingungen.

Jetzt variieren wir den Extremalenbogen $\mathfrak{E}_0$, indem wir das Stück $P_1 P_3$ von $\mathfrak{E}_0$ durch die gebrochene Kurve $P_1 P_4 P_3$ ersetzen, während wir das Stück $P_3 P_2$ ungeändert lassen. Dann ist

$$\Delta J = \bar{J}_{14} + \tilde{J}_{43} - J_{13},$$

wobei die Integrale J, $\bar{J}$, $\tilde{J}$ respektive entlang den Kurven $\mathfrak{E}_0$, $\bar{\mathfrak{E}}$, $\tilde{\mathfrak{E}}$ zu nehmen sind.

Für die Berechnung der Differenz $\bar{J}_{14} - J_{13}$ können wir von der Formel (79) von § 8 für die Variation eines Extremalenbogens Gebrauch machen. Dieselbe ergibt in unserm Fall:

$$\bar{J}_{14} - J_{13} = [F_{x'}\delta x + F_{y'}\delta y]_{t_1}^{t_3} + \varepsilon(\varepsilon),$$

wobei (ε) eine mit ε unendlich klein werdende Funktion von ε bedeutet und

$$\delta x = \varepsilon \xi_\varepsilon(t, 0), \qquad \delta y = \varepsilon \eta_\varepsilon(t, 0).$$

Nun folgt aber aus (118)

$$\begin{aligned} \delta x\,|^1 &= 0, & \delta y\,|^1 &= 0, \\ \delta x\,|^3 &= -\varepsilon \tilde{x}'(\tau_3), & \delta y\,|^3 &= -\varepsilon \tilde{y}'(\tau_3); \end{aligned}$$

wir erhalten also

$$\bar{J}_{14} - J_{13} = -\varepsilon\{F_{x'}(x_3, y_3, x_3', y_3')\tilde{x}_3' + F_{y'}(x_3, y_3, x_3', y_3')\tilde{y}_3' + (\varepsilon)\},$$

wobei zur Abkürzung

$$\mathring{x}'(t_3) = x_3', \qquad \mathring{y}'(t_3) = y_3',$$
$$\tilde{x}'(\tau_3) = \tilde{x}_3', \qquad \tilde{y}'(\tau_3) = \tilde{y}_3'$$

gesetzt ist.

Andererseits ist

$$\tilde{J}_{43} = \int_{\tau_3 - \varepsilon}^{\tau_3} F(\tilde{x}(\tau), \tilde{y}(\tau), \tilde{x}'(\tau), \tilde{y}'(\tau))\, d\tau,$$

was wir unter Benutzung des Mittelwertsatzes wegen der Stetigkeit der Funktion $F(\tilde{x}(\tau), \tilde{y}(\tau), \tilde{x}'(\tau), \tilde{y}'(\tau))$ schreiben können

$$\tilde{J}_{43} = \varepsilon\,[F(\tilde{x}_3, \tilde{y}_3, \tilde{x}_3', \tilde{y}_3') + (\varepsilon)].$$

Beachten wir noch, daß

$$\tilde{x}_3 = x_3, \qquad \tilde{y}_3 = y_3,$$

so kommt

$$\Delta J = \varepsilon\{F(x_3, y_3, \tilde{x}_3', \tilde{y}_3') - F_{x'}(x_3, y_3, x_3', y_3')\tilde{x}_3' - F_{y'}(x_3, y_3, x_3', y_3')\tilde{y}_3' + (\varepsilon)\}.$$

Da ε eine positive Größe sein sollte, so folgt hieraus durch Verkleinerung von ε, daß im Fall eines Minimums

$$F(x_3, y_3, \tilde{x}_3', \tilde{y}_3') - F_{x'}(x_3, y_3, x_3', y_3')\tilde{x}_3' - F_{y'}(x_3, y_3, x_3', y_3')\tilde{y}_3' \gtreqless 0 \quad (119)$$

sein muß, und zwar für jede durch den Punkt P_3 gehende Kurve $\tilde{\mathfrak{C}}$ und weiterhin für jede Wahl des Punktes P_3 auf dem Bogen $\mathfrak{C}_0$.

Wir führen jetzt die Weierstraß'sche $\mathcal{E}$-Funktion[1]) ein durch folgende Definition:

$$\left.\begin{aligned}&\mathcal{E}(x, y;\, x', y';\, \tilde{x}', \tilde{y}') = \\ &F(x, y, \tilde{x}', \tilde{y}') - [\tilde{x}' F_{x'}(x, y, x', y') + \tilde{y}' F_{y'}(x, y, x', y')]\end{aligned}\right\}, \quad (120)$$

oder, da nach (10)

$$F(x, y, \tilde{x}', \tilde{y}') = \tilde{x}' F_{x'}(x, y, \tilde{x}', \tilde{y}') + \tilde{y}' F_{y'}(x, y, \tilde{x}', \tilde{y}'),$$

$$\left.\begin{aligned}&\mathcal{E}(x, y;\, x', y';\, \tilde{x}', \tilde{y}') = \\ &\quad \tilde{x}'[F_{x'}(x, y, \tilde{x}', \tilde{y}') - F_{x'}(x, y, x', y')] \\ &\quad + \tilde{y}'[F_{y'}(x, y, \tilde{x}', \tilde{y}') - F_{y'}(x, y, x', y')]\end{aligned}\right\}. \quad (120\text{a})$$

Aus den Relationen (9) und (13) ergibt sich die folgende Homogeneitätseigenschaft der $\mathcal{E}$-Funktion:

$$\mathcal{E}(x, y;\, kx', ky';\, \tilde{k}\tilde{x}', \tilde{k}\tilde{y}') = \tilde{k}\,\mathcal{E}(x, y;\, x', y';\, \tilde{x}', \tilde{y}'), \quad (121)$$

wenn die beiden Größen k und $\tilde{k}$ positiv sind.

---

[1]) Für die Vergleichung mit Kneser beachte man, daß Kneser $-\mathcal{E}$ statt des Weierstraß'schen $+\mathcal{E}$ schreibt, vgl *Lehrbuch*, p. 75.

Setzen wir daher

$$\left.\begin{aligned} p &= \frac{x'}{\sqrt{x'^2+y'^2}} = \cos\theta, & q &= \frac{y'}{\sqrt{x'^2+y'^2}} = \sin\theta, \\ \tilde{p} &= \frac{\tilde{x}'}{\sqrt{\tilde{x}'^2+\tilde{y}'^2}} = \cos\tilde{\theta}, & \tilde{q} &= \frac{\tilde{y}'}{\sqrt{\tilde{x}'^2+\tilde{y}'^2}} = \sin\tilde{\theta}, \end{aligned}\right\} \tag{122}$$

so ist

$$\mathcal{E}(x, y; x', y'; \tilde{x}', \tilde{y}') = \sqrt{\tilde{x}'^2+\tilde{y}'^2}\,\mathcal{E}(x, y; p, q; \tilde{p}, \tilde{q}), \tag{123}$$

wodurch das zweite und dritte Argumentenpaar auf Richtungskosinus reduziert werden.

Wir können daher das oben gewonnene Resultat (119) so formulieren:

Die vierte notwendige Bedingung für ein (starkes) Minimum des Integrals J besteht darin, daß

$$\mathcal{E}(x, y; p, q; \tilde{p}, \tilde{q}) \geqq 0 \tag{IV}$$

für jeden Punkt (x, y) des Extremalenbogens $\mathfrak{E}_0$, wenn p, q die Richtungskosinus der positiven Tangente an $\mathfrak{E}_0$ im Punkt (x, y) und $\tilde{p}$, $\tilde{q}$ die Richtungskosinus irgend einer Richtung bezeichnen.

Wir werden diese Bedingung die *Weierstraß'sche Bedingung* nennen.

b) **Zusammenhang zwischen der $\mathcal{E}$-Funktion und der Funktion F_1:**

Werden die Winkel $\tilde{\theta}$ und θ durch (122) definiert, so haben wir nach (120a):

$$\begin{aligned} &\mathcal{E}(x, y; p, q; \tilde{p}, \tilde{q}) \\ &= \cos\tilde{\theta}\,[F_{x'}(x, y, \cos\tilde{\theta}, \sin\tilde{\theta}) - F_{x'}(x, y, \cos\theta, \sin\theta)] \\ &+ \sin\tilde{\theta}\,[F_{y'}(x, y, \cos\tilde{\theta}, \sin\tilde{\theta}) - F_{y'}(x, y, \cos\theta, \sin\theta)]. \end{aligned}$$

Nun ist aber

$$\begin{aligned} &F_{x'}(x, y, \cos\tilde{\theta}, \sin\tilde{\theta}) - F_{x'}(x, y, \cos\theta, \sin\theta) \\ &= \int_0^{\omega} \frac{d}{d\tau} F_{x'}(x, y, \cos(\theta+\tau), \sin(\theta+\tau))\,d\tau, \end{aligned}$$

wobei: $\omega = \tilde{\theta} - \theta$; und eine analoge Formel gilt für $F_{y'}$.

Führen wir die Differentiation nach τ aus und machen alsdann von den Formeln (12a) Gebrauch, so erhalten wir:

$$\left.\begin{aligned} &\mathcal{E}(x, y; p, q; \tilde{p}, \tilde{q}) \\ &= \int_0^{\omega} F_1(x, y, \cos(\theta+\tau), \sin(\theta+\tau)) \sin(\omega-\tau)\,d\tau \end{aligned}\right\}. \tag{124}$$

Die beiden Winkel θ und $\tilde{\theta}$ sind nur bis auf additive Vielfache von 2π bestimmt; man kann die letzteren stets so wählen, daß

$$-\pi < \omega \gtreqless \pi .$$

Da alsdann $\sin(\omega - \tau)$ zwischen den Integrationsgrenzen sein Zeichen nicht wechselt, so können wir den ersten Mittelwertsatz anwenden und erhalten die folgende *Relation*[1]) *zwischen der $\mathcal{E}$-Funktion und der Funktion F_1:*

$$\begin{aligned}&\mathcal{E}(x, y;\cos\theta, \sin\theta;\cos\tilde{\theta}, \sin\tilde{\theta})\\ &\quad= (1-\cos(\tilde{\theta}-\theta))\,F_1(x, y, \cos\theta^*, \sin\theta^*),\end{aligned} \tag{125}$$

wo θ^* einen Mittelwert zwischen θ und $\tilde{\theta}$ bedeutet.

Aus diesem Satz ergeben sich eine Anzahl wichtiger Folgerungen:

1. Lassen wir $\tilde{\theta}$ gegen θ konvergieren, so kommt

$$\underset{\tilde{\theta}=\theta}{L}\,\frac{\mathcal{E}(x, y: p, q: \tilde{p}, \tilde{q})}{1-\cos(\tilde{\theta}-\theta)} = F_1(x, y, p, q) \tag{126}$$

Daraus folgt, daß *die Bedingung (II) eine Folge der Bedingung (IV) ist.*

2. Die Bedingung (IV) ist ihrerseits in der stärkeren Bedingung:

$$F_1(x, y, \cos\gamma, \sin\gamma) \geqq 0 \tag{IIa}$$

für jeden Punkt (x, y) von $\mathfrak{E}_0$ und für jeden Wert des Winkels γ, enthalten.

3. Die $\mathcal{E}$-Funktion verschwindet stets, wenn $\tilde{\theta} = \theta$ („ordentliches Verschwinden" nach KNESER), und es ist dann stets auch

$$\frac{\partial \mathcal{E}}{\partial \tilde{\theta}}\Big|^{\tilde{\theta}=\theta} = 0 .$$

Für einen Wert $\tilde{\theta} \neq \theta$ kann die $\mathcal{E}$-Funktion nur dann verschwinden („außerordentliches Verschwinden"), wenn $F_1(x, y, \cos\gamma, \sin\gamma)$ für einen Wert $\gamma = \theta^*$ zwischen θ und $\tilde{\theta}$ verschwindet

4. Wenn in einem Punkt (x, y) die beiden Funktionen $F(x, y, \cos\gamma, \sin\gamma)$ und $F_1(x, y, \cos\gamma, \sin\gamma)$ für alle Werte von γ von Null verschieden sind, so müssen beide in diesem Punkt für alle Werte von γ dasselbe Zeichen haben..[2])

Dies folgt aus (125), wenn man für die $\mathcal{E}$-Funktion ihren Ausdruck (120) einsetzt und dem $\tilde{\theta}$ einen der beiden speziellen Werte gibt, für welche

$$F_{x'}(x, y, \cos\theta, \sin\theta)\cos\tilde{\theta} + F_{y'}(x, y, \cos\theta, \sin\theta)\sin\tilde{\theta} = 0 .$$

[1]) Satz und Beweis nach WEIERSTRASS, *Vorlesungen* (1882). Vgl. auch die analoge Formel beim x-Problem, § 18, Gleichung (28).

[2]) Von KNESER auf anderem Weg bewiesen, vgl *Lehrbuch*, p 53

Beispiel[1] *XVII:* Das Integral

$$J = \int_{t_1}^{t_2} \frac{y y'^3 \, dt}{x'^2 + y'^2}$$

zu einem Extremum zu machen.

Man findet für die $\mathcal{E}$-Funktion den Wert

$$\mathcal{E}(x, y: p, q; \tilde{p}, \tilde{q}) = \frac{y(p\tilde{q} - q\tilde{p})^2 \left[(p^2 - q^2)\tilde{q} + 2pq\tilde{p}\right]}{(p^2 + q^2)^2 (\tilde{p}^2 + \tilde{q}^2)}$$

$$= y \sin^2(\tilde{\theta} - \theta) \sin(2\theta + \tilde{\theta}).$$

Abgesehen von dem Ausnahmefall, wo die beiden Endpunkte auf der x-Achse liegen, kann man die $\mathcal{E}$-Funktion durch passende Wahl von $\tilde{\theta}$ sowohl negativ als positiv machen; es kann also kein (starkes) Extremum stattfinden In dem erwähnten Ausnahmefall ist $\mathfrak{C}_0$ das Stück der x-Achse zwischen den beiden gegebenen Punkten, und $\mathcal{E} \equiv 0$ entlang $\mathfrak{C}_0$ für jede Richtung $\tilde{\theta}$

Allgemeiner gilt der Satz[2], daß *ein (starkes) Extremum* — im allgemeinen — *nicht eintreten kann, wenn die Homogeneitatsbedingung (9) nicht nur fur positive, sondern auch für negative Werte von k erfullt ist,* was z. B. allemal eintritt, wenn F eine *rationale* Funktion von x', y' ist.

Denn in diesem Falle gilt (121) auch für negative Werte von $\tilde{k}$, so daß

$$\mathcal{E}(x, y; \cos\theta, \sin\theta; \cos(\tilde{\theta} + \pi), \sin(\tilde{\theta} + \pi)) = -\mathcal{E}(x, y; \cos\theta, \sin\theta; \cos\tilde{\theta}, \sin\tilde{\theta})$$

Die Bedingung (IV) kann also nur in der Weise erfüllt sein, daß

$$\mathcal{E}(x, y; p, q; \tilde{p}, \tilde{q}) \equiv 0$$

entlang $\mathfrak{C}_0$ für jede Richtung $\tilde{\theta}$ Es muß also auch

$$\frac{\partial \mathcal{E}}{\partial \tilde{\theta}} \equiv 0, \qquad \frac{\partial^2 \mathcal{E}}{\partial \tilde{\theta}^2} \equiv 0$$

sein. Nun findet man aber durch direkte Ausführung der Differentiation an dem Ausdruck (124) die Relation

$$\frac{\partial^2 \mathcal{E}}{\partial \tilde{\theta}^2} + \mathcal{E} = F_1(x, y, \cos\tilde{\theta}, \sin\tilde{\theta}). \tag{127}$$

Es müßte also auch

$$F_1(x, y, \cos\tilde{\theta}, \sin\tilde{\theta}) \equiv 0$$

sein entlang $\mathfrak{C}_0$ für jedes $\tilde{\theta}$. Dies ist aber nur für ganz spezielle Funktionen F und auch dann nur für singuläre Lösungen der Differentialgleichung (I) möglich

[1]) Auf dieses Integral führt Newton's Problem des Rotationskörpers von geringstem Widerstand, vgl. unten § 54, sowie Pascal, *Variationsrechnung,* p. 111; Kneser, *Lehrbuch,* §§ 11, 18, 26; der obige Ausdruck für $\mathcal{E}$ rührt von Weierstrass her, *Vorlesungen* (1882).

[2]) Weierstrass, *Vorlesungen* (1879). Für das x-Problem gilt der Satz nicht; denn von den beiden Richtungen $\tilde{\theta}$ und $\tilde{\theta} + \pi$ liefert dann immer nur eine eine zulässige Variation $P_1 P_4 P_3$, da ja jetzt $\tilde{x}' > 0$ sein muß; vgl. § 25, e)

c) Die Indikatrix:

Die Diskussion des Vorzeichens der Funktionen F_1 und $\mathcal{E}$ läßt sich nach CARATHEODORY[1] mit Hilfe der „Indikatrix" sehr anschaulich machen. Die *Indikatrix für einen Punkt* $x = x_0$, $y = y_0$ des Bereiches $\mathfrak{R}$ ist diejenige Kurve, welche in Polarkoordinaten ϱ, θ durch die Gleichung

$$\varrho = \frac{1}{F(x_0, y_0, \cos\theta, \sin\theta)} \tag{128}$$

definiert wird Dabei wird (wie auch sonst in der analytischen Geometrie), festgesetzt, daß für negative Werte von ϱ der Radius Vektor $|\varrho|$ vom Pol des Koordinatensystems aus in der der Richtung θ entgegengesetzten Richtung zu konstruieren ist. Der Pol des Koordinatensystems heißt der *„Grundpunkt"* der Indikatrix; wir bezeichnen ihn mit G.

In rechtwinkligen Koordinaten ξ, η wird die Indikatrix mit θ als Parameter dargestellt durch die Gleichungen

$$\xi = \frac{\cos\theta}{F(x_0, y_0, \cos\theta, \sin\theta)}, \qquad \eta = \frac{\sin\theta}{F(x_0, y_0, \cos\theta, \sin\theta)}, \tag{128a}$$

aus welchen durch Differentiation nach θ folgt

$$\xi' = -\frac{F_{y'}}{F^2}, \qquad \eta' = \frac{F_{x'}}{F^2}. \tag{128b}$$

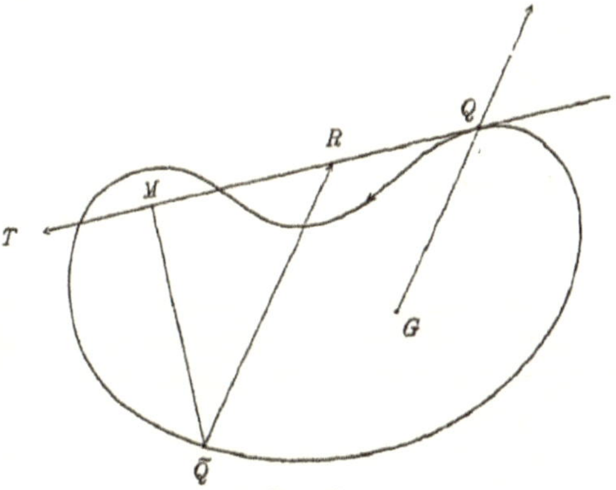

Fig. 35

Mit Hilfe von bekannten Sätzen der analytischen Geometrie beweist man dann leicht die folgenden Resultate:

1. Es seien Q und $\tilde{Q}$ die den beiden Parameterwerten θ und $\tilde{\theta}$ entsprechenden Punkte der Indicatrix Man ziehe den Radius Vektor GQ und konstruiere im Punkt Q die Tangente QT an die Indikatrix (siehe Fig 35). Zieht man dann durch den Punkt $\tilde{Q}$ eine Parallele zu GQ und ist R der Schnittpunkt derselben mit der Tangente QT so ist[2])

$$\frac{\tilde{Q}R}{GQ} = \frac{\mathcal{E}(x_0, y_0; \cos\theta, \sin\theta; \cos\tilde{\theta}, \sin\tilde{\theta})}{F(x_0, y_0, \cos\tilde{\theta}, \sin\tilde{\theta})} \tag{129}$$

[1]) C CARATHEODORY, *Über die diskontinuierlichen Lösungen in der Variationsrechnung*, Dissertation (Göttingen 1904), p. 69 und Mathematische Annalen, Bd. LXII (1906), p 456. CARATHEODORY beschränkt sich auf den „positiv definiten" Fall. Die Kurve ist zuerst von G. HAMEL in seiner Dissertation: *Über die Geometrieen, in denen die Geraden die Kürzesten sind* (Göttingen 1901), p. 52, betrachtet worden.

[2]) Nach brieflicher Mitteilung von Herrn CARATHEODORY

mit der Verabredung über das Vorzeichen, daß der Quotient $\tilde{Q}R/GQ$ positiv oder negativ zu nehmen ist, je nachdem die beiden Vektoren $\tilde{Q}R$ und GQ gleich oder entgegengesetzt gerichtet sind

Daher gilt die Regel: *Wenn*

$$F(x_0, y_0, \cos\tilde{\theta}, \sin\tilde{\theta}) > 0,$$

so ist

$$\mathcal{E}(x_0, y_0; \cos\theta, \sin\theta; \cos\tilde{\theta}, \sin\tilde{\theta}) > 0 \text{ oder } < 0,$$

je nachdem der Punkt $\tilde{Q}(\tilde{\theta})$ der Indikatrix auf derselben oder der entgegengesetzten Seite der Tangente an die Indikatrix im Punkt $Q(\theta)$ liegt, wie der Grundpunkt G.

Ist dagegen $F(x_0, y_0, \cos\tilde{\theta}, \sin\tilde{\theta}) < 0$, so sind in der Ungleichung für die $\mathcal{E}$-Funktion die Zeichen $>$ und $<$ zu vertauschen.

2. Aus der leicht zu beweisenden Formel

$$\xi'\eta'' - \xi''\eta' = \frac{F_1}{F^3},$$

in welcher die Akzente Differentiation nach θ andeuten, schließt man weiter:

Wenn

$$F(x_0, y_0, \cos\theta, \sin\theta) > 0,$$

so ist

$$F_1(x_0, y_0, \cos\theta, \sin\theta) > 0 \text{ oder } < 0,$$

jenachdem die Indikatrix im Punkt $Q(\theta)$ ihre konkave oder konvexe Seite dem Grundpunkt G zukehrt

Ist dagegen

$$F(x_0, y_0, \cos\theta, \sin\theta) < 0,$$

so sind in der Ungleichung für F_1 die Zeichen $>$ und $<$ zu vertauschen

Hiernach lassen sich die unter b) aus der Relation (125) gezogenen Folgerungen unmittelbar an der Indikatrix ablesen; ebenso der ebendort bewiesene Satz von Weierstraß. Weitere Anwendungen der Indikatrix folgen in §§ 36, a) und 48, c)

Beispiel XVI: Geodätische Linien (Siehe pp. 209, 228, 240) Hier lautet die Gleichung der Indikatrix in rechtwinkligen Koordinaten

$$\mathsf{E}\xi^2 + 2\mathsf{F}\xi\eta + \mathsf{G}\eta^2 = 1.$$

Wegen (35) ist die Indikatrix also eine Ellipse, deren Mittelpunkt mit dem Grundpunkt G zusammenfällt. Hieraus schließt man sofort. daß $F_1 > 0$ für jedes θ.

Beispiel XVII. (Siehe p. 246)

$$F = \frac{yy'^3}{x'^2 + y'^2}, \qquad y > 0.$$

Die Gleichung der Indikatrix in Polarkoordinaten lautet

$$\varrho = \frac{1}{y\sin^3\theta}.$$

Hier ist:

$$\varrho(\theta + \pi) = -\varrho(\theta).$$

Daraus folgt, daß die Indikatrix aus zwei zusammenfallenden Zweigen besteht, von denen der eine den Werten von θ von 0 bis π ($\varrho > 0$), der andere denen von π bis 2π ($\varrho < 0$) entspricht

Den Werten

$$\theta = \pm \frac{\pi}{3}, \qquad \pm \frac{2\pi}{3}$$

entsprechen Wendepunkte der Indikatrix. In diesen Punkten wechselt die Funktion

$$F_1(x, y, \cos\theta, \sin\theta) = 2y \sin\theta \,(3 - 4\sin^2\theta)$$

ihr Vorzeichen Das Vorzeichen von F_1 ist in den verschiedenen Sektoren von Fig. 36 eingetragen.

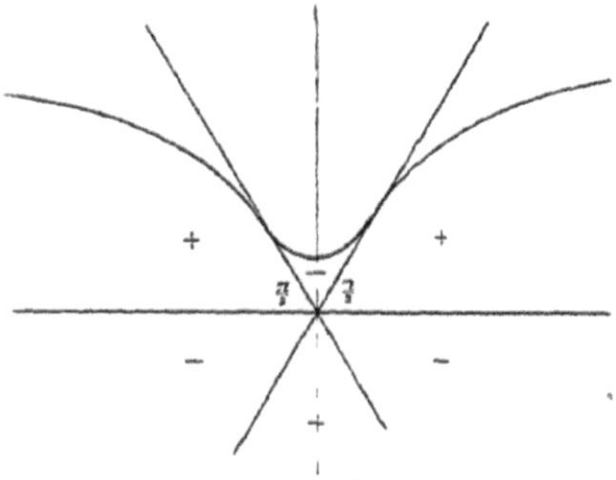

Fig 36

Aus dem Zusammenfallen der beiden Zweige folgt sofort geometrisch, daß die beiden Funktionen

$$\mathfrak{E}(x, y; \cos\theta, \sin\theta; \cos\tilde{\theta}, \sin\tilde{\theta}) \quad \text{und} \quad \mathfrak{E}(x, y; \cos\theta, \sin\theta; \cos(\tilde{\theta} + \pi), \sin(\tilde{\theta} + \pi)),$$

stets entgegengesetztes Vorzeichen haben [1])

§ 31. Das Feld und das Feldintegral.

Indem wir uns jetzt zur Aufstellung hinreichender Bedingungen wenden, haben wir zunächst wieder den Begriff eines Feldes [2]) von Extremalen einzuführen.

a) Der Satz von der Existenz eines Feldes.

Die Gleichungen

$$x = \varphi(t, a), \qquad y = \psi(t, a) \tag{130}$$

mögen eine beliebige Schar von Extremalen darstellen, welche unsern speziellen Extremalenbogen $\mathfrak{E}_0$ enthält (für $a = a_0$), und welche die in § 27, d) unter A), B) und C) aufgezählten Eigenschaften besitzt

---

[1]) Hiezu die *Übungsaufgabe* Nr. 8 am Ende dieses Kapitels.

[2]) Vgl. die analogen Entwicklungen für das x-Problem in § 16. Die dort gegebene Definition des Feldes ist nur darin zu modifizieren, daß jetzt die das Feld bildenden Extremalenbogen in Parameterdarstellung gegeben sind, und ausdrücklich vorausgesetzt wird, daß dieselben keine mehrfachen Punkte besitzen.

Wir setzen überdies voraus, daß der Bogen $\mathfrak{E}_0$ *keine mehrfachen Punkte*[1]) besitzt und daß *die Funktionaldeterminante*

$$\Delta(t, a) = \frac{\partial(\varphi, \psi)}{\partial(t, a)}$$

entlang dem Bogen $\mathfrak{E}_0$ von Null verschieden ist, d. h. also

$$\Delta(t, a_0) \neq 0 \quad \text{für} \quad t_1 \leqq t \leqq t_2. \tag{131}$$

Alsdann lassen sich nach § 22, d) und § 21, b) zwei positive Größen h, k

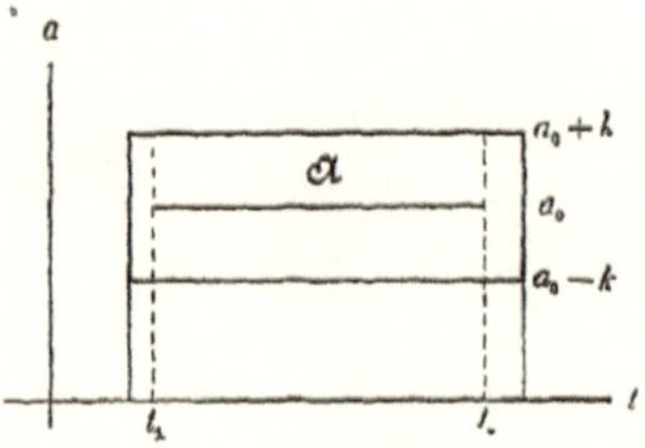

Fig. 37

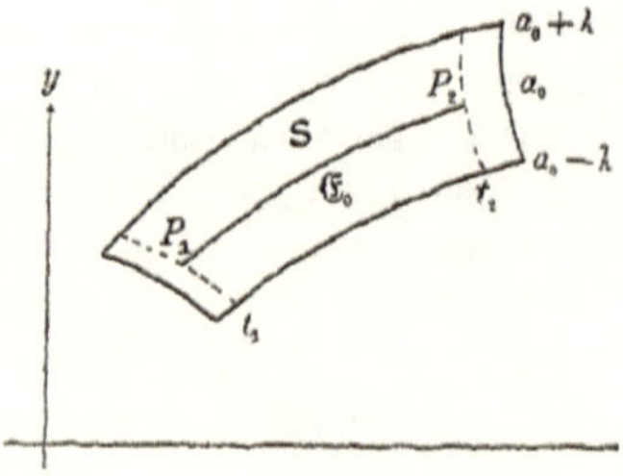

Fig. 38.

$$h < t_1 - T_1, \qquad h < T_2 - t_2, \qquad k < d, \tag{132}$$

so klein wählen,[2]) daß die Gleichungen (130) eine ein-eindeutige Beziehung zwischen dem Rechteck[3])

---

[1]) Man kann diese Bedingung fallen lassen, wenn man mehrblättrige Felder nach Art einer Riemann'schen Fläche einführt. Der Beweis ergibt sich leicht aus dem folgenden Hilfssatz: *Jede Kurve der Klasse C'*

$$x = x(t), \qquad y = y(t), \qquad t_1 \leqq t \leqq t_2$$

läßt sich in eine endliche Anzahl von Bogen ohne mehrfache Punkte zerlegen.

Mit Hilfe des Mittelwertsatzes und der Stetigkeitssätze zeigt man nämlich, daß man stets eine positive Größe l bestimmen kann, so daß

$$(x(t') - x(t''))^2 + (y(t') - y(t''))^2 \neq 0$$

für je zwei Werte t', t'' des Intervalls $[t_1 t_2]$, für welche $|t' - t''| < l$.

[2]) Wegen der Definition der Größen T_1, T_2, siehe § 27, d) unter B).

[3]) Für manche Anwendungen ist es nötig, das Rechteck etwas allgemeiner in der Form

$$t_1 - h_1 \leqq t \leqq t_2 + h_2, \qquad a_0 - k_1 \leqq a \leqq a_0 + k_2$$

anzunehmen.

$$\mathfrak{A}: \qquad t_1 - h \gtreqless t \gtreqless t_2 + h, \qquad |a - a_0| \gtreqless k$$

in der t, a-Ebene und dessen Bild $\mathcal{S}$ in der x, y-Ebene definieren, und daß gleichzeitig

$$\Delta(t, a) \neq 0 \tag{133}$$

im ganzen Bereich $\mathfrak{A}$.

Wir nennen dann wieder den Bereich $\mathcal{S}$ *ein den Bogen $\mathfrak{E}_0$ umgebendes Feld*, gebildet von den Extremalen der Schar (130). Nach § 22, c) und d) liegt der Bogen $\mathfrak{E}_0$ ganz im Innern von $\mathcal{S}$, so daß also der Bereich $\mathcal{S}$ im Sinn von § 25, d) eine „Umgebung" des Bogens $\mathfrak{E}_0$ bildet.[1])

Ferner sind im Bereich $\mathfrak{A}$ die Ungleichungen (77) erfüllt und das Feld $\mathcal{S}$ liegt ganz im Innern des Bereiches $\mathfrak{R}$, da wegen (132) das Rechteck $\mathfrak{A}$ ganz im Bereich (76) enthalten ist.

Wo es nötig wird, die die Ausdehnung des Feldes bestimmenden Größen h, k in die Bezeichnung aufzunehmen, schreiben wir $\mathfrak{A}_{h,k}$ und $\mathcal{S}_{h,k}$ für $\mathfrak{A}$ und $\mathcal{S}$.

Durch die ein-eindeutige Beziehung (130) zwischen den beiden Bereichen $\mathfrak{A}$ und $\mathcal{S}$ werden t und a für den ganzen Bereich $\mathcal{S}$ als eindeutige Funktionen von x und y definiert. Wir bezeichnen dieselben mit

$$t = \mathfrak{t}(x, y), \qquad a = \mathfrak{a}(x, y),$$

so daß also, identisch in $\mathcal{S}$,

$$\varphi(\mathfrak{t}, \mathfrak{a}) \equiv x, \qquad \psi(\mathfrak{t}, \mathfrak{a}) \equiv y, \tag{134}$$

und umgekehrt

$$\mathfrak{t}(\varphi, \psi) \equiv t, \qquad \mathfrak{a}(\varphi, \psi) \equiv a, \tag{134a}$$

identisch in $\mathfrak{A}$.

Es gelten dann in $\mathcal{S}$ die Ungleichungen:

$$t_1 - h \gtreqless \mathfrak{t}(x, y) \gtreqless t_2 + h, \qquad |\mathfrak{a}(x, y) - a_0| \gtreqless k. \tag{135}$$

Die inversen Funktionen $\mathfrak{t}(x, y)$, $\mathfrak{a}(x, y)$ sind nach § 22, d) im Bereich $\mathcal{S}$ (mindestens) von der Klasse C'. Ihre partiellen Ableitungen ergeben sich aus den Gleichungen

$$\begin{aligned} 1 &= (\varphi_t)\frac{\partial \mathfrak{t}}{\partial x} + (\varphi_a)\frac{\partial \mathfrak{a}}{\partial x}, \qquad 0 = (\varphi_t)\frac{\partial \mathfrak{t}}{\partial y} + (\varphi_a)\frac{\partial \mathfrak{a}}{\partial y}, \\ 0 &= (\psi_t)\frac{\partial \mathfrak{t}}{\partial x} + (\psi_a)\frac{\partial \mathfrak{a}}{\partial x}, \qquad 1 = (\psi_t)\frac{\partial \mathfrak{t}}{\partial y} + (\psi_a)\frac{\partial \mathfrak{a}}{\partial y}, \end{aligned} \tag{136}$$

---

[1]) Man kann auch hier, ebenso wie in § 16, a), den Satz von Schönfliess (A VII 2) anwenden, mit demselben Resultat wie dort.

wobei die Klammern andeuten, daß die Argumente von φ_t, φ_a usw. die Funktionen t, a sind.

Durch jeden Punkt $P(x, y)$ des Feldes geht eine und nur eine Extremale $\mathfrak{E}_a$ der Schar (130), für welche der Parameter a der Bedingung $|a - a_0| \lesseqgtr k$ genügt, während gleichzeitig der den Punkt P liefernde Wert von t der Ungleichung $t_1 - h \lesseqgtr t \lesseqgtr t_2 + h$ genügt. Diese Extremale $\mathfrak{E}_a$ hat im Punkt P eine ganz bestimmte positive Tangente; die Richtungskosinus p, q derselben sind daher im Bereich $\mathcal{S}$ eindeutig definierte Funktionen von x und y, die wir mit $p(x, y)$, $q(x, y)$ bezeichnen. Ihre expliziten Ausdrücke sind nach (4)

$$p(x, y) = \frac{(\varphi_t)}{\sqrt{(\varphi_t)^2 + (\psi_t)^2}}, \qquad q(x, y) = \frac{(\psi_t)}{\sqrt{(\varphi_t)^2 + (\psi_t)^2}}. \tag{137}$$

Nach den über φ und ψ gemachten Voraussetzungen sind die Funktionen $p(x, y)$, $q(x, y)$ im Bereich $\mathcal{S}$ von der Klasse C'.

b) **Definition des Feldintegrals:**

Wir nehmen jetzt auf der Fortsetzung des Bogens $\mathfrak{E}_0$ über P_1 hinaus einen Punkt $P_0(t = t_0)$ an, derart daß

$$T_1 < t_0 < t_1 - h$$

und ziehen durch P_0 eine Kurve $\mathfrak{K}_0$, die wir uns folgendermaßen herstellen:

Es sei $\chi_0(a)$ eine im Intervall $[a_0 - k, a_0 + k]$ eindeutig definierte Funktion von a von der Klasse C', welche der Anfangsbedingung

$$\chi_0(a_0) = t_0 \tag{138}$$

genügt. Durch Verkleinerung von k können wir dann stets erreichen, daß

$$T_1 < \chi_0(a) < t_1 - h \tag{139}$$

im ganzen Intervall $[a_0 - k, a_0 + k]$.

Setzen wir dann

$$\varphi(\chi_0(a), a) = \tilde{x}_0(a), \qquad \psi(\chi_0(a), a) = \tilde{y}_0(a), \tag{140}$$

so sind die Funktionen $\tilde{x}_0(a)$, $\tilde{y}_0(a)$ von der Klasse C' in $[a_0 - k, a_0 + k]$, und die Gleichungen

$$\mathfrak{K}_0: \qquad x = \tilde{x}_0(a), \qquad y = \tilde{y}_0(a)$$

definieren eine Kurve, welche durch den Punkt P_0 geht.

Die Kurve $\mathfrak{K}_0$ kann auch in einen Punkt ausarten, wenn es sich nämlich trifft, daß die durch die Gleichungen (140) definierten Funktionen $\tilde{x}_0(a), \tilde{y}_0(a)$ sich auf Konstante reduzieren, die dann mit den Koordinaten des Punktes P_0,

$$x_0 = \tilde{x}_0(a_0), \qquad y_0 = \tilde{y}_0(a_0)$$

identisch sein müssen. Natürlich kann dies nur dann eintreten, wenn alle Extremalen der Schar (130) durch den Punkt P_0 gehen; in diesem Fall ist die Funktion $\chi_0(a)$ mit der in § 27, d) unter E) ebenso bezeichneten Funktion identisch.

Jetzt sei $P_3(x_3, y_3)$ irgend ein Punkt des Feldes $\mathfrak{F}$; durch ihn geht eine und nur eine Extremale des Feldes

$$\mathfrak{E}_3: \quad x = \varphi(t, a_3), \quad y = \psi(t, a_3),$$

wo

$$a_3 = \mathfrak{a}(x_3, y_3).$$

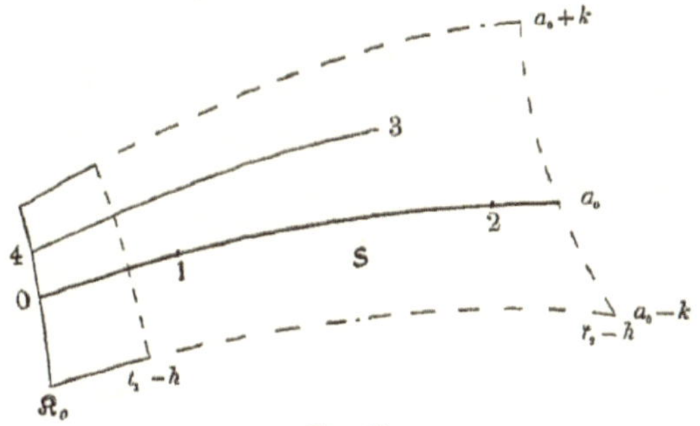

Fig 39

Dem Punkt P_3 möge auf $\mathfrak{E}_3$ der Wert $t = t_3$ entsprechen. Aus (140) folgt, daß die Extremale $\mathfrak{E}_3$ die Kurve $\mathfrak{K}_0$ in demjenigen Punkt P_4 schneidet, der auf der Kurve $\mathfrak{E}_3$ durch den Wert $t = \chi_0(a_3)$, auf der Kurve $\mathfrak{K}_0$ durch den Wert $a = a_3$ geliefert wird. Da $t_3 \gtreqless t_1 - h$, so ist nach (139)

$$t_3 > \chi_0(a_3).$$

Wir betrachten jetzt unser Integral

$$J = \int F(x, y, x', y')\, dt$$

genommen entlang der Extremalen $\mathfrak{E}_3$ vom Punkt P_4 bis zum Punkt P_3. Schreiben wir zur Abkürzung

$$\chi_0(a_3) = t^0,$$

und machen von der Abkürzung (83) Gebrauch, so ist der Wert des Integrals[1])

---

[1]) Dies ist nur richtig, weil $t_3 > t^0$. Wäre $t^0 > t_3$, so müßte man zuerst auf dem Bogen $P_4 P_3$ eine den Sinn umkehrende Transformation $t = -\tau$ ausführen, vgl. § 25, b).

$$J_{\mathfrak{E}_1}(P_4 P_3) = \int_{t^0}^{t_3} \mathfrak{F}(t, a_3)\, dt \equiv u(t_3, a_3). \tag{141}$$

Derselbe ist zunächst als Funktion von t_3, a_3 gegeben; da er jedoch durch die Lage des Punktes P_3 eindeutig bestimmt ist, so ist er zugleich eine im Felde $\mathcal{S}$ eindeutig definierte Funktion von x_3, y_3, die wir mit $W(x_3, y_3)$ bezeichnen und *das zum Feld $\mathcal{S}$ gehörige Feldintegral, gerechnet von der Kurve $\mathfrak{K}_0$ aus,* nennen.

Das Feldintegral ist also explizite gegeben durch die Gleichung

$$W(x_3, y_3) = u\,(\mathfrak{t}(x_3, y_3), \mathfrak{a}(x_3, y_3)). \tag{142}$$

c) **Die partiellen Ableitungen des Feldintegrals:**[1])

Es sollen nunmehr die partiellen Ableitungen der Funktion $W(x_3, y_3)$ nach x_3, y_3 berechnet werden; dabei lassen wir jedoch der einfacheren Schreibweise wegen den Index 3 bei den Größen x_3, y_3, t_3, a_3 weg

Aus (142) folgt zunächst

$$\frac{\partial W}{\partial x} = \left(\frac{\partial u}{\partial t}\right)\frac{\partial \mathfrak{t}}{\partial x} + \left(\frac{\partial u}{\partial a}\right)\frac{\partial \mathfrak{a}}{\partial x}, \qquad \frac{\partial W}{\partial y} = \left(\frac{\partial u}{\partial t}\right)\frac{\partial \mathfrak{t}}{\partial y} + \left(\frac{\partial u}{\partial a}\right)\frac{\partial \mathfrak{a}}{\partial y}, \tag{143}$$

wobei wir wieder durch Einklammern andeuten, daß nach der Differentiation t, a durch $\mathfrak{t}(x, y)$, $\mathfrak{a}(x, y)$ zu ersetzen sind.

Weiter ergibt sich aus (141) nach den Regeln für die Differentiation eines bestimmten Integrals nach den Grenzen und nach einem Parameter

$$\frac{\partial u}{\partial t} = \mathfrak{F}(t, a), \tag{144}$$

$$\frac{\partial u}{\partial a} = \int_{t^0}^{t} [\mathfrak{F}_x \varphi_a + \mathfrak{F}_y \psi_a + \mathfrak{F}_{x'} \varphi_{ta} + \mathfrak{F}_{y'} \psi_{ta}]\, dt - \mathfrak{F}(t^0, a)\frac{dt^0}{da},$$

wobei durchweg von der Abkürzung (83) und (83a) Gebrauch gemacht ist.

Beachtet man jetzt, daß

$$\varphi_{ta} = \varphi_{at}, \qquad \psi_{ta} = \psi_{at},$$

und wendet auf das dritte und vierte Glied unter dem Integral die Lagrange'sche partielle Integration an, so kommt

---

[1]) Nach Kneser, *Lehrbuch*, §§ 14, 15, 20

$$\frac{\partial u}{\partial a} = (\mathfrak{F}_{x'}\varphi_a + \mathfrak{F}_{y'}\psi_a)^{t} - \left(\mathfrak{F}_{x'}\varphi_a + \mathfrak{F}_{y'}\psi_a + \mathfrak{F}\frac{dt}{da}\right)^{t=t^0}$$
$$+\int_{t^0}^{t}\left[\left(\mathfrak{F}_x - \frac{d}{dt}\mathfrak{F}_{x'}\right)\varphi_a + \left(\mathfrak{F}_y - \frac{d}{dt}\mathfrak{F}_{y'}\right)\psi_a\right]dt.$$

Nun ist aber

$$\mathfrak{F}_x - \frac{d}{dt}\mathfrak{F}_{x'} = 0, \qquad \mathfrak{F}_y - \frac{d}{dt}\mathfrak{F}_{y'} = 0,$$

da die Kurve $\mathfrak{E}_3$ eine Extremale ist Wenn man noch beachtet, daß wegen (10)

$$\mathfrak{F}(t, a) = \varphi_t(t, a)\,\mathfrak{F}_{x'}(t, a) + \psi_t(t, a)\,\mathfrak{F}_{y'}(t, a),$$

so erhält man

$$\frac{\partial u}{\partial a} = \mathfrak{F}_{x'}(t, a)\,\varphi_a(t, a) + \mathfrak{F}_{y'}(t, a)\,\psi_a(t, a) \tag{145}$$
$$-\left[\mathfrak{F}_{x'}(t^0, a)\left(\varphi_a(t^0,a) + \varphi_t(t^0,a)\frac{dt^0}{da}\right) + \mathfrak{F}_{y'}(t^0, a)\left(\psi_a(t^0,a) + \psi_t(t^0,a)\frac{dt^0}{da}\right)\right].$$

Wir führen die Rechnung zunächst für den schon oben erwähnten speziellen Fall weiter, wo die Extremalen der Schar (130) alle durch den Punkt P_0 gehen und die Kurve $\mathfrak{K}_0$ auf den Punkt P_0 zusammenschrumpft. Das Feldintegral ist dann einfach das Integral J vom Punkt P_0 nach dem Punkt P_3 entlang der Extremalen $\mathfrak{E}_3$. In diesem Fall gelten für die Schar (130) die Gleichungen (81), und daher reduziert sich der Ausdruck für $\partial u/\partial a$ auf:

$$\frac{\partial u}{\partial a} = \mathfrak{F}_{x'}(t, a)\,\varphi_a(t, a) + \mathfrak{F}_{y'}(t, a)\,\psi_a(t, a). \tag{146}$$

Allgemeiner tritt dieselbe Vereinfachung allemal dann (und nur dann) ein, wenn die Funktion $t^0 = \chi_0(a)$ der Differentialgleichung

$$\mathfrak{F}_{x'}(t^0, a)\left(\varphi_a(t^0,a) + \varphi_t(t^0,a)\frac{dt^0}{da}\right)$$
$$+ \mathfrak{F}_{y'}(t^0, a)\left(\psi_a(t^0,a) + \psi_t(t^0,a)\frac{dt^0}{da}\right) = 0 \tag{147}$$

genügt. Da nach (140)

$$\varphi_a(t^0, a) + \varphi_t(t^0, a)\frac{dt^0}{da} = \tilde{x}_0{}'(a), \qquad \psi_a(t^0, a) + \psi_t(t^0, a)\frac{dt^0}{da} = \tilde{y}'_0(a),$$

so läßt sich die Bedingung (147) auch schreiben

$$\mathfrak{F}_{x'}(t^0, a)\,\tilde{x}_0{}'(a) + \mathfrak{F}_{y'}(t^0, a)\,\tilde{y}_0{}'(a) = 0, \tag{147a}$$

oder auch in etwas anderer Bezeichnungsweise

$$F_{x'}(x, y, x', y')\,\tilde{x}_0' + F_{y'}(x, y, x', y')\,\tilde{y}_0'{}^{4} = 0 \tag{147b}$$

Die Bedingung (147b) drückt aber, wie wir bei der Behandlung des Problems mit variabeln Endpunkten sehen werden, für den Fall der Parameterdarstellung aus, daß die Extremale $\mathfrak{E}_3$ im Punkt P_4 von der Kurve $\mathfrak{K}_0$ *transversal*[1]) geschnitten wird; ist diese Bedingung also für jeden Punkt der Kurve $\mathfrak{K}_0$ erfüllt, was eben durch das Bestehen der Differentialgleichung (147) ausgedrückt wird, so ist die Kurve $\mathfrak{K}_0$, in der schon früher benutzten Terminologie,[2]) eine *Transversale der Extremalenschar* (130).

In dem speziellen Fall einer Extremalenschar durch einen festen Punkt P_0 kann der Punkt P_0 als eine degenerierte Transversale betrachtet werden, da alsdann die Bedingung (147a) stets erfüllt ist.

In den Ausdrücken (144) und (146) für $\partial u/\partial t$, $\partial u/\partial a$ hat man nun schließlich $\mathfrak{t}, \mathfrak{a}$ statt t, a einzusetzen und die erhaltenen Werte in (143) einzuführen. Macht man dabei von den Gleichungen (136) Gebrauch, so erhält man

$$\frac{\partial W}{\partial x} = \mathfrak{F}_{x'}(\mathfrak{t}, \mathfrak{a}), \qquad \frac{\partial W}{\partial y} = \mathfrak{F}_{y'}(\mathfrak{t}, \mathfrak{a}).$$

Erinnert man sich jetzt der Identitäten (134), führt die durch (137) definierten Richtungskosinus p, q ein und benutzt die Homogeneitätseigenschaft (13) der Funktionen $F_{x'}, F_{y'}$, so erhält man den Fundamentalsatz:[3])

Wird das Feldintegral $W(x, y)$ von einer Transversalen der das Feld bildenden Extremalenschar aus gerechnet, so haben die partiellen Ableitungen desselben folgende einfache Werte:

$$\frac{\partial W}{\partial x} = F_{x'}(x, y, p, q), \qquad \frac{\partial W}{\partial y} = F_{y'}(x, y, p, q), \tag{148}$$

wobei $p = p(x, y)$, $q = q(x, y)$ die Richtungskosinus der positiven Tangente der durch den Punkt (x, y) gehenden Feldextremalen im Punkt (x, y) bezeichnen.

Wir werden die Formeln (148) die „*Hamilton'schen Formeln*" nennen, da sie in allgemeineren[4]) zuerst von HAMILTON entdeckten Formeln enthalten sind.

Es wirft sich hier die Frage auf, ob man durch den Punkt P_0 stets eine Transversale der Schar (130) ziehen kann, d. h. ob die

[1]) Vgl. § 7, b) und § 36, a). [2]) Vgl. § 20, a).

[3]) In dieser Form zuerst von KNESER gegeben, *Lehrbuch*, pp. 47, 69 Die Formeln entsprechen beim x-Problem den zuerst von BELTRAMI gegebenen Formeln (41) des dritten Kapitels.

[4]) Vgl. § 37, b).

Differentialgleichung (147) stets ein Integral: $t^0 = \chi_0(a)$ der Klasse C' besitzt, welches der Anfangsbedingung (138) genügt. Schreibt man die Differentialgleichung (147) in der nach (10) damit äquivalenten Form

$$\mathfrak{F}(t^0, a)\frac{dt^0}{da} + \mathfrak{F}_{x'}(t^0, a)\varphi_a(t^0, a) + \mathfrak{F}_{y'}(t^0, a)\psi_a(t^0, a) = 0,$$

so erkennt man auf Grund des Cauchy'schen Existenztheorems, daß ein solches Integral stets existiert, wofern

$$\mathfrak{F}(t_0, a_0) \neq 0. \tag{149}$$

Wenn die Kurve $\mathfrak{K}_0$ keine Transversale ist, so fallen die Formeln für die partiellen Ableitungen von $W(x, y)$ etwas komplizierter aus, da jetzt in Gleichung (145) das auf $t = t^0$ bezügliche Glied nicht verschwindet. Dasselbe ist eine eindeutige Funktion von a; das unbestimmte Integral[1]) derselben bezeichnen wir mit $\zeta(a)$, so daß also

$$\zeta'(a) = \mathfrak{F}\frac{dt}{da} + \mathfrak{F}_{x'}\varphi_a + \mathfrak{F}_{y'}\psi_a \Big|^{t=t^0}.$$

Dann hat man in den beiden Formeln (148) rechts noch das Zusatzglied

$$-\zeta'(\alpha)\frac{\partial \alpha}{\partial x}, \quad \text{resp.} \quad -\zeta'(\alpha)\frac{\partial \alpha}{\partial y}$$

hinzuzufügen. Setzt man daher

$$\zeta(\alpha) = \omega(x, y),$$

so lauten die Formeln für *die partiellen Ableitungen des Feldintegrals, gerechnet von einer beliebigen Kurve* $\mathfrak{K}_0$ *aus*,

$$\left.\begin{aligned} \frac{\partial W(x, y)}{\partial x} &= F_{x'}(x, y, p, q) - \frac{\partial \omega(x, y)}{\partial x}, \\ \frac{\partial W(x, y)}{\partial y} &= F_{y'}(x, y, p, q) - \frac{\partial \omega(x, y)}{\partial y}; \end{aligned}\right\} \tag{148a}$$

die Funktion $\omega(x, y)$ ist im Feld eindeutig definiert und von der Klasse C'.

Aus den Formeln (148), resp. (148a), ergibt sich unmittelbar das *Hilbert'sche invariante Integral*[2]) *für den Fall der Parameterdarstellung:* Zieht man nämlich zwischen zwei beliebigen Punkten P_3, P_4 des

---

[1]) Vgl. dazu Kneser, *Lehrbuch*, § 20.

[2]) Vgl. § 17, a). Einen direkten Beweis des Unabhängigkeitssatzes für den Fall der Parameterdarstellung, der sich mehr an den Gedankengang von Hilbert's ursprünglichem Beweis anschließt, gibt Bliss, Transactions of the American Mathematical Society, Bd. V (1904), p. 121.

Feldes irgend eine ganz in $\mathcal{S}$ verlaufende Kurve $\mathfrak{C}$, so ist der Wert des Linienintegrals

$$J_{\mathfrak{C}}^{*} = \int\limits_{\mathfrak{C}} [F_{x'}(x, y, p, q)\,dx + F_{y'}(x, y, p, q)\,dy], \tag{150}$$

genommen entlang der Kurve $\mathfrak{C}$, vom Integrationsweg unabhängig und nur von der Lage der beiden Endpunkte abhängig, wofern die Größen p, q dieselbe Bedeutung haben wie in den Formeln (148) und (148a). Denn aus letzteren folgt, daß

$$J_{\mathfrak{C}}^{*} = \int\limits_{\mathfrak{C}} d\,W(x, y) = W(x_4, y_4) - W(x_3, y_3), \tag{151}$$

falls das Feldintegral von einer Transversalen aus gerechnet wird, und

$$J_{\mathfrak{C}}^{*} = W(x_4, y_4) + \omega(x_4, y_4) - W(x_3, y_3) - \omega(x_3, y_3)$$

für den Fall einer beliebigen Kurve $\mathfrak{K}_0$.

Aus (148a) folgt weiter, daß *die Funktionen* $p(x, y)$, $q(x, y)$ *der partiellen Differentialgleichung*

$$\frac{\partial}{\partial y} F_{x'}(x, y, p, q) = \frac{\partial}{\partial x} F_{y'}(x, y, p, q) \tag{152}$$

genügen, entsprechend der partiellen Differentialgleichung (19) von § 17.

Endlich schließt man[1]) aus (148) und (147a):

Wird das Feldintegral $W(x, y)$ *von einer Transversalen aus gerechnet, so ist*

$$W(x, y) = \text{konst.}$$

entlang jeder Transversalen der Extremalenschar (130).

Ist nämlich[2])

$$x = \varphi(\chi(a), a) \equiv \tilde{x}(a), \qquad y = \psi(\chi(a), a) \equiv \tilde{y}(a)$$

eine beliebige Transversale des Feldes, so daß also, identisch in a,

$$\tilde{x}'(a)\mathfrak{F}_{x'}(t, a) + \tilde{y}'(a)\mathfrak{F}_{y'}(t, a)\Big|^{t=\chi(a)} = 0,$$

so folgt aus (148), daß

$$\frac{d}{da} W(\tilde{x}(a), \tilde{y}(a)) = 0.$$

---

[1]) Vgl. § 20, a) und § 44, b)

[2]) Vgl. das oben über die Kurve $\mathfrak{K}_0$ gesagte, insbesondere die Gleichung (147a).

Unter derselben Voraussetzung erhält man die partielle Differentialgleichung[1]) für die Funktion $W(x, y)$ durch Elimination von p, q aus den beiden Gleichungen (148) und der Gleichung:

$$p^2 + q^2 = 1 .$$

§ 32. Der Weierstraß'sche Fundamentalsatz und die hinreichenden Bedingungen.

Wir sind jetzt in der Lage, den Weierstraß'schen Fundamentalsatz[2]) über die Darstellung der totalen Variation ΔJ durch die $\mathfrak{E}$-Funktion auch für den Fall der Parameterdarstellung zu beweisen und daraus hinreichende Bedingungen für ein Extremum abzuleiten.

a) Die **Weierstraß'sche Konstruktion**:

Wir wollen uns hier zum Beweis des Weierstraß'schen Satzes der sogenannten „Weierstraß'schen Konstruktion"[3]) bedienen. Zu diesem Zweck ziehen wir — unter Festhaltung der Voraussetzungen und Bezeichnungen des vorigen Paragraphen — vom Punkt P_1 nach dem Punkt P_2 irgend eine Kurve der Klasse C':

$$\overline{\mathfrak{C}}: \quad x = \overline{x}(s), \quad y = \overline{y}(s), \qquad s_1 \gtreqless s \gtreqless s_2$$

welche ganz im Feld $\mathcal{S}$ gelegen ist. Dabei nehmen wir der Einfachheit halber die Bogenlänge s, gemessen von einem festen Punkt der Kurve $\overline{\mathfrak{C}}$ als Parameter.

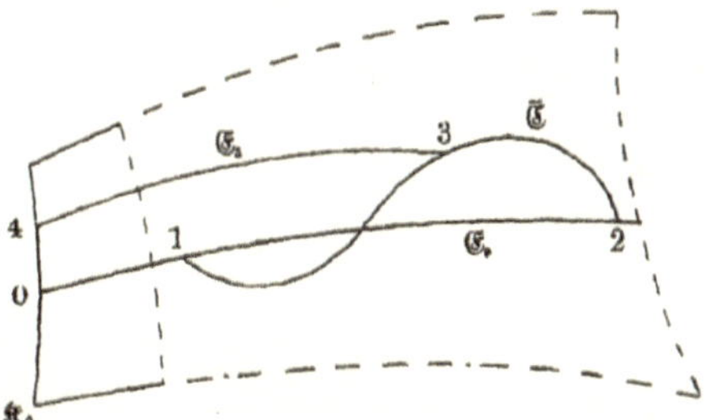

Fig 40

Durch einen beliebigen Punkt $P_3(x_3, y_3)$ von $\overline{\mathfrak{C}}$ geht dann eine und nur eine Extremale $\mathfrak{E}_3$ des Feldes; dieselbe schneide die Kurve $\mathfrak{K}_0$ im Punkt P_4 (vgl. § 31, b)).

---

[1]) Vgl. § 20, b). [2]) Vgl § 17, c).

[3]) Weierstrass selbst hat die nach ihm benannte Konstruktion zuerst 1879 gegeben, und zwar für die Extremalenschar durch den Punkt P_1. Dabei ergeben sich jedoch gewisse Schwierigkeiten, da man es mit einem „uneigentlichen" Feld zu tun hat (vgl p. 104, Fußnote [1]) und § 33, a). Um dieselben zu vermeiden, hat Zermelo (*Dissertation*, pp. 87, 88) statt dessen die Extremalenschar durch einen jenseits von P_1 gelegenen Punkt P_0 eingeführt. Die im Text gegebene Verallgemeinerung auf ein beliebiges Feld rührt von Kneser her (*Lehrbuch*, §§ 14, 17)

Wir betrachten nunmehr das Integral J, genommen vom Punkt P_4 entlang der Extremalen $\mathfrak{E}_3$ bis zum Punkt P_3 und vom Punkt P_3 entlang der Kurve $\overline{\mathfrak{C}}$ bis zum Punkt P_2. Der Wert dieses Integrals ist eine eindeutige Funktion des Parameters[1]) s des Punktes P_3 auf der Kurve $\overline{\mathfrak{C}}$, die wir mit $S(s)$ bezeichnen, so daß also in der schon mehrfach benutzten Bezeichnungsweise

$$S(s) = J_{43} + \bar{J}_{32}, \tag{153}$$

wobei durch Überstreichen wieder Integration entlang der Kurve $\overline{\mathfrak{C}}$ angedeutet wird

Wir lassen jetzt den Punkt P_3 die Kurve $\overline{\mathfrak{C}}$ von P_1 bis P_2 durchlaufen. Fällt P_3 mit P_1 zusammen, so fällt $\mathfrak{E}_3$ mit dem Bogen $P_0 P_1$ der Extremalen $\mathfrak{E}_0^*$ zusammen und es kommt

$$S(s_1) = J_{01} + \bar{J}_{12}.$$

Fällt dagegen der Punkt P_3 mit dem Punkt P_2 zusammen, so erhalten wir[2])

$$S(s_2) = J_{02} = J_{01} + J_{12}.$$

Also ergibt sich für die totale Variation

$$\Delta J = \bar{J}_{12} - J_{12} \equiv J_{\overline{\mathfrak{C}}} - J_{\mathfrak{E}_0}$$

der Ausdruck

$$\Delta J = -[S(s_2) - S(s_1)]. \tag{154}$$

Da die Funktion $S(s)$, wie wir sofort sehen werden, im Intervall $[s_1 s_2]$ eine stetige Ableitung $S'(s)$ besitzt, so können wir die letzte Gleichung auch schreiben

$$\Delta J = -\int_{s_1}^{s_2} S'(s)\, ds. \tag{154a}$$

Die Berechnung der Ableitung $S'(s)$ bietet nach den Resultaten von § 31, b) keinerlei Schwierigkeiten. Denn einerseits ist nach der Definition des Feldintegrals

$$J_{43} = W(x_3, y_3) = W(\bar{x}(s), \bar{y}(s)),$$

also

$$\frac{dJ_{43}}{ds} = \frac{\partial W}{\partial x}\bar{x}' + \frac{\partial W}{\partial y}\bar{y}',$$

[1]) Der einfacheren Schreibweise halber schreiben wir s statt s_3.

[2]) Streng genommen ist $S(s_2)$ nicht definiert, und die obige Gleichung ist durch einen (leicht ausführbaren) Grenzübergang zu erschließen, wobei $S(s_2)$ durch den Grenzwert $S(s_2 - 0)$ definiert wird

also nach (148), wenn wir der Einfachheit halber zunächst annehmen, daß die Kurve $\mathfrak{K}_0$ eine Transversale[1]) ist,

$$\frac{dJ_{43}}{ds} = F_{x'}(x_3, y_3, p_3, q_3)\,\overline{p}_3 + F_{y'}(x_3, y_3, p_3, q_3)\,\overline{q}_3,$$

indem wir zur Abkürzung

$$\begin{aligned} p_3 &= p(x_3, y_3), & q_3 &= q(x_3, y_3) \\ \overline{p}_3 &= \overline{x}'(s), & \overline{q}_3 &= \overline{y}'(s) \end{aligned}$$

schreiben.

Andererseits ist

$$\overline{J}_{32} = \int_s^{s_2} F(\overline{x}(s), \overline{y}(s), \overline{x}'(s), \overline{y}'(s))\,ds,$$

also

$$\frac{d\overline{J}_{32}}{ds} = -F(x_3, y_3, \overline{p}_3, \overline{q}_3).$$

Indem wir die beiden Resultate kombinieren, und uns der Definition (120) der $\mathcal{E}$-Funktion erinnern, erhalten wir daher[2])

$$\frac{dS(s)}{ds} = -\mathcal{E}(x_3, y_3;\, p_3, q_3;\, \overline{p}_3, \overline{q}_3), \tag{155}$$

und somit nach (154a)

$$\Delta J = \int_{s_1}^{s_2} \mathcal{E}(x_3, y_3; p_3, q_3; \overline{p}_3, \overline{q}_3)\,ds. \tag{156}$$

Ist die Kurve $\mathfrak{K}_0$ keine Transversale, so ist nach (148a) dem obigen Ausdruck für dJ_{43}/ds noch das Glied

$$-\frac{\partial\omega}{\partial x}\overline{x}' - \frac{\partial\omega}{\partial y}\overline{y}' = -\frac{d}{ds}\,\omega(\overline{x}(s), \overline{y}(s)) \tag{157}$$

hinzuzufügen. Das Integral dieses Zusatzgliedes nach s zwischen den Grenzen s_1 und s_2, nämlich

$$\omega(x_1, y_1) - \omega(x_2, y_2),$$

ist aber gleich Null. Denn nach der Definition der Funktion $\omega(x, y)$ ist

---

[1]) Dabei soll stets der Fall mit inbegriffen sein, wo die Kurve $\mathfrak{K}_0$ in den Punkt P_0 degeneriert.

[2]) Weierstrass beweist dieses Resultat, indem er die Differenzenquotienten $\frac{S(s \pm h) - S(s)}{\pm h}$ berechnet und dann zur Grenze übergeht; vgl. Bolza, *Lectures* § 20, b) und Hancock, *Lectures*, Art 161.

$$\omega(x_1, y_1) = \zeta(\mathfrak{a}(x_1, y_1)), \qquad \omega(x_2, y_2) = \zeta(\mathfrak{a}(x_2, y_2)),$$

und da die beiden Punkte P_1 und P_2 auf derselben Extremalen $(a = a_0)$ des Feldes liegen, so ist

$$\mathfrak{a}(x_1, y_1) = a_0, \qquad \mathfrak{a}(x_2, y_2) = a_0.$$

Somit gilt die Gleichung (156) auch, wenn $\mathfrak{K}_0$ keine Transversale ist.

Dasselbe Resultat bleibt auch noch bestehen, wenn die Kurve $\overline{\mathfrak{C}}$ eine endliche Anzahl von „*Ecken*" besitzt, also nach unserer Terminologie[1]) irgend eine „gewöhnliche Kurve" ist. Denn zunächst folgt aus den expliziten Ausdrücken[2]) für J_{43} und $\bar{J}_{32}$ nach A III 4 und A V 4, daß die Funktion $S(s)$ auch in diesem Fall im Intervall $[s_1 s_2]$ stetig ist Ferner behält auch die Gleichung (155) — eventuell mit dem Zusatzglied (157) — ihre Gültigkeit, wofern man auf beiden Seiten die Differentialquotienten nach s, (zu denen auch $\bar{p}_3$, $\bar{q}_3$ gehören), durch die vorderen, resp. hinteren Derivierten ersetzt, da die bei der Ableitung von (155) benutzten Differentiationsregeln auch für rechtsseitige und linksseitige Differentiation gelten. Hieraus folgt nach A V 4 durch Integration die Gleichung (156).

Wir haben somit den *Weierstraß'schen Fundamentalsatz* für den Fall der Parameterdarstellung bewiesen:

Wenn der Extremalenbogen $\mathfrak{E}_0$ sich mit einem Feld umgeben läßt, so läßt sich für jede ganz im Feld gelegene, die beiden Punkte P_1 und P_2 verbindende gewöhnliche Kurve $\overline{\mathfrak{C}}$ die totale Variation

$$\Delta J = J_{\overline{\mathfrak{C}}} - J_{\mathfrak{E}_0}$$

durch die $\mathcal{E}$-Funktion ausdrücken in der Form

$$\Delta J = \int_{s_1}^{s_2} \mathcal{E}(\bar{x}, \bar{y}; p, q; \bar{p}, \bar{q})\, ds. \tag{156}$$

Dabei ist $(\bar{x}, \bar{y})$ ein Punkt der Kurve $\overline{\mathfrak{C}}$; $\bar{p}$, $\bar{q}$ sind die Richtungskosinus der positiven Tangente der Kurve $\overline{\mathfrak{C}}$ im Punkt $(\bar{x}, \bar{y})$, und p, q sind die Richtungskosinus der positiven Tangente der durch den Punkt $(\bar{x}, \bar{y})$ gehenden Extremalen des Feldes im Punkt $(\bar{x}, \bar{y})$.

Noch einfacher gestaltet sich der Beweis des Weierstraß'schen Satzes nach HILBERT mittels des invarianten Integrals (150) Denn

---

[1]) Vgl. § 25, a).

[2]) Wegen der Bedeutung des Integrals $\bar{J}_{32}$ entlang einer Kurve mit Ecken vgl p. 197, Fußnote [2]).

da nach der Definition der Funktionen $p(x, y)$, $q(x, y)$ entlang der Extremalen $\mathfrak{E}_0$

$$p(x, y) = \frac{\mathring{x}'}{\sqrt{\mathring{x}'^2 + \mathring{y}'^2}}, \qquad q(x, y) = \frac{\mathring{y}'}{\sqrt{\mathring{x}'^2 + \mathring{y}'^2}},$$

so folgt unter Berücksichtigung von (10) und (13), daß entlang $\mathfrak{E}_0$

$$F_{x'}(x, y, p, q)\,dx + F_{y'}(x, y, p, q)\,dy$$

$$= (F_{x'}(\mathring{x}, \mathring{y}, \mathring{x}', \mathring{y}')\mathring{x}' + F_{y'}(\mathring{x}, \mathring{y}, \mathring{x}', \mathring{y}')\mathring{y}')\,dt = F(\mathring{x}, \mathring{y}, \mathring{x}', \mathring{y}')\,dt$$

Daher ist

$$J^*_{\mathfrak{E}_0} = J_{\mathfrak{E}_0},$$

woraus sich ganz wie in § 17, c) ein zweiter Beweis des Weierstraß-schen Satzes ergibt.

b) **Hinreichende Bedingungen:**

Mit Hilfe des Weierstraß'schen Fundamentalsatzes ist es nun leicht zu beweisen, daß die vier bisher für ein starkes Minimum des Integrals J als notwendig erkannten Bedingungen — von gewissen Ausnahmefällen[1]) abgesehen — zugleich auch hinreichend sind.

Der bessern Übersicht halber stellen wir noch einmal unsere sämtlichen Voraussetzungen zusammen:

Von der Funktion $F(x, y, x', y')$ wird vorausgesetzt,[2]) daß sie in dem Bereich

$$\mathfrak{T}: \qquad (x, y) \text{ in } \mathfrak{R}, \qquad x'^2 + y'^2 \neq 0,$$

von der Klasse C''' ist und der Homogeneitätsrelation (9) genügt.

---

[1]) Diese Ausnahmefälle, die wir zum Teil später noch betrachten werden, sind:

1. $\mathfrak{E}_0$ hat mehrfache Punkte (vgl. hierzu jedoch die Fußnote auf p. 250) oder Ecken (vgl. §§ 48—50), oder hat Punkte mit der Begrenzung von $\mathfrak{R}$ gemein (vgl. §§ 52, 53).
2. $F_1 = 0$ in gewissen Punkten von $\mathfrak{E}_0$.
3. $t_2 = t_1'$ (vgl. § 47).
4. $\mathcal{E} = 0$ in Punkten von $\mathfrak{E}_0$ für gewisse Richtungen $\tilde{p}$, $\tilde{q}$, die nicht mit p, q zusammenfallen.

Streng genommen könnte man erst dann von „notwendigen und hinreichenden" Bedingungen sprechen, wenn auch alle diese Ausnahmefälle erledigt wären.

[2]) Vgl. § 25, b).

Von dem Bogen

$$\mathfrak{E}_0: \qquad x = \mathring{x}(t), \qquad y = \mathring{y}(t), \qquad t_1 \overline{\gtrless} t \overline{\gtrless} t_2,$$

wird vorausgesetzt:

1. Der Bogen $\mathfrak{E}_0$ ist ein Extremalenbogen der Klasse[1]) C', ohne mehrfache Punkte, welcher vom Punkt P_1 nach dem Punkt P_2 geht und ganz im Innern des Bereiches $\mathfrak{R}$ liegt. (I')

2. Es ist

$$F_1(\mathring{x}(t), \mathring{y}(t), \mathring{x}'(t), \mathring{y}'(t)) > 0 \qquad \text{(II')}$$

für: $t_1 \overline{\gtrless} t \overline{\gtrless} t_2$.

3. Der Bogen $\mathfrak{E}_0$ enthält den zu P_1 konjugierten Punkt P_1' nicht:

$$t_2 < t_1'. \qquad \text{(III')}$$

4. Es ist

$$\mathcal{E}(\mathring{x}(t), \mathring{y}(t); \mathring{x}'(t), \mathring{y}'(t); \cos\bar{\theta}, \sin\bar{\theta}) > 0 \qquad \text{(IV')}$$

für: $t_1 \overline{\gtrless} t \overline{\gtrless} t_2$ und für jede Richtung $\bar{\theta}$, welche von der Richtung der positiven Tangente an $\mathfrak{E}_0$ im Punkt t verschieden ist.

Es soll gezeigt werden, daß unter diesen Voraussetzungen der Bogen $\mathfrak{E}_0$ wirklich ein starkes Minimum für das Integral

$$J = \int F(x, y, x', y')\,dt$$

in dem in § 25, d) definierten Sinn liefert

Aus den Voraussetzungen (I'), (II'), (III') folgt zunächst, daß der Bogen $\mathfrak{E}_0$ mit einem Feld $\mathcal{S}_{h,k}$ umgeben werden kann. Denn wählt man einen Punkt $P_0(t_0)$ auf der Fortsetzung von $\mathfrak{E}_0$ über den Punkt P_1 hinaus hinreichend nahe bei P_1, so besitzt die Extremalenschar durch den Punkt P_0:

$$x = \varphi(t, a), \qquad y = \psi(t, a)$$

die in § 27, d) angegebenen Eigenschaften, die zugehörige Funktionaldeterminante $\Delta(t, a_0) = c\,\Theta(t, t_0)$ genügt nach § 29, b) der Jacobischen Differentialgleichung (102) und verschwindet für $t = t_0$. Aus der Bedingung (III') folgt dann mittels des Sturm'schen Satzes genau wie in § 12, a), daß

$$\Delta(t, a_0) \neq 0 \quad \text{für} \quad t_1 \overline{\gtrless} t \overline{\gtrless} t_2,$$

falls der Punkt P_0 hinreichend nahe bei P_1 angenommen wird Hieraus folgt aber nach § 31, a), daß die Extremalenschar durch den Punkt P_0 in der Tat ein Feld $\mathcal{S}_{h,k}$ um den Bogen $\mathfrak{E}_0$ liefert.

---

[1]) Hieraus zusammen mit (II') folgt, daß $\mathfrak{E}_0$ allemal von der Klasse C''' ist, vgl. § 27, a).

Ziehen wir jetzt im Innern dieses Feldes irgend eine, von $\mathfrak{C}_0$ verschiedene, „gewöhnliche“ Kurve $\overline{\mathfrak{C}}$ von P_1 nach P_2, so gilt für die vollständige Variation: $\Delta J = J_{\overline{\mathfrak{C}}} - J_{\mathfrak{C}_0}$ der Weierstraß'sche Satz (156).

Es bleibt also nur noch zu zeigen, daß aus den gemachten Voraussetzungen weiter folgt, daß der Integrand von (156) nie negativ sein kann, vorausgesetzt, daß die die Ausdehnung des Feldes $\mathcal{S}_{h,k}$ bestimmenden Größen h, k hinreichend klein gewählt worden sind.

Zu diesem Zweck führen wir mit ZERMELO[1]) neben der $\mathcal{E}$-Funktion eine Funktion $\mathcal{E}_1$ ein durch folgende Definition:

$$\mathcal{E}_1(x, y; p, q; \tilde{p}, \tilde{q})$$

$$= \begin{cases} \dfrac{\mathcal{E}(x, y; p, q; \tilde{p}, \tilde{q})}{1-(p\tilde{p}+q\tilde{q})}, & \text{wenn } 1-(p\tilde{p}+q\tilde{q}) \neq 0, \\ F_1(x, y, p, q), & \text{wenn } 1-(p\tilde{p}+q\tilde{q}) = 0, \quad \text{d. h. } \tilde{p}=p,\ \tilde{q}=q; \end{cases} \tag{158}$$

wobei $p, q; \tilde{p}, \tilde{q}$ durch (122) definiert sind.

Die Funktion $\mathcal{E}_1$ ist dann nach (125) und (126) eine stetige Funktion ihrer sechs Argumente in dem durch die Bedingungen

$$(x, y) \text{ in } \mathfrak{R}, \qquad p^2+q^2=1, \qquad \tilde{p}^2+\tilde{q}^2=1$$

charakterisierten Bereich.

Jetzt sei (x, y) irgend ein Punkt des Feldes $\mathcal{S}_{h,k}$, und (t, a) der entsprechende Punkt der t, a-Ebene; ferner seien $p(x, y)$ und $q(x, y)$ wieder die Richtungskosinus der positiven Tangente der durch den Punkt (x, y) gehenden Extremalen des Feldes, und $\tilde{\theta}$ sei die Amplitude einer beliebigen Richtung. Dann ist nach (137) und (121)

$$\mathcal{E}_1(x, y; p(x, y), q(x, y); \cos\tilde{\theta}, \sin\tilde{\theta})$$
$$= \mathcal{E}_1(\varphi(t, a), \psi(t, a); \varphi_t(t, a), \psi_t(t, a); \cos\tilde{\theta}, \sin\tilde{\theta})$$

und die auf der rechten Seite stehende Funktion der unabhängigen Variabeln $t, a, \tilde{\theta}$ ist nach dem Satz über zusammengesetzte Funktionen stetig in dem Bereich

$$t_1 - h \leqq t \leqq t_2 + h, \quad |a - a_0| \leqq k, \quad -\infty < \tilde{\theta} < +\infty. \tag{159}$$

Sie ist ferner nach unseren Voraussetzungen (IV') und (II') positiv in

---

[1]) *Dissertation*, p. 60. Es ist für den folgenden Schluß nötig die Funktion $\mathcal{E}_1$ einzuführen, weil die $\mathcal{E}$-Funktion für $\tilde{\theta} = \theta$ verschwindet

der ganz im Innern dieses Bereiches gelegenen, beschränkten, abgeschlossenen[1]) Punktmenge

$$t_1 \gtreqless t \gtreqless t_2, \qquad a = a_0, \qquad 0 \gtreqless \theta \gtreqless 2\pi;$$

also lassen sich nach dem erweiterten Vorzeichensatz (§ 21, b)) die beiden positiven Größen h und k so klein annehmen, daß die betrachtete Funktion von t, a, $\tilde{\theta}$ auch noch positiv ist in dem ganzen Bereich (159), wobei man noch von der Periodizität in Beziehung auf $\tilde{\theta}$ Gebrauch zu machen hat. Daraus folgt aber nach (158): Wenn die beiden Größen h und k hinreichend klein gewählt worden sind, und die Kurve $\bar{\mathfrak{C}}$ ganz im Bereich $\mathcal{S}_{h,k}$ liegt, so ist der Integrand von (156) positiv in allen Punkten der Kurve $\bar{\mathfrak{C}}$, in welchen die Richtung $\bar{p}, \bar{q}$ nicht mit der Richtung p, q zusammenfällt, dagegen gleich Null, wo diese beiden Richtungen zusammenfallen. Es ist also $\Delta J \dot{>} 0$, außer wenn $\bar{p} = p$, $\bar{q} = q$ entlang der ganzen Kurve $\bar{\mathfrak{C}}$, in welchem Fall $\Delta J = 0$ ist.

Der letztere Fall kann aber nicht eintreten, wenn, wie wir vorausgesetzt haben, die Kurve $\bar{\mathfrak{C}}$ von $\mathfrak{E}_0$ verschieden ist.

Denn[2]) nach (134) ist in jedem Punkt $(\bar{x}, \bar{y})$ von $\bar{\mathfrak{C}}$:

$$\varphi(\mathfrak{t}(\bar{x}, \bar{y}), \mathfrak{a}(\bar{x}, \bar{y})) = \bar{x}, \qquad \psi(\mathfrak{t}(\bar{x}, \bar{y}), \mathfrak{a}(\bar{x}, \bar{y})) = \bar{y}. \tag{160}$$

Differentiieren wir diese Identität nach s so kommt:

$$\left.\begin{aligned} \varphi_t \frac{d\mathfrak{t}}{ds} + \varphi_a \frac{d\mathfrak{a}}{ds} &= \bar{x}' \\ \psi_t \frac{d\mathfrak{t}}{ds} + \psi_a \frac{d\mathfrak{a}}{ds} &= \bar{y}'. \end{aligned}\right\} \tag{161}$$

Wäre nun $\bar{p} = p$, $\bar{q} = q$ entlang der ganzen Kurve $\bar{\mathfrak{C}}$, so würde folgen

$$\bar{x}' = m\varphi_t, \qquad \bar{y}' = m\psi_t,$$

wo m eine Funktion von s ist, welche in $[s_1 s_2]$ beständig positiv ist, während die Argumente von φ_t, ψ_t wieder $\mathfrak{t}(\bar{x}, \bar{y})$, $\mathfrak{a}(\bar{x}, \bar{y})$ sind.

---

[1]) Bei der entsprechenden Untersuchung beim x-Problem hat man es, bei der von uns gewählten Formulierung der Aufgabe, mit einem Bereich zu tun, der nicht abgeschlossen ist (da dort die Richtungen $\tilde{\theta} = \pm \frac{\pi}{2}$ ausgeschlossen sind). Dies ist der Grund, weshalb beim x-Problem die den Bedingungen (I') bis (IV') entsprechenden Bedingungen nicht hinreichend sind. (Vgl § 18, c) u § 19).

[2]) Beweis nach Kneser, *Lehrbuch*, p. 80.

Die Gleichungen (161) lassen sich also schreiben:

$$\varphi_t\left(\frac{dt}{ds} - m\right) + \varphi_a \frac{da}{ds} = 0$$

$$\psi_t\left(\frac{dt}{ds} - m\right) + \psi_a \frac{da}{ds} = 0.$$

Nun gehören aber nach (135) die Argumente $\mathfrak{t}(\bar{x}, \bar{y})$, $\mathfrak{a}(\bar{x}, \bar{y})$ von $\varphi_t, \varphi_a, \psi_t, \psi_a$ dem Rechteck $\mathfrak{A}_{h,k}$ an (vgl. § 31, a)), also ist nach (133) die Determinante dieses linearen Systems von Null verschieden, also:

$$\frac{dt}{ds} = m, \qquad \frac{da}{ds} = 0.$$

Aus der zweiten Gleichung folgt, daß die Funktion $\mathfrak{a}(x, y)$ entlang der Kurve $\overline{\mathfrak{C}}$ konstant ist, und da im Punkt P_1: $\mathfrak{a}(x_1, y_1) = a_0$, so ist $\mathfrak{a}(\bar{x}, \bar{y}) = a_0$ entlang $\overline{\mathfrak{C}}$. Dagegen sagt die erste Gleichung aus, daß die Funktion $\mathfrak{t}(\bar{x}, \bar{y})$ gleichzeitig mit s wächst. Daraus folgt aber nach (160), daß die Kurve $\overline{\mathfrak{C}}$ mit $\mathfrak{E}_0$ identisch[1] sein müßte, da ihre Gleichungen aus denen von $\mathfrak{E}_0$ durch eine zulässige Parametertransformation hervorgehen.

Somit ist $\Delta J > 0$, und wir haben das folgende zuerst von Weierstrass (1879) bewiesene Endresultat gewonnen:

Wenn der Extremalenbogen $\mathfrak{E}_0$ *die Bedingungen* (I'), (II'), (III'), (IV') *erfüllt, so liefert er stets ein starkes eigentliches Minimum für das Integral*

$$J = \int F(x, y, x', y')\,dt.$$

Zusatz I: Die Bedingung (III') kann auch hier durch die Bedingung ersetzt werden, daß sich der Bogen $\mathfrak{E}_0$ mit einem Feld umgeben läßt.

Zusatz II: Wenn die Bedingung

$$F_1(x, y, \cos\gamma, \sin\gamma) > 0 \qquad \text{(II'}_a\text{)}$$

in jedem Punkt (x, y) von $\mathfrak{E}_0$ und für *jeden Wert von* γ erfüllt ist, so sind (II') und (IV') a fortiori erfüllt, letztere wegen (125).

---

[1]) Wir haben stillschweigend vorausgesetzt, daß die Kurve $\overline{\mathfrak{C}}$ keine Ecken besitzt; andernfalls hat man in den Ecken die Differentialquotienten durch die vorderen (resp. hinteren) Derivierten zu ersetzen. Das Resultat bleibt aber dasselbe; denn auch dann hat die Funktion $\mathfrak{a}(\bar{x}, \bar{y})$ entlang der ganzen Kurve $\overline{\mathfrak{C}}$ denselben konstanten Wert, da sie stetig ist.

Für ein im Bereich $\mathfrak{R}$ *reguläres*[1]) Problem ist daher die Bedingung (II_a') stets a fortiori erfüllt

Beispiel[2]) *XIII:*

$$F = G(x, y)\sqrt{x'^2 + y'^2}.$$

Hier ist

$$\mathfrak{F}_1(x, y; p, q; \tilde{p}, \tilde{q}) = G(x, y);$$

daher ist die Bedingung (IV') erfüllt, wenn

$$G(x, y) > 0$$

entlang $\mathfrak{E}_0$.

Dies zeigt, daß beim Problem der *Brachistochrone* ein Bogen $P_1 P_2$ der Zykloide (108) wirklich ein Minimum liefert, wenn er keine Spitze enthält (vgl. p 209, Fußnote [1]) und p 235).

Beispiel XVI: Die geodätischen Linien. (Siehe pp 209, 228, 240, 248) Hier war

$$F_1 = \frac{\mathsf{EG} - \mathsf{F}^2}{(\sqrt{\mathsf{E}u'^2 + 2\mathsf{F}u'v' + \mathsf{G}v'^2})^3}.$$

Unter den Annahmen, die wir auf p. 209 über die Natur des Flächenstückes $\mathfrak{M}$ gemacht haben, auf welches die geodätischen Linien zu beschränken sind, ist das Problem ein reguläres Problem. Ein Bogen $Q_1 Q_2$ einer geodätischen Linie, welcher keine mehrfachen Punkte und keine Ecken besitzt, und ganz im Innern des Flächenstückes $\mathfrak{M}$ liegt, liefert also allemal wirklich ein Minimum, wenn er den zu Q_1 konjugierten Punkt Q_1' nicht enthält.

c) Nachtrag: Die Bliss'sche Modifikation des Weierstraß'schen Problems.

In einer während der Drucklegung des gegenwärtigen Kapitels erschienenen Arbeit „*A new form of the simplest problem of the calculus of variations*", Transactions of the American Mathematical Society, Bd. VIII (1907), p. 405, hat Bliss das in diesem Kapitel behandelte Weierstraß'sche Problem in einer modifizierten Form diskutiert, über die hier noch kurz referiert werden soll

Haben die Buchstaben θ und s dieselbe Bedeutung wie in § 25, a) und setzt man

$$F(x, y, \cos\theta, \sin\theta) = \mathfrak{F}(x, y, \theta), \tag{162}$$

so läßt sich wegen (9) das Integral

$$J = \int_{t_1}^{t_2} F(x, y, x', y')\, dt$$

auch schreiben

$$J = \int_{s_1}^{s_2} \mathfrak{F}(x, y, \theta)\, ds. \tag{163}$$

---

[1]) Vgl p. 214.

[2]) Wegen mechanischer und optischer Interpretationen dieser Aufgabe siehe die *Übungsaufgaben* Nr 9 und 18 am Ende dieses Kapitels.

Bliss stellt sich nun die Aufgabe, das Integral J in dieser Form zu einem Extremum zu machen, wobei er noch die Verallgemeinerung eintreten läßt, daß die Funktion $\mathfrak{F}$ in θ nicht periodisch mit der Periode 2π zu sein braucht.

Ersetzt man, wie in § 26, die Funktionen x, y durch $\bar{x} = x + \varepsilon\xi$, $\bar{y} = y + \varepsilon\eta$, wobei θ in $\bar{\theta}$ übergehen möge, so findet man durch Differentiation der Gleichungen

$$\cos\bar{\theta} = \frac{\bar{x}'}{\sqrt{\bar{x}'^2 + \bar{y}'^2}}, \qquad \sin\bar{\theta} = \frac{\bar{y}'}{\sqrt{\bar{x}'^2 + \bar{y}'^2}}$$

nach ε, daß

$$\frac{\partial\bar{\theta}}{\partial\varepsilon} = \frac{\bar{x}'\frac{\partial\bar{y}'}{\partial\varepsilon} - \bar{y}'\frac{\partial\bar{x}'}{\partial\varepsilon}}{\bar{x}'^2 + \bar{y}'^2}.$$

Hiernach läßt sich dann die erste und zweite Variation des Integrals (163) berechnen. Setzt man

$$\left.\begin{aligned}
&\mathfrak{w} = \xi\sin\theta - \eta\cos\theta = \frac{w}{\sqrt{x'^2 + y'^2}},\\
&\mathfrak{F}_1 = \mathfrak{F} + \mathfrak{F}_{\theta\theta},\\
&\mathfrak{T} = \mathfrak{F}_x\sin\theta - \mathfrak{F}_y\cos\theta + \mathfrak{F}_{x\theta}\cos\theta + \mathfrak{F}_{y\theta}\sin\theta + \mathfrak{F}_1\frac{d\theta}{ds}\\
&\mathfrak{F}_2 = \mathfrak{T}_x\sin\theta - \mathfrak{T}_y\cos\theta - \mathfrak{F}_1\left(\frac{d\theta}{ds}\right)^2,
\end{aligned}\right\} \quad (164)$$

so erhält man im Fall fester Endpunkte

$$\left.\begin{aligned}
\delta J &= \varepsilon\int_{s_1}^{s_2}\mathfrak{w}\,\mathfrak{T}\,ds,\\
\delta^2 J &= \varepsilon^2\int_{s_1}^{s_2}\left[\mathfrak{F}_2\mathfrak{w}^2 + \mathfrak{F}_1\left(\frac{d\mathfrak{w}}{ds}\right)^2\right]ds.
\end{aligned}\right\} \quad (165)$$

Daraus ergibt sich dann unmittelbar die Euler'sche Differentialgleichung, die Legendre'sche und die Jacobi'sche Bedingung für das Integral (163). Man kann diese Resultate auch aus den Weierstraß'schen Formeln ableiten, indem man von den Relationen zwischen den partiellen Ableitungen der Funktionen F und $\mathfrak{F}$ Gebrauch macht, die man durch Differentiation der Identität (162) nach x, y, θ erhält. Es ergeben sich dabei folgende Beziehungen.

$$\left.\begin{aligned}
&F_1(x, y, x', y')\left(\sqrt{x'^2 + y'^2}\right)^3 = \mathfrak{F}_1(x, y, \theta),\\
&\quad T(x, y, x', y', x'', y'') = \mathfrak{T}\left(x, y, \theta, \frac{d\theta}{ds}\right),\\
&\quad \frac{\mathfrak{E}(x, y; x', y'; \tilde{x}', \tilde{y}')}{\sqrt{\tilde{x}'^2 + \tilde{y}'^2}} = \mathfrak{F}(x, y, \tilde{\theta}) - \mathfrak{F}(x, y, \theta)\cos(\tilde{\theta} - \theta)\\
&\qquad\qquad - \mathfrak{F}_\theta(x, y, \theta)\sin(\tilde{\theta} - \theta),\\
&\quad F_2\sqrt{x'^2 + y'^2} = \mathfrak{F}_2 + \frac{d}{dt}\left(\frac{\mathfrak{F}_1 s''}{s'^3}\right).
\end{aligned}\right\} \quad (166)$$

Der Vorteil der Bliss'schen Formeln besteht darin, daß in ihnen nur Größen vorkommen, welche bei einer Parametertransformation invariant bleiben. Auch ist die Funktion $\mathfrak{F}_2$ einfacher als die Weierstraß'sche Funktion F_2.

§ 33. Existenz eines Minimums „im Kleinen".

Sind zwei Punkte P_1, P_2 gegeben, so ist es im allgemeinen nicht möglich, a priori zu entscheiden, ob dieselben durch eine Extremale verbunden werden können: es bedarf dazu in jedem einzelnen Fall einer besonderen Untersuchung Wenn jedoch die beiden Punkte hinreichend nahe beieinander liegen, so kann man sie unter gewissen Voraussetzungen über die Funktion F stets durch eine Extremale verbinden, und zwar eine solche, welche tatsächlich ein Extremum für das Integral J liefert

Dieser Satz[1]), der nicht nur an sich, sondern auch wegen seiner zahlreichen Anwendungen von Wichtigkeit ist, soll den Gegenstand des gegenwärtigen Paragraphen bilden.

a) Konstruktion eines Feldes um einen Punkt:

Wir beweisen zunächst den folgenden

Satz I: Es sei $P_1(x_1, y_1)$ ein Punkt im Innern des Bereiches $\mathfrak{R}$, für welchen die Bedingung

$$F_1(x_1, y_1, \cos\gamma, \sin\gamma) \neq 0 \qquad (167)$$

für jedes γ erfüllt ist. Alsdann lassen sich zwei positive Größen l und R angeben, derart daß sich vom Punkt P_1 nach jedem von P_1 verschiedenen Punkt P_2 im Innern des Kreises mit dem Radius R um den Punkt P_1 eine und nur eine Extremale[2]) ziehen läßt, deren Länge kleiner als l ist.

Dieselbe besitzt keine Doppelpunkte und ist ganz in dem Kreis mit dem Radius $|P_1P_2|$ um den Punkt P_1 enthalten.

Beweis: Aus den gemachten Annahmen folgt zunächst nach § 27, a), daß vom Punkt P_1 nach jeder Richtung eine und nur eine Extremale gezogen werden kann. Die Extremale $\mathfrak{E}_a$, deren positive Tangente im Punkt P_1 mit der positiven x-Achse den Winkel a bildet, schreiben wir in der Normalform (73) von § 27:

---

[1]) Der Satz rührt von Weierstrass her, der jedoch nur einige Andeutungen eines Beweises gegeben hat. Einen detaillierten Beweis hat zuerst Bliss gegeben, Transactions of the American Mathematical Society, Bd. V (1904), p. 113. Caratheodory hat kürzlich den Satz auf gebrochene Extremalen ausgedehnt, indem er die Voraussetzung (167) durch eine schwächere Voraussetzung ersetzt, vgl Mathematische Annalen, Bd. LXII (1906), p. 481

[2]) Es ist hier ausschließlich von Extremalen der Klasse C' die Rede.

$$\left.\begin{aligned} x &= \mathfrak{X}(t; x_1, y_1, a) \equiv \varphi(t, a) \\ y &= \mathfrak{Y}(t; x_1, y_1, a) \equiv \psi(t, a) \end{aligned}\right\}, \tag{168}$$

wobei t wieder die Bogenlänge, gemessen vom Punkt P_1 an, bedeutet, so daß also

$$\varphi_t^2 + \psi_t^2 = 1. \tag{169}$$

Nach § 23, a) Zusatz[1]) läßt sich dann eine positive, von a unabhängige Größe h angeben, derart daß das Regularitätsintervall der Extremalen $\mathfrak{E}_a$ mindestens das Intervall $|t| \leqq h$ umfaßt, und aus den Eigenschaften der Funktionen[2]) $\mathfrak{X}$, $\mathfrak{Y}$ folgt zugleich, daß die Funktionen

$$\varphi, \quad \varphi_t, \quad \varphi_{tt}; \quad \psi, \quad \psi_t, \quad \psi_{tt}$$

im Bereich

$$0 \leqq |t| \leqq h, \qquad 0 \leqq a \leqq 2\pi \tag{170}$$

von der Klasse C' sind, und daß sie den Anfangsbedingungen

$$\left.\begin{aligned} \varphi(0, a) &= x_1, & \psi(0, a) &= y_1, \\ \varphi_t(0, a) &= \cos a, & \psi_t(0, a) &= \sin a \end{aligned}\right\} \tag{171}$$

genügen, aus denen durch Differentiation nach a folgt:

$$\left.\begin{aligned} \varphi_a(0, a) &= 0, & \psi_a(0, a) &= 0, \\ \varphi_{ta}(0, a) &= -\sin a, & \psi_{ta}(0, a) &= \cos a. \end{aligned}\right\}. \tag{172}$$

Endlich sind die Funktionen φ, ψ in Beziehung auf die Variable a periodisch mit der Periode 2π.

Es handelt sich um die Auflösung der Gleichungen (168) nach t und a. Statt die Aufgabe direkt in Angriff zu nehmen, wobei sich wegen des Verschwindens der Funktionaldeterminante $\Delta(t, a)$ für $t = 0$ Schwierigkeiten ergeben, führen wir an Stelle der rechtwinkligen Koordinaten x, y Polarkoordinaten r, ω ein mit dem Pol P_1 und der positiven x-Richtung als Achse. Alsdann ist bei geeigneter Normierung[3]) des Winkels ω

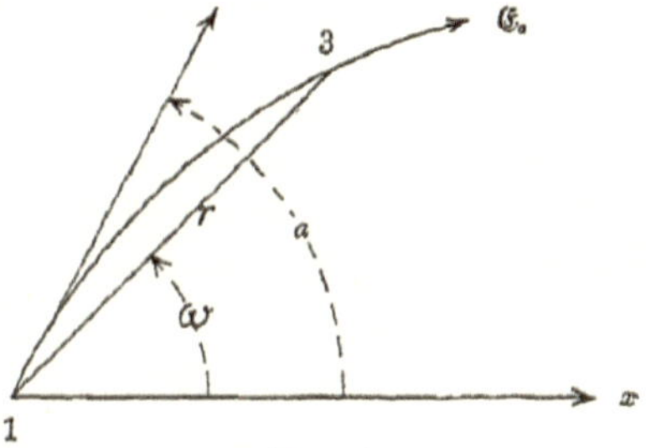

Fig. 41

[1]) Die dort mit $\mathfrak{A}_0$ bezeichnete Punktmenge ist hier die durch die Bedingungen

$$t = 0, \quad x = x_1, \quad y = y_1, \quad 0 \leqq \theta \leqq 2\pi$$

charakterisierte Menge im Raum der Variabeln t, x, y, θ. Dieselbe liegt nach den gemachten Voraussetzungen im Innern des Stetigkeitsbereiches der Differentialgleichungen (43), vgl. § 27, a).

[2]) Vgl § 27, b).

[3]) Die hier gewählte Darstellung (173_2) für den Winkel ω, die man leicht durch Differentiation nach t verifiziert, hat im Gegensatz zu den Darstellungen durch inverse trigonometrische Funktionen den Vorteil, eindeutig und stetig zu sein

$$\left.\begin{aligned} r &= \sqrt{(\varphi - x_1)^2 + (\psi - y_1)^2} \equiv r(t, a) \\ \omega &= a + \int_0^t \frac{(\varphi - x_1)\psi_t - (\psi - y_1)\varphi_t}{r^2}\, dt \equiv \omega(t, a)\,. \end{aligned}\right\} \tag{173}$$

Es läßt sich nun stets eine positive, von a unabhängige Größe $k \overline{\gtrless} h$ angeben[1]), so daß $r > 0$ für $0 < t \overline{\gtrless} k$. Alsdann sind die Funktionen $r(t, a)$ und $\omega(t, a)$ von der Klasse[2]) C' in dem Bereich

$$0 \overline{\gtrless} t \overline{\gtrless} k, \qquad 0 \overline{\gtrless} a \overline{\gtrless} 2\pi\,. \tag{174}$$

Ferner ist

$$r_t(0, a) = 1\,, \qquad r_a(0, a) = 0, \qquad r(t, a + 2\pi) = r(t, a)\,, \tag{175}$$

$$\omega(0, a) = a\,, \qquad \omega_a(0, a) = 1\,, \qquad \omega(t, a + 2\pi) = \omega(t, a) + 2\pi \tag{176}$$

Hieraus ergibt sich für die Funktionaldeterminante

$$\nabla(t, a) = \frac{\partial(r, \omega)}{\partial(t, a)}$$

der Anfangswert

$$\nabla(0, a) = 1\,. \tag{177}$$

Nunmehr kann man auf die Gleichungen (173) den Satz von § 31, a) anwenden, wobei den dort mit t, a, a_0 bezeichneten Größen der Reihe nach die Größen a, t, 0 entsprechen und erhält das Resultat, daß man k so klein wählen kann, daß die Gleichungen (173) eine ein-eindeutige Beziehung zwischen dem Bereich (174) und dessen Bild in der r, ω Ebene definieren, woraus sich der oben ausgesprochene Satz durch Übertragung auf die x, y-Ebene ergibt

Statt dessen kann man auch folgendermaßen schließen[3]): Nach § 21, b) folgt aus (175) und (177), daß sich eine positive Größe $l \overline{\gtrless} k$ so klein wählen läßt, daß

$$r_t > 0, \qquad \nabla > 0 \tag{179}$$

fur

$$0 \overline{\gtrless} t \overline{\gtrless} l, \qquad -\infty < a < +\infty\,.$$

---

[1]) Durch Anwendung des Taylor'schen Satzes erhalt man

$$r = t\sqrt{\varphi_t^2(\theta' t, a) + \psi_t^2(\theta'' t, a)}\,, \qquad 0 < \theta' < 1, \quad 0 < \theta'' < 1\,. \tag{178}$$

Man wende nunmehr den Satz von § 21, b) auf die Funktion

$$\varphi_t^2(t', a) + \psi_t^2(t', a)$$

an.

[2]) Der Wert $t = 0$ verursacht einige Schwierigkeiten; man wende den Taylor'schen Satz an und benutze die Gleichungen (169), (171) und (172). Wesentlich einfacher gestaltet sich der Beweis, wenn $\varphi(t, a)$, $\psi(t, a)$ regulär sind

[3]) Nach Bliss, Bulletin of the American Mathematical Society, Bd. XIII (1907), p. 321; der geometrische Grundgedanke des Beweises kommt übrigens schon bei Weierstrass vor.

Es sei jetzt R das Minimum der stetigen, stets positiven Funktion $r(l, a)$ im Intervall $0 \overline{\gtrless} a \overline{\gtrless} 2\pi$ und P_2 ein von P_1 verschiedener Punkt im Innern des Kreises[1] (P_1, R). Wir konstruieren den durch P_2 gehenden Kreis mit dem Mittelpunkt P_1 und bezeichnen mit r_2 seinen Radius, so daß

$$0 < r_2 < R.$$

Alsdann schneidet jede Extremale $\mathfrak{E}_a$ der Schar (168), deren Länge kleiner ist als l, den Kreis (P_1, r_2) in einem und nur einem Punkt P_3. Denn lassen wir t von 0 bis l wachsen, so wächst die Funktion $r(t, a)$ wegen (179) beständig von 0 bis $r(l, a)$, sie muß also für einen Wert von t zwischen 0 und l, den wir mit $t(r_2, a)$ bezeichnen, den Wert r_2 annehmen. Aus der Periodizität von $r(t, a)$ folgt, daß auch die inverse Funktion $t(r, a)$ in a periodisch ist mit der Periode 2π.

Lassen wir jetzt a von 0 bis 2π wachsen, so beschreibt der Punkt P_3 den Kreis (P_1, r_2) genau einmal, er muß also durch jeden Punkt des Kreises, also auch durch P_2, gerade einmal hindurchgehen.

Denn die Amplitude des Vektors $P_1 P_3$ ist bei passender Normierung gegeben durch

$$\omega(t(r_2, a), a) \equiv \Omega(r_2, a).$$

Nun ist aber

$$\frac{\partial \Omega}{\partial a} = \omega_t t_a + \omega_a = \frac{\nabla}{r_t}\Big|^{t = t(r_2, a)},$$

und dies ist nach (179) positiv, da $t(r_2, a) < l$.

Lassen wir also a von 0 bis 2π wachsen, so wächst $\Omega(r_2, a)$ beständig von $\Omega(r_2, 0)$ bis $\Omega(r_2, 2\pi)$. Aus Gleichung (176) und aus der Periodizität von $t(r, a)$ folgt aber

$$\Omega(r_2, 2\pi) = \Omega(r_2, 0) + 2\pi,$$

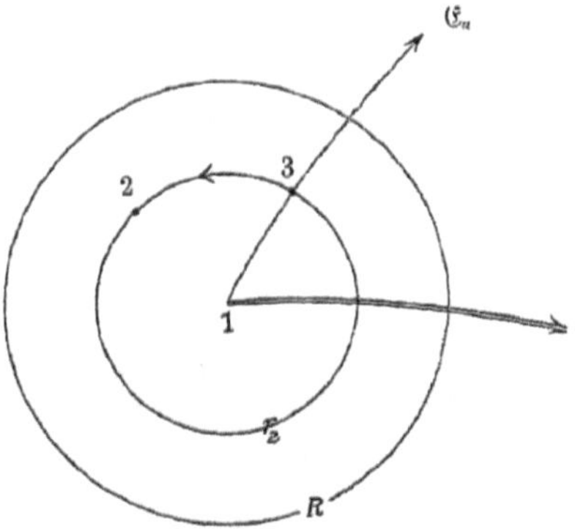

Fig 42.

womit unsere Behauptung bewiesen ist.

Somit geht in der Tat durch jeden Punkt P_2 im Innern des Kreises (P_1, R) eine und nur eine Extremale $\mathfrak{E}_{12}$, deren Länge kleiner ist als l. Aus der Ungleichung $r_t > 0$ folgt noch weiter, daß diese „kürzeste Extremale“ $\mathfrak{E}_{12}$ ganz in dem Kreis um P_1 mit dem Radius $|P_1 P_2|$ gelegen ist, und daß sie keine Doppelpunkte besitzt.

Die durch Auflösung der Gleichungen (173), resp. (168) sich ergebenden inversen Funktionen t, a sind nach dem Satz über implizite Funktionen von der

[1]) Allgemein soll nach dem Vorgang von Harkness und Morley unter der Bezeichnung (A, r) der Kreis mit dem Mittelpunkt A und dem Radius r verstanden werden.

Klasse C', zunächst als Funktionen von r, ω im Bereich

$$0 < r < R, \qquad \Omega(r, 0) \overline{\lessgtr} \omega < \Omega(r, 0) + 2\pi,$$

und weiterhin auch als Funktionen von x, y in allen Punkten der entlang der Extremalen $a = 0$ aufgeschnittenen Kreisfläche: $0 < (x - x_1)^2 + (y - y_1)^2 < R^2$.

In gegenüberliegenden Punkten des Schnittes hat die inverse Funktion $\mathfrak{a}(x, y)$ die Werte 0 und 2π; daher sind die Funktionen $\mathfrak{t}(x, y)$, $p(x, y) = \varphi_t(\mathfrak{t}, \mathfrak{a})$, $q(x, y) = \psi_t(\mathfrak{t}, \mathfrak{a})$ von der Klasse C' in der unaufgeschnittenen Kreisfläche mit Ausschluß des Mittelpunktes P_1. Im Punkt P_1 bleibt $\mathfrak{t}(x, y)$ stetig und hat dort den Wert Null, während $p(x, y)$ und $q(x, y)$ unbestimmt werden. Nähert sich aber der Punkt (x, y) längs einer Kurve $\mathfrak{C}$ der Klasse C' dem Punkt P_1, so nähern sich $p(x, y)$, $q(x, y)$ den Richtungskosinus der positiven Tangente an die Kurve $\mathfrak{C}$ im Punkt P_1. Letzteres folgt daraus, daß nach (173_2) die Funktion $\omega(t, a)$ für $t = 0$ gegen a konvergiert und zwar gleichmäßig in Beziehung auf a.

Wir werden im Anschluß an unsere frühere Terminologie sagen, die Kreisfläche (P_1, R) bilde *ein (uneigentliches) Feld von Extremalen um den Punkt P_1*.

Man beweist[1]) dann weiter mittels der Weierstraß'schen Konstruktion den

Satz II: Ist $\varrho \overline{\lessgtr} R$, liegt der Kreis (P_1, ϱ) ganz im Innern des Bereiches $\mathfrak{R}$ und ist

$$F_1(x, y, \cos\gamma, \sin\gamma) > 0 \qquad (< 0) \tag{180}$$

für jedes x, y in (P_1, ϱ) und für jedes γ, so liefert die kürzeste Extremale $\mathfrak{E}_{12}$ von P_1 nach einem im Innern von (P_1, ϱ) gelegenen Punkt P_2 für das Integral J einen kleineren[2]) (größeren) Wert als jede andere gewöhnliche Kurve $\overline{\mathfrak{C}}$, welche im Innern des Kreises (P_1, ϱ) von P_1 nach P_2 gezogen werden kann.

Aus § 21, b) folgt übrigens, daß sich ϱ stets diesen Bedingungen gemäß wählen läßt, sobald die Voraussetzungen von Satz I erfüllt sind.

Läßt man in den Gleichungen (168) die Variable t von $t = -h$ bis zum Wert 0 wachsen, so stellen die Gleichungen einen im Punkt P_1 endigenden Bogen der Extremalen $\mathfrak{E}_a$ dar. Definiert man nun die Funktion $r(t, a)$ für negative Werte von t durch

---

[1]) Vgl § 32. Der Punkt P_1 verursacht dabei einige Schwierigkeiten, da die Funktionen p, q in P_1 unbestimmt werden; dieselben erledigen sich jedoch unter Benutzung von A IV 4, wenn man beachtet, daß die Funktionen p, q sich bestimmten endlichen Grenzen nähern, wenn der Punkt (x, y) sich dem Punkt P_1 längs der Kurve $\overline{\mathfrak{C}}$ nähert, und daß die Kurve $\overline{\mathfrak{C}}$, da sie eine gewöhnliche Kurve ist, nur eine endliche Anzahl von Malen durch P_1 gehen kann.

[2]) Für den Nachweis, daß der Fall $\Delta J = 0$ nicht eintreten kann, (vgl. § 32, b)), beachte man, daß: $\Delta(t, a) = r\,\nabla(t, a)$, sowie die Ungleichung (179).

$$r(t, a) = -\sqrt{(\varphi - x_1)^2 + (\psi - y_1)^2},$$

dagegen $\omega(t, a)$ ebenso wie früher, so ist

$$r(t, a) = -|P_1 P_3|, \qquad \omega(t, a) = \text{am}\, P_1 P_3 + \pi.$$

Indem man dann die früheren Schlüsse für das Intervall $-h \leqq t \leqq 0$ wiederholt, erhält man den

Zusatz: Unter denselben Voraussetzungen wie im Satz I lassen sich zwei Größen l' und R' angeben, derart daß von jedem von P_1 verschiedenen Punkt P_2 im Innern des Kreises (P_1, R') eine und nur eine Extremale $\mathfrak{E}_{21}$ nach P_1 gezogen werden kann, deren Länge kleiner als l' ist.

Die Extremale $\mathfrak{E}_{21}$ wird im allgemeinen von $\mathfrak{E}_{12}$ verschieden sein, vgl. § 25, b).

b) **Abhängigkeit der Größen l und R von der Lage des Punktes P_1:**

Die Größen l und R hängen natürlich von der Lage des Punktes P_1 ab. Hierüber gilt der folgende Satz:

Satz III: Ist $\mathfrak{R}_0$ ein ganz im Innern des Bereiches $\mathfrak{R}$ gelegener, beschrankter, abgeschlossener Bereich, und ist das vorgelegte Variationsproblem regulär[1]) *in $\mathfrak{R}_0$, so gelten die vorangehenden Resultate gleichmäßig in bezug auf den Bereich $\mathfrak{R}_0$*, d. h. es lassen sich zwei von x_1, y_1 unabhängige positive Größen l_0 und ϱ_0 bestimmen, derart daß irgend zwei Punkte P_1, P_2 von $\mathfrak{R}_0$, deren Entfernung kleiner ist als ϱ_0, durch eine und nur eine Extremale $\mathfrak{E}_{12}$ verbunden werden können, deren Länge kleiner ist als l_0, und diese Extremale $\mathfrak{E}_{12}$ liefert für das Integral J einen kleineren Wert, als jede andere gewöhnliche[2]) Kurve, welche im Innern des Kreises (P_1, ϱ_0) von P_1 nach P_2 gezogen werden kann.

Um dies zu zeigen, hat man in dem vorangehenden Beweis die Funktionen φ, ψ; r, ω; r_t, ∇ als Funktionen nicht nur von t, a sondern auch von x_1, y_1 zu betrachten und sich dabei der Eigenschaften der Funktionen $\mathfrak{X}, \mathfrak{Y}$ zu erinnern. Es folgt dann zunächst nach § 23, a) Zusatz, angewandt auf die Menge

$$t = 0, \qquad (x_1, y_1) \text{ in } \mathfrak{R}_0, \qquad 0 \leqq a \leqq 2\pi,$$

daß sich eine positive, von a, x_1, y_1 unabhängige Größe h_0 angeben läßt, der-

[1]) D. h. es ist

$$F_1(x, y, \cos\gamma, \sin\gamma) \neq 0$$

für jeden Punkt (x, y) von $\mathfrak{R}_0$ und für jedes γ, vgl. § 27, a).

[2]) Wegen der Ausdehnung des Satzes auf Kurven der Klasse K siehe § 35, d), Ende.

art daß das Regularitätsintervall für jede, von einem beliebigen Punkt P_1 von $\mathfrak{R}_0$ ausgehende Extremale $\mathfrak{E}_a$ das Intervall $|t| \leqq h_0$ enthält

Sodann zeigt man mittels des Satzes von § 21, b), daß sich zwei weitere, von a, x_1, y_1 unabhängige Größen $k_0 \leqq h_0$ und $l_0 \leqq k_0$ angeben lassen, derart daß

$$r(t, a; x_1, y_1) > 0$$

für

$$0 < t \leqq k_0; \ (x_1, y_1) \text{ in } \mathfrak{R}_0; \ -\infty < a < +\infty,$$

und

$$r_t(t, a; x_1, y_1) > 0, \qquad \nabla(t, a; x_1, y_1) > 0 \tag{181}$$

für

$$0 \leqq t \leqq l_0; \ (x_1, y_1) \text{ in } \mathfrak{R}_0; \ -\infty < a < +\infty.$$

Ferner sei R_0 das stets positive Minimum der Funktion $r(l_0, a; x_1, y_1)$ in dem Bereich

$$(x_1, y_1) \text{ in } \mathfrak{R}_0; \ 0 \leqq a \leqq 2\pi. \tag{182}$$

Schließlich bestimmen wir nach § 21, a) und b) eine Umgebung $[\delta]_{\mathfrak{R}_0}$, welche im Innern von $\mathfrak{R}$ enthalten ist, und in welcher das Problem auch noch regulär ist. Dann ist ϱ_0 die kleinere der beiden Größen R_0, δ.

Die kürzeste Extremale $\mathfrak{E}_{12}$ braucht selbst nicht ganz im Bereich $\mathfrak{R}_0$ zu liegen In dem speziellen Fall, wo sich eine positive Größe $\sigma_0 \leqq \varrho_0$ angeben läßt, derart daß für je zwei Punkte P_1, P_2 von $\mathfrak{R}_0$, deren Entfernung kleiner als σ_0 ist, die sie verbindende kürzeste Extremale $\mathfrak{E}_{12}$ stets in $\mathfrak{R}_0$ enthalten ist, sagen wir, der Bereich $\mathfrak{R}_0$ sei *„extremal-konvex."*

Für spätere Anwendungen schließen wir hier noch einige weitere, die gleichmäßige Konvergenz betreffende Folgerungen an:

Indem man die Stetigkeitssätze und den erweiterten Vorzeichensatz von § 21, b) auf die Funktion

$$\varphi_t^2(t', a) + \psi_t^2(t'', a)$$

der fünf Variabeln t', t'', a, x_1, y_1 anwendet und von Gleichung (178) Gebrauch macht, erhält man das Resultat, daß

$$\underset{t=0}{L} \frac{r(t, a)}{t} = 1, \tag{183}$$

gleichmäßig[1]) in Beziehung auf den Bereich (182), und daß sich zwei positive, von a, x_1, y_1 unabhängige Konstante g_0 und G_0 angeben lassen, derart daß

$$g_0 t \leqq r(t, a) \leqq G_0 t \tag{184}$$

in dem Bereich

$$0 \leqq t \leqq k_0, \quad 0 \leqq a \leqq 2\pi, \quad (x_1, y_1) \text{ in } \mathfrak{R}_0,$$

was sich auch so aussprechen läßt: Sind P_1, P_2 irgend zwei Punkte von $\mathfrak{R}_0$,

---

[1]) Vgl A II 6.

deren Entfernung kleiner ist als R_0, und ist l_{12} die Länge der von P_1 nach P_2 gezogenen „kürzesten" Extremalen $\mathfrak{E}_{12}$, so ist

$$g_0 l_{12} \gtreqless |P_1 P_2| \gtreqless G_0 l_{12}. \tag{184a}$$

Ist ferner N_0 das Maximum der Funktion $F(x, y, \cos\gamma, \sin\gamma)$ im Bereich (182), so erhält man für den Wert J_{12} des Integrals J entlang $\mathfrak{E}_{12}$ von P_1 nach P_2 die Ungleichung

$$|J_{12}| \gtreqless N_0 l_{12} \gtreqless \frac{N_0}{g_0} |P_1 P_2|. \tag{184b}$$

Weiter folgt aus (173$_2$), daß

$$\underset{t=0}{L}[\omega(t, a) - a] = 0 \tag{185}$$

gleichmäßig in Beziehung auf den Bereich (182).

Endlich ist

$$\underset{t=0}{L}[F(\varphi(t,a),\ \psi(t,a),\ \varphi_t(t,a),\ \psi_t(t,a)) - F(x_1, y_1, \cos a, \sin a)] = 0$$

und (186)

$$\underset{t=0}{L}[F(x_1, y_1, \cos\omega(t,a), \sin\omega(t,a)) - F(x_1, y_1, \cos a, \sin a)] = 0$$

ebenfalls gleichmäßig in Beziehung auf den Bereich (182).

c) Der definite Fall:

Ein Variationsproblem heißt positiv (negativ) *definit*[1]) in einer in der x, y-Ebene gelegenen Punktmenge, wenn für jeden Punkt (x, y) dieser Menge und für jeden Wert von γ die Ungleichung gilt

$$F(x, y, \cos\gamma, \sin\gamma) > 0\ (< 0).$$

Wir fügen nun den unter b) gemachten Voraussetzungen noch die weitere hinzu, daß unser Problem in Beziehung auf den Bereich $\mathfrak{R}_0$ definit sein soll. Alsdann lassen sich die vorangegangenen Resultate zu folgendem Satz[2]) erweitern:

Satz IV: Ist $\mathfrak{R}_0$ ein beschränkter, abgeschlossener, ganz im Innern von $\mathfrak{R}$ gelegener Bereich, und ist gleichzeitig[3])

$$F_1(x, y, \cos\gamma, \sin\gamma) > 0, \tag{180}$$

$$F(x, y, \cos\gamma, \sin\gamma) > 0 \tag{187}$$

für jeden Punkt (x, y) von $\mathfrak{R}_0$ und für jedes γ, so läßt sich eine positive Größe d_0 bestimmen, derart daß irgend zwei Punkte P_1 und P_2

---

[1]) Nach Carathéodory (Mathematische Annalen, Bd LXII (1906), p. 456)

[2]) Nach Bliss, Transactions of the American Mathematical Society, Bd. V (1904), p. 123.

[3]) Nach § 30, b), vierte Folgerung aus der Relation (125), müssen bei einem gleichzeitig definiten und regulären Problem F_1 und F dasselbe Zeichen haben.

von $\mathfrak{R}_0$, *deren Abstand kleiner ist als* d_0, *durch eine Extremale* $\mathfrak{E}_{12}$ *ohne mehrfache Punkte verbunden werden können, welche einen kleineren Wert für das Integral* J *liefert, als jede andere gewöhnliche*[1]) *Kurve, welche im Bereich* $\mathfrak{R}_0$ *von* P_1 *nach* P_2 *gezogen werden kann.*

Liegt die Extremale $\mathfrak{E}_{12}$ selbst ganz im Bereich $\mathfrak{R}_0$, so liefert sie daher ein *absolutes Minimum* für das Integral J in Beziehung auf die Gesamtheit aller gewöhnlichen Kurven, welche in $\mathfrak{R}_0$ von P_1 nach P_2 gezogen werden können. Dies wird stets stattfinden, wenn der Bereich $\mathfrak{R}_0$ „extremal-konvex"[2]) ist und d_0 hinreichend klein gewählt wird.

Beweis: Aus der Voraussetzung (187) folgt zunächst, daß wir auf den Extremalen der Schar (168) statt des Bogens t den Wert des Integrals J, genommen vom Punkt P_1 bis zum Punkt t der betreffenden Extremalen, also die Größe

$$u(t, a) = \int_0^t \mathfrak{F}(t, a)\, dt,$$

als Parameter einführen können, wobei $\mathfrak{F}(t, a)$ wieder durch (83) definiert ist. Denn da nach (187) die Ableitung $u_t = \mathfrak{F}(t, a)$ beständig positiv ist, so können wir die Gleichung $u = u(t, a)$ eindeutig nach t auflösen, und die Einsetzung des gefundenen Wertes in die Gleichungen (168) ergibt für die Extremalenschar durch den Punkt P_1 eine Darstellung von der Form

$$x = \varphi[u, a], \qquad y = \psi[u, a]. \tag{188}$$

Im Bereich

$$0 \lesseqgtr u \lesseqgtr u(l_0, a), \quad 0 \lesseqgtr a \lesseqgtr 2\pi \tag{189}$$

haben die Funktionen $\varphi[u, a]$, $\psi[u, a]$ dieselben Stetigkeitseigenschaften wie die Funktionen $\varphi(t, a)$, $\psi(t, a)$ im Bereich (170). Überdies sind sie periodisch in a mit der Periode 2π.

Gleichzeitig geht die Funktion $r(t, a)$ in eine Funktion von u und a über, die wir entsprechend mit $r[u, a]$ bezeichnen. Wegen (181) ist dann

$$r_u[u, a] > 0 \tag{190}$$

im Bereich (189). Ist weiter m_0 das stets positive Minimum der Funktion $F(x, y, \cos\gamma, \sin\gamma)$ im Bereich

$$(x, y) \text{ in } \mathfrak{R}_0, \quad 0 \lesseqgtr \gamma \lesseqgtr 2\pi, \tag{191}$$

so ist

$$m_0 t \lesseqgtr u(t, a). \tag{192}$$

---

[1]) Der Satz bleibt auch noch richtig für Vergleichskurven der Klasse K, vgl. § 35, d) und p. 279, Fußnote [3]). Für Vergleichskurven, deren sämtliche Punkte auf $\mathfrak{E}_{12}$ liegen, ist dabei das Zeichen $<$ durch $\lesseqgtr$ zu ersetzen.

[2]) Vgl. die Definition von extremal-konvex auf p. 276.

Aus (178) und (192) leitet man dann das weitere Resultat ab, daß es eine von t, a, x_1, y_1, unabhängige Größe K_0 gibt, derart daß in dem Bereich (189)

$$r[u, a] < K_0 u. \tag{193}$$

Nach diesen Vorbereitungen wählen wir eine positive Größe c kleiner als $\varrho_0 K_0$ und gleichzeitig kleiner als das stets positive Minimum der Funktion $u(l_0, a; x_1, y_1)$ im Bereich (182) und betrachten die Kurve[1]:

$$\mathfrak{K}: \quad x = \varphi[c, a], \quad y = \psi[c, a],$$
$$0 \leqq a \leqq 2\pi.$$

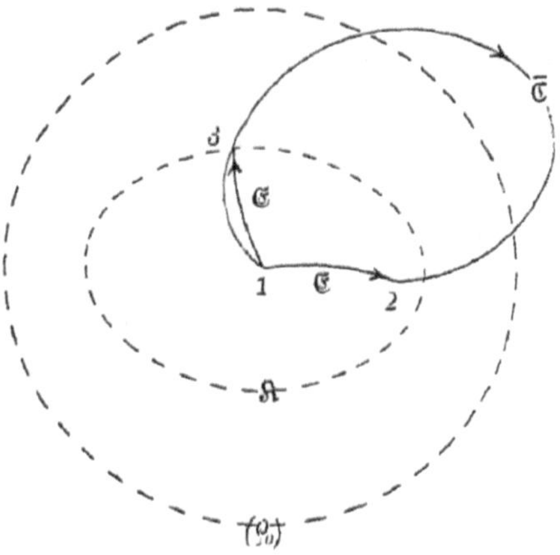

Fig 43

Dieselbe ist eine *stetige, geschlossene Kurve ohne mehrfache Punkte* (eine Jordan'sche Kurve), da sie wegen (193) ganz im Innern des Kreises (P_1, ϱ_0) liegt Das Innere[2]) der Kurve $\mathfrak{K}$ ist das eineindeutige Abbild des Bereiches

$$0 \leqq u < c, \qquad 0 \leqq a < 2\pi$$

mittels der Transformation (188)

Ist daher P_2 ein von P_1 verschiedener Punkt im Innern der Kurve $\mathfrak{K}$ und $\mathfrak{E}_{12}$ die kürzeste Extremale von P_1 nach P_2, so ist der Wert J_{12} des Integrals J entlang $\mathfrak{E}_{12}$ kleiner als c. Ziehen wir jetzt irgend eine andere gewöhnliche[3]) Kurve $\overline{\mathfrak{C}}$ von P_1 nach P_2, welche ganz im Bereich $\mathfrak{R}_0$ liegt, so ist der Wert $\bar{J}_{12}$ des Integrals J, genommen entlang $\overline{\mathfrak{C}}$, größer als J_{12}

Wenn die Kurve $\overline{\mathfrak{C}}$ ganz in dem von der Kurve $\mathfrak{K}$ begrenzten Bereich verläuft, so liegt sie a fortiori im Innern des Kreises (P_1, ϱ_0) und die Behauptung folgt nach b). Es ist also nur nötig, den Fall zu betrachten, wo die Kurve $\overline{\mathfrak{C}}$ aus dem von der Kurve $\mathfrak{K}$ begrenzten Bereich heraustritt Sei P_3 der Punkt, wo die Kurve $\overline{\mathfrak{C}}$ zum ersten Mal[4]) die Kurve $\mathfrak{K}$ schneidet; ziehe die kürzeste Extremale $\mathfrak{E}_{13}$ von P_1 nach P_3. Dann ist nach b)

$$\bar{J}_{13} \geqq J_{13} = c > J_{12}.$$

Also ist a fortiori

$$\bar{J}_{12} > J_{12}, \tag{194}$$

da wegen der Voraussetzung (187): $\bar{J}_{12} > \bar{J}_{13}$.

---

[1]) Die Kurve ist nach § 44, b) eine *Transversale* der Extremalenschar durch den Punkt P_1.

[2]) Vgl. A VI 2.

[3]) Der folgende Schluß bleibt auch noch bestehen, wenn die Kurve $\overline{\mathfrak{C}}$ von der Klasse K ist, vgl § 35, d)

[4]) Vgl. Jordan, *Cours d'Analyse*, Nr. 103.

Ist endlich d_0 das stets positive Minimum der Funktion $r[c, a; x_1, y_1]$ im Bereich (182), so liegt der Kreis (P_1, d_0) ganz in dem von der Kurve $\mathfrak{K}$ begrenzten Bereich, und die Ungleichung (194) gilt daher a fortiori, wenn der Punkt P_2 im Innern des Kreises (P_1, d_0) liegt, womit der Satz bewiesen ist

§ 34. Der Osgood'sche Satz.

Wenn eine Funktion $f(x)$ an der Stelle $x = a$ ein eigentliches, relatives Minimum besitzt, so kann man eine positive Größe k angeben, so daß

$$f(x) - f(a) > 0 \quad \text{für} \quad 0 < |x - a| \leqq k.$$

Dies gilt, gleichgültig ob die Funktion $f(x)$ stetig oder unstetig ist. Wenn aber $f(x)$ im Intervall $[a - k, a + k]$ stetig ist, so besitzt sie überdies noch folgende Eigenschaft: Zu jeder positiven Größe l, die kleiner ist als k, gehört eine positive Größe ε_l, derart daß

$$f(x) - f(a) \geqq \varepsilon_l \quad \text{für} \quad l < |x - a| \leqq k. \tag{195}$$

Denn alsdann erreicht $f(x)$ für das Intervall $[a - k, a - l]$ ein absolutes Minimum in einem Punkt x_1 des Intervalls; ebenso für $[a + l, a + k]$ in x_2, und es ist dann $f(x_1) > f(a)$, $f(x_2) > f(a)$. Bezeichnet daher ε_l die kleinere der beiden positiven Differenzen $f(x_1) - f(a)$, $f(x_2) - f(a)$, so gilt in der Tat die Ungleichung (195).

Daß unstetige Funktionen diese Eigenschaft im allgemeinen nicht besitzen, zeigt Osgood durch das Beispiel:

$$f(x) = \begin{cases} 1, \text{ wenn } x \text{ irrational;} \\ 1/q, \text{ wenn } x = \pm p/q, \text{ wo } p, q \text{ zwei positive ganze Zahlen} \\ \quad \text{ohne gemeinsamen Teiler sind;} \\ 0, \text{ wenn } x = 0. \end{cases}$$

Diese Funktion hat für $x = 0$ ein eigentliches Minimum, ohne die oben angegebene Eigenschaft zu besitzen.

Wie Osgood[1]) gefunden hat, gilt nun ein ganz analoger Satz für das eigentliche, starke Extremum eines bestimmten Integrals.

a) **Der Fall eines Extremums „im Großen"**:

Die Analogie ist am vollständigsten bei der folgenden von Hahn[2]) herrührenden Fassung des Satzes:

---

[1]) Transactions of the American Mathematical Society, Bd. II (1901), p 273.

[2]) Monatshefte für Mathematik und Physik, Bd XVII (1906), p. 63; auch der im Text gegebene Beweis rührt von Hahn her In der genannten Arbeit verallgemeinert Hahn den Satz auch auf isoperimetrische Probleme und auf das Lagrange'sche Problem

Es sei $\mathfrak{E}_0$ ein die beiden Punkte P_1 und P_2 verbindender Extremalenbogen ohne mehrfache Punkte, für welchen die Bedingungen (II'), (III'), (IV') und außerdem in den beiden Endpunkten die Bedingungen

$$F_1(x_1, y_1, \cos\gamma, \sin\gamma) > 0, \quad F_1(x_2, y_2, \cos\gamma, \sin\gamma) > 0 \qquad (196)$$

für jedes γ erfüllt sind. Alsdann existiert eine Umgebung $\mathcal{S}$ des Bogens $\mathfrak{E}_0$ von folgender Beschaffenheit: Zu jeder ganz im Innern von $\mathcal{S}$ gelegenen (aber nicht mit $\mathcal{S}$ identischen) Umgebung $\mathfrak{A}$ des Bogens $\mathfrak{E}_0$ gehört eine positive Größe $\varepsilon_{\mathfrak{A}}$, derart daß für jede gewöhnliche von P_1 nach P_2 gezogene Kurve $\mathfrak{C}$, welche ganz im Bereich $\mathcal{S}$, aber nicht ganz im Bereich $\mathfrak{A}$ verläuft,

$$J_{\overline{\mathfrak{C}}} - J_{\mathfrak{E}_0} \geqq \varepsilon_{\mathfrak{A}}. \qquad (197)$$

Beweis: Aus der Voraussetzung (196_1) folgt zunächst nach Satz II von § 33, daß wir um den Punkt P_1 einen ganz im Innern von $\mathfrak{R}$ gelegenen Kreis (P_1, ϱ_1) beschreiben können, in welchem das Problem positiv regulär ist, und dessen Inneres ein Feld um den Punkt P_1 bildet, geliefert von der Extremalenschar durch den Punkt P_1

Sei $P_0 \neq P_1$ ein Punkt des Bogens $\mathfrak{E}_0$ im Innern dieses Kreises. Dann folgt weiter nach § 31, a) und § 32, b) aus den Voraussetzungen (II') und (III'), daß sich zwei Größen h, k so klein wählen lassen, daß die Extremalenschar durch den Punkt P_1 zugleich auch ein Feld $\mathcal{S}_{h,k}$ um den Bogen P_0P_2 von $\mathfrak{E}_0$ liefert, und daß überdies die Bedingung

$$\mathcal{E}_1(x, y;\ p(x, y), q(x, y);\ \cos\tilde{\theta}, \sin\tilde{\theta}) > 0 \qquad (198)$$

für jedes $\tilde{\theta}$ in allen Punkten (x, y) von $\mathcal{S}_{h,k}$ erfüllt ist.

Es sei $\mathcal{S}_1$ die Gesamtheit derjenigen Punkte, welche entweder zur Kreisfläche (P_1, ϱ_1) oder zu $\mathcal{S}_{h,k}$ oder gleichzeitig zu beiden gehören; $\mathcal{S}_1$ ist dann eine Umgebung des Bogens $\mathfrak{E}_0$ und bildet ein Feld um denselben. Ist P_3 irgend ein Punkt im Innern von $\mathcal{S}_1$, so können wir von P_1 nach P_3 eine Feldextremale $\mathfrak{E}_{13}$ ziehen. Ist andererseits $\mathfrak{C}_1$ irgend eine gewöhnliche, die beiden Punkte P_1 und P_3 verbindende Kurve, welche ganz in $\mathcal{S}_1$ verläuft, so folgt aus dem Weierstraß'schen Satz, daß in bekannter Bezeichnungsweise

$$\bar{J}_{13} \geqq J_{13}. \qquad (199)$$

Ganz ebenso können wir nun ein zweites Feld $\mathcal{S}_2$ um den Bogen $\mathfrak{E}_0$ konstruieren, welches die analogen Eigenschaften in Beziehung auf die Extremalenschar nach[1]) dem Punkt P_2 besitzt, d. h. von jedem Punkt P_3 von $\mathcal{S}_2$ läßt sich eine Feldextremale $\mathfrak{E}_{32}$ nach dem Punkt P_2 ziehen und wenn $\mathfrak{C}_2$ eine gewöhnliche ganz in $\mathcal{S}_2$ verlaufende Kurve ist, die von P_3 nach P_2 gezogen ist, so ist

$$\overline{J}_{32} \geqq J_{32}. \tag{199a}$$

Wir bezeichnen jetzt mit $\mathcal{S}$ irgend eine Umgebung des Bogens $\mathfrak{E}_0$, welche gleichzeitig in $\mathcal{S}_1$ und $\mathcal{S}_2$ enthalten ist. Ist dann P_3 ein Punkt im Innern von $\mathcal{S}$, so können wir beide Extremalen $\mathfrak{E}_{13}$ und $\mathfrak{E}_{32}$ ziehen. Wir betrachten nun die Differenz

$$\varepsilon(x_3, y_3) = J_{13} + J_{32} - J_{12}$$

Dieselbe ist eine im Innern von $\mathcal{S}$ eindeutig definierte und stetige Funktion der Koordinaten x_3, y_3 des Punktes P_3. Sie verschwindet, wenn der Punkt P_3 auf dem Bogen $\mathfrak{E}_0$ liegt; in allen anderen Punkten ist sie positiv, da der Bogen $\mathfrak{E}_0$ ein eigentliches starkes Minimum für das Integral J liefert.

Nunmehr sei $\mathfrak{A}$ irgend eine Umgebung von $\mathfrak{E}_0$, welche ganz im Innern von $\mathcal{S}$ liegt (ohne mit $\mathcal{S}$ identisch zu sein), und es sei $\mathfrak{V}$ diejenige Menge von Punkten von $\mathcal{S}$, welche nicht zu $\mathfrak{A}$ gehören, unter Hinzurechnung ihrer Häufungspunkte. Die Menge $\mathfrak{V}$ ist dann abgeschlossen und enthält keinen Punkt von $\mathfrak{E}_0$. Daher besitzt die Funktion $\varepsilon(x_3, y_3)$ in $\mathfrak{V}$ einen positiven Minimalwert, den wir mit $\varepsilon_{\mathfrak{A}}$ bezeichnen, so daß also in $\mathfrak{V}$:

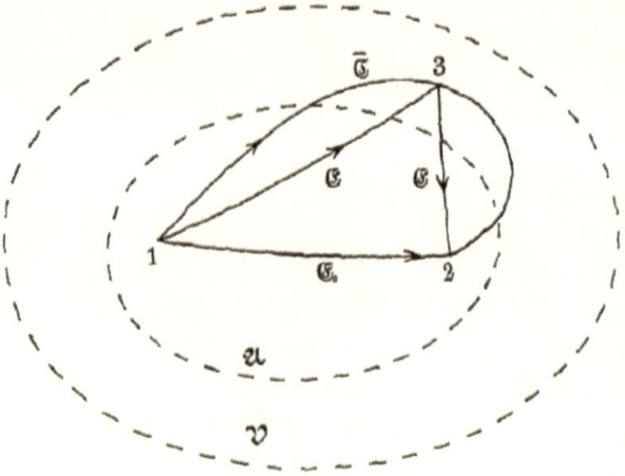

Fig. 44

$$J_{13} + J_{32} - J_{12} \geqq \varepsilon_{\mathfrak{A}}. \tag{200}$$

Endlich sei $\overline{\mathfrak{C}}$ irgend eine gewöhnliche, von P_1 nach P_2 gezogene Kurve, welche ganz im Innern von $\mathcal{S}$, aber nicht ganz

[1]) Vgl. § 33 a), Zusatz.

in $\mathfrak{A}$ verläuft, und es sei P_3 ein Punkt von $\overline{\mathfrak{C}}$, welcher nicht in $\mathfrak{A}$ liegt. Alsdann gelten gleichzeitig die Ungleichungen (199), (199a) und (200) und daraus folgt

$$\bar{J}_{12} - J_{12} \geqq \varepsilon_{\mathfrak{A}},$$

was zu beweisen war.

Zusatz: Der Satz gilt auch noch in etwas modifizierter Form, wenn die beiden Bedingungen (196) in den beiden Endpunkten nicht erfüllt sind. Der Bereich $\mathfrak{A}$ muß dann so beschaffen sein, daß der komplementäre Bereich $\mathfrak{B}$ keinen Punkt mit der Fortsetzung des Bogens $\mathfrak{E}_0$ über die beiden Punkte P_1 und P_2 hinaus gemeinsam hat[1])

b) Der Fall des Extremums „im Kleinen":

Für spätere Anwendungen möge auch noch die Modifikation des Osgood'schen Satzes[2]) für den Fall eines Extremums „im Kleinen" hier Platz finden:

Ist $\mathfrak{R}_0$ ein beschränkter, abgeschlossener Bereich im Innern von $\mathfrak{R}$, und ist das vorgelegte Variationsproblem regulär in Beziehung auf den Bereich $\mathfrak{R}_0$, so läßt sich eine positive Größe r_0 bestimmen, derart daß nicht nur je zwei Punkte P_1, P_2 von $\mathfrak{R}_0$, deren Entfernung kleiner als r_0 ist, sich durch eine kürzeste Extremale $\mathfrak{E}_{12}$ verbinden lassen, sondern daß gleichzeitig für diese Extremale auch noch der folgende Satz gilt:

Jeder Umgebung $\mathfrak{A}$ des Extremalenbogens $\mathfrak{E}_{12}$, welche ganz im Innern des Kreises (P_1, r_0) liegt, läßt sich eine positive Größe $\varepsilon_{\mathfrak{A}}$ zuordnen, derart daß für jede die beiden Punkte P_1 und P_2 verbindende gewöhnliche Kurve $\overline{\mathfrak{C}}$, welche ganz im Innern des Kreises (P_1, r_0), aber nicht ganz in $\mathfrak{A}$ liegt, die Ungleichung gilt

$$\bar{J}_{12} - J_{12} \geqq \varepsilon_{\mathfrak{A}}. \tag{197a}$$

Beweis: Nach § 21, a) und b) können wir zunächst eine geschlossene Umgebung

$$\mathfrak{R}_1 = [\delta]_{\mathfrak{R}_0}$$

von $\mathfrak{R}_0$ bestimmen, welche ganz im Innern von $\mathfrak{R}$ liegt, und in Beziehung auf welche das Problem ebenfalls noch regulär ist. Für diesen Bereich $\mathfrak{R}_1$ be-

---

[1]) Hahn beweist dies, indem er auf der Fortsetzung von $\mathfrak{E}_0$ über P_1, resp. P_2, hinaus zwei Punkte P_1', resp. P_2', annimmt und dann statt der Extremalenscharen durch P_1 und P_2 diejenigen durch P_1' und P_2' betrachtet.

Ebenfalls ohne Benutzung der Voraussetzungen (196) und wieder in etwas anderer Fassung werden wir den Satz in § 46 mit Hilfe der Kneser'schen krummlinigen Koordinaten beweisen.

[2]) In der Hauptsache nach Carathéodory (Mathematische Annalen, Bd. LXII (1906), p. 490), der den Satz für den allgemeineren Fall von gebrochenen Extremalen beweist.

stimmen wir die in § 33, b) definierten[1] Größen l_1, R_1 und bezeichnen mit r_0 eine positive Größe, welche den Ungleichungen genügt:

$$r_0 \leqq \begin{cases} \frac{R_1}{4} \\ \frac{\delta}{4} \end{cases}. \tag{201}$$

Sind dann P_1, P_2 irgend zwei Punkte des Bereiches $\mathfrak{R}_0$, deren Abstand kleiner ist als r_0, so können wir von P_1 nach P_2 eine wie in § 33, a) definierte kürzeste Extremale $\mathfrak{E}_{12}$ ziehen.

Sei jetzt $\bar{\mathfrak{C}}$ irgend eine andere gewöhnliche Kurve, welche ebenfalls die beiden Punkte P_1 und P_2 verbindet und ganz im Innern des Kreises (P_1, r_0) verläuft, und sei P_3 irgend ein Punkt von $\bar{\mathfrak{C}}$, der nicht zugleich auf $\mathfrak{E}_{12}$ liegt. Dann können wir zunächst von P_1 auch nach P_3 eine kürzeste Extremale $\mathfrak{E}_{13}$ ziehen, und es gilt die Ungleichung

$$\bar{J}_{13} \geqq J_{13}.$$

Weiterhin können wir aber auch vom Punkt P_3 nach dem Punkt P_2 eine kürzeste Extremale ziehen. Denn aus der Ungleichung (201) folgt, daß der Punkt P_3 im Bereich $\mathfrak{R}_1$ liegt und überdies ist

$$P_3 P_2 | < 2 r_0 < R_1.$$

Die Extremale $\mathfrak{E}_{32}$ liegt ganz im Innern des Kreises $(P_3, 2r_0)$; in demselben Kreise liegt aber auch der Bogen $P_3 P_2$ der Kurve $\bar{\mathfrak{C}}$, da ja der Kreis (P_1, r_0) ganz im Innern des Kreises $(P_3, 2r_0)$ enthalten ist. Der Kreis $(P_3, 2r_0)$ seinerseits liegt ganz im Innern des Kreises $(P_1, 4r_0)$, und da letzterer wegen der Ungleichung (201) ganz in $\mathfrak{R}_1$ enthalten ist, so liegt der Kreis $(P_3, 2r_0)$ ganz im Innern von $\mathfrak{R}$, und das Problem ist regulär in Beziehung auf den Kreis $(P_3, 2r_0)$. Daraus folgt aber, daß

$$\bar{J}_{32} \geqq J_{32}.$$

Andererseits ist aber

$$J_{13} + J_{32} > J_{12},$$

wie daraus folgt, daß die aus den beiden Extremalenbogen $\mathfrak{E}_{13}$, $\mathfrak{E}_{32}$ zusammengesetzte Kurve ganz im Innern des Kreises $(P_1, 4r_0)$ liegt.

Indem man nunmehr wie unter a) weiter schließt, erhält man die zu beweisende Ungleichung (197a).

§ 35. Verallgemeinerung der Bedeutung des Kurvenintegrals.

Wir haben uns in allen bisherigen Untersuchungen auf „gewöhnliche" Kurven beschränkt. Diese Beschränkung war in der Tat notwendig für die meisten unserer Beweise, sie liegt aber nicht in der

[1] Entsprechend den dort mit l_0, R_0 bezeichneten Größen.

Natur des behandelten Problems; vielmehr wäre das natürlichste, alle diejenigen Kurven zuzulassen, für welche das Integral

$$J = \int_{t_1}^{t_2} F(x, y, x', y')\,dt$$

einen bestimmten, endlichen Wert hat.

Für viele geometrische Probleme ist es jedoch wünschenswert, die Klasse der zulässigen Kurven noch weiter auszudehnen.

a) **Beispiel der Länge einer Kurve:**

So ist z. B. die Aufgabe, die kürzeste Kurve zwischen zwei gegebenen Punkten P_1, P_2 zu bestimmen, nicht genau äquivalent mit dem Problem, das Integral

$$J = \int_{t_1}^{t_2} \sqrt{x'^2 + y'^2}\,dt$$

zu einem Minimum zu machen, weil der Begriff der Länge auch noch für Kurven eine Bedeutung hat, für welche das Integral seine Bedeutung verliert, insbesondere auch für Kurven, welche keine Tangenten besitzen.

Die Länge einer stetigen Kurve

$$\mathfrak{L}: \qquad x = \varphi(t), \quad y = \psi(t), \quad t_1 \gtreqless t \gtreqless t_2 \tag{202}$$

wird folgendermaßen definiert[1]):

Man betrachte irgend eine Teilung Π des Intervalls $[t_1 t_2]$ in $n+1$ Teilintervalle mittels der Zwischenpunkte $\tau_1, \tau_2, \ldots, \tau_n$, wobei

$$t_1 < \tau_1 < \tau_2 \cdots < \tau_n < t_2 .$$

Die zugehörigen Punkte der Kurve $\mathfrak{L}$ seien: $P_1, Q_1, Q_2, \ldots, Q_n, P_2$, ihre Koordinaten: x_1, y_1; ξ_1, η_1; ξ_2, η_2; $\ldots$; ξ_n, η_n; x_2, y_2; dann ist die Länge des der Kurve $\mathfrak{L}$ eingeschriebenen geradlinigen Polygons $\mathfrak{P}_\Pi$, dessen Ecken eben diese Punkte in der angegebenen Reihenfolge sind:

$$W_\Pi = \sum_{\nu=0}^{n} \sqrt{(\Delta \xi_\nu)^2 + (\Delta \eta_\nu)^2}, \tag{203}$$

[1]) Vgl. JORDAN, *Cours d'Analyse*, Bd. I (1893), Nr 105—111. Diese Definition ist für unseren gegenwärtigen Zweck am bequemsten. Die Peano'sche Definition wird unter c) zur Sprache kommen.

wobei

$$\Delta \xi_\nu = \xi_{\nu+1} - \xi_\nu, \quad \Delta \eta_\nu = \eta_{\nu+1} - \eta_\nu,$$

mit der Verabredung, daß

$$\tau_0 = t_1, \; \xi_0 = x_1, \; \eta_0 = y_1 \quad \text{und} \quad \tau_{n+1} = t_2, \; \xi_{n+1} = x_2, \; \eta_{n+1} = y_2$$

Wenn dann die Summe W_Π gegen eine bestimmte, endliche Grenze J konvergiert, wenn n ins Unendliche wächst, aber so, daß gleichzeitig alle Differenzen $\tau_{\nu+1} - \tau_\nu$ gegen Null konvergieren[1],

$$J = \underset{\Delta\tau=0}{L} W_\Pi,$$

so sagt man, die Kurve $\mathfrak{L}$ habe eine endliche Länge, deren Wert gleich J ist. Und man nennt eine Kurve „*rektifizierbar*“[2], wenn sie stetig ist und eine endliche Länge hat.

Wenn die ersten Ableitungen $\varphi'(t)$, $\psi'(t)$ existieren und stetig sind im Intervall $[t_1 t_2]$, so kann die Länge durch das bestimmte Integral

$$\int_{t_1}^{t_2} \sqrt{x'^2 + y'^2}\, dt$$

ausgedrückt werden.[3]

b) **Verallgemeinerung der Bedeutung des Kurvenintegrals J:**

In ganz analoger Weise hat WEIERSTRASS[4] die Bedeutung des allgemeinen Integrals

$$J = \int_{t_1}^{t_2} F(x, y, x', y')\, dt$$

auf Kurven ausgedehnt, welche nicht zur Klasse der „gewöhnlichen“ Kurven gehören.

---

1) D. h. zu jedem positiven ε gehört eine zweite positive Größe δ_ε derart, daß

$$|J - W_\Pi| < \varepsilon$$

für alle Teilungen Π, bei welchen samtliche Differenzen $\tau_{\nu+1} - \tau_\nu$ kleiner sind als δ_ε

2) Vgl. JORDAN, loc. cit. Nr. 110.

3) Vgl. JORDAN, loc. cit Nr. 111 und STOLZ, Transactions of the American Mathematical Society, Bd. III (1902), pp. 28 und 303.

4) *Vorlesungen* 1879; vgl. auch OSGOOD, Transactions of the American Mathematical Society, Bd. II (1901), pp 275 und 293.

Wir setzen von der Kurve $\mathfrak{L}$ voraus, daß sie ganz im Innern des Bereiches $\mathfrak{R}$ liegt und stetig ist, und betrachten nunmehr, wie oben, eine Teilung Π des Intervalls $[t_1 t_2]$, und bilden die Summe[1])

$$W_\Pi = \sum_{\nu=0}^{n} F(\xi_\nu, \eta_\nu, \Delta \xi_\nu, \Delta \eta_\nu), \tag{204}$$

die als die naturgemäße Verallgemeinerung der Summe (203) erscheint, und die wir wegen der Homogeneität der Funktion F auch schreiben können

$$W_\Pi = \sum_{\nu=0}^{n} F(\xi_\nu, \eta_\nu, \cos \omega_\nu, \sin \omega_\nu)\, r_\nu \tag{204a}$$

wenn r_ν und ω_ν die Länge, resp. die Amplitude des Vektors $Q_\nu Q_{\nu+1}$ bedeuten.

Ist die Kurve $\mathfrak{L}$ von der Klasse C', so konvergiert die Summe W_Π bei dem angegebenen Grenzübergang gegen das Integral $J_\mathfrak{L}(P_1 P_2)$:

$$\underset{\Delta \tau = 0}{L} W_\Pi = \int_{t_1}^{t_2} F(x, y, x', y')\, dt .$$

Denn das Integral $J_\mathfrak{L}$ läßt sich alsdann nach dem Mittelwertsatz schreiben

$$J_\mathfrak{L} = \sum_{\nu=0}^{n} \int_{\tau_\nu}^{\tau_{\nu+1}} F(x, y, x', y')\, dt =$$

$$= \sum_{\nu=0}^{n} F(\varphi(\tau_\nu'), \psi(\tau_\nu'), \varphi'(\tau_\nu'), \psi'(\tau_\nu'))\,(\tau_{\nu+1} - \tau_\nu),$$

wo τ_ν' einen Mittelwert zwischen τ_ν und $\tau_{\nu+1}$ bedeutet.

Andererseits ist

$$\Delta \xi_\nu = \varphi'(\tau_\nu'')\,(\tau_{\nu+1} - \tau_\nu), \qquad \Delta \eta_\nu = \psi'(\tau_\nu''')\,(\tau_{\nu+1} - \tau_\nu),$$

wo τ_ν'', τ_ν''' wieder Mittelwerte zwischen τ_ν und $\tau_{\nu+1}$ sind. Daraus folgt wegen der Homogeneität von F:

$$W_\Pi = \sum_{\nu=0}^{n} F(\varphi(\tau_\nu), \psi(\tau_\nu), \varphi'(\tau_\nu''), \psi'(\tau_\nu'''))\,(\tau_{\nu+1} - \tau_\nu).$$

---

[1]) Sollte $Q_{\nu+1} = Q_\nu$ sein, so ist dabei $F(\xi_\nu, \eta_\nu, 0, 0)$ durch 0 zu ersetzen.

Aus der in der Definition einer Kurve der Klasse C' enthaltenen Annahme $\varphi_t^2(t) + \psi_t^2(t) > 0$ in $[t_1 t_2]$, folgt dann nach § 21, b), daß man eine abgeschlossene Umgebung $\mathfrak{A}$ der Menge

$$t_1 \overline{\gtrless} t' \overline{\gtrless} t_2, \quad t_1 \overline{\gtrless} t'' \overline{\gtrless} t_2, \quad t' = t''$$

im Gebiet der Variabeln t', t'' angeben kann, derart daß

$$\varphi_t^2(t') + \psi_t^2(t'') > 0 \quad \text{in} \quad \mathfrak{A}.$$

Die Funktion $F(\varphi(t), \psi(t), \varphi'(t'), \psi'(t''))$ der Variabeln t, t', t'' ist dann gleichmäßig stetig in dem Bereich

$$t_1 \overline{\gtrless} t \overline{\gtrless} t_2. \quad (t', t'') \text{ in } \mathfrak{A}.$$

Hieraus und aus der gleichmäßigen Stetigkeit der Funktionen $\varphi(t)$, $\psi(t)$ folgt dann, daß man zu jeder positiven Größe ε eine zweite positive Größe δ_ε bestimmen kann, derart daß

$$F(\varphi(\tau_\nu'), \psi(\tau_\nu'), \varphi'(\tau_\nu'), \psi'(\tau_\nu')) - F(\varphi(\tau_\nu), \psi(\tau_\nu), \varphi'(\tau_\nu''), \psi'(\tau_\nu''')) < \varepsilon$$

für jede Teilung Π, deren sämtliche Intervalle kleiner als δ_ε sind. Es ist dann also

$$|W_\Pi - J_\mathfrak{L}| < \varepsilon(t_2 - t_1),$$

womit die Behauptung bewiesen ist

Dasselbe Resultat gilt auch noch für gewöhnliche Kurven mit einer endlichen Anzahl von Ecken, wie man sich durch Betrachtung solcher spezieller Teilungen überzeugt, welche die Ecken als Teilungspunkte enthalten.

Wir kommen nunmehr nach Weierstrass überein, allgemein für irgend welche stetige Kurve $\mathfrak{L}$ das Integral

$$J_\mathfrak{L}(P_1 P_2) = \int_{t_1}^{t_2} F(x, y, x', y')\, dt$$

durch den Grenzwert der Summe W_Π zu definieren, in allen Fällen, in welchen W_Π bei dem angegebenen Grenzübergang gegen eine bestimmte, endliche Grenze konvergiert. Dies ist eine naturgemäße Verallgemeinerung der Definition des Kurvenintegrals, da sie, wie wir eben gezeigt haben, für gewöhnliche Kurven mit der gewöhnlichen Definition übereinstimmt.

Die folgende Modifikation[1]) der Weierstraß'schen Definition des verallgemeinerten Kurvenintegrals wird sich später als nützlich erweisen:

---

[1]) Vgl. Osgood, Transactions of the American Mathematical Society, Bd II (1901), p. 293.

Da die Kurve $\mathfrak{L}$ ganz im Innern des Bereiches $\mathfrak{R}$ liegen sollte, so wird das geradlinige Polygon $\mathfrak{P}_\Pi$ mit den Ecken $P_1, Q_1, Q_2, \ldots, Q_n, P_2$ ebenfalls ganz im Innern von $\mathfrak{R}$ liegen, vorausgesetzt, daß die sämtlichen Differenzen $\tau_{\nu+1} - \tau_\nu$ hinreichend klein gewählt worden sind. Unter dieser Voraussetzung bezeichne V_Π das Integral J, genommen entlang dem Polygon $\mathfrak{P}_\Pi$ von P_1 bis P_2.

Wenn alsdann die Kurve $\mathfrak{L}$ rektifizierbar ist, und wenn eine der Summen W_Π und V_Π für $L\Delta\tau = 0$ gegen eine bestimmte, endliche Grenze konvergiert, so konvergiert die andere Summe gegen denselben Grenzwert, so daß man auch definieren kann

$$J_{\mathfrak{L}}(P_1 P_2) = \underset{\Delta\tau = 0}{L} V_\Pi \tag{205}$$

Denn bezeichnen wir wieder mit r_ν und ω_ν die Länge, bzw. die Amplitude des Vektors $Q_\nu Q_{\nu+1}$ und setzen

$$\bar{\xi}_\nu = \xi_\nu + s\cos\omega_\nu\,, \qquad \bar{\eta}_\nu = \eta_\nu + s\sin\omega_\nu\,,$$

so können wir unter Benutzung der Homogeneität der Funktion F die Differenz $V_\Pi - W_\Pi$ schreiben:

$$V_\Pi - W_\Pi = \sum_{\nu=0}^{n} \int_0^{r_\nu} [F(\bar{\xi}_\nu, \bar{\eta}_\nu, \cos\omega_\nu, \sin\omega_\nu) - F(\xi_\nu, \eta_\nu, \cos\omega_\nu, \sin\omega_\nu)]\,ds\,.$$

Hieraus folgt dann die Behauptung, wenn man den Satz über die gleichmäßige Stetigkeit auf die Funktion

$$F(x, y, \cos\gamma, \sin\gamma)$$

anwendet.

Indem wir uns in der Folge auf rektifizierbare Kurven beschränken, werden wir die Gesamtheit aller rektifizierbaren Kurven, für welche die Summe W_Π gegen einen bestimmten endlichen Grenzwert konvergiert, *„die Klasse K"* nennen.

c) Zweite Definition des verallgemeinerten Kurvenintegrals:

Für spätere Anwendungen erwähnen wir hier noch eine zweite Definition des verallgemeinerten Kurvenintegrals, welche als naturgemäße Verallgemeinerung der Peano'schen Definition[1]) der Länge einer Kurve erscheint. Peano definiert nämlich als Länge der Kurve $\mathfrak{L}$ die *obere Grenze* der Werte der durch die Gleichung (203) definierten Summe W_Π für alle möglichen Teilungen Π des

[1]) Vgl Peano, *Applicazioni geometriche del Calcolo infinitesimale,* (Turin (1887), p 161.

Intervalls $[t_1 t_2]$. Diese Definition hat den Vorzug, daß sie in allen Fällen für die Länge einen bestimmten, wenn auch möglicherweise unendlichen, Wert liefert. Wenn die obere Grenze endlich und die Kurve $\mathfrak{L}$ stetig ist, so läßt sich zeigen, daß die obere Grenze der Werte W_Π zugleich in dem unter a) erklärten Sinn die Grenze von W_Π für $\Delta\tau = 0$ ist, so daß also in diesem Fall beide Definitionen zu demselben Resultat führen [1].

Um diese Definitionen und Resultate auf den allgemeinen Fall unseres Integrals J ausdehnen zu können, machen wir über die Kurve $\mathfrak{L}$, die wir nach wie vor als stetig voraussetzen, die weitere Annahme, daß unser Variationsproblem *entlang der Kurve $\mathfrak{L}$ regulär* ist, und zwar, um die Ideen zu fixieren, positiv regulär.

Wir können dann zunächst nach § 21, a) und b) eine geschlossene ganz im Innern von $\mathfrak{R}$ gelegene Umgebung

$$\mathfrak{R}_0 = [\eta]_{\mathfrak{L}}$$

der Kurve $\mathfrak{L}$ angeben, in welcher das Problem ebenfalls noch regulär ist. Ferner gehört nach dem Satz über gleichmäßige Stetigkeit, angewandt auf die Funktionen $\varphi(t)$, $\psi(t)$, zu jedem ε eine zweite positive Größe $\Delta(\varepsilon)$, so daß für je zwei Punkte $P'(t')$, $P''(t'')$ der Kurve $\mathfrak{L}$, für welche $|t'-t''| < \Delta(\varepsilon)$, stets $|P'P''| < \varepsilon$. Sei jetzt die positive Größe R_0 für den Bereich $\mathfrak{R}_0$ ebenso definiert wie in § 33, b), und sei d die kleinere der beiden Größen R_0, η. Wenn wir uns dann auf solche Teilungen Π beschränken, bei welchen sämtliche Teilintervalle kleiner sind als $\Delta(d)$, so können wir von P_1 nach Q_1, von Q_1 nach Q_2, ..., von Q_n nach P_2 je eine „kürzeste" Extremale ziehen, welche überdies ganz im Innern des Bereiches $\mathfrak{R}_0$ liegt. Wir bezeichnen nun mit U_Π den Wert des Integrals J entlang dem Extremalenzug $P_1 Q_1 Q_2 \ldots Q_n P_2$:

$$U_\Pi = \sum_{\nu=0}^{n} J_{\mathfrak{E}_\nu}(Q_\nu Q_{\nu+1}) \tag{206}$$

und definieren [2] als Wert des Integrals J entlang der Kurve $\mathfrak{L}$ die obere Grenze der Werte U_Π für alle möglichen, der angegebenen Bedingung genügenden Teilungen Π. Wir bezeichnen den so definierten Integralwert mit $J_{\mathfrak{L}}'$, so daß also

$$J_{\mathfrak{L}}'(P_1 P_2) = \overline{\underset{(\Pi)}{L}}\, U_\Pi. \tag{207}$$

Die Summe U_Π hat nun die wichtige Eigenschaft, daß

$$U_{\Pi'} \gtreqless U_\Pi, \tag{208}$$

wenn die Teilung Π' aus der Teilung Π durch Weiterteilung der Intervalle von Π entstanden ist, vorausgesetzt, daß die Teilung Π hinreichend fein gewählt

[1] Vgl. Jordan, *Cours d'Analyse*, Bd. I, Nr. 107.

[2] Diese Definition ist nicht wesentlich verschieden von der von Osgood (Transactions of the American Mathematical Society, Bd. II (1901), p. 294, Fußnote) herrührenden Modifikation einer von Hilbert in Vorlesungen gegebenen Definition des verallgemeinerten Integrals (vgl. Noble, *„Eine neue Methode in der Variationsrechnung"*, Dissertation, Göttingen 1901, p. 18).

worden ist. Es genügt dazu, in der Bezeichnung von p. 290 sämtliche Teilintervalle von Π kleiner als $\Delta\left(\frac{\varrho_0}{2}\right)$ zu nehmen, wenn ϱ_0 für den Bereich $\mathfrak{R}_0$ wie in § 33, b) definiert ist. Sind nämlich bei der Teilung Π' zwischen den Punkten Q_ν und $Q_{\nu+1}$ von Π die Zwischenpunkte $M_1, M_2, \ldots, M_m$ eingeschaltet, so liegt alsdann der Extremalenzug $Q_\nu M_1 M_2 \ldots M_m Q_{\nu+1}$ ganz im Innern des Kreises (Q_ν, ϱ_0), und daher ist der Wert des Integrals J entlang demselben nach Satz III von § 33 $\overline{\overline{>}}\, J_{\mathfrak{E}_\nu}(Q_\nu Q_{\nu+1})$, woraus unmittelbar unsere Behauptung folgt.

Auf Grund dieser Eigenschaft der Summe U_Π kann man nun aber mittels der Methode der Superposition zweier Teilungen unter Benutzung der Ungleichung (184b) den Satz beweisen[1]:

Wenn die obere Grenze $J_{\mathfrak{L}}'$ endlich ist, so ist sie zugleich die Grenze der Summe U_Π bei unendlicher Verkleinerung der Teilintervalle:

$$\underset{\Delta\tau=0}{L}\, U_\Pi = J_{\mathfrak{L}}', \tag{209}$$

und ist P ein Punkt von $\mathfrak{L}$ zwischen P_1 und P_2, so sind auch die Integrale $J_{\mathfrak{L}}'(P_1 P)$ und $J_{\mathfrak{L}}'(P P_2)$ endlich, und es ist

$$J_{\mathfrak{L}}'(P_1 P_2) = J_{\mathfrak{L}}'(P_1 P) + J_{\mathfrak{L}}'(P P_2) \tag{210}$$

Weiter gilt der Satz: *Das Integral $J_{\mathfrak{L}}'$ ist stets endlich, wenn die Kurve $\mathfrak{L}$ rektifizierbar ist.* Denn nach (184b) ist

$$|U_\Pi| \overline{\overline{<}} \frac{N_0}{g_0} \sum_{\nu=0}^{n} |Q_\nu Q_{\nu+1}|,$$

wo die beiden Größen N_0, g_0 für den Bereich $\mathfrak{R}_0$ dieselbe Bedeutung haben wie in § 33, b).

Es fragt sich schließlich noch, welche Beziehung zwischen der Weierstraß'schen Definition des verallgemeinerten Integrals und der hier gegebenen besteht. Hierüber gilt der Satz:

Ist die Kurve $\mathfrak{L}$ rektifizierbar und ist das Variationsproblem regulär entlang $\mathfrak{L}$, so hat das verallgemeinerte Integral nach beiden Definitionen einen bestimmten endlichen Wert und zwar denselben für beide:

$$J_{\mathfrak{L}}' = J_{\mathfrak{L}}. \tag{211}$$

Denn stellt man die kürzeste Extremale $\mathfrak{E}_\nu$ von Q_ν nach $Q_{\nu+1}$ in der Normalform (168) dar durch die Gleichungen

$$\mathfrak{E}_\nu: \qquad x = \varphi_\nu(t, a_\nu), \qquad y = \psi_\nu(t, a_\nu), \qquad 0 \overline{\overline{<}}\, t \overline{\overline{<}}\, t_\nu,$$

und schreibt zur Abkürzung

$$F(\varphi_\nu(t, a_\nu),\ \psi_\nu(t, a_\nu),\ \varphi_\nu'(t, a_\nu),\ \psi_\nu'(t, a_\nu)) = \mathfrak{F}_\nu(t, a_\nu),$$

---

[1]) Man schließt ganz analog wie Jordan, loc. cit., Nr. 107, 108.

so ist nach dem Mittelwertsatz

$$U_{\Pi} = \sum_{\nu=0}^{n} \mathfrak{F}_{\nu}(\bar{t}_{\nu}, a_{\nu}) t_{\nu}$$

wo $\bar{t}_{\nu}$ einen Mittelwert zwischen 0 und t_{ν} bedeutet. Daher ist

$$U_{\Pi} - W_{\Pi} = \sum_{\nu=0}^{n} r_{\nu} \{ [\mathfrak{F}_{\nu}(\bar{t}_{\nu}, a_{\nu}) - F(\xi_{\nu}, \eta_{\nu}, \cos a_{\nu}, \sin a_{\nu})]$$
$$- [F(\xi_{\nu}, \eta_{\nu}, \cos \omega_{\nu}, \sin \omega_{\nu}) - F(\xi_{\nu}, \eta_{\nu}, \cos a_{\nu}, \sin a_{\nu})] + \left(\frac{t_{\nu}}{r_{\nu}} - 1\right) \mathfrak{F}_{\nu}(\bar{t}_{\nu}, a_{\nu}) \},$$

wenn r_{ν} und ω_{ν} wieder die Länge, resp. die Amplitude des Vektors $Q_{\nu} Q_{\nu+1}$ bedeuten.

Aus der Gleichmäßigkeit der Grenzübergänge (183), (186) und aus der Ungleichung

$$|\mathfrak{F}_{\nu}(\bar{t}_{\nu}, a_{\nu})| \overline{\gtrless} N_0$$

folgt nunmehr, daß man zu jedem positiven ε ein δ_{ε} angeben kann, so daß

$$|U_{\Pi} - W_{\Pi}| < \varepsilon \sum_{\nu=0}^{n} |Q_{\nu} Q_{\nu+1}|,$$

sobald alle Teilintervalle von Π kleiner sind als δ_{ε}. Wenn nun die Kurve $\mathfrak{L}$ rektifizierbar und L ihre Länge ist, so ist

$$\sum_{\nu=0}^{n} |Q_{\nu} Q_{\nu+1}| \overline{\gtrless} L$$

und zugleich wissen wir, daß dann U_{Π} für $\Delta\tau = 0$ gegen eine bestimmte endliche Grenze $J_{\mathfrak{L}}'$ konvergiert. Derselben Grenze muß sich daher auch W_{Π} nähern, was zu beweisen war.

d) **Ausdehnung des Hinlänglichkeitsbeweises auf Kurven der Klasse K:**

Es sei jetzt $\mathfrak{E}_0$ ein die beiden Punkte P_1 und P_2 verbindender Extremalenbogen ohne mehrfache Punkte, welcher ganz im Innern des Bereiches $\mathfrak{R}$ liegt. Wir setzen voraus, daß für den Bogen $\mathfrak{E}_0$ die Bedingungen (II'), (III'), (IV') erfüllt sind. Dann können wir nach § 32, b) den Bogen $\mathfrak{E}_0$ mit einem Feld $\mathcal{S}_{h,k}$ umgeben, in welchem die Ungleichung (198) erfüllt ist.

Weiter sei $\mathfrak{L}$ irgend eine Kurve der Klasse K, welche ebenfalls die beiden Punkte P_1 und P_2 verbindet, ganz im Innern des Feldes $\mathcal{S}_{h,k}$ verläuft und mindestens einen Punkt enthält, welcher nicht auf dem Extremalenbogen $\mathfrak{E}_0$ oder seiner Fortsetzung liegt. Wir wollen beweisen, daß dann

$$J_{\mathfrak{L}} > J_{\mathfrak{E}_0}, \tag{212}$$

unter $J_{\mathfrak{L}}$ das in b) definierte verallgemeinerte Kurvenintegral verstanden.

Beweis: Die Kurve $\mathfrak{L}$ sei wieder durch die Gleichungen (202) dargestellt Wir wählen eine beliebige Teilung Π des Intervalls $[t_1 t_2]$ und konstruieren das zugehörige, der Kurve $\mathfrak{L}$ eingeschriebene Polygon $\mathfrak{P}_{\Pi}$. Da die Kurve $\mathfrak{L}$ ganz im Innern des Feldes $\mathcal{S}_{h,k}$ liegen sollte, so wird auch das Polygon $\mathfrak{P}_{\Pi}$ ganz im Innern von $\mathcal{S}_{h,k}$ liegen, vorausgesetzt, daß die sämtlichen Teilintervalle hinreichend klein gewählt worden sind. Da das Polygon überdies eine gewöhnliche Kurve ist, so folgt aus unseren Voraussetzungen nach § 32, b), daß

$$V_{\Pi} \geqq J_{\mathfrak{E}_0}.$$

Gehen wir daher zur Grenze über und benutzen die Definition (205) für das Integral $J_{\mathfrak{L}}$, so folgt:

$$J_{\mathfrak{L}} \geqq J_{\mathfrak{E}_0}.$$

Es läßt sich nun aber, wie schon WEIERSTRASS[1]) bemerkt hat, noch weiter zeigen, daß unter den gemachten Annahmen stets $J_{\mathfrak{L}} > J_{\mathfrak{E}_0}$. Dies folgt sofort aus dem Osgood'schen Satz, am einfachsten in der in § 46, d) gegebenen Formulierung. Denn ist Q ein Punkt von $\mathfrak{L}$, welcher nicht auf dem Extremalenbogen $\mathfrak{E}_0$ oder dessen Fortsetzung liegt, und ist $a = a_0 + l$ der Wert des Parameters der durch den Punkt Q gehenden Feldextremalen, dann ist: $0 < |l| < k$. Daraus folgt aber nach dem erwähnten Satz, daß sich eine positive Größe ε_l angeben läßt, derart daß für jede gewöhnliche, P_1 und P_2 verbindende Kurve $\mathfrak{C}$, welche durch den Punkt Q geht und ganz im Innern des Feldes verläuft,

$$J_{\mathfrak{C}} - J_{\mathfrak{E}_0} \geqq \varepsilon_l .$$

Beschränken wir uns daher bei dem obigen Grenzprozeß auf solche Teilungen Π, welche den Punkt Q als Teilungspunkt enthalten, was, wie man leicht zeigt, auf denselben Grenzwert für das Integral V_{Π} führt, so ist

$$V_{\Pi} - J_{\mathfrak{E}_0} \geqq \varepsilon_l$$

---

[1]) *Vorlesungen* 1879; den Weierstraß'schen Beweis findet man in § 31, e), meiner *Lectures* durchgeführt Der im Text gegebene Beweis rührt von OSGOOD her, Transactions of the American Mathematical Society, Bd. II (1901) p. 292

und daher, wenn wir zur Grenze übergehen,

$$J_{\mathfrak{L}} - J_{\mathfrak{E}_0} \geqq \varepsilon_l,$$

womit unsere Behauptung bewiesen ist.

Auch der Satz über die Existenz eines Minimums im Kleinen läßt sich auf Vergleichskurven der Klasse K ausdehnen:

Es sei $\mathfrak{R}_0$ ein Bereich, für welchen die Voraussetzungen von § 33, b) erfüllt sind, und es sei r_0 für den Bereich $\mathfrak{R}_0$ definiert wie in § 34, b). Sind dann P_1 und P_2 irgend zwei Punkte von $\mathfrak{R}_0$, deren Entfernung kleiner ist als r_0, und ziehen wir von P_1 nach P_2 einerseits die kürzeste Extremale $\mathfrak{E}_{12}$, andererseits eine beliebige Kurve $\mathfrak{L}$ der Klasse K, welche ganz im Innern des Kreises (P_1, r_0) liegt und mindestens einen Punkt enthält, welcher nicht auf dem Extremalenbogen $\mathfrak{E}_{12}$ liegt, so ist. $J_{\mathfrak{L}} > J_{\mathfrak{E}_{12}}$.

Der Beweis ist ganz analog wie oben mittels des Osgood'schen Satzes, diesmal in der Form von § 34, b), zu führen; an Stelle des Feldes $\mathcal{S}_{h,k}$ tritt jetzt die Kreisfläche (P_1, r_0).

Übungsaufgaben zum fünften Kapitel.

Für die folgenden Flächen *die geodätischen Linien* zu bestimmen und die Frage der *konjugierten Punkte* zu untersuchen, wenn möglich sowohl geometrisch als analytisch

1. Für die *Kugel.*

2. Für die allgemeinste *Zylinderfläche.*

3. Für *abwickelbare Flächen* im allgemeinen. (Jacobi)

4. Für das *Rotationsparaboloid:*

$$x = u \cos v, \qquad y = u \sin v, \qquad z = u^2/2p.$$

Lösung: Bei passender Wahl des Parameters lautet die Gleichung zur Bestimmung des zu t_1 konjugierten Punktes

$$\operatorname{Coth} t - t = \operatorname{Coth} t_1 - t_1 .$$

5*. Für das *Rotationsellipsoid.* (Braunmühl, v. Mangoldt)

6*. Für den *Kreisring.* (Bliss)

7. Die Funktionen F_2 und K für geodätische Linien zu berechnen, wenn das Linienelement in der Form

$$ds^2 = \mathsf{E}(du^2 + dv^2)$$

gegeben ist und die Bogenlänge als Parameter gewählt wird (§ 28, c)).

Lösung:

$$F_2 = \frac{\mathsf{E}_{uu} + \mathsf{E}_{vv}}{2} - \frac{\mathsf{E}_u^2 + \mathsf{E}_v^2}{2\mathsf{E}} - \mathsf{E}\mathsf{E}''$$

$$K = \frac{\mathsf{E}_u^2 + \mathsf{E}_v^2 - \mathsf{E}(\mathsf{E}_{uu} + \mathsf{E}_{vv})}{2\mathsf{E}^3}. \qquad \text{(Underhill)}$$

8. Für folgende Funktionen die *Indikatrix* zu konstruieren und mit deren Hilfe die Frage des starken und schwachen Extremums zu diskutieren:

$$F = yx' + \sqrt{x'^2 + y'^2}$$

$$F = \frac{x'^2 + y'^2}{x\sqrt{x'^2 + y'^2} + yx'}$$

9. *Das Prinzip der kleinsten Aktion für die Bewegung eines materiellen Punktes in einer Ebene*[1]. Ein materieller Punkt von der Masse 1 sei gezwungen, sich in der x, y-Ebene zu bewegen. Unter der Einwirkung einer in der x, y-Ebene gelegenen Kraft, welche eine von der Zeit unabhängige Kräftefunktion $U(x, y)$ besitzt, möge der Punkt aus einer gegebenen Anfangslage $P_0(x_0, y_0)$ bei gegebener Anfangsrichtung und Geschwindigkeit nach Ablauf einer gewissen Zeit in eine Endlage $P_1(x_1, y_1)$ übergehen. Wir bezeichnen den absoluten Wert der Anfangsgeschwindigkeit mit v_0. Bestimmt man dann die Konstante h aus der Gleichung

$$v_0^2 = 2(U(x_0, y_0) + h),$$

so erfüllt die von dem materiellen Punkt beschriebene Bahn die erste notwendige Bedingung für ein Minimum des Integrals

$$\mathfrak{A} = \int_{\tau_0}^{\tau_1} \sqrt{2(U(x, y) + h)} \sqrt{\left(\frac{dx}{d\tau}\right)^2 + \left(\frac{dy}{d\tau}\right)^2}\, d\tau$$

in Beziehung auf die Gesamtheit aller die beiden Punkte P_0 und P_1 verbindenden Kurven der x, y-Ebene

Das Integral $\mathfrak{A}$ wird die „*Aktion*" entlang der betrachteten Kurve genannt

Konjugierte Punkte werden dabei „*konjugierte kinetische Brennpunkte*" genannt

Andeutung: Man benutze die beiden Differentialgleichungen (20) und treffe eine passende Wahl der den Parameter charakterisierenden Zusatzgleichung (§ 26, a)). Welcher Satz der Mechanik wird durch die Form (23b) der Euler'schen Differentialgleichung ausgedrückt? (Jacobi, Darboux, Appell)

10 Das Prinzip der kleinsten Aktion auf die *Bewegung eines schweren materiellen Punktes in einer vertikalen Ebene* anzuwenden (unter Vernachlässigung des Luftwiderstandes).

Der materielle Punkt werde vom Koordinatenanfangspunkt P_0 eines rechtwinkligen Koordinatensystems, dessen positive y-Achse vertikal nach oben gerichtet ist, unter einem Winkel α gegen die Horizontale mit einer Anfangsgeschwindigkeit v_0 fortgeschleudert Der Quotient $v_0/2g$ werde mit k bezeichnet. Die Bahn ist dann eine Parabel mit der Geraden: $y = k$ als Direktrix. Den zu P_0 konjugierten Punkt P_0' zu bestimmen; für welche Werte von α existiert ein solcher, für welche nicht? Geometrische Konstruktion desselben: Die Gerade von der Amplitude. $2\alpha - \frac{\pi}{2}$ durch den Punkt P_0 schneidet die Parabel zum

[1]) Vgl. Kap XI

zweiten Mal im Punkt P_0' Die Tangenten an die Parabel in P_0 und P_0' schneiden sich in einem Punkt T der Geraden $y = k$ (Lindelof's Konstruktion, verallgemeinert, vgl. § 13, c)), und zwar unter einem rechten Winkel. Die Enveloppe der Extremalenschar durch den Punkt P_0 zu bestimmen; welche Bedeutung hat dieselbe für die Aufgabe: bei gegebenem v_0 den Winkel α so zu bestimmen, daß die Bahn durch einen gegebenen zweiten Punkt P_1 hindurchgeht?

(Tait and Steel, Appell)

11. Für das vorangehende Beispiel und für die Extremalenschar durch den Punkt P_0 *das Feldintegral* $W(x, y)$, gerechnet vom Punkt P_0, zu berechnen, a) mittels der Hamilton'schen Formeln (148), b) nach der Methode von § 20

Lösung.

$$W(x, y) = \sqrt{2g}\left((2k - y)\,u - \frac{u^3}{3}\right),$$

wo

$$u = \sqrt{2k - y - \sqrt{4k(k-y) - x^2}}.$$

Dies läßt sich auch in die Form bringen:

$$W(x, y) = \frac{\sqrt{g}}{3}\left\{\left[(2k - y) + \sqrt{x^2 + y^2}\right]^{\frac{3}{2}} - \left[(2k - y) - \sqrt{x^2 + y^2}\right]^{\frac{3}{2}}\right\}.$$

Für den Wert der Aktion vom Punkt P_0 bis zum konjugierten Punkt P_0' ergibt sich hieraus der Wert

$$\frac{1}{3}\,\frac{v_0^3}{g \sin^3 \alpha} \qquad \text{(Darboux)}$$

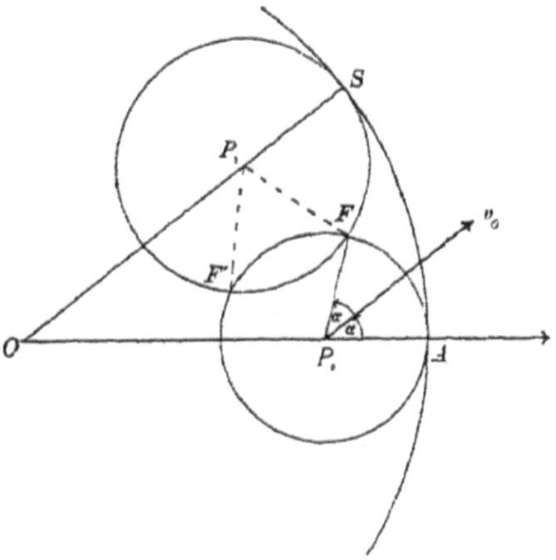

Fig 45

12 Das Prinzip der kleinsten Aktion auf die *Planetenbewegung* anzuwenden.

Die Sonne befinde sich im Pol O eines Systems von Polarkoordinaten r, θ; die Anfangslage P_0 sei gegeben durch $r = r_0$, $\theta = 0$, die Anfangsgeschwindigkeit sei v_0, die Anfangsrichtung bilde mit der Achse den Winkel α; die Anziehungskraft sei μ/r^2. Die Bahn ist eine Ellipse: Parabel oder Hyperbel, jenachdem $v_0^2 < \frac{2\mu}{r_0}$, $= \frac{2\mu}{r_0}$ oder $> \frac{2\mu}{r_0}$. Diese Bedingung ist von α unabhängig Für den Fall der Ellipse ist die große Halbachse a gegeben durch

$$\frac{1}{a} = \frac{2}{r_0} - \frac{v_0^2}{\mu},$$

also ebenfalls von α unabhängig.

Aus den Brennpunktseigenschaften der Ellipse folgen nunmehr folgende Sätze: Der zweite Brennpunkt F liegt auf dem Kreis mit dem Radius $|P_0A| = 2a - r_0$ um den Punkt P_0; der Vektor P_0F bildet mit der Achse den Winkel 2α. Verlängert man die Gerade P_0F bis zu ihrem zweiten Schnittpunkt mit der Ellipse, so ist dieser der zu P_0 konjugierte Punkt P_0'. Die Enveloppe der Extremalenschar durch den Punkt P_0 ist eine Ellipse $\mathfrak{F}$, welche die Punkte O und P_0 zu Brennpunkten hat und durch den Punkt A geht. Bei der Ableitung dieser Resultate gehe man von der Aufgabe aus, bei gegebenem r_0 diejenige Extremale zu bestimmen, welche durch den Punkt P_0 und durch einen zweiten gegebenen Punkt P_1 hindurchgeht: Durch jeden Punkt P_1 im Innern der Ellipse $\mathfrak{F}$ gehen zwei Extremalen von P_0 aus; man verlängere die Gerade OP_1 bis zu ihrem Schnittpunkt S mit dem Kreis um O mit dem Radius $|OA| = 2a$, beschreibe sodann um P_1 einen Kreis mit dem Radius $|P_1S|$; derselbe schneidet den Kreis mit dem Radius $|P_0A|$ um P_0 in zwei Punkten F, F', welche die zweiten Brennpunkte der beiden gesuchten Ellipsen sind. Durch jeden Punkt von $\mathfrak{F}$ geht eine Extremale von P_0 aus. Liegt P_1 außerhalb $\mathfrak{F}$, so geht keine Extremale von P_0 nach P_1. (Jacobi, Tait and Steel)

13. Für die vorangehende Aufgabe die Hamilton'sche partielle Differentialgleichung aufzustellen und ein vollständiges Integral derselben nach der Methode von § 20, c) aus dem ersten Integral $F_{\theta'} = \beta$ der Euler'schen Differentialgleichung abzuleiten.

Lösung

$$\left(\frac{\partial W}{\partial r}\right)^2 + \frac{1}{r^2}\left(\frac{\partial W}{\partial \theta}\right)^2 = 2\left(\frac{\mu}{r} + h\right)$$

$$W = \beta\theta + \sqrt{\mu a}\left\{u + e\sin u - 2\sqrt{1-e^2}\,\operatorname{arctg}\left(\frac{\sqrt{1+e}}{\sqrt{1-e}}\operatorname{tg}\frac{u}{2}\right)\right\} + \gamma,$$

wobei

$$\beta^2 = \mu a(1-e^2), \qquad r = a(1 - e\cos u).$$

Für welche Extremalenschar ist die Schar $W = \text{konst}$ die Transversalenschar?

(Jacobi)

14. *Das Prinzip der kleinsten Aktion auf die Bewegung eines Punktes auf einer beliebigen Fläche auszudehnen.* Hieraus den Satz abzuleiten, daß der Punkt eine geodätische Linie beschreibt, wenn keine Kraft auf ihn wirkt. (Appell)

15. *Das allgemeine Problem der Brachistochrone auf einer Fläche:* Auf einen materiellen Punkt, welcher gezwungen ist, sich auf einer gegebenen Fläche zu bewegen, wirke eine Kraft, welche eine von der Zeit unabhängige Kräftefunktion $U(x, y, z)$ besitzt. Unter allen Kurven, welche auf der Fläche zwischen zwei gegebenen Punkten P_0 und P_1 gezogen werden können, diejenige zu bestimmen, entlang welcher der materielle Punkt in der kürzesten Zeit von P_0 nach P_1 gelangt, wenn ihm im Punkt P_0 eine gegebene Anfangsgeschwindigkeit erteilt wird.

(Appell)

16*. *Die Brachistochrone auf einer Kugel unter der Einwirkung der Schwere* zu bestimmen; die Gestalt der Kurve zu diskutieren: die Frage der konjugierten Punkte zu untersuchen.

17*. Unter allen Kurven, welche zwei gegebene Punkte P_1 und P_2 verbinden, diejenige zu bestimmen, welche das *kleinste Trägheitsmoment* in Beziehung auf einen dritten Punkt P_0 besitzt.

In Polarkoordinaten hat man also das Integral

$$J = \int_{t_1}^{t_2} r^2 \sqrt{r'^2 + r^2\theta'^2}\, dt$$

zu einem Minimum zu machen.

Lösung: Liegen die drei Punkte P_0, P_1, P_2 in gerader Linie, so liefert das gerade Segment $P_1 P_2$ das absolute Minimum

Ist $0 < |\theta_2 - \theta_1| < \frac{\pi}{3}$, so können die beiden Punkte P_1, P_2 durch eine einzige Extremale: $r^3 \cos(3\theta + \alpha) = \beta$ verbunden werden, und diese liefert stets das absolute Minimum.

Ist $|\theta_2 - \theta_1| \gtreqless \frac{\pi}{3}$, so besitzt die Aufgabe keine kontinuierliche Lösung.

(Bonnet, Mason.)

18*. *Die krummlinige Bahn eines Lichtstrahls in einem nicht homogenen, durchsichtigen, einfach brechenden Medium zu bestimmen, dessen absoluter Brechungsexponent n eine stetige Funktion der rechtwinkligen Koordinaten x, y, z des Ortes ist*

Andeutungen: Die Fortpflanzung des Lichtes von einem Punkt P_0 nach einem andern P_1 erfolgt in der kürzesten möglichen Zeit. Da der absolute Brechungsexponent nach der Undulationstheorie umgekehrt proportional der Geschwindigkeit des Lichtes in dem betreffenden Punkt ist, so haben wir daher das Integral[1])

$$J = \int_{\tau_0}^{\tau_1} n\, ds$$

zu einem Minimum zu machen, wo n eine gegebene Funktion von x, y, z bedeutet. Wenn insbesondere n eine Funktion der Entfernung von einem festen Zentrum O ist (eine Bedingung, welche annähernd für die Atmosphären der Himmelskörper erfüllt ist), so liegt die Bahn in einer Ebene durch den Punkt O. Macht man diese Ebene zur x, y-Ebene und den Punkt O zum Koordinatenanfangspunkt, so ist n eine Funktion von $r = \sqrt{x^2 + y^2}$, und das Integral, welches zu einem Minimum zu machen ist, nimmt folgende Gestalt an, wenn wir Polarkoordinaten r, θ mit dem Pol O einführen:

---

[1]) Vgl. auch Appell, *Traité de Mécanique*, Bd I, p. 215.

$$J = \int_{\tau_0}^{\tau_1} f(r) \sqrt{r^2 \left(\frac{d\theta}{d\tau}\right)^2 + \left(\frac{dr}{d\tau}\right)^2}\, d\tau .$$

Der Lichtstrahl möge von einem gegebenen Punkt $r = r_0$, $\theta = 0$ ausgehen und seine Anfangsrichtung möge mit der Achse des Koordinatensystems den Winkel $\frac{\pi}{2} - i$ bilden. Den allgemeinen Charakter der Bahn zu untersuchen, insbesondere in seiner Abhängigkeit von dem Anfangswinkel i, unter der Annahme, daß $f(r)$ für $r = \infty$ sich einer bestimmten endlichen Grenze $\geqq 1$ nähert.

Handelt es sich um die Brechung des Lichts in der Atmosphäre eines Himmelskörpers vom Radius R, so ist eine angenähert richtige Wahl für die Funktion $f(r)$:

$$f(r) = \left(1 + k e^{-\frac{R(r-R)}{\lambda r}}\right)^{\frac{1}{2}},$$

wobei k und λ zwei physikalische Konstante sind. Dabei ist dann noch die Gebietsbeschränkung: $r \geqq R$ hinzuzufügen.

Die Frage der konjugierten Punkte zu untersuchen.[1] (Kummer)

[1]) Die letztere Aufgabe hat Weierstrass in seinen Vorlesungen gestellt.

Sechstes Kapitel.

Der Fall variabler Endpunkte.

§ 36. Die Variationsmethode.

Wir wenden uns jetzt zu einer eingehenden[1]) Diskussion des Problems, das Integral

$$J = \int F(x, y, x', y')\,dt$$

zu einem Minimum zu machen in dem Fall, wo die Endpunkte der zulässigen Kurven nicht beide vorgegeben sind. Wir betrachten zunächst den Fall, *wo der erste der beiden Endpunkte auf einer gegebenen Kurve $\mathfrak{K}$ beweglich ist, während der zweite, P_2, fest und gegeben ist.*

Die Kurve $\mathfrak{K}$ denken wir uns durch einen Parameter a dargestellt:

$$\mathfrak{K}: \qquad x = \tilde{x}(a), \qquad y = \tilde{y}(a), \qquad a_1 \gtreqless a \gtreqless a_2.$$

Wir setzen voraus, daß sie von der Klasse C'' ist und ganz im Bereich $\mathcal{R}$[2]) liegt.

Unsere zulässigen Kurven sind also die Gesamtheit $\mathcal{M}$ aller „gewöhnlichen"[3]) Kurven, welche von der Kurve $\mathfrak{K}$ nach dem Punkt P_2 gezogen werden können, und welche überdies ganz im Bereich $\mathcal{R}$ liegen.

Wir nehmen an, wir hätten eine Kurve

$$\mathfrak{E}_0: \qquad x = \mathring{x}(t), \qquad y = \mathring{y}(t), \qquad t_1 \gtreqless t \gtreqless t_2 \tag{1}$$

gefunden, welche unser Integral J in bezug auf diese Gesamtheit $\mathcal{M}$ zu einem (relativen) Minimum macht. Dieselbe möge von der Klasse C' sein und ganz im Innern des Bereiches $\mathcal{R}$ liegen. Der Punkt der Kurve $\mathfrak{K}$, von dem sie ausgeht, sei P_1 und möge dem Wert $a = a_0$ entsprechen, so daß also

$$\mathring{x}(t_1) = \tilde{x}(a_0), \qquad \mathring{y}(t_1) = \tilde{y}(a_0), \tag{2}$$

---

[1]) Vorübergehend gestreift haben wir das Problem bereits in § 7, beim x-Problem.

[2]) Vgl. § 25, b); die Annahmen über die Funktion F sind dieselben wie dort.

[3]) Vgl. § 25, a)

wobei wir annehmen, daß $a_1 < a_0 < a_2$. Wir schließen dann zunächst ganz wie in § 7, a), daß die gesuchte Kurve $\mathfrak{C}_0$ in erster Linie alle notwendigen Bedingungen für ein Minimum bei festen Endpunkten erfüllen muß. Sie muß also eine *Extremale* sein und überdies müssen die Bedingungen (II), (III). (IV) erfüllt sein Wir nehmen für die weitere Diskussion an, daß alle diese Bedingungen erfüllt sind

Für die weitere Behandlung der Aufgabe sind drei wesentlich verschiedene Methoden entwickelt worden, die wir als *Variationsmethode*, *Differentiationsmethode*[1]) und *Kneser'sche Methode*[2]) unterscheiden wollen Im gegenwärtigen Paragraphen soll die erste derselben, soweit sie sich auf die erste Variation bezieht, besprochen werden.

a) **Die Transversalitätsbedingung:**

Die Variationsmethode besteht darin, daß man für das vorliegende Problem „Normal-Variationen"[3]) von hinreichender Allgemeinheit herstellt, für dieselben δJ und $\delta^2 J$ berechnet, und dann die Bedingungen $\delta J = 0$, $\delta^2 J \gtreqless 0$ diskutiert. Diese Methode, die bis auf LAGRANGE[4]) zurückgeht (1760), führt am einfachsten zu der aus dem Verschwinden der ersten Variation folgenden Transversalitätsbedingung, steht jedoch für die weitere Behandlung des Problems hinter der Differentiationsmethode an Einfachheit und Tragweite zurück.

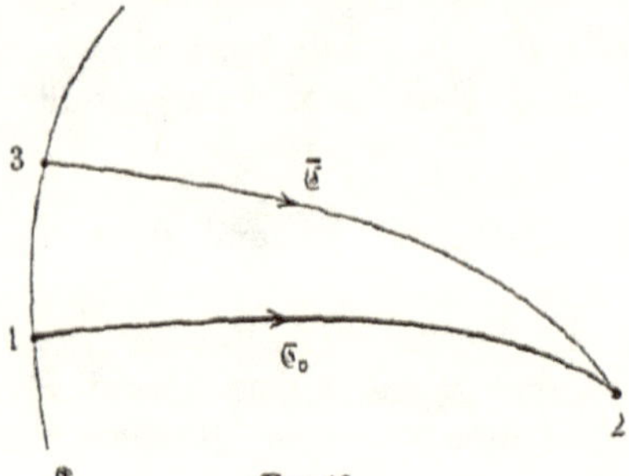

Fig 46

Wir setzen zunächst voraus, daß die Funktion F von den Koordinaten der Endpunkte nicht abhängt.

Es sei P_3 derjenige Punkt von $\mathfrak{K}$, welcher dem Parameter $a = a_0 + \varepsilon$ entspricht, wobei ε eine unendlich kleine Größe bedeutet. Dann ziehen wir eine den Bedingungen einer Normalvariation genügende Kurve

$$\bar{\mathfrak{C}}: \qquad x = \mathring{x}(t) + \xi(t, \varepsilon), \qquad y = \mathring{y}(t) + \eta(t, \varepsilon), \qquad t_1 \gtreqless t \gtreqless t_2$$

vom Punkte P_3 nach dem Punkt P_2. Die Funktionen $\xi(t, \varepsilon)$, $\eta(t, \varepsilon)$ müssen also so gewählt werden, daß für jedes ε:

$$\begin{aligned} \xi(t_1, \varepsilon) &= \tilde{x}(a_0 + \varepsilon) - \tilde{x}(a_0), \quad \xi(t_2, \varepsilon) = 0, \\ \eta(t_1, \varepsilon) &= \tilde{y}(a_0 + \varepsilon) - \tilde{y}(a_0), \quad \eta(t_2, \varepsilon) = 0, \end{aligned} \tag{3}$$

[1]) Vgl. §§ 38—40

[2]) Dieselbe setzt erst nach Ableitung der Transversalitätsbedingung ein Vgl § 41 und Kap. VII.

[3]) Vgl. § 8, a).

[4]) Vgl. LAGRANGE, *Œuvres,* Bd. I, pp. 338, 345

was stets möglich ist, z. B. indem man (wie in § 30, a))

$$\xi(t,\varepsilon) = [\tilde{x}(a_0 + \varepsilon) - \tilde{x}(a_0)]\, u(t),$$
$$\eta(t,\varepsilon) = [\tilde{y}(a_0 + \varepsilon) - \tilde{y}(a_0)]\, v(t)$$

setzt, wobei $u(t)$, $v(t)$ Funktionen von t allein sind, die für $t = t_2$ verschwinden und für $t = t_1$ gleich 1 werden.

Für eine solche Variation erhält man dann nach Gleichung (78) von § 8, da die Kurve $\mathfrak{E}_0$ eine Extremale ist, ganz wie in § 30, a),

$$\delta J = [F_{x'}\delta x + F_{y'}\delta y]_{t_1}^{t_2}, \tag{4}$$

wobei nach (3) im gegenwärtigen Fall

$$\delta x|^1 = \varepsilon\tilde{x}'(a_0), \qquad \delta y|^1 = \varepsilon\tilde{y}'(a_0),$$
$$\delta x|^2 = 0, \qquad \delta y|^2 = 0$$

Die Bedingung $\delta J = 0$ führt also auf das Resultat[1]:

Im Punkt P_1 muß die Relation

$$F_{x'}(x,y,x',y')\tilde{x}' + F_{y'}(x,y,x',y')\tilde{y}'|^1 = 0 \tag{5}$$

erfüllt sein, wobei sich die Ableitungen x', y' auf die Extremale $\mathfrak{E}_0$, die Ableitungen $\tilde{x}'$, $\tilde{y}'$ auf die gegebene Kurve $\mathfrak{K}$ beziehen.

Dies ist die „*Transversalitätsbedingung*" für den Fall der Parameterdarstellung.[2]

---

[1] Weierstrass, *Vorlesungen* 1882; vgl. Kneser, *Lehrbuch*, p. 32.

[2] Die zweite Variation bei variabeln Endpunkten, auf die wir hier nicht eingehen, ist zuerst von Erdmann für das Integral

$$J = \int_{x_1}^{x_2} f(x, y, y')\,dx$$

untersucht worden (Zeitschrift für Mathematik und Physik, Bd. XXIII (1878) p. 364); für das Integral in Parameterdarstellung

$$J = \int_{t_1}^{t_2} F(x, y, x', y')\,dt$$

von Bliss (Transactions of the American Mathematical Society, Bd. III (1902) p. 132, siehe unten § 39; für das allgemeinere Integral

$$J = \int_{x_1}^{x_2} f(x, y_1, y_2, \cdots, y_n, y_1', y_2', \cdots, y_n')\,dx,$$

in dem die unbekannten Funktionen $y_1, y_2, \cdots, y_n$ durch eine Anzahl von Differentialgleichungen verbunden sind, von A. Mayer (Leipziger Berichte (1896) p. 436).

Zur Bestimmung der Integrationskonstanten α, β des allgemeinen Integrals der Euler'schen Differentialgleichung, sowie der unbekannten Größen t_1, t_2, a_0 hat man fünf Gleichungen, nämlich

$$\begin{aligned} f(t_2, \alpha, \beta) &= x_2, & g(t_2, \alpha, \beta) &= y_2, \\ f(t_1, \alpha, \beta) &= \tilde{x}(a_0), & g(t_1, \alpha, \beta) &= \tilde{y}(a_0) \end{aligned} \tag{6}$$

und außerdem die Transversalitätsbedingung (5)

Beispiel XVI: *Die Geodätischen Linien* (Siehe p. 209.)

Für die Transversalitätsbedingung findet man hier leicht die Gleichung

$$\tilde{u}'(\mathsf{E}u' + \mathsf{F}v') + \tilde{v}'(\mathsf{F}u' + \mathsf{G}v')|^1 = 0,$$

welche ausdrückt, daß die geodätische Linie die auf der Fläche gegebene Kurve *orthogonal* schneiden muß [1]

Die im Punkt x_1, y_1 zur Richtung x_1', y_1' transversale Richtung $\tilde{x}_1', \tilde{y}_1'$, die durch die Gleichung (5) definiert ist, läßt sich nach Carathéodory sehr einfach mit Hilfe der *Indikatrix* (§ 30, c)) geometrisch konstruieren. Bezeichnen wir mit θ_1 und $\tilde{\theta}_1$ die Amplituden der beiden Richtungen, so folgt aus (5):

$$\operatorname{tg} \tilde{\theta}_1 = -\frac{F_{x'}(x_1, y_1, \cos\theta_1, \sin\theta_1)}{F_{y'}(x_1, y_1, \cos\theta_1, \sin\theta_1)}.$$

Durch Vergleichung mit Gleichung (128b) von § 30 ergibt sich daraus die Regel:

Um die zur Richtung θ_1 transversale Richtung $\tilde{\theta}_1$ zu erhalten, konstruiere man im Punkt $Q_1(\theta_1)$ der Indikatrix die Tangente Q_1T_1 an die Indikatrix: die Richtung derselben gibt dann die gesuchte transversale Richtung $\tilde{\theta}_1$, (vgl. Fig. 35)

Übrigens ist mit $\tilde{\theta}_1$ stets zugleich auch $\tilde{\theta}_1 + \pi$ transversal zu θ_1.[2])

b) Der Fall, wo die Funktion F die Koordinaten der Endpunkte enthält:[3])

Die Untersuchung gestaltet sich wesentlich anders, wenn die Funktion F die Koordinaten der Endpunkte enthält. In diesem Fall hat man nach p. 50 dem Ausdruck (3) für δJ noch das Zusatzglied

$$\int_{t_1}^{t_2} (F_{x_1}\delta x_1 + F_{y_1}\delta y_1 + F_{x_2}\delta x_2 + F_{y_2}\delta y_2)\, dt$$

hinzuzufügen, wobei

$$\delta x_i = \delta x|^{t_i}, \quad \delta y_i = \delta y|^{t_i}, \qquad (i = 1, 2).$$

da t_1 und t_2 von ε unabhängig sind.

[1]) Vgl. z. B. Bianchi-Lukat, *Differentialgeometrie*, p. 65

[2]) Hierzu die *Übungsaufgaben* Nr. 1—3 am Ende von Kap. IX

[3]) Zuerst behandelt von Lagrange (1769), vgl. *Œuvres*, Bd. II, pp. 47 und 59 Vgl. auch Kneser, *Lehrbuch*, § 12

Unter Benutzung von (4) erhalten wir daher im gegenwärtigen Falle statt der Transversalitätsbedingung (5) die folgende Bedingung:

$$-(\mathring{x}'F_{x'} + \mathring{y}'F_{y'})^1 + \int_{t_1}^{t_2} (F_{x_1}\mathring{x}_1 + F_{y_1}\mathring{y}_1)\, dt = 0, \tag{7}$$

wobei die Argumente von $F_{x'}$, $F_{y'}$ sind: $x_1, y_1, x_1', y_1'; x_1, y_1, x_2, y_2$; diejenigen von F_{x_1}, F_{y_1}:

$$\mathring{x}(t),\ \mathring{y}(t),\ \mathring{x}'(t),\ \mathring{y}'(t);\ x_1, y_1, x_2, y_2.$$

Diese Gleichung ist von wesentlich anderem Charakter als die Transversalitätsbedingung (5), insofern ihre linke Seite nicht nur vom Punkte P_1, sondern gleichzeitig vom Punkte P_2 abhängt.

Beispiel XV. (Siehe p. 207).

Die Brachistochrone für den Fall, daß der Ausgangspunkt P_1 auf einer gegebenen Kurve $\mathfrak{K}$ beweglich ist, während der Endpunkt P_2 gegeben ist.

Dabei setzen wir voraus, daß die gegebene Anfangsgeschwindigkeit v_1 (und daher auch die Konstante k) von den Koordinaten x_1, y_1, x_2, y_2 unabhängig ist.

Die Funktion

$$F = \frac{\sqrt{x'^2 + y'^2}}{\sqrt{y - y_1 + k}}$$

enthält hier in der Tat die Ordinate y_1 des Punktes P_1. Im Punkte P_1 muß also nicht die Transversalitätsbedingung (5), sondern die Bedingung (7) erfüllt sein. Im gegenwärtigen Falle ist

$$F_{x'} = \frac{x'}{\sqrt{x'^2 + y'^2}\sqrt{y - y_1 + k}}, \qquad F_{y'} = \frac{y'}{\sqrt{x'^2 + y'^2}\sqrt{y - y_1 + k}},$$

$$F_{x_1} = 0 \qquad , \qquad F_{y_1} = \frac{\sqrt{x'^2 + y'^2}}{2(\sqrt{y - y_1 + k})^3}.$$

Diese Ausdrücke sind nun für die Extremale $\mathfrak{E}_0$ zu berechnen, d. h. für die Zykloide:

$$x - x_1 + \beta = \alpha(t - \sin t),$$
$$y - y_1 + k = \alpha(1 - \cos t),$$

wobei wir nach einer schon früher gemachten Bemerkung[1]) voraussetzen, daß

$$0 \gtreqless t_1 < t_2 \gtreqless 2\pi.$$

Man findet

$$F_{x'} = \frac{1}{\sqrt{2\alpha}}, \qquad F_{y'} = \frac{\operatorname{cotg}\frac{t}{2}}{\sqrt{2\alpha}}, \qquad F_{y_1} = \frac{1}{2\sqrt{2\alpha}\sin^2\frac{t}{2}}.$$

---

[1]) Vgl. p. 209, Fußnote [1]). Die Einschränkung ist zur Zeichenbestimmung der Quadratwurzeln erforderlich.

Daher nimmt die Bedingung (7) die Form an

$$\tilde{x}_1' + \tilde{y}_1' \operatorname{cotg} \frac{t_2}{2} = 0 \qquad (8)$$

Bezeichnet jetzt θ_2 den Tangentenwinkel der Zykloide im Punkt P_2, θ_1 denjenigen der Kurve $\mathfrak{K}$ im Punkte P_1, so folgt hieraus, da

$$\operatorname{tg} \theta_2 = \operatorname{cotg} \frac{t_2}{2},$$

das Resultat[1])

$$\cos(\theta_2 - \tilde{\theta}_1) = 0, \quad \text{d. h.} \quad \theta_2 = \tilde{\theta}_1 \pm \frac{\pi}{2}.$$

Die Tangente der Zykloide im Punkte P_2 muß also auf der Tangente an die Kurve $\mathfrak{K}$ im Punkte P_1 senkrecht stehen[2]).

§ 37. Das Extremalenintegral.

Ehe wir zur Darstellung der „Differentiationsmethode" übergehen können, müssen wir den wichtigen Begriff des Extremalenintegrals einführen. Dazu haben wir ein an die Sätze von § 27 anknüpfendes Existenztheorem nötig.

a) **Ein Existenztheorem über die Konstruktion einer Extremalen durch zwei gegebene Punkte:**

Es sei ein ganz im Innern des Bereiches $\mathfrak{R}$ gelegener Extremalenbogen $A_1 A_2$ gegeben, dem entlang die Bedingung $F_1 \neq 0$ erfüllt ist. Wir nehmen in der Nähe von A_1 einen Punkt P_1, in der Nähe von A_2 einen Punkt P_2, und stellen uns die Aufgabe, von P_1 nach P_2 eine Extremale $\mathfrak{E}$ zu ziehen.

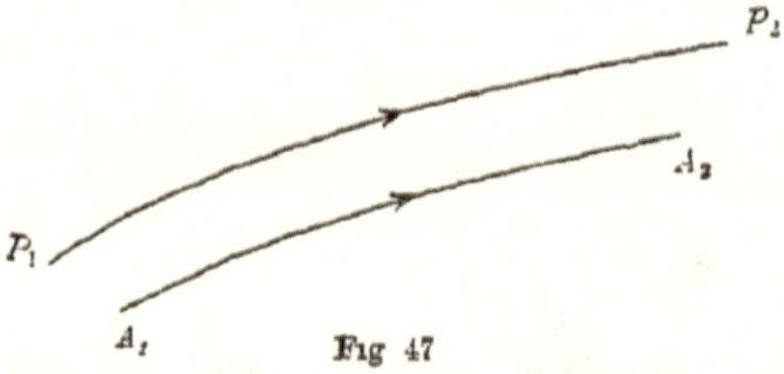

Fig. 47

Die Koordinaten der Punkte A_1, A_2; P_1, P_2 seien a_1, b_1, a_2, b_2; x_1, y_1, x_2, y_2. Der Tangentenwinkel des gegebenen Bogens $A_1 A_2$ im Punkte A_1 sei α_1, derjenige des gesuchten Bogens $P_1 P_2$ im Punkte P_1 sei θ_1; die Länge des Bogens $A_1 A_2$ sei l. Dann können wir nach § 27, c) den gegebenen Extremalenbogen in der Normalform

$$x = \mathfrak{X}(s - s_1;\ a_1, b_1, \alpha_1),\ y = \mathfrak{Y}(s - s_1;\ a_1, b_1, \alpha_1),\ s_1 \gtreqless s \gtreqless l + s_1 \qquad (9)$$

---

[1]) Lagrange hatte in seiner ersten Behandlung der Brachistochrone mit variablen Endpunkten (1760) die Abhängigkeit der Funktion F von y_1 übersehen, und infolgedessen die gewöhnliche Transversalität (hier Orthogonalität) als Bedingung angegeben (*Œuvres*, Bd. I, p. 343). Das Versehen wurde dann von Borda (1767) bemerkt und das obige Resultat angegeben, das dann auch später von Lagrange (1769) nach seiner Methode bewiesen wurde (*Œuvres*, Bd. II, p. 63).

[2]) Hierzu die *Übungsaufgabe* Nr. 4 am Ende von Kap. IX.

schreiben und ebenso den gesuchten in der Form

$$\mathfrak{E}:\quad x=\mathfrak{X}(s-s_1;\,x_1,y_1,\theta_1)\equiv x(s),\ y=\mathfrak{Y}(s-s_1;\,x_1,y_1,\theta_1)\equiv y(s),\qquad s_1 \gtreqless s \gtreqless s_2 \tag{10}$$

Dabei ist s_1 eine beliebige Konstante, für die man z. B. Null wählen kann.

Da die Kurve (10) für $s=s_2$ durch den Punkt P_2 gehen soll, so haben wir zur Bestimmung der beiden unbekannten Größen s_2, θ_1 die beiden Gleichungen

$$\mathfrak{X}(s_2-s_1;\,x_1,y_1,\theta_1)=x_2,\quad \mathfrak{Y}(s_2-s_1;\,x_1,y_1,\theta_1)=y_2. \tag{11}$$

Man überzeugt sich leicht, daß die Bedingungen für die Anwendbarkeit des Satzes über implizite Funktionen erfüllt sind, wofern die Funktionaldeterminante

$$\begin{vmatrix} \mathfrak{X}_s(l;\,a_1,b_1,\alpha_1), & \mathfrak{Y}_s(l;\,a_1,b_1,\alpha_1) \\ \mathfrak{X}_\theta(l;\,a_1,b_1,\alpha_1), & \mathfrak{Y}_\theta(l;\,a_1,b_1,\alpha_1) \end{vmatrix} \neq 0. \tag{12}$$

Diese Determinante ist aber nach § 27, d) nichts anderes als die dort mit Δ bezeichnete Funktionaldeterminante der Extremalenschar durch den Punkt A_1, berechnet für den Punkt A_2. Die Ungleichung (12) drückt also aus, daß der Punkt A_2 nicht zu A_1 (im weiteren Sinne) konjugiert ist. Unter dieser Voraussetzung können wir also die Gleichungen (11) im Sinne von § 22, e) in der Umgebung der Stelle $s_2=l+s_1$, $x_1=a_1$, $y_1=b_1$, $x_2=a_2$, $y_2=b_2$ eindeutig nach s_2, θ_1 auflösen und erhalten so den Satz:[1])

Es sei A_1A_2 ein ganz im Innern des Bereiches $\mathfrak{R}$ gelegener Extremalenbogen, dem entlang $F_1 \neq 0$, und es sei A_2 nicht zu A_1 (im weiteren Sinne) konjugiert. Werden dann die beiden Punkte P_1, P_2 hinreichend nahe bei A_1, resp. A_2 genommen, so kann man von P_1 nach P_2 stets eine eindeutig definierte Extremale ziehen.

Die durch Auflösung der Gleichungen (11) erhaltenen Werte s_2, θ_1 ergeben sich als Funktionen von x_1, y_1, x_2, y_2, welche in der Umgebung der Stelle a_1, b_1, a_2, b_2 von der Klasse C' sind, und an dieser Stelle selbst sich auf $l+s_1$, resp. α_1 reduzieren. Setzt man den gefundenen Wert von θ_1 in (10) ein, so erhält man den Extremalenbogen P_1P_2 dargestellt in der Form

$$\mathfrak{E}:\quad x=X(s;x_1,y_1,x_2,y_2),\qquad y=Y(s;x_1,y_1,x_2,y_2),\qquad s_1 \gtreqless s \gtreqless s_2. \tag{13}$$

---

1) Weierstrass, *Vorlesungen* 1879; Weierstraß benutzt zum Beweis irgendein allgemeines Integral der Euler'schen Differentialgleichung; vgl. Bolza, *Lectures*, p. 175, Fußnote

Für $(x_1, y_1, x_2, y_2) = (a_1, b_1, a_2, b_2)$ reduziert sich derselbe auf den Extremalenbogen $A_1 A_2$.

Ist der letztere nicht in der Normalform (9) gegeben, sondern durch einen beliebigen Parameter t dargestellt:

$$x = x(t), \qquad y = y(t), \qquad t_1 \gtreqless t \gtreqless t_2, \tag{9a}$$

der mit dem Bogen s durch die Parametertransformation

$$s = g(t), \qquad t = h(s) \tag{14}$$

verbunden sein möge, sodaß also: $h(s_1) = t_1$, $h(l + s_1) = t_2$, so wende man auf die Gleichungen (13) die Parametertransformation

$$t = t_1 + \frac{t_2 - t_1}{h(s_2) - t_1}\,(h(s) - t_1)$$

an; dann erhält man den Extremalenbogen $\mathfrak{E}$ dargestellt in der Form

$$\mathfrak{E}: \qquad x = \mathfrak{x}(t; x_1, y_1, x_2, y_2), \qquad y = \mathfrak{y}(t; x_1, y_1, x_2, y_2), \tag{13a}$$

welche, wie man leicht zeigt, die beiden folgenden Eigentümlichkeiten hat:

1. *Die Endpunkte P_1, P_2 entsprechen den von x_1, y_1, x_2, y_2 unabhängigen Werten $t = t_1$, $t = t_2$.*

2. *Für $(x_1, y_1, x_2, y_2) = (a_1, b_1, a_2, b_2)$ gehen die Gleichungen* (13a) *in die gegebenen Gleichungen* (10a) *des Extremalenbogens $A_1 A_2$ über.*

Überdies folgen aus den Identitäten

$$\begin{aligned} x_1 &= \mathfrak{x}(t_1; x_1, y_1, x_2, y_2), \qquad & y_1 &= \mathfrak{y}(t_1; x_1, y_1, x_2, y_2),\\ x_2 &= \mathfrak{x}(t_2; x_1, y_1, x_2, y_2), \qquad & y_2 &= \mathfrak{y}(t_2; x_1, y_1, x_2, y_2) \end{aligned} \tag{15}$$

durch Differentiation nach x_k, y_k die Gleichungen

$$\left.\begin{aligned} \frac{\partial \mathfrak{x}(t_i)}{\partial x_k} &= \delta_{ik}, \qquad & \frac{\partial \mathfrak{x}(t_i)}{\partial y_k} &= 0,\\ \frac{\partial \mathfrak{y}(t_i)}{\partial x_k} &= 0, \qquad & \frac{\partial \mathfrak{y}(t_i)}{\partial y_k} &= \delta_{ik}, \end{aligned}\right\} \; i, k = 1, 2, \tag{16}$$

wobei $\delta_{ik} = 1$ oder 0, je nachdem $k = i$ oder $k \neq i$.

b) **Die ersten partiellen Ableitungen des Extremalenintegrals:**

Wir betrachten jetzt unter Festhaltung der Voraussetzung, daß A_2 nicht zu A_1 konjugiert ist, unser Integral J, genommen entlang der Extremalen $\mathfrak{E}$ von P_1 nach P_2:

$$J_{\mathfrak{E}}(P_1 P_2) = \int_{t_1}^{t_2} F(\mathfrak{x}, \mathfrak{y}, \mathfrak{x}_t, \mathfrak{y}_t)\, dt.$$

Dasselbe ist eine Funktion der Koordinaten x_1, y_1, x_2, y_2 der beiden Punkte P_1, P_2, eindeutig definiert und von der Klasse C'' in der Umgebung der Stelle a_1, b_1, a_2, b_2. Wir bezeichnen diese Funktion mit

$$\mathfrak{J}(x_1, y_1, x_2, y_2)$$

und nennen sie das „*Extremalenintegral*" (oder auch den „*extremalen Abstand*") von P_1 nach P_2; dasselbe ist identisch mit der von HAMILTON[1]) „*Principal Function*" genannten Funktion, im speziellen Fall der geodätischen Linien mit der „*Geodätischen Distanz*"[2]) *der beiden Punkte* $P_1 P_2$.

Es sollen jetzt die partiellen Ableitungen der Funktion $\mathfrak{J}$ nach ihren vier Argumenten berechnet werden.[3]) Aus der Definition folgt zunächst, wenn z irgend eine der vier Größen x_1, y_1, x_2, y_2 bedeutet,

$$\frac{\partial \mathfrak{J}}{\partial z} = \int_{t_1}^{t_2} (F_x \mathfrak{x}_z + F_y \mathfrak{y}_z + F_{x'} \mathfrak{x}_{tz} + F_{y'} \mathfrak{y}_{tz}) dt,$$

da t_1 und t_2 von x_1, y_1, x_2, y_2 unabhängig sind. Wendet man jetzt auf die beiden letzten Glieder rechts die Lagrange'sche partielle Integration an, und beachtet, daß die Funktionen $\mathfrak{x}, \mathfrak{y}$ den Differentialgleichungen

$$F_x - \frac{d}{dt} F_{x'} = 0, \qquad F_y - \frac{d}{dt} F_{y'} = 0$$

genügen, so erhält man

$$\frac{\partial \mathfrak{J}}{\partial z} = [F_{x'} \mathfrak{x}_z + F_{y'} \mathfrak{y}_z]_{t_1}^{t_2}. \tag{17}$$

Spezialisiert man daher die Größe z in (17), macht von den Gleichungen (16) Gebrauch und erinnert sich der Homogeneitätseigenschaften der Funktionen $F_{x'}, F_{y'}$, so erhält man den folgenden Satz[4]):

Die partiellen Ableitungen des Extremalenintegrals haben folgende Werte:

$$\begin{aligned} \frac{\partial \mathfrak{J}}{\partial x_1} &= -F_{x'}(x_1, y_1, p_1, q_1), & \frac{\partial \mathfrak{J}}{\partial y_1} &= -F_{y'}(x_1, y_1, p_1, q_1), \\ \frac{\partial \mathfrak{J}}{\partial x_2} &= F_{x'}(x_2, y_2, p_2, q_2), & \frac{\partial \mathfrak{J}}{\partial y_2} &= F_{y'}(x_2, y_2, p_2, q_2). \end{aligned} \tag{18}$$

---

1) Philosophical Transactions, 1835, Part. I, p 99

2) Vgl. DARBOUX, *Théorie des surfaces*, Bd II, Nr 536

3) Für die ganze weitere Diskussion wird vorausgesetzt, daß F die Koordinaten der Endpunkte nicht enthält.

4) In den allgemeineren Resultaten von HAMILTON enthalten, vgl HAMILTON, loc. cit.; für den Fall der geodätischen Linien gibt DARBOUX die entsprechenden Formeln. Hierzu die *Übungsaufgaben* Nr 13—17 am Ende von Kap. IX.

Darin bedeuten p_1, q_1, resp. p_2, q_2 die Richtungskosinus der positiven Tangente der Extremalen $\mathfrak{E}$ im Punkt P_1, resp P_2.

Wir werden die Formeln (18) die „*allgemeinen Hamilton'schen Formeln*“ nennen, im Gegensatz zu den spezielleren Formeln (148) des fünften Kapitels.

c) **Die zweiten partiellen Ableitungen des Extremalenintegrals:**[1])

Um die zweiten partiellen Ableitungen des Extremalenintegrals zu erhalten, haben wir die ersten partiellen Ableitungen der Tangentenwinkel θ_1, resp. θ_2 der Extremalen $\mathfrak{E}$ in den Punkten P_1, resp P_2 nötig. Die Ableitungen von θ_1 ergeben sich aus (11) nach den Regeln über die Differentiation von impliziten Funktionen, und zwar findet man:

$$\begin{aligned}\frac{\partial \theta_1}{\partial x_1} &= -\frac{u_1(s_2)}{w_1(s_2)}, & \frac{\partial \theta_1}{\partial y_1} &= -\frac{v_1(s_2)}{w_1(s_2)},\\ \frac{\partial \theta_1}{\partial x_2} &= -\frac{y'(s_2)}{w_1(s_2)}, & \frac{\partial \theta_1}{\partial y_2} &= \frac{x'(s_2)}{w_1(s_2)}.\end{aligned} \tag{19}$$

Darin bedeuten in Übereinstimmung mit § 27, Gleichung (56):

$$u_1(s) = \mathfrak{X}_s\mathfrak{Y}_x - \mathfrak{Y}_s\mathfrak{X}_x, \qquad v_1(s) = \mathfrak{X}_s\mathfrak{Y}_y - \mathfrak{Y}_s\mathfrak{X}_y, \qquad w_1(s) = \mathfrak{X}_s\mathfrak{Y}_\theta - \mathfrak{Y}_s\mathfrak{X}_\theta,$$

und die Argumente der partiellen Ableitungen der Funktionen $\mathfrak{X}$, $\mathfrak{Y}$ sind

$$s - s_1, \quad x_1, \quad y_1, \quad \theta_1$$

Um die partiellen Ableitungen von θ_2 zu erhalten, bemerken wir, daß die Extremale $\mathfrak{E}$ sich auch schreiben läßt

$$x = \mathfrak{X}(s - s_2; x_2, y_2, \theta_2) \equiv x(s), \quad y = \mathfrak{Y}(s - s_2; x_2, y_2, \theta_2) \equiv y(s);$$

daher genügen die beiden Funktionen s_2, θ_2 von x_1, y_1, x_2, y_2 auch den beiden Gleichungen

$$x_1 = \mathfrak{X}(s_1 - s_2; x_2, y_2, \theta_2), \qquad y_1 = \mathfrak{Y}(s_1 - s_2; x_2, y_2, \theta_2).$$

Aus diesen erhält man dann analog:

$$\begin{aligned}\frac{\partial \theta_2}{\partial x_1} &= -\frac{y'(s_1)}{w_2(s_1)}, & \frac{\partial \theta_2}{\partial y_1} &= \frac{x'(s_1)}{w_2(s_1)}\\ \frac{\partial \theta_2}{\partial x_2} &= -\frac{u_2(s_1)}{w_2(s_1)}, & \frac{\partial \theta_2}{\partial y_2} &= -\frac{v_2(s_1)}{w_2(s_1)}.\end{aligned} \tag{20}$$

Darin bedeuten u_2, v_2, w_2 dieselben Determinanten wie oben, jedoch mit den Argumenten

$$s - s_2, \quad x_2, \quad y_2, \quad \theta_2.$$

---

[1]) Die folgenden Entwicklungen, die übrigens erst in § 39 zur Anwendung kommen, sind der Dissertation von A. Dresden entnommen, „*The second partial derivatives of Hamilton's principal function and their applications in the calculus of variations,* Transactions of the American Mathematical Society, Bd. IX (1908), p 476

Nunmehr erhält man durch Differentiation der Gleichungen (18) Ausdrücke für die zweiten Ableitungen der Funktion $\mathfrak{J}$. Dieselben lassen sich jedoch wesentlich vereinfachen. Zunächst drücke man die dabei auftretenden zweiten Ableitungen von F nach Gleichung (12a) und (85) des fünften Kapitels durch die Weierstraß'schen Größen F_1, L, M, N aus. Sodann beachte man, daß die Funktionen u_1, v_1, w_1; u_2, v_2, w_2 nach § 29, a) der zur Extremalen $\mathfrak{E}$ gehörigen Jacobi'schen Differentialgleichung genügen, und zwar sind sie hierdurch zusammen mit den folgenden Anfangsbedingungen, die sich aus den Eigenschaften der Funktionen $\mathfrak{X}$, $\mathfrak{Y}$ ergeben, vollständig bestimmt:[1])

$$\begin{aligned}
u_1(s_1) &= -y'(s_1), & u_1'(s_1) &= -y''(s_1),\\
v_1(s_1) &= x'(s_1), & v_1'(s_1) &= x''(s_1),\\
w_1(s_1) &= 0, & w_1'(s_1) &= 1,\\
u_2(s_2) &= -y'(s_2), & u_2'(s_2) &= -y''(s_2),\\
v_2(s_2) &= x'(s_2), & v_2'(s_2) &= x''(s_2),\\
w_2(s_2) &= 0, & w_2'(s_2) &= 1.
\end{aligned} \tag{21}$$

Bezeichnen nun ω_1, resp. ω_2 diejenigen Integrale der zur Extremalen $\mathfrak{E}$ gehörigen Jacobi'schen Differentialgleichung, welche durch die Anfangsbedingungen

$$\begin{aligned}
&\omega_1(s_1) = 1, & \omega_1'(s_1) &= 0,\\
\text{resp.}\quad &\omega_2(s_2) = 1, & \omega_2'(s_2) &= 0
\end{aligned} \tag{22}$$

definiert sind, so folgt

$$\begin{aligned}
u_1 &= -y''(s_1)\,w_1 - y'(s_1)\,\omega_1,\\
v_1 &= x''(s_1)\,w_1 + x'(s_1)\,\omega_1,
\end{aligned}$$

und ebenso

$$\begin{aligned}
u_2 &= -y''(s_2)\,w_2 - y'(s_2)\,\omega_2,\\
v_2 &= x''(s_2)\,w_2 + x'(s_2)\,\omega_2.
\end{aligned}$$

Macht man hiervon Gebrauch und setzt schließlich noch

$$z_1 = \frac{\omega_1}{w_1}, \qquad z_2 = \frac{\omega_2}{w_2}, \tag{23}$$

so erhält man das folgende von Dresden herrührende *Resultat:*

[1]) Vgl. § 27, Gleichungen (51a), (51b) und die aus (51a) durch Differentiation nach x_0, y_0, θ_0 sich ergebenden Gleichungen.

$$\left.\begin{aligned}
&\frac{\partial^2 \mathfrak{J}}{\partial x_1^2} = -L(s_1) + F_1(s_1) y'^2(s_1) z_1(s_2), \quad \frac{\partial^2 \mathfrak{J}}{\partial y_1^2} = -N(s_1) + F_1(s_1) x'^2(s_1) z_1(s_2),\\
&\qquad \frac{\partial^2 \mathfrak{J}}{\partial x_1 \partial y_1} = -M(s_1) - F_1(s_1) x'(s_1) y'(s_1) z_1(s_2),\\
&\frac{\partial^2 \mathfrak{J}}{\partial x_2^2} = L(s_2) - F_1(s_2) y'^2(s_2) z_2(s_1), \quad \frac{\partial^2 \mathfrak{J}}{\partial y_2^2} = N(s_2) - F_1(s_2) x'^2(s_2) z_2(s_1),\\
&\qquad \frac{\partial^2 \mathfrak{J}}{\partial x_2 \partial y_2} = M(s_2) + F_1(s_2) x'(s_2) y'(s_2) z_2(s_1),\\
&\frac{\partial^2 \mathfrak{J}}{\partial x_1 \partial x_2} = -\frac{F_1(s_1) y'(s_1) y'(s_2)}{w_1(s_2)}, \qquad \frac{\partial^2 \mathfrak{J}}{\partial x_2 \partial x_1} = \frac{F_1(s_2) y'(s_1) y'(s_2)}{w_2(s_1)},\\
&\frac{\partial^2 \mathfrak{J}}{\partial x_1 \partial y_2} = \frac{F_1(s_1) y'(s_1) x'(s_2)}{w_1(s_2)}, \qquad \frac{\partial^2 \mathfrak{J}}{\partial y_2 \partial x_1} = -\frac{F_1(s_2) y'(s_1) x'(s_2)}{w_2(s_1)},\\
&\frac{\partial^2 \mathfrak{J}}{\partial y_1 \partial x_2} = \frac{F_1(s_1) x'(s_1) y'(s_2)}{w_1(s_2)}, \qquad \frac{\partial^2 \mathfrak{J}}{\partial x_2 \partial y_1} = -\frac{F_1(s_2) x'(s_1) y'(s_2)}{w_2(s_1)},\\
&\frac{\partial^2 \mathfrak{J}}{\partial y_1 \partial y_2} = -\frac{F_1(s_1) x'(s_1) x'(s_2)}{w_1(s_2)}, \qquad \frac{\partial^2 \mathfrak{J}}{\partial y_2 \partial y_1} = \frac{F_1(s_2) x'(s_1) x'(s_2)}{w_2(s_1)}.
\end{aligned}\right\} \tag{24}$$

Die hieraus folgende Relation

$$F_1(s_2) w_1(s_2) + F_1(s_1) w_2(s_1) = 0 \tag{25}$$

verifiziert man direkt, indem man den Abel'schen Satz von § 11, b) auf die beiden Integrale w_1, w_2 der Jacobi'schen Differentialgleichung anwendet:

$$w_1(s) w_2'(s) - w_2(s) w_1'(s) = \frac{C}{F_1(s)},$$

und dann einmal $s = s_1$, einmal $s = s_2$ setzt.

Daß $w_1(s_2)$ und $w_2(s_1)$ von Null verschieden sind, wenn die beiden Punkte P_1, P_2 hinreichend nahe bei A_1, A_2 liegen, folgt aus der Voraussetzung (12).

Ebenfalls aus dem Abel'schen Satz folgen die später zu benutzenden Formeln

$$\begin{aligned}
w_1(s)\omega_1'(s) - \omega_1(s) w_1'(s) &= -\frac{F_1(s_1)}{F_1(s)}\\
w_2(s)\omega_2'(s) - \omega_2(s) w_2'(s) &= -\frac{F_1(s_2)}{F_1(s)}.
\end{aligned} \tag{26}$$

Die Funktionen $w_1(s)$, $\omega_1(s)$ lassen sich leicht mittels der Weierstraß'schen Funktion $\Theta(s, s_1)$ von § 29, a) und deren partieller Ableitung nach s_1

$$Z(s, s_1) = \frac{\partial \Theta(s, s_1)}{\partial s_1} \tag{27}$$

ausdrücken:

$$w_1(s) = -\frac{\Theta(s, s_1)}{Z(s_1, s_1)}, \qquad \omega_1(s) = \frac{Z(s, s_1)}{Z(s_1, s_1)} \tag{28}$$

und analog für die Funktionen $w_2(s)$, $\omega_2(s)$.

Die Ausdrücke für die zweiten Ableitungen des Extremalenintegrals sind unter der speziellen Voraussetzung abgeleitet worden, daß als Parameter auf der Extremalen $\mathfrak{E}$ die Bogenlänge s gewählt worden ist. Sie bleiben jedoch unverändert bestehen, wenn die Extremale $\mathfrak{E}$ durch einen beliebigen anderen Parameter dargestellt ist. Denn geht man von einem Parameter t zu einem neuen Parameter $\bar{t}$ über mittels der Transformation $t = \varrho(\bar{t})$, so erhält man unter Benutzung der Homogeneitätseigenschaften der Funktion F und ihrer partiellen Ableitungen (§ 25) folgende Transformationsformeln:

$$\begin{gathered} \overline{L} = L - \frac{\varrho''}{\varrho'^2} y'^2 F_1, \qquad \overline{N} = N - \frac{\varrho''}{\varrho'^2} x'^2 F_1, \\ \overline{M} = M + \frac{\varrho''}{\varrho'^2} x' y' F_1. \end{gathered} \tag{29}$$

$$\begin{aligned} \overline{\Theta}(\bar{t}, \bar{t}_1) &= \varrho'(\bar{t}) \varrho'(\bar{t}_1) \Theta(t, t_1), \\ Z(\bar{t}, \bar{t}_1) &= \varrho'(\bar{t}) \varrho'^2(\bar{t}_1) Z(t, t_1) + \varrho'(\bar{t}) \varrho''(\bar{t}_1) \Theta(t, t_1), \end{aligned} \tag{30}$$

aus denen sich die Invarianz der rechten Seiten der Gleichungen (24) unter einer beliebigen Parametertransformation sofort ergibt.

§ 38. Die Differentiationsmethode.[1]

Wir kehren jetzt zu der im Eingang von § 36 formulierten Aufgabe zurück, um dieselbe nach der zweiten der dort genannten Methoden, der Differentiationsmethode, in Angriff zu nehmen. Wir wollen den äußerst einfachen Grundgedanken dieser Methode zunächst an dem Beispiel der kürzesten Kurve von einer gegebenen Kurve $\mathfrak{K}$ nach einem gegebenen Punkte P_2 erläutern. Nachdem man durch Betrachtung von Variationen mit festen Endpunkten gezeigt hat, daß die Extremalen gerade Linien sind, hat man des weiteren nur noch die Aufgabe zu lösen: Unter allen Geraden, welche von der Kurve $\mathfrak{K}$ nach dem Punkte P_2 gezogen werden können, die kürzeste zu suchen; und das ist ein Problem der Theorie der gewöhnlichen Maxima und Minima. Die Entfernung der beiden Punkte P_3 und P_2, (die nichts anderes ist als das Extremalenintegral für das vorliegende Beispiel), ist

$$\mathfrak{J}(x_3, y_3, x_2, y_2) = \sqrt{(x_3 - x_2)^2 + (y_3 - y_2)^2}.$$

[1]) Der Grundgedanke der Methode scheint auf Poisson und Jacobi zurückzugehen; vgl. auch Dienger, *Grundriß der Variationsrechnung* (1867) p. 27. Im einzelnen durchgeführt worden, und zwar auch für die Glieder zweiter Ordnung, ist die Methode zuerst von A. Mayer für das allgemeine Lagrange'sche Problem, Leipziger Berichte (1884) p. 99 und später nochmals in der oben (p. 303 Fußnote [2])) zitierten Arbeit von 1896.

Man hat also einfach die Funktion

$$\sqrt{(\tilde{x}(a) - x_2)^2 + (\tilde{y}(a) - y_2)^2}$$

der Variabeln a zu einem Minimum zu machen.

Da die gerade Verbindungslinie zweier Punkte ausnahmslos die absolut kürzeste Verbindungskurve der beiden Punkte ist, so liefert in der Tat die Methode hier offenbar nicht nur notwendige, sondern auch hinreichende Bedingungen.

Ganz analog ist die Schlußweise im allgemeinen Falle: Man zerlegt das Problem in zwei scharf getrennte Teile. Zunächst löst man das Problem bei festen, aber unbestimmten Endpunkten, bestimmt dann die Integrationskonstanten als Funktionen der Koordinaten der beiden Endpunkte und berechnet das zugehörige Extremalenintegral $\mathfrak{J}(x_1, y_1, x_2, y_2)$. Der zweite Teil der Aufgabe besteht dann darin, daß man die Funktion $\mathfrak{J}(x_1, y_1, x_2, y_2)$ unter den durch die Aufgabe vorgeschriebenen Nebenbedingungen zu einem Minimum macht, was eine Aufgabe der Theorie der *gewöhnlichen Maxima und Minima* ist. Das läuft darauf hinaus, daß man nur solche Variationen der gesuchten Kurve $\mathfrak{E}_0$ betrachtet, welche selbst Extremalen sind.

Es ist klar, daß man auf diese Weise notwendige Bedingungen erhält; ob auch hinreichende, das ist im allgemeinen Falle nicht so selbstverständlich, wie es nach Analogie des obigen Beispiels scheinen könnte Daher sind auch die Einwände, die ERDMANN[1]) gegen die Methode erhoben hat, an sich berechtigt. Trotzdem führt die Methode, wenigstens in einem etwas beschränkteren Sinne, auch zu hinreichenden Bedingungen, wenn man die bekannten hinreichenden Bedingungen für gewöhnliche Maxima und Minima mit den hinreichenden Bedingungen für das Variationsproblem mit festen Endpunkten verbindet.[2])

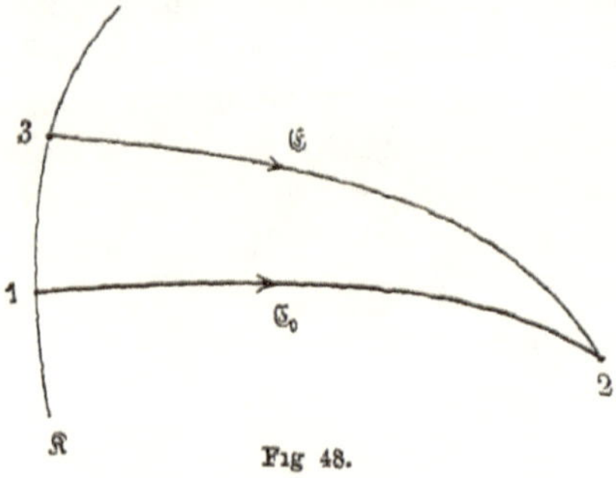

Fig 48.

Wir fügen für die weitere Diskussion den im Eingang von § 36 aufgezählten Voraussetzungen über den Extremalenbogen $\mathfrak{E}_0$ die weitere hinzu, daß die Legendre'sche und Jacobi'sche Bedingung in der stärkeren Form (II') und (III') von § 32, b) erfüllt sind. Dann sind die Voraussetzungen der beiden Sätze von § 37 für den Extremalenbogen $\mathfrak{E}_0$ erfüllt, wobei anstelle der dort mit

[1]) Zeitschrift für Mathematik und Physik, Bd. XXIII, (1878) p. 364.
[2]) Vgl. BOLZA, *Lectures*, § 23, e).

A_1, A_2, resp. P_1, P_2 bezeichneten Punkte die Punkte P_1, P_2, resp. P_3, P_2 treten

Wird daher der Punkt P_3 hinreichend nahe bei P_1 angenommen, so geht von P_3 nach P_2 eine eindeutig definierte Extremale $\mathfrak{E}$, dargestellt durch die Gleichungen (13a), wenn man darin x_1, y_1 durch x_3, y_3 ersetzt. Der Wert des Integrals J, genommen von P_3 entlang $\mathfrak{E}$ nach P_2, ist dann gegeben durch das Extremalenintegral

$$\mathfrak{J}(x_3, y_3, x_2, y_2)$$

Da der Punkt P_3 auf der gegebenen Kurve $\mathfrak{K}$ liegt, so ist hierin

$$x_3 = \tilde{x}(a), \qquad y_3 = \tilde{y}(a) \tag{31}$$

zu setzen, wenn a der Parameter von P_3 auf der Kurve $\mathfrak{K}$ ist, (so daß also in der Bezeichnung von § 36, a) $a = a_0 + \varepsilon$). Durch Einsetzen dieser Werte geht das Extremalenintegral in eine Funktion der einzigen Variabeln a über, die wir mit $J(a)$ bezeichnen, so daß

$$J(a) = \mathfrak{J}(\tilde{x}(a), \tilde{y}(a), x_2, y_2). \tag{32}$$

Die Funktion $J(a)$ muß nun nach dem im Eingang dieses Abschnitts Gesagten für $a = a_0$ ein Minimum besitzen, es muß also sein:

$$J'(a_0) = 0, \qquad J''(a_0) > 0. \tag{33}$$

Nun ist aber nach (32)

$$J'(a) = \frac{\partial \mathfrak{J}}{\partial x_1}\tilde{x}' + \frac{\partial \mathfrak{J}}{\partial y_1}\tilde{y}';$$

setzt man hierin für die Ableitungen von $\mathfrak{J}$ ihre Werte aus (18) ein und beachtet die Homogeneität von $F_{x'}, F_{y'}$, so erhält man:

$$J'(a) = -\{\tilde{x}'F_{x'}(x, y, x', y') + \tilde{y}'F_{y'}(x, y, x', y')\}|^3. \tag{34}$$

Für $a = a_0$ ergibt sich hieraus unmittelbar die *Transversalitätsbedingung* in derselben Form (5) wie in § 36, a).

Ist die Kurve $\mathfrak{K}$ nicht in Parameterdarstellung, sondern durch eine Gleichung $\chi(x, y) = 0$ gegeben, so hat man die Funktion

$$\mathfrak{J}(x_1, y_1, x_2, y_2)$$

der beiden Variabeln x_1, y_1 mit der Nebenbedingung

$$\chi(x_1, y_1) = 0$$

zu einem Minimum zu machen, was nach den bekannten Regeln für bedingte Minima auf die Transversalitätsbedingung in der Form

$$F_{x'}(x_1, y_1, x_1', y_1')\chi_y(x_1, y_1) - F_{y'}(x_1, y_1, x_1', y_1')\chi_x(x_1, y_1) = 0 \tag{35}$$

führt, in Übereinstimmung mit (5).

Ebenso leicht läßt sich die Differentiationsmethode auf das allgemeinere Problem[1]) anwenden:

Das Integral

$$J = \int F(x, y, x', y')\, dt$$

zu einem Minimum zu machen, während zwischen den Koordinaten der Endpunkte eine Anzahl von Relationen gegeben ist

$$\chi_\nu(x_1, y_1, x_2, y_2) = 0.$$

Die Anzahl der voneinander unabhängigen Relationen kann nicht größer als vier sein. Ist sie genau gleich vier, so haben wir den Fall fester Endpunkte.

Sind beide Endpunkte vollständig frei beweglich, so erhält man die vier Bedingungen

$$F_{x'}|^1 = 0, \quad F_{y'}|^1 = 0, \quad F_{x'}|^2 = 0, \quad F_{y'}|^2 = 0.$$

§ 39 Die Brennpunktsbedingung.

Wir fügen jetzt den im Eingang von §§ 36 und 38 über den Extremalenbogen $\mathfrak{E}_0$ gemachten Annahmen die weitere Annahme hinzu, daß im Punkt P_1 die Transversalitätsbedingung (5) erfüllt ist, und wenden uns nun, im weiteren Verfolg der Differentiationsmethode, zur Diskussion der Bedingung

$$J''(a_0) \gtreqless 0 \tag{33_2}$$

a) **Berechnung**[2]) **von $J''(a_0)$; Einführung des Brennpunktes:**

Aus der Definition (32) der Funktion $J(a)$ folgt unmittelbar

$$J''(a_0) = \frac{\partial \mathfrak{J}}{\partial x_1}\tilde{x}'' + \frac{\partial \mathfrak{J}}{\partial y_1}\tilde{y}'' + \frac{\partial^2 \mathfrak{J}}{\partial x_1^2}\tilde{x}'^2 + 2\frac{\partial^2 \mathfrak{J}}{\partial x_1 \partial y_1}\tilde{x}'\tilde{y}' + \frac{\partial^2 \mathfrak{J}}{\partial y_1^2}\tilde{y}'^2 \Big|^1.$$

Trägt man hierin die Werte für die Ableitungen von $\mathfrak{J}$ aus (18) und (24) ein und setzt

$$\begin{aligned} A_1 &= \tilde{x}'' F_{x'} + \tilde{y}'' F_{y'} + L\tilde{x}'^2 + 2M\tilde{x}'\tilde{y} + N\tilde{y}'^2 \,|^1, \\ B_1 &= (x'\tilde{y}' - y'\tilde{x}')^2 F_1 \,|^1, \end{aligned} \tag{36}$$

wobei die Argumente von $F_{x'}$, $F_{y'}$, F_1, L, M, N sich auf die Extremale $\mathfrak{E}_0$ und den Punkt P_1 beziehen, so erhält man

$$J''(a_0) = -A_1 + B_1 z_1(t_2), \tag{37}$$

wobei die Funktion $z_1(t)$ durch (23) definiert ist und t statt s geschrieben ist, da der Parameter auf der Extremalen $\mathfrak{E}_0$ beliebig ist.[3])

[1]) Vgl. Kneser, *Lehrbuch*, § 10. [2]) Nach Dresden, loc. cit p. 474

[3]) Vgl die Bemerkung am Ende von § 37, c)

In dem Ausnahmefall, wo: $x_1'\tilde{y}_1' - y_1'\tilde{x}_1' = 0$, wo also die Extremale $\mathfrak{E}_0$ die Kurve $\mathfrak{K}$ im Punkt P_1 berührt, reduziert sich die Bedingung (33_2) auf: $A_1 \gtreqless 0$, also eine Bedingung, die von der Lage des Punktes P_2 auf der Extremalen[1]) $\mathfrak{E}_0^*$ unabhängig ist.

Wir lassen diesen Ausnahmefall in der Folge beiseite und setzen voraus, daß

$$x_1'\tilde{y}_1' - y_1'\tilde{x}_1' \neq 0, \tag{38}$$

d. h. daß die Kurven $\mathfrak{E}_0$ und $\mathfrak{K}$ sich im Punkt P_1 nicht berühren. In diesem Fall hängt $J''(a_0)$ von der Lage des Punktes P_2 ab. Wir lassen daher den Punkt P_2 die Extremale vom Punkt P_1 bis zu dem zu P_1 konjugierten Punkt P_1' durchlaufen und untersuchen, wie sich dabei das Zeichen von $J''(a_0)$ ändert.

Wegen der Voraussetzungen (II') und (38) ist $B_1 > 0$. Ferner folgt aus (23) und (26), daß

$$\frac{dz_1(t)}{dt} = -\frac{F_1(t_1)}{F_1(t)\,w_1^2(t)}, \tag{39}$$

also stets positiv. Überdies ist nach (21) und (22)

$$z_1(t_1+0) = +\infty; \quad \text{dagegen} \quad z_1(t_1'-0) = -\infty, \tag{40}$$

da nach dem Sturm'schen Satz von § 11, c) die Funktion $\omega_1(t)$ in t_1 und t_1' entgegengesetztes Zeichen hat.

Während also der Punkt P_2 die Extremale $\mathfrak{E}_0^*$ vom Punkt P_1 bis zum Punkt P_1' durchläuft, nimmt $J''(a_0)$ beständig ab von $+\infty$ bis $-\infty$, passiert also genau einmal durch den Wert 0. Denjenigen Wert von t, für welchen dies eintritt, bezeichnen wir mit t_1''. Dann ist also

$$J''(a_0)\begin{cases} >0, & \text{wenn } t_2 < t_1'', \\ =0, & \text{wenn } t_2 = t_1'', \\ <0, & \text{wenn } t_2 > t_1''. \end{cases} \tag{41}$$

Für ein Minimum[2]) ist also nötig, daß

$$t_2 \gtreqless t_1''. \tag{42}$$

Derjenige Punkt P_1'' der Extremalen $\mathfrak{E}_0^*$, welcher dem Parameter $t = t_1''$ entspricht, heißt nach Kneser[3]) aus später ersichtlichen Gründen *der Brennpunkt der Kurve $\mathfrak{K}$ auf der Extremalen $\mathfrak{E}_0^*$*.

[1]) Vgl wegen der Bezeichnung § 27, c).

[2]) Für spätere Anwendung (§ 42) beachte man, daß die Funktion $J(a)$ im Fall $t_2 > t_1''$ für $a = a_0$ ein Maximum besitzt.

[3]) Vgl. Kneser, *Lehrbuch* § 24; Bliss gebraucht statt dessen „critical point", und diese Bezeichnung ist von Zermelo und Hahn adoptiert worden (*Encyclopadie*, IIA, p. 630). Wenn kein konjugierter Punkt P_1' auf der Extremalen $\mathfrak{E}^*$ existiert, so braucht auch nicht notwendig ein Brennpunkt P_1'' zu existieren Im letzteren Fall ist $J''(a_0) > 0$ auf der ganzen Extremalen $\mathfrak{E}_0^*$. Wir schreiben auch in diesem Fall : $t_2 < t_1''$.

Somit können wir den Satz aussprechen:

Für ein Minimum des Integrals J unter den angegebenen Endpunktsbedingungen ist weiterhin nötig, daß der Brennpunkt P_1'' *der Kurve* $\mathfrak{K}$ *auf der Extremalen* $\mathfrak{E}_0^*$ *nicht zwischen den beiden Punkten* P_1 *und* P_2 *liegt.*

Die Gleichung $J''(a_0) = 0$, welcher der Wert t_1'' genügt, können wir nach (27) und (28) auch schreiben[1])

$$H(t, t_1) \equiv A_1 \Theta(t, t_1) + B_1 \frac{\partial \Theta(t, t_1)}{\partial t_1} = 0, \tag{43}$$

und zwar ist t_1'' definiert als die zunächst auf t_1 folgende Wurzel dieser Gleichung.

Mit Hilfe der Gleichungen (21), (22), (27) und (28) verifiziert man leicht, daß

$$A_1 H(t_1, t_1) + B_1 H_t(t_1, t_1) = 0 \tag{44}$$

Die Funktion $H(t, t_1)$ kann daher, abgesehen von einem konstanten Faktor, auch als dasjenige Integral der Jacobi'schen Differentialgleichung definiert werden, welches der Anfangsbedingung (44) genügt.[2]) Denn ist $u(t)$ ein zweites Integral der Jacobi'schen Differentialgleichung, welches derselben Anfangsbedingung genügt,

$$A_1 u(t_1) + B_1 u'(t_1) = 0,$$

so folgt, da $B_1 \neq 0$,

$$Hu' - uH' \,|^{t_1} = 0,$$

und dies ist nach § 11, b) Zusatz I, nur möglich, wenn $u = konst.\ H$.

b) Abhängigkeit des Brennpunktes von der Krümmung der Kurve $\mathfrak{K}$ im Punkt P_1:

In den Ausdruck für die Funktion $H(t, t_1)$ kann man statt der beiden Ableitungen $\tilde{x}_1''$, $\tilde{y}_1''$ die Krümmmung der Kurve $\mathfrak{K}$ im Punkt P_1 einführen, also die Größe

$$\frac{1}{\tilde{r}} = \frac{\tilde{x}'\tilde{y}'' - \tilde{y}'\tilde{x}''}{(\tilde{x}'^2 + \tilde{y}'^2)^{\frac{3}{2}}}\Bigg|^1,$$

wenn man — unter Festhaltung der Voraussetzung (38) — aus den beiden Gleichungen

$$\tilde{x}' F_{x'} + \tilde{y}' F_{y'} \,|^1 = 0, \quad x' F_{x'} + y' F_{y'} \,|^1 = F \,|^1 \tag{45}$$

die Größen $F_{x'} |^1$ und $F_{y'} |^1$ berechnet und in A_1 einsetzt.

---

[1]) In dieser Form zuerst von Bliss gegeben (Transactions of the American Mathematical Society, Bd. III (1902), p. 136) und aus der zweiten Variation abgeleitet. Unsere Bezeichnung weicht von der Bliss'schen um einen unwesentlichen konstanten Faktor ab. Die entsprechende Gleichung für das x-Problem findet man bei Bolza, *Lectures*, § 23, e).

[2]) Vgl. Bliss, loc cit.

Bezeichnen θ_1 und $\tilde{\theta}_1$ die Tangentenwinkel von $\mathfrak{E}_0$, resp. $\mathfrak{K}$ im Punkt P_1, und setzt man zur Abkürzung

$$\left.\begin{aligned} C_1 &= \frac{F}{\sqrt{x'^2 + y'^2} \sin(\theta - \tilde{\theta})}\Bigg|^{1}, \\ D_1 &= L\cos^2\tilde{\theta} + 2M\cos\tilde{\theta}\sin\tilde{\theta} + N\sin^2\tilde{\theta}\,\Big|^{1}, \\ E_1 &= (x'^2 + y'^2)\sin^2(\theta - \tilde{\theta})F_1\,\Big|^{1}, \end{aligned}\right\} \tag{46}$$

so nimmt die Gleichung zur Bestimmung des Brennpunktes nach (37) die Form an

$$-\left(\frac{C_1}{\tilde{r}} + D_1\right) + E_1 z_1(t_1'') = 0 \tag{47}$$

Denken wir uns die Extremale $\mathfrak{E}_0$ und den Punkt P_1 festgehalten und die Kurve $\mathfrak{K}$ variiert, aber so, daß die Richtung ihrer Tangente im Punkt P_1 unverändert, somit die Transversalitätsbedingung erfüllt bleibt, so zeigt die vorangehende Gleichung, daß der Brennpunkt P_1'' ungeändert bleibt, solange die Krümmung der Kurve $\mathfrak{K}$ im Punkte P_1 dieselbe bleibt, sich dagegen im allgemeinen[1]) ändert, wenn die Krümmung sich ändert. Um die Abhängigkeit zwischen beiden näher zu untersuchen, lösen wir die Gleichung (47) nach $\frac{1}{\tilde{r}}$ auf:

$$\frac{C_1}{\tilde{r}} = E_1 z_1(t_1'') - D_1,$$

und betrachten $\frac{1}{\tilde{r}}$ als Funktion von t_1''.

Aus (39) und (40) folgt daher für den Fall, daß der konjugierte Punkt P_1' existiert, das Resultat:

Während t_1'' von t_1 bis t_1' wächst, nimmt die Krümmung $\frac{1}{\tilde{r}}$ ab (zu), und zwar von $+\infty$ $(-\infty)$ bis $-\infty$ $(+\infty)$, wenn C_1 positiv (negativ) ist.

Hieraus ergibt sich zugleich das Verhalten der inversen Funktion t_1'' als Funktion von $\frac{1}{\tilde{r}}$.

Berücksichtigt man noch die geometrische Bedeutung des Vorzeichens von $\frac{1}{\tilde{r}}$ (vgl. § 25a)), so läßt sich das Resultat[2]) auch folgendermaßen aussprechen.

Läßt man den Krümmungsradius $\tilde{r}$ der Kurve $\mathfrak{K}$ im Punkt stetig sich ändern, und zwar von 0 bis ∞ auf derselben Seite von $\mathfrak{K}$, auf welcher $\mathfrak{E}_0$ liegt, und dann von ∞ bis 0 auf der entgegengesetzten Seite, so bewegt sich der Brennpunkt P_1'' stetig vom Punkt P_1 nach dem konjugierten Punkt P_1', wenn $F(x_1, y_1, x_1', y_1') > 0$, dagegen vom Punkt P_1' nach dem Punkt P_1, wenn $F(x_1, y_1, x_1', y_1') < 0$.

[1]) Ist $F(x_1, y_1, x_1', y_1') = 0$, (was wegen (38) und (45) nur eintreten kann, wenn gleichzeitig $F_{x'}\big|^{1} = 0$, $F_{y'}\big|^{1} = 0$), so ist $C_1 = 0$ und t_1'' von der Krümmung unabhängig; wir setzen in der weiteren Diskussion voraus, daß

$$F(x_1, y_1, x_1', y_1') \neq 0. \tag{48}$$

Aus dieser Annahme zusammen mit der vorausgesetzten Transversalitätsbedingung (5) folgt übrigens rückwärts die Ungleichung (38).

[2]) Satz und Beweis nach Bliss, loc. cit. p. 138.

c) Beispiel I bei variablem Anfangspunkt:[1])

Hier ist
$$F = y\sqrt{x'^2 + y'^2}$$
Die Extremalen sind Kettenlinien mit der x-Achse als Direktrix. Wir schreiben insbesondere die Extremale $\mathfrak{E}_0$ in der Form
$$\mathfrak{E}_0: \qquad x = \beta_0 + \alpha_0 t, \quad y = \alpha_0 \operatorname{Ch} t$$
Die Transversalitätsbedingung lautet:
$$y(\tilde{x}' x' + \tilde{y}' y') = 0.$$
Die Kettenlinie $\mathfrak{E}_0$ muß also im Punkt P_1 zu der gegebenen Kurve $\mathfrak{K}$ *orthogonal* sein.

Ferner ergibt eine einfache Rechnung
$$L = -\operatorname{Th} t, \quad M = \frac{1}{\operatorname{Ch} t}, \quad N = \operatorname{Th} t,$$
und daraus, wenn wir die positive Richtung der Kurve $\mathfrak{K}$ so wählen, daß
$$\tilde{\theta}_1 - \theta_1 = +\frac{\pi}{2},$$
$$C_1 = -\alpha_0 \operatorname{Ch} t_1, \quad D_1 = -\operatorname{Th} t_1, \quad E_1 = 1$$
Endlich findet man
$$\Theta(t, t_1) = \alpha_0^2 \{\operatorname{Sh} t \operatorname{Sh} t_1 (t - t_1) + \operatorname{Sh} t \operatorname{Ch} t_1 - \operatorname{Sh} t_1 \operatorname{Ch} t\}$$
Hieraus ergibt sich *zur Bestimmung des Brennpunktes die Gleichung*[2])
$$a(\operatorname{Ch} t - t \operatorname{Sh} t) + b \operatorname{Sh} t = 0, \quad \text{worin}$$
$$a = 1 - \frac{\alpha_0}{\tilde{r}} \operatorname{Ch}^2 t_1 \operatorname{Sh} t_1,$$
$$b = \operatorname{Sh} t_1 \operatorname{Ch} t_1 + t_1 + \frac{\alpha_0 \operatorname{Ch}^2 t_1}{\tilde{r}} (\operatorname{Ch} t_1 - t_1 \operatorname{Sh} t_1).$$

Die Diskussion dieser Gleichung ergibt das folgende Resultat[3]):

Liegt der Punkt P_1 auf dem absteigenden Ast der Kettenlinie (in welchem Fall ein zu P_1 konjugierter Punkt P_1' existiert[4]), *so existiert stets ein Brennpunkt*, und zwar in Übereinstimmung mit der allgemeinen Theorie zwischen P_1 und P_1'.

Liegt der Punkt P_1 auf dem aufsteigenden Ast (in welchem Fall kein zu P_1 konjugierter Punkt existiert), *so existiert ebenfalls ein Brennpunkt, außer wenn $\tilde{r}$ zwischen 0 und $-\alpha_0 \operatorname{Ch}^2 t_1 \operatorname{Sh} t_1$ liegt; liegt dagegen $\tilde{r}$ in dem angegebenen Intervall, so existiert kein Brennpunkt*

---

[1]) Siehe pp 1, 33, 79.

[2]) Zuerst gegeben von Kneser, Lehrbuch S 85.

[3]) Nach Mary E. Sinclair, Annals of Mathematics (2), Bd. VIII (1907). p 177, wo für den Fall $\tilde{r} = \infty$ auch die experimentelle Bestimmung des Brennpunktes mittels des Plateau'schen Versuches gegeben wird.

[4]) Vgl. p. 80.

Der Brennpunkt läßt sich durch eine der Lindelöf'schen ähnliche, aber im allgemeinen etwas kompliziertere *Konstruktion*[1]) bestimmmen. In dem speziellen Fall, wo $\tilde{r} = \pm\infty$. ist dieselbe besonders einfach· Die Normale an die Kettenlinie im Punkt P_1 und die Tangente im Brennpunkt P_1'' schneiden sich auf der x-Achse[2])

§ 40 Geometrische Bedeutung des Brennpunktes.

Ähnlich wie der konjugierte Punkt hat nun auch der Brennpunkt eine einfache geometrische Bedeutung. Um dieselbe abzuleiten, betrachten wir zunächst die Aufgabe, durch einen Punkt P_3 der Kurve $\mathfrak{K}$ in der Nähe von P_1 eine Extremale zu konstruieren, welche von der Kurve $\mathfrak{K}$ transversal geschnitten wird.

Der Parameter des Punktes P_3 auf der Kurve $\mathfrak{K}$ sei wieder a, seine Koordinaten also $\tilde{x}(a)$, $\tilde{y}(a)$ Ist dann θ der Tangentenwinkel der gesuchten Extremalen $\mathfrak{E}_a$ im Punkte P_3, so können wir letztere in der Normalform von § 27, b) ansetzen:

$$x = \mathfrak{X}(s; \tilde{x}(a), \tilde{y}(a), \theta), \qquad y = \mathfrak{Y}(s; \tilde{x}(a), \tilde{y}(a), \theta),$$

wobei der Punkt P_3 dem Wert $s = 0$ entspricht

Soll diese Extremale im Punkt P_3 von der Kurve $\mathfrak{K}$ transversal geschnitten werden, so muß sein

$$\tilde{x}'(a) F_{x'}(\tilde{x}(a), \tilde{y}(a), \cos\theta, \sin\theta) + \tilde{y}' F_{y'}(\tilde{x}(a), \tilde{y}(a), \cos\theta, \sin\theta) = 0. \qquad (49)$$

Diese Gleichung haben wir nach θ aufzulösen. Die Voraussetzungen des Satzes über implizite Funktionen (§ 22, e)) sind erfüllt: Denn da nach unserer Annahme die Extremale $\mathfrak{E}_0$ im Punkt P_1 von der Kurve $\mathfrak{K}$ transversal geschnitten wird, so wird die Gleichung befriedigt für $a = a_0$, $\theta = \theta_1$, wenn θ_1 den Tangentenwinkel von $\mathfrak{E}_0$ im Punkt P_1 bezeichnet. Ferner ist die linke Seite von (49) in der Umgebung der Stelle $a = a_0$, $\theta = \theta_1$ von der Klasse C', und endlich ist ihre partielle Ableitung nach θ an dieser Stelle von Null verschieden; denn eine leichte Rechnung ergibt für diese Ableitung den Wert: $F_1(\tilde{y}'\cos\theta - \tilde{x}'\sin\theta)$, und dies ist wegen unserer Voraussetzungen (II') und (38) im Punkt P_1 von Null verschieden. Somit können wir in der Tat die Gleichung (49) in der Umgebung der Stelle a_0, θ_1 eindeutig nach θ auflösen und erhalten als Lösung eine Funktion: $\theta = \theta(a)$, welche in der Umgebung von $a = a_0$ von der Klasse C' ist und der Anfangsbedingung: $\theta(a_0) = \theta_1$ genügt. Die gesuchte Extremale $\mathfrak{E}_a$ wird also dargestellt durch die Gleichungen

$$\mathfrak{E}_a: \quad x = \mathfrak{X}(s; \tilde{x}(a), \tilde{y}(a), \theta(a)), \qquad y = \mathfrak{Y}(s; \tilde{x}(a), \tilde{y}(a), \theta(a)). \qquad (50)$$

[1]) Vgl. Mary E. Sinclair, loc. cit., p. 182.

[2]) Hierzu weiter die *Übungsaufgaben* Nr. 3, 5, 6—8 am Ende von Kap IX.

Dabei liefert der Wert $s = 0$ den Schnittpunkt P_3 mit der Kurve $\mathfrak{K}$, und für $a = a_0$ reduzieren sich die Gleichungen (50) auf die Gleichungen der Extremalen $\mathfrak{E}_0$ in der Normalform

$$\mathfrak{E}_0: \quad x = \mathfrak{X}(s; x_1, y_1, \theta_1), \qquad y = \mathfrak{Y}(s; x_1, y_1, \theta_1) \tag{51}$$

Endlich folgt aus den Gleichungen (51b) von § 27, daß die Funktionaldeterminante der beiden Funktionen auf der rechten Seite von (50) nach s und a für $s = 0$ den Wert: $\tilde{y}' \cos\theta(a) - \tilde{x}' \sin\theta(a)$ hat, welcher für kleine Werte von a wegen unserer Voraussetzung (38) von Null verschieden ist

Wir formulieren das Resultat als selbständigen Satz:[1])

Wenn die Extremale $\mathfrak{E}_0$ im Punkt P_1 von der Kurve $\mathfrak{K}$ transversal geschnitten, aber nicht berührt wird, so läßt sich durch jeden Punkt P_3 von $\mathfrak{K}$ in der Nähe von P_1 eine und nur eine Extremale konstruieren, welche im Punkt P_3 von $\mathfrak{K}$ transversal geschnitten wird, und deren Tangentenwinkel im Punkt P_3 nur unendlich wenig von demjenigen von $\mathfrak{E}_0$ im Punkt P_1 verschieden ist.

Geht die Extremale $\mathfrak{E}_0$ aus der ursprünglich gegebenen Darstellung (1) in die Normalform (51) über durch die Parametertransformation (14), so führt dieselbe Parametertransformation die Gleichungen (50) über in eine neue Darstellung der Extremalen $\mathfrak{E}_a$,

$$\mathfrak{E}_a: \quad x = \varphi(t, a), \qquad y = \psi(t, a), \tag{52}$$

welche für $a = a_0$ in die gegebene Darstellung (1) der Extremalen $\mathfrak{E}_0$ übergeht:

$$\varphi(t, a_0) = \mathring{x}(t), \qquad \psi(t, a_0) = \mathring{y}(t), \tag{53}$$

und bei welcher der Punkt P_3 der Extremalen $\mathfrak{E}_a$ dem von a unabhängigen Wert $t = t_1$ entspricht:

$$\varphi(t_1, a) = \tilde{x}(a), \qquad \psi(t_1, a) = \tilde{y}(a). \tag{54}$$

Überdies haben die Funktionen φ, ψ die in § 27, d) unter A) bis D) aufgezählten Eigenschaften.

Variiert man a, so stellen die Gleichungen (50) oder (52) *eine die Extremale $\mathfrak{E}_0$ enthaltende Schar von Extremalen dar, welche sämtlich von der gegebenen Kurve $\mathfrak{K}$ transversal geschnitten werden.*

Die Transversalität der beiden Kurven $\mathfrak{E}_a$ und $\mathfrak{K}$ im Punkt P_3 drückt sich aus durch die Gleichung

$$\tilde{x}'(a) F_{x'} + \tilde{y}'(a) F_{y'} = 0, \tag{55}$$

wobei die Argumente von $F_{x'}$ und $F_{y'}$ sind

$$x = \tilde{x}(a), \quad y = \tilde{y}(a), \quad x' = \varphi_t(t_1, a), \quad y' = \psi_t(t_1, a).$$

[1]) Derselbe rührt von KNESER her, vgl. Lehrbuch § 30

Diese Gleichung, welche eine Identität in a ist, differentiieren wir jetzt nach a. In dem zunächst sich ergebenden Resultat drücke man die zweiten Ableitungen von F mittels der Gleichungen (12a) und (85) des fünften Kapitels durch die Funktionen F_1, L, M, N aus und beachte, daß nach (54)

$$\tilde{x}'(a) = \varphi_a(t_1, a), \qquad \tilde{y}'(a) = \psi_a(t_1, a)$$

und daher

$$\varphi_t(t_1, a)\tilde{y}'(a) - \psi_t(t_1, a)\tilde{x}'(a) = \Delta(t_1, a),$$

wenn $\Delta(t, a)$ wieder die Funktionaldeterminante der Schar (52) bedeutet.

Setzt man schließlich $a = a_0$, so erhält man die Relation:

$$A_1 \Delta(t_1, a_0) + B_1 \Delta_t(t_1, a_0) = 0, \tag{56}$$

wenn $\Delta(t, a)$ die Funktionaldeterminante der Schar (52) bedeutet.

Nun ist aber nach § 29, b) die Funktion $\Delta(t, a_0)$ ein Integral der Jacobi'schen Differentialgleichung für die Extremale $\mathfrak{E}_0$; und da $\Delta(t, a_0)$ der Anfangsbedingung (56) genügt, so folgt nach der am Ende von § 39, a) gemachten Bemerkung, daß

$$\Delta(t, a_0) = C H(t, t_1), \tag{57}$$

wo C eine von Null verschiedene Konstante ist, da nach (53), (54) und (38)

$$\Delta(t_1, a_0) = x_1'\tilde{y}_1' - y_1'\tilde{x}_1' \neq 0. \tag{57a}$$

Die Funktion $H(t, t_1)$ unterscheidet sich also nur um einen konstanten Faktor von der Funktionaldeterminante $\Delta(t, a_0)$ derjenigen Extremalenschar, welche von der gegebenen Kurve $\mathfrak{K}$ transversal geschnitten wird.

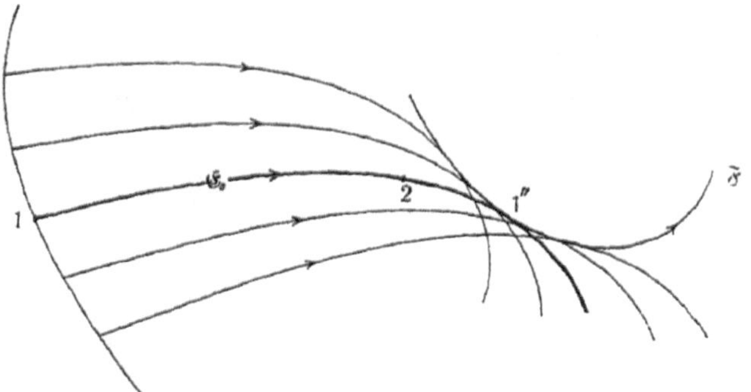

Fig 49

Daraus folgt aber nach § 29, c) der Satz:[1])

Der Brennpunkt P_1'' der Kurve $\mathfrak{K}$ auf der Extremalen $\mathfrak{E}_0^*$ ist derjenige Punkt, in welchem die Extremale $\mathfrak{E}_0^*$ zum ersten Mal — von P_1 nach P_2 zu gerechnet — die Enveloppe $\mathfrak{F}$ der von der Kurve $\mathfrak{K}$ transversal geschnittenen Extremalenschar berührt.[2])

[1]) Vgl. Bliss, loc cit. p. 140.

[2]) Diese Eigenschaft dient bei Kneser (*Lehrbuch* § 24) als Definition des Brennpunktes. Hierdurch findet zugleich der Name seine Erklärung; man denke

Beispiel XVIII: Von einer gegebenen Kurve $\mathfrak{K}$ nach einem gegebenen Punkt P_2 die kürzeste Kurve zu ziehen [1])

Hier ist

$$F = \sqrt{x'^2 + y'^2}.$$

Die *Extremalen sind Gerade*, da die Differentialgleichung (23 b) von § 26 hier die Form annimmt

$$\frac{1}{r} = 0.$$

Die Bedingungen (II') und (III') sind stets erfüllt.

Die Transversalitätsbedingung lautet

$$\tilde{x}'x' + \tilde{y}'y' = 0,$$

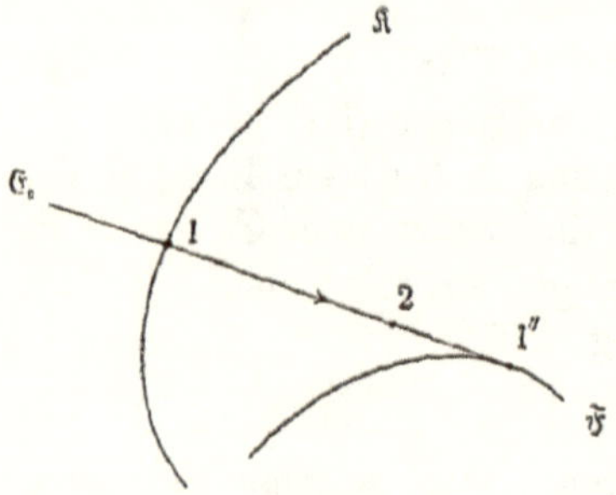

Fig 50

d. h. *die Gerade $\mathfrak{E}_0$ muß im Punkt P_1 auf der gegebenen Kurve $\mathfrak{K}$ senkrecht stehen.* Die Extremalenschar, welche von der Kurve $\mathfrak{K}$ transversal geschnitten wird, ist hier also das Normalensystem der Kurve $\mathfrak{K}$; ihre Enveloppe ist die Evolute $\mathfrak{F}$ der Kurve $\mathfrak{K}$. *Der Brennpunkt P_1'' ist daher der Krümmungsmittelpunkt der Kurve* $\mathfrak{K}$ im Punkt P_1, und wir haben daher das Resultat: [2])

Für ein Minimum ist notwendig, daß der Punkt P_2 entweder auf der entgegengesetzten Seite der Kurve $\mathfrak{K}$ liegt, wie der Krümmungsmittelpunkt P_1'' oder aber, falls beide Punkte auf derselben Seite von $\mathfrak{K}$ liegen, daß P_1'' nicht zwischen P_1 und P_2 liegt.

§ 41. Hinreichende Bedingungen für das Problem mit einem variabeln Endpunkt.

Wir setzen jetzt voraus, daß der Extremalenbogen $\mathfrak{E}_0$ keine Doppelpunkte besitzt und die Bedingungen [3]) (II') und (IV') für feste Endpunkte erfüllt; ferner daß er im Punkt P_1 von der gegebenen Kurve $\mathfrak{K}$ transversal geschnitten wird und die Ungleichung (48) erfüllt; endlich daß er den Brennpunkt P_1'' nicht enthält, d. h. also daß

$$t_2 < t_1''. \tag{58}$$

---

an den Fall, wo die Extremalen gerade Linien sind, die man als Lichtstrahlen interpretiert. Die Brennpunktsbedingung mit dieser Definition des Brennpunktes rührt von Kneser her (loc. cit.); wir werden seinen Beweis in § 47 geben.

[1]) Da für das Längenintegral: $J_{21} = J_{12}$ (vgl. § 25, b)), so ist die Aufgabe äquivalent mit der Aufgabe: Von einem gegebenen Punkt nach einer gegebenen Kurve die kürzeste Kurve zu ziehen.

[2]) Schon von Erdmann aus der zweiten Variation abgeleitet. Zeitschrift für Mathematik und Physik, Bd. XXIII (1878) p. 374.

[3]) Vgl. § 32, b).

Wir wollen zeigen, daß alsdann der Bogen $\mathfrak{E}_0$ in dem im Eingang von § 36 definierten Sinn ein Minimum für das Integral J liefert[1]).

Die in § 40 bestimmte Extremalenschar (52), welche von der Kurve $\mathfrak{K}$ transversal geschnitten wird, liefert unter den gemachten Voraussetzungen ein Feld $\mathcal{S}_{h,k}$ um den Bogen $\mathfrak{E}_0$. Denn die Bedingung (58) läßt sich nach (57), (41) und (43) auch schreiben

$$\Delta(t, a_0) \neq 0 \quad \text{für } t_1 \leqq t \leqq t_2;$$

und da überdies die Funktionen φ, ψ die in § 31, a) vorausgesetzten Stetigkeitseigenschaften besitzen, so sind alle Bedingungen des Satzes über die Existenz eines Feldes erfüllt.

Der dem Intervall: $[a_0 - k, a_0 + k]$ des Parameters a entsprechende Bogen der Kurve $\mathfrak{K}$ liegt ganz in diesem Feld, da man wegen (54) die Kurve $\mathfrak{K}$ auch schreiben kann

$$\mathfrak{K}: \qquad x = \varphi(t_1, a), \qquad y = \psi(t_1, a).$$

Wir verfahren jetzt ganz wie in § 31, b):

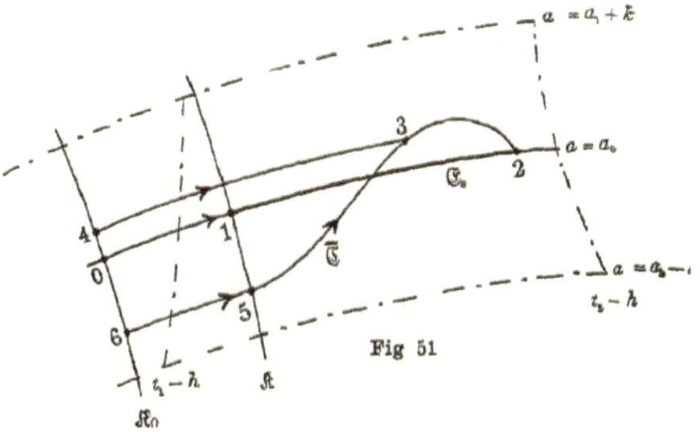

Fig 51

Wir nehmen auf der Fortsetzung des Bogens $\mathfrak{E}_0$ über den Punkt P_1 hinaus einen Punkt P_0 so nahe bei P_1, daß

$$F(x_0, y_0, x_0', y_0') \neq 0,$$

was wegen der Voraussetzung (48) stets möglich ist, konstruieren durch den Punkt P_0 die Transversale $\mathfrak{K}_0$ zur Extremalenschar (52) und führen das Feldintegral $W(x, y)$ ein, gerechnet von der Kurve $\mathfrak{K}_0$ aus.

Jetzt sei

$$\overline{\mathfrak{C}}: \qquad x = \bar{x}(s), \qquad y = \bar{y}(s), \qquad s_5 \leqq s \leqq s_2$$

irgend eine gewöhnliche, ganz im Feld gelegene Kurve, welche von irgend einem Punkt P_5 der Kurve $\mathfrak{K}$ nach dem Punkt P_2 führt; dabei wählen wir der Einfachheit halber den Bogen s als Parameter auf $\overline{\mathfrak{C}}$. Dann gilt für die totale Variation

$$\Delta J = J_{\overline{\mathfrak{C}}} - J_{\mathfrak{E}_0}$$

---

[1]) Zuerst von Kneser bewiesen, *Lehrbuch*, §§ 20—22, wegen eines zweiten sich unmittelbar an die Differentiationsmethode anschließenden Beweises, vgl. p. 314, Fußnote [2])

der *Weierstraß'sche Fundamentalsatz*

$$\Delta J = \int_{s_5}^{s_2} \mathcal{E}(\bar{x}, \bar{y} : p, q : \bar{p}, \bar{q}) ds, \tag{59}$$

wobei die Argumente der $\mathcal{E}$-Funktion dieselbe Bedeutung haben, wie in § 32, a).

Dies läßt sich auf Grund der Resultate von § 31, c) mittels einer von KNESER[1]) herrührenden *Modifikation der Weierstraß'schen Konstruktion* beweisen.

Sei in der Tat $P_3(s = s_3)$ irgend ein Punkt der Kurve $\bar{\mathfrak{C}}$, so schneidet die durch P_3 gehende Extremale des Feldes, $\mathfrak{E}_3(a = a_3)$, die Transversale $\mathfrak{K}_0$ in dem auf $\mathfrak{K}_0$ dem Wert $a = a_3$ entsprechenden Punkt P_4. Dann bilden wir das Integral J, genommen von P_4 entlang der Extremalen $\mathfrak{E}_3$ bis P_3 und von P_3 entlang der Kurve $\bar{\mathfrak{C}}$ bis P_2, und bezeichnen dessen Wert mit $S(s_3)$, sodaß

$$S(s_3) = J_{43} + \bar{J}_{32}.$$

Läßt man den Punkt P_3 mit P_5 zusammenfallen, wobei P_4 nach P_6 rücken möge, so kommt

$$S(s_5) = J_{65} + \bar{J}_{52}.$$

Läßt man dagegen P_3 mit P_2 zusammenfallen, so kommt

$$S(s_2) = J_{02} = J_{01} + J_{12}.$$

Nun ist aber

$$J_{65} = W(x_5, y_5), \quad J_{01} = W(x_1, y_1)$$

und

$$W(x_5, y_5) = W(x_1, y_1), \tag{60}$$

da nach § 31, c) $W(x, y)$ auf der Transversalen $\mathfrak{K}$ konstant ist. Es folgt also

$$\Delta J = \bar{J}_{52} - J_{12} = -[S(s_2) - S(s_5)].$$

Die Berechnung der Ableitung $S'(s_3)$ und damit der Beweis von (59) gestaltet sich nunmehr genau wie in § 32, a).

Statt der Weierstraß'schen Konstruktion kann man auch hier wieder das Hilbert'sche invariante Integral $J^*_{\bar{\mathfrak{C}}}$ benutzen. Nach Gleichung (151) von § 31 ist nämlich einerseits

$$J^*_{\bar{\mathfrak{C}}} = W(x_2, y_2) - W(x_5, y_5),$$

andererseits, da $\mathfrak{E}_0$ eine Extremale des Feldes ist,

$$J_{\mathfrak{E}_0} = W(x_2, y_2) - W(x_1, y_1);$$

---

[1]) Vgl. KNESER, *Lehrbuch*, § 20.

also ist wegen (60)
$$J_{\mathfrak{E}_0} = J^*_{\overline{\mathfrak{C}}},$$
woraus nunmehr wie in § 17, c) und § 32, a) der Weierstraß'sche Satz (59) folgt.

Nachdem aber einmal der Weierstraß'sche Satz bewiesen ist, kann man genau wie in § 32, b) weiter schließen und erhält das Resultat, daß $\Delta J > 0$, falls die Kurve $\overline{\mathfrak{C}}$ nicht mit $\mathfrak{E}_0$ identisch ist und falls die Größe k hinreichend klein gewählt worden ist.

Der Bogen $\mathfrak{E}_0$ liefert also in der Tat unter den im Eingang dieses Paragraphen aufgezählten Bedingungen ein starkes, eigentliches Minimum für das Integral J.

§ 42. Der Fall zweier variabler Endpunkte.

Wir betrachten schließlich noch den Fall, wo beide Endpunkte beweglich sind, der erste auf einer Kurve $\mathfrak{K}_1$, der zweite auf einer Kurve $\mathfrak{K}_2$. Beide Kurven sollen, soweit sie für die Untersuchung in Betracht kommen, von der Klasse C'' sein und im Innern des Bereiches $\mathfrak{R}$ liegen. An der Voraussetzung, daß die Funktion F von den Koordinaten der Endpunkte unabhängig ist, soll auch hier festgehalten werden.

a) **Vorbemerkungen:**

Wir nehmen wieder an, wir hätten eine Kurve $\mathfrak{E}_0$ gefunden, welche unter diesen Anfangsbedingungen ein Minimum für das Integral J liefert. Indem wir dann zunächst wieder Variationen betrachten, welche die beiden Endpunkte P_1, P_2 von $\mathfrak{E}_0$ festlassen, finden wir wie in § 36, daß die Kurve $\mathfrak{E}_0$ eine Extremale sein muß und die sämtlichen übrigen notwendigen Bedingungen für den Fall fester Endpunkte erfüllen muß. Wir nehmen für die weitere Untersuchung an, daß die Bedingungen (II'), (III'), (IV') erfüllt sind. Sodann folgt aus der Betrachtung von Variationen, welche den Punkt P_2 fest lassen, während P_1 auf der Kurve $\mathfrak{K}_1$ frei beweglich ist, daß die Kurve $\mathfrak{K}_1$ die Extremale $\mathfrak{E}_0$ in P_1 transversal schneiden muß
$$\tilde{x}' F_{x'}(x, y, x', y') + \tilde{y}' F_{y'}(x, y, x', y') \,|^1 = 0, \tag{61}$$
und daß der in § 39, a) definierte Brennpunkt von $\mathfrak{K}_1$ auf der Extremalen $\mathfrak{E}_0^*$ nicht zwischen P_1 und P_2 liegen darf. Wir wollen diesen Brennpunkt den „rechtsseitigen Brennpunkt" von $\mathfrak{K}_1$ auf $\mathfrak{E}_0^*$ nennen und seinen Parameter wie bisher mit t_1'' bezeichnen. Wir nehmen an, die Brennpunktsbedingung sei in der etwas stärkeren Form
$$t_2 < t_1'' \tag{62}$$
erfüllt.

Weiterhin betrachten wir Variationen, welche den Punkt P_1 fest lassen, während P_2 auf $\mathfrak{K}_2$ beweglich ist. Für solche Variationen lassen sich die Schlüsse von §§ 36—41 fast unverändert wiederholen, und wir erhalten das Resultat, daß die Kurve $\mathfrak{K}_2$ die Extremale $\mathfrak{E}_0$ in P_2 transversal schneiden muß:

$$\tilde{x}' F_{x'}(x, y, x', y') + \tilde{y}' F_{y'}(x, y, x', y') \Big|^2 = 0, \tag{63}$$

und daß der „linksseitige Brennpunkt" von $\mathfrak{K}_2$ auf $\mathfrak{E}_0^*$ nicht zwischen P_1 und P_2 liegen darf. Der Parameter t_2''' desselben ist definiert als die dem Wert t_2 *zunächst vorangehende* Wurzel der Gleichung

$$H_2(t, t_2) = 0, \tag{64}$$

wobei

$$H_2(t, t_2) = A_2 \Theta(t, t_2) + B_2 \frac{\partial \Theta(t, t_2)}{\partial t_2}, \tag{65}$$

während die Konstanten A_2, B_2 genau in derselben Weise für den Punkt P_2 und die Kurve $\mathfrak{K}_2$ zu berechnen sind, wie die Konstanten A_1, B_1 mittels der Gleichungen (36) für den Punkt P_1 und die Kurve $\mathfrak{K}_1$. Wir nehmen an, die zweite Brennpunktsbedingung sei in der etwas stärkeren Form

$$t_2''' < t_1 \tag{66}$$

erfüllt.

Endlich soll noch für die weitere Diskussion angenommen werden, daß

$$F(x_1, y_1, x_1', y_1') \neq 0, \qquad F(x_2, y_2, x_2', y_2') \neq 0, \tag{67}$$

woraus nach p. 319 Fußnote [1]) folgt, daß die Extremale $\mathfrak{E}_0$ weder in P_1 die Kurve $\mathfrak{K}_1$, noch in P_2 die Kurve $\mathfrak{K}_2$ berührt.

b) **Die Bliss'sche Bedingung:**[1])

Zu den auf diese Weise aus der Betrachtung spezieller Variationen abgeleiteten Bedingungen muß nun noch eine weitere, von Bliss herrührende Bedingung hinzugefügt werden. Die Kurve $\mathfrak{K}_2$ hat nämlich auf der Extremalen $\mathfrak{E}_0^*$ auch noch einen „rechtsseitigen Brennpunkt" P_2'', dessen Parameter t_2'' durch die zunächst auf t_2 folgende Wurzel der Gleichung (64) bestimmt wird. Die Bliss'sche Bedingung läßt sich dann einfach so aussprechen:

---

[1]) Für das Beispiel der kürzesten Entfernung zwischen zwei Kurven ist diese Bedingung zuerst von Erdmann (Zeitschrift für Mathematik und Physik, Bd. XXIII (1878) p. 369) aus seiner allgemeinen Formel für die zweite Variation bei variablen Endpunkten abgeleitet worden; für den allgemeinen Fall ist der Satz zuerst von Bliss gegeben worden, von dem auch der im Text gegebene Beweis herrührt (Mathematische Annalen, Bd. LVIII (1904) p. 70). Hierzu die *Übungsaufgaben* Nr. 9—12 am Ende von Kap. IX.

Der rechtsseitige Brennpunkt P_1'' von $\mathfrak{K}_1$ darf nicht zwischen dem Endpunkt P_2 und dem rechtsseitigen Brennpunkt P_2'' von $\mathfrak{K}_2$ liegen, es muß also sein

$$t_2'' \gtreqless t_1''. \tag{68}$$

Angenommen es wäre

$$t_1'' < t_2'':$$

so wähle man zwischen P_1'' und P_2'' einen Punkt P_0 auf $\mathfrak{E}_0^*$ und betrachte zunächst die Aufgabe, das Integral J zu einem Minimum zu machen, wenn der erste Endpunkt auf $\mathfrak{K}_1$ beweglich ist, während der zweite fest ist und mit P_0 zusammenfällt. Für diese Aufgabe liefert nach § 39, a) der Bogen $P_1 P_0$ der Extremalen $\mathfrak{E}_0^*$ kein Minimum, da

$$t_1'' < t_0.$$

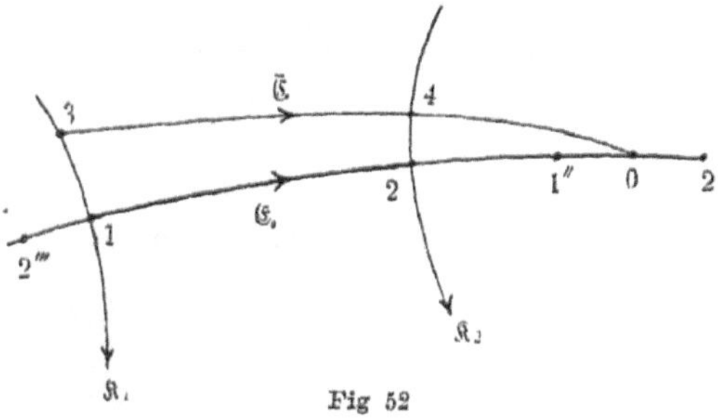

Fig 52

Wir können also in jeder Umgebung des Bogens $P_1 P_0$ eine Vergleichskurve $P_3 P_0$ finden, für welche

$$\bar{J}_{30} < J_{10}.$$

Die Kurve $P_3 P_0$ schneide $\mathfrak{K}_2$ in einem Punkte P_4.

Jetzt betrachte man andererseits das Problem, das Integral J zu einem Minimum zu machen, wenn der erste Endpunkt auf $\mathfrak{K}_2$ beweglich ist, während der zweite fest ist und mit P_0 zusammenfällt. Da

$$t_0 < t_2'',$$

so sind für dieses Problem nach § 41 die hinreichenden Bedingungen erfüllt, vorausgesetzt, daß die Bedingungen (II') und (IV') auch noch über P_2 hinaus bis zum Punkte P_0 gelten. Daraus folgt, daß

$$\bar{J}_{40} > J_{20},$$

falls die Kurve $P_4 P_0$ in hinreichender Nähe von $\mathfrak{E}_0^*$ gewählt worden ist.

Durch Subtraktion der beiden Ungleichungen folgt aber

$$\bar{J}_{34} < J_{12},$$

womit die Notwendigkeit der Bedingung (68) bewiesen ist.

Die Bedingung (68) läßt sich noch in eine andere Form bringen. Dazu konstruieren wir nach § 40 diejenige Extremalenschar

$$x = \varphi(t, a), \qquad y = \psi(t, a), \tag{69}$$

welche von der Kurve $\mathfrak{K}_1$ transversal geschnitten wird. Alsdann können wir nach § 31, c) auf Grund der Voraussetzung (67_2) durch den Punkt P_2 eine eindeutig definierte Transversale $\mathfrak{T}$ der Extremalenschar (69) konstruieren. Zugleich ist dann die Extremalenschar (69) im Sinne von § 40 die einzige Extremalenschar, welche im Punkte P_2 von der Kurve $\mathfrak{T}$ transversal geschnitten wird Aus der geometrischen Bedeutung des Brennpunktes folgt daher, daß der Brennpunkt der Kurve $\mathfrak{T}$ auf der Extremalen $\mathfrak{E}_0^*$ mit dem Punkte P_1'' identisch ist.

Wendet man jetzt auf die beiden Kurven $\mathfrak{T}$ und $\mathfrak{K}_2$ die Resultate von § 39, b) an, nachdem man vorher den positiven Sinn auf beiden Kurven so gewählt hat, daß die positive Tangente an $\mathfrak{E}_0$ im Punkte P_2 links von der (gemeinsamen) positiven Tangente an $\mathfrak{T}$ und $\mathfrak{K}_2$ liegt, so erkennt man, daß die Ungleichung (68) mit der folgenden Bedingung äquivalent ist:

Wenn $F(x_2, y_2, x_2', y_2') > 0 (< 0)$, so muß im Punkte P_2 die Krümmung von $\mathfrak{K}_2$ nicht kleiner (größer) als diejenige von $\mathfrak{T}$ sein:

$$\frac{1}{r_{\mathfrak{K}_2}} \geqq (\leqq) \frac{1}{r_{\mathfrak{T}}}. \tag{70}$$

Dies läßt sich auch so aussprechen:[1])

Wenn $F(x_2, y_2, x_2', y_2') > 0 \; (< 0)$, so muß die Kurve $\mathfrak{T}$ in der Nähe des Punktes P_2 ganz auf derselben (entgegengesetzten) Seite der Kurve $\mathfrak{K}_2$ liegen wie der Extremalenbogen $\mathfrak{E}_0$.

In dieser zweiten Form bleibt der Satz auch dann noch richtig, wenn die Brennpunkte P_1'' und P_2'' gar nicht existieren, in welchem Falle (68) illusorisch wird

c) **Hinreichende Bedingungen:**

Wir fügen jetzt den unter a) aufgezählten Voraussetzungen über den Extremalenbogen $\mathfrak{E}_0$ noch die weitere hinzu, daß die Bedingung (68), resp. (70) in der stärkeren Form

$$t_2'' < t_1'', \tag{68a}$$

resp.

$$\frac{1}{r_{\mathfrak{K}_2}} > (<) \frac{1}{r_{\mathfrak{T}}} \tag{70a}$$

erfüllt ist.

Alsdann liefert der Bogen $\mathfrak{E}_0$ in der Tat einen kleineren Wert für das Integral J als jede andere gewöhnliche Kurve, welche in einer gewissen Umgebung von $\mathfrak{E}_0$ von der Kurve $\mathfrak{K}_1$ nach der Kurve $\mathfrak{K}_2$ gezogen werden kann.

Man kann dies nach Zermelo und Hahn[2]) folgendermaßen beweisen: Man nehme zwischen P_2'' und P_1'' einen Punkt P_0 an; da $t_0 < t_1''$, so liefert nach § 41 der Bogen $P_1 P_0$ der Extremalen $\mathfrak{E}_0^*$ einen kleineren Wert für das Integral J als jede andere gewöhnliche Kurve,

[1]) Vgl. Bliss, loc. cit., p. 80. In dieser Form läßt sich der Satz übrigens auch direkt mit Hilfe des Kneser'schen Transversalensatzes beweisen

[2]) *Encyclopädie*, II A, p. 631

welche in einer gewissen Umgebung $\mathfrak{A}$ des Bogens $P_1 P_0$ von $\mathfrak{K}_1$ nach P_0 gezogen werden kann, allerdings unter der weiteren Voraussetzung, daß die Bedingungen (II') und (IV') über den Punkt P_2 hinaus bis zum Punkte P_0 gelten.

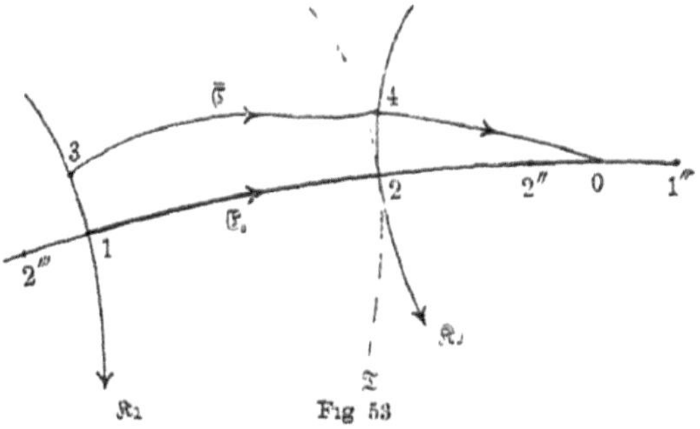

Fig 53

Andererseits folgt nach (41) aus der Ungleichung $t_2'' < t_0$, daß der Extremalenbogen $P_2 P_0$ ein relatives Maximum für das Integral J liefert in Beziehung auf die Schar von Extremalen, welche von der Kurve $\mathfrak{K}_2$ nach dem Punkte P_0 gezogen werden können.

Ist daher die Umgebung $\mathfrak{A}$ passend gewählt, so folgt: Ist $P_3 P_4$ irgendeine Vergleichskurve, welche von einem Punkte P_3 von $\mathfrak{K}_1$ nach einem Punkte P_4 von $\mathfrak{K}_2$ führt und ganz im Bereiche $\mathfrak{A}$ liegt, so können wir vom Punkte P_4 nach dem Punkte P_0 eine Extremale $P_4 P_0$ ziehen, und es ist dann nach dem eben Gesagten einerseits

$$\bar{J}_{34} + J_{40} > J_{10},$$

andererseits

$$J_{40} < J_{20}$$

Durch Subtraktion folgt hieraus: $\bar{J}_{34} < J_{12}$, was zu beweisen war.[1]

[1] Der hier gegebene Beweis sowohl für die Notwendigkeit der Bedingung (68) als für die Hinlänglichkeit von (68a) zeichnet sich durch seine Anschaulichkeit aus, leidet aber an dem Mangel, daß er unnötige Bedingungen einführt, indem er das Bestehen der Bedingungen (II') und (IV') über den Punkt P_2 hinaus voraussetzt. Einen rein analytischen Beweis für beide Behauptungen, der von diesem Mangel frei ist und auch sonst vom Standpunkte der Strenge befriedigender, dafür aber weniger einfach ist, erhält man nach Bliss (loc. cit. p. 75), wenn man das Integral J betrachtet, genommen entlang einer Extremalen $\mathfrak{E}_a$ der Schar (69) von ihrem Schnittpunkte mit der Kurve $\mathfrak{K}_1$ bis zu ihrem Schnittpunkte mit $\mathfrak{K}_2$. Dieser Integralwert, der eine Funktion von a ist, muß für $a = a_0$ ein Minimum besitzen. Daraus folgt dann zunächst, ähnlich wie in § 39, die Notwendigkeit der Bedingung (70) und sodann durch Kombination der hinreichenden Bedingungen für ein gewöhnliches Minimum mit den hinreichenden Bedingungen von § 41 für ein Minimum bei einem variabeln Endpunkt die Hinlänglichkeit der angegebenen Bedingungen (siehe Fig 54). Einen dritten Beweis für die Notwendigkeit der Bedingung (68) gibt Dresden mit Hilfe der Formeln (24) für die zweiten Ableitungen des Extremalenintegral, loc. cit. p. 477.

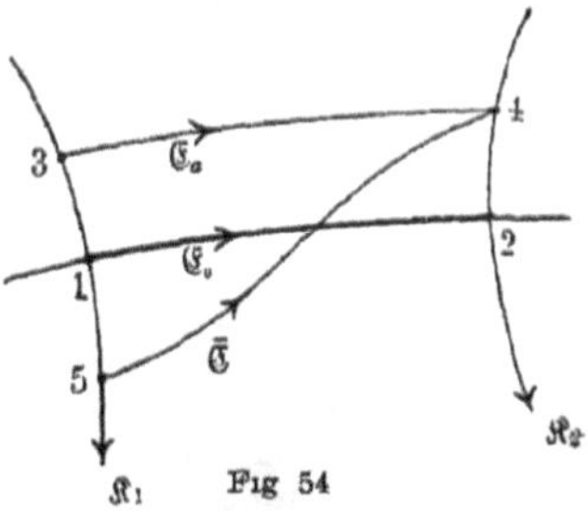

Fig 54

Siebentes Kapitel.

Die Kneser'sche Theorie.

§ 43. Darboux's Methode für die Behandlung des Problems der kürzesten Linien auf einer gegebenen Fläche.[1])

Alle bisherigen Beweise für hinreichende Bedingungen waren auf den Weierstraß'schen Fundamentalsatz über die Darstellung der vollständigen Variation ΔJ durch die $\mathcal{E}$-Funktion gegründet.

Für den speziellen Fall der geodätischen Linien hat jedoch DARBOUX[2]), ausgehend von bekannten GAUSS'schen Sätzen über geodätische Parallelkoordinaten, eine wesentlich neue Methode für die Aufstellung hinreichender Bedingungen entwickelt. Diese Methode hat dann KNESER in seinem Lehrbuch systematisch auf das Problem, das Integral

$$J = \int F(x, y, x', y')\, dt$$

zu einem Minimum zu machen, ausgedehnt[3]) und so eine von der Weierstraß'schen unabhängige Theorie geschaffen, die gleichzeitig den Fall fester Endpunkte und denjenigen eines auf einer gegebenen Kurve beweglichen Endpunktes umfaßt und überdies die ganze Untersuchung der zweiten Variation überflüssig macht.

Im gegenwärtigen Paragraphen wollen wir als Einleitung zunächst die DARBOUX'sche Methode kurz skizzieren.

---

[1]) Hierzu die *Übungsaufgaben* Nr. 14—19 am Ende von Kap IX.

[2]) DARBOUX, *Théorie des surfaces,* Bd. II (1889), Nr 514—526, Bd. III (1894), Nr. 622—627.

[3]) Der fruchtbare Gedanke, Begriffsbildungen und Satze aus der Theorie der geodätischen Linien auf das genannte allgemeine Variationsproblem auszudehnen, ist neuerdings nach verschiedenen Richtungen hin weitergeführt worden; vgl. BLISS, *A generalization of the notion angle,* Transactions of the American Mathematical Society, Bd. VII (1906), p. 184 und LANDSBERG, *Über die Totalkrümmung,* Jahresberichte der Deutschen Mathematiker-Vereinigung Bd. XVI (1907) p. 36 und *Über die Krummung in der Variationsrechnung,* Mathematische Annalen, Bd. LXV (1908), p 313

a) **Die Gauß'schen Sätze über geodätische Parallelkoordinaten:** Zieht man in einer Ebene von einem Punkte O Strahlen nach allen Richtungen und schneidet auf diesen Segmente von konstanter Länge ab, so bilden die Endpunkte eine Kurve (Kreis), welche auf allen Geraden der Schar senkrecht steht. Dieser triviale Satz der Elementargeometrie läßt sich als Spezialfall (oder Grenzfall) des Satzes über Parallelkurven[1]) auffassen: Schneidet man auf den Normalen einer ebenen Kurve von der Kurve aus nach derselben Seite hin Strecken konstanter Länge ab, so bilden die Endpunkte dieser Strecken eine Kurve (Parallelkurve), welche die Normalen der ursprünglichen Kurve senkrecht schneidet, und umgekehrt.

Diese Sätze sind von Gauss[2]) auf beliebige geodätische Linien ausgedehnt worden:

Auf einer Fläche sei eine Kurve $\mathfrak{K}$ gegeben: konstruiert man dann in jedem Punkte von $\mathfrak{K}$ die senkrecht auf $\mathfrak{K}$ stehende geodätische Linie und schneidet auf diesen geodätischen Linien, nach derselben Seite hin, Bogen von konstanter Länge ab, so bilden die Endpunkte dieser Bogen eine Kurve auf der Fläche, welche die sämtlichen geodätischen Linien orthogonal schneidet.

Umgekehrt: *Zwei orthogonale Trajektorien derselben Schar von geodätischen Linien schneiden auf den letzteren Bogen von konstanter Länge ab.* Die Sätze bleiben richtig, wenn die Kurve $\mathfrak{K}$ auf einen Punkt zusammenschrumpft.

Sind nun die Punkte der Kurve $\mathfrak{K}$ durch einen Parameter v bestimmt, und konstruiert man im Punkte $M(v)$ von $\mathfrak{K}$ die zu $\mathfrak{K}$ senkrechte geodätische Linie $\mathfrak{E}$ und schneidet auf ihr einen Bogen $MP = u$[3]) ab, so ist die Lage des Punktes P eindeutig bestimmt durch die beiden Größen u, v.

Wenn man sich nun auf ein solches Stück $\mathcal{S}$ der Fläche beschränkt, daß auch umgekehrt der Punkt P eindeutig die Werte von u und v bestimmt, so kann man diese beiden Größen als krummlinige Koordinaten („Geodätische Parallelkoordinaten") auf dem Flächenstück $\mathcal{S}$ einführen. Die Kurven: $v =$ konst. sind dann die geodätischen Linien der betrachteten Schar; die Kurven: $u =$ konst. ihre orthogonalen Trajektorien.

---

1) Siehe z. B Scheffers, *Theorie der Kurven*, p. 64.

2) Gauss, *Disquisitiones generales circa superficies curvas* (1827) art 16; vgl auch Knoblauch, *Krumme Flächen*, p 151 und Scheffers, *Theorie der Flächen*, p. 434.

3) D. h. die Länge des Bogens ist $|u|$, während der Sinn durch das Zeichen von u bestimmt wird.

Für dieses spezielle Koordinatensystem nimmt dann der Ausdruck für das *Quadrat des Bogenelements* einer auf der Fläche gezogenen Kurve die Form an[1]):

$$ds^2 = du^2 + m^2 dv^2. \tag{1}$$

b) **Hinreichende Bedingungen:**[2])

Wir betrachten jetzt einen ganz im Innern des Flächenstückes $\mathcal{S}$ gelegenen Bogen $\mathfrak{E}_0$ einer geodätischen Linie: $v = v_0$ der oben eingeführten Schar $v =$ konst. Die Endpunkte von $\mathfrak{E}_0$ seien $P_1(u_1, v_0)$ und $P_2(u_2, v_0)$, wobei $u_1 < u_2$. Wir verbinden die beiden Punkte P_1, P_2 durch eine beliebige, ganz auf dem Flächenstück $\mathcal{S}$ gelegene Kurve $\mathfrak{C}$, die durch die Gleichungen

$$\overline{\mathfrak{C}}: \qquad u = \bar{u}(\tau), \qquad v = \bar{v}(\tau), \qquad \tau_1 \gtreqless \tau \gtreqless \tau_2,$$

dargestellt sein möge, so daß:

$$\bar{u}(\tau_1) = u_1, \quad \bar{u}(\tau_2) = u_2; \quad \bar{v}(\tau_1) = v_0, \quad \bar{v}(\tau_2) = v_0.$$

Die Länge des Bogens $\overline{\mathfrak{C}}$ ist dann gegeben durch das bestimmte Integral

$$\bar{J} = \int_{\tau_1}^{\tau_2} \sqrt{\left(\frac{d\bar{u}}{d\tau}\right)^2 + m^2\left(\frac{d\bar{v}}{d\tau}\right)^2}\, d\tau.$$

Andererseits ist die Länge des geodätischen Bogens $\mathfrak{E}_0$ nach der Bedeutung der Größe u gegeben durch

$$J = u_2 - u_1.$$

Nun kann man aber schreiben (und dieser Kunstgriff ist der Kernpunkt des Beweises):

$$u_2 - u_1 = \bar{u}(\tau_2) - \bar{u}(\tau_1) = \int_{\tau_1}^{\tau_2} \frac{d\bar{u}}{d\tau}\, d\tau.$$

Daher kommt

$$\Delta J = \bar{J} - J = \int_{\tau_1}^{\tau_2} \left[\sqrt{\left(\frac{d\bar{u}}{d\tau}\right)^2 + m^2\left(\frac{d\bar{v}}{d\tau}\right)^2} - \frac{d\bar{u}}{d\tau}\right] d\tau. \tag{2}$$

Der Integrand ist, wie unmittelbar ersichtlich, niemals negativ; er kann nur dann im ganzen Intervall $[\tau_1 \tau_2]$ verschwinden, wenn $\frac{d\bar{v}}{d\tau} \equiv 0$ in $[\tau_1 \tau_2]$, d. h. wenn die Kurve $\overline{\mathfrak{C}}$ mit $\mathfrak{E}_0$ zusammenfällt. Daraus folgt aber, daß unter allen Kurven, welche auf dem Flächenstück

[1]) Gauss, loc. cit. art. 19; vgl auch Knoblauch, *Krumme Flächen*, p. 152 und Scheffers, *Theorie der Flächen*, p. 441

[2]) Nach Darboux, *Théorie des surfaces*, Bd. II, Nr. 521.

$\mathcal{S}$ von P_1 nach P_2 gezogen werden können, *die geodätische Linie* $\mathfrak{E}_0$ *in der Tat die kürzeste ist.*

Es mag auf den ersten Blick auffallend erscheinen, daß beim Beweis von der Jacobi'schen Bedingung gar nicht die Rede war. Dieselbe ist jedoch implizite in der über das Flächenstück $\mathcal{S}$ gemachten Annahme enthalten, daß jeder Punkt von $\mathcal{S}$ die Größen u, v eindeutig bestimmen soll. Das läuft darauf hinaus, daß die geodätischen Linien der betrachteten Schar ein Feld um den Bogen $\mathfrak{E}_0$ bilden.

c) **Der Enveloppensatz:**

Die *Notwendigkeit* der Jacobi'schen Bedingung leitet Darboux[1]) ohne Benutzung der zweiten Variation aus einem bekannten Satz über die Enveloppe einer Schar von geodätischen Linien ab: Die Schar von geodätischen Linien durch den Punkt P_1 möge eine Enveloppe $\mathfrak{F}$ besitzen, welche den Bogen $\mathfrak{E}_0$ in einem Punkt P_1' berührt; und zwar soll der positive Sinn auf $\mathfrak{F}$ so gewählt sein, daß in P_1' die positiven Tangenten beider Kurven zusammenfallen. Ist dann $P_1 P_3$ eine zweite geodätische Linie der Schar durch P_1, welche die Enveloppe $\mathfrak{F}$ in einem Punkt P_3 berührt, der auf $\mathfrak{F}$ vor P_1' liegt, alsdann besagt der erwähnte Enveloppensatz, daß

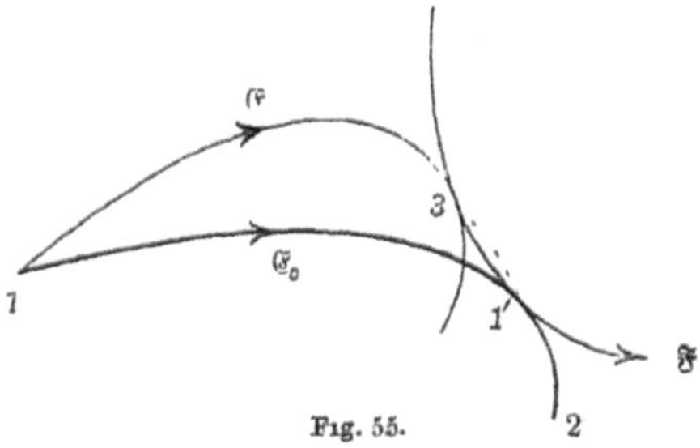

Fig. 55.

$$\text{arc } P_1 P_3 + \text{arc } P_3 P_1' = \text{arc } P_1 P_1'. \tag{3}$$

Wenn nun der Punkt P_1' zwischen P_1 und P_2 liegt, oder mit P_2 zusammenfällt, so stellt die aus der geodätischen Linie $P_1 P_3$, dem Bogen $P_3 P_1'$ der Enveloppe und dem Stück $P_1' P_2$ von $\mathfrak{E}_0$ zusammengesetzte Kurve eine zulässige Variation des Bogens $\mathfrak{E}_0$ dar, falls die geodätische Linie $P_1 P_3$ hinreichend nahe bei $\mathfrak{E}_0$ gewählt ist. Für diese Variation ist aber nach dem Enveloppensatz: $\Delta J = 0$.

Und da die Enveloppe selbst nie eine geodätische Linie ist[2]), so kann man den Bogen $P_3 P_1'$ von $\mathfrak{F}$ durch einen kürzeren Bogen ersetzen und somit ΔJ sogar negativ machen. Der Bogen $\mathfrak{E}_0$ liefert also kein Minimum[3]) für das Integral J, womit die Notwendigkeit der Jacobi'schen Bedingung bewiesen ist[4]).

[1]) Vgl. Darboux, *Théorie des surfaces,* Bd. II, Nr. 526 und Bd III, Nr. 622

[2]) Siehe Darboux. loc. cit., Bd. III, p 88.

[3]) Abgesehen von gewissen Ausnahmefällen, siehe unten § 47

[4]) Sogar noch etwas mehr, da auch $P_1' = P_2$ im allgemeinen als unzulässig nachgewiesen ist.

Die Methode, die wir soeben in ihren Umrissen skizziert haben, läßt sich mit geringen Modifikationen auch auf den Fall anwenden, wo nur ein Endpunkt fest, dagegen der andere auf einer orthogonalen Trajektorie der Schar von geodätischen Linien beweglich ist.

§ 44. Der Kneser'sche Transversalensatz und der verallgemeinerte Enveloppensatz.

Wir wenden uns nunmehr zur Verallgemeinerung der beiden im vorigen Paragraphen angeführten Fundamentalsätze über Scharen von geodätischen Linien. Dazu ist es nur nötig, die Entwicklungen von § 31, b) und c) heranzuziehen, jedoch unter etwas modifizierten Voraussetzungen.

a) **Die Funktion** $u(t, a)$:

Wir betrachten eine Schar von Extremalen

$$x = \varphi(t, a), \qquad y = \psi(t, a), \tag{4}$$

welche die spezielle Extremale

$$\mathfrak{E}_0: \qquad x = \mathring{x}(t), \qquad y = \mathring{y}(t), \qquad t_1 \gtreqless t \gtreqless t_2$$

für $a = a_0$ enthält, und welche in dem Bereich

$$T_1 \gtreqless t \gtreqless T_2, \qquad |a - a_0| \gtreqless d' \tag{5}$$

die in § 27, d) unter A) bis D) aufgezählten Eigenschaften besitzt, wobei $T_1 < t_1$, $t_2 < T_2$

Überdies soll die Funktion F entlang dem Bogen $\mathfrak{E}_0$ von Null verschieden sein, also in der Bezeichnung (83) von § 27:

$$\mathfrak{F}(t, a_0) \neq 0 \text{ in } [t_1 t_2] \tag{6}$$

Wir können dann stets nach § 21, b) die Größen T_1, T_2 so nahe bei t_1, t_2 und die positive Größe d' so klein wählen, daß die Ungleichung

$$\mathfrak{F}(t, a) \neq 0 \tag{7}$$

im ganzen Bereich (5) gilt.

Dagegen setzen wir in der gegenwärtigen Untersuchung nicht voraus, daß die Extremalenschar (4) ein Feld um den Bogen $\mathfrak{E}_0$ bildet. Es entspricht also zwar auch jetzt noch jedem Punkt (t, a) des Rechtecks (5) auf Grund der Transformation (4) ein Punkt der x, y-Ebene, den wir „den Punkt $\{t, a\}$" nennen wollen, und jeder Kurve

$$\mathfrak{C}': \qquad t = t(\tau), \qquad a = a(\tau)$$

im Bereich (5) eine Kurve

$$\mathfrak{C}: \qquad x = \varphi(t(\tau), a(\tau)), \qquad y = \psi(t(\tau), a(\tau))$$

der x,y-Ebene, die wir entsprechend „die Kurve $\{t = t(\tau), a = a(\tau)\}$" nennen, und die übrigens, wie in § 31, b), auch in einen Punkt degenerieren kann

Aber die Umkehrung ist jetzt nicht mehr richtig; daher werden wir jetzt nicht mehr unmittelbar von einem Punkt oder einer Kurve der x,y-Ebene ausgehen, sondern immer zuerst von einem Punkt oder einer Kurve in der t,a-Ebene und dann deren Bild in der x,y-Ebene konstruieren. Gerade dies soll durch die obige Bezeichnung ausgedrückt werden.

Abgesehen hiervon verfahren wir nun zunächst ganz wie in § 31, b) Wir konstruieren eine Transversale $\mathfrak{K}_0\{t = \chi_0(a)\}$ der Schar (4) durch einen Punkt $P_0\{t_0, a_0\}$ von[1] $\mathfrak{E}_0^*$, wobei:

$$T_1 \lesseqgtr t_0 \lesseqgtr T_2,$$

indem wir die Funktion: $t = \chi_0(a)$ durch die Differentialgleichung

$$\mathfrak{F}\frac{dt}{da} + \mathfrak{F}_{x'}\varphi_a + \mathfrak{F}_{y'}\psi_a = 0 \tag{8}$$

und die Anfangsbedingung: $\chi_0(a_0) = t_0$ bestimmen, was nach § 23, a) wegen der Voraussetzung (6) stets möglich ist. Sind dann T_1', T_2' zwei beliebige den Ungleichungen

$$T_1 < T_1' < t_1, \qquad t_2 < T_2' < T_2$$

genügende Größen, und wird t_0 auf das Intervall $T_1' \lesseqgtr t_0 \lesseqgtr T_2'$ beschränkt, so läßt sich nach § 23, a), Zusatz, eine von t_0 unabhängige positive Größe $d \lesseqgtr d'$ bestimmen, derart, daß die Lösung $\chi_0(a)$ in dem Intervall $[a_0 - d, a_0 + d]$ existiert, von der Klasse C' ist und der Ungleichung: $T_1 < \chi_0(a) < T_2$ genügt.

Indem wir unter (t, a) irgend einen Punkt des Bereiches

$$T_1 \lesseqgtr t \lesseqgtr T_2, \qquad |a - a_0| \lesseqgtr d \tag{9}$$

verstehen, definieren wir, wie in § 31, b), die Funktion $u(t, a)$ durch das bestimmte Integral

$$u(t, a) = \int_{t^0}^{t} \mathfrak{F}(t, a)\,dt, \tag{10}$$

wobei wieder zur Abkürzung: $\chi_0(a) = t^0$ gesetzt ist.

Die Kurve

$$t = \chi_0(a)$$

in der t, a-Ebene zerlegt das Rechteck (9) in zwei getrennte Teile; in dem einen ist: $t \geqq \chi_0(a)$, im andern $t \lesseqgtr \chi_0(a)$. Den ersten der beiden Teile bezeichnen wir mit $\mathfrak{B}$.

---

[1] Vgl wegen der Bezeichnung § 27, c).

Falls[1]) dann der Punkt (t, a) dem Bereich $\mathfrak{B}$ angehört, so stellt die Funktion $u(t, a)$ den Wert des Integrals

$$J = \int F(x, y, x', y')\,dt$$

dar, genommen entlang der Extremalen $\mathfrak{E}_a$ der Schar (4) von deren Schnittpunkt $P_4\{t = \chi_0(a),\ a = a\}$ mit der Transversalen $\mathfrak{K}_0$ bis zum Punkt $P_3\{t, a\}$.

Die Formeln von § 31, c) für die partiellen Ableitungen der Funktion $u(t, a)$

$$\frac{\partial u}{\partial t} = \mathfrak{F}, \quad \frac{\partial u}{\partial a} = \mathfrak{F}_{x'}\varphi_a + \mathfrak{F}_{y'}\psi_a \tag{11}$$

bleiben unverändert gelten. Bewegt sich daher der Punkt $P_3\{t, a\}$ entlang einer Kurve

$$\mathfrak{K}_1: \qquad x = \varphi(t(\tau), a(\tau)) \equiv \tilde{x}(\tau), \quad y = \psi(t(\tau), a(\tau)) \equiv \tilde{y}(\tau), \tag{12}$$

so geht die Funktion $u(t, a)$ in eine Funktion von τ über, für deren Ableitung man nach (11) erhält:

$$\frac{du}{d\tau} = \mathfrak{F}\frac{dt}{d\tau} + [\mathfrak{F}_{x'}\varphi_a + \mathfrak{F}_{y'}\psi_a]\,\frac{da}{d\tau},$$

was sich mit Hilfe von Gleichung (10) von § 25 auf

$$\frac{du}{d\tau} = \mathfrak{F}_{x'}\frac{d\tilde{x}}{d\tau} + \mathfrak{F}_{y'}\frac{d\tilde{y}}{d\tau} \tag{13}$$

reduziert, wobei die Argumente von $u, \mathfrak{F}_{x'}, \mathfrak{F}_{y'}$ sind:

$$t = t(\tau), \quad a = a(\tau).$$

Aus dieser Formel ergibt sich nun die Verallgemeinerung der beiden Sätze über Scharen geodätischer Linien, indem man die Kurve $\mathfrak{C}$ spezialisiert.

b) **Der Transversalensatz:**[2])

Wir wenden die Formel (13) zunächst auf den Fall an, wo die Kurve $\mathfrak{K}_1$ ebenfalls eine Transversale der Schar (4) ist; und zwar möge sie das Bild der Kurve

$$t = \chi_1(a)$$

in der t, a-Ebene sein, wo dann $\chi_1(a)$ wieder der Differentialgleichung (8) genügt.

Alsdann ist entlang $\mathfrak{K}_1$

$$\mathfrak{F}_{x'}(t, a)\frac{d\tilde{x}}{d\tau} + \mathfrak{F}_{y'}(t, a)\frac{d\tilde{y}}{d\tau} = 0, \tag{14}$$

---

[1]) Und im allgemeinen auch nur dann, weil wir stets voraussetzen, daß die untere Grenze des Integrals J kleiner ist als die obere; vgl § 25, a) und b).

[2]) Hierzu die *Übungsaufgaben* Nr. 3, 13, 20, 21 am Ende von Kap. IX

und daher nach (13), wobei im gegenwärtigen Fall $a = \tau$,

$$\frac{du}{d\tau} = 0, \quad \text{also} \quad u(\chi_1(a), a) = \text{konst} \tag{15}$$

Die Funktion $u(t, a)$ ist also entlang jeder Transversalen der Schar konstant.

Wir wollen nun annehmen, es sei: $\chi_1(a_0) > \chi_0(a_0)$, und auch der Anfangswert $\chi_1(a_0)$ sei in dem Intervall $[T_1' T_2']$ enthalten. Alsdann existiert nach der Definition der Größe d (§ 44, a)) auch die Lösung $\chi_1(a)$ im ganzen Intervall $[a_0 - d, a_0 + d]$, ist in diesem Intervall von der Klasse C'' und genügt in demselben der Ungleichung: $\chi_1(a) > \chi_0(a)$. Letzteres folgt aus (7) auf Grund des Satzes von § 23, c).

Hieraus folgt aber nach a), daß die Funktion $u(\chi_1(a), a)$ gleich ist dem Integral J, genommen entlang der Extremalen $\mathfrak{E}_a$ der Schar (4), von deren Schnittpunkt $\{\chi_0(a), a\}$ mit der Transversalen $\mathfrak{K}_0$ bis zum Schnittpunkt $\{\chi_1(a), a\}$ mit der Transversalen $\mathfrak{K}_1$. Somit haben wir folgenden, von KNESER herrührenden Fundamentalsatz[1]) bewiesen:

Zwei Transversalen derselben Extremalenschar schneiden auf den verschiedenen Extremalen der Schar Bogen aus, für welche das Integral J denselben konstanten Wert besitzt.

Oder ausführlicher: Sind $\mathfrak{E}', \mathfrak{E}''$ zwei Extremalen der Schar (4) und P', P'', resp. Q', Q'' ihre wie oben bestimmten Schnittpunkte mit $\mathfrak{K}_0$, resp. $\mathfrak{K}_1$, so ist

$$J_{\mathfrak{E}'}(P'Q') = J_{\mathfrak{E}''}(P''Q''). \tag{16}$$

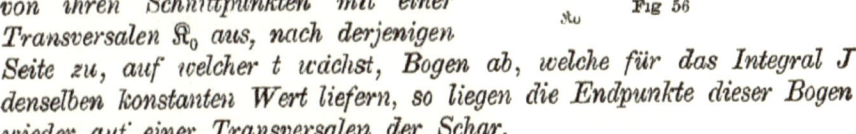

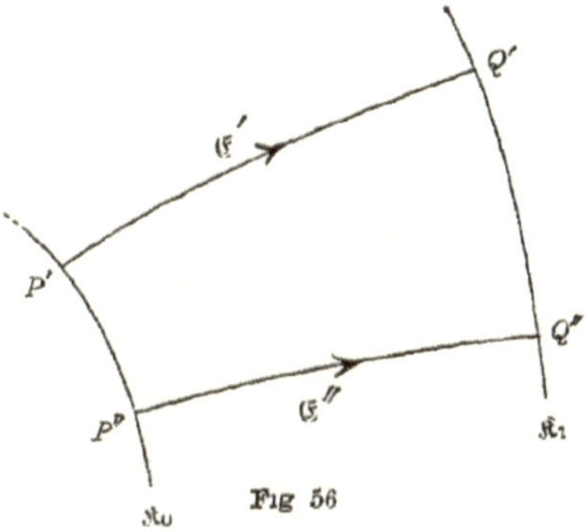

Fig 56

Umgekehrt: *Schneidet man auf den verschiedenen Extremalen der Schar von ihren Schnittpunkten mit einer Transversalen $\mathfrak{K}_0$ aus, nach derjenigen Seite zu, auf welcher t wächst, Bogen ab, welche für das Integral J denselben konstanten Wert liefern, so liegen die Endpunkte dieser Bogen wieder auf einer Transversalen der Schar.*

Denn ist: $u(t, a) =$ konst. entlang der Kurve $\mathfrak{K}_1$, so folgt $\frac{du}{d\tau} = 0$, also ist entlang $\mathfrak{K}_1$ die Gleichung (14) erfüllt, welche ausdrückt, daß $\mathfrak{K}_1$ eine Transversale der Schar ist.

Da für den speziellen Fall der geodätischen Linien die Transversalen

[1]) KNESER, *Lehrbuch*, § 15. Der Satz ist bereits in § 20, a) und § 31, c), Ende, bewiesen worden unter der Voraussetzung, daß die Extremalenschar (4) ein Feld bildet. Diese Voraussetzung mußte hier fallen gelassen werden, um auch den Fall einzubegreifen, wo die Transversalen sich auf Punkte zusammenziehen.

in die orthogonalen Trajektorien übergehen, so ist der Transversalensatz in der Tat die Verallgemeinerung des angeführten Gauß'schen Satzes.

Der Satz und seine Umkehrung bleiben richtig, wenn eine der beiden Kurven $\mathfrak{K}_0$, $\mathfrak{K}_1$ oder beide in der in § 31, b) erläuterten Weise in einen Punkt ausarten Man erhält so folgende Zusätze:

Zusatz I[1]): Ist $\mathfrak{K}_1$ eine Transversale der Extremalenschar durch einen festen Punkt P_0, so hat das Integral J vom Punkte P_0 bis zur Transversalen $\mathfrak{K}_1$ auf den verschiedenen Extremalen der Schar denselben konstanten Wert, und umgekehrt

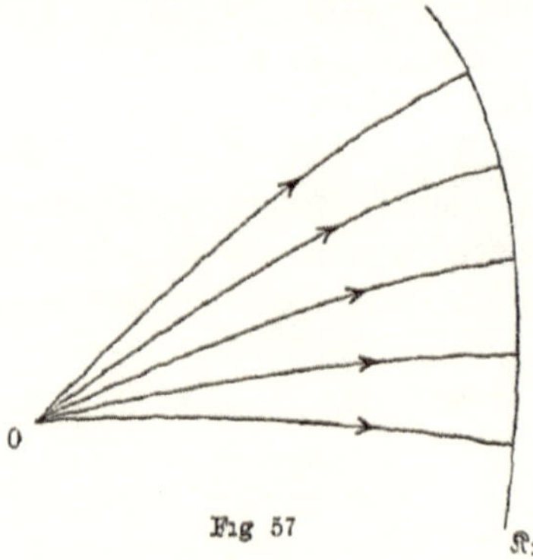

Fig 57

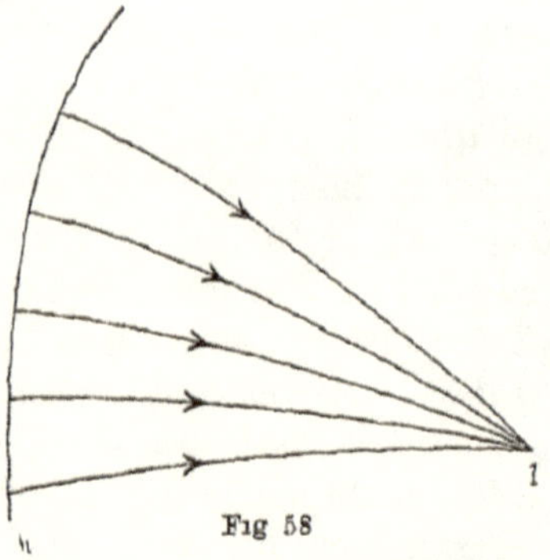

Fig 58

Zusatz II: Ist $\mathfrak{K}_0$ eine Transversale der durch den festen Punkt P_1 gehenden Extremalenschar, so hat das Integral J von der Kurve $\mathfrak{K}_0$ aus bis zum Punkte P_1 auf den verschiedenen Extremalen der Schar denselben konstanten Wert, und umgekehrt.

Fig 59

Zusatz III[2]): Wenn die Extremalen durch einen Punkt P_0 alle durch einen zweiten Punkt P_1 gehen, so hat das Integral J vom Punkte P_0 nach dem Punkte P_1 auf den verschiedenen Extremalen der Schar denselben konstanten Wert

c) **Der verallgemeinerte Enveloppensatz:**[3])

Wir wenden jetzt zweitens die Formel (13) auf den Fall an, wo die durch (12) definierte Kurve $\mathfrak{K}_1$ die Enveloppe der Extremalenschar (4) ist und daher sämtliche Extremalen der Schar berührt

[1]) Auf geodätische Linien angewandt ist dies der Gauß'sche Satz über geodätische Polarkoordinaten, Gauss, loc cit Art 15

[2]) Ein Beispiel für diesen Fall bieten die geodätischen Linien auf der Kugel: die größten Kreise durch einen Punkt P_0 gehen alle durch den gegenüberliegenden Punkt P_1 der Kugel Vgl. auch § 47

[3]) Hierzu die *Übungsaufgaben* Nr. 13, 21 am Ende von Kap. IX.

Dies bedarf jedoch einer genaueren Formulierung:

Der Punkt τ der Kurve $\mathfrak{K}_1$ fällt mit dem Punkte $t = t(\tau)$ der Extremalen $a = a(\tau)$ der Schar (4) zusammen. Insbesondere sei: $a(\tau_0) = a_0$, $t(\tau_0) = t_0''$. Wir nehmen an, daß $t_0'' > t_0$ und

$$\left(\frac{d\tilde{x}}{d\tau}\right)^2 + \left(\frac{d\tilde{y}}{d\tau}\right)^2 \Big|^{\tau=\tau_0} \neq 0.$$

Dann läßt sich ein den Wert τ_0 enthaltendes Intervall $[\tau'\tau'']$ angeben, in welchem gleichzeitig die beiden Ungleichungen

$$t(\tau) - \chi_0(a(\tau)) > 0,\text{[1]} \tag{17}$$

$$\left(\frac{d\tilde{x}}{d\tau}\right)^2 + \left(\frac{d\tilde{y}}{d\tau}\right)^2 \neq 0 \tag{18}$$

gelten.

Wir setzen voraus, daß wenigstens für jedes τ in $[\tau'\tau'']$ die Kurve $\mathfrak{K}_1$ die Extremale $a = a(\tau)$ in dem oben näher charakterisierten gemeinsamen Punkt berührt, so daß also

$$m\varphi_t = \frac{d\tilde{x}}{d\tau}, \qquad m\psi_t = \frac{d\tilde{y}}{d\tau}, \tag{19}$$

wo m ein von τ abhängiger Proportionalitätsfaktor ist. Aus (18) und aus der für den ganzen Bereich (5) vorausgesetzten Ungleichung: $\varphi_t^2 + \psi_t^2 \neq 0$ folgt, daß die Funktion $m(\tau)$ in $[\tau'\tau'']$ stetig und von Null verschieden ist. Sie kann also ihr Zeichen nicht wechseln. Wir dürfen[2]) stets ohne Beschränkung der Allgemeinheit voraussetzen, daß

$$m(\tau) > 0 \text{ in } [\tau'\tau''],$$

d. h. *daß die positiven Tangentenrichtungen der beiden Kurven in ihrem Berührungspunkte zusammenfallen.*

Nunmehr folgt aber aus (19) auf Grund der Homogeneitätsrelationen (13) von § 25

$$\mathfrak{F}_{x'}(t(\tau), a(\tau)) = F_{x'}\left(\tilde{x}, \tilde{y}, \frac{d\tilde{x}}{d\tau}, \frac{d\tilde{y}}{d\tau}\right),$$

$$\mathfrak{F}_{y'}(t(\tau), a(\tau)) = F_{y'}\left(\tilde{x}, \tilde{y}, \frac{d\tilde{x}}{d\tau}, \frac{d\tilde{y}}{d\tau}\right).$$

Daher nimmt die Gleichung (13) unter Benutzung der Homogeneitätsrelation (10) von § 25 die Form an

$$\frac{du(t(\tau), a(\tau))}{d\tau} = F\left(\tilde{x}, \tilde{y}, \frac{d\tilde{x}}{d\tau}, \frac{d\tilde{y}}{d\tau}\right). \tag{20}$$

---

[1]) D. h. der Bogen $[\tau'\tau'']$ der Kurve $\mathfrak{K}_1$ ist das Bild einer Kurve in der t, a-Ebene, welche ganz in dem unter a) definierten Bereich $\mathfrak{B}$ liegt.

[2]) Sollte $m < 0$ sein, so können wir durch Umkehrung des positiven Sinnes auf der Kurve $\mathfrak{K}_1$ vermittels der Transformation $\tau = -\sigma$ bewirken, daß für die so transformierte Kurve m positiv ist.

Integrieren wir diese Gleichung nach τ von τ' bis τ'' $(\tau' < \tau'')$, so erhalten wir

$$u(t(\tau''), a(\tau'')) - u(t(\tau'), a(\tau')) = \int\limits_{\tau'}^{\tau''} F\left(\tilde{x}, \tilde{y}, \frac{d\tilde{x}}{d\tau}, \frac{d\tilde{y}}{d\tau}\right) dt. \tag{21}$$

Erinnern wir uns jetzt der Bedeutung der Funktion $u(t, a)$, so erhalten wir, da die Ungleichung (17) erfüllt ist, den *verallgemeinerten Enveloppensatz*[1]):

Es sei $\mathfrak{K}_0$ eine Transversale der Extremalenschar (4) *und $\mathfrak{F}$ die Enveloppe der Schar. Ferner seien $\mathfrak{E}'$, $\mathfrak{E}''$ zwei Extremalen der Schar, welche von den Punkten P', P'' von $\mathfrak{K}_0$ ausgehen und $\mathfrak{F}$ in den Punkten Q', Q'' berühren, alsdann ist*

$$J_{\mathfrak{E}''}(P''Q'') = J_{\mathfrak{E}'}(P'Q') + J_{\mathfrak{F}}(Q'Q''). \tag{22}$$

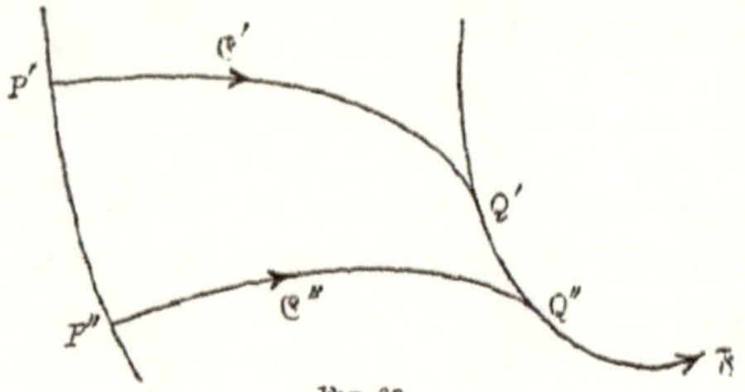

Fig 60

Dabei ist vorausgesetzt, daß der positive Sinn auf $\mathfrak{F}$ in der oben angegebenen Weise festgelegt worden ist, und daß der Punkt Q' auf $\mathfrak{F}$ dem Punkt Q'' vorangeht.

Der Satz bleibt richtig, wenn die Kurve $\mathfrak{K}_0$ in einen Punkt degeneriert, in welchem Falle wir den *Zusatz* erhalten:

$$J_{\mathfrak{E}''}(PQ'') = J_{\mathfrak{E}'}(PQ') + J_{\mathfrak{F}}(Q'Q''), \tag{23}$$

wo PQ', PQ'' zwei Extremalen der Schar durch den Punkt P sind und $\mathfrak{F}$ die Enveloppe der Schar.

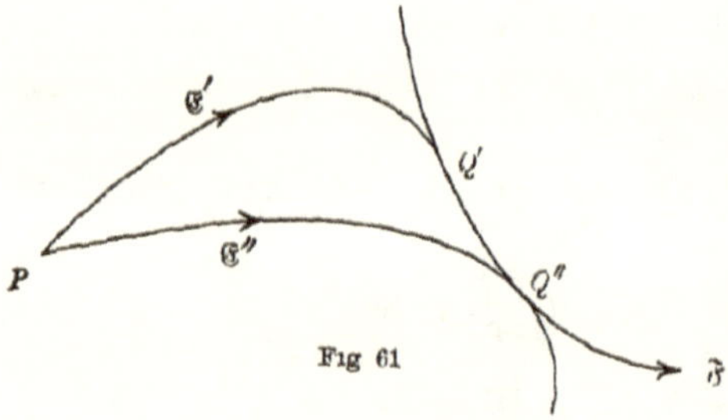

Fig 61

Beide Sätze behalten ihre Gültigkeit, wenn $\frac{d\tilde{x}}{d\tau}$ und $\frac{d\tilde{y}}{d\tau}$ beide für $\tau = \tau''$ verschwinden, d. h. wenn die Enveloppe $\mathfrak{F}$ in Q'' eine *Spitze* besitzt, wenn nur die Ungleichung (18) für $\tau' \overline{\gtrless} \tau < \tau''$ erfüllt bleibt.

---

[1]) Für den speziellen Fall, wo $\mathfrak{K}_0$ in einen Punkt degeneriert, gibt den Satz schon Zermelo in seiner Dissertation, p 27, wo er denselben mittels des Weierstraß'schen Fundamentalsatzes herleitet. Der Satz in seiner allgemeinen Form rührt von Kneser her, siehe Mathematische Annalen Bd. L (1898) p. 27. Der einfachste Fall des Satzes ist der bekannte Satz über die *Evolute einer ebenen Kurve.*

Der Satz findet seine Ergänzung in den Entwicklungen des § 47,a), wo die Existenz der Enveloppe nachgewiesen wird.

Um dies zu zeigen, integriert man die Gleichung (20) zunächst von τ' bis $\tau'' - \varepsilon$ und geht dann zur Grenze $L\varepsilon = +0$ über.[1]

§ 45. Transformation des Integrals J durch eine Punkttransformation.

Indem wir uns jetzt der Verallgemeinerung der in § 43, a) angeführten Resultate über die Einführung geodätischer Parallelkoordinaten zuwenden, betrachten wir zunächst im allgemeinen die Frage der Einführung von krummlinigen Koordinaten in das Integral J, oder, was damit gleichbedeutend ist, die Wirkung einer Punkttransformation auf das Integral J.

a) **Allgemeine Vorbemerkungen:**

Wir führen an Stelle der bisher gebrauchten rechtwinkligen Koordinaten x, y irgendein System krummliniger Koordinaten ein:

$$u = U(x, y), \qquad v = V(x, y). \tag{24}$$

Dabei mögen die Funktionen $U(x, y)$, $V(x, y)$ von der Klasse C''' sein in einem Bereich $\mathfrak{S}$ der x, y-Ebene, der in dem in § 25, b) eingeführten Bereich $\mathfrak{R}$ enthalten ist; überdies soll in $\mathfrak{S}$ die Funktionaldeterminante der beiden Funktionen von Null verschieden sein:

$$\frac{\partial(U, V)}{\partial(x, y)} \neq 0 \text{ in } \mathfrak{S}. \tag{25}$$

Die Transformation (24) läßt sich auch als „Punkttransformation"[2] auffassen, indem man die neuen Variabeln u, v ihrerseits als rechtwinklige Koordinaten eines Punktes in einer u, v-Ebene deutet. Dabei bezeichnen wir das Bild des Bereiches $\mathfrak{S}$ in der u, v-Ebene mit $\mathfrak{A}$ und setzen des weiteren voraus, daß die durch die Transformation (24) definierte Beziehung zwischen $\mathfrak{S}$ und $\mathfrak{A}$ ein-eindeutig sein soll. Aus den Sätzen über implizite Funktionen folgt dann, daß die alsdann für den Bereich $\mathfrak{A}$ eindeutig definierten inversen Funktionen

$$x = X(u, v), \qquad y = Y(u, v) \tag{26}$$

ebenfalls von der Klasse C''' sind, und daß ihre Funktionaldeterminante D in $\mathfrak{A}$ ebenfalls von Null verschieden ist:

$$D = \frac{\partial(X, Y)}{\partial(u, v)} \neq 0 \text{ in } \mathfrak{A} \tag{27}$$

---

[1]) Die beiden in diesem Paragraphen bewiesenen Sätze lassen sich in etwas anderer Fassung auch mittels der Sätze von § 37 über das Extremalenintegral beweisen, was auf eine Verallgemeinerung der von Darboux, *loc. cit.*, für den Fall der geodätischen Linien benutzten Methode hinausläuft.

[2]) Vgl. über Punkttransformationen z. B. Lie-Scheffers, *Berührungstransformationen,* Kap. 1

Wir betrachten jetzt unser Integral

$$J_{\mathfrak{C}} = \int_{\tau_1}^{\tau_2} F\left(x, y, \frac{dx}{d\tau}, \frac{dy}{d\tau}\right) d\tau, \tag{28}$$

genommen entlang irgendeiner gewöhnlichen, ganz im Bereich $\mathcal{S}$ liegenden Kurve

$$\mathfrak{C}: \qquad x = x(\tau), \qquad y = y(\tau), \qquad \tau_1 \gtreqless \tau \gtreqless \tau_2,$$

von einem Punkt $Q_1(\tau_1)$ nach einem Punkte $Q_2(\tau_2)$.

Führen wir dann in das Integral $J_{\mathfrak{C}}$ statt der Variabeln x, y die neuen Variabeln u, v ein und bezeichnen mit $G(u, v, u', v')$ die durch die Gleichung

$$G(u, v, u', v') = F(X, Y, X_u u' + X_v v', Y_u u' + Y_v v') \tag{29}$$

definierte Funktion der vier unabhängigen Variabeln u, v, u', v', so geht das Integral $J_{\mathfrak{C}}$ über in das Integral

$$J'_{\mathfrak{C}'} = \int_{\tau_1}^{\tau_2} G\left(u, v, \frac{du}{d\tau}, \frac{dv}{d\tau}\right) d\tau, \tag{30}$$

genommen entlang dem Bild $\mathfrak{C}'$ von $\mathfrak{C}$ in der u, v-Ebene:

$$\mathfrak{C}': \qquad u = U(x(\tau), y(\tau)) \equiv u(\tau), \qquad v = V(x(\tau), y(\tau)) \equiv v(\tau),$$

vom Punkt Q'_1 (dem Bild des Punktes Q_1) zum Punkt Q'_2 (dem Bild des Punktes Q_2). Die Kurve $\mathfrak{C}'$ ist ebenfalls eine gewöhnliche Kurve.

Aus der Definition der Funktion G und den Homogeneitätseigenschaften der Funktion F folgt, daß auch die Funktion G die Homogeneitätsrelation

$$G(u, v, ku', kv') = k\, G(u, v, u', v'), \qquad k > 0 \tag{31}$$

erfüllt. Daher ist auch der Wert des Integrals $J'_{\mathfrak{C}'}$ von der Wahl des Parameters unabhängig.

Aus der Gleichung

$$J'_{\mathfrak{C}'} = J_{\mathfrak{C}} \tag{32}$$

folgt: Wenn die Kurve $\mathfrak{C}$ das Integral J zu einem Minimum macht, so macht auch ihr Bild $\mathfrak{C}'$ das Integral J' zu einem Minimum und umgekehrt. Wir sagen daher, das Problem, das Integral J in der x, y-Ebene zu einem Minimum zu machen, und das Problem, das Integral J' in der u, v-Ebene zu einem Minimum zu machen, seien *„äquivalente Probleme“*.

b) **Invarianten der Funktion** $F(x, y, x', y')$:

Die Gesamtheit aller Punkttransformationen (26) bildet eine Gruppe. Adjungiert man den Transformationsgleichungen (26) noch die Gleichungen

$$x' = X_u u' + X_v v', \qquad y' = Y_u u' + Y_v v', \tag{33}$$

die man aus (26) ableitet, indem man für u, v Funktionen von τ einsetzt und dann nach τ differentiiert, so erhält man eine Gruppe von Transformationen zwischen den Variabeln x, y, x', y' einerseits und den Variabeln u, v, u', v' andererseits, die sogenannte Gruppe der *„erweiterten Punkttransformationen“* [1]). Diesen Prozeß der Erweiterung kann man weiter fortsetzen, indem man den Gleichungen (26) und (33) die durch nochmalige Differentiation nach τ abgeleiteten Gleichungen

$$\begin{aligned} x'' &= X_u u'' + X_v v'' + X_{uu} u'^2 + 2 X_{uv} u' v' + X_{vv} v'^2, \\ y'' &= Y_u u'' + Y_v v'' + Y_{uu} u'^2 + 2 Y_{uv} u' v' + Y_{vv} v'^2 \end{aligned} \tag{34}$$

adjungiert, usw.

Es sei jetzt

$$\Phi_F(x, y; x', y'; x'', y''; \ldots)$$

eine Funktion der angegebenen Argumente und außerdem der Funktion F und einiger partieller Ableitungen von F; ferner sei

$$\Phi_G(u, v; u', v'; u'', v'' \ldots)$$

die genau in derselben Weise aus den Variabeln $u, v; u', v'; u'', v'' \ldots$ und der Funktion G und ihren partiellen Ableitungen gebildete Funktion. Wir sagen alsdann, die Funktion Φ_F sei eine *absolute Invariante der Funktion* F in Beziehung auf die Gruppe der Punkttransformationen (26) und ihrer Erweiterungen, wenn

$$\Phi_G(u, v; u', v'; u'', v''; \ldots) = \Phi_F(x, y; x', y'; x'', y''; \ldots) \tag{35}$$

in dem Sinn, daß diese Gleichung bestehen soll für alle Wertsysteme $x, y; x', y'; x'', y''; \ldots$ einerseits und: $u, v; u', v'; u'', v'' \ldots$ andererseits, welche durch die Transformationsgleichungen (26), (33), (34) usw. verbunden sind, und zwar soll dies gelten für die Gesamtheit aller Punkttransformationen. Dagegen nennen wir Φ_F eine *Invariante vom Index* r, wenn in demselben Sinn

$$\Phi_G(u, v; u', v'; u'', v''; \ldots) = D^r \Phi_F(x, y; x', y'; x'', y''; \ldots), \tag{36}$$

wo D, wie oben, die Funktionaldeterminante von X und Y bedeutet.

Die einfachste, allerdings triviale, absolute Invariante ist die Funktion F selbst.

---

[1]) Vgl. Lie-Scheffers, *Berührungstransformationen*, p. 12.

Ferner ist F_1 eine Invariante vom Index 2,

$$G_1 = D^2 F_1. \tag{37}$$

Denn durch Differentiation der Identität (29) nach u' und v' folgt

$$G_{u'} = F_{x'} X_u + F_{y'} Y_u, \quad G_{v'} = F_{x'} X_v + F_{y'} Y_v, \tag{38}$$

wobei die Argumente von $F_{x'}, F_{y'}$ dieselben sind wie in (29). Aus (38) erhält man durch nochmalige Differentiation nach u'

$$\begin{aligned} G_{u'u'} &= F_{x'x'} X_u^2 + 2 F_{x'y'} X_u Y_u + F_{y'y'} Y_u^2 \\ &= F_1 (X_u y' - Y_u x')^2 = v'^2 D^2 F_1 = v'^2 G_1 \end{aligned}$$

Ebenso verifiziert[1]) man leicht, daß die linke Seite der Euler'schen Differentialgleichung eine Invariante vom Index 1 ist:

$$\begin{aligned} T_G &\equiv G_{uv'} - G_{vu'} + G_1(u'v'' - v'u'') \\ &= D[F_{xy'} - F_{yx'} + F_1(x'y'' - y'x'')] \equiv D T_F. \end{aligned} \tag{39}$$

Hieraus folgt, daß das Bild einer Extremalen des ursprünglichen Problems wieder eine Extremale für das neue Problem ist, während die Gleichung (37) die Invarianz der Legendre'schen Bedingung ausdrückt, Resultate, wie sie aus der Äquivalenz der beiden Probleme a priori zu erwarten sind.

Aus (37) und (39) folgt, daß der Quotient

$$\frac{T_F}{F_1^{\frac{1}{2}}}$$

eine absolute Invariante ist. Dazu bemerken wir noch folgendes: Denken wir uns diesen Quotienten für irgend eine Kurve $\mathfrak{C}$ mit dem Parameter τ berechnet und wenden dann eine Parametertransformation[2])

$$\tau = \chi(\tau'), \qquad \chi'(\tau') > 0$$

an, so folgt aus den Homogeneitätseigenschaften von F, daß der obige Quotient bei dieser Operation nicht invariant bleibt, daß aber *der Quotient*

$$S = \frac{T_F}{F_1^{\frac{1}{2}} F^{\frac{3}{2}}} \tag{40}$$

nicht nur bei jeder Punkttransformation (26), *sondern auch bei gleichzeitiger Ausführung einer beliebigen Parametertransformation invariant bleibt*[3]), da nach § 25 Gleichung (9) und (13)

---

[1]) Vgl. auch unten § 45, c) [2]) Vgl. § 25, a).

[3]) Siehe die auf p. 226, Fußnote [1]) zitierte Dissertation von Underhill, die inzwischen in den Transactions of the American Mathematical Society, Bd. IX (1908) p. 316 publiziert worden ist, und Landsberg, Mathematische Annalen, Bd. LXV (1908) p. 329, der die Größe S die *extremale Krümmung* der betrachteten Kurve im Punkt x, y nennt.

$$F\left(x, y, \frac{dx}{d\tau'}, \frac{dy}{d\tau'}\right) = \left(\frac{d\tau}{d\tau'}\right) F\left(x, y, \frac{dx}{d\tau}, \frac{dy}{d\tau}\right),$$

$$F_1\left(x, y, \frac{dx}{d\tau'}, \frac{dy}{d\tau'}\right) = \left(\frac{d\tau}{d\tau'}\right)^{-3} F_1\left(x, y, \frac{dx}{d\tau}, \frac{dy}{d\tau}\right),$$

und nach einer einfachen Rechnung

$$T_F\left(x, y, \frac{dx}{d\tau'}, \frac{dy}{d\tau'}, \frac{d^2x}{d\tau'^2}, \frac{d^2y}{d\tau'^2}\right) = T_F\left(x, y, \frac{dx}{d\tau}, \frac{dy}{d\tau}, \frac{d^2x}{d\tau^2}, \frac{d^2y}{d\tau^2}\right).$$

Für den Fall der geodätischen Linien ist die Invariante S mit der *geodätischen Krümmung* identisch, wie aus den Gleichungen (39) und (95) des fünften Kapitels ersichtlich ist

Neben den Variabeln $x', y'; x'' y''; \ldots$ kann man auch, ähnlich wie in der gewöhnlichen Invariantentheorie der Formen, eine zweite Reihe *„kogredienter Variabeln"* $\dot{x}, \dot{y}; \ldots$ resp $\dot{u}, \dot{v} \ldots$ einführen, die sich mittels der Formeln

$$\dot{x} = X_u \dot{u} + X_v \dot{v}, \quad \dot{y} = Y_u \dot{u} + Y_v \dot{v} \tag{41}$$

usw. transformieren, was zu einer entsprechenden Erweiterung der Gruppe und des Invariantenbegriffes führt.

Die einfachste derartige Invariante ist die „identische Invariante": $x'\dot{y} - y'\dot{x}$, für welche

$$u'\dot{v} - v'\dot{u} = D^{-1}(x'\dot{y} - y'\dot{x}). \tag{42}$$

Hierauf beruht die Invarianz der Jacobi'schen Bedingung.[1] Ist nämlich

$$x = \varphi(t, a), \qquad y = \psi(t, a)$$

die Extremalenschar durch den Punkt P_1 der Extremalen $\mathfrak{E}_0$, und identifiziert man die Größen x', y' mit φ_t, ψ_t, dagegen $\dot{x}, \dot{y}$ mit φ_a, ψ_a, was gestattet ist, da die hierdurch einander gleichgesetzten Größen sich in derselben Weise transformieren, so geht $x'\dot{y} - y'\dot{x}$ in die Funktionaldeterminante $\Delta(t, a)$ über, woraus nach (42) und nach § 29, b) folgt, daß zwei konjugierte Punkte des ursprünglichen Problems durch die Transformation (24) in zwei konjugierte Punkte des neuen Problems transformiert werden.

Eine andere Invariante dieser Art ist die Größe

$$\dot{x} F_{x'}(x, y, x', y') + \dot{y} F_{y'}(x, y, x', y').$$

Denn aus (38) und (41) folgt, daß

$$u G_{u'}(u, v, u', v') + \dot{v} G_{v'}(u, v, u', v') = \dot{x} F_{x'}(x, y, x', y') + \dot{y} F_{y'}(x, y, x', y'). \tag{43}$$

Dies zeigt, daß, wenn eine Kurve $\mathfrak{K}$ eine zweite Kurve $\mathfrak{E}$ im Punkt

---

[1] Nach Underhill, loc cit.

Q transversal schneidet, dann auch das Bild $\mathfrak{K}'$ von $\mathfrak{K}$ das Bild $\mathfrak{E}'$ von $\mathfrak{E}$ im Bildpunkt Q' von Q transversal schneidet

Aus (43) folgt unmittelbar, daß in demselben Sinn auch die $\mathcal{E}$-Funktion eine absolute Invariante ist.

$$\mathcal{E}_G(u, v; u', v'; \dot{u}, \dot{v}) = \mathcal{E}_F(x, y; x', y'; \dot{x}, \dot{y}), \tag{44}$$

womit auch die Invarianz der Weierstraß'schen Bedingung gezeigt ist.

c) **Der δ-Algorithmus als invariantenbildender Prozeß:**

Wenn man in der eine Funktion Φ als absolute Invariante charakterisierenden Gleichung (35) für x, y willkürliche Funktionen $x(\tau)$, $y(\tau)$ einer Variabeln τ einsetzt, für x', y', x'', y'', ... deren erste, zweite, ... Ableitungen nach τ, und gleichzeitig für u, v die durch die Transformation (24) aus $x(\tau)$, $y(\tau)$ abgeleiteten Funktionen $u(\tau)$, $v(\tau)$, für u', v'; u'', v''; ... deren erste, zweite ... Ableitungen nach τ, so geht die Gleichung (35) in eine Identität in τ über, da die Ableitungen von x, y mit denen von u, v ja gerade durch die Transformationsgleichungen (33), (34) usw verbunden sind. Differentiiert[1]) man die so entstandene Gleichung nach τ, so erhält man

$$\begin{aligned} & u' \frac{\partial \Phi_G}{\partial u} + v' \frac{\partial \Phi_G}{\partial v} + u'' \frac{\partial \Phi_G}{\partial u'} + v'' \frac{\partial \Phi_G}{\partial v'} + \cdots \\ & = x' \frac{\partial \Phi_F}{\partial x} + y' \frac{\partial \Phi_F}{\partial y} + x'' \frac{\partial \Phi_F}{\partial x'} + y'' \frac{\partial \Phi_F}{\partial y'} + \cdots \end{aligned} \tag{45}$$

Diese Gleichung stellt zunächst wieder nur eine Identität in τ dar, wobei x', y'; ..., u', v'; ... Ableitungen nach τ bedeuten. Da jedoch die bei dem Prozeß verwandten Funktionen $x(\tau)$, $y(\tau)$ ganz willkürlich[2]) waren, so schließt man, daß die Gleichung (45) auch gültig bleibt, wenn man unter x, y; x', y'; x'', y''... einerseits und u, v; u', v'; u'', v''... andererseits schließlich wieder beliebige durch die Transformationsgleichungen (24), (33), (34) usw. verbundene Variable versteht. *Durch den angegebenen Differentiationsprozeß wird also aus der absoluten Invariante Φ eine neue absolute Invariante abgeleitet*

Wenn die in (35) für x, y eingesetzten Funktionen außer von τ auch noch von einer zweiten Variabeln ε abhängen, so geht die Gleichung (35) in eine Identität in τ und ε über, die man daher auch nach ε differentiieren darf. Indem wir die Differentiation nach ε durch das Symbol δ andeuten, erhalten wir so:

$$\begin{aligned} & \frac{\partial \Phi_G}{\partial u} \delta u + \frac{\partial \Phi_G}{\partial v} \delta v + \frac{\partial \Phi_G}{\partial u'} \delta u' + \frac{\partial \Phi_G}{\partial v'} \delta v' + \cdots \\ & = \frac{\partial \Phi_F}{\partial x} \delta x + \frac{\partial \Phi_F}{\partial y} \delta y + \frac{\partial \Phi_F}{\partial x'} \delta x' + \frac{\partial \Phi_F}{\partial y'} \delta y' + \cdots \end{aligned} \tag{46}$$

---

[1]) Dabei ist zu beachten, daß x, y, x', y' auch in der in Φ enthaltenen Funktion F und deren partiellen Ableitungen vorkommen.

[2]) Natürlich abgesehen von Bedingungen der Stetigkeit und Differentiierbarkeit, die wir bei dem lediglich formalen Charakter der gegenwärtigen Untersuchung nicht explizite angeben.

Dabei ist, wie durch Differentiation von (26) und (33) nach ε folgt,

$$\delta x = X_u \delta u + X_v \delta v, \qquad \delta y = Y_u \delta u + Y_v \delta v, \tag{47}$$

$$\begin{aligned} \delta x' &= X_u \delta u' + X_v \delta v' + X_{uu} u' \delta u + X_{uv} (u' \delta v + v' \delta u) + X_{vv} v' \delta v, \\ \delta y' &= Y_u \delta u' + Y_v \delta v' + Y_{uu} u' \delta u + Y_{uv} (u' \delta v + v' \delta u) + Y_{vv} v' \delta v. \end{aligned} \tag{48}$$

Die Gleichung (46) ist zunächst wieder bloß eine Identität in τ und ε; aus der Willkürlichkeit der bei dem Prozeß benutzten Funktionen $x(\tau, \varepsilon)$, $y(\tau, \varepsilon)$ folgt aber wieder, daß die Gleichung (46) gültig bleibt, wenn man unter: $x, y; x', y'$; ... $\delta x, \delta y; \delta x', \delta y'$; ... einerseits und $u, v: u', v'$; ... $\delta u, \delta v; \delta u', \delta v'$; ... andererseits irgendwelche durch die Gleichungen (26), (33), ..., (47), (48), verbundene Größen versteht. Also stellt $\delta \Phi$ eine neue absolute Invariante dar und zwar für die durch Adjunktion von $\delta x, \delta y, \delta x', \delta y'$; .. erweiterte Gruppe. Wir haben also das Resultat, daß auch *der δ-Prozeß aus einer absoluten Invariante wieder eine absolute Invariante erzeugt.*

Beispiel. Aus der Gleichung

$$G(u, v, u', v') = F(x, y, x', y')$$

folgt, daß auch die Funktion

$$\delta F = F_x \delta x + F_y \delta y + F_{x'} \delta x' + F_{y'} \delta y'$$

eine absolute Invariante ist. Nun können wir aber in bekannter Weise δF auf die Form bringen[1])

$$\delta F = T w + \frac{d}{d\tau} (\delta x F_{x'} + \delta y F_{y'}),$$

wo

$$w = y' \delta x - x' \delta y.$$

Da nach (47) die Größen $\delta x, \delta y$ mit x', y' kogredient sind, so folgt nach (43), daß

$$\delta x F_{x'} + \delta y F_{y'}$$

eine absolute Invariante ist, also nach dem oben Gesagten auch die Ableitung dieses Ausdrucks nach τ. Hieraus folgt aber weiter, daß auch Tw eine absolute Invariante ist. Nun ist aber nach (42) w eine Invariante vom Index -1, also muß der andere Faktor T des Produkts eine Invariante vom Index $+1$ sein, womit wir fast ohne Rechnung das oben ausgesprochene Resultat (39) bewiesen haben.[2])

---

[1]) Vgl. § 26, Gleichung (18a).

[2]) Eine weitere Ausführung der hier nur kurz angedeuteten Theorie findet man in der oben zitierten Arbeit von Underhill, wo insbesondere die mit der zweiten Variation zusammenhängenden Invarianten untersucht werden. Man kann sich die Aufgabe vorlegen, für eine bestimmte Gruppe erweiterter Punkttransformationen *alle Invarianten zu bestimmen.* Für den Fall des x-Problems hat schon Lie in seiner Arbeit über Differentialinvarianten (Mathematische Annalen, Bd. XXIV (1884), p. 569) die Aufgabe gestellt und in seine allgemeine Theorie der *unendlichen kontinuierlichen Gruppen* eingeordnet. Für den speziellen Fall der geodätischen Linien ist die Lie'sche Methode von Zorawski im einzelnen durchgeführt worden („*Über Biegungsinvarianten. Eine Anwendung der Lie'schen Gruppentheorie*", Acta Mathematica, Bd. XVI (1892), pp. 1—64).

§ 46. Die Kneser'schen krummlinigen Koordinaten und ihre Anwendungen.[1])

Wir haben jetzt die im vorigen Paragraphen entwickelten allgemeinen Transformationsprinzipien auf den speziellen Fall der „KNESER'schen krummlinigen Koordinaten", welche die Verallgemeinerung der GAUSS'schen geodätischen Parallelkoordinaten sind, anzuwenden.

a) **Definition der Kneser'schen krummlinigen Koordinaten:**

Wir fügen jetzt den in § 44, a) über die Extremalenschar

$$x = \varphi(t, a), \qquad y = \psi(t, a) \tag{4}$$

gemachten Annahmen die weitere hinzu, daß die Funktionaldeterminante $\Delta(t, a)$ der Schar der Ungleichung

$$\Delta(t, a_0) \neq 0 \text{ in } [t_1 t_2] \tag{49}$$

genügen soll, und daß auch die Ableitungen φ_{aa}, ψ_{aa} im Bereich (5) existieren und stetig sind.

Dann lassen sich nach § 31, a) zwei positive Größen h, k so klein wählen, daß das Bild $\mathfrak{S}$ des Rechtecks

$$\mathfrak{A}: \qquad t_1 - h \leqq t \leqq t_2 + h, \qquad |a - a_0| \leqq k$$

mittels der Transformation (4) ein Feld um den Extremalenbogen $\mathfrak{E}_0$ bildet, worin die Ungleichung

$$\Delta(t, a) \neq 0 \text{ in } \mathfrak{A} \tag{50}$$

mit inbegriffen ist.

Wir nehmen h, k so klein an, daß überdies[2])

$$T_1' < t_1 - h, \qquad t_2 + h < T_2', \qquad k \leqq d,$$

und wählen den Punkt P_0 der Extremalen $\mathfrak{E}_0^*$, durch welchen die bei der Definition der Funktion $u(t, a)$ benutzte Transversale $\mathfrak{R}_0 \{t = \chi_0(a)\}$ hindurchgeht, so, daß: $T_1' \leqq t_0 < t_1 - h$. Durch Verkleinerung von k können wir dann schließlich noch erreichen, daß

$$\chi_0(a) < t_1 - h \quad \text{für} \quad a_0 - k \leqq a \leqq a_0 + k,$$

so daß das Rechteck $\mathfrak{A}$ ganz dem in § 44, a) definierten Bereich $\mathfrak{B}$ angehört.

Die inversen Funktionen

$$t = \mathfrak{t}(x, y), \qquad a = \mathfrak{a}(x, y) \tag{51}$$

des Feldes sind eindeutig definiert und von der Klasse C'' im Bereich $\mathfrak{S}$, wie aus den Gleichungen (136) von § 31 folgt.

---

[1]) Vgl. KNESER, *Lehrbuch*, § 16.

[2]) Wegen der Bedeutung der Größen T_1', T_2', d vgl. § 44, a)

Wir kombinieren jetzt mit der Transformation (51) die Transformation

$$u = u(t, a), \qquad v = a \tag{52}$$

zwischen der t, a-Ebene und der u, v-Ebene, wobei die Funktion $u(t, a)$ durch (10) definiert ist. Da nach (11) und (7)

$$\frac{\partial u}{\partial t} = \mathfrak{F}(t, a) \neq 0 \text{ in } \mathfrak{A}, \tag{53}$$

so folgt, daß die durch (52) definierte Beziehung zwischen dem Bereich $\mathfrak{A}$ und dessen Bild $\mathfrak{A}$ in der u, v-Ebene ein-eindeutig ist. Denn sind (t', a') und (t'', a'') irgend zwei verschiedene Punkte von $\mathfrak{A}$, so sind ihre Bilder in der u, v-Ebene sicher verschieden, wenn $a'' \neq a'$, weil dann $v'' \neq v'$; ist aber $a'' = a'$ und $t'' \neq t'$, so ist wegen (53) sicher $u(t'', a') \neq u(t', a')$, weil die Funktion $u(t, a')$ entweder beständig wächst oder beständig abnimmt. Überdies ist offenbar

$$\frac{\partial(u, v)}{\partial(t, a)} \neq 0 \text{ in } \mathfrak{A}.$$

Wenn wir daher die beiden Transformationen (51) und (52) kombinieren, so erhalten wir eine Transformation von der Form (24), nämlich, in der Bezeichnung von § 31, Gleichung (142):

$$u = W(x, y), \qquad v = \mathfrak{a}(x, y), \tag{54}$$

wo $W(x, y)$ wieder das Feldintegral, gerechnet von der Transversalen $\mathfrak{K}_0$ aus, bedeutet. Die Transformation (54) definiert dann nach dem über die beiden Transformationen (51) und (52) gesagten eine eindeutige Beziehung zwischen dem Bereich $\mathcal{S}$ in der x, y-Ebene und dessen Bild $\mathfrak{A}$ in der u, v-Ebene, welche alle Bedingungen erfüllt, die wir in § 45, a) der Transformation (24) auferlegt haben.

Die durch die Gleichungen (54) definierten speziellen krummlinigen Koordinaten u, v nennen wir die *Kneser'schen Koordinaten*. Sie sind hiernach durch folgende Eigentümlichkeiten charakterisiert:

1. *Den Geraden: $v =$ konst. der u, v-Ebene entsprechen in der x, y-Ebene die Extremalen der Schar* (4) *und umgekehrt;* und zwar entspricht insbesondere der Geraden: $v = a'$ die Extremale $a = a'$

2. *Den Geraden: $u =$ konst. der u, v-Ebene entsprechen in der x, y-Ebene die Transversalen der Schar* (4) *und umgekehrt,* und zwar entspricht insbesondere der Geraden $u = c$ diejenige Transversale, entlang welcher das Feldintegral $W(x, y)$ den konstanten Wert c hat (vgl. § 31, c)).

b) **Eigenschaften der Funktion $G(u, v, u', v')$ für den speziellen Fall der Kneser'schen Koordinaten:**

Aus den eben angeführten Eigentümlichkeiten der Kneser'schen Koordinaten ergibt sich, daß *für dieses spezielle Koordinatensystem die*

Funktion $G(u, v, u', v')$ *folgende charakteristische Eigenschaften besitzt*[1]:

$$G(u, v, u', 0) \equiv u', \tag{55}$$

$$G_{u'}(u, v, u', 0) \equiv 1, \qquad G_{v'}(u, v, u', 0) \equiv 0$$

für jedes Wertsystem u, v im Bereich $\mathfrak{A}$ und für jeden Wert von u', dessen Vorzeichen mit dem in $\mathfrak{A}$ konstanten Vorzeichen der Funktion $\mathfrak{F}(t, a)$ übereinstimmt.

Beweis: Wegen der Ein-eindeutigkeit der Beziehung zwischen den Bereichen $\mathfrak{S}$ und $\mathfrak{A}$ können wir jede im Bereich $\mathfrak{S}$ der x, y-Ebene gelegene Kurve $\mathfrak{C}$ in der Form

$$x = \varphi(t(\tau), a(\tau)), \qquad y = \psi(t(\tau), a(\tau))$$

darstellen, wo dann

$$t = t(\tau), \qquad a = a(\tau)$$

das Bild der Kurve $\mathfrak{C}$ in der t, a-Ebene ist. Das Bild von $\mathfrak{C}$ in der u, v-Ebene ist alsdann gegeben durch

$$u = u(t(\tau), a(\tau)), \qquad v = a(\tau),$$

und wegen (29) gilt die Gleichung

$$F\left(\varphi(t, a), \psi(t, a), \frac{d}{d\tau}\varphi(t, a), \frac{d}{d\tau}\psi(t, a)\right) = G\left(u(t, a), a, \frac{d}{d\tau}u(t, a), \frac{da}{d\tau}\right), \tag{56}$$

wobei man sich für t, a die Funktionen $t(\tau), a(\tau)$ gesetzt zu denken hat.

Wenn nun insbesondere die Kurve $\mathfrak{C}$ eine Extremale $a = a'$ der Schar (4) ist, so ist ihr Bild in der t, a-Ebene gegeben durch

$$t = \tau, \qquad a = a', \tag{57}$$

und die Gleichung (56) nimmt die Form an

$$\mathfrak{F}(\tau, a') = G(u(\tau, a'), a', u_t(\tau, a'), 0). \tag{58}$$

Daher ist wegen (11)

$$u_t(\tau, a') = G(u(\tau, a'), a', u_t(\tau, a'), 0).$$

Jetzt sei u, v irgend ein Punkt von $\mathfrak{A}$ und u' irgend ein Wert, welcher dasselbe Vorzeichen hat wie $\mathfrak{F}(t, a)$. Das Bild von u, v in der t, a-Ebene sei τ, a', so daß: $u = u(\tau, a')$, $v = a'$. Dann hat $u_t(\tau, a')$ dasselbe Zeichen wie u'; wir können also eine positive Größe m bestimmen, so daß: $u' = m u_t(\tau, a')$. Daher folgt aus (58) unter Benutzung von (31) die erste der Gleichungen (55) und aus derselben durch Differentiation nach u' unmittelbar die zweite.

---

[1]) Die erste dieser Gleichungen ist eine Folge der beiden übrigen, wegen der Homogeneitätsrelation.

$$G = u' G_{u'} + v' G_{v'}.$$

Um die dritte zu beweisen, lassen wir jetzt die Kurve $\mathfrak{C}$ mit einer Transversalen $\{t = \chi(a)\}$ des Feldes zusammenfallen. Das Bild derselben in der u, v-Ebene ist dann die Gerade

$$u = u(\chi(a), a) = c \equiv \tilde{u}(a), \qquad v = a \equiv \tilde{v}(a). \tag{59}$$

Dieselbe ist wegen der in § 45, a) bewiesenen Invarianz der Transversalitätsbedingung ebenfalls eine Transversale der Extremalenschar: $v =$ konst. für das Integral J'. Im Schnittpunkt der Transversalen (59) mit der Extremalen (57) muß also die Transversalitätsbedingung

$$\tilde{u}' G_{u'} + \tilde{v}' G_{v'} = 0$$

erfüllt sein, die sich hier auf

$$G_{v'}(u(\tau, a'), a', u_t(\tau, a'), 0) = 0$$

reduziert, woraus, wie oben, die dritte der Gleichungen (55) folgt.

Beispiel XVI. Für den Fall der geodätischen Linien, wo

$$G(u, v, u', v') = \sqrt{\mathsf{E} u'^2 + 2\mathsf{F} u' v' + \mathsf{G} v'^2},$$

nehmen die erste und dritte der Gleichungen (55) die Form an

$$\sqrt{\mathsf{E} u'^2} = u', \quad \frac{\mathsf{F} u'}{\sqrt{\mathsf{E} u'^2}} = 0,$$

und daraus

$$\mathsf{E} = 1, \qquad \mathsf{F} = 0,$$

was in der Tat mit der Gauß'schen Normalform (1) übereinstimmt.

Aus den Gleichungen (55) ergibt sich die folgende wichtige Relation für die Funktion $\mathcal{E}_G$, für die wir der Einfachheit halber $\mathcal{E}'$ schreiben:

$$\mathcal{E}'(u, v; u', 0; \dot{u}, \dot{v}) \equiv G(u, v, \dot{u}, \dot{v}) - \dot{u}. \tag{60}$$

Dabei sind die Größen u, v, u' denselben Beschränkungen unterworfen, wie in den Relationen (55), während $\dot{u}, \dot{v}$ irgend ein von $0, 0$ verschiedenes Wertsystem bedeutet.

Wir wollen dieses Resultat noch auf eine andere, für spätere Anwendung bequemere Form bringen. Das Bild der Extremalen $a = a'$ in der u, v-Ebene ist gegeben durch die Gleichungen

$$u = u(\tau, a'), \qquad v = a'. \tag{61}$$

Bezeichnet θ' den Tangentenwinkel der Kurve (61) im Punkt τ, so folgt aus (53), daß $\theta' = 0$ oder π, je nachdem das konstante Zeichen von $\mathfrak{F}(t, a)$ positiv oder negativ ist.

Nun war die Größe u' irgend eine Größe, welche dasselbe Zeichen hat wie $\mathfrak{F}(t, a)$. Wir dürfen also in (60): $u' = \cos\theta'$ setzen und erhalten, da $\sin\theta' = 0$, die Gleichung (60) in der Form

$$G(u, v, \dot{u}, \dot{v}) - \dot{u} = \mathcal{E}'(u, v; \cos\theta', \sin\theta'; \dot{u}, \dot{v}). \tag{62}$$

c) **Hinreichende Bedingungen für ein Minimum bei einem festen und einem variabeln Endpunkt:**

Die vorangegangenen Entwicklungen lassen sich nun nach KNESER[1]) folgendermaßen zur Aufstellung hinreichender Bedingungen für ein Minimum des Integrals J bei einem festen und einem auf einer Kurve $\mathfrak{K}$ beweglichen Endpunkt verwenden:

Wir ziehen durch den Punkt P_1 der Extremalen $\mathfrak{E}_0$ die Transversale des Feldes, $\mathfrak{K}\{t = \chi(a)\}$, wobei wir k so klein voraussetzen dürfen, daß der Bogen $[a_0 - k,\ a_0 + k]$ von $\mathfrak{K}$ ganz im Felde $\mathcal{S}$ liegt Dann ziehen wir von einem beliebigen Punkt P_5 von $\mathfrak{K}$ eine ganz im Bereich $\mathcal{S}$ gelegene gewöhnliche Kurve

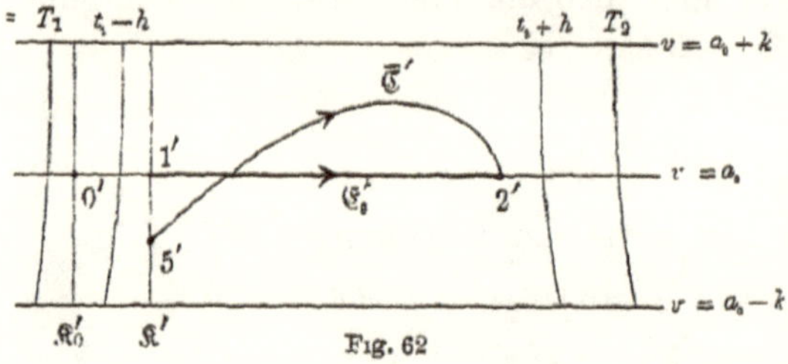

Fig. 62

$$\overline{\mathfrak{C}}:\qquad x = \bar{x}(\tau),\qquad y = \bar{y}(\tau),\qquad \tau_1 \gtreqless \tau \gtreqless \tau_2$$

nach dem Punkt P_2 (vgl. Fig. 51 auf p 325), und konstruieren das Bild der so entstandenen Figur in der u, v-Ebene.

Das Bild von $\mathfrak{E}_0$ ist das Segment $P_1' P_2'$ der Geraden $v = a_0$, wobei die Abszissen der Bildpunkte P_1', P_2' der beiden Punkte P_1, P_2 nach (54) sind

$$u_1 = W(x_1, y_1),\qquad u_2 = W(x_2, y_2).$$

Die Bilder der beiden Transversalen $\mathfrak{K}_0$ und $\mathfrak{K}$ sind die beiden Geraden: $u = 0$, beziehungsweise: $u = u_1$. Das Bild der Kurve $\overline{\mathfrak{C}}$ ist eine gewöhnliche Kurve:

$$\overline{\mathfrak{C}}':\qquad u = \bar{u}(\tau),\qquad v = \bar{v}(\tau),\qquad \tau_1 \gtrless \tau \gtrless \tau_2,$$

welche ganz in $\mathfrak{A}$ gelegen ist und den Punkt P_5' der Geraden: $u = u_1$ mit dem Punkt P_2' verbindet, so daß also

$$\bar{u}(\tau_1) = u_1,\qquad \bar{u}(\tau_2) = u_2,\qquad \bar{v}(\tau_2) = a_0 \tag{63}$$

Nunmehr ist nach (32)

$$J_{\overline{\mathfrak{C}}}(P_5 P_2) = J'_{\overline{\mathfrak{C}}'}(P_5' P_2') = \int_{\tau_1}^{\tau_2} G\left(\bar{u}, \bar{v}, \frac{d\bar{u}}{d\tau}, \frac{d\bar{v}}{d\tau}\right) d\tau.$$

---

[1]) Vgl KNESER, *Lehrbuch*, § 17. Um die Resultate der folgenden Entwicklung auf den Fall anzuwenden, wo nicht die Extremalenschar (4), sondern die Kurve $\mathfrak{K}$ vorgegeben ist, hat man zunächst den Satz des § 40 über die Konstruktion einer Extremalenschar, welche von einer gegebenen Kurve transversal geschnitten wird, anzuwenden.

Andererseits ist nach der Definition des Feldintegrals

$$J_{\mathfrak{E}_0}(P_1 P_2) = J'_{\mathfrak{E}'_0}(P'_1 P'_2) = W(x_2, y_2) - W(x_1, y_1) = u_2 - u_1$$

Wegen (63) können wir aber schreiben[1])

$$u_2 - u_1 = \int_{\tau_1}^{\tau_2} \frac{d\bar{u}}{d\tau} d\tau.$$

Daher können wir die totale Variation

$$\Delta J = J_{\overline{\mathfrak{C}}}(P_5 P_2) - J_{\mathfrak{E}_0}(P_1 P_2)$$

durch das entlang der Kurve $\overline{\mathfrak{C}}'$ genommene Integral ausdrücken:

$$\Delta J = \int_{\tau_1}^{\tau_2} \left[G\left(\bar{u}, \bar{v}, \frac{d\bar{u}}{d\tau}, \frac{d\bar{v}}{d\tau}\right) - \frac{d\bar{u}}{d\tau} \right] d\tau. \tag{64}$$

Statt dessen können wir aber nach (62) schreiben

$$\Delta J = \int_{\tau_1}^{\tau_2} \mathcal{E}'\left(\bar{u}, \bar{v}; \cos\theta', \sin\theta'; \frac{d\bar{u}}{d\tau}, \frac{d\bar{v}}{d\tau}\right) d\tau \tag{65}$$

Wegen der Bedeutung des Winkels θ' ist dies aber nichts anderes als der Weierstrass'sche Satz für die u, v-Ebene. Erinnern wir uns jetzt der in § 45, b) bewiesenen Invarianz der $\mathcal{E}$-Funktion, so haben wir hiermit einen neuen Beweis dafür gewonnen, daß die in § 41 aufgezählten Bedingungen für ein Minimum des Integrals J hinreichend sind, wenn der erste Endpunkt auf der Transversalen $\mathfrak{K}$ beweglich ist, während der zweite fest ist, allerdings unter Hinzufügung einer weiteren Annahme[2]), nämlich der Voraussetzung (6).

---

[1]) Dieser wichtige Kunstgriff ist in letzter Instanz gleichbedeutend mit der Einführung des Hilbert'schen invarianten Integrals. Denn nach Gleichung (150) von § 31 lautet dasselbe im gegenwärtigen Fall

$$J'^* = \int G_{u'}(u, v, \cos\theta', \sin\theta') du + G_{v'}(u, v, \cos\theta', \sin\theta') dv,$$

was sich wegen (55) auf

$$J'^* = \int du$$

reduziert.

[2]) Es läßt sich zeigen, daß dieselbe keine wirkliche Beschränkung der Allgemeinheit bedeutet. Denn das vorgelegte Variationsproblem ist mit dem Problem, das Integral der Funktion

$$F(x, y, x', y') + \Phi_x(x, y) x' + \Phi_y(x, y) y'$$

unter denselben Anfangsbedingungen zu einem Minimum zu machen, äquivalent, vorausgesetzt, daß die Funktion $\Phi(x, y)$ entlang der gegebenen Kurve $\mathfrak{K}$ konstant

d) **Der Osgood'sche Satz**[1]) **für den Fall eines variablen Endpunktes:**

Aus den Resultaten des letzten Absatzes ergibt sich ein einfacher Beweis des Osgood'schen Satzes für den Fall eines variabeln Endpunktes Wir gehen dazu von der Gleichung (65) aus Führen wir statt des beliebigen Parameters τ den Bogen s der Bildkurve $\overline{\mathfrak{C}}'$ ein und bezeichnen mit $\bar\theta'$ den Tangentenwinkel der Kurve $\overline{\mathfrak{C}}'$ im Punkt $\bar u, \bar v$, so konnen wir unter Benutzung der Gleichung (123) von § 30 die Gleichung (65) auch schreiben

$$\Delta J = \int_{s_1}^{s_2} \mathfrak{E}'(\bar u, \bar v; \cos\theta', \sin\theta'; \cos\bar\theta', \sin\bar\theta')\, ds \tag{66}$$

Wir setzen jetzt voraus, daß fur den Bogen $\mathfrak{E}_0$ die Weierstraß'sche Bedingung (IV') erfüllt ist, was wegen (44) die analoge Ungleichung für den Bogen $\mathfrak{E}_0'$ in der u, v-Ebene zur Folge hat. Fuhren wir nun genau wie in § 32, Gleichung (158), die Funktion $\mathfrak{E}_1'$ ein, so können wir wie dort schließen, daß die die Ausdehnung des Feldes $\mathcal{S}'$, oder ausführlicher[2]) $\mathcal{S}'_{h,k}$, bestimmenden Großen h, k sich so klein wählen lassen, daß die Funktion

$$\mathfrak{E}_1'(u, v; \cos\theta', \sin\theta'; \cos\bar\theta', \sin\bar\theta')$$

in dem ganzen Bereich

$$(u, v) \text{ in } \mathfrak{A}, \qquad 0 \overline{\gtrless} \bar\theta' \overline{\gtrless} 2\pi$$

positiv ist und daher einen positiven Minimalwert m erreicht Da nun nach der Definition von $\mathfrak{E}_1'$ für alle Werte von $\bar\theta'$

$$\mathfrak{E}'(\bar u, \bar v; \cos\theta', \sin\theta'; \cos\bar\theta', \sin\bar\theta') = (1 - \cos(\theta' - \bar\theta'))\, \mathfrak{E}_1'(\bar u, \bar v; \cos\theta', \sin\theta'; \cos\bar\theta', \sin\bar\theta'),$$

und da überdies $\theta' = 0$ oder π, so folgt aus (66) nach dem Mittelwertsatz

$$\Delta J \overline{>} m \int_{s_1}^{s_2} (1 \mp \cos\bar\theta')\, ds,$$

oder, da $\cos\bar\theta' = \frac{d\bar u}{ds}$,

$$\Delta J \overline{>} m[L \mp (u_2 - u_1)],$$

wenn L die Länge des Bogens $\overline{\mathfrak{C}}'$ von P_5' bis P_2' bedeutet

Es sei jetzt l eine beliebige positive Größe kleiner als k, und es werde vorausgesetzt, daß die Kurve $\overline{\mathfrak{C}}$ in der x, y-Ebene durch einen Punkt P_3 einer der beiden Extremalen: $a = a_0 \pm l$ der Schar (4) hindurchgeht Die Bildkurve

ist (in dem Sinn, daß jede Lösung des einen Problems zugleich eine Losung des andern ist). Man kann dann stets die Funktion $\Phi(x, y)$ so wählen, daß die Voraussetzung (6) für das neue Problem erfüllt ist, selbst wenn dies für das ursprungliche nicht der Fall sein sollte; man braucht nur

$$\Phi(x, y) = M[\mathfrak{t}(x, y) - \chi(\mathfrak{a}(x, y))]$$

zu setzen, wo M eine hinreichend große Konstante ist; vgl. Bolza, *Lectures,* § 37, c).

[1]) Vgl. § 34 und für den hier gegebenen Beweis Bolza, Transactions of the American Mathematical Society, Bd II (1901) p 422

[2]) Vgl wegen der Bezeichnung § 31, a).

$\bar{\mathfrak{C}}'$ geht alsdann durch einen Punkt P_3', dessen Ordinate $v = a_0 \pm l$ ist; und wenn P_6' der Fußpunkt der vom Punkt P_3' auf die Gerade $u = u_1$ gefällten Senkrechten ist, so ist

$$L \overline{\overline{>}} (P_6' P_3' + P_3' P_2') \overline{\overline{>}} P_6' P_2',$$

d. h.

$$L \overline{\overline{>}} \sqrt{l^2 + (u_2 - u_1)^2}.$$

Bezeichnen wir daher mit ε_l die stets positive Größe

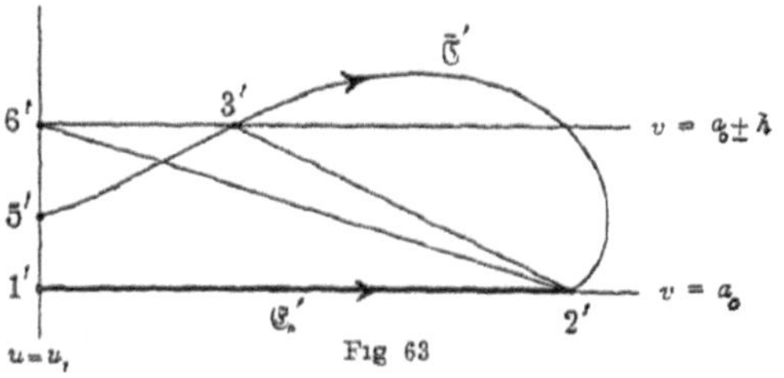

Fig 63

$$\varepsilon_l = m[\sqrt{l^2 + (u_2 - u_1)^2} \mp (u_2 - u_1)], \tag{67}$$

so ist

$$\Delta J \overline{\overline{>}} \varepsilon_l \tag{68}$$

Somit erhalten wir den Satz.

Fur den Extremalenbogen $\mathfrak{E}_0$ mogen die Bedingungen (II) und (IV') erfullt sein; derselbe moge sich mit einem Feld $\mathfrak{S}_{h,\lambda}$ umgeben lassen, und es sei im Punkt P_1:

$$F(x_1, y_1, x_1', y_1') \neq 0\ ^{1)},$$

so daß durch den Punkt P_1 eine Transversale $\mathfrak{K}$ des Feldes gezogen werden kann. Sind dann h und k hinreichend klein gewählt, so gehört zu jedem positiven $l < k$ eine positive Größe ε_l derart, daß

$$\Delta J \overline{\overline{>}} \varepsilon_l$$

fur jede Variation des Bogens $\mathfrak{E}_0$, welche die Kurve $\mathfrak{K}$ mit dem Punkt P_2 verbindet und welche ganz im Innern von $\mathfrak{S}_{h,\lambda}'$, aber nicht ganz im Innern von $\mathfrak{S}_{h,l}'$ gelegen ist.

§ 47. Folgerungen aus dem Enveloppensatz.

Die in § 46, a) eingeführte Annahme

$$\Delta(t, a_0) \neq 0 \text{ in } [t_1 t_2], \tag{49}$$

welche nach § 40 aussagt, daß der Extremalenbogen $\mathfrak{E}_0$ den Brennpunkt der Kurve $\mathfrak{K}$ nicht enthalten soll, war in dem vorangegangenen Hinlänglichkeitsbeweis für die Konstruktion eines Feldes erforderlich. Aber aus unsern Entwicklungen geht nicht hervor, ob diese Bedingung zugleich auch eine notwendige Bedingung für ein Extremum ist.

Wir wollen nun, in Verallgemeinerung der in § 43, c) für den Fall der geodätischen Linien mitgeteilten Darboux'schen Methode, nach KNESER[2]) beweisen, daß die obige Bedingung wenigstens in der etwas milderen Form

---

[1]) Will man sich auf Variationen beschränken, welche auch den Punkt P_1 fest lassen, so ist die letzte Voraussetzung nicht nötig. Die Voraussetzung (6) braucht nach p. 355 Fußnote [2]) nicht gemacht zu werden.

[2]) Vgl. KNESER, Mathematische Annalen, Bd. L, p 27 und *Lehrbuch*, §§ 24, 25

$$\Delta(t, a_0) \neq 0 \quad \text{für} \quad t_1 < t < t_2 \tag{69}$$

in der Tat für ein Extremum notwendig ist.

Der Beweis macht von der Betrachtung der zweiten Variation (resp den damit äquivalenten Untersuchungen von § 39) keinen Gebrauch; er gründet sich auf den in § 44, c) bewiesenen Enveloppensatz und gibt zugleich die Entscheidung über den bei unseren früheren Entwicklungen von der Betrachtung ausgeschlossenen Fall, wo der Endpunkt P_2 mit dem Brennpunkt der Kurve $\mathfrak{K}$ auf der Extremalen $\mathfrak{E}_0$ zusammenfällt[1])

a) **Gestalt der Enveloppe in der Nähe des Brennpunktes:**

Wir behalten die Annahmen von § 44, a) über die Extremalenschar (4) bei, lassen aber die Voraussetzung (49) fallen und setzen im Gegenteil voraus, daß der Extremalenbogen $\mathfrak{E}_0$ den Brennpunkt P_1'' der Kurve $\mathfrak{K}$ enthält, daß also

$$t_1 < t_1'' \gtreqless t_2$$

und gleichzeitig

$$\Delta(t_1'', a_0) = 0, \tag{70}$$

dagegen

$$\Delta(t, a_0) \neq 0 \quad \text{für} \quad t_1 < t < t_1''.$$

Wir stellen uns die Aufgabe, alle Lösungen (t, a) der Gleichung

$$\Delta(t, a) = 0 \tag{71}$$

in der Umgebung der Stelle (t_1'', a_0) zu finden. Da nach unsern Annahmen die Funktionen F_1, F_1', F_2 stetig sind in der Umgebung von $t = t_1''$ und überdies $F_1 \neq 0$ in t_1'', so schließen wir wie in § 29, b), daß

$$\Delta_t(t_1'', a_0) \neq 0. \tag{72}$$

Nach dem Satz über implizite Funktionen läßt sich daher die Gleichung (71) in der Umgebung der Stelle (t_1'', a_0) eindeutig nach t auflösen, und die Lösung, die wir mit

$$t = \bar{t}(a)$$

bezeichnen, ist in der Umgebung von $a = a_0$ von der Klasse C' und reduziert sich für $a = a_0$ auf t_1''.

Die Kurve

$$\mathfrak{J}: \qquad x = \varphi(\bar{t}(a), a) \equiv \tilde{x}(a), \quad y = \psi(\bar{t}(a), a) \equiv \tilde{y}(a),$$

[1]) Da der folgende Beweis auch für den Fall gültig bleibt, wo die Transversale $\mathfrak{K}$ in einen Punkt zusammenschrumpft, so erhält man damit zugleich einen von der zweiten Variation unabhängigen Beweis der Notwendigkeit der Jacobi'schen Bedingung für den Fall fester Endpunkte, sowie die Entscheidung für den Fall, wo der Punkt P_2 mit dem konjugierten Punkt P_1' zusammenfällt.

die wegen $\tilde{t}(a_0) = t_1''$ durch den Punkt P_1'' geht, ist dann die *Enveloppe*[1]) *der Extremalenschar* (4).

Denn da

$$\frac{d\tilde{x}}{da} = \varphi_t \frac{dt}{da} + \varphi_a \Big|^{t=\tilde{t}(a)}, \qquad \frac{d\tilde{y}}{da} = \psi_t \frac{dt}{da} + \psi_a \Big|^{t=\tilde{t}(a)},$$

so folgt

$$\varphi_t \frac{d\tilde{x}}{da} - \psi_t \frac{d\tilde{y}}{da} \Big|^{t=\tilde{t}(a)} = \Delta(\tilde{t}(a), a) \equiv 0 \tag{73}$$

Dies zeigt, — zunächst abgesehen von den Punkten, in denen $\tilde{x}'$ und $\tilde{y}'$ gleichzeitig verschwinden —, daß die Kurve $\mathfrak{F}$ im Punkt $a = a'$ die Extremale $\mathfrak{E}_{a'}$ der Schar (4) berührt, und daher ist $\mathfrak{F}$ in der Tat die Enveloppe der Schar (4)

Für die weitere Diskussion unterscheiden wir jetzt zunächst zwei Hauptfälle:

Fall I: Die Enveloppe degeneriert **nicht** *in einen Punkt*, d. h. die Funktionen $\tilde{x}(a)$, $\tilde{y}(a)$ reduzieren sich nicht beide auf Konstante. Wir wollen dann voraussetzen[2]), daß die Funktionen $\tilde{x}(a)$, $\tilde{y}(a)$ in der Umgebung von $a = a_0$ von der Klasse $C^{(r)}$ sind, und daß für $a = a_0$ ihre Ableitungen bis zur $r-1^{\text{ten}}$ Ordnung verschwinden, daß aber $\tilde{x}^{(r)}(a_0)$ und $\tilde{y}^{(r)}(a_0)$ nicht beide Null sind Dann erhalten wir nach dem Taylor'schen Satz:

$$\frac{d\tilde{x}}{da} = (a - a_0)^{r-1}(A + \alpha), \qquad \frac{d\tilde{y}}{da} = (a - a_0)^{r-1}(B + \beta); \tag{74}$$

dabei ist

$$A = \frac{\tilde{x}^{(r)}(a_0)}{(r-1)!}, \qquad B = \frac{\tilde{y}^{(r)}(a_0)}{(r-1)!},$$

während α und β Funktionen von a sind, welche mit $a - a_0$ unendlich klein werden. Durch Einsetzen in (73) folgt hieraus

$$A = C\varphi_t(t_1'', a_0), \qquad B = C\psi_t(t_1'', a_0), \tag{75}$$

wobei C ein Proportionalitätsfaktor ist, der endlich und von Null verschieden ist, da weder A und B noch $\varphi_t(t_1'', a_0)$ und $\psi_t(t_1'', a_0)$ gleichzeitig verschwinden können.

Ist $r > 1$, so hat die Enveloppe im Punkt P_1'' einen singulären Punkt r^{ter} Ordnung; aber auch in diesem Fall besitzt sie eine be-

---

[1]) Über die Theorie der Enveloppen vgl. *Encyclopädie*, III D, p. 44, insbesondere die in Fußnote 117 gegebenen Literaturangaben; ferner SCHEFFERS, *Theorie der Kurven*, p 55; vgl. auch oben § 29, c).

[2]) Dies wird stets der Fall sein, wenn die Funktionen $\varphi(t, a)$, $\psi(t, a)$ von der Klasse $C^{(r+1)}$ sind, und dies darf nach § 24, a) Zusatz I angenommen werden, wenn die Funktion $F(x, y, x', y')$ von der Klasse $C^{(r+3)}$ ist

stimmte[1]), als Grenzlage der Sekante definierte Tangente, deren Gefälle gleich $B:A$ ist. Die Gleichungen (75) zeigen, daß die Extremale $\mathfrak{E}_0$ die Enveloppe $\mathfrak{F}$ im Punkt P_1'' auch dann berührt, wenn P_1'' ein singulärer Punkt von $\mathfrak{F}$ ist.

Der Einfachheit halber denken wir uns das Koordinatensystem so gedreht, daß die positive x-Achse die Richtung der positiven Tangente an die Extremale $\mathfrak{E}_0$ im Punkt P_1'' hat; dann ist

$$\varphi_t(t_1'', a_0) > 0 \qquad \psi_t(t_1'', a_0) = 0.$$

Die y-Achse fällt mit der Normalen $\mathfrak{N}$ der Kurve $\mathfrak{E}_0$ im Punkt P_1'' zusammen.

Wir unterscheiden dann noch weiter folgende Fälle:

A) *r ungerade:*

Dann wechselt $\frac{d\bar{x}}{da}$ sein Zeichen nicht, wenn a durch den Wert a_0 hindurchgeht. Daher hat die Enveloppe in P_1'' *keinen Rückkehrpunkt;* sie tritt von der negativen[2]) Seite der Normalen $\mathfrak{N}$ auf die positive oder umgekehrt (Fig. 64).

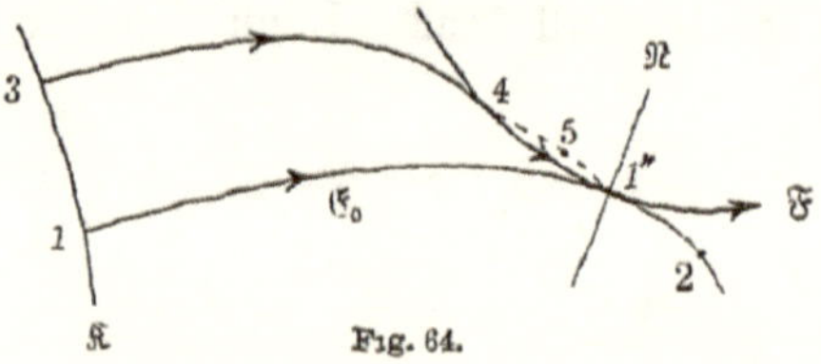

Fig. 64.

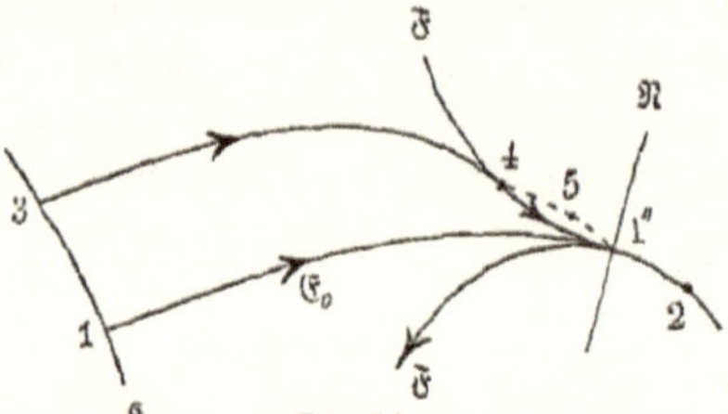

Fig. 65.

Hierher gehört der nicht-singuläre Fall $r = 1$.

B) *r gerade:*

In diesem Fall hat die Enveloppe in P_1'' einen *Rückkehrpunkt*, und zwar

1. *wenn* $C < 0$,

so liegt die Enveloppe in der Nähe des Punktes P_1'' ganz *auf der negativen Seite der Normalen* $\mathfrak{N}$ (Fig 65);

2. *wenn* $C > 0$,

so liegt die Enveloppe in der Nähe des Punktes P_1'' ganz *auf der positiven Seite der Normalen* $\mathfrak{N}$ (Fig. 66).

[1]) Wenn man darauf verzichtet der Tangente einen positiven Sinn beizulegen.

[2]) Die positive x-Richtung führt von der „negativen Seite" der Normalen auf die „positive".

Fall II: Die Enveloppe degeneriert in einen Punkt,
d. h. die Funktionen $\tilde{x}(a)$, $\tilde{y}(a)$ reduzieren sich beide auf Konstante, nämlich die Koordinaten des Punktes P_1''. In diesem Fall gehen alle Extremalen der Schar (4) durch den Punkt P_1''.

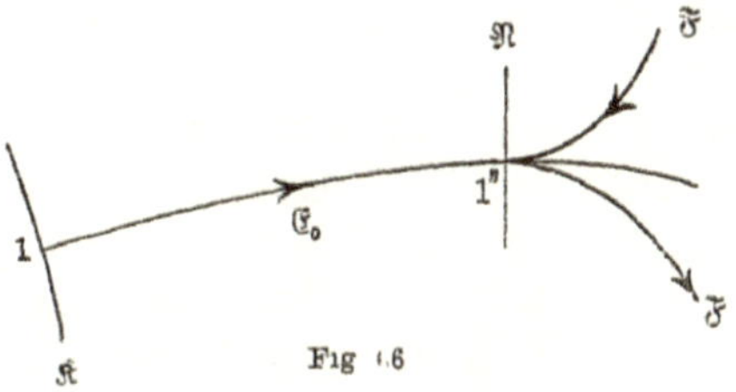

Fig 66

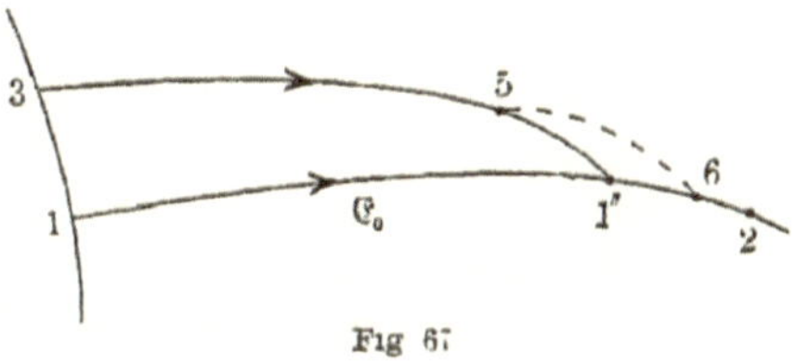

Fig 67

b) **Die Brennpunktsbedingung, abgeleitet aus dem Enveloppensatz:**

Es möge jetzt zunächst der Fall I vorliegen, und es sei $\mathfrak{E}_a$ eine dem Bogen $\mathfrak{E}_0$ benachbarte Extremale der Schar (4); sie schneidet die Transversale $\mathfrak{K}$ im Punkt[1]) $P_3\{\chi(a), a\}$ und berührt die Enveloppe $\mathfrak{F}$ im Punkt $P_4\{\tilde{t}(a), a\}$. Wenn dann, eventuell nach Umkehrung des positiven Sinnes auf der Enveloppe, die positiven Tangentenrichtungen von $\mathfrak{E}_a$ und $\mathfrak{F}$ im Punkt P_4 zusammenfallen und zugleich P_4 auf $\mathfrak{F}$ dem Punkt P_1'' vorangeht, so können wir den Enveloppensatz[2]) von § 44, c) anwenden und erhalten

$$\Delta J = J_{\mathfrak{E}_a}(P_3 P_4) + J_{\mathfrak{F}}(P_4 P_1'') - J_{\mathfrak{E}_0}(P_1 P_1'') = 0. \tag{76}$$

Wir führen daher auf $\mathfrak{F}$ statt a einen neuen Parameter τ ein durch die Substitution

$$a - a_0 = \varepsilon\tau;$$

dabei ist $\varepsilon = \pm 1$, und wir behalten uns die Wahl des Vorzeichens vor. Es folgt dann aus (73), daß wir schreiben können:

$$\frac{d\tilde{x}}{d\tau} = m\varphi_t, \qquad \frac{d\tilde{y}}{d\tau} = m\psi_t, \tag{77}$$

wo m eine in der Umgebung von $\tau = 0$ stetige Funktion von τ ist, deren Verhalten für unendlich kleine Werte von τ durch die aus (74) und (75) sich ergebende Gleichung

$$m = \varepsilon^r \tau^{r-1}(C + \gamma)$$

bestimmt wird, wobei γ mit τ unendlich klein wird.

Der Enveloppensatz ist dann nach dem Obigen dann und nur dann anwendbar, wenn sich das Zeichen von ε so wählen läßt, daß $m > 0$ für unendlich kleine negative Werte von τ.

[1]) Vgl. wegen der Bezeichnung § 44, a).

[2]) Die Kurven $\mathfrak{K}$, $\mathfrak{F}$ entsprechen den dort mit $\mathfrak{K}_0$, $\mathfrak{K}_1$ bezeichneten Kurven.

Im Fall A) kann man dies stets erreichen, indem man das Zeichen von ε gleich dem Zeichen von C wählt.

Im Fall B_1) ist die Bedingung sowohl für positives als für negatives ε erfüllt

Dagegen ist es im Fall B_2) nicht möglich, das Zeichen von ε in der angegebenen Weise zu bestimmen.

In den Fällen A) und B_1) können wir daher in jeder Umgebung des Bogens $\mathfrak{E}_0$ zulässige Variationen angeben, für welche $\Delta J = 0$. Es findet in diesen Fällen also sicher kein eigentliches[1]) Minimum statt. Es findet aber auch kein uneigentliches Minimum statt. Denn die Enveloppe $\mathfrak{F}$ kann selbst nie eine Extremale sein[2]), da sich sonst durch den Punkt a von $\mathfrak{F}$ in der Richtung der positiven Tangente zwei Extremalen ziehen ließen, nämlich die Extremale $\mathfrak{E}_a$ und außerdem die Enveloppe $\mathfrak{F}$ selbst. Dies ist aber nach den Cauchy'schen Existenzsätzen (§ 27, a)) nicht möglich, da nach unsern Voraussetzungen (vgl. § 44, a)) entlang der Enveloppe $\mathfrak{F}$:

$$\mathfrak{F}_1(t, a) \neq 0.$$

Daher können wir die beiden Punkte P_4, P_1'' durch eine zulässige Kurve $P_4 P_5 P_1''$ verbinden, welche für das Integral J einen kleineren Wert liefert, als der Bogen $P_4 P_1''$ von $\mathfrak{F}$. Es ist also möglich, durch eine zulässige Variation ΔJ negativ zu machen, und daher liefert der Bogen $P_1 P_1''$ von $\mathfrak{E}_0$, und daher a fortiori auch der Bogen $\mathfrak{E}_0$ selbst, kein Minimum.

Wenn der Fall II vorliegt, so kann man unmittelbar den Zusatz II (resp. III) zum Transversalensatz (§ 44, b)) anwenden. Darnach hat man für jede benachbarte Extremale $\mathfrak{E}_a$ der Schar (4) (siehe Fig. 67)

$$\Delta J = J_{\mathfrak{E}_a}(P_3 P_1'') - J_{\mathfrak{E}_0}(P_1 P_1'') = 0, \tag{78}$$

woraus hervorgeht, daß der Bogen $\mathfrak{E}_0$ sicher kein eigentliches Minimum für das Integral J liefern kann Er kann aber auch kein uneigentliches Minimum liefern, wenn $t_1'' < t_2$. Denn da $\mathfrak{F}_1(t_1'', a_0) \neq 0$, so folgt aus dem Cauchy'schen Existenztheorem, daß die beiden Extremalen $\mathfrak{E}_a$ und $\mathfrak{E}_0$ sich im Punkt P_1'' nicht berühren können Die aus dem

---

1) Vgl. § 3, b).

2) Vgl. Darboux, *Théorie des surfaces*, Bd. III, Nr. 622, und Zermelo, *Dissertation*, p. 96. Man kann die fragliche Behauptung auch direkt beweisen, indem man in die linke Seite der Euler'schen Differentialgleichung (I) die Funktionen $\tilde{x}(\tau)$, $\tilde{y}(\tau)$ einsetzt Man findet in der Bezeichnung von § 26, a)

$$m\, T(\tilde{x}, \tilde{y};\ \tilde{x}', \tilde{y}';\ \tilde{x}'', \tilde{y}'') = \varepsilon \mathfrak{F}_1(\tilde{t}, a)\, \Delta_t(\tilde{t}, a),$$

und dieser Ausdruck ist für unendlich kleine Werte von τ von Null verschieden.

Bogen $P_3 P_1''$ der Extremalen $\mathfrak{E}_a$ und dem Bogen $P_1'' P_2$ der Extremalen $\mathfrak{E}_0$ zusammengesetzte Kurve hat also im Punkt P_1'' eine Ecke. Bezeichnen θ_0, resp θ die Tangentenwinkel von $\mathfrak{E}_0$, resp $\mathfrak{E}_a$ im Punkt P_1'', so ist die Funktion $F_1(x, y, \cos\gamma, \sin\gamma)$ im Punkt P_1'' für alle Werte von γ zwischen θ_0 und θ von Null verschieden, wenn a hinreichend nahe bei a_0 gewählt ist. Daraus folgt aber nach § 48, c) Zusatz I, daß im Punkt P_1'' die für ein Extremum notwendige Erdmann-Weierstraß'sche „Eckenbedingung" nicht erfüllt sein kann. Daher kann man eine Variation $P_3 P_5 P_6 P_2$ der gebrochenen Kurve $P_3 P_1'' P_2$ angeben, welche für das Integral J einen kleineren Wert liefert, als die Kurve $P_3 P_5 P_1'' P_2$, und welche daher ΔJ negativ macht. (Siehe Fig. 67).

Hiermit ist für alle Fälle mit Ausnahme des Falles IB_2) die Notwendigkeit der Bedingung (69) bewiesen.

Auch für den Fall IB_2), in welchem unsere bisherige Schlußweise versagt, hat kürzlich LINDEBERG[1]) — wenigstens für das x-Problem und unter der Voraussetzung, daß F analytisch ist, — die Notwendigkeit der Bedingung (69) durch eine eingehende Untersuchung des Verhaltens der Extremalenschar (4) in der Umgebung des Punktes P_1'' nachgewiesen.

c) Der Fall, wo der Endpunkt P_2 mit dem Brennpunkt (resp. dem zu P_1 konjugierten Punkt) zusammenfällt:[2])

Durch die vorangegangenen Entwicklungen ist zugleich — abgesehen von dem Ausnahmefall IB_2) — der Fall erledigt, wo der Endpunkt P_2 des Bogens $\mathfrak{E}_0$ mit P_1'' zusammenfällt.

Denn aus § 47, b) folgt unmittelbar, daß alsdann in den Fällen IA) und IB_1) der Bogen $\mathfrak{E}_0$ kein Minimum liefert (auch kein uneigentliches und auch kein schwaches).

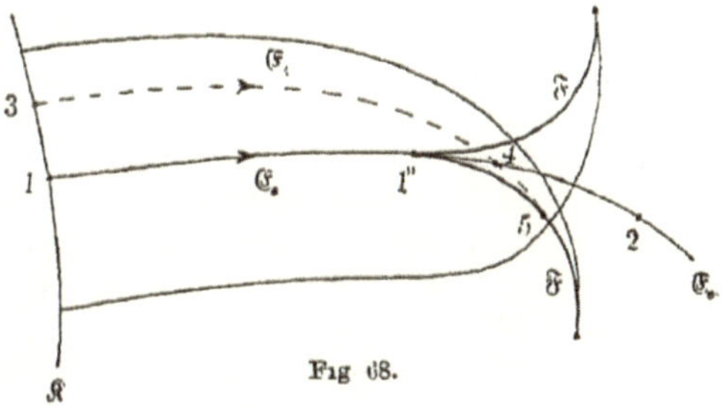

Fig 68.

[1]) Siehe Mathematische Annalen, Bd. LIX (1904), p 321 Lindeberg zerlegt die Extremalenschar (4) in zwei Teilscharen entsprechend den beiden Intervallen $a_0 \gtreqless a \gtreqless a_0 + k$ und $a_0 - k \gtreqless a \gtreqless a_0$ und zeigt, daß jede derselben für sich genommen ein Feld bildet. Diese beiden Felder greifen jenseits des Punktes P_1'' in der in Figur 68 angedeuteten Weise übereinander, und es wird gezeigt, daß bei passender Wahl des Punktes P_4 der Extremalenbogen $P_3 P_4$ einen kleineren Wert liefert als der Bogen $P_1 P_4$.

[2]) Hierzu die *Übungsaufgaben* Nr. 22, 23 am Ende von Kap. IX.

Ferner folgt, daß im Fall II sicher kein eigentliches Minimum stattfinden kann. Dagegen findet in diesem Fall ein uneigentliches, starkes Minimum statt, wenn außer der Bedingung (II') noch die Bedingung (IV') entlang $\mathfrak{E}_0$ erfüllt ist. Denn die Bogen der Schar (4), gerechnet von der Transversalen $\mathfrak{K}$ bis zum Punkt P_1'' bilden ein „uneigentliches Feld" $\mathcal{S}$ um den Bogen $\mathfrak{E}_0$, und man zeigt dann mittels der Kneser'schen Modifikation der Weierstraß'schen Konstruktion, daß $\Delta J > 0$ für jede Vergleichskurve, welche ganz in $\mathcal{S}$ liegt, und welche nicht mit einer der Extremalen der Schar identisch ist.

Wir fassen das Resultat in den folgenden Satz[1]) zusammen:

Bei der Aufgabe, das Integral J zu einem Minimum zu machen, wenn der Endpunkt P_2 fest ist, während der erste Endpunkt auf einer Kurve $\mathfrak{K}$ beweglich ist (resp. ebenfalls fest ist), liefert der Extremalenbogen $\mathfrak{E}_0$ im allgemeinen kein Minimum, wenn der Punkt P_2 mit dem Brennpunkt P_1'' von $\mathfrak{K}$ (resp. dem zu P_1 konjugierten Punkt) zusammenfällt.

Eine Ausnahme hiervon findet nur in folgenden zwei Fällen statt:

1. Wenn die Enveloppe $\mathfrak{F}$ in den Punkt P_1'' ausartet, so liefert der Bogen $\mathfrak{E}_0$ zwar kein eigentliches, aber doch ein uneigentliches, starkes Minimum, falls außer der Bedingung (II') auch noch die Bedingung (IV') entlang $\mathfrak{E}_0$ erfüllt ist.

2. Wenn die Enveloppe $\mathfrak{F}$ im Punkt P_1'' einen Rückkehrpunkt von der unter IB_2) charakterisierten Art besitzt. Für diesen Fall ist die Frage noch unentschieden.

---

[1]) Für den Fall, daß die Enveloppe im Punkt P_1'' keinen singulären Punkt besitzt (Fall I, A), $r = 1$), hat schon Erdmann mittels der dritten Variation bewiesen, daß kein Minimum stattfinden kann (Zeitschrift für Mathematik und Physik, Bd. XXII (1877) p 327), vgl oben p. 69 Fußnote [3]). Die Behandlung der Aufgabe mittels des Enveloppensatzes rührt von Kneser her (Mathematische Annalen, Bd L (1898) p 27 und *Lehrbuch*, §§ 24, 25), wo die Fälle IA), IB_1) und II erledigt werden. Osgood (Transactions of the American Mathematical Society, Bd II (1901), p 166) und später Lindeberg, loc. cit. p. 329, haben dann gezeigt, daß im Fall IB_2) beim *x-Problem* ein starkes Minimum stattfindet Osgood zeigt ferner, daß auch beim *t*-Problem ein starkes Minimum stattfindet, wenn im Punkt $P_2 = P_1''$ überdies

$$F(x_2, y_2, \cos\gamma, \sin\gamma) > 0$$

für alle Werte von γ

Achtes Kapitel.

Diskontinuierliche Lösungen.

§ 48 Die Weierstraß-Erdmann'sche Eckenbedingung.

Bei der Formulierung[1]) der Aufgabe, das Integral

$$J = \int_{t_1}^{t_2} F(x, y, x', y')\,dt$$

zu einem Minimum zu machen, haben wir von den Vergleichskurven vorausgesetzt, daß sie „gewöhnliche Kurven" sind, womit wir ausdrücklich Kurven mit „Ecken"[2]) zugelassen haben. Dagegen haben wir uns in allen bisherigen Entwicklungen auf den Fall beschränkt, wo die gesuchte Kurve selbst keine Ecken besitzt.

Wir wollen uns jetzt von dieser Beschränkung befreien, indem wir uns die Aufgabe stellen, nunmehr auch diejenigen Lösungen unseres Variationsproblems zu bestimmen, welche Ecken besitzen; solche Lösungen pflegt man „diskontinuierliche Lösungen" zu nennen[3]) im Gegensatz zu den bisher ausschließlich betrachteten „kontinuierlichen Lösungen". Dabei sollen die Endpunkte P_1, P_2 der zulässigen Kurven jetzt wieder fest und gegeben sein.

a) **Einleitende Bemerkungen über diskontinuierliche Lösungen:**

Wir setzen zunächst der Einfachheit halber voraus, die gesuchte Kurve:

$$x = x(t), \qquad y = y(t), \qquad t_1 \gtrless t \gtrless t_2,$$

[1]) Vgl. § 25, d).

[2]) Vgl. § 25, a) Statt „Ecke" sagt Carathéodory „Knickpunkt".

[3]) obgleich die Funktionen x, y selbst stetig bleiben. Gleich bei dem ältesten Problem der Variationsrechnung (Newton's Rotationskörper kleinsten Widerstandes) ergab sich eine solche Diskontinuität (vgl. § 54) und dann wiederholt im Lauf der geschichtlichen Entwicklung bei vereinzelten Beispielen. Der erste, der sich in systematischer Weise mit diskontinuierlichen Lösungen beschäftigte, war Todhunter, der in seinem Buch *„Researches on the Calculus of Variations"* (1871) eine große Anzahl von Beispielen behandelt, ohne jedoch zu einem allgemeinen Satz zu gelangen. Die aus der ersten Variation sich ergebende „Eckenbedingung" verdankt man Weierstrass und Erdmann (vgl. § 48, b)).

welche das Integral J zu einem Minimum macht, und welche wieder ganz im Innern des Bereiches $\mathfrak{R}$ liegen möge, besitze eine Ecke und zwar im Punkt $P_0(t = t_0)$. Sie besteht also aus zwei Bogen der Klasse C', P_1P_0 und P_0P_2, die im Punkt P_0 unter einem Winkel zusammenstoßen. Der Tangentenwinkel des Bogens P_1P_0 im Punkt P_0 sei θ_0, derjenige des Bogens P_0P_2 im Punkt P_0 sei $\bar\theta_0$. Es wird ausdrücklich vorausgesetzt, daß

$$\bar\theta_0 - \theta_0 \not\equiv 0 \pmod{2\pi}$$

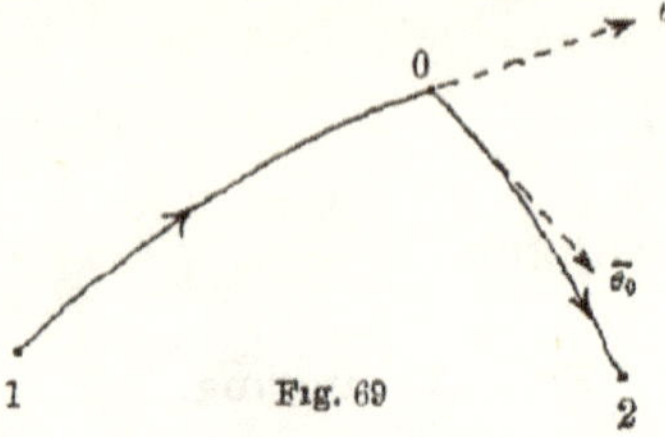

Fig. 69

Wir betrachten nun zunächst solche spezielle Variationen $P_1P_3P_0$ der gesuchten Kurve $P_1P_0P_2$, welche das Stück P_0P_2 unverändert lassen und nur den Bogen P_1P_0 variieren Dann folgt, wie früher, daß für den Bogen P_1P_0 die im fünften Kapitel entwickelten notwendigen Bedingungen (I), (II), (III), (IV) für „kontinuierliche" Lösungen erfüllt sein müssen. Ebenso folgt aus der Betrachtung von speziellen Variationen, welche das Stück P_1P_0 ungeändert lassen, daß dieselben vier Bedingungen auch für den Bogen P_0P_2 erfüllt sein müssen.

Dieselbe Schlußweise ist auf den Fall von beliebig vielen Ecken anwendbar und man erhält so das Resultat:

Jede diskontinuierliche Lösung[1]) *setzt sich aus Extremalenbogen der Klasse C' zusammen*, von denen jeder, für sich genommen, die Bedingungen von LEGENDRE, JACOBI und WEIERSTRASS erfüllt.

b) **Die Weierstraß'sche Eckenbedingung:**

Wir setzen für die weitere Diskussion voraus, daß unsere beiden Bogen P_1P_0 und P_0P_2 Extremalenbogen sind. Die Extremale, welcher der Bogen P_1P_0 angehört, bezeichnen[2]) wir mit $\mathfrak{E}_0$, diejenige, welcher der Bogen P_0P_2 angehört, mit $\bar{\mathfrak{E}}_0$. Ferner nehmen wir an, daß für die beiden Bogen P_1P_0 und P_0P_2 die Legendre'sche und die Jacobi'sche Bedingung in ihrer stärkeren Form erfüllt sind:

$$F_1 > 0, \tag{II'}$$

$$t_0' < t_1 < t_0, \qquad t_0 < t_2 < \bar t_0', \tag{III'}$$

wobei $P_0'(t = t_0')$ denjenigen Punkt von $\mathfrak{E}_0$ bezeichnet, dessen konjugierter Punkt P_0 ist, und $\bar P_0'(t = \bar t_0')$ den auf $\bar{\mathfrak{E}}_0$ zu P_0 konjugierten Punkt

[1]) Um Mißverständnisse zu vermeiden, mag man hier noch hinzusetzen: „welche abgesehen von ihren Endpunkten frei variierbar ist", vgl. § 52.

[2]) $\mathfrak{E}_0$, $\bar{\mathfrak{E}}_0$ sind hier in demselben Sinn gebraucht, wie $\mathfrak{E}_0^*$ in § 27, c).

Wir ersetzen nunmehr die Kurve $P_1 P_0 P_2$ durch eine benachbarte Kurve von der Form

$$\overline{\mathfrak{C}}: \qquad \bar{x} = x(t) + \varepsilon\xi(t), \qquad \bar{y} = y(t) + \varepsilon\eta(t), \qquad t_1 \gtreqless t \gtreqless t_2,$$

wobei $\xi(t)$, $\eta(t)$ zwei willkürliche Funktionen von t von der Klasse C' sind, welche in t_1 und t_2 verschwinden. Das Integral $J_{\overline{\mathfrak{C}}}$ ist dann gleich der Summe[1])

$$J_{\overline{\mathfrak{C}}} = \int_{t_1}^{t_0 - 0} F(\bar{x}, \bar{y}, \bar{x}', \bar{y}')\, dt + \int_{t_0 + 0}^{t_2} F(\bar{x}, \bar{y}, \bar{x}', \bar{y}')\, dt$$

Auf jedes dieser beiden Integrale können wir dann unmittelbar die Formel (18a) von § 26 anwenden und erhalten

$$\delta J = [F_{x'}\xi + F_{y'}\eta]_{t_0+0}^{t_0-0} = 0.$$

Wählen wir jetzt das eine Mal die Funktionen ξ, η so, daß

$$\xi(t_0) \neq 0, \qquad \eta(t_0) = 0,$$

das andere Mal so, daß

$$\xi(t_0) = 0, \qquad \eta(t_0) \neq 0,$$

so erhalten wir den folgenden von WEIERSTRASS[2]) herrührenden Satz:

In jeder Ecke P_0 einer diskontinuierlichen Lösung müssen die beiden Gleichungen

$$F_{x'}\big|^{t_0 - 0} = F_{x'}\big|^{t_0+0}, \qquad F_{y'}\big|^{t_0 - 0} = F_{y'}\big|^{t_0+0} \tag{2}$$

erfüllt sein.

---

[1]) Vgl. wegen der Bezeichnung p. 197, Fußnote [2])

[2]) Von WEIERSTRASS schon in seiner Vorlesung im S S 1865 gegeben. Siehe CARATHEODORY, *Über die diskontinuierlichen Lösungen in der Variationsrechnung, Dissertation* (Göttingen, 1904), p 3.

Unabhängig von Weierstraß hat ERDMANN (Journal für Mathematik, Bd. LXXXII (1877), p. 21) die entsprechende Eckenbedingung für das x-Problem gefunden und zwar in der Form

$$\begin{aligned} f_{y'}\big|^{x_0 - 0} &= f_{y'}\big|^{x_0+0} \\ f - y' f_{y'}\big|^{x_0 - 0} &= f - y' f_{y'}\big|^{x_0+0}. \end{aligned} \tag{2b}$$

Diese Gleichungen folgen unmittelbar mittels der Gleichungen (16) von § 25 aus den Weierstraß'schen. Eine direkte Ableitung derselben ist umständlicher als für den Fall der Parameterdarstellung, vgl z. B BOLZA, *Lectures*, § 9.

Die Eckenbedingung (2) läßt sich nach WHITTEMORE auch aus dem Du-Bois-Reymond'schen Lemma von § 5, c) ableiten; diese Methode läßt sich auf Diskontinuitäten von komplizierterem Charakter anwenden, ja sogar auf den Fall von unendlich vielen Diskontinuitäten, vgl. p 28, Fußnote [2]) und p. 29, Fußnote [2]).

Trotz der Diskontinuität in der Fortschreitungsrichtung müssen also die Funktionen $F_{x'}$, $F_{y'}$ in jeder Ecke stetig bleiben.

Wir nennen eine Kurve, welche aus zwei Extremalenbogen $P_1 P_0$ und $P_0 P_2$ zusammengesetzt ist und in P_0 eine Ecke besitzt, in welcher die Weierstraß'sche Eckenbedingung (2) erfüllt ist, eine *gebrochene Extremale.*

Da die Funktionen $F_{x'}$, $F_{y'}$ in x', y' positiv homogen von der Dimension 0 sind, so lassen sich die Gleichungen (2) auch schreiben:

$$\begin{aligned} F_{x'}(x_0, y_0, p_0, q_0) &= F_{x'}(x_0, y_0, \bar{p}_0, \bar{q}_0), \\ F_{y'}(x_0, y_0, p_0, q_0) &= F_{y'}(x_0, y_0, \bar{p}_0, \bar{q}_0), \end{aligned} \tag{2a}$$

wobei

$$p_0 = \cos\theta_0, \qquad q_0 = \sin\theta_0,$$

$$\bar{p}_0 = \cos\bar{\theta}_0, \qquad \bar{q}_0 = \sin\bar{\theta}_0.$$

c) **Zusätze und Beispiele:**

Die Eckenbedingung läßt sich auch mittels der $\mathcal{E}$-Funktion ausdrücken[1]) Es ist nämlich nach der Definition der $\mathcal{E}$-Funktion

$$\mathcal{E}(x, y; \cos\theta, \sin\theta; \cos\tilde{\theta}, \sin\tilde{\theta}) = \cos\tilde{\theta}(\tilde{F}_{x'} - F_{x'}) + \sin\tilde{\theta}(\tilde{F}_{y'} - F_{y'}),$$

und hieraus berechnet man leicht

$$\frac{\partial \mathcal{E}(x, y; \cos\theta, \sin\theta, \cos\tilde{\theta}, \sin\tilde{\theta})}{\partial\tilde{\theta}} = -\sin\tilde{\theta}(\tilde{F}_{x'} - F_{x'}) + \cos\tilde{\theta}(F_{y'} - F_{y'})$$

Daraus folgt, daß die Eckenbedingung (2 a) mit den beiden Gleichungen

$$\begin{aligned} &\mathcal{E}(x_0, y_0; \cos\theta_0, \sin\theta_0; \cos\bar{\theta}_0, \sin\bar{\theta}_0) = 0, \\ &\frac{\partial \mathcal{E}(x_0, y_0; \cos\theta_0, \sin\theta_0; \cos\bar{\theta}_0, \sin\bar{\theta}_0)}{\partial\bar{\theta}_0} = 0 \end{aligned} \tag{3}$$

äquivalent ist

Andererseits ist aber auch

$$\mathcal{E}(x_0, y_0; \cos\bar{\theta}_0, \sin\bar{\theta}_0; \cos\theta_0, \sin\theta_0) = 0, \tag{4}$$

und aus (3_1) und (4) folgt rückwärts (2 a), vorausgesetzt, daß

$$\bar{\theta}_0 - \theta_0 \not\equiv 0 \pmod{\pi}. \tag{5}$$

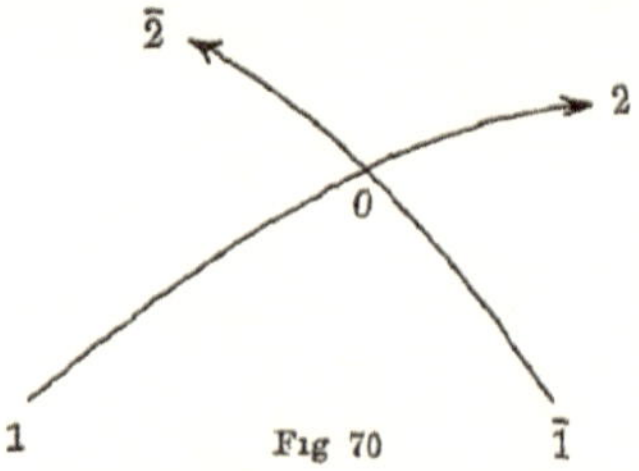

Fig 70

Aus der Symmetrie der Gleichungen (2 a) in bezug auf θ_0 und $\bar{\theta}_0$ folgt: Schneiden sich zwei kontinuierliche Extremalen $P_1 P_0 P_2$ und $\bar{P}_1 P_0 \bar{P}_2$ im Punkt P_0 derart, daß für ihre beiden Tangentenrichtungen θ_0 und $\bar{\theta}_0$ im Schnittpunkt die Eckenbedingung (2 a) erfüllt ist, so ist sowohl $P_1 P_0 \bar{P}_2$ als $\bar{P}_1 P_0 P_2$ eine mögliche[2]) diskontinuierliche Lösung

[1]) Vgl Carathéodory, *Dissertation*, p. 8.

[2]) Soweit es sich eben um die Eckenbedingung handelt

Kombiniert man die Gleichung (3_1) mit der Relation zwischen der $\mathfrak{E}$-Funktion und der Funktion F_1 (Gleichung (125) von § 30), so erhält man den

Zusatz I. Die Funktion $F_1(x_0, y_0, \cos\theta, \sin\theta)$ verschwindet wenigstens für einen Wert von θ zwischen[1] θ_0 *und* $\bar{\theta}_0$.

Daraus folgt, daß ein Punkt P_0, in welchem F_1 für keinen Wert von θ verschwindet, nicht Ecke einer diskontinuierlichen Lösung sein kann; bei einem „regulären" Problem können also überhaupt keine diskontinuierlichen Lösungen auftreten.

Zusatz II. Wenn überdies

$$F_1(x_0, y_0, p_0, q_0) > 0, \qquad F_1(x_0, y_0, \bar{p}_0, \bar{q}_0) > 0,$$

so nimmt die Funktion $F_1(x_0, y_0, \cos\theta, \sin\theta)$ zwischen[1] θ_0 *und* $\bar{\theta}_0$ *auch negative Werte an und verschwindet daher mindestens zweimal zwischen* θ_0 *und* $\bar{\theta}_0$.

Denn aus dem Ausdruck (124) von § 30 für die $\mathfrak{E}$-Funktion folgt dann, daß die Gleichung (3_1) nur dann erfüllt sein kann, wenn F_1 zwischen θ_0 und $\bar{\theta}_0$ negative Werte annimmt.

Zusatz III:[2] *Geometrisch sind für einen Punkt P_0 diejenigen Richtungspaare θ_0, $\bar{\theta}_0$, welche der Weierstraß'schen Eckenbedingung genügen, dadurch charakterisiert, daß die Punkte θ_0, $\bar{\theta}_0$ der zum Punkt P_0 gehörigen Indikatrix die Berührungspunkte einer Doppeltangente der Indikatrix sind.*

Denn die Tangente in einem beliebigen Punkt θ der Indikatrix für den Punkt P_0 ist nach Gleichung (128 b) von § 30 gegeben durch die Gleichung

$$F_{x'}(x_0, y_0, \cos\theta, \sin\theta) X + F_{y'}(x_0, y_0, \cos\theta, \sin\theta) Y = 1, \tag{6}$$

woraus unmittelbar folgt, daß die Tangenten in den Punkten θ_0 und $\bar{\theta}_0$ zusammenfallen, wenn die Gleichungen (2 a) erfüllt sind, und umgekehrt.

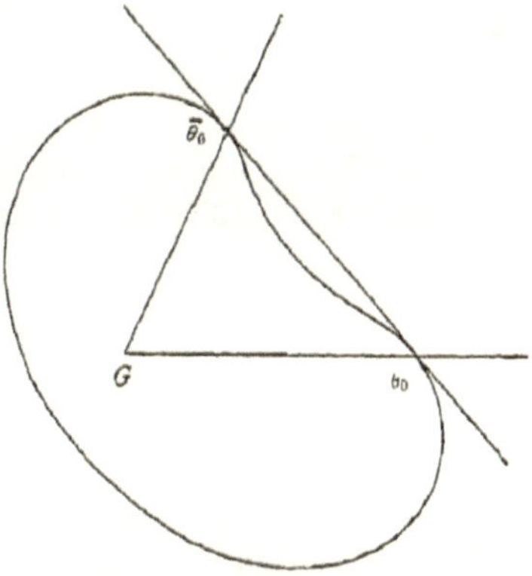

Fig. 71.

Erinnert man sich der Beziehungen der Funktionen $\mathfrak{E}$ und F_1 zur Indikatrix, so kann man hiernach die Gleichungen (3), (4), sowie die beiden Zusätze I und II unmittelbar an der Indikatrix ablesen.

Verbindet man dies Resultat mit der in § 36, a) gegebenen Konstruktion der zu einer gegebenen Richtung transversalen Richtung, so erhält man den

Zusatz IV: Die im Punkt P_0 zu den beiden Richtungen θ_0 und $\bar{\theta}_0$ transversalen Richtungen fallen zusammen, was übrigens auch unmittelbar aus der Vergleichung der Gleichungen (2) mit Gleichung (2) von § 36 folgt.

---

[1]) Dabei sind nach § 30, b) die Winkel θ_0, $\bar{\theta}_0$ so zu normieren, daß:

$$-\pi < \bar{\theta}_0 - \theta_0 \overline{\overline{<}} \pi.$$

[2]) Nach Carathéodory, *Dissertation*, p. 71 und Mathematische Annalen, Bd. LXII (1906), p. 465.

Die *Konstantenbestimmung* für eine diskontinuierliche Lösung mit einer Ecke gestaltet sich folgendermaßen: Ist wieder

$$x = f(t, \alpha, \beta), \qquad y = g(t, \alpha, \beta)$$

das allgemeine Integral der Euler'schen Differentialgleichung (I), und sind $\alpha = \alpha_0$, $\beta = \beta_0$, resp $\alpha = \bar{\alpha}_0$, $\beta = \bar{\beta}_0$ diejenigen Werte der Integrationskonstanten, welche den Bogen $P_1 P_0$, resp $P_0 P_2$ liefern, und sind ferner t_0, resp. $\bar{t}_0$ diejenigen Werte von t, welche auf $P_1 P_0$, resp. $P_0 P_2$ den Punkt P_0 liefern, so hat man zur Bestimmung der acht unbekannten Größen

$$\alpha_0, \beta_0; \bar{\alpha}_0, \bar{\beta}_0; t_1, t_2; t_0, \bar{t}_0$$

folgende acht Gleichungen: Zunächst die vier Gleichungen, welche ausdrücken, daß der Bogen $P_1 P_0$ für $t = t_1$ durch P_1, der Bogen $P_0 P_2$ für $t = t_2$ durch P_2 geht; ferner die beiden Gleichungen

$$f(t_0, \alpha_0, \beta_0) = f(\bar{t}_0, \bar{\alpha}_0, \bar{\beta}_0), \quad g(t_0, \alpha_0, \beta_0) = g(\bar{t}_0, \bar{\alpha}_0, \bar{\beta}_0), \tag{7}$$

welche ausdrucken, daß die Koordinaten x, y beim Durchgang durch die Ecke stetig bleiben; und endlich die beiden Gleichungen (2), bei denen die Argumente auf der linken Seite sind

$$f(t_0, \alpha_0, \beta_0), \; g(t_0, \alpha_0, \beta_0), \; f_t(t_0, \alpha_0, \beta_0), \; g_t(t_0, \alpha_0, \beta_0),$$

auf der rechten Seite:

$$f(\bar{t}_0, \bar{\alpha}_0, \bar{\beta}_0), \; g(\bar{t}_0, \bar{\alpha}_0, \bar{\beta}_0), \; f_t(\bar{t}_0, \bar{\alpha}_0, \bar{\beta}_0), \; g_t(\bar{t}_0, \bar{\alpha}_0, \bar{\beta}_0)$$

Beispiel XIII (Siehe p 268)

$$F = G(x, y) \sqrt{x'^2 + y'^2}$$

Da hier

$$F_1(x, y, \cos\theta, \sin\theta) = G(x, y),$$

so folgt nach Zusatz I, daß die Punkte der Kurve $G(x, y) = 0$ die einzigen möglichen Ecken von diskontinuierlichen Losungen sind

Beispiel XIX: Das Integral

$$J = \int_{t_1}^{t_2} \frac{(x'^2 + y'^2)\,dt}{a\sqrt{x'^2 + y'^2} + x'}$$

zu einem Extremum zu machen. Dabei ist unter a eine Funktion von x und y verstanden. Die zulässigen Kurven sind auf den Bereich $a(x, y) > 1$ zu beschränken, damit das Integral sicher endlich bleibt.

Die Gleichung der *Indikatrix* lautet:

$$\varrho = a + \cos\theta.$$

Dieselbe stellt eine *Pascal'sche Schnecke*[1]) dar Bei der Diskussion sind drei Fälle zu unterscheiden, je nachdem $a \gtreqless 2$. In den beiden ersten Fällen ($\geqq 2$) besitzt die Indikatrix keine reelle Doppeltangente. Ist dagegen $1 < a < 2$, so besitzt

[1]) Vgl G. Loria, *Spezielle ebene Kurven,* p. 136

sie eine reelle Doppeltangente, parallel der η-Achse, dieselbe berührt die Indikatrix in den Punkten $\theta = \pm \beta$, wo β durch die Gleichung gegeben ist

$$\cos\beta = -\frac{a}{2}.$$

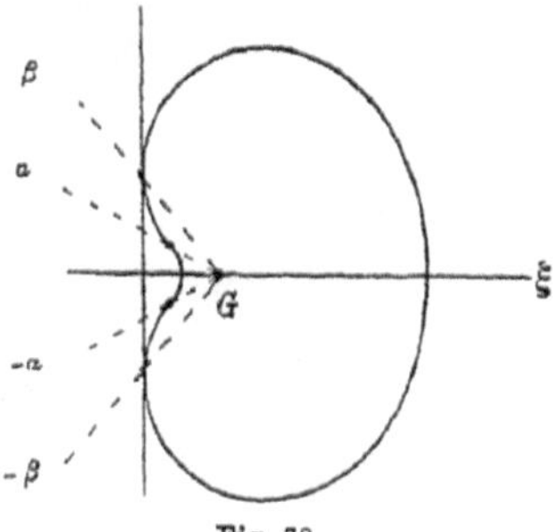

Fig 72

Hieraus folgt nach Zusatz III für diskontinuierliche Lösungen das Resultat

In denjenigen Teilen der x, y-Ebene, in welchen $a(x, y) \geqq 2$, können keine Ecken von diskontinuierlichen Lösungen liegen. Dagegen ist jeder Punkt des durch die Ungleichungen: $1 < a(x, y) < 2$ definierten Bereiches Ecke einer gebrochenen Extremalen. Die beiden zugehörigen Richtungen $\theta, \bar{\theta}$ haben die Amplituden $\pm\beta$.

Für die Funktion F_1 findet man nach einfacher Rechnung, bei welcher es bequem ist, von den Formeln von § 32, c) Gebrauch zu machen,

$$F_1(x, y, \cos\theta, \sin\theta) = \frac{a^2 + 3a\cos\theta + 2}{(a + \cos\theta)^3}.$$

Die Funktion F_1 verschwindet mit Zeichenwechsel für $\theta = \pm\alpha$, wo α definiert ist durch die Gleichung

$$\cos\alpha = -\frac{a^2 + 2}{3a}.$$

In dem speziellen Fall, wo a eine Konstante ist, sind die Extremalen gerade Linien. Ist insbesondere $1 < a < 2$, so ist jeder Punkt der Ebene Ecke einer gebrochenen Extremalen.

Ist der Punkt P_1 beliebig gegeben, so füllen diejenigen Lagen des Punktes P_2, welche mit P_1 durch eine gebrochene Extremale mit einer Ecke verbunden werden können, das Innere des (spitzen) Winkels aus, welcher von zwei von P_1 ausgehenden Halbstrahlen von den Amplituden β und $-\beta$ gebildet wird. Und zwar gibt es nach jedem solchen Punkt P_2 allemal zwei gebrochene Extremalen $P_1P_0P_2$ und $P_1P_3P_2$ (siehe Fig. 73). Es sind dies gerade diejenigen Lagen des Punktes P_2, nach welchen sich keine kontinuierliche starke Lösung ziehen läßt. Dagegen lassen sich von P_1 nach jedem Punkt P_2 in dem angegebenen Winkelraum unendlich viele gebrochene Extremalen mit mehr als einer Ecke ziehen, nämlich gebrochene Linien, welche sich aus Stücken zusammensetzen, die abwechselnd die Amplituden β und $-\beta$ haben [1])

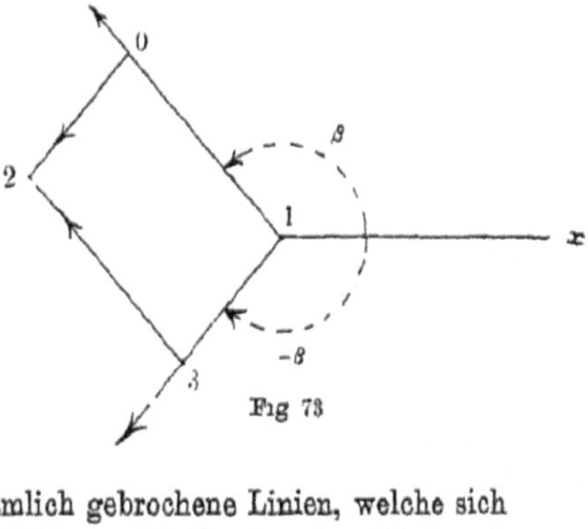

Fig 73

[1]) Hierzu weiter die *Übungsaufgaben* Nr. 24—29 am Ende von Kap. IX.

§ 49. Konjugierte Punkte auf gebrochenen Extremalen.[1]

Wir setzen für die weitere Diskussion voraus, daß unsere Kurve $P_1 P_0 P_2$ eine gebrochene Extremale ist, daß also im Punkt P_0 die Weierstraß'sche Eckenbedingung (2) erfüllt ist, und betrachten jetzt als Vorbereitung für die Aufstellung weiterer notwendiger, sowie hinreichender Bedingungen die Aufgabe, die Kurve $P_1 P_0 P_2$ in eine Schar von gebrochenen Extremalen einzubetten. Dabei halten wir an der schon in § 48, b) eingeführten Annahme fest, daß sowohl für $P_1 P_0$ als auch für $P_0 P_2$ die Bedingungen (II') und (III') von § 32, b) erfüllt sind.

a) **Konstruktion einer Schar von gebrochenen Extremalen:**

Es sei

$$x = \varphi(t, a), \qquad y = \psi(t, a) \tag{8}$$

irgendeine Schar von Extremalen, welche den Extremalenbogen $P_1 P_0$ enthält, und zwar für $a = a_0$, und welche den in § 27, d) aufgezählten Bedingungen A) bis D) genügt. Wir stellen uns die Aufgabe, auf einer der Extremalen $P_1 P_0$ benachbarten Extremalen $\mathfrak{E}_a$ der Schar (8) einen Punkt $P(t)$ und zugleich eine durch P gehende Richtung $\bar\theta$ zu bestimmen, derart, daß die Richtung θ der positiven Tangente der Extremalen $\mathfrak{E}_a$ im Punkt P zusammen mit der gesuchten Richtung $\bar\theta$ der Weierstraß'schen Eckenbedingung (2a) genügt.

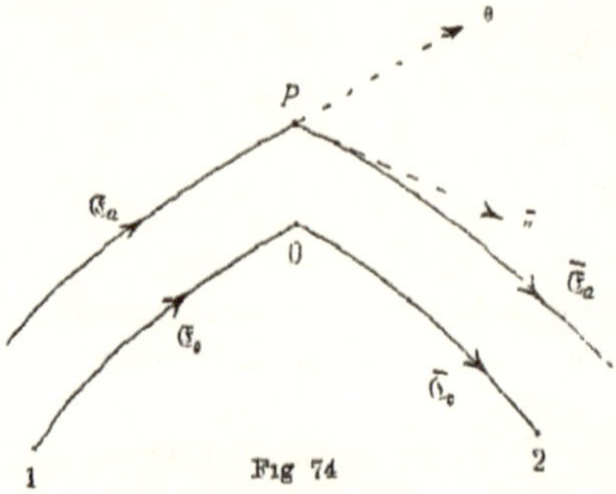

Fig 74

Wir haben dann zur Bestimmung der beiden Unbekannten t und $\bar\theta$ die beiden Gleichungen

$$\begin{aligned} &F_{x'}(\varphi(t,a), \psi(t,a), \varphi_t(t,a), \psi_t(t,a)) - F_{x'}(\varphi(t,a), \psi(t,a), \cos\bar\theta, \sin\bar\theta) = 0, \\ &F_{y'}(\varphi(t,a), \psi(t,a), \varphi_t(t,a), \psi_t(t,a)) - F_{y'}(\varphi(t,a), \psi(t,a), \cos\bar\theta, \sin\bar\theta) = 0. \end{aligned} \tag{9}$$

Für den Wert der Funktionaldeterminante der linken Seiten dieser beiden Gleichungen nach t und $\bar\theta$ im Punkt P_0 ergibt eine einfache Rechnung[2]) den Ausdruck

$$\sqrt{x_0'^2 + y_0'^2}\, \bar F_1(t_0) \Omega_0, \tag{10}$$

[1]) In ihren allgemeinen Umrissen rührt die Theorie der konjugierten Punkte auf diskontinuierlichen Lösungen von Caratheodory her (*Dissertation*, §§ 6, 8, 9 und Mathematische Annalen, Bd LXII (1906), p 474); im einzelnen durchgeführt und in wesentlichen Punkten vervollständigt worden ist sie von Bolza (American Journal of Mathematics, Bd XXX (1908) p 209) und Dresden (Transactions of the American Mathematical Society, Bd. IX (1908), p 480).

[2]) Für die Einzelheiten derselben vgl Bolza, loc. cit. p 211.

wobei die von CARATHEODORY eingeführte Größe Ω_0 definiert ist durch

$$\begin{aligned}\Omega_0 = p_0 F_x(x_0, y_0, \bar{p}_0, \bar{q}_0) + q_0 F_y(x_0, y_0, \bar{p}_0, \bar{q}_0) \\ - \bar{p}_0 F_x(x_0, y_0, p_0, q_0) - \bar{q}_0 F_y(x_0, y_0, p_0, q_0).\end{aligned} \tag{11}$$

Daraus folgt nach dem Satz über implizite Funktionen das Resultat:

Wenn die Bedingung

$$\Omega_0 \neq 0 \tag{12}$$

erfüllt ist, so lassen sich die Gleichungen (9) in der Umgebung der Stelle $t_0, a_0, \bar{\theta}_0$ eindeutig nach $t, \bar{\theta}$ auflösen, und die Lösung

$$t = t(a), \qquad \bar{\theta} = \bar{\theta}(a) \tag{13}$$

ist in der Umgebung von $a = a_0$ von der Klasse C' und erfüllt die Anfangsbedingung

$$t(a_0) = t_0, \qquad \bar{\theta}(a_0) = \bar{\theta}_0 \tag{14}$$

Hiermit ist die Aufgabe, die wir uns zunächst gestellt hatten, gelöst. Wir setzen in der Folge die Bedingung (12) als erfüllt voraus

Nun war weiter nach Voraussetzung

$$F_1(x_0, y_0, \cos\bar{\theta}_0, \sin\bar{\theta}_0) > 0;$$

daraus folgt, daß auch

$$F_1(\varphi(t(a), a), \psi(t(a), a), \cos\bar{\theta}(a), \sin\bar{\theta}(a)) > 0,$$

wenn nur $|a - a_0|$ hinreichend klein gewählt wird. Alsdann können wir aber nach den Existenztheoremen von § 27, a) durch den Punkt P in der Richtung $\bar{\theta}$ eine Extremale $\bar{\mathfrak{E}}_a$ konstruieren, die wir mit

$$\bar{\mathfrak{E}}_a\colon \qquad x = \bar{\varphi}(t, a), \qquad y = \bar{\psi}(t, a) \tag{15}$$

bezeichnen. Den Parameter t können wir so wählen, daß auch auf $\bar{\mathfrak{E}}_a$ dem Wert $t = t(a)$ der Punkt P entspricht, so daß also

$$\bar{\varphi}(t(a), a) = \varphi(t(a), a), \qquad \bar{\psi}(t(a), a) = \psi(t(a), a). \tag{16}$$

Wir erhalten so eine gebrochene Extremale $\mathfrak{E}_a + \bar{\mathfrak{E}}_a$ mit der Ecke im Punkt P, auf welcher der Parameter t sich stetig ändert.

Lassen wir a variieren, so erhalten wir eine *Schar von gebrochenen Extremalen,* welche die spezielle Kurve $P_1 P_0 P_2$ für $a = a_0$ enthält.

Die Schar (15) wollen wir die zur Schar (8) „*komplementäre Extremalenschar*" nennen.

b) **Die Eckenkurve:**

Lassen wir a variieren, so beschreibt die Ecke P eine Kurve $\tilde{\mathfrak{C}}$, welche wir die *Eckenkurve*[1]) nennen wollen. Definiert man die Funktionen $\tilde{x}(a)$, $\tilde{y}(a)$ durch die Gleichungen

$$\tilde{x}(a) = \varphi(t(a), a), \qquad \tilde{y}(a) = \psi(t(a), a), \tag{17}$$

wofür man wegen (16) auch schreiben kann

$$\tilde{x}(a) = \overline{\varphi}(t(a), a), \qquad \tilde{y}(a) = \overline{\psi}(t(a), a), \tag{18}$$

so ist die Eckenkurve in Parameterdarstellung gegeben durch die Gleichungen

$$\tilde{\mathfrak{C}}: \qquad x = \tilde{x}(a), \qquad y = \tilde{y}(a),$$

wobei ein gegebener Wert $a = a'$ die Ecke für die gebrochene Extremale $\mathfrak{E}_{a'} + \overline{\mathfrak{E}}_{a'}$ liefert.

Aus den Definitionsgleichungen (17) für die Funktionen $\tilde{x}(a), \tilde{y}(a)$ kann man dann nach den Regeln für die Differentiation impliziter Funktionen, angewandt auf die Funktion $t(a)$, die Ableitungen $\tilde{x}'(a)$, $\tilde{y}'(a)$ und daraus das Gefälle $\operatorname{tg}\tilde{\theta}$ der Tangente an die Eckenkurve im Punkt P berechnen. Insbesondere erhält man für das Gefälle $tg\,\tilde{\theta}_0$ der Kurve $\tilde{\mathfrak{C}}$ im Punkt P_0 das folgende Resultat[2]):

Es sei $Q(t = \tau)$ der dem Punkt P_0 zunächst vorangehende Brennpunkt der Schar (8) auf der Extremalen $\mathfrak{E}_0$; ein solcher existiert stets, wenn der in § 48, b) definierte Punkt P_0' existiert, wie wir für die folgende Diskussion voraussetzen wollen, und zwar liegt Q nach dem Sturm'schen Satz zwischen P_0' und P_0. Weiter bezeichne $\Theta(t, \tau)$ die in § 29, a) definierte Funktion von Weierstraß, d. h. dasjenige Integral der Jacobi'schen Differentialgleichung für die Extremale $\mathfrak{E}_0$, welches für $t = \tau$ verschwindet. Alsdann ist

$$\operatorname{tg}\tilde{\theta}_0 = \frac{\alpha\,\Theta(t_0, \tau) + \beta\,\Theta_t(t_0, \tau)}{\gamma\,\Theta(t_0, \tau) + \delta\,\Theta_t(t_0, \tau)}, \tag{19}$$

wobei

$$\begin{aligned} \alpha &= \quad A_0\overline{p}_0 + B_0\overline{q}_0, & \beta &= (x_0'^2 + y_0'^2)q_0 F_1(t_0)\sin(\overline{\theta}_0 - \theta_0), \\ \gamma &= -(B_0\overline{p}_0 + C_0\overline{q}_0), & \delta &= (x_0'^2 + y_0'^2)p_0 F_1(t_0)\sin(\overline{\theta}_0 - \theta_0), \end{aligned} \tag{20}$$

$$A_0 = \overline{L}_0 - L_0, \qquad B_0 = \overline{M}_0 - M_0, \qquad C_0 = \overline{N}_0 - N_0. \tag{21}$$

Die Größen L_0, M_0, N_0, resp. $\overline{L}_0$, $\overline{M}_0$, $\overline{N}_0$ sind durch die Gleichungen (85) von § 28 definiert, und zwar sind die ersteren für den

---

1) „Knickpunktskurve" nach Carathéodory, loc. cit.

2) Für die Einzelheiten der Rechnung vgl. Bolza, loc. cit. p. 215.

Punkt P_0 und die Extremale $\mathfrak{E}_0$ zu berechnen, die letzteren für den Punkt $\bar{P}_0$ und die Extremale $\bar{\mathfrak{E}}_0$.

Da die Größen α, β, γ, δ von der Wahl der Schar (8), und insbesondere von τ unabhängig sind, so folgt:

Das Gefälle der Eckenkurve $\tilde{\mathfrak{E}}$ im Punkt P_0 ist dasselbe für alle Extremalenscharen (8), welche denselben Brennpunkt Q besitzen, wobei die Extremalenschar durch den Punkt Q unter den letzteren mit inbegriffen ist[1]).

Wir untersuchen jetzt, wie sich das Gefälle $\operatorname{tg}\tilde{\theta}_0$ verändert, wenn der Punkt Q die Extremale $\mathfrak{E}_0$ durchläuft.

Dazu hat man die Ableitung von $\operatorname{tg}\tilde{\theta}_0$ nach τ zu berechnen. Die Rechnung, bei welcher man zu beachten hat, daß die durch (11) definierte Größe Ω_0 sich auf Grund von Gleichung (87) von § 28 auch schreiben läßt

$$\Omega_0 = A_0 p_0 \bar{p}_0 + B_0(p_0 \bar{q}_0 + q_0 \bar{p}_0) + C_0 q_0 \bar{q}_0, \tag{11a}$$

ergibt das Resultat

$$\frac{d}{d\tau}\operatorname{tg}\tilde{\theta}_0 = \frac{-k^2 \sin(\bar{\theta}_0 - \theta_0)\,\Omega_0}{F_1(\tau)(\gamma\,\Theta(t_0,\tau) + \delta\,\Theta_t(t_0,\tau))^2}, \tag{22}$$

wobei k eine von Null verschiedene Größe ist.

Wir machen für die weitere Diskussion die Annahme, daß

$$\bar{\theta}_0 - \theta_0 \not\equiv 0 \pmod{\pi}. \tag{23}$$

Nunmehr lassen wir den Punkt Q die Extremale $\mathfrak{E}_0$ vom Punkt[2]) P_0' bis zum Punkt P_0 durchlaufen, d. h. wir lassen τ von t_0' bis t_0 wachsen. Dabei behält nach (22) die Ableitung von $\operatorname{tg}\tilde{\theta}_0$ ein konstantes Vorzeichen, da $F_1(\tau) > 0$ und die Größe Ω_0, welche von τ unabhängig ist, nach (12) von Null verschieden vorausgesetzt wird.

Für $\tau = t_0'$ und $\tau = t_0$ verschwindet $\Theta(t_0, \tau)$, und es wird:

$$\operatorname{tg}\tilde{\theta}_0 = \frac{\beta}{\delta} = \frac{y_0'}{x_0'} = \operatorname{tg}\theta_0.$$

Hieraus ergibt sich das Resultat:

Während der Punkt Q die Extremale $\mathfrak{E}_0$ vom Punkt P_0' bis zum Punkt P_0 durchläuft, dreht sich die Gerade[3]) *$\tilde{\theta}_0$ um den Punkt P_0 von der Anfangslage θ_0 beständig in demselben Sinn um den Winkel π bis zur Endlage θ_0.*

[1]) Q erscheint dabei als entartete Enveloppe, vgl. § 47, a) p. 361

[2]) Siehe § 48, b), Eingang.

[3]) D. h. die Gerade durch P_0 vom Gefälle $\operatorname{tg}\tilde{\theta}_0$, so daß also die Gerade $\tilde{\theta}_0$ (nicht zu verwechseln mit der Richtung $\tilde{\theta}_0$) mit der Geraden $\tilde{\theta}_0 + \pi$ identisch ist.

Dabei passiert sie genau einmal durch die Lage $\bar{\theta}_0$ Den Wert von τ, für welchen dies eintritt, bezeichnen wir mit e_0, den entsprechenden Punkt von $\mathfrak{E}_0$ mit E_0 Dabei ist es für die weiteren Entwicklungen wichtig, zu unterscheiden, ob die Gerade $\tilde{\theta}_0$ in den Winkel[1]) zwischen den beiden Zweigen P_1P_0, P_0P_2 unserer diskontinuierlichen Lösung eintritt oder nicht. Man erhält vier Fälle, die durch die beifolgenden Figuren genügend charakterisiert sind, wobei zunächst nur der Bogen $P_0'P_0$ in Betracht kommt:

Fall I: $\Omega_0 > 0$,

a) $\sin(\bar{\theta}_0 - \theta_0) > 0$ b) $\sin(\bar{\theta}_0 - \theta_0) < 0$

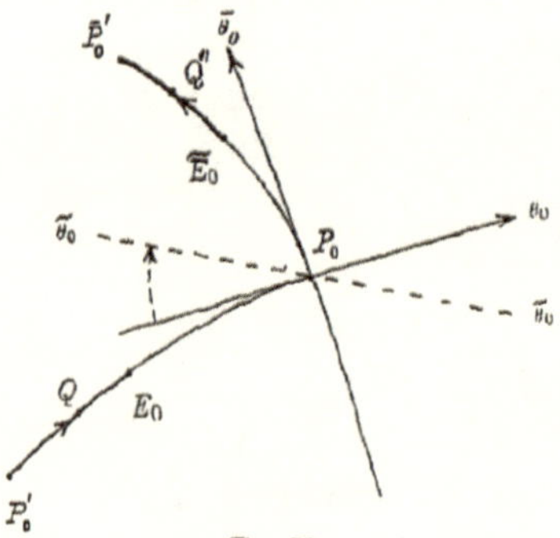

Fig 75

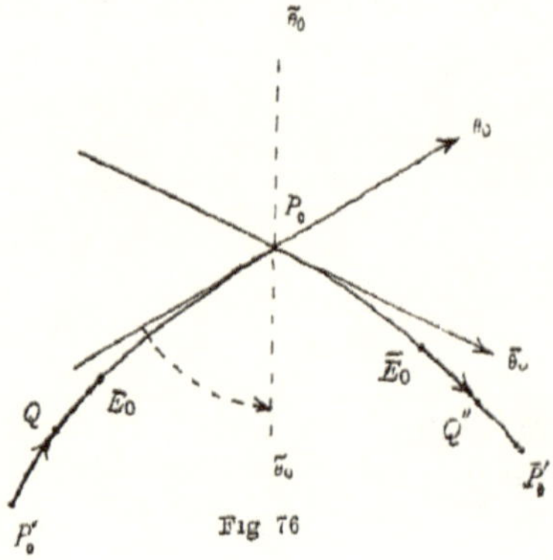

Fig 76

Fall II: $\Omega_0 < 0$,

a) $\sin(\bar{\theta}_0 - \theta_0) > 0$ b) $\sin(\bar{\theta}_0 - \theta_0) < 0$

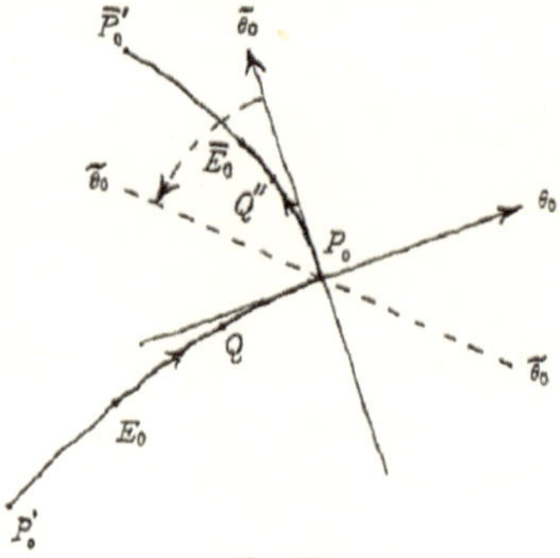

Fig 77.

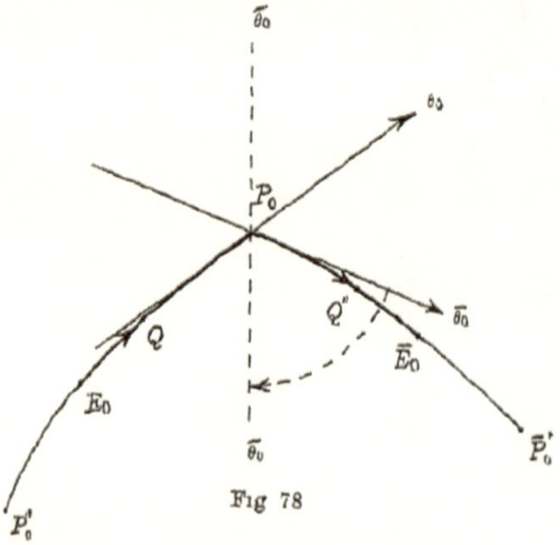

Fig 78

[1]) Darunter soll derjenige der beiden von den Halbstrahlen $\bar{\theta}_0$ und $\theta_0 + \pi$ gebildeten Winkel verstanden werden, welcher kleiner ist als π Wir werden diesen Winkel in der Folge kurz den *„Eckenwinkel“* nennen

Während sich der Punkt Q von P_0' nach E_0 bewegt, dreht sich die Gerade $\tilde{\theta}_0$ aus der Lage θ_0 in die Lage $\bar{\theta}_0$, und zwar durch den Eckenwinkel, wenn $\Omega_0 > 0$, außerhalb desselben, wenn $\Omega_0 < 0$. Bewegt sich dann Q weiter von E_0 nach P_0, so dreht sich die Gerade $\tilde{\theta}_0$ weiter aus der Lage $\bar{\theta}_0$ in die Lage θ_0 und zwar außerhalb des fraglichen Winkelraumes, wenn $\Omega_0 > 0$, innerhalb, wenn $\Omega_0 < 0$ Liegt Q auf dem stärker ausgezogenen der beiden Bogen $P_0' E_0$, $E_0 P_0$, so tritt die zugehörige Gerade $\tilde{\theta}_0$ in den Eckenwinkel ein.

Aus der vorangegangenen Diskussion folgt zugleich die *Umkehrung*: Zu jeder durch den Punkt P_0 gehenden Geraden $\tilde{\theta}_0$, welche in P_0 weder den Bogen $P_1 P_0$, noch den Bogen $P_0 P_2$ berührt, gehört ein und nur ein Punkt Q zwischen P_0' und P_0 derart, daß die Eckenkurve für jede Extremalenschar (8), welche ihren Brennpunkt im Punkt Q hat, die Gerade $\tilde{\theta}_0$ im Punkt P_0 berührt.

Man erhält den zu einer gegebenen Geraden $\tilde{\theta}_0$ gehörigen Wert von τ, indem man die Gleichung (19) nach τ auflöst Setzt man die Werte von α, β, γ, δ ein, so erhält man die Gleichung in der Form

$$\begin{aligned}(A_0\bar{p}_0\tilde{p}_0 + B_0(\bar{p}_0\tilde{q}_0 + \bar{q}_0\tilde{p}_0) + C_0\bar{q}_0\tilde{q}_0)\,\Theta(t_0,\tau)\\ -(x_0'^2 + y_0'^2)F_1(t_0)\sin(\bar{\theta}_0 - \theta_0)\sin(\tilde{\theta}_0 - \theta_0)\,\Theta_t(t_0,\tau) = 0;\end{aligned} \tag{24}$$

dabei ist

$$\tilde{p}_0 = \cos\tilde{\theta}_0, \qquad \tilde{q}_0 = \sin\tilde{\theta}_0.$$

Insbesondere erhält man die Gleichung für den Parameter e_0 des Punktes E_0, indem man in (24): $\tilde{\theta}_0 = \bar{\theta}_0$ setzt

c) **Definition der konjugierten Punkte für gebrochene Extremalen:**

Falls der zu P_0 auf $\mathfrak{E}_0$ konjugierte Punkt $\bar{P}_0'$ existiert, wie wir für die weitere Diskussion annehmen wollen, so besitzt auch die zur Extremalenschar (8) komplementäre Schar (15) einen Brennpunkt $Q''(t = \tau'')$, und zwar zwischen P_0 und $\bar{P}_0'$. Zwischen τ'' und dem Gefälle $\operatorname{tg}\tilde{\theta}_0$ besteht dann eine Relation $(\overline{24})$, die aus (24) dadurch hervorgeht, daß man die überstrichenen und unüberstrichenen Buchstaben vertauscht, da man ganz analoge Betrachtungen wie unter b) auch für die Schar (15) anstellen kann. Daraus folgt aber, daß alle Scharen gebrochener Extremalen, welche den Brennpunkt Q gemeinsam haben, auch den zweiten Brennpunkt Q'' gemeinsam haben.

Wir nennen diesen zweiten Brennpunkt Q'' *den zum Punkt Q auf der gebrochenen Extremalen $\mathfrak{E}_0 + \bar{\mathfrak{E}}_0$ konjugierten Punkt.* Derselbe kann nach dem eben Gesagten auch definiert werden als *der Brennpunkt* *auf $\mathfrak{E}_0$ der zur Extremalenschar durch den Punkt Q komplementären Extremalenschar.*

Durch Elimination von $\operatorname{tg}\tilde{\theta}_0$ aus den beiden Gleichungen (24) und $(\tilde{24})$ erhält man die folgende Relation[1]) zwischen den Parametern τ, τ'' der konjugierten Punkte Q, Q'':

$$\left.\begin{aligned}&(A_0C_0 - B_0^2)\,\Theta(t_0,\tau)\,\bar{\Theta}(t_0,\tau'')\\ &-(x_0'^2 + y_0'^2)F_1(t_0)(A_0p_0^2 + 2B_0p_0q_0 + C_0q_0^2)\frac{\partial\Theta(t_0,\tau)}{\partial t_0}\bar{\Theta}(t_0,\tau'')\\ &+(\bar{x}_0'^2 + \bar{y}_0'^2)\bar{F}_1(t_0)(A_0\bar{p}_0^2 + 2B_0\bar{p}_0\bar{q}_0 + C_0\bar{q}_0^2)\,\Theta(t_0,\tau)\frac{\partial\bar{\Theta}(t_0,\tau'')}{\partial t_0}\\ &-(x_0'^2 + y_0'^2)(\bar{x}_0'^2 + \bar{y}_0'^2)F_1(t_0)\bar{F}_1(t_0)\sin^2(\bar{\theta}_0 - \theta_0)\frac{\partial\Theta(t_0,\tau)}{\partial t_0}\frac{\partial\bar{\Theta}(t_0,\tau'')}{\partial t_0} = 0.\end{aligned}\right\}\quad(25)$$

In Fig. 75 bis 78 ist die Abhängigkeit zwischen den Punkten Q, Q'' angedeutet. So bewegt sich z. B. im Fall I, a) der Punkt Q'' von $\bar{E}_0$ nach $\bar{P}_0'$, während der Punkt Q von P_0' nach E_0 geht. Bewegt sich der Punkt Q weiter von E_0 nach P_0, so bewegt sich der Punkt Q'' von P_0 nach $\bar{E}_0$.

Dabei hat der Punkt $\bar{E}_0(t = \bar{e}_0)$ die analoge Bedeutung für die Extremale $\bar{\mathfrak{E}}_0$, wie der Punkt E_0 für die Extremale $\mathfrak{E}_0$, d. h in der Relation $(\tilde{24})$ entspricht dem Wert $\tau'' = \bar{e}_0$ der Wert $\tilde{\theta}_0 = \theta_0$.

Die beiden Punkte E_0, $\bar{E}_0$, deren Bedeutung für die Frage des Minimums aus dem folgenden Absatz erhellen wird, sind von Caratheodory eingeführt worden

d) **Das Analogon der Jacobi'schen Bedingung für diskontinuierliche Lösungen:**

Wir werden jetzt unter Festhaltung der Voraussetzungen (12) und (23) zeigen, daß *für ein Minimum des Integrals J außer den bereits aufgezählten Bedingungen weiterhin notwendig ist, daß*[2])

$$E_0 \prec P_1, \qquad P_2 \overline{\overline{\prec}} P_1'', \tag{26}$$

wenn P_1'' den zu P_1 auf der gebrochenen Extremalen $\mathfrak{E}_0 + \bar{\mathfrak{E}}_0$ konjugierten Punkt bezeichnet.

---

[1]) Vgl. Bolza, loc. cit. p 221 und Dresden, loc cit p. 483

[2]) Der Satz in dieser einfachen Form rührt von Dresden her, der denselben mittels der Differentiationsmethode beweist (Transactions of the American Mathematical Society Bd. IX (1908). Über die Beziehung zu den ursprünglichen Resultaten von Caratheodory vgl. p 372. Wegen der Bezeichnung vgl. § 25, a)

Zum Beweis werden wir uns des Enveloppensatzes, ausgedehnt auf gebrochene Extremalen, bedienen.

Es mögen die Gleichungen (8) die Extremalenschar durch den Punkt P_1 darstellen, (15) die dazu komplementäre Schar. Wir greifen irgend eine der gebrochenen Extremalen der Schar heraus: $\mathfrak{E}_a + \overline{\mathfrak{E}}_a$, und nehmen auf ihr einen Punkt $P_3(t)$ an. Den Wert des Integrals J, genommen entlang dieser gebrochenen Extremalen vom Punkt P_1 bis zum Punkt P_3, bezeichnen wir mit $u(t, a)$. Liegt der Punkt P_3 vor der Ecke P_5, also auf der Extremalen $\mathfrak{E}_a$, so gelten für die Funktion $u(t, a)$ und ihre Ableitungen genau die früheren Formeln von § 31, c) und § 44, a). Liegt dagegen der Punkt P_3 jenseits der Ecke, also auf der Extremalen $\overline{\mathfrak{E}}_a$, so ist

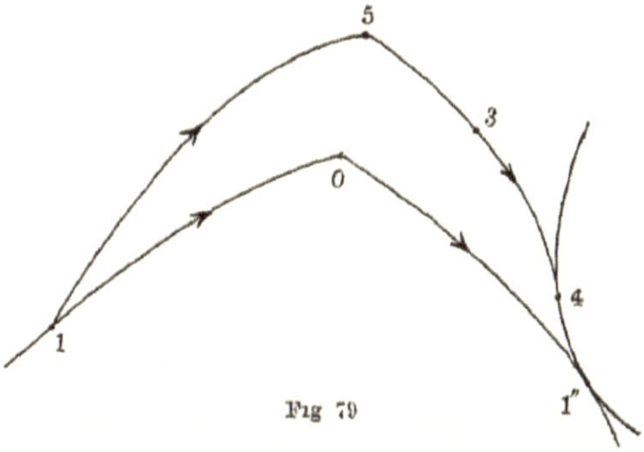

Fig. 79

$$u(t, a) \equiv J_{15} + J_{53} = \int_{t^1}^{t_5} \mathfrak{F}(t, a)\,dt + \int_{t_5}^{t} \overline{\mathfrak{F}}(t, a)\,dt; \tag{27}$$

dabei ist zur Abkürzung gesetzt

$$\mathfrak{F}(t, a) = F(\varphi(t, a),\ \psi(t, a),\ \varphi_t(t, a),\ \psi_t(t, a)),$$

$$\overline{\mathfrak{F}}(t, a) = F(\overline{\varphi}(t, a),\ \overline{\psi}(t, a),\ \overline{\varphi}_t(t, a),\ \overline{\psi}_t(t, a)),$$

und t^1 und t_5 sind die Werte von t, welche auf der Extremalen $\mathfrak{E}_a$ die Punkte P_1, resp. P_5 liefern. Hieraus folgt zunächst:

$$\frac{\partial u}{\partial t} = \overline{\mathfrak{F}}(t, a), \tag{28}$$

und weiterhin, wenn man beachtet, daß die auf den Punkt P_1 bezüglichen Glieder ebenso wie in § 31, b) — wo dem Punkt P_1 der Punkt P_0 entspricht — wegfallen,

$$\frac{\partial J_{15}}{\partial a} = \mathfrak{F}_{x'}\varphi_a + \mathfrak{F}_{y'}\psi_a + \mathfrak{F}\frac{dt}{da}\Bigg|^{t=t_5},$$

was sich wegen der Homogeneitätsrelation (10) von § 25 auch schreiben läßt

$$\frac{\partial J_{15}}{\partial a} = \mathfrak{F}_{x'}\left(\varphi_a + \varphi_t\frac{dt}{da}\right) + \mathfrak{F}_{y'}\left(\psi_a + \psi_t\frac{dt}{da}\right)\Bigg|^{t=t_5}.$$

Nun ist aber $t_5 = t(a)$, wo $t(a)$ die in § 49, a) ebenso bezeichnete Funktion bedeutet, für welche die Gleichungen (16) und (17) gelten.

Daher kommt

$$\frac{\partial J_{15}}{\partial a} = \mathfrak{F}_{x'}(t_5, a)\tilde{x}'(a) + \mathfrak{F}_{y'}(t_5, a)\tilde{y}'(a)$$

Ganz ebenso erhält man, wenn man (18) statt (17) benutzt

$$\frac{\partial J_{53}}{\partial a} = \overline{\mathfrak{F}}_{x'}(t, a)\overline{\varphi}_a(t, a) + \overline{\mathfrak{F}}_{y'}(t, a)\overline{\psi}_a(t, a) - \overline{\mathfrak{F}}_{x'}(t_5, a)\tilde{x}'(a) - \overline{\mathfrak{F}}_{y'}(t_5, a)\tilde{y}'(a),$$

also schließlich

$$\frac{\partial u}{\partial a} = \overline{\mathfrak{F}}_{x'}(t, a)\overline{\varphi}_a(t, a) + \overline{\mathfrak{F}}_{y'}(t, a)\overline{\psi}_a(t, a) \tag{28a}$$
$$+ \tilde{x}'(a)[\mathfrak{F}_{x'}(t_5, a) - \overline{\mathfrak{F}}_{x'}(t_5, a)] + \tilde{y}'(a)[\mathfrak{F}_{y'}(t_5, a) - \overline{\mathfrak{F}}_{y'}(t_5, a)]$$

Die Ausdrücke (28) und (28a) für die partiellen Ableitungen von $u(t, a)$ unterscheiden sich also von den früher für den Fall eines Feldes von kontinuierlichen Extremalen gegebenen Gleichungen (144) und (146) von § 31 nur durch das in dem Ausdruck für u_a in der zweiten Zeile stehende Zusatzglied *Dieses Zusatzglied ist nun aber auf Grund der Weierstraß'schen Eckenbedingung* (2) *gleich Null*[1]) Denn darnach gelten im Punkt P_5 die Gleichungen

$$\mathfrak{F}_{x'}(t_5, a) = \overline{\mathfrak{F}}_{x'}(t_5, a), \quad \mathfrak{F}_{y'}(t_5, a) = \overline{\mathfrak{F}}_{y'}(t_5, a);$$

somit erhalten wir für die Ableitungen u_t, u_a genau dieselben Ausdrücke wie früher.

Es sei jetzt $\mathfrak{F}$ die Enveloppe der komplementären Schar (15) (Fig. 79); sie berührt, wie wir wissen, die Extremale $\overline{\mathfrak{E}}_0$ im Punkt P_1''; der Berührungspunkt von $\overline{\mathfrak{E}}_a$ mit $\mathfrak{F}$ sei P_4. Dann folgert man genau wie in § 44, c) den *Enveloppensatz*:

$$J_{\mathfrak{E}_a}(P_1 P_5) + J_{\overline{\mathfrak{E}}_a}(P_5 P_4) + J_{\mathfrak{F}}(P_4 P_1'') = J_{\mathfrak{E}_0}(P_1 P_0) + J_{\overline{\mathfrak{E}}_0}(P_0 P_1'');$$

und hieraus folgt weiter wie in § 47, daß im Fall eines Minimums der Punkt P_2 nicht jenseits des konjugierten Punktes P_1'' liegen darf:

$$P_2 \overline{\overline{<}} P_1'' \tag{29}$$

Überdies muß aber

$$E_0 \overline{\overline{<}} P_1 \tag{30}$$

sein.[2]) Um dies zu beweisen, nehmen wir an, es sei: $P_1 < E_0$. Dann können wir nach den Resultaten von § 49, c) stets auf dem Bogen

---

[1]) Vgl. Carathéodory, *Dissertation*, p 21.

[2]) Es muß sogar: $E_0 < P_1$ sein, wie sich aus der Differentiationsmethode ergibt, vgl. Dresden, loc cit.

$E_0 P_0$ einen Punkt Q so nahe bei E_0 wählen, daß dessen konjugierter Punkt Q'' vor P_2 liegt. Daher können wir nach dem eben bewiesenen Satz von Q nach P_2 eine zulässige Kurve $\mathfrak{C}$ ziehen, welche einen kleineren Wert für das Integral J liefert als die gebrochene Extremale QP_0P_2, womit zugleich gezeigt ist, daß auch die gebrochene Extremale $P_1P_0P_2$ selbst kein Minimum liefern kann.

Aus (30) folgt nach § 49, c), daß: $P_1'' \mathrel{\overline{\overline{<}}} \overline{E}^0$ Somit muß a fortiori

$$P_2 \mathrel{\overline{\overline{<}}} \overline{E}_0 \tag{31}$$

sein

Wir erhalten also zunächst für jeden der beiden Punkte P_1 und P_2 für sich genommen eine Bedingung, nämlich (30) und (31); außerdem muß dann zwischen beiden die der Jacobi'schen Bedingung entsprechende Bedingung (29) erfüllt sein [1]

§ 50. Hinreichende Bedingungen für diskontinuierliche Lösungen.

Die Aufstellung von hinreichenden Bedingungen beruht auf der Konstruktion eines Feldes von gebrochenen Extremalen und auf der Ausdehnung des Weierstraß'schen Fundamentalsatzes auf ein solches Feld

Wir halten dabei an der bereits in § 49 gemachten Annahme fest, daß für unsere gebrochene Extremale $P_1P_0P_2$ die Bedingungen

$$\Omega_0 \neq 0 \tag{12}$$

und

$$\sin(\overline{\theta}_0 - \theta_0) \neq 0 \tag{23}$$

erfüllt sind

a) Konstruktion eines Feldes von gebrochenen Extremalen: [2]

Wir betrachten eine beliebige Schar von gebrochenen Extremalen, die sich zusammensetzt aus der Schar (8) und der dazu komplementären Schar (15), und bezeichnen wieder mit $Q(t = \tau)$ und $Q''(t = \tau'')$ ihre beiden Brennpunkte auf $\mathfrak{E}_0$, resp. $\overline{\mathfrak{E}}_0$. Wir nehmen an, es sei

$$P_0' < Q < P_0, \quad P_0 < Q'' < \overline{P}_0',$$

und [3] der Punkt P_1 liege zwischen Q und P_0, der Punkt P_2 zwischen P_0 und Q''. Dann gelten nach der Definition der Punkte Q, Q'' für die Funktionaldeterminanten der beiden Scharen die Ungleichungen:

---

[1]) Hierzu die *Übungsaufgaben* Nr. 30, 31 am Ende von Kap. IX.

[2]) Nach CARATHEODORY, *Dissertation*, § 6 und Mathematische Annalen, Bd LXII (1906) p 474.

[3]) Vgl p 383

$$\begin{aligned} \Delta(t, a_0) &\neq 0, \quad \text{für} \quad t_1 \leqq t \leqq t_0, \\ \bar{\Delta}(t, a_0) &\neq 0, \quad \text{für} \quad t_0 \leqq t \leqq t_2. \end{aligned} \tag{32}$$

Wir konstruieren jetzt in einer t, a-Ebene das Rechteck

$$t_1 - h_1 \leqq t \leqq t_2 + h_2, \quad |a - a_0| \leqq k, \tag{33}$$

wobei h_1, h_2, k positive Größen sind.

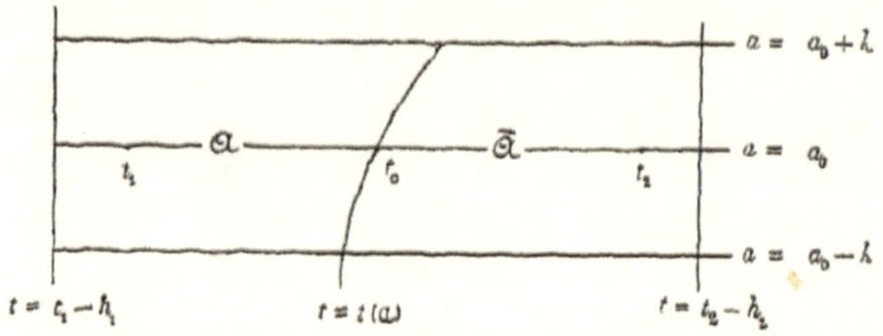

Fig 80

Dasselbe wird durch die Kurve

$$t = t(a) \tag{34}$$

— wobei $t(a)$ dieselbe Bedeutung hat wie in § 49, a) — in zwei Teile zerlegt, die wir mit $\mathfrak{A}$ und $\bar{\mathfrak{A}}$ bezeichnen; im ersten ist $t \leqq t(a)$, im zweiten $t \geqq t(a)$.

Das Bild des Bereiches $\mathfrak{A}$ in der x, y-Ebene mittels der Transformation (8) bezeichnen wir mit $\mathfrak{S}$, dasjenige des Bereiches $\bar{\mathfrak{A}}$ mittels der Transformation (15) mit $\bar{\mathfrak{S}}$. Die Bereiche $\mathfrak{S}$ und $\bar{\mathfrak{S}}$ haben das Bild der Kurve (34), d. h. die Eckenkurve $\tilde{\mathfrak{C}}$ gemeinsam. Wir machen noch die Annahme, daß die Kurve $P_1 P_0 P_2$ keine vielfachen Punkte besitzt. Dann folgt nach § 31, a) aus (32), daß sich die positiven Größen h_1, h_2, k so klein wählen lassen, daß die Transformation (8) eine ein-eindeutige Beziehung zwischen $\mathfrak{A}$ und $\mathfrak{S}$, und gleichzeitig die Transformation (15) eine ein-eindeutige Beziehung zwischen $\bar{\mathfrak{A}}$ und $\bar{\mathfrak{S}}$ definieren, und daß überdies

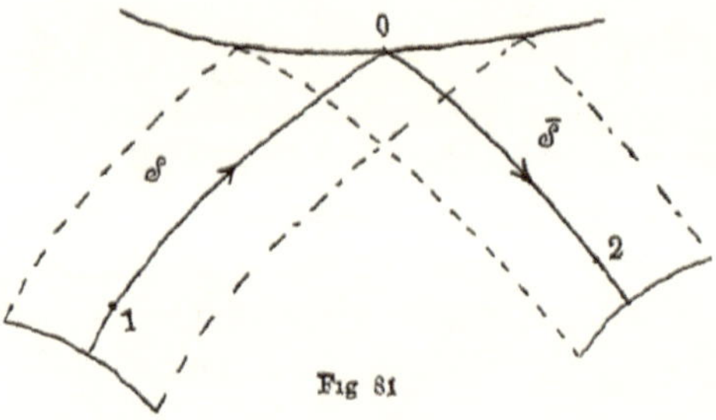

Fig 81

$$\Delta(t, a) \neq 0 \text{ in } \mathfrak{A},$$
$$\bar{\Delta}(t, a) \neq 0 \text{ in } \bar{\mathfrak{A}}.$$

Dabei ist es immer noch möglich, daß die beiden Bereiche $\mathfrak{S}$ und $\bar{\mathfrak{S}}$ sich teilweise überdecken, und dies tritt in der Tat auch stets ein, wenn die Tangente an die Eckenkurve $\tilde{\mathfrak{C}}$ in P_0 außerhalb des Eckenwinkels[1]) liegt, (siehe Fig. 81). Wir setzen daher in der Folge voraus, daß *die Gerade* $\tilde{\theta}_0$ *durch den Eckenwinkel* geht. Unter dieser Voraussetzung läßt sich zeigen, daß die beiden Bereiche $\mathfrak{S}$ und $\bar{\mathfrak{S}}$ außer der Kurve $\tilde{\mathfrak{C}}$ keinen Punkt gemeinsam haben, wofern nur die Größen h_1, h_2, k hinreichend klein genommen werden.

[1]) Vgl. p 376, Fußnote [1])

Zum Beweise nehme man an, es gäbe, wie klein auch k gewählt werden möge, mindestens einen nicht auf $\tilde{\mathfrak{C}}$ liegenden Punkt, der gleichzeitig zu $\mathcal{S}$ und $\bar{\mathcal{S}}$ gehört. Alsdann läßt sich ganz ähnlich wie in § 22, b) und d) zeigen, daß es dann in jeder Nähe des Punktes P_0 Punkte geben müßte, die, ohne auf $\tilde{\mathfrak{C}}$ zu liegen, gleichzeitig zu $\mathcal{S}$ und $\bar{\mathcal{S}}$ gehören. Letzteres ist aber nicht möglich, da bei der vorausgesetzten Lage der Geraden $\tilde{\theta}_0$ alle Punkte von $\mathcal{S}$ in der Nähe von P_0 auf derselben Seite[1]) von $\mathfrak{C}$, alle Punkte von $\bar{\mathcal{S}}$ in der Nähe von P_0 auf der entgegengesetzten Seite von $\tilde{\mathfrak{C}}$ liegen müssen.

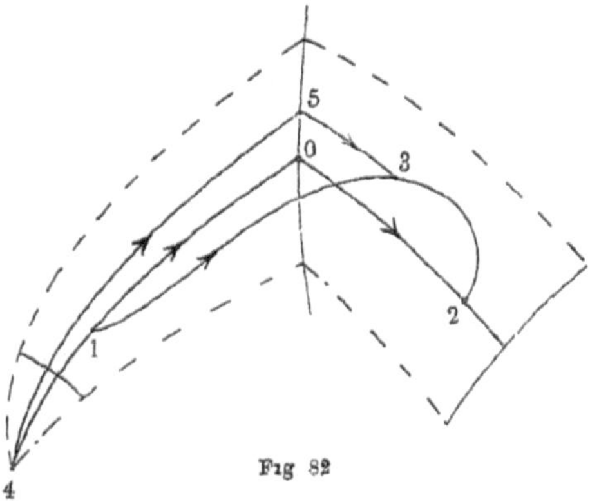

Fig 82

Man erhält also das Resultat, daß man die Größen h_1, h_2, k so klein wählen kann, daß die durch die Gleichungen (8) und (15) definierte *Beziehung zwischen dem Rechteck* (33) *und dessen Bild* $\mathcal{S}+\bar{\mathcal{S}}$ *eine ein-eindeutige* ist. Den Bereich $\mathcal{S}+\bar{\mathcal{S}}$ nennen wir dann ein *Feld von gebrochenen Extremalen* um die spezielle gebrochene Extremale $P_1 P_0 P_2$. Durch jeden Punkt des Feldes geht dann also eine und nur eine (kontinuierliche oder gebrochene) Extremale unserer Schar, für welche die Bedingungen (33) erfüllt sind. —

In dem vorangegangenen Beweis sind wir von einer gegebenen Schar von gebrochenen Extremalen ausgegangen und haben dann angenommen, daß die beiden Punkte P_1, P_2 zwischen den Punkten Q und Q'' liegen. Wir wollen jetzt *umgekehrt* von den beiden Punkten P_1 und P_2 als gegeben ausgehen und uns fragen, unter welchen Bedingungen wir die Kurve $P_1 P_0 P_2$ mit einem Feld von der angegebenen Art umgeben können.[2]) Es handelt sich also darum, ob wir den Punkt Q so wählen können, daß $P_0' \prec Q \prec P_1$, $P_2 \prec Q''$, und daß gleichzeitig die Gerade $\tilde{\theta}_0$ in den Eckenwinkel eintritt. Sobald dies der Fall ist, so brauchen wir nur eine Extremalenschar (8) mit dem Brennpunkt Q zu konstruieren (z. B. die Schar von Extremalen durch Q); diese Schar zusammen mit ihrer komplementären liefert dann nach dem vorigen ein Feld von gebrochenen Extremalen um die Kurve $P_1 P_0 P_2$.

[1]) Um einen arithmetisch strengen Beweis zu erhalten, wären hier noch mancherlei Einzelheiten zu beweisen, auf die wir jedoch nicht eingehen.

[2]) Immer unter Festhaltung der Voraussetzungen (II') und (III') von § 48, b).

Es sind folgende Fälle zu unterscheiden, wobei P_1'' den dem Punkt P_1 auf $\mathfrak{E}_0$ konjugierten Punkt bezeichnet. (Man vergleiche Fig. 75 bis 78):

Fall I:
$$\Omega_0 > 0,$$
$$\text{A)}\quad P_0' < P_1 < E_0, \quad \text{also} \quad \bar{E}_0 < P_1'' < \bar{P}_0'$$

Alsdann ist für die Möglichkeit der Konstruktion eines Feldes der gegebenen Art offenbar notwendig, daß
$$P_0 < P_2 < P_1'',$$
da ja aus $Q < P_1$ folgt: $Q'' < P_1''$. Diese Bedingung ist aber auch hinreichend; denn wir können dann Q so nahe bei P_1 wählen, daß $P_2 < Q''$.
$$\text{B)}\quad E_0 < P_1 < P_0.$$
Dann lautet die Bedingung für P_2
$$P_0 < P_2 < \bar{P}_0'$$
Denn wir können dann den Punkt Q zwischen P_0' und E_0 so nahe an E_0 wählen, daß $P_2 < Q'' < \bar{P}_0'$.

Fall II:
$$\Omega_0 < 0$$
$$\text{A)}\quad P_0' < P_1 < E_0.$$
Hier ist es *nicht möglich*, ein Feld der gewünschten Art zu konstruieren; denn für jede Lage von Q zwischen P_0' und P_1 liegt die Gerade $\hat{\theta}_0$ außerhalb des Eckenwinkels
$$\text{B)}\quad E_0 < P_1 < P_0, \quad \text{also} \quad P_0 < P_1'' < \bar{E}_0.$$
Hier lautet die Bedingung für P_2:
$$P_0 < P_2 < P_1''.$$

b) **Der Weierstraß'sche Fundamentalsatz für ein Feld von gebrochenen Extremalen:**[1])

Wir nehmen jetzt an, unsere Kurve $P_1 P_0 P_2$ lasse sich mit einem Feld von gebrochenen Extremalen $\mathcal{S} + \bar{\mathcal{S}}$ umgeben, wobei wir der Einfachheit halber voraussetzen wollen, daß die Schar (8) aus den durch den Punkt Q gehenden Extremalen gebildet ist. Wir definieren dann das zugehörige *Feld-Integral* genau wie in § 31, b): Ist $P_3(x, y)$ irgend ein Punkt des Feldes, so geht durch ihn eine und nur eine Feldextremale, gebrochen oder nicht, je nachdem P_3 in $\bar{\mathcal{S}}$ oder in $\mathcal{S}$ liegt.

---

[1]) Im wesentlichen nach Caratheodory, loc cit.

Das Integral J, genommen entlang dieser Extremalen vom Punkt Q — den wir in der folgenden Untersuchung mit P_4 bezeichnen — bis zum Punkt P_3, ist dann das Feldintegral, das wir wieder mit $W(x, y)$ oder $u(t, a)$ bezeichnen, je nachdem wir x, y oder t, a als die unabhängigen Variabeln betrachten, wobei t, a das Bild des Punktes P_3 in der t, a-Ebene bedeutet.

Dann folgt aus den in § 49, c) über die Funktion $u(t, a)$ erhaltenen Resultaten unmittelbar, daß *die Hamilton'schen Formeln* (148) *von § 31 auch im Fall eines Feldes von gebrochenen Extremalen bestehen bleiben*

Daraus folgt aber weiter: *Auch der Weierstraß'sche Fundamentalsatz behält seine Gültigkeit für ein Feld von gebrochenen Extremalen,* da derselbe eine unmittelbare Folge der Hamilton'schen Formeln ist (§ 32, a)).

Bei der Anwendung des Satzes tritt aber eine Schwierigkeit auf, die bei einem Feld von kontinuierlichen Extremalen kein Analogon hat: Wie wir in § 48, c) gesehen haben, verschwindet die $\mathfrak{E}$-Funktion im Punkt P_0 außerordentlich, wenn nämlich für p, q und $\bar{p}, \bar{q}$ die Richtungskosinus der beiden zur Ecke P_0 gehörigen Fortschreitungsrichtungen $\theta_0, \bar{\theta}_0$ eingesetzt werden. Die Weierstraß'sche Bedingung kann also gar nicht für den ganzen Bogen $P_1 P_0 P_2$ in der stärkeren Form (IV') von § 32, b) erfüllt sein, da dies sicher im Punkt P_0 nicht der Fall ist. Ebenso verschwindet die $\mathfrak{E}$-Funktion in jedem Punkt der Eckenkurve außerordentlich. Aus diesem Grunde läßt sich auch das Endresultat, soweit es sich auf die Weierstraß'sche Bedingung bezieht, nicht so einfach aussprechen, wie im Fall einer kontinuierlichen Lösung.

Wir fassen zusammen:

Es sei $P_1 P_0 P_2$ eine gebrochene Extremale, so daß also im Punkt P_0 die Weierstraß'sche Eckenbedingung (2) erfüllt ist. Ferner sei entlang $P_1 P_0 P_2$ die Legendre'sche Bedingung in der stärkeren Form

$$F_1 > 0, \quad resp. \quad \bar{F}_1 > 0 \tag{II'}$$

erfüllt, und es sei im Punkt P_0:

$$\Omega_0 \neq 0, \tag{12}$$

$$\sin(\bar{\theta}_0 - \theta_0) \neq 0 \tag{23}$$

Endlich werde über die Lage der beiden Endpunkte P_1, P_2 auf den Extremalen $\mathfrak{E}_0$ und $\bar{\mathfrak{E}}_0$ vorausgesetzt, daß

$$E_0 \prec P_1 \prec P_0, \qquad P_0 \prec P_2 \prec P_1'' \tag{35}$$

sei. Daraus folgt dann, daß die Kurve $P_1 P_0 P_2$ sich mit einem Feld von gebrochenen Extremalen umgeben läßt.

Wenn alsdann die Weierstraß'sche Bedingung entlang allen Extremalen des Feldes in der stärkeren Form (IV') erfüllt ist (mit Ausnahme der Punkte der Eckenkurve), so liefert die gebrochene Extremale $P_1 P_0 P_2$ für das Integral J ein starkes, eigentliches[1] *Minimum.*

c) **Beziehungen zwischen der Größe Ω_0 und der $\mathcal{E}$-Funktion**[2]:

Nach den Resultaten von § 50, a) scheint es, als ob im Fall $\Omega_0 > 0$ auch dann noch ein Minimum eintreten müßte, wenn die Punkte P_1 und P_2 statt den Ungleichungen (35) den weniger starken Einschränkungen

$$P_0' < P_1 < E_0, \qquad P_0 < P_2 < P_1'',$$

oder

$$E_0 < P_1 < P_0, \qquad P_0 < P_2 < \bar{P}_0'$$

unterworfen werden.

Dies steht aber in direktem Widerspruch mit den früher als notwendig nachgewiesenen Bedingungen (29) und (30). Der Widerspruch löst sich dadurch, daß die Voraussetzung $\Omega_0 > 0$ mit der Weierstraßschen Bedingung (IV) unvereinbar ist, wie sich aus der folgenden Beziehung zwischen der Größe Ω_0 und der $\mathcal{E}$-Funktion ergibt:

Der Einfachheit halber sei die Extremale $\mathfrak{E}_0$ durch die Bogenlänge s als Parameter dargestellt

$$\mathfrak{E}_0: \qquad x = x(s), \qquad y = y(s).$$

Führt man jetzt in die $\mathcal{E}$-Funktion für die beiden ersten Argumentenpaare: $x(s)$, $y(s)$, $x'(s)$, $y'(s)$ ein und setzt zur Abkürzung

$$\mathcal{E}(x(s), y(s); x'(s), y'(s); \cos\tilde{\theta}, \sin\tilde{\theta}) = \mathcal{E}(s, \tilde{\theta}),$$

so folgt durch Differentiation nach s, bei Benutzung der Definitionsgleichung (120) von § 30 für die $\mathcal{E}$-Funktion und der Differentialgleichungen der Extremalen $\mathfrak{E}_0$ in der Form (20) von § 26:

$$\mathcal{E}_s(s, \tilde{\theta}) = x'(s)\tilde{F}_x + y'(s)\tilde{F}_y - \cos\tilde{\theta} F_x - \sin\tilde{\theta} F_y,$$

wobei die Argumente von F_x, F_y sind: $x(s), y(s), x'(s), y'(s)$, diejenigen von $\tilde{F}_x, \tilde{F}_y$: $x(s), y(s), \cos\tilde{\theta}, \sin\tilde{\theta}$

Für den Punkt P_0 folgt hieraus die wichtige von Dresden herrührende *Relation zwischen der Größe Ω_0 und der $\mathcal{E}$-Funktion:*

$$\Omega_0 = \frac{\partial}{\partial s} \mathcal{E}(x(s), y(s); x'(s), y'(s); \cos\bar{\theta}_0, \sin\bar{\theta}_0)\Big|^{s=s_0}. \qquad (36)$$

[1] Vgl. Carathéodory, Mathematische Annalen, Bd LXII (1906), p 480

[2] Nach Dresden, loc. cit p 485

Nun ist nach (3): $\mathcal{E}(s_0, \bar{\theta}_0) = 0$; ist daher h eine kleine positive Größe, so ist

$$\mathcal{E}(s_0 - h, \bar{\theta}_0) = -\Omega_0 h + h(h);$$

also schließen wir: *Wenn auf dem Bogen $P_1 P_0$ die Weierstraß'sche Bedingung (IV) für ein Minimum erfüllt ist, so muß*

$$\Omega_0 \geqq 0$$

sein

Zugleich ergibt sich aus der Gleichung (36) ein einfacher Beweis[1]) des folgenden Satzes von Carathéodory:

Hört eine kontinuierliche Extremale $\mathfrak{E}_0$ in einem Punkt P_0 auf stark zu sein, so gibt es eine durch den Punkt P_0 gehende Richtung $\bar{\theta}_0$, welche zusammen mit der Tangentenrichtung θ_0 der Extremalen $\mathfrak{E}_0$ der Weierstraß'schen Eckenbedingung genügt.

Denn unsere Voraussetzung sagt aus, daß

$$\mathcal{E}_1(s_0 - h, \tilde{\theta}) > 0$$

für alle hinreichend kleinen positiven Werte von h und für beliebige Werte von $\tilde{\theta}$, daß diese Ungleichung aber nicht mehr für alle Werte von $\tilde{\theta}$ stattfindet für $h = 0$. Dabei ist die Funktion $\mathcal{E}_1(s, \tilde{\theta})$ aus der Funktion $\mathcal{E}_1$ von § 32, b) in derselben Weise abgeleitet wie $\mathcal{E}(s, \tilde{\theta})$ aus der $\mathcal{E}$-Funktion. Überdies wird angenommen, daß auch noch im Punkt P_0 die Legendre'sche Bedingung in der stärkeren Form $F_1 > 0$ erfüllt ist.

Nach dem Vorzeichensatz für stetige Funktionen schließt man dann aus dem ersten Teil unserer Voraussetzung, daß $\mathcal{E}_1(s_0, \tilde{\theta}) \geqq 0$ sein muß für alle $\tilde{\theta}$; aus dem zweiten Teil derselben folgt daher, daß es mindestens eine wegen $F_1(s_0) > 0$ von θ_0 verschiedene Richtung $\bar{\theta}_0$ geben muß, für welche $\mathcal{E}_1(s_0, \bar{\theta}_0) = 0$; also ist auch: $\mathcal{E}(s_0, \bar{\theta}_0) = 0$.

Daher ist

$$\mathcal{E}(s_0 - h, \bar{\theta}_0 + k) = -\Omega_0 h + \mathcal{E}_{\tilde{\theta}}(s_0, \bar{\theta}_0) k + \alpha h + \beta k,$$

wo α und β mit h und k unendlich klein werden. Wäre nun: $\mathcal{E}_{\tilde{\theta}}(s_0, \bar{\theta}_0) \neq 0$, so könnte man $h > 0$ und k so wählen, daß: $\mathcal{E}(s_0 - h, \bar{\theta}_0 + k) < 0$ ausfallen würde, was gegen unsere Voraussetzung verstößt. Somit muß: $\mathcal{E}_{\tilde{\theta}}(s_0, \bar{\theta}_0) = 0$ sein, und damit ist nach (3) bewiesen, daß die beiden Richtungen θ_0, $\bar{\theta}_0$ in der Tat der Weierstraß'schen Eckenbedingung genügen.

---

[1]) Nach Dresden, loc cit. p 486.

Weiter folgt noch, daß, wenn $\Omega_0 \neq 0$, die $\mathcal{E}$-Funktion beim Durchgang durch den Punkt P_0 auf der Extremalen $\mathfrak{E}_0$ stets ihr Zeichen wechselt.

d) Der Ausnahmefall $\Omega_0 = 0$:

Wenn $\Omega_0 = 0$, so können wir nicht mehr zu einer gegebenen Extremalenschar (8) in eindeutiger Weise eine komplementäre Schar konstruieren, und damit wird die Theorie der konjugierten Punkte hinfällig. Trotzdem lassen sich auch in diesem Fall hinreichende Bedingungen aufstellen.

Dazu betrachten wir allgemein (d. h. unabhängig von einer bestimmten Voraussetzung über Ω_0) die folgende Aufgabe, welche bei Carathéodory (loc. cit. § 6) den Ausgang der ganzen Untersuchung über Scharen gebrochener Extremalen bildet:

Für einen in der Nähe von P_0 gegebenen Punkt $P(x, y)$ zwei Richtungen θ, $\bar\theta$ zu bestimmen, welche der Weierstraß'schen Eckenbedingung (2a) genügen.

Man zeigt leicht mittels des Satzes über implizite Funktionen, daß die Aufgabe unter unsern Voraussetzungen stets eine eindeutige Lösung besitzt, vorausgesetzt, daß die Ungleichung (23) erfüllt ist. Die beiden Richtungen seien

$$\theta = \theta(x, y), \qquad \bar\theta = \bar\theta(x, y).$$

Man kann dann nach § 27, a) eine gebrochene Extremale konstruieren, welche im Punkt P ihre Ecke hat. Läßt man jetzt den Punkt P eine gegebene, durch den Punkt P_0 gehende Kurve $\tilde{\mathfrak{C}}$ beschreiben, so erhält man *eine einparametrige Schar von gebrochenen Extremalen, welche die Kurve $P_1 P_0 P_2$ enthält, und welche die gegebene Kurve $\tilde{\mathfrak{C}}$ zur Eckenkurve hat.* Man zeigt dann weiter, daß für diese Schar

$$\Delta(t_0, a_0) \neq 0, \qquad \bar\Delta(t_0, a_0) \neq 0,$$

vorausgesetzt daß die Kurve $\tilde{\mathfrak{C}}$ im Punkt P_0 keinen der beiden Bogen $P_1 P_0$, $P_0 P_2$ berührt. Daraus folgt, daß die Schar von gebrochenen Extremalen mit der gegebenen Eckenkurve $\tilde{\mathfrak{C}}$ wenigstens für die Umgebung des Punktes P_0 ein Feld bildet. Für dieses gilt dann wieder der Weierstraß'sche Satz und die sich daran knüpfenden Folgerungen. Man beachte, daß es bei dieser Ableitung nicht nötig war, vorauszusetzen, daß $\Omega_0 \neq 0$.

Man kann sich nun weiter nach Carathéodory (loc. cit. § 8) die Aufgabe stellen, eine Kurve zu konstruieren, welche die Eigenschaft hat, daß in jedem ihrer Punkte die positive Tangentenrichtung mit der zu demselben Punkt gehörigen Richtung $\theta(x, y)$ übereinstimmt. Führt man die Bogenlänge als Parameter ein, so ist eine solche Kurve einfach durch die Differentialgleichungen

$$\frac{dx}{ds} = \cos(\theta(x, y)), \qquad \frac{dy}{ds} = \sin(\theta(x, y)) \tag{37}$$

charakterisiert. Aus den Existenztheoremen über Differentialgleichungen folgt, daß man durch jeden Punkt in der Umgebung von P_0 eine und nur eine solche „*θ-Kurve*" konstruieren kann. Es gibt also eine einfach unendliche Schar solcher θ-Kurven.

Ebenso gibt es eine Schar von „$\bar{\theta}$-*Kurven*", deren positive Tangentenrichtung in jedem ihrer Punkte mit der zu demselben Punkt gehörigen Richtung $\bar{\theta}$ übereinstimmt

Hieran knüpft sich die Frage[1]) *Unter welchen Bedingungen ist eine θ-Kurve zugleich eine Extremale?* Man findet als notwendige und hinreichende Bedingung, daß die Funktion

$$\begin{aligned}\Omega(x, y) = \cos\theta F_x(x, y, \cos\bar{\theta}, \sin\bar{\theta}) + \sin\theta F_y(x, y, \cos\bar{\theta}, \sin\bar{\theta}) \\ - \cos\bar{\theta} F_x(x, y, \cos\theta, \sin\theta) - \sin\bar{\theta} F_y(x, y, \cos\theta, \sin\theta),\end{aligned} \tag{38}$$

in welcher θ, $\bar{\theta}$ durch die Funktionen $\theta(x, y)$, $\bar{\theta}(x, y)$ zu ersetzen sind, entlang der betreffenden θ-Kurve verschwindet

Wenn eine Extremale mit einer θ-Kurve zusammenfällt, so ist jeder ihrer Punkte Ecke einer möglichen diskontinuierlichen Lösung, in direktem Gegensatz zu dem für den Fall $\Omega_0 \neq 0$ gefundenen Resultat (§ 49, a). Von besonderem Interesse ist der Fall, wo $\Omega(x, y)$ identisch in x, y verschwindet. Alsdann ist jede θ-Kurve einerseits, und jede $\bar{\theta}$-Kurve andererseits zugleich Extremale. Man erhält also zwei bestimmte Extremalenscharen die eine, mit der Schar der θ-Kurven identisch, enthält den Bogen $P_1 P_0$, die andere, mit der Schar der $\bar{\theta}$-Kurven identisch, enthält den Bogen $P_0 P_2$. Aus beiden kann man auf unendlich viele Arten Scharen gebrochener Extremalen zusammensetzen, indem man eine beliebige durch P_0 gehende Kurve $\tilde{\mathfrak{C}}$ als Eckenkurve wählt und durch jeden ihrer Punkte einerseits die θ-Kurve, andererseits die $\bar{\theta}$-Kurve zieht

Beispiel XIX (Siehe p. 370)

In dem speziellen Fall, wo a eine Konstante, ist die Funktion

$$F = \frac{x'^2 + y'^2}{a\sqrt{x'^2 + y'^2} + x'}$$

von x und y unabhängig, also ist hier $\Omega(x, y) \equiv 0$. Für die Lösung $P_1 P_0 P_2$ von Fig 73 sind die beiden ausgezeichneten Extremalenscharen die beiden Scharen paralleler Geraden von der Amplitude β und $-\beta$. Brennpunkte sind hier nicht vorhanden. An der Indikatrix (Fig. 72) liest man ab, daß die Bedingungen (II') und (IV) entlang allen Extremalenscharen des Feldes erfüllt sind. Man erhält daher ein starkes, aber uneigentliches Minimum[2])

§ 51 Diskontinuierliche Variationsprobleme

Wir haben in den vorangegangenen Paragraphen diskontinuierliche Lösungen von kontinuierlichen Variationsproblemen betrachtet Die mathematische Physik liefert jedoch auch Beispiele, bei welchen diskontinuierliche Lösungen dadurch entstehen, daß *das vorgelegte Variationsproblem selbst diskontinuierlich ist*, bei welchen also die Funktion

[1]) Vgl. Carathéodory, loc. cit § 8.

[2]) Hierzu weiter die *Übungsaufgabe* Nr 29 am Ende von Kap. IX

$F(x, y, x', y')$ als Funktion ihrer vier Argumente in dem in Betracht kommenden Bereich Unstetigkeiten erleidet.

Dies tritt z. B. ein bei dem Problem der Brechung des Lichtes. Die Fortpflanzung des Lichtes in einem durchsichtigen Medium (oder einem System von solchen) von einem Punkt P_1 nach einem Punkt P_2 erfolgt in der kürzesten möglichen Zeit, d. h. also entlang derjenigen Kurve, welche das Integral[1])

$$J = \int_{t_1}^{t_2} n(x, y, z) \sqrt{x'^2 + y'^2 + z'^2}\, dt$$

zu einem Minimum macht, wobei $n(x, y, z)$ den absoluten Brechungsexponenten des Mediums im Punkt x, y, z bedeutet.

Hat dabei der Lichtstrahl durch brechende Flächen zu passieren, so erleidet die Funktion $n(x, y, z)$ an diesen Flächen Unstetigkeiten, man hat es also in der Tat mit einem „diskontinuierlichen Variationsproblem" zu tun. Man hat dann das Integral J in eine Summe von Integralen zu zerlegen, entsprechend den verschiedenen Medien, durch welche der Lichtstrahl zu gehen hat. Ist die Funktion n von z unabhängig, und liegen die beiden Punkte P_1 und P_2 in der x, y-Ebene, so liegt auch die Bahn des Lichtes in der x, y-Ebene, und das Problem reduziert sich auf den einfachsten Typus

Die Theorie solcher diskontinuierlichen Probleme ist von Bliss und Mason[2]) entwickelt worden, worüber hier noch kurz berichtet werden soll.

Das Problem wird folgendermaßen formuliert:

Unter allen Kurven, welche zwei auf entgegengesetzten Seiten einer gegebenen Kurve $\mathfrak{K}$ liegende Punkte P_1 und P_2 verbinden und die Kurve $\mathfrak{K}$ nur ein einziges Mal kreuzen, diejenige zu bestimmen, welche die Summe der beiden Integrale

$$J = \int F(x, y, x', y')\, dt,$$

$$\bar{J} = \int \bar{F}(x, y, x', y')\, dt$$

zu einem Minimum macht, wobei das erste Integral vom Punkt P_1 bis zur Kurve $\mathfrak{K}$, das zweite von $\mathfrak{K}$ bis zum Punkt P_2 zu nehmen ist.

---

[1]) Vgl. die Übungsaufgabe Nr. 18 auf p 299 und die dort gegebenen Literaturnachweise.

[2]) Transactions of the American Mathematical Society, Bd. VII (1906), p 325. Kurze Andeutungen über diskontinuierliche Probleme hatte übrigens schon vorher Hilbert in seinen Vorlesungen (1904/5) gegeben; insbesondere rührt die Eckenbedingung (39) von Hilbert her

Man zeigt zunächst in bekannter Weise, daß die gesuchte Kurve $P_1 P_0 P_2$, wobei P_0 den Schnittpunkt mit der Kurve $\mathfrak{K}$ bedeutet, aus einem Extremalenbogen $P_1 P_0$ für das Integral J und aus einem Extremalenbogen $P_0 P_2$ für das Integral $\bar{J}$ bestehen muß, und daß für jeden der beiden Bogen die Bedingungen von LEGENDRE, JACOBI und WEIERSTRASS erfüllt sein müssen. Wir setzen dieselben in der stärkeren Form (II'), (III'), (IV') voraus

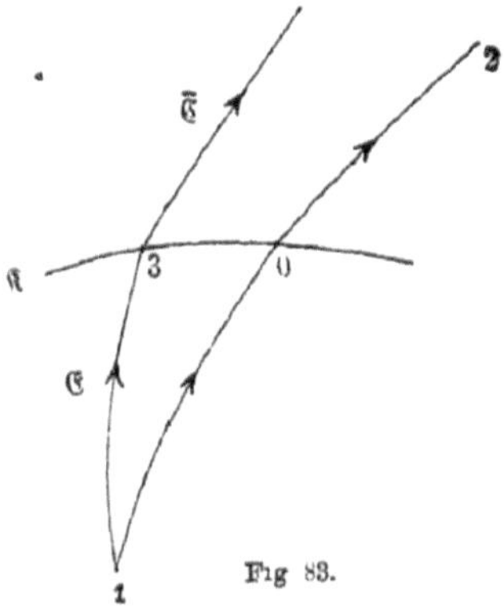

Fig 83.

Weiter ergibt sich dann zur Bestimmung der Lage des Punktes P_0 auf der Kurve $\mathfrak{K}$ eine Bedingung, die man am einfachsten daraus ableitet, daß die Funktion[1])

$$\mathfrak{J}(x_1, y_1, \tilde{x}(a), \tilde{y}(a)) + \bar{\mathfrak{J}}(\tilde{x}(a), \tilde{y}(a), x_2, y_2)$$

als Funktion von a für $a = a_0$ ein Minimum besitzen muß, wenn die Kurve $\mathfrak{K}$ dargestellt ist durch die Gleichungen

$$\mathfrak{K}: \qquad x = \tilde{x}(a), \qquad y = \tilde{y}(a)$$

und dem Punkt P_0 der Wert $a = a_0$ entspricht. Nach den Formeln (18) von § 37 erhält man hieraus die „*Eckenbedingung*“

$$\begin{aligned} F_{x'}(x_0, y_0, p_0, q_0)\tilde{p}_0 + F_{y'}(x_0, y_0, p_0, q_0)\tilde{q}_0 = \\ \bar{F}_{x'}(x_0, y_0, \bar{p}_0, \bar{q}_0)\tilde{p}_0 + \bar{F}_{y'}(x_0, y_0, \bar{p}_0, \bar{q}_0)\tilde{q}_0; \end{aligned} \tag{39}$$

dabei bedeuten $p_0, q_0; \bar{p}_0, \bar{q}_0; \tilde{p}_0, \tilde{q}_0$ der Reihe nach die Richtungskosinus der positiven Tangente an die Kurven $P_1 P_0$; $P_0 P_2$; $\mathfrak{K}$ im Punkt P_0.

Es wird dann weiter die Extremalenschar (für das Integral J) durch den Punkt P_1 betrachtet Ist $\mathfrak{E}$ eine dem Bogen $P_1 P_0$ benachbarte Extremale dieser Schar und P_3 ihr Schnittpunkt mit $\mathfrak{K}$, so kann man stets von P_3 aus eine Extremale $\bar{\mathfrak{E}}$ (für das Integral $\bar{J}$) konstruieren, welche in P_3 mit $\mathfrak{E}$ die Eckenbedingung (39) erfüllt, vorausgesetzt, daß der Extremalenbogen $P_0 P_2$ die Kurve $\mathfrak{K}$ im Punkt P_0 nicht berührt.

Man erhält so ganz ähnlich wie in § 49 eine zur Extremalenschar durch P_1 „komplementäre Extremalenschar“, welche mit jener zusammen eine Schar von „gebrochenen Extremalen“ bildet. Für diese letztere Schar gelten dann wieder die Formeln (144) und (146) von § 31 für die partiellen Ableitungen der Funktion $u(t, a)$, da die wegen der Unstetigkeit an der Kurve $\mathfrak{K}$ neu auftretenden Glieder sich infolge der Eckenbedingung (39) wegheben. Daraus folgt dann, daß einerseits

[1]) Vgl § 37, b).

der Enveloppensatz von § 44, c) mit seinen Folgerungen auch hier bestehen bleibt und andererseits der **Weierstraß'sche** Fundamentalsatz mit seiner Anwendung auf die Herleitung hinreichender Bedingungen [1])

§ 52. Randbedingungen bei Problemen mit Gebietseinschränkungen.

Bei unseren bisherigen Untersuchungen haben wir stets vorausgesetzt, daß die gesuchte Kurve ganz im **Innern** des Bereiches $\mathfrak{R}$ der x, y-Ebene liegen sollte, auf welchen die Vergleichskurven beschränkt waren.[2]) Es kann aber auch Lösungen unseres Variationsproblems geben, welche Punkte mit der **Begrenzung** des Bereiches $\mathfrak{R}$ gemein haben Wir stellen uns jetzt die Aufgabe, diese Lösungen zu bestimmen; dabei wird sich zugleich eine neue Art von diskontinuierlichen Lösungen ergeben.

a) **Die Weierstraß'sche Randbedingung:**

Die hierzu nötigen Überlegungen gestalten sich besonders einfach für die Aufgabe, das Integral

$$J = \int_{x_1}^{x_2} f(x, y, y')\, dx \tag{40}$$

unter den in § 3 aufgeführten Voraussetzungen zu einem Minimum zu machen

Dabei ist es bequem, von der Vorstellung einer punktweisen Variation einer Kurve Gebrauch zu machen, welche in der älteren Variationsrechnung eine wichtige Rolle gespielt hat:

Zwischen zwei Kurven

$$\mathfrak{C}_0: \qquad y = y(x)$$

und

$$\mathfrak{C}: \qquad y = y(x) + \omega(x)$$

können wir eine ein-eindeutige Beziehung herstellen, indem wir je zwei Punkte mit derselben Abszisse x sich entsprechen lassen; und wir können uns vorstellen, daß die zweite Kurve aus der ersten durch eine stetige Deformation entstanden ist, bei welcher jeder einzelne Punkt sich nach einem bestimmten Gesetz entlang seiner Ordinate bewegt, z. B indem wir in

$$y(x) + \alpha\omega(x)$$

den Parameter α von 0 bis 1 wachsen lassen.

---

[1]) Hierzu die *Übungsaufgabe* Nr. 32 am Ende von Kap. IX

[2]) Vgl § 3, a) und § 25, b), insbesondere die Bemerkungen auf pp 16, 17

Ein Punkt von $\mathfrak{E}_0$, dessen Abszisse x' ist, heißt *frei variierbar* in Beziehung auf ein vorgelegtes Variationsproblem, wenn $\omega(x')$ beliebige hinreichend kleine Werte annehmen darf: andernfalls heißt er *unfrei*.

Bei einer Kurve, welche ganz im Innern von $\mathfrak{R}$ liegt, sind beim Problem mit festen Endpunkten alle Punkte mit Ausnahme der Endpunkte frei variierbar; und diese freie Variierbarkeit war bei den Schlüssen von § 5 wesentlich. Anders verhält es sich bei einer Kurve, welche Punkte mit der Begrenzung von $\mathfrak{R}$ gemein hat. Der Einfachheit halber wollen wir voraussetzen, daß die Begrenzung von $\mathfrak{R}$, auch „*Schranke*" genannt, einen Bogen $\tilde{\mathfrak{C}}$ enthält, welcher in der Form

$$\tilde{\mathfrak{C}}: \qquad y = \tilde{y}(x)$$

darstellbar und von der Klasse C'' ist. Dieser Bogen $\tilde{\mathfrak{C}}$ soll selbst mit zu $\mathfrak{R}$ gehören, und ebenso mögen alle Punkte, welche über[1]) der Kurve $\tilde{\mathfrak{C}}$ und in einer gewissen Umgebung von $\tilde{\mathfrak{C}}$ liegen, zu $\mathfrak{R}$ gehören. Wenn dann die Kurve $\mathfrak{E}_0$ einen Punkt mit $\tilde{\mathfrak{C}}$ gemein hat, so ist die Variation dieses Punktes nicht mehr frei, sondern der Bedingung

$$\omega(x) \gtreqless 0$$

unterworfen.

Nach diesen Vorbemerkungen wollen wir jetzt annehmen, die Kurve $\mathfrak{E}_0$, welche das Integral J zu einem Minimum macht, setze sich aus drei Stücken zusammen: aus zwei Bogen P_1P_3, P_4P_2, welche, abgesehen von den Punkten P_3 und P_4, ganz im Innern von $\mathfrak{R}$ liegen, und aus dem Segment P_3P_4 der Begrenzung $\tilde{\mathfrak{C}}$ von $\mathfrak{R}$.

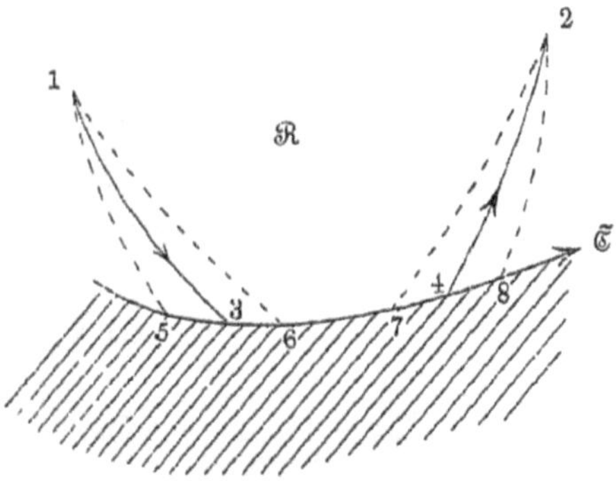

Fig 84

Dann zeigt zunächst die schon in § 48, a) benutzte Methode der partiellen Variation, daß die beiden „freien" Bogen P_1P_3 und P_4P_2 Extremalen sein müssen.

Sodann betrachten wir eine zulässige Variation von der speziellen Form

$$y = y(x) + \varepsilon\eta(x),$$

bei welcher die beiden Bogen P_1P_3 und P_4P_2 ungeändert bleiben und nur das Stück P_3P_4 variiert wird. Die Funktion $\eta(x)$ ist daher

[1]) Ein Punkt x, y liegt „über" dem Bogen $\tilde{\mathfrak{C}}$, wenn $y > \tilde{y}(x)$

identisch Null in $[x_1 x_3]$ und $[x_4 x_2]$, während in $[x_3 x_4]$ nach der oben gemachten Bemerkung: $\varepsilon\eta(x) \geqq 0$ sein muß. Die Funktion $\eta(x)$ darf also in $[x_3 x_4]$ ihr Zeichen nicht wechseln; wählen wir: $\eta(x) \geqq 0$, so darf somit die Konstante ε nur positive Werte annehmen. Daher können wir jetzt aus der Ungleichung[1])

$$\Delta J \equiv \varepsilon[J'(0) + (\varepsilon)] \geqq 0$$

nicht mehr schließen: $J'(0) = 0$, sondern nur: $J'(0) \geqq 0$.

Nach Ausführung der partiellen Integration von § 5, a) erhalten wir daher

$$\int_{x_3}^{x_4} \eta\left(\tilde{f}_y - \frac{d}{dx}\tilde{f}_{y'}\right) dx \geqq 0, \tag{41}$$

wobei die Argumente von $\tilde{f}_y, \tilde{f}_{y'}$ sind $x, \tilde{y}(x), \tilde{y}'(x)$. Diese Ungleichung muß erfüllt sein für alle Funktionen η der Klasse C', welche in x_3 und x_4 verschwinden und überdies der Bedingung

$$\eta \geqq 0$$

genügen.

Die in § 5, b) zum Beweis des Fundamentallemmas der Variationsrechnung angewandte Schlußweise führt jetzt zu dem Satz:

Wenn die Kurve, welche das Integral (40) *zu einem Minimum macht, ein Segment $P_3 P_4$ mit der Begrenzung $\tilde{\mathfrak{C}}$ des Bereiches $\mathfrak{R}$ gemein hat, dann muß entlang diesem Segment die Bedingung erfüllt sein*

$$\begin{aligned} &\tilde{f}_y - \frac{d}{dx}\tilde{f}_{y'} \geqq 0, \text{ wenn } \mathfrak{R} \text{ über } P_3 P_4 \text{ liegt,} \\ &\tilde{f}_y - \frac{d}{dx}\tilde{f}_{y'} \leqq 0, \text{ wenn } \mathfrak{R} \text{ unter } P_3 P_4 \text{ liegt.} \end{aligned} \tag{42}$$

Das erhaltene Resultat läßt sich nun unmittelbar auf den Fall übertragen[2]), wo das Integral

$$J = \int_{t_1}^{t_2} F(x, y, x', y')\, dt \tag{43}$$

zu einem Minimum zu machen ist, und wo sowohl die zulässigen Kurven als die Kurve $\tilde{\mathfrak{C}}$ in Parameterdarstellung gegeben sind.

Denn ist P irgendein Punkt des Bogens $P_3 P_4$, so kann man stets durch eine Drehung des Koordinatensystems erreichen, daß im Punkt P: $x' > 0$. Dann läßt sich die Kurve $\tilde{\mathfrak{C}}$ in der Umgebung von P in der Form $y = \tilde{y}(x)$ darstellen, und man kommt auf das

---

[1]) In der Bezeichnung von p 20; vgl. Gleichung (21) auf p. 21.

[2]) Vgl. die Bemerkungen am Ende von § 25, e).

frühere Problem zurück. Es muß daher im Punkt P die Ungleichung (42) erfüllt sein, aus welcher mit Hilfe der Gleichungen (16) und (23) des fünften Kapitels *die Weierstraß'sche Randbedingung*[1]) *für ein Minimum für den Fall der Parameterdarstellung* folgt:

$$\tilde{T} \geqq 0 \; (\leqq 0), \tag{44}$$

wenn der Bereich $\mathfrak{R}$ zur Linken (Rechten) des Bogens $P_3 P_4$ liegt; dabei bedeutet $\tilde{T}$ den Ausdruck (23a) von § 26, berechnet für die Kurve $\tilde{\mathfrak{C}}$.

Wenn entlang dem Bogen $P_3 P_4$ der Kurve $\tilde{\mathfrak{C}}$ die Funktion F_1 positiv ist, so gestattet das vorangegangene Resultat eine einfache *geometrische Deutung:* Alsdann können wir nämlich nach § 27, a) durch jeden Punkt P von $P_3 P_4$ eine und nur eine Extremale $\mathfrak{E}$ konstruieren, welche die Kurve $\tilde{\mathfrak{C}}$ in P gleichsinnig[2]) berührt Führen wir dann in den Ausdruck für $\tilde{T}$ die Krümmung $1/\tilde{r}$ von $\tilde{\mathfrak{C}}$ im Punkt P ein und bezeichnen mit $1/r$ die Krümmung der Extremalen $\mathfrak{E}$ im Punkt P, so können wir unter Benutzung von Gleichung (23b)' von § 26 die Bedingung (44) auch schreiben:

$$\frac{1}{r} \geqq \frac{1}{\tilde{r}} \left(\leqq \frac{1}{\tilde{r}} \right). \tag{45}$$

Für den Fall, wo $\mathfrak{R}$ zur Linken des Bogens $P_3 P_4$ liegt, folgt hieraus:

Wenn: $\tilde{r} > 0$, d. h. wenn der Vektor vom Punkt P nach dem Krümmungsmittelpunkt $\tilde{M}$ von $\tilde{\mathfrak{C}}$ zur Linken[3]) der positiven Tangente an $\tilde{\mathfrak{C}}$ in P liegt, so muß auch r positiv sein, und der Krümmungsmittelpunkt M der Extremalen $\mathfrak{E}$ muß zwischen P und $\tilde{M}$ liegen (oder mit $\tilde{M}$ zusammenfallen). (Fig. 85).

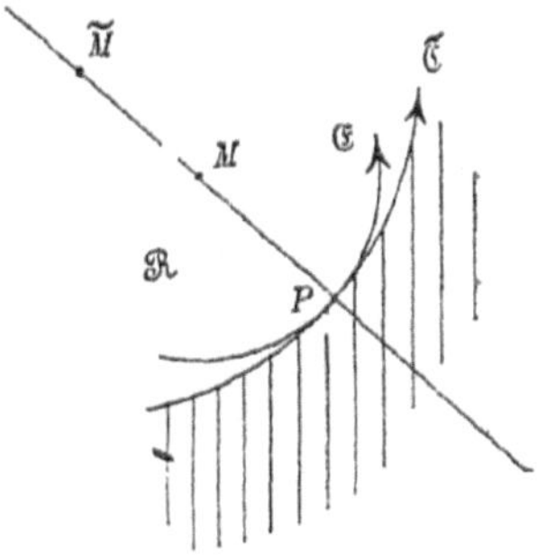

Fig 85

Wenn dagegen: $\tilde{r} < 0$, d. h. wenn der Vektor $P\tilde{M}$ rechts von der positiven Tangente liegt, so muß M entweder (Fig. 86) auf der

[1]) Von WEIERSTRASS direkt für den Fall der Parameterdarstellung abgeleitet, *Vorlesungen* 1879; vgl KNESER, *Lehrbuch* p. 177 und BOLZA, *Lectures*, § 29, a) Zum obigen Beweis beachte man noch, daß nach Gleichung (39) von § 45 die Größe T bei einer Drehung des Koordinatensystems invariant bleibt.

[2]) D h. so, daß die **positiven** Tangenten beider Kurven zusammenfallen

[3]) Vgl. p 192.

entgegengesetzten Seite der Tangente liegen wie M (wenn nämlich $r > 0$), oder aber (Fig. 87) auf derselben Seite, aber jenseits $\tilde{M}$ (oder mit $\tilde{M}$ zusammenfallen)

In allen Fallen muß also die Extremale $\mathfrak{E}$ in der Umgebung des Punktes P ganz im Bereich $\mathfrak{R}$ liegen, ein Resultat, das sich nach den Existenztheoremen von § 33 a priori erwarten läßt.

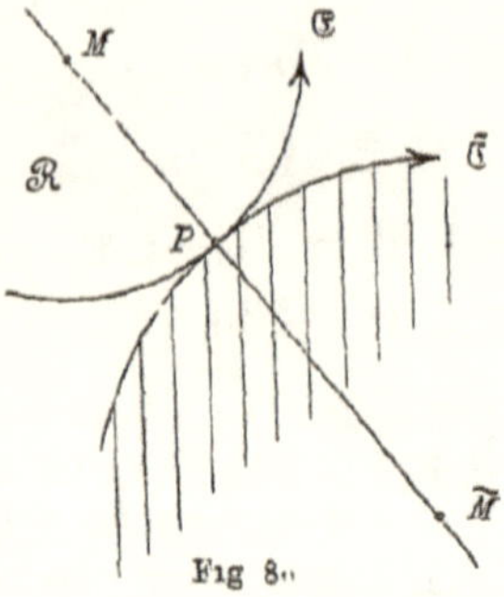

Fig. 86.

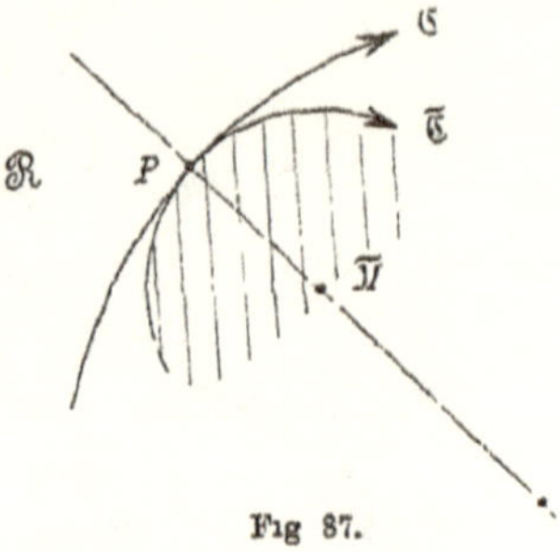

Fig. 87.

Im Fall des Maximums (statt Minimums) sind die Zeichen $\gtrless$ in $\lesseqgtr$ umzukehren

b) **Die Weierstraß'sche Bedingung in den Übergangspunkten:**

Neben der Bedingung (44), die entlang dem Bogen P_3P_4 erfüllt sein muß, ergibt sich aus der Betrachtung der ersten Variation noch je eine Bedingung für die Punkte P_3 und P_4, in welchen die gesuchte Kurve die Begrenzung $\tilde{\mathfrak{E}}$ von $\mathfrak{R}$ trifft, resp. verläßt

Die Grenzkurve $\tilde{\mathfrak{E}}$ sei durch die Gleichungen

$$\tilde{\mathfrak{E}}: \qquad x = \tilde{x}(a), \quad y = \tilde{y}(a), \quad A_3 \overline{\gtrless} a \overline{\gtrless} A_4$$

dargestellt und in ihrer ganzen Ausdehnung von der Klasse C''. Die Punkte P_3 und P_4 mögen den Werten $a = a_3$ und $a = a_4$ entsprechen, und es sei

$$A_3 < a_3 < a_4 < A_4.$$

Um die Bedingungen in P_3 zu erhalten, beachten wir, daß die Funktion

$$\mathfrak{J}(x_1, y_1, \tilde{x}(a), \tilde{y}(a)) + \int_a^{a_4} F(\tilde{x}(a), \tilde{y}(a), \tilde{x}'(a), \tilde{y}'(a))\, da$$

für $a = a_3$ ein Minimum besitzen muß, was auf Grund der Formeln (18) von § 37 sofort zu der *Weierstraß'schen Bedingung*[1]) führt:

Im Übergangspunkt P_3 muß die Bedingung

$$\mathcal{E}(x_3, y_3;\, p_3, q_3;\, \tilde{p}_3, \tilde{q}_3) = 0 \tag{46}$$

erfüllt sein, wobei p_3, q_3 und $\tilde{p}_3, \tilde{q}_3$ die Richtungskosinus der positiven Tangenten im Punkt P_3 an die Extremale P_1P_3, beziehungsweise an die Kurve $\tilde{\mathfrak{E}}$ bedeuten

[1]) WEIERSTRASS, *Vorlesungen*, 1879 Vgl die *Übungsaufgabe* Nr. 33 am Ende von Kap IX.

Wendet man dasselbe Verfahren auf den Punkt P_4 an, so erhält man das Resultat, daß *im Punkt P_4 die analoge Bedingung*

$$\mathfrak{E}(x_4, y_4;\ p_4, q_4;\ \tilde{p}_4, \tilde{q}_4) = 0 \tag{47}$$

erfüllt sein muß, wobei p_4, q_4 und $\tilde{p}_4, \tilde{q}_4$ die Richtungskosinus der positiven Tangenten im Punkt P_4 an die Extremale $P_4 P_2$, beziehungsweise an die Kurve $\tilde{\mathfrak{C}}$ bedeuten.

In dem besonderen Fall, wo das Problem entlang der Grenzkurve $\tilde{\mathfrak{C}}$ „regulär"[1]) ist, folgt aus Gleichung (125) von § 30, daß die beiden Gleichungen (46) und (47) nur erfüllt sein können, wenn

$$\tilde{p}_3 = p_3,\ \tilde{q}_3 = q_3;\quad \tilde{p}_4 = p_4,\ \tilde{q}_4 = q_4;$$

das heißt aber: *Bei einem entlang der Grenzkurve $\tilde{\mathfrak{C}}$ regulären Problem müssen die beiden Extremalenbogen $P_1 P_3$ und $P_4 P_2$ die Grenzkurve $\tilde{\mathfrak{C}}$ im Punkte P_3, beziehungsweise P_4 gleichsinnig berühren.*[2])

Beispiel[3]) XX

In der x, y-Ebene sei eine einfache, geschlossene Kurve $\tilde{\mathfrak{C}}$ von der Klasse C'' gegeben, und zwei Punkte P_1 und P_2, deren Verbindungsgerade die Kurve $\tilde{\mathfrak{C}}$ schneidet. Unter allen Kurven, welche die beiden Punkte P_1 und P_2 verbinden

---

[1]) Vgl. § 27, a).

[2]) Weierstrass behandelt auch den Fall, wo die gesuchte Kurve der Bedingung unterworfen wird, mit der Begrenzung $\tilde{\mathfrak{C}}$ nur einen einzigen, nicht vorgegebenen Punkt P_0 gemein zu haben. Durch ein dem obigen ganz analoges Verfahren (siehe Fig. 88) findet man leicht, daß im Punkt P_0 die Bedingung

$$\mathfrak{E}(x_0, y_0; p_0, q_0; \tilde{p}_0, \tilde{q}_0) = \mathfrak{E}(x_0, y_0; \bar{p}_0, \bar{q}_0; \tilde{p}_0, \tilde{q}_0) \tag{48}$$

erfüllt sein muß, wenn p_0, q_0; $\bar{p}_0, \bar{q}_0$; $\tilde{p}_0, \tilde{q}_0$ der Reihe nach die Richtungskosinus der positiven Tangenten der Kurven $P_1 P_0$, $P_0 P_2$, $\tilde{\mathfrak{C}}$ im Punkt P_0 bedeuten.

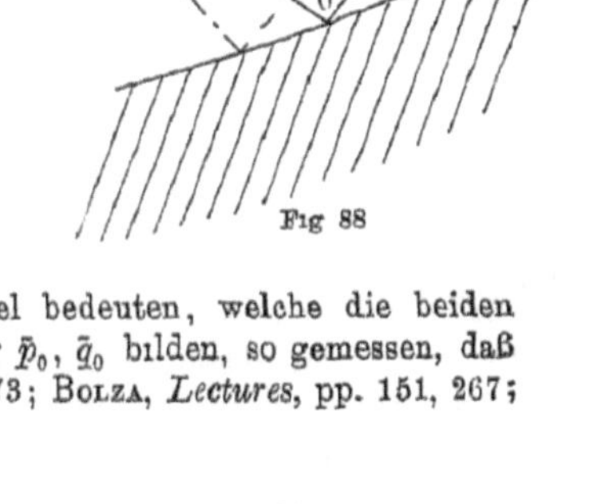

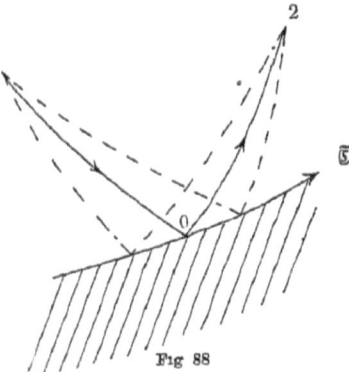

Fig 88

Weierstrass selbst gibt die Bedingung in der folgenden Form, die sich leicht aus (48) ableiten läßt:

$$\sin\delta_0 : \sin\bar{\delta}_0 = \mathfrak{E}(x_0, y_0; \bar{p}_0, \bar{q}_0; p_0, q_0) : \mathfrak{E}(x_0, y_0; p_0, q_0; \bar{p}_0, \bar{q}_0), \tag{49}$$

wenn δ_0, $\bar{\delta}_0$ die numerischen Werte der Winkel bedeuten, welche die beiden Richtungen p_0, q_0, resp $\bar{p}_0, \bar{q}_0$ mit der Richtung $\tilde{p}_0, \tilde{q}_0$ bilden, so gemessen, daß beide Winkel $\overline{\gtrless}\, \pi$. Vgl. Kneser, *Lehrbuch*, p 173; Bolza, *Lectures*, pp. 151, 267; Hancock, *Lectures*, pp 241—243.

[3]) Vgl Kneser, *Lehrbuch*, p. 178.

und nicht in das Innere $\mathfrak{S}$ der geschlossenen Kurve $\tilde{\mathfrak{T}}$ eindringen, die kürzeste zu finden.

Hier ist $F = \sqrt{x'^2 + y'^2}$. Der Bereich $\mathfrak{R}$ besteht hier aus der ganzen Ebene mit Ausschluß des Bereiches $\mathfrak{S}$ Die gesuchte Kurve muß aus geradlinigen Segmenten und aus Segmenten der Kurve $\tilde{\mathfrak{T}}$ bestehen. Die letzteren dürfen *nicht konkav nach außen* sein, da im gegenwärtigen Fall $\frac{1}{r} = 0$ und somit die Bedingung (45) lautet: $\frac{1}{\tilde{r}} \leqq 0$ oder $\frac{1}{\tilde{r}} \geqq 0$, je nachdem der Bereich $\mathfrak{R}$ zur Linken oder Rechten des betreffenden Segmentes liegt.

Da das Problem regulär ist, so müssen die geradlinigen Segmente die Kurve $\tilde{\mathfrak{T}}$ in den Übergangspunkten berühren.

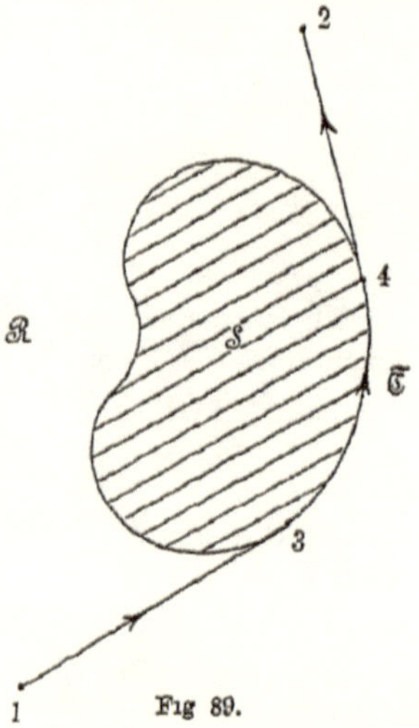

Fig 89.

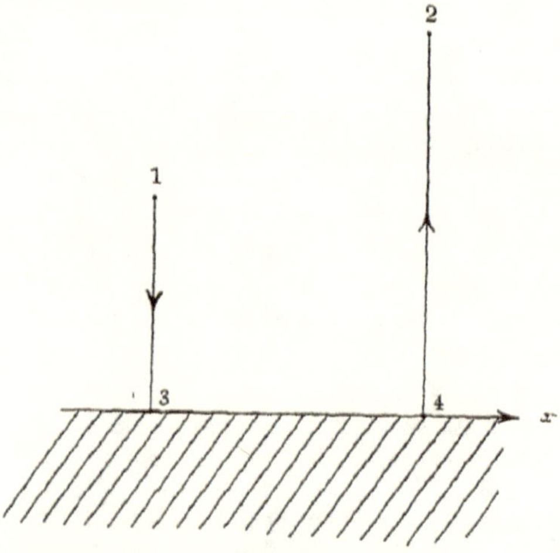

Fig. 90

Beispiel I. (Siehe pp 1, 33, 79) $F = y\sqrt{x'^2 + y'^2}$.

Der Bereich $\mathfrak{R}$ ist die obere Halb-Ebene: $y \geqq 0$; die Grenzkurve also die x-Achse Die zulässigen Kurven sind die Gesamtheit aller gewöhnlichen Kurven, die in diesem Bereich von P_1 nach P_2 gezogen werden können. Bei der Behandlung des Problems in Parameterdarstellung treten außer den schon früher gefundenen Kettenlinien

$$y = \alpha \operatorname{Ch} \frac{x - \beta}{\alpha} \qquad (\alpha > 0)$$

als weitere Extremalen noch die Geraden

$$x = \text{konst}$$

auf.

Da die Kettenlinien die x-Achse nie treffen, so ist die einzige mögliche Lösung, welche ein Segment der x-Achse enthält, die aus den Ordinaten P_1P_3, P_4P_2 der beiden Punkte P_1, P_2 und dem sie verbindenden Segment P_3P_4 der x-Achse zusammengesetzte Kurve. Da entlang der x-Achse

$$\tilde{T} = -1,$$

so ist die Bedingung (44) für das Segment $P_3 P_4$ erfüllt; und da

$$\mathfrak{E}(x, y; \cos\theta, \sin\theta; \cos\bar{\theta}, \sin\bar{\theta}) = (1 - \cos(\bar{\theta} - \theta))\, y,$$

so sind auch die Bedingungen (46) und (47) in den Übergangspunkten P_3 und P_4 erfüllt.

Diese diskontinuierliche Lösung ist zuerst von GOLDSCHMIDT[1]) bemerkt worden (1831). TODHUNTER[2]) hat bewiesen, daß *die gebrochene Linie $P_1 P_3 P_4 P_2$ stets ein starkes relatives Minimum* liefert. Nimmt man nämlich auf der Geraden $P_1 P_3$ einen Punkt P an und schneidet dann auf einer beliebigen von P_1 ausgehenden rektifizierbaren Kurve einen Bogen $P_1 Q$ gleich $|P_1 P|$ ab, so ist, wie man leicht zeigt, die Ordinate MQ des Punktes Q größer als $P_3 P$, es sei denn, daß der Bogen $P_1 Q$ mit dem geraden Segment $P_1 P$ identisch ist.

Daraus folgt: *Ist $\overline{\mathfrak{C}}$ irgend eine von der Goldschmidt'schen Lösung verschiedene zulässige Kurve von P_1 nach P_2, deren Länge $\overline{\gtrless}$ $|P_3 P_1| + |P_4 P_2|$, so liefert die Goldschmidt'sche Lösung einen kleineren Wert für das Integral J, als die Kurve $\overline{\mathfrak{C}}$.*

Zum Beweis schneide man auf der Kurve $\overline{\mathfrak{C}}$ von P_1 aus einen Bogen $P_1 Q_1$ gleich $|P_1 P_3|$ und von P_2 aus einen Bogen $P_2 Q_2$ gleich $|P_2 P_4|$ ab und wende das obige Lemma an.

Schließlich kann man leicht eine Umgebung der diskontinuierlichen Lösung $P_1 P_3 P_4 P_2$ angeben, derart, daß für alle in derselben verlaufenden zulässigen Kurven die obige Ungleichung für die Länge erfüllt ist, womit bewiesen ist, daß die Goldschmidt'sche Lösung in der Tat stets ein relatives Minimum für das Integral J liefert.

Die diskontinuierliche Lösung liefert eine wichtige Ergänzung unserer früheren Resultate über kontinuierliche Lösungen (p. 81). Bezeichnen wir nämlich mit I und II dieselben beiden Bereiche wie auf p. 81 (siehe Fig 12), so haben wir früher gesehen, daß nach einem Punkt P_2 im Innern des Bereiches II keine Kettenlinie mit der x-Achse als Direktrix gezogen werden kann. Hier ist also die diskontinuierliche Lösung die einzige mögliche Lösung. Dasselbe gilt, wenn der Punkt P_2 auf der Enveloppe $\mathfrak{F}$ liegt, da die Kettenlinie $P_1 P_2$ nach § 47, d) kein Minimum liefert.

Liegt dagegen der Punkt P_2 im Innern von I, so haben wir zwei Lösungen, welche jede ein relatives Minimum liefert: eine Kettenlinie und die diskontinuierliche Lösung.

Mit diesen beiden Lösungen sind zugleich alle möglichen Lösungen des Problems, das Integral

$$J = \int_{t_1}^{t_2} y\sqrt{x'^2 + y'^2}\, dt$$

zu einem relativen Minimum zu machen, erschöpft, wenn wir die trivialen Fälle:

$$x_1 = x_2, \quad y_1 = 0, \quad y_2 = 0$$

---

[1]) Siehe das Zitat auf p. 81, Fußnote [2]).

[2]) *Researches in the Calculus of Variations*, p 60, vgl. auch MARY E. SINCLAIR, Annals of Mathematics (2) Bd. IX, p 151.

beiseite lassen. Denn jede Lösung muß sich zusammensetzen aus einer endlichen Anzahl von Kettenlinienbogen, von geraden Segmenten parallel der y-Achse und von Segmenten der x-Achse Ecken können nach § 48, c), Zusatz I, im Innern der oberen Halbebene nicht auftreten. Eine einfache Überlegung zeigt dann, daß die beiden gefundenen Lösungen die einzig möglichen Kombinationen darstellen.

Wir werden später[1]) zeigen, daß eine der beiden Lösungen stets zugleich auch das absolute Minimum für das Integral J liefert.[2])

§ 53. Hinreichende Bedingungen bei Lösungen, welche Segmente der Grenzkurve enthalten.

Wir nehmen an, wir hätten eine Kurve $P_1 P_3 P_4 P_2$ gefunden, welche den bisher als notwendig erkannten Bedingungen genügt, d h also:

1 Die Bogen $P_1 P_3$ und $P_4 P_2$ sind Extremalen, welche für sich betrachtet den für ein Minimum bei festen Endpunkten notwendigen Bedingungen (II), (III), (IV) genügen;

2. entlang dem Bogen $P_3 P_4$ der Grenzkurve ist die Bedingung (44) erfüllt;

3. in den Übergangspunkten P_3 und P_4 sind die Bedingungen (46) und (47) erfüllt.

Überdies möge der Kurvenzug $P_1 P_3 P_4 P_2$ keine mehrfachen Punkte besitzen Der Bereich $\mathfrak{R}$ möge, um die Ideen zu fixieren, zur Linken des Bogens $P_3 P_4$ liegen.

Bliss[3]) hat gezeigt, daß *für reguläre Probleme diese Bedingungen auch hinreichend sind für ein Minimum des Integrals J, wofern sie dahin verschärft werden, daß (III) durch (III') und die Bedingung (44) durch*

$$\tilde{T} < 0 \tag{50}$$

ersetzt werden.

Da das Problem als regulär vorausgesetzt wird, also $F_1(x, y, \cos\gamma, \sin\gamma) \neq 0$ für jedes γ im ganzen Bereich $\mathfrak{R}$, so müssen nach § 52, b) die Extremalenbogen $P_1 P_3$ und $P_4 P_2$ in den Punkten P_3 und P_4 die Grenzkurve $\tilde{\mathfrak{C}}$ gleichsinnig berühren.

Da überdies insbesondere

$$F_1 > 0 \text{ entlang } \tilde{\mathfrak{C}}, \tag{51}$$

---

[1]) Vgl § 57, e).

[2]) Hierzu weiter die *Übungsaufgaben* Nr 33—40 am Ende von Kap IX.

[3]) Transactions of the American Mathematical Society, Bd V (1904) p 477

so können wir nach § 52, a) die Bedingung (50) auch schreiben

$$\frac{1}{r} - \frac{1}{\tilde{r}} > 0 \tag{52}$$

Der Beweis von Bliss, bei dessen Darstellung[1]) wir übrigens hier nicht auf alle Einzelheiten eingehen können, gründet sich einerseits auf die Konstruktion eines zusammengesetzten Feldes, das aus der Schar von Extremalen durch einen Punkt P_0 auf der Fortsetzung des Bogens $P_1 P_3$ über P_1 hinaus und aus der Schar von Extremalen, welche den Bogen $P_3 P_4$ berühren, gebildet wird, andererseits auf die Ausdehnung des Weierstraß'schen Fundamentalsatzes auf ein solches Feld.

a) **Die Schar von Extremalen, welche die Grenzkurve berühren:**

Aus der Ungleichung (51) folgt nach § 27, a), daß wir durch jeden Punkt $P(a)$ der Grenzkurve

$$\tilde{\mathfrak{C}}: \qquad x = \tilde{x}(a), \qquad y = \tilde{y}(a), \qquad A_3 \gtrless a \gtrless A_4$$

eine und nur eine Extremale $\mathfrak{E}_a$ konstruieren können, welche die Kurve $\tilde{\mathfrak{C}}$ im Punkt P gleichsinnig berührt. Wir können den analytischen Ausdruck derselben sofort mit Hilfe der Funktionen $\mathfrak{X}$, $\mathfrak{Y}$ von § 27, b) hinschreiben, nämlich

$$x = \mathfrak{X}(t; \tilde{x}(a), \tilde{y}(a), \tilde{\theta}(a)) \equiv \varphi(t, a), \quad y = \mathfrak{Y}(t; \tilde{x}(a), \tilde{y}(a), \tilde{\theta}(a)) \equiv \psi(t, a). \tag{53}$$

Dabei bedeutet t die Bogenlänge der Extremalen $\mathfrak{E}_a$, gemessen vom Punkt P an, und $\tilde{\theta}(a)$ den Tangentenwinkel der Kurve $\tilde{\mathfrak{C}}$ im Punkt P, so normiert[2]), daß $\tilde{\theta}(a)$ eindeutig und stetig ist entlang $\tilde{\mathfrak{C}}$. Aus den Existenztheoremen über Differentialgleichungen folgt, daß sich eine positive, von a unabhängige[3]) Größe l angeben läßt derart, daß die Extremale $\mathfrak{E}_a$ mindestens im Intervall: $|t| \gtrless l$ existiert.

Lassen wir a variieren, so erhalten wir so eine Schar von Extremalen, welche die Kurve $\tilde{\mathfrak{C}}$ berühren, und welche durch die Gleichungen (53) dargestellt sind.

Die Funktionen φ, ψ genügen folgenden Anfangsbedingungen:

$$\begin{aligned} \varphi(0, a) &= \tilde{x}(a), & \psi(0, a) &= \tilde{y}(a), \\ \varphi_t(0, a) &= \tilde{x}'(a), & \psi_t(0, a) &= \tilde{y}'(a), \end{aligned} \tag{54}$$

[1]) Wir weichen dabei darin von Bliss ab, daß wir den Beweis direkt für das Problem in Parameterdarstellung geben, während Bliss die Aufgabe zuerst für den speziellen Fall des x-Problems löst und dann den allgemeinen Fall der Parameterdarstellung mittels einer Punkttransformation der Ebene auf jenen Fall zurückführt.

[2]) Vgl. § 34, Gleichung (173_2) [3]) Vgl. § 28, a), Zusatz.

wenn wir der Einfachheit halber für a die Bogenlänge auf der Kurve $\mathfrak{C}$ wählen Hieraus folgt durch Differentiation nach a

$$\begin{aligned} \varphi_a(0,a) &= \tilde{x}'(a), & \psi_a(0,a) &= \tilde{y}'(a), \\ \varphi_{ta}(0,a) &= \tilde{x}''(a), & \psi_{ta}(0,a) &= \tilde{y}''(a), \end{aligned} \tag{55}$$

woraus sich für die Funktionaldeterminante

$$\Delta(t,a) = \frac{\partial(\varphi,\psi)}{\partial(t,a)}$$

die Gleichungen ergeben:

$$\Delta(0,a) = 0, \qquad \Delta_t(0,a) = \frac{1}{r} - \frac{1}{\tilde{r}}\,. \tag{56}$$

Es seien jetzt a_3', a_4' irgend zwei den Ungleichungen

$$A_3 < a_3' < a_3, \qquad a_4 < a_4' < A_4$$

genügende Größen; alsdann kann man beweisen[1]), daß unter den gemachten Annahmen die Gleichungen (53) eine ein-eindeutige Beziehung zwischen dem Rechteck

$$\mathfrak{A}: \qquad 0 \leqq t \leqq k, \qquad a_3' \leqq a \leqq a_4'$$

in der t,a-Ebene und dessen Bild $\mathfrak{S}$ in der x,y-Ebene definieren, wofern die positive Größe k hinreichend klein genommen wird. Der

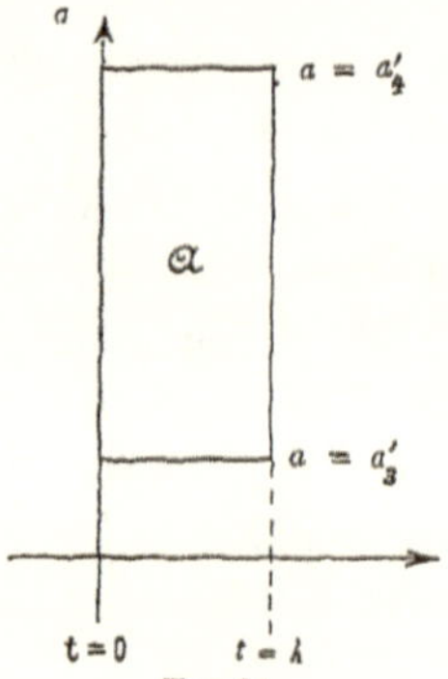

Fig 91.

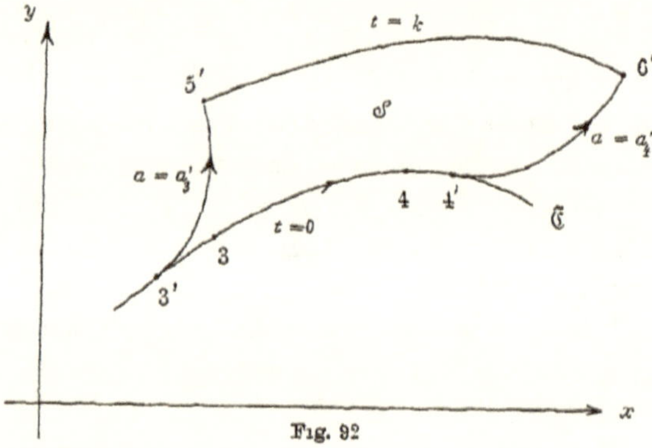

Fig. 92

Beweis ist jedoch hier wesentlich komplizierter als in dem in § 31, a) betrachteten Fall, weil die Funktionaldeterminante $\Delta(t,a)$ im Rechteck $\mathfrak{A}$ verschwindet, wie klein auch k genommen werden möge, nämlich entlang der Seite $t = 0$

Das Bild der Begrenzung des Reckteckes $\mathfrak{A}$ ist eine stetige geschlossene Kurve ohne mehrfache Punkte $P_3' P_4' P_6' P_5' P_3'$. Die Punkt-

[1]) Wir verweisen auf Bliss, loc. cit pp 482, 488 und Bolza, Transactions of the American Mathematical Society, Bd. VIII (1907) p 399.

menge $\mathcal{S}$ ist identisch mit dem Innern dieser geschlossenen Kurve zusammen mit der Kurve selbst. Dieser Bereich wird also von den Extremalen der Schar (53) einfach und lückenlos überdeckt, wenn t und a auf das Rechteck $\mathfrak{A}$ beschränkt werden. *In diesem Sinn bilden die Extremalen, welche den Bogen $P_3'P_4'$ berühren, ein Feld.* Es handelt sich aber nur um ein „uneigentliches Feld“, da die früher für ein Feld aufgestellten Bedingungen wegen des Verschwindens der Funktionaldeterminante hier nicht ausnahmslos erfüllt sind.

Die „inversen Funktionen des Feldes“, die wir wieder mit

$$t = \mathfrak{t}(x, y), \qquad a = \mathfrak{a}(x, y)$$

bezeichnen, sind stetig im ganzen Bereich $\mathcal{S}$ und überdies von der Klasse C' in allen Punkten von $\mathcal{S}$ mit Ausnahme der Punkte des Bogens $P_3'P_4'$, in denen die partiellen Ableitungen im allgemeinen zu existieren aufhören.

b) **Konstruktion des zusammengesetzten Feldes:**

Wir kombinieren jetzt nach Bliss das im vorigen Absatz betrachtete Feld mit dem Feld von Extremalen durch einen Punkt P_0 auf der Fortsetzung der Extremalen P_1P_3 über den Punkt P_1 hinaus Letztere Schar schreiben wir in der Normalform von § 27, d)

$$x = \mathfrak{X}(\tau; x_0, y_0, \alpha) \equiv \mathring{\varphi}(\tau, \alpha), \quad y = \mathfrak{Y}(\tau; x_0, y_0, \alpha) \equiv \mathring{\psi}(\tau, \alpha), \qquad (57)$$

wobei τ die Bogenlänge bedeutet, gemessen vom Punkt P_0 aus, und α den Tangentenwinkel der Extremalen $\mathfrak{E}_\alpha$ im Punkt P_0.

Die Schar (57) enthält unsern Extremalenbogen P_1P_3; dies möge für $\alpha = \alpha_0$ stattfinden, und dem Punkt P_3 möge dabei der Parameterwert $\tau = \tau_3$ entsprechen. Aus unserer Voraussetzung (III') folgt wie in § 32, b), daß wir den Punkt P_0 so nahe bei P_1 annehmen können, daß die Schar (57) ein Feld um den Bogen P_1P_3 liefert, wenn τ und α auf den Bereich

$$0 \gtreqless \tau \gtreqless \tau_3 + d_1, \qquad \alpha - \alpha_0 \gtreqless k_1$$

beschränkt werden, wofern die beiden positiven Größen d_1 und k_1 hinreichend klein gewählt werden.

Von diesem Feld behalten wir denjenigen Teil bei, welcher dem Bereich $\mathfrak{R}$ angehört; wir bezeichnen diesen Teil mit I (Siehe Fig. 93).

Wie wir gesehen haben, berührt der Extremalenbogen P_1P_3 die Kurve $\tilde{\mathfrak{C}}$ im Punkt P_3 gleichsinnig; dasselbe tut aber auch die Extremale $\mathfrak{E}_{a_3}$ der Schar (53), und da überdies $F_1 \neq 0$ entlang $\tilde{\mathfrak{C}}$, so muß die Extremale $\mathfrak{E}_{a_3}$ im Sinn von § 23, d) die Fortsetzung des Bogens

$P_1 P_3$ sein, also gleichzeitig der Extremalen $\alpha = \alpha_0$ der Schar (51) angehören.[1])

Andererseits berührt der Extremalenbogen $P_4 P_2$ die Kurve $\tilde{\mathfrak{C}}$ im Punkt P_4 gleichsinnig; er muß also der Extremalen $\mathfrak{E}_{a_4}$ der Schar (53) angehören Diese Extremale existiert also nicht bloß im Intervall: $0 \lesseqgtr t \lesseqgtr k$, sondern in dem ganzen Intervall: $0 \lesseqgtr t \lesseqgtr t_2$, worin t_2 die Länge des Bogens $P_4 P_2$ bedeutet; sie läßt sich sogar nach § 23, d) auf ein etwas weiteres

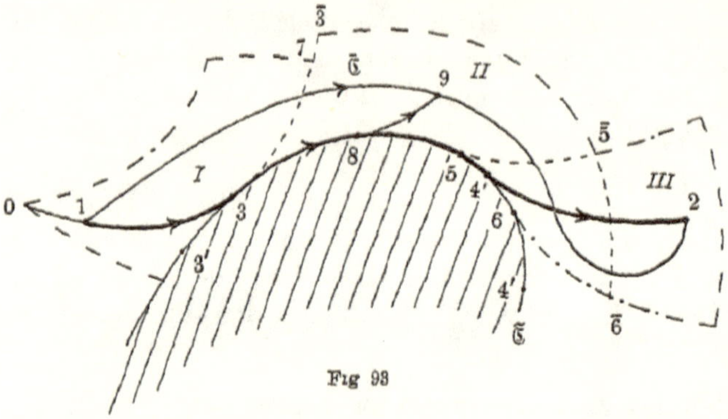

Fig 98

Intervall: $0 \lesseqgtr t \lesseqgtr t_2 + d_2$ fortsetzen Daraus folgt aber nach § 27, c), daß sich eine positive Größe $k_2 < a_4' - a_1$ angeben läßt, derart, daß sämtliche Extremalen der Schar (53), für welche $a_4 - k_2 \lesseqgtr a \lesseqgtr a_4 + k_2$, im ganzen Intervall: $0 \lesseqgtr t \lesseqgtr t_2 + d_2$ existieren

Wir behalten nun von dem von den Extremalen der Schar (53) gebildeten Feld $\mathcal{S}$ denjenigen Teil bei, welcher das Bild des Bereiches

$$0 \lesseqgtr t \lesseqgtr k, \qquad a_3 \lesseqgtr a \lesseqgtr a_4 + k_2$$

mittels der Transformation (53) ist. Diesen Teil von $\mathcal{S}$ bezeichnen wir mit II; derselbe bildet a fortiori ebenfalls ein Feld.

Endlich bezeichnen wir mit III das Bild des Bereiches

$$k \lesseqgtr t \lesseqgtr t_2 + d_2, \qquad a_4 - k_2 \lesseqgtr a \lesseqgtr a_4 + k_2$$

mittels der Transformation (53). Auch dieser Bereich bildet ein Feld, vorausgesetzt, daß d_2 und k_2 hinreichend klein gewählt werden Denn die Funktion $\Delta(t, a_4)$ verschwindet nach (56) für $t = 0$; daher kann sie nach dem Sturm'schen Satz (§ 11, c)) zwischen 0 und t_2 nicht

[1]) Bei der von uns gewählten Darstellung der beiden Scharen (53) und (57) erleidet allerdings der Parameter beim Übergang von $P_1 P_3$ auf den Bogen $\mathfrak{E}_{a_3}$ einen Sprung Dem kann man aber, wo es nötig sein sollte, dadurch abhelfen, daß man zunächst den Anfangspunkt für den Bogen a der Kurve $\tilde{\mathfrak{C}}$ so wählt, daß $a_3 = \tau_3$, und sodann in der Schar (53) den Parameter t durch $t - a$ ersetzt. Dabei wird dann auf der Extremalen $\mathfrak{E}_a$ der Berührungspunkt mit $\tilde{\mathfrak{C}}$ durch den Wert $t = a$ gegeben

noch einmal verschwinden, da nach Voraussetzung (III') der Bogen $P_4 P_2$ den zu P_4 konjugierten Punkt nicht enthält.

Diese drei Felder I, II, III setzen sich nun zu einem einzigen Feld $\mathfrak{A}$ zusammen. Die beiden Felder I und II stoßen entlang dem Bogen $P_3 P_7$ der Extremalen $\mathfrak{E}_{a_3}$ zusammen, die beiden Felder II und III entlang dem Bogen $\overline{P}_5 \overline{P}_6$ der Kurve

$$x = \varphi(k, a), \qquad y = \psi(k, a), \qquad a_4 - k_2 \gtreqless a \gtreqless a_4 + k_2.$$

Sonst haben die drei Felder keine Punkte gemein, wofern die Größen k, k_1, k_2, d_1, d_2 hinreichend klein gewählt werden

c) Das Feldintegral und der Weierstraß'sche Fundamentalsatz:

Es sei jetzt P_9 irgendein Punkt des im vorigen Absatz konstruierten Feldes $\mathfrak{A}$; x, y seine Koordinaten.

Liegt der Punkt P_9 im Bereich I, so geht durch ihn eine dem Feld angehörige Extremale $P_0 P_9$ der Schar (57). Unter dem *Feldintegral* $W(x, y)$ verstehen wir dann genau wie in § 31, b) den Wert unseres Integrals J genommen entlang dieser Extremalen $P_0 P_9$, betrachtet als Funktion von x, y Dann gelten für die partiellen Ableitungen von W ohne weiteres die Hamilton'schen Formeln (148) von § 31.

Liegt dagegen P_9 im Bereich II + III, aber nicht auf der Kurve $\tilde{\mathfrak{C}}$, so geht durch ihn eine dem Feld angehörige Extremale der Schar (53); ihr Berührungspunkt mit der Grenzkurve $\tilde{\mathfrak{C}}$ sei der Punkt P_8. In diesem Fall verstehen wir unter dem Feldintegral $W(x, y)$ das Integral J genommen vom Punkt P_0 entlang der Extremalen $P_0 P_1 P_3$ bis zum Punkt P_3, von da entlang der Kurve $\tilde{\mathfrak{C}}$ bis zum Punkt P_8 und endlich vom Punkt P_8 entlang der Extremalen $P_8 P_9$ der Schar (53) zum Punkt P_9, das Integral wieder betrachtet als Funktion von x, y:

$$W(x, y) = J_{013} + \tilde{J}_{38} + J_{89}. \tag{58}$$

Wir wollen zeigen, daß *auch in diesem Fall die Hamilton'schen Formeln noch gelten.*

Der Parameter des Punktes P_8 auf der Kurve $\tilde{\mathfrak{C}}$ sei a, derjenige des Punktes P_9 auf der Extremalen $P_8 P_9$ sei t. Wir betrachten das Feldintegral W zunächst als Funktion von t und a und bezeichnen dasselbe, so aufgefaßt, mit $u(t, a)$ Es ist also

$$u(t, a) = J_{013} + \int_{a_3}^{a} F(\tilde{x}(a'), \tilde{y}(a'), \tilde{x}'(a'), \tilde{y}'(a'))\, da' + \int_{0}^{t} \mathfrak{F}(t', a)\, dt',$$

wobei die Funktion $\mathfrak{F}(t, a)$ für die Schar (53) durch die Gleichung (83) von § 27 definiert ist.

Da das Integral J_{013} von t und a unabhängig ist, so erhalten wir zunächst

$$\frac{\partial u}{\partial t} = \mathfrak{F}(t, a) \tag{59}$$

und weiter unter Benutzung der Lagrange'schen partiellen Integration

$$\frac{\partial u}{\partial a} = F(\tilde{x}(a), \tilde{y}(a), \tilde{x}'(a), \tilde{y}'(a)) + [\mathfrak{F}_{x'}(t, a)\varphi_a(t, a) + \mathfrak{F}_{y'}(t, a)\psi_a(t, a)]_0^t.$$

Nun folgt aber aus den Relationen (54) und (55) unter Benutzung der Homogeneitätsrelation für F:

$$\mathfrak{F}_{x'}(0, a)\varphi_a(0, a) + \mathfrak{F}_{y'}(0, a)\psi_a(0, a) = F(\tilde{x}(a), \tilde{y}(a), \tilde{x}'(a), \tilde{y}'(a));$$

also kommt

$$\frac{\partial u}{\partial a} = \mathfrak{F}_{x'}(t, a)\varphi_a(t, a) + \mathfrak{F}_{y'}(t, a)\psi_a(t, a). \tag{60}$$

Wir erhalten also für die partiellen Ableitungen von u dieselben Ausdrücke wie bei einem gewöhnlichen Feld[1]), und daraus folgt dann weiter, wenn wir von den Variabeln t, a zu den Variabeln x, y übergehen, daß auch für die partiellen Ableitungen von W nach x und y dieselben Formeln gelten wie früher, d. h. eben die Hamilton'schen Formeln.

Die Definition (58) des Feldintegrals dehnen wir auch auf den Fall aus, wo der Punkt P_9 auf der Kurve $\tilde{\mathfrak{C}}$ liegt, indem dann einfach der Punkt P_9 mit P_8 zusammenfällt, weshalb in (58) das letzte Glied $J_{89} = 0$ zu setzen ist.

Die nunmehr für das ganze Feld $\mathfrak{A}$ eindeutig definierte Funktion W ist stetig im ganzen Feld, und es gelten für ihre partiellen Ableitungen die Hamilton'schen Formeln in allen Punkten von $\mathfrak{A}$ mit einzig möglicher Ausnahme der Punkte der Kurve $\tilde{\mathfrak{C}}$, in denen die Existenz der partiellen Ableitungen fraglich wird.

Wir ziehen jetzt vom Punkt P_1 nach dem Punkt P_2 irgendeine gewöhnliche Kurve $\overline{\mathfrak{C}}$, welche ganz im Feld $\mathfrak{A}$ gelegen ist; sie möge durch die Bogenlänge s als Parameter dargestellt sein.

Dann können wir die *Weierstraß'sche Konstruktion* in folgender Weise anwenden: Ist P_9 irgendein Punkt von $\overline{\mathfrak{C}}$, so definieren wir die Funktion

$$S(s_9) = W(x_9, y_9) + \bar{J}_{92}. \tag{61}$$

Die Funktion $S(s_9)$ ist stetig entlang $\overline{\mathfrak{C}}$, und es ist

$$\Delta J = \bar{J}_{12} - J_{1342} = -[S(s_2) - S(s_1)]$$

---

[1]) Vgl. die Gleichungen (144) und (146) von § 31

Da die Hamilton'schen Formeln bestehen bleiben, so findet man für die Ableitung von S, genau wie früher, in der Bezeichnung von § 32, a),

$$S'(s_9) = -\mathcal{E}(x_9, y_9; p_9, q_9; \bar{p}_9, \bar{q}_9). \tag{62}$$

Dies gilt zunächst nur, wenn der Punkt P_9 nicht auf der Grenzkurve $\tilde{\mathfrak{C}}$ liegt. Hat die Kurve $\bar{\mathfrak{C}}$ ein Segment mit der Kurve $\tilde{\mathfrak{C}}$ gemein, so folgt aus der Definition der Funktion S, daß $S(s_9)$ entlang diesem Segment konstant ist, also $S'(s_9) = 0$. Da aber für ein solches Segment

$$p_9 = \tilde{p}_9 = \bar{p}_9, \quad q_9 = \tilde{q}_9 = \bar{q}_9, \quad \text{also } \mathcal{E} = 0,$$

so bleibt die Formel (62) auch für ein solches Segment bestehen. Wir wollen annehmen, daß die Kurve $\bar{\mathfrak{C}}$ nur eine endliche Anzahl derartiger Segmente enthält.

Es folgt dann, daß für die totale Variation ΔJ der *Weierstraß-sche Fundamentalsatz* (156) von § 32, a) gilt, und da das Problem als regulär vorausgesetzt ist, so folgt nach § 30, b), daß $\Delta J > 0$, es sei denn, daß die $\mathcal{E}$-Funktion entlang der ganzen Kurve $\bar{\mathfrak{C}}$ verschwinde, was nicht eintreten kann, wenn die Kurve $\bar{\mathfrak{C}}$ nicht mit dem Kurvenzug $P_1 P_3 P_4 P_2$ zusammenfällt.

Somit ist bewiesen, daß unter den im Eingang dieses Paragraphen aufgezählten Bedingungen der Kurvenzug $P_1 P_3 P_4 P_2$ in der Tat ein starkes Minimum für das Integral J liefert.

Beispiel XX (siehe p. 397):

Wenn der Bogen $P_3 P_4$ der Schranke $\tilde{\mathfrak{C}}$ *nach außen konvex* ist, so sind die sämtlichen hinreichenden Bedingungen erfüllt, und der Kurvenzug $P_1 P_3 P_4 P_2$ liefert in der Tat ein starkes Minimum.[1])

§ 54 Das Newton'sche Problem des Rotationskörpers kleinsten Widerstandes.[2])

An die Probleme mit Gebietsbeschränkung würde sich naturgemäß eine Besprechung von *Aufgaben mit Gefällbeschränkung* anschließen; auch diese führen im allgemeinen auf diskontinuierliche Lösungen. Da jedoch Aufgaben dieser Art noch wenig untersucht worden sind[3]),

[1]) Hierzu die *Übungsaufgaben* Nr. 34, 35, 38—40 am Ende von Kap. IX.

[2]) Wegen der Literatur vgl. PASCAL, *Variationsrechnung*, § 30; vgl. auch oben p. 95, Fußnote [1]), die sich übrigens auf eine andere Formulierung des Problems bezieht (ohne Gefällbeschränkung).

[3]) Eine Aufgabe dieser Art behandelt ZERMELO, Jahresberichte der Deutschen Mathematikervereinigung, Bd. XI (1902), p. 186 (siehe *Übungsaufgabe* Nr. 41 am Ende von Kap. IX). Vgl. auch Beispiel VIII, p. 34 und *Übungsaufgabe* Nr. 35 auf p. 149.

so begnügen wir uns damit, ein hierher gehöriges, nach verschiedenen Richtungen interessantes, klassisches Beispiel im einzelnen durchzuführen, das Newton'sche Problem des Rotationskörpers von kleinstem Widerstand.

a) **Analytische Formulierung der Aufgabe:**

Wir betrachten den Rotationskörper, der durch Rotation der Kurve ABD um die x-Achse erzeugt wird. Dabei soll der Punkt A auf der x-Achse liegen; wir wählen ihn der Einfachheit halber zum Koordinatenanfang. Der Punkt B liege in der oberen Halbebene, sodaß seine Ordinate DB positiv ist Dieser Rotationskörper bewege sich mit konstanter Geschwindigkeit V in der Richtung der negativen x-Achse in einem widerstehenden Medium, das aus gleichen, gleichmäßig verteilten, in Ruhe befindlichen materiellen Teilchen besteht.

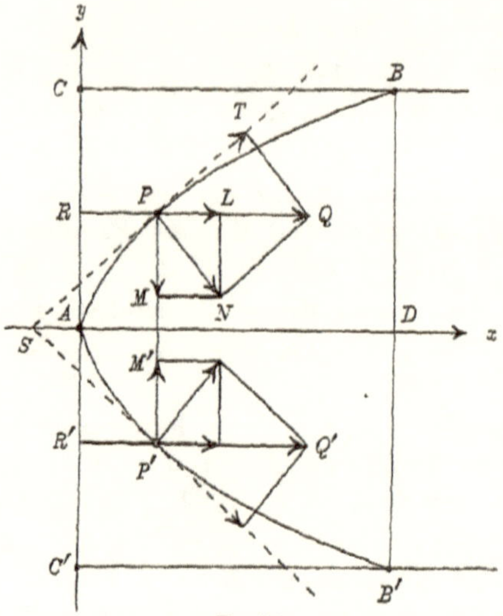

Fig 94

Ist dann die Meridiankurve AB durch einen Parameter t dargestellt, der von t_0 bis t_2 wächst, so erhält man nach Newton[1]) für den Widerstand, welchen der Rotationskörper

[1]) *Principia philosophiae naturalis*, Buch II, Sect VII, Prop XXXIV, Scholium (1686) Newton geht von der Bemerkung aus, daß die Wirkung des Zusammenpralls des Körpers und der Teilchen des Mediums dieselbe ist, als wenn der Körper ruhte und die materiellen Teilchen mit derselben Geschwindigkeit V in der Richtung der positiven x-Achse gegen den Körper geschleudert würden Der Stoß eines einzelnen Teilchens, das im Punkt P den Rotationskörper trifft, möge nach Größe und Richtung durch den Vektor $PQ = f$ dargestellt werden (siehe Figur 94), man zerlege denselben in eine normale Komponente PN und eine tangentiale Komponente PT; letztere ist ohne Wirkung auf den Körper, wenn die Reibung vernachlässigt wird. Die normale Komponente PN zerlege man weiter in eine Komponente PL in der Richtung der x-Achse und in eine Komponente PM senkrecht dazu. Gleichzeitig trifft ein zweites Teilchen mit derselben Geschwindigkeit den Rotationskörper in dem zum Punkt P in Beziehung auf die x-Achse symmetrischen Punkt P' Die analoge Zerlegung führt zu einer Komponente $P'M'$ in der Richtung der y-Achse, welche mit der Komponente PM in derselben Geraden liegt, ihr absolut gleich, aber entgegengerichtet ist Von dem Stoß PQ bleibt daher nur die Komponente $PL = f \sin^2 \theta$ als wirksam übrig, wenn θ den Tangentenwinkel der Kurve AB im Punkt P bedeutet.

Sei jetzt n die Anzahl derjenigen Teilchen, welche in der Zeiteinheit durch die Flächeneinheit der durch Rotation der Ordinate $AC = DB$ um die x-Achse

erfährt, (abgesehen von einem von der Gestalt der Kurve AB unabhängigen numerischen Faktor) das bestimmte Integral

$$J = \int_{t_0}^{t_2} \frac{y y'^3 dt}{x'^2 + y'^2}. \tag{63}$$

Aus physikalischen Gründen kann man schließen[1]), daß man sich dabei auf Kurven AB zu beschränken hat, für welche $x' \geqq 0$ und $y' \geqq 0$. Daher formulieren wir nunmehr unsere Aufgabe analytisch folgendermaßen:

Das Integral (63) *soll zu einem Minimum gemacht werden in Beziehung auf die Gesamtheit aller gewöhnlichen Kurven, welche vom Koordinatenanfangspunkt A nach einem gegebenen Punkt B im Inneren des ersten Quadranten gezogen werden können, und welche überdies der Gebietsbeschränkung*

$$y > 0 \quad \text{für} \quad t_0 < t \leqq t_2 \tag{64}$$

---

entstehenden Kreisfläche hindurchgehen. Dann hat die Resultante der Stoße, welche der Rotationskorper in der Zeiteinheit erfährt, d. h. eben der Widerstand, den Wert

$$n f \int \sin^2 \theta \, d\omega,$$

wenn $d\omega$ ein Element dieser Kreisfläche ist. Indem man in letzterer Polarkoordinaten mit dem Pol A einführt, kann man schreiben

$$d\omega = y \, dy \, d\varphi$$

und erhalt so, da der Winkel θ von φ unabhängig ist, den Widerstand durch das bestimmte Integral

$$2 \pi n f \int_0^{y_2} \sin^2 \theta \, y \, dy$$

ausgedrückt, woraus sich durch Übergang zur Parameterdarstellung die obige Formel (63) ergibt.

Die Newton'schen Hypothesen und die daraus gezogenen Folgerungen werden übrigens durch das Experiment nicht bestätigt, vgl. darüber *Encyclopädie*, IV C, (*Finsterwalder*), p. 164.

Hierzu die *Übungsaufgaben* Nr. 42, 43 am Ende von Kap. IX.

[1]) Diese wichtige Bemerkung hat zuerst August gemacht, Journal für Mathematik, Bd. 103 (1888), p. 1. Wäre $x' < 0$ für Teile der Kurve AB, so würden in der Oberfläche des Rotationskörpers „trichterförmige oder ringförmige Vertiefungen entstehen, bei denen ein wiederholtes Anprallen der Luftteilchen unvermeidlich wäre, was eine bedeutende Vermehrung des Widerstandes zur Folge hätte." Wäre $y' < 0$, so würden luftverdünnte Räume entstehen, welche ebenfalls den Widerstand vermehren würden. Die mathematischen Folgerungen, welche August aus diesen physikalischen Bemerkungen zieht, sind übrigens in wesentlichen Punkten falsch.

und der Gefällbeschränkung

$$x' \gtreqless 0, \quad y' \gtreqless 0 \quad \text{für} \quad t_0 \gtreqless t \gtreqless t_2 \tag{65}$$

genügen.

b) **Die Newton'sche Kurve:**

Wir betrachten zunächst einen Bogen der Minimumskurve von der Klasse C', für welchen

$$x' > 0, \qquad y' > 0. \tag{66}$$

Bei Anwendung der Schlüsse von § 26, a) auf einen solchen Bogen folgt aus der Gefällbeschränkung (65) keine weitere Einschränkung der dort mit ξ, η bezeichneten Funktionen; der Bogen muß daher der Euler'schen Differentialgleichung genügen[1]), woraus sich sofort das erste Integral[2]) ergibt

$$\frac{yy'^3x'}{(x'^2+y'^2)^2} = a, \tag{67}$$

wobei a eine Konstante bedeutet, welche wegen (64) und (66) positiv sein muß

Zur weiteren Integration[3]) der Differentialgleichung (67) setzen wir

$$\frac{x'}{y'} = q = \operatorname{cotg} \theta, \tag{68}$$

unter θ den Tangentenwinkel der Kurve im Punkt t verstanden. Dann folgt aus (67)

$$y = \frac{a(1+q^2)^2}{q}, \tag{69}$$

und hieraus nach (68)

$$x' = a\left(-\frac{1}{q} + 2q + 3q^3\right)q',$$

und somit

$$x = a(q^2 + \tfrac{3}{4}q^4 - \log q) + b. \tag{70}$$

Die Gleichungen (69) und (70) stellen *das allgemeine Integral der Euler'schen Differentialgleichung* dar, wenn man darin noch q durch eine solche Funktion von t ersetzt, für welche die Bedingung (66) erfüllt ist.

Die allgemeinste Extremale geht also aus der speziellen Kurve

$$\begin{aligned} X &= q^2 + \tfrac{3}{4}q^4 - \log q \equiv X(q), \\ Y &= \frac{(1+q^2)^2}{q} \equiv Y(q) \end{aligned} \tag{71}$$

---

[1]) Vgl. die analoge Bemerkung auf p 34

[2]) Schon von Newton angegeben, loc. cit.

[3]) Dieselbe ist zuerst von L'Hospital ausgeführt worden (1699), etwas später und unabhängig davon von Johann Bernoulli, vgl. des letzteren *Opera Omnia*, Bd. I, pp. 307, 311, 315.

durch die Ähnlichkeitstransformation

$$x = aX + b, \qquad y = aY$$

hervor.

Für die Diskussion der Kurve (71) hat man

$$X'(q) = \frac{(3q^2-1)(q^2+1)}{q}, \qquad Y'(q) = \frac{(3q^2-1)(q^2+1)}{q^2},$$

$$X'(q)Y''(q) - Y'(q)X''(q) = -\frac{(3q^2-1)^2(q^2+1)^2}{q^4},$$

woraus sich die schon von L'Hospital angegebene Gestalt der Kurve ergibt: Wächst q von 0 bis $1/\sqrt{3}$, so nehmen X und Y von $+\infty$ anfangend beständig ab, und die Kurve ist konvex gegen die x-Achse. Für $q = 1/\sqrt{3}$ hat die Kurve eine Spitze, deren Tangente mit der positiven X-Achse einen Winkel von 60° bildet. Wächst q weiter von $1/\sqrt{3}$ bis $+\infty$, so wachsen X und Y beständig bis zum Wert $+\infty$, und die Kurve ist konkav gegen die X-Achse (siehe Fig. 95). Zugleich folgt, daß für den konvexen Zweig: $t = 1/q$, für den konkaven: $t = q$ ein zulässiger Parameter ist.

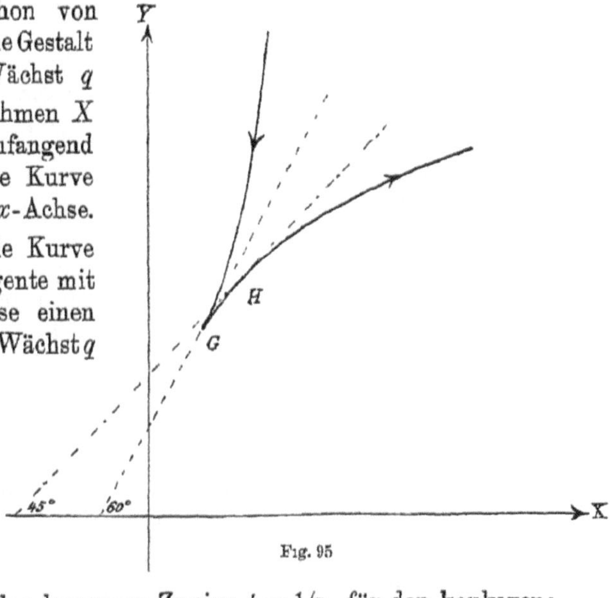

Fig. 95

Die *Legendre'sche Bedingung* nimmt für unsern Bogen die Form an:

$$F_1 \equiv \frac{2y(3q^2-1)}{y'^3(1+q^2)^3} \gtreqless 0,$$

d. h.[1])

$$q \gtreqless \frac{1}{\sqrt{3}} \tag{72}$$

Somit kann nur ein Bogen des konkaven Zweiges der Kurve Bestandteil unserer Minimumskurve sein.

Schließlich lautet die *Weierstraß'sche Bedingung*[2])

$$y \sin^2(\tilde{\theta} - \theta) \sin(2\theta + \tilde{\theta}) \gtreqless 0$$

[1]) Wohl zuerst von Silvabelle angegeben [2]) Vgl p. 246.

für alle Werte von $\tilde{\theta}$ im Intervall

$$0 \leqq \tilde{\theta} \leqq \frac{\pi}{2},$$

und zwar nur für diese, da auch die Vergleichskurve, mit deren Hilfe die Weierstraß'sche Bedingung abgeleitet wird (vgl. p. 241), der Bedingung (65) genügen muß. Daraus folgt aber, daß

$$0 \leqq \theta \leqq \frac{\pi}{4} \tag{73}$$

sein muß, d. h.[1])

$$q \geqq 1 \tag{73a}$$

Einen Bogen einer Kurve (69), (70), für welchen $q \geqq 1$, werden wir in der Folge kurz einen Newton'schen Bogen nennen.

c) **Bestimmung des Winkels an der Stirnfläche:**

Wir zeigen jetzt weiter, daß ein Bogen der Minimumskurve von der Klasse C', welcher nicht in seiner ganzen Ausdehnung der Bedingung (66) genügt, entweder ein Segment einer Geraden $x =$ konst., oder aber einer Geraden $y =$ konst. sein muß.

Denn angenommen der Bogen, der dem Intervall $\alpha \leqq t \leqq \beta$ entsprechen möge, enthielte einen Punkt t', in welchem $x'y' > 0$, so folgt nach § 2, a) und A III 2, daß es ein in $[\alpha\beta]$ enthaltenes Intervall $[\alpha'\beta']$ geben muß, derart daß $x'y' > 0$ für $\alpha' < t < \beta'$, dagegen $x'y' = 0$ für $t = \alpha'$, außer wenn $\alpha' = \alpha$, und $x'y' = 0$ für $t = \beta'$, außer wenn $\beta' = \beta$. Nach dem unter b) bewiesenen muß also der betrachtete Bogen für $\alpha' < t < \beta'$ der Differentialgleichung (67) mit einem positiven Wert der Konstanten a genügen. Indem man dann t gegen α', resp. β' konvergieren läßt, zeigt man, daß $x'y'$ weder in α' noch β' verschwinden kann, daß also $\alpha' = \alpha$, $\beta' = \beta$ sein muß, und $x'y' > 0$ im ganzen Intervall $[\alpha\beta]$, was mit unserer Annahme im Widerspruch steht.

Somit muß $x'y' \equiv 0$ sein in $[\alpha\beta]$. Nunmehr zeigt man durch Anwendung derselben Schlußweise auf den Faktor x', daß entweder $x' \equiv 0$ in $[\alpha\beta]$ oder $y' \equiv 0$ in $[\alpha\beta]$, wobei man noch davon Gebrauch zu machen hat, daß bei einer gewöhnlichen Kurve x' und y' nie gleichzeitig verschwinden.

Die Minimumskurve, falls eine solche überhaupt existiert, muß sich also aus einer endlichen Anzahl von Stücken zusammensetzen, von denen jedes einzelne ein Newton'scher Kurvenbogen, oder ein Segment einer Geraden $x =$ konst. oder ein Segment einer Geraden $y =$ konst. ist.

---

[1]) Diese Bedingung findet sich wohl zuerst explicite bei Walton, Quarterly Journal, Bd. X (1870), p. 344, implicite jedoch schon bei Newton, loc. cit., vgl. *Übungsaufgabe* Nr. 43 am Ende von Kap. IX.

Wir haben nun zu untersuchen, welche Kombinationen dieser drei Bogenarten, die wir der Reihe nach mit N, X, Y bezeichnen, möglich sind, und welche Bedingungen in den Übergangspunkten erfüllt sein müssen. In einem solchen Übergangspunkt sind folgende sieben Fälle möglich: $N'N''$; NX, XN; NY, YN; XY, YX.

1 $N'N''$: Ein Punkt P_1, in dem zwei verschiedene Newton'sche Kurven aneinanderstoßen, ist frei variierbar, da für beide Bogen die Ungleichungen (66) erfüllt sind. Man kann also direkt die Schlüsse, die zur Weierstraß'schen Eckenbedingung (2) führen, anwenden. Da

$$F_1(x, y, \cos\gamma, \sin\gamma) \equiv 2y \sin\gamma(3\cos^2\gamma - \sin^2\gamma)$$

für keinen Wert von γ zwischen 0 und $\frac{\pi}{4}$ verschwindet, so folgt aus § 48, c), Zusatz I, unter Berücksichtigung der Bedingung (73), daß dieser Fall unmöglich ist.

2. NX und XN: Ein Punkt P_1, in welchem ein Newton'scher Bogen und ein Segment $x =$ konst. aneinander stoßen, ist zwar in der Richtung der y-Achse frei variierbar, nicht aber in der Richtung der x-Achse wegen der Bedingung $x' \gtreqless 0$. Da, wie man leicht verifiziert, auch die Gerade $x =$ konst der Euler'schen Differentialgleichung genügt, so muß die Weierstraß'sche Eckenbedingung, soweit sie sich auf eine Variation in der Richtung der y-Achse bezieht, erfüllt sein; es muß also im Punkt P_1

$$\overset{-}{F}_{y'} = \overset{+}{F}_{y'}$$

sein; das führt auf die Bedingung

$$\frac{y(3q^2+1)}{(1+q^2)^2} = y,$$

aus welcher folgt

$$q = 1$$

Für die Kombination NX kann diese Bedingung nie erfüllt sein, da hier im Punkt P_1 notwendig $q > 1$ sein muß. Wohl aber ist die Kombination XN möglich, d. h. ein gerades Segment parallel der y-Achse, an welches sich ein Newton'scher Bogen unter einem Winkel von 45^0 gegen die positive y-Achse anschließt.

3. NY und YN: Die analoge Schlußweise zeigt, daß hier die Bedingung

$$\overset{-}{F}_{x'} = \overset{+}{F}_{x'}$$

erfüllt sein muß, was auf einen Widerspruch führt.

4. XY und YX: Daß auch diese Kombinationen unmöglich sind, zeigt man durch Abschrägen der Ecken (siehe Fig. 96). Denn bildet

die Gerade $P_3 P_4$ mit der positiven x-Achse den Winkel α, so ist

$$J_{314} = \tfrac{1}{2}(y_1^2 - y_3^2),$$

dagegen

$$J_{34} = \tfrac{1}{2}(y_1^2 - y_3^2)\sin^2\alpha.$$

Da ein Newton'scher Bogen nie die x-Achse erreicht, so ergibt sich aus den bisherigen Entwicklungen das folgende Resultat, bei

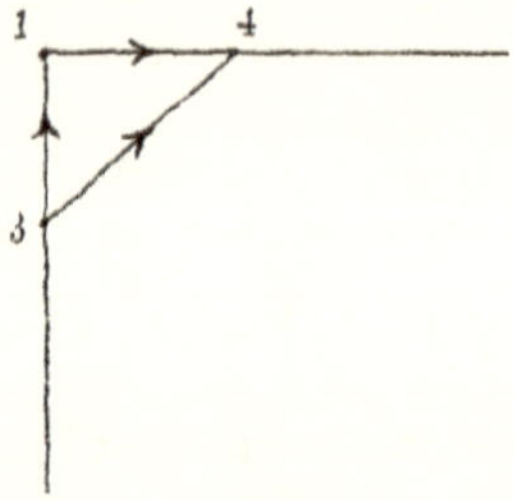

Fig 96

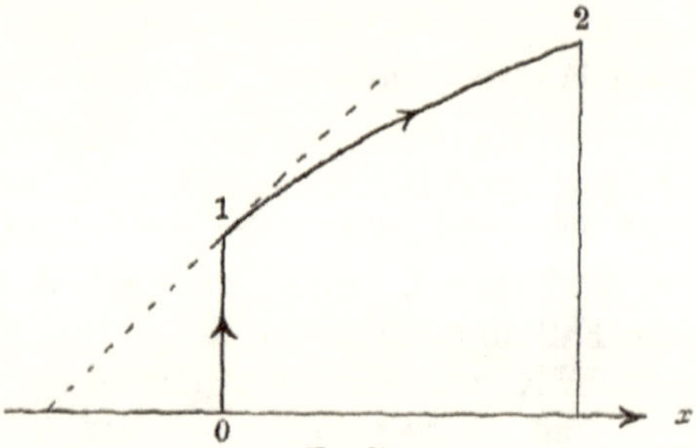

Fig 97

dessen Formulierung, wie überhaupt in der weiteren Diskussion, wir P_0 und P_2 statt A und B schreiben:

Wenn unsere Aufgabe überhaupt eine Lösung besitzt, so muß sich dieselbe aus einem Segment $P_0 P_1$ der y-Achse und aus einem Newton'schen Bogen $P_1 P_2$, welcher im Punkt P_1 einen Winkel von 45° mit der positiven y-Achse bildet, zusammensetzen [1])

d) **Konstantenbestimmung:** [2])

Es sind jetzt die Integrationskonstanten a und b so zu bestimmen, daß die Kurve (69), (70) durch den gegebenen Punkt P_2 geht und die positive y-Achse unter einem Winkel von 45° schneidet.

[1]) Daß bereits Newton dieses Resultat bekannt war, ergibt sich aus seiner Bestimmung der Integrationskonstanten a in der Gleichung (67), welche er, aus seiner geometrischen Einkleidung ins Analytische übersetzt, folgendermaßen schreibt:

$$\frac{yq}{(1+q^2)^2} = \frac{y_1}{4},$$

unter y_1 die Ordinate des Punktes P_1 verstanden Ich verdanke diese Bemerkung Herrn Wedderburn

Unabhängig von Newton ist der Satz, daß der Tangentenwinkel an der Stirnfläche 45° betragen muß, von Armanini bewiesen worden (Annali di Matematica (3) Bd. IV (1900) p. 131), und zwar unter folgender Formulierung der Aufgabe: Von einem unbekannten Punkt P_1 der y-Achse nach einem gegebenen Punkt P_2 eine Kurve zu ziehen, für welche die aus der Rotation der gebrochenen Linie $P_0 P_1 P_2$ entstehende Oberfläche ein Minimum des Widerstandes liefert.

[2]) Nach Kneser, Archiv der Mathematik und Physik (3), Bd. II (1902), p. 273

Die letzte Bedingung, analytisch ausgedrückt, lautet

$$aX(1) + b = 0,$$

woraus folgt

$$b = -aX(1) = -\tfrac{7}{4}a.$$

Tragen wir diesen Wert in (70) ein und schreiben der Übereinstimmung mit unserer sonstigen Bezeichnung halber t statt q, so erhalten wir für die Schar von Newton'schen Kurven, welche die y-Achse unter einem Winkel von 45° schneiden, den Ausdruck

$$\left.\begin{aligned} x &= a\left[t^2 + \tfrac{3}{4}t^4 - \log t - \tfrac{7}{4}\right] \equiv \varphi(t, a), \\ y &= \frac{a(1+t^2)^2}{t} \equiv \psi(t, a) \end{aligned}\right\}. \tag{74}$$

In diesen beiden Gleichungen haben wir x, y durch x_2, y_2 zu ersetzen und dann nach t und a aufzulösen. Durch Division der beiden Gleichungen erhalten wir zunächst zur Bestimmung von t die Gleichung

$$\frac{x_2}{y_2} = \frac{t^3 + \frac{3}{4}t^5 - t\log t - \frac{7}{4}t}{(1+t^2)^2} \equiv \chi(t); \tag{75}$$

nun ist

$$\chi'(t) \equiv \frac{Y'(t)}{Y^2(t)}\left[\frac{11}{4} + t^2 + \frac{1}{4}t^4 + \log t\right]$$

stets positiv für $t \gtreqless 1$, und

$$\chi(1) = 0, \qquad \chi(+\infty) = +\infty$$

Daraus folgt, daß die Gleichung (75) eine und nur eine Wurzel $t \gtreqless 1$ besitzt. Ist dieselbe gefunden, so erhält man a aus der Gleichung

$$y_2 = \frac{a(1+t^2)^2}{t}.$$

Somit geht durch jeden Punkt P_2 im Innern des ersten Quadranten eine und nur eine Newton'sche Kurve, welche mit der positiven y-Achse einen Winkel von 45° bildet, und daher können wir vom Koordinatenanfangspunkt P_0 nach jedem Punkt P_2 im Innern des ersten Quadranten einen und nur einen Kurvenzug $P_0P_1P_2$ der verlangten Art ziehen

e) **Hinlänglichkeitsbeweis:**[1])

Das vorangehende Resultat zeigt zugleich, daß die Extremalen der Schar (74) bei Beschränkung der Variabeln t und a auf den Bereich

$$t \gtreqless 1, \qquad a > 0 \tag{76}$$

ein *Feld* bilden, welches den ersten Quadranten

$$x \gtreqless 0, \qquad y > 0 \tag{77}$$

[1]) Zuerst von Kneser gegeben, loc cit p. 274

einfach und lückenlos überdeckt, da überdies die durch Auflösung der Gleichungen (74) nach t und a erhaltenen inversen Funktionen im Bereich (77) von der Klasse C' sind. Letzteres ergibt sich nach dem Satz über implizite Funktionen daraus, daß die Funktionaldeterminante $\Delta(t, a)$ der Schar (74) gleich ist dem Zähler des Ausdrucks für $\chi'(t)$, multipliziert mit a, weshalb $\Delta(t, a) > 0$ im Bereich (76)

Sei jetzt P_4 irgend ein Punkt im Innern des ersten Quadranten, P_3 der Punkt, in welchem die durch P_4 gehende Feldextremale die y-Achse schneidet; so definieren wir nach Kneser das zum obigen Feld gehörige *Feldintegral* als das Integral J genommen vom Punkt P_0 entlang der y-Achse bis zum Punkt P_3 und von da entlang der Feldextremalen $P_3 P_4$ bis zum Punkt P_4. Als Funktion von t und a (wie wir zur Abkürzung statt t_4, a_4 schreiben) bezeichnen wir dasselbe mit $u(t, a)$, als Funktion von x und y mit $W(x, y)$. Da

$$J_{03} = \tfrac{1}{2} y_3^2, \quad \text{und} \quad y_3 = a Y(1) = 4a,$$

so ist

$$u(t, a) = 8a^2 + \int_1^t \mathfrak{F}(t, a)\, dt,$$

wo $\mathfrak{F}(t, a)$ wieder durch die Gleichung (83) von § 27 definiert ist. Bildet man jetzt die partiellen Ableitungen von $u(t, a)$ in der üblichen Weise und beachtet, daß

$$\varphi_a(1, a) = 0, \quad \psi_a(1, a) = 4, \quad F_{y'}|^1 = y_3 = 4a,$$

so erhält man

$$\frac{\partial u}{\partial t} = \mathfrak{F}(t, a),$$

$$\frac{\partial u}{\partial a} = \mathfrak{F}_{x'}(t, a)\varphi_a(t, a) + \mathfrak{F}_{y'}(t, a)\psi_a(t, a),$$

also genau dieselben Ausdrücke wie in der allgemeinen Theorie für die partiellen Ableitungen des Feldintegrals, gerechnet von einer Transversalen aus (§ 31, Gleichungen (144) und (146)). Daraus folgt aber weiter, daß auch die Hamilton'schen Formeln (148) von § 31 für die partiellen Ableitungen der Funktion $W(x, y)$ nach x und y hier unverändert bestehen bleiben.

Nachdem die Gültigkeit der Hamilton'schen Formeln nachgewiesen ist, läßt sich nun leicht mit Hilfe einer passenden Modifikation der Weierstraß'schen Konstruktion beweisen, daß der unter c) bestimmte Kurvenzug $P_0 P_1 P_2$ einen kleineren Wert für das Integral J liefert als jede andere zulässige Kurve $\mathfrak{C}$, welche vom Punkt P_0 nach dem Punkt P_2 gezogen werden kann.

Wir setzen der Allgemeinheit halber voraus, daß die Kurve $\overline{\mathfrak{C}}$ vom Punkt P_0 aus zunächst ein Stück weit der positiven y-Achse entlang läuft und diese erst im Punkt P_5 verläßt. Darin soll der Fall mit inbegriffen sein, wo der Punkt P_5 mit dem Punkt P_0 zusammenfällt, wo die Kurve also nur den Punkt P_0 mit der y-Achse gemein hat. Wegen der Bedingungen (64) und (65) liegt dann der Bogen $P_5 P_2$ der Kurve $\overline{\mathfrak{C}}$ abgesehen von seinem Anfangspunkt P_5 ganz im Innern des ersten Quadranten. Durch einen beliebigen Punkt P_4 des Bogens $P_5 P_2$ geht also eine und nur eine Feldextremale; dieselbe möge die y-Achse im Punkt P_3 treffen. Wir betrachten alsdann das Integral J, genommen vom Punkte P_0 entlang der y-Achse bis zum Punkt P_3, von da entlang der Feldextremalen $P_3 P_4$ bis zum Punkt P_4, und endlich vom Punkt P_4 entlang der Kurve $\overline{\mathfrak{C}}$ bis zum Punkt P_2, und bezeichnen seinen Wert mit $S(s)$, unter s den Parameter des Punktes P_4 auf der Kurve $\overline{\mathfrak{C}}$ verstanden, also

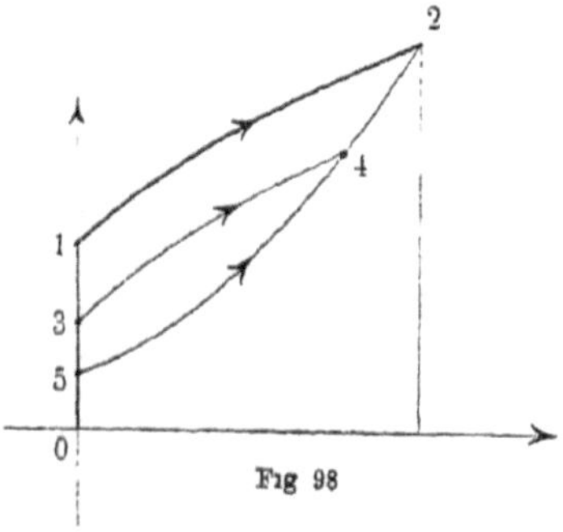

Fig 98

$$S(s) = J_{03} + J_{34} + \overline{J}_{42} = W(x_4, y_4) + \int_s^{s_2} F(\bar{x}, \bar{y}, \bar{x}', \bar{y}')\, ds.$$

Es ist dann

$$S(s_2) = J_{01} + J_{12}, \qquad S(s_5) = J_{05} + \overline{J}_{52},$$

also

$$\Delta J = (J_{05} + \overline{J}_{52}) - (J_{01} + J_{12}) = -[S(s_2) - S(s_5)],$$

woraus sich nunmehr in der üblichen Weise der Weierstraß'sche Satz ergibt:

$$\Delta J = \int_{s_5}^{s_2} \mathcal{E}(\bar{x}, \bar{y};\, p, q;\, \bar{x}', \bar{y}')\, ds,$$

wenn p, q die Richtungskosinus der durch den Punkt P_4 gehenden Feldextremalen in diesem Punkt bedeuten. Nun ist aber

$$\mathcal{E}(\bar{x}, \bar{y};\, p, q;\, \bar{x}', \bar{y}') = \frac{\bar{y}(t\bar{y}' - \bar{x}')^2[(t^2-1)\bar{y}' + 2t\bar{x}']}{(1+t^2)(\bar{x}'^2 + \bar{y}'^2)}.$$

Da $t > 1$, außer im Punkt P_5, und ferner $\bar{x}' \overline{\gtrless} 0$, $\bar{y}' \overline{\gtrless} 0$, ohne daß beide gleichzeitig verschwinden, so ist

$$\mathcal{E}(\bar{x}, \bar{y};\, p, q;\, \bar{x}', \bar{y}') \overline{\gtrless} 0$$

entlang dem Bogen $P_5 P_2$, und zwar gleich Null nur in denjenigen

Punkten, in welchen die Feldextremale die Kurve $\overline{\mathfrak{C}}$ berührt, und möglicherweise im Punkt P_5.

Daraus schließt man aber ganz wie in § 32, b) das Endresultat: *Unter allen gewöhnlichen Kurven, welche vom Punkt* P_0 *nach dem Punkt* P_2 *gezogen werden können, und welche den Bedingungen* (64) *und* (65) *genügen, liefert der Kurvenzug* $P_0P_1P_2$, *welcher sich aus dem Stück* P_0P_1 *der y-Achse und dem Newton'schen Bogen* P_1P_2 *vom Gefälle* $+1$ *im Punkt* P_1 *zusammensetzt, den kleinsten Wert für das Integral* J.[1])

[1]) Hierzu die *Übungsaufgaben* Nr 44, 45 am Ende von Kap. IX.

Neuntes Kapitel.

Das absolute Extremum.

§ 55. Einleitende Bemerkungen.

Wir haben bei der Definition des absoluten und relativen Extremums in § 3 gesehen, daß das Problem des absoluten Extremums sich auf dasjenige des relativen reduzieren läßt, insofern eine Kurve, welche für ein bestimmtes Integral in Beziehung auf eine gegebene Mannigfaltigkeit von zulässigen Kurven ein absolutes Extremum liefert, allemal auch ein relatives liefert. Kennt man also alle Lösungen des relativen Problems, und kann man a priori die Existenz eines absoluten Extremums beweisen, so ist mit dem relativen Problem — wenigstens wenn dasselbe nur eine endliche Anzahl von Lösungen besitzt —, zugleich auch das absolute gelöst. Kann man dagegen einen solchen Existenzbeweis nicht führen, so bleibt das absolute Problem ungelöst, selbst wenn man das relative vollständig gelöst hat.

Daher die fundamentale Wichtigkeit der Aufgabe: Für ein gegebenes Variationsproblem a priori die Existenz oder Nichtexistenz eines absoluten Extremums nachzuweisen. In älterer Zeit hat man geglaubt, aus der bloßen Existenz einer endlichen unteren Grenze für die Integralwerte ohne weiteres auf die Existenz eines absoluten Extremums schließen zu dürfen. So ist z. B. das berühmte Dirichlet'sche Prinzip gerade auf den Schluß basiert, daß das Doppelintegral

$$J = \int\int \left[\left(\frac{\partial z}{\partial x}\right)^2 + \left(\frac{\partial z}{\partial y}\right)^2\right] dx\, dy$$

notwendig ein Minimum besitzen müsse, weil sein Wert stets $\geqq 0$ ist.

Weierstrass hat zuerst gezeigt, daß der Schluß falsch ist, da derselbe auf einer Verwechslung von unterer Grenze und Minimum beruht, und hat zugleich ein Beispiel[1]) angegeben, welches die Unhaltbarkeit der Dirichlet'schen Schlußweise drastisch illustriert. Es ist die Aufgabe, das Integral

$$J = \int_{-1}^{+1} x^2 y'^2 dx$$

---

[1]) Weierstrass, *Werke*, Bd II, p 49.

zu einem Minimum zu machen in Beziehung auf die Gesamtheit aller in der Form $y = y(x)$ darstellbaren Kurven der Klasse C', welche durch zwei gegebene Punkte $(-1, a)$ und $(+1, b)$ gehen, wobei $a \neq b$.

Die untere Grenze dieses Integrals ist gleich Null. Denn einerseits kann das Integral sicher nie negative Werte annehmen, während andererseits zulässige Kurven angegeben werden können, welche dem Integral einen beliebig kleinen Wert erteilen. So ist z. B. die Funktion

$$y = \frac{a+b}{2} + \frac{b-a}{2} \cdot \frac{\operatorname{Arc\,tg} \frac{x}{\varepsilon}}{\operatorname{Arc\,tg} \frac{1}{\varepsilon}}$$

eine zulässige Funktion, für welche man leicht die Ungleichung

$$J < \int_{-1}^{+1} (x^2 + \varepsilon^2) y'^2 \, dx = \frac{\varepsilon (b-a)^2}{2 \operatorname{Arc\,tg} \frac{1}{\varepsilon}}$$

verifiziert, aus der durch Verkleinerung des Parameters ε die Behauptung folgt.

Die untere Grenze des Integrals ist also in der Tat gleich Null. Trotzdem gibt es keine zulässige Kurve, für welche das Integral den Wert Null annimmt. Denn wegen der vorausgesetzten Stetigkeit von y' wäre dies nur möglich, wenn der Integrand beständig gleich Null, d. h. y konstant wäre, und dies widerspricht der Voraussetzung $a \neq b$.

Obgleich somit der Schluß von der Existenz einer endlichen unteren Grenze auf die Existenz eines Minimums nicht haltbar ist, so wirft sich doch die Frage auf, ob es nicht möglich ist, bei einem gegebenen Variationsproblem der Funktion unter dem Integrationszeichen oder der Mannigfaltigkeit der zulässigen Kurven (oder beiden) solche Beschränkungen aufzuerlegen, daß man die Existenz eines absoluten Extremums a priori feststellen kann, ähnlich wie man etwa von einer in einem Intervall $[ab]$ definierten Funktion $f(x)$ a priori die Existenz eines Maximums und Minimums behaupten kann, vorausgesetzt, daß man der Funktion die Bedingung der Stetigkeit auferlegt.

Hilbert[1]) hat nun in der Tat eine Methode ersonnen, durch die diese wichtige Frage in Angriff genommen und in gewissen Fällen vollständig erledigt werden kann. Er hat den Grundgedanken derselben an dem Beispiel der kürzesten Linie auf einer Fläche erläutert

[1]) Jahresberichte der Deutschen Mathematiker-Vereinigung, Bd. VIII (1899), p. 184.

und auch einige Andeutungen über die Ausdehnung der Methode auf das allgemeine Integral

$$J = \int_{x_1}^{x_2} f(x, y, y')\,dx$$

gegeben[1]).

Die Hilbert'sche Methode ist inzwischen von LEBESGUE[2]) und CARATHEODORY[3]) nicht unwesentlich vereinfacht worden, und unter Benutzung dieser Vereinfachungen[4]) soll in diesem Kapitel die Existenz eines absoluten Minimums des Integrals

$$J = \int_{t_1}^{t_2} F(x, y, x', y')\,dt,$$

bei festen Endpunkten, bewiesen werden, und zwar unter den folgenden Voraussetzungen:

A) Die Funktion $F(x, y, x', y')$ *ist von der Klasse* C''' und genügt der *Homogeneitätsbedingung*

$$F(x, y, kx', ky') = k\,F(x, y, x', y'), \qquad k > 0$$

in dem Bereich

$$\mathfrak{T}: \qquad (x, y) \text{ in } \mathfrak{R}, \qquad x'^2 + y'^2 \neq 0$$

B) Das Problem ist *positiv definit*[5]) in einem im Innern von $\mathfrak{R}$ gelegenen Bereich $\mathfrak{R}_0$.

---

[1]) In *Vorlesungen*, Göttingen, Sommer 1900. NOBLE hat in seiner Dissertation *„Eine neue Methode in der Variationsrechnung"*, (Göttingen 1901) in §§ 5—14 diese Andeutungen im einzelnen durchgeführt. Seine Schlüsse entbehren jedoch derjenigen Strenge, welche bei einer Untersuchung dieser Art unerläßlich ist. Insbesondere sind die Entwicklungen in §§ 9, 10 und 13 nicht einwandfrei.

Andeutungen eines auf wesentlich anderen Prinzipien beruhenden Existenzbeweises für dasselbe Integral gibt HADAMARD, Comptes Rendus, Bd CXLIII (1906), p. 1127 Der Beweis knüpft an die Transformation der ersten Variation von Du-Bois-Reymond an.

HILBERT selbst hat später das Dirichlet'sche Prinzip ausführlich mittels seiner Methode behandelt, vgl. *Festschrift zur Feier des hundertfunfzigjährigen Bestehens der Kgl. Gesellschaft der Wissenschaften zu Göttingen*; Mathematische Annalen, Bd. LIX (1901), p. 161; Journal für Mathematik, Bd. CXXIX (1905), p 63

Einen direkten Existenzbeweis für den Fall des Dirichlet'schen Prinzips hat neuerdings unter sehr allgemeinen Voraussetzungen auch BEPPO LEVI gegeben, Rendiconti del Circolo Matematico di Palermo, Bd. XXII (1906).

[2]) Annali di Matematica (3), Bd VII (1902), p. 342.

[3]) Mathematische Annalen, Bd LXII (1906), p 493

[4]) In engerem Anschluß an das ursprüngliche Hilbert'sche Verfahren ist der Beweis in meinen *Lectures*, Kap. VII durchgefuhrt

[5]) Vgl. p. 277.

C) Das Problem ist *positiv regulär*[1]) in demselben Bereich $\mathfrak{R}_0$.

D) Der Bereich $\mathfrak{R}_0$ ist *beschränkt, abgeschlossen* und *konvex*[2]), d. h. die Verbindungsgerade je zweier Punkte von $\mathfrak{R}_0$ liegt ganz in $\mathfrak{R}_0$.

Aus der Voraussetzung C) folgt nach § 35, c), daß das (verallgemeinerte) Integral J entlang jeder ganz in $\mathfrak{R}_0$ gelegenen rektifizierbaren Kurve einen bestimmten endlichen Wert hat.

Es soll nun unter den Voraussetzungen A) bis D) bewiesen werden:

Sind A_1 und A_2 irgend zwei verschiedene Punkte von $\mathfrak{R}_0$, so gibt es stets mindestens eine von A_1 nach A_2 führende, ganz in $\mathfrak{R}_0$ gelegene rektifizierbare Kurve $\mathfrak{H}$, welche für das verallgemeinerte Integral J ein absolutes Minimum liefert in Beziehung auf die Gesamtheit aller rektifizierbaren Kurven, welche in $\mathfrak{R}_0$ von A_1 nach A_2 gezogen werden können.

Diese Kurve $\mathfrak{H}$ besteht aus einer endlichen oder abzählbar unendlichen Menge von Extremalenbogen der Klasse C''', welche abgesehen von ihren Endpunkten im Innern des Bereiches $\mathfrak{R}_0$ liegen, und aus Punkten oder Punktmengen der Begrenzung von $\mathfrak{R}_0$. Die Kurve $\mathfrak{H}$ hat überdies keine Doppelpunkte.

§ 56 Ein Hilfssatz über die Existenz einer Grenzkurve.

Wir basieren den zu führenden Existenzbeweis nach dem Vorgang von LEBESGUE[3]) und CARATHEODORY[4]) auf den folgenden allgemeinen Satz über die Existenz einer Grenzkurve:

Es sei eine unendliche Menge von rektifizierbaren Kurven, $\{\mathfrak{C}\}$, gegeben, welche zwei gegebene Punkte A_1 und A_2 verbinden, und welche die Eigenschaft haben, daß die Menge ihrer Längen beschränkt ist.

Alsdann kann man aus der Menge $\{\mathfrak{C}_\nu\}$ eine unendliche Folge von Kurven

$$\mathfrak{M}: \quad \mathfrak{C}_1, \mathfrak{C}_2, \ldots$$

herausgreifen derart, daß die Kurven $\mathfrak{C}_\nu$ gegen eine ebenfalls die Punkte A_1 und A_2 verbindende, rektifizierbare Kurve $\mathfrak{H}$ konvergieren.

[1]) Vgl. p 214.

[2]) Die folgenden Resultate bleiben bestehen, wenn die Voraussetzung D) durch die allgemeinere Voraussetzung D') ersetzt wird:

D') Der Bereich $\mathfrak{R}_0$ ist beschränkt, perfekt, zusammenhängend und zu jedem positiven ε gehört eine zweite positive Größe d_ε, derart, daß je zwei Punkte P', P'' von $\mathfrak{R}_0$, deren Entfernung kleiner ist als d_ε, durch mindestens eine ganz in $\mathfrak{R}_0$ gelegene, gewöhnliche Kurve $\mathfrak{K}$ verbunden werden können, für welche: $J_{\mathfrak{K}} < \varepsilon$ (Vgl eine analoge Bemerkung von HAHN, Monatshefte für Mathematik, Bd. XVII (1906), p 67, Fußnote [3]))

[3]) loc cit. p. 346.

[4]) loc cit p. 493. Der im Text gegebene Beweis schließt sich im wesentlichen an die Darstellung von Caratheodory an.

Darunter ist folgendes zu verstehen. Die Kurven $\mathfrak{C}_\nu$ und $\mathfrak{H}$ lassen sich derart durch einen zwischen denselben Grenzen variierenden Parameter ausdrücken:

$$\left.\begin{array}{lll} \mathfrak{C}_\nu: & x = \varphi_\nu(t), & y = \psi_\nu(t), \\ \mathfrak{H}: & x = \varphi(t), & y = \psi(t), \end{array}\right\} t_1 \lesseqgtr t \lesseqgtr t_2,$$

daß für jedes t im Intervall $[t_1 t_2]$

$$\underset{\nu=\infty}{L}\varphi_\nu(t) = \varphi(t), \qquad \underset{\nu=\infty}{L}\psi_\nu(t) = \psi(t),$$

und zwar gleichmäßig in Beziehung auf das Intervall: $t_1 \lesseqgtr t \lesseqgtr t_2$.

Zur besseren Übersicht heben wir die verschiedenen Etappen des Beweises ausdrücklich hervor

a) **Vorbereitende Bemerkungen:**

Wir bemerken zunächst, daß sämtliche Kurven der Menge $\{\mathfrak{C}\}$ in einem beschränkten Bereich der x, y-Ebene gelegen sind. Denn nach Voraussetzung gibt es eine positive Größe G derart, daß für jede unserer Kurven $\mathfrak{C}$ die Ungleichung

$$l_{\mathfrak{C}} < G \tag{1}$$

gilt, wenn wir mit $l_{\mathfrak{C}}$ die Länge der Kurve $\mathfrak{C}$ bezeichnen. Ist daher P ein Punkt von $\mathfrak{C}$, so ist

$$|A_1 P| \lesseqgtr \operatorname{arc} A_1 P \lesseqgtr l_{\mathfrak{C}} < G. \tag{2}$$

Wir wählen als Parameter zur Darstellung der Kurve $\mathfrak{C}$ die Größe

$$t = \frac{\operatorname{arc} A_1 P}{l_{\mathfrak{C}}}, \tag{3}$$

und erhalten so eine Parameterdarstellung, bei welcher der Parameter auf sämtlichen Kurven der Menge $\{\mathfrak{C}\}$ von 0 bis 1 wächst, während die Kurve von A_1 bis A_2 beschrieben wird.

Sind dann t', t'' irgend zwei Werte von t im Intervall $[0 1]$, und bezeichnen $P_{\mathfrak{C}}(t')$, $P_{\mathfrak{C}}(t'')$ die denselben auf der Kurve $\mathfrak{C}$ entsprechenden Punkte, so folgt aus (3) und (2) die *fundamentale Ungleichung*

$$|P_{\mathfrak{C}}(t') P_{\mathfrak{C}}(t'')| < G\,|t' - t''|. \tag{4}$$

b) **Konstruktion der Kurvenfolge $\mathfrak{M}$:**

Wir greifen jetzt aus dem Intervall: $0 \lesseqgtr t \lesseqgtr 1$ eine abzählbare, in diesem Intervall überall dichte[1]) Punktmenge

$$\{\tau_k\}, \quad k = 1, 2, \ldots \tag{5}$$

---

[1]) Vgl. A I 6. Eine den Anforderungen genügende Menge ist z. B. die Gesamtheit der rationalen Zahlen im Intervall $[0\,1]$.

heraus und betrachten zunächst die Menge der dem Wert $t=\tau_1$ auf den verschiedenen Kurven $\mathfrak{C}$ entsprechenden Punkte:

$$\{P_{\mathfrak{C}}(\tau_1)\}. \tag{6}$$

Dieselbe ist nach dem vorigen beschränkt und besitzt daher mindestens einen Häufungspunkt, den wir mit $H(\tau_1)$ bezeichnen. Wir können dann aus $\{\mathfrak{C}\}$ eine unendliche Folge von Kurven

$$\mathfrak{M}_1: \qquad \mathfrak{C}_1^1,\ \mathfrak{C}_2^1,\ \ldots,\ \mathfrak{C}_\lambda^1, \ldots$$

herausgreifen, sodaß[1])

$$\underset{\lambda=\infty}{L}\ P_\lambda^1(\tau_1)=H(\tau_1),$$

indem wir mit $P_\lambda^1(\tau_1)$ den dem Wert $t=\tau_1$ entsprechenden Punkt der Kurve $\mathfrak{C}_\lambda^1$ bezeichnen. Der Punkt $H(\tau_1)$ ist dann zugleich der e i n z i g e[2]) Häufungspunkt der Menge

$$\{P_\lambda^1(\tau_1)\}, \qquad \lambda=1,2,\ \ldots \tag{7}$$

Jetzt betrachten wir weiter die Punktmenge

$$\{P_\lambda^1(\tau_2)\}, \qquad \lambda=1,2,\ \ldots \tag{6a}$$

Sei $H(\tau_2)$ einer ihrer Häufungspunkte und $\{P_{\lambda_\mu}^1(\tau_2)\}$, $\mu=1,2,\ldots$ eine in (6a) enthaltene unendliche Teilfolge, für welche

$$\underset{\mu=\infty}{L}\ P_{\lambda_\mu}^1(\tau_2)=H(\tau_2)$$

Wir schreiben $\mathfrak{C}_\mu^2$ statt $\mathfrak{C}_{\lambda_\mu}^1$ und P_μ^2 statt $P_{\lambda_\mu}^1$, und erhalten so eine zweite, in $\mathfrak{M}_1$ enthaltene, unendliche Kurvenfolge

$$\mathfrak{M}_2: \qquad \mathfrak{C}_1^2,\ \mathfrak{C}_2^2,\ldots,$$

für welche

$$\underset{\mu=\infty}{L}\ P_\mu^2(\tau_2)=H(\tau_2).$$

Z u g l e i c h i s t a b e r a u c h

$$\underset{\mu=\infty}{L}\ P_\mu^2(\tau_1)=H(\tau_1).$$

Denn da die Punktmenge $\{P_\mu^2(\tau_1)\}\equiv\{P_{\lambda_\mu}^1(\tau_1)\}$ in der Menge (7) enthalten ist, so ist jeder ihrer Häufungspunkte, deren sie mindestens einen besitzt, zugleich Häufungspunkt der Menge (7); diese hat aber

[1]) Nach A I 4. Wegen der Bezeichnung vgl. p. 156, Fußnote [2])

[2]) Nach dem leicht zu beweisenden L e m m a: „Ist die unendliche Folge $\{a_\nu\}$ konvergent und l ihre Grenze, so ist l der einzige Häufungspunkt der Menge $\{a_\nu\}$; umgekehrt: Ist $\{a_\nu\}$ eine abzählbare, beschränkte lineare Punktmenge, welche nur einen einzigen Häufungspunkt l besitzt, so ist die unendliche Folge $\{a_\nu\}$ konvergent und l ihre Grenze."

nur den einen Häufungspunkt $H(\tau_1)$, woraus die Behauptung nach dem oben[1]) angeführten Lemma folgt.

Jetzt betrachten wir weiter die Punktmenge

$$\{P_\mu^2(\tau_3)\}, \qquad \mu = 1, 2, \ldots, \tag{6b}$$

und wenden auf sie die analogen Schlüsse an, und indem wir so fortfahren, gelangen wir nach n-maliger Wiederholung des Verfahrens zu einer unendlichen Kurvenfolge

$$\mathfrak{M}_n: \qquad \mathfrak{C}_1^n, \ \mathfrak{C}_2^n, \ \ldots,$$

welche in $\mathfrak{M}_{n-1}$ enthalten ist, und welche die Eigenschaft hat, daß

$$\underset{\nu=\infty}{L} \ P_\nu^n(\tau_k) = H(\tau_k)$$

für $k = 1, 2 \ldots n$, wobei $P_\nu^n(\tau_k)$ den dem Wert $t = \tau_k$ entsprechenden Punkt der Kurve $\mathfrak{C}_\nu^n$ bezeichnet.

Nunmehr bezeichnen wir: $\mathfrak{C}_k^k = \mathfrak{C}_k$, $P_k^k = P_k$; *alsdann hat die Kurvenfolge*

$$\mathfrak{M}: \qquad \mathfrak{C}_1, \ \mathfrak{C}_2, \ldots$$

die Eigenschaft, daß für jedes k

$$\underset{\nu=\infty}{L} \ P_\nu(\tau_k) = H(\tau_k). \tag{8}$$

Denn da $\mathfrak{M}_{k+m}$ in $\mathfrak{M}_k$ enthalten ist, so ist die Punktmenge

$$P_k(\tau_k), \qquad P_{k+1}(\tau_k), \qquad P_{k+2}(\tau_k), \ldots,$$

welche dieselben Häufungspunkte hat wie die Menge

$$\{P_\nu(\tau_k)\}, \qquad \nu = 1, 2, \ldots,$$

in der Menge

$$\{P_\nu^k(\tau_k)\}, \quad \nu = 1, 2, \ldots$$

enthalten und hat daher ebenso wie diese den einzigen Häufungspunkt $H(\tau_k)$, woraus, wie oben, die Behauptung (8) folgt.

c) **Konstruktion der Grenzkurve $\mathfrak{H}$:**

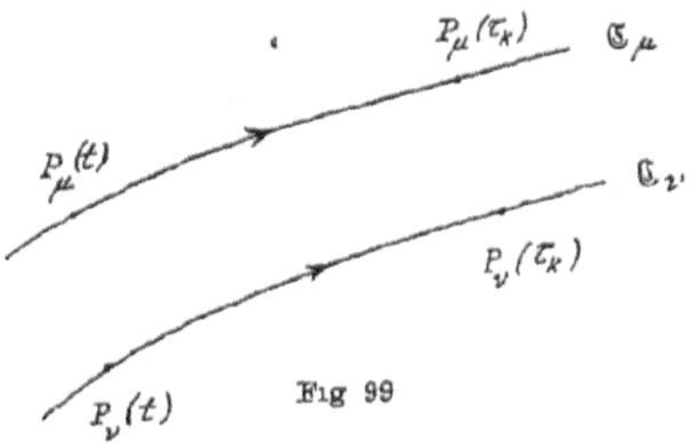

Fig 99

Von dieser Kurvenfolge $\{\mathfrak{C}_\nu\}$ müssen wir nun nachweisen, daß sie in dem angegebenen Sinn gegen eine Grenzkurve konvergiert.

Wir haben also zunächst zu zeigen, daß nicht nur für die Werte $t = \tau_k$ der Menge (5), sondern für jeden beliebigen Wert von t im Intervall [0 1] der zugehörige Punkt $P_\nu(t)$ der

[1]) Vgl. p. 424, Fußnote [2]).

Kurve $\mathfrak{C}_\nu$ für $\nu = \infty$ gegen einen Grenzpunkt konvergiert. Wir gehen dazu von der Ungleichung aus

$$|P_\mu(t)P_\nu(t)| \leqq |P_\mu(t)P_\mu(\tau_k)| + |P_\mu(\tau_k)P_\nu(\tau_k)| + |P_\nu(t)P_\nu(\tau_k)|,$$

unter τ_k irgendeinen Punkt der Menge (5) verstanden.

Die rechte Seite dieser Ungleichung ist nach (4) kleiner als

$$2G|t-\tau_k| + |P_\mu(\tau_k)P_\nu(\tau_k)|.$$

Ist jetzt eine positive Größe ε beliebig vorgegeben, so können wir einerseits den Index k so wählen, daß

$$|t-\tau_k| < \frac{\varepsilon}{3G},$$

da ja t, wie jeder Punkt des Intervalls $[0\,1]$, ein Häufungspunkt der Menge (5) ist. Andererseits können wir wegen (8) eine positive Größe N angeben, sodaß

$$|P_\mu(\tau_k)P_\nu(\tau_k)| < \frac{\varepsilon}{3},$$

sobald μ und ν beide größer als N sind. Daher ist alsdann

$$|P_\mu(t)P_\nu(t)| < \varepsilon, \tag{9}$$

und daraus folgt nach dem allgemeinen Konvergenzprinzip[1]), daß der Punkt $P_\nu(t)$ für $\nu = \infty$ gegen einen Grenzpunkt konvergiert, den wir mit $H(t)$ bezeichnen:

$$\underset{\nu=\infty}{L}\, P_\nu(t) = H(t). \tag{10}$$

Zu jedem Wert von t im Intervall $[0\,1]$ gehört somit ein Grenzpunkt $H(t)$ Die Gesamtheit dieser Grenzpunkte bildet eine Kurve, die wir mit

$$\mathfrak{H}: \qquad x = \varphi(t), \qquad y = \psi(t), \qquad 0 \leqq t \leqq 1$$

bezeichnen.

Es ist jetzt weiter zu zeigen, daß die Kurve $\mathfrak{C}_\nu$ gegen diese Grenzkurve $\mathfrak{H}$ gleichmäßig konvergiert: Die ganze Zahl N hängt von ε und τ_k ab, wir bezeichnen sie dementsprechend mit $N(\varepsilon, \tau_k)$. Wählen wir jetzt aus der Menge (5) eine endliche Anzahl von Elementen τ_{k_i} aus, so daß

$$0 < \tau_{k_1} < \tau_{k_2} < \cdots < \tau_{k_m} < 1 \tag{11}$$

und so, daß die Differenz zweier aufeinanderfolgender Größen der Reihe (11) kleiner ist als $\varepsilon/3G$, und ist N_ε die größte der m ganzen Zahlen

$$N(\varepsilon, \tau_{k_1}), \qquad N(\varepsilon, \tau_{k_2}), \;\ldots, \qquad N(\varepsilon, \tau_{k_m}),$$

---

1) Vgl A II 4. Man wende das Prinzip auf die Funktionen $\varphi_\nu(t)$, $\psi_\nu(t)$ an

so gilt die Ungleichung (9) für jedes t im Intervall $[0\,1]$, sobald μ und ν beide größer als N_ε sind, womit die Gleichmäßigkeit der Konvergenz bewiesen ist.

d) **Eigenschaften der Grenzkurve $\mathfrak{H}$:**

Es bleibt jetzt nur noch zu zeigen, daß die Grenzkurve $\mathfrak{H}$ von A_1 nach A_2 führt und rektifizierbar ist.

Das erstere ergibt sich unmittelbar daraus, daß nach unserer Wahl des Parameters t

$$P_\nu(0) = A_1, \qquad P_\nu(1) = A_2,$$

woraus durch Grenzübergang folgt

$$H(0) = A_1, \qquad H(1) = A_2. \tag{12}$$

Weiter folgt aus der fundamentalen Ungleichung (4) für je zwei Werte t', t'' von t im Intervall $[0\,1]$:

$$|P_\nu(t')P_\nu(t'')| < G\,|t' - t''|,$$

und hieraus durch Grenzübergang

$$|H(t')H(t'')| \lesseqgtr G\,|t' - t''|. \tag{13}$$

Es ist also a fortiori

$$|\varphi(t') - \varphi(t'')| \lesseqgtr G\,|t' - t''|,$$
$$|\psi(t') - \psi(t'')| \lesseqgtr G\,|t' - t''|.$$

Daraus folgt aber sofort, daß die beiden Funktionen $\varphi(t), \psi(t)$ stetig und „von beschränkter Variation"[1]) sind, und dies ist die notwendige und hinreichende Bedingung dafür, daß die Kurve $\mathfrak{H}$ *rektifizierbar*[2]) ist, womit der im Eingang dieses Paragraphen ausgesprochene Satz in allen seinen Teilen bewiesen ist.

---

[1]) Vgl. Jordan, *Cours d'Analyse*, Bd I, Nr 67. Es sei $f(t)$ eine in einem Intervall $[t_0\, t_1]$ definierte Funktion und

$$\Pi: \qquad t_0 < \tau_1 < \tau_2 \cdots < \tau_n < t_1$$

irgendeine Teilung dieses Intervalls Wenn dann die obere Grenze der Summe

$$\sum_{\nu=0}^{n} |f(\tau_{\nu+1}) - f(\tau_\nu)|, \qquad (\tau_0 = t_0, \tau_{n+1} = t_1),$$

für alle Teilungen Π endlich ist, so heißt $f(t)$ „von beschränkter Variation" (à variation bornée) in $[t_0\, t_1]$.

[2]) Vgl. Jordan, loc. cit. Nr. 105, 110.

§ 57. Beweis des Hilbert'schen Existenztheorems.

Wir gehen jetzt dazu über, den im vorangehenden Paragraphen bewiesenen Hilfssatz auf das in § 55 formulierte Existenztheorem anzuwenden

a) **Eigenschaften der unteren Grenze $i(P'P'')$:**

Wir werden uns dabei der folgenden abkürzenden Bezeichnungsweise bedienen: Wenn P', P'' irgend zwei Punkte des Bereiches $\mathfrak{R}_0$ sind, (die auch zusammenfallen dürfen), so bezeichnen wir mit $\mathfrak{M}(P'P'')$ die Gesamtheit aller rektifizierbaren Kurven, welche in $\mathfrak{R}_0$ von P' nach P'' gezogen werden können, und mit $i(P'P'')$ die untere Grenze der Werte, welche unser Integral

$$J = \int F(x, y, x', y')\,dt,$$

in der verallgemeinerten Bedeutung von § 35, b) und c), entlang den verschiedenen Kurven der Menge $\mathfrak{M}(P'P'')$ annimmt.

Diese untere Grenze ist stets positiv, wenn $P' \neq P''$. Denn nach Voraussetzung A) und B) hat die Funktion $F(x, y, \cos\gamma, \sin\gamma)$ in dem abgeschlossenen Bereich: (x, y) in $\mathfrak{R}_0$; $0 \leqq \gamma \leqq 2\pi$ ein positives Minimum m und ein positives Maximum M. Ist daher $\mathfrak{C}$ irgendeine Kurve von $\mathfrak{M}(P'P'')$, so erhalten wir, indem wir die Bogenlänge auf der Kurve $\mathfrak{C}$ als Parameter einführen[1]),

$$0 < m\,\overline{P'P''} \leqq m l_{\mathfrak{C}} \leqq J_{\mathfrak{C}}(P'P'') \leqq M l_{\mathfrak{C}}, \tag{14}$$

unter $l_{\mathfrak{C}}$ die Länge der Kurve $\mathfrak{C}$ verstanden Daraus folgt unsere Behauptung und zugleich, daß

$$i(P'P'') \geqq m\,\overline{P'P''}. \tag{15}$$

Dagegen ist *die untere Grenze $i(P'P'')$ gleich Null, wenn $P'' = P'$*:

$$i(P'P') = 0 \tag{16}$$

Denn gehen wir von P' nach irgendeinem anderen Punkt P'' von $\mathfrak{R}_0$ entlang der Geraden[2]) $P'P''$ und dann von P'' entlang derselben Geraden nach P' zurück, so stellt dieser Weg nach unseren Voraussetzungen über den Bereich $\mathfrak{R}_0$ eine Kurve der Menge $\mathfrak{M}(P'P')$ dar; indem wir aber den Punkt P'' längs einer Geraden gegen P' konvergieren lassen, können wir den Integralwert unter jede Grenze herunterdrücken, womit unsere Behauptung bewiesen ist.

---

[1]) Daß die Ungleichung (14) auch für das verallgemeinerte Integral gilt, folgt aus Gleichung (204a) von § 35.

[2]) Im Fall der Voraussetzung D') ist anstelle der Geraden $P'P''$ eine $\mathfrak{K}$-Kurve von P' nach P'', resp von P'' nach P' zu setzen, vgl. p 422, Fußnote[2]).

Da der Bereich $\mathfrak{R}_0$ konvex sein sollte, so dürfen wir die Ungleichung (14) auf die Gerade[1]) $P'P''$ anwenden und erhalten so die weitere Ungleichung

$$i(P'P'') \lesseqgtr M\,|P'P''|, \tag{17}$$

aus welcher unmittelbar folgt, daß

$$\underset{P''=P'}{L}\; i(P'P'') = 0 \tag{18}$$

Aus den beiden charakteristischen Eigenschaften der unteren Grenze folgt weiter, daß für irgend drei Punkte P, P', P'' des Bereiches $\mathfrak{R}_0$ die Ungleichung gilt

$$i(PP') + i(P'P'') \gtreqless i(PP''), \tag{19}$$

die sich sofort auf eine beliebige Anzahl von Punkten ausdehnen läßt.

Die untere Grenze $i(P'P'')$ ist überdies eine *stetige* Funktion der Koordinaten der beiden Punkte P', P''. Denn aus (19) folgt für je zwei Punktepaare P', P'' und Q', Q'' von $\mathfrak{R}_0$ die Ungleichung

$$-i(P'Q') - i(Q''P'') \lesseqgtr i(Q'Q'') - i(P'P'') \lesseqgtr i(Q'P') + i(P''Q''),$$

aus welcher nach (18) unsere Behauptung unmittelbar folgt, wenn wir Q' gegen P' und Q'' gegen P'' konvergieren lassen.

b) **Konstruktion der Hilbert'schen Kurve:**

Wir betrachten jetzt die Gesamtheit $\mathfrak{M}(A_1A_2)$ aller rektifizierbaren Kurven, welche in $\mathfrak{R}_0$ von A_1 nach A_2 gezogen werden können, und bezeichnen die untere Grenze der zugehörigen Integralwerte mit K:

$$i(A_1A_2) = K.$$

Dann gibt es entweder unter den Kurven von $\mathfrak{M}(A_1A_2)$ eine, welche dem Integral J den Wert K erteilt, in welchem Fall unsere Behauptung bewiesen ist, oder aber wir können eine unendliche Folge von Kurven

$$\mathfrak{M}^0: \quad \mathfrak{C}_1^0,\ \mathfrak{C}_2^0,\ \ldots,\ \mathfrak{C}_\nu^0,\ \ldots$$

aus der Menge $\mathfrak{M}(A_1A_2)$ herausgreifen derart, daß die zugehörigen Werte des Integrals J, die wir mit

$$J_1^0,\ J_2^0,\ \ldots,\ J_\nu^0,\ \ldots$$

bezeichnen, für $\nu = \infty$ gegen K konvergieren[2]):

$$\underset{\nu=\infty}{L}\; J_\nu^0 = K. \tag{20}$$

Alsdann erfüllt die Kurvenfolge $\{\mathfrak{C}_\nu^0\}$ die Bedingungen des Hilfs-

[1]) Vgl. Fußnote [2]) auf p. 428

[2]) Vgl A I 4. Die Große K ist Häufungspunkt der Menge der Integralwerte.

satzes von § 56. Denn die Kurven $\mathfrak{C}_\nu^0$ verbinden sämtlich die beiden Punkte A_1 und A_2, sie sind rektifizierbar, und die Menge ihrer Längen ist beschränkt. Aus (20) folgt nämlich, daß die Menge $\{J_\nu^0\}$ beschränkt ist, und die Ungleichung (14) zeigt dann, daß dasselbe für die Menge der Längen gilt.

Somit können wir aus der Folge $\mathfrak{M}^0$ eine Teilfolge

$$\mathfrak{M}: \quad \mathfrak{C}_1, \mathfrak{C}_2, \ldots, \mathfrak{C}_\nu, \ldots$$

herausgreifen, welche gegen *eine die beiden Punkte* A_1 *und* A_2 *verbindende, rektifizierbare Grenzkurve* $\mathfrak{H}$ *konvergiert*:

$$\underset{\nu=\infty}{L}\ \mathfrak{C}_\nu = \mathfrak{H}. \tag{21}$$

Da der Bereich $\mathfrak{R}_0$ abgeschlossen ist, so liegt *die Kurve* $\mathfrak{H}$ *ganz in* $\mathfrak{R}_0$.

Bezeichnen wir mit J_ν den Wert des Integrals J entlang der Kurve $\mathfrak{C}_\nu$, so folgt aus (20), daß auch

$$\underset{\nu=\infty}{L}\ J_\nu = K = i(A_1 A_2), \tag{22}$$

da die Folge $\{J_\nu\}$ in der Folge $\{J_\nu^0\}$ enthalten ist.

Die Kurvenfolge $\{\mathfrak{C}_\nu\}$ hat nun die wichtige Eigenschaft, daß ein analoger Satz für jeden Bogen der Kurve $\mathfrak{H}$ gilt:

Wir wählen auf den Kurven $\mathfrak{C}_\nu$ und $\mathfrak{H}$ den Parameter t in derselben Weise wie in § 56, a). Sind dann $t' < t''$ zwei Werte von t im Intervall [0 1], und bezeichnen wir vorübergehend mit $[J_\nu]_{t'}^{t''}$ den Wert des Integrals J entlang der Kurve $\mathfrak{C}_\nu$ vom Punkt t' bis zum Punkt t'', und mit H', H'' die beiden entsprechenden Punkte $H(t')$, $H(t'')$ der Kurve $\mathfrak{H}$, so gilt allgemein der *Satz*[1]), daß

$$\underset{\nu=\infty}{L}\ [J_\nu]_{t'}^{t''} = i(H'H''). \tag{23}$$

Zum Beweis gehen wir aus von der nach Gleichung (210) von § 35 auch für das verallgemeinerte Integral geltenden Gleichung

$$[J_\nu]_0^{t'} + [J_\nu]_{t'}^{t''} + [J_\nu]_{t''}^1 = J_\nu. \tag{24}$$

Da wegen der Voraussetzung B): $[J_\nu]_{t'}^{t''} \gtreqless J_\nu$, so ist die Menge

$$\{[J_\nu]_{t'}^{t''}\},\ \nu = 1, 2, \ldots \tag{25}$$

beschränkt; sie besitzt also mindestens einen Häufungspunkt $L_{t'}^{t''}$, und wir können eine Teilfolge aus (25) herausgreifen derart, daß

$$\underset{i=\infty}{L}\ [J_{\nu_i}]_{t'}^{t''} = L_{t'}^{t''}.$$

[1]) Vgl. Carathéodory, loc cit., p 497.

Ebenso besitzt die Menge

$$\{[J_{\nu_i}]_0^{t'}\},\quad i = 1, 2, \ldots$$

mindestens einen Häufungspunkt $L_0^{t'}$ und es existiert eine Teilfolge, so daß

$$\underset{k=\infty}{L}\, [J_{\nu_{i_k}}]_0^{t'} = L_0^{t'};$$

gleichzeitig ist dann auch

$$\underset{k=\infty}{L}\, [J_{\nu_{i_k}}]_{t'}^{t''} = L_{t'}^{t''}.$$

Nunmehr folgt aus (24) und (22), daß auch die Grenze

$$\underset{k=\infty}{L}\, [J_{\nu_{i_k}}]_{t''}^{1} = L_{t''}^{1}$$

existiert und endlich ist, und daß

$$L_0^{t'} + L_{t'}^{t''} + L_{t''}^{1} = K. \tag{26}$$

Wir schreiben der Einfachheit halber μ_k statt ν_{i_k} und markieren auf den beiden Kurven $\mathfrak{C}_{\mu_k}$ und $\mathfrak{H}$ die Punkte:

$$P' = P_{\mu_k}(t'),\ P'' = P_{\mu_k}(t''):\quad H' = H(t'),\ H'' = H(t''),$$

und ziehen die Geraden[1]) $H'P'$ und $P''H''$, die nach unserer Voraussetzung D) im Bereich $\mathfrak{R}_0$ liegen. Dann gehört die aus der Geraden $H'P'$, dem Bogen $P'P''$ der Kurve $\mathfrak{C}_{\mu_k}$ und der Geraden $P''H''$ zusammengesetzte Kurve zu $\mathfrak{M}(H'H'')$. Der Wert des Integrals J entlang dieser Kurve ist also $\geqq i(H'H'')$. Gehen wir zur Grenze $k = \infty$ über, so konvergieren die Punkte P', P'' gegen H', H'', also das Integral J entlang den Geraden $H'P'$ und $P''H''$ gegen Null. Daher erhalten wir

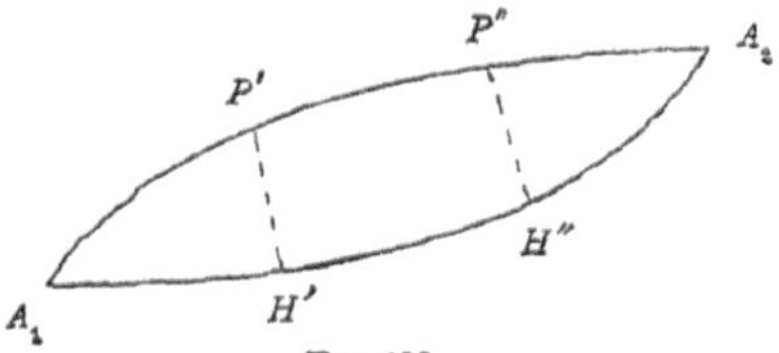

Fig. 100

$$L_{t'}^{t''} \geqq i(H'H''). \tag{27}$$

Ebenso zeigt man, indem man die Kurvenzüge[1]) $A_1P'H'$, resp. $H''P''A_2$ betrachtet, daß

$$L_0^{t'} \geqq i(A_1H'),\qquad L_{t''}^{1} \geqq i(H''A_2). \tag{27a}$$

Addiert man jetzt die drei Ungleichungen (27), (27a) und benutzt (26), so erhält man

$$K \geqq i(A_1H') + i(H'H'') + i(H''A_2).$$

---

[1]) Für den Fall der Voraussetzung D'), vgl p. 422, Fußnote [2])

Andererseits ist aber nach (19) die rechte Seite $\gtreqless K$. Die beiden Resultate sind nur vereinbar, wenn in (27) und (27a) überall das Gleichheitszeichen gilt. Somit ist

$$L_0^{t'} = i(A_1 H'), \qquad L_{t'}^{t''} = i(H'H''), \qquad L_{t''}^1 = i(H''A_2). \tag{28}$$

Nun war aber $L_{t'}^{t''}$ irgendein Häufungspunkt der Menge (25); aus dem eben erhaltenen Resultat folgt daher, daß es der **einzige** sein muß, und daher folgt das zu beweisende Resultat (23) nach dem auf p. 424 Fußnote [2]) gegebenen Lemma.

c) **Minimaleigenschaft der Hilbert'schen Kurve:**

Wir wollen nunmehr nachweisen, daß das Integral J entlang der Hilbert'schen Kurve $\mathfrak{H}$ gleich der unteren Grenze K ist:

$$J_{\mathfrak{H}} = K \tag{29}$$

Der Beweis gründet sich auf folgende *charakteristische Eigenschaft der Hilbert'schen Kurve:*

Sind H, H', H'' drei in dieser Ordnung aufeinanderfolgende Punkte der Hilbert'schen Kurve $\mathfrak{H}$, so ist

$$i(HH') + i(H'H'') = i(HH''). \tag{30}$$

Ist nämlich: $0 \lesseqgtr t < t' < t'' \lesseqgtr 1$, und: $H = H(t)$, $H' = H(t')$, $H'' = H(t'')$, so ist

$$[J_\nu]_t^{t'} + [J_\nu]_{t'}^{t''} = [J_\nu]_t^{t''},$$

woraus nach (23) durch Grenzübergang unmittelbar die Gleichung (30) folgt.

Aus dieser Eigenschaft der Kurve $\mathfrak{H}$ ergibt sich nun der Beweis von (29) durch folgende Überlegung:

Wegen der Voraussetzung C) ist das verallgemeinerte Integral $J_{\mathfrak{H}}$ die Grenze der in § 35, c) definierten Summe

$$U_\Pi = \sum_{\nu=0}^{n} J_{\mathfrak{E}_\nu}(P_\nu P_{\nu+1})$$

für $\Delta\tau = 0$ Wird die Teilung Π so fein genommen, daß für jedes ν die Entfernung $|P_\nu P_{\nu+1}|$ kleiner ist als die in § 33, c) für den Bereich $\mathfrak{R}_0$ definierte Größe d_0, so liefert die „kürzeste" Extremale $\mathfrak{E}_\nu$ von P_ν nach $P_{\nu+1}$ einen nicht größeren Wert für das Integral J als jede andere rektifizierbare[1]) Kurve, welche in $\mathfrak{R}_0$ von P_ν nach $P_{\nu+1}$ gezogen werden kann.

---

[1]) Vgl p. 278, Fußnote [1]), und p. 291, Gleichung (211).

Liegt daher $\mathfrak{C}_\nu$ selbst ganz in $\mathfrak{R}_0$, so ist

$$J_{\mathfrak{C}_\nu}(P_\nu P_{\nu+1}) = \iota(P_\nu P_{\nu+1}).$$

Liegt dagegen $\mathfrak{C}_\nu$ teilweise außerhalb $\mathfrak{R}_0$, so ist

$$J_{\mathfrak{C}_\nu}(P_\nu P_{\nu+1}) \gtreqless \iota(P_\nu P_{\nu+1});$$

daraus folgt, daß

$$U_\Pi \gtreqless \sum_{\nu=0}^{n} \iota(P_\nu P_{\nu+1}).$$

Nun ist aber nach (30) die rechte Seite gleich $K = \iota(A_1 A_2)$; indem man zur Grenze $\Delta\tau = 0$ übergeht, erhält man also

$$J_{\mathfrak{H}} \gtreqless K.$$

Andererseits folgt aber aus der Definition der unteren Grenze K, daß $J_{\mathfrak{H}} \overline{\gtreqless} K$, es muß also $J_{\mathfrak{H}} = K$ sein.

Somit liefert in der Tat die Hilbert'sche Kurve $\mathfrak{H}$ in dem angegebenen Sinn *das absolute Minimum für das Integral J*

Aus der Gleichung (29) folgt noch, daß für je zwei aufeinanderfolgende Punkte H', H'' der Kurve $\mathfrak{H}$:

$$J_{\mathfrak{H}}(H'H'') = \iota(H'H'') \tag{31}$$

Denn die linke Seite kann sicher nicht kleiner sein als die rechte; wäre sie aber größer, so könnte man, wie aus den charakteristischen Eigenschaften der unteren Grenze $\iota(H'H'')$ folgt, durch Abänderung des Bogens $H'H''$ der Kurve $\mathfrak{H}$ eine neue Kurve herleiten, welche dem Integral J einen Wert erteilen würde, der kleiner wäre als K, was nicht möglich ist

d) **Weitere Eigenschaften der Hilbert'schen Kurve:**

Es sind jetzt noch die in § 55 behaupteten Eigenschaften der Kurve $\mathfrak{H}$ nachzuweisen.

Es ist zunächst klar, daß die Kurve $\mathfrak{H}$ *keine Doppelpunkte* besitzen kann, d. h daß zwei verschiedenen Werten von t stets zwei verschiedene Punkte von $\mathfrak{H}$ entsprechen Denn wäre $H(t') = H(t'')$, $t' < t''$, so könnte man durch Unterdrückung des Bogens $[t't'']$ aus $\mathfrak{H}$ eine neue Kurve herleiten, entlang welcher der Wert des Integrals J wegen unserer Voraussetzung $B)$ kleiner wäre als K, was unmöglich ist.

Die Punkte der Kurve $\mathfrak{H}$ werden nun im allgemeinen zum Teil im Innern von $\mathfrak{R}_0$ liegen, zum Teil auf der Begrenzung. Es sei $\mathfrak{J} = \{u\}$, resp. $\mathfrak{B} = \{v\}$ die Gesamtheit derjenigen Werte von t im Intervall $[01]$, welchen Punkte der Kurve $\mathfrak{H}$ entsprechen, die im

Innern, resp. auf der Begrenzung des Bereiches $\mathfrak{R}_0$ liegen. Aus der Stetigkeit der Kurve $\mathfrak{H}$ folgt dann, daß jeder Punkt u von $\mathfrak{J}$ zugleich ein innerer Punkt der Menge $\mathfrak{J}$ ist, mit Ausnahme von $t=0$ und $t=1$, falls diese Punkte überhaupt zu $\mathfrak{J}$ gehören sollten. Daher läßt sich ein den Punkt u in seinem Innern enthaltendes Teilintervall $[\alpha\beta]$ von $[01]$ bestimmen, derart daß alle inneren Punkte des Intervalls $[\alpha\beta]$ zu $\mathfrak{J}$ gehören, während die Endpunkte α, β zu $\mathfrak{B}$ gehören, außer falls dieselben etwa mit 0 oder 1 zusammenfallen sollten. Die Menge $\mathfrak{J}$ besteht daher aus einer endlichen oder unendlichen Menge solcher offenen Intervalle, die sich nicht gegenseitig überdecken. Nach einem Satz von CANTOR[1]) ist die Menge dieser Intervalle abzählbar, so daß wir sie mit

$$\{[\alpha_\nu\beta_\nu]\},\quad \nu=1,2,\ldots$$

bezeichnen dürfen.

Wir haben jetzt zu beweisen, daß jedem solchen Intervall $[\alpha_\nu\beta_\nu]$ auf der Kurve $\mathfrak{H}$ ein einziger Extremalenbogen $A_\nu B_\nu$ entspricht, welcher, abgesehen von den Endpunkten, ganz im Innern des Bereiches $\mathfrak{R}_0$ verläuft.

Sei in der Tat t_0 ein Wert von t zwischen α_ν und β_ν, und H_0 der entsprechende Punkt der Kurve $\mathfrak{H}$; derselbe liegt dann im Innern von $\mathfrak{R}_0$; daher können wir eine Umgebung (d) des Punktes H_0 angeben, welche ganz in $\mathfrak{R}_0$ liegt. Ferner gehört zum Bereich $\mathfrak{R}_0$ eine wie in § 34, b) definierte positive Größe r_0; es sei σ die kleinere der beiden Größen $\frac{d}{4}$, $\frac{r_0}{2}$. Dann können wir wegen der Stetigkeit der Kurve $\mathfrak{H}$ rechts und links von t zwei Werte τ_2 und τ_1 so nahe bei t_0 annehmen, daß der dem Intervall $[\tau_1\tau_2]$ von t entsprechende Bogen H_1H_2 der Kurve $\mathfrak{H}$ ganz im Innern des Kreises (H_0, σ) liegt.

Da alsdann $\overline{H_1H_2} < 2\sigma \lesseqgtr r_0$, so können wir von H_1 nach H_2 eine „kürzeste" Extremale $\mathfrak{E}$ ziehen; dieselbe ist von der Klasse C''', besitzt keine mehrfachen Punkte[2]) und liegt ganz im Innern des Kreises $(H_1, 2\sigma)$. Sie liegt daher auch a fortiori im Innern des Kreises $(H_0, 4\sigma)$, also sicher auch im Kreis (H_0, d) und somit ganz im Bereich $\mathfrak{R}_0$, woraus folgt, daß

$$J_{\mathfrak{E}}(H_1H_2) \gtreqless i(H_1H_2).$$

Andererseits ist der Bogen H_1H_2 der Kurve $\mathfrak{H}$ von der Klasse[3]) K, er liegt im Innern des Kreises (H_0, σ) und daher a fortiori im Innern von $(H_1, 2\sigma)$, somit auch im Innern des Kreises (H_1, r_0). Angenommen dieser Bogen enthielte mindestens einen Punkt, welcher nicht auf dem

[1]) Mathematische Annalen, Bd XX (1882), p 118

[2]) Vgl. Satz I von § 33 [3]) Vgl § 35, b).

Extremalenbogen $\mathfrak{E}$ liegt, so würde nach § 35, d), Ende, auf Grund des Osgood'schen Satzes[1]) folgen, daß

$$J_{\mathfrak{H}}(H_1 H_2) > J_{\mathfrak{E}}(H_1 H_2).$$

Das ist aber wegen (31) ein Widerspruch mit dem eben gefundenen Resultat; also muß jeder Punkt des Bogens $H_1 H_2$ der Kurve $\mathfrak{H}$ auf dem Extremalenbogen $\mathfrak{E}$ liegen.

Sind die beiden Bogen dargestellt durch

$$\mathfrak{H}: \qquad x = \varphi(t), \quad y = \psi(t), \quad \tau_1 \overline{\gtrless} t \overline{\gtrless} \tau_2,$$

$$\mathfrak{E}: \qquad x = x(s), \quad y = y(s), \quad s_1 \overline{\gtrless} s \overline{\gtrless} s_2,$$

so bedeutet das eben bewiesene Resultat analytisch, daß es eine im Intervall $[\tau_1 \tau_2]$ eindeutig definierte Funktion $s = s(t)$ gibt, für welche in diesem Intervall

$$s_1 \overline{\gtrless} s(t) \overline{\gtrless} s_2,$$

$$x(s(t)) = \varphi(t), \quad y(s(t)) = \psi(t).$$

Um die Identität der beiden Bogen nachzuweisen, ist nun überdies noch zu zeigen, daß diese Funktion $s(t)$ stetig ist und beständig zunimmt.

Um die Stetigkeit in einem Punkt t' zu beweisen, betrachten wir irgend eine Folge $\{t_\nu\}$ von Werten der Variabeln t, welche t' zur Grenze hat, und für welche die Folge $\{s(t_\nu)\}$ konvergent ist; sei s' der Grenzwert. Dann folgt aus der Tatsache, daß der Bogen $\mathfrak{E}$ keine Doppelpunkte hat, daß $s' = s(t')$ sein muß, woraus sich in bekannter Weise[2]) die Stetigkeit von $s(t)$ in t' ergibt.

Weiter hat aber auch die Kurve $\mathfrak{H}$, wie wir gesehen haben, keine Doppelpunkte. Daraus folgt, daß zwei verschiedener Werten von t stets zwei verschiedene Werte von $s(t)$ entsprechen, und hieraus schließt man nunmehr leicht, daß die Funktion $s(t)$ beständig wächst.

Die beiden Bogen sind also identisch, da ihre analytischen Darstellungen durch eine zulässige Parametertransformation ineinander übergeführt werden können (vgl. § 25, a)).

Nun war aber t_0 ein beliebiger Wert von t zwischen α_ν und β_ν; daraus folgt, daß *der Bogen $A_\nu B_\nu$ der Kurve $\mathfrak{H}$ aus einem einzigen Extremalenbogen der Klasse C'''* besteht.

Hiermit ist der in § 55 ausgesprochene Satz in allen seinen Teilen bewiesen.

---

[1]) Der Satz von § 33, c) würde nur zu der Ungleichung $J_{\mathfrak{H}}(H_1 H_2) \overline{\geqq} J_{\mathfrak{E}}(H_1 H_2)$ führen; erst die Anwendung des Osgood'schen Satzes liefert die hier nötige stärkere Ungleichung mit dem Zeichen $>$.

[2]) Vgl. z. B. Veblen and Lennes, *Introduction to Analysis*, p. 70, Corollary 7.

Wir erwähnen noch folgenden Zusatz zum Existenztheorem:

Ist der Bereich $\mathfrak{R}_0$ beschränkt, perfekt, zusammenhängend und extremal-konvex[1]), *so besteht die Hilbert'sche Kurve $\mathfrak{H}$ aus einem einzigen Extremalenbogen.*

Zunächst folgt nämlich aus Gleichung (184b) von § 33, daß in diesem Fall die Voraussetzung D′) erfüllt ist, wobei die kürzeste Extremale von P' nach P'' an Stelle der Kurve $\mathfrak{K}$ tritt. Sodann gelten die obigen Schlüsse nunmehr für jeden Bogen $H_1 H_2$ der Kurve $\mathfrak{H}$, mag derselbe Punkte der Begrenzung von $\mathfrak{R}_0$ enthalten oder nicht, wofern nur die beiden Punkte H_1, H_2 hinreichend nahe beieinander gewählt werden. Denn unter unserer gegenwärtigen Voraussetzung liegt die kürzeste Extremale von H_1 nach H_2 dann stets ganz im Bereich $\mathfrak{R}_0$. Daraus folgt, daß die dort für den Bogen $A_\nu B_\nu$ abgeleiteten Resultate jetzt für die Kurve $\mathfrak{H}$ in ihrer ganzen Ausdehnung gelten.

Beispiel I: (Vgl. pp. 1, 33, 79, 398).

Wir wollen schließlich noch das Hilbert'sche Existenztheorem auf die Frage des absoluten Minimums bei dem Problem der Rotationsfläche kleinsten Inhalts anwenden. Es handelt sich darum, das Integral

$$J = \int_{t_1}^{t_2} y\sqrt{x'^2 + y'^2}\, dt$$

zu einem absoluten Minimum zu machen in Beziehung auf die Gesamtheit aller gewöhnlichen Kurven, welche in dem Bereich $\mathfrak{R}$: $y \geqq 0$ von P_1 nach P_2 gezogen werden können.

Wenn es überhaupt eine Kurve gibt, welche ein absolutes Minimum für das Integral J liefert, so muß dieselbe a fortiori auch ein relatives Minimum liefern. Nun haben wir aber früher[2]) das Problem des relativen Minimums vollständig gelöst: dasselbe hat je nach der Lage des Punktes P_2 entweder eine einzige Lösung, nämlich die Goldschmidt'sche diskontinuierliche Lösung $\mathfrak{K}$, oder aber zwei Lösungen, nämlich die diskontinuierliche Lösung $\mathfrak{K}$ und außerdem noch eine Kettenlinie $\mathfrak{E}_0$ mit der x-Achse als Direktrix, welche den zu P_1 konjugierten Punkt nicht enthält. Sobald wir also beweisen können, daß ein absolutes Minimum überhaupt existiert, so folgt im ersten Fall unmittelbar, daß dasselbe von der Kurve $\mathfrak{K}$ geliefert wird, während im zweiten Fall die Lösung diejenige unter den beiden Kurven $\mathfrak{E}_0$ und $\mathfrak{K}$ sein muß, welche den kleineren Wert für das Integral J liefert.

Wir können nun zwar das Hilbert'sche Existenztheorem in der Formulierung von § 55 nicht direkt auf unser Beispiel anwenden, da unsere Voraussetzungen im Bereich $\mathfrak{R}$ nicht erfüllt sind. Dagegen führt die folgende von Mary E. Sinclair[3]) herrührende Überlegung zum Ziel.

---

[1]) Nach der Definition von § 33, b). [2]) Vgl. p. 399.

[3]) Vgl. Annals of Mathematics (2), Bd. IX, (1908) p. 151.

Wenn zunächst die Entfernung der beiden Punkte P_1, P_2 größer oder gleich $y_1 + y_2$ ist, so ist die Länge jeder zulässigen Kurve $\geqq y_1 + y_2$, und daher folgt nach dem in § 52, b) mitgeteilten Satz von Todhunter sofort, daß in diesem Fall die diskontinuierliche Lösung $\mathfrak{K}$ einen kleineren Wert für das Integral J liefert als jede andere zulässige Kurve

Es bleibt also nur der Fall zu betrachten, wo $|P_1 P_2| < y_1 + y_2$. In diesem Fall konstruieren wir die Ellipse mit den Brennpunkten P_1, P_2, für deren Punkte P

$$|P_1 P| + |P_2 P| = y_1 + y_2,$$

und bezeichnen das Innere derselben zusammen mit der Ellipse selbst mit $\mathfrak{R}_0$. Für irgend einen nicht auf der Ellipse gelegenen Punkt Q ist dann.[1])

$$|P_1 Q| + |P_2 Q| < y_1 + y_2 \text{ oder } > y_1 + y_2,$$

je nachdem der Punkt im Innern oder außerhalb der Ellipse liegt. Daraus folgt, daß die Ellipse ganz im Innern der oberen Halbebene liegt.

Ferner folgt, daß die Länge jeder zulässigen Kurve, welche nicht ganz im Innern der Ellipse verläuft, $\geqq y_1 + y_2$, und daher liefert nach dem eben erwähnten Todhunter'schen Satz jede solche Kurve für das Integral J einen größeren Wert als die diskontinuierliche Lösung $\mathfrak{K}$

Andererseits sind für den Bereich $\mathfrak{R}_0$ die Voraussetzungen A) bis D) für das Existenztheorem erfüllt. Daher gibt es mindestens eine rektifizierbare, von P_1 nach P_2 führende, ganz in $\mathfrak{R}_0$ verlaufende Kurve $\mathfrak{H}$, welche einen nicht größeren Wert für das Integral J liefert, als jede andere rektifizierbare Kurve, welche in $\mathfrak{R}_0$ von P_1 nach P_2 gezogen werden kann.

Liegt die Kurve $\mathfrak{H}$ ganz im Innern der Ellipse, so besteht sie nach dem Existenztheorem aus einem einzigen Extremalenbogen, sie muß also mit der oben erwähnten Kettenlinie $\mathfrak{E}_0$ identisch sein In diesem Fall liefert daher entweder die Extremale $\mathfrak{E}_0$ oder die diskontinuierliche Lösung $\mathfrak{K}$ oder beide das gewünschte absolute Minimum, je nachdem $J_{\mathfrak{E}_0} <$ oder $>$ oder $= J_{\mathfrak{K}}$.

Liegt dagegen die Kurve $\mathfrak{H}$ nicht ganz im Innern der Ellipse, so ist ihre Länge $> y_1 + y_2$, da sie mindestens einen Punkt P der Ellipse enthält und nicht mit dem Geradenzug $P_1 P P_2$ identisch sein kann. Daher ist, wie man leicht aus dem Satz von Todhunter ableitet, $J_{\mathfrak{H}} > J_{\mathfrak{K}}$, woraus folgt, daß in diesem Fall die Kurve $\mathfrak{K}$ das absolute Minimum liefert.

Nachdem so die Existenz eines absoluten Minimums bewiesen ist, bleibt nur noch übrig, für den Fall, wo der Punkt P_2 im Innern des auf p. 81 definierten Bereiches I liegt, zu entscheiden, welche von den beiden Kurven $\mathfrak{E}_0$ und $\mathfrak{K}$ den kleineren Wert für das Integral J liefert Diese Frage ist von MAC NEISH[2]) untersucht worden. Er findet folgende Resultate:

Auf jeder vom Punkt P_1 ausgehenden Kettenlinie mit der x-Achse als Direktrix gibt es zwischen P_1 und dem zu P_1 konjugierten Punkt P_1' einen und nur einen Punkt P_1'', für welchen der Bogen $P_1 P_1''$ der Kettenlinie dem

---

[1]) Vgl. z. B. BRIOT et BOUQUET, *Leçons de Géometrie analytique*, 14ème ed. p 224.

[2]) Annals of Mathematics; (2), Bd. VII (1905), p 72.

Integral J denselben Wert erteilt, wie die diskontinuierliche von P_1 nach P_1'' führende Lösung.

Der Ort der Punke P_1'' ist eine Kurve 𝔊, welche eine ähnliche Gestalt hat wie die Kurve 𝔉, und welche den Bereich I in zwei Teile I′ und I″ zerlegt (siehe Fig 101). Liegt der Punkt P_2 im Innern von I′, so liefert die Kettenlinie den kleineren Wert; liegt der Punkt P_2 auf der Kurve 𝔊, so liefern beide Lösungen denselben Wert; liegt der Punkt P_2 im Innern des Bereiches I″, so liefert die diskontinuierliche Lösung den kleineren Wert

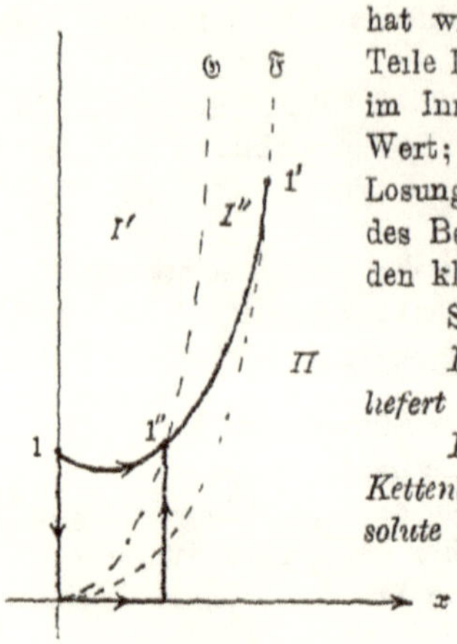

Fig 101.

Somit erhalten wir folgendes Schlußresultat

Liegt der Punkt P_2 im Innern des Bereiches I′, so liefert die Kettenlinie, und nur sie, das absolute Minimum

Liegt der Punkt P_2 auf der Kurve 𝔊, so liefern die Kettenlinie und die diskontinuierliche Lösung beide das absolute Minimum.

Für jede andere Lage des Punktes P_2 liefert die diskontinuierliche Lösung, und nur sie, das absolute Minimum.

§ 58. Ein Satz von Darboux über das absolute Extremum.

Wenn längs einer vom Punkt P_1 ausgehenden Extremalen 𝔈 die Bedingungen (II′) und (IV′) von § 32, b) erfüllt sind, so wird ein Bogen $P_1 P_2$ dieser Extremalen ein starkes relatives Minimum für das Integral J liefern, solange der Punkt P_2 zwischen P_1 und dem zu P_1 konjugierten Punkt P_1' liegt; das relative Minimum wird dagegen aufhören (abgesehen von den beiden in § 47, c) angeführten Ausnahmefällen), wenn der Punkt P_2 mit P_1' zusammenfällt.

Aus der Beziehung zwischen dem relativen und dem absoluten Extremum folgt daher a priori, daß das absolute Extremum spätestens im Punkt P_1' aufhören muß. Darboux[1]) hat nun aber gezeigt, daß *das absolute Minimum stets schon vor dem relativen aufhört*, wenn die eben erwähnten Ausnahmefälle ausgeschlossen werden.

Denn da wir voraussetzen, daß der Extremalenbogen $P_1 P_1'$ schon kein relatives Minimum mehr liefert, so können wir eine benachbarte, von P_1 nach P_1' führende Kurve 𝔈 angeben, für welche die Differenz

$$J_{\mathfrak{E}}(P_1 P_1') - J_{\mathfrak{C}}(P_1 P_1') = k$$

einen positiven Wert hat. Wählen wir dann den Punkt P_2 zwischen P_1 und P_1' so nahe bei P_1', daß zugleich[2])

[1]) *Théorie des surfaces*, Bd III (1894), p. 89; vgl auch Zermelo, Jahresbericht der deutschen Mathematikervereinigung, Bd XI (1902), p. 184.

[2]) Wegen der Bezeichnung $\mathfrak{E}^{-1}$ vgl. § 25, b).

$$\left|J_{\mathfrak{E}}(P_2P_1')\right| < \frac{k}{2}, \quad \text{und} \quad \left|J_{\mathfrak{E}^{-1}}(P_1'P_2)\right| < \frac{k}{2},$$

so erteilt der aus der Kurve $\mathfrak{E}$ und dem Bogen $P_1'P_2$ der Kurve $\mathfrak{E}^{-1}$ zusammengesetzte Weg dem Integral J einen kleineren Wert als der Extremalenbogen P_1P_2; letzterer liefert also sicher kein absolutes Minimum.

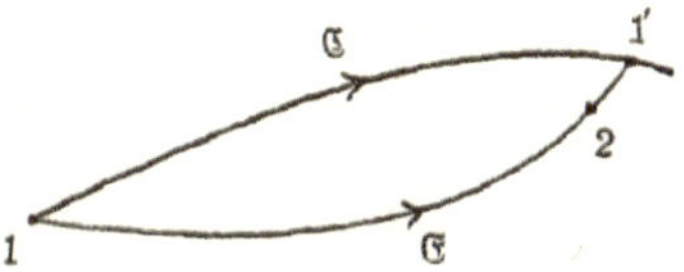

Fig. 102.

DARBOUX schließt dann weiter (wenigstens für den speziellen Fall der geodätischen Linien), daß *es zwischen P_1 und P_1' einen ganz bestimmten Punkt P_1'' geben muß*[1]), *derart daß der Extremalenbogen P_1P_2 für $P_1 \prec P_2 \preceq P_1''$ das absolute Minimum liefert, dagegen nicht mehr für $P_1'' \prec P_2$*

Um eine feste Grundlage für den Beweis zu haben, nehmen wir an, daß für das betrachtete Variationsproblem die Voraussetzungen A), B), C) und D') von § 55 erfüllt sind, und daß der Bogen P_1P_1' der Extremalen $\mathfrak{E}$ ganz im Innern des Bereiches $\mathfrak{R}_0$ liegt

Wir wählen den Punkt P_2 beliebig auf dem Extremalenbogen P_1P_1' und betrachten in der Bezeichnung von § 57 die Differenz

$$J_{\mathfrak{E}}(P_1P_2) - i(P_1P_2). \tag{32}$$

Sind t_1, t_2, t_1' die Parameter der Punkte P_1, P_2, P_1' auf der Extremalen $\mathfrak{E}$, so ist die Differenz (32) eine im Intervall $t_1 \leqq t_2 \leqq t_1'$ eindeutig definierte Funktion von t_2, die wir mit $f(t_2)$ bezeichnen. Nach § 57, a) ist dieselbe in dem angegebenen Intervall stetig und nach der Definition des Zeichens $i(P_1P_2)$ ist überdies

$$f(t_2) \geqq 0 \quad \text{für} \quad t_1 \leqq t_2 \leqq t_1'. \tag{33}$$

Ist t_2 hinreichend nahe bei t_1, so ist $f(t_2) = 0$, weil dann nach § 33, a) und c) der Extremalenbogen P_1P_2 das absolute Minimum des Integrals J liefert; ebenso ist wegen (16): $f(t_1) = 0$

Andererseits ist nach der über den konjugierten Punkt P_1' gemachten Annahme

$$f(t_1') > 0$$

Es sei jetzt t_1'' die untere Grenze derjenigen Werte von t_2 im Intervall $[t_1t_1']$, für welche $f(t_2) > 0$. Dann folgt aus der Stetigkeit von $f(t_2)$, daß $f(t_1'') = 0$, sodaß also wegen (33)

$$f(t_2) = 0 \quad \text{für} \quad t_1 \leqq t_2 \leqq t_1''. \tag{34}$$

Dagegen ist

$$f(t_2) > 0 \quad \text{für} \quad t_1'' < t_2 \leqq t_1'. \tag{35}$$

---

[1]) Wegen der Bedeutung des Zeichens $\prec$ siehe p 190.

Denn wenn t_2 zwischen den angegebenen Grenzen liegt, so können wir nach der Bedeutung von t_1'' stets zwischen t_1'' und t_2 einen Wert t_3 finden, für welchen $f(t_3) > 0$. Dann gibt es nach der Bedeutung des Zeichens $i(P_1 P_3)$ eine der Menge $\mathfrak{M}(P_1 P_3)$ angehörige Kurve $\mathfrak{C}$, für welche

$$J_{\mathfrak{C}}(P_1 P_3) < J_{\mathfrak{E}}(P_1 P_3).$$

Also liefert auch die aus der Kurve $\mathfrak{C}$ und dem Bogen $P_3 P_2$ von $\mathfrak{E}$ zusammengesetzte Kurve einen kleineren Wert für das Integral J als der Bogen $P_1 P_2$ von $\mathfrak{E}$, es muß also in der Tat $f(t_2) > 0$ sein. Die hiermit bewiesenen Relationen (34), (35) drücken aber gerade den oben ausgesprochenen Satz aus. Darüber hinaus gilt aber noch der folgende Satz:

Liegt der Punkt P_2 zwischen P_1 und P_1'', so ist der Bogen $P_1 P_2$ der Extremalen $\mathfrak{E}$ die einzige Kurve, welche das absolute Minimum liefert, mit anderen Worten: dieser Bogen erteilt dem Integral J einen kleineren Wert als jede andere rektifizierbare Kurve, welche in $\mathfrak{R}_0$ von P_1 nach P_2 gezogen werden kann.

Denn angenommen, es gäbe eine von dem Extremalenbogen $\mathfrak{E}$ verschiedene Kurve $\mathfrak{C}$ der Menge $\mathfrak{M}(P_1 P_2)$, für welche

$$J_{\mathfrak{C}}(P_1 P_2) = J_{\mathfrak{E}}(P_1 P_2) \quad (= i(P_1 P_2)); \tag{36}$$

dann hat die Kurve $\mathfrak{C}$ alle in § 57, d) von der Hilbert'schen Kurve $\mathfrak{H}$ bewiesenen Eigenschaften. Da der Punkt P_2 ein innerer Punkt von $\mathfrak{R}_0$ ist, so besteht sie daher, falls sie ganz im Innern von $\mathfrak{R}_0$ liegt, aus einem einzigen Extremalenbogen, oder aber sie besitzt, falls sie Punkte mit der Begrenzung von $\mathfrak{R}_0$ gemeinsam hat, einen letzten der Begrenzung von $\mathfrak{R}_0$ angehörigen Punkt P_3, und es ist dann der Bogen $P_3 P_2$ ein Extremalenbogen. In beiden Fällen kann die Kurve $\mathfrak{C}$ im Punkte P_2 die Extremale $\mathfrak{E}$ nicht gleichsinnig berühren; denn sonst müßte nach § 23, c) und d) und § 27, a) wegen der Voraussetzung C) entweder die Kurve $\mathfrak{C}$ mit dem Bogen $P_1 P_2$ der Extremalen $\mathfrak{E}$ identisch sein, oder sie müßte diesen Bogen als Bestandteil enthalten; ersteres verstößt gegen unsere Annahme über die Kurve $\mathfrak{C}$, letzteres gegen die Voraussetzung B) und die Gleichung (36).

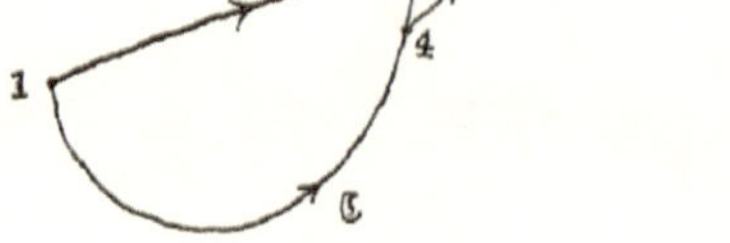

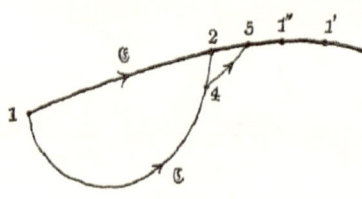

Fig 103

Nunmehr[1]) können wir einerseits auf der Kurve $\mathfrak{C}$ einen Punkt P_4 und andererseits auf der Extremalen $\mathfrak{E}$ zwischen P_2 und P_1'' einen

[1]) Vgl für diesen Schluß Darboux, loc. cit. p. 90, Fußnote.

Punkt P_5 annehmen, beide so nahe bei P_2, daß wir nach § 33, c) von P_4 nach P_5 eine ganz in $\mathfrak{R}_0$ verlaufende „kürzeste" Extremale $\mathfrak{E}'$ ziehen können, welche einen kleineren Wert für das Integral J liefert, als die wegen der Ecke im Punkt P_2 sicher von ihr verschiedene, zusammengesetzte Kurve $P_4 P_2 P_5$. Dann ist aber nach (36)

$$J_{\mathfrak{C}}(P_1 P_5) = J_{\mathfrak{C}}(P_1 P_2) + J_{\mathfrak{C}}(P_2 P_5) > J_{\mathfrak{C}}(P_1 P_4) + J_{\mathfrak{E}'}(P_4 P_5)$$

Das ist aber nicht möglich, weil nach (34): $J_{\mathfrak{C}}(P_1 P_5) = i(P_1 P_5)$. Es kann also keine Kurve $\mathfrak{C}$ von den angegebenen Eigenschaften geben, womit unsere Behauptung bewiesen ist

Der Punkt P_1'' hat die weitere, für geodätische Linien ebenfalls schon von Darboux bemerkte Eigentumlichkeit, daß *es eine von dem Bogen $P_1 P_1''$ von $\mathfrak{E}$ verschiedene Kurve $\mathfrak{H}$ der Menge $\mathfrak{M}(P_1 P_1'')$ gibt, für welche*

$$J_{\mathfrak{H}}(P_1 P_1'') = J_{\mathfrak{E}}(P_1 P_1''). \tag{37}$$

Zum Beweis nehmen wir auf der Extremalen $\mathfrak{E}$ zwischen P_1'' und P_1' eine unendliche Folge von Punkten $\{Q_\nu\}$ an, welche für $\nu = \infty$ gegen P_1'' konvergiert. Für jedes ν gibt es dann nach dem Hilbert'schen Existenztheorem eine nach (35) von dem Extremalenbogen $P_1 Q_\nu$ von $\mathfrak{E}$ verschiedene Kurve $\mathfrak{C}_\nu$ von $\mathfrak{M}(P_1 Q_\nu)$, für welche

$$J_{\mathfrak{C}_\nu}(P_1 Q_\nu) = i(P_1 Q_\nu).$$

Bezeichnen wir mit $\mathfrak{K}_\nu$ die aus der Kurve $\mathfrak{C}_\nu$ und dem Bogen $Q_\nu P_1''$ von $\mathfrak{E}^{-1}$ zusammengesetzte Kurve, so konvergiert nach § 57, a) der Wert des Integrals $J_{\mathfrak{K}_\nu}(P_1 P_1'')$ für $\nu = \infty$ gegen $i(P_1 P_1'')$ Daher können wir nach § 57, b) aus der Folge $\{\mathfrak{K}_\nu\}$ eine Teilfolge $\{\mathfrak{K}_{\nu_k}\}$ herausgreifen, welche für $k = \infty$ gleichmäßig gegen eine Kurve $\mathfrak{H}$ der Menge $\mathfrak{M}(P_1 P_1'')$ konvergiert, für welche

$$J_{\mathfrak{H}}(P_1 P_1'') = i(P_1 P_1''),$$

und für welche also wegen (34) die Gleichung (37) gilt.

Angenommen diese Kurve $\mathfrak{H}$ wäre mit dem Bogen $P_1 P_1''$ der Extremalen $\mathfrak{E}$ identisch. Dann könnten wir, da der letztere ganz im Inneren von $\mathfrak{R}_0$ liegt, eine ganze Zahl n angeben, so daß sämtliche Kurven $\mathfrak{K}_{\nu_k}$, für welche $k > n$, ebenfalls im Innern von $\mathfrak{R}_0$ liegen. Dann müßten aber nach § 57, d) die Kurven $\mathfrak{C}_{\nu_k}$ für $k > n$ Bogen der Extremalenschar durch den Punkt P_1 sein, deren Schnittpunkte Q_{ν_k} mit der Extremalen $\mathfrak{E}$ für $k = \infty$ gegen P_1'' konvergieren. Da P_1'' kein zu P_1 konjugierter Punkt (im weiteren Sinn) ist, so führt dies, wie man leicht zeigt, zu einem Widerspruch mit der in § 29, c) bewiesenen Eigenschaft nicht-konjugierter Punkte. Somit muß also die

Kurve $\mathfrak{H}$ von dem Bogen $P_1 P_1''$ der Extremalen $\mathfrak{E}$ verschieden sein, womit unsere Behauptung bewiesen ist.

Bestimmt man auf jeder vom Punkt P_1 ausgehenden Extremalen den Punkt P_1'', so ist der geometrische Ort des Punktes P_1'' eine Kurve[1]), die wir mit $\mathfrak{G}$ bezeichnen, und die für das absolute Extremum dieselbe Rolle spielt, wie die Enveloppe $\mathfrak{F}$ für das relative

Liegt die oben mit $\mathfrak{H}$ bezeichnete Kurve ganz im Innern des Bereiches $\mathfrak{R}_0$, so besteht sie aus einem einzigen, von P_1 nach P_1'' führenden Extremalenbogen. Wegen der Voraussetzung B) können wir sowohl auf $\mathfrak{H}$ als auf $\mathfrak{E}$ den Integralwert u als Parameter einführen und beide Kurven in der Normalform (188) von § 33, c) darstellen:

$$\mathfrak{E}: \qquad x = \varphi[u, a_0], \quad y = \psi[u, a_0], \quad 0 \lesseqgtr u \lesseqgtr c,$$

$$\mathfrak{H}: \qquad x = \varphi[u, a_1], \quad y = \psi[u, a_1], \quad 0 \lesseqgtr u \lesseqgtr c,$$

wobei c den für beide Kurven gemeinsamen Integralwert im Punkt P_1'' bedeutet, während $a_1 \neq a_0$. Im Punkt P_1'' ist dann

$$\varphi[c, a_1] = \varphi[c, a_0], \quad \psi[c, a_1] = \psi[c, a_0]$$

Diese Gleichungen sagen aber aus, daß *der Punkt P_1'' ein Doppelpunkt der Transversalen*

$$x = \varphi[c, a], \quad y = \psi[c, a], \quad 0 \lesseqgtr a \lesseqgtr 2\pi \tag{38}$$

der Extremalenschar durch den Punkt P_1 ist.

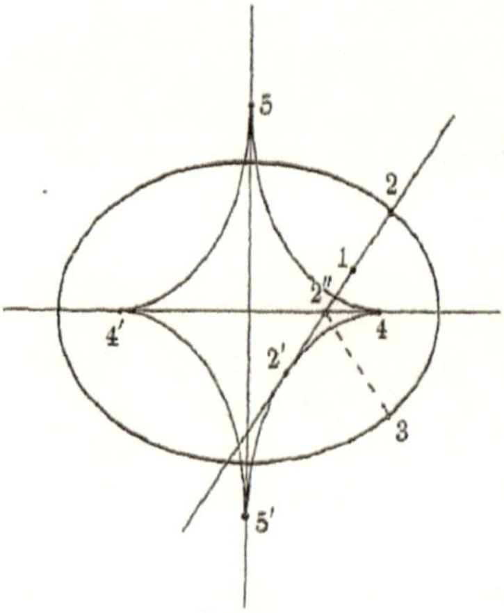

Fig 104

Die vorangehenden allgemeinen Sätze werden durch die in § 57, e) für die Rotationsfläche kleinsten Inhalts erhaltenen Resultate bestätigt

Noch einfacher ist das folgende Beispiel[2]), welches zugleich zeigt, daß analoge Sätze auch für Probleme mit variabeln Endpunkten gelten:

Die kürzeste Kurve von einem gegebenen Punkt P_1 nach einer gegebenen Ellipse zu ziehen.

Die gesuchte Kurve ist nach § 40 eine von P_1 auf die Ellipse gefällte Normale $P_1 P_2$. Ist P_2' der zum Punkt P_2 gehörige Krümmungsmittelpunkt der Ellipse, so liefert die Normale $P_1 P_2$ ein relatives Minimum, wenn der Punkt P_1 auf derselben Seite des Punktes P_2' liegt wie der Punkt P_2. Dagegen hört das relative Minimum auf, wenn P_2 mit P_2' zusammenfällt

[1]) Zermelo, loc. cit p. 185, nennt diese Kurve für den Fall der geodätischen Linien die „*Doppelabstandskurve*"

[2]) Vgl. Darboux, loc. cit, p 91

(außer wenn P_2' mit einer der auf der großen Achse der Ellipse gelegenen Spitzen[1]) P_4 und P_4' der Evolute $\mathfrak{F}$ zusammenfällt

Zwischen dem Punkt P_2 der Ellipse und dem Krummungsmittelpunkt P_2' existiert nun (abgesehen von dem eben erwähnten Ausnahmefall) stets ein Punkt P_2'', von dem aus außer der Normalen $P_2'' P_2$ noch eine zweite, mit ihr gleichlange Normale $P_2'' P_3$ an die Ellipse gezogen werden kann, nämlich der Schnittpunkt der Normalen im Punkt P_2 mit der großen Achse der Ellipse

Liegt dann der Punkt P_1 zwischen P_2'' und P_2 oder jenseits des Punktes P_2, so liefert die Normale $P_1 P_2$, und nur sie, das absolute Minimum; fällt P_1 mit P_2'' zusammen, so liefern die gleichlangen Normalen $P_2'' P_2$ und $P_2'' P_3$ beide das absolute Minimum; liegt P_1 zwischen P_2'' und P_2', so liefert die Normale $P_1 P_2$ noch das relative, aber nicht mehr das absolute Minimum; von P_2' an hört auch das relative Minimum auf

Die Kurve $\mathfrak{G}$ ist also hier das Segment $P_4 P_4'$ der großen Achse; dasselbe ist in der Tat (zusammen mit dem entsprechenden Segment $P_5 P_5'$ der kleinen Achse) der geometrische Ort der im endlichen gelegenen Doppelpunkte der Parallelkurven[2]) der Ellipse, welche im gegenwärtigen Fall an die Stelle der Transversalenschar (38) tritt

[1]) Diese Spitzen sind nämlich gerade von der ausgeschlossenen Art, in diesem Ausnahmefall, welcher eintritt, wenn der Punkt P_1 auf der großen Achse der Ellipse liegt, gelten auch in der Tat die Darboux'schen Sätze nicht mehr

[2]) Vgl z. B Loria, *Spezielle algebraische und transzendente Kurven*, (1902) p. 648.

Übungsaufgaben zu Kapitel VI bis IX.

1. Für Beispiel XVII $F = \frac{y y'^3}{x'^2 + y'^2}$ *die Transversalitätsbedingung* aufzustellen (§ 36).

Lösung

$$y_1 \sin^2\theta_1 (-\sin 2\theta_1 \cos\tilde{\theta}_1 + (2 + \cos 2\theta_1) \sin\tilde{\theta}_1) = 0.$$

(Kneser)

2. Für Beispiel XIII: $F = G(x, y)\sqrt{x'^2 + y'^2}$ *die Transversalitätsbedingung mittels der Indikatrix* abzuleiten (§ 36).

3. Für Beispiel XIV:

$$F = \tfrac{1}{2}(xy' - yx') - R\sqrt{x'^2 + y'^2}.$$

a) Die *Transversalitätsbedingung* aufzustellen. Elementargeometrische Konstruktion von θ_1, wenn $x_1, y_1, \tilde{\theta}_1$ gegeben sind (§ 36).

b) *Zu der Extremalenschar durch den Koordinatenanfangspunkt O die Transversalenschar zu bestimmen* (§§ 31, 44).

Lösung: Die Schar konzentrischer Kreise mit dem Mittelpunkt O.

c) Die Kurve $\mathfrak{K}$ schneide die Extremale $\mathfrak{E}_0$ im Punkt P_1 transversal: *den Brennpunkt der Kurve $\mathfrak{K}$ auf der Extremalen $\mathfrak{E}_0$ zu bestimmen,* sowohl nach der Formel (47) von § 39 als mittels der Extremalenschar, welche von $\mathfrak{K}$ transversal geschnitten wird (§ 40).

Lösung: Sind $\theta_1, \tilde{\theta}_1$ die Tangentenwinkel von $\mathfrak{E}_0$, beziehungsweise $\mathfrak{K}$ im Punkt P_1, $\tilde{r}_1$ der Krümmungsradius von $\mathfrak{K}$ in P_1, D_1 der Abstand des Punktes P_1 vom Koordinatenanfangspunkt O, γ die Amplitude des Vektors OP_1, so lautet die Gleichung zur Bestimmung des Tangentenwinkels θ_1'' von $\mathfrak{E}_0$ im Brennpunkt P_1'':

$$2\tilde{r}_1 \sin(\theta_1'' - \tilde{\theta}_1)\sin^2(\theta_1 - \tilde{\theta}_1) + \sin(\theta_1'' - \theta_1)(D_1 \sin(\theta_1 - \gamma) - 2R) = 0$$

Wenn insbesondere $\tilde{r}_1 = \infty$, so ist die Tangente an $\mathfrak{E}_0$ in P_1'' parallel der Tangente an $\mathfrak{K}$ im Punkt P_1.

4. *Für das Aktionsintegral*[1])

$$\mathfrak{A} = \int_{\tau_0}^{\tau_1} \sqrt{2(U(x, y) + h)}\sqrt{\left(\frac{dx}{d\tau}\right)^2 + \left(\frac{dy}{d\tau}\right)^2}\, d\tau$$

die Bedingung zur Bestimmung des Punktes P_0 aufzustellen, wenn der Anfangspunkt P_0 auf einer gegebenen Kurve $\mathfrak{K}$ beweglich, der Endpunkt P_1 fest ist (§ 36, b)).

---

[1]) Vgl. Aufgabe 9, p. 296.

Dabei wird vorausgesetzt, daß die Anfangsgeschwindigkeit v_0 und das Potential $U(x, y)$ von den Koordinaten der Endpunkte unabhängig sind, und daß die Konstante h bestimmt ist durch die Gleichung

$$v_0^2 = 2\,(U(x_0, y_0) + h)$$

Lösung: Die Gleichung zur Bestimmung des Punktes P_0 auf der Kurve $\mathfrak{K}$ lautet:

$$v_0 \cos(\tilde{\theta}_0 - \theta_0) + (t_1 - t_0)(X_0 \cos\tilde{\theta}_0 + Y_0 \sin\tilde{\theta}_0) = 0.$$

Dabei bedeutet t die Zeit, X_0, Y_0 die Komponenten der Kraft im Punkt P_0.

Für den speziellen Fall eines *schweren materiellen Punktes* [1]) reduziert sich die Bedingung darauf, daß die Tangente an die Extremale im Punkt P_1 senkrecht zur Tangente an die Kurve $\mathfrak{K}$ im Punkt P_0 sein muß, also dieselbe Bedingung wie bei der Brachistochrone (Buck)

5*. *Die Gleichung zur Bestimmung des Brennpunktes für das Integral*

$$J = \int_{x_1}^{x_2} f(x, y, y')\,dx, \qquad y' = \frac{dy}{dx}$$

aufzustellen (§ 39).

Lösung: Die Kurve $\mathfrak{K}$ sei gegeben in der Form: $y = \tilde{y}(x)$; sie schneide die Extremale $\mathfrak{E}_0: y = y(x)$ transversal im Punkt P_1; $\Delta(x, x_1)$ habe dieselbe Bedeutung wie in § 12. Setzt man dann

$$\begin{aligned} A_1 &= f_x + (2\tilde{y}' - y')f_y + \tilde{y}''f_{y'} + (\tilde{y}' - y')^2 f_{y'y}\,\big|^1, \\ B_1 &= (\tilde{y}' - y')^2 f_{y'y'}\,\big|^1, \end{aligned} \tag{39}$$

so lautet die Gleichung zur Bestimmung des Brennpunktes der Kurve $\mathfrak{K}$ auf der Extremalen $\mathfrak{E}_0$:

$$A_1\,\Delta(x, x_1) + B_1\,\frac{\partial\Delta(x, x_1)}{\partial x_1} = 0. \tag{40}$$

6 *Das Integral* [2])

$$J = \tfrac{1}{2}\int_{x_1}^{x_2} (y'^2 - y^2)\,dx$$

soll zu einem Minimum gemacht werden; der Anfangspunkt ist fest und fällt mit dem Koordinatenanfangspunkt zusammen; der Endpunkt ist auf der Kurve

$$y = (\alpha - x)^{\frac{1}{3}}, \qquad (\alpha > 0)$$

beweglich (§ 38).

Lösung:

$$y = \frac{y_2 \sin x}{\sin x_2},$$

wo x_2 der Gleichung

$$3\,(x_2 - \alpha) - \sin 2x_2 = 0$$

---

[1]) Vgl Aufgabe 10, p. 296. [2]) Vgl. Aufgabe 3, p. 144.

genügt. Für ein Minimum ist notwendig, daß: $x_2 < \alpha$, und $x_2 \overline{\gtrless} \pi$ Diese Bedingungen sind nur vereinbar, wenn

$$\frac{\pi}{2} < \alpha < \pi .$$

Numerisches Beispiel: $\alpha = 2$; dann ist $x_2 = 1\ 88$, $y_2 = 0\ 55$.

Andeutung· Wende die „Differentiationsmethode" von § 38 an und mache von den Formeln (75) von p. 147 Gebrauch (A Mayer)

7. *Konstruktion einer Kettenlinie mit der x-Achse als Direktrix, welche durch einen gegebenen Punkt geht und eine gegebene Gerade senkrecht schneidet* (§ 39)

Lösung: Die Konstantenbestimmung, bei der man von dem Satz, daß alle Kettenlinien ähnlich sind, Gebrauch machen kann, führt auf eine transzendente Gleichung von der Form

$$\text{Ch}\, u = au + b$$

8*. *Es sei eine Kurve $\mathfrak{K}$ gegeben und auf ihr ein Punkt P_1, einen zweiten Punkt P_2 auf $\mathfrak{K}$ und eine von P_1 nach P_2 führende Kurve $\mathfrak{C}$ von gegebener Länge l zu bestimmen derart, daß der von dem Bogen $P_1 P_2$ der Kurve $\mathfrak{K}$ und dem Bogen $P_1 P_2$ der Kurve $\mathfrak{C}$ eingeschlossene Flächenraum ein Maximum wird.*

Andeutungen· Führe Polarkoordinaten ein mit dem Punkt P_1 als Pol Ist P ein beliebiger Punkt der Kurve $\mathfrak{K}$ und $|P_1 P| = r$, so bedeute $\varphi(r)$ den Inhalt der zwischen der Geraden $P_1 P$ und dem Bogen $P_1 P$ der Kurve $\mathfrak{K}$ enthaltenen Fläche Führt man dann auf den zulässigen Kurven die Bogenlänge s, gemessen vom Punkt P_1 aus, als unabhängige Variable ein (vgl. Aufgabe 35 von p 149), so ist die gegebene Aufgabe mit der folgenden äquivalent. Das Integral

$$J = \tfrac{1}{2}\int_0^l (r\sqrt{1 - r'^2} + 2\varphi'(r)\, r')\, ds$$

zu einem Maximum zu machen in Beziehung auf die Gesamtheit der Kurven

$$r = r(s), \qquad 0 \overline{\gtrless} s \overline{\gtrless} l$$

in der r, s-Ebene, welche vom Koordinatenanfangspunkt nach der Geraden $s = l$ gezogen werden können, und welche abgesehen von Stetigkeitsbedingungen den Ungleichungen

$$r(s) \overline{\gtrless} 0, \qquad |r'(s)| \overline{\gtrless} 1 \quad \text{für} \quad 0 \overline{\gtrless} s \overline{\gtrless} l$$

genügen (§§ 7, 38—41).

Lösung: Die gesuchte Kurve in der x, y-Ebene ist ein Kreisbogen, welcher im Punkt P_2 auf der Kurve $\mathfrak{K}$ senkrecht steht. Ist 2χ der Zentriwinkel des Kreisbogens $P_1 P_2$, ferner $r_2 = |P_1 P_2|$ und ϱ_2 der Krümmungsradius der Kurve $\mathfrak{K}$ im Punkt P_2, so muß überdies die Ungleichung

$$\frac{r_2}{\varrho_2} \overline{\gtrless} \frac{\sin 2\chi - 2\chi \cos 2\chi}{2(\sin\chi - \chi\cos\chi)}$$

erfüllt sein (Erdmann, Kneser)

9*. *Die Bliss'sche Bedingung von § 42 mittels des Extremalenintegrals herzuleiten* (DRESDEN)

10* *Zwischen zwei koaxialen Kreisringen die Rotationsfläche kleinsten Inhalts zu spannen* (§ 42) [1])

Konstantenbestimmung. Bei welcher Entfernung der beiden Kreisringe hört das Minimum auf? Behandle zunächst den Fall kongruenter Kreisringe

Lösung für den Fall kongruenter Kreisringe· Ist R der Radius des erzeugenden Kreises und D der Abstand seines Mittelpunktes von der Rotationsachse, so ist der Abstand der Mittelebenen der beiden Kreisringe im Moment, wo das Minimum aufhört, gegeben durch

$$\frac{2}{\operatorname{Ch} t_1}\{R - Dt_1 - Rt_1 \operatorname{Th} t_1\}$$

wo t_1 der Gleichung genügt

$$\frac{R}{D} = \frac{\operatorname{Ch} t_1 (t_1 \operatorname{Sh} t_1 - \operatorname{Ch} t_1)}{(1 - \operatorname{Sh}^2 t_1) t_1 + 2 \operatorname{Sh} t_1 \operatorname{Ch} t_1}$$

(MARY E. SINCLAIR)

11 *Den kürzesten Abstand zwischen einer Parabel und einem Kreis zu bestimmen.* Detaillierte Diskussion der verschiedenen möglichen Fälle Unterscheidung von relativem und absolutem Minimum (§ 42)

12*. *Es sei ein Kreis $\mathfrak{K}_0$ und eine von ihm ausgehende Kurve $\mathfrak{K}_1$ gegeben: von einem nicht vorgeschriebenen Punkt des Kreises $\mathfrak{K}_0$ nach der Kurve $\mathfrak{K}_1$ eine Kurve $\mathfrak{C}$ von gegebener Länge zu ziehen, welche mit den Kurven $\mathfrak{K}_0$ und $\mathfrak{K}_1$ zusammen eine Fläche maximalen Inhalts einschließt* (§ 38—42).

(KNESER, Mathematische Annalen Bd. LVI, p. 200)

13* Den *Transversalensatz* und den *Enveloppensatz* mittels des Extremalenintegrals abzuleiten (§§ 37, 44).

14. Sind zwei Punkte P_1 und P_2 auf zwei Kurven $\mathfrak{K}_1$, resp $\mathfrak{K}_2$ beweglich, welche durch ihre Bogenlängen s_1, resp s_2 als Parameter dargestellt sind, so ist *das Differential des Abstandes* $|P_1 P_2|$ *beider Punkte,* als Funktion der beiden unabhängigen Variabeln s_1, s_2:

$$d\,|P_1 P_2| = \cos\omega_2\, ds_2 - \cos\omega_1\, ds_1, \tag{41}$$

wenn ω_i den Winkel zwischen der Richtung $P_1 P_2$ und der positiven Tangente an die Kurve $\mathfrak{K}_i$ im Punkt P_i bedeutet (§ 37).

15. Ausdehnung des vorangehenden Satzes auf geodätische Linien. Daraus die Sätze von § 43, a) und c) abzuleiten. (DARBOUX)

16. Zieht man von einem Punkt P die Normalen PP_1 und PP_2 nach zwei gegebenen Kurven $\mathfrak{K}_1$, $\mathfrak{K}_2$, so hat die Kurve

$$|PP_1| + |PP_2| = \text{konst} \tag{42}$$

---

[1]) Das bekannte Plateau'sche Experiment, wenn die Dimensionen des Drahtquerschnitts berücksichtigt werden

die Eigenschaft, daß ihre Tangente im Punkt P den Winkel zwischen der Geraden PP_2 und der Verlängerung der Geraden PP_1 halbiert; dagegen halbiert die Tangente der Kurve

$$|PP_1| - |PP_2| = \text{konst} \tag{43}$$

im Punkt P den Winkel der beiden Geraden PP_1 und PP_2.

Die beiden Kurvenscharen (42) und (43) sind orthogonal Schrumpfen die beiden Kurven $\mathfrak{K}_1$, $\mathfrak{K}_2$ zu Punkten zusammen, so erhält man bekannte Satze über Ellipse und Hyperbel (§ 37; vgl. Aufgabe Nr 14).

17 Den vorangehenden Satz einerseits auf geodätische Linien zu verallgemeinern (Darboux; *geodatische Ellipsen und Hyperbeln*), andererseits auf das Variationsproblem, für welches

$$F = G(x, y)\sqrt{x'^2 + y'^2}$$

18. Ist θ irgend eine Lösung der partiellen Differentialgleichung

$$\frac{\mathsf{G}\left(\frac{\partial \theta}{\partial u}\right)^2 - 2\mathsf{F}\left(\frac{\partial \theta}{\partial u}\right)\left(\frac{\partial \theta}{\partial v}\right) + \mathsf{E}\left(\frac{\partial \theta}{\partial v}\right)^2}{\mathsf{EG} - \mathsf{F}^2} = 1, \tag{44}$$

so stellt die Gleichung

$$\theta(u, v) = \text{konst.}$$

eine Schar von „*Parallelkurven*“ der Fläche dar, für welche das Linienelement gegeben ist durch $ds^2 = \mathsf{E}du^2 + 2\mathsf{F}du\,dv + \mathsf{G}dv^2$. Umgekehrt läßt sich jede Schar von Parallelkurven in dieser Form darstellen (§ 20, b), § 31 c), § 43)

(Darboux)

19. Kennt man eine Losung der partiellen Differentialgleichung (44), welche eine nicht additive Konstante β enthält, so ist *das allgemeine Integral der Differentialgleichung der geodatischen Linien* gegeben durch

$$\frac{\partial \theta}{\partial \beta} = \alpha$$

Bei festgehaltenem β sind die beiden Kurvenscharen $\theta = \text{konst}$ und $\partial\theta/\partial\beta = \text{konst}$ orthogonal (§ 20, d), § 31, c), § 43). (Darboux)

20*. *Verallgemeinerung des Begriffs des Winkels:* Es sei $A_0 A_1$ ein Bogen einer Transversalen $\mathfrak{K}$ der vom Punkt $O(x_0, y_0)$ ausgehenden Extremalenschar, und OA_0, OA_1 die beiden nach A_0 und A_1 führenden Extremalen dieser Schar. Ferner bezeichne

$$l = J_{\mathfrak{K}}(A_0 A_1),$$

$$r = J_{\mathfrak{E}_0}(OA_0) = J_{\mathfrak{E}_1}(OA_1),$$

und es werde vorausgesetzt, daß

$$F(x_0, y_0, \cos\gamma, \sin\gamma) > 0$$

für jedes γ Alsdann definiert Bliss den Grenzwert

$$\Omega = \mathop{L}_{r=0} \frac{l}{r}$$

als den „verallgemeinerten" Winkel zwischen den Extremalen OA_0 und OA_1. Der Wert desselben wird ausgedrückt durch das bestimmte Integral

$$\Omega = \int_{\theta_0}^{\theta_1} \frac{F(x_0, y_0, \cos\tilde{\theta}, \sin\tilde{\theta})\, d\theta}{F(x_0, y_0, \cos\theta, \sin\theta)\sin(\tilde{\theta}-\theta)}.$$

Dabei sind θ_0, θ_1 die Tangentenwinkel der Extremalen OA_0, OA_1 im Punkt O, und $\tilde{\theta}$ ist diejenige der beiden[1]) zur Richtung θ transversalen Richtungen, welche zur Linken der Richtung θ liegt, wenn, wie vorausgesetzt wird, $\theta_0 < \theta_1$ (§ 44, b))

Andeutung Stelle die Extremalenschar durch den Punkt O in der Normalform (188) von § 33 dar (Bliss)

21. Für das Integral

$$J = \tfrac{1}{2}\int_{x_1}^{x_2} (y^2 - y'^2)\, dx$$

den Zusatz III von § 44, b) zu verifizieren (vgl Aufgabe 3 auf p 144) (Kneser)

22 Die *kurzeste Entfernung von einem Punkt nach einer Ellipse* zu bestimmen Den Fall zu diskutieren, wo der gegebene Punkt auf der Evolute der Ellipse liegt (§§ 38—41, 47).

23*. Für das *abgeplattete Rotationsellipsoid*

$$\frac{x^2+z^2}{a^2} + \frac{y^2}{b^2} = 1, \qquad a > b$$

ist der Äquator eine geodätische Linie. Der auf dem Äquator zu einem Punkt A gehörige konjugierte Punkt A' hat gegen A einen Längenunterschied $\pi b/a$ Der Bogen AA' des Äquators liefert ein Minimum der Länge (§ 47).

(v. Braunmühl, Osgood)

24*. Die *Eckenbedingung* für diskontinuierliche Lösungen für das Integral

$$J = \int_{x_1}^{x_2} f(x, y, y')\, dx, \qquad y' = \frac{dy}{dx}$$

abzuleiten (Vgl. p. 367, Fußnote 2)). (Erdmann)

25 Die Weierstraß'sche *Eckenbedingung* für diskontinuierliche Lösungen aus dem Du-Bois-Reymond'schen Lemma von § 5, c) abzuleiten

(Whittemore)

26. Die Weierstraß'sche *Eckenbedingung* für diskontinuierliche Lösungen mittels des Extremalenintegrals herzuleiten (§§ 37, 48).

27 *Für Beispiel X:*

$$J = \int_{x_1}^{x_2} y'^2 (1+y')^2\, dx$$

die diskontinuierlichen Lösungen zu bestimmen

[1]) Vgl. § 36, a), Ende.

Lösung. Wenn das Gefälle der Verbindungsgeraden $P_1 P_2$ zwischen 0 und -1 liegt, gibt es zwei diskontinuierliche Lösungen mit je einer Ecke, bestehend aus zwei geraden Segmenten vom Gefalle 0 und -1, beziehungsweise -1 und 0. Dagegen gibt es unendlich viele Lösungen mit mehr als einer Ecke; sie setzen sich ebenfalls aus geraden Segmenten zusammen, die abwechselnd das Gefälle 0 und -1 haben

28*. *Für das Problem der Kurve kleinsten Tragheitsmoments in Beziehung auf einen Punkt* (Aufgabe 17 von p 299) *die diskontinuierlichen Losungen zu bestimmen*

Lösung. Wenn $|\theta_2 - \theta_1| < \frac{\pi}{3}$, so existiert keine diskontinuierliche Losung.

Wenn $|\theta_2 - \theta_1| \geqq \frac{\pi}{3}$, so liefert der aus den beiden geraden Segmenten $P_1 P_0$ und $P_0 P_2$ zusammengesetzte Kurvenzug das absolute Minimum. (Mason)

29*. *Das Integral*

$$J = \int_{t_1}^{t_2} \left\{ \frac{\sqrt{x'^2(y^2+1) - 2xyx'y' + y'^2(x^2+1)}}{1 + x^2 + y^2} - \frac{\sqrt{x'^2 + y'^2}}{4} \right\} dt$$

zu einem Extremum zu machen; insbesondere sollen auch die diskontinuierlichen Lösungen bestimmt werden.

a) Die Extremalen sind gerade Linien. Führe Polarkoordinaten ein $x = r\cos\varphi$, $y = r\sin\varphi$ und setze: $\theta - \varphi = \psi$, unter θ den Tangentenwinkel der betrachteten Kurve verstanden Dann wird

$$F(x,\, y,\, \cos\theta,\, \sin\theta) = \frac{\sqrt{1 + r^2\sin^2\psi}}{1 + r^2} - \frac{1}{4},$$

$$F_1(x,\, y,\, \cos\theta,\, \sin\theta) = \frac{1}{(1 + r^2\sin^2\psi)^{\frac{3}{2}}} - \frac{1}{4}.$$

Hieraus die Indikatrix für die verschiedenen Lagen des Punktes x, y zu bestimmen An derselben liest man zunächst fur *kontinuierliche Lösungen* folgende Resultate ab: Sei p die Länge der Senkrechten vom Koordinatenanfangspunkt O auf die betrachtete Gerade. Dann liefert die Gerade stets ein starkes Maximum, wenn: $p > \sqrt{15}$, stets ein schwaches Maximum, wenn $\sqrt{2^{\frac{4}{3}} - 1} < p < \sqrt{15}$, stets ein Minimum, wenn $p < \sqrt{2^{\frac{4}{3}} - 1}$, wobei jedoch zwei Fälle zu unterscheiden sind: Sind M und N die beiden Schnittpunkte der Geraden mit dem Kreis

$$r = \sqrt{\frac{4}{\sqrt{1 + p^2}} - 1},$$

so ist die Bedingung (IV') fur ein starkes Minimum erfullt für die Punkte der Geraden zwischen M und N; dagegen ist die Bedingung (IV) nicht erfüllt für die Punkte der Geraden außerhalb des Segmentes MN.

b) *Jeder Punkt im Innern des Kreisringes*

$$\sqrt{2^{\frac{4}{3}}-1} \lesseqgtr r \lesseqgtr \sqrt{3}$$

ist eine mögliche Ecke für diskontinuierliche Minimallösungen; die zugehörigen Richtungspaare werden durch die Gleichungen

$$\frac{1}{(1+r^2)\sqrt{1+r^2\sin^2\psi}} - \frac{1}{4} = 0, \qquad \bar{\psi} = \pi - \psi$$

bestimmt. Der Winkel $P_1 P_0 P_2$ wird dabei von dem Radius Vektor OP_0 vom Koordinatenanfangspunkt aus halbiert.

Auf einer gegebenen Geraden, welche in diesen Kreisring eintritt, sind die möglichen Ecken gerade die beiden oben mit M und N bezeichneten Punkte.[1]

c) *Jeder Punkt außerhalb des Kreises.* $r = \sqrt{15}$ *ist eine mögliche Ecke für diskontinuierliche Maximallösungen.* Die zugehörigen Richtungspaare werden durch die Gleichungen

$$\frac{1}{\sqrt{1+r^2\sin^2\psi}} - \frac{1}{4} = 0, \qquad \bar{\psi} = -\psi$$

bestimmt. Die beiden Stücke $P_1 P_0$ und $P_0 P_2$ der diskontinuierlichen Lösung sind, verlängert, die Tangenten vom Punkt P_0 an den Kreis $r = \sqrt{15}$. Es liegt hier der Fall $\Omega(x, y) \equiv 0$ von § 50, d) vor; die beiden Scharen von Tangenten an den Kreis $r = \sqrt{15}$ sind die dort definierten beiden ausgezeichneten Extremalenscharen. Enthält die gebrochene Linie $P_1 P_0 P_2$ keinen Berührungspunkt mit dem Kreis $r = \sqrt{15}$, so hat man ein starkes, uneigentliches Maximum.

(Carathéodory, Dresden)

30*. *Die beiden notwendigen Bedingungen*

$$E_0 < P_1, \qquad P_2 \overline{\overline{<}} P_1'$$

für diskontinuierliche Lösungen (§ 49, c)) *mittels des Extremalenintegrals herzuleiten.* (Dresden)

31*. *Es sind zwei Punkte P_1 und P_2 im Innern der oberen Halbebene gegeben* ($y_1 > 0$, $y_2 > 0$). *Es soll ein Punkt P_0 der oberen Halbebene* ($y_0 > 0$) *und ein Punkt P_3 der x-Achse so gewählt und drei gewöhnliche Kurven $P_0 P_1$, $P_0 P_2$, $P_0 P_3$ in der oberen Halbebene* ($y \geqq 0$) *so gezogen werden, daß die durch Rotation der aus diesen drei Bogen zusammengesetzten Kurve um die x-Achse erzeugte Fläche einen möglichst kleinen Inhalt besitzt*[2] (§§ 48—50).

Lösung: Die Bogen $P_0 P_1$, resp. $P_0 P_2$ sind Bogen von zwei Kettenlinien $\mathfrak{E}_0$, resp. $\bar{\mathfrak{E}}_0$ mit der x-Achse als Direktrix; der Bogen $P_0 P_3$ ist eine zur x-Achse senkrechte Gerade; die letztere bildet im Punkt P_0 mit jedem der beiden Kettenlinienbogen einen Winkel von 120°.

---

[1]) Vgl. den Satz von Carathéodory auf p. 387.

[2]) Bei dem Plateau'schen Versuch mit zwei kreisförmigen Drähten bildet sich bei geeigneter Anordnung des Versuches die hier vorliegende zusammengesetzte diskontinuierliche Lösung.

Die Tangente an $\mathfrak{E}_0$ (resp $\overline{\mathfrak{E}}_0$) im Punkt P_0 möge die x-Achse im Punkt T_0 (resp $\overline{T}_0$) schneiden. Die Tangente von T_0 aus an den absteigenden Ast von $\mathfrak{E}_0$ möge denselben im Punkt E_0 berühren; die Tangente von $\overline{T}_0$ aus an den aufsteigenden Ast von $\overline{\mathfrak{E}}_0$ möge denselben im Punkt $\overline{E}_0$ berühren. Dann muß: $P_1 \overline{\overline{>}} E_0$, $P_2 \overline{\overline{<}} \overline{E}_0$ sein

Ferner sei T_1 der Schnittpunkt der Tangente an $\mathfrak{E}_0$ in P_1 mit der x-Achse und P_1'' der Berührungspunkt der Tangente von T_1 aus an den aufsteigenden Ast von $\overline{\mathfrak{E}}_0$ Dann ist es für ein Minimum weiter nötig, daß

$$P_2 \overline{\overline{<}} P_1''.$$

Sind diese Bedingungen in der durch Unterdrückung des Gleichheitszeichens charakterisierten stärkeren Form erfüllt, so liefert die gefundene Lösung in der Tat ein Minimum des Flächeninhalts

Andeutung· Zum Beweis der notwendigen Bedingungen wende man die Differentiationsmethode von § 38, passend modifiziert, an; für den Hinlänglichkeitsbeweis kombiniere man die hinreichenden Bedingungen für ein gewöhnliches Extremum mit den hinreichenden Bedingungen für kontinuierliche Lösungen von Variationsproblemen mit festen Endpunkten.

(TALQVIST, MARY E. SINCLAIR)

32. Das *Snellius'sche Brechungsgesetz* mit den Methoden von § 51 abzuleiten.

33 Die *Weierstraß'sche Bedingung* (46), (47) von § 52 mittels der Variationsmethode zu beweisen (WEIERSTRASS)

34. Die dem Beispiel XX entsprechende Verallgemeinerung für geodätische Linien aufzustellen (§§ 52, 53)

Andeutung: Benutze Gleichung (39) von § 26.

35 Beispiel I mit der Modifikation, daß die zulässigen Kurven auf den Bereich

$$y \overline{\overline{>}} k > 0$$

beschränkt werden (§§ 52, 53). (KNESER)

36. Im Innern eines konvexen Bereiches $\mathfrak{R}$ sind zwei Punkte P_1, P_2 gegeben. Die kürzeste Verbindungskurve von P_1 nach P_2 zu ziehen, welche den Bereich $\mathfrak{R}$ nicht verläßt und mit der Begrenzung desselben einen nicht vorgeschriebenen Punkt P_0 gemein hat (§ 52)

Lösung: Eine gebrochene Linie $P_1P_0P_2$, deren Segmente P_1P_0, P_0P_2 im Punkt P_0 mit der Tangente der Begrenzung gleiche Winkel bilden.

37 Die vorige Aufgabe auf geodätische Linien zu verallgemeinern.

(KNESER)

38* Bei dem *Prinzip der kleinsten Aktion, angewandt auf die Bewegung eines schweren materiellen Punktes in einer vertikalen Ebene,*[1]) sind die zulässigen Kurven auf den Bereich: $y \overline{\overline{<}} k$ beschränkt

[1]) Vgl auch für die Bezeichnung Aufgabe Nr 10 und 11 auf pp. 296 und 297.

Daraus folgt die Existenz einer *diskontinuierlichen Lösung* $P_0 P_3 P_4 P_1$, bestehend aus der Senkrechten $P_0 P_3$ vom Punkt P_0 auf die Schranke $y = k$, dem Segment $P_3 P_4$ der Schranke und der Senkrechten $P_4 P_1$ auf die Schranke. Diese diskontinuierliche Lösung liefert stets wenigstens ein relatives Minimum. Läßt man den zweiten Endpunkt P_1 eine kontinuierliche Lösung (Parabel) vom Punkt P_0 an beschreiben, so liefert zunächst die kontinuierliche Lösung den kleineren Wert für das Aktionsintegral, bis der Punkt P_1 mit einem bestimmten zwischen P_0 und P_0' liegenden Punkt P_0'' zusammenfällt, in welchem beide Lösungen denselben Wert liefern. Jenseits des Punktes P_0'' liefert dann die diskontinuierliche Lösung den kleineren Wert. Der geometrische Ort des Punktes P_0'' wird in Polarkoordinaten mit der positiven y-Achse als Achse durch die Gleichung

$$\left(k + r\sin^2\frac{\theta}{2}\right)^{\frac{3}{2}} - \left(k - r\cos^2\frac{\theta}{2}\right)^{\frac{3}{2}} = k^{\frac{3}{2}} + (k - r\cos\theta)^{\frac{3}{2}}$$

gegeben (§§ 52, b) und 57, e)).

Die Frage des absoluten Minimums mittels der auf p. 436 mitgeteilten Methode zu diskutieren. (TODHUNTER)

39*. *Sollen die orthogonalen Trajektorien der Kurvenschar*

$$U(x, y) = \text{konst} \tag{45}$$

zugleich Extremalen für das Aktionsintegral[1])

$$\mathfrak{A} = \int_{\tau_0}^{\tau_1} \sqrt{2(U+h)}\, \sqrt{\left(\frac{dx}{d\tau}\right)^2 + \left(\frac{dy}{d\tau}\right)^2}\, d\tau \tag{46}$$

sein, so ist notwendig und hinreichend, daß das Potential U der partiellen Differentialgleichung genügt

$$U_x U_y (U_{xx} - U_{yy}) = U_{xy}(U_x^2 - U_y^2), \tag{47}$$

welche ausdrückt, daß $U_x^2 + U_y^2$ eine Funktion von U (d. h. also die Kraft eine Funktion des Potentials) ist.[2])

Andeutung: Man beachte, daß für das Integral (46) transversal = orthogonale und wende die Sätze[3]) von § 20, b) an.

Zusätze: 1. Sind die orthogonalen Trajektorien der Schar (45) Extremalen für das Integral (46), so sind sie stets gerade Linien. 2. Sind die orthogonalen

[1]) Vgl. Aufgabe Nr. 9 auf p. 296

[2]) Wegen Verallgemeinerung dieses Satzes auf die Bewegung eines Punktes auf einer Fläche vgl. DE SAINT-GERMAIN, Journal de Mathematiques (3) Bd. II (1876), p. 325, ENNEPER, Göttinger Nachrichten, 1869, p. 62 und STÄCKEL, *Dissertation*, Berlin 1885, p. 11

[3]) Der hier in Frage kommende Satz ist folgendermaßen zu berichtigen: „Eine Kurvenschar $F(x, y) =$ konst. kann nur dann Transversalenschar für ein gegebenes Variationsproblem sein, wenn eine Funktion von F existiert: $W = \psi(F)$, welche der Beltrami-Hamilton'schen Differentialgleichung (47) genügt."

Trajektorien der Schar (45) gerade Linien, so sind sie zugleich stets auch Extremalen für das Integral (46). 3. Besitzt das Integral (46) eine einparametrige Schar von geradlinigen Extremalen, so sind dieselben die orthogonalen Trajektorien der Schar (45).

Andeutung: Die Euler'sche Differentialgleichung für das Integral (46) in der Form (23b) von § 26 lautet

$$\frac{dx}{ds}U_y - \frac{dy}{ds}U_x = \frac{2(U+h)}{r}. \tag{48}$$

40* *Bei dem Prinzip der kleinsten Aktion sind die zulässigen Kurven auf das Gebiet*

$$U(x, y) + h \gtrless 0 \tag{49}$$

beschränkt. Die hieraus folgenden diskontinuierlichen Lösungen für das Aktionsintegral (46) *zu untersuchen unter der Voraussetzung, daß das Potential U der partiellen Differentialgleichung* (47) *genügt* (§ 52).

Lösung: Die Betrachtung wird auf einen Bereich beschränkt, in welchem U eindeutig definiert und regulär ist, und in welchem U_x und U_y nicht gleichzeitig verschwinden. Es sei $\tilde{\mathfrak{C}}$:

$$x = \tilde{x}(v), \qquad y = \tilde{y}(v)$$

ein regulärer Bogen der Schranke

$$U(x, y) + h = 0; \tag{50}$$

v sei die Bogenlänge, und der positive Sinn sei so gewählt, daß die positive Normale der Kurve $\tilde{\mathfrak{C}}$, d. h. diejenige, deren Richtungskosinus durch: $-\tilde{y}'(v)$, $\tilde{x}'(v)$ gegeben sind, ins Innere des Bereiches (49) gerichtet ist. Man betrachte die Transformation

$$x = \tilde{x}(v) - \tilde{y}'(v)s, \qquad y = \tilde{y}(v) + \tilde{x}'(v)s \tag{51}$$

zwischen der x, y-Ebene und einer v, s-Ebene und bezeichne mit $\mathcal{S}$ das Bild in der x, y-Ebene des Bereiches

$$0 \overline{\gtrless} s \overline{\gtrless} s_0, \qquad v_0 \overline{\gtrless} v \overline{\gtrless} v_1. \tag{52}$$

Man kann dann stets s_0, v_0, v_1 so wählen, daß die Transformation (51) eine ein-eindeutige Beziehung zwischen den Bereichen (52) und $\mathcal{S}$ definiert, und daß gleichzeitig die Funktionaldeterminante der Transformation (51), nämlich

$$\Delta(s, v) = -1 + \frac{s}{\tilde{r}},$$

wo $\tilde{r}$ den Krümmungsradius der Kurve $\tilde{\mathfrak{C}}$ im Punkt v bezeichnet, im Bereich (52) von Null verschieden ist. Dann gilt der folgende Satz:[1])

Die Funktion U möge der partiellen Differentialgleichung (47) genügen; die zulässigen Kurven mögen auf den Bereich $\mathcal{S}$ beschränkt werden, und die

[1]) Vgl. Frank, Mathematische Annalen, Bd. LXIV (1907), p. 239 und die Berichtigung dazu Ibid. Bd. LXVI.

beiden gegebenen Punkte P_0 und P_1 mögen im Innern von $\mathfrak{S}$ liegen. Dann kann man von P_0 und P_1 aus je eine eindeutig definierte Normale $P_0 P_3$, resp. $P_1 P_4$ auf die Schranke $\tilde{\mathfrak{C}}$ ziehen.

Alsdann liefert der aus den Normalen $P_0 P_3$, dem Bogen $P_3 P_4$ der Schranke und der Normalen $P_4 P_1$ zusammengesetzte Kurvenzug stets ein starkes (relatives) Minimum für das Aktionsintegral (46).

Andeutung. Man zeige zunächst, daß die Funktion U beständig wächst, wenn man längs einer Normalen der Kurve $\tilde{\mathfrak{C}}$ von $\tilde{\mathfrak{C}}$ aus ins Innere des Bereiches $\mathfrak{S}$ fortschreitet, und wende dann den auf p. 399 angeführten Satz von Todhunter in leichter Modifikation an.

41*. Auf einer in der Form: $z = \varphi(x, y)$ gegebenen Fläche sind zwei Punkte P_1, P_2 gegeben. Die kürzeste Kurve zu bestimmen, welche auf der Fläche von P_1 nach P_2 gezogen werden kann, und deren Steilheit eine gewisse Grenze k nicht übersteigt:

$$\frac{dz}{ds} \leqq k. \tag{53}$$

Lösung: Die Lösungen setzen sich zusammen aus geodätischen Linien, soweit sie die Bedingung (53) erfüllen, und aus „Kurven konstanter Steilheit“: $dz/ds = k$. An den Übergangspunkten müssen auch die geodätischen Linien die Steilheit k besitzen. (Zermelo)

42. *Einen abgestumpften Kegel von gegebener Basis und Höhe zu konstruieren, welcher in der Richtung der Achse den geringsten Widerstand erfährt* (§ 54).

Lösung: Entsteht der gesuchte abgestumpfte Kegel durch Rotation der Figur $ABCD$ um die Achse AB, und ist M der Mittelpunkt von AB, so ist $|MS| = |MD|$. (Siehe Fig. 105.) (Newton)

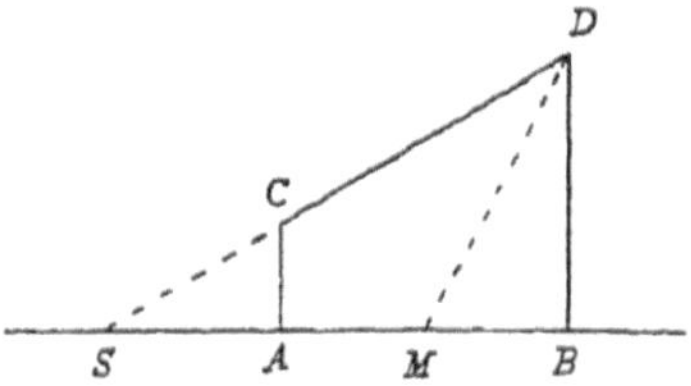

Fig. 105.

43* *Ist PQ ein Kurvenbogen, dessen Gefälle durchweg > 1 ist, so erfährt die durch Rotation des Bogens PQ um die x-Achse erzeugte Fläche einen größeren Widerstand als die durch Rotation der gebrochenen Linie PRQ erzeugte, wobei PR parallel der y-Achse ist und RP das Gefälle* 1 *hat* (§ 54).

Andeutung. Zerlege den Bogen PQ in Elemente, wende auf dieselben den vorangehenden Satz an und gehe zur Grenze über. (Newton, Ellis)

44. Der *Widerstand einer Halbkugel* ist gleich der Hälfte des Widerstandes eines Zylinders von derselben Basis und Höhe, wenn beide sich in der Richtung der Achse bewegen (§ 54). (Newton)

Wie groß ist der Widerstand des Rotationskörpers kleinsten Widerstandes von derselben Basis und Höhe?

Anwort: 0,3748 des Widerstandes des Zylinders.

45*. Den *Rotationskörper kleinsten Widerstandes* zu bestimmen, wenn statt des Newton'schen Gesetzes[1]) für den Widerstand:

$$dW = c \sin^2 \theta \, d\omega$$

eines der folgenden mit der Erfahrung besser übereinstimmenden Gesetze[2]) zu Grunde gelegt wird:

$$dW = c \sin \theta \, d\omega, \qquad \text{(v. Lössl)}$$

$$dW = \frac{2c \sin \theta}{1 + \sin^2 \theta} \, d\omega. \qquad \text{(Duchemin)}$$

Lösung: Die Extremalen lassen sich nach derselben Methode wie beim Newton'schen Problem in endlicher Form darstellen mit q als Parameter. Ihre allgemeine Gestalt ist dieselbe wie beim Newton'schen Problem. Der Tangentenwinkel γ an der Spitze wird gegeben durch:

$$\operatorname{cotg} \gamma = \frac{1}{\sqrt{2}}, \qquad \gamma = 54^0\,44', \quad \text{resp}$$

$$\operatorname{cotg}^2 \gamma = \frac{3 + \sqrt{57}}{4}, \qquad \gamma = 31^0\,37'.$$

Die Bedingung (IV) wird: $\theta \gtreqless \delta$, wo

$$\sin \delta = \frac{\sqrt{5} - 1}{2}, \qquad \delta = 38^0\,10', \quad \text{resp}$$

$$2 \sin^3 \delta + 3 \sin^2 \delta + 2 \sin \delta - 1 = 0, \qquad \delta = 18^0\,30'.$$

Die Lösung setzt sich zusammen aus einem Segment der y-Achse und einem darauf folgenden Extremalenbogen, der mit dem Tangentenwinkel δ ansetzt.

Ganz ähnliche Resultate gelten allgemein für

$$dW = f(q) \, d\omega$$

wenn $f'(q)$ zunächst von 0 bis zu einem endlichen Minimalwert abnimmt und von da beständig bis 0 wächst, während q von 0 bis $+\infty$ wächst. (Miles)

---

[1]) Vgl. wegen der Bezeichnung p. 409.

[2]) Vgl. *Encyclopädie*, IV 17, Nr. 4, 5, 6.

Zehntes Kapitel.

Isoperimetrische Probleme.

§ 59. Die Euler'sche Regel.

Beim isoperimetrischen Problem[1]) vom einfachsten Typus, welches den Gegenstand des gegenwärtigen Kapitels bildet, besteht — zunächst für den Fall fester Endpunkte — die Gesamtheit $\mathfrak{M}$ aller zulässigen Kurven aus allen gewöhnlichen Kurven $\mathfrak{C}$, welche von einem gegebenen Punkt P_1 nach einem zweiten gegebenen Punkt P_2 führen, ganz in einem vorgeschriebenen Bereich $\mathfrak{R}$ verlaufen *und dem Integral*

$$K_{\mathfrak{C}} = \int_{\mathfrak{C}} G(x, y, x', y')dt$$

einen vorgeschriebenen Wert l erteilen:

$$K_{\mathfrak{C}} = l. \tag{1}$$

Unter diesen zulässigen Kurven ist dann diejenige auszusuchen, welche dem Integral

$$J_{\mathfrak{C}} = \int_{\mathfrak{C}} F(x, y, x', y')dt$$

den kleinsten Wert erteilt.

Dies ist das Problem des „absoluten" Minimums, dem sich dann, ganz wie in § 3, b) und § 25, das „relative" an die Seite stellt.

Von den Funktionen F und G soll dabei vorausgesetzt werden, daß sie in x', y' positiv homogen von der Dimension 1 sind, und überdies als Funktionen ihrer vier Variabeln von der Klasse C''' in dem Bereich

$$\mathfrak{T}: \qquad (x, y) \text{ in } \mathfrak{R}, \qquad (x', y') \neq (0, 0).$$

a) **Herstellung einer Schar von zulässigen Variationen:**

Wir nehmen an, wir hätten eine zulässige Kurve

$$\mathfrak{E}_0: \qquad x = \mathring{x}(t), \qquad y = \mathring{y}(t), \qquad t_1 \gtreqless t \gtreqless t_2 \tag{2}$$

---

[1]) Vgl. p. 4. Statt „isoperimetrisches Problem" wird häufig „Problem des relativen Extremums" gesagt. Wir halten jedoch im Gebrauch der Worte absolutes und relatives Extremum an der in §§ 2 und 3 eingeführten Terminologie fest.

gefunden, welche in dem angegebenen Sinn ein relatives Minimum für das Integral J liefert, und welche ganz im Innern des Bereiches $\mathfrak{R}$ liegt.

Es handelt sich dann zunächst darum, einen analytischen Ausdruck für eine einfach unendliche Schar von zulässigen Variationen dieser Kurve zu erhalten Man überzeugt sich leicht, daß man infolge der „isoperimetrischen Bedingung" (1) jetzt nicht mehr mit Variationen von dem einfachsten Typus (17) von § 26 auskommt, sondern daß es nötig wird, Variationen von dem allgemeineren Typus

$$x = \bar{x}(t, \varepsilon), \qquad y = \bar{y}(t, \varepsilon) \tag{3}$$

heranzuziehen. Man kann zu solchen einparametrigen Scharen zulässiger Variationen nach Weierstrass folgendermaßen gelangen:

Man wähle irgend zwei Funktionenpaare $\xi(t)$, $\eta(t)$ und $\xi_1(t)$, $\eta_1(t)$ von der Klasse D', welche in t_1 und t_2 verschwinden:

$$\begin{array}{llll} \xi(t_1) = 0, & \eta(t_1) = 0; & \xi_1(t_1) = 0, & \eta_1(t_1) = 0, \\ \xi(t_2) = 0, & \eta(t_2) = 0; & \xi_1(t_2) = 0, & \eta_1(t_2) = 0, \end{array}$$

und setze

$$X(t, \varepsilon, \varepsilon_1) = \mathring{x}(t) + \varepsilon\xi(t) + \varepsilon_1\xi_1(t), \quad Y(t, \varepsilon, \varepsilon_1) = \mathring{y}(t) + \varepsilon\eta(t) + \varepsilon_1\eta_1(t),$$

wobei ε, ε_1 Konstante bedeuten.

Wenn wir diesen Konstanten nun noch die Bedingung auferlegen, daß sie der Relation

$$K(\varepsilon, \varepsilon_1) \equiv \int_{t_1}^{t_2} G(X, Y, X', Y')\,dt = l \tag{4}$$

genügen sollen, so stellen die Gleichungen

$$x = X(t, \varepsilon, \varepsilon_1), \qquad y = Y(t, \varepsilon, \varepsilon_1) \tag{5}$$

für jedes solche Wertsystem ε, ε_1 eine zulässige Variation der Kurve $\mathfrak{E}_0$ dar, wenn nur $|\varepsilon|$ und $|\varepsilon_1|$ hinreichend klein genommen werden.[1])

[1]) An dieser Stelle zweigt eine von Hilbert in seinen Vorlesungen gegebene elegante Modifikation des Weierstraß'schen Beweises der Euler'schen Regel ab Statt die Gleichung (4) nach ε_1 aufzulösen, führt er die Aufgabe auf ein *gewöhnliches Extremum mit einer Nebenbedingung* zurück. Es muß nämlich jetzt die Funktion

$$J(\varepsilon, \varepsilon_1) \equiv \int_{t_1}^{t_2} F(X, Y, X', Y')\,dt$$

für $\varepsilon = 0$, $\varepsilon_1 = 0$ ein Minimum mit der Nebenbedingung (4) besitzen. Daher muß es unter den Voraussetzungen und in der Bezeichnung des Textes eine von ε und ε_1 unabhängige Größe λ geben, so daß gleichzeitig

$$J_0 + \lambda K_0 = 0, \qquad J_1 + \lambda K_1 = 0.$$

Nun wird die Gleichung (4) befriedigt durch $\varepsilon = 0$, $\varepsilon_1 = 0$, weil ja die Kurve $\mathfrak{E}_0$ als zulässige Kurve der isoperimetrischen Bedingung (1) genügt. Ferner ist die Funktion $K(\varepsilon, \varepsilon_1)$ in der Umgebung der Stelle $\varepsilon = 0$, $\varepsilon_1 = 0$ von der Klasse C''. Wenn wir daher ξ, η so wählen, daß die Größe

$$\left(\frac{\partial K}{\partial \varepsilon_1}\right)_0 = \int_{t_1}^{t_2} (G_x \xi_1 + G_y \eta_1 + G_{x'} \xi_1' + G_{y'} \eta_1') dt \equiv K_1$$

von Null verschieden ist, so können wir nach dem Satz über implizite Funktionen die Gleichung (4) in der Umgebung der Stelle $\varepsilon = 0$, $\varepsilon_1 = 0$ eindeutig nach ε_1 auflösen, und die erhaltene Lösung: $\varepsilon_1 = \chi(\varepsilon)$ verschwindet für $\varepsilon = 0$, ist in der Umgebung dieser Stelle von der Klasse C'', und es ist

$$\left(\frac{d\varepsilon_1}{d\varepsilon}\right)_0 = -\frac{K_0}{K_1}, \tag{6}$$

wenn wir analog

$$\left(\frac{\partial K}{\partial \varepsilon}\right)_0 = \int_{t_1}^{t_2} (G_x \xi + G_y \eta + G_{x'} \xi' + G_{y'} \eta') dt \equiv K_0$$

setzen; dabei soll überall der Index 0 das Nullsetzen von ε, resp. von ε und ε_1 andeuten.

Tragen wir für ε_1 die Funktion $\chi(\varepsilon)$ in (5) ein, so erhalten wir eine einparametrige Schar von Variationen der Kurve $\mathfrak{E}_0$:

$$x = X(t, \varepsilon, \chi(\varepsilon)) \equiv \bar{x}(t, \varepsilon), \qquad y = Y(t, \varepsilon, \chi(\varepsilon)) \equiv \bar{y}(t, \varepsilon), \tag{7}$$

welche alle verlangten Eigenschaften besitzt.

Aus (6) folgt, daß für diese Schar

$$\delta x = \varepsilon \left(\xi - \frac{K_0}{K_1} \xi_1\right), \qquad \delta y = \varepsilon \left(\eta - \frac{K_0}{K_1} \eta_1\right). \tag{8}$$

Es wirft sich jedoch die Frage auf, ob sich die Funktionen ξ_1, η_1 stets so wählen lassen, daß $K_1 \neq 0$. Dies ist nur dann unmöglich, wenn das Integral K_1 für alle Funktionen ξ_1, η_1 von den angegebenen Eigenschaften verschwindet. Das würde aber nach § 26, a)

Die zweite Gleichung bestimmt λ und zeigt, daß λ jedenfalls von ξ, η unabhängig ist; aus der ersten folgt dann die Euler'sche Regel.

Dies ist wohl der einfachste strenge Beweis der Euler'schen Regel. Daß wir denselben trotzdem im Text nicht gewählt haben, ist mit Rücksicht auf die Entwicklungen von § 60 über die zweite Variation geschehen.

Vgl. auch KNESER, *Euler und die Variationsrechnung*, Abhandlungen zur Geschichte der Mathematischen Wissenschaften, Bd XXV (1907), p. 50.

bedeuten, daß die Kurve $\mathfrak{C}_0$ eine Extremale für das Integral K wäre. *Wir setzen daher in der Folge voraus, daß die Kurve $\mathfrak{C}_0$ nicht zugleich Extremale für das Integral K ist,* d. h. also daß der Ausdruck

$$V \equiv G_{xy'} - G_{yx'} + G_1(x'y'' - y'x''), \tag{9}$$

berechnet für die Kurve $\mathfrak{C}_0$, im Intervall $[t_1 t_2]$ nicht identisch verschwindet.[1])

Da die Kurven der Schar (7) für beliebige Werte von ε der Gleichung $\overline{K} = l$ genügen, so folgt daraus durch Differentiation nach ε

$$\delta K = 0. \tag{10}$$

Umgekehrt gilt aber auch das folgende Lemma, welches später bei der zweiten Variation zur Anwendung kommen wird:

Sind ξ, η zwei vorgegebene Funktionen der Klasse D', welche in t_1 und t_2 verschwinden und der Gleichung

$$\int_{t_1}^{t_2}(G_x\xi + G_y\eta + G_{x'}\xi' + G_{y'}\eta')dt = 0 \tag{11}$$

genügen, so läßt sich stets eine einparametrige Schar von zulässigen Variationen konstruieren, für welche

$$\delta x = \varepsilon\xi, \qquad \delta y = \varepsilon\eta. \tag{12}$$

Denn wählen wir bei der obigen Konstruktion der Schar (7) für ξ, η die beiden vorgegebenen Funktionen, so ist wegen (11): $K_0 = 0$, und daher gehen die Gleichungen (8) in die verlangten Gleichungen (12) über.

Ist die Kurve $\mathfrak{C}_0$ von der Klasse C'', so können wir auf die Gleichung (11) die Transformation (18) von § 26 anwenden und erhalten das Lemma in der folgenden modifizierten Form, in welcher dasselbe von Weierstrass gegeben worden ist:[2])

Ist w irgendeine Funktion der Klasse D', welche in t_1 und t_2 verschwindet und der Gleichung

$$\int_{t_1}^{t_2} Vw\,dt = 0 \tag{13}$$

---

[1]) Wäre diese Bedingung nicht erfüllt, so würden gewisse hinreichend kleine Stücke des Bogens $\mathfrak{C}_0$ wenigstens ein schwaches Extremum für das Integral K liefern, und es wäre daher unmöglich, ein solches Stück zu variieren (wenigstens im Sinn der schwachen Variation) ohne den Wert von K zu ändern (Weierstrass).

[2]) Vgl Kneser, Mathematische Annalen, Bd. LV, p. 100.

genügt, so kann man stets eine Schar zulässiger Variationen konstruieren, für welche

$$y'\delta x - x'\delta y = \varepsilon w.$$

Denn die Funktionen

$$\xi = \frac{w y'}{x'^2 + y'^2}, \qquad \eta = \frac{-w x'}{x'^2 + y'^2}$$

genügen alsdann allen Bedingungen des eben bewiesenen Lemmas, aus welchem dann die Behauptung unmittelbar folgt.

b) **Beweis der Euler'schen Regel:**

Nachdem wir so eine Schar von zulässigen Variationen konstruiert haben, schließen wir jetzt in der üblichen Weise, daß für dieselbe die Kurve $\mathfrak{E}_0$ den Bedingungen

$$\delta J = 0, \qquad \delta^2 J \gtreqless 0 \tag{14}$$

genügen muß. Wenn wir zur Abkürzung schreiben

$$J_0 = \int_{t_1}^{t_2} (F_x \xi + F_y \eta + F_{x'} \xi' + F_{y'} \eta')\,dt,$$

$$J_1 = \int_{t_1}^{t_2} (F_x \xi_1 + F_y \eta_1 + F_{x'} \xi_1' + F_{y'} \eta_1')\,dt,$$

so lautet die erste der beiden Bedingungen (14), mit der wir es hier zunächst ausschließlich zu tun haben, wenn wir für δx, δy ihre Werte aus (8) einsetzen,

$$J_0 - \frac{K_0}{K_1} J_1 = 0. \tag{15}$$

Wir denken uns jetzt die beiden Funktionen ξ_1, η_1 ein für allemal fest gewählt; dann ist der Quotient

$$\frac{J_1}{K_1} \equiv -\lambda$$

eine ganz bestimmte numerische Konstante, die jedenfalls von der Wahl der beiden Funktionen ξ, η unabhängig ist. Die Gleichung (15) lautet also jetzt

$$J_0 + \lambda K_0 = 0;$$

d. h. aber, wenn wir

$$F(x, y, x', y') + \lambda G(x, y, x', y') = H(x, y, x', y'; \lambda) \tag{16}$$

setzen: Es muß

$$\int_{t_1}^{t_2} (H_x \xi + H_y \eta + H_{x'} \xi' + H_{y'} \eta')\,dt = 0 \tag{17}$$

sein für alle Funktionen ξ, η von der Klasse D', welche in t_1 und t_2 verschwinden. Daraus folgt aber nach § 5, c) und § 26, a) das folgende, unter dem Namen der „*Euler'schen Regel*"[1]) bekannte Resultat:

[1]) EULER hat die nach ihm benannte Regel durch eine sinnreiche Infinitesimalbetrachtung bewiesen (*Methodus inveniendi* etc. [1744], Kap. V, Art. 27). Er betrachtet die Kurve als Polygon von unendlich vielen Seiten, variiert dann die Ordinaten zweier aufeinanderfolgender Ecken desselben, aber so, daß die isoperimetrische Bedingung erfüllt bleibt. Seine Schlüsse entsprechen zwar den heutigen Begriffen von Strenge nicht mehr, sind aber immer noch befriedigender als das meiste, was sonst vor Weierstraß über diesen Gegenstand geschrieben worden ist

Der erste strenge Beweis der Euler'schen Regel rührt von WEIERSTRASS her (*Vorlesungen* 1877, oder früher); es ist im wesentlichen der im Text gegebene.

Man kann dem Beweis auch eine andere Wendung geben, welche sich mehr an die Schlußweise der älteren Variationsrechnung anschließt, indem man denselben folgendermaßen in zwei scharf getrennte Teile zerlegt:

Angenommen man hätte auf irgendeinem Weg eine Schar zulässiger Variationen der Kurve $\mathfrak{E}_0$ gefunden. Dann müssen für diese Schar gleichzeitig die beiden Gleichungen bestehen

$$\delta J = 0, \qquad \delta K = 0.$$

Daraus hat man nun weiter geschlossen: Also muß $\delta J = 0$ sein für alle Funktionen $\delta x, \delta y$, welche der Bedingung $\delta K = 0$ genügen Dieser Schluß ist an sich falsch; er wird erst gerechtfertigt, nachdem das unter a) erwähnte Weierstraß'sche Lemma bewiesen ist, welches somit eine wesentliche Lücke der älteren Variationsrechnung ausfüllt.

Weiter zeigt man dann Ist $\delta J = 0$ für alle Funktionen $\delta x, \delta y$, für welche $\delta K = 0$ ist, so muß die Kurve $\mathfrak{E}_0$ der Differentialgleichung (I) genügen

Der Beweis dieses Satzes reduziert sich (nach Anwendung der Lagrange'schen partiellen Integration auf δJ und δK) auf das folgende *Fundamentallemma für isoperimetrische Probleme*, welches sich dem Fundamentallemma von § 5 als Gegenstück an die Seite stellt:

Sind M und N zwei im Intervall $[t_1 t_2]$ stetige Funktionen von t, und ist

$$\int_{t_1}^{t_2} Mw\,dt = 0$$

für alle Funktionen w der Klasse C', welche in t_1 und t_2 verschwinden und der Gleichung

$$\int_{t_1}^{t_2} Nw\,dt = 0$$

genügen, so gibt es eine Konstante λ derart, daß

$$M + \lambda N = 0 \qquad \textit{im ganzen Intervall } [t_1 t_2].$$

Dieses Fundamentallemma ist wohl zuerst von BERTRAND bewiesen worden (Journal de Mathématiques, Bd VII (1842), p. 55). Bekannter ist der Beweis von DU-BOIS-REYMOND geworden (Mathematische Annalen, Bd. XV (1879),

Jede Lösung des vorgelegten isoperimetrischen Problems, welche nicht zugleich Extremale für das Integral K ist, muß für einen gewissen Wert der Konstanten λ den Differentialgleichungen

$$H_x - \frac{d}{dt} H_{x'} = 0, \qquad H_y - \frac{d}{dt} H_{y'} = 0 \tag{18}$$

genügen, welche mit der einen Differentialgleichung

$$H_{xy'} - H_{yx'} + H_1(x'y'' - y'x'') = 0 \tag{I}$$

äquivalent sind.

Dabei ist die Funktion H durch die Gleichung (16) definiert, und es ist

$$H_1 = \frac{H_{x'x'}}{y'^2} = -\frac{H_{x'y'}}{x'y'} = \frac{H_{y'y'}}{x'^2}. \tag{19}$$

Dies ist aber *dieselbe Differentialgleichung, die man erhalten würde, wenn man das Integral*

$$\int (F + \lambda G) dt \tag{20}$$

ohne Nebenbedingung zu einem Extremum zu machen hätte.

Jede der Differentialgleichung (I) für einen bestimmten Wert von λ genügende Kurve soll nach Kneser wieder eine *Extremale* für das vorgelegte Variationsproblem heißen.

Zu den vorangehenden Resultaten fügen wir noch die folgenden Bemerkungen hinzu:

1. Nach der obigen Ableitung könnte es scheinen, als ob die Konstante λ noch von der Wahl der Funktionen ξ_1, η_1 abhängig wäre. Dem ist aber nicht so. Denn aus (15) folgt, wenn auch $K_0 \neq 0$,

$$\frac{J_1}{K_1} = \frac{J_0}{K_0} (= -\lambda).$$

p. 312, wo noch ein weiterer, von Reiff herrührender Beweis gegeben wird) Die entsprechende Verallgemeinerung für das allgemeinste isoperimetrische Problem bei einfachen Integralen findet man bei Scheeffer, ibid., Bd XXV (1885), p. 584 und A. Mayer, ibid., Bd. XXVI (1886), p. 78.

Die oben hervorgehobene Lücke ist typisch für die ältere Variationsrechnung Durch den Lagrange'schen δ-Algorithmus wird die Aufmerksamkeit auf die ersten Variationen $\delta x, \delta y$ abgelenkt, und man vergißt darüber nur zu leicht, daß man aus den Funktionen $\delta x, \delta y$ erst dann etwas schließen kann, wenn man imstande ist, von diesen auf eine Schar von zulässigen Vergleichskurven zurückzugehen. Erst Weierstrass hat hier Klarheit in die Variationsrechnung gebracht.

Die linke Seite dieser Gleichung enthält nur ξ_1, η_1, die rechte nur ξ, η; die beiden Funktionenpaare sind voneinander vollkommen unabhängig; daraus folgt aber, daß *die isoperimetrische Konstante* λ *auch von der Wahl der Funktionen* ξ_1, η_1 *unabhängig ist* (WEIERSTRASS).

2 Das allgemeine Integral[1]) der Differentialgleichung (I) enthält außer den beiden Integrationskonstanten noch die Konstante λ:

$$x = f(t, \alpha, \beta, \lambda), \qquad y = g(t, \alpha, \beta, \lambda) \tag{21}$$

Zur *Bestimmung der Konstanten* α, β, λ und der unbekannten Größen t_1, t_2 haben wir — im Fall einer kontinuierlichen Lösung — außer den vier Gleichungen, welche ausdrücken, daß die Kurve für $t = t_1$ durch den Punkt P_1, für $t = t_2$ durch den Punkt P_2 gehen soll, noch die isoperimetrische Bedingung $K = l$, also ebensoviele Gleichungen als Unbekannte.

3. Neben den der Differentialgleichung (I) genügenden Lösungen des Problems kann es dann möglicherweise noch *Lösungen* geben, *welche Extremalen für das Integral K sind*, sogenannte *„starre Lösungen“*,[2]) was in jedem einzelnen Fall durch eine besondere Untersuchung zu entscheiden ist Man kann diese Lösungen unter die vorigen mit einbegreifen, wenn man einen zweiten Faktor $\varkappa$ einführt, der im allgemeinen Fall $= 1$ ist, während in diesem Ausnahmefall $\varkappa = 0, \lambda = 1$ ist, und

$$H \equiv \varkappa F + \lambda G$$

setzt.

4. Bei dem obigen Beweis der Euler'schen Regel war nicht vorausgesetzt, daß die Kurve $\mathfrak{E}_0$ von der Klasse C' ist; sie darf auch eine endliche Anzahl von Ecken haben. Nur hat man dann vor Ausführung der Differentiation nach ε und ε_1 die Integrale $J(\varepsilon, \varepsilon_1)$ und $K(\varepsilon, \varepsilon_1)$ in bekannter Weise in Summen von Integralen zu zerlegen, die Differentiation an den Summanden auszuführen und nach der Differentiation die Integrale wieder unter einem Integralzeichen zu vereinigen. Daraus folgt, daß *auch bei einer „diskontinuierlichen Lösung“ die isoperimetrische Konstante* λ *entlang allen kontinuierlichen Segmenten ein und denselben konstanten Wert hat.*[3])

---

[1]) Näheres hierüber unter e); vgl. übrigens die auch hier gültigen Bemerkungen auf p. 204.

[2]) Vgl p. 460, Fußnote [1])

[3]) Diese wichtige Bemerkung rührt von A. MAYER (Mathematische Annalen, Bd. XIII, (1877), p 65, Fußnote) und WEIERSTRASS her

Ferner ergibt sich weiter aus (17) nach § 48, b): *In jeder Ecke $t = t_0$ einer diskontinuierlichen Lösung muß die Weierstraß'sche Eckenbedingung*

$$H_{x'}\Big|^{t_0-0} = H_{x'}\Big|^{t_0+0}, \qquad H_{y'}\Big|^{t_0-0} = H_{y'}\Big|^{t_0+0} \tag{22}$$

erfüllt sein.

c) **Das spezielle isoperimetrische Problem:**

Darunter verstehen wir die folgende Aufgabe, welche der ganzen Klasse von Aufgaben, mit der wir uns gegenwärtig beschäftigen, den Namen gegeben hat:

Beispiel II:[1]) *Unter allen gewöhnlichen Kurven von gegebener Länge, welche zwei gegebene Punkte P_1 und P_2 verbinden, diejenige zu bestimmen, welche mit der Sehne $P_1 P_2$ den größten Flächeninhalt einschließt.*

Wählen wir die Verbindungsgerade von P_1 und P_2 zur x-Achse, mit $P_2 P_1$ als positiver Richtung, so haben wir das Integral[2])

$$J = \tfrac{1}{2}\int_{t_1}^{t_2} (xy' - yx')\,dt$$

zu einem Maximum zu machen, während das Integral

$$K = \int_{t_1}^{t_2} \sqrt{x'^2 + y'^2}\,dt$$

einen vorgeschriebenen Wert $2l$ besitzen soll, den wir größer als den Abstand $|P_1 P_2|$ voraussetzen.

Für den Bereich $\mathfrak{R}$ können wir hier die ganze x, y-Ebene wählen.

Da

$$H = \tfrac{1}{2}(xy' - yx') + \lambda\sqrt{x'^2 + y'^2},$$

so erhalten wir

$$H_1 = \frac{\lambda}{\left(\sqrt{x'^2 + y'^2}\right)^3}, \tag{23}$$

und daher wird die Differentialgleichung (I)

$$\frac{1}{r} \equiv \frac{x'y'' - y'x''}{\left(\sqrt{x'^2 + y'^2}\right)^3} = -\frac{1}{\lambda}. \tag{24}$$

Dieselbe zeigt, daß λ stets von Null verschieden ist, und daß die gesuchte Kurve ein *Kreis vom Radius* $|\lambda|$ ist, der im Sinn[3]) des Uhrzeigers oder im entgegengesetzten beschrieben wird, je nachdem $\lambda > 0$ oder $\lambda < 0$. Man verifiziert dies auch leicht direkt durch wirkliche Ausführung der Integration, indem man

---

[1]) Vgl. p. 3.

[2]) Hierdurch wird zugleich definiert, was wir unter dem fraglichen Flächeninhalt verstehen; vgl. Goursat, *Cours d'Analyse,* I, Nr. 94 und C. Jordan, *Cours d'Analyse,* I, Nr. 102, 112 und II, Nr. 129—133. Man beachte, daß das Integral J entlang der Geraden $P_1 P_2$ gleich Null ist.

[3]) Vgl p. 192.

die Differentialgleichung (24) in der Normalform (43) von § 27 schreibt, mit dem Bogen s als unabhängiger Variabeln. Die Integration ergibt bei passender Wahl des Anfangspunktes für den Bogen s

$$x - \alpha = -\lambda \cos\left(-\frac{s}{\lambda}\right), \qquad y - \beta = -\lambda \sin\left(-\frac{s}{\lambda}\right) \tag{25}$$

Da H_1 stets von Null verschieden ist, so können nach (22) und § 48, c), Zusatz I, *keine diskontinuierlichen Lösungen* auftreten.

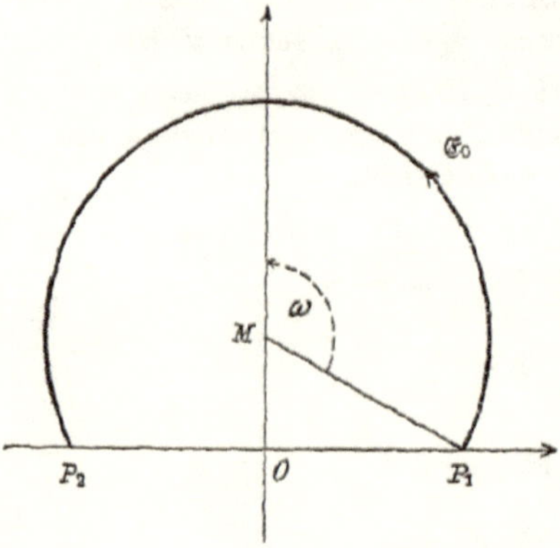

Fig. 106

Konstantenbestimmung[1]: Wir wählen zur Vereinfachung den Mittelpunkt O der Strecke $P_1 P_2$ zum Koordinatenanfangspunkt, so daß $\alpha = 0$ wird. Ferner beschränken[2] wir uns auf Lösungen, welche nicht über einen vollen Kreisumfang hinausgehen, und auf den Fall $\lambda < 0$. Führt man dann den halben Zentriwinkel ω des Bogens $P_1 P_2$ ein, so normiert, daß derselbe zwischen 0 und π liegt, so ist

$$x_1 = -\lambda \sin\omega, \qquad l = -\lambda\omega, \qquad \beta = \lambda\cos\omega,$$

woraus sich zur Bestimmung von ω die transzendente Gleichung ergibt

$$\frac{x_1}{l}\,\omega = \sin\omega$$

Da nach Voraussetzung $0 < x_1 < l$, so ergibt die Diskussion dieser Gleichung, daß dieselbe stets eine Wurzel ω zwischen 0 und π besitzt. Daraus folgt, daß es stets einen den Anfangsbedingungen genügenden Kreisbogen gibt, für welchen $\lambda < 0$.

Daneben gibt es, wenn x_1/l unter einer gewissen Grenze liegt, dann noch Lösungen, welche über einen vollen Kreisumfang hinausgehen.

Der *Ausnahmefall*, daß eine Extremale für das Integral K, d. h. also eine Gerade, Lösung des Problems ist, kann nur eintreten wenn $2l = |P_1 P_2|$. Alsdann ist aber diese Gerade überhaupt die einzige zulässige Kurve, kann also gar nicht den Bedingungen der Aufgabe gemäß variiert werden.

d) Gleichgewichtslage eines schweren, an seinen beiden Endpunkten befestigten Fadens:

Nach physikalischen Prinzipien ist die Aufgabe mit der folgenden äquivalent:

Beispiel XXI: In einer vertikalen Ebene zwischen zwei gegebenen Punkten P_1 und P_2 diejenige Kurve von gegebener Länge zu ziehen, deren Schwerpunkt möglichst niedrig liegt.

Wir nehmen die positive y-Achse vertikal nach oben; dann wird die Ordinate des Schwerpunktes gegeben durch den Quotienten

[1]) Vgl. C. Jordan, *Cours d'Analyse*, III, p. 498.
[2]) Vgl. § 61, c).

$$\frac{\int_{t_1}^{t_2} y\sqrt{x'^2+y'^2}\,dt}{\int_{t_1}^{t_2}\sqrt{x'^2+y'^2}\,dt}.$$

Da jedoch der Nenner bei allen zulässigen Kurven konstant bleibt, so haben wir einfach das Integral

$$J=\int_{t_1}^{t_2} y\sqrt{x'^2+y'^2}\,dt$$

zu einem Minimum zu machen, während gleichzeitig das Integral

$$K=\int_{t_1}^{t_2}\sqrt{x'^2+y'^2}\,dt$$

einen vorgeschriebenen Wert l haben soll, den wir größer als den Abstand $|P_1P_2|$ voraussetzen.

Wir haben hier

$$H=(y+\lambda)\sqrt{x'^2+y'^2}.$$

Indem wir von der ersten der beiden Gleichungen (18) Gebrauch machen, erhalten wir sofort ein erstes Integral der Differentialgleichung (I):

$$H_{x'}\equiv\frac{(y+\lambda)x'}{\sqrt{x'^2+y'^2}}=\alpha.$$

Ist $\alpha=0$, so erhalten wir die Lösung[1])

$$x=\text{konst},$$

welche nur dann statthaben kann, wenn die beiden gegebenen Punkte in derselben Vertikalen liegen.

Ist dagegen $\alpha\neq 0$, so erhalten wir als allgemeine Lösung der Differentialgleichung (I) zwei Systeme von Kettenlinien

$$x=\beta+\alpha t,\qquad y+\lambda=\pm\alpha\,\mathrm{Ch}\,t \tag{26}$$

Aus (22) folgt, daß die Konstante α selbst im Fall einer diskontinuierlichen Lösung entlang der ganzen Kurve denselben Wert behalten muß. Sehen wir daher von dem trivialen Fall $\alpha=0$ ab, so können nach § 48, c), Zusatz I, keine diskontinuierlichen Lösungen auftreten; denn

$$H_1(x,y,\cos\theta,\sin\theta;\lambda)=y+\lambda,$$

und dies ist im Fall $\alpha\neq 0$ entlang jeder Extremalen von Null verschieden.

Konstantenbestimmung[2]): Nehmen wir an, daß $x_1<x_2$, so muß $\alpha>0$ sein,

---

[1]) Die Gerade $y+\lambda=0$ ist keine Extremale, da sie der zweiten der Differentialgleichungen (18) nicht genügt.

[2]) Nach Weierstrass, *Vorlesungen* 1879; vgl. auch Appell, *Traité de Mécanique*, I, p. 191.

damit $t_1 < t_2$. Da die Kurve durch die beiden Punkte P_1 und P_2 gehen soll, so müssen die folgenden Gleichungen erfüllt sein

$$x_1 = \beta + \alpha t_1, \qquad y_1 + \lambda = \pm \alpha \operatorname{Ch} t_1,$$
$$x_2 = \beta_2 + \alpha t_2, \qquad y_2 + \lambda = \pm \alpha \operatorname{Ch} t_2.$$

Ferner muß die Kurve die vorgeschriebene Länge haben; das gibt die weitere Gleichung

$$\alpha(\operatorname{Sh} t_2 - \operatorname{Sh} t_1) = l.$$

Aus diesen fünf Gleichungen haben wir die Unbekannten $\alpha, \beta, \lambda, t_1, t_2$ zu bestimmen Führt man statt t_1 und t_2 die beiden Großen

$$\mu = \frac{t_2 + t_1}{2} = \frac{x_2 + x_1 - 2\beta}{2\alpha},$$

$$\nu = \frac{t_2 - t_1}{2} = \frac{x_2 - x_1}{\alpha}$$

ein, so leitet man leicht aus den obigen Gleichungen die folgenden ab

$$\begin{aligned} y_2 - y_1 &= \pm 2\alpha \operatorname{Sh}\mu \operatorname{Sh}\nu, \\ l &= 2\alpha \operatorname{Ch}\mu \operatorname{Sh}\nu. \end{aligned} \tag{27}$$

Daraus folgt

$$\operatorname{Th}\mu = \pm \frac{y_2 - y_1}{l}. \tag{28}$$

Da nach Voraussetzung

$$l > \sqrt{(x_2 - x_1)^2 + (y_2 - y_1)^2} > |y_2 - y_1|,$$

so hat jede der beiden in (28) enthaltenen Gleichungen eine Losung μ Ferner folgt aus (27)

$$\sqrt{l^2 - (y_2 - y_1)^2} = 2\alpha \operatorname{Sh}\nu, \quad \text{also} \quad \frac{\operatorname{Sh}\nu}{\nu} = \frac{\sqrt{l^2 - (y_2 - y_1)^2}}{x_2 - x_1} \equiv k$$

Da $k > 1$, so hat diese transzendente Gleichung eine positive Wurzel ν, wie sich aus der Diskussion der durch die Funktion $\operatorname{Sh}\nu - k\nu$ von ν dargestellten Kurve ergibt.

Nachdem μ und ν bestimmt sind, ergeben sich die Werte von $\alpha, \beta, \lambda, t_1, t_2$ unmittelbar

Jedes der beiden Systeme von Kettenlinien (26) enthalt also eine Kettenlinie, welche den Anfangsbedingungen genügt. [1])

e) Existenztheoreme für isoperimetrische Extremalen:

Aus dem Satz von § 27, a) folgt unmittelbar: Durch einen Punkt $A_0(a_0, b_0)$ im Innern des Bereiches $\mathfrak{R}$ läßt sich in einer vorgeschriebenen Richtung γ_0 eine und nur eine Extremale der Klasse C' mit einem vorgeschriebenen Wert λ_0 der isoperimetrischen Konstanten λ konstruieren, vorausgesetzt daß

$$H_1(a_0, b_0, \cos\gamma_0, \sin\gamma_0; \lambda_0) \neq 0. \tag{29}$$

[1]) Hierzu weiter die *Übungsaufgaben* Nr. 1—9, 18—22 am Ende dieses Kapitels.

Diese Extremale, die wir schreiben

$$x = x(t), \qquad y = y(t), \tag{30}$$

läßt sich dann wieder auf ein ganz bestimmtes Maximalintervall

$$t_1^* < t < t_2^*$$

fortsetzen.

Ist $t = t_0$ der Parameter des Punktes A_0, und sind T_1, T_2 zwei der Ungleichung

$$t_1^* < T_1 < t_0 < T_2 < t_2^*$$

genügende Werte, so läßt sich eine positive Größe d angeben derart, daß die folgenden Sätze gelten:

1. Ist

$$|x_0 - a_0| \gtreqless d, |y_0 - b_0| \gtreqless d, \ |\theta_0 - \gamma_0| \gtreqless d, |\lambda - \lambda_0| \gtreqless d,$$

so läßt sich auch durch den Punkt x_0, y_0 in der Richtung θ_0 eine Extremale mit dem Wert λ der isoperimetrischen Konstanten konstruieren. Bedeutet insbesondere t die Bogenlänge, so können wir diese Extremale unter Benutzung der in § 27, b) definierten Funktionen $\mathfrak{X}, \mathfrak{Y}$ schreiben:

$$x = \mathfrak{X}(t - t_0; x_0, y_0, \theta_0, \lambda), \qquad y = \mathfrak{Y}(t - t_0; x_0, y_0, \theta_0, \lambda), \tag{31}$$

wobei wir im gegenwärtigen Fall noch λ mit unter die Argumente aufnehmen müssen. Dazu kommt dann noch für den Tangentenwinkel θ in Punkt t die Gleichung

$$\theta = \Theta(t - t_0;\ x_0, y_0, \theta_0, \lambda).$$

2. Für

$$x_0 = a_0, \quad y_0 = b_0, \quad \theta_0 = \gamma_0, \quad \lambda = \lambda_0$$

geht die Extremale (31) in die Extremale (30) über.

3. In dem Bereich

$$T_1 \gtreqless t \gtreqless T_2, |x_0 - a_0| \gtreqless d, |y_0 - b_0| \gtreqless d, |\theta_0 - \gamma_0| \gtreqless d, |\lambda - \lambda_0| \gtreqless d \tag{32}$$

sind die Funktionen

$$\mathfrak{X}, \mathfrak{X}_t, \mathfrak{X}_{tt}; \quad \mathfrak{Y}, \mathfrak{Y}_t, \mathfrak{Y}_{tt}; \quad \Theta, \Theta_t$$

als Funktionen der Variabeln $t, x_0, y_0, \theta_0, \lambda$ von der Klasse C'.

4. In dem Bereich (32) ist

$$H_1(\mathfrak{X}, \mathfrak{Y}, \mathfrak{X}_t, \mathfrak{Y}_t;\ \lambda) \neq 0 \tag{33}$$

und

$$\frac{\partial(\mathfrak{X}, \mathfrak{Y}, \Theta)}{\partial(x_0, y_0, \theta_0)} \neq 0. \tag{34}$$

Endlich liegt die Extremale (31) für jedes den Ungleichungen (32) genügende Wertsystem von $t, x_0, y_0, \theta_0, \lambda$ ganz im Innern des Bereiches $\mathfrak{R}$.

Zum Beweis dieser Behauptungen schreibe man die Differentialgleichung (I) unter Einführung des Tangentenwinkels θ in der den Gleichungen (43) von § 27 entsprechenden Normalform und betrachte λ als vierte, der Differentialgleichung

$$\frac{d\lambda}{dt} = 0$$

genügende unbekannte Funktion. Auf das so erweiterte System von Differentialgleichungen wende man dann die Sätze von § 24 an.

Gibt man in (31) einer der Größen x_0, y_0, θ_0 einen festen numerischen Wert und betrachtet die übrigen beiden als Integrationskonstanten, so erhält man das bereits unter b) erwähnte „allgemeine Integral" der Differentialgleichung (I), zunächst in einer Normalform, von der man dann wie in § 27, c) zur allgemeinsten Form übergehen kann

§ 60. Die zweite und vierte notwendige Bedingung.

Wir nehmen jetzt an, wir hätten eine Extremale

$$\mathfrak{E}_0: \qquad x = \mathring{x}(t), \qquad y = \mathring{y}(t), \qquad t_1 \gtreqless t \gtreqless t_2$$

gefunden, welche der Differentialgleichung (I) mit einem bestimmten Wert λ_0 der isoperimetrischen Konstanten genügt, von P_1 nach P_2 führt und dem Integral K den vorgeschriebenen Wert l erteilt. Weiter setzen wir voraus, die Kurve $\mathfrak{E}_0$ sei von der Klasse C''' und liege ganz im Innern des Bereiches $\mathfrak{R}$, und endlich verschärfen wir die in § 59, a) über die Funktion V gemachte Annahme dahin, daß sie entlang der Extremalen $\mathfrak{E}_0$ in keinem noch so kleinen Teilintervall von $[t_1 t_2]$ identisch verschwinden soll.

a) Das Analogon der Legendre'schen Bedingung:

Zur Aufstellung weiterer notwendiger Bedingungen wenden wir uns nunmehr zunächst zur Untersuchung der zweiten Variation. Wir betrachten irgendeine einparametrige Schar von zulässigen Variationen (3); für dieselbe muß dann nach (14)

$$\delta^2 J \geqq 0 \tag{35}$$

sein. Bei der Bildung von $\delta^2 J$ haben wir zu beachten, daß im gegenwärtigen Fall der Integrand nicht nur die schon beim Problem ohne Nebenbedingungen (§ 28) auftretende quadratische Form in $\delta x, \delta y,$

$\delta x', \delta y'$ enthält, sondern nach § 8, b) außerdem noch eine lineare Form der zweiten Variationen, nämlich

$$F_x \delta^2 x + F_y \delta^2 y + F_{x'} \delta^2 x' + F_{y'} \delta^2 y',$$

weil wir es hier nicht mit Variationen von dem einfachsten Typus (17) von § 26 zu tun haben, sondern mit solchen von dem allgemeineren Typus (3)

Diese zweiten Variationen lassen sich nun aber eliminieren,[1]) wenn man die Ungleichung (35) mit der aus der Differentiation der Gleichung: $\bar{K} = l$ nach ε folgenden Gleichung: $\delta^2 K = 0$ in der Weise kombiniert, daß man die letztere mit der Konstanten λ_0 multipliziert zur ersteren addiert:

$$\delta^2 J + \lambda_0 \delta^2 K \gtreqless 0. \tag{36}$$

Die Glieder, welche zweite Variationen der unbekannten Funktionen enthalten, vereinigen sich nunmehr zu dem Integral

$$\int_{t_1}^{t_2} (H_x \delta^2 x + H_y \delta^2 y + H_{x'} \delta^2 x' + H_{y'} \delta^2 y') dt, \tag{37}$$

wobei in der Funktion H die Konstante $\lambda = \lambda_0$ zu setzen ist.

Wendet man auf dieses Integral die Lagrange'sche partielle Integration an und beachtet einerseits, daß die Extremale $\mathfrak{E}_0$ den Differentialgleichungen (18) mit dem Wert λ_0 der isoperimetrischen Konstanten genügt, andererseits, daß die Funktionen $\delta^2 x, \delta^2 y$ in t_1 und t_2 verschwinden, wie sich durch zweimalige Differentiation der in ε identischen Gleichungen

$$\bar{x}(t_1, \varepsilon) = x_1, \qquad \bar{y}(t_1, \varepsilon) = y_1,$$
$$\bar{x}(t_2, \varepsilon) = x_2, \qquad \bar{y}(t_2, \varepsilon) = y_2$$

ergibt, so erkennt man, daß das Integral (37) gleich Null ist, und daß sich daher die Ungleichung (36) auf

$$\delta^2 J \equiv \int_{t_1}^{t_2} [H_{xx}(\delta x)^2 + \ldots + H_{y'y'}(\delta y')^2] dt \gtreqless 0 \tag{38}$$

reduziert Diese Ungleichung muß bestehen für jedes Funktionenpaar $\delta x, \delta y$, welches aus einer einparametrigen Schar von zulässigen Variationen durch den δ-Prozeß ableitbar ist. Die Gesamtheit dieser Funktionenpaare ist aber nach dem Weierstraß'schen Lemma von § 59, a) identisch mit der Gesamtheit derjenigen Funktionenpaare

---

[1]) Vgl. eine hierauf bezügliche Bemerkung von Swift, Bulletin of the American Mathematical Society, Bd. XIV (1908), p. 373

$\delta x, \delta y$, welche in $[t_1 t_2]$ von der Klasse D' sind, in t_1 und t_2 verschwinden und überdies der Gleichung $\delta K = 0$ genügen. Für alle diese Funktionenpaare muß daher die Ungleichung (38) gelten.

Auf das Integral auf der linken Seite von (38) kann man jetzt die Weierstraß'sche Transformation von § 28, a) anwenden und gleichzeitig auf δK die Transformation (18a) von § 26, so daß in beiden Integralen δx und δy nur mehr in der Verbindung

$$y'\delta x - x'\delta y = \varepsilon w$$

vorkommen. Wendet man dementsprechend das Weierstraß'sche Lemma in der zweiten am Ende von § 59, a) gegebenen Form an, so erhält man den folgenden Satz:[1])

Für ein Minimum des Integrals J mit der Nebenbedingung $K = l$ ist weiter notwendig, daß das Integral

$$\delta^2 J \equiv \varepsilon^2 \int_{t_1}^{t_2} \left[H_1 \left(\frac{dw}{dt} \right)^2 + H_2 w^2 \right] dt \gtreqless 0 \tag{39}$$

für alle Funktionen w von der Klasse D', welche in t_1 und t_2 verschwinden, und für welche

$$\int_{t_1}^{t_2} V w\, dt = 0. \tag{13}$$

Dabei sind die Funktionen H_1, H_2 aus der Funktion $H = F + \lambda_0 G$ genau so abgeleitet wie in § 28, a) die Funktionen F_1, F_2 aus der Funktion F; die Funktion V ist durch (9) definiert, und die Funktionen H_1, H_2, V sind für die Extremale $\mathfrak{E}_0$ berechnet.

Hieraus folgt nun leicht der Satz:

Die zweite notwendige Bedingung für ein Minimum des Integrals J mit der Nebenbedingung $K = l$ ist, daß

$$H_1 \gtreqless 0 \tag{II}$$

entlang der Extremalen $\mathfrak{E}_0$, d. h.

$$H_1(\mathring{x}(t), \mathring{y}(t), \mathring{x}'(t), \mathring{y}'(t); \lambda_0) \gtreqless 0 \quad \textit{in } [t_1 t_2].$$

Zum Beweis können wir genau wie in § 9, b) und § 28, a) verfahren, nur daß jetzt noch zu zeigen ist, daß wir zu jedem vor-

[1]) Weierstrass, *Vorlesungen* 1879. Man kann dieses Resultat auch ohne Benutzung des Weierstraß'schen Lemmas ableiten, indem man in konsequenter Weiterführung des Hilbert'schen Gedankengangs (p. 458, Fußnote [1])), die zweite notwendige Bedingung dafür entwickelt, daß die Funktion $J(\varepsilon, \varepsilon_1)$ für $\varepsilon = 0$, $\varepsilon_1 = 0$ ein Minimum mit der Nebenbedingung $K(\varepsilon, \varepsilon_1) = l$ besitzen soll; vgl. Bolza, Bulletin of the American Mathematical Society, Bd XV (1909), p. 213.

geschriebenen Teilintervall $[\tau'\tau'']$ von $[t_1 t_2]$ eine Funktion w konstruieren können, welche in $[\tau'\tau'']$ von der Klasse C' ist, in τ' und τ'' verschwindet, ohne im ganzen Intervall identisch zu verschwinden, und welche der Bedingung (13) genügt. Dazu wähle man zwei beliebige Funktionen w_1, w_2, welche den ersten beiden der drei aufgezählten Bedingungen genügen, und überdies w_2 so, daß

$$\int_{\tau'}^{\tau''} V w_2 dt \neq 0,$$

was nach der im Eingang dieses Paragraphen über die Funktion V gemachten Voraussetzung stets möglich ist. Dann setze man: $w = w_1 + c w_2$ und bestimme die Konstante c so, daß (13) erfüllt ist.

Die Bedingung (II) ist das *Analogon der Legendre'schen Bedingung* für das isoperimetrische Problem. Wir werden dieselbe in der ganzen weiteren Entwicklung in der stärkeren Form:

$$H_1 > 0, \tag{II'}$$

entlang $\mathfrak{E}_0$, voraussetzen. Es folgt dann nach § 27, c), daß sich die Extremale $\mathfrak{E}_0$ über das Intervall $[t_1 t_2]$ hinaus fortsetzen läßt, und es gelten für die so fortgesetzte Extremale $\mathfrak{E}_0^*$ die Sätze von § 59, e). Insbesondere folgt, daß die Extremale $\mathfrak{E}_0$ aus dem allgemeinen Integral (21) der Differentialgleichung (I) abgeleitet werden kann, indem man den Größen α, β, λ gewisse spezielle Werte $\alpha = \alpha_0, \beta = \beta_0, \lambda = \lambda_0$ gibt, so daß also

$$\mathring{x}(t) \equiv f(t, \alpha_0, \beta_0, \lambda_0), \qquad \mathring{y}(t) \equiv g(t, \alpha_0, \beta_0, \lambda_0). \tag{40}$$

b) **Die Weierstraß'sche Bedingung:**

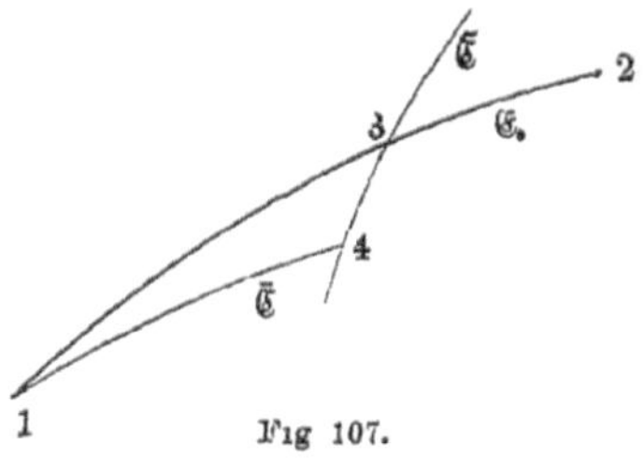

Fig 107.

Um spätere Entwicklungen nicht unterbrechen zu müssen, schließen wir gleich hier die Weierstraß'sche Bedingung an. Wir wenden dasselbe Verfahren wie in § 30, a) an, wobei jedoch einige Modifikationen nötig werden. Unter Festhaltung der dortigen Bezeichnung handelt es sich darum, eine einparametrige Schar von Vergleichskurven

$$x = \bar{x}(t, \varepsilon), \qquad y = \bar{y}(t, \varepsilon)$$

aufzustellen, welche nicht nur, wie dort, die Bedingungen

$$\begin{aligned} \bar{x}(t, 0) &= \mathring{x}(t), & \bar{y}(t, 0) &= \mathring{y}(t), \\ \bar{x}(t_1, \varepsilon) &= x_1, & \bar{y}(t_1, \varepsilon) &= y_1, \\ \bar{x}(t_3, \varepsilon) &= \tilde{x}(\tau_3 - \varepsilon), & \bar{y}(t_3, \varepsilon) &= \tilde{y}(\tau_3 - \varepsilon), \end{aligned}$$

sondern auch die *isoperimetrische Bedingung*

$$\overline{K}_{14} + \widetilde{K}_{43} = K_{13} \tag{41}$$

erfüllen. Dazu setzen wir die Vergleichskurven in der Form an

$$x = \mathring{x}(t) + \varepsilon_1 \xi_1(t) + \varepsilon_2 \xi_2(t) + \varepsilon_3 \xi_3(t),$$
$$y = \mathring{y}(t) + \varepsilon_1 \eta_1(t) + \varepsilon_2 \eta_2(t) + \varepsilon_3 \eta_3(t),$$

wo ξ_i, η_i willkürliche Funktionen von t von der Klasse C' sind, welche in t_1 verschwinden, und bestimmen nun $\varepsilon_1, \varepsilon_2, \varepsilon_3$ als Funktionen von ε durch die Gleichungen:

$$x_3 + \varepsilon_1 \xi_1(t_3) + \varepsilon_2 \xi_2(t_3) + \varepsilon_3 \xi_3(t_3) = \tilde{x}(t_3 - \varepsilon),$$
$$y_3 + \varepsilon_1 \eta_1(t_3) + \varepsilon_2 \eta_2(t_3) + \varepsilon_3 \eta_3(t_3) = \tilde{y}(t_3 - \varepsilon),$$
$$\overline{K}_{14} + \widetilde{K}_{43} = K_{13}.$$

Dies ist aber nach dem Satz über implizite Funktionen stets möglich, wenn

$$\begin{vmatrix} \xi_1(t_3) & \xi_2(t_3) & \xi_3(t_3) \\ \eta_1(t_3) & \eta_2(t_2) & \eta_3(t_3) \\ K_1 & K_2 & K_3 \end{vmatrix} \neq 0,$$

wobei

$$K_i = \int_{t_1}^{t_3} [G_x \xi_i + G_y \eta_i + G_{x'} \xi_i' + G_{y'} \eta_i'] \, dt.$$

Das ist stets leicht zu erreichen; man wähle z. B. ξ_1, η_1 so, daß

$$\xi_1(t_3) = 0, \qquad \eta_1(t_3) = 0, \qquad K_1 \neq 0,$$

was nach der im Eingang dieses Paragraphen über die Funktion V gemachten Annahme stets möglich ist; ferner

$$\xi_2(t_3) = 0, \qquad \eta_2(t_3) \neq 0, \qquad \xi_3(t_3) \neq 0.$$

Nachdem so eine allen Anforderungen genügende Schar von Vergleichskurven hergestellt ist, muß für alle hinreichend kleinen positiven Werte von ε die Ungleichung

$$\overline{J}_{14} + \widetilde{J}_{43} \gtreqless J_{13}$$

stattfinden, welche man mit Rücksicht auf (41) auch schreiben kann:

$$(\overline{J}_{14} + \lambda_0 \overline{K}_{14}) + (\widetilde{J}_{43} + \lambda_0 \widetilde{K}_{43}) \gtreqless J_{13} + \lambda_0 K_{13}.$$

Die weitere Behandlung dieser Ungleichung führt nun ganz wie in § 30, a) zu dem folgenden Resultat: Es bezeichne

$$\mathfrak{E}(x,y;\, x',y';\, \tilde{x}',\tilde{y}';\, \lambda) = \\ H(x,y,\tilde{x}',\tilde{y}';\, \lambda) - \tilde{x}' H_{x'}(x,y,x',y';\, \lambda) - \tilde{y}' H_{y'}(x,y,x',y';\, \lambda). \tag{42}$$

Dann gilt der Satz[1]):

Die vierte notwendige Bedingung für ein starkes Minimum des Integrals J mit der Nebenbedingung $K = l$ besteht darin, daß

$$\mathcal{E}(x, y; p, q; \tilde{p}, \tilde{q}; \lambda_0) > 0 \tag{IV}$$

entlang[2]) *dem Extremalenbogen* $\mathfrak{E}_0$.

§ 61. Die Weierstraß'sche Theorie der konjugierten Punkte beim isoperimetrischen Problem.

Die bisherigen Untersuchungen haben gezeigt, daß, soweit es sich um die Bedingungen (I), (II) und (IV) handelt, das vorgelegte isoperimetrische Problem äquivalent ist mit dem Problem, das Integral

$$\int_{t_1}^{t_2} (F + \lambda_0 G)\,dt \tag{43}$$

ohne Nebenbedingung zu einem Minimum zu machen

Man hat lange geglaubt, daß beide Probleme überhaupt äquivalent seien; dies ist jedoch falsch, wie zuerst LUNDSTRÖM[3]) gefunden hat. Die weitere Untersuchung der zweiten Variation zeigt nämlich, daß auch beim isoperimetrischen Problem ein konjugierter Punkt P_1' existiert, über welchen hinaus ein Extremum nicht mehr stattfinden kann; dieser Punkt fällt aber im allgemeinen nicht mit dem konjugierten Punkt für das Integral (43) ohne Nebenbedingung, den wir mit $\overline{P}_1'$ bezeichnen wollen, zusammen, vielmehr ist im allgemeinen $P_1' > \overline{P}_1'$, wie dies auch a priori nicht anders zu erwarten ist. Denn beim Problem ohne Nebenbedingung muß die Ungleichung (39) für alle Funktionen w der Klasse D' erfüllt sein, welche in t_1 und t_2 verschwinden, beim isoperimetrischen Problem dagegen nur für diejenigen, welche außerdem noch der Bedingung (13) genügen; daraus folgt schon, daß sicher $P_1' \geqq \overline{P}_1'$ sein muß.

Bei der dritten notwendigen Bedingung hört also die Äquivalenz der beiden Probleme auf.

a) Definition der konjugierten Punkte:

Wir wenden zunächst auf das Integral (39) die Jacobi'sche Transformation von § 10, b) an. Ist $[\tau_1 \tau_2]$ irgend ein Teilintervall von

[1]) Nach WEIERSTRASS, *Vorlesungen* 1879

[2]) In demselben Sinn wie in § 30, a).

[3]) Vgl. „*Distinction des maxima et des minima dans un problème isopérimétrique*", Nova acta reg. soc. sc. Upsaliensis, Ser. 3, Bd. VII (1869); vgl auch A. MAYER, Mathematische Annalen, Bd XIII (1878), p. 54.

$[t_1 t_2]$, und wählen wir die Funktion w identisch gleich Null außerhalb $[\tau_1 \tau_2]$, gleich Null in τ_1 und τ_2 und von der Klasse C'' in $[\tau_1 \tau_2]$, so können wir hiernach die zweite Variation schreiben

$$\delta^2 J = \varepsilon^2 \int_{\tau_1}^{\tau_2} w\, \Psi(w)\, dt, \tag{44}$$

wobei

$$\Psi(w) = H_2 w - \frac{d}{dt}\left(H_1 \frac{dw}{dt}\right).$$

Da wir aber nur solche Funktionen w betrachten, welche der Gleichung (13) genügen, so können wir in den Ausdruck für $\delta^2 J$ dadurch eine willkürliche Konstante einführen, daß wir das mit einer Konstanten μ multiplizierte Integral

$$\int_{\tau_1}^{\tau_2} V w\, dt = 0$$

hinzuaddieren. Wir erhalten so:

$$\delta^2 J = \varepsilon^2 \int_{\tau_1}^{\tau_2} w[\Psi(w) + \mu V]\, dt. \tag{45}$$

Wir versuchen nun zunächst, ähnlich wie in § 10, b), die zweite Variation durch passende Wahl der Größen τ_1, τ_2, μ und der Funktion w gleich Null zu machen. Dazu betrachten wir die Differentialgleichung

$$\Psi(w) + \mu V = 0. \tag{46}$$

Das allgemeine Integral derselben läßt sich mittels eines dem Jacobi'schen Verfahren von § 12, b) und § 29, a) analogen Verfahrens leicht angeben. Denn setzen wir in die Differentialgleichung

$$H_x - \frac{d}{dt} H_{x'} = 0$$

mit unbestimmtem λ für x, y das allgemeine Integral (21) ein, differentiieren nach α, β, λ und setzen schließlich $\alpha = \alpha_0$, $\beta = \beta_0$, $\lambda = \lambda_0$, so ergibt sich das folgende Resultat:

Bezeichnen wir

$$\left.\begin{aligned} \vartheta_1(t) &= g_t f_\alpha - f_t g_\alpha, \\ \vartheta_2(t) &= g_t f_\beta - f_t g_\beta, \\ \vartheta_3(t) &= g_t f_\lambda - f_t g_\lambda, \end{aligned}\right\} \quad \alpha = \alpha_0,\ \beta = \beta_0,\ \gamma = \gamma_0,$$

so ist

$$\Psi(\vartheta_1(t)) = 0, \qquad \Psi(\vartheta_2(t)) = 0, \qquad \Psi(\vartheta_3(t)) + V = 0. \tag{47}$$

Die ersten beiden dieser Gleichungen werden genau so erhalten wie die analogen Resultate in § 29, a). Bei Ableitung der dritten Gleichung hat man sich zu erinnern, daß die Größe λ nicht nur implizite in den Funktionen f, g vorkommt, sondern auch explizite als Faktor von G in $H = F + \lambda G$. Die Ausführung der Differentiation nach λ ergibt daher zunächst die Gleichung

$$y' \Psi(\vartheta_3(t)) + G_x - \frac{d}{dt} G_{x'} = 0,$$

woraus dann das obige Resultat auf Grund der nach Gleichung (23) von § 26 gültigen Relation

$$G_x - \frac{d}{dt} G_{x'} = y' V$$

folgt.

Aus den Gleichungen (47) ergibt sich, daß die Funktion

$$w = c_1 \vartheta_1(t) + c_2 \vartheta_2(t) + \mu \vartheta_3(t) \tag{48}$$

der Differentialgleichung (46) genügt, und da sie zwei willkürliche Konstanten c_1, c_2 enthält, so ist sie zugleich das allgemeine Integral. Dasselbe kann nur dann in einem Intervall $[\tau_1 \tau_2]$ identisch verschwinden, wenn $c_1 = 0$, $c_2 = 0$, $\mu = 0$. Denn wäre $w \equiv 0$, so würde zunächst aus (46) folgen, daß $\mu = 0$ sein muß, da $V \not\equiv 0$ vorausgesetzt ist; weiter würde dann $c_1 = 0$, $c_2 = 0$ folgen, da $\vartheta_1(t)$ und $\vartheta_2(t)$ zwei nach § 29, a) linear unabhängige Integrale der Differentialgleichung $\Psi(w) = 0$ sind.

Sollte es nun möglich sein, die Konstanten c_1, c_2, μ und einen der Ungleichung

$$t_1 < t_1' \gtreqless t_2$$

genügenden Wert t_1' so zu bestimmen, daß gleichzeitig

$$w(t_1) \equiv c_1 \vartheta_1(t_1) + c_2 \vartheta_2(t_1) + \mu \vartheta_3(t_1) = 0,$$
$$w(t_1') \equiv c_1 \vartheta_1(t_1') + c_2 \vartheta_2(t_1') + \mu \vartheta_3(t_1') = 0,$$
$$\int_{t_1}^{t_1'} V w\, dt \equiv c_1 \int_{t_1}^{t_1'} V \vartheta_1\, dt + c_2 \int_{t_1}^{t_1'} V \vartheta_2\, dt + \mu \int_{t_1}^{t_1'} V \vartheta_3\, dt = 0,$$

so könnte man die zweite Variation durch eine allen Bedingungen genügende Funktion w gleich Null machen, indem man w in $[t_1 t_1']$ gleich dem Integral (48) mit diesen speziellen Werten von c_1, c_2, μ setzt, dagegen identisch gleich Null in $[t_1' t_2]$. Daraus würde dann, wie wir wenigstens als wahrscheinlich erwarten dürfen, folgen, daß $\Delta J < 0$.

Wir können somit den folgenden Satz[1]) aussprechen:

Soll $\delta^2 J > 0$ sein für alle zulässigen, in $[t_1 t_2]$ nicht identisch verschwindenden Funktionen w, so muß

$$D(t, t_1) \equiv \begin{vmatrix} \vartheta_1(t_1), & \vartheta_2(t_1), & \vartheta_3(t_1) \\ \vartheta_1(t), & \vartheta_2(t), & \vartheta_3(t) \\ \int_{t_1}^{t} V\vartheta_1 dt, & \int_{t_1}^{t} V\vartheta_2 dt, & \int_{t_1}^{t} V\vartheta_3 dt \end{vmatrix} \neq 0 \tag{49}$$

sein für

$$t_1 < t \overline{\gtrless} t_2.$$

Indem wir mit t_1' die zunächst[2]) auf t_1 folgende Wurzel der Gleichung

$$D(t, t_1) = 0$$

bezeichnen, können wir die Bedingung (49) auch schreiben

$$t_2 < t_1'.$$

Der dem Wert t_1' auf der Extremalen $\mathfrak{E}_0^*$ entsprechende Punkt P_1' heißt wieder *der zu P_1 konjugierte Punkt.*

Eine leichte Modifikation der obigen Schlußweise führt zu dem folgenden, wenigstens scheinbar allgemeineren Resultat: Wenn

$$D(t'', t') = 0$$

für zwei den Ungleichungen

$$t_1 \overline{\gtrless} t' < t'' \overline{\gtrless} t_2$$

genügende Werte t', t'', so kann man $\delta^2 J = 0$ machen durch eine zulässige Funktion w.

b) **Eigenschaften der Funktion $D(t, t_1)$:**

Für die weitere Entwicklung haben wir den folgenden Hilfssatz[3]) über die Funktion $D(t, t_1)$ nötig:

Die Funktion $D(t, t_1)$ wechselt im Punkt t_1' ihr Zeichen, außer wenn t_1' zugleich konjugierter Punkt (im weiteren Sinn) für das Integral (43) *ohne Nebenbedingung ist.*

Zum Beweis bringen wir zunächst $D(t, t_1)$ auf eine für die Diskussion bequemere Form. Wir führen dazu die beiden folgenden Funktionen ein:

---

[1]) Satz und Beweis nach WEIERSTRASS, *Vorlesungen* 1872.

[2]) Vgl die Bemerkung am Ende von Absatz b)

[3]) Derselbe rührt von WEIERSTRASS her, siehe die Dissertationen von HOWE, Berlin 1887, und HORMANN, Göttingen 1887; einen Beweis hat zuerst KNESER gegeben, Mathematische Annalen, Bd. LV (1902), p 86.

$$u = \vartheta_1(t_1)\vartheta_2(t) - \vartheta_2(t_1)\vartheta_1(t) \equiv u(t, t_1),$$
$$v = C_1\vartheta_1(t) + C_2\vartheta_2(t) - \vartheta_3(t) \equiv v(t, t_1),$$

wobei die beiden Konstanten C_1, C_2 der Gleichung

$$C_1\vartheta_1(t_1) + C_2\vartheta_2(t_1) - \vartheta_3(t_1) = 0$$

genügen. Die beiden Funktionen u, v genügen den Differentialgleichungen

$$\Psi(u) = 0, \qquad \Psi(v) = V \tag{50}$$

und den Anfangsbedingungen

$$u(t_1) = 0, \qquad v(t_1) = 0. \tag{51}$$

Mit Hilfe von elementaren Determinantensätzen läßt sich dann die Funktion $D(t, t_1)$ folgendermaßen durch u und v ausdrücken:

$$D(t, t_1) = mv - nu, \tag{52}$$

wo

$$m = \int_{t_1}^{t} Vu\,dt \equiv m(t, t_1), \qquad n = \int_{t_1}^{t} Vv\,dt \equiv n(t, t_1)$$

Aus (50) folgt

$$v\,\Psi(u) - u\,\Psi(v) = \frac{d}{dt} H_1(uv' - vu') = -uV.$$

Integriert man diese Gleichung und bestimmt die Integrationskonstanten aus (51), so kommt

$$H_1(uv' - vu') = -m. \tag{53}$$

Differentiiert man andererseits (52) nach t, so folgt aus der Definition der Funktionen m und n, daß

$$D' = mv' - nu', \tag{53a}$$

und daher

$$Du' - D'u = \frac{m^2}{H_1}. \tag{54}$$

Wir schließen hieraus zunächst, daß die Funktion $D(t, t_1)$ in keinem noch so kleinen Teilintervall von $[t_1 t_2]$ identisch verschwinden kann; denn sonst müßte dasselbe mit D' und daher auch mit m der Fall sein, was mit der im Eingang von § 60 über die Funktion V gemachten Annahme im Widerspruch steht.

Weiter folgt aber aus (54), daß

$$\frac{d}{dt}\frac{D}{u} = -\frac{m^2}{H_1}, \tag{55}$$

und dies zeigt, da $H_1 > 0$, daß der Quotient D/u sein Zeichen wechselt, wenn t durch den Wert t_1' hindurchgeht; dasselbe tut also auch die

Funktion D, wenn $u(t_1') \neq 0$, und das ist eben der oben ausgesprochene Satz, da ja die Gleichung $u(t) = 0$ die konjugierten Punkte (im weiteren Sinn) für das Integral (43) ohne Nebenbedingung bestimmt.

Da u in t_1 nach (50) und § 11, a) nur von der ersten Ordnung verschwindet, m und D dagegen von hoherer[1]) Ordnung, so folgt durch Integration von (55),

$$D = -u\int_{t_1}^{t} \frac{m^2 dt}{H_1 u^2}$$

Diese Gleichung zeigt, in Übereinstimmung mit den Bemerkungen im Eingang dieses Paragraphen, daß $D \neq 0$ für $t_1 < t < \bar{t}_1'$; denn $\bar{t}_1'$ ist nach Definition die zunächst auf t folgende Wurzel der Gleichung $u(t) = 0$. Kombiniert man dieses Resultat mit dem folgenden, leicht zu beweisenden Satz über stetige Funktionen:

„Ist die Funktion $f(x)$ stetig in $[ab]$, positiv in a, aber nicht in allen Punkten von $[ab]$, so gibt es in $[ab]$ einen Punkt c, so daß

$$f(x) > 0 \text{ für } a \overline{\gtrless} x < c, \qquad f(c) = 0\text{“},$$

so folgt: Wenn die Funktion $D(t, t_1)$ überhaupt im Intervall $t_1 < t < t_2^*$ verschwindet, so besitzt sie stets auch einen zunächst auf t_1 folgenden Nullpunkt.

c) Nachweis der Notwendigkeit der Bedingung: $P_2 \overline{\overline{<}} P_1'$:

Die in Absatz a) bewiesenen Resultate machen es wahrscheinlich,[2]) daß das Extremum jenseits des konjugierten Punktes P_1' nicht mehr bestehen kann, und in der Tat läßt sich durch eine Modifikation der von Weierstraß[3]) für den analogen Zweck beim Problem ohne Nebenbedingung angewandten Methode beweisen,[4]) daß man die zweite Variation und daher auch ΔJ negativ machen kann, wenn $P_1' < P_2$.

Dazu schreiben wir den Ausdruck (45) für die zweite Variation in der Form

$$\delta^2 J = -\varepsilon^2 k\int_{t_1}^{t_2} w^2 dt + \varepsilon^2\int_{t_1}^{t_2} w[\overline{\Psi}(w) + \mu V]dt,$$

---

[1]) Sind die Funktionen H_1, H_2, V regulär, und verschwindet V in t_1 von der Ordnung $k (\gtreqless 0)$, so verschwindet m in t_1 von der Ordnung $k+2$, D von der Ordnung $2k+4$.

[2]) Vgl. die Bemerkungen bei der analogen Diskussion auf p 62, insbesondere Fußnote [1]).

[3]) Vgl. p 82, Fußnote [2]).

[4]) Der Beweis ist zuerst von Kneser gegeben worden in der auf p 478, Fußnote [3]) zitierten Arbeit Nach den Mitteilungen, die Howe und Hormann in ihren ebendort erwähnten Dissertationen machen, scheint es, daß Weierstrass im Besitz eines ähnlichen Beweises war; doch ist mir nicht bekannt, ob er denselben in Vorlesungen vorgetragen hat. Einen wesentlich hiervon verschiedenen, ebenfalls von Kneser herrührenden Beweis werden wir in § 62 geben.

wobei k eine willkürliche **positive** Konstante bedeutet, während

$$\widetilde{\Psi}(w) = (H_2 + k)w - \frac{d}{dt}\left(H_1 \frac{dw}{dt}\right).$$

Es seien jetzt $\tilde{u}, \tilde{v}$ diejenigen partikulären Integrale der Differentialgleichungen

$$\Psi(\tilde{u}) = 0, \qquad \Psi(\tilde{v}) = V,$$

welche den Anfangsbedingungen

$$\tilde{u}(t_1) = u(t_1) = 0, \qquad \tilde{u}'(t_1) = u'(t_1),$$
$$\tilde{v}(t_1) = v(t_1) = 0, \qquad \tilde{v}'(t_1) = v'(t_1)$$

genügen. Dann folgt aus dem Einbettungssatz[1]) von § 24, b), daß

$$\underset{k=0}{L}[\tilde{u}(t) - u(t)] = 0, \qquad \underset{k=0}{L}[\tilde{v}(t) - v(t)] = 0,$$

und zwar *gleichmäßig in Beziehung auf das Intervall* $[t_1 t_2]$.

Setzen wir daher entsprechend

$$\tilde{m} = \int_{t_1}^{t_2} V\tilde{u}\,dt, \qquad \tilde{n} = \int_{t_1}^{t_2} V\tilde{v}\,dt,$$

$$\widetilde{D}(t, t_1) = \tilde{m}\tilde{v} - \tilde{n}\tilde{u},$$

so folgt, daß auch

$$\underset{k=0}{L}\widetilde{D}(t, t_1) = D(t, t_1), \tag{56}$$

ebenfalls *gleichmäßig* in $[t_1\ t_2]$.

Angenommen es sei jetzt

$$t_1' < t_2$$

und zunächst

$$u(t_1') \neq 0.$$

Dann wechselt, wie wir unter b) gezeigt haben, die Funktion $D(t, t_1)$ in t_1' ihr Zeichen; wir können daher zwei der Ungleichung

$$t_1 < t_3 < t_1' < t_4 < t_2$$

genügende Werte t_3, t_4 von t angeben, für welche $D(t, t_1)$ entgegengesetzte Zeichen hat. Und nunmehr können wir wegen (56) die

---

[1]) Man schreibe die Differentialgleichung $\widetilde{\Psi}(u) = 0$ in der Normalform (20) von § 23 mit u, u', k als unbekannten Funktionen und mit der Zusatzdifferentialgleichung $dk/dt = 0$. Dann gibt es nach § 24, b) eine positive Größe d, so daß die Funktion $\tilde{u}(t)$ in dem Bereich $t_1 \lesseqgtr t \lesseqgtr t_2$, $|k| \lesseqgtr d$ eine stetige Funktion von t und k ist, welche für $k = 0$ in $u(t)$ übergeht; daraus folgt dann die Behauptung nach dem Satz über gleichmäßige Stetigkeit, vgl A II 6 und A III 3. Dasselbe gilt für die Funktion $\tilde{v}$.

Größe k so klein wählen, daß auch $\widetilde{D}(t, t_1)$ in t_3 und t_4 entgegengesetzte Zeichen hat; daher muß $\widetilde{D}(t, t_1)$ in einem zwischen t_3 und t_4 gelegenen Punkt $\tilde{t}_1'$ verschwinden. Wenn aber $\widetilde{D}(\tilde{t}_1', t_1) = 0$, so können wir zwei Konstante c_1, c_2, nicht beide gleich Null, so bestimmen, daß

$$c_1 \tilde{u}(\tilde{t}_1') + c_2 \tilde{v}(\tilde{t}_1') = 0,$$
$$c_1 \tilde{m}(\tilde{t}_1') + c_2 \tilde{n}(\tilde{t}_1') = 0.$$

Wählen wir jetzt

$$w = c_1 \tilde{u} + c_2 \tilde{v} \quad \text{in } [t_1 \tilde{t}_1'],$$
$$w \equiv 0 \quad \text{in } [\tilde{t}_1' t_2]$$

und geben der Konstanten μ den Wert $-c_2$, so hat w alle in dem Satz von § 60, a) verlangten Eigenschaften und genügt überdies der Differentialgleichung

$$\widetilde{\Psi}(w) + \mu V = 0.$$

Diese Funktion w macht aber $\delta^2 J$ negativ, da für sie

$$\delta^2 J = -\varepsilon^2 k \int_{t_1}^{t_2} w^2 dt.$$

Es bleibt jetzt noch der Ausnahmefall:[1] $u(t_1') = 0$ zu untersuchen. Derselbe kann nur dann eintreten, wenn gleichzeitig $m(t_1') = 0$ und $v(t_1') = 0$, wie sofort aus (54) und (53) folgt, wenn man beachtet, daß $H_1 \neq 0$ in $[t_1 t_2]$, und daß u und u' nach § 11, a) nicht gleichzeitig verschwinden können.

In diesem Fall können wir nun zunächst $\delta^2 J = 0$ machen durch die zulässige Funktion

$$w = u \text{ in } [t_1 t_1'], \qquad w \equiv 0 \text{ in } [t_1' t_2],$$

wie aus der Form (44) der zweiten Variation folgt, wobei man sich der Definition der Funktion m zu erinnern hat.

Darüber hinaus läßt sich dann aber mittels einer Modifikation des von SCHWARZ für den Beweis der Notwendigkeit der Jacobi'schen Bedingung beim Problem ohne Nebenbedingung benutzten Methode (§ 14, b)) beweisen, daß man $\delta^2 J$ auch negativ machen kann.

Man zeigt nämlich leicht, daß man stets eine Funktion ω von t bilden kann, welche in $[t_1 t_2]$ von der Klasse C'' ist und den Bedingungen

$$\omega(t_1) = 0, \qquad \omega(t_2) = 0, \qquad \omega(t_1') \neq 0, \qquad \int_{t_1}^{t_2} \omega V dt = 0$$

[1] Vgl. wegen dieses Ausnahmefalles BOLZA, Mathematische Annalen, Bd. LVII (1903), p. 44

genügt. Setzt man dann

$$w = u + k\omega \text{ in } [t_1 t_1'], \qquad w = k\omega \text{ in } [t_1' t_2],$$

unter k eine Konstante verstanden, so ist die so definierte Funktion w stetig in $[t_1 t_2]$, ihre erste Ableitung erleidet aber einen Sprung an der Stelle t_1'; ferner verschwindet w in t_1 und t_2 und genügt der Bedingung (13).

Wir können daher auf die zweite Variation in der ursprünglichen Form (39) die Jacobi'sche Transformation in der modifizierten Form von § 10, c) anwenden und erhalten genau wie in § 14, b)

$$\delta^2 J = 2\varepsilon^2 k H_1(t_1')\omega(t_1')u'(t_1') + k^2\int_{t_1}^{t_2}\omega\,\Psi(\omega)\,dt$$

Da der Koeffizient von k von Null verschieden ist, so folgt hieraus in der Tat, daß wir $\delta^2 J$ durch passende Wahl von k negativ machen können

Somit ist bewiesen, daß ohne Ausnahme der Satz gilt:

Für ein Extremum des Integrals J mit der Nebenbedingung $K = l$ ist weiterhin notwendig, daß

$$D(t, t_1) \neq 0 \quad \textit{für} \quad t_1 < t < t_2,$$

oder anders ausgedrückt, daß

$$P_2 \overline{\overline{\gtrless}} P_1'. \tag{III}$$

Beispiel II (Siehe p. 465)

Aus der Gleichung (23) folgt, daß *im Fall eines Maximums λ negativ* sein muß. Von den beiden in Beziehung auf die Gerade $P_1 P_2$ symmetrischen Kreisbogen, welche den Anfangsbedingungen genügen, kann also nur derjenige oberhalb der x-Achse ein Maximum liefern. Für denselben dürfen wir

$$t = -\frac{s}{\lambda}$$

als Parameter einführen und erhalten so aus (25) für den Bogen $\mathfrak{C}_0$ die analytische Darstellung

$$x = \alpha_0 - \lambda_0 \cos t, \qquad y = \beta_0 - \lambda_0 \sin t, \qquad t_1 \overline{\overline{\gtrless}} t \overline{\overline{\gtrless}} t_2.$$

Hieraus folgt

$$\vartheta_1(t) = -\lambda_0 \cos t, \qquad \vartheta_2(t) = -\lambda_0 \sin t, \qquad \vartheta_3(t) = \lambda_0.$$

Ferner

$$V = \frac{x'y'' - y'x''}{(\sqrt{x'^2 + y'^2})^3},$$

was sich nach (24) für die Extremale $\mathfrak{C}_0$ auf $-1/\lambda_0$ reduziert. Eine leichte Rechnung ergibt dann für $D(t, t_1)$ den Ausdruck:

$$D(t, t_1) = 4\lambda_0^2 \sin\tau(\sin\tau - \tau\cos\tau), \tag{57}$$

wobei

$$\tau = \frac{t - t_1}{2}$$

Den beiden Faktoren von $D(t, t_1)$ entsprechend erhalten wir zwei Reihen von konjugierten Punkten im weiteren Sinn, einerseits $\tau = \nu\pi$, andererseits die Wurzeln der Gleichung

$$\operatorname{tg} \tau = \tau,$$

deren zunächst auf $\tau = 0$ folgende Wurzel im dritten Quadranten liegt

Der zu P_1 im engeren Sinn konjugierte Punkt wird also geliefert durch den Wert

$$t_1' = t_1 + 2\pi$$

Ein Kreisbogen, welcher über einen vollen Kreisumfang hinausgeht, kann also keine Lösung für das isoperimetrische Problem liefern

Andererseits ist, wie wir bereits auf p 234 gesehen haben, für das Problem, das Integral

$$\int_{t_1}^{t_2} [\tfrac{1}{2}(xy' - yx') + \lambda_0 \sqrt{x'^2 + y'^2}]\, dt$$

ohne Nebenbedingungen zu einem Extremum zu machen, der zu t_1 konjugierte Wert

$$\bar{t}_1' = t_1 + \pi,$$

so daß also in der Tat. $t_1' > \bar{t}_1'$, in Übereinstimmung mit der allgemeinen Theorie.

Da ferner:

$$u(t) = -\lambda_0^2 \sin(t - t_1),$$

so tritt hier gerade der oben erwähnte Ausnahmefall ein, daß $u(t_1') = 0$

Beispiel XXI (Siehe p 466)

Da hier

$$H_1 = \frac{y + \lambda}{(\sqrt{x'^2 + y'^2})^3},$$

so ist für ein Minimum notwendig, daß $y + \lambda > 0$. Da nach unseren Festsetzungen die Konstante $\alpha > 0$, so erfüllt von den beiden den Anfangsbedingungen genügenden Kettenlinien (27) *nur die nach unten konvexe* die Bedingung (II), d. h. also die Kettenlinie

$$\mathfrak{E}_0: \qquad x = \beta_0 + \alpha_0 t, \qquad y + \lambda = \alpha_0 \operatorname{Ch} t.$$

Für dieselbe erhält man

$$\vartheta_1(t) = \alpha_0(t \operatorname{Sh} t - \operatorname{Ch} t), \qquad \vartheta_2(t) = \alpha_0 \operatorname{Sh} t, \qquad \vartheta_3(t) = \alpha_0,$$

$$V = \frac{x'y'' - y'x''}{(\sqrt{x'^2 + y'^2})^3} = \frac{1}{\alpha_0 \operatorname{Ch}^2 t}.$$

Hieraus folgt

$$\int_{t_1}^{t} V\vartheta_1\, dt = \left[-\frac{t}{\operatorname{Ch} t}\right]_{t_1}^{t}, \quad \int_{t_1}^{t} V\vartheta_2\, dt = \left[-\frac{1}{\operatorname{Ch} t}\right]_{t_1}^{t}, \quad \int_{t_1}^{t} V\vartheta_3\, dt = [\operatorname{Th} t]_{t_1}^{t},$$

woraus sich für $D(t, t_1)$ das folgende Resultat [1]) ergibt:

$$D(t, t_1) = \alpha_0^2 [2 - 2\,\mathrm{Ch}(t - t_1) + (t - t_1)\,\mathrm{Sh}(t - t_1)],$$

oder wenn wir

$$t - t_1 = 2\tau$$

setzen,

$$D(t, t_1) = -4\alpha_0^2\,\mathrm{Sh}\,\tau(\mathrm{Sh}\,\tau - \tau\,\mathrm{Ch}\,\tau).$$

Die Funktion $\mathrm{Sh}\,\tau$ ist positiv fur positive Werte von τ, und die Funktion

$$\varphi(\tau) = \mathrm{Sh}\,\tau - \tau\,\mathrm{Ch}\,\tau$$

ist negativ fur alle positiven Werte von τ, da

$$\varphi(0) = 0 \quad \text{und} \quad \varphi'(\tau) = -\tau\,\mathrm{Sh}\,\tau$$

Es existiert also kein zu P_1 konjugierter Punkt, und die Bedingung (III) ist stets erfullt. [2])

d) **Hinlänglichkeit der Bedingung: $P_2 \prec P_1'$ für ein permanentes Zeichen von $\delta^2 J$:** [3])

Soll $\delta^2 J > 0$ sein für alle nicht identisch verschwindenden zulässigen Funktionen w, so ist, wie wir in § 60, a) und § 61, a) gesehen haben, notwendig, daß $H_1 \geqq 0$ in $[t_1 t_2]$ und $P_2 \prec P_1'$. Es soll jetzt die Umkehrung dazu bewiesen werden:

Wenn für den Extremalenbogen $\mathfrak{E}_0$ die beiden Bedingungen

$$H_1 > 0 \quad in \quad [t_1 t_2], \tag{II'}$$

$$P_2 \prec P_1' \tag{III'}$$

erfüllt sind, so ist $\delta^2 J > 0$ für alle nicht identisch verschwindenden zulässigen Funktionen w.

Es sei t_0 irgend ein der Ungleichung [4])

$$t_1^* < t_0 < t_2^*$$

genügender Wert von t. Zu demselben gehören dann vier Funktionen

$$u = u(t, t_0), \qquad v = v(t, t_0), \qquad m = m(t, t_0), \qquad n = n(t, t_0),$$

welche der Stelle t_0 in derselben Weise zugeordnet sind wie unter b) die Funktionen $u(t, t_1)$ usw. der Stelle t_1.

Sind dann p, q irgend zwei Funktionen von t, welche im Intervall $[t_1 t_2]$ von der Klasse C' sind, und setzt man

$$\omega = pu + qv,$$

---

[1]) Zuerst von A. MAYER gegeben, Mathematische Annalen, Bd. XIII (1878), p. 67.

[2]) Hierzu weiter die *Ubungsaufgaben* Nr 12—17,21 am Ende dieses Kapitels.

[3]) Von dem Inhalt dieses Absatzes ist nur das am Schluß gegebene Lemma für die späteren Entwicklungen erforderlich und auch dieses erst in § 64

[4]) Vgl wegen der Bezeichnung § 59, e).

so gilt die folgende Relation[1]):

$$\begin{aligned} H_1\omega'^2 + H_2\omega^2 = H_1(p'u + q'v)^2 - 2q(p'm + q'n) \\ + \frac{d}{dt}[H_1(pu + qv)(pu' + qv') + (pm + qn)q]. \end{aligned} \tag{58}$$

Man verifiziert dieselbe leicht, indem man einerseits die Werte von ω und ω' einsetzt und ausmultipliziert und dann die dabei auftretenden Produkte H_2u, H_2v mittels der Differentialgleichung (50) eliminiert, andererseits die Differentiation nach t ausführt und von der Relation (53) Gebrauch macht.

Wir wollen zunächst annehmen, t_0 ließe sich so wählen, daß

$$D(t, t_0) \neq 0 \text{ für } t_1 \lesseqgtr t \lesseqgtr t_2. \tag{59}$$

Ist dann w irgend eine in $[t_1t_2]$ nicht identisch verschwindende zulässige[2]) w-Funktion, so bestimmen wir die beiden Funktionen p, q aus den beiden Gleichungen

$$pu + qv = w, \qquad pm + qn = \int_{t_1}^{t} Vwdt, \tag{60}$$

deren Determinante nach (59) in $[t_1t_2]$ von Null verschieden ist, da ja der Gleichung (52) entsprechend die Relation

$$D(t, t_0) = m(t, t_0)v(t, t_0) - n(t, t_0)u(t, t_0)$$

gilt. Hieraus und aus den Eigenschaften der Funktion w folgt, daß die so definierten Funktionen p, q im Intervall $[t_1t_2]$ von der Klasse D' sind und in t_1 und t_2 verschwinden, ohne identisch in $[t_1t_2]$ zu verschwinden. Ferner folgt aus (60) durch Differentiation

$$p'm + q'n = 0. \tag{61}$$

Sind nun die Funktionen p und q zunächst von der Klasse C' in $[t_1t_2]$, so gilt für sie die Relation (58), durch deren Integration wir erhalten[3])

$$\int_{t_1}^{t_2}(H_1w'^2 + H_2w^2)dt = \int_{t_1}^{t_2}H_1(p'u + q'v)^2dt.$$

Wegen der Voraussetzung (II') kann die rechte Seite nur dann gleich Null sein, wenn $p'u + q'v \equiv 0$ in $[t_1t_2]$, was wegen (61) und (59)

---

[1]) Vgl A. Mayer, Mathematische Annalen, Bd. XIII (1878). p. 53, und Bolza, Transactions of the American Mathematical Society, Bd. III (1902) p 309.

[2]) Vgl § 60, a).

[3]) Dies ist das Analogon der Jacobi'schen Formel (11) von § 10.

mit den nachgewiesenen Eigenschaften der Funktionen p und q unvereinbar ist; es ist also in diesem Fall $\delta^2 J > 0$.

Dasselbe Resultat bleibt aber auch bestehen, wenn die Funktionen p, q von der Klasse D' sind, wie man in bekannter Weise durch Zerlegen des Intervalles $[t_1 t_2]$ in Teilintervalle und nachherige Integration zeigt, wobei man zu beachten hat, daß die Funktionen p, q selbst stetig bleiben, auch wo ihre Ableitungen Unstetigkeiten erleiden.

Hiermit ist das folgende vorläufige Resultat gewonnen:

Ist die Bedingung (II') erfüllt, und läßt sich t_0 so wählen, daß

$$D(t, t_0) \neq 0 \quad \text{für} \quad t_1 \leqq t \leqq t_2,$$

so ist $\delta^2 J > 0$ für alle nicht identisch verschwindenden zulässigen Funktionen w.

Um nun von hier aus zu dem im Eingang dieses Paragraphen ausgesprochenen Satze zu gelangen, bemerken wir zunächst, daß aus der Vergleichung des eben erhaltenen Resultates mit dem unter a) bewiesenen folgt, daß für die Funktion $D(t, t_0)$ das folgende, dem Sturm'schen Satz von § 11, c) analoge Lemma gilt:

Wenn
$$D(t, t_0) \neq 0 \;\; in \;\; [t_1 t_2], \tag{59}$$

so muß $D(t'', t') \neq 0$ *sein für je zwei der Ungleichung:* $t_1 \leqq t' < t'' \leqq t_2$ *genügende Werte* t', t''.

Hieraus folgt nun weiter: Wenn $t_2 < t_1'$, so läßt sich stets t_0 so wählen, daß die Bedingung (59) erfüllt ist.[1] Denn da unsere Voraussetzung gleichbedeutend ist mit

$$D(t, t_1) \neq 0 \quad \text{für} \quad t_1 < t \leqq t_2, \tag{III'}$$

so ist insbesondere $D(t_2, t_1) \neq 0$. Daher können wir wegen der Stetigkeit der Funktion D in Beziehung auf ihre beiden Argumente eine positive Größe d angeben derart, daß

$$D(t'', t') \neq 0 \quad \text{für:} \quad |t' - t_1| \leqq d, \qquad |t'' - t_2| \leqq d. \tag{62}$$

Daher ist: $D(t, t_1) \neq 0$ für $t_1 + d \leqq t \leqq t_2 + d$. Daraus folgt aber nach dem obigen Lemma, daß

$$D(t_2 + d, t) \neq 0 \quad \text{für} \quad t_1 + d \leqq t < t_2 + d,$$

während aus (62) folgt, daß

$$D(t_2 + d, t) \neq 0 \quad \text{für} \quad t_1 - d \leqq t \leqq t_1 + d.$$

Es ist also

$$D(t_2 + d, t) \neq 0 \quad \text{für} \quad t_1 - d \leqq t \leqq t_2,$$

womit unsere Behauptung bewiesen ist, da: $D(t, t_2 + d) = -D(t_2 + d, t)$.

[1]) Beweis nach C. Jordan, *Cours d'Analyse*, Bd. III, Nr. 393.

Nunmehr folgt aber aus dem oben erhaltenen vorläufigen Resultat der im Eingang dieses Absatzes formulierte Satz.

Wir fügen hier noch ein weiteres Lemma über die Funktion $D(t, t_0)$ an, das wir später gebrauchen werden. Wählen wir nämlich t_0 im Intervall $t_1 - d < t_0 < t_1$, so folgt aus der bewiesenen Ungleichung: $D(t, t_2 + d) \neq 0$ für $t_1 - d \gtreqless t \gtreqless t_2$ nach dem obigen Lemma[1]):

Sind die Bedingungen (II') und (III') erfüllt, so läßt sich eine positive Größe d angeben derart, daß

$$D(t, t_0) \neq 0 \quad \textit{für} \quad t_1 \gtreqless t \gtreqless t_2,$$

sobald $t_1 - d < t_0 < t_1$.

e) **Das Mayer'sche Reziprozitätsgesetz für isoperimetrische Probleme:**

Schon EULER[2]) hat bemerkt, daß das Problem: das Integral J zu einem Extremum zu machen, während das Integral K einen vorgeschriebenen Wert hat, und das dazu „*reziproke Problem*": das Integral K zu einem Extremum zu machen, während das Integral J einen vorgeschriebenen Wert hat, zu *derselben Gesamtheit von Extremalen* führen.

Denn beziehen sich durchweg die überstrichenen Größen auf das zweite Problem, so haben wir

$$\overline{H} = G + \overline{\lambda} F = \overline{\lambda}\left(F + \frac{1}{\overline{\lambda}}\, G\right),$$

also wenn wir

$$\overline{\lambda} = \frac{1}{\lambda} \quad \text{setzen,} \tag{63}$$

$$\overline{H} = \frac{1}{\lambda} H,$$

woraus folgt, daß die Differentialgleichungen der beiden Probleme durch die Substitution $\overline{\lambda} = \frac{1}{\lambda}$ ineinander übergehen.

A. MAYER[3]) hat diese Bemerkung von Euler dahin erweitert, daß die beiden genannten Probleme auch in Beziehung auf die übrigen notwendigen Bedingungen eines Extremums äquivalent sind.

Wir nehmen dabei an, die Endpunkte seien bei beiden Problemen dieselben, und die vorgeschriebenen Integralwerte seien in beiden

---

[1]) Für den Fall, daß die Funktion $D(t, t_0)$ in der Umgebung der Stelle $t = t_1$, $t_0 = t_1$ regulär ist und $V(t_1) \neq 0$, gibt KNESER einen von der Betrachtung der zweiten Variation unabhängigen Beweis dieses Lemmas, *Lehrbuch* §§ 31 und 42.

[2]) Vgl. *Methodus inveniendi* etc., Kap. V, Art 37.

[3]) Mathematische Annalen, Bd. XIII (1878), p. 60; vgl auch KNESER, *Lehrbuch*, p 131 und 136.

Problemen so gewählt, daß ein und dieselbe Extremale $\mathfrak{E}_0$ die Anfangsbedingungen für beide Probleme befriedigt. Überdies möge die zugehörige Größe λ_0 endlich und von Null verschieden sein. Dann folgt die behauptete Äquivalenz zunächst für *die Bedingungen von Weierstraß und Legendre* unmittelbar, da nach (63)

$$\left.\begin{aligned} \overline{H}_1 &= \frac{1}{\lambda_0} H_1, \\ \overline{\mathcal{E}}(x, y; x', y'; \tilde{x}', \tilde{y}'; \overline{\lambda}_0) &= \frac{1}{\lambda_0} \mathcal{E}(x, y; x', y'; \tilde{x}', \tilde{y}'; \lambda_0). \end{aligned}\right\} \quad (63\text{a})$$

Nur ist dabei zu beachten, daß einem Minimum des ersten Problems ein Minimum oder Maximum des zweiten entspricht, je nachdem λ_0 positiv oder negativ ist.

Aber auch *die konjugierten Punkte sind bei beiden Problemen dieselben.* Denn nach dem über die Beziehung zwischen den Differentialgleichungen der beiden Probleme Gesagten ist

$$\bar{f}(t, \alpha, \beta, \bar{\lambda}) = f\left(t, \alpha, \beta, \frac{1}{\bar{\lambda}}\right), \qquad \bar{g}(t, \alpha, \beta, \bar{\lambda}) = g\left(t, \alpha, \beta, \frac{1}{\bar{\lambda}}\right).$$

Daraus folgt

$$\bar{\vartheta}_1(t) = \vartheta_1(t), \qquad \bar{\vartheta}_2(t) = \vartheta_2(t), \qquad \bar{\vartheta}_3(t) = -\lambda_0^2 \vartheta_3(t).$$

Ferner ist:

$$\overline{V} = T, \qquad \text{also, da entlang } \mathfrak{E}_0\text{:} \qquad T + \lambda_0 V = 0,$$
$$\overline{V} = -\lambda_0 V.$$

Nunmehr folgt aus (49)

$$\overline{D}(t, t_1) = \lambda_0^3 D(t, t_1),$$

womit unsere Behauptung bewiesen ist.

Der Satz wird nach Mayer das *Reziprozitätsgesetz für isoperimetrische Probleme* genannt.[1])

§ 62. Die Kneser'sche Theorie der konjugierten Punkte beim isoperimetrischen Problem.

Die Kneser'sche Theorie der konjugierten Punkte geht — ähnlich wie die analoge Theorie von § 29, b) — von der Betrachtung der Extremalenschar durch den Punkt P_1 aus. Daraus ergibt sich dann eine doppelte geometrische Deutung des konjugierten Punktes, welche zu einer Übertragung des Enveloppensatzes von § 44, c) auf isoperimetrische Probleme und mit dessen Hilfe zu einem neuen Beweis für die Notwendigkeit der Bedingung (III) führt.

---

[1]) Hierzu die *Übungsaufgabe* Nr. 10 am Ende dieses Kapitels.

a) **Die Doppelschar von Extremalen durch den Punkt P_1:**

Durch den Punkt P_1 geht eine doppelt unendliche Schar von Extremalen. Nach den Ergebnissen von § 59, e) können wir dieselbe in der Normalform[1]) schreiben:

$$\begin{aligned} x &= \mathfrak{X}(t - t_1; x_1, y_1, \varkappa, \lambda) \equiv \varphi(t, \varkappa, \lambda), \\ y &= \mathfrak{Y}(t - t_1; x_1, y_1, \varkappa, \lambda) \equiv \psi(t, \varkappa, \lambda). \end{aligned} \tag{64}$$

Der Kurvenparameter t hat dabei die Bedeutung der Bogenlänge; von den beiden Scharparametern $\varkappa, \lambda$ ist $\varkappa$ der Tangentenwinkel der betreffenden Extremalen im Punkt P_1, während λ wie bisher die isoperimetrische Konstante bedeutet. Auf allen Kurven der Doppelschar entspricht der Punkt P_1 demselben konstanten Wert $t = t_1$, so daß also, identisch in $\varkappa, \lambda$:

$$\varphi(t_1, \varkappa, \lambda) = x_1, \qquad \psi(t_1, \varkappa, \lambda) = y_1,$$

woraus durch Differentiation folgt

$$\begin{aligned} \varphi_\varkappa(t_1, \varkappa, \lambda) &= 0, \qquad \psi_\varkappa(t_1, \varkappa, \lambda) = 0, \\ \varphi_\lambda(t_1, \varkappa, \lambda) &= 0, \qquad \psi_\lambda(t_1, \varkappa, \lambda) = 0. \end{aligned} \tag{65}$$

Ferner folgt aus der geometrischen Bedeutung der Größen t und $\varkappa$

$$\varphi_t(t_1, \varkappa, \lambda) = \cos \varkappa, \qquad \psi_t(t_1, \varkappa, \lambda) = \sin \varkappa. \tag{66}$$

Die einem bestimmten Wertsystem $\varkappa, \lambda$ entsprechende Extremale der Doppelschar (64) bezeichnen wir mit $\mathfrak{E}_{\varkappa\lambda}$.

Die Extremale $\mathfrak{E}_0$ ist in der Doppelschar (64) enthalten, und zwar möge dies eintreten für $\varkappa = \varkappa_0$, $\lambda = \lambda_0$, so daß also, wenn auch auf der Extremalen $\mathfrak{E}_0$ die Bogenlänge mit passendem Anfangspunkt als Parameter gewählt wird,

$$\varphi(t, \varkappa_0, \lambda_0) \equiv \mathring{x}(t), \qquad \psi(t, \varkappa_0, \lambda_0) \equiv \mathring{y}(t).$$

Aus den in § 59, e) unter 3) und 4) aufgezählten Eigenschaften der Funktionen $\mathfrak{X}, \mathfrak{Y}$ folgen schließlich noch die entsprechenden Eigenschaften der Funktionen φ, ψ.

Wir führen, ähnlich wie in § 27, d), die permanente Bezeichnung ein

$$\begin{aligned} F(\varphi, \psi, \varphi_t, \psi_t) &= \mathfrak{F}(t, \varkappa, \lambda), \\ G(\varphi, \psi, \varphi_t, \psi_t) &= \mathfrak{G}(t, \varkappa, \lambda), \\ H(\varphi, \psi, \varphi_t, \psi_t; \lambda) &= \mathfrak{H}(t, \varkappa, \lambda), \end{aligned} \tag{67}$$

[1]) Von der Normalform (64) der Doppelschar kann man durch eine Transformation von der Form

$$\tau = \mathfrak{T}(t, \varkappa, \lambda), \qquad a = \mathfrak{A}(\varkappa, \lambda), \qquad b = \mathfrak{B}(\varkappa, \lambda)$$

zu deren allgemeinster Darstellung übergehen, wobei die Funktionen $\mathfrak{T}, \mathfrak{A}, \mathfrak{B}$ ähnlichen Beschränkungen zu unterwerfen sind wie auf p. 220.

die wir dann auch auf die partiellen Ableitungen dieser Funktionen, sowie auf die Funktionen H_1, H_2, V ausdehnen.

Setzen wir

$$\mathfrak{u} = \varphi_t \psi_\varkappa - \psi_t \varphi_\varkappa, \qquad \mathfrak{v} = \varphi_t \psi_\lambda - \psi_t \varphi_\lambda, \tag{68}$$

so folgt ganz wie in § 61, a), daß diese beiden Funktionen den Differentialgleichungen

$$\begin{aligned} \mathcal{H}_2 \mathfrak{u} - \frac{d}{dt}\left(\mathcal{H}_1 \frac{d\mathfrak{u}}{dt}\right) &= 0, \\ \mathcal{H}_2 \mathfrak{v} - \frac{d}{dt}\left(\mathcal{H}_1 \frac{d\mathfrak{v}}{dt}\right) &= \mathfrak{V} \end{aligned} \tag{69}$$

genügen, und aus (65) und (66) folgt, daß

$$\begin{aligned} \mathfrak{u}(t_1) &= 0, & \mathfrak{u}'(t_1) &= 1, \\ \mathfrak{v}(t_1) &= 0, & \mathfrak{v}'(t_1) &= 0. \end{aligned} \tag{70}$$

Für $\varkappa = \varkappa_0$, $\lambda = \lambda_0$ gehen die Differentialgleichungen (69) in die Differentialgleichungen (50) über, und durch Vergleichung von (70) und (51) folgt dann, daß

$$\mathfrak{u}(t, \varkappa_0, \lambda_0) = \varrho u(t), \qquad \mathfrak{v}(t, \varkappa_0, \lambda_0) = v(t), \tag{71}$$

vorausgesetzt, daß die in § 61, b) nur bis auf ein additives konstantes Vielfaches von $u(t)$ bestimmte Funktion v passend normiert wird; ϱ ist eine von Null verschiedene Konstante.

b) **Die Kongruenz von räumlichen Extremalen durch den Punkt P_1:**

Wir betrachten jetzt das Integral K, genommen entlang der Extremalen $\mathfrak{E}_{\varkappa\lambda}$ vom Punkt $P_1(t_1)$ bis zu einem variabeln Punkt $P(t)$ und bezeichnen den Wert desselben als Funktion von $t, \varkappa, \lambda$ mit $\chi(t, \varkappa, \lambda)$:

$$\chi(t, \varkappa, \lambda) = \int_{t_1}^{t} \mathfrak{G}(t, \varkappa, \lambda)\, dt. \tag{72}$$

Und nunmehr errichten wir nach dem Vorgang von WEIERSTRASS[1]) im Punkt P eine Normale zur x, y-Ebene, die nach Größe und Richtung gleich dem Integralwert $\chi(t, \varkappa, \lambda)$ ist, indem wir eine bestimmte Richtung der Normalen als positiv festlegen. Führen wir diese Konstruktion für jeden Punkt von $\mathfrak{E}_{\varkappa\lambda}$ aus, so erhalten wir eine der ebenen Extremalen $\mathfrak{E}_{\varkappa\lambda}$ zugeordnete räumliche[2]) Extremale $\mathfrak{E}'_{\varkappa\lambda}$, welche

[1]) *Vorlesungen* 1879.

[2]) Die Bezeichnung ist insofern gerechtfertigt, als diese Raumkurve Extremale für das folgende Variationsproblem ist, welches in gewissem Sinn mit dem gegebenen isoperimetrischen Problem äquivalent ist: *Unter allen Raumkurven, welche die beiden Punkte* $x = x_1$, $y = y_1$, $z = 0$ *und* $x = x_2$, $y = y_2$, $z = l$ *ver-*

auf ein räumliches rechtwinkliges Koordinatensystem bezogen analytisch gegeben ist durch die Gleichungen

$$x = \varphi(t, \varkappa, \lambda), \qquad y = \psi(t, \varkappa, \lambda), \qquad z = \chi(t, \varkappa, \lambda). \tag{73}$$

Lassen wir $\varkappa$ und λ variieren, so stellen die Gleichungen (73) eine der Doppelschar von ebenen Extremalen (64) zugeordnete *Kongruenz*[1]) *von räumlichen Extremalen* dar, welche wegen

$$\chi(t_1, \varkappa, \lambda) = 0$$

sämtlich vom Punkt P_1 der x, y-Ebene ausgehen. Insbesondere entspricht der Extremalen $\mathfrak{E}_0$ eine räumliche Extremale $\mathfrak{E}_0'$.

Die Funktionaldeterminante der Schar (73) bezeichnen wir mit

$$\Delta(t, \varkappa, \lambda) = \frac{\partial(\varphi, \psi, \chi)}{\partial(t, \varkappa, \lambda)}.$$

Es gilt dann nach KNESER der Satz[2]):

Die Funktionaldeterminante der Kongruenz räumlicher Extremalen durch den Punkt P_1, berechnet für die räumliche Extremale $\mathfrak{E}_0'$, unterscheidet sich von der Weierstraß'schen Funktion $D(t, t_1)$ nur um einen von Null verschiedenen konstanten Faktor:

$$\Delta(t, \varkappa_0, \lambda_0) = C D(t, t_1), \qquad C \neq 0. \tag{74}$$

Zum Beweis berechnen wir die partiellen Ableitungen der Funktion χ. Wendet man bei der Berechnung von $\chi_\varkappa$ und χ_λ die Lagrangesche partielle Integration sowie die den Formeln (23) von § 26 entsprechenden Relationen an, so erhält man, der Formel (18a) von § 26 entsprechend, das Resultat

$$\begin{aligned} \chi_t &= \mathfrak{G}_{x'}\varphi_t + \mathfrak{G}_{y'}\psi_t, \; (= \mathfrak{G}), \\ \chi_\varkappa &= \mathfrak{G}_{x'}\varphi_\varkappa + \mathfrak{G}_{y'}\psi_\varkappa - \int_{t_1}^{t} \mathfrak{B} u \, dt, \\ \chi_\lambda &= \mathfrak{G}_{x'}\varphi_\lambda + \mathfrak{G}_{y'}\psi_\lambda - \int_{t_1}^{t} \mathfrak{B} v \, dt, \end{aligned} \tag{75}$$

wobei man noch von den Gleichungen (65) Gebrauch zu machen hat.

---

binden und der Differentialgleichung: $z' = G(x, y, x', y')$ *genügen, diejenige zu bestimmen, welche das Integral*

$$J = \int_{t_1}^{t_2} F(x, y, x', y') \, dt$$

zu einem Minimum macht. Vgl. übrigens auch § 64, b) Ende.

[1]) Unter einer „*Kongruenz*" von Raumkurven versteht man allgemein ein zweiparametriges System von Raumkurven, vgl DARBOUX, *Théorie des surfaces*, Bd. II (1889), p. 1

[2]) Vgl. *Lehrbuch*, § 42.

Setzt man diese Werte in die Determinante Δ ein, so folgt nach einfachen Determinantensätzen

$$\Delta(t, \varkappa, \lambda) = m v - n u, \tag{76}$$

wobei

$$m = \int_{t_1}^{t} \mathfrak{G} v\, dt, \qquad n = \int_{t_1}^{t} \mathfrak{G} u\, dt. \tag{77}$$

Für $\varkappa = \varkappa_0$, $\lambda = \lambda_0$ geht aber die rechte Seite von (76) nach (71), abgesehen von einem konstanten Faktor, in $mv - nu$ über, womit nach (52) unsere Behauptung bewiesen ist.

Aus bekannten Eigenschaften der Funktionaldeterminante folgt, daß der Satz (74), sowie die weiter unten folgenden geometrischen Anwendungen, von der speziellen Normalform, in welcher wir die Doppelschar (64) angenommen haben, unabhängig sind.[1])

Wir bezeichnen jetzt den dem Wert $t = t_1'$ entsprechenden Punkt von $\mathfrak{E}_0'$, dessen Projektion also der Punkt P_1' ist, mit Q_1' und nennen ihn den *räumlichen konjugierten Punkt*. Für denselben ergibt sich nunmehr aus der allgemeinen Theorie der Kongruenzen von Raumkurven eine einfache geometrische Deutung.

Ersetzt man in (73) $\varkappa$ und λ durch Funktionen eines neuen Parameters α:

$$\varkappa = \tilde{\varkappa}(\alpha), \qquad \lambda = \tilde{\lambda}(\alpha),$$

welche für einen gewissen Wert $\alpha = \alpha_0$ die Werte $\varkappa_0$, λ_0 annehmen, so gehen die Gleichungen (73) in eine einparametrige, in der Kongruenz (73) enthaltene Kurvenschar („Kurvenbüschel")

$$x = \varphi(t, \tilde{\varkappa}, \tilde{\lambda}), \qquad y = \psi(t, \tilde{\varkappa}, \tilde{\lambda}), \qquad z = \chi(t, \tilde{\varkappa}, \tilde{\lambda}) \tag{78}$$

über, welche die Kurve $\mathfrak{E}_0'$ enthält, oder anders ausgedrückt, in eine „Fläche der Kongruenz (73)", welche durch die Kurve $\mathfrak{E}_0'$ hindurchgeht.

Konstruiert man dann in einem beliebigen Punkt Q von $\mathfrak{E}_0'$ die Tangentialebene an die Fläche (78), so wird dieselbe im allgemeinen von der Wahl der Funktionen $\tilde{\varkappa}(\alpha)$, $\tilde{\lambda}(\alpha)$ abhängen. Dagegen hat der Punkt Q_1' die Eigentümlichkeit, daß *alle Flächen der Kongruenz, welche durch $\mathfrak{E}_0'$ hindurchgehen, im Punkt Q_1' dieselbe Tangentialebene besitzen* (oder aber sämtlich einen singulären Punkt in Q_1' haben). Dies ist aber die definierende Eigenschaft[2]) des *„Brennpunktes"* der Kongruenz (73). Das ergibt den Satz:

Der räumliche konjugierte Punkt Q_1' ist ein Brennpunkt der Kongruenz (73) *auf der räumlichen Extremalen $\mathfrak{E}_0'$ und zwar der zunächst auf P_1 folgende.*

[1]) Vgl p 490, Fußnote [1]).

[2]) Vgl. Darboux, loc. cit., p. 4.

Zum Beweis der erwähnten Eigentümlichkeit des Punktes Q_1' schließt man folgendermaßen: Es mögen zunächst nicht alle Unterdeterminanten der Determinante dritter Ordnung $\Delta(t_1', \varkappa_0, \lambda_0)$ gleich Null sein. Dann folgt aus der Gleichung

$$\Delta(t_1', \varkappa_0, \lambda_0) = 0, \tag{79}$$

daß sich drei Größen a, b, c, von denen b und c nicht beide gleich Null sind, so bestimmen lassen, daß für $t = t_1'$, $\varkappa = \varkappa_0$, $\lambda = \lambda_0$:

$$\begin{aligned} a\varphi_t + b\varphi_\varkappa + c\varphi_\lambda &= 0, \\ a\psi_t + b\psi_\varkappa + c\psi_\lambda &= 0, \\ a\chi_t + b\chi_\varkappa + c\chi_\lambda &= 0. \end{aligned}$$

Bildet man jetzt für die Fläche (78) und den Punkt Q_1' die drei in der Flächentheorie mit A, B, C bezeichneten Funktionaldeterminanten, welche den Richtungskosinus der Normalen in Q_1' proportional sind, so folgt auf Grund dieser Relationen, daß die Verhältnisse der drei Größen A, B, C von der Wahl der Funktionen $\tilde{\varkappa}, \tilde{\lambda}$ unabhängig sind.

Sind dagegen alle Unterdeterminanten von Δ gleich Null, so sind die drei Größen A, B, C gleich Null, wie auch die Funktionen $\tilde{\varkappa}, \tilde{\lambda}$ gewählt sein mögen, d. h sämtliche Flächen haben in Q_1' einen singulären Punkt. Wie aus den Gleichungen (75) folgt, tritt dieser Ausnahmefall stets und nur dann ein, wenn gleichzeitig

$$u(t_1') = 0, \qquad v(t_1') = 0, \qquad m(t_1') = 0, \qquad n(t_1') = 0.$$

In der allgemeinen Theorie der Kongruenzen[1]) wird weiter bewiesen, daß die Brennfläche der Kongruenz, d. h. der geometrische Ort sämtlicher Brennpunkte, von allen Kurven der Kongruenz in den jeweiligen Brennpunkten berührt wird. Daher kann der Punkt Q_1' auch charakterisiert werden als *derjenige Punkt, in welchem die Kurve $\mathfrak{C}_0'$ zum ersten Mal (von P_1 aus gerechnet) die Brennfläche der Kongruenz* (73) *berührt*, wobei jedoch zu beachten ist, daß die Brennfläche ganz oder zum Teil auch in Kurven oder Punkte degenerieren kann.

Beispiel II (Siehe pp. 465, 483):

Aus der in § 61, c) gebrauchten Form des allgemeinen Integrals der Differentialgleichung (I) ergibt sich die Doppelschar von Kreisen durch den Punkt P_1 in der Form

$$\begin{aligned} x - x_1 &= -\lambda(\cos t - \cos t^1), \\ y - y_1 &= -\lambda(\sin t - \sin t^1), \end{aligned}$$

wobei t^1 als variabler Parameter zu betrachten ist Die Länge des Kreisbogens t^1, λ vom Punkt $P_1(t^1)$ bis zu einem variabeln Punkt $P(t)$ hat den Wert

$$z = -\lambda(t - t^1).$$

[1]) Vgl. DARBOUX, loc. cit, p 6.

Die Kongruenz räumlicher Extremalen ist also hier ein doppelt unendliches System von *Schraubenlinien mit der Neigung 45°*.

Führen wir statt t und t^1 die für unsere Zwecke bequemeren Größen

$$\frac{t-t^1}{2}=\tau, \qquad t^1=\varkappa-\frac{\pi}{2}$$

ein, so erhalten wir die Kongruenz in der Form

$$\left.\begin{aligned} x-x_1&=-2\lambda\cos(\tau+\varkappa)\sin\tau,\\ y-y_1&=-2\lambda\sin(\tau+\varkappa)\sin\tau,\\ z&=-2\lambda\tau, \end{aligned}\right\} \tag{80}$$

wobei nunmehr auf allen Kreisen der Doppelschar der Punkt P_1 demselben Wert $\tau=0$ entspricht, während $\varkappa$ dieselbe Bedeutung hat wie in der Normalform (64), siehe Fig. 108.

Aus diesen Gleichungen ergibt sich in Übereinstimmung mit (57) und (74)

$$\Delta(\tau,\varkappa,\lambda)=8\lambda^2\sin\tau(\sin\tau-\tau\cos\tau) \tag{81}$$

Jede der unendlich vielen Wurzeln der Gleichung $\Delta=0$ liefert einen konjugierten Punkt im weiteren Sinn; und jedem derselben entspricht eine Schale der Brennfläche, die aber auch degenerieren kann.

Letzteres tritt nun gleich bei dem konjugierten Punkt im engeren Sinn ein, für welchen $\tau=\pi$; *die zugehörige Schale der Brennfläche degeneriert in die Gerade*

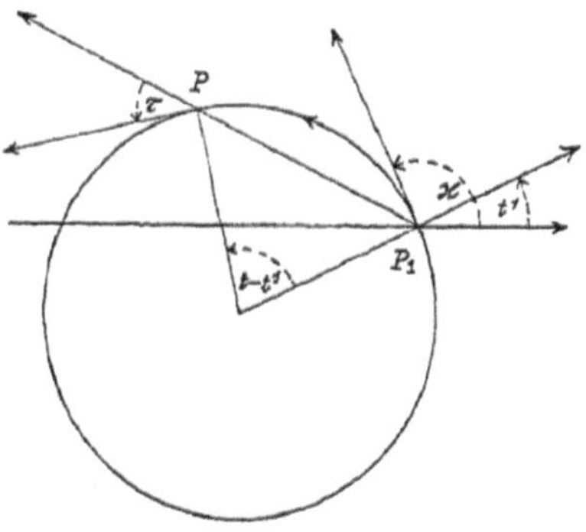

Fig 108.

$$x=x_1, \qquad y=y_1,$$

welche von allen Kurven der Kongruenz (80) geschnitten wird.

Wir wollen noch den nächsten konjugierten Punkt betrachten, welcher der im dritten Quadranten gelegenen Wurzel[1])

$$\gamma=\frac{257^\circ 27' 12''}{360^\circ 00' 00''}\cdot 2\pi$$

der Gleichung

$$\operatorname{tg}\tau=\tau$$

entspricht. Hier wird die Brennfläche gegeben durch die Gleichungen

$$\left.\begin{aligned} x-x_1&=-2\lambda\cos(\gamma+\varkappa)\sin\gamma,\\ y-y_1&=-2\lambda\sin(\gamma+\varkappa)\sin\gamma,\\ z&=-2\lambda\gamma, \end{aligned}\right\} \tag{82}$$

mit $\varkappa$, λ als Flächenparametern; daraus ergibt sich durch Elimination von $\varkappa$ und

$$(x-x_1)^2+(y-y_1)^2-\frac{\sin^2\gamma}{\gamma^2}z^2=0.$$

---

[1]) Nach Erdmann, Zeitschrift für Mathematik und Physik, Bd XXIII (1878), p. 372.

Die zugehörige Schale der Brennfläche ist also ein senkrechter Kreiskegel mit der Geraden $x = x_1, y = y_1$ als Achse Man verifiziert leicht, daß jede Kurve der Kongruenz (80) in der Tat diesen Kegel in dem fraglichen räumlichen konjugierten Punkt berührt.

c) **Das ausgezeichnete Extremalenbüschel durch den Punkt P_1:**

Wir machen für die folgende Diskussion die *beschränkende Annahme*, daß

$$\Delta_t(t'_1, \varkappa_0, \lambda_0) \neq 0. \tag{83}$$

Dann läßt sich nach dem Satz über implizite Funktionen die Gleichung

$$\Delta(t, \varkappa, \lambda) = 0$$

in der Umgebung der Stelle $t'_1, \varkappa_0, \lambda_0$ eindeutig nach t auflösen. Die Lösung sei: $t = t'(\varkappa, \lambda)$, so daß also, identisch in $\varkappa, \lambda$,

$$\Delta(t'(\varkappa, \lambda), \varkappa, \lambda) = 0 \tag{84}$$

und überdies

$$t'(\varkappa_0, \lambda_0) = t'_1 \tag{85}$$

Wir greifen jetzt aus der doppelt unendlichen Extremalenschar (64) ein Büschel heraus, welches die Extremale $\mathfrak{E}_0$ enthält, d. h. wir ersetzen $\varkappa, \lambda$ durch zwei Funktionen eines Parameters α: $\varkappa = \tilde{\varkappa}(\alpha)$, $\lambda = \tilde{\lambda}(\alpha)$, welche für einen bestimmten Wert α_0 der Bedingung $\varkappa_0 = \tilde{\varkappa}(\alpha_0)$, $\lambda_0 = \tilde{\lambda}(\alpha_0)$ genügen. Die Funktionen $\tilde{\varkappa}(\alpha)$, $\tilde{\lambda}(\alpha)$ sollen überdies in der Umgebung von α_0 von der Klasse C' sein und die Ableitungen $\tilde{\varkappa}'(\alpha_0)$, $\tilde{\lambda}'(\alpha_0)$ sollen nicht beide gleich Null sein. Auf jeder Kurve des so erhaltenen Extremalenbüschels

$$x = \varphi(t, \tilde{\varkappa}, \tilde{\lambda}), \qquad y = \psi(t, \tilde{\varkappa}, \tilde{\lambda}) \tag{86}$$

markieren wir den durch den Parameterwert

$$t = t'(\tilde{\varkappa}, \tilde{\lambda}) \equiv \tilde{t}(\alpha)$$

definierten konjugierten Punkt. Der geometrische Ort $\mathfrak{F}$ dieser konjugierten Punkte ist dann die durch die Gleichungen

$$\mathfrak{F}: \qquad x = \varphi(\tilde{t}, \tilde{\varkappa}, \tilde{\lambda}) \equiv \tilde{x}(\alpha), \qquad y = \psi(\tilde{t}, \tilde{\varkappa}, \tilde{\lambda}) \equiv \tilde{y}(\alpha)$$

dargestellte Kurve Wir stellen uns jetzt mit KNESER die Aufgabe, das Extremalenbüschel so auszuwählen, daß jede Kurve des Büschels in ihrem konjugierten Punkt $t = \tilde{t}(\alpha)$ die Kurve $\mathfrak{F}$ berührt, oder, anders ausgedrückt, so, daß der geometrische Ort der konjugierten Punkte der Büschelkurven zugleich die Enveloppe des Büschels ist.

Dazu ist notwendig und hinreichend, daß es eine Funktion ϱ von α gibt, so daß, identisch in α,

$$\tilde{x}'(\alpha) = \varrho[\varphi_t], \qquad \tilde{y}'(\alpha) = \varrho[\psi_t], \tag{87}$$

wobei die Klammer [ ] andeutet, daß die Argumente $t, \varkappa, \lambda$ durch $\tilde{t}, \tilde{\varkappa}, \tilde{\lambda}$ zu ersetzen sind. Ausgeschrieben lauten diese Gleichungen

$$[\varphi_t]\tilde{t}' + [\varphi_\varkappa]\tilde{\varkappa}' + [\varphi_\lambda]\tilde{\lambda}' = \varrho[\varphi_t],$$
$$[\psi_t]\tilde{t}' + [\psi_\varkappa]\tilde{\varkappa}' + [\psi_\lambda]\tilde{\lambda}' = \varrho[\psi_t].$$

Daraus folgt durch Elimination von ϱ in der Bezeichnung (68)

$$[\mathfrak{u}]d\varkappa + [\mathfrak{v}]d\lambda = 0. \tag{88}$$

Gleichzeitig besteht aber mit Rücksicht auf (83) und (76) die Gleichung

$$[\mathfrak{m}][\mathfrak{v}] - [\mathfrak{n}][\mathfrak{u}] = 0. \tag{89}$$

Es sind nun zwei Fälle zu unterscheiden:

Fall I: Es ist gleichzeitig

$$[\mathfrak{m}]d\varkappa + [\mathfrak{n}]d\lambda = 0 \tag{90}$$

Fall II: Es ist

$$[\mathfrak{m}]d\varkappa + [\mathfrak{n}]d\lambda \neq 0,$$

und daher

$$[\mathfrak{u}] = 0, \qquad [\mathfrak{v}] = 0.$$

Aus einem weiter unten ersichtlichen Grund lassen wir den Fall II beiseite.

Für die Behandlung des Falles I bemerken wir, daß mindestens eine der beiden Funktionen $\mathfrak{m}$, $\mathfrak{n}$ für $t = t_1'$, $\varkappa = \varkappa_0$, $\lambda = \lambda_0$ von Null verschieden ist, wie nach (53a) und (74) aus der Annahme (83) folgt. Daher können wir die Differentialgleichung (90) mit der Anfangsbedingung $\varkappa = \varkappa_0$, $\lambda = \lambda_0$ integrieren, und die Lösung ist eindeutig. Aus (89) folgt, daß dann die Differentialgleichung (88) von selbst miterfüllt ist. Und nunmehr folgt rückwärts, daß wir ϱ so bestimmen können, daß die Gleichungen (87) erfüllt sind. Freilich kann es vorkommen, daß die so bestimmte Funktion $\varrho(\alpha)$ identisch verschwindet; das bedeutet dann eben, daß die Kurve $\mathfrak{F}$ in einen Punkt degeneriert.

Wir haben also den folgenden, von Kneser herrührenden Satz[1]) gewonnen:

Unter der Voraussetzung, daß

$$\Delta_t(t_1', \varkappa_0, \lambda_0) \neq 0,$$

kann man aus der Doppelschar von Extremalen durch den Punkt P_1 ein ausgezeichnetes Büschel herausgreifen, welches die Extremale $\mathfrak{E}_0$

---

[1]) Vgl. *Lehrbuch,* § 40

enthält, und dessen Enveloppe jede Extremale des Büschels in dem zu P_1 konjugierten Punkt berührt.[1])

Für dieses Büschel besteht außerdem die Differentialgleichung (90).

Man kann zu demselben Resultat noch auf einem zweiten Weg gelangen, der zugleich über den oben ausgeschlossenen Fall II Aufschluß gibt. Dazu führt folgende aus der allgemeinen Theorie der Kongruenzen[2]) bekannte Fragestellung:

Greift man aus der Kongruenz (73) ein beliebiges Büschel (78) heraus, so wird dasselbe im allgemeinen keine Enveloppe besitzen, d. h. es wird keine Kurve geben, welche von sämtlichen Kurven des Büschels berührt wird. Man kann sich aber die Aufgabe stellen, *alle in der Kongruenz enthaltenen Büschel zu bestimmen, welche eine Enveloppe besitzen.*

Man wird dann auf die beiden Gleichungen (88) und (90) als notwendige und hinreichende Bedingungen geführt, aus denen sich dann (89) ergibt. Unter den beiden oben gemachten einschränkenden Voraussetzungen folgt daraus, daß es ein und nur ein die Kurve $\mathfrak{E}_0'$ enthaltendes Büschel gibt, welches eine Enveloppe $\mathfrak{F}'$ besitzt; dieselbe berührt die Kurven des Büschels in ihren Brennpunkten und liegt daher auf der Brennfläche.

Projiziert man dieses Büschel räumlicher Extremalen mit seiner Enveloppe $\mathfrak{F}'$ auf die x, y-Ebene, so erhält man das oben bestimmte ausgezeichnete ebene Büschel mit seiner Enveloppe $\mathfrak{F}$.

Dagegen führt der Fall II auf ein Büschel räumlicher Extremalen, welches keine Enveloppe besitzt, dessen Kurven aber sämtlich in ihren jeweiligen Brennpunkten einen auf der x, y-Ebene senkrechten Zylinder berühren. Das aus der Projektion eines solchen Büschels entstehende ebene Büschel hat zwar auch noch die verlangten Eigenschaften, genügt aber nicht mehr der für die weitere Entwicklung wesentlichen Differentialgleichung (90).

Beispiel II (Siehe pp. 465, 483, 494):

Aus den Gleichungen (80) berechnet man

$$u = 4\lambda^2 \sin\tau\cos\tau, \qquad v = -4\lambda\sin^2\tau,$$

$$m = -2\lambda\sin^2\tau, \qquad n = 2\tau - 2\sin\tau\cos\tau.$$

Wir bestimmen zunächst die zum konjugierten Punkt im engeren Sinn gehörige Enveloppe $\mathfrak{F}$. Hier ist nach (81)

$$\tau'(\varkappa, \lambda) = \pi.$$

Die Differentialgleichung (90) wird also

$$2\pi d\lambda = 0$$

mit der Lösung: $\lambda = \lambda_0$.

---

[1]) Es verdient übrigens hervorgehoben zu werden, daß der konjugierte Punkt P_1' nicht notwendig der zunächst auf P_1 folgende Berührungspunkt von $\mathfrak{E}_0$ mit der Enveloppe zu sein braucht; vgl. unten Beispiel II.

[2]) Vgl. Darboux, loc. cit., p. 6, und die Untersuchungen von Bliss und Mason über das räumliche Variationsproblem ohne Nebenbedingungen, *Transactions of the American Mathematical Society,* Bd. IX (1908), p. 450.

Das zum konjugierten Punkt im engeren Sinn gehörige ausgezeichnete Extremalenbüschel ist also das Büschel von Kreisen mit dem konstanten Radius $|\lambda_0|$ *durch den Punkt* P_1.

Die Enveloppe desselben besteht aus dem Kreis mit dem Radius $2|\lambda_0|$ um den Punkt P_1, zusammen mit dem als degenerierte Kurve zu betrachtenden Punkt P_1. Aber nur der letztere Bestandteil der Enveloppe kommt nach der Definition der Kurve $\mathfrak{F}$ für uns in Betracht. Dies geht auch deutlich aus der Betrachtung des zugehörigen Büschels von räumlichen Extremalen (Schraubenlinien) hervor; die Enveloppe $\mathfrak{F}'$ desselben degeneriert in den Punkt Q_1':

$$x = x_1, \qquad y = y_1, \qquad z = -2\lambda_0\pi,$$

durch welchen sämtliche Kurven des Büschels für $\tau = \pi$ hindurchgehen. Das zeigt wieder, daß die Enveloppe $\mathfrak{F}$ in den Punkt $P_1 (\tau = \pi)$ degeneriert.

Interessanter gestaltet sich die Untersuchung für den *zweiten konjugierten Punkt*[1])

$$\tau'(\varkappa, \lambda) = \gamma$$

(vgl. p. 495). Hier lautet die Differentialgleichung (88)

$$\lambda \cos\gamma\, d\varkappa - \sin\gamma\, d\lambda = 0,$$

deren Integration bei passender Konstantenbestimmung ergibt

$$\lambda = \lambda_0 e^{\operatorname{cotg}(\varkappa - \varkappa_0)}.$$

Setzt man diesen Wert von λ in (80) und (82) ein, so erhält man das ausgezeichnete Büschel von räumlichen Extremalen und dessen Enveloppe $\mathfrak{F}'$. Daraus ergeben sich dann durch Projektion auf die x, y-Ebene, d. h. durch Unterdrückung der Gleichung für z, das ausgezeichnete ebene Extremalenbüschel, sowie dessen Enveloppe $\mathfrak{F}$. Für letztere erhält man in Polarkoordinaten mit dem Punkt P_1 als Pol das Resultat

$$r = -2\lambda_0 \sin\gamma\, e^{\operatorname{cotg}\gamma(\varphi - \gamma - \varkappa_0)},$$

also eine *logarithmische Spirale,* welche die radii vectores vom Punkt P_1 aus unter dem konstanten Winkel γ schneidet, ein Resultat, das sich auch a priori aus der charakteristischen Eigenschaft der logarithmischen Spirale und der geometrischen Bedeutung des Winkels τ (siehe Fig. 108) hätte erschließen lassen. Diese logarithmische Spirale berührt in der Tat jeden durch den Punkt P_1 gehenden Kreis des ausgezeichneten Büschels in dem dem Wert $\tau = \gamma$ entsprechenden konjugierten Punkt, freilich auch schon vorher in dem nicht konjugierten Punkt $\tau = \gamma - \pi$.

d) Der Enveloppensatz für isoperimetrische Probleme:

Für das im vorigen Absatz bestimmte ausgezeichnete Extremalenbüschel durch den Punkt P_1 gilt nun ein dem Enveloppensatz von § 44, c) analoger Satz.

---

[1]) Nach Kneser, *Konjugierte Punkte beim isoperimetrischen Problem,* Jahresberichte der Schlesischen Gesellschaft für vaterländische Kultur, 1906.

Zum Beweis desselben betrachten wir das Integral J, genommen entlang irgend einer Extremalen $\mathfrak{E}_{\varkappa\lambda}$ der Doppelschar (64) vom Punkt $P_1(t_1)$ bis zu einem variabeln Punkt $P(t)$, und bezeichnen dasselbe mit

$$U(t, \varkappa, \lambda) = \int_{t_1}^{t} \mathfrak{F}(t, \varkappa, \lambda)\, dt.$$

Für die partiellen Ableitungen der Funktion U erhalten wir, ganz analog den Formeln (75),

$$\begin{aligned} U_t &= \mathfrak{F}_{x'}\varphi_t + \mathfrak{F}_{y'}\psi_t, \quad (= \mathfrak{F}), \\ U_\varkappa &= \mathfrak{F}_{x'}\varphi_\varkappa + \mathfrak{F}_{y'}\psi_\varkappa - \int_{t_1}^{t} \mathfrak{T} u\, dt, \\ U_\lambda &= \mathfrak{F}_{x'}\varphi_\lambda + \mathfrak{F}_{y'}\psi_\lambda - \int_{t_1}^{t} \mathfrak{T} v\, dt, \end{aligned} \tag{91}$$

wobei $\mathfrak{T}$ die für die Extremale $\mathfrak{E}_{\varkappa\lambda}$ berechnete Funktion T von § 26, a) bedeutet.

Addieren wir diese Gleichungen zu den mit λ multiplizierten Gleichungen (75) und erinnern uns, daß die Extremale $\mathfrak{E}_{\varkappa\lambda}$ der Differentialgleichung

$$\mathfrak{T} + \lambda \mathfrak{V} = 0$$

genügt, so erhalten wir

$$\left.\begin{aligned} U_t + \lambda\chi_t &= \mathfrak{H}_{x'}\varphi_t + \mathfrak{H}_{y'}\psi_t, \\ U_\varkappa + \lambda\chi_\varkappa &= \mathfrak{H}_{x'}\varphi_\varkappa + \mathfrak{H}_{y'}\psi_\varkappa, \\ U_\lambda + \lambda\chi_\lambda &= \mathfrak{H}_{x'}\varphi_\lambda + \mathfrak{H}_{y'}\psi_\lambda. \end{aligned}\right\} \tag{92}$$

Wir betrachten jetzt insbesondere die beiden Integrale J und K entlang der dem Parameterwert α entsprechenden Extremalen $\mathfrak{E}$ des unter c) bestimmten ausgezeichneten Extremalenbüschels vom Punkt $P_1(t_1)$ bis zu dem dem Wert $t = \tilde{t}(\alpha)$ entsprechenden konjugierten Punkt P'. Die so definierten Integralwerte, d. h. also in unserer früheren Bezeichnung die Größen

$$\begin{aligned} [U] &\equiv U(\tilde{t}, \tilde{\varkappa}, \tilde{\lambda}), \\ [\chi] &\equiv \chi(\tilde{t}, \tilde{\varkappa}, \tilde{\lambda}), \end{aligned}$$

sind eindeutige Funktionen des Parameters α, die wir mit $J(\alpha)$ beziehungsweise $K(\alpha)$ bezeichnen. Wir erhalten dann zunächst für die Ableitung von $K(\alpha)$

$$K'(\alpha) = [\chi_t]\tilde{t}' + [\chi_\varkappa]\tilde{\varkappa}' + [\chi_\lambda]\tilde{\lambda}',$$

also, wenn wir von (75) Gebrauch machen und uns der Definition der die Enveloppe $\mathfrak{F}$ darstellenden Funktionen $\tilde{x}(\alpha)$, $\tilde{y}(\alpha)$ erinnern,

$$K'(\alpha) = [\mathfrak{G}_{x'}]\tilde{x}' + [\mathfrak{G}_{y'}]\tilde{y}' - ([m]\tilde{\varkappa}' + [n]\tilde{\lambda}').$$

Nun genügen aber die Funktionen $\tilde{\varkappa}(\alpha)$, $\tilde{\lambda}(\alpha)$ für das ausgezeichnete Extremalenbüschel der Differentialgleichung (90), also ist

$$K'(\alpha) = [\mathfrak{G}_{x'}]\tilde{x}' + [\mathfrak{G}_{y'}]\tilde{y}' \tag{93}$$

Ganz in derselben Weise folgt aus (92)

$$J'(\alpha) + \tilde{\lambda}(\alpha)K'(\alpha) = [\mathfrak{H}_{x'}]\tilde{x}' + [\mathfrak{H}_{y'}]\tilde{y}',$$

und hieraus unter Benutzung von (93), da

$$[\mathfrak{H}] = [\mathfrak{F}] + \tilde{\lambda}[\mathfrak{G}],$$

$$J'(\alpha) = [\mathfrak{F}_{x'}]\tilde{x}' + [\mathfrak{F}_{y'}]\tilde{y}'. \tag{94}$$

Wir unterscheiden jetzt, wie in § 47, zwei Fälle:

Fall I: Die Enveloppe $\mathfrak{F}$ degeneriert nicht in einen Punkt.

Dann können wir nach (87) eine nicht identisch verschwindende Funktion $\varrho(\alpha)$ bestimmen, so daß

$$\tilde{x}' = \varrho[\varphi_t], \qquad \tilde{y}' = \varrho[\psi_t].$$

Wir wollen annehmen, daß $\varrho(\alpha_0) \neq 0$, daß also die Enveloppe $\mathfrak{F}$ im Punkte P_1' keinen singulären Punkt besitzt. Wir dürfen dann ohne Beschränkung der Allgemeinheit voraussetzen, daß $\varrho(\alpha_0) > 0$, d. h. daß die Enveloppe und die Extremale sich im Punkt P_1' gleichsinnig berühren, da wir andernfalls zuvor den positiven Sinn auf der Enveloppe durch die Substitution $\alpha' = -\alpha$ umkehren könnten. Nunmehr folgt ganz wie in § 44, c)

$$J'(\alpha) = F(\tilde{x}, \tilde{y}, \tilde{x}', \tilde{y}'), \qquad K'(\alpha) = G(\tilde{x}, \tilde{y}, \tilde{x}', \tilde{y}'). \tag{95}$$

Integrieren wir diese Gleichung von α_0 bis zu einem hinreichend nahen Wert α, so erhalten wir den von KNESER[1]) herrührenden *Enveloppensatz für isoperimetrische Probleme:*

$$\begin{aligned} J_{\mathfrak{E}}(P_1P_3) + J_{\mathfrak{F}}(P_3P_1') &= J_{\mathfrak{E}_0}(P_1P_1'), \\ K_{\mathfrak{E}}(P_1P_3) + K_{\mathfrak{F}}(P_3P_1') &= K_{\mathfrak{E}_0}(P_1P_1'). \end{aligned} \tag{96}$$

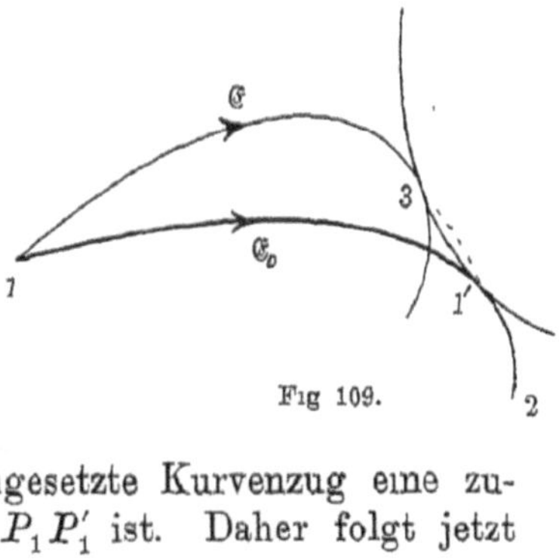

Fig 109.

Die zweite dieser Gleichungen zeigt, daß der aus dem Bogen P_1P_3 von $\mathfrak{E}$ und dem Bogen P_3P_1' von $\mathfrak{F}$ zusammengesetzte Kurvenzug eine zulässige Variation des Extremalenbogens P_1P_1' ist. Daher folgt jetzt

[1]) Vgl KNESER, *Lehrbuch*, § 40

aus der ersten der Gleichungen (96) ähnlich wie in § 47, b), daß der Bogen $\mathfrak{E}_0$ kein Extremum mehr liefern kann, wenn sein Endpunkt P_2 mit P_1' zusammenfällt, also a fortiori auch nicht mehr, wenn $P_1' \prec P_2$

Hiermit haben wir einen *zweiten Beweis*[1]) *für die Notwendigkeit der Bedingung*

$$P_2 \overline{\overline{\prec}} P_1' \qquad \text{(III)}$$

gewonnen, allerdings unter der beschränkenden Voraussetzung, daß die Bedingung (90) erfüllt ist, und daß die Enveloppe $\mathfrak{F}$ im Punkt P_1' keinen singulären Punkt besitzt.

Fall II: Die Enveloppe degeneriert in einen Punkt, der notwendig mit dem konjugierten Punkt P_1' auf $\mathfrak{E}_0$ zusammenfallen muß. In diesem Fall gehen sämtliche Extremalen des ausgezeichneten Büschels durch den Punkt P_1', und es ist

$$\tilde{x}'(\alpha) \equiv 0, \qquad \tilde{y}'(\alpha) \equiv 0,$$

also

$$J'(\alpha) \equiv 0, \qquad K'(\alpha) \equiv 0.$$

Wir erhalten also in diesem Fall den Satz:

Wenn sämtliche Extremalen des ausgezeichneten Büschels durch den Punkt P_1 zugleich auch durch den konjugierten Punkt P_1' gehen, so hat sowohl das Integral J als das Integral K, genommen entlang den verschiedenen Extremalen des ausgezeichneten Büschels von P_1 nach P_1', einen konstanten Wert:

$$J(\alpha) = J(\alpha_0), \qquad K(\alpha) = K(\alpha_0). \qquad (97)$$

Daraus folgt dann wieder wie in § 47, b), daß auch in diesem Fall ein Extremum über den konjugierten Punkt hinaus nicht bestehen kann.

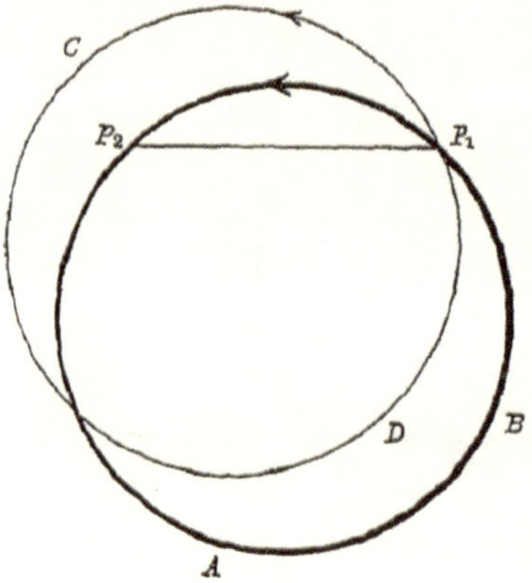

Fig. 110.

Ein fast triviales Beispiel hierzu liefert unser Beispiel II (p. 498). Bei dem Büschel von Kreisen durch den Punkt P_1 mit dem konstanten Radius $|\lambda_0|$ ist für den Bogen $P_1 P_1'$, d. h. für einen vollen Kreisumfang, sowohl die Bogenlänge als der Flächeninhalt konstant. Daraus folgt aber sofort, daß ein über den vollen Kreisumfang hinausgehender Kreisbogen $P_1 A B P_1 P_2$ kein Maximum liefern kann. Denn der aus dem Kreis $P_1 C D P_1$ mit demselben Radius und dem Kreisbogen $P_1 P_2$ zusammengesetzte Kurvenzug ist eine zulässige Variation und liefert denselben Wert für J, der aber nach § 59, b) sicher kein Maximum sein kann wegen der Ecke im Punkt P_1.

[1]) Vgl Kneser, *Lehrbuch*, § 40.

§ 63. Der Weierstraß'sche Fundamentalsatz für isoperimetrische Probleme.

Auch beim isoperimetrischen Problem beruht der Hinlänglichkeitsbeweis auf einem dem Weierstraß'schen Fundamentalsatz über die Darstellung der totalen Variation durch die $\mathcal{E}$-Funktion analogen Satz. Zum Beweis desselben haben wir zunächst die Theorie des Feldintegrals und der Hamilton'schen Formeln von § 31 auf isoperimetrische Probleme zu übertragen, wobei wieder die schon im vorangehenden Paragraphen hervortretende Auffassung des isoperimetrischen Problems als eines räumlichen Problems von entscheidender Bedeutung sein wird.

a) **Die Hamilton'schen Formeln für isoperimetrische Probleme:**

Es sei $P_0(t_0)$ ein Punkt auf der Fortsetzung unseres Extremalenbogens $\mathfrak{E}_0$ über den Punkt P_1 hinaus. Dann lassen sich die Entwicklungen von § 62, a) und b) ohne weiteres auch für den Punkt P_0 durchführen. Wir erhalten zunächst eine Doppelschar von ebenen Extremalen durch den Punkt P_0, die wir wieder — also unter Bezeichnungswechsel — mit

$$x = \varphi(t, \varkappa, \lambda), \qquad y = \psi(t, \varkappa, \lambda) \tag{98}$$

bezeichnen; weiter eine Kongruenz von räumlichen Extremalen durch den Punkt P_0

$$x = \varphi(t, \varkappa, \lambda), \qquad y = \psi(t, \varkappa, \lambda), \qquad z = \chi(t, \varkappa, \lambda), \tag{99}$$

wobei nunmehr die Funktion $\chi(t, \varkappa, \lambda)$ den Wert des Integrals K entlang der Extremalen $\mathfrak{E}_{\varkappa\lambda}$ der Doppelschar (98) vom Punkt P_0 bis zu einem variabeln Punkt $P(t)$ bedeutet.

An Stelle der Gleichungen (64) bis (70), (72) bis (77) treten entsprechende auf die Kongruenz durch den Punkt P_0 bezügliche Gleichungen, die wir von jenen durch Überstreichen unterscheiden wollen, und die sich von ihnen nur durch die Substitution von t_0, x_0, y_0 an Stelle von t_1, x_1, y_1, sowie durch die veränderte Bedeutung der Funktionen φ, ψ, χ und dementsprechend der Funktionen $\mathcal{F}, \mathcal{G}, \mathcal{H}, u, v$ etc. unterscheiden.

Wir nehmen jetzt an, daß die Gleichungen (99), als Transformation zwischen einem $t, \varkappa, \lambda$-Raum und einem x, y, z-Raum aufgefaßt, eine ein-eindeutige Beziehung zwischen einem bestimmten Bereich $\mathcal{A}$ des $t, \varkappa, \lambda$-Raumes und dessen Bild $\mathcal{S}'$ im x, y, z-Raum definieren, so daß also durch jeden Punkt des Bereiches $\mathcal{S}'$ eine und nur eine räumliche Extremale der Kongruenz (99) hindurchgeht, für welche das zugehörige Wertsystem $t, \varkappa, \lambda$ dem Bereich $\mathcal{A}$ angehört.

Überdies soll vorausgesetzt werden, daß die Funktionen

$$\varphi, \varphi_t, \varphi_{tt}; \quad \psi, \psi_t, \psi_{tt}$$

als Funktionen ihrer drei Argumente im Bereich $\mathfrak{A}$ von der Klasse C' sind; ferner daß die Projektion $\mathcal{S}$ des Bereiches $\mathcal{S}'$ auf die x, y-Ebene ganz im Bereich $\mathfrak{R}$ enthalten ist, und endlich, daß

$$\mathcal{H}_1(t, \varkappa, \lambda) > 0 \quad \text{in} \quad \mathfrak{A} \tag{100}$$

und

$$\Delta(t, \varkappa, \lambda) \neq 0 \quad \text{in} \quad \mathfrak{A}. \tag{101}$$

Alle diese Annahmen fassen wir in die Aussage zusammen, daß der Bereich $\mathcal{S}'$ *ein Feld von räumlichen Extremalen* bildet.

Die zugehörigen *inversen Funktionen des Feldes*, welche die Auflösung der Gleichungen (99) nach $t, \varkappa, \lambda$ darstellen, bezeichnen wir mit

$$t = \mathfrak{t}(x, y, z), \qquad \varkappa = \mathfrak{k}(x, y, z), \qquad \lambda = \mathfrak{l}(x, y, z),$$

so daß also, identisch in x, y, z:

$$\varphi(\mathfrak{t}, \mathfrak{k}, \mathfrak{l}) \equiv x, \qquad \psi(\mathfrak{t}, \mathfrak{k}, \mathfrak{l}) \equiv y, \qquad \chi(\mathfrak{t}, \mathfrak{k}, \mathfrak{l}) \equiv z \tag{102}$$

und gleichzeitig, identisch in $t, \varkappa, \lambda$:

$$\mathfrak{t}(\varphi, \psi, \chi) \equiv t, \qquad \mathfrak{k}(\varphi, \psi, \chi) \equiv \varkappa, \qquad \mathfrak{l}(\varphi, \psi, \chi) \equiv \lambda. \tag{103}$$

Es sei jetzt $Q_3(x_3, y_3, z_3)$ irgend ein Punkt von $\mathcal{S}'$, $P_3(x_3, y_3)$ seine Projektion auf die x, y-Ebene Alsdann geht von P_0 nach Q_3 eine und nur eine räumliche Feldextremale $\mathfrak{E}_3'$; nach der Bedeutung der Ordinate z_3 ist dann die Projektion $\mathfrak{E}_3$ von $\mathfrak{E}_3'$ zugleich die einzige Extremale der Doppelschar (98), welche durch den Punkt P_3 geht, und für welche das Integral K den Wert z_3 besitzt:

$$K_{03} = z_3,$$

und die zu $\mathfrak{E}_3$ gehörige isoperimetrische Konstante hat den Wert

$$\lambda_3 = \mathfrak{l}(x_3, y_3, z_3).$$

Das Integral J, genommen entlang $\mathfrak{E}_3$ von P_0 bis P_3, betrachtet als Funktion von x_3, y_3, z_3, nennen wir das zum Feld $\mathcal{S}'$ gehörige *Feldintegral* und bezeichnen seinen Wert mit $W(x_3, y_3, z_3)$, so daß also nach der Bedeutung der Funktion U

$$W(x, y, z) = U(\mathfrak{t}, \mathfrak{k}, \mathfrak{l}),$$

wenn wir der Einfachheit halber den Index 3 durchweg unterdrücken.

Wir berechnen jetzt die partiellen Ableitungen von W; zunächst ist

$$\left.\begin{aligned} W_x &= (U_t)\mathfrak{t}_x + (U_\varkappa)\mathfrak{k}_x + (U_\lambda)\mathfrak{l}_x, \\ W_y &= (U_t)\mathfrak{t}_y + (U_\varkappa)\mathfrak{k}_y + (U_\lambda)\mathfrak{l}_y, \\ W_z &= (U_t)\mathfrak{t}_z + (U_\varkappa)\mathfrak{k}_z + (U_\lambda)\mathfrak{l}_z, \end{aligned}\right\} \tag{104}$$

wenn wir durch die Klammer ( ) andeuten, daß $t, \varkappa, \lambda$ durch $\mathfrak{t}, \mathfrak{k}, \mathfrak{l}$ zu ersetzen sind.

Multipliziert man jetzt die Gleichungen (104) der Reihe nach mit $\mathfrak{t}_x, \mathfrak{k}_x, \mathfrak{l}_x$ und berücksichtigt die durch Differentiation der Identitäten (102) sich ergebenden Gleichungen

$$(\varphi_t)\mathfrak{t}_x + (\varphi_\varkappa)\mathfrak{k}_x + (\varphi_\lambda)\mathfrak{l}_x = 1,$$
$$(\psi_t)\mathfrak{t}_x + (\psi_\varkappa)\mathfrak{k}_x + (\psi_\lambda)\mathfrak{l}_x = 0,$$
$$(\chi_t)\mathfrak{t}_x + (\chi_\varkappa)\mathfrak{k}_x + (\chi_\lambda)\mathfrak{l}_x = 0,$$

so erhält man

$$W_x = (\mathfrak{H}_{x'})$$

und ganz analog

$$W_y = (\mathfrak{H}_{y'}), \qquad W_z + \mathfrak{l} = 0.$$

Nun sind aber die rechten Seiten der beiden ersten Gleichungen nach der Bedeutung des Zeichens $\mathfrak{H}$ und der Klammer gleich den Funktionen $H_{x'}, H_{y'}$ mit den folgenden Werten ihrer fünf Argumente $x, y, x', y'; \lambda$:

$$(\varphi), (\psi), (\varphi_t), (\psi_t); \mathfrak{l}$$

Die ersten beiden sind nach (102) identisch gleich x und y; das dritte und vierte dürfen wir wegen der Homogeneität von $H_{x'}, H_{y'}$ ersetzen durch die Funktionen

$$p(x, y, z) = \frac{(\varphi_t)}{\sqrt{(\varphi_t^2) + (\psi_t^2)}}, \qquad q(x, y, z) = \frac{(\psi_t)}{\sqrt{(\varphi_t^2) + (\psi_t^2)}}. \tag{105}$$

Daher erhalten wir schließlich für *die partiellen Ableitungen des Feldintegrals* die folgenden Werte:

$$\begin{aligned} \frac{\partial W}{\partial x} &= H_{x'}(x, y, p, q; \mathfrak{l}), \\ \frac{\partial W}{\partial y} &= H_{y'}(x, y, p, q; \mathfrak{l}), \\ \frac{\partial W}{\partial z} &= -\mathfrak{l}. \end{aligned} \tag{106}$$

Darin bedeuten die Funktionen $p = p(x, y, z)$, $q = q(x, y, z)$ die Richtungskosinus der positiven Tangente der Extremalen $\mathfrak{E}_3$ im Punkt P_3, und $\mathfrak{l} = \mathfrak{l}(x, y, z)$ ist der zur Extremalen $\mathfrak{E}_3$ gehörige Wert λ_3 der isoperimetrischen Konstanten.

Diese Formeln sind das *Analogon der Hamilton'schen Formeln* (148) von § 31 für das isoperimetrische Problem.

b) **Die Weierstraß'sche Konstruktion für isoperimetrische Probleme:** Aus den Hamilton'schen Formeln ergibt sich nun der Weierstraß'sche Fundamentalsatz entweder mittels der Weierstraß'schen Konstruktion oder mittels des Hilbert'schen Unabhängigkeitssatzes, beide in geeigneter Weise modifiziert. Wir betrachten zuerst die erste der beiden Methoden.

Es sei[1]) $\mathfrak{E}_0'$ der unserem Extremalenbogen $\mathfrak{E}_0$ in der Kongruenz (99) zugeordnete räumliche Extremalenbogen:

$$\mathfrak{E}_0': \quad x = \varphi(t, \varkappa_0, \lambda_0), \quad y = \psi(t, \varkappa_0, \lambda_0), \quad z = \chi(t, \varkappa_0, \lambda_0), \quad t_1 \gtreqless t \gtreqless t_2.$$

Derselbe führt vom Punkt Q_1: $x = x_1$, $y = y_1$, $z = z_1 (= K_{01})$ nach dem Punkt Q_2: $x = x_2$, $y = y_2$, $z = z_2 (= K_{02})$

Wir nehmen an, dieser Bogen $\mathfrak{E}_0'$ sei ganz im Innern des Feldes $\mathcal{S}'$ gelegen, und ziehen nunmehr in der x, y-Ebene irgendeine zulässige Kurve $\overline{\mathfrak{C}}$ von P_1 nach P_2

$$\overline{\mathfrak{C}}: \qquad x = \bar{x}(\tau), \qquad y = \bar{y}(\tau), \qquad \tau_1 \gtreqless \tau \gtreqless \tau_2;$$

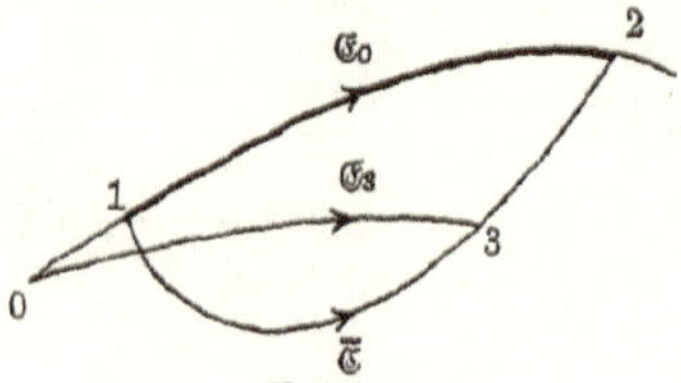

Fig 111.

als zulässige Kurve genügt dieselbe der isoperimetrischen Bedingung (1)

$$\bar{K}_{12} = l. \tag{107}$$

Den Wert des Integrals K, genommen von P_0 entlang $\mathfrak{E}_0^*$ bis P_1 und von da entlang $\overline{\mathfrak{C}}$ bis zu einem variabeln Punkt $P_3(\tau)$ von $\overline{\mathfrak{C}}$, bezeichnen wir mit $\bar{z}(\tau)$, so daß also

$$\bar{z}(\tau) = K_{01} + \bar{K}_{13} = K_{01} + \int_{\tau_1}^{\tau} G(\bar{x}, \bar{y}, \bar{x}', \bar{y}')\, d\tau. \tag{108}$$

Dann ordnen wir der Kurve $\overline{\mathfrak{C}}$ die Raumkurve

$$\overline{\mathfrak{C}}': \qquad x = \bar{x}(\tau), \qquad y = \bar{y}(\tau), \qquad z = \bar{z}(\tau)$$

zu. Da

$$\bar{z}(\tau_1) = K_{01} = z_1, \qquad \bar{z}(\tau_2) = K_{01} + \bar{K}_{12} = K_{01} + K_{12} = z_2,$$

so führt die Kurve $\overline{\mathfrak{C}}'$, ebenso wie $\mathfrak{E}_0'$, vom Punkt Q_1 nach dem Punkt Q_2.

Wir führen jetzt die *beschränkende Annahme* ein, daß auch *die der Kurve $\overline{\mathfrak{C}}$ zugeordnete Raumkurve $\overline{\mathfrak{C}}'$ ganz im räumlichen Feld $\mathcal{S}'$ gelegen ist.* Für die Kurve $\overline{\mathfrak{C}}$ selbst bedeutet dies: Durch jeden Punkt

[1]) Mit Bezeichnungswechsel(!) gegen § 62, b).

P_3 von $\overline{\mathfrak{C}}$ läßt sich von P_0 aus eine und nur eine ebene Extremale $\mathfrak{E}_3$ ziehen, für welche

$$K_{03} = K_{01} + \overline{K}_{13} \tag{109}$$

Man pflegt diese Annahme auch dadurch auszudrücken, daß man sagt: *Für die Kurve $\overline{\mathfrak{C}}$ soll die Weierstraß'sche Konstruktion möglich sein.*

Jetzt betrachten wir mit Weierstraß das Integral J, genommen von P_0 entlang der Extremalen $\mathfrak{E}_3$ bis zum Punkt P_3 und von da entlang $\overline{\mathfrak{C}}$ bis P_2; wir bezeichnen dasselbe als Funktion von τ mit $S(\tau)$, so daß also

$$S(\tau) = J_{03} + \overline{J}_{32}.$$

Es ist dann insbesondere

$$S(\tau_1) = J_{01} + \overline{J}_{12}, \qquad S(\tau_2) = J_{02} = J_{01} + J_{12},$$

also

$$\Delta J = J_{\overline{\mathfrak{C}}} - J_{\mathfrak{E}_0} = -[S(\tau_2) - S(\tau_1)], \quad \text{oder}$$

$$\Delta J = -\int_{\tau_1}^{\tau_2} \frac{dS(\tau)}{d\tau} d\tau$$

Nun ist aber nach (109) und nach der Definition der Funktion W:

$$J_{03} = W(\bar{x}(\tau), \bar{y}(\tau), \bar{z}(\tau)),$$

$$\overline{J}_{32} = \int_{\tau}^{\tau_2} F(\bar{x}, \bar{y}, \bar{x}', \bar{y}')\, d\tau.$$

Daher kann man nach (106) den Ausdruck für die Ableitung $S'(\tau)$ unmittelbar hinschreiben; derselbe vereinfacht sich, wenn man aus (108) den Wert von $\bar{z}'$ einführt:

$$\bar{z}' = G(\bar{x}, \bar{y}, \bar{x}', \bar{y}'),$$

und man erhält in der Bezeichnung von § 60, b) den *Weierstraß'schen Fundamentalsatz für isoperimetrische Probleme*[1])

$$\Delta J = \int_{\tau_1}^{\tau_2} \mathfrak{E}(\bar{x}, \bar{y}; p, q; \bar{x}', \bar{y}'; \mathfrak{l})\, d\tau. \tag{110}$$

Dabei ist

$$p = p(\bar{x}, \bar{y}, \bar{z}), \qquad q = q(\bar{x}, \bar{y}, \bar{z}), \qquad \mathfrak{l} = \mathfrak{l}(\bar{x}, \bar{y}, \bar{z}),$$

---

[1]) Weierstrass, *Vorlesungen* 1879; Weierstraß benutzt die Kongruenz von räumlichen Extremalen durch den Punkt P_1, vgl. p. 259, Fußnote [3]). Die hier gegebene Modifikation, bei welcher der Punkt P_0 an Stelle von P_1 tritt, rührt von Kneser her, *Lehrbuch*, §§ 36 und 38.

oder ohne Bezugnahme auf den Raum ausgedrückt: p, q sind die Richtungskosinus derjenigen von P_0 nach dem Punkt $P_3(\bar{x}, \bar{y})$ der Kurve $\bar{\mathfrak{C}}$ führenden Extremalen, für welche

$$K_{03} = K_{01} + \bar{K}_{13},$$

während $\mathfrak{l}$ die isoperimetrische Konstante für eben diese Extremale $\mathfrak{E}_3$ bedeutet.

c) **Der Hilbert'sche Unabhängigkeitssatz für isoperimetrische Probleme:**

Andererseits folgt aus den Hamilton'schen Formeln (106) unmittelbar das Analogon des Hilbert'schen Unabhängigkeitssatzes. Ist nämlich $\mathfrak{C}'$ irgendeine gewöhnliche Raumkurve, welche ganz im Feld $\mathcal{S}'$ gelegen ist und von einem Punkt $Q_3(x_3, y_3, z_3)$ nach einem Punkt $Q_4(x_4, y_4, z_4)$ führt, so ist *der Wert des räumlichen Linienintegrals*

$$J^*_{\mathfrak{C}'} = \int_{\mathfrak{C}'} \{ H_{x'}(x, y, p, q; \mathfrak{l})dx + H_{y'}(x, y, p, q; \mathfrak{l})dy - \mathfrak{l}dz \}, \qquad (111)$$

genommen entlang der Kurve $\mathfrak{C}'$ von Q_3 nach Q_4, *nur von der Lage der beiden Endpunkte Q_3 und Q_4, nicht aber von der sonstigen Gestalt der Kurve $\mathfrak{C}'$ abhängig.* Denn es ist

$$J^*_{\mathfrak{C}'} = \int_{\mathfrak{C}'} dW(x, y, z) = W(x_4, y_4, z_4) - W(x_3, y_3, z_3). \qquad (112)$$

Ist die Kurve $\mathfrak{C}'$ insbesondere eine Extremale $\mathfrak{E}'$ des räumlichen Feldes, dargestellt durch die Gleichungen (99), so ist nach (103) und (105)

$$p(\varphi, \psi, \chi) = \frac{\varphi_t}{\sqrt{\varphi_t^2 + \psi_t^2}}, \qquad q(\varphi, \psi, \chi) = \frac{\psi_t}{\sqrt{\varphi_t^2 + \psi_t^2}}, \qquad \mathfrak{l}(\varphi, \psi, \chi) = \lambda.$$

Da ferner in diesem Fall

$$dz = \chi_t(t, \varkappa, \lambda)dt = \mathfrak{G}(t, \varkappa, \lambda)dt,$$

so geht das Integral nach einfacher Reduktion über in

$$J^*_{\mathfrak{E}'} = \int_{t_3}^{t_4} \mathfrak{F}(t, \varkappa, \lambda)dt.$$

Es ist also *entlang einer Extremalen $\mathfrak{E}'$ des räumlichen Feldes*[1])

$$J^*_{\mathfrak{E}'} = J_{\mathfrak{E}}, \qquad (113)$$

wenn $\mathfrak{E}$ die Projektion der räumlichen Extremalen $\mathfrak{E}'$ auf die x, y-Ebene bedeutet.

---

[1]) Vgl. den analogen Satz in § 17, b).

Nennt man die Flächen

$$W(x, y, z) = \text{konst.}$$

die *Transversalenflächen* des räumlichen Feldes, so folgt aus (112), daß *das Hilbert'sche Integral J^*, genommen zwischen zwei Punkten derselben Transversalenfläche, stets gleich Null ist.*

Aus (113) ergibt sich nun genau wie in § 17, c) ein zweiter Beweis des Weierstraß'schen Fundamentalsatzes. Denn da die beiden Kurven $\overline{\mathfrak{C}}'$ und $\mathfrak{E}_0'$ in $\mathcal{S}'$ liegen und dieselben Endpunkte haben, so folgt

$$J_{\mathfrak{E}_0} = J^*_{\mathfrak{E}_0'} = J^*_{\overline{\mathfrak{C}}'},$$

und daher

$$\Delta J = J_{\overline{\mathfrak{C}}} - J^*_{\overline{\mathfrak{C}}'}, \tag{114}$$

woraus sich sofort die Gleichung (110) ergibt

§ 64. Hinreichende Bedingungen beim isoperimetrischen Problem.

Die Frage der hinreichenden Bedingungen liegt beim isoperimetrischen Problem viel weniger einfach als bei dem Problem ohne Nebenbedingungen. Zwar reicht bei manchen Beispielen der Weierstraß'sche Fundamentalsatz aus, um die Existenz eines starken Extremums zu beweisen Dagegen genügt dieser Satz nicht, um allgemein zu beweisen, daß die den Bedingungen (I'), (II'), (III'), (IV') von § 32, b) entsprechenden Bedingungen für ein starkes Minimum hinreichen; er gestattet vielmehr nur zu zeigen, daß, falls diese Bedingungen erfüllt sind, $\Delta J > 0$ für alle diejenigen Vergleichskurven in einer gewissen Umgebung des Bogens $\mathfrak{E}_0$, für welche die Weierstraß'sche Konstruktion möglich ist. Das ist aber eine nicht in der Natur der ursprünglichen Aufgabe gelegene, künstliche Beschränkung der Vergleichskurven.

Die hiernach nötige Ergänzung der Weierstraß'schen Theorie ist vor kurzem von Lindeberg[1]) gegeben worden mit Hilfe eines Satzes über Extrema ohne Nebenbedingungen, welcher zusammen mit dem Weierstraß'schen Fundamentalsatz zu dem Schlußresultat führt, daß auch im Fall des isoperimetrischen Problems die oben genannten vier Bedingungen für ein starkes Extremum hinreichend sind.

[1]) In einer demnächst in den Mathematischen Annalen erscheinenden Arbeit „*Über einige Fragen der Variationsrechnung*", deren Manuskript mir Herr Lindeberg gütigst zur Verfügung gestellt hat

a) **Erledigung der beiden Beispiele:**

Unsere beiden Beispiele II und XXI gehören gerade zu denjenigen, bei welchen der Weierstraß'sche Satz ausreicht, um die Existenz eines starken Extremums (und zwar sogar eines absoluten) nachzuweisen.

Beispiel II (Siehe pp 465, 483, 494, 498)

Wir betrachten neben dem Kreisbogen $\mathfrak{C}_0$ eine beliebige von P_1 nach P_2 führende gewöhnliche Kurve $\overline{\mathfrak{C}}$ von der vorgeschriebenen Länge $2l$ Wir nehmen dann auf der Fortsetzung des Kreisbogens $\mathfrak{C}_0$ über P_1 hinaus einen Punkt P_0 an, der nur der einen Bedingung unterworfen ist, nicht auf $\overline{\mathfrak{C}}$ zu liegen.

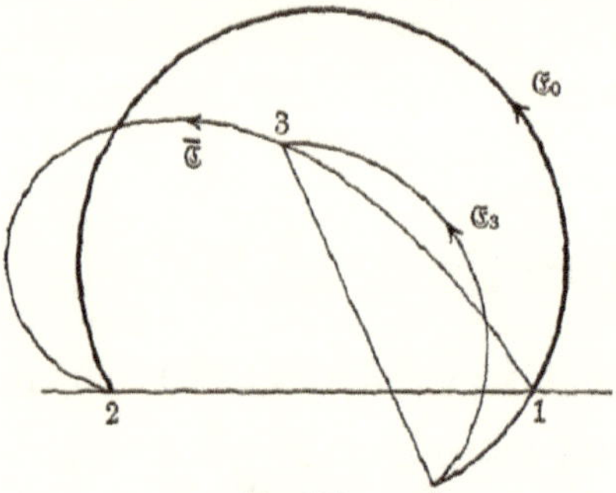

Fig 112

Ist dann P_3 irgend ein Punkt von $\overline{\mathfrak{C}}$, so ist P_3 von P_0 verschieden, und die Summe z_3 der Länge des Bogens $P_0 P_1$ von $\mathfrak{C}_0^*$ plus der Länge des Bogens $P_1 P_3$ von $\overline{\mathfrak{C}}$ ist sicher großer als der Abstand $|P_0 P_3|$

$$z_3 > \sqrt{(x_3 - x_0)^2 + (y_3 - y_0)^2} > 0 \tag{115}$$

Daher geht nach den Resultaten der in § 59, c) gegebenen Konstantenbestimmung von P_0 nach P_3 ein und nur ein Kreisbogen $\mathfrak{C}_3$, dessen Länge gleich der eben genannten Bogensumme z_3 ist·

$$K_{03} = K_{01} + \overline{K}_{13} \equiv z_3,$$

und welcher überdies weniger als einen vollen Kreisumfang beträgt und in positivem Sinne durchlaufen wird.

Oder anders ausgedrückt· Die Kongruenz von räumlichen Extremalen durch den Punkt P_0, welche nach (80) durch die Gleichungen

$$x - x_0 = -2\lambda \cos(\tau + \varkappa) \sin \tau,$$
$$y - y_0 = -2\lambda \sin(\tau + \varkappa) \sin \tau,$$
$$z = -2\lambda\tau$$

dargestellt wird, bildet, wenn die Größen τ, $\varkappa$, λ auf den Bereich

$$0 < \tau < \pi, \qquad 0 \overline{\overline{<}} \varkappa < 2\pi, \qquad \lambda < 0$$

beschränkt werden, ein räumliches Feld $\mathcal{S}'$, welches den durch die Ungleichung

$$z > \sqrt{(x - x_0)^2 + (y - y_0)^2} > 0 \tag{116}$$

definierten Teil des Raumes ausfüllt, und die der Kurve $\overline{\mathfrak{C}}$ zugeordnete Raumkurve $\overline{\mathfrak{C}}'$ liegt ganz in diesem Feld $\mathcal{S}$.

Daher gilt für die Kurve $\overline{\mathfrak{C}}$ der Weierstraß'sche Satz (110) Ferner ist in leichtverständlicher Bezeichnung

$$\mathcal{E}(x_3, y_3, p_3, q_3, \overline{p}_3, \overline{q}_3; \lambda_3) = \lambda_3 [1 - \cos(\overline{\theta}_3 - \theta_3)]$$

λ_3 ist negativ und $\cos(\bar{\theta}_3 - \theta_3)$ kann nicht entlang der ganzen Kurve $\bar{\mathfrak{C}}$ gleich 1 sein, wenn, wie wir annehmen, $\bar{\mathfrak{C}}$ von $\mathfrak{E}_0$ verschieden ist Dies folgt, wie unter b) allgemein gezeigt wird, daraus, daß nach (81) entlang der ganzen Kurve $\bar{\mathfrak{C}}$

$$\Delta(\tau_3, \varkappa_3, \lambda_3) = 8\lambda_3^2 \sin\tau_3 (\sin\tau_3 - \tau_3\cos\tau_3) \neq 0,$$

da

$$0 < \tau_3 < \pi, \quad \lambda_3 < 0.$$

Aus dem Weierstraß'schen Satz folgt daher, daß

$$\Delta J < 0$$

Wir erhalten also das Resultat: *Der Kreisbogen $\mathfrak{E}_0$ liefert für den Flächeninhalt J einen größeren Wert als jede andere gewöhnliche Kurve derselben Länge, welche von P_1 nach P_2 gezogen werden kann.*

Durch eine Modifikation der vorangehenden Schlußweise beweist man auch den Satz· *Unter allen geschlossenen gewöhnlichen Kurven von gegebener Länge umschließt der Kreis den größten Flächeninhalt* [1])

Beispiel XXI (Siehe pp. 466, 484):

Ist irgend eine zulässige Kurve $\bar{\mathfrak{C}}$ gegeben, so wählen wir den Punkt P_0 auf der Fortsetzung des Kettenlinienbogens $\mathfrak{E}_0$ über P_1 hinaus so, daß für jeden Punkt P_3 der Kurve $\bar{\mathfrak{C}}$·

$$x_3 > x_0$$

Dann gilt auch hier die Ungleichung (115). Es läßt sich also nach den Resultaten der Konstantenbestimmung von § 59, d) von P_0 nach jedem Punkt P_3 der Kurve $\bar{\mathfrak{C}}$ eine und nur eine nach unten konvexe Kettenlinie $\mathfrak{E}_3$ ziehen, deren Direktrix mit der x-Achse parallel ist, und für welche

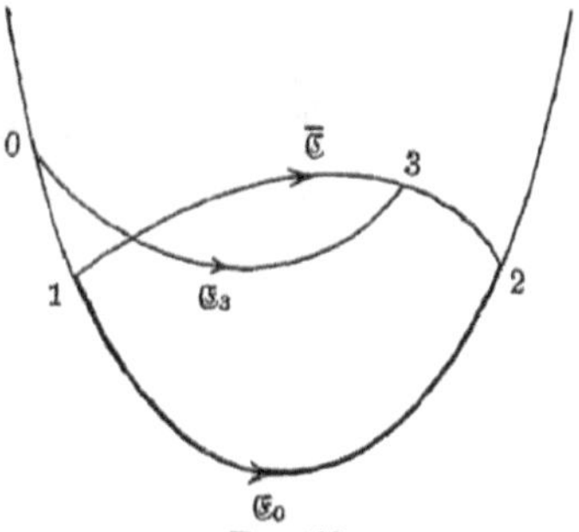

Fig 118.

$$K_{03} = K_{01} + K_{13},$$

d h die Weierstraß'sche Konstruktion ist auch hier stets möglich für die Kurve $\bar{\mathfrak{C}}$

Für die Kongruenz von räumlichen Extremalen durch den Punkt P_0 findet man aus (26)

$$x - x_0 = \alpha(t - \varkappa),$$
$$y - y_0 = \alpha(\operatorname{Ch} t - \operatorname{Ch}\varkappa),$$
$$z = \alpha(\operatorname{Sh} t - \operatorname{Sh}\varkappa).$$

---

[1]) Weierstrass, *Vorlesungen* 1879; vgl auch Kneser, *Lehrbuch*, § 37. Steiner gibt in der Abhandlung „*Über Maxima und Minima bei den Figuren etc.*" (Werke, Bd. II, p. 193) einen rein geometrischen Beweis dieses Satzes (jedoch unter der Voraussetzung der Existenz einer Lösung), sowie zahlreiche interessante Modifikationen des speziellen isoperimetrischen Problems Neuere Beweise ohne Benutzung der Variationsrechnung sind gegeben worden von Hurwitz, *Comptes Rendus*, Bd CXXXII (1901), p 401; Bernstein, Mathematische Annalen, Bd LX (1905), p. 117 und Witting, Archiv der Mathematik (3), Bd XII (1907), p 288

Bei Beschränkung auf den Bereich

$$\alpha > 0, \qquad t > \varkappa$$

bildet dieselbe ein räumliches Feld, welches den durch die Ungleichungen (116) und $x > x_0$ definierten Teil des Raumes ausfüllt. Die der Kurve $\overline{\mathfrak{C}}$ zugeordnete Raumkurve $\overline{\mathfrak{C}}'$ liegt ganz in diesem Feld.

Ferner findet man

$$\mathcal{E}(x_3, y_3;\, p_3, q_3;\, \overline{p}_3, \overline{q}_3;\, \lambda_3) = (y_3 + \lambda_3)[1 - \cos(\overline{\theta}_3 - \theta_3)]$$

Da

$$y_3 + \lambda_3 = \alpha_3 \operatorname{Ch} t_3 > 0,$$

und da kein konjugierter Punkt vorhanden ist, so schließt man wie beim vorigen Beispiel, daß

$$\Delta J > 0,$$

d. h. *Bei der Kettenlinie* $\mathfrak{E}_0$ *liegt der Schwerpunkt tiefer als bei jeder andern gewöhnlichen Kurve von derselben Länge, welche von* P_1 *nach* P_2 *gezogen werden kann* [1])

b) **Folgerungen aus dem Weierstraß'schen Fundamentalsatz:**

Wir wollen nun zusehen, wie weit sich der Weierstraß'sche Fundamentalsatz zur Aufstellung von hinreichenden Bedingungen beim allgemeinen isoperimetrischen Problem verwerten läßt. Wir machen dabei über den Bogen $\mathfrak{E}_0$ die analogen Voraussetzungen wie in § 32, b), nämlich:

1. Der Bogen $\mathfrak{E}_0$ genügt der Euler'schen Differentialgleichung (I) mit einem bestimmten Wert λ_0 der isoperimetrischen Konstante; er führt von P_1 nach P_2 und erteilt dem Integral K den vorgeschriebenen Wert l; endlich ist er von der Klasse C', besitzt keine mehrfachen Punkte und liegt ganz im Innern des Bereiches $\mathfrak{R}$. (I')

2. Es ist

$$H_1(\mathring{x}(t), \mathring{y}(t), \mathring{x}'(t), \mathring{y}'(t); \lambda_0) > 0 \text{ für } t_1 \gtreqless t \gtreqless t_2. \qquad \text{(II')}$$

3. Der Bogen $\mathfrak{E}_0$ enthält den zu P_1 (im Sinne des isoperimetrischen Problems) konjugierten Punkt P_1' nicht:

$$P_2 \prec P_1'. \qquad \text{(III')}$$

4. Es ist

$$\mathcal{E}(\mathring{x}(t), \mathring{y}(t); \mathring{x}'(t), \mathring{y}'(t); \cos\tilde{\theta}, \sin\tilde{\theta}; \lambda_0) > 0 \qquad \text{(IV')}$$

für $t_1 \gtreqless t \gtreqless t_2$ und für jede Richtung $\tilde{\theta}$, die von der Richtung der positiven Tangente an $\mathfrak{E}_0$ im Punkt t verschieden ist.

Es fragt sich, ob diese Bedingungen für ein Minimum des Integrals J mit der Nebenbedingung $K = l$ hinreichend sind.

Zunächst folgt nach § 61, d), Ende, aus den ersten drei Voraus-

---

[1]) Weierstrass, *Vorlesungen* 1879; vgl. auch Kneser, *Lehrbuch*, p 142 Hierzu weiter die *Übungsaufgaben* Nr. 10, 11, 12, 15 am Ende dieses Kapitels.

setzungen, daß wir einen Punkt $P_0(t_0)$ auf der Fortsetzung von $\mathfrak{E}_0$ über P_1 hinaus so nahe bei P_1 wählen können, daß

$$D(t, t_0) \neq 0 \quad \text{für} \quad t_1 \overline{\gtrless} t \overline{\gtrless} t_2.$$

Daraus ergibt sich aber mit Rücksicht auf[1] $(\overline{74})$ nach dem allgemeinen Satz über die Existenz eines Feldes (§ 22, d)), daß die Kongruenz von räumlichen Extremalen (99) durch den Punkt P_0 ein räumliches Feld $\mathcal{S}'$ liefert, welches den dem Bogen $\mathfrak{E}_0$ in der Kongruenz (99) zugeordneten räumlichen Extremalenbogen $\mathfrak{E}_0'$ in seinem Innern enthält.

Weiter zeigt man, ganz ähnlich wie in § 32, b), mittels der analog wie dort zu definierenden Hilfsfunktion $\mathcal{E}_1$, daß sich auf Grund der Voraussetzungen (II') und (IV') eine räumliche Umgebung (ϱ') von $\mathfrak{E}_0'$ angeben läßt, derart, daß

$$\mathcal{E}(x, y; p(x, y, z), q(x, y, z); \cos\tilde{\theta}, \sin\tilde{\theta}; \mathfrak{l}(x, y, z)) > 0 \tag{117}$$

im Bereich

$$(x, y, z) \text{ in } (\varrho'); \; 0 \overline{\gtrless} \tilde{\theta} \overline{\gtrless} 2\pi; \; (\cos\tilde{\theta}, \sin\tilde{\theta}) \neq (p, q).$$

Wir wählen ϱ' so klein, daß die Umgebung $(\varrho')_{\mathfrak{E}_0'}$ zugleich ganz im Feld $\mathcal{S}'$ gelegen ist

Zieht man jetzt von P_1 nach P_2 irgendeine der isoperimetrischen Bedingung $\overline{K} = l$ genügende gewöhnliche Kurve $\overline{\mathfrak{C}}$, *deren zugeordnete Raumkurve* $\overline{\mathfrak{C}}'$ *ganz in der Umgebung* (ϱ') *von* $\mathfrak{E}_0'$ *verlauft*, so gilt für diese Kurve $\overline{\mathfrak{C}}$ der Weierstraß'sche Satz (110), und wegen (117) ist dann $\Delta J > 0$, es sei denn, daß in jedem Punkt P_3 von $\overline{\mathfrak{C}}$ die positive Tangente an $\overline{\mathfrak{C}}$ mit der positiven Tangente der oben mit $\mathfrak{E}_3$ bezeichneten Extremalen zusammenfällt:

$$\cos\overline{\theta}_3 = p_3, \quad \sin\overline{\theta}_3 = q_3. \tag{118}$$

Aber auch hier läßt sich ähnlich wie in § 32, b) zeigen[2]), daß dieser Ausnahmefall nur eintreten kann, wenn die Kurve $\overline{\mathfrak{C}}$ mit $\mathfrak{E}_0$ identisch ist. Denn ersetzen wir in den Identitäten (102) die Variabeln x, y, z durch die die Kurve $\overline{\mathfrak{C}}'$ definierenden Funktionen $\bar{x}, \bar{y}, \bar{z}$ von τ und differentiieren nach τ, so erhalten wir

$$\left.\begin{aligned}
(\overline{\varphi_t})\frac{d\bar{\mathfrak{t}}}{d\tau} + (\overline{\varphi_\varkappa})\frac{d\bar{\mathfrak{k}}}{d\tau} + (\overline{\varphi_\lambda})\frac{d\bar{\mathfrak{l}}}{d\tau} &= \bar{x}', \\
(\overline{\psi_t})\frac{d\bar{\mathfrak{t}}}{d\tau} + (\overline{\psi_\varkappa})\frac{d\bar{\mathfrak{k}}}{d\tau} + (\overline{\psi_\lambda})\frac{d\bar{\mathfrak{l}}}{d\tau} &= \bar{y}', \\
(\overline{\chi_t})\frac{d\bar{\mathfrak{t}}}{d\tau} + (\overline{\chi_\varkappa})\frac{d\bar{\mathfrak{k}}}{d\tau} + (\overline{\chi_\lambda})\frac{d\bar{\mathfrak{l}}}{d\tau} &= \bar{z}'.
\end{aligned}\right\} \tag{119}$$

---

[1]) Wegen der Bedeutung der überstrichenen Gleichungsnummern siehe § 63, a), Eingang

[2]) Nach Kneser, *Lehrbuch*, p. 134.

Durch Überstreichen ist dabei angedeutet, daß überall x, y, z durch $\bar{x}, \bar{y}, \bar{z}$ zu ersetzen sind, während die Klammer die in § 63, a) erklärte Bedeutung hat.

Angenommen, es beständen nun in jedem Punkt von $\overline{\mathfrak{C}}$ die Gleichungen (118), so gäbe es nach (105) eine stets positive Funktion m von τ, derart, daß

$$\bar{x}' = m(\overline{\varphi_t}), \qquad \bar{y}' = m(\overline{\psi_t}).$$

Dann wäre aber auch

$$\bar{z}' = m(\overline{\chi_t}),$$

da einerseits: $\bar{z}' = G(\bar{x}, \bar{y}, \bar{x}', \bar{y}')$, andererseits: $\chi_t = G(\varphi, \psi, \varphi_t, \psi_t)$, und überdies die Funktion G positiv homogen von der Dimension 1 in ihren beiden letzten Argumenten ist.

Setzt man diese Werte von $\bar{x}', \bar{y}', \bar{z}'$ in (119) ein, so erhält man ein System von drei homogenen linearen Gleichungen in

$$\frac{d\bar{\mathfrak{t}}}{d\tau} - m, \qquad \frac{d\bar{\mathfrak{f}}}{d\tau}, \qquad \frac{d\bar{\mathfrak{l}}}{d\tau},$$

deren Determinante $\Delta(\bar{\mathfrak{t}}, \bar{\mathfrak{f}}, \bar{\mathfrak{l}})$ nach (101) für $\tau_1 \gtreqless \tau \gtreqless \tau_2$ von Null verschieden ist, da die Kurve $\overline{\mathfrak{C}}'$ ganz im Felde liegt Es muß also

$$\frac{d\bar{\mathfrak{t}}}{d\tau} = m, \qquad \frac{d\bar{\mathfrak{f}}}{d\tau} = 0, \qquad \frac{d\bar{\mathfrak{l}}}{d\tau} = 0 \tag{120}$$

sein, woraus man wie in § 32, b) schließt, daß die Kurve $\overline{\mathfrak{C}}$ mit $\mathfrak{E}_0$ identisch sein muß.

Somit haben wir den folgenden Satz[1]) bewiesen:

Sind für den Bogen $\mathfrak{E}_0$ die Bedingungen (I'), (II'), (III'), (IV') *erfüllt, so liefert derselbe für das Integral J einen kleineren Wert als jede andere zulässige Kurve $\overline{\mathfrak{C}}$, deren zugeordnete Raumkurve $\overline{\mathfrak{C}}'$ ganz in einer gewissen Umgebung* (ϱ') *des dem Bogen $\mathfrak{E}_0$ zugeordneten räumlichen Bogens $\mathfrak{E}_0'$ gelegen ist.*

Hiermit ist aber noch nicht bewiesen, daß die Bedingungen (I') bis (IV') für ein Minimum unserer isoperimetrischen Aufgabe in dem ursprünglich definierten Sinn hinreichend sind, da den Vergleichskurven hier eine nicht in der Aufgabe begründete Beschränkung auferlegt wird.[2])

[1]) Weierstrass, *Vorlesungen* 1882; vgl. auch Kneser, *Lehrbuch*, §§ 36 und 38.

[2]) Das erhaltene Resultat ist gleichbedeutend mit dem folgenden Ausspruch. Die Raumkurve $\mathfrak{E}_0'$ liefert ein starkes Minimum für das auf p. 491 Fußnote [2]) formulierte räumliche Variationsproblem, welches gewöhnlich als äquivalent mit dem gegebenen ebenen isoperimetrischen Problem betrachtet wird, jedoch nicht vollkommen äquivalent mit demselben ist, wie sich eben gerade an dieser Stelle zeigt.

c) Der **Lindeberg'sche Satz**:

Wir wenden uns nun zu dem im Eingang dieses Paragraphen erwähnten Satz, mit dessen Hilfe es LINDEBERG gelungen ist, die eben hervorgehobene Lücke auszufüllen. Derselbe bezieht sich auf das Extremum des Integrals

$$J = \int F(x, y, x', y')\, dt$$

ohne Nebenbedingungen, und ist auch unabhängig von seiner Anwendung auf das isoperimetrische Problem von Interesse. Bei der Darstellung desselben müssen wir uns jedoch auf einen kurzen Bericht beschränken und verweisen für die Detailausführung auf die oben zitierte Arbeit von Lindeberg.

Es sei

$$\mathfrak{C}: \qquad x = x(t), \qquad y = y(t), \qquad t_1 \lesseqqgtr t \lesseqqgtr t_2$$

eine von P_1 nach P_2 führende Kurve, über welche wir die folgenden Voraussetzungen machen:

A) Die Kurve $\mathfrak{C}$ ist von der Klasse C'', hat keine mehrfachen Punkte und liegt ganz im Innern des Bereiches $\mathfrak{R}$.

B) Es gilt für sie die Legendre'sche Bedingung in der stärkeren Form (II').

C) Es gilt für sie die Weierstraß'sche Bedingung in der stärkeren Form (IV') von § 32, b).

Wir heben ausdrücklich hervor, daß die Kurve $\mathfrak{C}$ zwar eine Extremale für das Integral J sein kann, aber nicht zu sein braucht.

Wir können dann die Kurve $\mathfrak{C}$ stets so über das Intervall $[t_1 t_2]$ hinaus auf ein weiteres Intervall $[T_1 T_2]$ fortsetzen, daß die Bedingungen A), B), C) auch für den so erweiterten Bogen $\mathfrak{C}^*$ erfüllt sind.

Es folgt dann zunächst aus den beiden ersten Bedingungen auf Grund der Sätze von § 21, b) und § 27, a): Ist σ eine hinreichend kleine positive Größe, so kann man durch jeden Punkt $P(t)$ der Kurve $\mathfrak{C}^*$ eine und nur eine Extremale des Integrals J ziehen, welche mit der positiven Tangente der Kurve $\mathfrak{C}^*$ im Punkt P den konstanten Winkel σ bildet. Als Parameter möge auf der Extremalen die Bogenlänge s, gemessen vom Punkt P aus, gewählt werden.

Mit Hilfe des Satzes von § 22, d) zeigt man dann weiter: Es lassen sich zwei positive Größen h, k so klein wählen, daß die so erhaltene Extremalenschar ein den Bogen $\mathfrak{C}$ in seinem Innern enthaltendes Feld $\mathcal{S}$ bildet, wenn s und t auf den Bereich

$$|s| \lesseqqgtr k, \qquad t_1 - h \lesseqqgtr t \lesseqqgtr t_2 + h$$

beschränkt werden.

Ist dann

$$\overline{\mathfrak{C}}: \qquad x = \overline{x}(\tau), \qquad y = \overline{y}(\tau), \qquad \tau_1 \leqq \tau \leqq \tau_2$$

irgendeine von P_1 nach P_2 führende gewöhnliche Kurve, welche ganz in diesem Feld $\mathcal{S}$ liegt, so gilt die Formel

$$J_{\overline{\mathfrak{C}}} - J_{\mathfrak{C}} = \int_{\overline{\mathfrak{C}}} \mathfrak{E}\, d\tau - \int_{\mathfrak{C}} \mathfrak{E}\, dt. \tag{121}$$

Zum Beweis wende man auf die beiden Kurven $\overline{\mathfrak{C}}$ und $\mathfrak{C}$ den Hilbert'schen Unabhängigkeitssatz von § 31, c) an:

$$J^*_{\overline{\mathfrak{C}}} = J^*_{\mathfrak{C}}$$

und addiere links $J_{\overline{\mathfrak{C}}} - J_{\overline{\mathfrak{C}}}$, rechts $J_{\mathfrak{C}} - J_{\mathfrak{C}}$, wobei sich zugleich die Bedeutung der in der Gleichung (121) gebrauchten abkürzenden Bezeichnung erklärt.

Werden die drei das Feld $\mathcal{S}$ bestimmenden Größen σ, h, k hinreichend klein gewählt, so läßt sich von jedem Punkt des Feldes $\mathcal{S}$ auf die Kurve $\mathfrak{C}^*$ eine und nur eine Normale fällen[1]). Unter dieser Voraussetzung sei $\overline{P}$ (τ) irgend ein Punkt von $\overline{\mathfrak{C}}$ und P der Fußpunkt der von $\overline{P}$ auf die Kurve $\mathfrak{C}^*$ gefällten Normalen; für den Parameter τ werde die Bogenlänge gewählt. Dann bezeichnen wir mit $\omega(\tau)$ den Winkel zwischen der Richtung der positiven Tangente an $\overline{\mathfrak{C}}$ im Punkt $\overline{P}$ und der Richtung der positiven Tangente an $\mathfrak{C}$ im Punkt P, so normiert, daß

$$-\pi < \omega(\tau) \leqq \pi.$$

Ist dann ε' eine beliebig vorgegebene positive Größe, so läßt sich zeigen, daß die Menge derjenigen Punkte τ des Intervalls $[\tau_1 \tau_2]$, in welchen

$$|\omega(\tau)| > \varepsilon', \tag{122}$$

eine abzählbare Menge von offenen Intervallen ist, deren Längen stets eine endliche Summe haben, welche wir mit

$$d_{\overline{\mathfrak{C}}}(\varepsilon')$$

bezeichnen wollen.

Bei dieser Bezeichnungsweise läßt sich nun der *Lindeberg'sche Satz* folgendermaßen formulieren:

Genügt die Kurve $\mathfrak{C}$ den Bedingungen A), B), C) und sind ε, ε' zwei beliebig vorgegebene positive Größen, so läßt sich eine Umgebung (ϱ) der Kurve $\mathfrak{C}$ bestimmen derart, daß

$$J_{\overline{\mathfrak{C}}} > J_{\mathfrak{C}} \tag{123}$$

[1]) Vgl. Bliss, Transactions of the American Mathematical Society, Bd. V (1904), p. 487.

für jede von P_1 nach P_2 führende, ganz in der Umgebung $(\varrho)_{\mathfrak{C}}$ gelegene gewöhnliche Kurve $\bar{\mathfrak{C}}$, für welche

$$d_{\bar{\mathfrak{C}}}(\varepsilon') > \varepsilon.$$

Der Beweis beruht darauf, daß das erste Integral auf der rechten Seite von (121) bei fortgesetzter Verkleinerung der Größen σ und k für alle Kurven $\bar{\mathfrak{C}}$ von der angegebenen Beschaffenheit infolge der Voraussetzung C) oberhalb einer bestimmten positiven Grenze bleibt, während gleichzeitig durch Verkleinerung von σ der absolute Wert des zweiten Integrals unter jede Grenze herabgedrückt werden kann.

Die Bedeutung dieses Satzes für das Extremum ohne Nebenbedingung besteht darin, daß derselbe den Anteil feststellt, welchen die Bedingungen von Legendre und Weierstraß, für sich genommen, am Zustandekommen des Extremums haben. Dieser Anteil ist überraschend groß; die beiden genannten Bedingungen verbürgen in der Tat das Bestehen der Ungleichung $\Delta J > 0$, für alle benachbarten Kurven mit Ausnahme gerade derjenigen, welche sich, wie wir es kurz ausdrücken können, in ihrer Tangentenrichtung am engsten an die Curve $\mathfrak{C}$ anschließen. Nur um auch für diese letzteren die Ungleichung $\Delta J > 0$ zu erzwingen, sind die Bedingungen von Euler und Jacobi erforderlich.

d) Anwendung des Lindeberg'schen Satzes auf das isoperimetrische Problem:

Wir nehmen jetzt an, für die Kurve $\mathfrak{C}_0$ seien die unter b) aufgezählten Bedingungen (I'), (II'), (III'), (IV') erfüllt. Dann läßt sich, wie unter b) gezeigt worden ist, eine positive Größe ϱ' angeben, so daß: $J_{\bar{\mathfrak{C}}} > J_{\mathfrak{C}_0}$ für jede von $\mathfrak{C}_0$ verschiedene, im Sinn des isoperimetrischen Problems zulässige Kurve $\bar{\mathfrak{C}}$, deren zugeordnete Raumkurve $\bar{\mathfrak{C}}'$ ganz in der Umgebung ϱ' der räumlichen Extremalen $\mathfrak{C}_0'$ liegt.

Lindeberg beweist dann weiter den folgenden *Hilfssatz:*

Ist ϱ' eine beliebig vorgegebene positive Größe, so lassen sich drei positive Größen ϱ_0, ε, ε' angeben, derart, daß die Raumkurve $\bar{\mathfrak{C}}'$ ganz in die Umgebung (ϱ') von $\mathfrak{C}_0'$ fällt für jede zulässige Kurve $\bar{\mathfrak{C}}$, welche ganz in der Umgebung (ϱ_0) von $\mathfrak{C}_0$ liegt, und für welche

$$d_{\bar{\mathfrak{C}}}(\varepsilon') \lesseqgtr \varepsilon,$$

wobei bei der Definition des Symbols $d_{\bar{\mathfrak{C}}}(\varepsilon')$ die Extremale $\mathfrak{C}_0$ an die Stelle der Kurve $\mathfrak{C}$ tritt

Und nunmehr wird folgendermaßen weiter geschlossen:

Für das Integral

$$\int_{t_1}^{t_2}(F+\lambda_0 G)\,dt$$

sind die Voraussetzungen des Lindeberg'schen Satzes erfüllt, wobei wieder $\mathfrak{E}_0$ an die Stelle der Kurve $\mathfrak{C}$ tritt. Daher können wir eine positive Größe $\varrho \overline{\lessgtr} \varrho_0$ bestimmen derart, daß

$$J_{\overline{\mathfrak{C}}}+\lambda_0 K_{\overline{\mathfrak{C}}} > J_{\mathfrak{E}_0}+\lambda_0 K_{\mathfrak{E}_0} \tag{124}$$

für jede gewöhnliche, von P_1 nach P_2 gezogene Kurve $\bar{\mathfrak{C}}$, welche ganz in $(\varrho)_{\mathfrak{E}_0}$ verläuft, und für welche

$$d_{\overline{\mathfrak{C}}}(\varepsilon') > \varepsilon.$$

Wir ziehen jetzt in dieser Umgebung $(\varrho)_{\mathfrak{E}_0}$ von P_1 nach P_2 irgend eine im Sinn des isoperimetrischen Problems zulässige Kurve $\overline{\mathfrak{C}}$. Für dieselbe ist entweder

$$d_{\overline{\mathfrak{C}}}(\varepsilon') \overline{\lessgtr} \varepsilon;$$

dann liegt nach dem Hilfssatz die Raumkurve $\overline{\mathfrak{C}}'$ in $(\varrho')_{\mathfrak{E}_0'}$, und es ist $\Delta J > 0$ auf Grund des Weierstraß'schen Satzes

Oder aber es ist

$$d_{\overline{\mathfrak{C}}}(\varepsilon') > \varepsilon;$$

dann ist $\Delta J > 0$ auf Grund des Lindeberg'schen Satzes, da hier insbesondere

$$K_{\overline{\mathfrak{C}}} = K_{\mathfrak{E}_0}.$$

Wir gelangen also zu dem Schlußresultat[1]):

Wenn für den Kurvenbogen $\mathfrak{E}_0$ die Bedingungen (I'), (II'), (III'), (IV') erfüllt sind, so liefert derselbe ein eigentliches starkes Minimum für das Integral J mit der Nebenbedingung $K = l$.

---

[1]) Der *entsprechende Satz fur das x-Problem,* der das Analogon des auf p 126 erwahnten Satzes uber das Problem ohne Nebenbedingungen ist, lautet folgendermaßen:

Es sei $\mathfrak{E}_0: y = \mathring{y}(x)$ eine Extremale für das Problem, das Integral

$$J = \int_{x_1}^{x_2} f(x, y, y')\,dx$$

zu einem Minimum zu machen in Beziehung auf die Gesamtheit aller in der Form $y = y(x)$ darstellbaren Kurven der Klasse C', welche von P_1 nach P_2 führen, in einem gewissen Bereich $\mathfrak{R}$ liegen und dem Integral

$$K = \int_{x_1}^{x_2} g(x, y, y')\,dx$$

§ 65. Einiges über isoperimetrische Probleme bei variablen Endpunkten.

In diesem Paragraphen soll noch kurz die Modifikation des isoperimetrischen Problems besprochen werden, bei welcher der erste Endpunkt auf einer gegebenen Kurve beweglich ist, während der zweite fest ist.

a) **Die Transversalitätsbedingung bei isoperimetrischen Problemen:**

Die gegebene Kurve sei durch einen Parameter $\varkappa$ dargestellt.

$$\mathfrak{K}: \qquad x = \tilde{x}(\varkappa), \quad y = \tilde{y}(\varkappa).$$

Wir machen über dieselbe die nämlichen Voraussetzungen wie in § 36; auch die Gesamtheit der zulässigen Kurven ist ebenso definiert wie dort, nur daß dieselben jetzt noch überdies der isoperimetrischen Bedingung (1) genügen müssen.

Eine Kurve

$$\mathfrak{E}_0: \qquad x = \mathring{x}(t), \quad y = \mathring{y}(t), \quad t_1 \overline{\gtrless} t \overline{\gtrless} t_2,$$

welche in Beziehung auf diese Gesamtheit von zulässigen Kurven ein Minimum für das Integral J liefert, muß dann zunächst die sämtlichen notwendigen Bedingungen für ein isoperimetrisches Minimum bei festen Endpunkten erfüllen; sie muß also in erster Linie eine *Extremale* sein. Der zugehörige Wert der isoperimetrischen Kon-

---

einen vorgeschriebenen Wert erteilen; λ_0 sei der zu $\mathfrak{E}_0$ gehörige Wert der isoperimetrischen Konstanten.

Ferner sei

$$f_{y'y'} + \lambda_0 g_{y'y'} > 0$$

entlang $\mathfrak{E}_0$, der Bogen $\mathfrak{E}_0$ enthalte den zu P_1 im Sinn des isoperimetrischen Problems konjugierten Punkt nicht, und es sei

$$\mathcal{E}[x, \mathring{y}(x); \mathring{y}'(x), \tilde{p}; \lambda_0] > 0$$

für

$$x_1 \overline{\gtrless} x \overline{\gtrless} x_2, \quad 0 < |\tilde{p} - \mathring{y}'(x)| \overline{\gtrless} \varrho_0'$$

Dann laßt sich eine positive Größe ϱ bestimmen derart, daß jede von $\mathfrak{E}_0$ verschiedene zulassige Kurve $\overline{\mathfrak{C}}$, für welche

$$|\bar{y}(x) - \mathring{y}(x)| < \varrho, \quad |\bar{y}'(x) - \mathring{y}'(x)| < \varrho_0',$$

für das Integral J einen größeren Wert liefert als $\mathfrak{E}_0$.

Dabei ist die Funktion $\mathcal{E}$ aus der Funktion $f + \lambda_0 g$ in derselben Weise abgeleitet, wie die $\mathcal{E}$-Funktion auf p. 110 aus der Funktion f; über die Funktionen f und g werden dieselben Voraussetzungen gemacht, wie über die Funktion f auf p 14.

Fur diesen Satz hatte Lindeberg bereits in der in Fußnote 2) auf p 126 zitierten Arbeit einen ausfuhrlichen Beweis gegeben, der sich jedoch wohl nur schwer auf den Fall der Parameterdarstellung übertragen laßt

stanten sei λ_0. Der Punkt der Kurve $\mathfrak{K}$, von welchem die Extremale $\mathfrak{E}_0$ ausgeht, sei P_1 und entspreche dem Wert $\varkappa = \varkappa_0$. Wir setzen wie in § 60 voraus, daß kein noch so kleiner Bogen von $\mathfrak{E}_0$ Extremale für das Integral K ist.

Um weitere notwendige Bedingungen zu erhalten, hat man nun zunächst eine einparametrige Schar von zulässigen Variationen

$$x = \bar{x}(t, \varepsilon), \quad y = \bar{y}(t, \varepsilon)$$

zu konstruieren, welche, abgesehen von Stetigkeitsbedingungen, die folgenden Bedingungen erfüllt:

$$\left.\begin{array}{ll} \bar{x}(t, 0) = \mathring{x}(t), & \bar{y}(t, 0) = \mathring{y}(t), \\ \bar{x}(t_1, \varepsilon) = \tilde{x}(\varkappa_0 + \varepsilon), & \bar{y}(t_1, \varepsilon) = \tilde{y}(\varkappa_0 + \varepsilon), \\ \bar{x}(t_2, \varepsilon) = x_2, & \bar{y}(t_2, \varepsilon) = y_2, \end{array}\right\} \tag{125}$$

$$\bar{K} = l. \tag{126}$$

Eine solche Schar von zulässigen Variationen kann man leicht mit Hilfe der in § 60, b) benutzten Methode herstellen.

Für diese Schar muß nun: $\delta J = 0$ sein, während gleichzeitig aus (126) folgt: $\delta K = 0$. Indem man beide Gleichungen kombiniert, erhält man

$$\delta J + \lambda_0 \, \delta K = 0,$$

woraus man nach Anwendung der Lagrange'schen partiellen Integration wie in § 36, a) das Resultat[1]) schließt:

Im Punkt P_1 muß die Relation

$$H_{x'}(x, y, x', y'; \lambda_0)\, \tilde{x}' + H_{y'}(x, y, x', y'; \lambda_0)\, \tilde{y}' |^1 = 0 \tag{127}$$

erfüllt sein, wobei sich die Ableitungen x', y' auf die Extremale $\mathfrak{E}_0$, dagegen $\tilde{x}', \tilde{y}'$ auf die gegebene Kurve $\mathfrak{K}$ beziehen.

Dies ist die *Transversalitätsbedingung* beim isoperimetrischen Problem. Sie ist identisch mit der Transversalitätsbedingung für die Aufgabe, das Integral (43) mit denselben Endbedingungen, aber ohne Nebenbedingung zu einem Extremum zu machen [2])

b) **Die Brennpunktsbedingung:**

Wir setzen für die Folge die Transversalitätsbedingung (127) als erfüllt voraus; weiter nehmen wir an, daß entlang dem Extremalenbogen $\mathfrak{E}_0$ die Bedingung (II') von § 60, a) erfüllt ist.

Dann lassen sich nach Kneser[3]) die Entwicklungen von § 62 folgendermaßen auf den gegenwärtigen Fall übertragen:

---

[1]) Vgl hierzu Kneser, *Lehrbuch*, § 33.

[2]) Hierzu die *Übungsaufgaben* Nr. 3, 23—25 am Ende dieses Kapitels

[3]) *Lehrbuch*, § 39

Wir stellen uns zunächst die Aufgabe, durch einen dem Punkt P_1 benachbarten Punkt P_3 der Kurve $\mathfrak{K}$ eine Extremale $\mathfrak{E}$ mit vorgegebenem, von λ_0 nur wenig abweichendem Wert λ der isoperimetrischen Konstanten zu konstruieren, welche in P_3 von der Kurve $\mathfrak{K}$ transversal geschnitten wird. Ist θ der Tangentenwinkel der gesuchten Extremalen $\mathfrak{E}$ im Punkt P_3 und $\varkappa$ der Parameter von P_3 auf $\mathfrak{K}$, so muß die Gleichung bestehen

$$\begin{aligned} &H_{x'}(\tilde{x}(\varkappa), \tilde{y}(\varkappa), \cos\theta, \sin\theta; \lambda)\tilde{x}'(\varkappa) \\ &+ H_{y'}(\tilde{x}(\varkappa), \tilde{y}(\varkappa), \cos\theta, \sin\theta; \lambda)\tilde{y}'(\varkappa) = 0. \end{aligned} \tag{128}$$

Man zeigt genau wie in § 40, daß diese Gleichung stets in der Umgebung der Stelle $\varkappa = \varkappa_0$, $\lambda = \lambda_0$, $\theta = \theta_1$ (unter θ_1 den Tangentenwinkel von $\mathfrak{E}_0$ in P_1 verstanden), eindeutig nach θ auflösbar ist, wenn die beiden Kurven $\mathfrak{E}_0$ und $\mathfrak{K}$ sich in P_1 nicht berühren, wie wir in der Folge voraussetzen wollen.

Die Lösung der Gleichung (128) sei: $\theta = \theta(\varkappa, \lambda)$; dann wird die gesuchte Extremale $\mathfrak{E}$ in der Bezeichnung von § 27, b) durch die Gleichungen dargestellt

$$\begin{aligned} x &= \mathfrak{X}(t - t_1; \tilde{x}(\varkappa), \tilde{y}(\varkappa), \theta(\varkappa, \lambda); \lambda) \equiv \varphi(t, \varkappa, \lambda), \\ y &= \mathfrak{Y}(t - t_1; \tilde{x}(\varkappa), \tilde{y}(\varkappa), \theta(\varkappa, \lambda); \lambda) \equiv \psi(t, \varkappa, \lambda), \end{aligned} \tag{129}$$

wenn unter t wieder die Bogenlänge verstanden wird.

Dieselben Gleichungen stellen, wenn $\varkappa, \lambda$ als variable Parameter betrachtet werden, eine doppeltunendliche Schar von Extremalen dar, welche sämtlich von der Kurve $\mathfrak{K}$ transversal geschnitten werden, und zwar tritt dies auf allen Extremalen der Doppelschar für denselben Wert $t = t_1$ ein. Die Extremale $\mathfrak{E}_0$ erhält man für $\varkappa = \varkappa_0$, $\lambda = \lambda_0$.

Aus der Definition der Funktionen φ, ψ und den Eigenschaften der Funktionen $\mathfrak{X}$, $\mathfrak{Y}$ ergibt sich, daß, identisch in $\varkappa$, λ,

$$\varphi(t_1, \varkappa, \lambda) = \tilde{x}(\varkappa), \qquad \psi(t_1, \varkappa, \lambda) = \tilde{y}(\varkappa),$$

woraus durch Differentiation folgt

$$\left.\begin{aligned} &\varphi_\varkappa(t_1, \varkappa, \lambda) = \tilde{x}'(\varkappa), \qquad \psi_\varkappa(t_1, \varkappa, \lambda) = \tilde{y}'(\varkappa), \\ &\varphi_\lambda(t_1, \varkappa, \lambda) = 0, \qquad \psi_\lambda(t_1, \varkappa, \lambda) = 0 \end{aligned}\right\} \tag{130}$$

Aus diesen Relationen folgt, daß wir die Transversalität der Kurve $\mathfrak{K}$ zur Extremalen $\mathfrak{E}$ in der Bezeichnung (67) auch durch folgende Gleichung ausdrücken können:

$$\mathcal{H}_{x'}(t_1, \varkappa, \lambda)\,\varphi_\varkappa(t_1, \varkappa, \lambda) + \mathcal{H}_{y'}(t_1, \varkappa, \lambda)\,\psi_\varkappa(t_1, \varkappa, \lambda) = 0. \tag{131}$$

Wir bezeichnen jetzt mit $\chi(t, \varkappa, \lambda)$, resp. $U(t, \varkappa, \lambda)$ die Werte der Integrale K, resp. J, genommen entlang der Extremalen $\mathfrak{E}_{\varkappa\lambda}$ der

Doppelschar (129) von deren Schnittpunkt $t = t_1$ mit der Kurve $\mathfrak{K}$ bis zu einem variabeln Punkt $P(t)$, und berechnen die partiellen Ableitungen der Funktionen χ und U Auf Grund der Gleichungen (130_3) unterscheiden sich die Resultate, die man erhält, von den früheren (75) und (91) nur dadurch, daß in den Ausdrücken für $\chi_\varkappa$, U_ν je ein Zusatzglied

$$-(\mathfrak{G}_{x'}\varphi_\varkappa + \mathfrak{G}_{y'}\psi_\nu)\Big|^{t_1}, \quad \text{resp.} \quad -(\mathfrak{F}_{x'}\varphi_\varkappa + \mathfrak{F}_{y'}\psi_\nu)\Big|^{t_1}$$

hinzutritt. Dieses Zusatzglied fällt aber in der Kombination

$$U_\nu + \lambda\chi_\varkappa$$

infolge der Transversalitätsbedingung (131) weg, und *daher bleiben die Formeln (92) auch für den Fall einer Doppelschar von Extremalen, welche von der Kurve $\mathfrak{K}$ transversal geschnitten werden, bestehen.*

Andererseits aber hat das Auftreten dieses Zusatzgliedes zur Folge, daß der Ausdruck (76) für die Funktionaldeterminante $\Delta(t, \varkappa, \lambda)$ im gegenwärtigen Fall nur dann richtig bleibt, wenn man jetzt unter $\mathfrak{m}$ die Größe

$$\mathfrak{m} = \int_{t_1}^{t} \mathfrak{V}\, \mathfrak{u}\, dt + (\mathfrak{G}_{x'}\varphi_\varkappa + \mathfrak{G}_{y'}\psi_\nu)^{t_1}$$

versteht.

Mit dieser veränderten Bedeutung der Funktion $\mathfrak{m}$ bleiben nun die Entwicklungen von § 62, c) und d) bestehen, und man erhält das folgende Resultat:

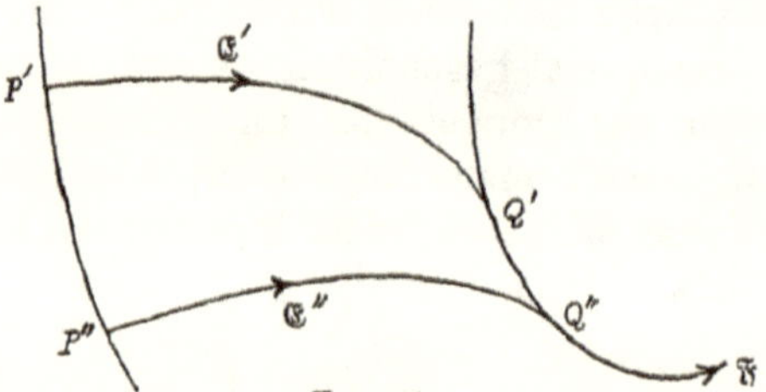

Fig 114.

Es sei t_1'' die zunächst auf t_1 folgende Wurzel der Gleichung

$$\Delta(t, \varkappa, \lambda) = 0;$$

dann nennen wir den dem Wert $t = t_1''$ entsprechenden Punkt P_1'' der Extremalen $\mathfrak{E}_0$ den *Brennpunkt der Kurve $\mathfrak{K}$ auf dieser Extremalen.*

Unter denselben beschränkenden Annahmen wie in § 62, c) kann man dann aus der Doppelschar (129) von Extremalen ein *ausgezeichnetes Büschel* herausgreifen, dessen Enveloppe $\mathfrak{F}$ jede Extremale des Büschels in dem auf ihr gelegenen Brennpunkt der Kurve $\mathfrak{K}$ berührt

Für dieses ausgezeichnete Büschel gilt dann der *Enveloppensatz* in der folgenden Form

$$\left.\begin{aligned} J_{\mathfrak{E}''}(P''Q'') &= J_{\mathfrak{E}'}(P'Q') + J_{\mathfrak{F}}(Q'Q''),\\ K_{\mathfrak{E}''}(P''Q'') &= K_{\mathfrak{E}'}(P'Q') + K_{\mathfrak{F}}(Q'Q''). \end{aligned}\right\} \qquad (132)$$

Daraus schließt man dann wieder wie in § 62, d), daß das isoperimetrische Extremum unter den vorliegenden Anfangsbedingungen jedenfalls nicht über den Brennpunkt P_1'' hinaus bestehen kann:

$$P_2 \leqq P_1''. \tag{III}$$

c) **Hinreichende Bedingungen:**

Der allgemeine Hinlänglichkeitsbeweis für isoperimetrische Probleme mit einem variabeln Endpunkt bietet noch *ungelöste Schwierigkeiten*. Zwar folgt aus dem Bestehen der Formeln (92), daß auch die Hamilton'schen Formeln (106) mit ihren Folgerungen für jedes von der Kongruenz

$$x = \varphi(t, \varkappa, \lambda), \quad y = \psi(t, \varkappa, \lambda), \quad z = \chi(t, \varkappa, \lambda) \tag{133}$$

gebildete räumliche Feld gültig bleiben.

Aber die Kurve $\mathfrak{K}$ kann nie einem solchen Felde angehören; denn da die Funktionen φ, ψ, χ für $t = t_1$ identisch verschwinden, so ist auch

$$\Delta(t_1, \varkappa, \lambda) = 0.$$

Hierin besteht ein wesentlicher Unterschied zwischen dem isoperimetrischen Problem und dem Problem ohne Nebenbedingungen (§ 41), der zur Folge hat, daß man jetzt aus dem Bestehen der Bedingungen (II') und (III') nicht mehr ohne weiteres schließen kann, daß sich der Bogen $\mathfrak{E}_0'$ mit einem räumlichen Feld umgeben läßt. Vielmehr führt das allgemeine Existenztheorem von § 22, d) hier nur zu einem uneigentlichen räumlichen Feld, welches gegen den Punkt P_1 zu in eine Spitze ausläuft und daher für den Hinlänglichkeitsbeweis bei variablem ersten Endpunkt nicht zu gebrauchen ist

Wenn sich dagegen in einem speziellen Fall zeigen läßt, daß ein den Punkt P_1 enthaltendes endliches Stück der Kurve $\mathfrak{K}$ der Begrenzung eines den Bogen $\mathfrak{E}_0'$ (abgesehen von seinem Anfangspunkt P_1) umgebenden räumlichen Feldes angehört, so läßt sich für alle Vergleichskurven $\overline{\mathfrak{C}}$, deren zugeordnete Raumkurven $\mathfrak{C}'$ (abgesehen von ihren Anfangspunkten) ganz in diesem Feld verlaufen, die Weierstraß'sche Konstruktion mit ihren Folgerungen durchführen.

Beispiel XXII[1]) (Vgl Beispiel II, pp 465, 483 und Aufgabe Nr. 37 auf p 151.)

Von dem einen Schenkel eines gegebenen Winkels nach einem auf dem andern Schenkel gegebenen Punkt P_2 eine den Winkelraum nicht verlassende Kurve von gegebener Länge l zu ziehen, welche mit den beiden Schenkeln eine möglichst große Fläche einschließt.

Der erste Schenkel werde zur positiven x-Achse gewählt; der fragliche Winkelraum werde erzeugt, indem ein vom Koordinatenanfangspunkt O aus-

[1]) Vgl dazu Kneser, *Lehrbuch*, p 159.

gehender Halbstrahl sich von der positiven x-Achse aus in positivem Sinn um den zwischen 0 und 2π gelegenen Winkel α dreht.

Wir haben wieder das Integral

$$J = \frac{1}{2}\int_{t_1}^{t_2}(xy' - yx')\,dt$$

mit der Nebenbedingung

$$\int_{t_1}^{t_2}\sqrt{x'^2 + y'^2}\,dt = l$$

zu einem Maximum zu machen.

Daher folgt aus den Resultaten von § 59, c) und § 61, c) zunächst, daß die gesuchte Kurve *ein in positivem Sinn beschriebener Kreisbogen* von der Länge l sein muß, welcher, von einem Punkt P_1 der positiven x-Achse ausgehend, durch den Winkelraum α nach dem Punkt P_2 führt [1]).

Da ferner im Punkt $P_1 : \tilde{y}_1' = 0$, $y_1 = 0$, so reduziert sich die Transversalitätsbedingung darauf, daß der Kreisbogen im Punkt P_1 *auf der x-Achse senkrecht* stehen muß.

Wir nehmen an, wir hätten einen diesen Bedingungen genügenden Kreisbogen $\mathfrak{E}_0$ gefunden

$$\mathfrak{E}_0: \qquad x = \varkappa_0 - \lambda_0 \cos t, \qquad y = -\lambda_0 \sin t.$$

Die Doppelschar von Extremalen (129) besteht hier aus den Kreisen

$$x = \varkappa - \lambda \cos t, \qquad y = -\lambda \sin t, \tag{134}$$

welche sämtlich für $t = 0$ die x-Achse senkrecht schneiden. Die beiden Gleichungen (134) zusammen mit der Gleichung

$$z = -\lambda t \tag{135}$$

definieren die Kongruenz (133). Daraus erhält man

$$\Delta(t, \varkappa, \lambda) = \lambda(\sin t - t\cos t).$$

Auf allen Kreisen der Doppelschar (134) wird also der *Brennpunkt* der x-Achse durch denselben Wert

$$t = \gamma \equiv \frac{257^\circ\, 27'\, 12''}{360^\circ\, 00'\, 00''} \cdot 2\pi$$

geliefert.

Zur Bestimmung des in (134) enthaltenen *ausgezeichneten Extremalenbüschels* erhält man nach (88) die Differentialgleichung

$$\cos\gamma\, d\varkappa - d\lambda = 0$$

Daraus folgt, daß das ausgezeichnete Büschel aus denjenigen Kreisen besteht, welche ihre Mittelpunkte auf der x-Achse haben und die im Brennpunkt P_1'' an den Kreis $\mathfrak{E}_0^*$ gezogene Tangente berühren. Die letztere ist also die Enveloppe $\mathfrak{F}$ des Büschels, ein Halbstrahl, welcher mit der positiven x-Achse den Winkel $\gamma - \frac{3\pi}{2}$ bildet.

---

[1]) Abgesehen von etwaigen unfreien Lösungen (§ 52), welche streckenweise mit den Schenkeln des Winkels zusammenlaufen.

Werden die Variabeln t, $\varkappa$, λ auf den Bereich

$$\mathfrak{A}: \qquad 0 < t < \gamma, \quad -\infty < \varkappa < +\infty, \quad \lambda < 0$$

beschrankt, so bildet die Kongruenz (134), (135) ein räumliches *Feld*, welches den durch die Ungleichungen

$$\mathcal{S}': \qquad z > 0, \quad \cos\gamma < \frac{y}{z} < 1$$

definierten Teil des Raumes ausfullt

Zu einem gegebenen Punkt x, y, z von $\mathcal{S}'$ erhält man den zugehörigen Punkt von $\mathfrak{A}$, indem man zunächst die Gleichung

$$\sin t - \frac{y}{z}\, t = 0$$

nach t auflöst; da die Funktion $\sin t / t$ von $+1$ bis $\cos\gamma$ beständig abnimmt, wenn t von 0 bis γ wächst, so hat diese Gleichung eine und nur eine Lösung t zwischen 0 und γ Die Werte von λ und $\varkappa$ folgen dann aus (134).

Die x-Achse gehört nicht zu diesem Feld $\mathcal{S}'$, wohl aber zu dessen Begrenzung. Daher läßt sich die *Weierstraß'sche Konstruktion* durchführen und zwar auf folgende Weise·

Fall I. $\qquad 0 < \alpha \gtreqless \pi.$

Sei $\bar{\mathfrak{E}}$ irgendeine von $\mathfrak{E}_0$ verschiedene Vergleichskurve; sie möge von einem Punkt P_5 der x-Achse ausgehen. Wir setzen zunächst voraus, daß sie nicht mit

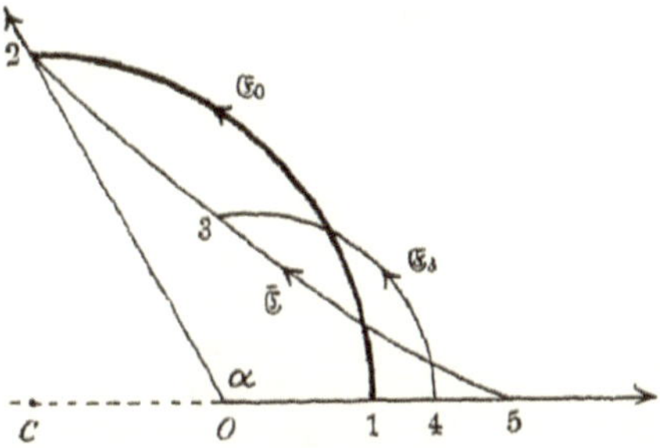

Fig. 115.

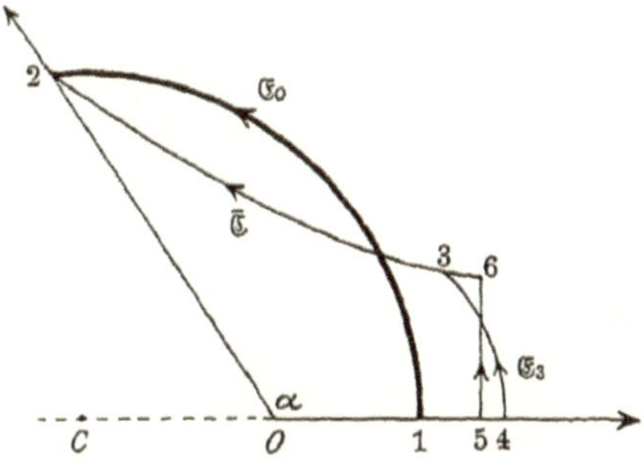

Fig. 116.

einem zur x-Achse senkrechten geraden Segment beginnt (Fig 115) Ist dann P_3 ein Punkt von $\bar{\mathfrak{E}}$ zwischen P_5 und P_2, so ist die Länge des Bogens $P_5 P_3$ sicher größer als y_3, und $y_3 \gtreqless 0$, da ja die Kurve $\bar{\mathfrak{E}}$ ganz in dem Winkelraum α verlaufen soll. Daher liegt der Punkt x_3, y_3, z_3 in $\mathcal{S}'$, da $\cos\gamma < 0$; wir können also nach P_3 von der x-Achse aus einen und nur einen Kreisbogen $P_4 P_3$ konstruieren, welcher im Punkt P_4 die x-Achse senkrecht schneidet, in positivem Sinn beschrieben ist, dessen Zentriwinkel t_3 zwischen 0 und γ liegt, und dessen Länge z_3 gleich der Länge des Bogens $P_5 P_3$ der Kurve $\bar{\mathfrak{E}}$ ist. Die Betrachtung der Funktion: $S(\tau) = J_{43} + \bar{J}_{32}$ führt nun zum Weierstraß'schen Fundamentalsatz und mit dessen Hilfe wie in § 64, a) zu dem Resultat· $\Delta J < 0$

Der Beweis ist etwas zu modifizieren[1]), wenn die Kurve $\bar{\mathfrak{E}}$ mit einem zur

[1]) Vgl. hierzu Kneser, *Lehrbuch*, p 148.

x-Achse senkrechten geraden Segment $P_5 P_6$ beginnt (Fig. 116) Fur einen Punkt P_3 zwischen P_6 und P_2 gelten dann die vorigen Resultate Nahert sich der Punkt P_3 dem Punkt P_6, so nähert sich der Kreisbogen $P_4 P_3$ dem geraden Segment $P_5 P_6$, und es ist

$$\underset{\tau_3 = \tau_6 + 0}{L} J_{43} = \bar{J}_{56}, \qquad \underset{\tau_3 = \tau_6 + 0}{L} K_{43} = \bar{K}_{56}.$$

Daraus folgt, daß

$$S(\tau_6 + 0) = \bar{J}_{56} + \bar{J}_{62} = \bar{J}_{52}, \quad \text{und daher}$$

$$\Delta J = -[S(\tau_2 - 0) - S(\tau_6 + 0)],$$

woraus, wie oben, folgt, daß $\Delta J < 0$.

Wir erhalten also das Resultat. *Wenn der Winkel α zwei Rechte nicht übersteigt, so liefert der Kreisbogen $\mathfrak{E}_0$ das* ***absolute*** *Maximum fur den Flacheninhalt*

Fall II: $\pi < \alpha < 2\pi$.

Hier ist die Weierstraß'sche Konstruktion nicht immer möglich Trotzdem läßt sich wenigstens die Existenz eines *starken* ***relativen*** *Maximums* nachweisen Dazu verbinden wir die beiden Schenkel des Winkels durch zwei mit $\mathfrak{E}_0$ konzentrische Kreisbogen mit den Radien $R - d$ und $R + d$, wenn $R = -\lambda_0$ den Radius von $\mathfrak{E}_0$ und d eine hinreichend kleine positive Größe bedeutet, und beschranken die Vergleichskurven auf den zwischen diesen beiden konzentrischen Kreisbogen gelegenen Teil des Winkelraums α. Ist P_3 ein Punkt einer solchen Vergleichskurve, fur welchen $y_3 \gtreqless 0$, so gelten dieselben Betrachtungen

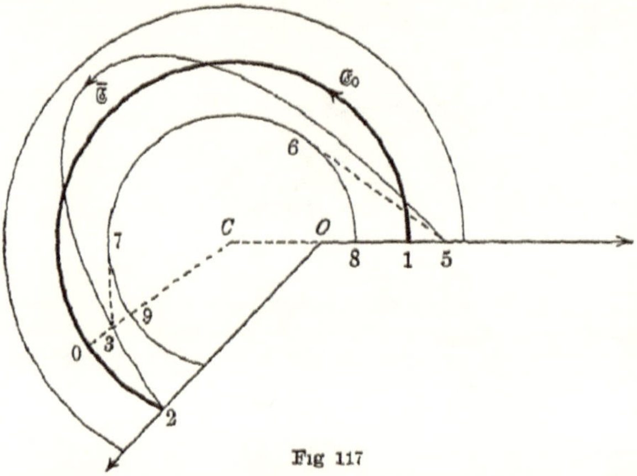

Fig 117

wie im Fall I Ist dagegen $y_3 < 0$, so sei P_0 der Schnittpunkt des Vektors CP_3 oder dessen Verlängerung mit dem Kreis $\mathfrak{E}_0^*$, und z_0 die Länge des Bogens $P_1 P_0$ von $\mathfrak{E}_0^*$. Dann zeigt man leicht (siehe Fig. 117), daß

$$\frac{y_3}{z_3} \gtreqless \frac{R+d}{R-d} \frac{y_0}{z_0},$$

und hieraus läßt sich schließen, daß man d so klein wählen kann, daß die Ungleichung

$$\cos\gamma < \frac{y_3}{z_3} < 1$$

für jeden Punkt P_3 jeder ganz zwischen den beiden konzentrischen Kreisbogen verlaufenden Vergleichskurve erfüllt ist, welche nicht mit einem zur x-Achse senkrechten Segment beginnt Daraus folgt dann wieder die Moglichkeit der Weierstraß'schen Konstruktion und damit die Ungleichung $\Delta J < 0$[1].

d) Weitere Literatur über isoperimetrische Probleme:

Schon die letzten Entwicklungen haben gezeigt, daß die Theorie des isoperimetrischen Problems noch nicht zu einem ähnlichen Abschluß gelangt ist wie die Theorie des Extremums ohne Nebenbedingungen. Dies gilt auch von den Fragen, die wir fur das letztere in Kapitel VI bis IX im einzelnen durchgefuhrt haben. Wir beschränken uns daher darauf, die wichtigsten hierher gehorigen neueren Arbeiten zusammenzustellen:

Von *diskontinuierlichen Losungen*[2]) bei isoperimetrischen Problemen handelt Carathéodory in seiner auf p 367, Fußnote [2]) zitierten Dissertation Insbesondere wird der Ausnahmefall untersucht, in welchem jede Extremale des Integrals J zugleich Extremale fur das Integral K ist

Fur isoperimetrische Probleme mit *Gebietseinschrankung* gilt zunächst der von Weierstrass herrührende Satz, daß alle frei variierbaren Bestandteile der Minimumskurve Extremalen mit demselben Wert λ_0 der isoperimetrischen Konstanten sein müssen. Ferner müssen, wie ebenfalls Weierstrass[3]) gezeigt hat, in den Übergangspunkten in der Bezeichnung von § 52, b) und § 60, b) die Bedingungen

$$\mathfrak{E}(x_3, y_3; p_3, q_3; \tilde{p}_3, \tilde{q}_3, \lambda_0) = 0, \qquad \mathfrak{E}(x_4, y_4; p_4, q_4; \tilde{p}_4, \tilde{q}_4; \lambda_0) = 0$$

erfullt sein Andeutungen über die Bedingung entlang der Schranke gibt Hadamard, „*Sur quelques questions de calcul des variations*", Annales de l'École Normale Supérieure (3), Bd. XXIV, (1907), p. 222.

In derselben Arbeit beschäftigt sich Hadamard mit der Aufgabe das *Hilbert'sche Existenztheorem* auf isoperimetrische Probleme zu übertragen Dabei ergeben sich eigentümliche Schwierigkeiten, die damit zusammenhängen, daß in den Bedingungen von Legendre und Weierstraß die isoperimetrische Konstante λ auftritt Hier ist schon der Satz von § 33 über die Existenz eines Minimums im Kleinen nicht mehr richtig. Dagegen laßt sich der Osgood'sche Satz auf das isoperimetrische Problem übertragen, wie Hahn[4]) gezeigt hat.

An weiteren neueren Arbeiten erwahnen wir schließlich noch zwei Göttinger Dissertationen· Cairns, „*Die Anwendung der Integralgleichungen auf die zweite Variation bei isoperimetrischen Problemen*" (1907), und Crathorne, „*Das räumliche isoperimetrische Problem*" (1907)

[1]) Hierzu weiter die *Übungsaufgaben* Nr. 11, b) und 26—35 am Ende dieses Kapitels

[2]) Vgl § 59, b), Ende, und Kneser, *Lehrbuch* §§ 45, 46

[3]) *Vorlesungen* 1879, vgl. auch Hancock, *Lectures*, Art. 205 und Kneser, *Lehrbuch* § 47 Der Beweis folgt leicht nach der Schlußweise von § 60, b); vgl. dazu Fig 84.

[4]) Vgl p. 280, Fußnote [2]).

Übungsaufgaben zum zehnten Kapitel.[1])

1. Die x, y-Ebene sei mit Masse (Bodenpreisen) belegt und die Dichtigkeit im Punkt x, y sei $\mu(x, y)$; in dieser Ebene sei eine Kurve $\mathfrak{K}$ gegeben und auf ihr zwei Punkte P_1, P_2. Unter allen Kurven von gegebener Länge, welche von P_1 nach P_2 gezogen werden können, diejenige zu bestimmen, welche mit dem Bogen $P_2 P_1$ von $\mathfrak{K}$ zusammen die Fläche von größter Masse (Gesamtpreis) einschließt (*Problem der Dido*).

Lösung: Die Extremalen sind durch die Gleichung

$$\frac{1}{r} = -\frac{\mu(x, y)}{\lambda}$$

charakterisiert.

Andeutung: Mache vom Green'schen Satz Gebrauch. (Lord Kelvin)

2. *Auf einer Fläche ist eine Kurve $\mathfrak{K}$ gegeben und auf ihr zwei Punkte P_1 und P_2. Unter allen Kurven von gegebener Länge l, welche auf der Fläche von P_1 nach P_2 gezogen werden können, diejenige zu bestimmen, welche mit dem Bogen $P_2 P_1$ von $\mathfrak{K}$ den größten Flächenraum umschließt* (§ 59)

Die rechtwinkligen Koordinaten eines Punktes der Fläche seien durch zwei Parameter u, v ausgedrückt; die Kurve $\mathfrak{K}$ sei gegeben durch die Gleichungen

$$\mathfrak{K}: \qquad u = \tilde{u}(\tau), \qquad v = \tilde{v}(\tau);$$

die gesuchte Kurve werde in der Form

$$\mathfrak{C}: \qquad u = u(t), \qquad v = v(t)$$

angenommen. Sind dann M und N zwei Funktionen von u und v, für welche

$$N_u - M_v = \sqrt{\mathsf{EG} - \mathsf{F}^2},$$

so hat man das Integral

$$J = \varepsilon \int_{t_1}^{t_2} [M(u, v) u' + N(u, v) v'] dt + \varepsilon \int_{\tau_2}^{\tau_1} [M(\tilde{u}, \tilde{v}) \tilde{u}' + N(\tilde{u}, \tilde{v}) \tilde{v}'] d\tau,$$

wo $\varepsilon = \pm 1$, zu einem Maximum zu machen mit der Nebenbedingung, daß

$$\int_{t_1}^{t_2} \sqrt{\mathsf{E} u'^2 + 2 \mathsf{F} u' v' + \mathsf{G} v'^2}\, dt = l.$$

Es sollen die analogen Stetigkeitsannahmen gemacht werden wie bei Beispiel XVI

[1]) Die zulässigen Kurven werden überall, wo nichts besonderes festgesetzt wird, als „gewöhnliche" Kurven angenommen.

Lösung: Die gesuchte Kurve ist ein *geodätischer Kreis*,[1]) d. h eine Kurve konstanter geodätischer Krümmung:

$$K_g = -\frac{\varepsilon}{\lambda}.$$

Ferner muß λ negativ sein.

Andeutungen: Zur Ableitung des Ausdrucks für J wende den Green'schen Satz an, wobei sich auch die Bestimmung des Vorzeichens ε ergibt Wende die Euler'sche Differentialgleichung in der Weierstraß'schen Form an und mache von Gleichung (40) von § 26 Gebrauch. (Minding, Darboux)

3. Dieselbe Aufgabe mit der Modifikation, daß der Punkt P_1 nicht gegeben, sondern auf $\mathfrak{K}$ frei beweglich ist (§ 65, a)).

Dasselbe Resultat mit der weiteren Bedingung, daß die gesuchte Kurve im Punkt P_1 die Kurve $\mathfrak{K}$ *senkrecht* schneiden muß.

4. Für *Rotationsflächen* läßt sich die Integration der Differentialgleichung der geodätischen Kreise auf Quadraturen zurückführen. (Minding, Darboux)

Andeutungen: Das Linienelement läßt sich in der Form schreiben

$$ds^2 = du^2 + \varphi^2(u)\,dv^2.$$

Ist dann: $\psi(u) = \int \varphi(u)\,du$, so sind die geodätischen Kreise dargestellt durch die Gleichung

$$v = \beta + \int \frac{(\alpha - \varepsilon\psi(u))\,du}{\varphi(u)\sqrt{\lambda^2\varphi^2(u) - (\alpha - \varepsilon\psi(u))^2}}.$$

Man mache von der Euler'schen Differentialgleichung in der Form (18) Gebrauch.

5. *Gleichgewichtslage eines auf einer gegebenen Fläche ohne Reibung aufliegenden schweren Fadens, der an seinen beiden Endpunkten befestigt ist* (§ 59, b) und d)).

Die positive z-Achse werde vertikal nach oben gewählt; die Fläche sei durch zwei Parameter u, v dargestellt. Dann ist das Integral

$$J = \int_{t_1}^{t_2} z\sqrt{\mathsf{E}u'^2 + 2\mathsf{F}u'v' + \mathsf{G}v'^2}\,dt$$

zu einem Minimum zu machen mit der Nebenbedingung

$$\int_{t_1}^{t_2} \sqrt{\mathsf{E}u'^2 + 2\mathsf{F}u'v' + \mathsf{G}v'^2}\,dt = l.$$

Lösung: Die Weierstraß'sche Form der Euler'schen Differentialgleichung führt zu folgender charakteristischen Eigenschaft[2]) der gesuchten Kurve: Man konstruiere in einem Punkt P der Kurve den Vektor PM nach dem Mittelpunkt M der geodätischen Krümmung; dann liegt der Endpunkt N des zu PM entgegengesetzten Vektors PN in der konstanten Ebene

$$z + \lambda = 0.$$

---

[1]) in der Terminologie von Darboux.

[2]) In etwas anderer Form gegeben von Lindelöf-Moigno, *Leçons*, p 314.

6. *Unter allen zwei gegebene Punkte P_1 und P_2 verbindenden Kurven, welche zusammen mit den Ordinaten dieser beiden Punkte und der x-Achse eine Fläche von gegebenem Inhalt begrenzen, diejenige zu bestimmen, welche durch Rotation um die x-Achse die Oberfläche kleinsten Inhalts erzeugt* (§ 59) (EULER)

Lösung: Es werde die Bedingung: $y \gtrless 0$ hinzugefügt. Ist $\lambda^2 > 1$, so gehen die *Extremalen* aus den *verkürzten Zykloiden*

$$X = \frac{t}{\lambda} + \sin t, \qquad Y = \lambda + \cos t$$

durch die Transformation

$$X = -\frac{\gamma(x-\beta)\sqrt{\lambda^2-1}}{\lambda}, \qquad Y = \gamma y$$

hervor. Ist $\lambda^2 < 1$, so ersetze man t durch it. Ist $\lambda^2 = 1$, so erhält man rationale Kurven 3. Ordnung. Außerdem sind sämtliche Geraden der Ebene Extremalen.

Die Möglichkeit *diskontinuierlicher Lösungen* zu untersuchen.

7. Die *Brachistochrone bei gegebener Länge* zu bestimmen. Die genauere Formulierung soll, abgesehen von der isoperimetrischen Bedingung, dieselbe sein wie in § 26, b)

Lösung: Die Extremalen lassen sich schreiben, wenn $\alpha^2 > \lambda^2$,

$$x + \beta = \frac{\alpha}{(\alpha^2-\lambda^2)^{\frac{5}{2}}}\left[(2\lambda^2+\alpha^2)t - 4\alpha\lambda\sin t + \alpha^2 \sin t\cos t\right],$$

$$y - y_1 + k = \frac{(\lambda - \alpha\cos t)^2}{(\alpha^2-\lambda^2)^2}.$$

Für die Bogenlänge ergibt sich

$$s = \left[\frac{\alpha}{(\alpha^2-\lambda^2)^{\frac{5}{2}}}(3\alpha\lambda t - 2(\lambda^2+\alpha^2)\sin t + \alpha\lambda\sin t\cos t)\right]_{t_1}^{t}$$

Ist $\alpha^2 < \lambda^2$, so ist t durch it zu ersetzen. Für $\alpha^2 = \lambda^2$ werden die Extremalen algebraisch. (EULER, *Mechanica*, Bd II, Art. 401)

8. Unter allen Kurven, welche von einem Punkt A der x-Achse nach einem Punkt B der oberen Halbebene gezogen werden können, und welche zusammen mit der Abszisse AD und der Ordinate DB einen *gegebenen Flächenraum* einschließen, diejenige zu bestimmen, welche zusammen mit ihrem Spiegelbild AB' an der x-Achse den *kleinsten Widerstand* erfährt, wenn die Kurve $B'AB$ in ihrer Ebene in einem widerstehenden Medium in der Richtung der negativen x-Achse bewegt wird (Siehe Fig. 94; Fall eines flachen oder eines zylindrischen Schiffes mit horizontaler Direktrix).

Für den Widerstand findet man nach der Newton'schen Methode von p. 408 das Integral

$$J = \int_{t_1}^{t_2} \frac{y'^3\,dt}{x'^2 + y'^2}.$$

Aus denselben Gründen wie in § 54 wird man die Gefällbeschränkungen

$$x' \gtrless 0, \qquad y' \gtrless 0$$

hinzufügen.

Die Extremalen sind rationale Kurven 4. Ordnung mit drei Spitzen:

$$x = \frac{1}{\lambda}\,\frac{p^2-1}{(1+p^2)^2} + \alpha, \qquad y = \frac{1}{\lambda}\,\frac{2p^3}{(1+p^2)^2} + \beta, \tag{136}$$

$$\frac{dy}{dx} = p$$

(Euler, *Scientia Navalis*, Art 531)

9. Den *Rotationskörper kleinsten Widerstandes bei gegebenem Volumen* zu bestimmen Die genauere Formulierung soll, abgesehen von der isoperimetrischen Bedingung, dieselbe sein wie in § 54

Die Extremalen sind gegeben durch die Gleichungen

$$\lambda x = \alpha + \frac{p^2-1}{2(1+p^2)^2} + \int \frac{(3-p^2)p^4\,dp}{(1+p^2)^3\sqrt{P}},$$

$$\lambda y = \frac{p^3}{(1+p^2)^2} + \frac{\sqrt{P}}{(1+p^2)^2},$$

wobei

$$p = \frac{dy}{dx}, \qquad P = p^6 + \gamma\lambda(1+p^2)^4$$

Soll die Extremale die x-Achse treffen, so muß $\gamma = 0$ sein, und man erhält die Kurve (136) mit dem Wert $\beta = 0$.

Halbiert man den Rotationskörper mittels einer Meridianebene, so erhält man den Fall eines Schiffes, dessen zur Längsrichtung senkrechte Schnitte Halbkreise sind. (Euler, *Scientia Navalis*, Art. 690)

10. Die *reziproke Aufgabe zu Beispiel II* (p. 465) im einzelnen durchzuführen und daran das Mayer'sche Reziprozitätsgesetz zu verifizieren (§ 61, e)).

Andeutungen: Wähle den Punkt P_1 zum Koordinatenanfang Die Konstantenbestimmung, und damit die Weierstraß'sche Konstruktion, führt auf die Aufgabe, eine Zykloide mit gegebener Basis und Spitze zu konstruieren, welche durch einen gegebenen Punkt geht, vgl. p 208, Fußnote [2]).

11*. *Mit Hilfe der Fourier'schen Reihen einen direkten Beweis für den Satz zu geben, daß der Kreis unter allen geschlossenen Kurven von gegebenem Umfang den größten Flächeninhalt einschließt* (§ 64, a)).

Andeutungen. Wähle den Bogen s als unabhängige Variable zur Darstellung irgendeiner geschlossenen Kurve von der Länge l. Entwickle x und y in Fourier'sche Reihen, fortschreitend nach Kosinus und Sinus der Vielfachen von $2\pi/l$, und berechne daraus den Flächeninhalt. Vergleiche denselben mit dem Ausdruck für den Flächeninhalt eines Kreises von demselben Umfang l, den man durch Integration der Gleichung

$$1 = \left(\frac{dx}{ds}\right)^2 + \left(\frac{dy}{ds}\right)^2$$

nach s zwischen den Grenzen 0 und l erhält. (Hurwitz)

12. Die Aufgaben Nr 2 und 3 im einzelnen durchzuführen für den Fall, wo die gegebene Fläche eine *Kugel* und die gegebene Kurve ein größter Kreis derselben ist (§ 59—65) [1])

Lösung: Die geodätischen Kreise sind *Kreise* Ist u das Komplement der Breite und v die Länge, so lassen sich dieselben bei passender Wahl der Konstanten schreiben

$$\cos\gamma \cos u + \sin\gamma \sin u \cos(v - \beta) = \cos\alpha.$$

Ist 2τ der Zentriwinkel des Kreisbogens von P_1 bis zum konjugierten, resp. Brennpunkt, so ist τ durch die folgenden Gleichungen zu bestimmen

a) wenn P_1 gegeben ist

$$\sin\tau(\tau\cos\tau - \sin\tau) = 0;$$

b) wenn P_1 auf $\mathfrak{K}$ beweglich ist

$$\operatorname{tg}(2\tau) = 2\tau;$$

also in beiden Fällen dieselben Gleichungen wie in den entsprechenden ebenen Problemen (Beispiel II und XXII).

Die Möglichkeit der Weierstraß'schen Konstruktion zu diskutieren

13*. Die Aufgabe Nr 5 für den speziellen Fall der Kugel im einzelnen durchzuführen (*Sphärische Kettenlinie*).[2])

Andeutungen: Die Kugel werde dargestellt durch die Gleichungen

$$x = a\cos u\cos v, \qquad y = a\cos u\sin v, \qquad z = a\sin v.$$

Dann ist die sphärische Kettenlinie dargestellt durch die Gleichung

$$v = \beta + \int \frac{a\alpha\, dz}{(a^2 - z^2)\sqrt{R(z)}},$$

wo

$$R(z) = (z + \lambda)^2(a^2 - z^2) - \alpha^2.$$

Die Größen $z, x + iy$ durch die Funktionen $\sigma(t)$, $\wp(t)$ auszudrücken, wenn

$$dt = \frac{dz}{\sqrt{R(z)}}.$$

Eingehende Diskussion der Realitätsverhältnisse der Wurzeln von $R(z)$ und entsprechende Fallunterscheidungen bei den elliptischen Funktionen Diskussion der Gestalt des Fadens. Wann wird derselbe ganz auf der oberen Hemisphäre aufliegen, wann zum Teil frei herabhängen, im letzteren Fall Bestimmung der Übergangspunkte Die Gleichung zur Bestimmung des konjugierten Punktes aufzustellen und zu diskutieren

---

[1]) Das isoperimetrische Problem auf der Kugel ist neuerdings von Bernstein ohne Benutzung der Variationsrechnung eingehend behandelt worden, Mathematische Annalen Bd. LX (1905), p. 117.

[2]) Vgl. Gudermann, Crelle's Journal, Bd. XXXIII (1846), p. 189; Clebsch, ibid., Bd. LVII (1860), p 103; Biermann, Berliner *Dissertation*, 1865; Schlegel, Programm des Wilhelms-Gymnasiums, Berlin 1884; Appell, Bulletin de la Société mathématique de France, Bd. XIII (1885), p. 65.

14 Für das auf p 518, Fußnote [1]), formulierte *isoperimetrische Problem mit x als unabhängiger Variabeln* die Gleichung zur Bestimmung des konjugierten Punktes abzuleiten, entweder direkt oder aus den Resultaten von § 61, a) nach § 25, e).

Lösung: Ist

$$y = Y(x, \alpha, \beta, \lambda)$$

das allgemeine Integral der Euler'schen Differentialgleichung und

$$N = g_y - \frac{d}{dx} g_{y'},$$

so lautet die Gleichung

$$\begin{vmatrix} Y_\alpha(x_0), & Y_\beta(x_0), & Y_\lambda(x_0) \\ Y_\alpha(x), & Y_\beta(x), & Y_\lambda(x) \\ \int\limits_{x_1}^{x} Y_\alpha N\,dx, & \int\limits_{x_1}^{x} Y_\beta N\,dx, & \int\limits_{x_1}^{x} Y_\lambda N\,dx \end{vmatrix} = 0, \qquad (137)$$

wobei die dritte Zeile auch durch

$$Z_\alpha(x), \qquad Z_\beta(x), \qquad Z_\lambda(x)$$

ersetzt werden kann, wenn

$$Z(x, \alpha, \beta, \lambda) = \int\limits_{x_1}^{x} g(x, Y, Y')\,dx.$$

Dabei sind überall nach Ausführung der Differentiation α, β, λ durch $\alpha_0, \beta_0, \lambda_0$ zu ersetzen, und N ist für $\mathfrak{E}_0$ zu berechnen. (A. Mayer)

15*. *Das Integral*

$$\int\limits_{x_1}^{x_2} \left(\frac{dy}{dx}\right)^2 dx$$

bei festen Endpunkten mit der Nebenbedingung

$$\int\limits_{x_1}^{x_2} y^2\,dx = l$$

zu einem Minimum zu machen.

Lösung: Die *Extremalen* sind

1. $y = \alpha \sin(\mu x + \beta)$, wenn $\lambda < 0$, $(\lambda = -\mu^2)$,
2. $y = \alpha x + \beta$, wenn $\lambda = 0$,
3. $y = \alpha \operatorname{Sh} \mu x + \beta \operatorname{Ch} \mu x$, wenn $\lambda > 0$, $(\lambda = \mu^2)$.

Im ersten Fall lautet die Gleichung zur Bestimmung des *konjugierten Punktes*

$$u(\sin u - u \cos u) = (u^2 - \sin^2 u)\cos(u + 2a),$$

wenn

$$u = \mu_0(x - x_1), \qquad a = \mu_0 x_1 + \beta_0.$$

Sie zeigt, daß stets ein konjugierter Punkt im Intervall: $\pi \lesseqgtr u < 2\pi$ existiert. In den beiden andern Fällen existiert kein konjugierter Punkt.

Konstantenbestimmung: Je nachdem

$$3l \gtreqless (x_2 - x_1)(y_1^2 + y_1 y_2 + y_2^2),$$

gibt es eine[1]) Lösung vom ersten Typus, für welche: $0 < \mu(x_2 - x_1) < \pi$, oder eine Lösung vom zweiten Typus, oder eine vom dritten

Hiernach die Weierstraß'sche Konstruktion und die Frage des absoluten Extremums zu diskutieren (Lunn, Miles)

16' Unter allen Kurven, welche zwei gegebene Punkte P_1, P_2 der oberen Halbebene ($y \gtrless 0$) verbinden, ganz in dieser Halbebene verlaufen und durch Umdrehung um die x-Achse eine *Fläche von gegebenem Inhalt* erzeugen, diejenige zu bestimmen, für welche diese Fläche zusammen mit den beiden durch Rotation der Ordinaten von P_1 und P_2 erzeugten Kreisen das *größte Volumen* einschließt (*Unduloid, Nodoid*)[2]). (Euler)

Andeutungen· Erstes Integral

$$y^2 + \lambda y \frac{x'}{\sqrt{x'^2 + y'^2}} = \beta.$$

Führt man statt λ und β zwei neue Konstanten ϱ und γ ein durch die Gleichungen

$$\varrho = \sqrt{\frac{\lambda^2}{4} + \beta} - \frac{\lambda}{2}, \qquad -\varrho\cos\gamma = \sqrt{\frac{\lambda^2}{4} + \beta} + \frac{\lambda}{2},$$

und setzt: $\varkappa = \sin\gamma$, $\varkappa' = \cos\gamma$, so lautet das *allgemeine Integral* in der Legendre'schen Bezeichnung

$$x = \alpha + \varrho[\varkappa' F(\varkappa, t) + E(\varkappa, t)],$$
$$y = \varrho\,\Delta(\varkappa, t)$$

Die Extremalen werden beschrieben durch den einen Brennpunkt eines auf der x-Achse rollenden Kegelschnitts (Delaunay). Diskussion der Gestalt der Extremalen Spezielle, resp Grenzfälle. Halbkreis über der x-Achse, Kettenlinie und Gerade[3]) parallel der x-Achse.

Diskussion der *konjugierten Punkte* (Howe, Hormann).

Ecken von etwaigen *diskontinuierlichen Lösungen* müssen auf der x-Achse liegen, und diskontinuierliche Lösungen müssen sich aus Stücken der x-Achse (§ 52) und aus Kreisbogen mit dem gleichen Radius, deren Mittelpunkte auf der x-Achse liegen, zusammensetzen (Todhunter)

Die *reziproke Aufgabe* ist identisch mit der Bestimmung der Gleichgewichtslage von Seifenblasen, welche die Ränder zweier koaxialer Kreisscheiben verbinden (Plateau)

---

[1]) Eine Ausnahme tritt ein für $y_2 = -y_1$

[2]) Vgl. W. Howe, *Berliner Dissertation* 1887 und G. Hormann, *Göttinger Dissertation* 1887.

[3]) Vgl. dazu Almansi, Annali di Matematica (3), Bd. XII (1905), p 1.

17* Unter allen Kurven von *gegebener Länge*, welche zwei gegebene Punkte P_1 und P_2 der oberen Halbebene ($y \geqq 0$) verbinden, und ganz in dieser Halbebene liegen, diejenige zu bestimmen, welche zusammen mit den Ordinaten von P_1 und P_2 den *Rotationskörper größten Volumens* erzeugt. (Euler)

Lösung: Die Extremalen sind *elastische Kurven*, charakterisiert durch: $\frac{1}{r} = \frac{2y}{\lambda}$. Bezeichnet α den konstanten Wert von $H_{x'}$, so sind folgende zwei Fälle zu unterscheiden:

Fall I: $\alpha + \lambda < 0$

$$x = \beta + \varrho[2E(\varkappa, t) - F(\varkappa, t)], \qquad y = 2\varkappa\varrho\cos t, \tag{138}$$

wobei

$$\varkappa^2 = \frac{\lambda - \alpha}{2\lambda}, \qquad \lambda = -2\varrho^2.$$

Fall II $\alpha + \lambda > 0$

$$x = \beta + \varrho\left[E(\varkappa, t) - \left(1 - \frac{\varkappa^2}{2}\right)F(\varkappa, t)\right], \tag{139}$$

$$y = \varrho\,\Delta(\varkappa, t),$$

wobei

$$\varkappa^2 = \frac{2\lambda}{\lambda - \alpha}, \qquad \alpha - \lambda = \varrho^2.$$

Dazwischen der Fall $\alpha + \lambda = 0$, in welchem die elliptischen Integrale degenerieren.

Die Gestalt der Extremalen zu diskutieren. Die Kongruenz räumlicher Extremalen durch den Punkt P_1 aufzustellen sowie deren Funktionaldeterminante, wenigstens für spezielle Lagen des Punktes P_1. Womöglich etwas über die Existenz und Lage des konjugierten Punktes auszusagen

18. Die *Euler'sche Regel* für den Fall abzuleiten, daß das Integral

$$J = \int_{x_1}^{x_2} f(x, y, y', \ldots, y^{(n)})\,dx$$

mit der Nebenbedingung

$$\int_{x_1}^{x_2} g(x, y, y', \ldots, y^{(n)})\,dx = l$$

zu einem Extremum zu machen ist

Andeutung: Vgl. p 458, Fußnote [1]) und Aufgabe Nr 45 auf p 153. (Euler)

19. Die *Euler'sche Regel* für den Fall abzuleiten, daß das Integral

$$J = \int_{x_1}^{x_2} f(x, y_1, y_2, \ldots, y_n, y_1', y_2', \ldots, y_n')\,dx$$

mit mehreren isoperimetrischen Bedingungen

$$\int_{x_1}^{x_2} g_i(x, y_1, y_2, \ldots, y_n, y_1', y_2', \ldots, y_n')\,dx = l_i, \qquad i = 1, 2, \ldots m$$

zu einem Extremum zu machen ist

Andeutung: Vgl. p. 458, Fußnote [1]), und Aufgabe Nr 41 auf p. 151. (Scheeffer)

20. Die Aufgabe Nr. 17 dahin abzuändern, daß nicht nur die Länge der Kurve, sondern auch der Inhalt der zwischen der Kurve, den Ordinaten von P_1 und P_2 und der x-Achse eingeschlossenen Fläche vorgeschrieben ist.

Lösung: Die Extremalen sind *elastische Kurven* und gehen aus den Gleichungen (138), resp (139), hervor, indem man y durch $y+\mu$ und α durch $\alpha+\mu^2$ ersetzt. (Euler)

21* *Die Gleichgewichtslage eines elastischen, an seinen beiden Enden festgeklemmten Drahtes zu bestimmen.* [1])

Andeutungen: Man hat die potentielle Energie des Drahtes, d. h. wenn r den Krümmungsradius bedeutet, — abgesehen von einem konstanten Faktor — das Integral

$$J=\int_0^l \frac{ds}{r^2}$$

bei gegebener Länge l zu einem Minimum zu machen, während die Endpunkte und die Tangentenrichtungen in denselben gegeben sind. Die zulässigen Kurven sind von der Klasse C'' vorauszusetzen.

Die Aufgabe gehört zum Typus von Nr. 18, läßt sich aber auf ein Funktionenproblem vom einfachsten Typus mit zwei isoperimetrischen Bedingungen zurückführen, wenn man die Bogenlänge s als unabhängige und den Tangentenwinkel θ als abhängige Variable einführt Man hat dann das Integral

$$J=\int_0^l \theta'^2 ds$$

mit den Nebenbedingungen

$$\int_0^l \cos\theta\, ds = x_2 - x_1, \qquad \int_0^l \sin\theta\, ds = y_2 - y_1$$

und den Anfangsbedingungen. $\theta(o)=\theta_1$, $\theta(l)=\theta_2$ zu einem Minimum zu machen.

Lösung· Die *Extremalen* in der x, y-Ebene sind *elastische Kurven*. Ein Bogen der elastischen Kurve, welcher keinen Wendepunkt enthalt, liefert stets ein starkes Minimum (vgl. Aufgabe Nr. 23, p. 147). (Euler, Born)

22. Nach der Methode von Nr. 21 läßt sich die allgemeinere Aufgabe behandeln, das Integral

$$\int_0^l f(r)\, ds$$

bei gegebener Länge l zu einem Extremum zu machen, z. B. die Aufgabe Nr. 44 von p. 152 mit der Modifikation, daß die Länge der Kurve vorgeschrieben ist.

---

[1]) Vgl. die *Dissertation* von M Born, Gottingen 1906, wo zahlreiche interessante Modifikationen der Aufgabe theoretisch und experimentell untersucht werden, besonders auch in Beziehung auf die Stabilität.

Lösung: Die *Extremalen* gehen aus den Kurven

$$x = \alpha(t - \sin t) - \beta \cos \frac{t}{2},$$

$$y = \alpha(1 - \cos t) + \beta \sin \frac{t}{2}$$

durch die allgemeinste rechtwinklige Koordinatentransformation hervor.

(Jellet)

23. Unter allen Kurven, welche die beiden Geraden $x = x_1$ und $x = x_2$ verbinden und zusammen mit den beiden Ordinaten $M_1 P_1$, $M_2 P_2$ ihrer Endpunkte und dem Stück $M_1 M_2$ der x-Achse eine *Fläche von gegebenem Inhalt* einschließen, diejenige zu bestimmen, für welche der *Schwerpunkt eben dieser Fläche am tiefsten* liegt, unter der Voraussetzung, daß die positive y-Achse vertikal nach oben gerichtet ist (§ 65, a)) (Euler)

Lösung: Eine *horizontale Gerade*. Da die Euler'sche Differentialgleichung degeneriert, so läßt sich der allgemeine Hinlanglichkeitsbeweis nicht anwenden. Man berechne daher direkt die totalen Variationen ΔJ und ΔK und beweise daraus, daß die Gerade $\mathfrak{E}_0$ ein schwaches Minimum liefert; auch ein starkes, wenn man sich auf Vergleichskurven beschränkt, für welche $\Delta x \equiv 0$; dagegen kein starkes bei unbeschränkter Variation.

24. *Die Aufgabe Nr. 40 auf p 151 als isoperimetrisches Problem zu lösen* (§ 65, a)).

Lösung: Bei Benutzung von rechtwinkligen Koordinaten ist

$$J = 2\pi \int_{t_1}^{t_2} \left(1 - \frac{x}{\sqrt{x^2 + y^2}}\right) x'\,dt, \qquad K = \pi \int_{t_1}^{t_2} y^2 x'\,dt.$$

Die beiden Endpunkte sind auf der x-Achse beweglich

Die Euler'sche Differentialgleichung degeneriert in eine endliche Gleichung (§ 6, b)):

$$y = \sqrt{a^{\frac{4}{3}} x^{\frac{2}{3}} - x^2}, \qquad 0 \gtrless x \gtrless a.$$

Die Anziehung des zugehörigen Rotationskörpers verhält sich zu derjenigen einer Kugel von gleichem Volumen wie $\sqrt[3]{27} : \sqrt[3]{25}$.

Man versuche einen Hinlänglichkeitsbeweis,[1]) wenigstens für gewisse Klassen von Variationen, aus der zweiten Variation. (Gauss, Airy)

Bei Benutzung von Polarkoordinaten mit der positiven x-Achse als Achse ist

$$J = 2\pi \int_{t_1}^{t_2} r \sin\theta \cos\theta\, \theta'\,dt, \qquad K = \frac{2\pi}{3} \int_{t_1}^{t_2} r^3 \sin\theta\, \theta'\,dt.$$

Die Lösung lautet: $r^2 = a^2 \cos\theta$ (Lindelöf-Moigno)

---

[1]) Einen Hinlanglichkeitsbeweis ohne Benutzung der Variationsrechnung gibt Schellbach, Journal für Mathematik, Bd XLI (1851), p. 343.

25. *Einen homogenen Rotationskörper von gegebener Masse und möglichst kleinem Trägheitsmoment in Beziehung auf eine zur Rotationsachse senkrechte Achse zu konstruieren* (§ 65, a))

Lösung: Ein *abgeplattetes Rotationsellipsoid*, dessen Achsen sich verhalten wie $1:\sqrt{2}$. Das Trägheitsmoment desselben in Beziehung auf einen in der Äquatorebene gelegenen Durchmesser verhält sich zum Trägheitsmoment einer gleich großen Kugel in Beziehung auf einen Durchmesser wie $\sqrt[3]{2}$ zu 4/3. Es gelten ähnliche Bemerkungen wie bei den vorigen beiden Aufgaben. (CARLL)

26.[1]) Unter allen Kurven, welche von der Peripherie eines gegebenen Kreises (O, r_1) nach einem gegebenen Punkt P_2 gezogen werden können, und für welche das *Potential des Sektors* mit dem Scheitel O in Bezug auf den Punkt O *einen vorgeschriebenen Wert* hat, diejenige zu bestimmen, welche für das *Potential des Bogens* in Beziehung auf den Punkt O den *kleinsten Wert* liefert, wenn für beide das Newton'sche Anziehungsgesetz zugrunde gelegt wird und die Dichtigkeit als konstant vorausgesetzt wird (§ 65)

Lösung: Die gesuchte Kurve ist ein Kreis durch den Punkt O. Die Kongruenz (133) läßt sich in Polarkoordinaten schreiben

$$r = \frac{r_1 \cos(\theta - \beta)}{\cos\gamma},$$

$$z = \frac{r_1 [\sin(\theta - \beta) - \sin\gamma]}{\cos\gamma}.$$

Hiernach läßt sich die Frage des Brennpunktes und der Weierstraß'schen Konstruktion erledigen

27. Für Beispiel XXII (p 466) die Konstantenbestimmung im einzelnen durchzuführen.

28 Für Beispiel XXII den Enveloppensatz von § 65, b) zu verifizieren (KNESER)

29*. *Es sei eine Kurve $\mathfrak{K}$ gegeben und auf ihr ein Punkt P_2; unter allen Kurven von gegebener Länge l, welche von Punkten der Kurve $\mathfrak{K}$ aus nach dem Punkt P_2 gezogen werden können, diejenige zu bestimmen, welche mit der Kurve $\mathfrak{K}$ den größten Flächenraum einschließt* (§ 65)[2]).

Die Kurve $\mathfrak{K}$ wird in der Form: $y = f(x)$ und von der Klasse D'' vorausgesetzt. Dann läßt sich der fragliche Flächeninhalt in der Form darstellen

$$J = \int_{t_1}^{t_2} (f(x) - y)\, x'\, dt.$$

[1]) Unter allgemeineren Voraussetzungen in Beziehung auf das Anziehungsgesetz von HATON DE LA GOUPILLIÈRE gegeben, Association Française, 1893, 2de partie, p. 164; übrigens sind die dort über die Jacobi'sche Bedingung gegebenen Entwicklungen nicht richtig.

[2]) Vgl. Aufgabe 8 auf p. 446.

Lösung: Ein in positivem Sinn durchlaufener *Kreisbogen*, welcher in seinem Anfangspunkt P_1 auf $\mathfrak{K}$ senkrecht steht. Wird auf der Kurve $\mathfrak{K}$ als Parameter $\varkappa$ die Bogenlänge gewählt und die positive Richtung so gewählt, daß im Punkt P_1 der Kreisbogen zur Linken der positiven Tangente an $\mathfrak{K}$ abgeht $(\tilde{\theta}_1 = t_1)$, so lautet die Kongruenz (133)

$$x = \tilde{x}(\varkappa) - \lambda(\cos t - \tilde{x}'(\varkappa)),$$
$$y = \tilde{y}(\varkappa) - \lambda(\sin t - \tilde{y}'(\varkappa)),$$
$$z = \qquad - \lambda(t - \tilde{\theta}),$$

wobei

$$\tilde{x}'(\varkappa) = \cos\tilde{\theta}, \qquad \tilde{y}'(\varkappa) = \sin\tilde{\theta}.$$

Daraus ergibt sich für die Bestimmung des Brennpunktes die Gleichung

$$\varphi(t - t_1) + \frac{4\lambda_0}{\tilde{r}_1}\sin\left(\frac{t - t_1}{2}\right)\varphi\left(\frac{t - t_1}{2}\right) = 0,$$

wenn $\tilde{r}_1$ den Krümmungsradius der Kurve $\mathfrak{K}$ im Punkt P_1 bedeutet, und

$$\varphi(t) = \sin t - t\cos t$$

Die Diskussion dieser Gleichung führt zu folgendem Resultat: Nimmt die Krümmung $1/\tilde{r}_1$ von $+\infty$ bis $-\infty$ beständig ab, so bewegt sich der Brennpunkt P_1'' von P_1 ausgehend einmal in positivem Sinn um die ganze Kreisperipherie, woraus sich die auf p 446 gegebene Erdmann'sche Ungleichung als notwendige Bedingung des Extremums ergibt

Die Möglichkeit der Weierstraß'schen Konstruktion ist für jede spezielle Kurve $\mathfrak{K}$ einzeln zu diskutieren (Kneser)

30*. *Gleichgewichtslage eines schweren Fadens, dessen erster Endpunkt auf einer gegebenen Kurve $\mathfrak{K}$ beweglich ist, während der zweite gegeben ist* Insbesondere soll der Brennpunkt bestimmt werden (§ 59, d), § 65, § 39, b))

Lösung: Die gesuchte Kurve ist eine *Kettenlinie* $\mathfrak{E}_0$ mit horizontaler Direktrix, welche die gegebene Kurve senkrecht schneidet Die Kongruenz (133) läßt sich schreiben:

$$x = \tilde{x}(\varkappa) + \alpha(t - \gamma),$$
$$y = \tilde{y}(\varkappa) + \alpha(\mathrm{Ch}\,t - \mathrm{Ch}\,\gamma),$$
$$z = \qquad \alpha(\mathrm{Sh}\,t - \mathrm{Sh}\,\gamma),$$

wobei γ durch die Gleichung

$$\tilde{x}'(\varkappa) + \tilde{y}'(\varkappa)\,\mathrm{Sh}\,\gamma = 0$$

als Funktion von $\varkappa$ definiert ist.

Es bezeichne

$$\Phi(t) = 2 - 2\,\mathrm{Ch}(t - \gamma) + (t - \gamma)\,\mathrm{Sh}(t - \gamma)$$

Ferner sei $\tilde{\theta}_1$ der Tangentenwinkel und $1/\tilde{r}_1$ die Krümmung der Kurve $\mathfrak{K}$ im Punkt P_1, der positive Sinn auf der Kurve $\mathfrak{K}$ werde so festgelegt, daß $\sin\tilde{\theta}_1 > 0$; endlich sei α_0 der Wert der Konstanten α für die Kettenlinie $\mathfrak{E}_0$. Dann lautet die Gleichung zur Bestimmung des *Brennpunktes* P_1'' der Kurve $\mathfrak{K}$ auf der Kettenlinie $\mathfrak{E}_0$:

$$\frac{\Phi'(t)}{\Phi(t)} = -\frac{\alpha_0}{\tilde{r}_1\sin\tilde{\theta}_1} + \cos\tilde{\theta}_1.$$

Die Diskussion derselben ergibt das folgende Resultat· Es bezeichne

$$k_0 = \frac{2 \sin^2 \frac{\tilde{\theta}_1}{2} \sin \tilde{\theta}_1}{\alpha_0}$$

Wenn dann. $1/\tilde{r}_1 < -k_0$, so existiert ein Brennpunkt, und zwar bewegt sich derselbe vom Punkt P_1 bis $+\infty$, wenn, bei festgehaltenem $\tilde{\theta}_1$, $1/\tilde{r}_1$ von $-\infty$ bis $-k_0$ wächst

Wenn dagegen: $1/\tilde{r}_1 \gtreqless -k_0$, so existiert kein Brennpunkt (Kneser)

31. Die Aufgabe Nr. 6 dahin abgeandert, daß der Punkt P_1 *auf der x-Achse frei beweglich* ist, während P_2 im Innern der oberen Halbebene gegeben ist (§ 65).

Man nehme an, daß: $y > 0$ zwischen P_1 und P_2

Lösung. Eine *Gerade* Die Kongruenz (133) besteht aus Parabeln Brennpunkte existieren nicht. Die Weierstraß'sche Konstruktion ist stets möglich, und es findet ein *absolutes Minimum* statt

32. *Einen Rotationskorper von gegebener Oberflache und moglichst großem Volumen zu konstruieren*[1]) (§ 65)

Die zulässigen Kurven in der x, y-Ebene, durch deren Rotation um die x-Achse die Oberfläche des Rotationskörpers erzeugt wird, sollen von einem nicht gegebenen Punkt der positiven x-Achse beginnen und durch das Innere der oberen Halbebene ($y > 0$) nach dem Koordinatenanfang führen.

Lösung· Ein in positivem Sinn durchlaufener Halbkreis; der Rotationskörper ist also eine *Kugel* Ecken konnen im Innern der oberen Halbebene nicht auftreten. Die Kongruenz (133) lautet

$$x = \alpha - \lambda \cos t, \qquad y = -\lambda \sin t, \qquad z = \lambda^2(1 - \cos t)$$

Daraus: $t_1'' = 2\pi$; der Halbkreis $\mathfrak{E}_0$ enthalt also den Brennpunkt P_1'' nicht Die Weierstraß'sche Konstruktion ist stets möglich mit derselben Fallunterscheidung wie in Beispiel XXII Daher *absolutes Maximum.*

33. Die zur vorigen Aufgabe reziproke Aufgabe. Einen *Rotationskorper von gegebenem Volumen und kleinster Oberflache* zu konstruieren. Daran das Mayer'sche Reziprozitätsgesetz zu verifizieren (§ 61, e), § 65)

Andeutungen: In der Kongruenz (133) haben x, y dieselben Werte wie in Nr. 32; z ist durch

$$z = -\frac{\lambda^3}{3}(2 - 3\cos t + \cos^3 t)$$

zu ersetzen. Die Weierstraß'sche Konstruktion ist stets moglich für Vergleichskurven, entlang welchen $\bar{z} \gtreqless 0$; jeder Vergleichskurve, fur welche $\bar{z}$ in einer endlichen Anzahl von Segmenten negativ ist, kann man eine andere zuordnen, welche einen kleineren Wert fur die Oberfläche liefert, und fur welche $\bar{z} \gtreqless 0$.

34*. *Den Rotationskörper von gegebener Meridianlange l und großtem Volumen zu konstruieren* (Aufgabe Nr 17 so modifiziert, daß P_1 auf der x-Achse beweglich ist, wahrend P_2 auf der x-Achse gegeben ist)

[1]) Vgl Aufgabe 39 auf p 151

Lösung: Die gesuchte Kurve $\mathfrak{E}_0$ wird dargestellt durch die Gleichungen (138) mit den Worten

$$\varkappa^2 = \tfrac{1}{2}, \qquad \varrho = \frac{l}{2K}, \qquad -\frac{\pi}{2} \lesseqgtr t \lesseqgtr \frac{\pi}{2}.$$

Die Bestimmung der konjugierten Punkte fuhrt auf die Gleichung

$$u - \frac{\operatorname{sn} u \operatorname{dn} u}{\operatorname{cn} u} = 0,$$

welche zeigt, daß der Bogen $\mathfrak{E}_0$ *keinen konjugierten Punkt* enthält Die Weierstraß'sche Konstruktion führt auf die Gleichung

$$\frac{\operatorname{sn} u}{\operatorname{dn} u} = \frac{y_3}{z_3} u$$

Dieselbe zeigt, daß die *Weierstraß'sche Konstruktion stets ausfuhrbar* ist mit denselben Fallunterscheidungen wie in Beispiel XXII; daher liefert der Bogen $\mathfrak{E}_0$ das *absolute Maximum* Das Maximalvolumen ist

$$V = \frac{\pi l^3}{6K^2}$$

und weicht um weniger als 1 % von dem Volumen eines abgeplatteten Rotationsellipsoids von derselben Meridianlänge ab, dessen Halbachsen sich wie 3 · 2 verhalten

35*. Ändert man die Aufgabe Nr 21 dahin ab, daß *der eine Endpunkt des Drahtes auf der y-Achse frei beweglich* sein soll, so geht die Aufgabe in der s, θ-Ebene in ein isoperimetrisches Problem vom einfachsten Typus mit einem variabeln Endpunkt über (§ 65).

Hiernach die von Born, loc. cit. § 8 erhaltenen Resultate zu verifizieren und wo moglich weiter zu führen.

Elftes Kapitel.

Die Euler-Lagrange'sche Multiplikatoren-Methode.[1]

§ 66. Allgemeiner Überblick.

Indem wir uns nunmehr allgemeineren Problemen der Variationsrechnung zuwenden, bemerken wir zunächst, daß die in §§ 4 und 5 für den einfachsten Typus von Aufgaben entwickelten Methoden zur Ableitung der Euler'schen Differentialgleichung sich ohne weiteres auf Probleme übertragen lassen, bei welchen das Integral, welches zu einem Extremum zu machen ist, höhere Ableitungen von y enthält, also von der Form ist

$$J = \int_{x_1}^{x_2} f(x, y, y', \ldots, y^{(n)})\, dx. \tag{1}$$

Hier findet man für die Differentialgleichung des Problems[2]):

$$\frac{\partial f}{\partial y} - \frac{d}{dx}\frac{\partial f}{\partial y'} + \frac{d^2}{dx^2}\frac{\partial f}{\partial y''} + \cdots + (-1)^n \frac{d^n}{dx^n}\frac{\partial f}{\partial y^{(n)}} = 0. \tag{2}$$

Dasselbe gilt für Aufgaben, bei denen mehrere unbekannte Funktionen von x und ihre ersten Ableitungen unter dem Integral vorkommen, wo es sich also um ein Integral von der Form

$$J = \int_{x_1}^{x_2} f(x, y_1, y_2, \ldots, y_n, y_1', y_2', \ldots, y_n')\, dx \tag{3}$$

handelt. Hier erhält man das System von n Differentialgleichungen[3])

$$\frac{\partial f}{\partial y_i} - \frac{d}{dx}\frac{\partial f}{\partial y_i'} = 0, \qquad i = 1, 2, \cdots, n. \tag{4}$$

Wesentlich neue Schwierigkeiten treten erst bei Problemen *mit Nebenbedingungen* auf. Der wichtigste Typus derselben wird durch

---

[1]) Wie schon KNESER betont hat, hat EULER so wesentlichen Anteil an der Entdeckung dieser Methode, daß es nicht gerechtfertigt erscheint, dieselbe nach LAGRANGE allein zu benennen, wie dies gewohnlich geschieht (siehe *Encyklopadie* II A, p. 580).

[2]) Vgl. die Übungsaufgaben Nr 43—47 p. 152

[3]) Hierzu die *Übungsaufgabe* Nr 2 am Ende von Kap. XIII.

das sogenannte „*Lagrange'sche Problem*" repräsentiert, bei welchem es sich darum handelt, ein Integral von der Form (3) zu einem Extremum zu machen, während gleichzeitig die zulässigen Funktionen einer Anzahl von Nebenbedingungen von der Form

$$\varphi_\beta(x, y_1, y_2, \cdots, y_n, y_1', y_2', \cdots, y_n') = 0, \tag{5}$$
$$\beta = 1, 2, \cdots, m, \qquad (m < n)$$

unterworfen sind; dabei können die Ableitungen y_i' auch in einigen oder allen Gleichungen (5) fehlen.

Auf diese Aufgabe läßt sich der allgemeinere Fall reduzieren, in welchem unter dem Integral J auch höhere Ableitungen der unbekannten Funktionen vorkommen, während die zulässigen Funktionen außer Bedingungen von der Form (5) auch noch isoperimetrischen Bedingungen unterworfen sein können.

Kommen von der Funktion y_i die Ableitungen bis zur $p$ten Ordnung vor, so betrachte man die Ableitungen

$$y_i', y_i'', \cdots, y_i^{(p-1)}$$

als neue unbekannte Funktionen, welche den Differentialgleichungen

$$\frac{dy_i}{dx} = y_i', \quad \frac{dy_i'}{dx} = y_i'', \quad \cdots, \quad \frac{dy_i^{(p-2)}}{dx} = y_i^{(p-1)}$$

genügen.

Nachdem so die Aufgabe auf den Fall reduziert ist, wo nur erste Ableitungen der unbekannten Funktionen vorkommen, ersetzt man etwaige isoperimetrische Bedingungen

$$\int_{x_1}^{x_2} g_\varrho(x, y_1, y_2, \cdots, y_n, y_1', y_2', \cdots, y_n')\, dx = l_\varrho, \quad \varrho = 1, 2, \cdots, r,$$

durch Bedingungen von der Form (5), indem man r neue Funktionen

$$z_\varrho = \int_{x_1}^{x} g_\varrho(x, y_1, \cdots, y_n, y_1', \cdots, y_n')\, dx$$

einführt, welche den Differentialgleichungen

$$z_\varrho' = g_\varrho(x, y_1, \cdots, y_n, y_1', \cdots, y_n')$$

und den Anfangsbedingungen

$$z_\varrho(x_1) = 0, \quad z_\varrho(x_2) = l_\varrho$$

unterworfen sind.

Übrigens ist die Äquivalenz des so erhaltenen Lagrange'schen Problems mit dem ursprünglich gegebenen nur in Beziehung auf das absolute Extremum eine vollständige; beim relativen Extremum dagegen kann es vorkommen, daß eine Kurve, welche für das gegebene Problem als benachbart anzusehen ist, für das entsprechende Lagrange'sche Problem keine benachbarte Kurve ist, wie wir dies beim einfachsten isoperimetrischen Problem gesehen haben (siehe § 64, insbesondere die Fußnote [2]) p. 514; vgl. auch p 91, Fußnote [2]) und die dort gegebene Verweisung auf Zermelo).

Für das Lagrange'sche Problem haben schon EULER und LAGRANGE die folgende einfache Regel aufgestellt:

Man bilde unter Einführung von m unbestimmten Funktionen von x

$$\lambda_1(x), \quad \lambda_2(x), \quad \cdot\cdot, \lambda_m(x),$$

(den sogenannten „*Multiplikatoren*") die Funktion

$$F = f + \lambda_1\varphi_1 + \lambda_2\varphi_2 + \cdots + \lambda_m\varphi_m \tag{6}$$

und verfahre dann so, als ob man das Integral

$$\int_{x_1}^{x_2} F(x, y_1, y_2, \cdots, y_n, y_1', y_2', \cdots, y_n')\, dx$$

ohne Nebenbedingungen zu einem Extremum zu machen hätte. Dies führt auf die Differentialgleichungen

$$\frac{\partial F}{\partial y_i} - \frac{d}{dx}\frac{\partial F}{\partial y_i'} = 0, \qquad i = 1, 2, \cdots, n, \tag{7}$$

welche, zusammen mit den Relationen (5) und geeigneten Anfangsbedingungen, im allgemeinen die n unbekannten Funktionen y_i und die Multiplikatoren λ_β bestimmen.

Der Beweis dieser „*Multiplikatorenregel*", — die übrigens zunächst nur richtig ist, soweit es sich um die Aufstellung der Differentialgleichungen des Problems handelt, und dann auch nur nach Ausscheidung eines später zu besprechenden Ausnahmefalls — bildet den Gegenstand des vorliegenden Kapitels.

Es sind dabei drei Fälle zu unterscheiden, je nachdem die Bedingungsgleichungen (5) sämtlich endliche Gleichungen sind (§ 68), oder sämtlich Differentialgleichungen (§§ 69, 70), oder zum Teil endliche, zum Teil Differentialgleichungen (§ 71).

Dem Beweis der Multiplikatorenregel für das Variationsproblem schicken wir als Vorbereitung einen Beweis der analogen Regel für gewöhnliche Extrema mit Nebenbedingungen voraus (§ 67). Den Abschluß des Kapitels bildet die Reduktion der Differentialgleichungen des Problems auf ein kanonisches System (§ 72) und im Anschluß daran eine kurze Darstellung der Hamilton-Jacobi'schen Theorie (§ 73).

§ 67. Die Lagrange'sche Multiplikatoren-Methode für gewöhnliche Extrema mit Nebenbedingungen.[1]

Es handelt sich um folgende Aufgabe: Es seien $m+1$ Funktionen von n Variabeln gegeben

$$f(x_1, x_2, \ldots, x_n); \quad \varphi_1(x_1, x_2, \ldots, x_n), \quad \varphi_2(x_1, x_2, \ldots, x_n), \quad \ldots, \quad \varphi_m(x_1, x_2, \ldots, x_n),$$

[1]) Vgl. *Encyklopadie* II A, p. 85 (Voss), und die dort angeführten Literaturangaben, denen wir noch hinzufugen: STOLZ, *Grundzuge*, Bd. I, p 240, und WEIER-

On aura, d'ailleurs, $\frac{\partial F}{\partial z} \gtrless 0$, sinon l'origine serait un point singulier sur la surface $F = c$, hypothèse que nous excluons.

Le plan des yz étant tangent à la surface $\Phi = c_1$, on aura, de même, pour $x = y = z = 0$,

$$\frac{\partial \Phi}{\partial y} = 0, \qquad \frac{\partial \Phi}{\partial z} = 0,$$

mais

$$\frac{\partial \Phi}{\partial x} \gtrless 0$$

Enfin le plan des zx étant tangent à la surface $\Psi = c_2$, on aura, toujours pour $x = y = z = 0$,

$$\frac{\partial \Psi}{\partial z} = 0, \qquad \frac{\partial \Psi}{\partial x} = 0, \qquad \frac{\partial \Psi}{\partial y} \gtrless 0$$

Cela posé, les trois systèmes étant orthogonaux, on aura identiquement

$$\frac{\partial F}{\partial x}\frac{\partial \Phi}{\partial x} + \frac{\partial F}{\partial y}\frac{\partial \Phi}{\partial y} + \frac{\partial F}{\partial z}\frac{\partial \Phi}{\partial z} = 0.$$

$$\frac{\partial \Phi}{\partial x}\frac{\partial \Psi}{\partial x} + \frac{\partial \Phi}{\partial y}\frac{\partial \Psi}{\partial y} + \frac{\partial \Phi}{\partial z}\frac{\partial \Psi}{\partial z} = 0,$$

$$\frac{\partial \Psi}{\partial x}\frac{\partial F}{\partial x} + \frac{\partial \Psi}{\partial y}\frac{\partial F}{\partial y} + \frac{\partial \Psi}{\partial z}\frac{\partial F}{\partial z} = 0$$

Prenons la dérivée de la première équation par rapport à y; il viendra

$$\frac{\partial^2 F}{\partial x\,\partial y}\frac{\partial \Phi}{\partial x} + \frac{\partial F}{\partial x}\frac{\partial^2 \Phi}{\partial x\,\partial y} + \frac{\partial^2 F}{\partial y^2}\frac{\partial \Phi}{\partial y} + \frac{\partial F}{\partial y}\frac{\partial^2 \Phi}{\partial y^2} + \frac{\partial^2 F}{\partial z\,\partial y}\frac{\partial \Phi}{\partial z} + \frac{\partial F}{\partial z}\frac{\partial^2 \Phi}{\partial z\,\partial y} = 0$$

A l'origine des coordonnées, où $\frac{\partial F}{\partial x}$, $\frac{\partial F}{\partial y}$, $\frac{\partial \Phi}{\partial y}$, $\frac{\partial \Phi}{\partial z}$ s'annulent, cette équation se réduit à

$$\frac{\partial^2 F}{\partial x\,\partial y}\frac{\partial \Phi}{\partial x} + \frac{\partial F}{\partial z}\frac{\partial^2 \Phi}{\partial z\,\partial y} = 0.$$

Alsdann können wir nach dem Satz über implizite Funktionen (§ 22, e)) die Gleichungen (10) in der Umgebung der Stelle:

$$h_1 = 0, \quad h_2 = 0, \cdots, h_n = 0$$

eindeutig nach $h_1, h_2, \ldots, h_m$ auflösen:

$$h_\alpha = \chi_\alpha(h_{m+1}, h_{m+2}, \cdot \cdot, h_n). \tag{13}$$

Die Funktionen χ_α verschwinden für $h_{m+1} = 0, h_{m+2} = 0, \cdots, h_n = 0$, sind in der Umgebung dieser Stelle von der Klasse C' und daher nach A IV 6 in der Form

$$\chi_\alpha = \sum_{r=1}^{n-m} h_{m+r} \left(\chi_\alpha^{(m+r)} + \varepsilon_{\alpha,\, m+r}\right) \tag{14}$$

darstellbar, wobei $\chi_\alpha^{(m+r)}$ den Wert von $\partial \chi_\alpha / \partial h_{m+r}$ für $h_{m+1} = 0, \cdots, h_n = 0$ bedeutet, während die $\varepsilon_{\alpha,\, m+r}$ unendlich kleine Funktionen von $h_{m+1}, h_{m+2}, \ldots, h_n$ sind.

Denkt man sich für die Größen h_α die Ausdrücke (13) in die Funktion $f(a_1 + h_1, a_2 + h_2, \cdots, a_n + h_n)$ eingeführt, so geht dieselbe in eine Funktion der $n - m$ unabhängigen Variabeln $h_{m+1}, h_{m+2}, \ldots, h_n$ über, und diese muß für $h_{m+1} = 0, h_{m+2} = 0, \cdots, h_n = 0$ ein Minimum besitzen.

Damit ist die Aufgabe auf die Bestimmung eines Minimums ohne Nebenbedingungen zurückgeführt.

Statt dessen ist es jedoch eleganter, nach LAGRANGE[1]) die *Methode der unbestimmten Multiplikatoren* anzuwenden: Nach dem Satz über das totale Differential lassen sich die Gleichungen (9) und (10) auch schreiben:

$$\Delta u = \sum_{i=1}^{n} h_i \left(f^{(i)}(a_1, a_2, \cdots, a_n) + \xi_i\right) \gtreqless 0, \tag{15}$$

$$\sum_{i=1}^{n} h_i \left(\varphi_\alpha^{(i)}(a_1, a_2, \cdots, a_n) + \xi_{\alpha i}\right) = 0, \tag{16}$$

$$(\alpha = 1, 2, \cdots, m).$$

Dabei sind ξ_i, $\xi_{\alpha i}$ unendlich kleine Funktionen von $h_1, h_2, \ldots, h_n$. Multipliziert man jetzt die m Gleichungen (16) mit vorläufig unbestimmten „Multiplikatoren" $\lambda_1, \lambda_2, \ldots, \lambda_m$ und addiert sie dann zu (15), so erhält man

$$\sum_{i=1}^{n} h_i \left(F^{(i)}(a_1, a_2, \cdots, a_n) + \eta_i\right) \gtreqless 0, \tag{17}$$

---

[1]) LAGRANGE, *Oeuvres* Bd IX, p. 291

wobei zur Abkürzung

$$F = f + \sum_{\alpha=1}^{m} \lambda_\alpha \varphi_\alpha, \quad \frac{\partial F}{\partial x_i} = F^{(i)}$$

gesetzt ist, und die η_i wieder unendlich kleine Funktionen von h_1, $h_2, \ldots, h_n$ bedeuten.

Die Ungleichung (17) muß ebenfalls für alle den Bedingungen (10) und (10a) genügenden Werte von $h_1, h_2, \ldots, h_n$ bestehen.

Jetzt bestimmen wir die bisher unbestimmt gelassenen Größen $\lambda_1, \lambda_2, \ldots, \lambda_m$ aus den m Gleichungen

$$F^{(\beta)}(a_1, a_2, \cdots, a_n) \equiv f^{(\beta)}(a_1, a_2, \cdots, a_n) + \sum_{\alpha=1}^{m} \lambda_\alpha \varphi_\alpha^{(\beta)}(a_1, a_2, \cdots, a_n) = 0,$$
$$(\beta = 1, 2, \cdots, m),$$

was nach (12) stets möglich ist. Dann geht (17) über in

$$\sum_{r=1}^{n-m} h_{m+r} F^{(m+r)}(a_1, a_2, \cdots, a_n) + \sum_{i=1}^{n} h_i \eta_i \gtreqless 0.$$

Drückt man hierin die Größen $h_1, h_2, \ldots h_m$, mittels (13) und (14) durch $h_{m+1}, h_{m+2}, \ldots, h_n$ aus, so erhält man

$$\sum_{r=1}^{n-m} h_{m+r} [F^{(m+r)}(a_1, a_2, \cdots, a_n) + \zeta_{m+r}] \gtreqless 0,$$

wo nunmehr die Größen ζ_{m+r} unendlich kleine Funktionen der unabhängigen Variabeln $h_{m+1}, \ldots, h_n$ sind, und diese Ungleichung muß für alle numerisch hinreichend kleinen Werte dieser Größen bestehen. Hieraus folgt aber wie in der Theorie der Extrema ohne Nebenbedingungen, daß

$$F^{(m+r)}(a_1, a_2, \cdots, a_n) = 0$$

sein muß für $r = 1, 2, \cdots, n-m$.

Die Voraussetzung, daß mindestens eine Determinante $m$ter Ordnung der Matrix (11) von Null verschieden ist, war beim Beweis wesentlich; wir wollen den Fall, in dem sie erfüllt ist, den „Hauptfall" nennen. In dem „Ausnahmefall", wo alle Determinanten $m$ter Ordnung der Matrix (11) gleich Null sind, folgt aus der Theorie der linearen Gleichungen, daß sich m Größen $\lambda_1, \lambda_2, \ldots, \lambda_m$, nicht alle null, so bestimmen lassen, daß

$$\sum_{\alpha=1}^{m} \lambda_\alpha \varphi_\alpha^{(i)}(a_1, a_2, \cdots, a_n) = 0$$

für $i = 1, 2, \ldots, n$. Indem man nach Hilbert eine Größe $\lambda_0 = 1$ für den Hauptfall, $\lambda_0 = 0$ für den Ausnahmefall definiert, kann man beide Fälle in den Satz zusammenfassen:

Soll die Funktion

$$u = f(x_1, x_2, \cdots, x_n)$$

der durch die m Gleichungen (8) *verknüpften Variabeln* $x_1, x_2, \ldots, x_n$ *an einer inneren Stelle* $(x) = (a)$ *des Bereiches* $\mathfrak{A}$ *ein relatives Minimum besitzen, so muß es* $m+1$ *Konstanten:* $\lambda_0, \lambda_1, \lambda_2, \ldots, \lambda_m$, *nicht alle gleich Null, geben, derart daß an der Stelle* (a) *gleichzeitig*

$$\frac{\partial\left(\lambda_0 f + \sum\limits_\alpha \lambda_\alpha \varphi_\alpha\right)}{\partial x_i} = 0, \qquad i = 1, 2, \cdots, n. \tag{18}$$

Man verfährt also, soweit es sich um die erste notwendige Bedingung handelt, genau so, als ob man die Funktion

$$F = \lambda_0 f + \sum_\alpha \lambda_\alpha \varphi_\alpha \tag{19}$$

ohne Nebenbedingungen zu einem Minimum zu machen hätte.

Im Hauptfall hat man zur Bestimmung der $m + n$ Unbekannten: $a_1, a_2, \ldots, a_n;\ \lambda_1, \lambda_2, \ldots, \lambda_m$ genau $m + n$ Gleichungen, nämlich die Gleichungen (18) und (8).

§ 68. Die Multiplikatorenregel für den Fall endlicher Bedingungsgleichungen.

Wir betrachten jetzt zunächst die Aufgabe, das Integral (3) zu einem Extremum zu machen in dem Fall, wo die Nebenbedingungen (5) sämtlich *endliche Gleichungen* sind, also von der Form

$$\varphi_\beta(x, y_1, \cdots, y_n) = 0, \qquad \beta = 1, 2, \cdots, m. \tag{20}$$

Wir setzen voraus, wir hätten eine Kurve[1]) der Klasse C'' gefunden:

$$\mathfrak{E}_0: \qquad y_i = y_i(x), \quad x_1 \gtreqless x \gtreqless x_2, \quad i = 1, 2, \cdots, n,$$

welche durch die beiden gegebenen Punkte

$$P_1(x_1, y_{11}, y_{21}, \ldots, y_{n1}) \quad \text{und} \quad P_2(x_2, y_{12}, y_{22}, \cdots, y_{n2})$$

geht, den m Gleichungen

$$\varphi_\beta(x, y_1(x), \cdots, y_n(x)) = 0, \qquad \beta = 1, 2, \cdots, m, \tag{21}$$

genügt und das Integral

$$J = \int_{x_1}^{x_2} f(x, y_1, \cdots, y_n, y_1', \cdots, y_n')\, dx$$

---

[1]) Das Wort „Kurve“ wird hier gleichbedeutend mit „Funktionensystem“ gebraucht.

zu einem Minimum macht in Beziehung auf die Gesamtheit aller in einer gewissen engeren[1]) Umgebung $\mathfrak{T}$ von $\mathfrak{E}_0$ gelegenen, durch die beiden Punkte P_1, P_2 gehenden Kurven der Klasse D', welche ebenfalls den m Gleichungen (20) genügen.

Die Funktionen f und φ_β werden von der Klasse C''' vorausgesetzt, und zwar f in dem Bereich $\mathfrak{T}$, die Funktionen φ_β in der Projektion[2]) $\mathfrak{A}$ von $\mathfrak{T}$ in den $(x, y_1, \ldots, y_n)$-Raum.

Weiter setzen wir voraus, daß mindestens eine Determinante $m$ten Grades der Matrix

$$\left\| \frac{\partial \varphi_\beta}{\partial y_\iota} \right\|, \qquad \begin{array}{l} \iota = 1, 2, \cdots, n, \\ \beta = 1, 2, \cdots, m, \end{array}$$

entlang $\mathfrak{E}_0$ von Null verschieden ist[3]); es sei z. B.

$$\left.\frac{\partial(\varphi_1, \varphi_2, \ldots, \varphi_m)}{\partial(y_1, y_2, \ldots, y_m)}\right|^{y_\iota = y_\iota(x)} \neq 0 \quad \text{in } [x_1 x_2] \tag{22}$$

Zur Vereinfachung der Schreibweise setzen wir für die folgenden Entwicklungen fest, daß die verschiedenen Indizes ganz bestimmte Zahlenreihen durchlaufen sollen, und zwar

$$\begin{aligned} i, j, k &= 1, 2, \cdots, n, \\ \alpha, \beta, \gamma &= 1, 2, \cdots, m, \\ r &= 1, 2, \cdots, n - m, \end{aligned}$$

so daß also z. B. $\sum\limits_i$ stets eine Summation von 1 bis n bedeuten soll. Ebenso soll z. B. die Gleichung $\varphi_\beta = 0$ stets das System von m Gleichungen bezeichnen, welches man hieraus für $\beta = 1, 2, \cdot, m$ erhält.

Ferner werden wir, wo kein Mißverständnis zu befürchten ist, häufig bloß (x, y, y'), resp. (x, y, y', λ), für $(x, y_1, \ldots, y_n, y_1', \ldots, y_n')$, resp $(x, y_1, \ldots, y_n, y_1', \ldots, y_n', \lambda_1, \ldots, \lambda_m)$, schreiben.

Endlich werden wir, wo es wünschenswert ist, die Argumente anzugeben, schreiben

$$\frac{\partial F}{\partial y_\iota} = F_\iota, \qquad \frac{\partial F}{\partial y_\iota'} = F_{n+\iota}, \qquad \frac{\partial F}{\partial \lambda_\beta} = F_{2n+\beta}.$$

a) **Herstellung einer Schar von zulässigen Variationen:**

Dazu wählen wir $n - m$ Funktionen $\eta_{m+r}(x)$ der Klase C' willkürlich, nur der Bedingung unterworfen, daß sie in x_1 und x_2 verschwinden sollen,

$$\eta_{m+r}(x_1) = 0, \qquad \eta_{m+r}(x_2) = 0, \tag{23}$$

---

[1]) Vgl die Definition von p. 91, Fußnote 2), die sich unmittelbar auf höhere Raume überträgt.

[2]) Vgl. p 167 [3]) Vgl Fußnote [2]) auf p 558

und setzen
$$Y_{m+r}(x, \varepsilon) = y_{m+r}(x) + \varepsilon\eta_{m+r}(x). \tag{24}$$

Dann lassen sich auf Grund unserer Voraussetzungen, insbesondere der Voraussetzung (22), nach dem erweiterten Satz[1]) über implizite Funktionen (§ 22, e)) die m Gleichungen
$$\varphi_\beta(x, y_1, \ldots, y_m, Y_{m+1}, \ldots, Y_n) = 0 \tag{25}$$
in der Umgebung der Punktmenge
$$\mathfrak{C}: \quad x_1 \overline{\gtrless} x \overline{\gtrless} x_2, \qquad \varepsilon = 0, \qquad y_\beta = y_\beta(x)$$
eindeutig nach $y_1, \ldots, y_m$ auflösen. Die Lösungen
$$y_\beta = Y_\beta(x, \varepsilon),$$
für die somit identisch in x und ε die m Gleichungen gelten
$$\varphi_\beta(x, Y_1(x, \varepsilon), \ldots, Y_n(x, \varepsilon)) = 0, \tag{26}$$
sind dann samt den Ableitungen $\partial Y_\beta/\partial x$, $\partial Y_\beta/\partial \varepsilon$, $\partial^2 Y_\beta/\partial x \partial \varepsilon$[2]) stetig in dem Bereich
$$x_1 \overline{\gtrless} x \overline{\gtrless} x_2, \qquad |\varepsilon| \overline{\gtrless} \sigma,$$
wenn σ eine hinreichend kleine positive Größe ist, und es ist
$$Y_\beta(x, 0) = y_\beta(x). \tag{27}$$
Überdies genügen aber die Funktionen Y_β den Anfangsbedingungen
$$Y_\beta(x_1, \varepsilon) = y_\beta(x_1), \qquad Y_\beta(x_2, \varepsilon) = y_\beta(x_2) \tag{28}$$
identisch in ε Denn setzt man in (25) $x = x_1$, während ε beliebig bleibt, so erhält man nach (23)
$$\varphi_\beta(x_1, y_1, \ldots, y_m, y_{m+1}(x_1), \ldots, y_n(x_1)) = 0,$$

[1]) Vor Anwendung des Satzes hat man zunächst die Kurve $\mathfrak{E}_0$ auf ein etwas weiteres Intervall $[X_1 X_2]$ fortzusetzen, so daß auch der verlängerte Bogen von der Klasse C'' ist und ganz im Inneren von $\mathfrak{T}$ liegt Dann kann man eine Umgebung (δ) dieses verlängerten Bogens angeben, welche ebenfalls noch ganz im Inneren von $\mathfrak{T}$ liegt. Man setze dann auch die Funktionen $\eta_{m+r}(x)$ auf das Intervall $[X_1 X_2]$ fort, so daß sie von der Klasse C' bleiben und bestimme dann eine positive Große ε_0 so, daß: $|\varepsilon\eta_{m+r}(x)| < \delta$ fur: $X_1 \overline{\gtrless} x \overline{\gtrless} X_2$, $|\varepsilon| < \varepsilon_0$.

Alsdann ist der auf p 167 mit $\mathfrak{A}$ bezeichnete Bereich definiert durch die Ungleichungen:
$$\mathfrak{A}: \quad X_1 \overline{\gtrless} x \overline{\gtrless} X_2, \qquad |\varepsilon| < \varepsilon_0, \qquad |y_\beta - y_\beta(x)| < \delta.$$
In diesem Bereich $\mathfrak{A}$ und in der in seinem Inneren gelegenen Punktmenge $\mathfrak{C}$ haben dann die linken Seiten der Gleichungen (25) als Funktionen von $x, \varepsilon, y_1, \ldots, y_m$ die in dem Satz von § 22, e) verlangten Eigenschaften A) bis D).

[2]) Um die Existenz und Stetigkeit der letzteren Ableitungen zu beweisen, differentiiert man die Identitäten (26) nach ε und löst nach $\partial Y_\beta/\partial\varepsilon$ auf. Es zeigt sich dann, daß sogar die Ableitungen $\partial^2 Y_\beta/\partial\varepsilon^2$ und $\partial^3 Y_\beta/\partial x \partial\varepsilon^2$ existieren und stetig sind, was fur die Behandlung der zweiten Variation von Wichtigkeit ist

und diese Gleichungen werden nach (21) befriedigt durch: $y_\beta = y_\beta(x_1)$; daraus folgt aber wegen der Eindeutigkeit der Lösung, daß: $Y_\beta(x_1, \varepsilon) = y_\beta(x_1)$.[1])

Hieraus folgt, wenn man noch die aus ihrer Definition folgenden Eigenschaften der Funktionen Y_{m+r} hinzunimmt, daß die Kurvenschar

$$y_i = Y_i(x, \varepsilon), \qquad x_1 \gtreqless x \gtreqless x_2 \tag{29}$$

eine *Schar zulässiger Variationen* der Kurve $\mathfrak{C}_0$ darstellt: Sie hat die erforderlichen Stetigkeitseigenschaften, genügt den m Gleichungen (26), und es ist

$$Y_i(x, 0) = y_i(x), \tag{27a}$$

$$Y_i(x_1, \varepsilon) = y_i(x_1), \qquad Y_i(x_2, \varepsilon) = y_i(x_2). \tag{28a}$$

Durch Differentiation der Gleichungen (28) nach ε folgt noch: Bezeichnen wir

$$\frac{\partial Y_\beta(x, \varepsilon)}{\partial \varepsilon}\Bigg|^{\varepsilon = 0} = \eta_\beta(x), \tag{30}$$

so ist

$$\eta_\beta(x_1) = 0, \qquad \eta_\beta(x_2) = 0. \tag{31}$$

b) **Die Lagrange'schen Multiplikatoren:**

Für diese Schar (29) muß nun im Falle eine Extremums

$$\delta J = 0$$

sein. Gleichzeitig folgt durch Differentiation der Gleichungen (26) nach ε, daß

$$\delta \varphi_\beta = 0$$

ist. Ausgeschrieben lauten diese Gleichungen unter Benutzung der Bezeichnung (30)

$$\int_{x_1}^{x_2} \sum_i \left(\frac{\partial f}{\partial y_i}\eta_i + \frac{\partial f}{\partial y_i'}\eta_i'\right) dx = 0, \tag{32}$$

$$\sum_i \frac{\partial \varphi_\beta}{\partial y_i}\eta_i = 0, \tag{33}$$

wobei die Argumente in den Ableitungen der Funktionen f und φ_β sich auf die Kurve $\mathfrak{C}_0$ beziehen

Wir multiplizieren jetzt nach dem Vorgang von LAGRANGE[2]) die Gleichungen (33) mit vorläufig unbestimmten stetigen Funktionen $\lambda_\beta(x)$,

---

[1]) Man kann dasselbe Resultat auch direkt beweisen, indem man die Identitäten (26) nach ε differentiiert und dann $x = x_1$ setzt.

[2]) *Oeuvres*, Bd IX, p 312; Bd X, pp. 416, 420.

integrieren zwischen den Grenzen x_1 und x_2 und addieren die sämtlichen so erhaltenen Gleichungen zu (32). Wir erhalten so die Gleichung

$$\int_{x_1}^{x_2} \sum_i \left(\frac{\partial F}{\partial y_i} \eta_i + \frac{\partial F}{\partial y'_i} \eta'_i \right) dx = 0, \tag{34}$$

wenn wir zur Abkürzung

$$F = f + \sum_\beta \lambda_\beta \varphi_\beta$$

setzen.

Sodann wenden wir auf das Integral (34) die Lagrange'sche partielle Integration an und erhalten, da sämtliche Funktionen $\eta_i(x)$ nach (23) und (31) an beiden Grenzen verschwinden,

$$\int_{x_1}^{x_2} \sum_i \left(\frac{\partial F}{\partial y_i} - \frac{d}{dx} \frac{\partial F}{\partial y'_i} \right) \eta_i \, dx = 0, \tag{35}$$

und nunmehr bestimmen wir, immer nach Lagrange, die m unbestimmten Funktionen λ_β aus den m Gleichungen

$$\frac{\partial F}{\partial y_\alpha} - \frac{d}{dx} \frac{\partial F}{\partial y'_\alpha} = 0.$$

Ausgeschrieben lauten dieselben

$$\sum_\beta \lambda_\beta \frac{\partial \varphi_\beta}{\partial y_\alpha} + \frac{\partial f}{\partial y_\alpha} - \frac{d}{dx} \frac{\partial f}{\partial y'_\alpha} = 0.$$

Sie bestimmen also wegen der Voraussetzung (22) die Funktionen λ_β eindeutig als stetige Funktionen von x im Intervall $[x_1 x_2]$.

Bei dieser speziellen Wahl der Funktionen λ_β reduziert sich die Gleichung (35) auf

$$\int_{x_1}^{x_2} \sum_r \left(\frac{\partial F}{\partial y_{m+r}} - \frac{d}{dx} \frac{\partial F}{\partial y'_{m+r}} \right) \eta_{m+r} \, dx = 0.$$

Da aber die Funktionen η_{m+r} ganz beliebige in x_1 und x_2 verschwindende Funktionen der Klasse C' waren, so folgt hieraus, daß

$$\frac{\partial F}{\partial y_{m+r}} - \frac{d}{dx} \frac{\partial F}{\partial y'_{m+r}} = 0$$

sein muß für $r = 1, 2, \ldots, n - m$; man braucht nur je $n - m - 1$ der Funktionen η_{m+r} identisch gleich Null zu setzen und dann das Fundamentallemma der Variationsrechnung (§ 5, b)) anzuwenden.

Hiermit ist aber die Multiplikatorenregel in der Tat für den Fall endlicher Bedingungen bewiesen:

Es muß im Fall eines Extremums m stetige Funktionen $\lambda_\beta(x)$ geben, welche zusammen mit den Funktionen $y_i(x)$ den n Differentialgleichungen

$$\frac{\partial F}{\partial y_i} - \frac{d}{dx}\frac{\partial F}{\partial y_i'} = 0 \tag{36}$$

genügen, wobei: $F = f + \sum\limits_{\beta} \lambda_\beta \varphi_\beta$.

c) Beispiel III[1].

Die kürzeste Linie zu bestimmen, welche auf einer in der Form

$$\varphi(x, y, z) = 0 \tag{37}$$

gegebenen Fläche zwischen zwei auf der Fläche gegebenen Punkten gezogen werden kann.

Wir nehmen der Symmetrie und der größeren Allgemeinheit halber die zulässigen Kurven in Parameterdarstellung[2]) an. Dann haben wir das Integral

$$J = \int_{t_1}^{t_2} \sqrt{x'^2 + y'^2 + z'^2}\, dt$$

mit der Nebenbedingung (37) zu einem Minimum zu machen

Da hier

$$F = \sqrt{x'^2 + y'^2 + z'^2} + \lambda\varphi,$$

so lauten die Differentialgleichungen der gesuchten Kurve

$$\lambda\varphi_x - \frac{d}{dt}\frac{x'}{\sqrt{x'^2 + y'^2 + z'^2}} = 0,$$

$$\lambda\varphi_y - \frac{d}{dt}\frac{y'}{\sqrt{x'^2 + y'^2 + z'^2}} = 0,$$

$$\lambda\varphi_z - \frac{d}{dt}\frac{z'}{\sqrt{x'^2 + y'^2 + z'^2}} = 0.$$

Dieselben lassen sich auch schreiben

$$\frac{d^2x}{ds^2} = \mu\varphi_x, \qquad \frac{d^2y}{ds^2} = \mu\varphi_y, \qquad \frac{d^2z}{ds^2} = \mu\varphi_z,$$

wenn man den Bogen s einführt und $\lambda = \mu \frac{ds}{dt}$ setzt.

Diese Gleichungen drücken die charakteristische Eigenschaft der geodätischen Linien aus, daß in jedem ihrer Punkte die Hauptnormale der Kurve mit der Normalen der Fläche zusammenfällt.[3])

---

[1]) Vgl p. 5 und Beispiel XVI, p. 209.

[2]) Dies ist auf die unter a) und b) durchgeführten Schlüsse ohne Einfluß; nur sind die erhaltenen Differentialgleichungen nicht voneinander unabhängig, vgl. unten § 70, d)

[3]) Hierzu die *Übungsaufgabe* Nr. 1 am Ende von Kap. XIII

d) **Beispiel XXIII: Das Hamilton'sche Prinzip:**[1])

Es sei $M_1, M_2, \ldots, M_n$ ein System materieller Punkte. Die Masse des Punktes M_ν sei m_ν, seine Koordinaten zur Zeit t seien x_ν, y_ν, z_ν; die Bedingungsgleichungen des Systems seien

$$\varphi_\alpha = 0, \qquad \alpha = 1, 2, \ldots, m, \tag{38}$$

wobei die Funktionen φ_α von den Koordinaten der Punkte M_ν und der Zeit abhängen. Auf die Punkte des Systems wirken Kräfte, welche eine *Kräftefunktion* besitzen, d. h. es gibt eine Funktion U der Koordinaten und der Zeit, derart daß

$$X_\nu = \frac{\partial U}{\partial x_\nu}, \qquad Y_\nu = \frac{\partial U}{\partial y_\nu}, \qquad Z_\nu = \frac{\partial U}{\partial z_\nu},$$

wenn X_ν, Y_ν, Z_ν die Komponenten der auf den Punkt M_ν wirkenden Kraft bezeichnen. Endlich werde mit T die lebendige Kraft des Systems bezeichnet, also

$$T = \tfrac{1}{2}\sum_\nu m_\nu (x_\nu'^2 + y_\nu'^2 + z_\nu'^2),$$

wobei der Akzent Differentiation nach der Zeit t bedeutet.

Unter der Wirkung dieser Kräfte wird das System bei gegebenen Anfangslagen und Anfangsgeschwindigkeiten der Punkte M_ν eine bestimmte Bewegung ausführen, dargestellt durch

$$x_\nu = \mathring{x}_\nu(t), \qquad y_\nu = \mathring{y}_\nu(t), \qquad z_\nu = \mathring{z}_\nu(t).$$

Dabei möge sich das System zur Zeit t_0 in der Lage A_0, zur Zeit t_1 in der Lage A_1 befinden.

Wir betrachten jetzt die Gesamtheit aller möglichen Bewegungen

$$x_\nu = x_\nu(t), \qquad y_\nu = y_\nu(t), \qquad z_\nu = z_\nu(t),$$

welche mit den Bedingungen (38) des Systems verträglich sind, und bei welchen das System *zur Zeit t_0 und zur Zeit t_1 dieselben Lagen A_0, resp. A_1, einnimmt wie bei der wirklichen Bewegung.*

Unter all diesen zulässigen Bewegungen soll diejenige bestimmt werden, bei welcher das *Hamilton'sche Integral*

$$J = \int_{t_0}^{t_1} (T + U)\,dt$$

den kleinsten Wert annimmt.

Über die Funktionen φ_α, U, x_ν, y_ν, z_ν werden die der allgemeinen Theorie entsprechenden Stetigkeitsannahmen gemacht.

---

[1]) Wegen der Literatur vgl. *Encyklopädie* IV 1 (Voß), Nr. 42.

Wir haben ein Lagrange'sches Problem mit endlichen Bedingungsgleichungen und festen Endpunkten vor uns, und zwar ein Funktionen-Problem (x-Problem), kein Kurvenproblem, da wir es mit einer ganz bestimmten unabhängigen Variabeln, der Zeit, zu tun haben. Da hier

$$F = T + U + \sum_\alpha \lambda_\alpha \varphi_\alpha,$$

so lauten die Differentialgleichungen des Problems

$$\begin{aligned} m_\nu \frac{d^2 x_\nu}{dt^2} &= X_\nu + \sum_\alpha \lambda_\alpha \frac{\partial \varphi_\alpha}{\partial x_\nu}, \\ m_\nu \frac{d^2 y_\nu}{dt^2} &= Y_\nu + \sum_\alpha \lambda_\alpha \frac{\partial \varphi_\alpha}{\partial y_\nu}, \\ m_\nu \frac{d^2 z_\nu}{dt^2} &= Z_\nu + \sum_\alpha \lambda_\alpha \frac{\partial \varphi_\alpha}{\partial z_\nu}, \end{aligned} \tag{39}$$

$$\nu = 1, 2, \ldots, n.$$

Das sind aber, wie in der Mechanik gezeigt wird,[1]) die Differentialgleichungen der wirklichen Bewegung des Systems unter der Einwirkung der gegebenen Kräfte.

Die wirkliche Bewegung des Systems erfüllt also die erste notwendige Bedingung für ein Minimum des Integrals

$$J = \int_{t_0}^{t_1} (T + U)\,dt$$

in Beziehung auf die Gesamtheit derjenigen Bewegungen, welche den Bedingungen des Systems genügen, und bei welchen das System zur Zeit t_0 und zur Zeit t_1 dieselben Lagen einnimmt, wie bei der wirklichen Bewegung

Lassen sich die Bedingungen (38) in der Weise allgemein auflösen, daß man die $3n$ Koordinaten x_ν, y_ν, z_ν als eindeutige Funktionen von $r = 3n - m$ unabhängigen Größen $q_1, q_2, \ldots, q_r$ und t ausdrückt, so läßt sich die Aufgabe auf ein Problem ohne Nebenbedingungen zurückführen. Gehen nämlich die Funktionen T und U durch Einführung der „allgemeinen Koordinaten" $q_1, q_2, \ldots, q_r$ über in

$$\begin{aligned} T &= \mathfrak{T}(q_1, q_2 \ldots, q_r, q_1', q_2', \ldots, q_n', t), \\ U &= \mathfrak{U}(q_1, q_2, \ldots, q_r, t), \end{aligned}$$

so ist unsere Aufgabe äquivalent mit der Aufgabe, das Integral

$$\int_{t_0}^{t_1} (\mathfrak{T} + \mathfrak{U})\,dt,$$

1) Vgl. z B. Appell, *Traité de Mécanique rationelle*, Bd. II (1896), p. 322.

ohne Nebenbedingungen zu einem Minimum zu machen, woraus sich die Differentialgleichungen der Bewegung in der Form

$$\frac{\partial(\mathfrak{T}+\mathfrak{U})}{\partial q_\varkappa} - \frac{d}{dt}\frac{\partial \mathfrak{T}}{\partial q'_\varkappa} = 0, \qquad \varkappa = 1, 2, \ldots r,$$

ergeben.

e) **Beispiel XXIV: Die Jacobi'sche Form des Prinzips der kleinsten Aktion:**[1])

Es sei wie im vorigen Beispiel ein System von n materiellen Punkten gegeben, welche m Bedingungsgleichungen unterworfen sind:

$$\varphi_\alpha = 0, \qquad \alpha = 1, 2, \ldots, m, \qquad (38)$$

und auf welche gegebene Kräfte wirken, welche eine Kräftefunktion U besitzen.

Darüber hinaus machen wir jetzt aber die weitere Annahme, daß *sowohl die Bedingungsgleichungen als die Kräftefunktion die Zeit t nicht explizite enthalten.* Wir benutzen dieselbe Bezeichnung wie unter d), insbesondere sollen A_0 und A_1 wieder die Anfangs- und Endlage bei der wirklichen Bewegung bezeichnen.

Unter einer mit den Bedingungen des Systems verträglichen „Bahn" verstehen wir irgend eine Kurve

$$x_\nu = x_\nu(\tau), \quad y_\nu = y_\nu(\tau), \quad z = z_\nu(\tau), \quad \tau_0 \gtreqless \tau \gtreqless \tau_1, \quad \nu = 1, 2, \ldots, n$$

im $3n$-dimensionalen Raum der Variabeln x_ν, y_ν, z_ν, dargestellt durch einen beliebigen Parameter τ, welche den Bedingungen (38) für beliebige Werte von τ genügt. Nunmehr betrachten wir das folgende Variationsproblem:

Unter allen mit den Bedingungen des Systems verträglichen Bahnen, welche das System aus der Anfangslage A_0 in die Endlage A_1 führen, diejenige zu bestimmen, welche für das „Aktionsintegral"

$$J = \int_{\tau_0}^{\tau_1} \sqrt{2(U+h)}\sqrt{\sum_\nu m_\nu(x_\nu'^2 + y_\nu'^2 + z_\nu'^2)}\, d\tau$$

den kleinsten Wert liefert

Dabei ist h eine Konstante, die für alle zulässigen Kurven denselben Wert hat, und die Akzente bedeuten Differentiation nach τ.

Dies ist ein Lagrange'sches Problem in Parameterdarstellung mit endlichen Nebenbedingungen und festen Endpunkten. Wir schreiben zur Abkürzung

$$S = \sum_\nu m_\nu(x_\nu'^2 + y_\nu'^2 + z_\nu'^2).$$

---

[1]) Vgl. Jacobi, *Werke*, Suppl p. 43; auch Appell, *Traité de Mécanique*, Bd. II, p. 426; ferner die auf p. 586, Fußnote [3]), angegebene Literatur, sowie die *Übungsaufgaben* Nr. 9—14 zu Kapitel V.

Dann ist

$$F = \sqrt{2(U+h)}\sqrt{S} + \sum_\alpha \lambda_\alpha \varphi_\alpha;$$

also lauten die Differentialgleichungen des Problems

$$m_\nu \frac{d}{d\tau}\frac{\sqrt{2(U+h)}\,x_\nu'}{\sqrt{S}} = \frac{\sqrt{S}\,X_\nu}{\sqrt{2(U+h)}} + \sum_\alpha \lambda_\alpha \frac{\partial \varphi_\alpha}{\partial x_\nu}$$

und zwei analoge Gleichungen für y_ν, z_ν. Diese $3n$ Differentialgleichungen sind aber nach § 70, d) nicht voneinander unabhängig, und wir können eine beliebige „Zusatzgleichung"[1]) hinzufügen, was mit einer speziellen Wahl des Parameters gleichbedeutend ist. Wir wählen diese Zusatzgleichung folgendermaßen

$$\frac{\sqrt{2(U+h)}}{\sqrt{S}} = 1 \tag{40}$$

und bezeichnen den ausgezeichneten Parameter, für welchen dieselbe statt hat, mit t. Dann gehen die Differentialgleichungen des Problems in die Differentialgleichungen (39) über, d. h. also in die Differentialgleichungen der Bewegung, welche das System unter der Einwirkung der gegebenen Kräfte wirklich ausführt.

Die Bahn des Systems bei der wirklichen Bewegung ist also eine Extremale für das obige Variationsproblem.

Zwischen einem beliebigen Parameter τ und dem ausgezeichneten Parameter t, welcher der Zeit im mechanischen Problem entspricht, folgt aus (40) die Beziehung

$$t = t_0 + \int_{\tau_0}^{\tau} \frac{\sqrt{\sum_1 m_\nu \left[\left(\frac{dx_\nu}{d\tau}\right)^2 + \left(\frac{dy_\nu}{d\tau}\right)^2 + \left(\frac{dz_\nu}{d\tau}\right)^2\right]}\,d\tau}{\sqrt{2(U+h)}}. \tag{41}$$

Das Charakteristische des Prinzips der kleinsten Aktion in dieser Form besteht darin, daß die Zeit darin gar nicht vorkommt. Hat man mittels desselben die Bahn des Systems mit einem beliebigen Parameter τ bestimmt, so kann man nachträglich, wenn man sich dafür interessiert, die Zeit durch die Quadratur (41) erhalten.

Auch hier kann man wieder „allgemeine Koordinaten" $q_1, q_2, \ldots, q_r$ einführen und erhält dann eine ähnliche Modifikation des Satzes wie beim Hamilton'schen Prinzip.

---

[1]) Vgl § 26, a) und § 70, d).

§ 69. Die Multiplikatorenregel für den Fall von Differentialgleichungen als Nebenbedingungen.[1])

Der Beweis der Multiplikatorenregel ist wesentlich schwieriger in dem Fall, wo die Nebenbedingungen (5), wenigstens zum Teil, die Ableitungen y_i' enthalten. Wir betrachten zunächst den einfacheren Fall, wo *sämtliche Nebenbedingungen Differentialgleichungen* sind.

Wir machen dabei über die Kurve $\mathfrak{E}_0$ dieselben Voraussetzungen wie in § 68, nur daß jetzt an Stelle der endlichen Gleichungen (21) die Differentialgleichungen

$$\varphi_\beta(x, y_1(x), \ldots, y_n(x), y_1'(x), \ldots, y_n'(x)) = 0 \tag{42}$$

treten, und daß die Voraussetzung (22) durch die Annahme zu ersetzen ist, daß mindestens eine Determinante $m$ten Grades der Matrix

$$\left\| \frac{\partial \varphi_\beta}{\partial y_i'} \right\|, \qquad \begin{array}{l} i = 1, 2, \ldots, n, \\ \beta = 1, 2, \ldots, m, \end{array} \tag{43}$$

entlang $\mathfrak{E}_0$ von Null verschieden ist,[2]) etwa

$$\left.\frac{\partial(\varphi_1, \varphi_2, \ldots, \varphi_m)}{\partial(y_1', y_2', \ldots, y_m')}\right|^{\mathfrak{E}_0} \neq 0. \tag{44}$$

Von den Funktionen φ_β wird vorausgesetzt, daß sie in demselben Bereich $\mathfrak{T}$ wie die Funktion f von der Klasse C''' sind.

a) **Herstellung einer Schar von zulässigen Variationen:**

Dazu wählen wir zunächst $(m+1)$ Systeme von je $(n-m)$ Funktionen[3])

$$\eta_{m+r}(x), \qquad \eta^\beta_{m+r}(x)$$

von der Klasse C'', welche in x_1 und x_2 verschwinden:

$$\begin{array}{ll} \eta_{m+r}(x_1) = 0, & \eta^\beta_{m+r}(x_1) = 0, \\ \eta_{m+r}(x_2) = 0, & \eta^\beta_{m+r}(x_2) = 0, \end{array} \tag{45}$$

sonst aber willkürlich sind.

Sodann definieren wir

$$Y_{m+r}(x, \varepsilon, \varepsilon_1, \ldots, \varepsilon_m) = y_{m+r}(x) + \varepsilon\eta_{m+r}(x) + \sum_\beta \varepsilon_\beta \eta^\beta_{m+r}(x),$$

---

[1]) Im wesentlichen nach Hilbert, Gottinger Nachrichten 1905 und Mathematische Annalen, Bd LXII (1906), p. 351. Vgl. auch die historische Skizze am Ende dieses Paragraphen, sowie Bolza, Mathematische Annalen, Bd. LXIV (1907), p 370.

[2]) Diese Voraussetzung laßt sich durch die schwächere ersetzen, daß in jedem Punkt von $\mathfrak{E}_0$ mindestens eine Determinante m^{ten} Grades der Matrix (43) von Null verschieden ist, vgl. Hahn, Mathematische Annalen, Bd. LVIII (1903), p. 161.

[3]) Man beachte die im Eingang von § 68 getroffenen Verabredungen über die Bezeichnung, die auch hier in Kraft bleiben.

sodaß also

$$Y_{m+r}(x, 0, 0, \ldots, 0) = y_{m+r}(x) \quad \text{in} \quad [x_1 x_2] \tag{46}$$

und

$$Y_{m+r}(x_1, \varepsilon, \varepsilon_1, \ldots, \varepsilon_m) = y_{m+r}(x_1), \quad Y_{m+r}(x_2, \varepsilon, \varepsilon_1, \ldots, \varepsilon_m) = y_{m+r}(x_2) \tag{47}$$

für alle Werte der ε. Ferner ist

$$\frac{\partial Y_{m+r}}{\partial \varepsilon} = \eta_{m+r}, \qquad \frac{\partial Y_{m+r}}{\partial \varepsilon_\beta} = \eta^\beta_{m+r}. \tag{48}$$

Nunmehr stellen wir uns die Aufgabe, das System von m Differentialgleichungen

$$\begin{gathered}\varphi_\beta(x, y_1, \ldots, y_m, Y_{m+1}, \ldots, Y_n, y_1', \ldots, y_m', Y_{m+1}', \ldots, Y_n') = 0, \\ \beta = 1, 2, \ldots, m\end{gathered} \tag{49}$$

nach $y_1, y_2, \ldots, y_m$ aufzulösen.

Dieses Differentialgleichungssystem enthält die Größen $\varepsilon, \varepsilon_1, \ldots, \varepsilon_m$ als konstante Parameter. Für das spezielle Wertsystem: $\varepsilon = 0$, $\varepsilon_1 = 0, \ldots$, $\varepsilon_m = 0$ derselben kennen wir nach (42) eine Lösung, nämlich

$$y_\alpha = y_\alpha(x).$$

Sowohl die linken Seiten der Differentialgleichungen (49) als Funktionen von $x, y_1, \ldots, y_m, y_1', \ldots, y_m', \varepsilon, \varepsilon_1, \ldots, \varepsilon_m$, als auch die Funktionen $y_\beta(x)$ besitzen die in dem Existenztheorem[1]) von § 24, e) vorausgesetzten Eigenschaften, wobei besonders von der Voraussetzung (44) Gebrauch zu machen ist. Daraus folgt die Existenz eines Lösungssystems

$$y_\alpha = Y_\alpha(x, \varepsilon, \varepsilon_1, \ldots, \varepsilon_m)$$

von folgenden Eigenschaften:

1. Die Funktionen Y_α, ihre ersten Ableitungen, sowie die Ableitungen $\partial^2 Y_\alpha / \partial\varepsilon \partial x$, $\partial^2 Y_\alpha / \partial\varepsilon_\beta \partial x$ sind stetig in dem Bereich

$$x_1 \gtreqless x \gtreqless x_2, \qquad |\varepsilon| \gtreqless d, \qquad |\varepsilon_\beta| \gtreqless d,$$

wofern die positive Größe d hinreichend klein gewählt wird.

2. Die Funktionen Y_α genügen für alle hinreichend kleinen Wertsysteme der ε den m Differentialgleichungen

$$\varphi_\beta(x, Y_1, \ldots, Y_n, Y_1', \ldots, Y_n') = 0. \tag{50}$$

3. Es ist

$$Y_\alpha(x, 0, 0, \ldots, 0) = y_\alpha(x). \tag{51}$$

[1]) Und zwar in der speziellen, am Ende von § 24, e) erwähnten Fassung, bei welcher in der dortigen Bezeichnung $\xi_\varkappa = \xi_\varkappa^0$. Bei Anwendung des Satzes hat man eine ganz ähnliche Vorbetrachtung anzustellen wie auf p. 550, Fußnote [1]).

4. Es ist

$$Y_\alpha(x_1, \varepsilon, \varepsilon_1, \ldots, \varepsilon_m) = y_\alpha(x_1) \tag{52}$$

für alle hinreichend kleinen Wertsysteme der ε.

Für jedes hinreichend kleine Wertsystem der Größen $\varepsilon, \varepsilon_1, \ldots, \varepsilon_m$, welches den m Gleichungen

$$Y_\alpha(x_2, \varepsilon, \varepsilon_1, \ldots, \varepsilon_m) = y_\alpha(x_2) \tag{53}$$

genügt, stellen daher die Gleichungen

$$y_i = Y_i(x, \varepsilon, \varepsilon_1, \ldots, \varepsilon_m) \tag{54}$$

eine zulässige Variation der Kurve $\mathfrak{E}_0$ dar.

b) **Die Hilbert'schen konstanten Multiplikatoren** l:

Bezeichnen wir daher mit $J(\varepsilon, \varepsilon_1, \ldots, \varepsilon_m)$ das Integral

$$J(\varepsilon, \varepsilon_1, \cdots, \varepsilon_m) = \int_{x_1}^{x_2} f(x, Y_1, \cdots, Y_n, Y_1', \cdots, Y_n')\,dx,$$

so muß die Funktion $J(\varepsilon, \varepsilon_1, \cdots, \varepsilon_m)$ für $\varepsilon = 0, \varepsilon_1 = 0, \cdots, \varepsilon_m = 0$ ein Minimum mit den m Nebenbedingungen (53) besitzen. Daher muß es nach § 67 $m+1$ Konstanten $l_0, l_1, \ldots, l_m$ geben, die nicht alle gleich Null sind, derart daß gleichzeitig die folgenden $m+1$ Gleichungen bestehen:

$$l_0\left(\frac{\partial J}{\partial \varepsilon}\right)_0 + \sum_\alpha l_\alpha \left(\frac{\partial Y_\alpha(x_2, \varepsilon, \varepsilon_1, \ldots, \varepsilon_m)}{\partial \varepsilon}\right)_0 = 0, \tag{55}$$

$$l_0\left(\frac{\partial J}{\partial \varepsilon_\beta}\right)_0 + \sum_\alpha l_\alpha \left(\frac{\partial Y_\alpha(x_2, \varepsilon, \varepsilon_1, \ldots, \varepsilon_m)}{\partial \varepsilon_\beta}\right)_0 = 0, \tag{56}$$

wobei der Index 0 andeutet, daß nach Ausführung der Differentiation alle ε gleich Null zu setzen sind.

Für unsere weiteren Schlüsse ist es nunmehr von der größten Wichtigkeit, zu untersuchen, wie weit die Faktoren l von der Wahl der Funktionen $\eta_{m+r}, \eta_{m+r}^\beta$ abhängen. Schreiben wir zur Abkürzung

$$\left(\frac{\partial Y_\alpha(x, \varepsilon, \varepsilon_1, \ldots, \varepsilon_m)}{\partial \varepsilon}\right)_0 = \eta_\alpha(x), \quad \left(\frac{\partial Y_\alpha(x, \varepsilon, \varepsilon_1, \ldots, \varepsilon_m)}{\partial \varepsilon_\beta}\right)_0 = \eta_\alpha^\beta(x), \tag{57}$$

so folgt aus (52) durch Differentiation nach ε, resp. ε_β und nachheriges Nullsetzen der ε:

$$\eta_\alpha(x_1) = 0, \qquad \eta_\alpha^\beta(x_1) = 0$$

und ebenso aus (50), unter Benutzung von (48):

$$\sum_i \left(\frac{\partial \varphi_\alpha}{\partial y_i}\eta_i + \frac{\partial \varphi_\alpha}{\partial y_i'}\eta_i'\right) = 0, \tag{58}$$

$$\sum_i \left(\frac{\partial \varphi_\alpha}{\partial y_i}\eta_i^\beta + \frac{\partial \varphi_\alpha}{\partial y_i'}\eta_i^{\beta\prime}\right) = 0, \tag{59}$$

wobei wegen (46) und (51) die Argumente der Ableitungen von φ_α sind:

$$x,\ y_1(x),\ \ldots,\ y_n(x),\ y_1'(x),\ \ldots,\ y_n'(x).$$

Die Gleichungen (59) für einen gegebenen oberen Index β und für $\alpha = 1, 2, \cdots, m$ lassen sich, nachdem die Funktionen $\eta_{m+1}^\beta, \cdots, \eta_n^\beta$ gewählt sind, als ein System von m Differentialgleichungen für die Funktionen $\eta_1^\beta, \ldots, \eta_m^\beta$ auffassen, und zwar sind diese m Funktionen wegen (44) durch die m Differentialgleichungen zusammen mit den m Anfangsbedingungen

$$\eta_1^\beta(x_1) = 0,\ \cdots,\ \eta_m^\beta(x_1) = 0$$

vollständig bestimmt. Obgleich also die Funktionen $Y_\alpha(x, \varepsilon, \varepsilon_1, \ldots, \varepsilon_m)$ selbst von der Wahl der sämtlichen $(m + 1)(n - m)$ Funktionen: $\eta_{m+r}(x)$, $\eta_{m+r}^\beta(x)$ abhängen, so sind doch *die Funktionen* $\eta_\alpha^\beta(x)$ *nur von der Wahl der* $n - m$ *Funktionen* $\eta_{m+r}^\beta(x)$ *mit demselben oberen Index* β *abhängig.* Ebenso sind die Funktionen $\eta_\alpha(x)$ nur von der Wahl der $n - m$ Funktionen $\eta_{m+r}(x)$ abhängig.

Da ferner

$$\left(\frac{\partial J}{\partial \varepsilon_\beta}\right)_0 = \int_{x_1}^{x_2} \sum_i \left(\frac{\partial f}{\partial y_i}\eta_i^\beta + \frac{\partial f}{\partial y_i'}\eta_i^{\beta\prime}\right) dx,$$

so folgt dann weiter, daß auch $\left(\frac{\partial J}{\partial \varepsilon_\beta}\right)_0$ nur von der Wahl der Funktionen $\eta_{m+r}^\beta(x)$ mit dem oberen Index β abhängig ist.

Für die weitere Diskussion des Gleichungssystems (56) setzen wir jetzt zunächst voraus, daß die $(n - m)m$ Funktionen η_{m+r}^β so gewählt werden können, daß mindestens e i n e der $m + 1$ Determinanten $m$ten Grades, die sich aus dem Koeffizientensystem der Gleichungen (56) bilden lassen, von Null verschieden ist. Alsdann bestimmen diese Gleichungen die Verhältnisse $l_0 : l_1 : \cdots : l_m$ eindeutig, und zwar sind diese Verhältnisse von der Wahl der $n - m$ Funktionen $\eta_{m+r}(x)$ unabhängig und genügen dann im Fall eines Extremums stets auch der Gleichung (55).

Sind dagegen jene Determinanten $m$ter Ordnung sämtlich gleich Null, wie auch die Funktionen η_{m+r}^β gewählt sein mögen, so möge p der Rang des Koeffizientensystems der Gleichungen (56) sein in dem Sinn, daß alle Determinanten $(p + 1)$ten Grades verschwinden, und zwar für j e d e W a h l d e r F u n k t i o n e n η_{m+r}^β, während es möglich sein soll, diese Funktionen so zu wählen, daß mindestens e i n e Determinante $p$ten Grades von Null verschieden ist Alsdann können wir

p der Gleichungen (56) — es seien z. B. die p ersten — nach p der Größen l auflösen und erhalten die letzteren als homogene lineare Funktionen der übrigen $m+1-p$ Größen l mit Koeffizienten, die sowohl von der Wahl der Funktionen η_{m+r} als von der Wahl der Funktionen η^{β}_{m+r} mit dem oberen Index $p+1, p+2, \cdots, m$ unabhängig sind. Jedes so erhaltene Wertsystem $l_0, l_1, \ldots, l_m$ genügt dann zugleich den übrigen $m-p$ der Gleichungen (56), und zwar wie man auch die Funktionen η^{β}_{m+r} mit dem obern Index $p+1, p+2, \cdots, m$ wählen mag. Daraus folgt aber, daß diese Werte der l zugleich auch der Gleichung (55) genügen, da man ja z. B. $\eta^{p+1}_{m+r} = \eta_{m+r}$ wählen kann.

Das Resultat dieser Betrachtung ist, daß es stets möglich ist, $m+1$ numerische Konstanten $l_0, l_1, \cdots, l_m$ zu bestimmen, welche nicht alle gleich Null sind, und welche von der Wahl der $n-m$ Funktionen η_{m+r} unabhängig sind, derart daß die Gleichung (55) gilt, und zwar für jede Wahl der Funktionen η_{m+r}.

c) Die **Lagrange**'schen **Multiplikatoren** λ:

Um aus dem letzten Resultat weitere Schlüsse zu ziehen, kombinieren wir die Gleichung (55) mit den m Relationen (58), indem wir die letzteren nach LAGRANGE der Reihe nach mit unbestimmten Funktionen $\lambda_1(x), \ldots, \lambda_m(x)$ multiplizieren, dann zwischen den Grenzen x_1 und x_2 integrieren und schließlich zu (55) addieren. Setzen wir

$$F = l_0 f + \sum_{\beta} \lambda_\beta \varphi_\beta,$$

so erhalten wir auf diese Weise

$$\int_{x_1}^{x_2} \sum_{i} \left(\frac{\partial F}{\partial y_i} \eta_i + \frac{\partial F}{\partial y_i'} \eta_i' \right) dx + \sum_{\alpha} l_\alpha \eta_\alpha(x_2) = 0. \tag{60}$$

Das Integral transformieren wir in der bekannten Weise durch partielle Integration und beachten dabei, daß sämtliche Funktionen $\eta_i(x)$ in x_1 und überdies die Funktionen $\eta_{m+r}(x)$ auch in x_2 verschwinden; so kommt:

$$\int_{x_1}^{x_2} \sum_{i} \left(\frac{\partial F}{\partial y_i} - \frac{d}{dx} \frac{\partial F}{\partial y_i'} \right) \eta_i \, dx + \sum_{\alpha} \eta_\alpha(x_2) \left(\frac{\partial F}{\partial y_\alpha'} \bigg|^{x_2} + l_\alpha \right) = 0. \tag{61}$$

Nunmehr bestimmen wir die m Funktionen λ_α durch die m Differentialgleichungen

$$\frac{\partial F}{\partial y_\alpha} - \frac{d}{dx} \frac{\partial F}{\partial y_\alpha'} = 0, \qquad \alpha = 1, 2, \cdots, m, \tag{62}$$

und die m Anfangsbedingungen

$$\left.\frac{\partial F}{\partial y'_\alpha}\right|^{x_2} + l_\alpha = 0, \qquad \alpha = 1, 2, \cdots, m. \tag{63}$$

Schreibt man die Differentialgleichungen (62) aus, so sieht man, daß dieselben ein System von m linearen Differentialgleichungen in $\lambda_1, \ldots, \lambda_m$ darstellen, und daß die Determinante der Koeffizienten der Ableitungen $\lambda'_1, \ldots, \lambda'_m$ mit der im ganzen Intervall $[x_1 x_2]$ von Null verschiedenen Funktionaldeterminante (44) identisch ist. Ferner lauten die Gleichungen (63) ausgeschrieben

$$\left. l_\alpha + l_0 \frac{\partial f}{\partial y'_\alpha} + \sum_\beta \lambda_\beta \frac{\partial \varphi_\beta}{\partial y'_\alpha}\right|^{x_2} = 0; \tag{64}$$

dieselben lassen sich also wegen der Voraussetzung (44) eindeutig nach den m Anfangswerten $\lambda_\beta(x_2)$ auflösen Aus alledem folgt nach den Existenztheoremen[1]) für Systeme linearer Differentialgleichungen, daß es ein den Differentialgleichungen (62) und den Anfangsbedingungen (63) genügendes Funktionensystem $\lambda_\beta(x)$ gibt, welches im Intervall $[x_1 x_2]$ von der Klasse C' ist Zugleich folgt aus den über die Konstanten l gefundenen Resultaten, daß auch die Funktionen $\lambda_\beta(x)$ von der Wahl der Funktionen η_{m+r} unabhängig sind.

Setzen wir die so bestimmten Funktionen λ_β in die Gleichung (61) ein, so geht dieselbe über in

$$\int_{x_1}^{x_2} \sum_{r=1}^{n-m} \eta_{m+r}\left(\frac{\partial F}{\partial y_{m+r}} - \frac{d}{dx}\frac{\partial F}{\partial y'_{m+r}}\right) dx = 0. \tag{61a}$$

Da diese Gleichung für alle Funktionen η_{m+r} der Klasse C'', welche in beiden Endpunkten verschwinden, gelten muß, so folgt aus dem Fundamentallemma[2]) der Variationsrechnung, daß

$$\frac{\partial F}{\partial y_{m+r}} - \frac{d}{dx}\frac{\partial F}{\partial y'_{m+r}} = 0, \qquad r = 1, 2 \cdots, n-m. \tag{65}$$

Ist $l_0 \neq 0$, so können wir, da nur die Verhältnisse der Größen l bestimmt sind, $l_0 = 1$ setzen und haben dann in den Gleichungen (62) und (65) die Euler-Lagrange'sche Multiplikatorenregel in der in § 66 gegebenen Form vor uns

Ist dagegen $l_0 = 0$, so liegt ein Ausnahmefall vor, mit dem wir uns im nächsten Absatz zu beschäftigen haben werden.

---

[1]) Vgl *Encyklopadie*, II A 4a (PAINLEVÉ), Nr. 5 und PICARD, *Traité d'Analyse*, Bd. III (1896), p. 91, 92

[2]) Vgl p 25, Fußnote [5])

In beiden Fällen nennen wir eine Kurve $\mathfrak{E}_0$, welcher sich eine Konstante $l_0 = 1$ oder 0 und m Funktionen $\lambda_\beta(x)$ der Klasse C' zuordnen lassen, so daß für das Funktionensystem $y_i(x)$, $\lambda_\beta(x)$ die Differentialgleichungen (42), (62) und (65) bestehen, eine *Extremale* für das vorgelegte Variationsproblem.[1])

d) **Normales und anormales Verhalten der Extremalen:**

Wenn $l_0 = 0$, so lauten die Differentialgleichungen (62) und (65)

$$\sum_\beta \left(\lambda_\beta \frac{\partial \varphi_\beta}{\partial y_i} - \frac{d}{dx} \lambda_\beta \frac{\partial \varphi_\beta}{\partial y_i'} \right) = 0, \qquad i = 1, 2, \ldots, n. \tag{66}$$

Zugleich folgt, da dann sicher nicht alle Konstanten $l_1, l_2, \ldots, l_m$ gleich Null sind, daß nicht alle aus (64) bestimmten Endwerte $\lambda_\beta(x_2)$ gleich Null sein können, und daher können auch nicht alle Funktionen $\lambda_\beta(x)$ im Intervall $[x_1 x_2]$ identisch verschwinden. Somit kann der Ausnahmefall $l_0 = 0$ nur dann eintreten, wenn es m nicht identisch verschwindende Funktionen $\lambda_\beta(x)$ gibt, welche gleichzeitig den $n > m$ homogenen linearen Differentialgleichungen (66) genügen.

Wie die weitere Entwicklung zeigen wird, erweist es sich nun als zweckmäßig, bei der Multiplikatorenregel statt der scheinbar naturgemäßeren Fallunterscheidung: $l_0 = 0$ oder $\neq 0$ die folgenden beiden Fälle zu unterscheiden:

Wir sagen mit Hahn[2]), die Extremale $\mathfrak{E}_0$ verhalte sich *anormal* im Intervall $[x_1 x_2]$, wenn es (mindestens) ein System von m Funktionen $\lambda_\beta(x)$ von der Klasse C' gibt, welche nicht alle in $[x_1 x_2]$ identisch verschwinden, und welche gleichzeitig den n Differentialgleichungen (66) genügen. Im entgegengesetzten Fall sagen wir, die Extremale $\mathfrak{E}_0$ verhalte sich im Intervall $[x_1 x_2]$ *normal*.

Für den Fall des normalen Verhaltens gelten nun eine Reihe wichtiger Zusätze zur Multiplikatorenregel.

---

[1]) Beispiele folgen in § 70, *Übungsaufgaben* am Ende von Kap. XIII, und zwar Nr. 2, 4, 8.

[2]) Mathematische Annalen, Bd. LVIII (1903), p. 152. Die Unterscheidung kommt übrigens schon in der grundlegenden Arbeit von A. Mayer vor, Mathematische Annalen, Bd. XXVI (1886), p. 79 und spielt auch in den Untersuchungen v. Escherich's über die zweite Variation eine wichtige Rolle (Wiener Berichte, Bd. VIII (1899), p. 1290). Beim einfachsten isoperimetrischen Problem ist das anormale Verhalten der Extremalen $\mathfrak{E}_0$ damit identisch, daß $\mathfrak{E}_0$ zugleich Extremale für das Integral K ist, vgl. p. 460, insbesondere Fußnote 1). Analog läßt sich das anormale Verhalten im allgemeinen Fall dahin charakterisieren, daß alsdann die Kurve $\mathfrak{E}_0$ zugleich Extremale für die n Mayer'schen Probleme ist, welche den m Differentialgleichungen (5) zugeordnet sind, vgl. § 70, c). Eine Lösung der allgemeinen, hier vorliegenden Aufgabe, die notwendigen und hinreichenden Bedingungen dafür anzugeben, daß ein System von $n > m$ homogenen linearen Differentialgleichungen erster Ordnung mit m unbekannten Funktionen eine nicht identisch verschwindende Lösung besitzt, hat Schlesinger gegeben (briefliche Mitteilung, noch nicht publiziert).

Hierzu die *Übungsaufgabe* Nr. 8 am Ende von Kap. XIII.

Dazu mussen wir noch etwas näher auf die unter b) gegebene Diskussion des Gleichungssystems (56) für die Größen l eingehen, das wir unter Benutzung der Bezeichnung (57) auch schreiben können

$$l_0\left(\frac{\partial J}{\partial \varepsilon_\beta}\right)_0 + \sum_\alpha l_\alpha \eta_\alpha^\beta(x_2) = 0. \tag{56a}$$

In dem ersten der dort unterschiedenen Fälle ($p = m$) ist nun entweder die Determinante

$$\left| \eta_\alpha^\beta(x_2) \right|$$

von Null verschieden; dann können wir nach $l_1, l_2, \ldots, l_m$ auflösen, und l_0, welches willkürlich bleibt, muß von Null verschieden gewählt werden, damit nicht alle l verschwinden. Oder aber diese Determinante ist gleich Null; dann ergibt die Auflösung des Gleichungssystems $l_0 = 0$

In dem zweiten Fall ($p < m$) können wir den Gleichungen (56a) stets durch ein Wertsystem der l genügen, in welchem $l_0 = 0$, während die übrigen l_α nicht samtlich verschwinden.

Hieraus folgt aber:

Zusatz I[1]: *Verhält sich die Extremale* $\mathfrak{E}_0$ *normal im Intervall* $[x_1 x_2]$, *so lassen sich die Funktionen* η^β_{m+r} *so wählen, daß die Determinante*

$$\left| \eta_\alpha^\beta(x_2) \right| \neq 0, \tag{67}$$

und daher ist in diesem Fall stets

$$F = f + \sum_\beta \lambda_\beta \varphi_\beta$$

Aus (67) folgt nach dem Satz über implizite Funktionen, daß im Fall des normalen Verhaltens die Gleichungen (53) sich in der Umgebung der Stelle $\varepsilon = 0, \varepsilon_1 = 0, \ldots, \varepsilon_m = 0$ eindeutig nach $\varepsilon_1, \varepsilon_2, \ldots, \varepsilon_m$ auflosen lassen, woraus die *Existenz einer einparametrigen Schar von zulassigen Variationen*

$$y_i = \bar{y}_i(x, \varepsilon)$$

folgt.

Zusatz II: Verhalt sich die Extremale $\mathfrak{E}_0$ *normal im Intervall* $[x_1 x_2]$, *so gibt es nur ein einziges System von Multiplikatoren* λ_β.

Denn gäbe es zwei verschiedene Systeme λ_β und $\bar{\lambda}_\beta$, so daß also gleichzeitig

$$\frac{\partial F}{\partial y_i} - \frac{d}{dx}\frac{\partial F}{\partial y_i'} = 0, \qquad \frac{\partial \bar{F}}{\partial y_i} - \frac{d}{dx}\frac{\partial \bar{F}}{\partial y_i'} = 0,$$

wo: $\bar{F} = f + \sum_\beta \bar{\lambda}_\beta \varphi_\beta$, so würde durch Subtraktion folgen

$$\sum_\beta \left((\bar{\lambda}_\beta - \lambda_\beta) \frac{\partial \varphi_\beta}{\partial y_i} - \frac{d}{dx}\left(\bar{\lambda}_\beta - \lambda_\beta\right) \frac{\partial \varphi_\beta}{\partial y_i'} \right) = 0,$$

was mit der Voraussetzung, daß $\mathfrak{E}_0$ sich normal verhalt, im Widerspruch steht.

---

[1]) Auf anderem Wege bewiesen von Hahn, loc. cit. p. 155.

Hieraus folgt, daß bei normalem Verhalten von $\mathfrak{E}_0$ *die Multiplikatoren* λ_α *von der Wahl der Funktionen* η^β_{m+r} *unabhängig sind.*

e) Historisches:

Die Multiplikatorenregel ist zuerst von EULER[1]) durch eine scharfsinnige, aber ziemlich komplizierte Infinitesimalbetrachtung für den speziellen Fall gefunden worden, wo das Integral

$$J = \int_{x_1}^{x_2} f(x, v, y, y', \ldots, y^{(n)})\, dx$$

mit der Nebenbedingung

$$v' = g(x, v, y, y', \ldots, y^{(n)})$$

zu einem Extremum zu machen ist

Den allgemeinen Satz hat zuerst LAGRANGE[2]) bewiesen mit Hilfe seines δ-Algorithmus und seiner partiellen Integration. Er schließt folgendermaßen: Da die Kurve $\mathfrak{E}_0$ das Integral J zu einem Extremum machen soll, so muß $\delta J = 0$ sein; daneben müssen die Gleichungen $\delta\varphi_\beta = 0$ erfüllt sein, d. h. es müssen gleichzeitig die Gleichungen (32) und (58) bestehen, wenn unter η_i die durch die Gleichungen $\delta y_i = \varepsilon\eta_i$ definierten Funktionen verstanden werden.[3]) Hieraus wird dann wie oben in § 68, b) mit Hilfe der unbestimmten Multiplikatoren und durch Anwendung der partiellen Integration die Gleichung (35) abgeleitet.

Nunmehr wird weiter geschlossen Die Gleichung (32), und daher auch (35), muß für alle Funktionen η_i erfüllt sein, welche in x_1 und x_2 verschwinden und den Relationen (58) genügen. Von den n Funktionen η_i können wir aber die $n - m$ letzten willkürlich annehmen und die übrigen dann aus den Differentialgleichungen (58) bestimmen Dann werden die Multiplikatoren λ_β so gewählt, daß sie den m Differentialgleichungen (62) genügen, wodurch sich die Gleichung (35) auf die Gleichung (61a) reduziert Aus dieser folgen dann wegen der angeblichen Willkürlichkeit der Funktionen η_{m+r} die Differentialgleichungen (65).

Der Beweis enthält jedoch wesentliche *Lücken.*

Zunächst ist die Behauptung, daß die Funktionen η_{m+r} willkürlich gewählt werden können (abgesehen von der Bedingung, daß sie in x_1 und x_2 verschwinden müssen) nur dann richtig, wenn die sämtlichen Gleichungen (5) endliche Gleichungen sind, oder aber, wenn die Endwerte der Funktionen y_α in x_2 willkürlich bleiben. Wenn dagegen die Gleichungen (5), wie wir hier vorausgesetzt haben, Differentialgleichungen sind und die Endpunkte fest sind, so kann man zwar, nachdem man die Funktionen η_{m+r} gewählt hat, den Funktionen η_α noch vorschreiben, daß sie in x_1 verschwinden sollen. Durch diese Anfangsbedingungen

---

[1]) *Methodus inveniendi etc.* (1744) p 119. Vgl auch die Darstellung von KNESER (*Encyklopadie,* II A, p 579, und *„Euler und die Variationsrechnung“*, Abhandlungen zur Geschichte der mathematischen Wissenschaften, Bd XXV, p. 28).

[2]) *Oeuvres*, Bd. I, p. 347, 350; Bd. X, pp 414—421

[3]) Die Funktionen η_i haben hier also eine andere Bedeutung als unter a)

und die Differentialgleichungen (58) sind aber die Funktionen η_α vollständig bestimmt, und sie werden im allgemeinen die Bedingung, auch in x_2 zu verschwinden, nicht erfüllen. Und damit wird der ganze Beweis hinfällig.

A. Mayer[1]) gebührt das Verdienst, diesen schwierigen Punkt zuerst aufgeklärt zu haben. Es handelt sich darum, analytisch die Bedingungen zu formulieren, welche den $n-m$ Funktionen η_{m+r} auferlegt werden müssen, damit die durch die Differentialgleichungen (58) und die Anfangsbedingungen $\eta_\alpha(x_1)=0$ bestimmten Funktionen η_α auch in x_2 verschwinden.

Dazu multipliziert Mayer die Differentialgleichungen (58) mit neuen unbestimmten Funktionen ν_α von x, integriert zwischen den Grenzen x_1 und x_2, wendet die bekannte partielle Integration an und summiert nach α. Das Resultat ist, wenn man beachtet, daß alle Funktionen η_i in x_1 verschwinden und die Funktionen η_{m+r} überdies in x_2,

$$\int\limits_{x_1}^{x_2}\sum_i \eta_i\left(\sum_\alpha \nu_\alpha\frac{\partial\varphi_\alpha}{\partial y_i}-\frac{d}{dx}\left(\nu_\alpha\frac{\partial\varphi_\alpha}{\partial y_i'}\right)\right)dx+\sum_\beta \eta_\beta(x_2)\sum_\alpha \nu_\alpha(x_2)\frac{\partial\varphi_\alpha}{\partial y_\beta'}\Bigg|^2=0$$

Es sei jetzt: $\nu_1^\gamma, \nu_2^\gamma, \ldots, \nu_m^\gamma$ dasjenige System von Lösungen der m homogenen linearen Differentialgleichungen

$$\sum_\alpha\left(\nu_\alpha\frac{\partial\varphi_\alpha}{\partial y_\beta}-\frac{d}{dx}\left(\nu_\alpha\frac{\partial\varphi_\alpha}{\partial y_\beta'}\right)\right)=0, \qquad \beta=1,2,\cdot\cdot, m,$$

welches den Anfangsbedingungen

$$\sum_\alpha\frac{\partial\varphi_\alpha}{\partial y_\beta'}\Bigg|^2 \nu_\alpha^\gamma(x_2)=\begin{cases}1 \text{ für } \beta=\gamma\\ 0 \text{ für } \beta\neq\gamma\end{cases}$$

genügt. Alsdann folgt

$$\eta_\gamma(x_2)=-\int\limits_{x_1}^{x_2}\sum_r \eta_{m+r}N_{m+r}^\gamma\,dx,$$

wenn wir zur Abkürzung

$$N_i^\gamma=\sum_\alpha\left(\nu_\alpha^\gamma\frac{\partial\varphi_\alpha}{\partial y_i}-\frac{d}{dx}\left(\nu_\alpha^\gamma\frac{\partial\varphi_\alpha}{\partial y_i'}\right)\right)$$

setzen. Die fraglichen Bedingungen, denen die Funktionen η_{m+r} zu unterwerfen sind, lauten also

$$\int\limits_{x_1}^{x_2}\sum_r \eta_{m+r}N_{m+r}^\gamma\,dx=0, \qquad \gamma=1,2,\ \ ,m \qquad (68)$$

Somit braucht die Gleichung (61a) nicht für alle Funktionen η_{m+r}, welche in x_1 und x_2 verschwinden, erfüllt zu sein, wie Lagrange annahm, sondern nur für diejenigen, die den m Gleichungen (68) genügen. Damit ist die Aufgabe auf das Fundamentallemma[2]) für isoperimetrische Probleme zurückgeführt. Aus dem-

[1]) Mathematische Annalen, Bd. XXVI (1886), p 74; auf eine wesentlich andere Art hat Turksma dieselbe Schwierigkeit gelöst (Mathematische Annalen, Bd XLVII (1896), p 33

[2]) Vgl. p. 462, Fußnote [1]).

selben folgt, wie Mayer weiter zeigt, als Endresultat die Multiplikatorenregel, freilich mit anderen Multiplikatoren als den Lagrange'schen

Der Lagrange'sche Beweis enthält aber noch eine *zweite*, weniger an der Oberfläche liegende *Lücke*, auf die wir im Fall der isoperimetrischen Probleme bereits hingewiesen haben. Erinnert man sich nämlich der Bedeutung des Variationsalgorithmus (§ 8), so erkennt man, daß derselbe in bezug auf das Bestehen der beiden Gleichungen (32) und (58) nur zu folgendem Resultat führt. Ist

$$y_i = \bar{y}_i(x, \varepsilon) \tag{69}$$

irgend eine Schar von zulässigen Variationen der Kurve $\mathfrak{E}_0$, und setzt man

$$\left(\frac{\partial \bar{y}_i}{\partial \varepsilon}\right)_0 = \eta_i, \tag{70}$$

so müssen die Funktionen η_i die Gleichungen (32) und (58) gleichzeitig befriedigen. Die weitere Folgerung, daß die Gleichung (32) für alle in x_1 und x_2 verschwindenden Funktionen η_i, welche den Differentialgleichungen (58) genügen, erfüllt sein muß, entbehrt aber so lange der Begründung, als nicht das folgende „*Ergänzungslemma*“ bewiesen ist:

Ist irgend ein System von Funktionen η_i gegeben, welche in x_1 und x_2 verschwinden und den Bedingungen (58) genügen, so gibt es allemal eine zugehörige Schar von zulässigen Variationen (69), welche mit den gegebenen Funktionen η_i durch die Gleichungen (70) verbunden sind

Dieses Ergänzungslemma, das übrigens auch für die Behandlung der zweiten Variation wichtig ist, ist nun in der Tat richtig, wenigstens wenn die Kurve $\mathfrak{E}_0$ sich normal verhält, und kann im Anschluß an die unter a) und d) gegebenen Entwicklungen mit Hilfe von Zusatz I leicht bewiesen werden [1])

Diese zweite Lücke im Lagrange'schen Beweis ist erst von Kneser [2]) und Hilbert [3]) ausgefüllt worden.

Bei den bisher besprochenen Beweisen war die *Existenz und Stetigkeit der zweiten Ableitungen der Funktionen* $y_i(x)$ vorausgesetzt. Eine Modifikation des Kneser'schen Beweises, bei welcher von dieser Voraussetzung kein Gebrauch gemacht wird und nur die Existenz und Stetigkeit der ersten Ableitungen vorausgesetzt wird, hat Hahn [4]) gegeben in Verallgemeinerung der Du-Bois-Reymond'schen Methode von § 5, c) Wendet man auf Gleichung (60) statt der Lagrange'schen die Du-Bois-Reymond'sche partielle Integration an, so erhält man an Stelle der Gleichung (61) die folgende [5])

$$\int_{x_1}^{x_2} \sum_i \left(\frac{\partial F}{\partial y_i'} - \int_{x_1}^{x} \frac{\partial F}{\partial y_i} dx\right) \eta_i' dx + \sum_\alpha \eta_\alpha(x_2)\left(l_\alpha + \int_{x_1}^{x_2} \frac{\partial F}{\partial y_\alpha} dx\right) = 0. \tag{71}$$

[1]) Vgl den entsprechenden Satz für isoperimetrische Probleme, p. 460, und die analogen allgemeinen Entwicklungen von Hahn, Mathematische Annalen, Bd. LVIII (1904), pp 158—164

[2]) *Lehrbuch* (1900), §§ 56, 59.

[3]) Vgl das Zitat auf p. 558, Fußnote [1]).

[4]) Monatshefte für Mathematik und Physik, Bd XIV (1902), p. 325

[5]) Die Funktionen η_i haben hier wieder dieselbe Bedeutung wie unter a) und b).

Nunmehr kann man nach einem von HAHN bewiesenen Hilfssatz die Funktionen $\lambda_\beta(x)$ und gleichzeitig m Konstanten C_α so bestimmen, daß

$$\frac{\partial F}{\partial y'_\alpha} - \int_{x_1}^{x} \frac{\partial F}{\partial y_\alpha} dx = C_\alpha, \qquad l_\alpha + C_\alpha + \int_{x_1}^{x_2} \frac{\partial F}{\partial y_\alpha} dx = 0.$$

Dadurch geht die Gleichung (71) über in

$$\int_{x_1}^{x_2} \sum_r \left(\frac{\partial F}{\partial y'_{m+r}} - \int_{x_1}^{x} \frac{\partial F}{\partial y_{m+r}} dx \right) \eta'_{m+r} dx = 0,$$

woraus nach dem Du-Bois-Reymond'schen Lemma die Multiplikatorenregel folgt, und zwar ohne Zuziehung[1]) der zweiten Ableitungen y''_i.

Weiter folgt dann, ähnlich wie in § 5, d), die Existenz und Stetigkeit der Ableitungen $y''_i(x)$, $\lambda'_\beta(x)$ in allen denjenigen Punkten des Intervalles $[x_1 x_2]$, in welchen die Determinante $R(x, y, y', \lambda)$ von § 72, a) von Null verschieden ist.

§ 70. Diverse Bemerkungen zur Multiplikatorenregel.

Wir knüpfen an den vorangegangenen Beweis der Multiplikatorenregel in diesem Paragraphen eine Reihe von Bemerkungen, welche sich meist auf Modifikationen des bisher behandelten Problems beziehen

a) **Grenzbedingungen im Fall variabler Endwerte der unbekannten Funktionen:**[2])

Wir betrachten hier nur den einfachsten Fall variabler Endpunkte, wo die Grenzen x_1 und x_2 gegeben sind, nicht aber die sämtlichen Endwerte der unbekannten Funktionen y_i. Da auch in diesem Fall unter der Gesamtheit der zulässigen Variationen der als gefunden vorausgesetzten Lösung $\mathfrak{E}_0$ stets diejenigen enthalten sind, welche die Endpunkte nicht variieren, so folgt zunächst, daß auch hier die Euler-Lagrange'schen Differentialgleichungen erfüllt sein müssen.

Für die weitere Diskussion muß man nun unterscheiden, ob diejenigen Funktionen y_i, deren Endwerte nicht vorgeschrieben sind, zu den Funktionen y_α oder zu den Funktionen y_{m+r} gehören.

---

[1]) Freilich ist in dem unter a) bis c) durchgeführten Beweis nicht nur bei Anwendung der Lagrange'schen partiellen Integration auf die Gleichung (60), sondern auch bei der Anwendung des Einbettungssatzes von § 24, e) die Existenz und Stetigkeit von $y''_i(x)$ vorausgesetzt. Doch ist zu vermuten, daß dieser Satz auch noch richtig bleibt, wenn man in der dortigen Bezeichnung die Voraussetzung der Existenz und Stetigkeit der Ableitungen $\partial F_k/\partial t$ fallen läßt, womit dieser Einwand beseitigt wäre.

[2]) Für den allgemeinsten Fall von variabeln Endpunkten, wo die Koordinaten der letzteren einer Anzahl von Relationen: $\chi_j(y_{11}, \ldots, y_{n1}, y_{12}, \ldots, y_{n2}) = 0$ unterworfen sind, vgl p 580, Fußnote [3]).

1. Es seien alle Endwerte vorgeschrieben mit Ausnahme des Wertes von y_n im Punkt x_2. Wir wählen dann die Funktionen η ebenso wie in § 69, a) mit der einzigen Ausnahme, daß wir jetzt

$$\eta_n(x_2) \neq 0$$

annehmen. Dann schließen wir genau wie früher weiter; die letzte der Gleichungen (47) lautet dann

$$Y_n(x_2, \varepsilon, \varepsilon_1, \ldots, \varepsilon_m) = y_n(x_2) + \varepsilon \eta_n(x_2).$$

Sonst bleiben alle Schlüsse ungeändert bestehen bis zur Gleichung (60) inklusive. Erst bei der Ausführung der partiellen Integration tritt eine Änderung ein, insofern in Gleichung (61) auf der linken Seite nun noch das Glied

$$\frac{\partial F}{\partial y_n'}\Big|^{x_2} \eta_n(x_2)$$

hinzuzufügen ist. Bestimmt man daher jetzt wieder die Funktionen λ_β aus den Differentialgleichungen (62) mit den Anfangsbedingungen (63), so folgt aus der vorangegangenen Betrachtung von Variationen mit festen Endpunkten, daß gleichzeitig die Differentialgleichungen (65) bestehen. Daher bleibt auf der linken Seite von (61) gerade nur das obige Zusatzglied stehen, woraus folgt, daß

$$\frac{\partial F}{\partial y_n'}\Big|^{x_2} = 0$$

sein muß.

2. Sind dagegen alle Endwerte vorgeschrieben mit Ausnahme des Wertes von y_m in x_2, so ändern wir die ursprüngliche Beweisführung dahin ab, daß wir jetzt nur m Größen ε einführen, sodaß

$$Y_{m+r}(x, \varepsilon, \varepsilon_1, \ldots, \varepsilon_{m-1}) = y_{m+r}(x) + \varepsilon \eta_{m+r}(x) + \sum_{\beta=1}^{m-1} \varepsilon_\beta \eta^\beta_{m+r}(x).$$

Dementsprechend hängen jetzt auch die Funktionen Y_α nur von m Größen ε ab, die nunmehr nur $m-1$ Bedingungsgleichungen

$$Y_\alpha(x_2, \varepsilon, \varepsilon_1, \ldots, \varepsilon_{m-1}) = y_\alpha(x_2),$$
$$\alpha = 1, 2, \ldots, m-1,$$

unterworfen sind Durch dieselbe Schlußweise wie in § 69, b) erhalten wir statt der Gleichungen (55) und (56) entsprechende Gleichungen, die sich von jenen nur dadurch unterscheiden, daß jetzt die Indizes α, β nur von 1 bis $m-1$ laufen. Indem wir in der früheren Weise weiter schließen, erhalten wir an Stelle von (60) eine Gleichung, die aus (60) hervorgeht, wenn man darin $l_m = 0$ setzt. Das hat zur

Folge, daß die letzte der Gleichungen (63) jetzt lautet

$$\left.\frac{\partial F}{\partial y'_m}\right|^{x_2} = 0$$

Hieraus ergibt sich das allgemeine Resultat:

Sind die Endwerte der Funktionen $y_{i_1}, y_{i_2}, \ldots, y_{i_q}$ *im Punkt* x_2 *nicht vorgeschrieben, sondern willkürlich, so hat man den Euler-Lagrange'schen Differentialgleichungen noch die „Grenzgleichungen"*

$$\left.\frac{\partial F}{\partial y'_{i_1}}\right|^{x_2} = 0, \quad \left.\frac{\partial F}{\partial y'_{i_2}}\right|^{x_2} = 0, \ldots, \quad \left.\frac{\partial F}{\partial y'_{i_q}}\right|^{x_2} = 0 \tag{72}$$

hinzuzufügen.

Ist dagegen *die obere Grenze* x_2 *nicht vorgeschrieben*, während die sämtlichen übrigen Koordinaten der beiden Endpunkte gegeben sind, so lautet die „Grenzgleichung"

$$F - \sum_i \frac{\partial F}{\partial y'_i} y'_i \Big|^{x_2} = 0, \tag{73}$$

wie man am einfachsten durch Übergang zur Parameterdarstellung[1]) zeigt.

b) Diskontinuierliche Lösungen:

Wir nehmen jetzt an, eine aus zwei Kurven der Klasse C'':

$$\mathfrak{E}_0: \qquad y_i = y_i(x), \qquad x_1 \lesseqgtr x \lesseqgtr x_0,$$

und

$$\overline{\mathfrak{E}}_0. \qquad y_i = \overline{y}_i(x), \qquad x_0 \lesseqgtr x \lesseqgtr x_2$$

zusammengesetzte stetige Kurve liefere für das Integral J ein Extremum mit den Nebenbedingungen (5). Über jede der beiden Kurven werden die Voraussetzungen (42) und (44) gemacht

Dann muß zunächst jede der beiden Kurven eine *Extremale* sein. Wir nehmen an, daß die Extremale $\mathfrak{E}_0$ sich in Beziehung auf das Intervall $[x_1 x_0]$ normal verhält, und ebenso die Extremale $\overline{\mathfrak{E}}_0$ in Beziehung auf das Intervall $[x_0 x_2]$. Alsdann müssen im Punkt P_0 die folgenden *Eckenbedingungen*[2]) erfüllt sein:

$$F_{n+i}(x, y, y', \lambda)|^0 = F_{n+i}(x, y, \overline{y}', \overline{\lambda})|^0, \tag{74}$$

$$F(x, y, y', \lambda) - \sum_i F_{n+i}(x, y, y', \lambda) y'_i|^0 = F(x, y, \overline{y}', \overline{\lambda}) - \sum_i F_{n+i}(x, y, \overline{y}', \overline{\lambda}) \overline{y}'_i|^0,$$

wenn λ_β, resp. $\overline{\lambda}_\beta$, die zu $\mathfrak{E}_0$, resp. $\overline{\mathfrak{E}}_0$, gehörigen Multiplikatoren bezeichnen.

Zum Beweis konstruiere man zwei $(n+1)$-parametrige Scharen zulässiger Variationen

$$y_i = Y_i(x, \varepsilon, \varepsilon_1, \ldots, \varepsilon_n),$$
$$y_i = \overline{Y}_i(x, \varepsilon, \varepsilon_1, \ldots, \varepsilon_n),$$

---

[1]) Vgl § 70, d), Ende Hierzu die *Übungsaufgaben* Nr 3, 5 am Ende von Kap. XIII.

[2]) Vgl. die Verabredungen über die Bezeichnung im Eingang von § 68

welche die folgenden Bedingungen erfüllen

$$Y_i(x, 0, 0, \ldots, 0) = y_i(x), \qquad \overline{Y}_i(x, 0, 0, \ldots, 0) = \overline{y}_i(x),$$
$$Y_i(x_1, \varepsilon, \varepsilon_1, \ldots, \varepsilon_n) = y_i(x_1), \qquad \overline{Y}_i(x_2, \varepsilon, \varepsilon_1, \ldots, \varepsilon_n) = \overline{y}_i(x_2),$$
$$Y_i(x_0 + \varepsilon, \varepsilon, \varepsilon_1, \ldots, \varepsilon_n) = y_{i0} + \varepsilon_i = \overline{Y}_i(x_0 + \varepsilon, \varepsilon, \varepsilon_1, \ldots, \varepsilon_n).$$

Die Herstellung zweier solcher Scharen erfolgt nach derselben Methode, die später bei der Ableitung der Weierstraß'schen Bedingung (§ 74, a)) auseinandergesetzt werden wird

Die Bedingungen (74) ergeben sich dann in bekannter Weise durch Anwendung des δ-Algorithmus in Beziehung auf jeden der Parameter $\varepsilon, \varepsilon_1, \ldots, \varepsilon_n$.

Wir heben noch den folgenden *Zusatz*[1]) hervor: *Wenn*

$$\overline{y}_i'(x_0) = y_i'(x_0),$$

so ist auch

$$\overline{\lambda}_\beta(x_0) = \lambda_\beta(x_0)$$

Denn in diesem Fall reduzieren sich die Gleichungen (74) auf die n Gleichungen

$$\sum_\beta (\overline{\lambda}_\beta - \lambda_\beta) \frac{\partial \varphi_\beta}{\partial y_i'}\Big|^0 = 0,$$

aus denen nach (44) unsere Behauptung folgt.

Wenn überdies in der Bezeichnung von § 72, a) die Bedingung

$$R(x_0, y(x_0), y'(x_0), \lambda(x_0)) \neq 0$$

erfüllt ist, so ist nach § 72, a) die Extremale $\overline{\mathfrak{E}}_0$ die *„Fortsetzung"* der Extremalen $\mathfrak{E}_0$ im Sinn von § 23, d) und daher ist insbesondere auch

$$\overline{y}_i''(x_0) = y_i''(x_0).$$

c) Das Mayer'sche Problem:

Führt man in dem Lagrange'schen Problem als neue unbekannte Funktion das Integral

$$y_0 = \int_{x_1}^{x} f(x, y_1, \ldots, y_n, y_1', \ldots, y_n')\,dx$$

ein, so läßt sich das Integral J auch definieren als der Wert, welchen die durch die Differentialgleichung

$$y_0' - f(x, y_1, \ldots, y_n, y_1', \ldots, y_n') = 0$$

und die Anfangsbedingung

$$y_0|^{x_1} = 0$$

definierte Funktion y_0 für $x = x_2$ annimmt.

Daher läßt sich das Lagrange'sche Problem mit n unbekannten

---

[1]) Derselbe folgt auch aus der Hahn'schen Modifikation des Beweises der Multiplikatorenregel, siehe § 69, e) Ende.

Funktionen auch als spezieller Fall des folgenden, zuerst von A. MAYER[1]) allgemein formulierten Problems auffassen:

Unter allen Systemen von Funktionen $y_0, y_1, \ldots, y_n$ einer Variabeln x von der Klasse C', welche $m+1$ gegebenen Differentialgleichungen

$$\begin{gathered}\varphi_\varrho(x, y_0, y_1, \ldots, y_n, y_0', y_1', \ldots, y_n') = 0, \\ \varrho = 0, 1, \ldots, m, \qquad m < n,\end{gathered} \tag{75}$$

genügen und mit Ausnahme von y_0 in x_1 und x_2 vorgeschriebene Werte annehmen, während der Wert von y_0 nur im Punkt x_1 vorgeschrieben ist, dasjenige System zu bestimmen, in welchem die Funktion y_0 im Punkt x_2 den größten, resp. kleinsten Wert annimmt.

Dieses Problem läßt sich aber seinerseits wieder nach einer schon von LAGRANGE[2]) gemachten Bemerkung als spezieller Fall des Lagrange'schen Problems mit $n+1$ unbekannten Funktionen auffassen. Denn ist

$$\mathfrak{E}_0: \qquad y_s = y_s(x), \qquad s = 0, 1, \ldots, n$$

eine Lösung des soeben formulierten Problems und

$$y_s = \bar{y}_s(x)$$

irgend eine zulässige Variation von $\mathfrak{E}_0$, so ist im Fall eines Minimums

$$\bar{y}_0(x_2) \gtreqless y_0(x_2)$$

Da aber nach den über die zulässigen Kurven gemachten Voraussetzungen

$$\bar{y}_0(x_1) = y_0(x_1),$$

so können wir die Ungleichung auch schreiben

$$\bar{y}_0(x_2) - \bar{y}_0(x_1) \gtreqless y_0(x_2) - y_0(x_1),$$

d. h. aber

$$\int_{x_1}^{x_2} \bar{y}_0' dx \gtreqless \int_{x_1}^{x_2} y_0' dx.$$

Die gegebene Aufgabe ist daher äquivalent mit der Aufgabe, das Integral

---

[1]) Leipziger Berichte (1878), p. 17 und ibid 1895, p. 129. Ferner haben sich mit diesem Problem beschäftigt: KNESER, *Lehrbuch*, VII. Abschnitt; HAHN, Monatshefte fur Mathematik und Physik, Bd XIV (1902), p. 325; HILBERT, Gottinger Nachrichten 1905, und Mathematische Annalen, Bd LXII (1906), p. 351; EGOROW, Mathematische Annalen, Bd. LXII (1906), p. 371; HADAMARD, Annales de l'École Normale Supérieure (3), Bd. XXIV (1907), p. 208 Vgl auch KNESER, *Encyklopadie* II A, pp 579, 580; einzelne Aufgaben dieser Art sind schon von EULER behandelt worden, siehe unten p 579

[2]) *Oeuvres*, Bd. X, p 419.

$$J = \int_{x_1}^{x_2} y_0' \, dx$$

mit den Nebenbedingungen (75) zu einem Minimum zu machen, wenn alle Endwerte, mit Ausnahme des Wertes von y_0 in x_2 gegeben sind.

Um die Differentialgleichungen des Problems zu erhalten, haben wir also

$$F = l_0 y_0' + \sum_{\varrho=0}^{m} \lambda_\varrho \varphi_\varrho$$

zu setzen. Da l_0 konstant ist, so sind die hieraus sich ergebenden Differentialgleichungen genau dieselben, wie wenn das erste Glied $l_0 y_0'$ gar nicht vorhanden wäre. Wir erhalten also den von A. MAYER herrührenden Satz:

Die erste notwendige Bedingung für eine Lösung des oben formulierten Mayer'schen Problems besteht darin, daß es $m+1$ Funktionen λ_ϱ geben muß, welche nicht sämtlich in $[x_1 x_2]$ identisch verschwinden, und welche mit den gesuchten Funktionen y_s zusammen den $n+1$ Differentialgleichungen

$$\sum_{\varrho=0}^{m} \left(\lambda_\varrho \frac{\partial \varphi_\varrho}{\partial y_s} - \frac{d}{dx} \left(\lambda_\varrho \frac{\partial \varphi_\varrho}{\partial y_s'} \right) \right) = 0, \qquad s = 0, 1, 2, \cdots, n, \tag{76}$$

genügen.

Dazu kommt dann noch, da der Wert von y_0 im Punkt x_2 nicht gegeben ist, nach a) die Grenzgleichung

$$l_0 + \sum_{\varrho=0}^{m} \lambda_\varrho \frac{\partial \varphi_\varrho}{\partial y_0'} \Bigg|^{x_2} = 0 \tag{77}$$

Daß die Funktionen λ_ϱ nicht sämtlich verschwinden können, folgt in Fall $l_0 = 0$ aus den allgemeinen Resultaten von § 69, d), im Fall $l_0 \neq 0$ aus der Gleichung (77).

Die Mayer'schen Differentialgleichungen (76) zeichnen sich vor den Euler-Lagrange'schen Differentialgleichungen durch ihre vollkommene Symmetrie aus. Sie zeigen unmittelbar, daß man dieselben Differentialgleichungen erhält, wenn man die Funktion y_0 ihre Rolle mit irgend einer der n Funktionen $y_1, \ldots, y_n$ vertauschen läßt. (*Allgemeiner Mayer'scher Reziprozitätssatz.*)

d) Das Lagrange'sche Problem in Parameterdarstellung:[1])

Wir haben bisher die zulässigen Kurven im $(n+1)$-dimensionalen Raum der Variabeln $x, y_1, \cdots, y_n$ in der Form: $y_s = y_s(x)$ darstellbar

[1]) Vgl hierzu A. MAYER, Leipziger Berichte 1895, p 140; KNESER, *Lehrbuch*, pp. 228, 241; v. ESCHERICH, Wiener Berichte, Bd. CX, Abt. 2a (1901), p 1361.

vorausgesetzt. Bei geometrischen Aufgaben liegt hierin eine Beschränkung, von der man sich befreit, indem man die Kurven in Parameterdarstellung annimmt. Schreibt man dabei der Symmetrie halber y_0 statt x, so nimmt das Problem nunmehr folgende Form an:

Unter allen „*Kurven*"

$$y_s = y_s(t), \qquad s = 0, 1, 2, \cdots, n$$

der Klasse[1]) C' im $(n+1)$-dimensionalen Raum der Variabeln $y_0, y_1, \cdots, y_n$, welche durch zwei gegebene Punkte $(y_{01}, y_{11}, \cdots, y_{n1})$ und $(y_{02}, y_{12}, \cdots, y_{n2})$ gehen und m Differentialgleichungen

$$\varphi_\alpha(y_0, y_1, \cdots, y_n, y_0', y_1', \cdots, y_n') = 0, \qquad (78)$$
$$\alpha = 1, 2, \cdots, m,$$

genügen, diejenige zu bestimmen, welche das Integral

$$J = \int_{t_1}^{t_2} f(y_0, y_1, \cdots, y_n, y_0', y_1', \cdots, y_n')\, dt$$

zu einem Extremum macht.

Dies ist nun wieder ein Lagrange'sches Problem mit $n+1$ unbekannten Funktionen, welches jedoch folgende Eigentümlichkeiten zeigt:

1) Sowohl das Integral J als die Bedingungen (78) müssen von der Wahl des Parameters unabhängig sein, also *bei einer Parametertransformation*[2]) *invariant* bleiben. Das ist sicher der Fall, wenn die Funktionen f und φ_α die Variable t nicht explizite enthalten und überdies in den Variabeln $y_0', y_1', \cdots, y_n'$ „positiv homogen"[3]) von der Dimension eins[4]) sind, sodaß also

$$\begin{aligned} f(y_0, y_1, \cdots, y_n, ky_0', ky_1', \cdots, ky_n') &= kf(y_0, y_1, \cdots, y_n, y_0', y_1', \cdots, y_n'), \\ \varphi_\alpha(y_0, y_1, \cdots, y_n, ky_0', ky_1', \cdots, ky_n') &= k\varphi_\alpha(y_0, y_1, \cdots, y_n, y_0', y_1', \cdots, y_n') \end{aligned} \qquad (79)$$

für jedes positive k.

2) Die Grenzen t_1, t_2 sind jetzt nicht gegeben. Letzterer Umstand hat aber auf die Ableitung der Lagrange'schen Differentialgleichungen keinen Einfluß, da man stets durch eine vorausgegangene Parametertransformation erreichen kann, daß die Endwerte von t auf den Vergleichskurven dieselben sind wie auf der als gefunden vorausgesetzten Lösung $\mathfrak{E}_0$.

[1]) Darin soll wieder inbegriffen sein, daß $\sum_s y_s'^2 \neq 0$; vgl. § 25, a)

[2]) Vgl. § 25, a).

[3]) Vgl § 25, b).

[4]) Die Funktionen φ_α eventuell nach Multiplikation mit einer geeigneten Potenz von y_0'.

Setzt man
$$F = l_0 f + \sum_\alpha \lambda_\alpha \varphi_\alpha,$$
so lauten die *Differentialgleichungen des Problems*
$$\frac{\partial F}{\partial y_s} - \frac{d}{dt}\frac{\partial F}{\partial y'_s} = 0, \qquad s = 0, 1, \cdots, n. \tag{80}$$
Man erhält also jetzt außer den m Differentialgleichungen (78) $n+1$ Differentialgleichungen. Dieselben sind aber in Folge der Homogeneitätsrelationen *nicht voneinander unabhängig*[1]). Denn aus (79) folgt durch Differentiation nach k
$$\sum_s y'_s \frac{\partial F}{\partial y'_s} = F$$
Denkt man sich hierin für die y_s irgend welche Funktionen von t eingesetzt und differentiiert, so kommt:
$$\sum_s y'_s \left(\frac{\partial F}{\partial y_s} - \frac{d}{dt}\frac{\partial F}{\partial y'_s}\right) = 0,$$
womit die obige Behauptung bewiesen ist.

Wie in § 26, a) werden daher die Funktionen $y_s(t)$ erst bestimmt, wenn man den Differentialgleichungen (78) und (80) eine *Zusatzgleichung* (oder Differentialgleichung) hinzufügt, die man beliebig wählen kann.

Sind die Endwerte der Funktionen $y_{s_1}, y_{s_2}, \cdots, y_{s_q}$ in t_2 nicht vorgeschrieben, sondern willkürlich, so müssen nach a) für $t = t_2$ noch die *Grenzgleichungen*
$$\frac{\partial F}{\partial y_{s_1}}\bigg|^2 = 0, \cdots, \frac{\partial F}{\partial y_{s_q}}\bigg|^2 = 0 \tag{81}$$
erfüllt sein.

Fügt man den Bedingungen für die zulässigen Kurven die weitere Bedingung hinzu, daß für alle zulassige Kurven
$$y'_0 > 0 \tag{82}$$
sein soll, und schreibt x statt y_0, so wird nach einer schon früher (25, e)) gemachten Bemerkung das Problem wieder mit dem x-Problem von § 69, resp § 70, a) identisch. Die Hinzufugung der Bedingung (82) ist auf die Endresultate (80) und (81) ohne Einfluß; denn ist dieselbe für die Kurve $\mathfrak{E}_0$ erfullt, so folgt aus den Stetigkeitseigenschaften der beim Beweis benutzten Funktionen $Y_s(t, \varepsilon, \varepsilon_1, \cdots, \varepsilon_m)$, daß auch: $Y'_0 > 0$, wofern nur die Größen ε hinreichend klein gewählt sind Die Gleichungen
$$y_s = Y_s(t, \varepsilon, \varepsilon_1, \cdots, \varepsilon_m)$$

---

[1]) Vgl. die analogen Entwicklungen beim einfachsten Fall in § 26, a) und Kneser, *Lehrbuch*, pp. 241, 242.

stellen also auch noch nach Hinzufügung der Bedingung (82) eine Schar von zulässigen Vergleichskurven dar.

Man kann von dieser Bemerkung Gebrauch machen, um für das x-Problem die Grenzgleichung (73) zu beweisen Man erhält dieselbe, indem man einen Parameter t einführt, dann für das t-Problem die Grenzgleichung

$$\frac{\partial F}{\partial y_0'}\Big|^2 = 0$$

ansetzt und darin schließlich wieder zur Variabeln x übergeht; dies ergibt sich daraus, daß hier

$$F = \overline{F}\left(y_0, y_1, \cdots, y_n, \frac{y_1'}{y_0'}, \cdots, \frac{y_n'}{y_0'}\right) y_0',$$

wobei y_0 mit x gleichbedeutend ist und $\overline{F}$ die in § 69 mit F bezeichnete Funktion bedeutet

e) Beispiel IV: Die Brachistochrone im widerstehenden Mittel (Siehe p 5):

Wir denken uns die zulässigen Kurven durch einen Parameter dargestellt, den wir τ nennen. Wir haben dann das Integral

$$J = \int_{\tau_1}^{\tau_2} \frac{\sqrt{x'^2 + y'^2 + z'^2}\, d\tau}{v}$$

zu einem Minimum zu machen mit der Nebenbedingung

$$v v' - g z' + R(v)\sqrt{x'^2 + y'^2 + z'^2} = 0, \tag{83}$$

wobei der Akzent Differentiation nach τ anzeigt. Die Anfangs- und Endwerte von x, y, z sind gegeben, ebenso der Anfangswert von v, aber nicht der Endwert von v.

Wir haben also ein Lagrange'sches Problem in Parameterdarstellung mit einer Differentialgleichung als Nebenbedingung.

Es ist hier

$$F = \sqrt{x'^2 + y'^2 + z'^2}\, H + \lambda v v' - \lambda g z',$$

wenn wir zur Abkürzung[1])

$$H = \frac{l_0}{v} + \lambda R(v)$$

schreiben.

Da F die Großen x, y, z nicht explizite enthalt, so erhalten wir sofort drei erste Integrale, die wir unter Einführung der Bogenlänge s schreiben können

$$H\frac{dx}{ds} = a, \qquad H\frac{dy}{ds} = b, \qquad H\frac{dz}{ds} = c + \lambda g, \tag{84}$$

wobei a, b, c Integrationskonstanten sind Dazu kommt noch die Differentialgleichung

$$v\frac{d\lambda}{ds} = H_v. \tag{85}$$

---

[1]) l_0 ist $= 1$ im allgemeinen Fall, $= 0$ im Ausnahmefall, vgl. § 69, c), Ende.

Die Differentialgleichungen (84) und (85) zusammen mit (83) stellen dann die Differentialgleichungen des Problems dar

Schon EULER[1]) hat diese Differentialgleichungen richtig aufgestellt und sie auf *Quadraturen* zurückgeführt

Zunächst folgt aus (84_1) und (84_2)

$$bx' - ay' = 0,$$

d. h. die gesuchte Kurve liegt *in einer vertikalen Ebene.* Wir wahlen dieselbe zur xz-Ebene unseres Koordinatensystems, sodaß

$$y = 0$$

Aus (84) ergibt sich nun weiter

$$H^2 = a^2 + (c + \lambda g)^2. \tag{86}$$

Diese Gleichung bestimmt λ als Funktion von v und den beiden Integrationskonstanten a und c Dividiert man (84_1) und (84_3) durch (85), so erhält man

$$dx = \frac{a v d\lambda}{H H_v}, \qquad dz = \frac{(c + \lambda g) v d\lambda}{H H_v}.$$

Denkt man sich hierin den oben gefundenen Wert von λ eingesetzt, so erhält man durch zwei Quadraturen x und z ausgedrückt als Funktionen von v.

$$x + A = \varphi(v; a, c), \qquad z + C = \chi(v; a, c), \tag{87}$$

also eine Parameterdarstellung der gesuchten Kurve.

Für die Konstantenbestimmung bemerken wir zunächst, daß für $\tau = \tau_2$ nach (81) die Grenzgleichung

$$\frac{\partial F}{\partial v'}\Big|^2 \equiv \lambda v\,|^2 = 0 \tag{88}$$

erfüllt sein muß, da der Endwert von v nicht vorgeschrieben ist Hieraus folgt, wenn wir die Gleichung (86) zunächst mit v^2 multiplizieren und dann $\tau = \tau_2$ setzen,

$$(a^2 + c^2) v_2^2 = l_0^2 \tag{88a}$$

Setzt man in den Gleichungen (87) zuerst $\tau = \tau_1$, dann $\tau = \tau_2$, so erhält man zusammen mit (88_a) fünf Gleichungen zur Bestimmung der fünf unbekannten Konstanten a, c, A, C, v_2.

Die ebenfalls schon von EULER[2]) behandelte Modifikation der Aufgabe, bei welcher die *Endgeschwindigkeit v_2 vorgeschrieben* ist, unterscheidet sich von der obigen Aufgabe nur darin, daß an Stelle der Grenzgleichung (88) jetzt die Gleichung $v(\tau_2) = v_2$ tritt, wodurch die Konstantenbestimmung noch einfacher wird

f) Beispiel XXV: Kurve größter Endgeschwindigkeit unter der Wirkung der Schwere im widerstehenden Mittel:

Ist ein materieller Punkt von der Masse 1 gezwungen, sich auf einer gegebenen Kurve

$$x = x(\tau), \qquad y = y(\tau), \qquad z = z(\tau), \qquad \tau_1 \leqq \tau \leqq \tau_2$$

---

[1]) *Methodus inveniendi* etc p 126 Die im Text gegebene Anordnung des Beweises rührt von A. C LUNN her

[2]) *Methodus inveniendi*, p 214

unter der Einwirkung der Schwere in einem widerstehenden Medium zu bewegen, und ist die gegebene Anfangsgeschwindigkeit v_1, so erhält man die Geschwindigkeit $v = v(\tau)$ im Punkt τ, indem man die Differentialgleichung[1])

$$v v' - g z' + R(v)\sqrt{x'^2 + y'^2 + z'^2} = 0 \tag{83}$$

mit der Anfangsbedingung

$$v(\tau_1) = v_1$$

nach v integriert. Hierdurch ist die Funktion $v(\tau)$ vollständig bestimmt, also auch ihr Endwert

$$v_2 = v(\tau_2)$$

Wir stellen uns jetzt die Aufgabe: *Unter allen, zwei gegebene Punkte P_1 und P_2 verbindenden Raumkurven diejenige zu bestimmen, für welche die so erhaltene Endgeschwindigkeit ein Maximum wird*

Analytisch können wir die Aufgabe folgendermaßen formulieren: Unter allen „Kurven"

$$x = x(\tau), \qquad y = y(\tau), \qquad z = z(\tau), \qquad v = v(\tau), \qquad \tau_1 \lesseqgtr \tau \lesseqgtr \tau_2$$

im Raum der Variabeln x, y, z, v, welche der Differentialgleichung (83) und den Anfangsbedingungen

$$x(\tau_1) = x_1, \qquad y(\tau_1) = y_1, \qquad z(\tau_1) = z_1, \qquad v(\tau_1) = v_1,$$
$$x(\tau_2) = x_2, \qquad y(\tau_2) = y_2, \qquad z(\tau_2) = z_2$$

genügen, diejenige zu finden, für welche $v(\tau_2)$ ein Maximum wird; τ_1 und τ_2 sind dabei nicht gegeben.

Dies ist ein Mayer'sches Problem in Parameterdarstellung.

Die Differentialgleichungen, die man nach der allgemeinen Regel von § 70, c) erhält, sind aber, wie man sofort sieht, identisch mit den Differentialgleichungen für den „Ausnahmefall" ($l_0 = 0$) beim Problem der Brachistochrone im widerstehenden Mittel.

Es gelten also die Resultate (84) bis (87) von § 70, e), wenn wir darin $l_0 = 0$, also

$$H = \lambda R(v)$$

setzen. Die Kurve liegt daher in einer vertikalen Ebene, die wir wieder zur xz-Ebene wählen, und die Differentialgleichungen des Problems lauten:

$$\lambda R(v)\frac{dx}{ds} = a, \qquad \lambda R(v)\frac{dz}{ds} = c + g\lambda, \tag{84a}$$

$$v\frac{d\lambda}{ds} = \lambda R'(v), \qquad v\frac{dv}{ds} = g\frac{dz}{ds} - R(v), \tag{85a}$$

$$\left(\frac{dx}{ds}\right)^2 + \left(\frac{dz}{ds}\right)^2 = 1.$$

Wir wollen hieraus eine interessante, schon von Euler[2]) gefundene Eigen-

---

[1]) Vgl pp. 6 und 577. Die Bezeichnung ist dieselbe wie dort, und die positive z-Achse ist wieder vertikal nach unten gewählt. Der Akzent bedeutet Differentiation nach τ

[2]) *Methodus inveniendi* etc., p. 125

schaft der gesuchten Kurve ableiten. Dazu differentiieren wir die erste der Gleichungen (84 a) logarithmisch nach s und eliminieren $\frac{dv}{ds}$, $\frac{d\lambda}{ds}$ mittels (85 a) Dann erhalten wir

$$\frac{g R'(v)}{v R(v)} + \frac{\frac{d^2 x}{d s^2}}{\frac{dx}{ds}\,\frac{dz}{ds}} = 0.$$

Beachtet man, daß[1]) wegen $y = 0$

$$\frac{dx}{ds} = r \frac{d^2 z}{ds^2}, \qquad \frac{dz}{ds} = -r \frac{d^2 x}{ds^2},$$

wo r den Krümmungsradius bezeichnet, so läßt sich die letzte Formel auch schreiben:

$$\frac{v R(v)}{r R'(v)} - g r \frac{d^2 z}{ds^2} = 0.$$

Berechnet man andererseits nach den Regeln der Mechanik[2]) die Reaktion N der Kurve, so findet man

$$N = \frac{v^2}{r} - g r \frac{d^2 z}{ds^2}.$$

Daraus ergibt sich im Fall unserer Kurve $\mathfrak{C}_0$ für die Reaktion der Ausdruck:

$$N = \frac{v^2}{r}\left(1 - \frac{R(v)}{v R'(v)}\right).$$

Derselbe nimmt eine besonders einfache Form an, wenn

$$R(v) = k v^n,$$

nämlich

$$N = \frac{v^2}{r}\left(1 - \frac{1}{n}\right).$$

Für den Fall $n = 1$ ist daher $N = 0$, und man hat den Satz: *Wenn der Widerstand der Geschwindigkeit proportional ist, so ist die Kurve größter Endgeschwindigkeit identisch mit der Kurve, welche ein freier materieller Punkt unter der Wirkung der Schwerkraft im widerstehenden Mittel beschreibt.*

§ 71 Die Multiplikatorenregel für den Fall gemischter Bedingungsgleichungen.[3])

Die in § 69 entwickelte Methode läßt sich nicht unmittelbar auf den Fall übertragen, in welchem einige der Bedingungsgleichungen (5) endliche Gleichungen sind, da dann alle Determinanten $m$ten Grades der Matrix (43) verschwinden Trotzdem gilt auch in diesem Fall die Multiplikatorenregel.

---

[1]) Vgl z B Scheffers, *Theorie der Kurven*, pp. 30, 188.

[2]) Vgl z B. Appell, *Traité de Mécanique*, Bd. I, p. 415.

[3]) Vgl. dazu Bolza, Mathematische Annalen, Bd. LXIV (1907), p 370, wo auch der allgemeinste Fall variabler Endpunkte behandelt wird

a) **Modifikation des früheren Beweises:**

Um dies zu zeigen, setzen wir voraus, daß von den Gleichungen (5) die p ersten wirklich Differentialgleichungen sind:

$$\varphi_\varrho(x, y_1, \cdots, y_n, y_1', \cdots, y_n') = 0, \qquad \varrho = 1, 2, \cdots, p; \tag{89}$$

dagegen seien die $m - p = q$ letzten endliche Gleichungen, die wir zur Unterscheidung mit

$$\psi_\sigma(x, y_1, \cdots, y_n) = 0, \qquad \sigma = 1, 2, \cdots, q \tag{90}$$

bezeichnen.[1]) Dabei sollen die beiden extremen Fälle $p = 0$ und $q = 0$ mit inbegriffen sein.

An Stelle der Determinante (44) soll nunmehr die Determinante

$$\begin{vmatrix} \dfrac{\partial \varphi_\varrho}{\partial y_1'}, & \dfrac{\partial \varphi_\varrho}{\partial y_2'}, & \cdots, & \dfrac{\partial \varphi_\varrho}{\partial y_m'} \\ \dfrac{\partial \psi_\sigma}{\partial y_1}, & \dfrac{\partial \psi_\sigma}{\partial y_2}, & \cdots, & \dfrac{\partial \psi_\sigma}{\partial y_m} \end{vmatrix} \neq 0, \tag{91}$$

$$\varrho = 1, 2, \cdots, p; \qquad \sigma = 1, 2, \cdots, q$$

sein entlang der Kurve $\mathfrak{C}_0$. Sonst sind die Annahmen über die zulässigen Kurven und die Kurve $\mathfrak{C}_0$ dieselben wie in § 68 und § 69, insbesondere sollen die Endpunkte wieder als fest betrachtet werden. Natürlich müssen die Koordinaten derselben den Gleichungen (90) genügen, es muß also sein

$$\psi_\sigma(x_1, y_{11}, \cdots, y_{n1}) = 0, \qquad \psi_\sigma(x_2, y_{12}, \cdots, y_{n2}) = 0. \tag{92}$$

Wir bemerken nun zunächst, daß jede Kurve, welche den Gleichungen (90) genügt, zugleich auch den daraus durch Differentiation nach x entstehenden Differentialgleichungen

$$\varphi_{p+\sigma} \equiv \frac{\partial \psi_\sigma}{\partial x} + \sum_i \frac{\partial \psi_\sigma}{\partial y_i} y_i' = 0 \tag{93}$$

genügt; aber auch umgekehrt genügt jede durch die beiden Punkte P_1 und P_2 gehende Kurve, welche den Differentialgleichungen (93) genügt, allemal auch den Gleichungen (90). Denn durch Integration von (93) erhalten wir

$$\psi_\sigma(x, y_1, \cdots, y_n) = c_\sigma,$$

wo die c_σ Konstanten sind. Setzt man hierin aber $x = x_1$, so folgt, da die Kurve durch P_1 gehen sollte,

$$\psi_\sigma(x_1, y_{11}, \cdots, y_{n1}) = c_\sigma;$$

also ist nach (92): $c_\sigma = 0$.

---

[1]) Bei der folgenden Untersuchung nimmt der Index ϱ stets die Werte $\varrho = 1, 2, \cdots, p$, der Index σ die Werte $\sigma = 1, 2, \cdots, q$ an, auch wo dies nicht ausdrücklich angegeben ist; die Bedeutung der Indizes i, α, r ist dieselbe wie früher

Da $\frac{\partial \varphi_{p+\sigma}}{\partial y'_i} = \frac{\partial \psi_\sigma}{\partial y_i}$, so folgt aus (91), daß für das Differentialgleichungssystem (89) und (93) die Bedingung (44) erfüllt ist. Somit ist durch diese Bemerkung die ganze Aufgabe auf die frühere zurückgeführt. Dazu ist aber zweierlei zu bemerken: Einmal erhält man auf diesem Wege nicht die Lagrange'sche Regel, sondern eine kompliziertere Regel; und zweitens wird man dabei, wenn $q > 0$, stets auf den in § 69, d) erwähnten Ausnahmefall des anormalen Verhaltens der Extremalen geführt.[1])

Deshalb schlagen wir einen anderen Weg ein. Zunächst ersetzen wir allerdings die Gleichungen (90) durch die Differentialgleichungen (93) und die Anfangsbedingungen (92), und verfahren nun genau wie in § 69, bis zur Aufstellung der Gleichung (55):

$$l_0 \int\limits_{x_1}^{x_2} \left(\sum_i \frac{\partial f}{\partial y_i} \eta_i + \frac{\partial f}{\partial y'_i} \eta'_i \right) dx + \sum_\alpha l_\alpha \eta_\alpha (x_2) = 0, \tag{94}$$

worin die Größen $l_0, l_1, \ldots, l_n$ Konstanten sind, welche von der Wahl der Funktionen $\eta_{m+r}(x)$ unabhängig sind, und welche nicht sämtlich gleich Null sind.

Die in der früheren Weise bestimmten Funktionen

$$y_i = Y_i(x, \varepsilon, \varepsilon_1, \cdots, \varepsilon_m)$$

genügen aber nicht nur den m Differentialgleichungen

$$\varphi_\alpha(x, Y_1, \cdots, Y_n, Y'_1, \cdots, Y'_n) = 0, \tag{95}$$

sondern nach der oben gemachten Bemerkung mit Rücksicht auf die Anfangsbedingungen

$$Y_i(x_1, \varepsilon, \varepsilon_1, \cdots, \varepsilon_m) = y_i(x_1)$$

zugleich auch den q endlichen Gleichungen

$$\psi_\sigma(x, Y_1, \cdots, Y_n) = 0. \tag{96}$$

Durch Differentiation der p ersten Differentialgleichungen (95) und der Gleichungen (96) nach ε erhalten wir daher

$$\sum_i \left(\frac{\partial \varphi_\varrho}{\partial y_i} \eta_i + \frac{\partial \varphi_\varrho}{\partial y'_i} \eta'_i \right) = 0, \tag{97}$$

$$\sum_i \frac{\partial \psi_\sigma}{\partial y_i} \eta_i = 0. \tag{98}$$

Wir multiplizieren jetzt die Gleichungen (97) mit unbestimmten Funk-

---

[1]) Vgl. dazu A. Mayer, Mathematische Annalen, Bd. XXVI (1886), p. 80, Fußnote

tionen $\lambda_\varrho(x)$, die Gleichungen (98) mit unbestimmten Funktionen $\mu_\sigma(x)$, integrieren zwischen den Grenzen x_1 und x_2 und addieren sämtliche Gleichungen zu (94). Das Resultat formen wir schließlich noch durch partielle Integration um und erhalten so die Gleichung (61), wobei jetzt

$$F = l_0 f + \sum_\varrho \lambda_\varrho \varphi_\varrho + \sum_\sigma \mu_\sigma \psi_\sigma. \tag{99}$$

Nunmehr können wir aber nicht mehr wie früher weiter schließen. Denn in den m Gleichungen (63) würden jetzt nur p zu unserer Verfügung stehende Anfangswerte $\lambda_\varrho(x_2)$ vorkommen.

Wir ziehen daher zunächst die Gleichungen

$$\sum_\alpha \frac{\partial \psi_\sigma}{\partial y_\alpha}\bigg|^2 \eta_\alpha(x_2) = 0 \tag{100}$$

heran; dieselben ergeben sich aus (98), wenn wir $x = x_2$ setzen und beachten, daß $\eta_{m+r}(x_2) = 0$. Multiplizieren wir jetzt die Gleichungen (100) mit unbestimmten konstanten Faktoren k_σ und addieren sie zu (61), so kommt:

$$\int_{x_1}^{x_2} \sum_i \eta_i\left(\frac{\partial F}{\partial y_i} - \frac{d}{dx}\frac{\partial F}{\partial y'_i}\right)dx + \sum_\alpha \eta_\alpha(x_2)\left[l_\alpha + \frac{\partial F}{\partial y'_\alpha}\bigg|^2 + \sum_\sigma k_\sigma \frac{\partial \psi_\sigma}{\partial y_\alpha}\bigg|^2\right] = 0. \tag{101}$$

Nunmehr bestimmen wir die Funktionen $\lambda_\varrho(x)$, $\mu_\sigma(x)$ und die Konstanten k_σ durch die m Differentialgleichungen

$$\frac{\partial F}{\partial y_\alpha} - \frac{d}{dx}\frac{\partial F}{\partial y'_\alpha} = 0 \tag{102}$$

und die m Gleichungen

$$l_\alpha + \frac{\partial F}{\partial y'_\alpha}\bigg|^2 + \sum_\sigma k_\sigma \frac{\partial \psi_\sigma}{\partial y_\alpha}\bigg|^2 = 0. \tag{103}$$

Wegen der Voraussetzung (91) kann man die Gleichungen (102) nach den m Größen λ'_ϱ, μ_σ auflösen, und erhält so p lineare Differentialgleichungen erster Ordnung für die Funktionen λ_ϱ und q Gleichungen, welche die Funktionen μ_σ durch die Funktionen λ_ϱ ausdrücken. Ferner folgt wieder aus (91), daß die Gleichungen (103) die p Anfangswerte $\lambda_\varrho(x_2)$ und die q Konstanten k_σ eindeutig bestimmen.

Nunmehr geht die Gleichung (101) über in (61a), woraus wie früher (65) folgt, womit *die Lagrange'sche Regel auch für den Fall gemischter Bedingungsgleichungen* bewiesen ist.

Zusatz[1]): Wenn die Funktionen $f, \varphi_\varrho, \psi_\sigma$ die unabhängige Variable x nicht explizite enthalten, so läßt sich unmittelbar ein erstes Integral der Euler-

[1]) Vgl den analogen Satz für den einfachsten Fall, § 6, a).

Lagrangeschen Differentialgleichungen angeben, nämlich

$$F - \sum_i \frac{\partial F}{\partial y_i'} y_i' = c. \tag{104}$$

Denn alsdann ist

$$\frac{d}{dx}\left(F - \sum_i \frac{\partial F}{\partial y_i'} y_i'\right) \equiv \sum_i y_i'\left(\frac{\partial F}{\partial y_i} - \frac{d}{dx}\frac{\partial F}{\partial y_i'}\right) + \sum_\varrho \lambda_\varrho' \varphi_\varrho + \sum_\sigma \mu_\sigma' \psi_\sigma .$$

Sind die Endpunkte nicht fest und gestatten die Anfangsbedingungen eine willkürliche Variation der oberen Grenze x_2, während gleichzeitig die übrigen Koordinaten beider Endpunkte fest bleiben, so ist stets $c = 0$. Dies folgt aus der Grenzgleichung (73), die auch im Fall gemischter Bedingungen gültig bleibt, wenn, wie wir voraussetzen, die Funktionen $\varphi_\varrho, \psi_\sigma$ die Variable x nicht explizite enthalten.[1])

Von dieser Bemerkung hat man Gebrauch zu machen, wenn man bei geometrischen Problemen, bei welchen die Länge der gesuchten Kurve nicht vorgeschrieben ist, die Bogenlänge s als unabhängige Variable einführt.[2])

b) Beispiel XXVI[3]): Gleichgewichtslage eines auf einer gegebenen Fläche ohne Reibung aufliegenden schweren Fadens, der an seinen beiden Endpunkten befestigt ist:

Nach den Gesetzen der Mechanik[4]) ist die Gleichgewichtslage des Fadens dadurch charakterisiert, daß sein Schwerpunkt möglichst tief liegt. Es sei l die gegebene Länge des Fadens, die positive z-Achse sei vertikal nach unten gerichtet und

$$\varphi(x, y, z) = 0 \tag{105}$$

sei die Gleichung der gegebenen Fläche.

Wir wählen auf sämtlichen zulässigen Kurven die Bogenlänge s, gemessen vom Anfangspunkt P_1 als Parameter. Dann läßt sich jede Kurve von der Länge l darstellen in der Form

$$x = x(s), \qquad y = y(s), \qquad z = z(s), \qquad 0 \overline{\gtrless} s \overline{\gtrless} l$$

mit der Nebenbedingung

$$x'^2 + y'^2 + z'^2 = 1. \tag{106}$$

Daher besteht unsere Aufgabe darin, unter allen Funktionensystemen $x(s)$, $y(s)$, $z(s)$ von vorgeschriebenen Stetigkeitseigenschaften, welche den Anfangsbedingungen

$$x(0) = x_1, \qquad y(0) = y_1, \qquad z(0) = z_1,$$
$$x(l) = x_2, \qquad y(l) = y_2, \qquad z(l) = z_2,$$

der endlichen Gleichung (105) und der Differentialgleichung (106) genügen, dasjenige zu bestimmen, welches das Integral

$$J = \int_0^l z\, ds$$

---

[1]) Vgl. die auf p. 580 Fußnote [3]) zitierte Arbeit, p. 384.

[2]) Vgl. Lindelöf-Moigno, *Leçons*, p. 241.

[3]) Vgl. Übungsaufgabe Nr. 5 auf p. 529 und Lindelöf-Moigno, *Leçons*, p. 313.

[4]) Vgl. z. B. Appell, *Traité de Mécanique*, Bd. I, Nr. 155, 161 und 126.

zu einem Maximum macht. Dabei müssen natürlich die Koordinaten der beiden Endpunkte P_1, P_2 der Gleichung der Fläche genügen

Wir haben es also mit einem *Lagrange'schen Funktionenproblem mit gemischten Bedingungen und festen Endpunkten* zu tun.

Hier ist, wenn wir den Ausnahmefall $l_0 = 0$ beiseite lassen

$$F = z + \lambda(x'^2 + y'^2 + z'^2 - 1) + \mu\varphi,$$

wobei λ, μ unbestimmte Funktionen von s sind Daraus ergeben sich die Euler-Lagrange'schen Differentialgleichungen in der Form

$$\begin{aligned} \mu\frac{\partial\varphi}{\partial x} - 2\lambda' x' - 2\lambda x'' &= 0, \\ \mu\frac{\partial\varphi}{\partial y} - 2\lambda' y' - 2\lambda y'' &= 0, \\ 1 + \mu\frac{\partial\varphi}{\partial z} - 2\lambda' z' - 2\lambda z'' &= 0 \end{aligned} \tag{107}$$

Da die Voraussetzungen des Zusatzes von § 71, a) erfullt sind, so ergibt sich unter Berucksichtigung der Bedingungsgleichungen (105) und (106) unmittelbar ein erstes Integral aus (104), namlich

$$z - 2\lambda = c. \tag{108}$$

Ein zweites Integral erhalt man folgendermaßen: Es sei P der dem Wert s entsprechende Punkt der gesuchten Kurve auf der Fläche $\varphi = 0$, PT die Richtung der positiven Tangente, K der zum Punkt P gehörige Krummungsmittelpunkt der Kurve, PN diejenige Richtung der Flächennormale, welche mit PK einen spitzen Winkel bildet. Ferner bedeute PR denjenigen Vektor, der auf PT und PN senkrecht steht und so gerichtet ist, daß die drei Vektoren PT, PR, PN ebenso zueinander liegen, wie die positive x-Achse zur positiven y-Achse zur positiven z-Achse. Die Richtungskosinus von PR seien l, m, n Multipliziert man dann die drei Gleichungen (107) der Reihe nach mit l, m, n und addiert, so kommt:

$$n = 2\lambda(lx'' + my'' + nz'')$$

Bezeichnet jetzt r die Lange des Krümmungsradius der Kurve im Punkt P, ω den Winkel zwischen den beiden Vektoren PK und PN, gerechnet von PK nach PN, so erhält[1]) man hieraus unter Benutzung von (108)

$$\frac{z-c}{n} = \frac{r}{\sin\omega}.$$

Diese Gleichung hat eine einfache geometrische Bedeutung: Ist G der Mittelpunkt der geodätischen Krümmung[2]) für den Punkt P, so ist

$$PG = \frac{r}{\sin\omega},$$

zeichenrichtig in dem Sinn, daß die rechte Seite positiv ist, wenn der Vektor

---

1) Siehe z. B. Scheffers, *Theorie der Kurven*, pp 179, 188.

2) Siehe z B. Scheffers, *Theorie der Flachen*, pp. 480, 484.

PG mit der Richtung PR zusammenfällt, negativ, wenn er entgegengesetzt gerichtet ist

Bezeichnet man andererseits mit Q den Schnittpunkt der Ebene

$$z = c$$

mit der Geraden PR (resp ihrer Verlängerung über P hinaus), so ist

$$QP = \frac{z - c}{n}$$

mit derselben Vorzeichenregel wie bei PG

Also gilt zwischen den beiden in derselben Geraden gelegenen Vektoren PG, PQ die Gleichung

$$PG = -PQ$$

Es gilt also der Satz [1]): *Konstruiert man im Punkt P der gesuchten Kurve den Vektor PG nach dem Mittelpunkt G der geodätischen Krümmung und sodann den dazu entgegengesetzten Vektor PQ, so liegt der Endpunkt Q des letzteren in einer festen horizontalen Ebene: $z = c$.* [2])

c) **Beispiel XXVII: Die Lagrange'sche Form des Prinzips der kleinsten Aktion:** [3])

Wir betrachten wie in § 68, e) ein System materieller Punkte, welches gegebenen Bedingungsgleichungen

$$\varphi_\alpha = 0, \qquad \alpha = 1, 2, \ldots, m, \tag{109}$$

unterworfen ist, und auf welches gegebene Kräfte wirken, die eine *Kräftefunktion U* besitzen; *sowohl die Bedingungsgleichungen als die Kräftefunktion sollen die Zeit t nicht explizite enthalten.*

Unter diesen Voraussetzungen gilt für die wirkliche Bewegung des Systems der Satz von der Erhaltung der lebendigen Kraft:

$$T = U + h, \tag{110}$$

wobei h eine von t unabhängige Konstante ist, und

$$T = \tfrac{1}{2}\sum_\nu m_\nu \left[\left(\frac{dx_\nu}{dt}\right)^2 + \left(\frac{dy_\nu}{dt}\right)^2 + \left(\frac{dz_\nu}{dt}\right)^2\right].$$

Wir betrachten jetzt die Gesamtheit aller möglichen Bewegungen des Systems, welche folgende Bedingungen erfüllen:

A) Sie genügen den *Bedingungsgleichungen* (109) des Systems.

B) Sie genügen dem Satz von der *Erhaltung der lebendigen Kraft* (110) und zwar mit demselben Wert der Konstanten h.

[1]) In etwas anderer Form bei LINDELÖF-MOIGNO, loc cit

[2]) Hierzu weiter die *Übungsaufgabe* Nr 6 am Ende von Kap. XIII

[3]) Wegen der Literatur verweisen wir auf *Encyklopädie* IV 1 (Voss), Nr 43. Insbesondere sind zu erwähnen A. MAYER, Leipziger Berichte, Bd XXXVIII (1886), p. 343 und HÖLDER, Göttinger Nachrichten 1896 Vgl. auch KNESER, *Lehrbuch*, p 244.

C) *Anfangslage und Endlage sind dieselben wie bei der wirklichen Bewegung;* die Anfangslage soll auch zur selben Zeit t_0 eingenommen werden, aber *die Zeit, zu welcher das System die Endlage einnimmt, ist nicht vorgeschrieben.*

Unter all diesen Bewegungen soll diejenige gefunden werden, bei welcher das *Zeitintegral der lebendigen Kraft*

$$J = \int_{t_0}^{t_1} T\,dt$$

den kleinsten Wert einnimmt

Wir haben also ein Lagrange'sches Funktionenproblem mit gemischten Nebenbedingungen bei variabler oberer Grenze. Es ist hier

$$F = T + \lambda(T - U - h) + \sum_\alpha \mu_\alpha \varphi_\alpha,$$

wobei λ, μ_α Funktionen von t sind

Daraus ergeben sich die Euler-Lagrange'schen Differentialgleichungen

$$\begin{aligned} \frac{d}{dt}(1+\lambda)m_\nu x'_\nu &= -\lambda X_\nu + \sum_\alpha \mu_\alpha \frac{\partial \varphi_\alpha}{\partial x_\nu}, \\ \frac{d}{dt}(1+\lambda)m_\nu y'_\nu &= -\lambda Y_\nu + \sum_\alpha \mu_\alpha \frac{\partial \varphi_\alpha}{\partial y_\nu}, \\ \frac{d}{dt}(1+\lambda)m_\nu z'_\nu &= -\lambda Z_\nu + \sum_\alpha \mu_\alpha \frac{\partial \varphi_\alpha}{\partial z_\nu}. \end{aligned} \tag{111}$$

Hierzu kommen dann noch die Gleichungen (109) und die Differentialgleichung (110)

Da die Funktionen T, φ_α, U die unabhängige Variable t nicht explizite enthalten, so können wir nach (104) ein erstes Integral unmittelbar angeben. Dasselbe reduziert sich hier auf

$$-(1+2\lambda)T = c.$$

Der Wert der Konstanten c ist aber nach § 71, a), Ende, gleich Null, weil die obere Grenze t_1 nicht vorgeschrieben ist. Daraus folgt, da im Fall einer Bewegung $T > 0$,

$$\lambda = -\tfrac{1}{2}.$$

Setzen wir diesen Wert von λ in die Differentialgleichungen (111) ein und schreiben λ_α statt $2\mu_\alpha$, so erhalten wir die Differentialgleichungen (39), also die Differentialgleichungen der wirklichen Bewegung. Wir haben also das Resultat:

Die Bewegung, welche das System unter der Wirkung der gegebenen

Kräfte wirklich ausführt, erfüllt die erste notwendige Bedingung eines Extremums des Integrals

$$J = \int_{t_0}^{t_1} T\,dt$$

unter den Bedingungen A), B), C).

Dies ist die sogenannte Lagrange'sche Form des Prinzips der kleinsten Aktion

§ 72. Existenztheoreme für Extremalen und Reduktion der Euler-Lagrange'schen Differentialgleichungen auf ein kanonisches System.

Wir wenden uns jetzt zur Frage der Integration der Euler-Lagrange'schen Differentialgleichungen

$$\text{(I)}\quad \left\{ \begin{aligned} &\frac{\partial F}{\partial y_i} - \frac{d}{dx}\frac{\partial F}{\partial y_i'} = 0, && (7) \\ &\varphi_\beta = 0. && (5) \end{aligned} \right.$$

Dabei werden wir uns, wie überhaupt bei der ganzen weiteren Behandlung des Lagrange'schen Problems, auf den Fall beschränken, wo *sämtliche Nebenbedingungen* (5) *Differentialgleichungen* sind, und wo die Konstante $l_0 = 1$ ist, sodaß also

$$F = f + \sum_\beta \lambda_\beta \varphi_\beta.$$

Wir werden zunächst die Aufgabe betrachten, die Differentialgleichungen (I) mit gegebenen Anfangsbedingungen zu integrieren, sodann die Reduktion dieser Differentialgleichungen auf ein sogenanntes „kanonisches System" behandeln und schließlich mit Hilfe der so gewonnenen Normalform die Abhängigkeit der Lösung von den Anfangswerten untersuchen.

a) Existenz einer Lösung bei gegebenen Anfangswerten:[1])

Um auf die Differentialgleichungen (I) die allgemeinen Existenztheoreme anwenden zu können, müssen wir dieselben zunächst auf die Normalform von § 23, a) reduzieren. Zu diesem Zweck führen wir in den Gleichungen (7) die Differentiation nach x aus und differen-

---

[1]) Vgl dazu C Jordan, *Cours d'Analyse*, Bd III, Nr. 374, und v Escherich, Wiener Berichte, Bd CVII (1898), p. 1209; v Escherich gibt auch die entsprechenden Entwicklungen fur den Fall gemischter Nebenbedingungen.

tiieren gleichzeitig die Gleichungen (5) nach x; man erhält dann ein System von $n+m$ Differentialgleichungen von der Form

$$\left.\begin{aligned}\sum_k \frac{\partial^2 F}{\partial y_i' \partial y_k'} y_k'' + \sum_\beta \frac{\partial \varphi_\beta}{\partial y_i'} \lambda_\beta' + \cdots = 0,\\ \sum_k \frac{\partial \varphi_\beta}{\partial y_k'} y_k'' \quad + \qquad\qquad \cdots = 0,\end{aligned}\right\} \tag{112}$$

wobei in den nicht ausgeschriebenen Gliedern die Ableitungen y_k'', λ_β' nicht vorkommen.

Jede Lösung des Systems (I) genügt auch dem System (112), während das umgekehrte nicht der Fall ist.

Die Gleichungen (112) stellen ein System von $n+m$ in den Größen y_k'', λ_β' linearen Gleichungen dar, deren Determinante den folgenden Wert hat[1])

$$R(x, y, y', \lambda) = \begin{vmatrix} \frac{\partial^2 F}{\partial y_i' y_1'}, & \cdots, & \frac{\partial^2 F}{\partial y_i' \partial y_n'}; & \frac{\partial \varphi_1}{\partial y_i'}, & \cdots, & \frac{\partial \varphi_m}{\partial y_i'} \\ \frac{\partial \varphi_\beta}{\partial y_1'}, & \cdots, & \frac{\partial \varphi_\beta}{\partial y_n'}; & 0, & \cdots, & 0 \end{vmatrix}, \tag{113}$$

$$(i = 1, 2, \cdots, n; \; \beta = 1, 2, \cdots, m).$$

Ist diese Determinante von Null verschieden, so können wir die Gleichungen (112) nach den Größen y_k'', λ_β' auflösen und erhalten so das System (112) in der Normalform

$$\frac{dy_i}{dx} = y_i', \quad \frac{dy_i'}{dx} = G_i(x, y, y', \lambda), \quad \frac{d\lambda_\beta}{dx} = H_\beta(x, y, y', \lambda), \tag{114}$$

wo nunmehr die Funktionen auf der rechten Seite als Funktionen ihrer $2n+m+1$ Argumente in dem Bereich[2])

$$\mathfrak{A}: \quad (x, y, y') \text{ in } \mathfrak{T}; \quad -\infty < \lambda_\beta < +\infty; \quad R(x, y, y', \lambda) \neq 0$$

von der Klasse C' sind.

Dieser Bereich $\mathfrak{A}$ ist also der *„Stetigkeitsbereich"* der Differentialgleichungen (112). Hieraus folgt nun unmittelbar der Satz

Ist

$$a^0; \; b_1^0, \cdots, b_n^0; \; b_1^{0\prime}, \cdots, b_n^{0\prime}; \; l_1^0, \cdots, l_m^0 \tag{115}$$

ein Wertsystem, für welches $(a^0, b^0, b^{0\prime})$ *im Innern des Bereiches* $\mathfrak{T}$ *liegt und überdies*

$$R(a^0, b^0, b^{0\prime}, l^0) \neq 0, \tag{116}$$

$$\varphi_\beta(a^0, b^0, b^{0\prime}) = 0, \tag{117}$$

---

[1]) Wegen der abgekürzten Bezeichnung vgl. die Verabredungen im Eingang von § 68.

[2]) $\mathfrak{T}$ war der Bereich, in welchem die Funktionen f und φ_β von der Klasse C''' sind, vgl. § 69, Eingang.

so gibt es ein und nur ein Funktionensystem

$$y_i = y_i(x), \qquad \lambda_\beta = \lambda_\beta(x)$$

von der Klasse C', *welches den Differentialgleichungen* (I) *und den Anfangsbedingungen*

$$y_i(a^0) = b_i^0, \quad y_i'(a^0) = b_i^{0\prime}, \quad \lambda_\beta(a^0) = l_\beta^0 \tag{118}$$

genügt.

Für das System (114) und daher auch für (112) folgt dies sofort nach § 23, a); daraus folgt durch Integration von (112_2), daß

$$\varphi_\beta(x, y(x), y'(x)) = c_\beta,$$

wo die c_β Konstanten sind. Setzen wir aber in diesen Gleichungen $x = a^0$, so folgt aus (118) und (117), daß $c_\beta = 0$, womit unsere Behauptung bewiesen ist.

Wir knüpfen hieran noch eine vorläufige Konstantenzählung: Die gefundene Lösung hängt von den $2n + m + 1$ Konstanten (115) ab; einer derselben kann man nach § 24, a) einen festen numerischen Wert beilegen, außerdem bestehen zwischen diesen Größen die m Relationen (117), so daß also die allgemeinste Lösung im ganzen von $2n$ *unabhängigen Integrationskonstanten* abhängt.

Zur Bestimmung derselben hat man gerade $2n$ Bedingungen; im Fall fester Endpunkte sind es die Gleichungen, welche ausdrücken, daß die gesuchte Kurve durch die beiden gegebenen Punkte P_1, P_2 gehen soll.

b) **Reduktion der Euler-Lagrange'schen Differentialgleichungen auf ein kanonisches System**[1]):

Die Differentialgleichungen (I) lassen sich auf ein sogenanntes „kanonisches System" reduzieren, indem man die Funktionen λ_β eliminiert und statt der unbekannten Funktionen y_i' andere Funktionen v_i in geeigneter Weise einführt. Um eine sichere Grundlage für diese Umformung zu haben, nehmen wir an, es sei

$$y_i = y_i(x), \quad \lambda_\beta = \lambda_\beta(x), \qquad x_1 \gtreqless x \gtreqless x_2 \tag{119}$$

eine Lösung des Systems (I) von folgenden Eigenschaften:

A) Die Funktionen $y_i(x)$ sind von der Klasse C'', die Funktionen $\lambda_\beta(x)$ von der Klasse C' im Intervall $[x_1 x_2]$

B) Die Kurve

$$\mathfrak{C}_0': \qquad y_i = y_i(x), \quad y_i' = y_i'(x), \qquad x_1 \gtreqless x \gtreqless x_2$$

---

[1]) Vgl dazu A. Mayer, Journal für Mathematik, Bd. LXIX (1868), p. 241; C Jordan, *Cours d'Analyse* Bd III, Nr. 375; Bolza, Mathematische Annalen, Bd LXIII (1906), p. 251, sowie *Encyklopadie*, II A, p. 585 (Kneser).

liegt ganz im Innern des Bereiches $\mathfrak{T}$, in welchem die Funktionen f und φ_β von der Klasse C''' vorausgesetzt sind (§§ 68, 69).

C) Es ist

$$R(x, y(x), y'(x), \lambda(x)) \neq 0 \quad \text{in} \quad [x_1 x_2],$$

unter R die durch (113) definierte Determinante verstanden, die sich auch als Funktionaldeterminante schreiben läßt:

$$R(x, y, y', \lambda) = \frac{\partial(F_{n+1}, \ldots, F_{2n}, \varphi_1, \ldots, \varphi_m)}{\partial(y_1', \ldots, y_n', \lambda_1, \ldots, \lambda_m)}, \tag{113a}$$

wenn wir, wie schon früher,

$$\frac{\partial F}{\partial y_i} = F_i, \qquad \frac{\partial F}{\partial y_i'} = F_{n+i}, \qquad \frac{\partial F}{\partial \lambda_\beta} = F_{2n+\beta} \equiv \varphi_\beta \tag{120}$$

setzen.

Die Annahmen A), B), C) drücken aus, daß die Lösung (119) in der Terminologie von PAINLEVÉ[1]) im Intervall $[x_1 x_2]$ „*regulär*“ sein soll. Daraus folgt nach § 23, d), daß diese Lösung sich auf ein ganz bestimmtes Maximalintervall (ihr „*Regularitätsintervall*“)[1]), das wir mit

$$x_1^* < x < x_2^* \tag{121}$$

bezeichnen, ausdehnen läßt. Die Extremale $\mathfrak{E}_0$ samt ihrer Fortsetzung auf dieses Intervall bezeichnen wir mit $\mathfrak{E}_0^*$.

Weiter zeigt man wie in § 24, c), daß infolge der Annahmen A), B), C) im Intervall (121) die Funktionen $y_i(x)$ von der Klasse C''', die Funktionen $\lambda_\beta(x)$ von der Klasse C'' sind.

Wir adjungieren nun der Lösung (119) die n Funktionen

$$v_i(x) = F_{n+i}(x, y(x), y'(x), \lambda(x)), \tag{122}$$

die nach den gemachten Voraussetzungen in $[x_1 x_2]$ von der Klasse C' sind. Alsdann lassen sich die $n + m$ Gleichungen

$$F_{n+i}(x, y, y', \lambda) = v_i, \qquad \varphi_\beta(x, y, y') = 0, \tag{123}$$

in welchen die Größen v_i neue Variable bedeuten, auf Grund des erweiterten Satzes[2]) über implizite Funktionen von § 22, e) in der Umgebung der Punktmenge

$$\mathfrak{C}: \quad x_1 \gtreqless x \gtreqless x_2, \quad y_i = y_i(x), \quad y_i' = y_i'(x), \quad \lambda_\beta = \lambda_\beta(x), \quad v_i = v_i(x)$$

---

[1]) *Encyklopädie*, II A, pp 194, 195

[2]) Der dort mit $\mathfrak{A}$ bezeichnete Bereich ist hier durch die Bedingungen definiert

(x, y, y') im Innern von $\mathfrak{T}$; $\quad -\infty < \lambda_\beta < +\infty; \quad -\infty < v_i < +\infty,$

während die Buchstaben $\mathfrak{C}$, $\mathfrak{K}$, σ hier dieselbe Bedeutung haben wie im allgemeinen Satz

eindeutig nach $y'_1, \ldots, y'_n, \lambda_1, \ldots, \lambda_m$ auflösen. Es gibt also $n + m$ Funktionen[1])

$$y'_i = \Psi_i(x, y, v), \quad \lambda_\beta = \Pi_\beta(x, y, v), \tag{124}$$

welche in einer gewissen Umgebung (σ) der Punktmenge

$$\mathfrak{X}: \quad x_1 \gtreqless x \gtreqless x_2, \quad y_i = y_i(x), \quad v_i = v_i(x)$$

eindeutig definiert und von der Klasse C' sind, in die Gleichungen (123) eingesetzt dieselben identisch in (x, y, v) befriedigen:

$$\begin{aligned} F_{n+i}(x, y, \Psi(x, y, v), \Pi(x, y, v)) &\equiv v_i, \\ \varphi_\beta(x, y, \Psi(x, y, v)) &\equiv 0, \end{aligned} \tag{125}$$

und überdies den Anfangsbedingungen genügen

$$\Psi(x, y(x), v(x)) = y'_i(x), \qquad \Pi_\beta(x, y(x), v(x)) = \lambda_\beta(x) \tag{126}$$

in $[x_1 x_2]$.

Nach Voraussetzung ist nun

$$\frac{d}{dx} F_{n+i}(x, y(x), y'(x), \lambda(x)) = F_i(x, y(x), y'(x), \lambda(x)).$$

Unter Benutzung von (126) und (122) geht dies über in

$$\frac{dv_i}{dx} = F_i(x, y(x), \Psi(x, y(x), v(x)), \Pi(x, y(x), v(x))).$$

Berücksichtigen wir noch (126_1), so können wir daher den Satz aussprechen:

Das Funktionensystem

$$y_i = y_i(x), \qquad v_i = v_i(x), \qquad x_1 \gtreqless x \gtreqless x_2, \tag{127}$$

genügt dem System von Differentialgleichungen

$$\frac{dy_i}{dx} = \Psi_i(x, y, v), \qquad \frac{dv_i}{dx} = F_i(x, y, \Psi(x, y, v), \Pi(x, y, v)). \tag{128}$$

Umgekehrt folgt unmittelbar: Es seien $\Psi_i(x, y, v)$, $\Pi_\beta(x, y, v)$ $n + m$ Funktionen der unabhängigen Variabeln $x, y_1, \cdots, y_n, v_1, \cdots, v_n$ von den oben angegebenen Stetigkeitseigenschaften, welche den Identitäten (125) und den Anfangsbedingungen (126_1) genügen; ferner mögen die Funktionen $y_i(x)$, $v_i(x)$ den Differentialgleichungen (128) genügen. Definiert man alsdann die Funktionen $\lambda_\beta(x)$ durch (126_2), so stellen die Funktionen (119) eine Lösung des ursprünglichen Systems (I) dar.

Das System (128) ist wieder in der Normalform von § 23, a), und zwar hat es vor der früheren Normalform (114) den Vorzug

---

[1]) Wir schreiben wieder

(x, y, v) statt $(x_1, y_1, \ldots, y_n, v_1, \ldots, v_n)$, ebenso

(x, y, Ψ, Π) statt $(x, y_1, \ldots, y_n, \Psi_1, \ldots, \Psi_n, \Pi_1, \ldots, \Pi_m)$.

voraus, daß es von derselben Ordnung $2n$ ist wie das ursprüngliche System (I), während das System (114) von der Ordnung $2n+m$ war.

Die Differentialgleichungen (128) haben aber die weitere wichtige Eigentümlichkeit, daß sie ein sogenanntes „*kanonisches System*" bilden. Bezeichnen wir nämlich mit $H(x,y,v)$ diejenige Funktion der unabhängigen Variabeln $x, y_1, \cdots, y_n, v_1, \cdots, v_n$, in welche der Ausdruck

$$\sum_i y'_i F_{n+i}(x,y,y',\lambda) - F(x,y,y',\lambda)$$

durch die Substitution (124) übergeht, d. h. also, unter Berücksichtigung der Identitäten (125),

$$H(x,y,v) = \sum_i v_i \Psi_i(x,y,v) - F(x,y,\Psi(x,y,v),\Pi(x,y,v)), \qquad (129)$$

so erhält man nach leichter Rechnung unter Benutzung der Identitäten (125) für die partiellen Ableitungen der Funktion H nach y_k und v_k die Werte

$$\begin{aligned} \frac{\partial H}{\partial y_k} &= -F_k(x,y,\Psi(x,y,v),\Pi(x,y,v)), \\ \frac{\partial H}{\partial v_k} &= \Psi_k(x,y,v). \end{aligned} \qquad (130)$$

Daher können wir die Differentialgleichungen (128) auch schreiben

$$\frac{dy_i}{dx} = \frac{\partial H}{\partial v_i}, \qquad \frac{dv_i}{dx} = -\frac{\partial H}{\partial y_i}, \qquad (131)$$

und dies ist die charakteristische Form eines kanonischen Systems.

Die Funktion H kann man wegen (125) auch schreiben

$$H(x,y,v) = \sum_i v_i \Psi_i(x,y,v) - f(x,y,\Psi(x,y,v)). \qquad (129\text{a})$$

c) Abhängigkeit der Lösung von den Anfangswerten:

Unter Festhaltung der Voraussetzungen A), B), C) wenden wir jetzt auf das System (128) den Einbettungssatz von § 24, b) an; dies ist gestattet, da die rechten Seiten der Differentialgleichungen (128) Funktionen der Variabeln $x, y_1, \cdots, y_n, v_1, \cdots, v_n$ sind, welche in einer gewissen Umgebung der Lösung (127) von der Klasse C' sind. Sind daher X_1, X_2 irgend zwei den Ungleichungen

$$x_1^* < X_1 < x_1, \qquad x_2 < X_2 < x_2^*$$

genügende Werte, so können wir eine positive Größe d so klein annehmen, daß die folgenden Sätze gelten:

Wählen wir a^0 beliebig zwischen X_1 und X_2 und setzen

$$y_i(a^0) = b_i^0, \qquad v_i(a^0) = c_i^0, \qquad (132)$$

so gibt es für jedes den Ungleichungen

$$|a - a^0| \lesseqgtr d, \qquad |b_i - b_i^0| \lesseqgtr d, \qquad |c_i - c_i^0| \lesseqgtr d \tag{133}$$

genügende Wertsystem

$$a, b_1, \cdots, b_n, c_1, \cdots, c_n$$

eine eindeutig bestimmte Lösung[1])

$$y_i = \mathfrak{Y}_i(x; a, b, c), \qquad v_i = \mathfrak{V}_i(x; a, b, c) \tag{134}$$

des Systems (128), welche folgende Eigenschaften besitzt:

1) Die Funktionen

$$\mathfrak{Y}_i, \mathfrak{Y}_i'; \mathfrak{V}_i, \mathfrak{V}_i'$$

sind in dem Bereich

$$X_1 \lesseqgtr x \lesseqgtr X_2, |a - a^0| \lesseqgtr d, |b_i - b_i^0| \lesseqgtr d, |c_i - c_i^0| \lesseqgtr d \tag{135}$$

von der Klasse C' als Funktionen ihrer $2n + 2$ Argumente

2) Die Funktionen $\mathfrak{Y}_i$, $\mathfrak{V}_i$ genügen den Anfangsbedingungen

$$\mathfrak{Y}_i(a; a, b, c) = b_i, \qquad \mathfrak{V}_i(a; a, b, c) = c_i \tag{136}$$

im ganzen Bereich (133).

3) Es ist

$$\mathfrak{Y}_i(x; a^0, b^0, c^0) = y_i(x), \qquad \mathfrak{V}_i(x; a^0, b^0, c^0) = v_i(x) \tag{137}$$

in $[X_1 X_2]$.

4) Endlich ist die Funktionaldeterminante

$$\frac{\partial(\mathfrak{Y}_1, \cdots, \mathfrak{Y}_n, \mathfrak{V}_1, \cdots, \mathfrak{V}_n)}{\partial(b_1, \cdots, b_n, c_1, \cdots, c_n)} \neq 0 \tag{138}$$

im Bereich (135).

Definieren wir jetzt die Funktionen

$$\mathfrak{L}_\beta(x; a, b, c) = \Pi_\beta(x, \mathfrak{Y}, \mathfrak{V}), \tag{139}$$

so folgt nach b):

Die Funktionen

$$\begin{aligned} y_i &= \mathfrak{Y}_i(x; a, b_1, \cdots, b_n, c_1, \cdots, c_n), \\ \lambda_\beta &= \mathfrak{L}_\beta(x; a, b_1, \cdots, b_n, c_1, \cdots, c_n) \end{aligned} \tag{140}$$

genügen den Euler-Lagrange'schen Differentialgleichungen (I) im ganzen Bereich (135). Für die Funktionen $\mathfrak{Y}_i$ gelten die Anfangsbedingungen (136_1) und (137_1) und die Funktionen[2])

---

[1]) Wir schreiben wieder

$$(a, b, c) \text{ statt } (a, b_1, \cdots, b_n, c_1, \cdots, c_n)$$

[2]) Um zu zeigen, daß dies auch für die Funktionen $\mathfrak{Y}_i''$, $\mathfrak{L}_\beta'$ gilt, beachte man, daß aus Voraussetzung C) folgt, daß

$$R(x, \mathfrak{Y}, \mathfrak{Y}', \mathfrak{L}) \neq 0 \tag{141}$$

im Bereich (135), wofern die Größe d hinreichend klein angenommen wird. Daher genügen die Funktionen $\mathfrak{Y}_i$, $\mathfrak{L}_\beta$ auch den Differentialgleichungen (114), aus welchen die Behauptung unmittelbar folgt

$$\mathfrak{Y}_i,\ \mathfrak{Y}_i',\ \mathfrak{Y}_i'';\ \mathfrak{L}_\beta,\ \mathfrak{L}_\beta'$$

sind als Funktionen ihrer $2n+2$ Argumente von der Klasse C' im Bereich (135).

Aus (125), (128) und (139) folgen dann noch die Relationen

$$\mathfrak{Y}_i' = \Psi_i(x, \mathfrak{Y}, \mathfrak{V}), \qquad \mathfrak{V}_i = F_{n+i}(x, \mathfrak{Y}, \mathfrak{Y}', \mathfrak{L}). \tag{142}$$

Ferner folgt aus den Gleichungen (136) durch Differentiation nach b_k und c_k

$$\begin{aligned} &\frac{\partial \mathfrak{Y}_i}{\partial a}\bigg|^a = -\,\mathfrak{Y}_i'(a), \qquad \frac{\partial \mathfrak{Y}_i}{\partial b_k}\bigg|^a = \delta_{ik}, \qquad \frac{\partial \mathfrak{Y}_i}{\partial c_k}\bigg|^a = 0, \\ &\frac{\partial \mathfrak{V}_i}{\partial b_k}\bigg|^a = 0, \qquad \frac{\partial \mathfrak{V}_i}{\partial c_k}\bigg|^a = \delta_{ik}, \end{aligned} \tag{143}$$

wo in der Kronecker'schen Bezeichnung $\delta_{ik} = 1$ oder 0, je nachdem $i = k$ oder $\neq k$.

Endlich werden wir später noch von der folgenden Relation Gebrauch zu machen haben

$$\sum_j \frac{\partial^2 F}{\partial y_i' \partial y_j'} \frac{\partial \mathfrak{Y}_j'}{\partial c_k}\bigg|^a + \sum_\beta \frac{\partial \varphi_\beta}{\partial y_i'} \frac{\partial \mathfrak{L}_\beta}{\partial c_k}\bigg|^a = \delta_{ik} \tag{143a}$$

Darin sind die Argumente der partiellen Ableitungen von φ_β und F:

$$(a, \mathfrak{Y}(a), \mathfrak{Y}'(a)), \quad \text{resp.} \quad (a, \mathfrak{Y}(a), \mathfrak{Y}'(a), \mathfrak{L}(a)).$$

Man beweist (143a), indem man die Identität

$$F_{n+i}(a, b, \Psi(a, b, c), \Pi(a, b, c)) = c_i$$

nach c_k differentiert und dann von den Gleichungen

$$\Psi_i(a, b, c) = \mathfrak{Y}_i'(a; a, b, c), \qquad \Pi_\beta(a, b, c) = \mathfrak{L}_\beta(a; a, b, c)$$

Gebrauch macht.

§ 73. Die Hamilton-Jacobi'sche Theorie.[1])

An die Entwicklungen des vorigen Paragraphen läßt sich unmittelbar die „Hamilton-Jacobi'sche Theorie" anschließen. Es handelt sich dabei um eine Ausdehnung unserer früheren Resultate über das Extremalenintegral[2]) und über die Hamilton'sche partielle Differentialgleichung[3]) auf das Lagrange'sche Problem

[1]) Vgl. zum folgenden *Encyklopädie*, II A, p 343 (v Weber).
[2]) Vgl. § 37, a) und b)
[3]) Vgl. § 20, b), c) und d)

a) **Die Funktion** $\mathfrak{U}(x; a, b, c)$:

Wir betrachten unser Integral[1])

$$J = \int f(x, y, y')\, dx,$$

genommen entlang der in § 72, c) definierten Extremalen

$$y_\iota = \mathfrak{Y}_\iota(x; a, b, c)$$

von dem Punkt mit der Abszisse $x = a$ bis zum Punkt mit der Abszisse $x = \xi$. Der Wert dieses Integrals ist eine eindeutige Funktion von $\xi; a, b_1, \cdots, b_n, c_1, \cdots, c_n$, die wir mit $\mathfrak{U}(\xi; a, b, c)$ bezeichnen, sodaß also

$$\mathfrak{U}(\xi; a, b, c) = \int_a^\xi f(x, \mathfrak{Y}, \mathfrak{Y}')\, dx,$$

wofür wir auch schreiben können

$$\mathfrak{U}(\xi; a, b, c) = \int_a^\xi F(x, \mathfrak{Y}, \mathfrak{Y}', \mathfrak{L})\, dx,$$

da die Funktionen $\mathfrak{Y}_\iota$ den m Differentialgleichungen

$$\varphi_\beta(x, \mathfrak{Y}, \mathfrak{Y}') = 0 \tag{144}$$

genügen.

Es sollen jetzt die ersten partiellen Ableitungen der Funktion $\mathfrak{U}$ nach ihren $2n + 2$ Argumenten berechnet werden. Zunächst ist

$$\frac{\partial \mathfrak{U}}{\partial \xi} = f(x, \mathfrak{Y}, \mathfrak{Y}')\big|^{x=\xi} = F(x, \mathfrak{Y}, \mathfrak{Y}', \mathfrak{L})\big|^{x=\xi}. \tag{145}$$

Ferner ist, wenn α irgend eine der Größen b_ι, c_i bedeutet, in der Bezeichnung (120)

$$\frac{\partial \mathfrak{U}}{\partial \alpha} = \int_a^\xi \Big\{ \sum_\iota \Big(F_\iota \frac{\partial \mathfrak{Y}_\iota}{\partial \alpha} + F_{n+\iota} \frac{\partial \mathfrak{Y}_i'}{\partial \alpha} \Big) + \sum_\beta F_{2n+\beta} \frac{\partial \mathfrak{L}_\beta}{\partial \alpha} \Big\}\, dx;$$

die zweite Summe unter dem Integralzeichen ist gleich Null wegen (144); wendet man auf die übrigbleibenden Glieder die Lagrange'sche partielle Integration an und beachtet, daß die Funktionen $\mathfrak{Y}_\iota$, $\mathfrak{L}_\beta$ den Differentialgleichungen (I) genügen, so erhält man

$$\frac{\partial \mathfrak{U}}{\partial \alpha} = \sum_\iota \Big[F_{n+\iota} \frac{\partial \mathfrak{Y}_\iota}{\partial \alpha} \Big]_a^\xi$$

---

[1]) Immer unter Benutzung der im Eingang von § 68 verabredeten abkürzenden Schreibweise.

und ebenso
$$\frac{\partial \mathfrak{U}}{\partial a} = \sum_i \left[F_{n+i}\frac{\partial \mathfrak{Y}_i}{\partial a}\right]_a^\xi - f|^a.$$

Macht man jetzt von den Formeln (143) Gebrauch, so erhält man

$$\left.\begin{aligned}
\frac{\partial \mathfrak{U}}{\partial a} &= \sum_i F_{n+i}\frac{\partial \mathfrak{Y}_i}{\partial a}\Big|^\xi + \Big(\sum_i F_{n+i}\mathfrak{Y}_i' - f\Big)\Big|^a,\\
\frac{\partial \mathfrak{U}}{\partial b_k} &= \sum_i F_{n+i}\frac{\partial \mathfrak{Y}_i}{\partial b_k}\Big|^\xi - F_{n+k}\Big|^a,\\
\frac{\partial \mathfrak{U}}{\partial c_k} &= \sum_i F_{n+i}\frac{\partial \mathfrak{Y}_i}{\partial c_k}\Big|^\xi.
\end{aligned}\right\} \tag{146}$$

Darin sind die Argumente der Funktionen F und F_{n+i} vor Ausführung der Substitutionen $x = \xi$ und $x = a : (x, \mathfrak{Y}, \mathfrak{Y}', \mathfrak{L})$.

b) **Konstruktion einer Extremalen durch zwei gegebene Punkte:** Es seien jetzt $A_0(a^0, b_1^0, \ldots, b_n^0)$ und $P_0(\xi^0, \eta_1^0, \ldots, \eta_n^0)$ zwei Punkte der Extremalen[1]) $\mathfrak{E}_0^*$ Wir wählen in der Nähe von A_0, resp P_0, zwei beliebige Punkte $A(a, b_1, \ldots, b_n)$, resp. $P(\xi, \eta_1, \ldots, \eta_n)$, und stellen uns die Aufgabe, von A nach P eine Extremale $\mathfrak{E}$ zu konstruieren. Setzen wir diese Extremale in der Normalform von § 72, c) an:
$$y_i = \mathfrak{Y}_i(x; a, b, c),$$
so ist die erste Forderung, daß $\mathfrak{E}$ durch A gehen soll, stets erfüllt. Es bleiben also nur die n Parameter c_i so zu bestimmen, daß $\mathfrak{E}$ auch durch den Punkt P geht, d. h. so daß
$$\mathfrak{Y}_i(\xi; a, b, c) = \eta_i. \tag{147}$$

Da die beiden Punkte A_0 und P_0 auf der Extremalen $\mathfrak{E}_0^*$ liegen, so werden diese Gleichungen nach (137) befriedigt durch das spezielle Wertsystem: $\xi = \xi^0$, $\eta_i = \eta_i^0$, $a = a^0$, $b_i = b_i^0$, $c_i = c_i^0$. Daher können wir nach dem Satz über implizite Funktionen die Gleichungen (147) in der Umgebung dieser Stelle eindeutig nach $c_1, \ldots, c_n$ auflösen, wofern an dieser Stelle die Funktionaldeterminante der Auflösung von Null verschieden ist. Schreiben wir allgemein die Determinante
$$\left|\frac{\partial \mathfrak{Y}_i(x; a, b, c)}{\partial c_k}\right| = \mathfrak{D}(x; a, b, c), \tag{148}$$
so lautet die fragliche Bedingung[2])
$$\mathfrak{D}(\xi^0; a^0, b^0, c^0) \neq 0. \tag{149}$$

---

[1]) Vgl wegen der Bezeichnung § 72, b).

[2]) Wie wir später (§ 75, a)) sehen werden, bedeutet dieselbe, daß die beiden Punkte A_0 und P_0 *kein Paar konjugierter Punkte* (im weiteren Sinn) von $\mathfrak{E}_0^*$ sein dürfen.

Wir setzen diese Bedingung als erfüllt voraus und erhalten dann eine eindeutige Lösung der Gleichungen (147)

$$c_k = \mathfrak{C}_k(a, b_1, \ldots, b_n; \xi, \eta_1, \ldots, \eta_n),$$

wofür wir wieder kurz $\mathfrak{C}_k(a, b; \xi, \eta)$ schreiben; es ist dann also, identisch in den Variabeln $(a, b; \xi, \eta)$:

$$\mathfrak{Y}_i(\xi; a, b, \mathfrak{C}) = \eta_i, \tag{150}$$

und die Extremale $\mathfrak{E}$ durch die beiden Punkte A und P ist dargestellt durch die Gleichungen

$$\mathfrak{E}: \qquad y_i = \mathfrak{Y}_i(x; a, b, \mathfrak{C}) \equiv \mathfrak{y}_i(x; a, b, \xi, \eta). \tag{151}$$

Die hierdurch definierten Funktionen $\mathfrak{y}_i$ genügen nach (136) und (150) den Anfangsbedingungen

$$\mathfrak{y}_i(a; a, b, \xi, \eta) = b_i, \qquad \mathfrak{y}_i(\xi; a, b, \xi, \eta) = \eta_i. \tag{152}$$

Ferner ergeben sich aus (150) durch Differentiation nach den Größen ξ, η_k, a, b_k die Relationen

$$\left.\begin{aligned} (\mathfrak{Y}_i') + \sum_j \left(\frac{\partial \mathfrak{Y}_i}{\partial c_j}\right) \frac{\partial \mathfrak{C}_j}{\partial \xi} &= 0, \\ \sum_j \left(\frac{\partial \mathfrak{Y}_i}{\partial c_j}\right) \frac{\partial \mathfrak{C}_j}{\partial \eta_k} &= \delta_{ik}, \\ \left(\frac{\partial \mathfrak{Y}_i}{\partial a}\right) + \sum_j \left(\frac{\partial \mathfrak{Y}_i}{\partial c_j}\right) \frac{\partial \mathfrak{C}_j}{\partial a} &= 0, \\ \left(\frac{\partial \mathfrak{Y}_i}{\partial b_k}\right) + \sum_j \left(\frac{\partial \mathfrak{Y}_i}{\partial c_j}\right) \frac{\partial \mathfrak{C}_j}{\partial b_k} &= 0. \end{aligned}\right\} \tag{153}$$

Dabei bedeutet δ_{ik} wieder das Kronecker'sche Symbol, und die Klammer ( ) soll andeuten, daß die Argumente der eingeklammerten Funktionen sind: $(\xi; a, b, \mathfrak{C})$.

Der Extremalen (151) sind einerseits die m Multiplikatoren

$$\lambda_\beta = \mathfrak{L}_\beta(x; a, b, \mathfrak{C}) \equiv \mathfrak{l}_\beta(x; a, b, \xi, \eta)$$

zugeordnet, welche zusammen mit den Funktionen $\mathfrak{y}_i$ den Differentialgleichungen (I) genügen, und andererseits die n Funktionen

$$v_i = \mathfrak{V}_i(x; a, b, \mathfrak{C}) \equiv \mathfrak{v}_i(x; a, b, \xi, \eta),$$

welche zusammen mit den Funktionen $\mathfrak{y}_i$ dem kanonischen System (131) genügen.

Zwischen den Funktionen $\mathfrak{y}_i, \mathfrak{y}_i', \mathfrak{l}_\beta, \mathfrak{v}_i$ bestehen nach (139) und (143) die Beziehungen

$$\mathfrak{y}_i' = \Psi_i(x, \mathfrak{y}, \mathfrak{v}), \qquad \mathfrak{l}_\beta = \Pi_\beta(x, \mathfrak{y}, \mathfrak{v}), \qquad \mathfrak{v}_i = F_{n+i}(x, \mathfrak{y}, \mathfrak{y}', \mathfrak{l}). \tag{154}$$

Endlich genügen die Funktionen $\mathfrak{v}_i$ nach (136) den Anfangsbedingungen

$$\mathfrak{v}_i(a; a, b, \xi, \eta) = \mathfrak{C}_i(a, b; \xi, \eta) \tag{155}$$

c) **Die allgemeinsten Hamilton'schen Formeln:**

Wir betrachten jetzt das Integral J, genommen entlang der soeben bestimmten Extremalen $\mathfrak{E}$ vom Punkt A nach dem Punkt P. Dasselbe ist eine eindeutige Funktion der Variabeln $a, b_1, \ldots, b_n$; $\xi, \eta_1, \ldots, \eta_n$, die wir mit

$$\mathfrak{W}(a, b_1, \ldots, b_n; \xi, \eta_1, \ldots, \eta_n) \quad \text{oder kürzer} \quad \mathfrak{W}(a, b; \xi, \eta)$$

bezeichnen und das *Extremalenintegral vom Punkt A nach dem Punkt P* nennen; dasselbe ist identisch mit HAMILTON's[1]) „*Principal Function*". Aus der Definition der Funktion $\mathfrak{U}$ von § 73, a) folgt, daß

$$\mathfrak{W}(a, b; \xi, \eta) = \mathfrak{U}(\xi; a, b, \mathfrak{C}). \tag{156}$$

Es sollen jetzt die partiellen Ableitungen der Funktion $\mathfrak{W}$ berechnet werden. Zunächst folgt aus (156)

$$\left.\begin{aligned}
\frac{\partial \mathfrak{W}}{\partial \xi} &= \left(\frac{\partial \mathfrak{U}}{\partial \xi}\right) + \sum_i \left(\frac{\partial \mathfrak{U}}{\partial c_i}\right) \frac{\partial \mathfrak{C}_i}{\partial \xi}, \\
\frac{\partial \mathfrak{W}}{\partial \eta_k} &= \sum_i \left(\frac{\partial \mathfrak{U}}{\partial c_i}\right) \frac{\partial \mathfrak{C}_i}{\partial \eta_k}, \\
\frac{\partial \mathfrak{W}}{\partial a} &= \left(\frac{\partial \mathfrak{U}}{\partial a}\right) + \sum_i \left(\frac{\partial \mathfrak{U}}{\partial c_i}\right) \frac{\partial \mathfrak{C}_i}{\partial a}, \\
\frac{\partial \mathfrak{W}}{\partial b_k} &= \left(\frac{\partial \mathfrak{U}}{\partial b_k}\right) + \sum_i \left(\frac{\partial \mathfrak{U}}{\partial c_i}\right) \frac{\partial \mathfrak{C}_i}{\partial b_k},
\end{aligned}\right\} \tag{157}$$

wobei die Klammer ( ) die in Absatz b) definierte Bedeutung hat.

Ersetzt man hierin die partiellen Ableitungen von $\mathfrak{U}$ durch ihre Werte (145) und (146) und macht von den Relationen (153) Gebrauch, so erhält man nach einfacher Rechnung die folgenden Ausdrücke für die partiellen Ableitungen des Extremalenintegrals

$$\left.\begin{aligned}
\frac{\partial \mathfrak{W}}{\partial \xi} &= f(\xi, \mathfrak{y}(\xi), \mathfrak{y}'(\xi)) - \sum_i \mathfrak{y}_i'(\xi) F_{n+i}(\xi, \mathfrak{y}(\xi), \mathfrak{y}'(\xi), \mathfrak{l}(\xi)), \\
\frac{\partial \mathfrak{W}}{\partial \eta_k} &= F_{n+k}(\xi, \mathfrak{y}(\xi), \mathfrak{y}'(\xi), \mathfrak{l}(\xi)), \\
\frac{\partial \mathfrak{W}}{\partial a} &= -f(a, \mathfrak{y}(a), \mathfrak{y}'(a)) + \sum_i \mathfrak{y}_i'(a) F_{n+i}(a, \mathfrak{y}(a), \mathfrak{y}'(a), \mathfrak{l}(a)), \\
\frac{\partial \mathfrak{W}}{\partial b_k} &= -F_{n+k}(a, \mathfrak{y}(a), \mathfrak{y}'(a), \mathfrak{l}(a)).
\end{aligned}\right\} \tag{158}$$

[1]) Philosophical Transactions, 1835, Part I, p 99

Dies sind die *Hamilton'schen Formeln* in ihrer allgemeinsten Form. Man kann denselben noch eine andere Gestalt geben, indem man mittels der Gleichungen (154) statt der Funktionen $\mathfrak{y}_i'$, $\mathfrak{l}_\beta$ die Funktionen $\mathfrak{v}_i$ einführt. Macht man dabei noch von den Gleichungen (152) und (155) Gebrauch, so erhält man

$$\left.\begin{aligned}\frac{\partial \mathfrak{W}}{\partial \xi} &= -H(\xi, \eta, \mathfrak{v}(\xi)),\\ \frac{\partial \mathfrak{W}}{\partial \eta_k} &= \mathfrak{v}_k(\xi),\\ \frac{\partial \mathfrak{W}}{\partial a} &= H(a, b, \mathfrak{C}),\\ \frac{\partial \mathfrak{W}}{\partial b_k} &= -\mathfrak{C}_k,\end{aligned}\right\} \tag{159}$$

wo H die durch die Gleichung (129) oder (129a) definierte Funktion ist.

Durch Elimination der Funktionen $\mathfrak{v}_k(\xi)$, resp. $\mathfrak{C}_k$ ergibt sich hieraus der folgende Satz von Hamilton[1]):

Das Extremalenintegral $\mathfrak{W}$ genügt jeder der beiden folgenden partiellen Differentialgleichungen erster Ordnung

$$\begin{aligned}\frac{\partial \mathfrak{W}}{\partial \xi} + H\left(\xi, \eta_1, \ldots, \eta_n, \frac{\partial \mathfrak{W}}{\partial \eta_1}, \ldots, \frac{\partial \mathfrak{W}}{\partial \eta_n}\right) = 0,\\ \frac{\partial \mathfrak{W}}{\partial a} - H\left(a, b_1, \ldots, b_n, -\frac{\partial \mathfrak{W}}{\partial b_1}, \ldots, -\frac{\partial \mathfrak{W}}{\partial b_n}\right) = 0.\end{aligned} \tag{160}$$

Dies sind die beiden zum kanonischen System (131) gehörigen *Hamilton'schen partiellen Differentialgleichungen.*

Aus der ersten derselben folgt, daß die partielle Differentialgleichung

$$\frac{\partial z}{\partial \xi} + H\left(\xi, \eta_1, \ldots, \eta_n, \frac{\partial z}{\partial \eta_1}, \ldots, \frac{\partial z}{\partial \eta_n}\right) = 0 \tag{161}$$

befriedigt wird durch die Funktion

$$z = \mathfrak{W}(a, b_1, \ldots, b_n; \xi, \eta_1, \ldots, \eta_n) + c \tag{162}$$

und zwar bei beliebigen Werten der Konstanten $a, b_1, \ldots, b_n, c$.

Es läßt sich aber weiter zeigen, daß diese Funktion überdies ein sogenanntes *„vollständiges Integral“*[2]) der partiellen Differentialgleichung (161) ist. Hierzu ist nach der allgemeinen Theorie[3]) der par-

[1]) Hamilton, loc cit. p 100 Hierzu die *Übungsaufgabe* Nr. 9 am Ende von Kap XIII

[2]) Siehe z B Goursat, *Leçons sur l'intégration des équations aux dérivées partielles du premier ordre* (1891), Nr. 42

[3]) Ibid Nr. 44. Die Konstante a ist hierbei als eine numerische Konstante, $b_1, \ldots, b_n$ als variable Parameter aufzufassen.

tiellen Differentialgleichungen erster Ordnung notwendig und hinreichend, daß mindestens eine Determinante n-ten Grades der Matrix

$$\left\| \frac{\partial^2 \mathfrak{W}}{\partial \xi \partial b_k}, \frac{\partial^2 \mathfrak{W}}{\partial \eta_1 \partial b_k}, \ldots, \frac{\partial^2 \mathfrak{W}}{\partial \eta_n \partial b_k} \right\|$$

$$(k = 1, 2, \ldots, n)$$

nicht identisch verschwindet. Da aber nach (160_1)

$$\frac{\partial^2 \mathfrak{W}}{\partial \xi \partial b_k} = -\sum_i \frac{\partial H}{\partial v_i} \frac{\partial^2 \mathfrak{W}}{\partial \eta_i \partial b_k},$$

so reduziert sich diese Bedingung darauf, daß die Determinante

$$\left| \frac{\partial^2 \mathfrak{W}}{\partial \eta_i \partial b_k} \right| \not\equiv 0. \tag{163}$$

Nun ist aber nach (159_4)

$$\frac{\partial^2 \mathfrak{W}}{\partial \eta_i \partial b_k} = -\frac{\partial \mathfrak{C}_k}{\partial \eta_i},$$

und aus (153_2) folgt, daß die Determinante

$$\left| \frac{\partial \mathfrak{C}_k}{\partial \eta_i} \right| \neq 0$$

in der Umgebung der Stelle $(a^0, b^0; \xi^0, \eta^0)$. Daher ist die Bedingung (163) stets erfüllt, und der Ausdruck (162) ist also in der Tat ein vollständiges Integral der partiellen Differentialgleichung (161).

Sobald also das allgemeine Integral des kanonischen Systems (131) bekannt ist, kann man durch eine Quadratur ein vollständiges, und daher auch das „allgemeine"[1]) Integral der partiellen Differentialgleichung (161) erhalten.

Umgekehrt gilt der folgende Satz von JACOBI[2]):

Ist

$$z = W(x, y_1, \ldots, y_n, \beta_1, \ldots, \beta_n) + c \tag{164}$$

irgend ein vollständiges Integral der partiellen Differentialgleichung

$$\frac{\partial z}{\partial x} + H\left(x, y_1, \ldots, y_n, \frac{\partial W}{\partial y_1}, \ldots, \frac{\partial W}{\partial y_n}\right) = 0,$$

so ist das allgemeine Integral des kanonischen Systems (131) gegeben durch die $2n$ *Gleichungen*

$$\frac{\partial W}{\partial y_k} = v_k, \qquad \frac{\partial W}{\partial \beta_k} = \gamma_k, \tag{165}$$

wobei die γ_k *willkürliche Konstanten bedeuten.*

Beide Sätze zusammen zeigen, daß die Integration des kanonischen Systems (131) und die Integration der partiellen Differentialgleichung (161) äquivalente Probleme sind.

---

[1]) Siehe z. B. GOURSAT, loc. cit. Nr. 42.

[2]) *Vorlesungen über Dynamik*, 19. und 20. Vorlesung; vgl. auch C. JORDAN, *Cours d'Analyse*, Bd. III, Nr. 258.

Zwölftes Kapitel.

Weitere notwendige, sowie hinreichende Bedingungen beim Lagrange'schen Problem.

§ 74. Analoga der Bedingungen von Weierstraß und Legendre.

In diesem Kapitel sollen zunächst die den Bedingungen von LEGENDRE, JACOBI und WEIERSTRASS entsprechenden Bedingungen (II), (III), (IV) für das Lagrange'sche Problem aufgestellt werden. Wir werden diese Bedingungen zuerst ohne Benutzung der zweiten Variation ableiten, indem wir mit der Weierstraß'schen Bedingung beginnen und daraus die Bedingung (II) herleiten (§ 74), während sich die Bedingung (III) aus einer Verallgemeinerung des Enveloppensatzes ergeben wird (§ 75). Alsdann werden wir, wenn auch nur kurz, auf die Theorie der zweiten Variation eingehen, teils ihres großen historischen Interesses wegen, teils weil dieselbe, wie sich herausstellen wird, zur Vervollständigung der vorangegangenen Theorie der konjugierten Punkte unentbehrlich ist (§ 76).

Den Abschluß des Kapitels bildet dann die Aufstellung hinreichender Bedingungen auf Grund des allgemeinen Hilbert'schen Unabhängigkeitssatzes (§ 77) und die Theorie der Mayer'schen Extremalenscharen (§ 78).

Wir beschränken uns dabei durchweg auf den Fall des *„Funktionenproblems" mit festen Endpunkten* bei welchem *sämtliche Nebenbedingungen Differentialgleichungen* sind.[1])

Ferner machen wir über die Extremale $\mathfrak{E}_0$ dieselben Voraussetzungen A), B), C) wie in § 72, b), fügen denselben aber noch eine *weitere Voraussetzung* D) hinzu:

---

[1]) Der einzige Fall, welcher außerdem bisher vollständig durchgeführt worden ist, ist das räumliche Variationsproblem ohne Nebenbedingungen, welches kürzlich MASON und BLISS eingehend behandelt haben, und zwar in Parameterdarstellung bei festen und bei variabeln Endpunkten, Transactions of the American Mathematical Society, Bd. IX (1908), p. 440, vgl. auch die Dissertation von NADESCHDA GERNET (Göttingen 1902), die dasselbe Problem mit x als unabhängiger Variabeln bei festen Endpunkten behandelt.

D) Die Extremale $\mathfrak{E}_0^*$ soll sich in Beziehung auf jedes noch so kleine Teilintervall $[\xi_1 \xi_2]$ des in § 72, b) definierten „Regularitätsintervalls"

$$x_1^* < x < x_2^*$$

normal verhalten (§ 69, d)), d. h. das einzige System von m Funktionen $\lambda_1, \lambda_2, \ldots, \lambda_m$, welche in $[\xi_1 \xi_2]$ von der Klasse C' sind und den n linearen Differentialgleichungen

$$\sum_\beta \left(\lambda_\beta \frac{\partial \varphi_\beta}{\partial y_i} - \frac{d}{dx} \lambda_\beta \frac{\partial \varphi_\beta}{\partial y_i'} \right) = 0, \qquad i = 1, 2, \cdots, n$$

genügen, ist

$$\lambda_1 \equiv 0, \quad \lambda_2 \equiv 0, \quad \cdots, \quad \lambda_m \equiv 0 \quad \text{in } [\xi_1 \xi_2].$$

Wir drücken diese Voraussetzung nach v. Escherich[1]) dadurch aus, daß wir sagen, es soll der *„Hauptfall"* des Lagrange'schen Problems vorliegen.

In den Voraussetzungen A) bis D) ist enthalten, daß die Konstante l_0 von § 69 den Wert 1 hat, sodaß also in den Euler'-Lagrangeschen Differentialgleichungen

$$F = f + \sum_\beta \lambda_\beta \varphi_\beta$$

zu setzen ist.

a) Die Weierstraß'sche Bedingung[2]):

Zur Herleitung der Weierstraß'schen Bedingung wählen wir auf der Extremalen $\mathfrak{E}_0$ zwischen P_1 und P_2 einen beliebigen Punkt P_3. Es folgt dann aus der Voraussetzung C), daß im Punkt P_3 mindestens eine Determinante $m$ten Grades der Matrix (43) von § 69 von Null verschieden ist; es sei etwa

$$\left. \frac{\partial (\varphi_1, \varphi_2, \cdots, \varphi_m)}{\partial (y_1', y_2', \cdots, y_m')} \right|^{x_3} \neq 0. \tag{1}$$

Diese Determinante ist dann auch noch in einer gewissen Umgebung des Punktes P_3 von Null verschieden. In dieser Umgebung wählen wir auf $\mathfrak{E}_0$ und vor P_3 einen Punkt P_0. Wir ziehen dann durch P_3 eine beliebige Kurve

$$\overline{\mathfrak{C}}: \qquad y_i = \bar{y}_i(x)$$

---

[1]) Vgl Wiener Berichte, Bd. CVIII (1899), p 1290.

[2]) Zuerst von Hahn auf etwas anderem Wege abgeleitet, vgl. Monatshefte für Mathematik und Physik, Bd XVII (1906), p. 295; für den Fall endlicher Bedingungsgleichungen ist die Ausdehnung der Weierstraß'schen Bedingung auf das Lagrange'sche Problem schon vorher von Rudio gegeben worden, vgl. Vierteljahrsschrift der Naturforschenden Gesellschaft zu Zurich, Jahrgang XLIII (1898), p. 340

der Klasse C', welche den m Differentialgleichungen[1])

$$\varphi_\beta(x, \tilde{y}(x), \tilde{y}'(x)) = 0$$

genügt, und für welche das Wertsystem

$$x_3,\ y_1(x_3), \ldots, y_n(x_3),\ \tilde{y}_1'(x_3), \ldots, \tilde{y}_n'(x_3) \tag{2}$$

ganz im Innern des Bereiches $\mathfrak{T}$ von § 69 liegt. Wie sich aus den Existenztheoremen über Differentialgleichungen ergibt, ist dies stets möglich, und wir können die Werte

$$\tilde{y}_1'(x_3), \ \ldots, \ \tilde{y}_n'(x_3)$$

beliebig vorschreiben, vorausgesetzt, daß für das Wertsystem (2) mindestens eine Determinante $m$ten Grades der Matrix

$$\left\| \frac{\partial \varphi_\beta}{\partial y_i'} \right\| \qquad \begin{array}{l} i = 1, 2, \ldots, n, \\ \beta = 1, 2, \ldots, m, \end{array} \tag{3}$$

von Null verschieden ist.

Es sei jetzt P_4 derjenige Punkt von $\tilde{\mathfrak{C}}$, dessen Abszisse den Wert $x_4 = x_3 - \varepsilon$ hat, unter ε eine kleine positive Größe verstanden. Dann können wir stets, und zwar für beliebige, hinreichend kleine Werte von ε, eine Kurve

$$\bar{\mathfrak{C}}: \qquad y_i = \bar{y}_i(x, \varepsilon)$$

von den erforderlichen Stetigkeitseigenschaften konstruieren, welche durch P_0 und P_4 geht:

$$\bar{y}_i(x_0, \varepsilon) = y_i(x_0), \qquad \bar{y}_i(x_4, \varepsilon) = \tilde{y}_i(x_4), \tag{4}$$

sich für $\varepsilon = 0$ auf $\mathfrak{C}_0$ reduziert:

$$\bar{y}_i(x, 0) = y_i(x),$$

und den m Differentialgleichungen

$$\varphi_\beta(x, \bar{y}(x, \varepsilon), \bar{y}'(x, \varepsilon)) = 0$$

genügt.

Zum Beweis dieser Behauptung verfahren wir ganz ähnlich wie in § 69, a). Wir wählen $n(n-m)$ Funktionen[2]) $\eta^k_{m+r}(x)$ von der Klasse C'', welche sämtlich in x_0 verschwinden, sonst aber willkürlich sind, und setzen

$$Y_{m+r}(x, \varepsilon_1, \varepsilon_2, \ldots, \varepsilon_n) = y_{m+r}(x) + \sum_k \varepsilon_k \eta^k_{m+r}(x).$$

Alsdann können wir nach § 24, e) m Funktionen

$$y_\alpha = Y_\alpha(x, \varepsilon_1, \ldots, \varepsilon_n)$$

---

[1]) Wir benutzen dieselben abkürzenden Bezeichnungen wie in §§ 68 und 72.

[2]) Wegen der Bedeutung der Indizes vgl. die Verabredung im Eingang von § 68.

von den dort angegebenen Stetigkeitseigenschaften bestimmen, welche mit den Funktionen Y_{m+r} zusammen den m Differentialgleichungen

$$\varphi_\beta(x, Y, Y') = 0$$

und den Anfangsbedingungen

$$Y_\alpha(x, 0, \ldots, 0) = 0, \qquad Y_\alpha(x_0, \varepsilon_1, \ldots, \varepsilon_n) = y_\alpha(x_0)$$

genugen.

Gelingt es nun, die Größen $\varepsilon_1, \ldots, \varepsilon_n$ so als Funktionen von ε zu bestimmen, daß sie den n Gleichungen

$$Y_i(x_4, \varepsilon_1, \ldots, \varepsilon_n) = \tilde{y}_i(x_4) \tag{5}$$

mit der Anfangsbedingung. $\varepsilon_1 = 0, \ldots, \varepsilon_n = 0$ fur $\varepsilon = 0$ genügen, so besitzt die Kurve

$$y_i = Y_i(x, \varepsilon_1(\varepsilon), \ldots, \varepsilon_n(\varepsilon)) \equiv \bar{y}_i(x, \varepsilon)$$

alle verlangten Eigenschaften

Eine solche Bestimmung der ε_i ist nun aber in der Tat stets moglich Denn da nach der Konstruktion der Kurve $\tilde{\mathfrak{C}}$

$$y_i(x_3) = \tilde{y}_i(x_3), \tag{6}$$

so werden die Gleichungen (5) durch das Wertsystem $\varepsilon = 0$, $\varepsilon_1 = 0, \ldots, \varepsilon_n = 0$ befriedigt, und uberdies läßt sich zeigen, daß die willkurlichen Funktionen η^k_{m+r} sich so wählen lassen, daß die Funktionaldeterminante der Auflösung von Null verschieden ist Zum Beweis bemerken wir zunachst, daß die durch die Gleichungen

$$\left(\frac{\partial Y_\alpha}{\partial \varepsilon_k}\right)_0 = \eta^k_\alpha$$

definierten Funktionen η^λ_α den Differentialgleichungen

$$\sum_i \frac{\partial \varphi_\beta}{\partial y_i}\eta^k_i + \frac{\partial \varphi_\beta}{\partial y'_i}\eta^{k\prime}_i = 0$$

und den Anfangsbedingungen

$$\eta^\lambda_\alpha(x_0) = 0$$

genügen, woraus wie in § 69, b) folgt, daß die Funktionen η^k_α nur von den Funktionen η^λ_{m+r} mit demselben oberen Index abhängen und nach Wahl derselben eindeutig bestimmt sind.

Da ferner nach unserer Voraussetzung D) die Extremale $\mathfrak{E}_0$ sich in Beziehung auf das Intervall $[x_0 x_3]$ normal verhält, so folgt nach § 69, d), daß sich die Funktionen η^β_{m+r} so wählen lassen, daß sie in x_3 verschwinden, und daß fur die hiernach in der eben angegebenen Weise bestimmten Funktionen η^β_α die Determinante

$$\left|\eta^\beta_\alpha(x_3)\right| \neq 0. \tag{7}$$

Wählt man jetzt schließlich noch die Funktionen η^{m+s}_{m+r} so, daß

$$\eta^{m+s}_{m+r}(x_3) = \delta_{rs},$$

unter δ_{rs} wieder das Kronecker'sche Symbol verstanden, so reduziert sich die fragliche Funktionaldeterminante auf die Determinante (7), womit unsere Behauptung bewiesen ist

Nachdem so eine Schar von zulässigen Variationen von den gewünschten Eigenschaften hergestellt ist, betrachten wir das Integral J vom Punkt P_1 entlang $\mathfrak{E}_0$ bis P_0, von da entlang $\overline{\mathfrak{E}}$ bis P_4, dann von P_4 entlang $\tilde{\mathfrak{E}}$ nach P_3 und endlich von P_3 entlang $\mathfrak{E}_0$ bis P_2. Den Wert desselben als Funktion von ε bezeichnen wir mit $J(\varepsilon)$. Da sowohl die Funktionen $y_i(x)$, als $\bar{y}_i(x, \varepsilon)$, als $\tilde{y}_i(x)$ den Differentialgleichungen $\varphi_\beta = 0$ genügen, so können wir $J(\varepsilon)$ auch schreiben

$$J(\varepsilon) = \int_{x_1}^{x_0} F\,dx + \int_{x_0}^{x_4} \bar{F}\,dx + \int_{x_4}^{x_3} \tilde{F}\,dx + \int_{x_3}^{x_2} F\,dx,$$

wobei die in F, resp. $\bar{F}$ und $\tilde{F}$ vorkommenden Funktionen λ_β die zur Extremalen $\mathfrak{E}_0$ gehörigen Multiplikatoren sind

Beachtet man jetzt Gleichung (6) sowie die aus (4_2) folgende Relation

$$\frac{\partial \bar{y}_i(x, \varepsilon)}{\partial \varepsilon}\Big|^{x_4} - \bar{y}_i'(x_4, \varepsilon) = -\tilde{y}_i'(x_4),$$

so erhält man nach einfacher Rechnung unter Anwendung der Lagrange'schen partiellen Integration und unter Benutzung der Bezeichnung (120) von § 72:

$$J'(0) = F(x, y(x), \tilde{y}'(x), \lambda(x)) - F(x, y(x), y'(x), \lambda(x))$$
$$- \sum_i (\tilde{y}_i'(x) - y_i'(x)) F_{n+i}(x, y(x), y'(x), \lambda(x)) \Big|^{x_1}.$$

Definiert man daher die Weierstraß'sche $\mathcal{E}$-Funktion für das vorliegende Lagrange'sche Problem als Funktion ihrer $3n + m + 1$ Argumente

$$x, y_1, \ldots, y_n, p_1, \ldots, p_n, \tilde{p}_1, \ldots, \tilde{p}_n, \lambda_1, \ldots, \lambda_m$$

durch die Gleichung

$$\mathcal{E}(x, y; p, \tilde{p}; \lambda) = F(x, y, \tilde{p}, \lambda) - F(x, y, p, \lambda) - \sum_i (\tilde{p}_i - p_i) F_{n+i}(x, y, p, \lambda), \quad (8)$$

so folgt hieraus der Satz[1]):

Soll die Extremale $\mathfrak{E}_0$ ein starkes Minimum für das Integral J mit den Nebenbedingungen $\varphi_\beta = 0$ liefern, so muß

$$\mathcal{E}(x, y(x); y'(x), \tilde{p}; \lambda(x)) \geqq 0 \quad \text{(IV)}$$

---

[1]) Vgl. Hahn, loc cit., p. 303 Hier, wie bei allen folgenden Sätzen über das Lagrange'sche Problem, sind stets die Voraussetzungen A) bis D) noch hinzuzufügen.

sein für jedes x im Intervall $[x_1 x_2]$ und für jedes endliche Wertsystem $\tilde{p}_1, \ldots, \tilde{p}_n$, welches den Bedingungen

$$\varphi_\beta(x, y(x), \tilde{p}) = 0 \tag{9}$$

genügt, und für welches der Punkt $(x, y(x), \tilde{p})$ im Innern des Bereiches $\mathfrak{G}$ liegt und mindestens einer Determinante mten Grades der Matrix (3) einen von Null verschiedenen Wert erteilt

b) **Die Clebsch'sche Bedingung:**

Aus der Weierstraß'schen Bedingung läßt sich nun leicht die der Legendre'schen entsprechende Bedingung (II) ableiten.[1])

Dazu müssen wir zunächst den folgenden *Hilfssatz* beweisen:

Es sei $\zeta_1, \zeta_2, \ldots, \zeta_n$ irgend ein System von Größen, welche den m Gleichungen

$$\sum_\iota \frac{\partial \varphi_\beta}{\partial y_\iota'} \zeta_\iota = 0 \tag{10}$$

genügen. Alsdann kann man stets n Funktionen $\tilde{p}_\iota(\varepsilon)$ bestimmen, welche in der Umgebung der Stelle $\varepsilon = 0$ von der Klasse C'' sind, für beliebige, hinreichend kleine Werte von $|\varepsilon|$ den m Gleichungen

$$\varphi_\beta(x_3, y(x_3), \tilde{p}(\varepsilon)) = 0 \tag{11}$$

und den Anfangsbedingungen

$$\tilde{p}_\iota(0) = 0, \qquad \tilde{p}_\iota'(0) = \zeta_\iota \tag{12}$$

genügen.

Die Argumente von $\partial \varphi_\beta / \partial y_\iota'$ sind dabei $(x_3, y(x_3), y'(x_3))$

Zum Beweis definieren wir zunächst

$$\tilde{p}_{m+r}(\varepsilon) = y_{m+r}'(x_3) + \varepsilon \zeta_{m+r}.$$

Dann können wir nach dem Satz über implizite Funktionen die m Gleichungen

$$\varphi_\beta(x_3, y_1(x_3), \ldots, y_n(x_3), \tilde{p}_1, \ldots, \tilde{p}_m, \tilde{p}_{m+1}(\varepsilon), \ldots, \tilde{p}_n(\varepsilon)) = 0$$

in der Umgebung des Wertsystems $\varepsilon = 0$, $\tilde{p}_1 = y_1'(x_3), \ldots, \tilde{p}_m = y_m'(x_3)$ eindeutig nach $\tilde{p}_1, \ldots, \tilde{p}_m$ auflösen. Denn die Gleichungen werden durch dieses spezielle Wertsystem befriedigt, und die Funktionaldeterminante der Auflösung ist nach (1) von Null verschieden. Wir erhalten daher eine Lösung $\tilde{p}_\alpha = \tilde{p}_\alpha(\varepsilon)$ der verlangten Art, von der nur noch zu zeigen ist, daß sie auch der Bedingung (12_2) genügt. Differentiieren wir die in ε identischen Gleichungen (11) nach ε und setzen dann $\varepsilon = 0$, so erhalten wir

$$\sum_\alpha \frac{\partial \varphi_\beta}{\partial y_\alpha'} p_\alpha'(0) + \sum_r \frac{\partial \varphi_\beta}{\partial y_{m+r}'} \zeta_{m+r} = 0,$$

[1]) Vgl. Hahn, loc. cit. p. 303. Der Beweis von Hahn ist übrigens durch den hier gegebenen Hilfssatz zu ergänzen

woraus durch Vergleich mit (10) wegen (1) folgt, daß: $p'_\alpha(0) = \zeta_\alpha$, womit der Hilfssatz bewiesen ist.

Wegen (11), (12_1) und (1) muß nun im Fall eines Minimums die Weierstraß'sche Bedingung

$$\mathcal{E}(x_3, y(x_3); y'(x_3), \tilde{p}(\varepsilon); \lambda(x_3)) \geqq 0$$

für alle hinreichend kleinen Werte von $|\varepsilon|$ erfüllt sein. Bezeichnen wir die linke Seite als Funktion von ε mit $E(\varepsilon)$, so ergibt eine einfache Rechnung unter Benutzung von (12):

$$\dot{E}(0) = 0, \qquad E'(0) = 0, \qquad E''(0) = \sum_{i,k} \frac{\partial^2 F}{\partial y'_i \partial y'_k} \zeta_i \zeta_k$$ [1])

Da nach dem Taylor'schen Satz

$$E(\varepsilon) = \frac{\varepsilon^2}{2}[E''(0) + (\varepsilon)],$$

so folgt hieraus der Satz:

Für ein Minimum des Integrals J mit den Nebenbedingungen $\varphi_\beta = 0$ ist weiter notwendig, daß in jedem Punkt des Extremalenbogens $\mathfrak{E}_0$

$$\sum_{i,k} \frac{\partial^2 F}{\partial y'_i \partial y'_k} \zeta_i \zeta_k \geqq 0 \tag{II}$$

für alle den m Gleichungen

$$\sum_i \frac{\partial \varphi_\beta}{\partial y'_i} \zeta_i = 0 \tag{13}$$

genügenden Wertsysteme der Größen $\zeta_1, \zeta_2, \cdots, \zeta_n$.

Dabei sind die Argumente der zweiten Ableitungen von F: $(x, y(x), y'(x), \lambda(x))$, diejenigen von $\partial\varphi_\beta / \partial y'_i$: $(x, y(x), y'(x))$.

Wir werden diese Bedingung die „*Clebsch'sche Bedingung*" nennen, da sie zuerst von CLEBSCH[2]) gegeben worden ist, und zwar mit Hilfe der zweiten Variation.

In der Theorie der quadratischen Formen wird gezeigt[3]), daß die Bedingung (II) damit äquivalent ist, daß unter den Wurzeln der Gleichung

---

[1]) Das Summationszeichen $\sum\limits_{i,k}$ bedeutet hier und in der Folge stets die Doppelsumme $\sum\limits_{i=1}^{n}\sum\limits_{k=1}^{n}$.

[2]) Journal für Mathematik, Bd LV (1858), p. 254. Vgl. auch unten § 76, f).

[3]) WEIERSTRASS, *Vorlesungen über Variationsrechnung* 1879; C. JORDAN, *Cours d'Analyse*, Bd III, Nr. 392.

$$G(\varrho) \equiv \begin{vmatrix} R_{11}-\varrho, & R_{12}, & \cdots, & R_{1n}, & L_{11}, & \cdots, & L_{1m} \\ R_{21}, & R_{22}-\varrho, & \cdots, & R_{2n}, & L_{21}, & \cdots, & L_{2m} \\ \cdot & \cdot & \cdot & \cdot & \cdot & \cdot & \cdot \\ R_{n1}, & R_{n2}, & \cdots, & R_{nn}-\varrho, & L_{n1}, & \cdots, & L_{nm} \\ L_{11}, & L_{21}, & \cdots, & L_{n1}, & 0, & \cdots, & 0 \\ \cdot & \cdot & \cdot & \cdot & \cdot & \cdot & \cdot \\ L_{1m}, & L_{2m}, & \cdots, & L_{nm}, & 0, & \cdots, & 0 \end{vmatrix} = 0, \qquad (14)$$

welche bekanntlich alle reell sind[1]), sich keine negativen befinden, wobei zur Abkürzung

$$\frac{\partial^2 F}{\partial y_i' \partial y_k'} = R_{ik}, \qquad \frac{\partial \varphi_\beta}{\partial y_i'} = L_{i\beta}$$

gesetzt ist.

Für $\varrho = 0$ reduziert sich die Determinante $G(\varrho)$ auf die Determinante R von § 72, a), die nach Voraussetzung C) entlang $\mathfrak{E}_0$ von Null verschieden ist. Somit kann unter den Wurzeln der Gleichung (14) die Null nicht vorkommen. Das hat zur Folge, daß unter der Voraussetzung C) die Bedingung (II), wenn überhaupt, nur in der stärkeren Form

$$\sum_{i,k} \frac{\partial^2 F}{\partial y_i' \partial y_k'} \zeta_i \zeta_k > 0 \qquad \text{(II')}$$

für alle den Gleichungen (13) genügenden, nicht sämtlich verschwindenden Werte $\zeta_1, \zeta_2, \cdots, \zeta_n$ erfüllt sein kann.

Da die Wurzeln der Gleichung (14) sämtlich reell sind, so er-

---

[1]) Siehe GUNDELFINGER in HESSE, *Analytische Geometrie des Raumes* (1876) p. 518; WEIERSTRASS, *Vorlesungen über Variationsrechnung* 1879. Den folgenden einfachen Beweis verdanke ich Herrn LÖWY:

Ist ϱ eine Wurzel der Gleichung (14), so gibt es $n+m$ reelle oder komplexe Größen $x_1, x_2, \cdots, x_n, y_1, y_2, \cdots, y_m$, welche nicht alle gleich Null sind und den $n+m$ Gleichungen genügen

$$\begin{aligned} R_{i1}x_1 + R_{i2}x_2 + \cdots + R_{in}x_n + L_{i1}y_1 + L_{i2}y_2 + \cdots + L_{im}y_m &= \varrho x_i, \\ L_{1\beta}x_1 + L_{2\beta}x_2 + \cdots + L_{n\beta}x_n &= 0 \end{aligned}$$

Dabei können wegen (1) nicht alle Größen x_i gleich Null sein.

Es seien jetzt $\bar{x}_i, \bar{y}_\beta$ die zu x_i, y_β konjugiert imaginären Größen; dann folgt, indem wir die i te Gleichung mit $\bar{x}_i$, die $(n+\beta)$te mit $\bar{y}_\beta$ multiplizieren und dann addieren,

$$\sum_{i,k} R_{ik} x_k \bar{x}_i + \sum_{i,\beta} L_{i\beta}(x_i \bar{y}_\beta + \bar{x}_i y_\beta) = \varrho \sum_i x_i \bar{x}_i.$$

Da R_{ik}, $L_{i\beta}$ reell sind, und $R_{ik} = R_{ki}$, so ist die linke Seite reell; da überdies auch $\sum_i x_i \bar{x}_i$ reell und von Null verschieden ist, so folgt, daß ϱ reell sein muß.

gibt sich aus der Descartes'schen Regel ein sehr einfaches Mittel, um zu entscheiden, ob die Bedingung (II') erfüllt ist: Man ordne die ganze Funktion $G(\varrho)$ nach absteigenden Potenzen von ϱ; alsdann müssen die Koeffizienten der so erhaltenen ganzen Funktion abwechselnde Vorzeichen haben

§ 75. Die Kneser'sche Theorie der konjugierten Punkte beim Lagrange'schen Problem.

Wir werden in diesem Paragraphen nach dem Vorgang von Kneser den Enveloppensatz von § 44, c) und § 62, d) auf den Fall des Lagrange'schen Problems ausdehnen und daraus die der Jacobischen Bedingung entsprechende Bedingung (III) ableiten. Wir halten dabei an den Voraussetzungen A) bis D) von §§ 72 und 74 über die Extremale $\mathfrak{E}_0$ fest

a) Definition des konjugierten Punktes:

Wir gehen aus von der Betrachtung der *Gesamtheit*[1]) *der Extremalen durch den Anfangspunkt* $P_1(x_1, y_{11}, \cdots, y_{n1})$ des Extremalenbogens $\mathfrak{E}_0$. Dieselbe bildet eine n-parametrige Schar, die sich nach den Resultaten von § 72, c) mittels der Funktionen $\mathfrak{Y}_i$ in der folgenden *Normalform* darstellen läßt:

$$y_i = \mathfrak{Y}_i(x; x_1, y_{11}, \cdots, y_{n1}, c_1, \cdots, c_n) \equiv Y_i(x, c_1, \cdots, c_n), \qquad (15)$$

mit $c_1, \cdots, c_n$ als Parametern. In der Tat ist nach Gleichung (136_1) von § 72

$$Y_i(x_1, c_1, \cdots, c_n) = y_{i1}, \qquad (16)$$

woraus sich durch Differentiation nach c_k ergibt

$$\left.\frac{\partial Y_i}{\partial c_k}\right|^{x_1} = 0. \qquad (17)$$

Die Schar (15) enthält die Extremale $\mathfrak{E}_0$ und zwar in der Bezeichnung von § 72, Gleichung (122), für:

$$c_1 = v_1(x_1) \equiv c_1^0, \cdots, \qquad c_n = v_n(x_1) \equiv c_n^0,$$

sodaß also

$$Y_i(x, c_1^0, \cdots, c_n^0) = y_i(x).$$

---

[1]) Streng genommen handelt es sich nur um Extremalen, die zu solchen Lösungen der Differentialgleichungen (I) gehören, welche nur wenig von der Lösung (119) von § 72 abweichen Daß die Gleichungen (15) alle diese Extremalen darstellen, folgt daraus, daß nach Gleichung (143) von § 72 die Determinante $\partial \mathfrak{Y}_i / \partial b_k \mid$ von Null verschieden ist

Die Funktionaldeterminante der Schar bezeichnen wir mit

$$D(x, c_1, \cdots, c_n) = \frac{\partial(Y_1, \cdots, Y_n)}{\partial(c_1, \cdots, c_n)}.$$

Es folgt dann aus (17), daß

$$D(x_1, c_1, \cdots, c_n) = 0,$$

insbesondere also auch

$$D(x_1, c_1^0, \cdots, c_n^0) = 0. \tag{18}$$

Wir wollen nun die Annahme machen, daß der Punkt x_1 ein *isolierter Nullpunkt* der Funktion $D(x, c_1^0, \cdots, c_n^0)$ ist, d. h. daß sich eine Umgebung von x_1 angeben läßt, in welcher diese Funktion, abgesehen vom Punkt x_1, von Null verschieden ist. Es wird sich später zeigen[1]), daß dies in Wirklichkeit keine weitere beschränkende Annahme, sondern eine Folge unserer bisherigen Voraussetzungen A) bis D) ist.

Es folgt dann, daß entweder[2])

$$D(x, c_1^0, \cdots, c_n^0) \neq 0 \quad \text{für } x_1 < x < x_2^*$$

oder aber, daß es zwischen x_1 und x_2^* einen zunächst[3]) auf x_1 folgenden Nullpunkt x_1' dieser Funktion gibt, sodaß also

$$\begin{aligned} &D(x_1', c_1^0, \cdots, c_n^0) = 0, \\ &D(x, c_1^0, \cdots, c_n^0) \neq 0 \quad \text{für } x_1 < x < x_1'. \end{aligned} \tag{19}$$

Im zweiten Fall heißt der dem Wert $x = x_1'$ entsprechende Punkt P_1' der Extremalen $\mathfrak{E}_0$ wieder der zu P_1 *konjugierte Punkt.*

Die Funktionaldeterminante D läßt sich auch als Determinante $2n$ter Ordnung schreiben; definiert man nämlich nach A. MAYER[4]) die Funktion $\Delta(x, x_1)$ durch die Determinante

$$\Delta(x, x_1) = \begin{vmatrix} \dfrac{\partial \mathfrak{Y}_i}{\partial b_1}\Big|^{x_1}, \cdots, \dfrac{\partial \mathfrak{Y}_i}{\partial b_n}\Big|^{x_1}, & \dfrac{\partial \mathfrak{Y}_i}{\partial c_1}\Big|^{x_1}, \cdots, \dfrac{\partial \mathfrak{Y}_i}{\partial c_n}\Big|^{x_1} \\ \dfrac{\partial \mathfrak{Y}_i}{\partial b_1}\Big|^{x}, \cdots, \dfrac{\partial \mathfrak{Y}_i}{\partial b_n}\Big|^{x}, & \dfrac{\partial \mathfrak{Y}_i}{\partial c_1}\Big|^{x}, \cdots, \dfrac{\partial \mathfrak{Y}_i}{\partial c_n}\Big|^{x} \end{vmatrix} \tag{20}$$

$$(i = 1, 2, \cdots, n),$$

wobei in den partiellen Ableitungen der Funktionen $\mathfrak{Y}_i(x; a, b, c)$ nach

---

1) Siehe § 76, g). Sind die Funktionen f und φ_β analytisch und regulär im Bereich $\mathfrak{T}$, so ist diese Annahme damit gleichbedeutend, daß $D(x, c_1^0, \cdots, c_n^0)$ nicht identisch verschwinden soll.

2) Wegen der Bedeutung des Zeichens x_2^* siehe § 72, b).

3) Vgl. den am Ende von § 61, b) erwähnten Hilfssatz über stetige Funktionen.

4) Journal für Mathematik, Bd LXIX (1868), p. 250.

der Differentiation $a = x_1, b_1 = y_{11}, \cdots, b_n = y_{n1}, c_1 = c_1^0, \cdots, c_n = c_n^0$ zu setzen ist, so ist

$$D(x, c_1^0, \cdots, c_n^0) = \Delta(x, x_1), \tag{21}$$

wie sich unmittelbar aus den Gleichungen (143) von § 72 ergibt.

In dieser Form Δ wird uns die Determinante in der Theorie der zweiten Variation wieder begegnen; man pflegt sie die *Mayer'sche Determinante* zu nennen.

Geht man von der Normalform (15) der Extremalenschar durch den Punkt P_1 zu einer andern Darstellungsform über, indem man an Stelle der Parameter $c_1, \cdots, c_n$ andere n unabhängige Parameter einführt, so wird die Funktionaldeterminante $D(x, c_1, \cdots, c_n)$ der Schar nach bekannten allgemeinen Sätzen über Funktionaldeterminanten nur mit einem konstanten, nicht verschwindenden Faktor multipliziert Dasselbe gilt von der Determinante $\Delta(x, x_1)$, wenn man von den „kanonischen Konstanten" $b_1, \cdots, b_n, c_1, \cdots, c_n$ zu beliebigen anderen Integrationskonstanten übergeht.

Für die weitere Diskussion werden wir die *beschränkende Annahme* machen, daß im konjugierten Punkt, falls ein solcher existiert,

$$D_x(x_1', c_1^0, \cdots, c_n^0) \neq 0. \tag{22}$$

Dann können wir nach dem Satz über implizite Funktionen die Gleichung

$$D(x, c_1, \cdots, c_n) = 0$$

in der Umgebung der Stelle $x = x_1', c_1 = c_1^0, \cdots, c_n = c_n^0$ eindeutig nach x auflösen[1]). Die Lösung sei

$$x = \mathfrak{x}(c_1, \cdots, c_n),$$

sodaß also

$$D(\mathfrak{x}, c_1, \cdots, c_n) = 0$$

identisch in $c_1, \cdots, c_n$ und

$$\mathfrak{x}(c_1^0, \cdots, c_n^0) = x_1'.$$

Es besitzt dann auch jede der Extremalen $\mathfrak{E}_0$ benachbarte Extremale (c) der Schar (15) einen zu P_1 konjugierten Punkt, und die Abszisse desselben ist $\mathfrak{x}(c_1, \cdots, c_n)$.

Den geometrischen Ort dieser konjugierten Punkte, d. h. also die n-fach ausgedehnte Mannigfaltigkeit

$$x = \mathfrak{x}(c_1, \cdots, c_n), \qquad y_i = Y_i(\mathfrak{x}, c_1, \cdots, c_n)$$

[1]) Dabei müssen wir allerdings voraussetzen, daß auch die zweiten Ableitungen $\partial^2 Y_i / \partial c_k \partial c_j$ existieren und stetig sind; das wird nach p 178, Zusatz I sicher der Fall sein, wenn wir die ursprunglichen Voraussetzungen von § 69 uber die Funktionen f und φ_β dahin verschärfen, daß dieselben im Bereich $\mathfrak{T}$ von der Klasse C^{IV} sind.

im Raum der Variabeln $x, y_1, \cdots, y_n$ könnte man die „*Brennhyperfläche*“ der Schar (15) nennen. Es lassen sich für dieselbe ähnliche Betrachtungen anstellen, wie im Fall des isoperimetrischen Problems (§ 62, b)).

b) **Das ausgezeichnete Extremalenbüschel durch den Punkt P_1:**[1])

Wir greifen jetzt aus der n-fach unendlichen Extremalenschar (15) eine einfach-unendliche, die Extremale $\mathfrak{E}_0$ enthaltende Schar (ein „Büschel“) heraus, indem wir die Größen c_i durch Funktionen eines Parameters α ersetzen, welche für einen bestimmten Wert $\alpha = \alpha_0$ die Werte c_i^0 annehmen und in der Umgebung von α_0 von der Klasse C' sind:

$$c_i = \tilde{c}_i(\alpha), \qquad \tilde{c}_i(\alpha_0) = c_i^0, \tag{23}$$

sodaß das Büschel dargestellt wird durch die Gleichungen

$$y_i = Y_i(x, \tilde{c}_1, \ldots, \tilde{c}_n), \tag{24}$$

und stellen uns nunmehr die Aufgabe, die Funktionen $\tilde{c}_i(\alpha)$ so zu bestimmen, daß dieses Büschel eine *Enveloppe* besitzt, d. h., daß es eine Kurve $\mathfrak{F}$ gibt, welche von sämtlichen Kurven des Büschels berührt wird.

Angenommen es existiere eine solche Kurve $\mathfrak{F}$, und es sei $\tilde{x}(\alpha)$ die Abszisse des Berührungspunktes P_3 der Extremalen $\mathfrak{E}_\alpha$ des Büschels (24) mit $\mathfrak{F}$. Die Ordinaten von P_3 sind dann $Y_i(\tilde{x}, \tilde{c}_1, \ldots, \tilde{c}_n)$, und die Kurve $\mathfrak{F}$ ist in Parameterdarstellung gegeben durch die Gleichungen

$$\mathfrak{F}: \qquad x = \tilde{x}(\alpha), \qquad y_i = Y_i(\tilde{x}, \tilde{c}_1, \ldots, \tilde{c}_n) \equiv \tilde{y}_i(\alpha). \tag{25}$$

Im Punkt P_3 sollen sich die beiden Kurven $\mathfrak{E}_\alpha$ und $\mathfrak{F}$ berühren, worunter wir verstehen, daß die n Gleichungen bestehen sollen:

$$\tilde{x}'(\alpha)[Y_i'] = \tilde{y}_i'(\alpha), \tag{26}$$

wenn wir durch die Klammer [ ] die Substitution von $\tilde{x}, \tilde{c}_1, \ldots, \tilde{c}_n$ für $x, c_1, \ldots, c_n$ andeuten. Da nach (25)

$$\tilde{y}_i'(\alpha) = [Y_i']\tilde{x}'(\alpha) + \sum_k \left[\frac{\partial Y_i}{\partial c_k}\right] \tilde{c}_k'(\alpha), \tag{27}$$

so reduzieren sich die Gleichungen (26) auf

$$\sum_k \left[\frac{\partial Y_i}{\partial c_k}\right] \tilde{c}_k'(\alpha) = 0. \tag{28}$$

---

[1]) Im wesentlichen nach Kneser, Mitteilungen der Mathematischen Gesellschaft zu Charkow, zweite Serie, Bd VII (1902); vgl. auch für den speziellen Fall $n = 2$, $m = 0$ die schon oben erwähnte Arbeit von Mason und Bliss, Transactions of the American Mathematical Society, Bd IX (1908), p 446.

Da ferner die Funktionen $\tilde{c}_k$ nicht sämtlich konstant sein sollen, so muß die Determinante des Gleichungssystems (28) verschwinden, d. h. es muß

$$D(\tilde{x}, \tilde{c}_1, \ldots, \tilde{c}_n) = 0 \tag{29}$$

sein. Diese Gleichung sagt aus, daß der Berührungspunkt P_3 ein zu P_1 auf der Extremalen $\mathfrak{E}_\alpha$ konjugierter Punkt (im weiteren Sinn) sein muß. Wir betrachten insbesondere den Fall, wo der Berührungspunkt der Extremalen $\mathfrak{E}_0$ mit $\mathfrak{F}$ der konjugierte Punkt im engeren Sinn, P_1', ist, also

$$\tilde{x}(\alpha_0) = x_1'$$

Dann folgt aus (29) nach der am Ende von Absatz a) gemachten Bemerkung unter der Voraussetzung (22), daß

$$\tilde{x}(\alpha) = \mathfrak{x}(\tilde{c}_1, \ldots, \tilde{c}_n)$$

für alle Werte von α in der Nähe von α_0.

Gibt man dem $\tilde{x}(\alpha)$ diesen Wert, so ist es möglich, den Gleichungen (28) durch Werte der Größen $\tilde{c}_k'(\alpha)$ zu genügen, welche nicht sämtlich null sind, und zwar sind die Verhältnisse dieser Größen durch die Gleichungen (28) eindeutig bestimmt. Denn wegen der Voraussetzung (22) sind die Subdeterminanten des Koeffizientensystems dieser Gleichungen nicht sämtlich gleich Null, da

$$D_x(x, c_1, \ldots, c_n) = \sum_{i,k} D_{ik} \frac{\partial Y_i'}{\partial c_k},$$

wenn D_{ik} die Subdeterminante des Elementes $\partial Y_i/\partial c_k$ in der Determinante D bedeutet. Es sei z. B

$$[D_{nn}] \neq 0 \tag{30}$$

für $\alpha = \alpha_0$ und daher auch in einer gewissen Umgebung von α_0. Dann ergibt die Auflösung von (28)

$$\tilde{c}_k'(\alpha) = \varrho[D_{nk}]. \tag{31}$$

Den Proportionalitätsfaktor ϱ dürfen wir ohne Beschränkung der Allgemeinheit gleich 1 annehmen, da wir dies durch Einführung eines passenden neuen Parameters an Stelle von α stets erreichen können.

Die Gleichungen (31) stellen nunmehr ein System von n Differentialgleichungen erster Ordnung in der Normalform dar, welche zusammen mit den Anfangsbedingungen (23_2) nach dem Cauchy'schen Existenztheorem von § 23, a) die Funktionen $\tilde{c}_k(\alpha)$ eindeutig bestimmen, und zwar sind dieselben wegen (30) nicht etwa sämtlich konstant.[1])

Für das so erhaltene Funktionensystem $\tilde{c}_k(\alpha)$ gelten dann in der Tat die Gleichungen (26) in der Umgebung von $\alpha = \alpha_0$. Falls $\tilde{x}'(\alpha_0) \neq 0$, so ist die Berührung eine eigentliche. Ist dagegen $\tilde{x}'(\alpha_0) = 0$, so ist auch $\tilde{y}_i'(\alpha_0) = 0$. Ist dabei $\tilde{x}'(\alpha) \not\equiv 0$, so ist P_1' ein singulärer Punkt der Enveloppe $\mathfrak{F}$. Ist dagegen $\tilde{x}'(\alpha) \equiv 0$, so ist auch $\tilde{y}_i'(\alpha) \equiv 0$, d. h. die Enveloppe $\mathfrak{F}$ degeneriert in einen Punkt, und zwar in den Punkt P_1', wie sich aus den Anfangsbedingungen für $\alpha = \alpha_0$ ergibt.

Es gilt also der folgende von Kneser herrührende Satz:

Unter der Voraussetzung (22) gibt es in der n-fach unendlichen Extremalenschar (15) durch den Punkt P_1 ein und nur ein die Extremale $\mathfrak{E}_0$ enthaltendes ausgezeichnetes Extremalenbüschel, welches eine Enveloppe besitzt, die im Punkt P_1' entweder die Extremale $\mathfrak{E}_0$ berührt, oder in P_1' einen singularen Punkt besitzt, oder aber in den Punkt P_1' degeneriert.

c) Der verallgemeinerte Enveloppensatz:[2])

Wir betrachten jetzt unser Integral J, genommen entlang der Extremalen $\mathfrak{E}_\alpha$ des ausgezeichneten Büschels vom Punkt P_1 bis zum konjugierten Punkt P_3. Dasselbe ist eine eindeutige Funktion von α, die wir mit $J(\alpha)$ bezeichnen:[3])

$$J(\alpha) = \int_{x_1}^{\tilde{x}} f(x, Y(x, \tilde{c}), Y'(x, \tilde{c}))\,dx.$$

Nach der Definition der Funktion $\mathfrak{U}$ von § 73, a) ist dann

$$J(\alpha) = \mathfrak{U}(\tilde{x}; x_1, y_{11}, \ldots, y_{n1}, \tilde{c}_1, \ldots, \tilde{c}_n). \tag{32}$$

Daher können wir mit Hilfe der allgemeinen Formeln (145) und (146)

[1]) Hieraus folgt, daß die Extremale $\mathfrak{E}_\alpha$ nicht etwa für alle Werte von α in der Umgebung von α_0 mit $\mathfrak{E}_0$ identisch sein kann Denn aus der Identitat

$$Y_i(x, \tilde{c}_1, \ldots, \tilde{c}_n) \equiv y_i(x)$$

würde durch Differentiation nach α folgen, daß

$$\sum_i \frac{\partial Y_i}{\partial c_k}\bigg|^{c=\tilde{c}} \cdot \tilde{c}_k'(\alpha) = 0,$$

was wegen (19_2) nicht moglich ist

Diese Bemerkung ist für den unter d) folgenden Beweis von Wichtigkeit

[2]) Vgl Kneser, loc cit.

[3]) Wir schreiben analog den fruheren Abkürzungen

$$(x, \tilde{c}) \quad \text{statt} \quad (x, \tilde{c}_1, \ \ldots, \tilde{c}_n).$$

von § 73 den Ausdruck für die Ableitung $J'(\alpha)$ unmittelbar hinschreiben, wobei wir uns der Definition (15) der Funktionen Y_i sowie der Bedeutung des Zeichens [ ] zu erinnern haben. Man findet

$$J'(\alpha) = f(\tilde{x}, Y(\tilde{x}, \tilde{c}), Y'(\tilde{x}, \tilde{c}))\tilde{x}' + \sum_{i,k} F_{n+i}(\tilde{x}, Y(\tilde{x}, \tilde{c}), Y'(\tilde{x}, \tilde{c}), \Lambda(\tilde{x}, \tilde{c}))\left[\frac{\partial Y_i}{\partial c_k}\right]\tilde{c}_k'.$$

Die Doppelsumme ist aber gleich Null, da ja das Extremalenbüschel das durch die Gleichungen (28) definierte ausgezeichnete Büschel sein sollte. Es kommt also schließlich

$$J'(\alpha) = f(\tilde{x}, Y(\tilde{x}, \tilde{c}), Y'(\tilde{x}, \tilde{c}))\tilde{x}'. \tag{33}$$

Wir unterscheiden jetzt zwei Fälle:

Fall I: $\tilde{x}'(\alpha) \not\equiv 0$, *die Enveloppe* $\mathfrak{F}$ *degeneriert nicht.*

Wir beschränken uns dabei auf den Fall

$$\tilde{x}'(\alpha_0) \neq 0, \tag{34}$$

indem wir den Ausnahmefall, wo die Enveloppe $\mathfrak{F}$ in P_1' einen singulären Punkt hat, bei Seite lassen. Dann können wir nach (25) und (26) die Gleichung (33) schreiben

$$J'(\alpha) = f\left(\tilde{x}(\alpha), \tilde{y}(\alpha), \frac{\tilde{y}'(\alpha)}{\tilde{x}'(\alpha)}\right)\tilde{x}'(\alpha). \tag{35}$$

Andererseits können wir wegen (34) die Gleichung $x = \tilde{x}(\alpha)$ in der Umgebung von $\alpha = \alpha_0$ eindeutig nach α auflösen; es sei: $\alpha = \mathfrak{a}(x)$. Wir können daher die Enveloppe $\mathfrak{F}$ in der Form schreiben:

$$\mathfrak{F}: \qquad y_i = \tilde{y}_i(\mathfrak{a}(x)) \equiv \tilde{Y}_i(x),$$

woraus folgt

$$\tilde{Y}_i'(x) = \frac{\tilde{y}_i'(\mathfrak{a})}{\tilde{x}'(\mathfrak{a})}.$$

Wir erhalten also, wenn wir die Gleichung (35) nach α integrieren und x als Integrationsvariable einführen,

$$J(\alpha_0) - J(\alpha) = \int_{\tilde{x}}^{x_1'} f(x, \tilde{Y}(x), \tilde{Y}'(x))\,dx \tag{36}$$

Wir wählen nun $\alpha \lesseqgtr \alpha_0$, je nachdem $\tilde{x}'(\alpha_0) \gtrless 0$, sodaß in beiden Fällen $\tilde{x}(\alpha) < \tilde{x}(\alpha_0)$, d. h.

$$\tilde{x} < x_1'.$$

Dann können wir die Gleichung (36) schreiben:

$$J_{\mathfrak{E}_0}(P_1 P_1') = J_{\mathfrak{E}_\alpha}(P_1 P_3) + J_{\mathfrak{F}}(P_3 P_1') \tag{37}$$

Diese Gleichung stellt den von KNESER herrührenden *verallgemeinerten Enveloppensatz* dar

Fall II: $\tilde{x}'(\alpha) \equiv 0$, *die Enveloppe degeneriert in einen Punkt.* Dann folgt aus (33): $J'(\alpha) \equiv 0$, also $J(\alpha) = J(\alpha_0)$, d. h.

$$J_{\mathfrak{E}_\alpha}(P_1 P_1') = J_{\mathfrak{E}_0}(P_1 P_1') \tag{38}$$

Die Extremalen des ausgezeichneten Büschels, welche in diesem Fall sämtlich durch P_1 und P_1' gehen, liefern also für das Integral J, genommen von P_1 bis P_1', sämtlich denselben Wert.

d) **Notwendigkeit der Mayer'schen Bedingung:**

Mit Hilfe des Enveloppensatzes läßt sich nunmehr zeigen, daß ein Extremum jenseits des konjugierten Punktes nicht mehr bestehen kann. Angenommen es sei

$$x_1' < x_2. \tag{39}$$

Dann folgt aus dem Enveloppensatz zunächst, daß man $\Delta J = 0$ machen kann durch eine zulässige Variation des Extremalenbogens $\mathfrak{E}_0$. Für den Fall II ist dies unmittelbar klar. Für den Fall I ist nur noch zu zeigen, daß auch der Bogen $P_3 P_1'$ von $\mathfrak{F}$ den Bedingungsgleichungen $\varphi_\beta = 0$ genügt. In der Tat folgt dies aus der Gleichung

$$\varphi_\beta(x, Y(x, \tilde{c}), Y'(x, \tilde{c})) = 0,$$

wenn man darin zunächst x durch $\tilde{x}(\alpha)$ und dann α durch $\mathfrak{a}(x)$ ersetzt. Daher stellt die aus dem Bogen $P_1 P_3$ von $\mathfrak{E}_\alpha$ und dem Bogen $P_3 P_1'$ von $\mathfrak{F}$ zusammengesetzte Kurve eine zulässige Variation[1]) des Bogens $P_1 P_1'$ von $\mathfrak{E}_0$ dar, für welche $\Delta J = 0$. Damit ist bewiesen, daß kein e i g e n t l i c h e s Extremum stattfinden kann, wenn $x_1' \gtreqless x_2$.

Es muß aber noch weiter gezeigt werden, daß unter der Voraussetzung (39) auch kein u n e i g e n t l i c h e s Extremum stattfinden kann, d. h. daß man $\Delta J < 0$ machen kann.

Wir betrachten zunächst den Fall I. Angenommen der Kurvenzug $P_1 P_3 P_1'$ liefere ein Minimum für das Integral J; dann muß der Bogen $P_3 P_1'$ der Enveloppe $\mathfrak{F}$ ein Extremalenbogen sein. Aus Stetigkeitsgründen folgt, daß für denselben ebenso wie für den Bogen $P_1 P_3$ die Bedingungen B), C) von § 72 und[2]) die Bedingung D) von § 74 erfüllt sind, wenn α hinreichend nahe bei α_0 gewählt wird. Nehmen wir dann noch an, daß die Enveloppe $\mathfrak{F}$ von der Klasse C'' ist, was

[1]) Man beachte auch die Ungleichung $\tilde{x} < x_1'$, sowie die Bemerkung in Fußnote [1]) auf p. 615.

[2]) Für die Bedingung D) kann ich dies allerdings nur als Vermutung aussprechen.

stets der Fall sein wird, wenn die Stetigkeitsvoraussetzungen von § 69 über die Funktionen f und φ_β hinreichend verschärft werden, so können wir auf den Kurvenzug $P_1 P_3 P_1'$ den Zusatz von § 70, b) über diskontinuierliche Lösungen anwenden. Darnach muß, da die beiden Kurven $\mathfrak{E}_\alpha$ und $\mathfrak{F}$ sich im Punkt P_3 berühren,

$$Y_i''(\tilde{x}, \tilde{c}) = \overline{Y}_i''(\tilde{x}) \tag{40}$$

sein. Nun ist aber nach (26), identisch in α,

$$Y_i'(\tilde{x}, \tilde{c}) = \overline{Y}_i'(\tilde{x}).$$

Daraus folgt durch Differentiation nach α

$$Y_i''(\tilde{x}, \tilde{c})\,\tilde{x}' + \sum_k \left[\frac{\partial Y_i'}{\partial c_k}\right] \tilde{c}_k' = \overline{Y}_i''(\tilde{x})\,\tilde{x}'$$

Die n Gleichungen (40) sind also nur möglich, wenn

$$\sum_k \left[\frac{\partial Y_i'}{\partial c_k}\right] \tilde{c}_k' = 0$$

Da aber außerdem die Gleichungen (28) bestehen und die n Größen $\tilde{c}_k'$ nicht sämtlich gleich Null sind, so schließt man, daß die n Determinanten, die aus der Determinante $D(\tilde{x}, \tilde{c}_1, \ldots, \tilde{c}_n)$ hervorgehen, wenn man je eine Zeile $[\partial Y_i/\partial c_k]$, $k = 1, 2, \cdots, n$ durch die entsprechende $[\partial Y_i'/\partial c_k]$, $k = 1, 2, \cdots, n$ ersetzt, verschwinden müssen. Daraus würde aber folgen, daß $D_x(\tilde{x}, \tilde{c}_1, \cdots, \tilde{c}_n) = 0$ sein muß, was wegen (22) nicht stattfinden kann, wenn α hinreichend nahe bei α_0 liegt.

Damit ist bewiesen, daß der Kurvenzug $P_1 P_3 P_1'$ kein Minimum für das Integral J liefern kann; man kann denselben daher so variieren, daß das Integral J einen kleineren Wert annimmt, d. h. daß $\Delta J < 0$ wird.

Aber auch im Fall II kann man $\Delta J < 0$ machen, wenn $x_1' < x_2$. Denn nehmen wir an, die aus dem Bogen $P_1 P_1'$ von $\mathfrak{E}_\alpha$ und dem Bogen $P_1' P_2$ von $\mathfrak{E}_0$ zusammengesetzte Kurve liefere ein Minimum für das Integral J, so müssen im Punkt P_1' die Eckenbedingungen (74) von § 70, b) erfüllt sein. Aus denselben folgt, daß im Punkt P_1'

$$\overline{F} - F - \sum_i F_{n+i}(\overline{y}_i' - y_i') = 0$$

sein muß, wobei sich die unüberstrichenen Buchstaben auf $\mathfrak{E}_\alpha$, die überstrichenen auf $\mathfrak{E}_0$ beziehen. Man zeigt aber leicht, daß diese Bedingung für hinreichend kleine Werte von $|\alpha - \alpha_0|$ nicht erfüllt sein kann, wenn die Clebsch'sche Bedingung für die Extremale $\mathfrak{E}_\alpha$ in der stärkeren Form (II') erfüllt ist.

Unter der einschränkenden Annahme (22) und unter Beiseitelassung des Ausnahmefalles, in welchem die Enveloppe $\mathfrak{F}$ in P_1' einen singulären Punkt besitzt, können wir also den Satz aussprechen[1]):

Für ein Extremum des Integrals J mit den Nebenbedingungen $\varphi_\beta = 0$ *ist weiterhin notwendig, daß*

$$\Delta(x, x_1) \neq 0 \quad \textit{für} \quad x_1 < x < x_2 \qquad \text{(III)}$$

oder, anders geschrieben,

$$x_2 \overline{\gtrless} x_1'.$$

Dieser Satz ist zuerst von A. Mayer[2]) gegeben worden, der denselben aus der zweiten Variation ableitet.

§ 76. Die zweite Variation beim Lagrange'schen Problem.

In den vorangehenden Paragraphen haben wir die Notwendigkeit der beiden Bedingungen (II) und (III) ohne Benutzung der zweiten Variation bewiesen. Im gegenwärtigen Paragraphen soll nunmehr im Anschluß an die Untersuchungen von v. Escherich eine gedrängte Darstellung der Theorie der zweiten Variation[3]) gegeben und wenigstens angedeutet werden, wie man mit deren Hilfe ebenfalls die Notwendigkeit dieser Bedingungen beweisen kann Zugleich wird sich

---

[1]) Der in Fußnote [2]) p 617 erwähnte Punkt wäre dabei noch aufzuklären.

[2]) Loc. cit. p. 258. Freilich beweist Mayer nur, daß $\delta^2 J = 0$ gemacht werden kann, wenn $x_1' \overline{\gtrless} x_2$; vgl., auch wegen der weiteren Literatur, p 625 Fußnote [3]). Hierzu die *Übungsaufgaben* Nr 4, 7, 8 am Ende von Kap XIII.

[3]) Wegen der Geschichte dieser Theorie verweisen wir auf die *Encyklopädie* II A, pp. 591—601 (Kneser) und pp. 633—635 (Zermelo und Hahn), sowie auf die historische Einleitung der unten angeführten Arbeit von Scheeffer. Die für unsere Zwecke wichtigsten Arbeiten sind:

Clebsch, „*Ueber die Reduktion der zweiten Variation auf ihre einfachste Form*", Journal für Mathematik, Bd LV (1858), pp. 254—270

Clebsch, „*Ueber diejenigen Probleme der Variationsrechnung, welche nur eine unabhängige Variable enthalten*", Ibid pp 335—355

A. Mayer, „*Ueber die Kriterien des Maximums und Minimums der einfachen Integrale*", Journal für Mathematik, Bd. LXIX (1868), pp. 238—263

Scheeffer, „*Die Maxima und Minima der einfachen Integrale zwischen festen Grenzen*", Mathematische Annalen, Bd XXV (1885), pp. 522—593

v. Escherich, „*Die zweite Variation der einfachen Integrale*", Wiener Berichte, Abt IIa, Bd. CVII (1898), pp 1191—1250, 1267—1326, 1383—1430; Bd CVIII (1899), pp 1269—1340.

Kneser, „*Ableitung hinreichender Bedingungen des Maximums oder Minimums aus der Theorie der zweiten Variation*", Mathematische Annalen, Bd. II (1899), p 321—345.

Endlich ist auch die Darstellung in C. Jordan's *Cours d'Analyse*, Bd. III (1896), pp. 499—527 zu erwähnen

dabei eine wichtige Ergänzung unserer bisherigen Entwicklungen ergeben, insofern der in § 75 ohne Beweis benutzte Satz über das Verschwinden der Funktion $\Delta(x, x_1)$ seine Erledigung finden wird.

a) **Vorbereitungssatz über die zweite Variation:**

Wir halten an den Voraussetzungen A) bis D) von §§ 72 und 74 über die Extremale $\mathfrak{E}_0$ fest. Dann gilt auf Grund der Voraussetzung D) das „Ergänzungslemma“ von § 69, e) für jedes Teilintervall des Integrationsintervalls $[x_1 x_2]$. Daher können wir jedes Stück $[\xi_1 \xi_2]$ des Extremalenbogens $\mathfrak{E}_0$ für sich variieren, und zwar können wir zu jedem System von Funktionen η_i, welche in $[\xi_1 \xi_2]$ von der Klasse C'' sind, in ξ_1 und ξ_2 verschwinden und den m Differentialgleichungen

$$\Phi_\beta(\eta) \equiv \sum_i \left(\frac{\partial \varphi_\beta}{\partial y_i} \eta_i + \frac{\partial \varphi_\beta}{\partial y_i'} \eta_i' \right) = 0 \tag{41}$$

genügen, eine einparametrige Schar von zulässigen Variationen

$$y_i = \bar{y}_i(x, \varepsilon)$$

des Bogens $[\xi_1 \xi_2]$ der Extremalen $\mathfrak{E}_0$ konstruieren, für welche

$$\delta y_i = \varepsilon \eta_i.$$

Für diese Schar muß nun im Fall eines Minimums

$$\delta^2 J \geqq 0 \tag{42}$$

sein; gleichzeitig folgt aus den Gleichungen: $\varphi_\beta(x, \bar{y}, \bar{y}') = 0$, daß

$$\delta^2 \varphi_\beta = 0.$$

Daher können wir die Ungleichung (42) auch schreiben

$$\delta^2 J + \sum_\beta \int_{\xi_1}^{\xi_2} \lambda_\beta \delta^2 \varphi_\beta \, dx \geqq 0,$$

wo die λ_β die zur Extremalen $\mathfrak{E}_0$ gehörigen Lagrange'schen Multiplikatoren von § 69, c) sind. Wie bei der analogen Untersuchung von § 60, a) fallen nun in dieser Ungleichung infolge des Bestehens der Differentialgleichungen (I) die zweiten Variationen $\delta^2 y_i$ heraus, und wir erhalten wie dort den Satz:

Im Fall eines Minimums muß das Integral

$$\delta^2 J \equiv \varepsilon^2 \int_{\xi_1}^{\xi_2} \sum_{i,k} (P_{ik} \eta_i \eta_k + 2\, Q_{ik} \eta_i \eta_k' + R_{ik} \eta_i' \eta_k') \, dx \geqq 0 \tag{43}$$

sein für je zwei den Ungleichungen $x_1 \leqq \xi_1 < \xi_2 \leqq x_2$ genügende Werte ξ_1, ξ_2

und für alle Funktionensysteme η_i der Klasse C'', welche in ξ_1 und ξ_2 verschwinden und den m Differentialgleichungen (41) genügen.

Darin bedeutet

$$P_{ik} = \frac{\partial^2 F}{\partial y_i \partial y_k}, \quad Q_{ik} = \frac{\partial^2 F}{\partial y_i \partial y_k'}, \quad R_{ik} = \frac{\partial^2 F}{\partial y_i' \partial y_k'},$$

wobei die Argumente in den zweiten Ableitungen von F sind: $(x, y(x), y'(x), \lambda(x))$.

b) **Erste Transformation der zweiten Variation**[1]):

Multipliziert man die Differentialgleichungen (41) mit unbestimmten Funktionen von x von der Klasse C', $2\mu_\beta$, integriert zwischen den Grenzen ξ_1 und ξ_2 und addiert die erhaltenen Resultate zu (43), so kann man die zweite Variation auch in der Form schreiben

$$\delta^2 J = \varepsilon^2 \int_{\xi_1}^{\xi_2} 2\Omega(\eta, \eta', \mu)\, dx, \tag{44}$$

wobei $2\Omega(\eta, \eta', \mu)$ die folgende quadratische Form der Größen

$$\eta_1, \eta_2, \ldots, \eta_n, \eta_1', \eta_2', \ldots, \eta_n', \mu_1, \mu_2, \ldots, \mu_m$$

bedeutet:

$$\begin{aligned} 2\Omega(\eta, \eta', \mu) = &\sum_{i,k} (P_{ik}\eta_i\eta_k + 2\, Q_{ik}\eta_i\eta_k' + R_{ik}\eta_i'\eta_k') \\ &+ \sum_{\beta, i} 2\mu_\beta \left(\frac{\partial \varphi_\beta}{\partial y_i}\eta_i + \frac{\partial \varphi_\beta}{\partial y_i'}\eta_i'\right). \end{aligned} \tag{45}$$

Nach dem Euler'schen Satz über homogene Funktionen ist

$$2\Omega = \sum_i \left(\frac{\partial \Omega}{\partial \eta_i}\eta_i + \frac{\partial \Omega}{\partial \eta_i'}\eta_i'\right) + \sum_\beta \frac{\partial \Omega}{\partial \mu_\beta}\mu_\beta.$$

Die letzte Summe ist null, da nach (41)

$$\frac{\partial \Omega}{\partial \mu_\beta} = \Phi_\beta(\eta) = 0.$$

Setzt man den so erhaltenen Ausdruck für Ω in (44) ein, wendet partielle Integration an und beachtet, daß die Funktionen η_i an beiden Grenzen verschwinden, so erhält man für $\delta^2 J$ den Ausdruck[2]):

$$\delta^2 J = \varepsilon^2 \int_{\xi_1}^{\xi_2} \sum_i \eta_i \Psi_i(\eta, \mu)\, dx, \tag{46}$$

---

[1]) Nach A. Mayer, loc cit, p. 243; vgl. auch C Jordan, *Cours d'Analyse*, Bd III, Nr. 378

[2]) Verallgemeinerung der Formeln (12) von § 10 und (45) von § 61

wenn

$$\Psi_i(\eta, \mu) = \frac{\partial \Omega}{\partial \eta_i} - \frac{d}{dx}\frac{\partial \Omega}{\partial \eta_i'}, \tag{47}$$

oder ausgeschrieben,

$$\begin{aligned}\Psi_i(\eta, \mu) = &\sum_k [P_{ik}\eta_k + Q_{ik}\eta_k' - \frac{d}{dx}(Q_{ki}\eta_k + R_{ik}\eta_k')] \\ &+ \sum_\beta \left[\mu_\beta \frac{\partial \varphi_\beta}{\partial y_i} - \frac{d}{dx}\left(\mu_\beta \frac{\partial \varphi_\beta}{\partial y_i'}\right)\right].\end{aligned} \tag{47a}$$

Wir versuchen nun zunächst wieder, die zweite Variation gleich Null zu machen. Dies ist stets möglich, wenn es eine Lösung

$$(u, \varrho) \equiv (u_1, u_2, \ldots, u_n; \varrho_1, \varrho_2, \ldots, \varrho_m)$$

des Systems von $n + m$ homogenen linearen Differentialgleichungen

$$\Psi_i(u, \varrho) = 0, \qquad \Phi_\beta(u) = 0 \tag{48}$$

gibt, in welcher die Funktionen u_i von der Klasse C'', die Funktionen ϱ_β von der Klasse C' sind, und sämtliche Funktionen u_i in zwei Punkten ξ_1 und ξ_2 des Integrationsintervalles $[x_1 x_2]$ verschwinden, ohne jedoch im Intervall $[\xi_1 \xi_2]$ sämtlich identisch zu verschwinden. Denn variieren wir dann nur den Bogen $[\xi_1 \xi_2]$, indem wir in diesem Intervall $\eta_i = u_i$ und zugleich $\mu_\beta = \varrho_\beta$ setzen, so erhalten wir ein zulässiges System von Funktionen η_i, für welches nach (46): $\delta^2 J = 0$.

c) **Integration des akzessorischen Systems linearer Differentialgleichungen:**

Es kommt nunmehr alles auf die Integration des Systems linearer Differentialgleichungen (48) an, das wir nach v. ESCHERICH[1]) das *„akzessorische System linearer Differentialgleichungen"* nennen wollen. Man kann dieses System zunächst auf ein System linearer Differentialgleichungen in der Normalform reduzieren, indem man, ähnlich wie in § 72, a), die Gleichungen (48_2) nach x differentiiert und die so modifizierten Gleichungen (48) nach den Größen u_i'', ϱ_β' auflöst, wobei die Auflösungsdeterminante mit der Determinante R von § 72, a) identisch ist, welche nach Voraussetzung C) von Null verschieden ist. Daraus schließt man nach allgemeinen Existenzsätzen über Systeme linearer Differentialgleichungen, daß in jeder Lösung (u, ϱ) des Systems (48) die Funktionen u_i von der Klasse C'', die Funktionen ϱ_β von der Klasse C' sind in dem in § 72, b) definierten „Regularitätsintervall" $x_1^* < x < x_2^*$ der Extremalen $\mathfrak{E}_0^*$.

---

[1]) Vgl. v. ESCHERICH, Wiener Berichte, Bd CVII, p 1236.

Ferner gilt nun auch hier, in Verallgemeinerung des Jacobi'schen Theorems von § 12, b), der Satz[1]), daß sich das allgemeine Integral des Systems (48) aus dem allgemeinen Integral der Euler-Lagrangeschen Differentialgleichungen (I) durch Differentiation nach den Integrationskonstanten ableiten läßt:

Ist

$$y_i = y_i(x; \gamma_1, \gamma_2, \ldots, \gamma_{2n}), \qquad \lambda_\beta = \lambda_\beta(x; \gamma_1, \gamma_2, \ldots, \gamma_{2n})$$

das allgemeine Integral der Euler-Lagrange'schen Differentialgleichungen (I), mit beliebigen Integrationskonstanten γ_ν, *so wird das akzessorische System linearer Differentialgleichungen (48) durch die* $2n$ *Systeme von Funktionen*

$$u_1^\nu = \frac{\partial y_1}{\partial \gamma_\nu}, \ldots, u_n^\nu = \frac{\partial y_n}{\partial \gamma_\nu}; \qquad \varrho_1^\nu = \frac{\partial \lambda_1}{\partial \gamma_\nu}, \ldots, \varrho_m^\nu = \frac{\partial \lambda_m}{\partial \gamma_\nu}, \tag{49}$$

$$\nu = 1, 2, \cdots, 2n,$$

befriedigt, in denen nach der Differentiation die γ_ν *durch die speziellen, die Extremale* $\mathfrak{E}_0$ *liefernden Werte* γ_ν^0 *zu ersetzen sind.*

Zusatz I: Diese $2n$ Lösungen bilden ein „*Fundamentalsystem*", d. h. sie sind linear unabhängig in dem Sinne, daß es keine $2n$ Konstanten C_ν, die nicht alle null sind, gibt, derart daß in irgend einem Teilintervall von $[x_1 x_2]$

$$\sum_\nu C_\nu u_i^\nu \equiv 0, \qquad \sum_\nu C_\nu \varrho_\beta^\nu \equiv 0$$

für $i = 1, 2, \ldots, n$; $\beta = 1, 2, \ldots, m$.

Zusatz II: Jede andere Lösung (u, ϱ) des Systems (48) läßt sich linear und homogen durch diese $2n$ Lösungen ausdrücken:

$$u_i = \sum_\nu C_\nu u_i^\nu, \qquad \varrho_\beta = \sum_\nu C_\nu \varrho_\beta^\nu. \tag{50}$$

Der Beweis des Hauptsatzes ergibt sich sofort, wenn man die Funktionen $y_i(x; \gamma_1, \gamma_2, \ldots, \gamma_{2n})$, $\lambda_\beta(x; \gamma_1, \gamma_2, \ldots, \gamma_{2n})$ an Stelle von y_i, λ_β in die Differentialgleichungen (I) einsetzt und die so erhaltenen Identitäten nach γ_ν differentiiert.

Insbesondere folgt, daß die aus den Lösungen

$$y_i = \mathfrak{Y}_i(x; a, b, c), \qquad \lambda_\beta = \mathfrak{L}_\beta(x; a, b, c)$$

von § 72, c) abgeleiteten $2n$ Funktionensysteme

$$\begin{aligned} &\frac{\partial \mathfrak{Y}_1}{\partial c_k}, \ldots, \frac{\partial \mathfrak{Y}_n}{\partial c_k}; \qquad \frac{\partial \mathfrak{L}_1}{\partial c_k}, \ldots, \frac{\partial \mathfrak{L}_m}{\partial c_k}, \\ &\frac{\partial \mathfrak{Y}_1}{\partial b_k}, \ldots, \frac{\partial \mathfrak{Y}_n}{\partial b_k}; \qquad \frac{\partial \mathfrak{L}_1}{\partial b_k}, \ldots, \frac{\partial \mathfrak{L}_m}{\partial b_k}, \end{aligned} \tag{51}$$

$$(k = 1, 2, \ldots, n),$$

[1]) Vgl. Clebsch, loc cit. p. 259.

in denen nach der Differentiation $b_i = y_i(a)$, $c_i = v_i(a)$ zu setzen ist, Lösungen des akzessorischen Systems (48) sind. Wir wollen dieselben *das dem Punkt $x = a$ zugeordnete „kanonische Lösungssystem"* von (48) nennen.

An diesem speziellen[1]) Lösungssystem beweist man auch am einfachsten den Zusatz I. Aus den Identitäten

$$\sum_{\nu=1}^{2n} C_\nu \frac{\partial \mathfrak{Y}_i}{\partial c_\nu} \equiv 0, \qquad \sum_{\nu=1}^{2n} C_\nu \frac{\partial \mathfrak{L}_\beta}{\partial c_\nu} \equiv 0,$$

in denen wir c_{n+i} statt b_i geschrieben haben, würde nämlich zunächst folgen

$$\sum_\nu C_\nu \frac{\partial \mathfrak{Y}'_i}{\partial c_\nu} \equiv 0,$$

und dann weiter nach Gleichung (142_2) von § 72

$$\sum_\nu C_\nu \frac{\partial \mathfrak{B}_i}{\partial c_\nu} \equiv 0,$$

was wegen der Ungleichung (138) von § 72 nicht möglich ist.

Wegen des Beweises von Zusatz II verweisen wir auf die allgemeinen Entwicklungen von v Escherich[2]) über Fundamentalsysteme des Systems (48).

Aus diesen Resultaten folgt nun weiter: Soll es eine Lösung (u, ϱ) des akzessorischen Systems (48) von den am Ende von Absatz b) postulierten Eigenschaften geben, so müssen sich $2n$ Konstanten $C_1, \ldots, C_{2n}$, nicht alle gleich Null, so bestimmen lassen, daß gleichzeitig die $2n$ Gleichungen erfüllt sind

$$\sum_\nu C_\nu \frac{\partial y_i}{\partial \gamma_\nu}\bigg|^{\xi_1} = 0, \qquad \sum_\nu C_\nu \frac{\partial y_i}{\partial \gamma_\nu}\bigg|^{\xi_2} = 0,$$

und dazu ist notwendig, daß die Mayer'sche Determinante $2n$-ten Grades

$$\Delta(\xi_2, \xi_1) = \begin{vmatrix} \frac{\partial y_i}{\partial \gamma_1}\Big|^{\xi_1}, & \frac{\partial y_i}{\partial \gamma_2}\Big|^{\xi_1}, & \ldots, & \frac{\partial y_i}{\partial \gamma_{2n}}\Big|^{\xi_1} \\ \frac{\partial y_i}{\partial \gamma_1}\Big|^{\xi_2}, & \frac{\partial y_i}{\partial \gamma_2}\Big|^{\xi_2}, & \ldots, & \frac{\partial y_i}{\partial \gamma_{2n}}\Big|^{\xi_2} \end{vmatrix} \qquad (52)$$

$$(i = 1, 2, \ldots, n)$$

gleich Null ist.

[1]) Vgl die Bemerkung in § 75, a) über den Übergang von den kanonischen Integrationskonstanten zu beliebigen anderen.

[2]) Siehe Fußnote [1]) auf p 622

Ist umgekehrt $\Delta(\xi_2, \xi_1) = 0$, so ist die verlangte Bestimmung der Konstanten C_ν stets möglich, und die so erhaltenen Funktionen $u_1, \ldots, u_n$ können nicht im ganzen Intervall $[\xi_1, \xi_2]$ sämtlich verschwinden. Denn sonst würden die zugehörigen Funktionen ϱ_β, welche wegen Zusatz I sicher nicht ebenfalls sämtlich identisch verschwinden, nach (48_1) den n Differentialgleichungen genügen:

$$\sum_\beta \left[\varrho_\beta \frac{\partial \varphi_\beta}{\partial y_i} - \frac{d}{dx}\left(\varrho_\beta \frac{\partial \varphi_\beta}{\partial y_i'}\right)\right] = 0, \tag{53}$$

was mit der Voraussetzung D) im Widerspruch steht

Wir erhalten also das folgende von A. Mayer[1]) herrührende Schlußresultat dieser Betrachtung:

Wenn es zwei dem Integrationsintervall $[x_1 x_2]$ angehörige Punkte ξ_1, ξ_2 gibt, für welche

$$\Delta(\xi_2, \xi_1) = 0,$$

so gibt es zulässige, nicht identisch verschwindende Funktionensysteme η_i, für welche $\delta^2 J = 0$.

Insbesondere kann man also $\delta^2 J = 0$ machen, wenn die zunächst[2]) auf x_1 folgende Wurzel x_1' der Gleichung

$$\Delta(x, x_1) = 0$$

zwischen x_1 und x_2 liegt oder mit x_2 zusammenfällt. Man wird dann als wahrscheinlich erwarten dürfen, daß ein Extremum nicht eintreten kann.[3])

Wählt man bei der soeben gegebenen Ableitung für das Fundamentalsystem (49) das dem Punkt ξ_1 zugeordnete kanonische Lösungssystem (51), so erhält man die Determinante $\Delta(\xi_2, \xi_1)$ in der Normal-

---

1) Vgl Mayer, loc. cit pp 250, 258

2) Vgl. § 76, g)

3) Vgl § 10, b) und § 61, a) Wenn $x_1' < x_2$, so kann man, wie in den einfacheren Fällen von § 14 und § 61, c), nicht nur $\delta^2 J = 0$, sondern sogar $\delta^2 J < 0$ machen, womit dann die Notwendigkeit der Bedingung (III) bewiesen ist; vgl. Scheeffer, Mathematische Annalen, Bd. XXV (1885), p 522 und v. Escherich, Wiener Berichte, Bd CVII, p. 1418 und Bd CVIII, p 1300 Der Beweis von Scheeffer, der übrigens nicht ganz vollständig ist, und der zweite Beweis von v. Escherich beruhen auf einer Verallgemeinerung der Methode von Erdmann von § 14, a), der erste Beweis von v. Escherich dagegen auf einer Verallgemeinerung der Methode von Weierstraß von p. 82, Fußnote 2) und § 61, c) Wir gehen auf diesen Nachweis nicht ein, da wir in § 75 bereits auf anderem Wege die Notwendigkeit der Bedingung (III) bewiesen haben, allerdings unter Beiseitelassung gewisser Ausnahmefälle, die bei den eben erwähnten Beweisen nicht ausgeschlossen zu werden brauchen

form (20) von § 75, womit die Bezeichnung $\Delta(\xi_2, \xi_1)$ für die Determinante (52) gerechtfertigt ist.

d) **Konjugierte Systeme von Lösungen des akzessorischen Systems linearer Differentialgleichungen:**

Sind

$$(z, r) \equiv (z_1, z_2, \cdots, z_n; r_1, r_2, \cdots, r_m)$$

und

$$(u, \varrho) \equiv (u_1, u_2, \cdots, u_n; \varrho_1, \varrho_2, \cdots, \varrho_m)$$

irgend zwei Systeme von $n+m$ Funktionen von x von den erforderlichen Stetigkeitseigenschaften, so gilt nach einem bekannten Satz über quadratische Formen für die durch (45) definierte Funktion Ω die Formel:

$$\sum_i \left[u_i \frac{\partial \Omega(z, z', r)}{\partial z_i} + u_i' \frac{\partial \Omega(z, z', r)}{\partial z_i'}\right] + \sum_\beta \varrho_\beta \frac{\partial \Omega(z, z', r)}{\partial r_\beta}$$
$$= \sum_i \left[z_i \frac{\partial \Omega(u, u', \varrho)}{\partial u_i} + z_i' \frac{\partial \Omega(u, u', \varrho)}{\partial u_i'}\right] + \sum_\beta r_\beta \frac{\partial \Omega(u, u', \varrho)}{\partial \varrho_\beta}.$$

Mit Hilfe derselben verifiziert man leicht die folgende *Relation von Clebsch*[1]):

$$\sum_i [u_i \Psi_i(z, r) - z_i \Psi_i(u, \varrho)] + \sum_\beta [\varrho_\beta \Phi_\beta(z) - r_\beta \Phi_\beta(u)] = \frac{d}{dx} \psi(z, r; u, \varrho), \quad (54)$$

wo

$$\psi(z, r; u, \varrho) = \sum_i \left[z_i \frac{\partial \Omega(u, u', \varrho)}{\partial u_i'} - u_i \frac{\partial \Omega(z, z', r)}{\partial z_i'}\right]$$
$$= \sum_{i,k} [Q_{ki}(z_i u_k - u_i z_k) + R_{ik}(z_i u_k' - u_i z_k')] + \sum_{i,\beta} \frac{\partial \varphi_\beta}{\partial y_i'} (z_i \varrho_\beta - u_i r_\beta). \quad (55)$$

Wenn daher (z, r) und (u, ϱ) zwei Lösungen des akzessorischen Systems (48) sind, so ist

$$\psi(z, r; u, \varrho) = \text{konst.} \quad (56)$$

Wenn nun insbesondere diese Konstante den Wert null hat, so heißen die beiden Lösungen nach v. ESCHERICH *„zueinander konjugiert"*, und ein System von n linear unabhängigen Lösungen des akzessorischen Systems (48), von denen je zwei zueinander konjugiert sind, heißt ein *„konjugiertes System"*. Unter der *„Determinante eines konjugierten Systems"*

$$u^1, \varrho^1; u^2, \varrho^2; \cdots; u^n, \varrho^n$$

[1]) Vgl. CLEBSCH, loc cit. p. 260 und v. ESCHERICH, Wiener Berichte, Bd. CVII, p. 1244. Die Formel ist eine Verallgemeinerung von Gleichung (14) von § 10

verstehen wir die Determinante

$$\nabla(u^1, u^2, \cdots, u^n) = |u_k^i|, \qquad i, k = 1, 2, \cdots, n.$$

Ein solches konjugiertes System bilden z. B. die n ersten Lösungen des kanonischen Fundamentalsystems (51):

$$\frac{\partial \mathfrak{Y}_1}{\partial c_k}, \cdots, \frac{\partial \mathfrak{Y}_n}{\partial c_k}; \ \frac{\partial \mathfrak{L}_1}{\partial c_k}, \cdots, \frac{\partial \mathfrak{L}_m}{\partial c_k}, \quad k = 1, 2, \cdots, n. \tag{57}$$

Denn bildet man die Gleichung (56) für irgend zwei Lösungen dieses Systems und berechnet den Wert der Konstanten aus dem speziellen Wert $x = a$, so folgt

$$\psi\left(\frac{\partial \mathfrak{Y}}{\partial c_j}, \frac{\partial \mathfrak{L}}{\partial c_j}; \ \frac{\partial \mathfrak{Y}}{\partial c_k}, \frac{\partial \mathfrak{L}}{\partial c_k}\right) = 0, \tag{58}$$

da nach Gleichung (143) von § 72

$$\left.\frac{\partial \mathfrak{Y}_i}{\partial c_k}\right|^a = 0; \tag{59}$$

damit ist zugleich die Existenz von konjugierten Systemen bewiesen.

Durch Vergleich[1]) mit (21) erhält man zugleich den Satz:

Die Mayer'sche Determinante $\Delta(x, a)$ ist zugleich die Determinante eines konjugierten Systems, nämlich des dem Punkt a zugeordneten kanonischen konjugierten Systems (57).

In derselben Weise findet man unter Benutzung von Gleichung (143a) von § 72

$$\psi\left(\frac{\partial \mathfrak{Y}}{\partial b_j}, \frac{\partial \mathfrak{L}}{\partial b_j}; \ \frac{\partial \mathfrak{Y}}{\partial c_k}, \frac{\partial \mathfrak{L}}{\partial c_k}\right) = \delta_{jk}, \tag{60}$$

wo δ_{jk} wieder das Kronecker'sche Symbol ist.

Von besonderer Wichtigkeit ist für uns der folgende Satz von v. ESCHERICH[2]):

Zu jedem Punkt $x = a$ im Innern des Regularitätsintervalls: $x_1^* < x < x_2^*$ der Extremalen $\mathfrak{E}_0$ läßt sich ein konjugiertes System

$$z^1, r^1; \ z^2, r^2; \ \cdots; z^n, r^n$$

konstruieren, dessen Determinante

$$\nabla(z^1, z^2, \cdots, z^n) = |z_i^k|, \qquad i, k = 1, 2, \cdots, n$$

im Punkt $x = a$ von Null verschieden ist.

Zum Beweis gehen wir von dem dem Punkt a zugeordneten kanonischen Fundamentalsystem (51) aus, das wir schreiben

$$u^1, \varrho^1; \ u^2, \varrho^2; \cdots; u^n, \varrho^n; \ u^{n+1}, \varrho^{n+1}; \cdots; u^{2n}, \varrho^{2n}.$$

---

[1]) Statt des speziellen Punktes $x = x_1$ haben wir hier einen beliebigen Punkt $x = a$ der Extremalen $\mathfrak{E}_0^*$

[2]) Wiener Berichte, Bd. CVIII, p. 1339.

Darin bilden, wie wir gesehen haben, die n ersten Lösungen ein konjugiertes System. An Stelle der n letzten Lösungen führen wir andere n Lösungen (z^h, r^h) ein durch die Substitution

$$z_i^h = u_i^{n+h} + \sum_j \alpha_j^h u_i^j, \qquad r_\beta^h = \varrho_\beta^{n+h} + \sum_j \alpha_j^h \varrho_\beta^j.$$

Aus den Eigenschaften der Funktion ψ als bilinearer Form folgt dann, daß

$$\psi(z^h, r^h; z^k, r^k) = \psi(u^{n+h}, \varrho^{n+h}; u^{n+k}, \varrho^{n+k})$$
$$+ \sum_i \alpha_i^k \psi(u^{n+h}, \varrho^{n+h}; u^i, \varrho^i) + \sum_j \alpha_j^h \psi(u^j, \varrho^j; u^{n+k}, \varrho^{n+k})$$
$$+ \sum_{i,j} \alpha_i^k \alpha_j^h \psi(u^j, \varrho^j; u^i, \varrho^i),$$

was sich nach (58) und (60) auf

$$\psi(z^h, r^h; z^k, r^k) = \psi(u^{n+h}, \varrho^{n+h}; u^{n+k}, \varrho^{n+k}) + \alpha_h^k - \alpha_k^h \tag{61}$$

reduziert. Daraus folgt aber, daß wir die Konstanten α stets so wählen können, daß

$$\psi(z^h, r^h; z^k, r^k) = 0, \qquad \text{für } h, k = 1, 2, \cdots, n,$$

d. h. so, daß die n Lösungen

$$z^1, r^1; z^2, r^2; \cdots; z^n, r^n$$

ein konjugiertes System bilden.

Die Determinante dieses konjugierten Systems ist aber für $x = a$ von Null verschieden, da nach Gleichung (143) von § 72

$$z_i^h(a) = \delta_{ih},$$

womit der Satz bewiesen ist.

e) **Die Escherich'sche Fundamentalformel**[1]:

Es sei jetzt

$$u^1, \varrho^1; u^2, \varrho^2; \cdots; u^n, \varrho^n \tag{62}$$

irgend ein konjugiertes System, dessen Determinante $U = \nabla(u^1, u^2, \cdots, u^n)$ in einem Teilintervall $[\xi_1 \xi_2]$ von $[x_1 x_2]$ von Null verschieden ist. Ferner sei (z_i, r_β) ein, abgesehen von Bedingungen der Stetigkeit und Differentiierbarkeit, beliebiges System von $n + m$ Funktionen von x. Setzt man dann mit unbestimmten Multiplikatoren w_i^h, v_β^h die n Ausdrücke an

$$w_h(z) = \sum_i w_i^h \psi(u^i, \varrho^i; z, r) + \sum_\beta v_\beta^h \Phi_\beta(z),$$

[1]) Nach v. Escherich, Wiener Berichte, Bd CVIII, p. 1278, wo der Leser auch die im Text übergangenen Einzelheiten der Rechnung nachlesen möge.

welche lineare, homogene Funktionen der Größen $z_\iota, z'_\iota, r_\beta$ sind, so kann man für das Intervall $[\xi_1 \xi_2]$ die Multiplikatoren w_ι^h, v_β^h so bestimmen, daß in dem Ausdruck $w_h(z)$ alle Größen r_β herausfallen, sowie alle Ableitungen z'_ι mit Ausnahme von z'_h, welches den Koeffizienten 1 erhält, sodaß also $w_h(z)$ die Form annimmt

$$w_h(z) = z'_h + \sum_k q_k^h z_k .$$

Das Resultat dieser Bestimmung ist

$$w_h(z) = \frac{1}{RU} \sum_{\iota, k} A_{hk}\, U_k^\iota \psi(u^\iota, \varrho^\iota; z, r) + \frac{1}{R} \sum_\beta \varphi_\beta^h\, \Phi_\beta(z).$$

Darin bedeutet R die durch Gleichung (113) von § 72 definierte Determinante, A_{hk} ist die Subdeterminante von R_{hk}, φ_β^h diejenige von $\partial \varphi_\beta / \partial y'_h$ in der Determinante R; endlich ist U_k^ι die Subdeterminante von u_k^ι in der Determinante U.

Nun läßt sich aber noch eine zweite Form für die Funktion $w_h(z)$ mit diesen speziellen Werten der Multiplikatoren angeben. Denn aus der Definition der konjugierten Systeme folgt, daß die n Funktionen $w_h(z)$ identisch verschwinden, wenn für z, r irgend eines der obigen Lösungssysteme u^ι, ϱ^ι von (48) gesetzt wird. Wir kennen also n linear unabhängige Lösungen des Systems von n homogenen linearen Differentialgleichungen erster Ordnung: $w_h(z) = 0$, und können daher nach der Theorie der linearen Differentialgleichungen die Koeffizienten von $w_h(z)$ durch die partikulären Lösungen u_ι^k ausdrücken. Bezeichnen wir mit $\chi_h(z)$ die Determinante

$$\chi_h(z) = \begin{vmatrix} z'_h; & z_1, & z_2, & \cdots, & z_n \\ u_h^{1\prime}; & u_1^1, & u_2^1, & \cdots, & u_n^1 \\ \vdots & & & & \vdots \\ u_h^{n\prime}; & u_1^n, & u_2^n, & \cdots, & u_n^n \end{vmatrix}, \tag{63}$$

so ist

$$w_h(z) = \frac{1}{U} \chi_h(z). \tag{64}$$

Für die weitere Diskussion machen wir die spezialisierende Annahme, daß die Funktionen z_ι den m Differentialgleichungen

$$\Phi_\beta(z) = 0$$

genügen. Dann vereinfacht sich die durch Gleichsetzen der beiden Ausdrücke für $w_h(z)$ erhaltene Formel, und man erhält

$$\chi_h(z) = \frac{1}{R} \sum_{\iota, k} A_{hk}\, U_k^\iota \psi(u^\iota, \varrho^\iota; z, r). \tag{65}$$

Hieraus folgt zunächst die wichtige Relation

$$\sum_i \frac{\partial \varphi_\beta}{\partial y_i'} \chi_i(z) = 0, \tag{66}$$

wenn man von der Gleichung

$$\sum_i A_{i\lambda} \frac{\partial \varphi_\beta}{\partial y_i'} = 0 \tag{67}$$

Gebrauch macht, die sich aus der Betrachtung der Subdeterminanten der Determinante R ergibt.

Weiterhin leitet man aber aus (65) die folgende, von v. ESCHERICH herrührende *Fundamentalformel* ab:

$$\begin{aligned}\sum_{i,k} & R_{ik}\, \chi_i(z)\, \chi_k(z) \\ = \sum_i \psi(u^i, \varrho^i; z, r)\, \{ & \nabla(u^1, u^2, \cdots, u^n)\, \nabla'(u^1, \cdots, u^{i-1}, z, u^{i+1}, \cdots, u_n) \\ & - \nabla'(u^1, u^2, \cdots, u^n)\, \nabla(u^1, \cdots, u^{i-1}, z, u^{i+1}, \cdots, u_n) \}.\end{aligned} \tag{68}$$

Darin bedeutet ∇' die Ableitung von ∇ nach x, und die Formel gilt, ebenso wie (66), unter der Voraussetzung, daß die Funktionen z_i den Differentialgleichungen (64) genügen.

Zum Beweis setze man auf der linken Seite von (68) für einen der beiden Faktoren $\chi(z)$ den Ausdruck (65) ein und mache dann von den folgenden beiden Determinantenrelationen Gebrauch:

$$\sum_h R_{hi} A_{hk} + \sum_\beta \frac{\partial \varphi_\beta}{\partial y_i'} \varphi_\beta^k = \delta_{ik} R, \tag{69}$$

$$\begin{aligned}\sum_k U_k^i \chi_k(z) = {} & \nabla(u^1, u^2, \cdots, u^n)\, \nabla'(u^1, \cdots, u^{i-1}, z, u^{i+1}, \cdots, u^n) \\ & - \nabla'(u^1, u^2, \cdots, u^n)\, \nabla(u^1, \cdots, u^{i-1}, z, u^{i+1}, \cdots, u^n),\end{aligned} \tag{70}$$

deren erste, wie (67), aus der Betrachtung der Determinante R folgt, während sich die zweite aus den Sätzen[1]) über Determinanten von Subdeterminanten, angewandt auf die Determinante $\chi_k(z)$, und über die Differentiation einer Determinante ergibt.

f) Die zweite Transformation der zweiten Variation:[2])

Aus der Fundamentalformel (68) ergibt sich nun ohne Mühe eine zweite Transformation der zweiten Variation, und zwar auf die der Jacobi'schen Formel (11) von § 10 entsprechende reduzierte Form.

---

[1]) Vgl. z B BALTZER, *Determinanten* (1875), p 60; es handelt sich um die Formel

$$\alpha_{fi}\, \alpha_{g\lambda} - \alpha_{fk}\, \alpha_{gi} = R \frac{\partial^2 R}{\partial a_{fi}\, \partial a_{g\lambda}}.$$

Der rechten Seite derselben entspricht bei der Anwendung das Produkt $\chi_k(z)\, U_k^i$.

[2]) Nach v. ESCHERICH, Wiener Berichte, Bd CVII, p 1284

Immer unter der Voraussetzung, daß die Determinante des konjugierten Systems (62) im Intervall $[\xi_1 \xi_2]$ nicht verschwindet:

$$\nabla(u^1, u^2, \ldots u^n) \neq 0 \quad \text{in} \quad [\xi_1 \xi_2],$$

kann man die Gleichung (68) auch schreiben

$$\begin{aligned}\frac{\sum\limits_{i,k} R_{ik}\chi_i(z)\chi_k(z)}{\nabla(u^1, \ldots, u^n)^2} = &-\sum_i \frac{\nabla(u^1, \ldots, u^{i-1}, z, u^{i+1}, \ldots, u_n)}{\nabla(u^1, \ldots, u^n)} \frac{d}{dx}\psi(u^i, \varrho^i; z, r) \\ &+ \frac{d}{dx}\sum_i \frac{\nabla(u^1, \ldots, u^{i-1}, z, u^{i+1}, \ldots, u^n)}{\nabla(u^1, \ldots, u^n)} \psi(u^i, \varrho^i; z, r).\end{aligned} \tag{71}$$

Darin ersetze man die Ableitung von $\psi(u^i, \varrho^i; z, r)$ durch den aus (54) sich ergebenden Wert und beachte, daß

$$\Psi_k(u^i, \varrho^i) = 0, \qquad \Phi_\beta(u^i) = 0, \qquad \Phi_\beta(z) = 0,$$

und daß nach einfachen Determinantensätzen

$$\sum_i u_k^i \nabla(u^1, \ldots, u^{i-1}, z, u^{i+1}, \ldots, u_n) = z_k \nabla(u^1, \ldots, u^n).$$

Dann geht die Gleichung (71) über in

$$\begin{aligned}\sum_k z_k \Psi_k(z, r) = &\frac{\sum\limits_{i,k} R_{ik}\chi_i(z)\chi_k(z)}{\nabla(u^1, \ldots, u^n)^2} \\ &- \frac{d}{dx}\sum_i \frac{\nabla(u^1, \ldots, u^{i-1}, z, u^{i+1}, \ldots, u_n)}{\nabla(u^1, \ldots, u^n)} \psi(u^i, \varrho^i; z, r).\end{aligned} \tag{72}$$

Nun ist aber nach (46), wenn nur der Bogen $[\xi_1 \xi_2]$ der Extremalen $\mathfrak{E}_0$ variiert wird,

$$\delta^2 J = \varepsilon^2 \int_{\xi_1}^{\xi_2} \sum_i \eta_i \Psi_i(\eta, \mu)\, dx. \tag{46}$$

Darin waren die η_i irgend ein System von Funktionen der Klasse C'', welche sämtlich in ξ_1 und ξ_2 verschwinden und den m Differentialgleichungen (41) genügen, während die μ_β beliebige Funktionen der Klasse C' waren. Man darf daher in (72): $z_i = \eta_i$, $r_\beta = \mu_\beta$ setzen. Integriert man die so erhaltene Gleichung zwischen den Grenzen ξ_1 und ξ_2 und beachtet, daß die Determinante $\nabla(u^1, \ldots, u^{i-1}, \eta, u^{i+1}, \ldots, u^n)$ zugleich mit den Funktionen η_i in ξ_1 und ξ_2 verschwindet, so erhält man die folgende, zuerst von CLEBSCH[1]) gegebene *reduzierte Form*

---

[1]) Vgl CLEBSCH, loc cit. p. 266. Aus der reduzierten Form (73) läßt sich die Notwendigkeit der Bedingung (II) für ein schwaches Minimum herleiten, siehe v. ESCHERICH, Wiener Berichte, Bd. CVII, p 1393.

der zweiten Variation:

$$\delta^2 J = \varepsilon^2 \int_{\xi_1}^{\xi_2} \frac{\sum_{i,k} R_{ik} \zeta_i \zeta_k}{\nabla(u^1, \ldots, u^n)^2} dx, \tag{73}$$

wo zur Abkürzung

$$\zeta_i = \chi_i(\eta)$$

gesetzt ist. Wegen (66) genügen die Funktionen ζ_i den m Gleichungen

$$\sum_i \frac{\partial \varphi_\beta}{\partial y_i'} \zeta_i = 0. \tag{74}$$

Wir wollen nun annehmen, daß für unsern Extremalenbogen $\mathfrak{E}_0$ die Clebsch'sche Bedingung von § 74, b) in der stärkeren Form (II') erfüllt ist Dann folgt, daß $\delta^2 J > 0$, außer wenn gleichzeitig

$$\chi_1(\eta) = 0, \qquad \chi_2(\eta) = 0, \ldots, \qquad \chi_n(\eta) = 0$$

im ganzen Intervall $[\xi_1 \xi_2]$. Das würde aber bedeuten, daß das Funktionensystem η_i eine Lösung dieser n homogenen linearen Differentialgleichungen erster Ordnung wäre, und da nach (63) die Funktionen $u_1^i, \ldots, u_n^i$ n Lösungen desselben Systems sind, welche nach der Definition eines konjugierten Systems linear unabhängig sind, so würde folgen

$$\eta_k = \sum_i C_i u_k^i.$$

Nun verschwinden aber sämtliche Funktionen η_k in ξ_1, während die Determinante $|u_k^i(\xi_1)|$ nach Voraussetzung von Null verschieden ist; also muß $C_1 = 0$, $C_2 = 0, \ldots$, $C_n = 0$ sein.

Wir erhalten also den folgenden Satz:[1])

Ist für den Extremalenbogen $\mathfrak{E}_0$ die Bedingung (II') erfüllt, und gibt es ein konjugiertes System, dessen Determinante im Intervall $[\xi_1 \xi_2]$ von Null verschieden ist, so ist die zweite Variation für dieses Intervall positiv für alle nicht identisch verschwindenden Funktionensysteme η_i der Klasse C'', welche in ξ_1 und ξ_2 verschwinden und den Differentialgleichungen (41) genügen.

g) Sätze über die Mayer'sche Determinante $\Delta(x, \xi)$:

Hält man den letzten Satz mit dem am Ende von Absatz c) bewiesenen zusammen, so erhält man das folgende *„Oszillationstheorem“*:[2])

Ist die Bedingung (II') für die Extremale $\mathfrak{E}_0$ erfüllt, und gibt

---

[1]) Vgl A. Mayer, loc. cit. p. 256. [2]) Vgl. A. Mayer, loc. cit p. 258.

es ein konjugiertes System, dessen Determinante in einem Teilintervall $[\xi_1 \xi_2]$ *von* $[x_1 x_2]$ *von Null verschieden ist, so ist*

$$\Delta(\xi'', \xi') \neq 0$$

für je zwei den Ungleichungen: $\xi_1 \gtreqless \xi' < \xi'' \gtreqless \xi_2$ *genügende Werte* ξ', ξ''.

Daran schließt sich der folgende, zuerst von v. ESCHERICH[1]) bewiesene Satz:

Ist ξ *ein beliebiger Punkt des Regularitätsintervalls der Extremalen* $\mathfrak{E}_0^*$:

$$x_1^* < \xi < x_2^*,$$

und ist die Bedingung (II') in der Umgebung des Punktes ξ *erfüllt, so hat die zum Punkt* ξ *gehörige Mayer'sche Determinante* $\Delta(x, \xi)$ *in* ξ *einen isolierten Nullpunkt.*

Denn nach Absatz d), Ende, können wir stets ein konjugiertes System: $z^1, r^1; \ldots; z^n, r^n$ konstruieren, dessen Determinante $\nabla(z^1, \ldots, z^n)$ im Punkt ξ von Null verschieden ist. Wegen der Stetigkeit der Funktion ∇ läßt sich dann ein Intervall $[\xi - \delta, \xi + \delta]$ angeben, in welchem auch noch $\nabla \neq 0$. In diesem Intervall kann daher die Funktion $\Delta(x, \xi)$ nur den einen Nullpunkt ξ besitzen, weil sich sonst ein Widerspruch mit dem vorangehenden Satz ergeben würde.

Dieser Satz ist deshalb von ganz besonderer Wichtigkeit, weil ohne ihn die ganze Theorie der konjugierten Punkte in der Luft hängt; denn so lange nicht festgestellt ist, daß der Punkt x_1 ein isolierter Nullpunkt der Funktion $\Delta(x, x_1)$ ist, kann man gar nicht von dem *zunächst* auf x_1 folgenden Nullpunkt dieser Funktion, und daher auch nicht von dem zu P_1 konjugierten Punkt sprechen. Der Satz bildet daher eine unentbehrliche Ergänzung des in § 75 gegebenen Beweises für die Notwendigkeit der Bedingung (III), der erst jetzt als vollständig erbracht angesehen werden kann.

Endlich gilt noch der folgende Satz,[2]) von dem wir später Gebrauch zu machen haben werden:

Ist für den Extremalenbogen $\mathfrak{E}_0$ *die Bedingung (II') erfüllt, und ist*

$$\Delta(x, x_1) \neq 0 \quad \text{für} \quad x_1 < x \gtreqless x_2, \tag{III'}$$

---

[1]) Wiener Berichte, Bd CVIII, p 1299. Wir haben zwar bereits früher hervorgehoben, daß alle in diesem Kapitel abgeleiteten Satze nur unter den Voraussetzungen A) bis D) von §§ 72 und 74 bewiesen sind, wollen dies aber hier nochmals wiederholen und ganz besonders betonen, daß gerade dieser Satz nur im *„Hauptfall“* richtig ist.

[2]) Nach A. MAYER, loc. cit. p. 259 und C. JORDAN, *Cours d'Analyse*, Bd III, Nr. 393.

so läßt sich eine positive Größe d angeben derart, daß

$$\Delta(x, x_0) \neq 0 \quad \textit{für} \quad x_1 \gtreqless x \gtreqless x_2,$$

wofern $x_1 - d < x_0 < x_1$.

Man beweist denselben genau so, wie den analogen Satz in § 61, d), Ende, wobei man nur noch zu beachten hat, daß die Funktion $\Delta(x, \xi)$ nach d) stets zugleich die Determinante eines konjugierten Systems ist.

Dieser Satz, in Verbindung mit dem am Ende von f) erhaltenen Resultat zeigt, daß die Bedingungen (II') und (III') für ein permanentes Zeichen der zweiten Variation hinreichend sind. Daß dieselben Bedingungen auch *für ein schwaches Minimum des Integrals J hinreichend* sind, beweist Kneser[1]) durch eine Verallgemeinerung der Methode von § 15, b). —

Seitdem Weierstraß und Kneser für das einfachste Problem der Variationsrechnung gezeigt haben, daß zum Beweis der Notwendigkeit der Legendre'schen und Jacobi'schen Bedingung, sowie zur Aufstellung von hinreichenden Bedingungen, die Theorie der zweiten Variation nicht nötig ist, ist dieselbe wegen ihrer geringeren Anschaulichkeit etwas in Mißkredit geraten. Dem gegenüber ist hervorzuheben, daß schon beim einfachsten Problem der Variationsrechnung ein alle Fälle umfassender, strenger Beweis der Notwendigkeit der Jacobi'schen Bedingung mittels des Enveloppensatzes mit weit größeren Schwierigkeiten verbunden ist, als sie die zweite Variation darbietet (vgl. § 47); daß aber beim Lagrange'schen Problem die Untersuchung der zweiten Variation solange überhaupt unentbehrlich ist, als nicht die beiden letzten der oben gegebenen Sätze ohne Hilfe der zweiten Variation bewiesen sind, ganz davon zu schweigen, daß hier der Nachweis der Notwendigkeit der Jacobi'schen Bedingung für die erwähnten Ausnahmefälle mit Hilfe des Enveloppensatzes überhaupt noch nicht erbracht worden ist.[2])

[1]) Mathematische Annalen, Bd. LI (1899), p. 321; dasselbe beweist auf anderem Weg v. Escherich, Mathematische Annalen, Bd. LV (1902), p. 108.

[2]) An weiterer neuerer Literatur über die zweite Variation erwähnen wir noch eine Abhandlung von v. Escherich, Wiener Berichte, Bd. CX (1901), pp. 1355—1421, in welcher derselbe seine Untersuchungen auf den Fall der Parameterdarstellung ausdehnt, und eine solche von Hahn, Monatshefte für Mathematik und Physik, Bd. XIV, pp. 1—57, in welcher die Verallgemeinerung der Escherich'schen Resultate für den Fall von gemischten Bedingungen gegeben wird

§ 77. Hinreichende Bedingungen beim Lagrange'schen Problem.[1])

Wir wenden uns jetzt zur Ausdehnung der Sätze von §§ 16 und 17 über Extremalenfelder auf das Lagrange'sche Problem, und zwar betrachten wir in diesem Paragraphen den speziellen Fall von *Feldern, deren Extremalen durch einen festen Punkt* gehen. Für diesen speziellen Fall lassen sich die früheren Resultate über das Feldintegral, den Unabhängigkeitssatz und den Weierstraß'schen Fundamentalsatz ohne Schwierigkeiten verallgemeinern, und hieraus ergeben sich dann leicht hinreichende Bedingungen des Extremums für das Lagrange'sche Problem bei festen Endpunkten

Wir werden dabei an den Voraussetzungen A) bis D) von § 72 und § 74 über den Extremalenbogen $\mathfrak{E}_0$ festhalten.

a) **Das Feldintegral und der Weierstraß'sche Fundamentalsatz:**

Es sei $A_0(a^0, b_1^0, \ldots, b_n^0)$ ein beliebiger Punkt der Extremalen $\mathfrak{E}_0^*$. Durch diesen Punkt geht eine n-parametrige Schar[2]) von Extremalen, die wir in der Normalform

$$y_i = \mathfrak{Y}_i(x;\, a^0, b^0, c) \equiv Y_i(x, c_1, \cdots, c_n) \tag{75}$$

mit $c_1, \ldots, c_n$ als Parametern schreiben. Die zugehörigen Multiplikatoren sind

$$\lambda_\beta = \mathfrak{L}_\beta(x;\, a^0, b^0, c) \equiv \Lambda_\beta(x, c_1, \cdots, c_n).$$

Die Schar (75) enthält die Extremale $\mathfrak{E}_0^*$ für $c_i = c_i^0 = v_i(a^0)$ in der Bezeichnung von § 72, b).

Wir nehmen jetzt an, daß diese Schar ein *Feld* bildet, so daß also die Gleichungen (75) eine ein-eindeutige Beziehung zwischen einem gewissen Bereich $\mathfrak{A}$ im Gebiet der Variabeln $x, c_1, \ldots, c_n$ und dessen Bild $\mathcal{S}$ im $x, y_1, \ldots, y_n$-Raum definieren und daß gleichzeitig im Bereich $\mathfrak{A}$ die Funktionaldeterminante der Schar, d. h. die Funktion[3])

$$D(x, c_1, \cdots, c_n) \equiv \mathfrak{D}(x;\, a^0, b^0, c)$$

von Null verschieden ist.

Durch jeden Punkt $(x, y_1, \ldots, y_n)$ des Feldes $\mathcal{S}$ geht eine und nur eine Feldextremale, deren Parameter $c_1, \ldots, c_n$ durch die *inversen Funktionen des Feldes*[4])

$$c_i = \mathfrak{c}_i(x, y_1, \cdots, y_n) \equiv \mathfrak{C}_i(a^0, b_1^0, \cdots, b_n^0;\, x, y_1, \cdots, y_n)$$

---

[1]) Vgl. zu diesem Paragraphen A. Mayer, Leipziger Berichte 1903, p 131 und Bolza, Transactions of the American Mathematical Society, Bd. VII (1906), p. 476.

[2]) Vgl. § 75, a); unsere jetzige Bezeichnung wird mit der dortigen identisch in dem speziellen Fall, wo $a^0 = x_1$.

[3]) Vgl. wegen der Bezeichnung Gleichung (148) von § 73.

[4]) Vgl. wegen der Bezeichnung § 73, b)

geliefert werden. Dieselben genügen den Gleichungen

$$Y_i(x, \mathfrak{c}_1, \cdots, \mathfrak{c}_n) = y_i \tag{76}$$

identisch im Bereich $\mathfrak{S}$ und umgekehrt ist

$$\mathfrak{c}_i(x, Y_1, \cdots, Y_n) = c_i, \tag{77}$$

identisch im Bereich $\mathfrak{A}$.

Als *Gefällfunktionen des Feldes* bezeichnen wir die n Funktionen

$$p_i(x, y_1, \cdots, y_n) = Y_i'(x, \mathfrak{c}_1, \cdots, \mathfrak{c}_n); \tag{78}$$

dieselben genügen den m Gleichungen

$$\varphi_\beta(x, y, p) = 0 \tag{79}$$

identisch in den Variabeln $x, y_1, \ldots, y_n$. Dies folgt aus den identisch in $x, c_1, \ldots, c_n$ gültigen Gleichungen

$$\varphi_\beta(x, Y, Y') = 0,$$

wenn man darin c_i durch $\mathfrak{c}_i$ ersetzt.

Ferner verstehen wir unter den *Multiplikatoren des Feldes* die Funktionen[1])

$$\mu_\beta(x, y_1, \cdots, y_n) = \Lambda_\beta(x, \mathfrak{c}_1, \cdots, \mathfrak{c}_n). \tag{80}$$

Endlich verstehen wir unter dem *Feldintegral* das Integral J, genommen vom Punkt A_0 bis zum Punkt $P(x, y_1, \ldots, y_n)$ des Feldes entlang der eindeutig definierten Feldextremalen, welche diese beiden Punkte verbindet. Wir bezeichnen dieses Integral mit $W(x, y_1, \cdots, y_n)$, sodaß in der Bezeichnung von § 73, c)

$$W(x, y_1, \cdots, y_n) = \mathfrak{W}(a^0, b_1^0, \cdots, b_n^0;\ x, y_1, \cdots, y_n).$$

Daher können wir die Ausdrücke für die partiellen Ableitungen des Feldintegrals unmittelbar aus den allgemeinen Formeln (158) von § 73 entnehmen; wir erhalten so unter Berücksichtigung der Definition der Funktionen p_i und μ_β

$$\begin{aligned} \frac{\partial W}{\partial x} &= f(x, y, p) - \sum_i p_i F_{n+i}(x, y, p, \mu), \\ \frac{\partial W}{\partial y_\lambda} &= F_{n+\lambda}(x, y, p, \mu). \end{aligned} \tag{81}$$

Hieraus folgt unmittelbar der *Hilbert'sche Unabhängigkeitssatz* für das Lagrange'sche Problem[2]):

[1]) Die Funktionen μ_β haben natürlich mit den in § 76, b) eingeführten, ebenso bezeichneten Funktionen nichts zu tun.

[2]) Für den allgemeinen Fall zuerst bewiesen von A. Mayer, loc. cit. p. 140; für die speziellen Fälle $n = 2$, $m = 0$, und $m = 2$, $n = 1$ schon vorher von Nadeschda-Gernet, Göttinger Dissertation 1902, pp. 21 und 63.

Der Wert des Integrals

$$J_{\mathfrak{C}}^{*} = \int\limits_{\mathfrak{C}} \left\{ f(x, y, p) - \sum_{\iota} \left(p_{\iota} - \frac{d y_{\iota}}{d x} \right) F_{n+\iota}(x, y, p, \mu) \right\} dx, \tag{82}$$

genommen entlang einer ganz im Feld $\mathcal{S}$ gelegenen Kurve $\mathfrak{C}$ der Klasse C' von einem Punkt $P'(\xi', \eta_1', \ldots, \eta_n')$ bis zu einem Punkt $P''(\xi'', \eta_1'', \ldots, \eta_n'')$, hängt nur von der Lage der beiden Endpunkte P', P'' ab, nicht aber von der sonstigen Gestalt der Kurve $\mathfrak{C}$, da nach (81)

$$J_{\mathfrak{C}}^{*}(P'P'') = W(\xi'', \eta_1'', \ldots, \eta_n'') - W(\xi', \eta_1', \ldots, \eta_n').$$

Liegen insbesondere die beiden Endpunkte P', P'' auf derselben Feldextremalen $\mathfrak{E}$, so ist

$$J_{\mathfrak{C}}^{*}(P'P'') = J_{\mathfrak{E}}^{*}(P'P'') = J_{\mathfrak{E}}(P'P''),$$

wie daraus folgt, daß nach (77) und (78)

$$p_{\iota}(x, Y_1, \cdots, Y_n) = Y_{\iota}'(x, c_1, \cdots, c_n).$$

Liegt daher $\mathfrak{E}_0$ ganz im Innern des Feldes $\mathcal{S}$, und ist

$$\overline{\mathfrak{C}}: \qquad y_{\iota} = \overline{y}_{\iota}(x), \qquad x_1 \lesseqgtr x \lesseqgtr x_2$$

irgend eine zulässige Kurve für das vorgelegte Variationsproblem, welche ebenfalls ganz im Innern von $\mathcal{S}$ liegt, so ist, da auch die Kurve $\overline{\mathfrak{C}}$ von P_1 nach P_2 führt,

$$J_{\mathfrak{E}_0} = J_{\mathfrak{E}_0}^{*} = J_{\overline{\mathfrak{C}}}^{*},$$

und daher

$$\Delta J = J_{\overline{\mathfrak{C}}} - J_{\mathfrak{E}_0} = J_{\overline{\mathfrak{C}}} - J_{\overline{\mathfrak{C}}}^{*} \tag{83}$$

Die Kurve $\overline{\mathfrak{C}}$ genügt als zulässige Kurve den m Differentialgleichungen

$$\varphi_{\beta}(x, \overline{y}, \overline{y}') = 0.$$

Daher kann man in $J_{\overline{\mathfrak{C}}}$ den Integranden $f(x, \overline{y}, \overline{y}')$ durch $F(x, \overline{y}, \overline{y}', \mu)$ ersetzen; ebenso kann man wegen (79) in dem Ausdruck für $J_{\overline{\mathfrak{C}}}^{*}$ die Funktion $f(x, \overline{y}, p)$ durch $F(x, \overline{y}, p, \mu)$ ersetzen. Erinnert man sich schließlich noch der Definition (8) der $\mathcal{E}$-Funktion, so erhält man aus (83) den *Weierstraß'schen Fundamentalsatz* für das Lagrange'sche Problem:

$$\Delta J = \int\limits_{x_1}^{x_2} \mathcal{E}(x, \overline{y}; p, \overline{y}'; \mu)\, dx. \tag{84}$$

Darin sind p_{ι}, resp. μ_{β}, die Gefällfunktionen, resp. Multiplikatoren des Feldes für die Argumente $(x, \overline{y}_1, \ldots, \overline{y}_n)$.

b) **Hinreichende Bedingungen:**

Wir nehmen jetzt an, daß für den Extremalenbogen $\mathfrak{E}_0$ die Bedingungen (II') und (III') von § 74, b) und § 76, g) erfüllt sind. Wählen wir dann den Punkt A_0 auf der Fortsetzung von $\mathfrak{E}_0$ über P_1 hinaus hinreichend nahe bei P_1, so ist nach dem letzten Satz von § 76, g)

$$\Delta(x, a^0) \neq 0 \qquad \text{in } [x_1 x_2],$$

was wir nach (21) auch schreiben können

$$D(x, c_1^0, \cdots, c_n^0) \neq 0 \qquad \text{in } [x_1 x_2],$$

wenn D dieselbe Bedeutung hat wie unter a).

Hieraus folgt aber nach dem allgemeinen Satz über die Existenz eines Feldes (§ 22, d) Zusatz), daß die Extremalenschar (75) durch den Punkt A_0 ein den Bogen $\mathfrak{E}_0$ in seinem Innern enthaltendes Feld $\mathcal{S}$ liefert. Ist dann $\mathfrak{C}$ irgend eine zulässige Kurve, welche ganz im Innern von $\mathcal{S}$ liegt, so gilt für sie der Weierstraß'sche Satz (84). Hieraus folgt aber[1])

Sind fur den Extremalenbogen $\mathfrak{E}_0$ die Bedingungen (II') und (III') erfüllt, und gibt es eine Umgebung (ϱ) von $\mathfrak{E}_0$ derart, daß

$$\mathcal{E}(x, y; p(x, y), \tilde{p}; \mu(x, y)) > 0 \qquad (\mathrm{IV}_b')$$

für jedes Wertsystem $x, y_1, \ldots, y_n; \tilde{p}_1, \ldots, \tilde{p}_n$, welches den Bedingungen

$$(x, y_1, \ldots, y_n) \quad \textit{in } (\varrho); \; (x, y_1, \ldots, y_n; \tilde{p}_1, \ldots, \tilde{p}_n) \quad \textit{in } \mathfrak{T}^{2)};$$

$$\varphi_\beta(x, y, \tilde{p}) = 0; \qquad (\tilde{p}_1, \cdots, \tilde{p}_n) \neq (p(x, y), \cdots, p_n(x, y))$$

genügt, so liefert der Extremalenbogen $\mathfrak{E}_0$ ein starkes, eigentliches Minimum für das Integral J mit den Nebenbedingungen $\varphi_\beta = 0$.

Daß es sich wirklich um ein eigentliches Minimum handelt, folgt ganz wie in § 19, a): Wäre nämlich $\Delta J = 0$ für eine Vergleichskurve $\overline{\mathfrak{C}}$, so müßten entlang dieser Kurve die n Gleichungen bestehen

$$\bar{y}_k' = p_k(x, \bar{y}_1, \ldots, \bar{y}_n). \qquad (85)$$

Dies ist aber unmöglich, wenn $\overline{\mathfrak{C}}$ von $\mathfrak{E}_0$ verschieden ist. Denn differentiiert man die aus (76) folgenden Gleichungen

$$Y_k(x, \bar{\mathfrak{c}}_1, \cdots, \bar{\mathfrak{c}}_n) = \bar{y}_k, \qquad (86)$$

in welchen: $\bar{\mathfrak{c}}_i = \mathfrak{c}_i(x, \bar{y}_1, \cdots, \bar{y}_n)$, nach x, so würde aus der Annahme (85) folgen, daß die n Gleichungen bestehen müßten

$$\sum_i \frac{\partial Y_k}{\partial c_i} \bar{\mathfrak{c}}_i' = 0.$$

Die Determinante derselben, d. h. die Funktion $D(x, \bar{\mathfrak{c}}_1, \ldots, \bar{\mathfrak{c}}_n)$ ist aber in $[x_1 x_2]$ von Null verschieden, wenn $\overline{\mathfrak{C}}$ ganz im Felde liegt,

[1]) Immer unter den beschränkenden Annahmen A) bis D) von §§ 72 und 74.
[2]) Vgl §§ 68 und 69

und daher würde folgen $\bar{c}_i = C_i$, einer Konstanten, deren Wert sich aus $x = x_1$ als c_i^0 ergibt. Das bedeutet aber nach (86), daß $\bar{\mathfrak{C}} \equiv \mathfrak{C}_0$. Es ist also in der Tat $\Delta J > 0$ für jede von $\mathfrak{C}_0$ verschiedene Vergleichskurve $\bar{\mathfrak{C}}$, welche ganz in der Umgebung (ϱ) von $\mathfrak{C}_0$ gelegen ist, vorausgesetzt, daß ϱ so klein gewählt wird, daß (ϱ) ganz im Innern von $\mathcal{S}$ liegt.

§ 78. Mayer'sche Extremalenscharen.

Im vorangehenden Paragraphen haben wir den Hilbert'schen Unabhängigkeitssatz für den speziellen Fall von n-parametrigen Extremalenscharen durch einen festen Punkt bewiesen. Im gegenwärtigen Paragraphen soll dieser Satz nun auf allgemeinere n-parametrige Extremalenscharen ausgedehnt werden. Es wird sich dabei das Resultat ergeben, daß der Hilbert'sche Unabhängigkeitssatz und seine Folgerungen beim allgemeinen Lagrange'schen Problem nicht für beliebige n-parametrige Extremalenscharen gilt, sondern nur für eine ganz bestimmte spezielle Klasse solcher Scharen, die wir nach ihrem Entdecker *„Mayer'sche Extremalenscharen"* nennen werden.

a) Die allgemeinste Form des Hilbert'schen Unabhängigkeitssatzes:

Es sei[1])

$$y_i = Y_i(x, b_1, \ldots, b_n), \qquad v_i = V_i(x, b_1, \ldots, b_n) \tag{87}$$

eine beliebige n-parametrige Schar von Lösungen der kanonischen Differentialgleichungen

$$\frac{dy_i}{dx} = \frac{\partial H}{\partial v_i}, \qquad \frac{dv_i}{dx} = -\frac{\partial H}{\partial y_i} \tag{88}$$

von § 72, welche unsere spezielle Lösung

$$y_i = y_i(x), \qquad v_i = v_i(x)$$

enthält, und zwar für $b_i = b_i^0$. Diese Schar möge ein Feld $\mathcal{S}$ um den Extremalenbogen $\mathfrak{C}_0$ liefern; die inversen Funktionen des Feldes bezeichnen wir mit

$$b_i = \mathfrak{b}_i(x, y_1, \ldots, y_n),$$

die Gefällfunktionen und Multiplikatoren des Feldes mit

$$p_i(x, y_1, \ldots, y_n) = Y_i'(x, \mathfrak{b}_1, \ldots, \mathfrak{b}_n),$$
$$\mu_\beta(x, y_1, \ldots, y_n) = \Lambda_\beta(x, \mathfrak{b}_1, \ldots, \mathfrak{b}_n),$$

---

[1]) Die Zeichen Y_i, V_i, Λ_β, b_i usw. haben hier also eine allgemeinere Bedeutung als in § 77.

wenn

$$\lambda_\beta = \Lambda_\beta(x, b_1, \ldots, b_n)$$

die zur Lösung (87) gehörigen Multiplikatoren bedeuten.

In dem speziellen Fall, wo die sämtlichen Extremalen der Schar

$$y_i = Y_i(x, b_1, \ldots, b_n) \tag{89}$$

durch einen festen Punkt gehen, ist dann der mit diesen Funktionen p_i, μ_β als Argumenten gebildete Differentialausdruck

$$\Big[f(x, y, p) - \sum_i p_i F_{n+i}(x, y, p, \mu)\Big] dx + \sum_k F_{n+k}(x, y, p, \mu) dy_k \tag{90}$$

nach § 77, a) ein vollständiges Differential. Es fragt sich jetzt: Gilt dies auch noch für eine ganz beliebige n-parametrige Extremalenschar, wie dies beim einfachsten Variationsproblem ($n = 1$, $m = 0$) in der Tat der Fall war?

Zur Entscheidung dieser Frage[1]) ziehen wir quer durch das Feld eine beliebige n-dimensionale Mannigfaltigkeit („Hyperfläche" in der Terminologie[2]) der mehrdimensionalen Geometrie) $\mathfrak{K}$, welche jede Extremale des Feldes in einem und nur einem Punkt schneidet. Eine solche Hyperfläche kann man darstellen in der Form

$$\mathfrak{K}: \qquad x = \xi(b_1, \ldots, b_n), \qquad y_i = Y_i(\xi, b_1, \ldots, b_n), \tag{91}$$

wenn $\xi(b_1, \ldots, b_n)$ die Abszisse des Schnittpunktes der Hyperfläche $\mathfrak{K}$ mit der Extremalen $\mathfrak{E}_b$ der Schar (89) ist.

Wir betrachten dann das Integral J, genommen entlang der Extremalen $\mathfrak{E}_b$, von deren Schnittpunkt P_4 mit der Hyperfläche $\mathfrak{K}$ bis zum Punkt P_3, dessen Abszisse x ist, d. h. also das Integral

$$U(x, b_1, \ldots, b_n) = \int_{\xi(b_1, \ldots, b_n)}^{x} f(x, Y, Y')\,dx.$$

Dasselbe Integral, betrachtet als Funktion der Koordinaten $x, y_1, \ldots, y_n$ des Punktes P_3 bezeichnen wir mit $W(x, y_1, \ldots, y_n)$, sodaß also

$$W(x, y_1, \ldots, y_n) = U(x, \mathfrak{b}_1, \ldots, \mathfrak{b}_n). \tag{92}$$

Die Hyperfläche $\mathfrak{K}$ nennen wir die „Ausgangshyperfläche" für die Funktion W.

Wir berechnen jetzt die partiellen Ableitungen der Funktion W. Dabei machen wir zur Vereinfachung der Rechnung von der leicht

---

[1]) Vgl. für das Folgende Bolza, Transactions of the American Mathematical Society, Bd. VII (1906), p. 478.

[2]) Vgl. z. B. Bianchi-Lukat, *Differentialgeometrie*, p. 564.

zu verifizierenden[1]) Bemerkung Gebrauch, daß jede n-parametrige Schar von Lösungen der kanonischen Differentialgleichungen (88), welche ein Feld von Extremalen um den Bogen $\mathfrak{E}_0$ liefert, sich durch eine Parametertransformation auf die kanonische Form bringen läßt:

$$y_i = \mathfrak{Y}_i(x;\, a^0, b, C), \qquad v_i = \mathfrak{V}_i(x;\, a^0, b, C), \tag{93}$$

wobei die Größen $C_1, \ldots, C_n$ Funktionen von $b_1, \ldots, b_n$ sind, welche den Anfangsbedingungen

$$C_i(b_1^0, \ldots, b_n^0) = c_i^0 \tag{93a}$$

genügen. Die Größen $a^0, b_1^0, \ldots, b_n^0$ sind dabei die Koordinaten eines Punktes der Extremalen $\mathfrak{E}_0^*$, und $c_i^0 = v_i(a^0)$.

Wir nehmen an, die Parameter der Schar (87) seien gerade diese kanonischen Parameter, sodaß also

$$Y_i(x, b_1, \ldots, b_n) \equiv \mathfrak{Y}_i(x; a^0, b, C), \quad V_i(x, b_1, \ldots, b_n) \equiv \mathfrak{V}_i(x; a^0, b, C). \tag{94}$$

Es folgt dann nach Gleichung (136) von § 72, daß

$$Y_i(a^0, b_1, \ldots, b_n) = b_i, \qquad V_i(a^0, b_1, \ldots, b_n) = C_i. \tag{95}$$

Weiter folgt, daß das Integral U sich durch die in § 73, a) definierte Funktion $\mathfrak{U}$ ausdrücken läßt:

$$U(x, b_1, \ldots, b_n) = \mathfrak{U}(x; a^0, b, C) - \mathfrak{U}(\xi; a^0, b, C).$$

Wir erhalten daher

$$\begin{aligned} \frac{\partial U}{\partial x} &= f(x, Y, Y'), \\ \frac{\partial U}{\partial b_k} &= \left[\frac{\partial \mathfrak{U}(x)}{\partial b_k}\right] + \sum_j \left[\frac{\partial \mathfrak{U}(x)}{\partial c_j}\right]\frac{\partial C_j}{\partial b_k} - \frac{\partial [\mathfrak{U}(\xi)]}{\partial b_k}, \end{aligned} \tag{96}$$

wobei die Klammer [ ] die Substitution von a^0, C_i für a, c_i andeuten soll.

[1]) Ist die Schar von Lösungen des kanonischen Systems (88) zunächst mit beliebigen Parametern $\gamma_1, \ldots, \gamma_n$ gegeben

$$y_i = \overline{Y}_i(x, \gamma_1, \ldots, \gamma_n), \qquad v_i = \overline{V}_i(x, \gamma_1, \ldots, \gamma_n),$$

wobei die Extremale $\mathfrak{E}_0$ dem speziellen Wertsystem $\gamma_i = \gamma_i^0$ entsprechen möge, so wähle man auf $\mathfrak{E}_0^*$, aber noch im Innern des Feldes, einen beliebigen Punkt $(a^0, b_1^0, \ldots, b_n^0)$ und setze

$$\overline{Y}_i(a^0, \gamma_1, \ldots, \gamma_n) = b_i$$

Diese n Gleichungen können wir, da die Extremalenschar ein Feld bilden sollte, in der Umgebung der Stelle γ_i^0, b_i^0 eindeutig nach $\gamma_1, \ldots, \gamma_n$ auflosen; sei

$$\gamma_i = \Gamma_i(b_1, \ldots, b_n)$$

Definiert man dann

$$C_i(b_1, \ldots, b_n) = \overline{V}_i(a^0, \Gamma_1, \ldots, \Gamma_n),$$

so ist nach der Definition der Funktionen $\mathfrak{Y}_i, \mathfrak{V}_i$ von § 72, c)

$$\overline{Y}_i(x, \Gamma_1, \ldots, \Gamma_n) \equiv \mathfrak{Y}_i(x; a^0, b, C), \qquad \overline{V}_i(x, \Gamma_1, \ldots, \Gamma_n) \equiv \mathfrak{V}_i(x; a^0, b, C),$$

womit die Behauptung bewiesen ist.

Hierin setze man die Ausdrücke für die Ableitungen von $\mathfrak{U}(x)$ aus Gleichung (146) von § 73 ein und beachte, daß nach (94)

$$\frac{\partial Y_i}{\partial b_k} = \left[\frac{\partial \mathfrak{Y}_i}{\partial \mathfrak{b}_k}\right] + \sum_j \left[\frac{\partial \mathfrak{Y}_i}{\partial c_j}\right]\frac{\partial C_j}{\partial b_k}$$

und nach (95) und nach Gleichung (142) von § 72

$$F_{n+k}(a^0, Y(a^0), Y'(a^0), \Lambda(a^0)) = V_k(a^0, b_1, \ldots, b_n) = C_k.$$

Dann erhält man

$$\frac{\partial U}{\partial b_k} = \sum_i F_{n+i}(x, Y, Y', \Lambda)\frac{\partial Y_i}{\partial b_k} + M_k, \tag{97}$$

wo M_k die folgende Funktion von $b_1, \ldots, b_n$ ist:

$$M_k = -C_k - \frac{\partial[\mathfrak{U}(\xi)]}{\partial b_k}. \tag{98}$$

Geht man jetzt zur Funktion $W(x, y_1, \ldots, y_n)$ über, indem man von der Definitionsgleichung (92) und von den durch Differentiation der Identitäten

$$Y_i(x; \mathfrak{b}_1, \ldots, \mathfrak{b}_n) = y_i$$

folgenden Relationen Gebrauch macht, so erhält man[1])

$$\begin{aligned} \frac{\partial W}{\partial x} &= f(x, y, p) - \sum_i p_i F_{n+i}(x, y, p, \mu) + \sum_i (M_i)\frac{\partial \mathfrak{b}_i}{\partial x}, \\ \frac{\partial W}{\partial y_k} &= F_{n+k}(x, y, p, \mu) + \sum_i (M_i)\frac{\partial \mathfrak{b}_i}{\partial y_k}, \end{aligned} \tag{99}$$

wobei die Klammer ( ) die Substitution von $\mathfrak{b}_i$ für b_i andeutet.

Hieraus folgt: Soll der Differentialausdruck (90) ein vollständiges Differential sein, so ist notwendig und hinreichend, daß auch der Differentialausdruck

$$dx \sum_i (M_i)\frac{\partial \mathfrak{b}_i}{\partial x} + \sum_k dy_k \sum_i (M_i)\frac{\partial \mathfrak{b}_i}{\partial y_k}$$

ein vollständiges Differential ist. Die Integrabilitätsbedingung, welche die notwendige und hinreichende Bedingung hierfür ausdrückt, reduziert sich nach einfacher Rechnung auf die Bedingungen[2])

$$\left(\frac{\partial M_i}{\partial b_k}\right) = \left(\frac{\partial M_k}{\partial b_i}\right),$$

---

[1]) Vgl die entsprechenden Entwicklungen in § 73, c).

[2]) Man erhält zunachst

$$\sum_{i,k}\left\{\left(\frac{\partial M_i}{\partial b_k}\right) - \left(\frac{\partial M_k}{\partial b_i}\right)\right\}\frac{\partial \mathfrak{b}_i}{\partial y_\mu}\frac{\partial \mathfrak{b}_k}{\partial y_\nu} = 0 \quad \text{für} \quad \mu, \nu = 0, 1, 2, \ldots, n;\ y_0 = x$$

aus denen durch die Substitution $y_i = Y_i$ folgt, daß auch

$$\frac{\partial M_i}{\partial b_k} = \frac{\partial M_k}{\partial b_i}$$

sein muß. Es muß also eine Funktion $N(b_1, \ldots, b_n)$ geben, so daß

$$M_k = \frac{\partial N}{\partial b_k},$$

d. h. also

$$C_k = -\frac{\partial[\mathfrak{U}(\xi)]}{\partial b_k} - \frac{\partial N}{\partial b_k} \tag{100}$$

Wir haben also den folgenden, von A. Mayer[1]) herrührenden Satz bewiesen:

Soll für eine in der kanonischen Form

$$y_i = \mathfrak{Y}_i(x; a^0, b, C(b)) \tag{101}$$

gegebene n-parametrige Extremalenschar der Hilbert'sche Unabhängigkeitssatz bestehen, d. h. soll der Differentialausdruck (90) ein vollständiges Differential sein, so ist notwendig und hinreichend, daß die Funktionen $C_i(b_1, \ldots, b_n)$ den Integrabilitätsbedingungen

$$\frac{\partial C_i}{\partial b_k} = \frac{\partial C_k}{\partial b_i} \tag{102}$$

genügen, also die partiellen Ableitungen ein und derselben Funktion $B(b_1, \ldots, b_n)$ sind:

$$C_i = \frac{\partial B(b_1, \ldots, b_n)}{\partial b_i}. \tag{103}$$

Die Funktion $B(b_1, \ldots, b_n)$ ist, abgesehen von Stetigkeitsbedingungen, nur der aus (93a) folgenden Anfangsbedingung

$$\left.\frac{\partial B(b_1, \ldots, b_n)}{\partial b_i}\right|^{b=b^0} = c_i^0 \tag{104}$$

unterworfen.

Wir werden eine n-parametrige Extremalenschar, welche, in die kanonische Form (101) gebracht, diese Bedingung erfüllt, eine *Mayer'sche Extremalenschar* nennen.

Wie wir im vorigen Paragraphen gesehen haben, gilt für die Extremalenschar durch einen festen Punkt der Hilbert'sche Un-

---

Hieraus folgt das im Text gegebene Resultat, da im Feld $\mathcal{S}$ die Determinante

$$\left|\frac{\partial b_i}{\partial y_j}\right|, \qquad (i, j = 1, 2, \ldots, n)$$

von Null verschieden ist

[1]) Von A. Mayer auf anderem Weg bewiesen in den Leipziger Berichten 1905, p. 49

abhängigkeitssatz; daher müssen diese speziellen Scharen Mayer'sche Scharen sein. Dies läßt sich leicht mit Hilfe der Resultate von § 73 verifizieren. Wir fanden dort für die Extremale durch die beiden Punkte $(a, b_1, \ldots, b_n)$ und $(\xi, \eta_1, \ldots, \eta_n)$ in der dortigen Bezeichnung den Ausdruck

$$y_i = \mathfrak{Y}_i(x; a, b, \mathfrak{C}),$$

und nach Gleichung (159) von § 73 war

$$\mathfrak{C}_k = -\frac{\partial \mathfrak{W}}{\partial b_k}.$$

Wir können die Extremale also schreiben

$$y_i = \mathfrak{Y}_i\left(x; a, b_1, \ldots, b_n, -\frac{\partial \mathfrak{W}}{\partial b_1}, \ldots, -\frac{\partial \mathfrak{W}}{\partial b_n}\right).$$

Halten wir darin die Größen $\xi, \eta_1, \ldots, \eta_n$ sowie a fest und variieren die Parameter $b_1, \ldots, b_n$, so stellen diese Gleichungen die Extremalenschar durch den Punkt $\xi, \eta_1, \ldots, \eta_n$ in der kanonischen Form (101) dar und zeigen daher, daß diese Schar in der Tat eine Mayer'sche Schar ist.

b) **Verallgemeinerung des Kneser'schen Transversalensatzes**[1]):

Wir betrachten eine beliebige, die Extremale $\mathfrak{E}_0$ enthaltende n-parametrige Extremalenschar in der kanonischen Form (93)

$$y_i = Y_i(x, b_1, \ldots, b_n) \equiv \mathfrak{Y}_i(x; a^0, b, C).$$

Die Funktionen C_i sollen in der Umgebung der Stelle $b_1^0, \ldots, b_n^0$ von der Klasse C' sein und den Anfangsbedingungen (93a) genügen, und die Schar soll ein Feld um den Bogen $\mathfrak{E}_0$ liefern.

Und nunmehr stellen wir uns die Aufgabe[2]), die Ausgangshyperfläche $\mathfrak{K}$ für das Integral W so zu bestimmen, daß die Ausdrücke für die partiellen Ableitungen von W dieselbe einfache Form (81) annehmen wie in dem speziellen Fall einer Schar von Extremalen durch einen festen Punkt. Dazu ist nach (99) notwendig und hinreichend, daß die durch (98) definierten Funktionen M_k sämtlich identisch verschwinden, daß also

$$C_k = -\frac{\partial[\mathfrak{U}(\xi)]}{\partial b_k}. \tag{105}$$

Die verlangte Bestimmung der Fläche $\mathfrak{K}$ ist also nur möglich, wenn die gegebene Schar eine Mayer'sche Schar ist, wie dies auch a priori aus dem unter a) erhaltenen Resultat folgt. Diese Bedingung sei erfüllt, und es sei

$$C_k = \frac{\partial B(b_1, \ldots, b_n)}{\partial b_k}.$$

---

[1]) Vgl. hierzu Bolza, loc. cit. p. 483

[2]) In Verallgemeinerung eines von Kneser für das einfachste Variationsproblem durchgeführten Gedankengangs, vgl. § 31, c)

Dann folgt aus (105) durch Integration

$$\mathfrak{U}\left(\xi; a^0, b, \frac{\partial B}{\partial b}\right) + B = c, \tag{106}$$

wo c eine von $b_1, \ldots, b_n$ unabhängige numerische Konstante ist. Dieser Gleichung muß also die gesuchte Funktion ξ genügen.

Für die Diskussion derselben schreiben wir der Kürze halber

$$\mathfrak{U}\left(x; a^0, b, \frac{\partial B}{\partial b}\right) + B = G(x, b_1, \ldots, b_n)$$

und machen die *beschränkende Annahme*, daß

$$f(x, y(x), y'(x)) \neq 0 \text{ in } [x_1 x_2] \tag{107}$$

Unter dieser Voraussetzung betrachten wir die Aufgabe, die Gleichung

$$G(x, b_1, \ldots, b_n) = c \tag{108}$$

nach x aufzulösen. Da nach (104) und Gleichung (145) von § 73

$$G_x(x, b_1^0, \ldots, b_n^0) = f(x, y(x), y'(x)),$$

so sind wegen (107) die Voraussetzungen des erweiterten Satzes über implizite Funktionen von § 22, e) erfüllt, und man erhält durch Anwendung desselben das folgende Resultat:

Es sei c_1, resp. c_2, das Minimum, resp. Maximum, der Funktion $G(x, b_1^0, \ldots, b_n^0)$ im Intervall $[x_1 x_2]$ und $x = \xi_0(c)$ die wegen (107) im Intervall $[c_1 c_2]$ eindeutige Lösung der Gleichung

$$G(x, b_1^0, \ldots, b_n^0) = c.$$

Dann läßt sich die Gleichung (108) in der Umgebung der Punktmenge

$$\mathfrak{C}: \qquad x = \xi_0(c), \qquad b_i = b_i^0, \qquad c_1 \gtreqless c \gtreqless c_2$$

eindeutig nach x auflösen. Die Lösung sei

$$x = \xi(b_1, \ldots, b_n; c).$$

Schreiben wir dann noch

$$Y_i(\xi(b_1, \ldots, b_n; c), b_1, \ldots, b_n) = \eta_i(b_1, \ldots, b_n; c), \tag{109}$$

so stellen die Gleichungen

$$x = \xi(b_1, \ldots, b_n; c), \qquad y_i = \eta_i(b_1, \ldots, b_n; c)$$

eine Hyperfläche von den verlangten Eigenschaften dar, die wir mit $\mathfrak{T}_c$ bezeichnen. Lassen wir die Konstante c variieren, so erhalten wir eine einfach unendliche Schar von solchen Hyperflächen, die wir die „*Transversalhyperflächen*" des Feldes nennen wollen. Man beweist leicht, daß bei gehöriger Beschränkung des Feldes durch jeden Punkt desselben eine und nur eine Transversalhyperfläche hindurchgeht. Wir können dann unser Resultat in den Satz zusammenfassen:

Damit die Ausdrücke für die partiellen Ableitungen der Funktionen $W(x, y_1, \ldots, y_n)$ *dieselbe einfache Form (81) annehmen wie bei einer Schar von Extremalen durch einen festen Punkt, ist notwendig und hinreichend, daß die zugrunde liegende Extremalenschar eine Mayer'sche Schar ist, und daß die Ausgangshyperfläche für die Funktion* W *eine Transversalhyperfläche des Feldes dieser Schar ist.*

Weiter folgt nun unmittelbar die Verallgemeinerung des Kneser-schen Transversalensatzes für das Lagrange'sche Problem[1]):

Zwei Transversalhyperflächen $\mathfrak{T}_{c'}$ *und* $\mathfrak{T}_{c''}$ *eines von einer Mayer-schen Schar gebildeten Feldes schneiden auf den verschiedenen Extremalen der Schar Bogen aus, welche für das Integral* J *denselben konstanten Wert liefern, nämlich den Wert* $c'' - c'$.

Denn es ist nach der Definition der Funktionen $\mathfrak{U}$ und ξ:

$$\int_{\xi(b;c')}^{\xi(b,c'')} f(x, Y, Y')\,dx = \mathfrak{U}\left(\xi(b;c''); a^0, b, \frac{\partial B}{\partial b}\right) - \mathfrak{U}\left(\xi(b;c'); a^0, b, \frac{\partial B}{\partial b}\right)$$
$$= G(\xi(b;c''), b) - G(\xi(b;c'), b) = c'' - c'.$$

Hieraus folgt weiter: Wird als Ausgangshyperfläche bei der Definition der Funktion W eine Transversalhyperfläche des Feldes gewählt, so sind die Transversalhyperflächen identisch mit den Hyperflächen

$$W(x, y_1, \ldots, y_n) = \text{konst.} \tag{110}$$

Kombiniert man dieses Resultat mit dem unter a) bewiesenen Satz, daß der Hilbert'sche Unabhängigkeitssatz für ein beliebiges Mayer'sches Extremalenfeld gilt, so erkennt man, indem man genau wie in § 41, Ende, schließt, daß der *Weierstraß'sche Fundamentalsatz* (84) seine Gültigkeit behält, wenn das Feld statt von einer Extremalenschar durch einen festen Punkt von einer beliebigen Mayer'schen Schar gebildet wird, und die Vergleichskurve $\overline{\mathfrak{C}}$ statt vom Punkt P_1 von einem beliebigen Punkt der durch P_1 gehenden Transversalhyperfläche $\mathfrak{T}$ des Feldes ausgeht

Damit hat man zugleich hinreichende Bedingungen für die Aufgabe gewonnen, das Integral J mit den Nebenbedingungen $\varphi_\beta = 0$ zu einem Extremum zu machen, wenn der erste Endpunkt auf der Hyperfläche $\mathfrak{T}$ frei beweglich, dagegen der zweite fest ist.

c) Zusammenhang mit der Transversalitätsbedingung:

Um die Analogie der im vorangehenden entwickelten Theorie mit den entsprechenden Untersuchungen von Kneser für den ein-

---

[1]) Hierzu die *Übungsaufgabe* Nr. 9 am Ende von Kap. XIII

fachsten Fall $n=1$, $m=0$ zu vervollständigen, haben wir nun zu zeigen, daß die Transversalhyperflächen auch durch ein System von partiellen Differentialgleichungen definiert werden können, welche die Verallgemeinerung der Transversalitätsbedingung des einfachsten Falles sind.

Dazu differentiieren wir die Gleichung (106), durch welche die Funktion $\xi(b_1, \ldots, b_n; c)$ definiert wird, partiell nach b_k und machen von den bei der Ableitung der Gleichungen (97) erhaltenen Resultaten Gebrauch Dann kommt

$$f(x, Y, Y')\Big|^{\xi} \frac{\partial \xi}{\partial b_k} + \sum_i F_{n+i}(x, Y, Y', \Lambda) \frac{\partial Y_i}{\partial b_k}\Big|^{\xi} = 0. \tag{111}$$

Umgekehrt: Ist ξ eine Funktion von $b_1, \ldots, b_n$, welche diesen n partiellen Differentialgleichungen genügt, so folgt rückwärts die Gleichung (106). Die Transversalhyperflächen können also in der Tat durch die n partiellen Differentialgleichungen (111) für die Funktion ξ definiert werden; dieselben sind infolge der Relationen (102) miteinander verträglich.

Führt man die durch die Gleichungen (109) definierten Funktionen η_i ein, so gehen die Gleichungen (111) über in

$$f(x,Y,Y') - \sum_i Y_i' F_{n+i}(x,Y,Y',\Lambda)\Big|^{\xi} \frac{\partial \xi}{\partial b_k} + \sum_i F_{n+i}(x,Y,Y',\Lambda)\Big|^{\xi} \frac{\partial \eta_i}{\partial b_k} = 0. \tag{112}$$

Für $n=1$, $m=0$ reduzieren sich diese Gleichungen auf die eine Gleichung

$$f(x, Y, Y') - Y' f_{y'}(x, Y, Y')\Big|^{\xi} \frac{\partial \xi}{\partial b} + f_{y'}(x, Y, Y')\Big|^{\xi} \frac{\partial \eta}{\partial b} = 0, \tag{112a}$$

d. h. eben auf die bekannte Transversalitätsbedingung.

Hiermit sind zunächst rein formal die Transversalhyperflächen als Verallgemeinerung der Transversalen des einfachsten Falles nachgewiesen. Es bleibt jetzt aber noch zu zeigen, daß die Differentialgleichungen (112) für das Lagrange'sche Problem mit einem variablen Endpunkt dieselbe Bedeutung haben wie die Transversalitätsbedingung (112a) für den einfachsten Fall.

Wir betrachten daher jetzt die Aufgabe, — gleich etwas allgemeiner, als für unsern unmittelbaren Zweck nötig wäre —, das Integral J mit den Nebenbedingungen $\varphi_\beta = 0$ zu einem Extremum zu machen, wenn der Punkt P_2 fest ist, während der Anfangspunkt auf einer gegebenen q-dimensionalen Mannigfaltigkeit $\mathfrak{K}$ beweglich ist, welche in Parameterdarstellung gegeben sein möge durch die Gleichungen

$$x = \xi(b_1, \cdots, b_q), \qquad y_i = \eta_i(b_1, \cdots, b_q),$$

wo $q \gtreqless n$.

Die gesuchte Kurve $\mathfrak{E}_0$ muß dann eine Extremale sein, und wenn ihr Anfangspunkt P_1 auf $\mathfrak{K}$ den Parameterwerten $b_1 = b_1^0, \cdots, b_q = b_q^0$ entspricht, so muß nach der in § 38 entwickelten Differentiationsmethode in der Bezeichnung von § 73, c) die Funktion

$$\mathfrak{W}(\xi, \eta_1, \cdots, \eta_n; x_3, y_{13}, \cdots, y_{n3})$$

der unabhängigen Variabeln $b_1, \cdots, b_q$ für $b_1 = b_1^0, \cdots, b_q = b_q^0$ ein Extremum besitzen; dabei ist $(x_3, y_{13}, \cdots, y_{n3})$ ein Punkt der Extremalen $\mathfrak{E}_0$, der so nahe bei P_1 gewählt ist, daß $\Delta(x_1, x_3) \neq 0$.[1]) Dies führt nach den Gleichungen (158) von § 73 auf die Bedingungen:

$$\begin{aligned}[f(x_1, y(x_1), y'(x_1)) - \sum_i y_i'(x_1) F_{n+i}(x_1, y(x_1), y'(x_1), \lambda(x_1))] \left(\frac{\partial \xi}{\partial b_\varrho}\right)_0 \\ + \sum_i F_{n+i}(x_1, y(x_1), y'(x_1), \lambda(x_1)) \left(\frac{\partial \eta_i}{\partial b_\varrho}\right)_0 = 0, \\ \varrho = 1, 2, \cdots, q,\end{aligned} \tag{113}$$

wobei der Index 0 die Substitution von b_i^0 für b_i andeuten soll.

Dieselben lassen sich unter Einführung der Funktionen $v_i(x)$ nach den Gleichungen (122) und (129a) von § 72 auch einfacher schreiben in der Form

$$H(x_1, y(x_1), v(x_1)) \left(\frac{\partial \xi}{\partial b_\varrho}\right)_0 - \sum_i v_i(x_1) \left(\frac{\partial \eta_i}{\partial b_\varrho}\right)_0 = 0. \tag{114}$$

Diese q Gleichungen, welche im allgemeinen die Lage des Punktes P_1 auf der Mannigfaltigkeit $\mathfrak{K}$ bestimmen, bilden zusammen die „*Transversalitätsbedingung*" für das vorgelegte Variationsproblem; wenn dieselbe erfüllt ist, werden wir sagen, die Mannigfaltigkeit $\mathfrak{K}$ schneide die Extremale $\mathfrak{E}_0$ im Punkt P_1 *transversal*. —

Die Gleichungen (112) sagen also aus, daß die durch Gleichung (106) definierte Transversalhyperfläche $\mathfrak{K}$ in jedem ihrer Punkte die durch denselben hindurchgehende Extremale der Mayer'schen Schar transversal schneidet, womit die Bezeichnung Transversalhyperfläche ihre Rechtfertigung findet.

d) **Zwei Aufgaben über Transversalhyperflächen:**

Hieran schließen sich naturgemäß zwei Aufgaben, deren Lösung eine wichtige Ergänzung zu den unter a) und b) gegebenen Entwicklungen liefern wird; zunächst die Aufgabe:

Zu einer beliebig gegebenen Hyperfläche $\mathfrak{K}$ eine n-fach unendliche Extremalenschar zu bestimmen, welche von $\mathfrak{K}$ transversal geschnitten wird.

---

[1]) Vgl § 73, b), insbesondere p 597, Fußnote [2]) und § 76, g).

Dabei wird angenommen, daß die spezielle Extremale $\mathfrak{E}_0$ im Punkt P_1 von $\mathfrak{K}$ transversal geschnitten wird. Die Hyperfläche $\mathfrak{K}$ sei wieder gegeben in der Form

$$x = \xi(b_1, \cdots, b_n), \qquad y_i = \eta_i(b_1, \cdots, b_n).$$

Durch den Punkt (b) derselben ziehen wir zunächst eine beliebige Extremale, die wir in der Normalform von § 72, c)

$$y_i = \mathfrak{Y}_i(x; \xi, \eta_1, \cdots, \eta_n, c_1, \cdots, c_n),$$

ansetzen. Dann ist nach (114) die Bedingung dafür, daß diese Extremale von der Hyperfläche $\mathfrak{K}$ in ihrem gemeinsamen Schnittpunkt transversal geschnitten wird:

$$H(\xi, \eta, c)\,\frac{\partial \xi}{\partial b_k} - \sum_i c_i \frac{\partial \eta_i}{\partial b_k} = 0, \qquad k = 1, 2, \cdots, n, \tag{115}$$

da nach Gleichung (136) von § 72

$$\mathfrak{V}_k(\xi; \xi, \eta_1, \cdots, \eta_n, c_1, \cdots, c_n) = c_k.$$

Da nach Voraussetzung die Hyperfläche $\mathfrak{K}$ die Extremale $\mathfrak{E}_0$ in P_1 transversal schneidet, so werden die n Gleichungen (115) befriedigt durch das spezielle Wertsystem $b_i = b_i^0$, $c_i = c_i^0 \equiv v_i(x_1)$. Daher können wir dieselben in der Umgebung dieser Stelle eindeutig nach $c_1, \cdots, c_n$ auflösen, wofern an derselben die Funktionaldeterminante der Auflösung von Null verschieden ist. Erinnert man sich, daß nach (88)

$$y_i' = \frac{\partial H}{\partial v_i},$$

so erhält man für die fragliche Funktionaldeterminante nach einfachen Determinantensätzen die Determinante $n+1$ten Grades

$$\begin{vmatrix} 1, & y_1'(x_1), & y_2'(x_1), \cdots, & y_n'(x_1) \\ \left(\frac{\partial \xi}{\partial b_k}\right)_0, & \left(\frac{\partial \eta_1}{\partial b_k}\right)_0, & \left(\frac{\partial \eta_2}{\partial b_k}\right)_0, \cdots, & \left(\frac{\partial \eta_n}{\partial b_k}\right)_0 \end{vmatrix} \tag{116}$$

$$(k = 1, 2, \cdots, n).$$

Wir können also den Satz aussprechen:

Wenn die Determinante (116) von Null verschieden ist[1], *so läßt sich stets eine und nur eine, die Extremale $\mathfrak{E}_0$ enthaltende n-parametrige Extremalenschar konstruieren, welche von der Hyperfläche $\mathfrak{K}$ transversal geschnitten wird.*

[1]) D. h. geometrisch: Wenn die Hyperfläche $\mathfrak{K}$ im Punkt P_1 die Extremale $\mathfrak{E}_0$ nicht berührt.

Die zweite der oben erwähnten Aufgaben ist die zur ersten inverse Aufgabe:

Zu einer gegebenen n-parametrigen Extremalenschar eine Transversalhyperfläche zu konstruieren.

Wir nehmen dabei an, daß die gegebene Schar die Extremale $\mathfrak{E}_0$ enthält, und präzisieren die Aufgabe genauer dahin, daß die zu konstruierende Transversalhyperfläche durch einen gegebenen Punkt $A_0(a^0, b_1^0, \cdots, b_n^0)$ von $\mathfrak{E}_0$ gehen soll.

Wir schreiben die gegebene Extremalenschar in der kanonischen Form (93) mit der Nebenbedingung (93a) und schneiden, wie unter a), die Schar mit einer beliebigen durch den Punkt A_0 gehenden Hyperfläche $\mathfrak{K}$, die wir wieder durch die Gleichungen (91) analytisch darstellen. Soll dann $\mathfrak{K}$ jede Extremale der Schar transversal schneiden, so muß die Funktion $\xi(b_1, \cdots, b_n)$ den n partiellen Differentialgleichungen (111) genügen. Führen wir jetzt wie unter a) die Funktion $U(x, b_1, \cdots, b_n)$ ein und machen von den Formeln (96) und (97) Gebrauch, so gehen die Gleichungen (111) über in

$$\frac{\partial U}{\partial x}\Big|^{\xi} \frac{\partial \xi}{\partial b_k} + \frac{\partial U}{\partial b_k}\Big|^{\xi} - M_k = 0,$$

was wir auch schreiben können

$$\frac{\partial U(\xi, b)}{\partial b_k} - M_k = 0$$

Da aber $U(\xi, b_1, \cdots, b_n) \equiv 0$, so folgt: $M_k = 0$. Hiermit sind wir aber auf die bereits unter b) gelöste Aufgabe zurückgeführt und erhalten daher den Satz:

Soll es möglich sein, zu einer gegebenen n-parametrigen Extremalenschar eine Transversalhyperfläche zu konstruieren, so ist notwendig und hinreichend, daß die gegebene Schar eine Mayer'sche Schar ist.

Durch Kombination mit dem oben gefundenen Resultat ergibt sich hieraus der weitere Satz[1]):

Konstruiert man zu einer beliebigen Hyperfläche $\mathfrak{K}$ die von ihr transversal geschnittene Extremalenschar, so ist letztere eine Mayer'sche Schar, und umgekehrt kann jede Mayer'sche Schar auf diese Weise erzeugt werden.

[1]) Hiermit ist die Verbindung zwischen den Resultaten von A. Mayer und Hilbert hergestellt. Letzterer hatte nämlich, noch vor Veroffentlichung der oben zitierten Mayer'schen Arbeit, an dem Fall $n = 2$, $m = 0$ in sehr einfacher Weise durch vollständige Induktion bewiesen, daß für jede n-parametrige Extremalenschar, welche von einer Hyperflache transversal geschnitten wird, der Unabhängigkeitssatz gilt, vgl. *Zur Variationsrechnung,* Göttinger Nachrichten 1905, p 159 und Mathematische Annalen, Bd. LXII (1906), p 351.

Hiermit ist zugleich eine von der speziellen Normalform (93) unabhängige Definition der Mayer'schen Scharen gewonnen.

Beispiel XXVIII: Für das Problem der kürzesten Verbindungskurve zweier Punkte im drei-dimensionalen Raum die Mayer'schen Extremalenscharen zu bestimmen.

Hier hat man das Integral

$$J = \int_{x_1}^{x_2} \sqrt{1 + y'^2 + z'^2}\, dx$$

ohne Nebenbedingung ($m = 0$) zu einem Minimum zu machen.

Die Extremalen sind die Geraden des Raumes. Eine $n(=2)$-parametrige Extremalenschar ist eine *Kongruenz von Geraden*. Die Bedingung, daß eine Fläche (= Hyperfläche)

$$x = \xi(b_1, b_2), \qquad y = \eta(b_1, b_2), \qquad z = \zeta(b_1, b_2)$$

die Extremale

$$y = \alpha x + \beta, \qquad z = \gamma x + \delta$$

transversal schneidet, wird durch die beiden Gleichungen

$$\frac{1}{\sqrt{1 + y'^2 + z'^2}} \frac{\partial \xi}{\partial b_k} + \frac{y'}{\sqrt{1 + y'^2 + z'^2}} \frac{\partial \eta}{\partial b_k} + \frac{z'}{\sqrt{1 + y'^2 + z'^2}} \frac{\partial \zeta}{\partial b_k} = 0, \quad k = 1, 2.$$

ausgedrückt. Transversal ist also mit *orthogonal* identisch. Für das vorliegende Problem sind also *die Mayer'schen Extremalenscharen Normalenkongruenzen* [1].

Der Kneser'sche Transversalensatz geht in den bekannten Satz über *Parallelflächen* über [2]: Trägt man auf den Normalen einer Fläche von ihren Fußpunkten aus eine konstante Strecke ab, so bilden die Endpunkte derselben eine Fläche, welche die Normalen der ersten Fläche wieder senkrecht schneidet (eine „Parallelfläche" der ersten).

---

[1]) Vgl. z. B. Bianchi-Lukat, *Differentialgeometrie*, § 143.

[2]) Vgl. z. B. Scheffers, *Theorie der Flächen*, p. 205.

Dreizehntes Kapitel.

Elemente der Theorie der Extrema von Doppelintegralen.

§ 79. Die erste Variation von Doppelintegralen mit x, y als unabhängigen Variabeln.

Die Theorie der Extrema von Doppelintegralen ist noch nicht zu einem ähnlichen Abschluß gelangt wie die analoge Theorie der einfachen Integrale. In der Tat läßt sich zwar ein Teil der Betrachtungen, die wir bei einfachen Integralen durchgeführt haben, ohne große Mühe auf Doppelintegrale ausdehnen, bei einem anderen Teil dagegen wachsen die Schwierigkeiten beim Übergang zu Doppelintegralen ganz außerordentlich, was in erster Linie damit zusammenhängt, daß hier an Stelle der gewöhnlichen Differentialgleichungen partielle Differentialgleichungen treten. Wir werden uns daher bei der folgenden Darstellung auf die einfachste Klasse von Problemen und auf die einfachsten darauf bezüglichen Fragestellungen beschränken.

Wir unterscheiden wieder „Funktionenprobleme", bei denen eine Funktion zweier unabhängiger Variabeln zu bestimmen ist, und „Flächenprobleme", bei welchen es sich um die Bestimmung einer Fläche in allgemeiner Parameterdarstellung handelt. Die Theorie der ersten Variation werden wir für beide Probleme durchführen (§§ 79, 80), uns dagegen bei der Theorie der zweiten Variation (§ 81) und der hinreichenden Bedingungen (§ 82) auf den Fall des Funktionenproblems beschränken.

a) **Die Lagrange'sche Differentialgleichung**[1]):

Es sei einerseits eine Funktion $f(x, y, z, p, q)$ der unabhängigen Variabeln x, y, z, p, q und andererseits eine geschlossene Raumkurve $\mathfrak{L}$ gegeben Wir betrachten die Aufgabe: *Unter allen, in rechtwinkligen Koordinaten in der Form*

$$z = z(x, y) \tag{1}$$

[1]) Vgl. dazu die Darstellung von Goursat, *Cours d'Analyse*, Bd. II (1905), Nr 456, der wir im wesentlichen gefolgt sind.

darstellbaren Flächen[1]*), welche von der Kurve* $\mathfrak{L}$ *begrenzt werden, diejenige zu bestimmen, für welche das Doppelintegral*

$$J = \iint f(x, y, z, p, q)\, dx\, dy \tag{2}$$

den kleinsten Wert annimmt.

Dabei ist in dem Integranden des Doppelintegrals

$$z = z(x, y), \qquad p = z_x(x, y), \qquad q = z_y(x, y)$$

zu setzen und das Integral ist über die Projektion $\mathfrak{A}$ der Fläche (1) auf die x, y-Ebene zu erstrecken.

Über die Funktion $f(x, y, z, p, q)$ wird vorausgesetzt, daß sie von der Klasse C'' ist, wenn der Punkt (x, y, z) in einem gewissen Bereich $\mathfrak{R}$ des Raumes liegt und p und q beliebige endliche Werte haben.

Die geschlossene Kurve $\mathfrak{L}$ soll ganz im Inneren dieses Bereiches $\mathfrak{R}$ liegen und, ebenso wie ihre Projektion $\mathfrak{K}$ auf die x, y-Ebene, eine gewöhnliche[2]) Kurve ohne mehrfache Punkte sein. Überdies soll es eine ganze Zahl n geben derart, daß jede Gerade der x, y-Ebene, welche zur x-Achse oder zur y-Achse parallel ist, die Kurve $\mathfrak{K}$ höchstens in n Punkten trifft, es sei denn, daß sie eine ganze Strecke mit ihr gemein hat. Das Innere[3]) der Kurve $\mathfrak{K}$ zusammen mit der Kurve $\mathfrak{K}$ selbst ist dann der oben mit $\mathfrak{A}$ bezeichnete Integrationsbereich.

Von den „zulässigen Flächen" wird, abgesehen davon, daß sie von der Kurve $\mathfrak{L}$ begrenzt sein sollen, vorausgesetzt, daß sie ganz im Inneren des Bereiches $\mathfrak{R}$ liegen und von der Klasse[4]) D' sein sollen. Unter diesen Voraussetzungen hat das Integral (2) für jede zulässige Fläche einen bestimmten endlichen Wert.[5])

Wir nehmen an, wir hätten eine zulässige Fläche $\mathfrak{F}_0$ von der Klasse C'' gefunden, — dieselbe sei durch die Gleichung (1) dargestellt —, welche dem Integral J einen nicht größeren Wert erteilt als jede andere zulässige Fläche $\mathfrak{F}$ in einer gewissen Umgebung von $\mathfrak{F}_0$. Ist dann $\zeta(x, y)$ irgend eine Funktion, welche in $\mathfrak{A}$ von der Klasse D' ist und entlang der Begrenzung $\mathfrak{K}$ verschwindet:

$$\zeta\,|^{\mathfrak{K}} = 0, \tag{3}$$

[1]) Das Wort „Fläche" wird hier überall im Sinn von „Flächenstück" gebraucht.

[2]) Vgl. die Definition in § 25, a), die sich unmittelbar auf Raumkurven übertragen läßt.

[3]) Vgl. A VI 2

[4]) D. h. die Funktion $z(x, y)$ soll stetig sein im Bereich $\mathfrak{A}$, und dieser Bereich soll sich in eine endliche Anzahl von Teilbereichen zerlegen lassen, in deren jedem $z(x, y)$ von der Klasse C' ist, wobei die Trennungslinien denselben allgemeinen Charakter haben sollen wie die Kurve $\mathfrak{K}$.

[5]) Vgl Jordan, *Cours d'Analyse*, Bd. I, Nr 66; Stolz, *Grundzuge*, etc., Bd. III, p. 69.

so stellt die Gleichung

$$z = z(x, y) + \varepsilon\zeta(x, y), \quad (x, y) \text{ in } \mathfrak{A} \tag{4}$$

bei hinreichend kleinem $|\varepsilon|$ eine Schar von zulässigen Variationen der Fläche $\mathfrak{F}_0$ dar. Daher muß die Funktion

$$J(\varepsilon) = \iint_{\mathfrak{A}} f(x, y, z + \varepsilon\zeta, z_x + \varepsilon\zeta_x, z_y + \varepsilon\zeta_y)\,dx\,dy$$

für $\varepsilon = 0$ ein Minimum besitzen, es muß also[1])

$$\delta J \equiv \varepsilon \iint_{\mathfrak{A}} (f_z\zeta + f_p\zeta_x + f_q\zeta_y)\,dx\,dy = 0$$

sein, wobei die Argumente in den Ableitungen von f sich auf die Fläche $\mathfrak{F}_0$ beziehen Nun ist aber[2])

$$f_p\zeta_x = \frac{\partial}{\partial x} f_p\zeta - \zeta\frac{\partial f_p}{\partial x}, \qquad f_q\zeta_y = \frac{\partial}{\partial y} f_q\zeta - \zeta\frac{\partial f_q}{\partial y}$$

und nach dem Green'schen Satz[3]) ist

$$\iint_{\mathfrak{A}} \frac{\partial(f_p\zeta)}{\partial x}\,dx\,dy = \int_{\mathfrak{K}} f_p\zeta\,dy, \qquad \iint_{\mathfrak{A}} \frac{\partial(f_q\zeta)}{\partial y}\,dx\,dy = -\int_{\mathfrak{K}} f_q\zeta\,dx,$$

wobei die Linienintegrale auf der rechten Seite im entgegengesetzten Sinn des Uhrzeigers über die Kurve $\mathfrak{K}$ zu erstrecken sind, wenn, wie wir stets voraussetzen, die positive y-Achse links von der positiven x-Achse liegt. Auf diese Weise erhalten wir für die erste Variation den Ausdruck

$$\delta J = \varepsilon \iint_{\mathfrak{A}} \zeta\left(f_z - \frac{\partial}{\partial x} f_p - \frac{\partial}{\partial y} f_q\right) dx\,dy + \varepsilon \int_{\mathfrak{K}} \zeta(f_p\,dy - f_q\,dx). \tag{5}$$

---

[1]) Wegen der Differentiation eines Doppelintegrals nach einem Parameter vgl JORDAN, loc cit. Nr 83.

[2]) Diese der partiellen Integration von § 5, a) entsprechende Transformation der ersten Variation rührt von LAGRANGE her, die Einführung des Linienintegrals von GAUSS (1830), *Werke*, Bd V, p 60 Dabei ist von der vorausgesetzten Existenz und Stetigkeit der zweiten partiellen Ableitungen von z Gebrauch gemacht Will man nur die Existenz und Stetigkeit der ersten Ableitungen voraussetzen, so hat man analog wie in § 5, c) zu verfahren; mit dieser Verallgemeinerung der Du-Bois-Reymond'schen Methode beschäftigen sich HILBERT, Mathematische Annalen, Bd. LIX (1904), p. 166; MASON, Ibid. Bd LXI (1905), p. 450; HADAMARD, Comptes Rendus, Bd. CXLIV (1907), p. 1092. Vgl unten Beispiel XXX

[3]) Vgl. z. B. STOLZ, *Grundzüge*, Bd. III, p. 94.

Wegen (3) ist das Linienintegral gleich Null, und es muß also das Doppelintegral für alle zulässigen Funktionen ζ verschwinden.

Dem Fundamentallemma von § 5, b) entspricht nun hier der Satz:

Ist die Funktion $M(x, y)$ stetig im Bereich $\mathfrak{A}$, und ist

$$\iint\limits_{\mathfrak{A}} \zeta M\,dx\,dy = 0 \tag{6}$$

für alle Funktionen ζ, welche in $\mathfrak{A}$ von der Klasse C' sind und entlang der Begrenzung $\mathfrak{K}$ von $\mathfrak{A}$ verschwinden, so ist

$$M(x,y) \equiv 0 \quad \text{in } \mathfrak{A}.$$

Denn angenommen, es sei $M(x_0, y_0) \neq 0$, etwa > 0, für einen inneren Punkt $P_0(x_0, y_0)$ von $\mathfrak{A}$, so können wir die positive Größe ϱ so klein wählen, daß $M(x, y) > 0$ in der Kreisfläche $\mathfrak{C}$ mit dem Radius ϱ und dem Mittelpunkt P_0, und daß gleichzeitig dieser Kreis ganz im Innern von $\mathfrak{A}$ liegt. Dann hat die durch die Festsetzung

$$\zeta = \begin{cases} [\varrho^2 - (x-x_0)^2 - (y-y_0)^2]^2 & \text{in } \mathfrak{C} \\ 0 & \text{außerhalb } \mathfrak{C} \end{cases}$$

definierte Funktion ζ die verlangten Eigenschaften und macht trotzdem das Integral (6) positiv. Daraus folgt, daß $M(x, y) \equiv 0$ sein muß, zunächst im Innern von $\mathfrak{A}$, und wegen der Stetigkeit von M alsdann auch auf der Begrenzung $\mathfrak{K}$.

Wendet man dieses Lemma auf die Gleichung $\delta J = 0$ in der zuletzt erhaltenen Form an, so erhält man den Satz[1]):

Die erste notwendige Bedingung für ein Extremum des Doppelintegrals J besteht darin, daß die Funktion z der partiellen Differentialgleichung

$$f_z - \frac{\partial}{\partial x} f_p - \frac{\partial}{\partial y} f_q = 0 \tag{I}$$

genügen muß.

Dabei sind die Differentiationen nach x und y so zu verstehen, daß vor der Differentiation in f_p und f_q für z, p, q die Funktionen

---

[1]) Zuerst von LAGRANGE (1760) für den Fall der Minimalflächen gegeben, vgl. *Oeuvres*, Bd. I, p. 356.

Mit dem „*inversen Problem*" (vgl. § 6, c)), die Funktion f so zu bestimmen, daß die Differentialgleichung (I) mit einer vorgegebenen partiellen Differentialgleichung zweiter Ordnung identisch wird, beschäftigen sich HIRSCH, Mathematische Annalen, Bd XLIX (1897), p 49; HERTZ in seiner Dissertation „*Ueber partielle Differentialgleichungen, die in der Variationsrechnung vorkommen*" (Kiel, 1903); KURSCHAK, Mathematische Annalen Bd LX (1904), p. 157 und Bd. LXII (1906), p. 148; und KÖNIGSBERGER, Berliner Berichte, 1905, p. 205.

$z(x, y)$, $z_x(x, y)$, $z_y(x, y)$ einzusetzen sind, so daß die Differentialgleichung in ausgeschriebener Form lautet:

$$f_{pp}\frac{\partial^2 z}{\partial x^2}+2f_{pq}\frac{\partial^2 z}{\partial x\,\partial y}+f_{qq}\frac{\partial^2 z}{\partial y^2}+f_{pz}\frac{\partial z}{\partial x}+f_{pz}\frac{\partial z}{\partial y}+f_{px}+f_{qy}-f_z=0. \quad (7)$$

Man hat es also mit einer *partiellen Differentialgleichung zweiter Ordnung* von dem nach Monge und Ampère benannten Typus[1]) zu tun.

Man hätte nun weiter zunächst die allgemeine Lösung derselben zu finden und die darin enthaltenen willkürlichen Funktionen so zu bestimmen, daß die Funktion z entlang der Kurve $\mathfrak{K}$ die durch die Kurve $\mathfrak{L}$ vorgeschriebenen Randwerte annimmt, eine Aufgabe von ungleich größerer Schwierigkeit als die entsprechende Aufgabe im Fall des einfachen Integrals.

Jede Fläche, welche der Lagrange'schen Differentialgleichung (I) genügt, nennen wir eine „*Extremalfläche*"[2]) für das Doppelintegral (2).

Beispiel XXIX. Das Integral

$$J=\iint(p^2+q^2)\,dx\,dy \quad (8)$$

zu einem Minimum zu machen

Hier findet man als Differentialgleichung des Problems die *Laplace'sche Differentialgleichung*

$$\frac{\partial^2 z}{\partial x^2}+\frac{\partial^2 z}{\partial y^2}=0, \quad (9)$$

deren allgemeines Integral bekanntlich[3]) ist

$$z=\Re\varphi(x+iy),$$

wo φ eine willkürliche analytische Funktion von $x+iy$ bedeutet und der Buchstabe $\Re$ anzeigt, daß der reelle Teil derselben genommen werden soll.

Die Frage nach der Existenz einer Lösung, welche durch die gegebene geschlossene Kurve $\mathfrak{L}$ geht, ist identisch mit dem berühmten *Dirichlet'schen Problem.*[4])

Hat man eine der Differentialgleichung (9) genügende Fläche gefunden, welche von der gegebenen Kurve $\mathfrak{L}$ begrenzt wird, so liefert dieselbe stets ein *absolutes Minimum* für das Integral (8). Ist nämlich $\omega(x, y)$ eine beliebige Funktion von x, y, welche in $\mathfrak{A}$ von der Klasse C' ist und entlang der Begrenzung $\mathfrak{K}$ verschwindet, so findet man für die totale Variation des Integrals (8) beim Übergang von z zu $z+\omega$

$$\Delta J=2\iint(z_x\omega_x+z_y\omega_y)\,dx\,dy+\iint(\omega_x^2+\omega_y^2)\,dx\,dy.$$

1) Vgl z. B. Goursat, *Leçons sur l'intégration des équations aux dérivées partielles du second ordre*, Chap. II

2) Kneser sagt statt dessen einfach „Extremale", vgl. *Lehrbuch*, p. 271

3) Vgl. z. B. Picard, *Traité d'Analyse*, Bd. II (1905), p 6.

4) Vgl. darüber z. B. Picard, loc. cit. pp. 36—50, 81—108.

Wie sich aus der oben allgemein durchgeführten Transformation der ersten Variation ergibt, ist das erste Integral gleich Null, weil z der Differentialgleichung (9) genügt und ω entlang dem Rande verschwindet. Es ist also in der Tat $\Delta J > 0$, außer wenn $\omega_x = 0$, $\omega_y = 0$, d h. $\omega \equiv 0$ in $\mathfrak{A}$. Dasselbe gilt auch noch, wenn die Funktion ω von der Klasse D' ist, wie man sich überzeugt, wenn man vor der erwähnten Transformation das fragliche Integral in eine Summe von Integralen zerlegt, entsprechend den Teilbereichen von $\mathfrak{A}$, in welchen ω von der Klasse C' ist.

Kann man a priori die Existenz eines Minimums für das Integral (8) beweisen, so folgt daraus die Existenz einer Lösung der partiellen Differentialgleichung (9) mit den vorgeschriebenen Randwerten (*Dirichlet'sches Prinzip*) [1].

Beispiel V [2]: *Die Fläche kleinsten Inhalts zu bestimmen, welche von einer gegebenen geschlossenen Raumkurve begrenzt wird.*

Hier hat man das Integral

$$J = \iint \sqrt{1 + p^2 + q^2}\, dx\, dy \tag{10}$$

zu einem Minimum zu machen Die Lagrange'sche Differentialgleichung lautet [3])

$$\frac{\partial}{\partial x} \frac{p}{\sqrt{1 + p^2 + q^2}} + \frac{\partial}{\partial y} \frac{q}{\sqrt{1 + p^2 + q^2}} = 0,$$

oder wenn man die Differentiationen ausführt und von den in der Flächentheorie üblichen Abkürzungen

$$p = z_x, \quad q = z_y, \quad r = z_{xx}, \quad s = z_{xy}, \quad t = z_{yy}$$

Gebrauch macht,

$$r(1 + q^2) - 2pqs + t(1 + p^2) = 0. \tag{11}$$

Diese Gleichung hat eine einfache geometrische Bedeutung. [4]) Die beiden Hauptkrümmungsradien ϱ_1, ϱ_2 in einem Punkt einer in der Form (1) dargestellten Fläche sind die Wurzeln der quadratischen Gleichung [5])

$$(rt - s^2)\varrho^2 - \{(1 + q^2)r - 2pqs + (1 + p^2)t\}\sqrt{1 + p^2 + q^2}\,\varrho + (1 + p^2 + q^2)^2 = 0$$

Daraus folgt für die mittlere Krümmung der Ausdruck

$$\frac{1}{\varrho_1} + \frac{1}{\varrho_2} = \frac{(1 + q^2)r - 2pqs + (1 + p^2)t}{(\sqrt{1 + p^2 + q^2})^3}. \tag{12}$$

Die gesuchte Fläche hat also die charakteristische Eigenschaft, daß in jedem ihrer Punkte *die mittlere Krümmung gleich Null* ist.

Jede Fläche, welche diese Eigenschaft besitzt, heißt eine *Minimalfläche*. Das allgemeine Integral [6]) der Differentialgleichung (11) ist zuerst von Monge

---

[1]) Vgl. § 55, insbesondere die Fußnote [1]) auf p 421.

[2]) Vgl. p. 7.

[3]) Schon von Lagrange gefunden (1760).

[4]) Zuerst von Meusnier angegeben (1776).

[5]) Vgl z. B. Knoblauch, *Krumme Flachen*, p. 40

[6]) Vgl daruber auch p. 667.

angegeben worden (1784) Mit der Aufgabe, eine Minimalflache zu konstruieren, welche von einer gegebenen geschlossenen Raumkurve begrenzt wird, hat sich besonders H. A. Schwarz[1]) beschaftigt Experimentell wird dieselbe durch die Gleigewichtslage einer zwischen der Begrenzung ausgespannten Flussigkeitslamelle gelöst (*Plateau'sches Problem*).[2])

Beispiel XXX: Das Integral

$$J = \iint (p^2 - q^2)\, dx\, dy$$

zu einem Extremum zu machen

Die Lagrange'sche Differentialgleichung lautet.

$$\frac{\partial^2 z}{\partial x^2} - \frac{\partial^2 z}{\partial y^2} = 0.$$

Ihre allgemeine Lösung ist

$$z = \varphi(x + y) + \psi(x - y),$$

wo φ und ψ zwei willkürliche Funktionen sind.

Das Beispiel illustriert[3]) zwei Eigentümlichkeiten von Variationsproblemen mit zwei unabhängigen Variabeln, welche im Fall einer unabhängigen Variabeln kein Analogon haben

1) *Die Lagrange'sche Differentialgleichung eines analytischen Variationsproblems kann nicht-analytische Lösungen besitzen* Man braucht nur fur φ und ψ nicht-analytische Funktionen der Classe C'' zu wahlen

2) *Die erste Variation kann verschwinden, ohne daß die Lagrange'sche Differentialgleichung befriedigt wird* Wahlt man fur φ und ψ zwei Funktionen, welche stetige erste, aber keine zweiten Ableitungen besitzen, so erhält man eine Funktion z, welche der Lagrange'schen Differentialgleichung nicht genügt, aber trotzdem die erste Variation für alle zulässigen Funktionen ζ der Klasse C'' zum Verschwinden bringt, da hier

$$f_z \zeta + f_p \zeta_x + f_q \zeta_y = \frac{\partial}{\partial y} F \zeta_x - \frac{\partial}{\partial x} F \zeta_y,$$

wenn

$$F = 2\,[\varphi(x + y) - \psi(x - y)],$$

und

$$\zeta_x dx + \zeta_y dy = 0 \text{ entlang } \mathfrak{K}$$

Der Du-Bois-Reymond'sche Einwand ist also bei Doppelintegralen viel einschneidender als bei einfachen Integralen.[4])

---

[1]) *Gesammelte mathematische Abhandlungen,* Bd I.

[2]) Plateau, *Statique expérimentale et théorique des liquides* (1873); vgl. auch *Encyklopadie* V 9, Nr 10 (Minkowski)

[3]) Nach Hadamard, vgl. die Fußnote [2]) auf p. 654 Die beiden Eigentümlichkeiten hängen damit zusammen, daß das vorliegende Beispiel kein „reguläres Variationsproblem" ist, vgl p 675 Fußnote [1]).

[4]) Hierzu weiter die *Ubungsaufgaben* Nr. 10, 20 am Ende von Kap. XIII

b) Ausartung der Lagrange'schen Differentialgleichung in eine Identität:[1])

Für spätere Anwendung betrachten wir noch den Fall, wo die Lagrange'sche Differentialgleichung (I) in eine Identität degeneriert, und zwar soll dies in dem Sinn stattfinden, daß die Differentialgleichung in ihrer ausgeschriebenen Form (7)

$$f_{pp}r + 2f_{pq}s + f_{qq}t + f_{pz}p + f_{qz}q + f_{px} + f_{py} - f_z = 0$$

für jeden Punkt (x, y, z) in einem gewissen, im Innern von $\mathfrak{R}$ gelegenen Bereich $\mathfrak{R}_0$ und für alle endlichen Wertsysteme p, q, r, s, t erfüllt sein soll.

Man zeigt leicht, daß hierfür notwendig und hinreichend ist, daß die Funktion f von der Form

$$f = L(x, y, z) + M(x, y, z)\,p + N(x, y, z)\,q$$

ist, und die Funktionen L, M, N in $\mathfrak{R}_0$ identisch der Relation

$$L_z = M_x + N_y$$

genügen.

Es sei jetzt eine diesen Bedingungen genügende Funktion f gegeben; die Funktionen L, M, N seien im Bereich $\mathfrak{R}_0$ von der Klasse C' und überdies möge der Bereich $\mathfrak{R}_0$ in Beziehung auf die z-Richtung konvex[2]) sein und die vorgegebene geschlossene Kurve $\mathfrak{L}$ enthalten

Dann ist der Wert des Doppelintegrals (2), genommen über irgend eine in der Form (1) darstellbare Fläche von der Klasse C', welche von der Kurve $\mathfrak{L}$ begrenzt wird und ganz in $\mathfrak{R}_0$ liegt, nur von der Begrenzungskurve $\mathfrak{L}$, nicht aber von der sonstigen Gestalt der Fläche abhängig.

Denn sind

$$z = z_1(x, y) \quad \text{und} \quad z = z_2(x, y),$$
$$(x, y) \text{ in } \mathfrak{A},$$

zwei diesen Bedingungen genügende Flächen, so genügt auch jede Fläche der Schar

$$z = z_1(x, y) + \alpha\,(z_2(x, y) - z_1(x, y)) \equiv Z(x, y; \alpha),$$
$$(x, y) \text{ in } \mathfrak{A};\ 0 \lesseqgtr \alpha \lesseqgtr 1,$$

---

[1]) Vgl. die analogen Betrachtungen in § 6, b) und Jellett, *Treatise on the Calculus of Variations*, p. 340; ferner wegen verschiedener Verallgemeinerungen Koenigsberger, Mathematische Annalen, Bd LXII (1906), p. 118.

[2]) D h sind P_1 und P_2 irgend zwei Punkte von $\mathfrak{R}_0$ mit denselben x, y-Koordinaten, so liegt stets die ganze Strecke $P_1 P_2$ in $\mathfrak{R}_0$.

denselben Bedingungen. Berechnet man jetzt die Ableitung des Doppelintegrals

$$J(\alpha) = \iint\limits_{\mathfrak{A}} f(x, y, Z, Z_x, Z_y)\, dx\, dy$$

nach α und benutzt dabei die unter a) bei der Berechnung von δJ angewandte Umformung[1]), so ergibt sich

$$J'(\alpha) = 0 \quad \text{für} \quad 0 \lesseqgtr \alpha \lesseqgtr 1.$$

Denn in der der Gleichung (5) entsprechenden Formel verschwindet das Doppelintegral, weil nach Voraussetzung die Lagrange'sche Differentialgleichung (I) in dem obigen Sinn identisch erfüllt ist, und das Linienintegral, weil $z_1(x, y) = z_2(x, y)$ entlang der Kurve $\mathfrak{K}$. Hieraus folgt aber, daß $J(0) = J(1)$, d. h die beiden Flächen liefern für das Doppelintegral J denselben Wert, was zu beweisen war.

Umgekehrt zeigt man leicht, daß das identische Erfülltsein der Lagrange'schen Differentialgleichung zugleich die notwendige Bedingung für die Invarianz des Doppelintegrals in dem angegebenen Sinn ist.

c) **Der einfachste Fall variabler Begrenzung:**

Die Formel (5) für die erste Variation führt auch leicht zur Erledigung des Falles, wo die Begrenzung $\mathfrak{L}$ der gesuchten Fläche zwar nicht selbst gegeben ist, wohl aber ihre Projektion $\mathfrak{K}$ auf die x, y-Ebene, d. h. also des Falles, wo *die Kurve $\mathfrak{L}$ der Bedingung unterworfen ist, auf einem gegebenen, zur x, y-Ebene senkrechten Zylinder zu liegen.*

Man schließt zunächst durch Betrachtung von Variationen, welche die Begrenzung nicht ändern, daß die gesuchte Fläche auch in diesem Fall der Differentialgleichung (I) genügen muß, also eine *Extremalfläche* sein muß. Man betrachtet dann weiter eine beliebige Variation der Form (4), welche die Begrenzung auf dem angegebenen Zylinder variiert. Dabei ist für das Integral $J(\varepsilon)$ der Integrationsbereich derselbe wie für das Grundintegral $J(0)$. Daher ändert sich nichts an der obigen Transformation der ersten Variation, und man erhält, da jetzt ζ längs der Kurve $\mathfrak{K}$ nicht verschwindet, die weitere Bedingung

$$\int_{s_1}^{s_2} \zeta \left(f_p \frac{dy}{ds} - f_q \frac{dx}{ds} \right) ds = 0,$$

---

[1]) Bei dieser Umformung muß vorausgesetzt werden, daß f_p und f_q von der Klasse C' sind; dazu genügt es im gegenwärtigen Fall wegen der speziellen Form von f, daß Z von der Klasse C' ist

wobei wir auf der Kurve $\mathfrak{K}$ den Bogen s als Parameter eingeführt haben. Hieraus schließt man leicht, daß wegen der Willkürlichkeit von ζ der Faktor von ζ entlang der Kurve $\mathfrak{K}$ verschwinden muß, daß also die *„Grenzgleichung"*

$$f_p \frac{dy}{ds} - f_q \frac{dx}{ds}\Big|^{\mathfrak{K}} = 0 \tag{13}$$

erfüllt sein muß.

Fur die beiden Beispiele XXIX und V lautet die Grenzgleichung

$$p\frac{dy}{ds} - q\frac{dx}{ds}\Big|^{\mathfrak{K}} = 0.$$

Nun sind aber

$$\frac{-p}{\sqrt{1+p^2+q^2}}, \qquad \frac{-q}{\sqrt{1+p^2+q^2}}, \qquad \frac{1}{\sqrt{1+p^2+q^2}}$$

die Richtungskosinus der (positiven) Normalen der Extremalfläche, dagegen

$$\frac{dy}{ds}, \qquad -\frac{dx}{ds}, \qquad 0$$

diejenigen der Normalen des gegebenen Zylinders; die Grenzgleichung drückt also aus, daß in jedem Punkt der Begrenzung $\mathfrak{L}$ *die Extremalfläche den Zylinder senkrecht schneiden* muß [1])

d) Die Euler'sche Regel für Doppelintegrale: [2])

Auch die Euler'sche Regel für isoperimetrische Probleme läßt sich leicht auf Doppelintegrale übertragen. Sind die zulässigen Flächen außer den unter a) angegebenen Bedingungen noch der isoperimetrischen Bedingung unterworfen, daß sie einem zweiten Doppelintegral derselben Form

$$K = \iint_{\mathfrak{A}} g(x, y, z, p, q)\, dx\, dy$$

einen vorgeschriebenen Wert l erteilen sollen, so betrachte man wie in § 59, a) Variationen von der Form

$$z = z(x, y) + \varepsilon \zeta(x, y) + \varepsilon_1 \zeta_1(x, y) \equiv Z(x, y; \varepsilon, \varepsilon_1),$$

wobei $\zeta(x,y)$, $\zeta_1(x,y)$ beliebige Funktionen der Klasse D' sind, welche

---

[1]) Hierzu weiter die *Übungsaufgaben* Nr 15, 16 am Ende von Kap XIII

[2]) Für die weitere Theorie der isoperimetrischen Probleme bei Doppelintegralen verweisen wir auf Kobb, Acta Mathematica, Bd XVII (1893), p 321 und J. O. Müller, *„Über die Minimaleigenschaft der Kugel"*, Dissertation, Göttingen 1903.

entlang der Kurve $\mathfrak{K}$ verschwinden, während die Größen $\varepsilon, \varepsilon_1$ Konstanten sind, welche der Gleichung

$$K(\varepsilon, \varepsilon_1) \equiv \iint_{\mathfrak{A}} g(x, y, Z, Z_x, Z_y)\, dx\, dy = l \tag{14}$$

genügen. Die Funktion

$$J(\varepsilon, \varepsilon_1) \equiv \iint_{\mathfrak{A}} f(x, y, Z, Z_x Z_y)\, dx\, dy$$

muß dann an der Stelle $\varepsilon = 0$, $\varepsilon_1 = 0$ ein Extremum mit der Nebenbedingung (14) besitzen. Indem man genau wie auf p. 458, Fußnote [1]) weiter schließt, erhält man das Resultat, daß die gesuchte Fläche der partiellen Differentialgleichung

$$h_z - \frac{\partial}{\partial x} h_p - \frac{\partial}{\partial y} h_q = 0 \tag{15}$$

genügen muß, wobei

$$h = f + \lambda g$$

und λ eine Konstante ist. Ausgenommen ist wieder der Fall, wo die Fläche zugleich Extremalfläche für das Integral K ist.

Für den unter c) betrachteten speziellen Fall variabler Begrenzung lautet hier die Grenzgleichung:

$$h_p \frac{dy}{ds} - h_q \frac{dx}{ds} \Big|^{\mathfrak{K}} = 0.$$

Beispiel XXXI: Unter allen Flächen, welche von einer gegebenen geschlossenen Kurve $\mathfrak{L}$ begrenzt werden und zusammen mit dem die Kurve $\mathfrak{L}$ auf die x, y-Ebene projizierenden Zylinder und dessen Basis in der x, y-Ebene ein *gegebenes Volumen* einschließen, diejenige zu bestimmen, welche den *kleinsten Flächeninhalt* besitzt.

Hier hat man das Integral

$$J = \iint \sqrt{1 + p^2 + q^2}\, dx\, dy$$

zu einem Minimum zu machen mit der Nebenbedingung

$$\iint z\, dx\, dy = a^3.$$

Es ist also

$$h = \sqrt{1 + p^2 + q^2} + \lambda z,$$

woraus sich die partielle Differentialgleichung [1]) ergibt

$$\frac{(1 + q^2) r - 2pqs + (1 + p^2) t}{(\sqrt{1 + p^2 + q^2})^3} = \lambda.$$

Nach (12) drückt dieselbe aus, daß die Extremalflächen *Flächen konstanter mittlerer Krümmung* sind

[1]) Schon von Lagrange gegeben (1760), *Oeuvres*, Bd. I, p, 356.

Auch hier läßt sich die Fläche experimentell darstellen durch eine Flüssigkeitslamelle, welche zwischen dem Rand eines zylindrischen Gefäßes ausgespannt ist und in letzterem ein bestimmtes Volumen Luft abschließt [1]. Auch die Oberfläche eines Öltropfens, der in einer gleich schweren Mischung von Wasser und Alkohol frei schwebt oder sich an eingetauchte feste Körper anlehnt, nimmt im Gleichgewichtszustand die Figur einer Fläche konstanter mittlerer Krümmung an. [2]

§ 80. Die erste Variation von Doppelintegralen in Parameterdarstellung.

Aus denselben Gründen, wie bei einfachen Integralen[3]), ist eine erschöpfende Behandlung von geometrischen Variationsproblemen auch bei Doppelintegralen nur unter Benutzung der Parameterdarstellung[4]) möglich.

a) Allgemeines über Flächen in Parameterdarstellung:

Es sei eine Fläche in Parameterdarstellung gegeben durch die Gleichungen

$$x = x(u, v), \qquad y = y(u, v), \qquad z = z(u, v). \tag{16}$$

Die unabhängigen Variabeln u, v (die „Parameter") deuten wir als rechtwinklige Koordinaten eines Punktes in einer u, v-Ebene. Die Funktionen $x(u,v)$, $y(u,v)$, $z(u,v)$ seien von der Klasse C' (resp. $C^{(n)}$, $D^{(n)}$) in einem Bereich $\mathfrak{A}$ der u,v-Ebene, welcher von einer endlichen Anzahl gewöhnlicher, geschlossener Kurven ohne mehrfache Punkte begrenzt wird, deren Gesamtheit wir mit $\mathfrak{K}$ bezeichnen; die Kurve $\mathfrak{K}$ soll die Eigenschaft haben, von jeder zur u-Achse oder zur v-Achse parallelen Geraden höchstens eine bestimmte endliche Anzahl von Malen geschnitten zu werden, es sei denn, daß sie eine ganze Strecke mit ihr gemein hat. Überdies sollen die drei Funktionaldeterminanten

$$\mathsf{A} = y_u z_v - z_u y_v, \qquad \mathsf{B} = z_u x_v - x_u z_v, \qquad \mathsf{C} = x_u y_v - y_u x_v$$

in keinem Punkt von $\mathfrak{A}$ gleichzeitig verschwinden.

Die Gleichungen (16) ordnen jedem Punkt (u, v) des Bereiches $\mathfrak{A}$ einen Punkt (x, y, z) der Fläche zu, dem ganzen Bereich $\mathfrak{A}$ ein Stück

---

[1]) Vgl. *Encyklopadie* V 9 (Minkowski), Nr 10

[2]) Ibid. Nr. 9 Hierzu weiter die *Übungsaufgaben* Nr. 11—16 am Ende von Kap, XIII.

[3]) Vgl. § 25, e).

[4]) Dieselbe ist zuerst von Poisson auf Variationsprobleme angewandt worden, allerdings nur als Mittel zur Ableitung der Grenzgleichungen bei Problemen mit variabler Begrenzung, Mémoires de l'Académie de France, Bd. XII (1833), p. 286. Systematisch auf die allgemeine Theorie der Extrema von Doppelintegralen angewandt wurde dieselbe zuerst von Kobb, Acta Mathematica, Bd. XVI (1892), p. 65; vgl. auch Kneser, *Lehrbuch*, Abschnitt VIII

$\mathfrak{F}$ der Fläche, der Begrenzung $\mathfrak{K}$ des Bereiches $\mathfrak{A}$ die Begrenzung $\mathfrak{L}$ des Flächenstückes $\mathfrak{F}$. Umgekehrt soll auch jedem Punkt von $\mathfrak{F}$ nur ein Punkt von $\mathfrak{A}$ entsprechen[1]). Ein allen diesen Bedingungen entsprechendes Flächenstück soll *eine Fläche der Klasse* C' (resp. $C^{(n)}$, $D^{(n)}$) heißen.

Eine solche Fläche hat in jedem ihrer Punkte eine bestimmte positive *Normale*[2]), deren Richtungskosinus sind:

$$\frac{\mathsf{A}}{\sqrt{\mathsf{A}^2+\mathsf{B}^2+\mathsf{C}^2}}, \quad \frac{\mathsf{B}}{\sqrt{\mathsf{A}^2+\mathsf{B}^2+\mathsf{C}^2}}, \quad \frac{\mathsf{C}}{\sqrt{\mathsf{A}^2+\mathsf{B}^2+\mathsf{C}^2}}.$$

Unter einer *„zulässigen Parametertransformation"* verstehen wir eine Transformation

$$p = P(u,v), \qquad q = Q(u,v) \tag{17}$$

von folgenden Eigenschaften:

a) Die Funktionen P, Q sind im Bereich $\mathfrak{A}$ von der Klasse C';

b) ihre Funktionaldeterminante ist positiv in $\mathfrak{A}$;

c) die Transformation (17) definiert eine ein-eindeutige Beziehung zwischen dem Bereich $\mathfrak{A}$ und dessen Bild $\mathfrak{B}$ in der u, v-Ebene.

Ist

$$u = U(p,q), \qquad v = V(p,q)$$

die zu (17) inverse Transformation, so läßt sich die Fläche $\mathfrak{F}$ auch darstellen durch die Gleichungen

$$\left.\begin{aligned} x &= x(U,V) \equiv X(p,q), \\ y &= y(U,V) \equiv Y(p,q), \\ z &= z(U,V) \equiv Z(p,q), \end{aligned}\right\} (p,q) \text{ in } \mathfrak{B}.$$

Bei einer zulässigen Parametertransformation bleibt wegen b) die positive Richtung der Normalen erhalten.

Wir betrachten jetzt ein Doppelintegral von der Form

$$J = \iint_{\mathfrak{A}} F(x, y, z, x_u, y_u, z_u, x_v, y_v, z_v)\, du\, dv, \tag{18}$$

wobei die Funktion F von der Klasse C''' sein soll, wenn x, y, z in einem gewissen Bereich $\mathfrak{R}$ des Raumes liegt und die übrigen sechs Argumente von F beliebige endliche Werte haben, für welche

$$\mathsf{A}^2 + \mathsf{B}^2 + \mathsf{C}^2 \neq 0.$$

Die Fläche $\mathfrak{F}$ soll ganz in diesem Bereich $\mathfrak{R}$ liegen

[1]) Vgl wegen dieser verschiedenen Einschränkungen z. B. Knoblauch, *Krumme Flachen*, p 7.

[2]) Vgl. z B. Scheffers, *Theorie der Flachen*, pp. 27, 30.

Wir fragen zunächst: Unter welchen Bedingungen ist der Wert des Integrals (18) von der Wahl der Parameter unabhängig und nur von der Fläche $\mathfrak{F}$ abhängig? Eine den Entwicklungen von § 25, b) genau parallel laufende Schlußweise, bei welcher man von dem Satz[1]) über die Einführung neuer Variabeln in ein Doppelintegral Gebrauch zu machen hat, führt ohne Schwierigkeit zu dem Resultat[2]):

Soll der Wert des Doppelintegrals (18) bei jeder zulässigen Parametertransformation invariant bleiben, so ist notwendig und hinreichend, daß die Funktion F in dem oben angegebenen Bereich ihrer Argumente die Relation

$$F(x, \cdots, \varkappa x_u + \mu x_v, \cdots, \lambda x_u + \nu x_v, \cdot\cdot) = (\varkappa\nu - \lambda\mu) F(x, \cdots, x_u, \cdots, x_v, \cdots) \quad (19)$$

für jedes Wertsystem der konstanten $\varkappa, \lambda, \mu, \nu$ erfüllt, für welches

$$\varkappa\nu - \lambda\mu > 0.$$

Dabei gehen die nicht hingeschriebenen Argumente aus den hingeschriebenen durch zyklische Vertauschung der Buchstaben x, y, z hervor.

Differentiiert man die Identität (19) der Reihe nach nach $\varkappa$, λ, μ, ν und setzt nach der Differentiation: $\varkappa = 1$, $\lambda = 0$, $\mu = 0$, $\nu = 1$, so erhält man die folgenden Identitäten:

$$\begin{aligned} &\sum F_{x_u} x_u = F, \qquad &&\sum F_{x_v} x_u = 0, \\ &\sum F_{x_u} x_v = 0, \qquad &&\sum F_{x_v} x_v = F, \end{aligned} \quad (20)$$

wobei die Summation sich auf eine zyklische Vertauschung der Buchstaben x, y, z bezieht.

Führt man auf einer in der Form (1) gegebenen Fläche durch eine den Bedingungen einer zulässigen Parametertransformation genügende Transformation

$$x = x(u, v), \qquad y = y(u, v)$$

die Parameter u, v ein, so wird

$$z_u = p x_u + q y_u, \qquad z_v = p x_v + q y_v,$$

also

$$p = -\frac{\mathsf{A}}{\mathsf{C}}, \qquad q = -\frac{\mathsf{B}}{\mathsf{C}};$$

daher geht nach den Regeln für die Einführung neuer Variabeln in ein Doppelintegral das über die Fläche genommene Doppelintegral (2) in ein Integral von der Form (18) über, in welchem

$$F = f\left(x, y, z, -\frac{\mathsf{A}}{\mathsf{C}}, -\frac{\mathsf{B}}{\mathsf{C}}\right)\mathsf{C}.$$

---

[1]) Vgl. z. B. Serret, *Lehrbuch der Differential- und Integralrechnung*, Bd II, (1899), p. 271.

[2]) Zuerst gegeben von Kobb, loc. cit. p. 68.

Daraus leitet man ab:

$$\left.\begin{aligned} F_{x_u} &= p f_q x_v + (f - p f_p) y_v, & F_{x_v} &= -p f_q x_u - (f - p f_p) y_u, \\ F_{y_u} &= -q f_p y_v - (f - q f_q) x_v, & F_{y_v} &= q f_p y_u + (f - q f_q) x_u, \\ F_{z_u} &= -f_q x_v + f_p y_v, & F_{z_v} &= f_q x_u - f_p y_u. \end{aligned}\right\} \quad (21)$$

b) Die Differentialgleichung des Problems im Fall der Parameterdarstellung:

Unter der Voraussetzung, daß die Relation (19) für die Funktion F erfüllt ist, nehmen wir jetzt an, wir hätten eine Fläche $\mathfrak{F}_0$ der Klasse C'' gefunden, dargestellt durch die Gleichungen (16), welche dem Integral J einen nicht größeren Wert erteilt als jede andere Fläche der Klasse D', welche dieselbe Begrenzung $\mathfrak{L}$ besitzt und in einer gewissen Umgebung von $\mathfrak{F}_0$ liegt. Wir betrachten dann Variationen von der Form

$$x = x(u, v) + \varepsilon \xi(u, v), \qquad y = y(u, v) + \varepsilon \eta(u, v), \qquad z = z(u, v) + \varepsilon \zeta(u, v),$$

wobei die Funktionen ξ, η, ζ entlang der Begrenzung $\mathfrak{K}$ des Bildes $\mathfrak{A}$ der Fläche $\mathfrak{F}_0$ in der u, v-Ebene verschwinden. Das in § 79 angewandte Verfahren führt dann auf den folgenden Ausdruck für die erste Variation:

$$\begin{aligned} \delta J = \varepsilon \iint\limits_{\mathfrak{A}} \sum \xi \left(F_x - \frac{\partial}{\partial u} F_{x_u} - \frac{\partial}{\partial v} F_{x_v} \right) du\, dv \\ + \varepsilon \int\limits_{\mathfrak{K}} \sum \xi (F_{x_u} dv - F_{x_v} du), \end{aligned} \quad (22)$$

wobei die Summation sich wieder auf eine zyklische Vertauschung der Buchstaben x, y, z, resp. ξ, η, ζ bezieht.

Hieraus schließt man wie in § 79, daß *die erste notwendige Bedingung für ein Extremum* des Doppelintegrals (18) darin besteht, daß die Funktionen x, y, z den drei partiellen Differentialgleichungen genügen müssen

$$\left.\begin{aligned} F_x - \frac{\partial}{\partial u} F_{x_u} - \frac{\partial}{\partial v} F_{x_v} = 0, \\ F_y - \frac{\partial}{\partial u} F_{y_u} - \frac{\partial}{\partial v} F_{y_v} = 0, \\ F_z - \frac{\partial}{\partial u} F_{z_u} - \frac{\partial}{\partial v} F_{z_v} = 0. \end{aligned}\right\} \quad (23)$$

Wie man a priori zu erwarten hat, sind diese drei Differentialgleichungen nicht voneinander unabhängig. In der Tat bestehen zwischen den linken Seiten derselben, die wir zur Abkürzung mit P, Q, R bezeichnen wollen, zwei identische Relationen. Setzt man nämlich in den Gleichungen (20) für x, y, z irgendwelche Funktionen von u und v ein und differentiiert die erste Gleichung nach u, die zweite nach v und addiert, so findet man, daß

$$Px_u + Qy_u + Rz_u = 0,$$

und ebenso ergibt sich aus den beiden letzten der Gleichungen (20)

$$Px_v + Qy_v + Rz_v = 0.$$

Hieraus folgt aber, daß es eine Funktion T der Funktionen x, y, z und ihrer ersten und zweiten partiellen Ableitungen gibt, so daß

$$P = \mathsf{A}T, \quad Q = \mathsf{B}T, \quad R = \mathsf{C}T.$$

Die drei Differentialgleichungen (23) sind also mit der einen Differentialgleichung[1])

$$T = 0 \tag{24}$$

äquivalent.

Beispiel V: Die Minimalflachen in Parameterdarstellung. (Siehe p. 657) Hier ist

$$F = \sqrt{\mathsf{EG} - \mathsf{F}^2}.$$

Daraus ergeben sich die Differentialgleichungen (23) zunachst in der Form

$$\frac{\partial}{\partial u}\left(\frac{\mathsf{G}x_u - \mathsf{F}x_v}{\sqrt{\mathsf{EG} - \mathsf{F}^2}}\right) + \frac{\partial}{\partial v}\left(\frac{\mathsf{E}x_v - \mathsf{F}x_u}{\sqrt{\mathsf{EG} - \mathsf{F}^2}}\right) = 0 \tag{25}$$

und zwei weitere, die durch zyklische Vertauschung von x, y, z hieraus hervorgehen

Nunmehr wählen wir fur die bisher willkürlich gelassenen Parameter u, v insbesondere *isometrische Parameter*[2]), was zur Folge hat, daß

$$\mathsf{E} = \mathsf{G}, \qquad \mathsf{F} = 0. \tag{26}$$

Dann reduzieren sich die Differentialgleichungen (25) auf

$$\frac{\partial^2 x}{\partial u^2} + \frac{\partial^2 x}{\partial v^2} = 0, \quad \frac{\partial^2 y}{\partial u^2} + \frac{\partial^2 y}{\partial v^2} = 0, \quad \frac{\partial^2 z}{\partial u^2} + \frac{\partial^2 z}{\partial v^2} = 0. \tag{27}$$

Die allgemeinen Lösungen dieser Differentialgleichungen sind bekanntlich[3])

$$x = \Re f(w), \qquad y = \Re g(w), \qquad z = \Re h(w), \tag{28}$$

wo $f(w)$, $g(w)$, $h(w)$ drei willkürliche analytische Funktionen der komplexen Variabeln

$$w = u + iv$$

sind. Da die Funktionen x, y, z aber nicht nur den Differentialgleichungen (27), sondern auch den beiden Differentialgleichungen (26) genügen müssen, so sind die Funktionen f, g, h einer Beschrankung zu unterwerfen. Setzt man nämlich

$$f(w) = x + i\mathfrak{x}, \qquad g(w) = y + i\mathfrak{y}, \qquad h(w) = z + i\mathfrak{z},$$

---

1) Explizite ausgeschrieben findet sich der Ausdruck für T bei Kobb, loc. cit. p. 79, Gleichung (14)

2) Vgl. z. B. Bianchi-Lukat, *Differentialgeometrie*, p. 72.

3) Vgl. wegen der Bezeichnung p. 656.

so ist nach CAUCHY[1])

$$f'(w) = x_u + i\mathfrak{x}_u = x_u - ix_v\,,$$
$$g'(w) = y_u + i\mathfrak{y}_u = y_u - iy_v\,,$$
$$h'(w) = z_u + i\mathfrak{z}_u = z_u - iz_v\,.$$

Daher sind die beiden reellen Gleichungen (26) mit der einen komplexen Gleichung

$$f'^2(w) + g'^2(w) + h'^2(w) = 0$$

äquivalent. Man kann der letzteren in allgemeinster Weise genügen, indem man setzt

$$f' = i(G^2 - H^2), \qquad g' = G^2 + H^2, \qquad h' = 2iGH,$$

wo $G(w)$, $H(w)$ zwei beliebige analytische Funktionen von w sind. Führt man schließlich eine neue komplexe Variable ein mittels der Gleichung

$$s = -\frac{G(w)}{H(w)} \tag{29}$$

und definiert die Funktion $\mathfrak{F}(s)$ durch die Gleichung

$$\mathfrak{F}(s) = -iH^2(w)\frac{dw}{ds},$$

so erhält man den folgenden von WEIERSTRASS[2]) herrührenden *allgemeinsten Ausdruck einer Minimalfläche*

$$x = \Re\int(1 - s^2)\,\mathfrak{F}(s)\,ds, \quad y = \Re\int i(1 + s^2)\,\mathfrak{F}(s)\,ds, \quad z = \Re\int 2s\,\mathfrak{F}(s)\,ds. \tag{30}$$

c) Der Fall variabler Begrenzung[3]):

Die Methode der Parameterdarstellung eignet sich besonders auch zur Behandlung von Aufgaben, bei welchen die Begrenzung nicht vorgeschrieben, sondern nur gewissen weniger weitgehenden Beschränkungen unterworfen ist, weil man bei Benutzung derselben die Variation

---

[1]) Vgl. z. B. PICARD, *Traité d'Analyse*, Bd II (1905), pp 2, 4.

[2]) Vgl. die grundlegende Arbeit von WEIERSTRASS, Monatsberichte der Berliner Akademie, 1866, p. 612. Im übrigen verweisen wir fur die Theorie der Minimalflächen, die durch ihren Zusammenhang mit der Theorie der analytischen Funktionen ein besonderes Interesse gewonnen hat, auf die *Encyklopadie*, III D 5 (v. LILIENTHAL), sowie auf die Darstellungen in den Lehrbüchern von SCHEFFERS, *Theorie der Flachen*, Zweiter Abschnitt, § 15; BIANCHI-LUKAT, *Differentialgeometrie*, Kap. XIV, XV; DARBOUX, *Théorie des surfaces*, Bd. I, Livre III. Hierzu weiter die *Übungsaufgaben* Nr. 17—19 am Ende von Kap. XIII

[3]) GAUSS war der erste, welcher ein spezielles Variationsproblem dieser Art behandelte (1830), *Werke*, Bd V, p. 58. Den allgemeinen Ausdruck für die erste Variation bei variabler Begrenzung hat zuerst POISSON gegeben (1833) in der auf p. 663, Fußnote [4]) zitierten Arbeit. Vgl. darüber, sowie über die analoge Aufgabe für mehrfache Integrale, KNESER's Artikel in der *Encyklopadie*, II A, p. 616; ferner C. JORDAN, *Cours d'Analyse*, Bd. III. Nr. 395—400, und KNESER, *Lehrbuch*, § 65.

des Integrationsbereiches vermeiden kann, welche andernfalls im allgemeinen nötig ist und große Komplikationen herbeiführt.

Man schließt zunächst in bekannter Weise, daß die das Extremum liefernde Fläche

$$\mathfrak{F}_0: \quad x = x(u, v), \quad y = y(u, v), \quad z = z(u, v), \quad (u, v) \text{ in } \mathfrak{A}$$

auch in diesem Fall eine *Extremalfläche* sein muß.

Um die Grenzgleichungen zu erhalten, hat man dann allgemeinere Variationen der Fläche $\mathfrak{F}_0$ von der Form

$$x = X(u, v; \varepsilon), \quad y = Y(u, v; \varepsilon), \quad z = Z(u, v; \varepsilon), \quad (u, v) \text{ in } \mathfrak{A} \tag{31}$$

zu betrachten. Die Funktionen X, Y, Z müssen sich für $\varepsilon = 0$ auf $x(u,v)$, $y(u,v)$, $z(u,v)$ reduzieren und die üblichen Stetigkeitseigenschaften besitzen, und überdies muß die Begrenzung $\mathfrak{L}_\varepsilon$ der Fläche (31) bei beliebigem ε den vorgeschriebenen Grenzbedingungen genügen. Schreiben wir die Begrenzung $\mathfrak{K}$ des Bereiches $\mathfrak{A}$ in der Form

$$\mathfrak{K}: \quad u = \tilde{u}(t), \quad v = \tilde{v}(t), \quad t_1 \overline{\gtrless} t \overline{\gtrless} t_2,$$

so ist die Begrenzung $\mathfrak{L}_\varepsilon$ dargestellt durch die Gleichungen

$$\mathfrak{L}_\varepsilon: \quad x = X(\tilde{u}, \tilde{v}; \varepsilon), \quad y = Y(\tilde{u}, \tilde{v}; \varepsilon) \quad z = Z(\tilde{u}, \tilde{v}; \varepsilon),$$

wofür wir einfach $\widetilde{X}, \widetilde{Y}, \widetilde{Z}$ schreiben werden.

Für die Schar (31) muß nun die erste Variation des Integrals J verschwinden. Wir können dieselbe auf die Form (22) bringen, wobei nunmehr

$$\xi = X_\varepsilon(u, v; 0), \quad \eta = Y_\varepsilon(u, v; 0), \quad \zeta = Z_\varepsilon(u, v; 0) \tag{32}$$

Da die Fläche $\mathfrak{F}_0$ den Differentialgleichungen (23) genügt, so reduziert sich daher die Gleichung $\delta J = 0$ auf

$$\int_{t_1}^{t_2} \sum \tilde{\xi} \left(F_{x_u} \tilde{v}' - F_{x_v} \tilde{u}'\right) dt = 0, \tag{33}$$

wobei $\tilde{\xi}, \tilde{\eta}, \tilde{\zeta}$ aus den Ausdrücken (32) für ξ, η, ζ durch die Substitution von $\tilde{u}, \tilde{v}$ für u, v hervorgehen; die Argumente der Ableitungen von F sind: $x(\tilde{u}, \tilde{v}), \cdots, x_u(\tilde{u}, \tilde{v}), \cdots, x_v(\tilde{u}, \tilde{v}), \cdots$.

Die Funktionen $\tilde{\xi}, \tilde{\eta}, \tilde{\zeta}$ sind gewissen aus den gegebenen Grenzbedingungen folgenden Beschränkungen unterworfen; aus diesen zusammen mit der Gleichung (33) hat man dann die Grenzgleichungen abzuleiten.

Wir wenden diese allgemeinen Überlegungen zunächst auf den Fall an, wo die *Begrenzungen* der zulässigen Flächen der Bedingung unterworfen sind, *auf einer gegebenen Fläche*

$$\varphi(x, y, z) = 0 \tag{34}$$

zu liegen. Hier muß also für jedes ε die Gleichung

$$\varphi(\widetilde{X}, \widetilde{Y}, \widetilde{Z}) = 0$$

erfüllt sein, aus welcher sich durch den Variationsprozeß ergibt

$$\varphi_x \tilde{\xi} + \varphi_y \tilde{\eta} + \varphi_z \tilde{\zeta} = 0, \tag{35}$$

wobei die Argumente von φ_x, φ_y, φ_z sich auf die Begrenzung $\mathfrak{L}$ der Fläche $\mathfrak{F}_0$ beziehen

Man verfährt nun ganz wie beim Beweis der Multiplikatorenregel für den Fall endlicher Bedingungsgleichungen (§ 68): Man multipliziert die Gleichung (35) mit einer unbestimmten Funktion $\nu(t)$, integriert von t_1 bis t_2 und addiert das Resultat zu (33); so erhält man

$$\int_{t_1}^{t_2} \sum \tilde{\xi} [F_{x_u} \tilde{v}' - F_{x_v} \tilde{u}' + \nu \varphi_x] \, dt = 0.$$

Nun schließt man weiter[1]): Von den drei Funktionen $\tilde{\xi}$, $\tilde{\eta}$, $\tilde{\zeta}$ kann man zwei willkürlich wählen, die dritte ist dann durch die Gleichung (35) bestimmt. Daraus folgert man wie in § 68, daß es eine Funktion $\nu(t)$ geben muß derart, daß die Faktoren von $\tilde{\xi}$, $\tilde{\eta}$, $\tilde{\zeta}$ unter dem Integralzeichen einzeln verschwinden. Daraus folgt durch Elimination von $\tilde{u}$, $\tilde{v}$, ν das Resultat:

Ist die Begrenzung der gesuchten Fläche nicht vorgeschrieben, sondern nur der Bedingung unterworfen, auf einer gegebenen Fläche $\varphi(x, y, z) = 0$ *zu liegen, so muß entlang der Begrenzung die Gleichung erfüllt sein*

$$\begin{vmatrix} F_{x_u} & F_{x_v} & \varphi_x \\ F_{y_u} & F_{y_v} & \varphi_y \\ F_{z_u} & F_{z_v} & \varphi_z \end{vmatrix} = 0. \tag{36}$$

---

[1]) Der Beweis leidet an denselben Mängeln wie die älteren Beweise der Multiplikatorenregel (vgl. die Kritik derselben auf p. 568). Es müßte gezeigt werden Sind $\tilde{\xi}$, $\tilde{\eta}$, $\tilde{\zeta}$ irgend welche Funktionen von t, welche der Gleichung (35) genügen, so kann man stets eine Schar von zulässigen Variationen (31) konstruieren, für welche $X_\varepsilon(\tilde{u}, \tilde{v}, 0) = \tilde{\xi}$, etc.

Beispiel V (siehe p 667): Im Fall der *Minimalflächen* reduziert sich (36) auf die Gleichung

$$\mathsf{A}\varphi_x + \mathsf{B}\varphi_y + \mathsf{C}\varphi_z = 0,$$

welche aussagt, daß *die Minimalfläche entlang der Randkurve* $\mathfrak{L}$ *auf der gegebenen Fläche* senkrecht stehen muß. —

Aus der Gleichung (36) kann man die entsprechende Grenzgleichung für das Integral (2) mittels der Übergangsformeln (21) ableiten. Man erhält nach einfacher Rechnung[1])

$$f[\varphi_x f_p + \varphi_y f_q - \varphi_z(f - pf_p - qf_q)] = 0 \tag{36a}$$

Eine andere Art der Grenzbedingung besteht darin, daß für sämtliche zulässige Flächen *ein entlang der Begrenzung genommenes einfaches Integral* von der Form

$$\int H(x, y, z, x', y', z')\,dt$$

einen vorgeschriebenen Wert haben soll.

Hier sind die Funktionen $\bar{\xi}$, $\bar{\eta}$, $\bar{\zeta}$ der Bedingung unterworfen, daß

$$\int_{t_1}^{t_2} \sum (H_x\bar{\xi} + H_{x'}\bar{\xi}')\,dt = 0. \tag{37}$$

Auf diese Gleichung wende man die Lagrange'sche partielle Integration an, wobei das vom Integral freie Glied wegfällt, weil die Begrenzungskurven der zulässigen Flächen geschlossen sind. Nunmehr schließt[2]) man nach dem Fundamentallemma für isoperimetrische Probleme (p. 462, Fußnote [1])), daß es eine Konstante λ geben muß, sodaß gleichzeitig

$$\left.\begin{aligned} F_{x_u}\tilde{v}' - F_{x_v}\tilde{u}' + \lambda\left(H_x - \frac{d}{dt}H_{x'}\right) &= 0,\\ F_{y_u}\tilde{v}' - F_{y_v}\tilde{u}' + \lambda\left(H_y - \frac{d}{dt}H_{y'}\right) &= 0,\\ F_{z_u}\tilde{v}' - F_{z_v}\tilde{u}' + \lambda\left(H_z - \frac{d}{dt}H_{z'}\right) &= 0. \end{aligned}\right\} \tag{38}$$

---

[1]) Hierzu die *Übungsaufgaben* Nr 15, 16 am Ende von Kap. XIII.

[2]) Einen strengen Beweis erhält man, indem man Variationen von der Form

$$x = x(u, v) + \varepsilon\xi(u, v) + \varepsilon_1\xi_1(u, v), \quad \text{etc.}$$

ansetzt und dann nach der auf p 458, Fußnote [1]) erklärten Methode von Hilbert weiter schließt.

§ 81. Die zweite Variation bei Doppelintegralen.[1])

Wir kehren jetzt zu dem in § 79 definierten „Funktionenproblem“ mit x, y als unabhängigen Variabeln und mit fester Begrenzung zurück und wenden uns zur Betrachtung der zweiten Variation. Man erhält für dieselbe den Ausdruck

$$\delta^2 J = \varepsilon^2 \iint_{\mathfrak{A}} 2\Omega \, dx\, dy, \tag{39}$$

wobei 2Ω die folgende quadratische Form von ζ, ζ_x, ζ_y bedeutet:

$$2\Omega = f_{zz}\zeta^2 + 2f_{zp}\zeta\zeta_x + 2f_{zq}\zeta\zeta_y + f_{pp}\zeta_x^2 + 2f_{pq}\zeta_x\zeta_y + f_{qq}\zeta_y^2 \tag{40}$$

Die Argumente der Ableitungen der Funktion f beziehen sich dabei auf die Fläche

$$\mathfrak{F}_0: \qquad z = z(x, y), \qquad (x, y) \text{ in } \mathfrak{A},$$

von welcher wir voraussetzen, daß sie von der Klasse C'' ist, der Lagrange'schen Differentialgleichung (I) genügt und die vorgeschriebene Begrenzung $\mathfrak{L}$ besitzt. Diese Ableitungen sind daher Funktionen von x, y, welche im Bereich $\mathfrak{A}$ von der Klasse C' sind.

Es sollen in diesem Paragraphen die den Bedingungen von Legendre und Jacobi entsprechenden Bedingungen abgeleitet werden.

---

[1]) Der erste, welcher Untersuchungen über die zweite Variation von Doppelintegralen angestellt hat, scheint Brunacci gewesen zu sein (Memorie dell' Istituto Nazionale Italiano, Bd II, Teil II (1810), p. 121) Derselbe überträgt den Legendre'schen Kunstgriff von § 9, b) in der Lagrange'schen Modifikation (§ 15, b)) auf Doppelintegrale, indem er zur zweiten Variation das bei fester Begrenzung verschwindende Integral

$$\varepsilon^2 \iint_{\mathfrak{A}} \left[\frac{\partial(\alpha\zeta^2)}{\partial x} + \frac{\partial(\beta\zeta^2)}{\partial y}\right] dx\, dy$$

mit unbestimmten Funktionen α, β hinzufügt und dann die Funktionen α, β so zu wählen sucht, daß die alsdann unter dem Doppelintegral erscheinende quadratische Form von ζ, ζ_x, ζ_y definit wird. Damit wird zunächst nur bewiesen, daß die unten mit (II') bezeichnete Bedingung für ein permanentes Zeichen von $\delta^2 J$ hinreichend ist, wenn der Integrationsbereich hinlänglich klein ist

Die analoge Transformation für den Fall, daß hohere Ableitungen von z unter dem Doppelintegral vorkommen, gibt Delaunay, Journal de l'École Polytechnique, Bd XVII, Cahier XXIX (1843), p. 90.

Weitergehende Folgerungen haben an die Brunacci'sche Transformation Mainardi (siehe unter c)), Kobb und Kneser geknüpft (siehe unter c), Ende).

Die zweite Variation von Doppelintegralen für den Fall der *Parameterdarstellung* haben H. A Schwarz (siehe die Zitate auf p. 682, Fußnote [3])), Kobb, (Acta Mathematica, Bd. XVI (1892), pp. 86—116) und Kneser, *Lehrbuch* §§ 67, 68 behandelt.

a) **Das Analogon der Legendre'schen Bedingung:**

Dasselbe lautet folgendermaßen[1]):

Die zweite notwendige Bedingung für ein Minimum des Doppelintegrals (2) besteht darin, daß

$$f_{pp} \geqq 0, \qquad f_{pp}f_{qq} - f_{pq}^2 \geqq 0 \tag{II}$$

im ganzen Bereich $\mathfrak{A}$.

Dies läßt sich auch so ausdrücken: Es muß

$$f_{pp}X^2 + 2f_{pq}XY + f_{qq}Y^2 \geqq 0 \tag{41}$$

sein für jeden Punkt (x, y) des Bereiches $\mathfrak{A}$ und für jedes reelle Wertsystem X, Y.

Zum Beweis[2]) nehmen wir an, die Bedingung sei nicht erfüllt, es gäbe also einen Punkt $P_0(x_0, y_0)$ des Bereiches $\mathfrak{A}$, — und zwar möge es zunächst ein innerer Punkt sein —, und ein reelles Wertsystem X_0, Y_0, so daß in leicht verständlicher Bezeichnung

$$(f_{pp})_0 X_0^2 + 2(f_{pq})_0 X_0 Y_0 + (f_{qq})_0 Y_0^2 < 0. \tag{42}$$

Dann lassen sich zwei $\mathrm{mod}\,\pi$ verschiedene Winkel α_1, α_2 angeben, so daß auch

$$(f_{pp})_0 \cos^2\alpha_i + 2(f_{pq})_0 \cos\alpha_i \sin\alpha_i + (f_{qq})_0 \sin^2\alpha_i < 0,$$
$$i = 1, 2.$$

Aus der Stetigkeit der Funktionen f_{pp}, f_{pq}, f_{qq} folgt dann weiter, daß sich eine Umgebung (ϱ) des Punktes P_0 und eine positive Größe k^2 angeben lassen, so daß

$$f_{pp}\cos^2\alpha_i + 2f_{pq}\cos\alpha_i \sin\alpha_i + f_{qq}\sin^2\alpha_i < -k^2, \tag{43}$$
$$i = 1, 2,$$

für jeden Punkt (x, y) von (ϱ).

Nach diesen Vorbereitungen konstruieren wir in der x, y-Ebene das Parallelogramm, dessen Seiten durch die Gleichungen gegeben sind

$$(a):\ d - u_1 = 0, \qquad (c):\ d + u_1 = 0,$$
$$(b):\ d - u_2 = 0, \qquad (d):\ d + u_2 = 0,$$

---

1) Für ein *Maximum* lautet die Bedingung

$$f_{pp} \leqq 0, \qquad f_{pp}f_{qq} - f_{pq}^2 \geqq 0,$$

sodaß also im Fall $f_{pp}f_{qq} - f_{pq}^2 < 0$ weder Maximum noch Minimum eintritt.

2) Im wesentlichen nach Mason (Bulletin of the American Mathematical Society, Bd XIII (1907), p 293).

wobei d eine positive Konstante ist und

$$u_i = (x - x_0)\cos\alpha_i + (y - y_0)\sin\alpha_i, \qquad i = 1, 2.$$

Der Mittelpunkt dieses Parallelogramms ist der Punkt P_0 Wir können daher d so klein wählen, daß das Parallelogramm ganz im Innern der eben definierten Umgebung (ϱ) und zugleich im Innern des Bereiches $\mathfrak{A}$ liegt.

Das Parallelogramm wird durch seine beiden Diagonalen in vier Dreiecke A, B, C, D geteilt, welche resp. die Seiten $(a), (b), (c), (d)$ enthalten. Wir definieren jetzt eine Funktion $\zeta(x, y)$ folgendermaßen: Außerhalb des Parallelogramms soll $\zeta \equiv 0$ sein; in jedem der vier eben definierten Dreiecke gleich der linken Seite der Gleichung, durch welche wir oben die dem betreffenden Dreieck angehörende Seite des Parallelogramms dargestellt haben. In einem Punkt $P(x, y)$ des Dreiecks A ist dann ζ gleich dem positiv gerechneten Abstand des Punktes P von der Seite (a), und analog für die übrigen drei Dreiecke

Daraus folgt, daß die so für den ganzen Bereich $\mathfrak{A}$ eindeutig definierte Funktion ζ in $\mathfrak{A}$ von der Klasse D' ist und überdies auf der Begrenzung $\mathfrak{K}$ von $\mathfrak{A}$ verschwindet. Für diese Funktion ζ muß daher im Fall eines Minimums die zweite Variation positiv sein.

Zur Berechnung des Wertes derselben zerlegen wir $\delta^2 J$ in die beiden Bestandteile

$$\delta_1^2 J = \varepsilon^2 \iint\limits_{\mathfrak{A}} [f_{zz}\zeta^2 + 2f_{zp}\zeta\zeta_x + 2f_{zq}\zeta\zeta_y]\,dx\,dy$$

und

$$\delta_2^2 J = \varepsilon^2 \iint\limits_{\mathfrak{A}} [f_{pp}\zeta_x^2 + 2f_{pq}\zeta_x\zeta_y + f_{qq}\zeta_y^2]\,dx\,dy.$$

Für den absoluten Wert des ersten Integrals können wir leicht eine obere Grenze angeben. Denn aus der Definition der Funktion ζ folgt, daß im ganzen Bereich $\mathfrak{A}$

$$|\zeta| \leqq d, \qquad |\zeta_x| \leqq 1, \qquad |\zeta_y| \leqq 1,$$

und überdies folgt aus der Stetigkeit der Funktionen $|f_{zz}|, |f_{zp}|, |f_{zq}|$, daß dieselben im Bereich $\mathfrak{A}$ endliche Maximalwerte besitzen, deren größten wir mit M bezeichnen. Ist daher S der Flächeninhalt des Bereiches $\mathfrak{A}$, so ist

$$|\delta_1^2 J| \leqq \varepsilon^2 d(4 + d) MS.$$

Andererseits ist im Dreieck A:

$$\zeta_x = -\cos\alpha_1, \qquad \zeta_y = -\sin\alpha_1$$

und analog für die übrigen Dreiecke. Daraus folgt wegen (43)

$$\delta_2^2 J \gtreqless -\varepsilon^2 k^2 S.$$

Durch Verkleinerung der Größe d kann man nunmehr bewirken, daß $\delta^2 J < 0$ wird, womit unsere Behauptung bewiesen ist, wenn man noch hinzufügt, daß aus dem Bestehen der Ungleichung (42) für einen Punkt P_0 der Begrenzung $\mathfrak{K}$ sofort folgt, daß dieselbe auch für innere Punkte von $\mathfrak{A}$ in der Nähe von P_0 erfüllt ist.

Wir werden in der weiteren Diskussion voraussetzen, daß die Bedingung (II) in der stärkeren Form[1])

$$f_{pp} > 0, \qquad f_{pp}f_{qq} - f_{pq}^2 > 0 \text{ in } \mathfrak{A} \tag{II'}$$

erfüllt ist. Dann ist

$$f_{pp}X^2 + 2f_{pq}XY + f_{qq}Y^2 > 0$$

für jeden Punkt (x, y) von $\mathfrak{A}$ und für jedes reelle, von $(0, 0)$ verschiedene Wertsystem X, Y.

b) **Das Analogon der Jacobi'schen Bedingung:**

Aus dem Euler'schen Satz über homogene Funktionen folgt, daß wir die quadratische Form 2Ω schreiben können

$$2\Omega = \Omega_\zeta \zeta + \Omega_{\zeta_x}\zeta_x + \Omega_{\zeta_y}\zeta_y$$

oder auch

$$2\Omega = \zeta\left(\Omega_\zeta - \frac{\partial}{\partial x}\Omega_{\zeta_x} - \frac{\partial}{\partial y}\Omega_{\zeta_y}\right) + \frac{\partial}{\partial x}(\Omega_{\zeta_x}\zeta) + \frac{\partial}{\partial y}(\Omega_{\zeta_y}\zeta).$$

Integrieren wir jetzt über den Bereich $\mathfrak{A}$ und wenden auf die beiden letzten Glieder den Green'schen Satz an wie in § 79, a), so erhalten wir entsprechend der Jacobi'schen Transformation von § 10, b) die Formel[2])

$$\delta^2 J = \varepsilon^2 \iint_{\mathfrak{A}} \zeta\, \Psi(\zeta)\, dx\, dy + \varepsilon^2 \int_{\mathfrak{K}} \zeta(\Omega_{\zeta_x} dy - \Omega_{\zeta_y} dx), \tag{44}$$

wenn wir zur Abkürzung schreiben

$$\Psi(\zeta) = \Omega_\zeta - \frac{\partial}{\partial x}\Omega_{\zeta_x} - \frac{\partial}{\partial y}\Omega_{\zeta_y}$$

---

[1]) Variationsprobleme mit zwei unabhängigen Variabeln, bei welchen für die in Betracht kommenden Argumente die Bedingung

$$f_{pp}f_{qq} - f_{pq}^2 > 0$$

erfüllt ist, nennt Hilbert *„reguläre Variationsprobleme"* (Göttinger Nachrichten 1900, p. 288)

[2]) Von Todhunter, *History of the Calculus of Variations* (1861), p. 280 gegeben und Mainardi zugeschrieben

oder auch ausgeschrieben

$$\Psi(\zeta)=\zeta\left(f_{zz}-\frac{\partial}{\partial x}f_{zp}-\frac{\partial}{\partial y}f_{zq}\right)-\frac{\partial}{\partial x}(f_{pp}\zeta_x+f_{pq}\zeta_y)-\frac{\partial}{\partial y}(f_{qp}\zeta_x+f_{qq}\zeta_y). \quad (45)$$

Die Umformung setzt voraus, daß die Funktion ζ im Bereich $\mathfrak{A}$ von der Klasse C'' ist. Sie gilt aber auch noch, wenn ζ in einem ganz in $\mathfrak{A}$ enthaltenen Bereich $\mathfrak{A}_0$ von der Klasse C'' ist, auf der Begrenzung[1]) $\mathfrak{K}_0$ von $\mathfrak{A}_0$ und außerhalb $\mathfrak{A}_0$ dagegen gleich Null ist. Nur ist dann in der Formel (44) das Doppelintegral über den Bereich $\mathfrak{A}_0$, das Linienintegral entlang der Kurve $\mathfrak{K}_0$ zu nehmen.

Hieraus schließen wir zunächst:

Wenn die „akzessorische" lineare partielle Differentialgleichung

$$\Psi(u)=0 \quad (46)$$

ein Integral u besitzt, welches entlang einer ganz im Bereich $\mathfrak{A}$ gelegenen einfachen geschlossenen Kurve $\mathfrak{K}_0$ verschwindet und in dem von der Kurve $\mathfrak{K}_0$ begrenzten Bereich $\mathfrak{A}_0$ von der Klasse C'' ist und nicht identisch verschwindet, so kann man durch passende Wahl der Funktion ζ die zweite Variation gleich Null machen.

Man braucht nur zu setzen

$$\zeta=\begin{cases} u & \text{in} \quad \mathfrak{A}_0, \\ 0 & \text{außerhalb} \quad \mathfrak{A}_0, \end{cases}$$

und die Formel (44) auf den Bereich $\mathfrak{A}_0$ anzuwenden; das Doppelintegral verschwindet dann wegen (46), das Linienintegral, weil u entlang $\mathfrak{K}_0$ verschwindet.

Darüber hinaus hat SOMMERFELD[2]) durch Verallgemeinerung der in § 14, b) entwickelten Schwarz'schen Methode gezeigt, daß unter den genannten Voraussetzungen die zweite Variation nicht nur gleich Null, sondern auch negativ gemacht werden kann, wenigstens wenn die Kurve $\mathfrak{K}_0$ ganz im Innern des Bereiches $\mathfrak{A}$ liegt

Zu diesem Zweck wähle man

$$\zeta=\begin{cases} u+kv & \text{in} \quad \mathfrak{A}_0, \\ kv & \text{außerhalb} \quad \mathfrak{A}_0, \end{cases}$$

wo k eine Konstante ist und v eine beliebige Funktion von x und y, welche im Bereich $\mathfrak{A}$ von der Klasse C'' ist und entlang der Begrenzung $\mathfrak{K}$ verschwindet. Diese Funktion ζ ist stetig in $\mathfrak{A}$, da u

[1]) Die Kurve $\mathfrak{K}_0$ muß dieselben allgemeinen Eigenschaften haben wie die Kurve $\mathfrak{K}$ (§ 79, a)), damit die Anwendbarkeit des Green'schen Satzes gesichert ist.

[2]) Jahresberichte der Deutschen Mathematikervereinigung, Bd VIII (1899), p. 188

entlang $\mathfrak{K}_0$ verschwindet; sie verschwindet auf der Begrenzung von $\mathfrak{A}$ und ist in jedem der beiden Bereiche $\mathfrak{A}_0$ und $\mathfrak{A} - \mathfrak{A}_0$ von der Klasse C''.

Um den Wert der zweiten Variation für diese spezielle Funktion ζ zu berechnen, zerlegen wir zunächst $\delta^2 J$ in eine Summe von zwei Integralen, den beiden Teilbereichen $\mathfrak{A}_0$ und $\mathfrak{A} - \mathfrak{A}_0$ entsprechend. Das auf den zweiten Bereich bezügliche Integral hat den Faktor k^2. Auf das über den Bereich $\mathfrak{A}_0$ zu erstreckende Integral wenden wir die Transformationsformel (44) an. Beachtet man dabei, daß die Operationen Ψ, Ω_{ζ_x}, Ω_{ζ_y} distributiv sind, ferner, daß die Funktion u der Differentialgleichung (46) genügt und entlang $\mathfrak{K}_0$ verschwindet, so erhält man den folgenden Wert für die zweite Variation

$$\begin{aligned}\delta^2 J = \varepsilon^2 k \iint\limits_{\mathfrak{A}_0} u\Psi(v)\,dx\,dy \\ + \varepsilon^2 k \int\limits_{\mathfrak{K}_0} v[(f_{pp}u_x + f_{pq}u_y)dy - (f_{pq}u_x + f_{qq}u_y)dx] + \varepsilon^2 k^2 H,\end{aligned} \tag{47}$$

wo H eine von k unabhängige Konstante ist

Das Doppelintegral transformieren wir jetzt mittels der folgenden, leicht zu verifizierenden Identität, welche für irgend zwei Funktionen u, v der Klasse C'' gilt,

$$u\Psi(v) - v\Psi(u) = -\frac{\partial}{\partial x}(f_{pp}\xi + f_{pq}\eta) - \frac{\partial}{\partial y}(f_{pq}\xi + f_{qq}\eta), \tag{48}$$

wo wir zur Abkürzung gesetzt haben

$$uv_x - vu_x = \xi, \qquad uv_y - vu_y = \eta.$$

Integriert man diese Gleichung über den Bereich $\mathfrak{A}_0$ und wendet den Green'schen Satz an, so erhält man

$$\iint\limits_{\mathfrak{A}_0}(u\Psi(v) - v\Psi(u))\,dx\,dy = -\int\limits_{\mathfrak{K}_0}[(f_{pp}\xi + f_{pq}\eta)dy - (f_{pq}\xi + f_{qq}\eta)dx]. \tag{49}$$

Ist nun insbesondere, wie in Gleichung (47), u eine Lösung von (46), welche entlang $\mathfrak{K}_0$ verschwindet, so folgt durch Anwendung von (49), daß das Doppelintegral in (47) gerade gleich dem in derselben Formel auftretenden Linienintegral ist, sodaß der Ausdruck für $\delta^2 J$ die Form annimmt

$$\delta^2 J = \varepsilon^2\left\{2k\int\limits_{\mathfrak{K}_0} v\left[(f_{pp}u_x + f_{pq}u_y)\frac{dy}{ds} - (f_{pq}u_x + f_{qq}u_y)\frac{dx}{ds}\right]ds + k^2 H\right\}, \tag{50}$$

wenn wir auf der Kurve $\mathfrak{K}_0$ den Bogen s als unabhängige Variable einführen.

Es fragt sich nun, ob man die Funktion v so wählen kann, daß das hierin auftretende Linienintegral von Null verschieden ist. Wäre dasselbe für alle zulässigen Funktionen v gleich Null, so würde durch eine leichte Modifikation des Fundamentallemmas von § 5, b) und § 79, a) folgen, daß der Faktor von v unter dem Integralzeichen entlang $\mathfrak{K}_0$ identisch verschwinden müßte, d h.

$$\left(f_{pp}\frac{dy}{ds} - f_{pq}\frac{dx}{ds}\right)u_x + \left(f_{pq}\frac{dy}{ds} - f_{qq}\frac{dx}{ds}\right)u_y = 0.$$

Gleichzeitig folgt durch Differentiation der Identität

$$u(x(s), y(s)) = 0$$

nach s, daß entlang der Kurve $\mathfrak{K}_0$ auch

$$\frac{dx}{ds}u_x + \frac{dy}{ds}u_y = 0.$$

Es müßte also entweder

$$f_{pp}\left(\frac{dy}{ds}\right)^2 - 2f_{pq}\frac{dx}{ds}\frac{dy}{ds} + f_{qq}\left(\frac{dx}{ds}\right)^2 = 0$$

sein, was wegen der Voraussetzung (II') nicht möglich ist; oder aber es müßten u_x, u_y entlang $\mathfrak{K}_0$ identisch verschwinden.

Nun folgt aber, wie wir weiter unten näher ausführen werden, unter sehr allgemeinen Voraussetzungen aus dem gleichzeitigen Verschwinden von u, u_x, u_y entlang der Begrenzung $\mathfrak{K}_0$, daß $u \equiv 0$ im ganzen Bereich $\mathfrak{A}_0$, was unserer Voraussetzung widerspricht.

In allen Fällen, in denen der Schluß auf das identische Verschwinden von u gestattet ist, können wir daher in der Tat v so wählen, daß der Faktor von k^1 in dem Ausdruck (50) für $\delta^2 J$ von Null verschieden ist Alsdann können wir aber $\delta^2 J < 0$ machen, indem wir k numerisch hinreichend klein und von geeignetem Vorzeichen wählen. Damit ist (unter der erwähnten, noch näher zu formulierenden Einschränkung) der Satz bewiesen:

Die dritte notwendige Bedingung für ein Minimum des Doppelintegrals (2) besteht darin, daß keine Lösung u der partiellen Differentialgleichung (46) existieren darf, welche entlang einer einfachen, geschlossenen, ganz im Innern des Bereiches $\mathfrak{A}$ gelegenen Kurve $\mathfrak{K}_0$ verschwindet und in dem von derselben begrenzten Bereich $\mathfrak{A}_0$ von der Klasse C'' ist und nicht identisch verschwindet.

Wir haben jetzt noch den Beweis[1]) des Hilfssatzes nachzutragen,

[1]) Vgl. *Encyklopadie* II A, pp 513, 515 (SOMMERFELD) und HEDRICK, Gottinger Dissertation (1901), p. 32.

Eine homogene lineare partielle Differentialgleichung zweiter Ordnung

$$A\frac{\partial^2 u}{\partial x^2} + 2B\frac{\partial^2 u}{\partial x \partial y} + C\frac{\partial^2 u}{\partial y^2} + D\frac{\partial u}{\partial x} + E\frac{\partial u}{\partial y} + Fu = 0 \qquad (51)$$

wonach $u \equiv 0$ in $\mathfrak{A}_0$, wenn u, u_x, u_y entlang der Begrenzung $\mathfrak{R}_0$ verschwinden. Es sei $P_0(x_0, y_0)$ ein Punkt im Innern des Bereiches $\mathfrak{A}_0$, und es werde vorausgesetzt, daß eine zugehörige „Grundlösung" ω der partiellen Differentialgleichung (46) existiert,[1]) d. h. eine Lösung von der Form

$$\omega = \varphi(x, y) \log \sqrt{(x - x_0)^2 + (y - y_0)^2} + \psi(x, y),$$

wo $\varphi(x,y)$ und $\psi(x,y)$ in $\mathfrak{A}_0$ von der Klasse C'' sind und $\varphi(x_0, y_0) = 1$ ist.

Alsdann konstruiere man um den Punkt P_0 einen ganz im Innern von $\mathfrak{A}_0$ gelegenen Kreis mit dem Radius ϱ und wende die Formel (49) mit $v = \omega$ auf den nach Herausnahme dieses Kreises übrig bleibenden Teil von $\mathfrak{A}_0$ an. Geht man dann zur Grenze $\varrho = 0$ über, so erhält man nach einfacher Rechnung die Formel[2])

$$\pi [f_{pp}(x_0, y_0) + f_{qq}(x_0, y_0)] u(x_0, y_0)$$
$$= \int_{\mathfrak{R}_0} (f_{pp}\xi + f_{pq}\eta) dy - (f_{pq}\xi + f_{qq}\eta) dx.$$

Da wegen der Voraussetzung (II')

$$f_{pp}(x_0, y_0) + f_{qq}(x_0, y_0) \neq 0,$$

so folgt hieraus, daß $u(x_0, y_0) = 0$, wenn u, u_x, u_y entlang $\mathfrak{R}_0$ verschwinden. Somit ist der oben benutzte Hilfssatz und damit die dritte notwendige Bedingung unter der Voraussetzung bewiesen, daß für jeden Punkt im Innern von $\mathfrak{A}_0$ eine Grundlösung existiert.

c) **Hinreichende Bedingungen für ein permanentes Zeichen der zweiten Variation:**

Den in den beiden vorangehenden Absätzen abgeleiteten notwendigen Bedingungen (II) und (III) lassen sich nun auch hinreichende

---

heißt von elliptischem, parabolischem oder hyperbolischem Typus, je nachdem $AC - B^2 > 0$, $= 0$ oder < 0; sie heißt sich selbst adjungiert, wenn

$$D = A_x + B_y, \qquad E = B_x + C_y$$

Die Differentialgleichung (46) ist daher wegen der Voraussetzung (II') von *elliptischem Typus* und überdies *sich selbst adjungiert* wegen $f_{pq} = f_{qp}$.

[1]) Eine partielle Differentialgleichung der Form (51) vom elliptischen Typus läßt sich durch Einführung von neuen unabhängigen Variabeln auf die Normalform bringen

$$\frac{\partial^2 u}{\partial x^2} + \frac{\partial^2 u}{\partial y^2} + a\frac{\partial u}{\partial x} + b\frac{\partial u}{\partial y} + cu = 0.$$

Für diese Normalform haben Hedrick (loc cit. p 37) und Holmgren (Mathematische Annalen, Bd. LVIII (1903), p 404) die Existenz einer Grundlösung für den Fall bewiesen, daß die Koeffizienten a, b, c analytische Funktionen sind.

[2]) Dieselbe ist eine Verallgemeinerung der bekannten Green'schen Formel der Potentialtheorie, vgl. z. B Picard, *Traité d'Analyse*, Bd. II (1905), p. 15

Bedingungen für ein permanentes Zeichen der zweiten Variation an die Seite stellen.

Dazu stellen wir uns nach CLEBSCH[1]) die Aufgabe, drei Funktionen u, v, w von x und y so zu bestimmen, daß identisch in ζ, ζ_x, ζ_y die Gleichung gilt

$$2\Omega = u^2\left\{f_{pp}\left(\frac{\partial\frac{\zeta}{u}}{\partial x}\right)^2 + 2f_{pq}\frac{\partial\frac{\zeta}{u}}{\partial x}\frac{\partial\frac{\zeta}{u}}{\partial y} + f_{qq}\left(\frac{\partial\frac{\zeta}{u}}{\partial y}\right)^2\right\} + \frac{\partial}{\partial x}(v\zeta^2) + \frac{\partial}{\partial y}(w\zeta^2). \quad (52)$$

Führt man hierin die angedeuteten Differentiationen aus und setzt dann beiderseits die Koeffizienten entsprechender Produkte der Größen ζ, ζ_x, ζ_y einander gleich, so erhält man die drei Gleichungen

$$\left.\begin{aligned} f_{zz} &= \frac{1}{u^2}(f_{pp}u_x^2 + 2f_{pq}u_xu_y + f_{qq}u_y^2) + v_x + w_y, \\ f_{pz} &= -\frac{1}{u}(f_{pp}u_x + f_{pq}u_y) + v, \\ f_{qz} &= -\frac{1}{u}(f_{pq}u_x + f_{qq}u_y) + w. \end{aligned}\right\} \quad (53)$$

Berechnet man aus den beiden letzten Gleichungen die Werte von v_x und w_y und setzt dieselben in die erste ein, so erhält man für die Funktion u die partielle Differentialgleichung

$$\Psi(u) = 0, \quad (46)$$

wo Ψ wieder durch (45) definiert ist. Die Werte von v und w ergeben sich alsdann aus (53_2) und (53_3).

Integriert man jetzt die Gleichung (52) über den Bereich $\mathfrak{A}$ und wendet auf die beiden letzten Glieder den Green'schen Satz an, so erhält man für $\delta^2 J$ den Ausdruck

$$\delta^2 J = \varepsilon^2 \iint\limits_{\mathfrak{A}} (f_{pp}X^2 + 2f_{pq}XY + f_{qq}Y^2)\,dx\,dy + \int\limits_{\mathfrak{K}} \zeta^2(v\,dy - w\,dx), \quad (54)$$

---

[1]) Journal für Mathematik, Bd. LV (1858), p. 271, wo dieselbe Transformation für r-fache Integrale durchgeführt wird. Eine nicht wesentlich von (54) verschiedene Formel gibt übrigens schon MAINARDI, Annali di scienze matematiche e fisiche (Tortolini), Bd. III (1852), p. 163. In einer späteren Arbeit hat CLEBSCH seine Untersuchungen über die zweite Variation auf r-fache Integrale ausgedehnt, welche n unbekannte Funktionen enthalten (Journal für Mathematik, Bd. LVI (1859), p. 122). Schon im Fall $r = 2$, $n = 2$ treten hier eigentümliche Schwierigkeiten auf, auf welche neuerdings HADAMARD aufmerksam gemacht hat (Bulletin de la Société Mathématique de France, Bd. XXX (1902), p. 253, und Bd. XXXIII (1905), p. 73.

wo zur Abkürzung

$$u \frac{\partial \frac{\zeta}{u}}{\partial x} = X, \qquad u \frac{\partial \frac{\zeta}{u}}{\partial y} = Y$$

gesetzt ist.

Die Transformation setzt voraus, daß u im Bereich $\mathfrak{A}$ nicht verschwindet und von der Klasse C'' ist Da jede zulässige Funktion ζ entlang der Begrenzung $\mathfrak{K}$ verschwindet, so reduziert sich $\delta^2 J$ auf das Doppelintegral, und wir können daher den Satz aussprechen:

Ist die Bedingung (II') erfüllt, und gibt es ein Integral u der akzessorischen Differentialgleichung (46), welches im Integrationsbereich nicht verschwindet und von der Klasse C'' ist (Bedingung (III')), so ist die zweite Variation für jede zulässige Funktion ζ der Klasse C' positiv.

Denn wegen (III') gilt alsdann die Transformation (54), und die unter dem Doppelintegral stehende quadratische Form ist wegen der Voraussetzung (II') positiv, außer wenn X und Y in $\mathfrak{A}$ identisch verschwinden. Daraus würde aber folgen: $\zeta = cu$, was nicht möglich ist, da ζ entlang $\mathfrak{K}$ verschwindet, u aber nicht

Eine wichtige Ergänzung zu den Resultaten dieses und des vorangehenden Absatzes bildet der folgende, schon von Mainardi und Clebsch gegebene Satz über die Integration der akzessorischen Differentialgleichung (46), welcher *das Analogon des Jacobi'schen Theorems* von § 12, b) ist:

Ist

$$z = \varphi(x, y; a) \tag{55}$$

eine einparametrige Schar von Lösungen der Lagrange'schen Differentialgleichung (I), welche die Fläche $\mathfrak{F}_0$ für $a = a_0$ enthält, so ist

$$u = \varphi_a(x, y; a_0)$$

eine Lösung der akzessorischen Differentialgleichung (46).

Zum Beweis setze man in (I) die Lösung (55) ein, differentiiere die so entstehende, in x, y und a identische Gleichung nach a und setze schließlich $a = a_0$.

Hieraus ergibt sich eine einfache *geometrische Deutung*[1]) der erhaltenen Resultate, welche eine Art Analogon der Sätze über konjugierte Punkte bei einfachen Integralen darstellt:

Man betrachte eine einparametrige Schar (55) von Extremalflächen, welche die Fläche $\mathfrak{F}_0$ für $a = a_0$ enthält. Die Fläche (a) der Schar (55) möge die Fläche $\mathfrak{F}_0$, beziehungsweise ihre Fortsetzung in einer Kurve $\mathfrak{L}_a$ schneiden; läßt man a gegen a_0 konvergieren, so möge $\mathfrak{L}_a$ gegen eine Grenzkurve $\mathfrak{L}_0$ konvergieren.

---

[1]) Vgl. Clebsch, loc cit. p. 273.

Gibt es dann eine Schar (55), für welche diese Grenzkurve $\mathfrak{L}_0$ eine geschlossene Kurve als Bestandteil enthält, welche ganz auf dem Flächenstück $\mathfrak{F}_0$ liegt, ohne die Begrenzung desselben zu treffen, so findet kein Extremum statt.

Gibt es dagegen eine Schar (55), für welche die Grenzkurve $\mathfrak{L}_0$ ganz außerhalb $\mathfrak{F}_0$ liegt, so ist die zweite Variation stets positiv.

Nach KNESER[1]) läßt sich ferner mittels des auf p 672 Fußnote [1]) erwähnten Verfahrens von Brunacci beweisen, daß *die Bedingungen (I), (II'), (III') für ein schwaches Extremum des Doppelintegrals* (2) *hinreichend* sind.

Beispiel V (Siehe pp. 657, 667). *Zweite Variation bei Minimalflächen*

Hier findet man[2])

$$\delta^2 J = \varepsilon^2 \iint\limits_{\mathfrak{A}} \frac{\zeta_x^2 + \zeta_y^2 + (q\zeta_x - p\zeta_y)^2}{(\sqrt{1+p^2+q^2})^3}\, dx\, dy$$

Die zweite Variation des Flächeninhaltes eines Minimalflächenstückes ist also stets positiv, wenn sowohl das Minimalflächenstück als die Vergleichsflächen in der Form

$$z = z(x, y)$$

darstellbar vorausgesetzt werden.

Wir wollen noch unsere allgemeinen auf die Jacobi'sche Bedingung bezüglichen Resultate an dem vorliegenden Beispiel verifizieren. Da hier $f_{zz} = 0$, $f_{zp} = 0$, $f_{zq} = 0$, so ist in der akzessorischen Differentialgleichung (46) der Koeffizient von u gleich Null; daher können wir sofort eine Lösung derselben angeben, welche in $\mathfrak{A}$ von Null verschieden ist, nämlich $u = 1$

Dementsprechend läßt sich eine einparametrige Schar von Minimalflächen angeben, welche die Fläche $\mathfrak{F}_0$ nicht schneiden, nämlich die Schar

$$z = z(x, y) + a,$$

wie daraus hervorgeht, daß die Differentialgleichung der Minimalflächen nur die Ableitungen von z, nicht aber z selbst enthält.

Für den allgemeinen Fall, wo die zulässigen Flächen in Parameterdarstellung vorausgesetzt werden, hat SCHWARZ[3]) unter Benutzung eines speziellen Systems von Parametern einen sehr einfachen Ausdruck für die zweite Variation des Flächeninhalts eines Minimalflächenstückes angegeben. Man bilde das Minimalflächenstück $\mathfrak{F}_0$ durch parallele Normalen auf die Einheitskugel mit dem Koordinatenanfang als Mittelpunkt ab[4]), projiziere sodann den Bildpunkt Q eines variabeln Punktes P der Minimalfläche vom Punkt $x = 0$, $y = 0$, $z = 1$ auf die

[1]) Vgl *Encyklopädie*, II A, p 617.

[2]) Schon von TÉDENAT gegeben, Annales de Mathématiques par Gergonne, Bd. VII (1816), p. 284.

[3]) Vgl SCHWARZ, *Gesammelte Mathematische Abhandlungen*, Bd. I, pp. 156, 187, 236. Vgl auch die Darstellung bei BIANCHI-LUKAT, *Differentialgeometrie*, p 414.

[4]) Vgl. z. B BIANCHI-LUKAT, loc cit, Kap. V.

Ebene $z=0$ und wahle die Koordinaten ξ, η der Projektion des Punktes Q als Parameter fur die Darstellung der Minimalfläche.[1] Ferner variiere man das Minimalflachenstück bei fest bleibender Begrenzung in der Weise, daß man jeden Punkt auf der durch ihn gehenden Flächennormale um ein Stück εw verschiebt, wobei w eine willkürliche Funktion von ξ und η ist, welche entlang dem Rande verschwindet Dann erhält man für die zweite Variation des Flächeninhaltes den folgenden Ausdruck

$$\delta^2 J = -\varepsilon^2 \iint\limits_{\mathfrak{A}} \left[\left(\frac{\partial w}{\partial \xi}\right)^2 + \left(\frac{\partial w}{\partial \eta}\right)^2 - \frac{8 w^2}{(1+\xi^2+\eta^2)^2} \right] d\xi\, d\eta. \tag{56}$$

Die zweite Variation ist also *nur von der Gestalt des spharischen Bildes*, nicht aber von der sonstigen Beschaffenheit des Minimalflachenstückes *abhangig*

Auf das Integral (56) lassen sich die unter b) und c) entwickelten Schlüsse anwenden, wobei die akzessorische Differentialgleichung die Form annimmt

$$\frac{\partial^2 u}{\partial \xi^2} + \frac{\partial^2 u}{\partial \eta^2} + \frac{8 u}{(1+\xi^2+\eta^2)^2} = 0. \tag{57}$$

Wegen der aus diesen Resultaten zu ziehenden geometrischen Folgerungen verweisen wir auf die oben zitierte Abhandlung von Schwarz[2])

§ 82. Hinreichende Bedingungen für Extrema von Doppelintegralen.[3])

Der Hilbert'sche Unabhängigkeitssatz lässt sich ohne Schwierigkeit auf Doppelintegrale übertragen; aus ihm folgt dann die Verall-

---

[1]) Zwischen der durch (29) definierten komplexen Große s und den Parametern ξ, η besteht nach Weierstrass die Beziehung: $s = \xi + i\eta$.

[2]) Hierzu die *Ubungsaufgaben* Nr 18, 19 am Ende von Kap XIII.

[3]) Hinreichende Bedingungen fur Extrema von Doppelintegralen hat zuerst Schwarz für den speziellen Fall von Minimalflachen in Parameterdarstellung entwickelt in der Arbeit „*Über ein die Flachen kleinsten Flächeninhalts betreffendes Problem der Variationsrechnung*“ (1885), Gesammelte Mathematische Abhandlungen, Bd. I, p 222. Mit der Aufstellung von hinreichenden Bedingungen für den allgemeinen Fall in Parameterdarstellung beschaftigen sich Kobb (in der auf p. 663 Fußnote [4]) zitierten Arbeit (1892)) und Kneser, *Lehrbuch* § 69 (1900).

Den Unabhängigkeitssatz für Doppelintegrale hat zuerst Hilbert gegeben Göttinger Nachrichten 1900, p 295; vgl. auch die Darstellung von Osgood (Annals of Mathematics (2), Bd. II (1901), p. 125), der wir im Text gefolgt sind.

Endlich hat Hilbert in der Arbeit „*Zur Variationsrechnung*“ (Göttinger Nachrichten 1905, pp. 171 und 174) den Unabhangigkeitssatz auf den Fall eines Doppelintegrals, welches von zwei unbekannten Funktionen von x und y abhängt, ausgedehnt, sowie auf den Fall, wo die Summe eines Doppelintegrals von der Form (2) und eines einfachen, über einen Teil des Randes erstreckten Integrals zu einem Extremum gemacht werden soll, während z auf dem übrigen Teil des Randes vorgeschriebene Werte hat Mit der ersteren dieser beiden Aufgaben beschäftigt sich auch Hadamard im Bulletin de la Société Mathématique de France, Bd. XXXIII (1905), p. 73

gemeinerung des Weierstraß'schen Fundamentalsatzes. Aus letzterem ergeben sich hinreichende Bedingungen für ein Extremum eines Doppelintegrals, welche den in § 19 für einfache Integrale entwickelten ganz analog sind.

a) **Das Feld und die Gefällfunktionen:**

Wir nehmen an, es existiere eine einparametrige Schar von Extremalflächen

$$z = \varphi(x, y; a), \tag{58}$$

welche unsere spezielle Extremalfläche $\mathfrak{F}_0$ enthält, etwa für $a = a_0$, und für welche

$$\varphi_a(x, y; a_0) \neq 0 \text{ in } \mathfrak{A}.$$

Überdies werde vorausgesetzt, daß die Funktionen φ, φ_x, φ_y von der Klasse C' sind, wenn (x, y) in einem den Integrationsbereich $\mathfrak{A}$ in seinem Innern enthaltenden Bereich der x, y-Ebene liegt und $|a - a_0| \gtreqless d$ ist.

Wir können dann nach § 21, b) eine Konstante $k \gtreqless d$ angeben derart, daß

$$\varphi_a(x, y; a) \neq 0 \tag{59}$$

in dem Bereich

$$(x, y) \text{ in } \mathfrak{A}, \qquad |a - a_0| \gtreqless k. \tag{60}$$

Man schließt dann genau wie in § 16, c) weiter: Das Bild $\mathcal{S}_k$ des Bereiches (60) im x, y, z-Raum mittels der Transformation (58) bildet ein *Feld von Extremalflächen*, d. h. durch jeden Punkt x, y, z von $\mathcal{S}_k$ geht eine und nur eine Fläche der Schar (58), für welche $|a - a_0| \gtreqless k$, und der zugehörige Wert von a,

$$a = \mathfrak{a}(x, y, z),$$

die *inverse Funktion des Feldes*, ist von der Klasse C' in $\mathcal{S}_k$. Für die partiellen Ableitungen derselben findet man durch Differentiation der Identität

$$\varphi(x, y; \mathfrak{a}) \equiv z$$

die Werte

$$\mathfrak{a}_x = -\frac{(\varphi_x)}{(\varphi_a)}, \qquad \mathfrak{a}_y = -\frac{(\varphi_y)}{(\varphi_a)}, \qquad \mathfrak{a}_z = \frac{1}{(\varphi_a)},$$

wobei die Klammer ( ) die Substitution von $\mathfrak{a}$ für a andeutet.

Als *Gefällfunktionen des Feldes* definieren wir die beiden Funktionen

$$\mathfrak{p}(x, y, z) = \varphi_x(x, y; \mathfrak{a}), \qquad \mathfrak{q}(x, y, z) = \varphi_y(x, y; \mathfrak{a}). \tag{61}$$

Auch sie sind von der Klasse C' in $\mathcal{S}_k$. Durch Differentiation erhält man hieraus die Relationen

$$\begin{aligned} \mathfrak{p}_x + \mathfrak{p}\mathfrak{p}_z &= (\varphi_{xx}), \qquad & \mathfrak{p}_y + \mathfrak{q}\mathfrak{p}_z &= (\varphi_{xy}), \\ \mathfrak{q}_x + \mathfrak{p}\mathfrak{q}_z &= (\varphi_{yx}), \qquad & \mathfrak{q}_y + \mathfrak{q}\mathfrak{q}_z &= (\varphi_{yy}). \end{aligned} \tag{62}$$

Trägt man jetzt in die Lagrange'sche Differentialgleichung in der Form (7) für z die der Differentialgleichung für jedes a genügende Funktion $\varphi(x, y; a)$ ein und ersetzt dann in der so entstehenden, in x, y, a identischen Gleichung a durch $\mathfrak{a}$, so erhält man die folgende, identisch in x, y, z geltende Gleichung

$$\begin{aligned}[f_{pp}](\mathfrak{p}_x + \mathfrak{p}\mathfrak{p}_z) + [f_{pq}](\mathfrak{p}_y + \mathfrak{q}\mathfrak{p}_z + \mathfrak{q}_x + \mathfrak{p}\mathfrak{q}_z) + [f_{qq}](\mathfrak{q}_y + \mathfrak{q}\mathfrak{q}_z) \\ + [f_{pz}]\mathfrak{p} + [f_{qz}]\mathfrak{q} + [f_{px}] + [f_{qy}] - [f_z] = 0,\end{aligned} \tag{63}$$

wobei die Klammer [ ] andeuten soll, daß die Argumente der eingeklammerten Funktionen sind

$$x, y, z, \mathfrak{p}(x, y, z), \mathfrak{q}(x, y, z).$$

Die Gleichung (63) stellt eine *partielle Differentialgleichung*[1]) *für die beiden Gefällfunktionen* $\mathfrak{p}, \mathfrak{q}$ dar, die Verallgemeinerung der partiellen Differentialgleichung (19) von § 17. Die Gleichung (63) läßt sich, wie man unmittelbar verifiziert, auf die Form bringen:

$$\frac{\partial}{\partial x}[f_p] + \frac{\partial}{\partial y}[f_q] = \frac{\partial}{\partial z}([f] - \mathfrak{p}[f_p] - \mathfrak{q}[f_q]). \tag{64}$$

b) **Der Hilbert'sche Unabhängigkeitssatz und seine Folgerungen:**

Die Gleichung (64) gilt im ganzen Bereich $\mathcal{S}_k$; in demselben Bereich sind die drei Funktionen

$$L = [f] - \mathfrak{p}[f_p] - \mathfrak{q}[f_q], \qquad M = [f_p], \qquad N = [f_q]$$

von der Klasse C' und der Bereich $\mathcal{S}_k$ ist wegen (59) in Bezug auf die z-Richtung konvex Daher können wir auf die Funktion

$$L + Mp + Nq$$

den Integrabilitätssatz von § 79, b) anwenden und erhalten so den *Hilbert'schen Unabhängigkeitssatz für Doppelintegrale*:

Ist $\mathfrak{C}$ eine ganz im Feld $\mathcal{S}_k$ gelegene, geschlossene Raumkurve[2]), so hat das Doppelintegral

$$J^* = \iint \{[f] + (p - \mathfrak{p})[f_p] + (q - \mathfrak{q})[f_q]\}\, dx\, dy \tag{65}$$

denselben Wert für alle Flächen der Klasse C', welche von der Kurve $\mathfrak{C}$ begrenzt werden und ganz im Felde $\mathcal{S}_k$ gelegen sind.

Hieran schließt sich analog wie in § 17, b) der

Zusatz: Liegt die Kurve $\mathfrak{C}$ ganz auf einer Extremalfläche des Feldes $\mathcal{S}_k$, so ist der Wert des Hilbert'schen Integrals J^* über irgend

[1]) Eine zweite ergibt sich durch Gleichsetzen der beiden Ausdrücke für (φ_{xy}) und (φ_{yx}) in (62).

[2]) Von denselben allgemeinen Eigenschaften wie die vorgegebene Kurve $\mathfrak{L}$ (§ 79, a)).

eine von $\mathfrak{C}$ begrenzte, ganz in $\mathcal{S}_k$ gelegene Fläche der Klasse C' gleich dem Wert des Grundintegrals (2), genommen über das von $\mathfrak{C}$ begrenzte Stück der fraglichen Extremalfläche.

Denn für eine Extremalfläche

$$z = \varphi(x, y; a)$$

des Feldes ist

$$p = \mathfrak{p} = \varphi_x, \qquad q = \mathfrak{q} = \varphi_y,$$

und daher reduziert sich der Integrand von J^* auf

$$[f] = f(x, y, \varphi, \varphi_x, \varphi_y).$$

Ist jetzt

$$\mathfrak{F}: \qquad z = \bar{z}(x, y)$$

irgend eine Fläche der Klasse C', welche von der vorgeschriebenen Kurve $\mathfrak{L}$ begrenzt wird und ganz im Feld $\mathcal{S}_k$ liegt, so ist nach den beiden eben bewiesenen Sätzen

$$J_{\mathfrak{F}_0} = J^*_{\mathfrak{F}_0} = J^*_{\mathfrak{F}},$$

also

$$\Delta J \equiv J_{\mathfrak{F}} - J_{\mathfrak{F}_0} = J_{\mathfrak{F}} - J^*_{\mathfrak{F}} \tag{66}$$

Definiert man jetzt die $\mathcal{E}$-Funktion als Funktion von sieben unabhängigen Variabeln durch die Gleichung

$$\begin{aligned} \mathcal{E}(x, y, z; p, q; \tilde{p}, \tilde{q}) &= f(x, y, z, \tilde{p}, \tilde{q}) - f(x, y, z, p, q) \\ &- (\tilde{p} - p) f_p(x, y, z, p, q) - (\tilde{q} - q) f_q(x, y, z, p, q), \end{aligned} \tag{67}$$

und bezeichnet

$$\bar{p} = \bar{z}_x, \quad \bar{q} = \bar{z}_y, \quad \mathfrak{p} = \mathfrak{p}(x, y, \bar{z}), \quad \mathfrak{q} = \mathfrak{q}(x, y, \bar{z}),$$

so ergibt sich aus (66), indem man die Integrale rechterhand ausschreibt, unmittelbar der *Weierstraß'sche Fundamentalsatz für Doppelintegrale*

$$\Delta J = \iint_{\mathfrak{A}} \mathcal{E}(x, y, z; \mathfrak{p}, \mathfrak{q}; \bar{p}, \bar{q})\, dx\, dy. \tag{68}$$

Hieraus folgt[1]), dem Satz von § 19, a) entsprechend, der Satz:

Wenn die Extremalfläche $\mathfrak{F}_0$ sich in ein Feld $\mathcal{S}_k$ einbetten läßt, und wenn überdies

$$\mathcal{E}(x, y, z; \mathfrak{p}(x, y, z), \mathfrak{q}(x, y, z); \tilde{p}, \tilde{q}) > 0 \tag{IV'_b}$$

für jeden Punkt (x, y, z) dieses Feldes und für jedes endliche, von $(\mathfrak{p}, \mathfrak{q})$ verschiedene Wertsystem $(\tilde{p}, \tilde{q})$, so liefert $\mathfrak{F}_0$ ein starkes, eigentliches Minimum für das Doppelintegral J.

---

1) Bei Beschränkung auf Vergleichsflächen der Klasse C'.

Denn alsdann ist der Integrand von (68) positiv in allen Punkten des Integrationsbereiches mit Ausnahme derjenigen, in welchen

$$\bar{p} = \mathfrak{p}, \qquad \bar{q} = \mathfrak{q}. \tag{69}$$

ΔJ ist also positiv, außer wenn die Gleichungen (69) im ganzen Bereich $\mathfrak{A}$ gelten, in welchem Fall $\Delta J = 0$. Durch eine dem entsprechenden Beweis von § 19, a) genau parallele Schlußweise zeigt man aber, daß letzteres nur dann stattfinden kann, wenn die Fläche $\mathfrak{F}$ mit $\mathfrak{F}_0$ identisch ist.

Auch der Satz von § 19, b) hat sein Analogon bei Doppelintegralen. Aus dem Taylor'schen Satz für Funktionen zweier Variabeln folgt nämlich, entsprechend der Gleichung (28) von § 18, die Formel

$$\mathcal{E}(x, y, z;\, p, q;\, \tilde{p}, \tilde{q}) \tag{70}$$
$$= \tfrac{1}{2}\{(\tilde{p}-p)^2 f_{pp}(p^*, q^*) + 2(\tilde{p}-p)(\tilde{q}-q) f_{pq}(p^*, q^*) + (\tilde{q}-q)^2 f_{qq}(p^*, q^*)\},$$

wo

$$p^* = p + \theta(\tilde{p} - p), \qquad q^* = q + \theta(\tilde{q} - q), \qquad 0 < \theta < 1,$$

und wir der Einfachheit halber die Argumente x, y, z in den Ableitungen von f unterdrückt haben. Hieraus ergibt sich nun der Satz:

Wenn die Extremalfläche $\mathfrak{F}_0$ sich in ein Feld einbetten läßt, und wenn überdies die Bedingung

$$f_{pp} > 0, \qquad f_{pp} f_{qq} - f_{pq}^2 > 0 \tag{II'$_b$}$$

mit den Argumenten x, y, z, $\tilde{p}$, $\tilde{q}$ von f_{pp}, f_{pq}, f_{qq} erfüllt ist für jeden Punkt (x, y, z) einer gewissen Umgebung (ϱ) von $\mathfrak{F}_0$ und für jedes endliche Wertsystem $\tilde{\mathfrak{p}}$, $\tilde{\mathfrak{q}}$, so liefert $\mathfrak{F}_0$ ein starkes, eigentliches Minimum für das Doppelintegral J.

Denn wendet man auf den Integranden von (68) die Formel (70) an, so geht derselbe in eine quadratische Form der Größen $(\bar{p} - \mathfrak{p})$, $(\bar{q} - \mathfrak{q})$ über, welche wegen (II'$_b$) im ganzen Integrationsbereich positiv ist, außer wo $\bar{p} = \mathfrak{p}$, $\bar{q} = \mathfrak{q}$, vorausgesetzt, daß man, was stets möglich ist, die Größe k so klein gewählt hat, daß das Feld $\mathcal{S}_k$ ganz in der Umgebung (ϱ) von $\mathfrak{F}_0$ liegt.

Beispiel V (siehe pp 657, 682): *Minimalflächen.*

Ist $z = z(x, y)$ das betrachtete Minimalflächenstück, so stellt die Gleichung

$$z = z(x, y) + a; \quad (x, y) \text{ in } \mathfrak{A}; \quad -\infty < a < +\infty$$

eine Schar von Minimalflächen dar, welche ein Feld bilden. Da überdies

$$f_{pp} = \frac{1 + q^2}{(\sqrt{1 + p^2 + q^2})^3}, \qquad f_{pp} f_{qq} - f_{pq}^2 = \frac{1}{(1 + p^2 + q^2)^2},$$

so ist auch die Bedingung (II'$_b$) erfüllt, und daher besitzt das Minimalflächenstück $\mathfrak{F}_0$ einen kleineren Flächeninhalt als jede andere Fläche $z = \bar{z}(x, y)$ der Klasse C', welche dieselbe Begrenzung besitzt *(absolutes Minimum).*

Übungsaufgaben zu Kapitel XI bis XIII.

1* *Bestimmung der geodätischen Linien des Rotationsellipsoides im n-dimensionalen Euklidischen Raum* (§ 68)

Es handelt sich darum, das Integral

$$J = \int_{t_1}^{t_2} \sqrt{x_1'^2 + x_2'^2 + \cdots + x_n'^2}\, dt$$

zu einem Minimum zu machen mit der Nebenbedingung

$$\frac{x_1^2 + x_2^2 + \cdots + x_{n-1}^2}{a^2} + \frac{x_n^2}{b^2} = 1 .$$

Lösung: Setzt man

$$ds^2 = dx_1^2 + dx_2^2 + \cdots + dx_n^2 ,$$

so erhält man für die Extremalen

$$\left(\frac{d x_n}{ds}\right)^2 = \frac{1 - \frac{k^2}{a^2} - \frac{x_n^2}{b^2}}{1 + \frac{a^2 - b^2}{b^4} x_n^2}, \qquad \lambda = \frac{\frac{a^2 - b^2}{b^2}\frac{k^2}{a^2} - \frac{a^2}{b^2}}{\left(1 + \frac{a^2 - b^2}{b^4} x_n^2\right)^2},$$

wobei k eine Integrationskonstante und λ der Multiplikator ist. Die Funktionen $x_1, x_2, \ldots, x_{n-1}$ genügen sämtlich derselben homogenen linearen Differentialgleichung zweiter Ordnung

$$\frac{d^2 x_i}{d s^2} = \lambda \frac{x_i}{a^2}, \qquad i = 1, 2, \cdots, n-1 ;$$

man kann sie daher durch zwei linear unabhängige Integrale x, y dieser Differentialgleichung homogen und linear ausdrücken, und zwar kann man die letzteren so wählen, daß

$$x_1^2 + x_2^2 + \cdots + x_{n-1}^2 = x^2 + y^2,$$

womit das Problem auf das entsprechende dreidimensionale zurückgeführt wird

(Rudio)

2. *Geodätische Linien des n-dimensionalen Raumes* [1].

Im Raum R_n der Variabeln $x_1, x_2, \ldots, x_n$ sei die Länge einer „Kurve"

$$x_i = x_i(t), \qquad t_1 \gtreqless t \gtreqless t_2, \qquad i = 1, 2, \cdots, n,$$

definiert durch das bestimmte Integral

$$J = \int_{t_1}^{t_2} \sqrt{\sum_{i,k} a_{ik}\, x_i' x_k'}\, dt, \qquad \left(x_i' = \frac{dx_i}{dt}\right),$$

[1]) Vgl. Bianchi-Lukat, *Differentialgeometrie* (1899), p. 568.

wobei die a_{ik} gegebene Funktionen von $x_1, x_2, \ldots, x_n$ sind und die quadratische Differentialform

$$ds^2 = \sum_{i,k} a_{ik}\, dx_i\, dx_k, \qquad (a_{ki} = a_{ik})$$

definit und positiv ist.

Es soll die kürzeste, zwei gegebene Punkte des R_n verbindende Kurve *(„geodätische Linie")* bestimmt werden (§§ 66, 69, 70).

Lösung: Die Differentialgleichungen der geodätischen Linien sind, wenn s als unabhängige Variable gewählt wird,

$$\sum_i a_{ih} \frac{d^2 x_i}{ds^2} + \sum_{i,k} \begin{bmatrix} i\,k \\ h \end{bmatrix} \frac{dx_i}{ds}\,\frac{dx_k}{ds} = 0, \qquad h = 1, 2, \cdots, n,$$

wobei

$$\begin{bmatrix} i\,k \\ h \end{bmatrix} = \tfrac{1}{2}\left(\frac{\partial a_{ih}}{\partial x_k} + \frac{\partial a_{kh}}{\partial x_i} - \frac{\partial a_{ik}}{\partial x_h}\right)$$

das „Christoffel'sche Drei-Index-Symbol erster Art" bedeutet [1])

Dieses Resultat soll abgeleitet werden 1) indem man zunächst von einem beliebigen Parameter t ausgeht, 2) indem man von vorn herein s zur unabhängigen Variabeln wahlt

3. Das im fünften Kapitel behandelte ebene Variationsproblem in Parameterdarstellung läßt sich auch als Lagrange'sches Funktionenproblem behandeln, wenn man den Bogen s als unabhängige Variable einführt Es ist dann das Integral

$$J = \int_0^{s_2} F(x, y, x', y')\, ds$$

zu einem Extremum zu machen mit der Nebenbedingung

$$x'^2 + y'^2 = 1$$

bei nicht vorgeschriebener oberen Grenze s_2 (§ 70, a)).

Hiernach die Extremalen fur Beispiel I und XV zu bestimmen.

4. Wird die Aufgabe dahin modifiziert, daß die Länge der zulässigen Kurven vorgeschrieben ist, so hat man ein Lagrange'sches Problem mit festen Endpunkten, auf welches sich die Resultate von §§ 74—77 anwenden lassen

Hiernach Beispiel II und XXI vollständig durchzuführen

Dieselbe Methode läßt sich allgemein auf das in Kapitel X behandelte isoperimetrische Problem anwenden, wenn die Funktion $G(x, y, x', y')$ im Sinn von § 33, c) definit ist, da man dann das Integral

$$v = \int_{t_1}^{t_2} G(x, y, x', y')\, dt$$

als unabhängige Variable einfuhren kann

---

[1]) Ibid. p 43.

5. Analoge Bemerkungen gelten für räumliche Variationsprobleme. Hiernach folgende Aufgaben als Lagrange'sche Probleme mit der Bogenlänge als unabhängiger Variabeln zu behandeln:

Beispiel XVI *(Geodätische Linien)* (LINDELÖF-MOIGNO)

Aufgabe Nr. 15 auf p. 298 *(Allgemeine Brachistochrone auf einer Fläche).* (LINDELÖF-MOIGNO)

Aufgabe Nr. 2 auf p. 528 *(Spezielles isoperimetrisches Problem auf einer Fläche).* (LINDELÖF-MOIGNO)

6* *Zwischen zwei gegebenen Punkten die kürzeste Raumkurve von gegebener konstanter erster Krümmung* $\frac{1}{R}$ *zu ziehen* (§ 71) (DELAUNAY)

Lösung[1]) Wenn man die Bogenlänge s als unabhängige Variable einführt und setzt: $x' = \xi$, $y' = \eta$, $z' = \zeta$, so hat man ein Lagrange'sches Funktionenproblem mit gemischten Bedingungen, bei welchem die obere Grenze s_2 nicht vorgeschrieben ist. Bei passender Wahl der z-Achse findet man

$$ds = \frac{R(\zeta + a)\,d\zeta}{\sqrt{G(\zeta)}},$$

wobei: $G(\zeta) = (\zeta + a)^2(1 - \zeta^2) - c^2$. Die Größen a und c sind konstant. Setzt man

$$\xi + i\eta = \varrho e^{i\varphi}, \quad x + iy = re^{i\omega},$$

so findet man weiter

$$\varrho^2 = 1 - \zeta^2, \qquad d\varphi = \frac{c\,d\zeta}{(1 - \zeta^2)\sqrt{G(\zeta)}}$$

und nach geeigneter Verschiebung des Koordinatenanfangspunktes in der x, y-Ebene

$$r^2 = R^2[(\zeta + a)^2 - c^2], \qquad d\omega = \frac{c(\zeta + a)\,\zeta\,d\zeta}{[(\zeta + a)^2 - c^2]\sqrt{G(\zeta)}}$$

Setzt man

$$\frac{d\zeta}{\sqrt{G(\zeta)}} = du,$$

so kann man sämtliche Variabeln mittels der Funktionen σu, $\wp u$ ausdrücken. $G(\zeta)$ hat genau dieselbe Form wie in Aufgabe Nr. 13 p. 532; daher dieselbe Realitätsdiskussion wie dort.

Ausartungen: 1) Ein *Kreisbogen* ($c = 0$), zuerst von DELAUNAY angegeben, von H. A. SCHWARZ[2]) auf Hinlänglichkeit untersucht. Dies ist die einzige mögliche Lösung, wenn die Tangentenrichtungen in beiden Endpunkten nicht vorgeschrieben sind.

2) Eine *Schraubenlinie,* zuerst von TODHUNTER angegeben, von VENSKE genauer untersucht.

---

[1]) Vgl. die *Dissertation* von O. VENSKE, Göttingen 1891, auch für die sonstige Literatur über das Problem.

[2]) Berliner Berichte, 1906, p. 365.

7. Für das Problem

$$\int f(x, y, y', y'', \cdots, y^{(n)})\, dx = \text{Minimum}.$$

a) nachzuweisen, daß stets der „Hauptfall" eintritt (§§ 66, 69, d), 74).

(v. Escherich)

b) die Bedingungen (II), (III), (IV) aufzustellen (§§ 66, 74, 75, 76)

(Jacobi, Zermelo)

8* *Die Stabilitätsgrenzen für einen an seinen beiden Enden festgeklemmten ebenen elastischen Draht zu bestimmen* [1]) (§ 69, 74, 75)

9*. Für das räumliche Variationsproblem in Parameterdarstellung ohne Nebenbedingungen:

$$J = \int_{t_1}^{t_2} F(x, y, z, x', y', z')\, dt = \text{Minimum}$$

lauten *die Hamilton'schen Formeln für die partiellen Ableitungen des Extremalenintegrals* $\mathfrak{W}(x_1, y_1, z_1; x_2, y_2, z_2)$:

$$\begin{aligned} \frac{\partial \mathfrak{W}}{\partial x_1} &= -F_{x'}\Big|^1, & \frac{\partial \mathfrak{W}}{\partial y_1} &= -F_{y'}\Big|^1, & \frac{\partial \mathfrak{W}}{\partial z_1} &= -F_{z'}\Big|^1, \\ \frac{\partial \mathfrak{W}}{\partial x_2} &= F_{x'}\Big|^2, & \frac{\partial \mathfrak{W}}{\partial y_2} &= F_{y'}\Big|^2, & \frac{\partial \mathfrak{W}}{\partial z_2} &= F_{z'}\Big|^2. \end{aligned} \tag{71}$$

Für das spezielle Integral

$$J = \int_{t_1}^{t_2} G(x, y, z) \sqrt{x'^2 + y'^2 + z'^2}\, dt \tag{72}$$

folgt hieraus: Sind die beiden Endpunkte $P_1(x_1, y_1, z_1)$, resp. $P_2(x_2, y_2, z_2)$, auf zwei Raumkurven $\mathfrak{K}_1$, resp $\mathfrak{K}_2$, beweglich, welche durch ihre respektiven Bogenlängen s_1 und s_2 dargestellt sind, und bezeichnet ω_1, resp ω_2, den Winkel zwischen der Extremalen $P_1 P_2$ und der positiven Richtung von $\mathfrak{K}_1$ im Punkt P_1, resp. der Kurve $\mathfrak{K}_2$ im Punkt P_2, so lautet das *Differential des Extremalenintegrals von* P_1 *nach* P_2:

$$d\mathfrak{W} = G(x_2, y_2, z_2) \cos \omega_2\, ds_2 - G(x_1, y_1, z_1) \cos \omega_1\, ds_1 \tag{73}$$

(Thomson und Tait)

Hiernach den folgenden Satz von Thomson und Tait zu beweisen:

Zieht man von den Punkten einer gegebenen Fläche $\mathfrak{S}$ aus Extremalen für das Integral (72) senkrecht zur Fläche und schneidet auf jeder derselben von ihrem Schnittpunkt P mit der Fläche aus, nach derselben Seite hin, einen Bogen PQ ab, welcher für das Integral einen konstanten Wert liefert, so ist der geometrische Ort der Endpunkte Q eine Fläche, welche sämtliche Extremalen senkrecht schneidet (§ 78).

---

[1]) Siehe Aufgabe Nr 21 auf p 536 und die dort zitierte Dissertation von Born.

10. Das Doppelintegral

$$\iint [G(x, y, z)\sqrt{1 + p^2 + q^2} + H(x, y, z)]\, dx\, dy$$

zu einem Extremum zu machen (§ 79, a))

Lösung: Die Extremalflächen sind charakterisiert durch die Gleichung

$$\frac{1}{\varrho_1} + \frac{1}{\varrho_2} = \frac{1}{G}[XG_x + YG_y + ZG_z + H_z],$$

wo X, Y, Z die Richtungskosinus der positiven Normalen und ϱ_1, ϱ_2 die Hauptkrümmungsradien der Fläche sind (JELLETT)

11. *Unter allen geschlossenen Flächen, welche ein gegebenes Volumen einschließen, diejenige kleinster Oberfläche zu bestimmen* (§ 79, d))

Dabei sollen die zulässigen Flächen in räumlichen Polarkoordinaten in der Form

$$r = r(\theta, \varphi)$$

darstellbar sein

Die Lagrange'sche Differentialgleichung aufzustellen und zu zeigen, daß die *Kugel* mit dem Koordinatenanfang als Mittelpunkt derselben genügt [1])

12. *Die Fläche niedrigsten Schwerpunktes bei gegebenem Flächeninhalt und gegebener Begrenzung zu konstruieren* (§ 79, d))

Lösung: Die positive z-Achse werde vertikal nach unten gewählt Dann haben die Extremalflächen die charakteristische Eigenschaft, daß

$$\frac{1}{\varrho_1} + \frac{1}{\varrho_2} = \frac{1}{N},$$

wo N das Stück der Flächennormale zwischen der Fläche und der konstanten horizontalen Ebene: $z + \lambda = 0$ bedeutet (JELLETT)

13. Ein *gegebenes Quantum* homogener Materie ist nach oben begrenzt von einer horizontalen Ebene, nach unten von einer Fläche von *gegebenem Flächeninhalt.* Die Fläche so zu bestimmen, daß der *Schwerpunkt der Masse möglichst tief* liegt (§ 79, d))

Lösung: Die positive z-Achse werde vertikal nach unten gewählt Dann haben die Extremalflächen die charakteristische Eigenschaft, daß

$$\frac{1}{\varrho_1} + \frac{1}{\varrho_2} = \frac{z + \lambda}{\mu},$$

wo λ und μ die beiden isoperimetrischen Konstanten sind.

Überdies muß die Fläche die gegebene horizontale Ebene senkrecht schneiden (§ 80, c)). (LINDELÖF-MOIGNO)

---

[1]) Wegen des Nachweises, daß die Kugel wirklich die kleinste Oberfläche bei gegebenem Volumen besitzt, vgl. H A SCHWARZ, Göttinger Nachrichten, 1884, p 1; MINKOWSKI, Mathematische Annalen, Bd. LVII (1903), p. 447; und die auf p. 661, Fußnote [2]) zitierte Dissertation von J. O MÜLLER.

14. Unter allen Flächen von gegebener Begrenzung und *gegebenem Flächeninhalt* diejenige zu bestimmen, deren *Potential in Beziehung auf einen gegebenen Punkt ein Extremum ist* (bei Zugrundelegung des Newton'schen Anziehungsgesetzes)

Lösung: Die Extremalflächen haben die charakteristische Eigenschaft, daß in jedem ihrer Punkte

$$\frac{1}{\varrho_1}+\frac{1}{\varrho_2}=-\frac{d}{r^2+\lambda r^3}$$

Darin bedeutet r den Abstand des Flächenpunktes P von dem angezogenen Punkt; d den senkrechten Abstand des angezogenen Punktes von der Tangentialebene an die Fläche im Punkt P; λ die isoperimetrische Konstante

(Jellett)

15*. *Die Gleichgewichtsfigur einer homogenen Flüssigkeit in einem Gefäß mit vertikaler zylindrischer Wandung unter der Einwirkung der Schwere und der Kapillarkräfte zu bestimmen* (§ 79, d), § 80, c))

Lösung: Die positive z-Achse werde vertikal nach oben gewählt; der Boden des Gefäßes sei eine horizontale Ebene, welche wir zur x, y-Ebene wählen. Es bezeichne V das Volumen der Flüssigkeit, H die Höhe des Schwerpunktes derselben über dem Boden des Gefäßes, ferner T den Inhalt desjenigen Teiles der Oberfläche der Flüssigkeit, welcher die Wand berührt, U den Inhalt des freien Teiles der Oberfläche, welcher entlang der Kurve $\mathfrak{L}$ an die Wand grenzen möge; endlich seien α, β zwei von dem Verhältnis der Schwere zur Intensität der Kapillarkräfte abhängige Konstanten.

Alsdann ist die Gleichgewichtslage der Flüssigkeit nach Gauss[1]) dadurch charakterisiert, daß *der Ausdruck*

$$VH+(\alpha^2-2\beta^2)\,T+\alpha^2 U \tag{74}$$

ein Minimum wird mit der Nebenbedingung, daß *das Volumen V einen vorgeschriebenen Wert* haben soll, während die Kurve $\mathfrak{L}$ nur der Beschränkung unterworfen ist, auf dem gegebenen Zylinder zu liegen

Betrachtet man zunächst Variationen, bei welchen $\mathfrak{L}$ ungeändert bleibt, so bleibt T konstant und man hat ein isoperimetrisches Problem, wie das in § 79, d) behandelte. Man erhält als charakteristische Eigenschaft der freien Oberfläche die Relation (Laplace)

$$\frac{1}{\varrho_1}+\frac{1}{\varrho_2}=\frac{z+\lambda}{\alpha^2}, \tag{75}$$

wo λ die isoperimetrische Konstante bedeutet.

Bei Variationen, welche die Kurve $\mathfrak{L}$ ändern, ist auch das einfache Integral T zu berücksichtigen. Eine leichte Modifikation der in § 79, c) und d) durchgeführten Schlüsse führt auf das Resultat (Laplace, Gauss), daß entlang der Kurve $\mathfrak{L}$

$$\sin\frac{i}{2}=\frac{\beta}{\alpha}$$

---

[1]) *Werke*, Bd V, pp. 55, 290, wo die Aufgabe für beliebige Gestalt des Gefaßes durchgeführt wird Vgl. auch Kneser, *Lehrbuch*, pp. 274, 280, wo die Aufgabe in Parameterdarstellung behandelt wird.

sein muß, wenn i den Neigungswinkel zwischen der Tangentialebene der freien Oberfläche und der vertikalen Richtung bedeutet (GAUSS)

16*. *Gleichgewichtsfigur eines an einer horizontalen Ebene hangenden Tropfens*[1]) (§ 79, d), § 80, c))

Lösung: Es muß wieder der Ausdruck (74) ein Minimum werden mit der Nebenbedingung $V =$ konst Dabei ist hier

$$T = \iint dx\,dy$$

und $\beta = \alpha$

Die Gleichung (75) gilt auch hier. Die Grenzgleichung geht in die Bedingung über, daß die freie Oberfläche des Tropfens die horizontale Ebene berühren muß

17 Die *„Kantenbedingung"* für diskontinuierliche Lösungen (Flachen der Klasse D'') für das Integral (19) aufzustellen (§ 80, b))

Losung: Ist $\mathfrak{C}$ die Kurve in der u, v-Ebene, an welcher die partiellen Ableitungen von x, y, z Sprunge erleiden, so müssen beim Überschreiten von $\mathfrak{C}$ die Ausdrucke

$$F_{x_u} v' - F_{x_v} u', \qquad F_{y_u} v' - F_{y_v} u', \qquad F_{z_u} v' - F_{z_v} u'$$

stetig bleiben, wobei die Ableitungen u', v' entlang der Kurve $\mathfrak{C}$ genommen sind. (KOBB)

18. Zu beweisen, daß die partielle Differentialgleichung (57) befriedigt wird durch die Funktion

$$u = \Re\left[G'(s) - \frac{2\bar{s}}{1 + s\bar{s}} G(s)\right], \tag{76}$$

wenn $G(s)$ eine beliebige analytische Funktion von $s = \xi + i\eta$ ist, und $\bar{s} = \xi - i\eta$ (SCHWARZ)

19* Die *Schraubenflache*

$$x + y \operatorname{tg} z = 0 \tag{77}$$

ist eine Minimalfläche Bei fester Begrenzung die *zweite Variation* desjenigen Teiles derselben zu untersuchen, welcher zwischen den beiden Ebenen

$$z = -\alpha\pi \quad \text{und} \quad z = +\alpha\pi$$

und zugleich innerhalb der Zylinderfläche $x^2 + y^2 = R^2$ liegt (§ 81)

Losung Es sei

$$\beta = \log\left(R + \sqrt{1 + R^2}\right)$$

und es bezeichne

$$U(\varrho, \lambda) = \lambda \operatorname{Ch} \lambda\varrho \operatorname{Ch} \varrho - \operatorname{Sh} \lambda\varrho \operatorname{Sh} \varrho.$$

---

[1]) Vgl. *Encyklopadie* V 9 (MINKOWSKI), p 572 und E. SWIFT, *Uber die Form und Stabilitat gewisser Flussigkeitstropfen,* Dissertation, Göttingen 1907, wo eine Anzahl spezieller Falle im einzelnen durchgeführt werden.

Wenn dann $\alpha < \frac{1}{2}$, so ist $U\left(\varrho, \frac{1}{2\alpha}\right)$ positiv für jedes ϱ, und die zweite Variation ist stets positiv. Ist dagegen $\alpha > \frac{1}{2}$, so besitzt die Gleichung

$$U\left(\varrho, \frac{1}{2\alpha}\right) = 0$$

stets eine positive Wurzel β_0; die zweite Variation ist dann stets positiv, wenn $\beta < \beta_0$, sie kann dagegen negativ gemacht werden, wenn $\beta > \beta_0$.

Andeutung: Für die Schraubenfläche (77) ist

$$\mathfrak{F}(s) = \frac{1}{2i}\,\frac{1}{s^2}.$$

Mache von Nr. 18 Gebrauch, wähle

$$G(s) = s\left(s^{\lambda} - s^{-\lambda}\right), \qquad \lambda = \frac{1}{2\alpha}$$

und setze $s = e^{\varrho + i\varphi}$.

(Schwarz)

20. Das *dreifache Integral*

$$J = \iiint f(x, y, z, u, u_x, u_y, u_z)\,dx\,dy\,dz$$

durch passende Wahl der Funktion u von x, y, z bei unveränderlichem Integrationsbereich zu einem Extremum zu machen.

Lösung: Die Lagrange'sche Differentialgleichung lautet

$$f_u - \frac{\partial}{\partial x} f_{u_x} - \frac{\partial}{\partial y} f_{u_y} - \frac{\partial}{\partial z} f_{u_z} = 0,$$

wobei die angedeuteten Differentiationen sich auch auf die in u, u_x, u_y, u_z als Argumente enthaltenen Variabeln x, y, z beziehen.

Andeutung: Wende den allgemeinen Green'schen Satz für dreifache Integrale auf die Transformation der ersten Variation an.

Beispiel: $f = u_x^2 + u_y^2 + u_z^2$, (Dirichlet'sches Prinzip für den Raum).

Nachträge und Berichtigungen.

Zu p. 24, Z 9 von unten: Lies X und XI statt XI und XII.

Zu p. 30, Z. 3 von unten· Lies § 35 statt Kap IX.

Zu p. 32, Fußnote [2]) Vgl. auch GULDBERG, Rendiconti del Circolo Matematico di Palermo, Bd XXI (1906)

Zu p 39, Fußnote [1]). Mit derselben Aufgabe beschäftigt sich auch BOHM, Journal für Mathematik, Bd. CXXI (1900), p 124.

Zu p. 50, Z. 2 von unten: Lies § 36, b) statt § 34, c)

Zu p. 57: Einen andern, elementaren Beweis des Fundamentalsatzes II gibt LINDEBERG, Öfversigt af Finska Vetenskaps-Societetens Förhandlingar, Bd XLVII (1904—1905), Nr 2 Vgl auch den analogen Beweis von MASON für Doppelintegrale, § 81, a)

Zu p. 63, Z. 2 von unten: Lies p 197, Fußnote [2]) statt § 44, a)

Zu p. 79, letzte Zeile· Lies § 29, c) statt § 30, c).

Zu p 83, Fußnote [2]): Den Fall $x_2 = x_1'$ behandelt auch KORN, Münchener Berichte, Bd. XXXII (1902) p. 75, und zwar durch Betrachtung der dritten und vierten Variation.

Zu p 83, letzte Zeile: Lies § 47 statt § 43.

Zu p 96 Fußnote [1])· Einen andern direkten Beweis für die Notwendigkeit der Weierstraß'schen Bedingung gibt LINDEBERG, Öfversigt af Finska Vetenskaps-Societetens Forhandlingar, Bd XLVII (1904—1905), Nr 2

Zu p. 96, Z 6 von unten: Lies § 30 statt § 31.

Zu p 106, Fußnote [1])· Vgl. auch ERMAKOFF, Journal de Mathématiques (5), Bd. X (1905), p 97

Zu p. 106, Z. 2 von unten: Lies § 32 statt § 33.

Zu p. 110, Z. 3 von unten Lies § 32 statt § 33.

Zu p 115. Hiermit verwandt ist die geometrische Deutung der $\mathcal{E}$-Funktion im Fall der Parameterdarstellung mittels der Indikatrix von CARATHEODORY, vgl. p. 247. Andere geometrische Deutungen der $\mathcal{E}$-Funktion geben KNESER, *Lehrbuch*, p. 78, und LOVE, Proceedings of the London Mathematical Society (2), Bd. VI (1907) p. 205.

Zu p 118, Fußnote [2]) Herr A. ROSENBLATT teilt mir folgendes Beispiel mit, welches zeigt, daß auch *die Bedingungen (I), (II'), (III'), (IV'), (V') noch nicht hinreichend sind für ein starkes Minimum*:

$$J = \int_0^{x_2} (a y'^2 + 3 b y'^4 y^2 - 4 b y'^5 y x + b y'^6 x^2)\, dx, \quad (a > 0, b > 0, x_2 > 0).$$

Hier ist die Gerade $y = 0$ eine Extremale, für welche bei hinreichend kleinem x_2 die sämtlichen obigen Bedingungen erfüllt sind Trotzdem findet kein Minimum statt Denn setzt man $x_3 = \alpha h$, wo $0 < \alpha < 1$, so ist

$$S_2(h, k, x_3) = \frac{a k^2}{h} + \frac{b k^6 \alpha(\alpha - 1)}{h^3},$$

woraus folgt, daß $\Delta J < 0$ gemacht werden kann

Dasselbe beweist HAHN (Monatshefte für Mathematik und Physik, Bd XX (1909), p 279) mittels des Beispiels·

$$f = y'^2 + (y - ax)(y - bx)\, y'^4, \quad a > b > 0,$$

$$\mathfrak{E}_0\cdot\ y = 0, \quad 0 \leqq x \leqq 1$$

Zu p. 131, letzte Zeile: Lies § 44 statt § 40

Zu p 133, Z. 6 von oben: Der Satz ist nach p. 453, Fußnote [3]) zu berichtigen.

Zu p. 140, Fußnote [1]): CARATHEODORY hat inzwischen seine Methode weiter entwickelt, und zwar für den Fall der Parameterdarstellung, in den Rendiconti del Circolo Matematico di Palermo, Bd. XXV (1908) Der Grundgedanke der Methode geht auf eine Arbeit von JOHANN BERNOULLI über die Brachistochrone zurück, *Opera omnia* (Lausanne 1742), Bd II, p. 266.

Zu p. 146, Z 9 von oben. Lies

$$N = \frac{1}{12} Y_2'' x^2 - \frac{1}{2} Y_1' x + Y_0$$

Zu p 146, Z 14· Auch der Fall $n = -1$ ist auszuschließen

Zu p. 146. Nach Aufgabe 17 einzuschalten:

17a* (*Zweites inverses Problem der Variationsrechnung*)· Alle Funktionen $f(x, y, y')$ zu bestimmen, fur welche die Transversalitätsbedingung eine vorgeschriebene Form

$$\tilde{y}' = g(x, y, y')$$

hat. (STROMQUIST)

Zu p 151: Aufgabe Nr 40 ist mit einem Stern zu versehen

Zu p 214: Eine andere Definition von *regularen Variationsproblemen* gibt CARATHEODORY, Mathematische Annalen, Bd. LXII (1906), p. 465

Zu p. 280: Vgl. auch die Arbeit von KNESER, *Die Stabilitat des Gleichgewichts hangender Fäden*, Journal für Mathematik, Bd. CXXV (1903), p 191, wo ganz ähnliche Schlusse zur Anwendung kommen.

Für Doppelintegrale gilt der Osgood'sche Satz im allgemeinen nicht, vgl. CARATHEODORY, Mathematische Annalen, Bd. LXII (1906), p 452; HADAMARD, Annales de l'École Normale Supérieure (3), Bd XXIV (1907), p 223.

Zu p 297, Aufgabe 12: Die entsprechenden Sätze für den Fall der Hyperbel und der Parabel gibt T H. HILDEBRANDT, American Mathematical Monthly, Bd XV (1908), p. 177.

Zu p 392· Notwendige und hinreichende Bedingungen fur Probleme mit Gebietseinschränkung entwickelt auch LINDEBERG in der Arbeit „*Uber ein Problem der Variationsrechnung*", Överstigt af Finska Vetenskaps-Societetens Forhandlingar, Bd LI (1908—1909), Afd. A. Nr 21.

Zu p 421, Fußnote [1]· HADAMARD hat den erwähnten Existenzbeweis im einzelnen durchgeführt in den Mémoires présentés par divers savants à l'Académie de France, Bd. XXXIII (1908), p 75.

An neueren Arbeiten über das Dirichlet'sche Prinzip sind noch zu nennen: FUBINI, Rendiconti del Circolo Matematico di Palermo, Bd. XXII (1906), p 383, HADAMARD, Bulletin de la Société Mathématique de France, Bd XXXIV (1906), p 135; LEBESGUE, Comptes Rendus, Bd CXLIV (1907) pp. 316, 622

Zu p 509, Fußnote [1]· Die Arbeit von LINDEBERG ist inzwischen erschienen, Mathematische Annalen, Bd LXVII (1909), p. 340.

Zu p 536, Z. 10 von oben: Zwischen „festgeklemmten" und „Drahtes" ist einzuschalten „ebenen".

Zu p. 619: Hier sind noch einige Arbeiten von CULVERWELL zu erwähnen, Proceedings of the London Mathematical Society, Bd XXIII (1892) p 241; Bd XXV (1895), p 361; Bd XXVI (1896), p. 345.

Sachregister.

(Die mit einem Stern versehenen Zahlen beziehen sich auf den nach dem Sachregister folgenden Anhang.)

Druck von B G Teubner in Leipzig.

Anhang.

Im folgenden werden die wichtigsten Definitionen und Satze aus der Theorie der reellen Funktionen reeller Variabeln, von denen im Text Gebrauch gemacht ist, mit den nötigen Literaturnachweisen zusammengestellt Es wird dabei nicht beabsichtigt, die Sätze in moglichster Allgemeinheit zu formulieren, sondern in einer für die Anwendung auf die Variationsrechnung bequemen Form. Bei den Literaturnachweisen wird von den folgenden Abkürzungen Gebrauch gemacht.

D: Dini, *Grundlagen fur eine Theorie der Funktionen einer veränderlichen reellen Große*, übersetzt von Luroth und Schepp (1892)

E: *Encyclopadie der mathematischen Wissenschaften*, Bd II A, die Artikel von Pringsheim über Allgemeine Funktionentheorie und von Voss über Differential- und Integralrechnung (1899)

G: Goursat, *Cours d'Analyse Mathématique,* Bd I (1902).

J. Jordan, *Cours d'Analyse,* Bd I (1893)

O: Osgood, *Lehrbuch der Funktionentheorie*, Bd I (1907)

Pe· Peano, *Differentialrechnung und Grundzuge der Integralrechnung*, übersetzt von Bohlmann und Schepp (1899)

Pi: Pierpont, *Lectures on the Theory of Functions of real Variables,* Bd I (1905)

Sch: Schönflies, *Bericht uber die Mengenlehre,* Jahresbericht der Deutschen Mathematikervereinigung, Bd. VIII (1900).

St: Stolz, *Grundzuge der Differential- und Integralrechnung*, Bd I (1893).

St G. Stolz und Gmeiner, *Einleitung in die Funktionentheorie,* I Abt (1904).

T: Tannery, *Introduction à la Théorie des Fonctions d'une Variable*, Bd (1904).

V: Veblen and Lennes, *Introduction to Infinitesimal Analysis* (1907)

Im folgenden bedeuten die Zahlen Seiten

I. Punktmengen.

1. Die *Umgebung* (ϱ) eines Punktes $A(a_1, a_2, \ldots, a_n)$ im Gebiet der Variabeln $x_1, x_2, \ldots, x_n$ ist die Gesamtheit der Wertsysteme (Punkte) $x_1, x_2, \ldots, x_n$, für welche

$$|x_1 - a_1| < \varrho, \quad |x_2 - a_2| < \varrho, \ldots, \quad |x_n - a_n| < \varrho.$$

Wir bezeichnen dieselbe in Übereinstimmung mit § 21 mit $(\varrho)_A$.

Vgl. E. 44; Pi 155

2. Eine Punktmenge $\mathfrak{M}$ im Gebiet der Variabeln $x_1, x_2, \ldots, x_n$ heißt *beschränkt* (borné, bounded), wenn es eine feste Zahl G gibt, so daß für jeden Punkt $P(x_1, x_2, \ldots, x_n)$ der Menge

$$|x_1| < G, \quad |x_2| < G \ldots, \quad |x_n| < G.$$

Vgl J. 22, 23; Pi 156; T. 66; V 3,

3. Definition und Existenz der *oberen und unteren Grenze* einer beschränkten linearen Punktmenge

Vgl. § 2, a) und D. 28, G 159; J 22; O 33; Pe. 13; T 66

4. Ein Punkt H heißt ein *Haufungspunkt* (Grenzpunkt; point limite; limit-point, cluster-point) einer Punktmenge $\mathfrak{M}$, wenn es in jeder Umgebung von H Punkte von $\mathfrak{M}$ gibt, die von H verschieden sind. (NB · H braucht nicht zu $\mathfrak{M}$ zu gehören)

Folgerungen

a) In jeder Umgebung von H gibt es unendlich viele Punkte von $\mathfrak{M}$.

b) Man kann stets eine unendliche Folge $\{P_\nu\}$ von Punkten von $\mathfrak{M}$ herausgreifen, derart, daß

$$\underset{\nu=\infty}{L} P_\nu = H,$$

d. h wenn

$$H = (h_1, h_2, \ldots, h_n), \qquad P_\nu = (x_1^\nu, x_2^\nu, \ldots, x_n^\nu),$$

$$\underset{\nu=\infty}{L} x_i^\nu = h_i, \qquad i = 1, 2, \ldots, n.$$

Ein Punkt der Menge $\mathfrak{M}$, der nicht zugleich Häufungspunkt von $\mathfrak{M}$ ist, heißt ein *isolierter Punkt* von $\mathfrak{M}$

Vgl D. 22; Pi 157, E I, 185; T. 71; V 39

5. Jede beschränkte Punktmenge, welche unendlich viele verschiedene Punkte enthält, hat *wenigstens einen Haufungspunkt.* (NB. Derselbe braucht nicht selbst zur Menge zu gehoren)

Vgl. J. 23; D. 22; Pi. 163; T. 71; V 39

6. Eine Punktmenge heißt

a) *abgeschlossen* (fermé [1]), closed), wenn sie alle ihre Häufungspunkte enthält;

b) *in sich dicht*, wenn jeder ihrer Punkte zugleich Häufungspunkt ist;

c) *perfekt*, wenn sie zugleich abgeschlossen und in sich dicht ist.

Eine lineare Punktmenge heißt in einem Intervall *uberall dicht,* wenn jeder Punkt des Intervalls ein Haufungspunkt der Menge ist

Vgl. E I, 195; J 19; O 32; Pi. 167; Sch 58; T 112; V. 41.

7. Ein Punkt A einer Punktmenge $\mathfrak{M}$ im Gebiet der Variabeln x_1, $x_2, \ldots, x_n$ heißt ein *innerer Punkt* der Menge, wenn alle Punkte $(x_1, x_2, \ldots, x_n)$

[1]) Jordan gebraucht dafur „parfait", abweichend von Cantor.

in einer gewissen Umgebung des Punktes A ebenfalls zu $\mathfrak{M}$ gehören. Die Gesamtheit aller innerer Punkte einer Menge heißt „das Innere" der Menge.

Ein Punkt B liegt *außerhalb* der Menge $\mathfrak{M}$, wenn kein Punkt einer gewissen Umgebung von B zu $\mathfrak{M}$ gehört

Ein Punkt C gehört der *Begrenzung* der Menge an, wenn jede Umgebung von C mindestens einen Punkt enthalt, welcher zu $\mathfrak{M}$ gehört, und mindestens einen, welcher nicht zu $\mathfrak{M}$ gehört

Vgl. E. 45; J. 20; Pi. 154.

8 Eine Punktmenge heißt *zusammenhangend* (d'un seul tenant, connected), wenn man zwischen irgend zwei Punkten A und B von $\mathfrak{M}$, nach Annahme einer beliebig kleinen Große ε, eine endliche Anzahl von Punkten von $\mathfrak{M}$: P_1, $P_2, \ldots, P_m$ derart einschalten kann, daß der Abstand je zweier aufeinander folgender Punkte (A und B inbegriffen) kleiner ist als ε

Dabei ist unter dem „Abstand" zweier Punkte $(x_1, x_2, \ldots, x_n)$ und $(y_1, y_2, \ldots, y_n)$ der Ausdruck

$$\sqrt{(x_1 - y_1)^2 + (x_2 - y_2)^2 + \cdots (x_n - y_n)^2}$$

verstanden.

Vgl E. 45; J. 25; Pi 149

9 Unter einem *Bereich* verstehen wir eine Punktmenge, welche innere Punkte enthalt; unter einem *stetigen Bereich* eine Punktmenge, welche nur innere Punkte enthalt.

Ein *Kontinuum* ist ein zusammenhängender stetiger Bereich.

Vgl E 46, O. 124.

II. Grenzwerte.

1. *Obere und untere Grenze einer Funktion* Vgl. § 2, b) und D 28, 57; E. 12.

2 Die Funktion $f(x)$ sei in der Umgebung der Stelle $x = a$ eindeutig definiert Wenn dann eine feste endliche Größe b existiert, so daß zu jedem positiven ε ein positives δ gehort, derart daß

$$|f(x) - b| < \varepsilon, \quad \text{wenn} \quad a < x < a + \delta,$$

so sagt man: $f(x)$ nahert sich beim Grenzübergang $x \doteq a + 0$ der Grenze b; in Zeichen:

$$\underset{x = a+0}{L} f(x) = b \quad (= f(a + 0)).$$

Analog ist $f(a - 0)$ definiert Wenn $f(a + 0)$ und $f(a - 0)$ beide existieren und gleich sind $(= b)$, so sagt man $f(x)$ nähert sich bei dem Grenzübergang $x \doteq a$ der Grenze b

Vgl E 12, 13; D 56; T 222; V. 61.

3. Wenn $f(x)$ beständig wächst (oder doch wenigstens nicht abnimmt), während x sich abnehmend dem Wert a nähert, und wenn $f(x)$ überdies dabei

kleiner bleibt als eine feste Größe G, so nähert sich $f(x)$ für $x \doteq a+0$ einer bestimmten endlichen Grenze (*Monotonieprinzip*)

Analog für $x \doteq a-0$, $+\infty$, $-\infty$ und für abnehmende Funktionen

Vgl. D 42; E 13; O 26; Pe 8; St. G 15; V. 61

4. Damit die Funktion $f(x)$ für $x \doteq a+0$ sich einer bestimmten, endlichen Grenze nähert, ist notwendig und hinreichend, daß zu jedem positiven ε ein positives δ gehört derart, daß

$$|f(x') - f(x'')| < \varepsilon$$

für jedes Wertsystem x', x'', für welches

$$a < x' < a+\delta, \qquad a < x'' < a+\delta.$$

(*Allgemeines Konvergenzprinzip*). Analoger Satz für $x = a-0$, a, $+\infty$, $-\infty$

Vgl. D. 38, E. 14; O 27; Pe. 9; Pi. 179; St G 21; V. 66.

5. Ist $Y(h)$ die (endliche oder unendliche) obere Grenze der Funktion $f(x)$ im Intervall $[a, a+h]$, wo $h>0$, so besitzt die Funktion $Y(h)$ für $h \doteq +0$ stets eine bestimmte (endliche oder unendliche) Grenze, welche der rechtsseitige *obere Limes* (auch Unbestimmtheitsgrenze) von $f(x)$ für $x = a$ genannt wird, in Zeichen:

$$\overline{\underset{x=a+0}{L}} f(x) = \overline{f(a+0)}$$

Analog $\underline{f(a+0)}$, $\overline{f(a-0)}$, und $\underline{f(a-0)}$. Wenn $\overline{f(a+0)} = \underline{f(a+0)}$, so existiert $f(a+0)$, endlich oder unendlich

Vgl E. 14; Pi 205. St. G. 17; T. 233; V 84

6 *Gleichmäßige Konvergenz:* Die Funktion $f(x, y)$ sei definiert für jedes x, y, für welches x dem Bereich: $a < x < D$ und gleichzeitig y einer gewissen Punktmenge Y angehört. Alsdann sagt man, die Funktion $f(x, y)$ nähere sich bei dem Grenzübergang $x = a+0$ einer bestimmten endlichen Grenze $\varphi(y)$ gleichmäßig in Beziehung auf die Menge Y, wenn zu jedem $\varepsilon > 0$ eine *von y unabhängige* positive Größe δ gehört derart, daß

$$|f(x, y) - \varphi(y)| < \varepsilon$$

für jedes $a < x < a+\delta$ und für jedes y der Menge Y

Analoge Definition für $x \doteq a-0$, a, $+\infty$, $-\infty$

Vgl E 52, Pi 200; St G. 78

III. Stetigkeit.

1. Die Funktion $f(x_1, x_2, \ldots, x_n)$ sei definiert in einer Menge $\mathfrak{M}$, und es sei $A(a_1, a_2, \ldots, a_n)$ ein Punkt von $\mathfrak{M}$ Alsdann heißt $f(x_1, x_2, \ldots, x_n)$ *stetig*[1])

---

[1]) Nach dieser von C. Jordan gegebenen Definition ist die Funktion f in jedem isolierten Punkt von $\mathfrak{M}$ stetig. Gewöhnlich beschränkt man den Stetigkeitsbegriff auf Häufungspunkte

in A (in bezug auf $\mathfrak{M}$), wenn zu jedem positiven ε ein positives δ gehört, derart daß

$$|f(x_1, x_2, \ldots, x_n) - f(a_1, a_2, \ldots, a_n)| < \varepsilon$$

für jeden Punkt $(x_1, x_2, \ldots, x_n)$ von $\mathfrak{M}$ in $(\delta)_A$

Vgl J. 46; Pi. 208; Sch. 116; T. 223.

2 *Vorzeichensatz.* Ist die Funktion $f(x_1, x_2, \ldots, x_n)$ stetig im Punkt $A(a_1, a_2, \ldots, a_n)$, und ist $f(a_1, a_2, \ldots, a_n) > 0$, so läßt sich eine positive Größe ϱ angeben, so daß $f(x_1, x_2, \ldots, x_n) > 0$ in allen Punkten von $(\varrho)_A$, welche zu $\mathfrak{M}$ gehoren

Vgl Pe. 11, 121; Pi 214; V. 88

3. Die Funktion $f(x_1, x_2, \ldots, x_n)$ heißt *stetig in der Punktmenge* $\mathfrak{M}$, wenn sie in jedem Punkt von $\mathfrak{M}$ stetig ist

Ist die Funktion $f(x_1, x_2, \ldots, x_n)$ stetig in einer *beschränkten, abgeschlossenen* Punktmenge $\mathfrak{M}$, so gelten die folgenden Sätze:

a) Die Funktion f besitzt in $\mathfrak{M}$ eine endliche obere Grenze G und eine endliche untere Grenze K

b) Die Funktion f nimmt die Werte G und K in $\mathfrak{M}$ wirklich an *(Maximum und Minimum)*

c) Zu jedem positiven ε gehort ein positives δ, derart daß

$$|f(x_1', x_2', \ldots, x_n') - f(x_1'', x_2'', \ldots, x_n'')| < \varepsilon$$

für je zwei Punkte $(x_1', x_2', \ldots, x_n')$ und $(x_1'', x_2'', \ldots, x_n'')$ von $\mathfrak{M}$, für welche

$$|x_1' - x_1''| < \delta, \ldots, \quad |x_n' - x_n''| < \delta.$$

(Gleichmaßige Stetigkeit)

Vgl. D 63, 68; E. 18, 19, 49; G 162, 163; J. 48, 53; O 13, 15, 34; Pe 15, 122, 123; Pi 214, 215, 216; Sch 119; St G. 17, 53, 97, 98; T 237, 238; V 89, 90, 91

4 *Zusammengesetzte Funktionen:* Vgl unten IV 9, Zusatz.

5 *Die inverse Funktion* Wenn die Funktion $y = f(x)$ im Intervall: $a \gtreqless x \gtreqless b$ stetig ist und mit wachsendem x beständig zunimmt, und zwar von $y = g$ bis $y = h$, so hat die Gleichung: $y = f(x)$ für jeden Wert von y im Intervall $[gh]$ eine und nur eine Wurzel $x = \varphi(y)$ im Intervall $[ab]$, und die hierdurch für das Intervall $[gh]$ eindeutig definierte inverse Funktion $\varphi(y)$ ist stetig in $[gh]$

Vgl Pe 21, Pi 133, 134; St. G 48; T. 246; V. 45, 93

IV. Die Ableitung.

1. Wenn der Quotient

$$\frac{f(x_0 + h) - f(x_0)}{h}, \quad \text{resp} \quad \frac{f(x_0 - h) - f(x_0)}{-h}, \qquad (h > 0)$$

für $h \doteq 0$ sich einer bestimmten, endlichen Grenze nähert, so heißt dieselbe die *vordere*, resp. *hintere*, *Derivierte* von $f(x)$ im Punkt x_0. Sie werde mit $\overset{+}{f'}(x_0)$, resp. $\overset{-}{f'}(x_0)$ bezeichnet.

Sind beide einander gleich, so heißt der gemeinsame Wert, $f'(x_0)$, die *Ableitung* von $f(x)$ im Punkt x_0, und die Funktion $f(x)$ heißt *differentiierbar* im Punkt x_0.

Wegen der Definition von Funktionen der Klasse $C^{(p)}$, $D^{(p)}$ vgl. pp. 13, 63.

Vgl. D. 87; E. 61; Pi. 223, St. 31; T. 341; V. 118.

2. *Der Satz von Rolle*. Es sei $f(x)$ stetig in $[ab]$ und $f'(x)$ existiere für jedes x zwischen a und b. Wenn alsdann $f(a) = f(b)$, so gibt es einen Wert ξ zwischen a und b, für welchen $f'(\xi) = 0$.

Vgl. G. 9; Pe. 43; Pi. 246; St. 51; T. 359; V. 132.

3. *Der Mittelwertsatz*. Wenn $f(x)$ stetig ist in $[ab]$ und $f'(x)$ für jedes x zwischen a und b existiert, so gibt es einen Wert ξ zwischen a und b, für welchen

$$f(b) - f(a) = (b - a)\, f'(\xi).$$

Vgl. D. 92, E. 65; G. 9; Pe. 44; Pi. 248; St. 52; T. 370; V. 133.

4. Es sei $f(x)$ stetig in $[ab]$ und von der Klasse C' für $a < x < b$. Ferner nähere sich $f'(x)$ für $x \doteq a + 0$ einer bestimmten, endlichen Grenze $f'(a+0)$. Alsdann existiert $\overset{+}{f'}(a)$ und es ist $\overset{+}{f'}(a) = f'(a+0)$.

Vgl. D. 109.

5. *Der Taylor'sche Satz:* Ist $f(x)$ von der Klasse $C^{(n)}$ in $[a, a+h]$, so ist

$$f(a+h) = f(a) + \frac{h}{1!} f'(a) + \cdots + \frac{h^{n-1}}{(n-1)!} f^{(n-1)}(a) + \frac{h^n}{n!} f^{(n)}(a + \theta h),$$

wo

$$0 < \theta < 1.$$

Vgl. E. 75; G. 102, J. 245; Pe. 68; St. 95; V. 135.

6. Ist die Funktion $f(x_1, x_2, \ldots, x_n)$ von der Klasse C' in der Umgebung von $a_1, a_2, \ldots, a_n$, so ist für hinreichend kleine Werte von $|h_1|, |h_2|, \ldots, |h_n|$:

$$\begin{aligned} f(a_1 + h_1, a_2 + h_2, \ldots, a_n + h_n) - f(a_1, a_2, \ldots, a_n) \\ = h_1 f_{x_1}(a_1, \ldots, a_n) + h_2 f_{x_2}(a_1, \ldots, a_n) + \cdots \\ + h_n f_{x_n}(a_1, \ldots, a_n) + h_1 \alpha_1 + h_2 \alpha_2 + \cdots + h_n \alpha_n, \end{aligned}$$

wo $\alpha_1, \alpha_2, \ldots, \alpha_n$ unendlich klein werden, wenn $h_1, h_2, \ldots, h_n$ simultan und voneinander unabhängig gegen Null konvergieren. *(Totales Differential.)*

Vgl. E. 70; J. 75; Pe. 130; Pi. 271; St. 134.

7. Wenn die Funktion $f(x, y)$ und die partiellen Ableitungen f_x, f_y, f_{xy} in der Umgebung der Stelle x_0, y_0 existieren und stetig sind, alsdann existiert

auch $f'_{yx}(x_0, y_0)$ und ist gleich $f_{xy}(x_0, y_0)$ *(Vertauschung der Differentiationsordnung.)*

E 73: Pi 265, St 150; T. 366.

8. *Der Taylor'sche Satz für Funktionen mehrerer Variabeln:* Ist $f(x, y)$ von der Klasse $C^{(n)}$ im Bereich. $a \lesseqgtr x \lesseqgtr a+h$, $b \lesseqgtr y \lesseqgtr b+k$ (resp. $a \gtreqless x \gtreqless a+h$, oder $b \gtreqless y \gtreqless b+k$), so ist in bekannter Abkürzung:

$$f(a+h, b+k) = f(a, b) + \left(h\frac{\partial}{\partial a} + k\frac{\partial}{\partial b}\right) f(a, b) + \cdots$$

$$+ \frac{1}{(n-1)!}\left(h\frac{\partial}{\partial a} + k\frac{\partial}{\partial b}\right)^{n-1} f(a, b) + \frac{1}{n!}\left(h\frac{\partial}{\partial a} + k\frac{\partial}{\partial b}\right)^{n} f(a+\theta h,\ b+\theta k),$$

wo

$$0 < \theta < 1.$$

Analog für Funktionen mehrerer Variabeln.

Vgl E. 77; G 120; J. 249; Pe. 137; St 161.

9 Es seien die Funktionen.

$$y_\iota = f_\iota(x_1, x_2, \ldots, x_n), \qquad \iota = 1, 2, \ldots, m, \tag{1}$$

von der Klasse $C^{(p)}$ in einem Bereich $\mathfrak{A}$, ferner sei die Funktion $F(y_1, y_2, \ldots, y_m)$ von der Klasse $C^{(p)}$ in einem Bereich $\mathfrak{C}$, welcher das Bild $\mathfrak{B}$ von $\mathfrak{A}$ mittels der Transformation (1) enthält Alsdann ist die *zusammengesetzte Funktion*

$$F(f_1(x_1, x_2, \ldots, x_n), f_2(x_1, x_2, \ldots, x_n), \ldots, f_m(x_1, x_2, \ldots, x_n))$$

von der Klasse $C^{(p)}$ in $\mathfrak{A}$

Der Satz gilt auch für stetige Funktionen ($p = 0$)

Vgl. E. 19, 71; J 77; Pe. 131; Pi. 209, 274; St 137; St G. 94; T. 369.

10 *Inverse und implizite Funktionen:* Vgl. § 22 und E. 72; G 40—57; J. 80—85; O. 48—57, Pe 21, 138—151; Pi. 282—297; St G 48; T. 371

V. Bestimmte Integrale.

1. Definition von *integrabel.* Vgl E. 95; G. 166, J 37; Pe 271; Pi 336; St. 346, V. 153.

2. Jede im Intervall $[ab]$ endliche und mit Ausnahme einer endlichen Anzahl von Punkten stetige Funktion $f(x)$ ist integrabel in $[ab]$

Vgl D 332; Pe. 272; Pi 344; St. 358.

3. Wenn die Funktion $f(x)$ im Intervall $[ab]$ endlich und integrabel ist, und man ändert ihren Wert in einer endlichen Anzahl von Punkten beliebig ab,

(aber so, daß $f(x)$ endlich bleibt), so ist die neue Funktion in $[ab]$ wieder integrabel und der Wert des Integrals

$$\int_a^b f(x)\,dx$$

ändert sich nicht

Vgl. D. 353; Pi 365.

4. Ist $f(x)$ endlich und integrabel in $[ab]$, so ist die Funktion

$$F(x) = \int_a^x f(x)\,dx$$

stetig in $[ab]$.

In den Punkten, wo $f(x)$ stetig ist, ist $F(x)$ differentiierbar und es ist

$$F'(x) = f(x)$$

In den Punkten, wo $f(x+0)$, resp. $f(x-0)$, existiert, existiert auch die vordere, resp. hintere, Derivierte von $F(x)$ und es ist

$$\overset{+}{F}'(x) = f(x+0)\,, \quad \text{resp.} \quad \overset{-}{F}'(x) = f(x-0)$$

D 365—369; E 99, Pi. 368, 369. V. 171.

5. *Partielle Integration*. Sind $u(x)$ und $v(x)$ von der Klasse C' in $[ab]$, so ist

$$\int_a^b u\frac{dv}{dx}\,dx = \Big[uv\Big]_a^b - \int_a^b v\frac{du}{dx}\,dx.$$

Vgl. E 101; Pi 384; V 175

6 *Erster Mittelwertsatz:* Es seien $P(x)$, $\psi(x)$ endlich und integrabel in $[ab]$, und es sei $P(x) \gtreqqless 0$ in $[ab]$. Alsdann ist

$$\int_a^b P(x)\,\psi(x)\,dx = \mu\int_a^b P(x)\,dx\,,$$

wo μ ein *Mittelwert* zwischen der unteren und der oberen Grenze von $\psi(x)$ in $[ab]$ ist

D 363; E. 97; Pi 366; V 168

7 *Differentiation nach einem Parameter:* Wenn die Funktion $f(x, \alpha)$ stetig ist im Bereich

$$a \lesseqgtr x \lesseqgtr b\,, \qquad \alpha_0 \lesseqgtr \alpha \lesseqgtr \alpha_1\,, \tag{2}$$

und a und b von α unabhängig sind so ist das bestimmte Integral

$$F(\alpha) = \int_a^b f(x, \alpha)\,dx$$

eine stetige Funktion von α in $[\alpha_0\,\alpha_1]$.

Wenn überdies die partielle Ableitung $f_\alpha(x, \alpha)$ im Bereich (2) stetig ist, so ist die Funktion $F(\alpha)$ differentiierbar in $[\alpha_0 \alpha_1]$, und es ist

$$F'(\alpha) = \int_a^b f_\alpha(x, \alpha)\, dx.$$

Dagegen ist

$$F'(\alpha) = \int_a^b f_\alpha(x, \alpha)\, dx + f(b, \alpha)\frac{db}{d\alpha} - f(a, \alpha)\frac{da}{d\alpha},$$

wenn a und b Funktionen von α sind, welche in $[\alpha_0 \alpha_1]$ von der Klasse C' sind.

Vgl E 102; G 216; J 72; O. 84—89, Pi. 388, 392

VI. Kurven.

1. Definitionen über Kurven. Vgl § 25, a)

2 *Satz von Jordan:* Jede stetige geschlossene Kurve $\mathfrak{L}$ ohne mehrfache Punkte („Jordan'sche Kurve") zerlegt die Ebene in zwei Kontinua, von denen das eine (*das Innere* von $\mathfrak{L}$ genannt), im Endlichen liegt, während das andere (*das Äußere* von $\mathfrak{L}$ genannt), sich ins Unendliche erstreckt Die Kurve selbst bildet die vollständige Begrenzung beider Bereiche.

Je zwei Punkte des Inneren (Äußeren) können stets durch eine stetige Kurve verbunden werden, welche keinen Punkt mit der Kurve $\mathfrak{L}$ gemein hat Dagegen hat jede stetige Kurve, welche einen Punkt des Innern mit einem Punkt des Äußeren verbindet, notwendig mindestens einen Punkt mit der Kurve $\mathfrak{L}$ gemein

Vgl J 91—99; O 140.

VII. Abbildung.

1. Die Funktionen

$$y_1 = f_1(x_1, x_2, \ldots, x_n), \; y_2 = f_2(x_1, x_2, \ldots, x_n), \ldots, y_n = f_n(x_1, x_2, \ldots, x_n), \quad (3)$$

seien stetig in der Menge $\mathfrak{M}$ und es sei $\mathfrak{N}$ die der Menge $\mathfrak{M}$ mittels der Transformation (3) im Raum der Variabeln $y_1, y_2, \ldots, y_n$ entsprechende Menge (das Bild von $\mathfrak{M}$).

Wenn alsdann $\mathfrak{M}$ beschränkt und abgeschlossen ist, so ist auch $\mathfrak{N}$ beschränkt und abgeschlossen

Wenn insbesondere $m = n$ und die durch (3) vermittelte Beziehung zwischen $\mathfrak{M}$ und $\mathfrak{N}$ eine ein-eindeutige ist (d h. wenn zwei verschiedenen Punkten von $\mathfrak{M}$ allemal zwei verschiedene Punkte von $\mathfrak{N}$ entsprechen), so definieren die Gleichungen (3) $x_1, x_2, \ldots, x_n$ in $\mathfrak{N}$ als eindeutige Funktionen von $y_1, y_2, \ldots, y_n$, (inverse Funktionen)

Wenn alsdann die Funktionen f_i stetig sind in $\mathfrak{M}$, und $\mathfrak{M}$ beschränkt und abgeschlossen ist, so sind auch die inversen Funktionen stetig in $\mathfrak{N}$
J. 51, 53; Sch 117

2. *Satz von Schönflies.* Sind die Funktionen

$$\xi = \varphi(x, y), \qquad \eta = \psi(x, y) \tag{4}$$

eindeutig definiert und stetig in dem Bereich

$$0 \leqq x \leqq 1, \qquad 0 \leqq y \leqq 1 \tag{5}$$

und definiert die Transformation (4) eine ein-eindeutige Beziehung zwischen dem Quadrat (5) und dessen Bild $\mathfrak{J}$ in der ξ, η-Ebene, so ist das Bild des Randes des Quadrates (5) eine stetige geschlossene Kurve $\mathfrak{L}$ ohne mehrfache Punkte, und das Bild $\mathfrak{J}$ des Quadrates (5) ist identisch mit dem Inneren der Kurve $\mathfrak{L}$ zusammen mit der Kurve $\mathfrak{L}$ selbst

(Schönflies, Göttinger Nachr, 1899, p. 282; Osgood, Ibid, 1900, p 94; Bernstein, Ibid, 1900, p 98.

www.ingramcontent.com/pod-product-compliance
Lightning Source LLC
Chambersburg PA
CBHW031119180526
45160CB00002B/21